Müller/Ferber
Technische Mechanik
für Ingenieure

Im Andenken an Angela Müller (1918–2004)

Wolfgang H. Müller
Ferdinand Ferber

Technische Mechanik für Ingenieure

4., aktualisierte Auflage

Mit zahlreichen Bildern sowie einer Multimedia-CD-ROM
„Technische Mechanik mit mechANIma"

Fachbuchverlag Leipzig
im Carl Hanser Verlag

Prof. Dr. rer. nat. habil. Wolfgang H. Müller
Technische Universität Berlin, Institut für Mechanik
Lehrstuhl für Kontinuumsmechanik und Materialtheorie

PD Dr.-Ing. Ferdinand Ferber
Universität Paderborn, Fakultät für Maschinenbau
Lehrstuhl für Technische Mechanik

Bibliografische Information der Deutschen Nationalbibliothek

Die Deutsche Nationalbibliothek verzeichnet diese Publikation in der Deutschen Nationalbibliografie; detaillierte bibliografische Daten sind im Internet über http://dnb.d-nb.de abrufbar.

ISBN 978-3-446-42769-3
E-Book-ISBN 978-3-446-42940-6

Einbandbild: Riesenrad Prater/Wien (Foto: Claudia Gertheinrich)

Fachbuchverlag Leipzig im Carl Hanser Verlag

www.hanser.de
Lektorat: Jochen Horn
Herstellung: Katrin Wulst
Druck und Bindung: Beltz Bad Langensalza GmbH
Printed in Germany

Vorwort

Why, anybody can have a brain. That's a very mediocre commodity. Every pusillanimous creature that crawls on the Earth or slinks through slimy seas has a brain. Back where I come from, we have universities, seats of great learning, where men go to become great thinkers. And when they come out, they think deep thoughts and with no more brains than you have. But they have one thing you haven't got: a diploma.
Frank Morgan in 'The Wizard of Oz', 1939

Unser Buch zu den Grundlagen der Technischen Mechanik ist das Resultat von Vorlesungen über viele Jahre, die wir an der Universität Paderborn, der Heriot-Watt University in Edinburgh und seit neuestem auch an der Technischen Universität Berlin gehalten haben. Letztendlich jedoch geht der Text auf Ideen und Anregungen zurück, die aus den Notizen und Vorlesungen von Herrn Professor *Helmut Wild*, Paderborn, stammen. Ihm sei an dieser Stelle besonders herzlich gedankt. Der hier präsentierte Stoff bietet Material für das Ingenieurgrundstudium an deutschsprachigen Universitäten und Technischen Hochschulen und deckt sich mit dem Inhalt der einsemestrigen Veranstaltungen Mechanik A (Statik) und Mechanik B (elementare Festigkeitslehre), wie sie an der Universität Paderborn Studenten des Maschinenbaus hören, sowie der einsemestrigen Vorlesungen Mechanik 1 (Einführung in die Statik und Festigkeitslehre), Mechanik 2 (Reibung, Stabilität, elementarer Energiesatz, Massenpunkt- und 2D-Starrkörperdynamik, Schwingungen) und schließlich Mechanik 3 (Kontinuumsmechanik, insbesondere Grundlagen der Elastizitätstheorie, Kontinuumsschwingungen und Hydromechanik sowie Energieprinzipe und höhere Dynamik), wie sie für Studenten des Maschinenbaus, des Verkehrswesens und der Physikalischen Ingenieurwissenschaft an der Technischen Universität in Berlin derzeit vorgeschrieben sind.

Viele waren an der Entstehung dieses Buches sowie der begleitenden Software aktiv beteiligt, Studenten, Assistenten, technisches und nicht-technisches Personal. Ohne sie wäre diese Arbeit nicht vollendet worden. Ein besonderes Dankeschön gilt den Helfern aus jüngster Zeit, *Karin Bethke*, Dipl.-Ing. (FH) *Guido Harneit*, *Berrit Krahl*, cand. ing. *Manuela Krüger* sowie Ingenieur *Hadi Sawan*, cand. ing. *Torsten Schneider* und Ingenieur *Firas Seifaldeen*. Die Erstellung der CD erfolgte durch die cand. Wirt.-Ing. *Isabel Koke*, *Volker Huneke* sowie Herrn *Ludger Merkens*. Aufgaben zum Dynamikteil sind auf der CD im Moment nur rudimentär vorhanden. Dass hierzu überhaupt Material existiert, ist Herrn Dipl.-Math. *Stefan Neumann* von der Universität Paderborn zu verdanken. Herrn Kollegen Prof. Dr.-Ing. *Albert Duda* ist für die kritische Durchsicht des Manuskripts und viele Verbesserungsvorschläge zu danken.

Unter den angehenden Ingenieuren ist die Technische Mechanik ein notorisch unbeliebtes Studienfach. Nicht zuletzt aufgrund der ihr eigenen mathematisch-formalen Struktur gilt sie als „theoretisch“ und „unpraktisch“, ja, bei nicht wenigen ist sie sogar als „altmodischer“, den Erfordernissen modernen Ingenieurwesens nicht länger gerecht werdender Ballast verschrien. Dies ist jedoch ein Irrtum, denn die tägliche Ingenieurpraxis zeigt, dass neue Konstruktionen, im Mikro- wie im Makrobereich, zur Bestimmung ihrer Zuverlässigkeit die klassischen Konzepte der Mechanik benötigen und sich die Totgesagte somit bester Gesundheit erfreut und bei der Herstellung besserer technischer Produkte hilft. Die Konzepte der Technischen Mechanik zu kennen, zu beherrschen und anzuwenden ist leider nur durch Übung möglich. Dies erfordert Geduld und Ausdauer und zwar von beiden Seiten, den Lernenden **und** den Lehrenden. Zum Trost sollten die Studenten bedenken, dass am Ende der geistigen Anabasis auch ihnen als Lohn ein Diplom winkt, dessen Bedeutung für unser Leben schon der Wizard of Oz richtig einzuschätzen wusste.

Überhaupt, dass der angehende Ingenieur es nicht immer leicht hat, wurde bereits von Thomas Mann in seinem Roman „Der Zauberberg“ bemerkt. So erwähnt eine der Hauptfiguren des Romans, Hans Castorp, zu seinem behandelnden Arzt, Dr. *Krokowski*, beiläufig, dass er gerade sein Examen bestanden hätte: ***„Was für ein Examen haben Sie abgelegt, wenn die Frage erlaubt ist?“ „Ich bin Ingenieur, Herr Doktor“, antwortete Hans Castorp mit bescheidener Würde. „Ah, Ingenieur“! Und Dr. Krokowskis Lächeln zog sich gleichsam zurück, büßte an Kraft und Herzlichkeit für den Augenblick etwas ein. „Das ist wacker. Und Sie werden hier also keinerlei ärztliche Behandlung in Anspruch nehmen, weder in körperlicher noch in psychischer Hinsicht?“ „Nein, ich danke tausendmal!“ sagte Hans Castorp und wäre fast einen Schritt zurückgewichen.***

Eines darf abschließend ohne zu zaudern festgestellt werden: Das **rechtzeitige** Studium dieses Buches inklusive Bearbeitung der auf der CD angebotenen Übungen *vor* der Klausur, bewahrt vor dem Zauberberg und der Inanspruchnahme ärztlicher, insbesondere psychiatrischer Hilfe.

Sommer 2003

Wolfgang H. Müller
Ferdinand Ferber

Vorwort zur 4. Auflage

Ut desint vires, tamen est laudanda voluntas.
Ovid, Epistulae ex Ponto 3,4,79

Seit dem Erscheinen der dritten Auflage unseres Buches, die der Einführung von Bachelor- und Masterstudiengängen anstelle des Diploms geschuldet war, sind wieder mehrere tausend Studierende durch die Grundlagenveranstaltungen zur Technischen Mechanik gegangen. Dabei haben sich mehrere Punkte als ergänzungswürdig herausgestellt:

Zum einen wird nun nach Einführung des Spannungstensors und insbesondere dessen Schubspannungskomponenten in Abschnitt 2.8.8 ein Beispiel gegeben, das dieses relativ abstrakte Konzept in einen ingenieurtechnischen Kontext stellt, nämlich den Balken unter Querlast. Hier wird die als „Kusinenformel“ bekannte Faustregel für die Schubspannung im Balkenquerschnitt endlich auf ein rationales Fundament gestellt. Wir haben uns zwar entschlossen, diesen Abschnitt mit einem grauen Rahmen zu umgeben, d. h., dass man ihn beim ersten Lesen überspringen kann. In einer großen Übung jedoch wird er jedoch sicher seinen Platz finden.

Außerdem hat sich das 4. Kapitel über Kontinuumsmechanik als zu kurz herausgestellt. Entsprechend wurde es erstens um ein provokantes, ingenieurtechnisches Beispiel im Zusammenhang mit der BERNOULLIschen Stromfadentheorie bereichert: den aerodynamischen Auftrieb. Zweitens wurde der Abschnitt über Kontinuumsschwingungen (4.5) teils neu gestaltet und teils erweitert, insbesondere um die Theorie der Biegeschwingungen von Balken.

Im Abschnitt über Energiemethoden wurde schließlich versucht, konsequent zwischen der Formänderungsenergie und ihrem Komplement, d. h. Verformungs- und Kraftraumdarstellung, zu unterscheiden, obwohl für linear-elastische Materialien Gleichheit gegeben ist. Dies geschieht aus Gründen der Konsistenz und im Vorgriff auf nichtlineares Materialverhalten.

Abschließend gilt unser Dank noch allen unseren studentischen Helfern, nämlich den Herren cand. ing. *Matti Blume* und *Felix-Joachim Müller* sowie Herrn Dipl.-Ing. *Guido Harneit* (für die Computeradministration und Softwareunterstützung), den Herren Assistenten Dipl.-Ing. *Emek Abali*, *Andreas Brandmair*, *Christina Völlmecke*, *Holger Worrack* und – wie stets und immer wieder gerne – Herrn Dipl. Phys. *Jochen Horn* vom Carl Hanser Verlag.

August 2011

Wolfgang H. Müller
Ferdinand Ferber

Inhaltsverzeichnis

1 Statik

1.1 Grundbegriffe

1.1.1 Zum Kraftbegriff

Die Kraft ist eine sogenannte **primitive**, d. h. keiner weiteren Erklärung bedürfende Größe. Sie ist das Resultat geistiger Abstraktion, basierend auf unserer täglichen Erfahrung, wobei wir Kräfte nicht direkt beobachten können, sondern lediglich aus ihrer Wirkung auf ihre Existenz schließen. Man denke hierbei etwa an die Verformung einer Feder, an die Dehnung eines Stabes oder auch an die Muskelspannung, die wir fühlen, wenn wir Kräfte ausüben.

Eine Kraft ist durch **drei** Eigenschaften bestimmt, durch ihren **Betrag**, ihre **Richtung** und ihren **Angriffspunkt**.

Der **Betrag** ist ein Maß für die Größe der wirkenden Kraft. Ein qualitatives Gefühl hierfür vermittelt die unterschiedliche Muskelspannung, die wir empfinden, wenn wir zum Beispiel verschiedene Körper heben. Wir bezeichnen den Betrag der Kraft mit dem Symbol F (von englisch *force*). Gemessen werden kann der Betrag F einer Kraft, indem man ihn mit der Schwerkraft, etwa mit geeichten Gewichten, vergleicht. Als Maßeinheit für den Betrag der Kraft verwendet man das **Newton** mit dem Kurzzeichen N. In der Technik benutzt man gern auch Vielfache der Einheit, wie beispielsweise das Kilonewton kN, was 1000 N entspricht.

Dass eine Kraft eine **Richtung** hat, ist auch intuitiv klar. Schließlich wirkt z. B. das Gewicht eines Körpers immer lotrecht nach unten, und es macht sicher einen Unterschied, mit welchem Winkel man bei betragsmäßig gleich bleibender Kraft auf einen Körper **drückt** oder an ihm **zieht** (siehe Abbildung 1.1.1).

Außerdem ist der **Angriffspunkt** der Kraft von Bedeutung, wie exemplarisch in Abbildung 1.1.1 zu sehen ist: Abhängig davon, wo sich der Angriffspunkt A der Kraft an der Kiste befindet, wird, trotz betragsmäßig gleich bleibender Kraft, eine unterschiedliche Wirkung auf die Kiste erzeugt.

Wir fassen diese intuitiv klaren Aussagen in folgendem Satz zusammen:

Die Kraft ist ein gebundener Vektor.

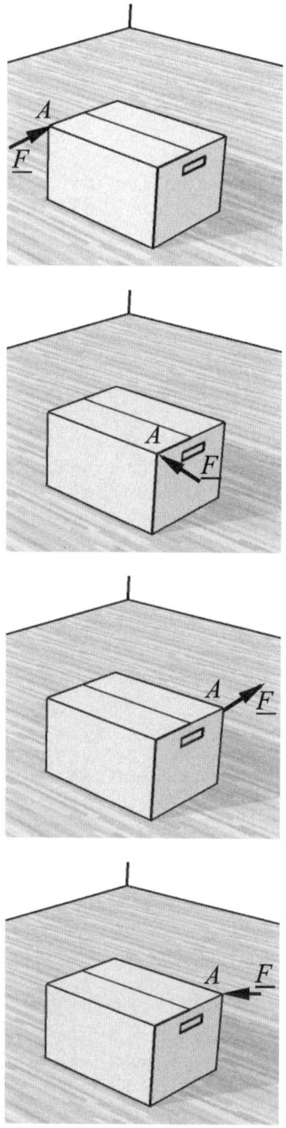

Abb. 1.1.1: Richtung und Angriffspunkt einer Kraft.

Pythagoras von Samos (580 – 500 v.u.Z.) war vornehmlich Philosoph und Mystiker mit einer starken Neigung zu Mathematik, Astronomie, Musik, Heilkunde, Ringkampf und der Politik. Durch Letzteres ereilt ihn im Jahre 532 vor Christus das Schicksal eines politischen Flüchtlings. Er verlässt Samos, um der dortigen Tyrannei zu entgehen, und zieht nach Süditalien. In Croton gründet er seine berühmte philosophische und religiöse Schule, und er schart Anhänger um sich, die sogenannten Pythagoreer. Der nach ihm benannte Satz war tausend Jahre zuvor bereits den Babyloniern bekannt gewesen und diente diesen praktischen Leuten zur Feldvermessung. Pythagoras jedoch war vielleicht einer der Ersten, die sich auch für einen Beweis „seines" Satzes interessierten. Über Details seiner eigenen wissenschaftlichen Arbeiten ist nicht allzu viel bekannt, denn die pythagoreische Schule gab sich erstens nach außen hin verschlossen und zweitens ist es bei Teams ja ohnehin nicht immer einfach, den konkreten Beitrag des Einzelnen auszumachen. Überhaupt glaubten die Pythagoreer zunächst einmal an die „Kraft der ganzen Zahl" und hofften, Naturvorgänge durch harmonische Zahlen-

Das Adjektiv **gebunden** bedarf einer näheren Erklärung: Einen **freien** Vektor kann man im Raum zu sich selbst beliebig parallel verschieben. Dieses ist bei einem Kraftvektor nicht erlaubt. Die Kraft ist an ihre **Wirkungslinie** gebunden und besitzt darüber hinaus einen klar zu spezifizierenden **Angriffspunkt**.

Entsprechend der in der Vektorrechnung üblichen Symbolik wollen wir für den Kraftvektor das Symbol $\underline{F}$ verwenden. Der Betrag der Kraft ist durch das Symbol F (ohne Unterstrich) gekennzeichnet.

In Abbildung 1.1.2 ist ein Kraftvektor $\underline{F}$ zu sehen, der in einem Punkt A eines Körpers im Raum angreift. Außerdem ist ein **rechtwinkliges kartesisches Koordinatensystem** eingezeichnet, das durch Einheitsvektoren $\underline{e}_x$, $\underline{e}_y$ und $\underline{e}_z$ aufgespannt wird. Die Indizes x, y und z kennzeichnen dabei die drei Raumrichtungen. Man sieht, dass der Kraftvektor gegen die drei Koordinatenachsen unter den Winkeln α, β und γ geneigt ist. Aus rechentechnischen Gründen ist es sehr oft günstig, den Kraftvektor hinsichtlich eines Koordinatensystems darzustellen, also aufzuspannen. Dazu projiziert man den Kraftvektor $\underline{F}$ auf die drei aufeinander senkrecht stehenden Achsenrichtungen und erhält so die drei Vektoren $\underline{F}_x$, $\underline{F}_y$ und $\underline{F}_z$. Hierfür kann man mit den zuvor erwähnten Einheitsvektoren $\underline{e}_x$, $\underline{e}_y$ und $\underline{e}_z$ schreiben:

$$\underline{F} = \underline{F}_x + \underline{F}_y + \underline{F}_z = F_x\underline{e}_x + F_y\underline{e}_y + F_z\underline{e}_z = (F_x, F_y, F_z). \qquad (1.1.1)$$

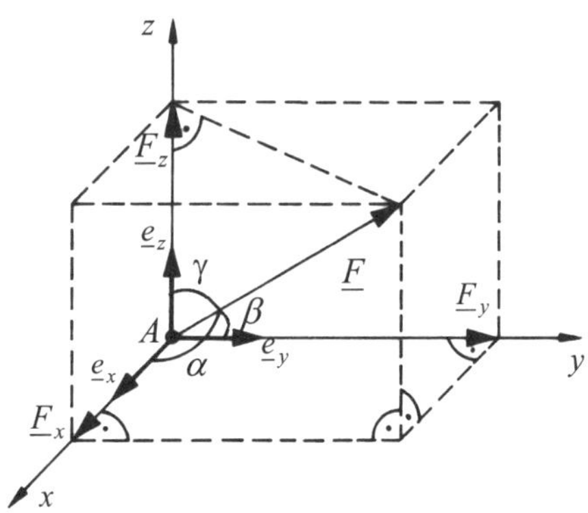

Abb. 1.1.2: Kraftvektor, im Raum aufgespannt im kartesischen Dreibein.

Dabei befolgen wir eine **Grundregel der Vektoraddition**, wonach gilt, dass Vektoren (hier $\underline{F}_x$, $\underline{F}_y$ und $\underline{F}_z$) dadurch addiert werden, dass man bei der Addition das Ende des Vektors an den Kopf desjenigen Vektors hängt, zu dem er addiert werden soll. Man nennt die Größen F_x, F_y und F_z auch die **kartesischen Komponenten** des Vektors $\underline{F}$. Es ist üblich, sie in einer Zeile (F_x, F_y, F_z) (manchmal auch als Spalte geschrieben) zusammenzufassen. Merke, dass es sich dabei lediglich um alternative Schreibweisen ein- und desselben Objekts $\underline{F}$ handelt. Man beachte, dass die Reihenfolge, in der das Aneinanderketten der Teilvektoren $\underline{F}_x$, $\underline{F}_y$ und $\underline{F}_z$ erfolgt, beliebig ist und immer zum gleichen Endresultat führt. Dies entspricht dem **Kommutativ**-(=Vertauschbarkeits-) **Gesetz** der Vektoraddition.

Nach dem **Satz des** PYTHAGORAS im Raum lässt sich der Betrag F des Vektors $\underline{F}$ wie folgt durch die kartesischen Komponenten ausdrücken:

$$F = \sqrt{F_x^2 + F_y^2 + F_z^2}\,. \tag{1.1.2}$$

Schließlich kann man die Richtungswinkel α, β und γ mit den Komponenten und dem Betrag des Kraftvektors $\underline{F}$ in Verbindung bringen:

$$\cos(\alpha) = \frac{F_x}{F}, \quad \cos(\beta) = \frac{F_y}{F}, \quad \cos(\gamma) = \frac{F_z}{F}\,. \tag{1.1.3}$$

Beide Gleichungen lassen sich mithilfe der Abbildung 1.1.2 beweisen.

verhältnisse darstellen zu können, gleichgültig ob es sich dabei um astronomische oder musikalische Probleme handelte. Leider entdeckten sie bei ihren Forschungen, dass die Diagonale eines Quadrates nicht als rationales Vielfaches darstellbar ist, d. h., sie wurden plötzlich mit dem Phänomen der irrationalen Zahl konfrontiert. Dies gab bei ihnen und anderen griechischen Mathematikern zu größerer Unruhe Anlass, wie es bei Menschen, die mit Neuem konfrontiert werden, auch heute noch durchaus geschieht. Bemerkenswert scheint, dass die Ideen oder besser gesagt die Wunschvorstellungen der Pythagoreer bis zum Beginn der modernen Naturwissenschaften ihre Kraft behielten. So versuchte noch KEPLER in seinem Werk „Harmonices Mundi" der Natur zunächst menschliche Harmonievorstellungen zu oktroyieren, verschrieb sich aber schließlich dann doch einer mehr rational geprägten Weltsicht, wie seine Auswertung experimenteller Daten Tycho DE BRAHES bezeugt, was ihn schließlich auf die Bewegungsgesetze der Planeten brachte.

1.1.2 Einteilung der Kräfte, das Schnitt- und das Wechselwirkungsprinzip

In der Mechanik ist es üblich, Kräfte nach verschiedenen Gesichtspunkten einzuteilen. Entsprechend haben sich diverse Begriffe eingebürgert, die man kennen sollte, um die einschlägige Literatur zu verstehen, und die im Folgenden erläutert werden (vgl. auch Abbildung 1.1.3).

Die **Einzellast**: Hierunter versteht man das idealisierte Konzept einer punktförmig angreifenden Kraft. Man könnte sie dadurch näherungsweise erzeugen, dass man den Körper mit einer Nadelspitze oder über einen dünnen Draht belastet.

Die **Linienkraft** oder **Streckenlast**: Hierbei handelt es sich um Kräfte, die entlang einer Linie kontinuierlich verteilt sind. Näherungsweise erzeugen lassen sie sich dadurch, dass man etwa mit

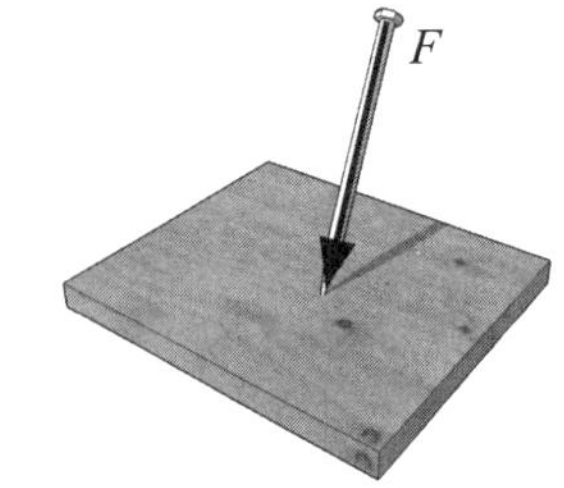

Linienkraft:

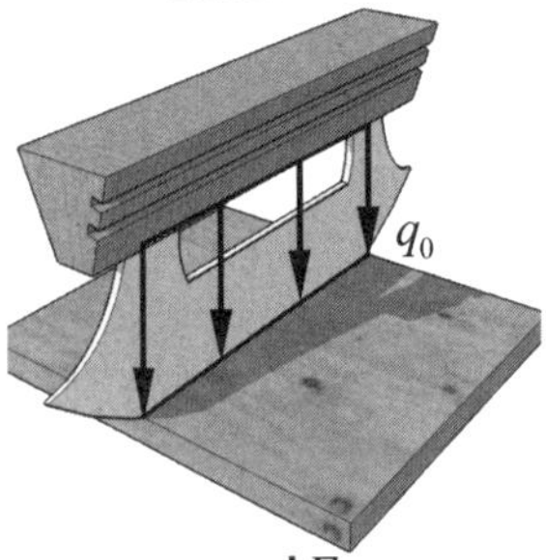

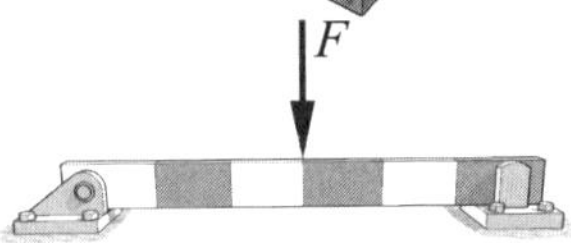

Streckenlast:

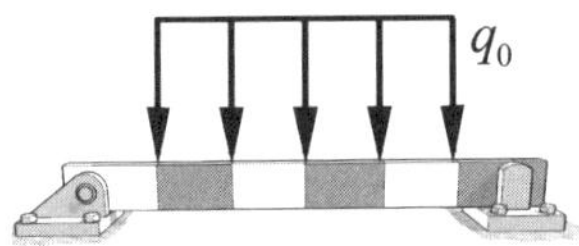

Abb. 1.1.3: Zum Begriff der Einzellast oder Linienkraft.

einer dünnen Schneide oder einem Draht gegen einen Körper drückt.

Die **Volumenkraft**: Hierunter versteht man Kräfte, die über das Volumen eines Körpers angreifen, wie zum Beispiel das Gewicht oder elektromagnetische Kräfte.

Die **Oberflächenkraft**: Diese tritt in der Berührungsfläche zweier Körper auf. Beispiele sind der Wasserdruck auf eine Staumauer oder der Druck einer Panzerkette auf den Boden.

Eingeprägte Kräfte: Diese greifen in **vorgegebener** Weise an einem physikalischen System an, wie etwa das Gewicht oder der Druck einer Nadel auf die Oberfläche eines Körpers bzw. eine Schneelast auf einem Dach usw.

Reaktions- oder **Zwangskräfte**: Diese entstehen, wenn man einem durch eingeprägte Kräfte beeinflussten System seine Bewegungsfreiheit nimmt. Man denke an einen fallenden Stein, auf den nur sein eigenes Gewicht wirkt. Hält man den Stein in der Hand, so ist seine Bewegungsfreiheit eingeschränkt, indem man durch die Hand eine dem Gewicht entgegengesetzte Reaktions- bzw. Zwangskraft ausübt.

Reaktionskräfte lassen sich dadurch sichtbar machen, dass man den Körper von seinen geometrischen Bindungen löst, ihn sozusagen **freimacht** bzw. **freischneidet**. Diese in der Mechanik überaus wichtige Technik des Freischnitts soll im Folgenden an einem Beispiel erläutert werden.

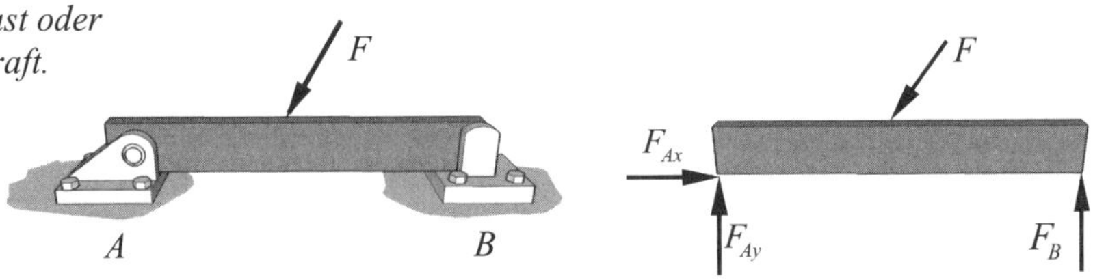

Abb. 1.1.4: Zum Begriff des Freischnitts.

Betrachte den in Abbildung 1.1.4 dargestellten Balken, der durch eine eingeprägte Kraft F belastet ist und auf zwei Stützen, den sogenannten Auflagern, ruht. Diese sind offensichtlich Bindungen, die den Balken an der Bewegung hindern, und wir befreien uns von ihnen, indem wir an ihrer Stelle zwei Reaktions- bzw. **Freischnittskräfte**, genannt $\underline{F}_A = (F_{Ax}, F_{Ay})$ und $\underline{F}_B = (0, F_B)$, anbringen. Dieses führt auf das **Freikörperbild** oder auch kurz den **Freischnitt**, der rechts in Abbildung 1.1.4 zu sehen ist.

Äußere und **innere** Kräfte: Wie der Name sagt, wirkt eine äußere Kraft von außen auf ein mechanisches System. Sowohl ein-

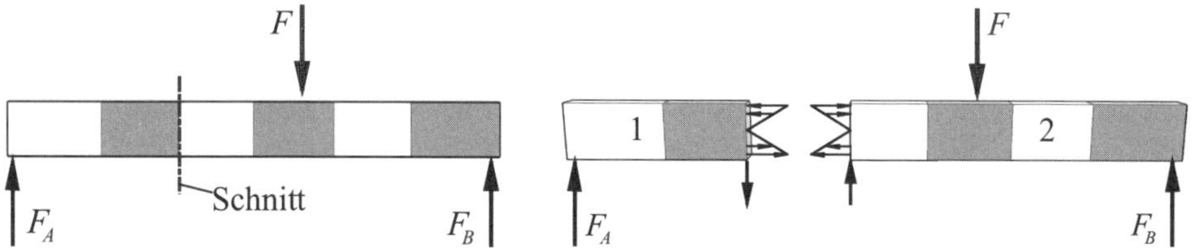

Abb. 1.1.5: Zum Begriff der inneren Kraft und des Schnittprinzips.

geprägte als auch Reaktionskräfte sind Beispiele äußerer Kräfte. Innere Kräfte erhält man durch gedankliches Zerteilen bzw. Schneiden des Körpers. Dieses ist in Abbildung 1.1.5 erläutert: Führt man durch den belasteten Körper einen Schnitt, so ist es, um das Gleichgewicht zu wahren, nötig, an Stelle der inneren Bindung durch das Material geeignete, flächenförmig verteilte, eben innere Schnittkräfte aufzuprägen.

Man beachte, dass die Einteilung in innere und äußere Kräfte davon abhängt, welches System untersucht wird. Fassen wir etwa den Gesamtkörper in Abbildung 1.1.5 als ein System auf, so sind die durch den Schnitt freigelegten Kräfte innere Kräfte. Betrachten wir dagegen die gezeichneten Teilkörper 1 oder 2 jeweils als ein System, so sind alle dargestellten Kräfte äußere Kräfte.

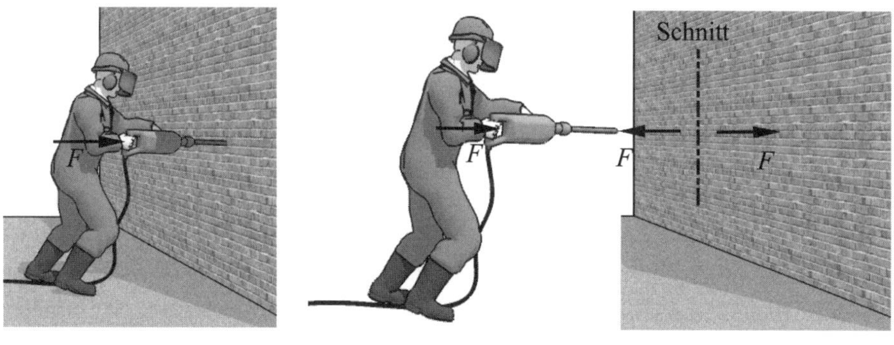

Abb. 1.1.6: Zum Wechselwirkungsgesetz, actio = reactio-Prinzip.

Im Zusammenhang mit dem Freischnitt von Kräften bzw. mit dem Schnittprinzip ist das sogenannte **Wechselwirkungsgesetz**, auch **actio** = **reactio-Prinzip**, von entscheidender Bedeutung. Es besagt, dass zu jeder Kraft immer eine gleich große, aber entgegengesetzte **Gegen-** bzw. **Reaktionskraft** gehört. Dieses aus der Erfahrung begründete Prinzip ist in Abbildung 1.1.6 illustriert: Der gezeigte Drucklufthammer übt auf eine Wand eine Kraft F aus. Eine gleich große, aber entgegengesetzte Kraft wird aber auch von der Wand auf den Hammer ausgeübt. Beide Kräfte kann man dadurch sichtbar machen, dass man, wie gezeigt, an der Kontaktstelle freischneidet. Ein anderes Beispiel für das actio=reactio-Prinzip ist in Abbildung 1.1.7 gezeigt: Aufgrund der Gravitation hat ein Körper auf der Erde ein Gewicht G. Dieses ist die Anziehungskraft, welche die Erde auf ihn ausübt. Umgekehrt wirkt auch der Körper mit einer gleich großen, aber entgegengerichteten Kraft auf die Erde, beide Körper ziehen einander an.

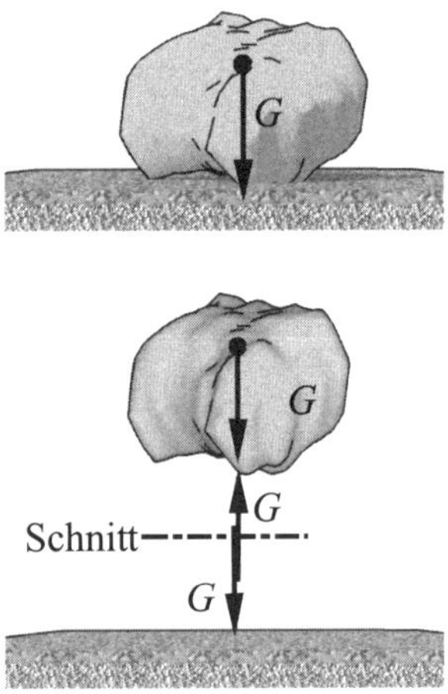

Abb. 1.1.7: Zum Wechselwirkungsgesetz, actio = reactio-Prinzip.

> actio = reactio: Die Kräfte, die zwei Körper aufeinander ausüben, sind gleich groß, entgegengesetzt gerichtet und liegen auf der gleichen Wirkungslinie.

Wir fassen zusammen: Im Folgenden stellen wir uns die Aufgabe, Reaktions- und Schnittkräfte für mechanische Systeme zu berechnen, um danach die ihnen unterworfenen Körper entsprechend ihrer Materialfestigkeit korrekt dimensionieren zu können.

1.2 Kräfte in einem Angriffspunkt

1.2.1 Zusammensetzen von Kräften

Betrachte Abbildung 1.2.1. Zwei Kraftvektoren, genannt $\underline{F}_1$ und $\underline{F}_2$, greifen in einem Punkt A eines Körpers an. Die Erfahrung zeigt, dass diese Kräfte durch einen einzigen Kraftvektor $\underline{R}$, die sogenannte **Resultierende**, ersetzt werden können. Dieselbe ermittelt man dadurch, dass man, wie in Abbildung 1.2.1 zu sehen, die Kräfte zu einem Parallelogramm ergänzt. Die Diagonale des Parallelogramms ist dann die erwähnte Ersatzkraft $\underline{R}$. Alternativ zur **Parallelogrammkonstruktion** ist die Vektoraddition der Kräfte $\underline{F}_1$ und $\underline{F}_2$ zu sehen. Diese ist rechts in Abbildung 1.2.1 dargestellt. Wie zuvor erwähnt, gilt die Grundregel, Vektoren bei der Addition aneinanderzuketten, indem man den Fuß des einen Vektors an den Kopf des anderen hängt. Dabei ist es gleichgültig, welche Reihenfolge man wählt. Auch das ist aus Abbildung 1.2.1 ersichtlich.

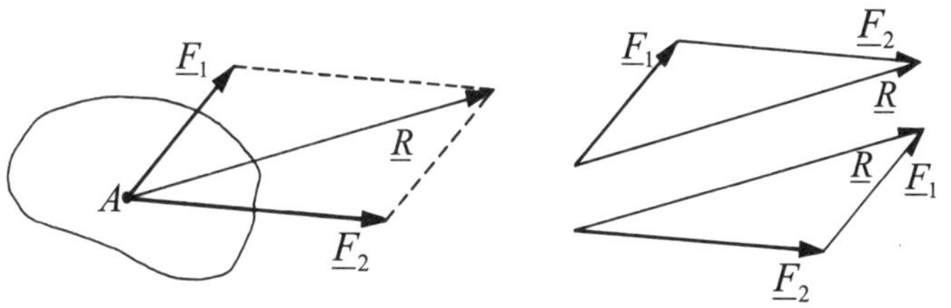

Abb. 1.2.1: Zum Begriff der resultierenden Kraft.

Wir verallgemeinern unser Ergebnis auf die Vektorsumme von n Stück Kraftvektoren, die alle in einem gemeinsamen Punkt angreifen: Abbildung 1.2.2. Ihre Resultierende erhält man durch Vektoraddition gemäß der Gleichung:

$$\underline{R} = \underline{F}_1 + \underline{F}_2 + \ldots + \underline{F}_n = \sum_{i=1}^{n} \underline{F}_i \,. \tag{1.2.1}$$

Wieder gilt die Grundregel, dass die Addition dadurch vorzunehmen ist, dass man die Vektoren $\underline{F}_i$ in beliebiger Reihenfolge, Pfeilende auf Pfeilspitze folgend, aneinanderkettet.

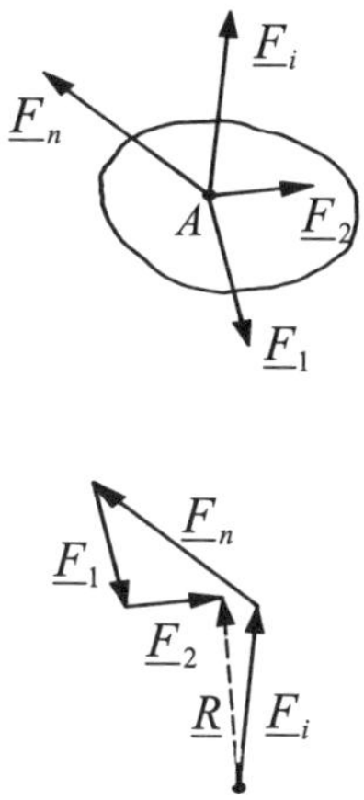

Abb. 1.2.2: Zur Kräftesumme.

Nun langt es im Allgemeinen nicht, diese Regel zu kennen, ohne sie zahlenmäßig auszuwerten. Man will eben exakt wissen, wie lang die Resultierende ist und in welchem Winkel sie am Punkt A angreift. Um dieses herauszubekommen, können verschiedene Verfahren angewendet werden, die **rechnerischer** oder **zeichnerischer** Natur sind.

a) Zeichnerische Lösung

Wir wollen diese Verfahren anhand von zwei Beispielen näher kennenlernen. Betrachte dazu zunächst Abbildung 1.2.3:

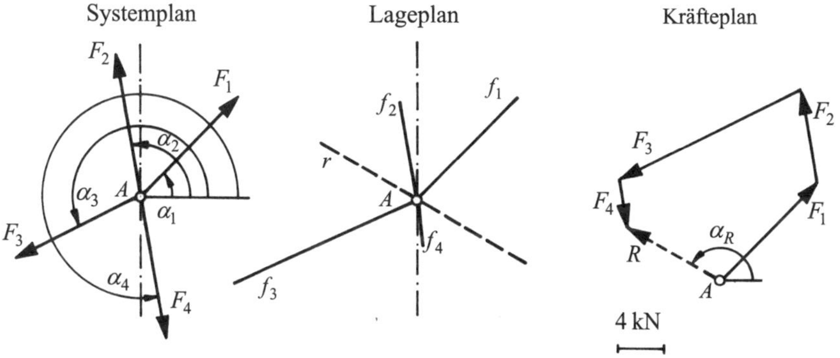

Abb. 1.2.3: Zum Begriff des Kräfte- und Lageplans.

An einem Punkt A eines Körpers (etwa der Spitze einer Fahnenstange) wirken vier Kräfte $F_1 = 12\,\text{kN}$, $F_2 = 8\,\text{kN}$,

Isaac NEWTON (1642 – 1727) war unzweifelhaft eines der größten naturwissenschaftlichen Genies. Um seine Entdeckungen zu würdigen, ist kein Superlativ zu gewagt, und sein soeben zitiertes Prinzip actio = reactio ist in der Tat nur *ein* Stein in dem unendlich großen Ozean der Wahrheit, der vor ihm lag und den er entdeckte, um seine eigenen Worte zu paraphrasieren. Auch seine menschlichen Qualitäten genügen Superlativen, allerdings wohl eher im negativen Sinne. Dem Internet entnehmen wir: "NEWTON was rigorously puritanical: When one of his few friends told him "a loose story about a nun," he ended their friendship. He is not known to have ever had a romantic relationship of any kind, and is believed to have died a virgin. Furthermore, he had no interest in literature or the arts, dismissing a famous collection of sculpture as "stone dolls." In short, NEWTON was a mathematical mystic, convinced that he shared a privileged relationship with God, and obsessively devoted to finding how He had constructed the universe. He thought of himself as the sole inventor of the calculus, and hence the

$F_3 = 18\,\text{kN}$ und $F_4 = 4\,\text{kN}$ unter vorgegebenen Richtungen zur Horizontalen, gekennzeichnet durch die vier Winkel $\alpha_1 = 45°$, $\alpha_2 = 100°$, $\alpha_3 = 205°$ und $\alpha_4 = 270°$. Wir wollen die Größe und die Richtung der Resultierenden zeichnerisch bestimmen. Dazu zeichnen wir uns zunächst, wie in der Abbildung dargestellt, den sogenannten **Lageplan**, in dem die Wirkungslinien f_i, $i = 1, \cdots, 4$ der vier Kräfte eingetragen werden. Diese sind für die Auswertung im sogenannten **Kräfteplan** wichtig (siehe unten in Abbildung 1.2.3). Für den Kräfteplan wählen wir zunächst einen Maßstab und fügen dann alle Kräfte unter Berücksichtigung der Additionsregel maßstäblich aneinander. Dabei übertragen wir mit dem Geodreieck die jeweiligen Kraftrichtungen durch Parallelverschiebung aus dem Lageplan. Wir lesen dann im Rahmen der Zeichengenauigkeit als Ergebnis für den Betrag und die Richtung der Resultierenden ab:

$$R = 10{,}5\,\text{kN}\,, \quad \alpha_R = 155°\,. \tag{1.2.2}$$

b) Rechnerische Lösung mit Winkelfunktionen

Betrachte nun die Situation in Abbildung 1.2.4.

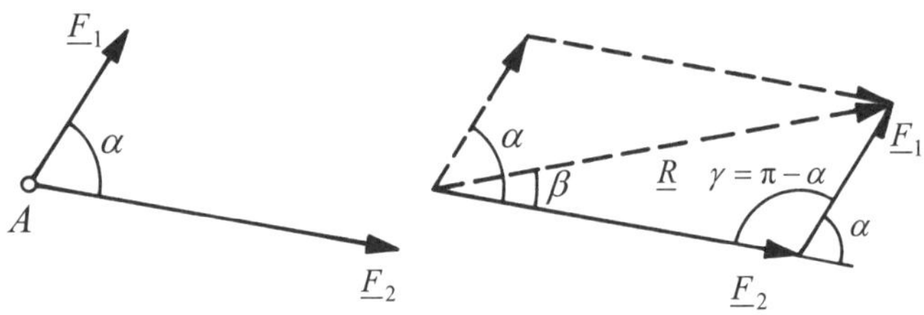

Abb. 1.2.4: Resultierende zweier Kräfte.

An einem Körper greifen in einem Punkt A zwei Kräfte $\underline{F}_1$ und $\underline{F}_2$ an. Der Winkel zwischen ihren Wirkungslinien sei α. Wir addieren beide Kräfte gemäß der Grundregel der Vektoraddition, konstruieren also eine Hälfte des Kräfteparallelogramms, so wie in der Abbildung rechts gezeigt. Bekannt sind die Seitenlängen F_1 und F_2 sowie der Winkel α. Damit können wir den **Kosinussatz** verwenden, um die Länge der Resultierenden $\underline{R}$ zu berechnen:

$$R = \sqrt{F_1^2 + F_2^2 - 2F_1F_2\cos(180° - \alpha)} = \sqrt{F_1^2 + F_2^2 + 2F_1F_2\cos(\alpha)}\,. \tag{1.2.3}$$

Um den Winkel β zu bestimmen, der die Richtung der Wirkungslinie von $\underline{R}$ bestimmt, verwenden wir vorzugsweise den **Sinussatz**:

$$\frac{\sin(\beta)}{\sin(180° - \alpha)} = \frac{F_1}{R}. \tag{1.2.4}$$

Indem wir hierin die Gleichung (1.2.3) für R einsetzen und außerdem beachten, dass gilt:

$$\sin(180° - \alpha) = \sin(\alpha), \tag{1.2.5}$$

folgt für den Winkel β:

$$\beta = \sin^{-1}\left(\frac{F_1 \sin(\alpha)}{\sqrt{F_1^2 + F_2^2 + 2F_1F_2\cos(\alpha)}}\right). \tag{1.2.6}$$

1.2.2 Zerlegen von Kräften in der Ebene: Komponentendarstellung

Im letzten Beispiel haben wir gesehen, wie man mithilfe des Sinus- bzw. des Kosinussatzes die Richtung und den Betrag der Resultierenden zweier Kräfte bzw. durch konsequente Fortsetzung auch mehrerer Kräfte berechnen kann. Eine äußerst wirksame Alternative zu diesem Berechnungsschema ist die Berechnung mithilfe von **Kraftkomponenten in rechtwinklig-kartesischen Koordinaten**. Wir wollen diese Alternative zunächst für den Fall von Kraftsystemen kennenlernen, die in der Ebene angreifen, und werden die resultierenden Gleichungen danach auf den Fall dreier Dimensionen verallgemeinern.

Betrachte den in Abbildung 1.2.5 gezeigten Kraftvektor $\underline{F}$ und seine Zerlegung in Komponenten F_x und F_y durch Projektion auf die x- bzw. y-Achse eines rechtwinklig-kartesischen Koordinatensystems. Analog zum Abschnitt 1.1 lässt sich schreiben:

$$\underline{F} = \underline{F}_x + \underline{F}_y = F_x\underline{e}_x + F_y\underline{e}_y. \tag{1.2.7}$$

Die nachstehenden Gleichungen folgen aus einfachen trigonometrischen Überlegungen:

$$F_x = F\cos(\alpha),\ F_y = F\sin(\alpha),\ F = \sqrt{F_x^2 + F_y^2},$$
$$\tan(\alpha) = \frac{F_y}{F_x}. \tag{1.2.8}$$

greatest mathematician since the ancients, and left behind a huge corpus of unpublished work, mostly alchemy and biblical exegesis, that he believed future generations would appreciate more than his own." Besonders berüchtigt ist sein Prioritätsstreit mit LEIBNIZ, die Entdeckung der Differenzial- und Integralrechnung betreffend, worauf auch das Zitat anspielt. So wurde LEIBNIZ von der Royal Society aufgefordert, seine Ansprüche vorzutragen und zu begründen, aber NEWTON (als wichtigstes Mitglied und Präsident) sorgte dafür, dass die Karten „richtig" gemischt wurden, indem er das Untersuchungskomitee mit seinen Anhängern besetzte und zur Sicherheit den Endbericht selber schrieb. Angeblich sei es sein schönster Tag gewesen zu sehen, wie LEIBNIZ seelisch zerbrach, was zeigt, dass man auch ohne „romantic relationships" seinen Spaß haben kann. In diesem Sinne stand er auch dem Geld nicht feindlich gegenüber, denn er wurde in seinen späteren Jahren Warden and Master of the Mint, eine recht lukrative Stellung neben seiner Position als Cambridge Professor. Von jeder geprägten Münze erhielt er nämlich seinen Anteil, was sich in einem Jahr zu 1000 Pfund akkumulierte. NEWTON starb als reicher, allerdings dem Bericht nach geiziger Mann. Abschließend sei bemerkt, dass NEWTONS Charakter auch für den Psychoanalytiker von Interesse sein könnte, denn wir lesen

Statik

im Internet: "Frank E. MANUEL, in his bold portrait of Isaac NEWTON (1963), suggests that NEWTONS ferocity in his arguments with HOOKE, FLAMSTEED, and LEIBNIZ, is the result of the deprivation of his mother when she married Barnabas SMITH and moved away from him for seven years. Having lost his mother for a time, MANUEL speculates that NEWTON ever afterward fought hard to keep what he thought was his, especially all the fruits of his genius. WESTFALL argues more cautiously that no empirical evidence can confirm or disprove such an "analysis." (Never at Rest, p. 53.)".

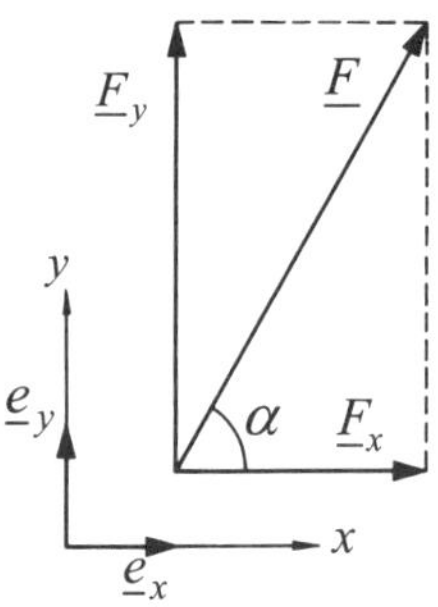

Abb. 1.2.5: Zerlegung einer Kraft in ihre rechtwinklig-kartesischen Komponenten.

Ist die Resultierende $\underline{R}$ einer Gruppe von Kräften zu ermitteln, so bedient man sich praktischerweise an Stelle der Vektoraddition aus dem letzten Abschnitt der Addition der Kraftkomponenten.

Wir machen uns dies am Beispiel von zwei Kräften in der durch sie gebildeten Ebene klar. Betrachte dazu Abbildung 1.2.6 und wende Gleichung (1.2.7) auf die Resultierende sowie auf jede der beiden Kräfte an:

$$\underline{R} = R_x \underline{e}_x + R_y \underline{e}_y = \underline{F}_1 + \underline{F}_2 = F_{1x}\underline{e}_x + F_{1y}\underline{e}_y + F_{2x}\underline{e}_x + F_{2y}\underline{e}_y \,. \tag{1.2.9}$$

Dabei wurden die Komponenten der Kräfte $\underline{F}_1$ und $\underline{F}_2$ zusätzlich zu den Indizes x und y mit den Indizes 1 und 2 versehen, um anzudeuten, von welcher Kraft sie herrühren. Einfaches Umstellen in der letzten Beziehung bringt:

$$R_x \underline{e}_x + R_y \underline{e}_y = \left(F_{1x} + F_{2x}\right)\underline{e}_x + \left(F_{1y} + F_{2y}\right)\underline{e}_y \,. \tag{1.2.10}$$

Durch Koeffizientenvergleich finden wir:

$$R_x = F_{1x} + F_{2x} = \sum_{i=1}^{2} F_{ix} \,, \quad R_y = F_{1y} + F_{2y} = \sum_{i=1}^{2} F_{iy} \,. \tag{1.2.11}$$

In Worten: Um die Komponenten der Resultierenden zu erhalten, hat man die jeweiligen Komponenten der beteiligten Kraftvektoren zu summieren. Im Übrigen notieren wir für den Betrag und die Richtung der Resultierenden gemäß der Gleichung (1.2.8):

$$R = \sqrt{R_x^2 + R_y^2} = \sqrt{\left(\sum_{i=1}^{2} F_{ix}\right)^2 + \left(\sum_{i=1}^{2} F_{iy}\right)^2} \,,$$
$$\tan(\alpha) = \frac{R_y}{R_x} = \frac{\sum_{i=1}^{2} F_{iy}}{\sum_{i=1}^{2} F_{ix}} \,. \tag{1.2.12}$$

Für n Stück Kräfte, die an einem gemeinsamen Punkt angreifen, lässt sich die Resultierende durch Verallgemeinerung der obigen Formeln wie folgt bestimmen. Man lässt den Index i einfach von 1 bis n laufen:

$$R_x = \sum_{i=1}^{n} F_{ix} \,, \quad R_y = \sum_{i=1}^{n} F_{iy} \,, \tag{1.2.13}$$

$$R = \sqrt{R_x^2 + R_y^2} = \sqrt{\left(\sum_{i=1}^{n} F_{ix}\right)^2 + \left(\sum_{i=1}^{n} F_{iy}\right)^2}\,,$$

$$\tan(\alpha) = \frac{R_y}{R_x} = \frac{\sum_{i=1}^{n} F_{iy}}{\sum_{i=1}^{n} F_{ix}}\,. \qquad (1.2.14)$$

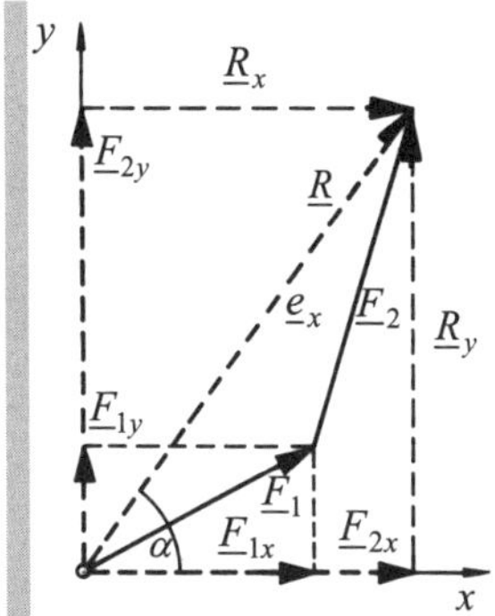

Abb. 1.2.6: Zur komponentenmäßigen Addition von Kräften.

Auf Kräfte, die **im Raum** an einem gemeinsamen Punkt angreifen, lassen sich diese Gleichungen wie folgt verallgemeinern. Man muss in Bezug auf die dritte Raumrichtung, also die *z*-Komponente, ergänzen und erhält:

$$R_x = \sum_{i=1}^{n} F_{ix}\,,\; R_y = \sum_{i=1}^{n} F_{iy}\,,\; R_z = \sum_{i=1}^{n} F_{iz}\,, \qquad (1.2.15)$$

$$R = \sqrt{R_x^2 + R_y^2 + R_z^2} = \sqrt{\left(\sum_{i=1}^{n} F_{ix}\right)^2 + \left(\sum_{i=1}^{n} F_{iy}\right)^2 + \left(\sum_{i=1}^{n} F_{iz}\right)^2}\,. \qquad (1.2.16)$$

Als Beispiel betrachten wir erneut das in Abbildung 1.2.3 gezeigte ebene Kräftesystem. Mit den zuvor eingeführten Bezeichnungen lässt sich die Gleichung (1.2.13) wie folgt auswerten:

$$\begin{aligned} R_x &= \sum_{i=1}^{4} F_{ix} = F_{1x} + F_{2x} + F_{3x} + F_{4x} = \\ &F_1\cos(\alpha_1) + F_2\cos(\alpha_2) + F_3\cos(\alpha_3) + F_4\cos(\alpha_4) = \\ &= 12\,\text{kN}\cos(45°) + 8\,\text{kN}\cos(100°) \\ &+ 18\,\text{kN}\cos(205°) + 4\,\text{kN}\cos(270°) = -9{,}22\,\text{kN}\,, \end{aligned} \qquad (1.2.17)$$

$$\begin{aligned} R_y &= \sum_{i=1}^{4} F_{iy} = F_{1y} + F_{2y} + F_{3y} + F_{4y} = \\ &F_1\sin(\alpha_1) + F_2\sin(\alpha_2) + F_3\sin(\alpha_3) + F_4\sin(\alpha_4) = \\ &12\,\text{kN}\sin(45°) + 8\,\text{kN}\sin(100°) + \\ &18\,\text{kN}\sin(205°) + 4\,\text{kN}\sin(270°) = 4{,}76\,\text{kN}. \end{aligned} \qquad (1.2.18)$$

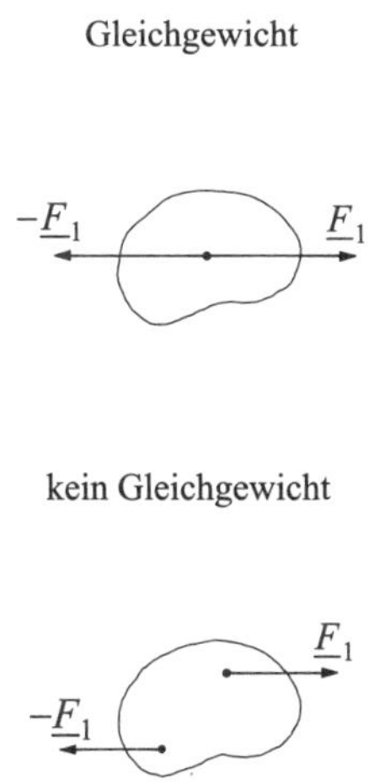

Abb. 1.2.7: Zum Begriff des Gleichgewichts.

Mit Gleichung (1.2.14) berechnen wir nun den Betrag und die Richtung der Resultierenden:

$$R = \sqrt{R_x^2 + R_y^2} = \sqrt{9{,}22^2 + 4{,}76^2}\;\text{kN} = 10{,}4\,\text{kN},$$

$$\tan(\alpha_R) = \frac{R_y}{R_x} = -\frac{4{,}76}{9{,}22} = -0{,}52 \;\Rightarrow\; \alpha_R = 152{,}5°, \qquad (1.2.19)$$

Die bei Studenten unbeliebte Technik des Freischnitts von Kräften ist dem Gelehrten **Leonard EULER** (1707 – 1783) zu verdanken. Überhaupt trug EULER unendlich viel zu den Konzepten der Analysis und der klassischen Mechanik bei. Sein Vater wollte ihn eigentlich in klerikalen Diensten sehen, die rationalen Wissenschaften schienen EULER jedoch mehr zu interessieren. So geht er zwar als Student nach Basel, wechselt aber von Theologie alsbald zu Mathematik, um bei seinem (ebenfalls berühmten) Lehrmeister Johann BERNOULLI Mathematik zu studieren. Es dauert jedoch nicht lange, und er überflügelt seinen Lehrer. 1727 geht er nach St. Petersburg, um an der von der berüchtigten KATHARINA der Großen neu gegründeten Akademie der Wissenschaften als Professor für Physik zu wirken. In Russland dient er auch als Schiffsarzt bei der Marine. 1733 entschließt er sich zur Heirat. Er wird dreizehnmal Vater, aber nur fünf seiner Kinder überleben bis zum Erwachsenenalter. 1741 wechselt er auf Einladung FRIEDRICHS

und das stimmt mit dem zuvor zeichnerisch gefundenen Ergebnis gut überein.

Allerdings muss man der Vollständigkeit halber hinzufügen, dass aufgrund der Doppeldeutigkeit des Tangens in Gleichung (1.2.19) zwar die Winkelstellung der Kraft, nicht jedoch ihre Pfeilrichtung identifiziert werden kann.

1.2.3 Gleichgewicht von Kräften in einem Angriffspunkt

Wir stellen uns als Nächstes die Frage, unter welchen Umständen ein Körper im **Gleichgewicht** ist.

Aus der Erfahrung wissen wir, dass ein ursprünglich ruhender Körper in Ruhe bleibt, wenn wir an ihm zwei entgegengesetzt gleich große Kräfte anbringen: Abbildung 1.2.7.

Wir sagen, dass zwei Kräfte im Gleichgewicht miteinander sind, wenn sie auf derselben Wirkungslinie liegen und entgegengesetzt gleich groß sind.

Mathematisch gesprochen bedeutet dies, dass die Vektorsumme der beiden Kräfte, also die Resultierende, null sein muss:

$$\underline{R} = \underline{F}_1 + \underline{F}_2 = \underline{0}\,. \tag{1.2.20}$$

Aus den vorangegangenen Abschnitten ist bekannt, dass ein **zentrales Kräftesystem** (das ist ein System von Kräften, die einen gemeinsamen Angriffspunkt haben), sich eindeutig zu einer Resultierenden $\underline{R}$ zusammensetzen lässt: Gleichung (1.2.1). Damit lässt sich die Gleichgewichtsbedingung (1.2.20) sofort auf beliebig viele Kräfte übertragen. Wir sagen insbesondere, dass eine zentrale Kräftegruppe im Gleichgewicht ist, wenn ihre Vektorsumme, also die Resultierende $\underline{R}$, verschwindet:

$$\underline{R} = \sum_{i=1}^{n} \underline{F}_i = \underline{0}\,. \tag{1.2.21}$$

Um diese Gleichung geometrisch, d. h. zeichnerisch, zu interpretieren, sei an die Grundregel der Kräftevektoraddition erinnert: Damit eine Kräftegruppe im Gleichgewicht steht, muss das durch Vektoraddition entstehende Kräfteeck **geschlossen** sein. Ein Beispiel für ein solches Kräfteeck, also eine Gleichgewichtsgruppe von Kräften, ist in Abbildung 1.2.8 zu sehen.

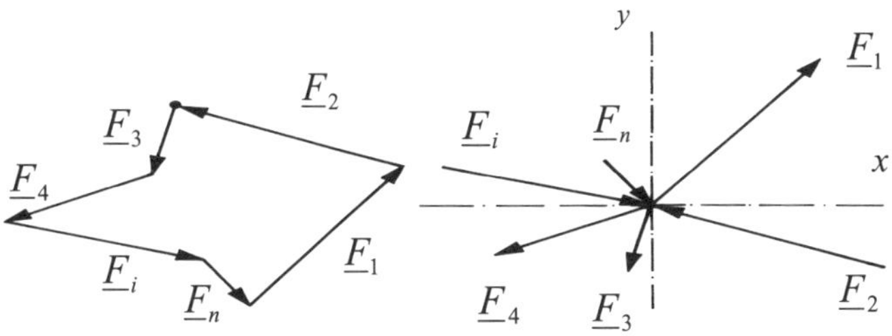

Abb.1.2.8: Ein geschlossenes Kräfteeck.

Alternativ zur Vektorform (1.2.21) lässt sich die Gleichgewichtsbedingung auch komponentenweise schreiben. Man erhält bei n Stück Kräften in der Ebene durch Kombination von Gleichung (1.2.13) und Gleichung (1.2.20):

$$R_x = \sum_{i=1}^{n} F_{ix} = 0\,, \quad R_y = \sum_{i=1}^{n} F_{iy} = 0 \qquad (1.2.22)$$

und bei n Stück Kräften im Raum:

$$R_x = \sum_{i=1}^{n} F_{ix} = 0\,, \quad R_y = \sum_{i=1}^{n} F_{iy} = 0\,, \quad R_z = \sum_{i=1}^{n} F_{iz} = 0\,. \qquad (1.2.23)$$

Im Folgenden werden wir hauptsächlich **ebene** Probleme lösen. Hierfür notieren wir die folgende schreibökonomische Kurzform der Gleichungen (1.2.22):

$$\sum F_x = 0\,, \quad \sum F_y = 0\,. \qquad (1.2.24)$$

Wir sagen:

Um Gleichgewicht in der Ebene zu erzielen, ist es notwendig, dass die Summen der Komponenten aller beteiligten Kräfte in x– und y– Richtung verschwinden.

Man beachte: Aus den beiden Gleichgewichtsbedingungen (1.2.24) lassen sich höchstens zwei Unbekannte, z. B. zwei Unbekannte in einer ebenen zentralen Kräftegruppe, ermitteln. In einem solchen Fall sprechen wir von einer **statisch** bestimmten ebenen zentralen Kräftegruppe, und diese ist ein Spezialfall eines **statisch bestimmten** mechanischen Systems. Treten bei einer ebenen zentralen Kräftegruppe mehr als zwei Unbekannte auf, so ist das Problem **statisch unbestimmt** und kann mit den genannten Gleichgewichtsbedingungen allein nicht gelöst werden.

Einige Beispiele sollen die Gleichgewichtsbedingungen zentraler Kräftegruppen einüben.

des Großen zur Berliner Akademie, wo er die nächsten 25 Jahre bleibt. Sein Verhältnis zu FRIEDRICH verschlechtert sich im Laufe der Zeit jedoch, und so kehrt er 1766 nach St. Petersburg zurück. Bemerkenswert ist, dass EULER Zeit seines Lebens trotz seiner starken Sehbehinderung (er verlor sein rechtes Augenlicht im Alter von 31 Jahren und erblindete kurz nach seiner Rückkehr nach St. Petersburg aufgrund einer nicht geglückten Augenoperation wegen grauen Stars vollständig) wissenschaftlich enorm kreativ und produktiv blieb. In der Tat war die Petersburger Akademie noch fünfzig Jahre nach seinem Tod damit beschäftigt, bisher Unveröffentlichtes seiner Werke herauszubringen, so dass seine „Opera Omnia“ schließlich 866 Bücher und Schriften umfassten.

1.2.4 Zentrale Kräftegruppe im Gleichgewicht: Haltekraft auf schiefer Ebene

Lösung im kartesischen Koordinatensystem

Betrachte die in Abbildung 1.2.9 dargestellte Situation: Eine Walze vom Gewicht $G = 2\ \text{kN}$ wird unter dem Winkel $\beta = 30°$ auf einer schiefen Ebene mit dem Neigungswinkel $\alpha = 45°$ gehalten. Wir wollen annehmen, dass an der Kontaktstelle zwischen der Walze und der schiefen Ebene keine Reibung auftritt. Gesucht ist der Betrag der Haltekraft F.

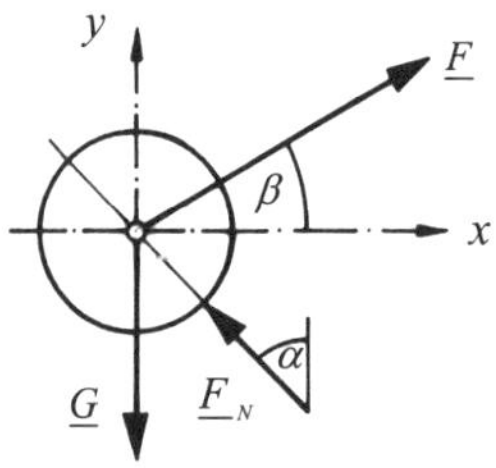

System I (freigeschnittene Walze)

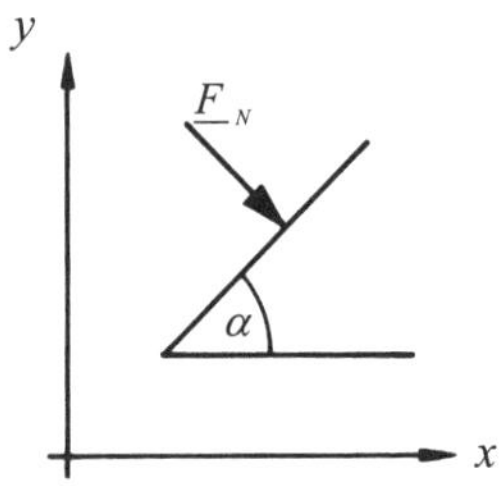

System II (Ebene mit Normalkraft)

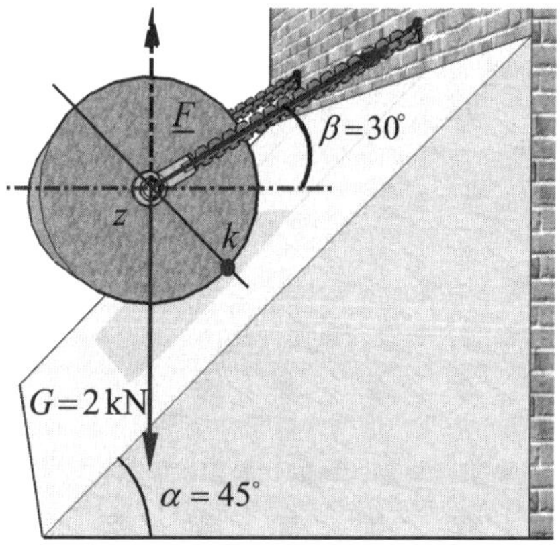

Abb. 1.2.9: Haltekraft auf schiefer Ebene.

Um ihn zu finden, wird das System, wie links in der Abbildung (System I) gezeigt, freigeschnitten. Dazu ist es nötig, eine ebenfalls unbekannte Normalkraft F_N einzuführen, die die schiefe Ebene hinsichtlich ihrer tragenden Wirkung ersetzt. Diese neue Unbekannte steht senkrecht auf der schiefen Ebene. Wir beachten das in der Abbildung eingezeichnete Koordinatensystem und notieren als Gleichgewichtsbedingungen aller in der freigeschnittenen Scheibe I auftretenden Kräfte:

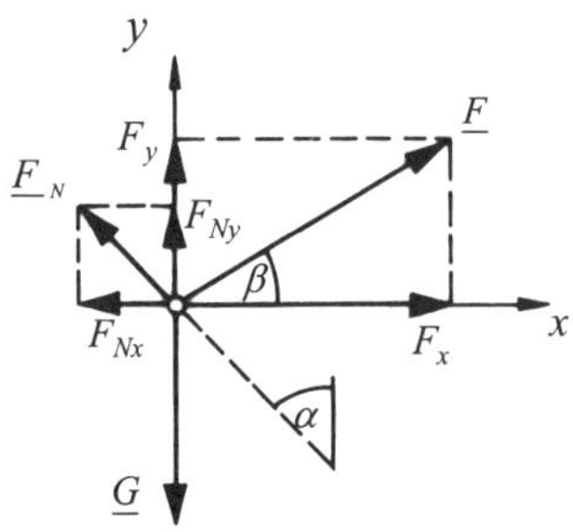

Kräfteplan

$$\sum F_x = 0 \quad \Rightarrow \quad F\cos(\beta) - F_N \sin(\alpha) = 0\,,$$
$$\sum F_y = 0 \quad \Rightarrow \quad -G + F\sin(\beta) + F_N \cos(\alpha) = 0\,. \qquad (1.2.25)$$

Die Vorzeichen der einzelnen in den Gleichungen auftretenden Größen richten sich nach dem gewählten Koordinatensystem: In Achsenrichtung weisende Komponenten werden positiv, entgegen der Achsenrichtung weisende Komponenten werden negativ gezählt. Das Gleichungssystem (1.2.25) erlaubt es, die beiden Unbekannten F und F_N zu ermitteln. Durch Auflösen entsteht:

$$F = \frac{G\sin(\alpha)}{\sin(\beta)\sin(\alpha)+\cos(\beta)\cos(\alpha)} = 1{,}46\ \text{kN}\,, \tag{1.2.26}$$

$$F_N = \frac{G\cos(\beta)}{\sin(\beta)\sin(\alpha)+\cos(\beta)\cos(\alpha)} = 1{,}79\ \text{kN}\,. \tag{1.2.27}$$

Das Beispiel soll außerdem zeigen, dass es sich empfiehlt, mit dem Einsetzen von Zahlenwerten bis zum Schluss zu warten, um mögliche Fehler bei den diversen Umformungen im Nachhinein noch erkennen zu können.

Vektorielle Berechnung der Haltekraft

Betrachte den in Abbildung 1.2.9 (oben) dargestellten Freischnitt, d. h. insbesondere das System I. Wir ergänzen bei vorgegebenem Gewicht $\underline{G}$ und vorgegebenen Richtungen α und β die unbekannten Kräfte $\underline{F}$ und $\underline{F}_N$ derart, dass sich das Kräftepolygon schließt, also Gleichgewicht vorhanden ist. Nun berechnen wir die Beträge der Unbekannten, also F und F_N, aus geometrischen Überlegungen mithilfe des Sinussatzes. Der Skizze in Abbildung 1.2.10 entnimmt man, dass:

$$\frac{G}{\sin[90°-(\alpha-\beta)]} = \frac{F}{\sin(\alpha)} = \frac{F_N}{\sin(90°-\beta)} \tag{1.2.28}$$

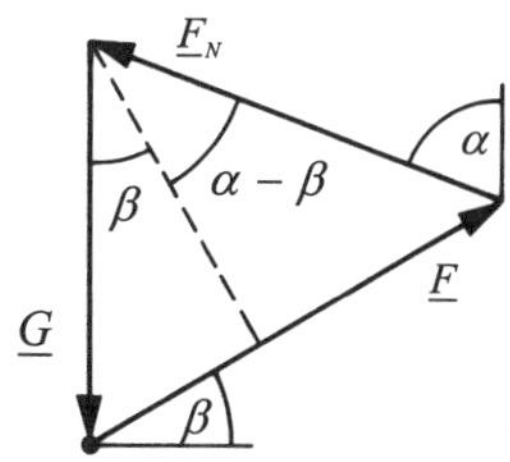

Abb. 1.2.10: Kräftepolygon.

und somit:

$$F = \frac{G\sin(\alpha)}{\cos(\alpha-\beta)}\,,\quad F_N = \frac{G\cos(\beta)}{\cos(\alpha-\beta)}\,. \tag{1.2.29}$$

Dass diese Gleichungen äquivalent zu den Formeln aus (1.2.26) sind, sieht man dadurch, dass man den Nenner mithilfe der Additionstheoreme trigonometrischer Funktionen umformt.

Es sei nochmals betont, dass man die Unbekannten F und F_N nicht notwendigerweise aus den Gleichgewichtsbeziehungen in Komponentenschreibweise berechnen muss. Zu dieser Methode gleichwertig ist die vektorielle Addition, wie die obere Aufgabe lehrt.

1.2.5 Zentrale Kräftegruppe im Gleichgewicht: Verkettete Pendelstäbe

Lösung im kartesischen Koordinatensystem

Betrachte die in der Abbildung 1.2.11 dargestellte Situation zweier miteinander verketteter Pendelstäbe, die unter den Winkeln α und β mit dem Boden befestigt sind. Sie werden am gemeinsamen Knotenpunkt k mit der Kraft $\underline{F}$ belastet. Gesucht sind die Reaktionskräfte in den beiden Stäben, genannt $\underline{S}_1$ und $\underline{S}_2$.

Wie in der Abbildung 1.2.11 links gezeigt, wird der Knotenpunkt zuallererst freigeschnitten. Dabei kommen die beiden Reaktionskräfte $\underline{S}_1$ und $\underline{S}_2$ überhaupt erst zum Vorschein. Merke, dass sie längs der Pendelstabachsen weisen. Ihre Richtung wurde dabei jedoch nach Gefühl eingetragen.

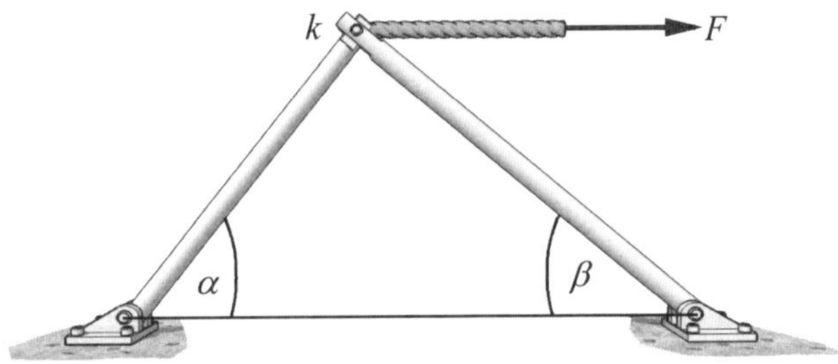

Abb. 1.2.11: Zwei verkettete Pendelstäbe.

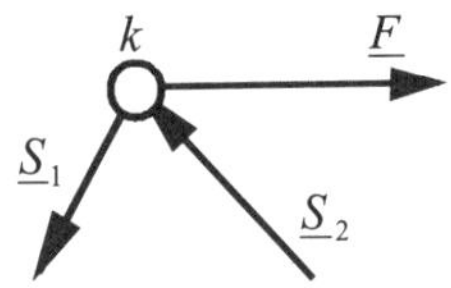

Beim linken Stab erwarten wir nämlich, dass es sich um einen Zugstab, beim rechten, dass es sich um einen Druckstab handelt. Ein solches Gefühl kann bisweilen täuschen, insbesondere dann, wenn es sich um kompliziertere Kraftsysteme (z. B. bei Fachwerken) handelt. Die nachfolgende Rechnung mithilfe der Gleichgewichtsbedingungen (1.2.24) würde bei Wahl der falschen Richtungen allerdings ein **negatives** Vorzeichen für S_1 bzw. S_2 liefern, was uns letztendlich auf die **falsche** Annahme aufmerksam macht. Beachte jedoch, während der Auswertung ein solches negatives Vorzeichen **nicht** zu ändern. Erst **nach** Bestimmung aller Unbekannten darf dies geschehen und der Freischnitt muss neu gezeichnet werden (Umkehrung der Pfeilspitzen sich negativ ergebender Kräftebeträge). Ändert man Vorzeichen während der Auswertung der Gleichgewichtsbeziehungen, so ergibt sich ein falsches Endergebnis, und man muss die Rechnung verwerfen.

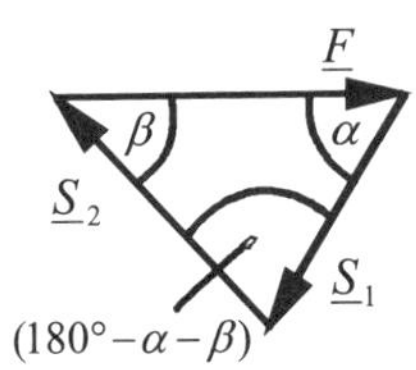

Merke außerdem: Bestimmt man die unbekannten Stabkräfte $\underline{S}_1$ und $\underline{S}_2$ über die Methode der Vektoraddition und wählt dabei den falschen Richtungssinn, so wird es nicht gelingen, das resultierende Krafteck zu schließen, was dann zum erneuten Nachdenken über den Richtungssinn Anlass geben muss.

Wenden wir nun die Gleichgewichtsbedingungen (1.2.24) auf unser Problem an, so entsteht:

$$\sum F_x = 0 \quad \Rightarrow \quad F - S_1 \cos(\alpha) - S_2 \cos(\beta) = 0 \,,$$
$$\sum F_y = 0 \quad \Rightarrow \quad -S_1 \sin(\alpha) + S_2 \sin(\beta) = 0 \,. \qquad (1.2.30)$$

Dieses sind wieder zwei Gleichungen für zwei Unbekannte, und man findet durch Auflösen:

$$\frac{F}{\sin\left[180° - (\alpha + \beta)\right]} = \frac{S_2}{\sin(\alpha)} = \frac{S_1}{\sin(\beta)} \qquad (1.2.31)$$

und somit:

$$S_1 = \frac{F \sin(\beta)}{\sin(\beta)\cos(\alpha) + \cos(\beta)\sin(\alpha)} \quad \Rightarrow$$
$$S_2 = \frac{F \sin(\alpha)}{\sin(\beta)\cos(\alpha) + \cos(\beta)\sin(\alpha)} \,. \qquad (1.2.32)$$

Alternativ lässt sich auch hier wieder die Vektoraddition benutzen, um das Ergebnis herzuleiten.

Stabkräfte vektoriell berechnet

Betrachte den in Abbildung 1.2.11 dargestellten Freischnitt. Nun ergänzen wir bei vorgegebener Kraft $\underline{F}$ und vorgegebenen Richtungen α und β die unbekannten Kräfte $\underline{S}_1$ und $\underline{S}_2$ derart, dass sich das Kräftepolygon schließt, also Gleichgewicht vorhanden ist.

Die Beträge der Unbekannten, also S_1 und S_2, können aus geometrischen Überlegungen mit Hilfe des Sinussatzes berechnet werden:

$$S_1 = \frac{F \sin(\beta)}{\sin(\alpha + \beta)} \,, \quad S_2 = \frac{F \sin(\alpha)}{\sin(\alpha + \beta)} \,. \qquad (1.2.33)$$

Diese Gleichungen sind äquivalent zu den Formeln aus (1.2.31), wenn man nur die Additionstheoreme trigonometrischer Funktionen beachtet.

Nimm zur Übung nun eine falsche Richtung für eine der beiden Stabkräfte an, wiederhole die Argumente dieses Abschnitts und zeige, dass sich bei Wahl des Komponentenverfahrens ein negatives Vorzeichen für den Betrag der falsch gerichteten Stabkraft ergibt bzw. sich im Fall der Vektoraddition das Krafteck nicht schließen lässt!

Simon STEVIN (1548 – 1620) war holländischer Mathematiker und Ingenieur. Ihm verdanken wir unter anderem das Parallelogramm der Kräfte, das er in seinem Buch „De Beghinselen der Weeghconst" 1586 beschreibt, und Anwendungen zum Prinzip der virtuellen Arbeit (Flaschenzug). Im Anfang war STEVIN als Buchhalter und Steuergehilfe in Antwerpen bzw. Brügge tätig. Dies schien ihn auf Dauer nicht zu befriedigen, denn er begann mit 35 Jahren an der Universität in Leiden zu studieren. Seine neu erworbenen naturwissenschaftlichen Kenntnisse nutzte er danach als Quartiermeister der holländischen Armee, und er fand einen Weg, das von einer heranrückenden Invasionsarmee teilweise okkupierte Holland durch gezieltes Öffnen von Deichen unter Wasser zu setzen und damit langfristig zu befreien. Auch beriet er den Prinzen Maurice VON NASSAU in Bezug auf Festungsbauten im Krieg gegen Spanien.

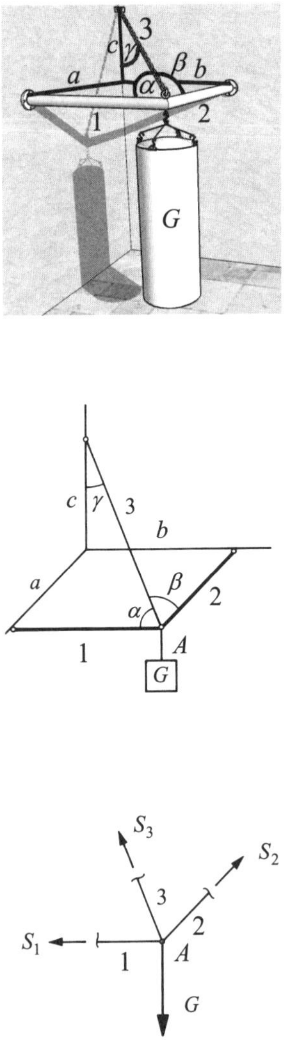

Abb. 1.2.12: Räumliche Aufhängung eines Sandsacks.

1.2.6 Zentrale Kräftegruppe im Raum und Vergleich mit zwei Dimensionen

Im Abschnitt 1.1.1 wurde bereits gezeigt, wie sich eine Kraft $\underline{F}$ im Raum mithilfe eines dreidimensionalen rechtwinklig-kartesischen Koordinatensystems in ihre drei kartesischen Komponenten F_x, F_y und F_z zerlegen lässt. Es galt:

$$\underline{F} = F_x \underline{e}_x + F_y \underline{e}_y + F_z \underline{e}_z . \tag{1.2.34}$$

Diese Zerlegung erfolgt in vollkommener Analogie zum Zweidimensionalen, also zur Gleichung (1.2.7), wonach galt:

$$\underline{F} = F_x \underline{e}_x + F_y \underline{e}_y . \tag{1.2.35}$$

Den Betrag F eines räumlichen Kraftvektors ermittelt man gemäß dem Lehrsatz von PYTHAGORAS in drei Dimensionen aus den kartesischen Komponenten wie folgt:

$$F = \sqrt{F_x^2 + F_y^2 + F_z^2} . \tag{1.2.36}$$

Auch diese Formel hat ein zweidimensionales Analogon, das in Gleichung (1.2.8) zu sehen ist:

$$F = \sqrt{F_x^2 + F_y^2} . \tag{1.2.37}$$

Die Winkel α, β und γ, die ein räumlicher Kraftvektor mit den Achsen x, y und z des kartesischen Dreibeins bildet, lassen sich bei Kenntnis der kartesischen Komponenten F_x, F_y und F_z sowie der Länge F des Kraftvektors berechnen (siehe Abbildung 1.1.2):

$$\cos(\alpha) = \frac{F_x}{F}, \quad \cos(\beta) = \frac{F_y}{F}, \quad \cos(\gamma) = \frac{F_z}{F} . \tag{1.2.38}$$

Die analoge Berechnung in zwei Dimensionen lautet nach Gleichung (1.2.8):

$$\cos(\alpha) = \frac{F_x}{F}, \quad \cos(90° - \alpha) \equiv \sin(\alpha) = \frac{F_y}{F} . \tag{1.2.39}$$

Hier benötigt man nämlich nur einen Winkel, nämlich α, um die Lage eines Kraftvektors F zu kennzeichnen (siehe Abbildung 1.2.5).

Offensichtlich erhält man beim Quadrieren und anschließenden Addieren aller drei in Gleichung (1.2.38) gezeigten Terme die folgende Beziehung:

$$\cos^2(\alpha)+\cos^2(\beta)+\cos^2(\gamma)=1. \qquad (1.2.40)$$

Auch diese Gleichung hat ihr Analogon in zwei Dimensionen, wie man durch Quadrieren und Addieren der beiden Terme in (1.2.39) sieht:

$$\cos^2(\alpha)+\sin^2(\alpha)=1. \qquad (1.2.41)$$

Im Abschnitt 1.2.2 haben wir bereits räumliche zentrale Kräftegruppen bestehend aus n-Stück Kräften $\underline{F}_1$, $\underline{F}_2$, ..., $\underline{F}_n$ betrachtet und in Gleichung (1.2.15) gesehen, dass sich die kartesischen Komponenten der Resultierenden $\underline{R}$ dieser Kräfte durch Summation über ihre (x, y, z)-Komponenten ermitteln lassen: Gleichungen (1.2.15), die hier der Vollständigkeit halber nochmals wiederholt seien.

$$R_x=\sum_{i=1}^{n}F_{ix}\,,\; R_y=\sum_{i=1}^{n}F_{iy}\,,\; R_z=\sum_{i=1}^{n}F_{iz}\,. \qquad (1.2.42)$$

Die entsprechenden Gleichungen für zwei Dimensionen erhält man, wenn man die dritte Beziehung einfach ignoriert.

Schließlich: Ein räumliches zentrales Kräftesystem ist im Gleichgewicht, wenn die Resultierende aller daran beteiligten Kräfte verschwindet. Das bedeutet zeichnerisch, dass sich das räumliche Kräfteeck schließen muss, und rechnerisch, dass jede der drei kartesischen Komponenten der Resultierenden verschwindet:

$$R_x=\sum_{i=1}^{n}F_{ix}=0\,,\; R_y=\sum_{i=1}^{n}F_{iy}=0\,,\; R_z=\sum_{i=1}^{n}F_{iz}=0\,. \qquad (1.2.43)$$

Wieder erhält man die entsprechenden Gleichungen in zwei Dimensionen dadurch, dass man die dritte Beziehung einfach ignoriert.

Kurz schreiben wir hierfür auch gerne:

$$\sum F_x=0\,,\; \sum F_y=0\,,\; \sum F_z=0. \qquad (1.2.44)$$

Ein Beispiel soll diesen Abschnitt über zentrale Kräftegruppen im Raum beschließen:

Wir betrachten die in Abbildung 1.2.12 gezeigte räumliche Aufhängung. Gesucht sind die im Seil und in den beiden Pendelstäben 1 und 2 herrschenden Kräfte, die aus dem angebrachten Gewicht G resultieren. Zunächst entnimmt man der Geometrie, dass sich die gezeichneten Winkel β und γ wie folgt mit den Längenmaßen a, b und c in Verbindung setzen lassen:

Der Franzose **René DESCARTES** (auch CARTESIUS genannt, 1596 – 1650) wurde in La Haye geboren und von seinem achten Lebensjahr an an der Jesuitenschule La Flèche in Anjou ausgebildet. Hier studierte er die damaligen Klassiker und beschäftigte sich insbesondere mit Logik, ARISTOTELischer Philosophie und Mathematik. Es wird berichtet, dass sein Gesundheitszustand nicht allzu gut war und ihm deshalb erlaubt wurde, bis elf Uhr vormittags im Bett zu bleiben, eine Gewohnheit, die er bis zu seinem Tode beibehielt. Er studierte schließlich die Rechte an der Universität in Poitiers und schloss sich nach seinem Abschluss 1616 der Militärakademie in Breda an. 1618 beginnt er sich wieder intensiver mit Mathematik und Mechanik zu beschäftigen, und zwar unter Anleitung des Holländers Isaac BEECKMAN. Der Aufenthalt in Holland währt zwei Jahre und danach reist DESCARTES nach Art des jungen Gentleman durch Europa, schließt sich zeitweise sogar der Bayerischen Armee an (1619), um 1628 für die nächsten zwanzig Jahre nach Holland zurückzukehren. Hier verfasst er wichtige wissenschaftliche Arbeiten, insbesondere über optische und meteorologische

Statik

Fragestellungen, als ihn die Nachricht von GALILEIS Problemen mit der katholischen Kirche und dem damit verbundenen Hausarrest erreicht, was ihn zögern lässt, intensiv vor seinem eigenen – vorzugsweise natürlichen – Tod zu publizieren. Einen solchen Vorwand, nicht zu veröffentlichen, kann der heutige Wissenschaftler nurmehr selten geltend machen.

$$\cos(\alpha) = \frac{b}{\sqrt{a^2+b^2+c^2}},$$
$$\cos(\beta) = \frac{a}{\sqrt{a^2+b^2+c^2}}, \qquad (1.2.45)$$
$$\cos(\gamma) = \frac{c}{\sqrt{a^2+b^2+c^2}}.$$

Um die Größe dieser Kräfte zu berechnen, schneiden wir um den Punkt A frei, wie in der Abbildung gezeigt. Indem wir die Pfeile der Freischnittkräfte vom Knoten weggerichtet einzeichnen, nehmen wir an, dass es sich bei den beiden Stäben um Zugstäbe handelt. Ob diese Annahme richtig ist, wird die Rechnung erweisen. Mit den Gleichgewichtsbeziehungen (1.2.44) entsteht:

$$\sum F_x = 0: \quad S_1 + S_3 \cos(\alpha) = 0,$$
$$\sum F_y = 0: \quad S_2 + S_3 \cos(\beta) = 0, \qquad (1.2.46)$$
$$\sum F_z = 0: \quad S_3 \cos(\gamma) - G = 0 .$$

Hierin wurden die Beträge der Seil- und Pendelstabkräfte mit S_1, S_2 und S_3 bezeichnet und als Zugkräfte angenommen (die Pfeilrichtung zeigt vom Knoten A **weg**). Einfaches Auflösen der Gleichungen nach diesen Kräften und Ersetzen der Winkel durch die geometrischen Beziehungen (1.2.45) liefert:

$$S_1 = -G\frac{b}{c}, \quad S_2 = -G\frac{a}{c}, \quad S_3 = G\frac{\sqrt{a^2+b^2+c^2}}{c}. \qquad (1.2.47)$$

Offensichtlich war die beim Freischnitt getroffene implizite Annahme falsch, dass es sich bei den Pendelstabkräften um Zugstäbe handelt, wie man an dem sich ergebenden Minuszeichen sieht.

1.3 Allgemeine Kräftesysteme: Gleichgewicht des starren Körpers

1.3.1 Moment beliebig verteilter Kräftegruppen im Raum

Zwei zueinander parallele Kräfte

Wir betrachten das in Abbildung 1.3.1 gezeigte ebene Problem:

An einer Scheibe greifen zwei unterschiedlich große, zueinander parallele Kräfte $\underline{F}_1$ und $\underline{F}_2$ an. Das Problem soll darin bestehen, hierzu eine Gegenkraft $\underline{R}$ so zu bestimmen und an der Scheibe so anzubringen, dass sich dieselbe a) nicht translatorisch bewegt und b) nicht zu drehen beginnt. Es liegt nahe, zunächst einmal die Vektorsumme beider Kräfte zu bilden, also beide Pfeile aneinanderzuhängen. Damit leuchtet ein, dass der Betrag der Gegenkraft gleich der Summe der Längen beider Kräfte sein wird:

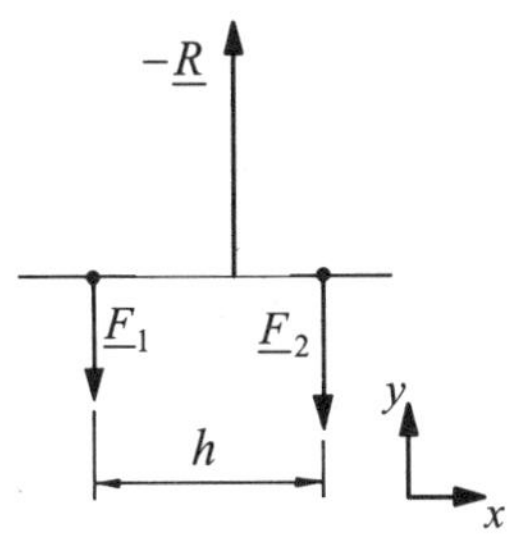

Abb. 1.3.1: Zueinander parallele Kräfte.

$$R = F_1 + F_2\,. \tag{1.3.1}$$

Die Vektorsumme zu bilden, reicht jedoch nicht aus, um die resultierende Kraft $\underline{R}$ vollständig zu bestimmen. Zwar kennen wir nun ihre Größe, aber die Lage ihres Angriffspunktes bzw. ihrer Wirkungslinie ist noch unbekannt. Wenn wir ohne zu überlegen die Wirkungslinie von $\underline{R}$ zum Beispiel zu weit nach rechts legen, kann es geschehen, dass die Scheibe sich plötzlich nach links dreht. Mit anderen Worten: Der Gleichgewichtszustand würde gestört. Das aber gerade soll nicht geschehen.

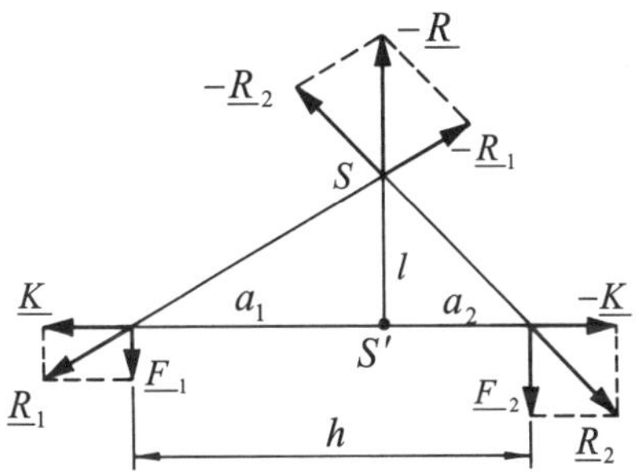

Abb. 1.3.2: Ergänzung zweier zueinander paralleler Kräfte.

Um die richtige Wirkungslinie zu finden, bedienen wir uns eines Tricks. Wie in Abbildung 1.3.2 zu sehen, führen wir in das System zwei einander entgegengesetzt gerichtete, betragsmäßig gleich große Kräfte $\underline{K}$ und $-\underline{K}$ ein. Wir befestigen sie jeweils an den Angriffspunkten der Kräfte $\underline{F}_1$ und $\underline{F}_2$, und da sie auf derselben Wirkungslinie liegen und einander betragsmäßig aufheben, ändert sich insgesamt nichts am Gleichgewichtszustand des Systems. Nun fassen wir $\underline{F}_1$ und $\underline{K}$ sowie $\underline{F}_2$ und $-\underline{K}$ zu den Resultierenden $\underline{R}_1$ und $\underline{R}_2$ zusammen, welche wir, wie dargestellt, vektoriell zur Resultierenden $\underline{R}$ addieren. Dabei ist es nötig, $\underline{R}_1$ und $\underline{R}_2$ entlang ihrer Wirkungslinie zu verschieben, und man gelangt zu einem Schnittpunkt S, der die Lage der Wirkungslinie von $\underline{R}$ anzugeben erlaubt. Dazu projiziert

ARCHIMEDES (287 – 212 v. u. Z.) wurde in Syrakus auf Sizilien geboren, wo er auch lebte und wirkte. Von PLUTARCH und LIVIUS wird überliefert, dass eine seiner wesentlichen Aktivitäten darin bestand, seine Heimatstadt gegen auswärtige Feinde zu verteidigen. Zur Abwehr nahender Truppen ersann er z. B. ein Katapult, mit dem er Gegenstände und Chemikalien (zur Entzündung des sogenannten archimedischen Feuers) verschoss, einen Mehrkomponentenflaschenzug, nützlich u. a. zum Versetzen der „schweren Munition", oder einen Brennspiegel zum Anzünden ganzer Schiffsflotten. Aber auch theoretische Arbeiten konnten ihn begeistern: Er vermaß den Umfang des Kreises mithilfe von Polygonen und schätzte die LUDOLFsche Zahl π als zwischen 3 10/71stel und 3 1/7tel liegend ab. Auch beschäftigte er sich ohne Kenntnis der Integralrechnung mit der Berechnung des Volumens heutzutage als einfach betrachteter Körper und zeigte, dass das Volumen einer Kugel zwei Drittel des Volumens eines sie umfassenden Zylinders beträgt. Dieses Ergebnis empfand er als derart signifikant, dass er

man S einfach senkrecht auf die Verbindungslinie zwischen den Angriffspunkten der beiden Kräfte $\underline{F}_1$ und $\underline{F}_2$. Es entsteht die Wirkungslinie SS'.

Aus der Abbildung 1.3.2 lesen wir ab, dass gelten muss:

$$\frac{a_1}{l} = \frac{K}{F_1}, \quad \frac{a_2}{l} = \frac{K}{F_2} \tag{1.3.2}$$

oder auch:

$$a_1 F_1 = a_2 F_2, \tag{1.3.3}$$

wobei die Abstände a_1 und a_2 sich auf einen Punkt S' beziehen, der auf der Verbindungslinie der Angriffspunkte der beiden gezeigten Kräfte liegt. Wir können diese Abstände ganz einfach durch Kombination der Gleichung (1.3.1) sowie (1.3.2) der Beziehung

$$h = a_1 + a_2 \tag{1.3.4}$$

berechnen und erhalten:

$$a_1 = \frac{F_2}{F_1 + F_2} h, \quad a_2 = \frac{F_1}{F_1 + F_2} h. \tag{1.3.5}$$

Wir erkennen, dass mit dem genannten Trick immer dann die Größe und die Lage der Resultierenden ermittelt werden können, wenn der Nenner in Gleichung (1.3.5) nicht verschwindet. Dieses passiert dann, wenn zwei gleich große, entgegengesetzt gerichtete Kräfte auf parallelen Wirkungslinien agieren. Hierbei handelt es sich um ein sogenanntes **Kräftepaar**, welches eine gewisse Bedeutung für die Technik hat und auf das wir später zurückkommen werden.

Im Moment wollen wir uns einem anderen Aspekt unserer Lösung zuwenden. Die in Gleichung (1.3.3) gezeigte Beziehung ist das aus der Schule bekannte **Hebelgesetz** von **ARCHIMEDES**, wonach es, um das Gleichgewicht zu wahren, nötig ist, dass die Produkte Kraft mal Hebelarm zweier am Körper angreifender Kräfte einander gleich sind.

In der Tat ist diese Beobachtung ein Spezialfall eines allgemeineren Gesetzes für den Fall beliebig vieler, nicht in einem gemeinsamen Angriffspunkt wirkender Kräfte, der Bedingung des sogenannten **Momentengleichgewichtes**.

Definition des Momentes einer Kraft

Wir lassen uns vom Hebelgesetz nach ARCHIMEDES leiten. Offenbar war das Produkt aus einer Kraft und ihrem dazugehörigen Hebelarm, der senkrecht auf ihrer Wirkungslinie stand, von besonderer Bedeutung. In diesem Sinne definieren wir den Betrag des Momentes $M^{(D)}$ einer Kraft $\underline{F}$ bezüglich eines Drehpunkts D wie folgt (Abbildung 1.3.3):

$$\left|M^{(D)}\right| = Fh. \tag{1.3.6}$$

Dabei greift die Kraft in der Ebene an einer Scheibe an, h ist der Abstand senkrecht zur Wirkungslinie dieser Kraft. Man beachte, dass es zur Charakterisierung eines Momentes nötig ist, den **Drehpunkt** anzugeben, denn je nach Wahl des Drehpunktes relativ zur Wirkungslinie wird sich ein anderer Zahlenwert ergeben. Daher der Index D am Symbol M. Der Drehpunkt D kann, aber muss nicht in der Scheibe liegen. Jeder Punkt der Ebene kann zum Drehpunkt gewählt werden. Später werden wir sehen, dass es bei Gleichgewichtsberechnungen günstige und weniger günstige Wahlen des Drehpunktes gibt.

Die Einheit des Momentes ergibt sich aus den Einheiten der es zusammensetzenden Größen **Kraft mal Abstand**, also $\mathrm{N \cdot m}$ oder auch $\mathrm{kN \cdot m}$.

Genau wie Kraftkomponenten hat auch der Zahlenwert eines Momentes ein Vorzeichen. Die Vorzeichenwahl ist willkürlich. Wir wollen im Folgenden vereinbaren, dass für den Fall einer links um den Punkt D drehenden Kraft, die also **entgegen dem Uhrzeigersinn** angreift, sich ein **positiver Zahlenwert** ergibt und umgekehrt. Betrage zum Beispiel die Kraft F in Abbildung 1.3.3 10 kN sowie der Hebelarm $1\,\mathrm{m}$, dann ist das zum Punkt D gehörige Moment gerade $-10\,\mathrm{kN \cdot m}$.

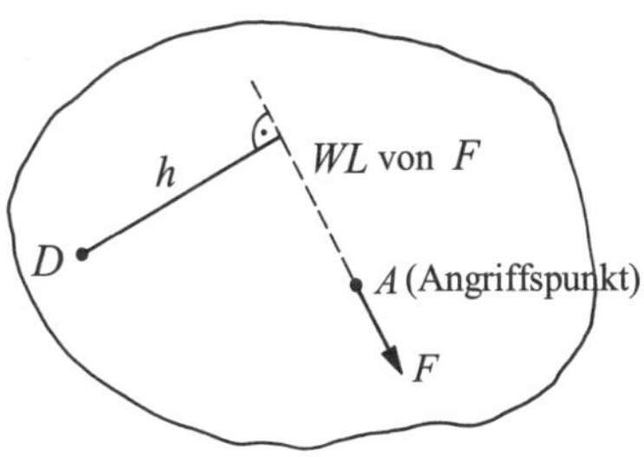

Abb. 1.3.3: Definition des Moments einer Kraft in der Ebene.

verlangte, man möge ein Bild besagten Zylinders nebst Kugel auf seinem Grabstein anbringen. Seine Beweismethoden waren für damalige Zeiten recht unorthodox. Gerne arbeitete er mit Modellen geometrischer Körper, die er aus Holz oder Metall anfertigte und deren Volumen er vermaß, indem er sie in Wasser eintauchte und das Volumen der verdrängten Flüssigkeitsmenge bestimmte. Solches führte er auch in der griechischen Akademie vor, woraufhin entsetztes Schweigen eintrat und sich schließlich nur noch der junge APOLLONIUS von Perge aufzuraffen vermochte, um schockiert festzustellen, man möge ARCHIMEDES auf immer aus der Akademie verbannen, da er den edlen Geist der Mathematik mit schnöder Materie beschmutze. Eine solche Denkweise ist jedoch nicht dem Altertum vorbehalten, auch heute noch kann man in akademischen Zirkeln aus ähnlichen Gründen leicht zu einer Persona non grata werden. Dem Internet entnehmen wir ferner: "Often Archimedes' servants got him against his will to the baths, to wash and anoint him, and yet being there, he would ever be drawing out of the geometrical figures, even in the very embers of the chimney. And while they were anointing of him with oils and sweet savors, with his fingers he drew lines upon his naked body, so far was he taken from himself, and brought into ecstasy or trance, with the delight he had in the study of geometry." Dieses Zitat passt zu folgender Anekdote, wonach Archimedes das nach ihm benannte Auftriebsgesetz beim Baden „erlebt und erfühlt" habe und aus der Wanne gesprungen sei, um „heureka!" rufend nackt durch die Straßen zu laufen, auch in damaliger Zeit ein etwas ungewöhnliches Verhalten. Und selbst über ARCHIMEDES' Tod wird von PLUTARCH Kurioses berichtet. Während des zweiten punischen Krieges wurde auch Syrakus belagert und schließlich eingenommen. Dabei drang ein römischer Soldat in ARCHIMEDES' Haus ein (siehe Bild) und versuchte, dessen Interesse von einem mathematischen Problem weg auf das umgebende Kampfgeschehen zu lenken. Daraufhin sprach ARCHIMEDES die berühmten Worte „Noli perturbare circulos meos!", was der Soldat mit einem tödlichen Schwerthieb beantwortete. Dies ist zugegebenermaßen ein etwas radikales Verhalten, auch für Kritiker der Wissenschaft.

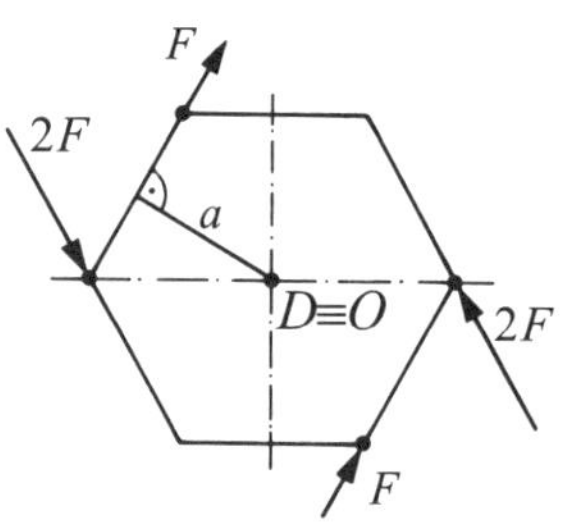

Abb. 1.3.5: Kräfte an Sechseckscheibe.

Zum Gesamtmoment ebener Kräftesysteme

Um das in Abbildung 1.3.4 gezeigte Gesamtmoment aller Kräfte auf die Scheibe bezüglich des Drehpunktes D zu ermitteln, ist es nötig, alle einzelnen Momente gemäß der Grunddefinition (1.3.6) zu ermitteln und dann mit dem richtigen Vorzeichen zu addieren. Wir schreiben für das resultierende Moment:

$$M_R^{(D)} = \sum_{i=1}^{n} M_i^{(D)} = \sum M^{(D)} = \sum_{i=1}^{n} (\pm) h_i \cdot F_i \,. \qquad (1.3.7)$$

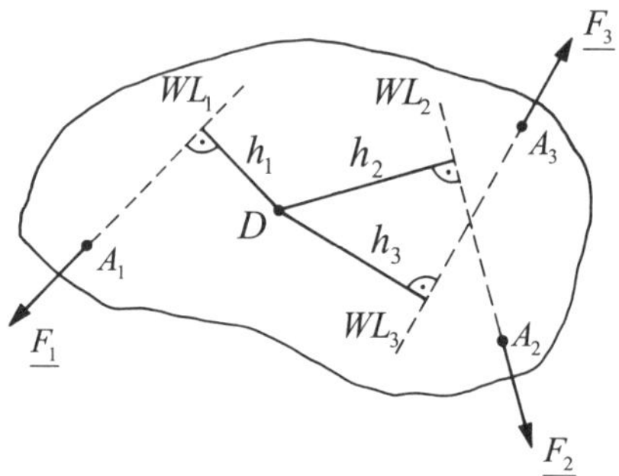

Abb. 1.3.4: Von mehreren Kräften ausgeübtes Moment auf einen Drehpunkt D.

Kräfte an einer Sechseckscheibe

Betrachte die in Abbildung 1.3.5 gezeigte Situation. Gesucht ist das Gesamtmoment für die Sechseckscheibe relativ zu ihrem Zentrum O. Wir finden:

$$M_R^{o} = 2Fa - Fa + Fa + 2Fa = 4Fa \,. \qquad (1.3.8)$$

Das Gesamtmoment bezüglich des Ursprunges O verschwindet also nicht. Und in der Tat, würde man die Scheibe in O drehbar lagern, so würde sie sich zu drehen beginnen, und zwar entgegen dem Uhrzeiger. Wünscht man, dass dieses nicht geschieht, dann muss man im Ursprung O dafür sorgen, dass ein entgegengesetztes Moment $-4Fa$ geeignet angebracht wird, etwa dadurch, dass man mit einem Momentenschüssel „nach rechts" dreht, und zwar mit der Stärke $-4Fa$.

Beispiel: Das Moment eines Kräftepaares

Betrachte die in Abbildung 1.3.6 gezeigte Situation: Das Moment eines sog. Kräftepaares, d. h. zwei gleich große, aber entgegengesetzte Kräfte in der Ebene, die nicht auf derselben Wirkungslinie liegen, soll für einen beliebigen Drehpunkt D in der Ebene berechnet werden.

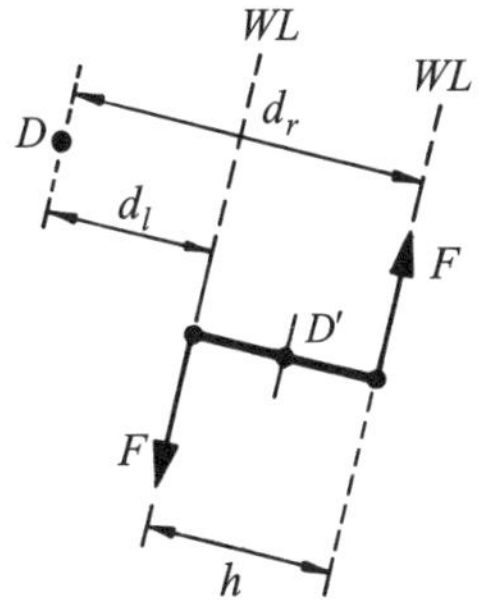

Abb. 1.3.6: Moment eines Kräftepaares mit beliebigem Drehpunkt.

Mit den Bezeichnungen der Abbildung wird:

$$M^D = Fd_r - Fd_l = F(d_r - d_l) = Fh. \tag{1.3.9}$$

Das Ergebnis hängt somit nur von dem senkrechten Abstand der beiden Kräfte ab, gleichgültig, welchen Drehpunkt D man wählt. Man beachte: Das Kräftepaar hat eine verschwindende Kräfteresultierende, es ist die Verkörperung eines **reinen** Momentes, d. h., es beeinflusst nicht das Ergebnis für die Kräfteresultierende gemäß der Gleichung (1.2.1), wohl aber die Berechnung eines Gesamtmomentes für eine Scheibe gemäß der Gleichung (1.3.7). Da die Resultierende eines Kräftepaares verschwindet, kann das Moment $M = Fh$ beliebig in der Ebene verschoben werden.

Technische Beispiele für ein Kräftepaar sind in Abbildung 1.3.7 zu sehen, nämlich ein Lenkrad, das gedreht wird, ein Schraubendreher, der mit etwas Spiel auf den Schlitz einer Schraube wirkt, oder ein Balken, der in einer Wand eingespannt gelagert ist und dessen Ende verdreht wird.

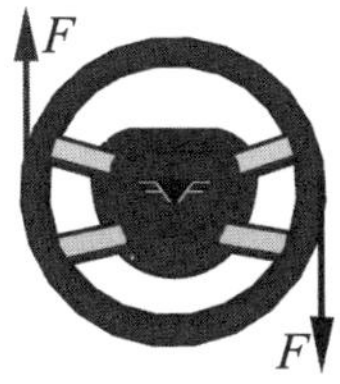

Lenkrad

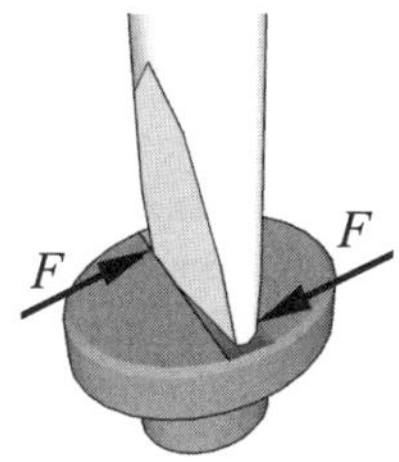

Schraubendreher

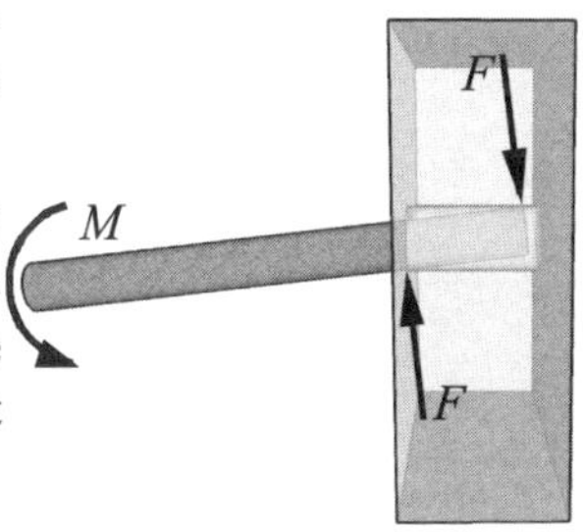

Balken mit Spiel

Abb. 1.3.7: Beispiele für Kräftepaare.

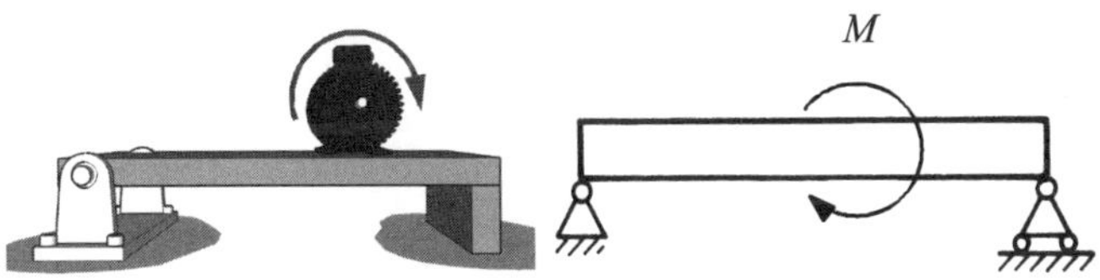

Abb. 1.3.8: Anfahrender Motor.

Die Wirkung eines anfahrenden Motors, der sich auf einem Balken befindet, entspricht auch einem reinen, plötzlich angreifenden Moment, und wir sollten an das Modell eines Kräftepaares zurückdenken, wenn wir solche reinen Momente in eine Zeichnung einbringen, ohne dass irgendwelche sie erzeugenden Kräfte direkt sichtbar sind: Abbildung 1.3.8.

1.3.2 Gleichgewichtsbedingungen für beliebige Kräftesysteme in der Ebene

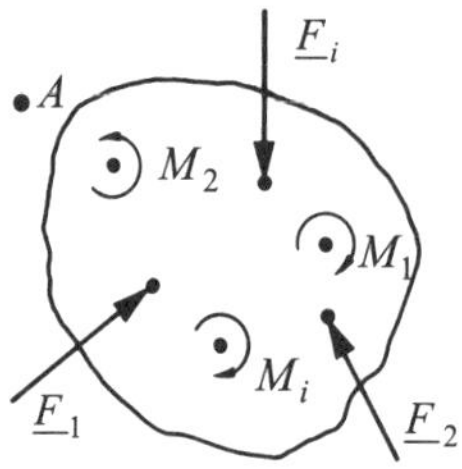

Abb. 1.3.9: Ebene Scheibe unter Wirkung von angreifenden Kräften und Momenten.

Wir betrachten die in Abbildung 1.3.9 gezeichnete ebene Scheibe, die sich unter der kombinierten Wirkung von Kräften und Momenten in der Ebene befindet.

Damit diese Scheibe in sich ruht, d. h. sich im statischen Gleichgewicht befindet, ist es nötig, dass die Vektorresultierende aller Kräfte sowie die bezüglich eines **beliebigen** Punktes A ermittelte Momentensumme verschwindet. Die letzte Forderung leuchtet sofort ein, denn würde die Momentensumme bezüglich A nicht verschwinden, so hätte dies eine Drehung des Körpers um den Punkt A zur Folge, und das widerspricht der Forderung nach statischem Gleichgewicht. Um unsere Gleichgewichtsbedingungen mathematisch auswerten zu können, wählen wir ein beliebiges Koordinatensystem mit dem Ursprung in B und schreiben (siehe Abbildung 1.3.10):

$$\sum_{i=1}^{n} F_{ix} = 0, \quad \sum_{i=1}^{n} F_{iy} = 0, \quad \sum_{i=1}^{n} M_i^{(A)} = 0. \qquad (1.3.10)$$

Oder auch kurz:

$$\sum F_x = 0, \quad \sum F_y = 0, \quad \sum M^{(A)} = 0. \qquad (1.3.11)$$

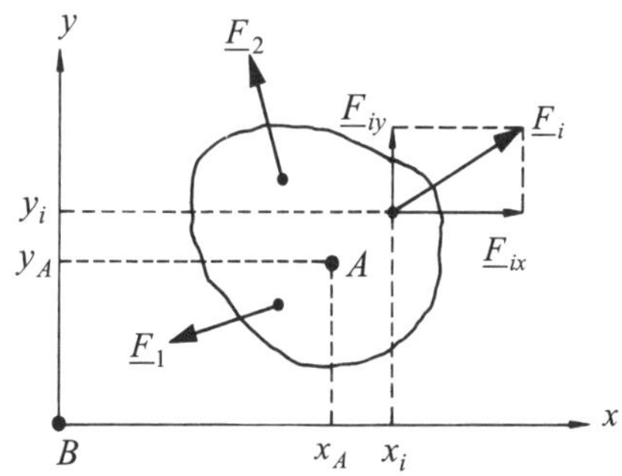

Abb. 1.3.10: Gleichgewichtsbedingungen formuliert im kartesischen Koordinatensystem.

Wir wollen untersuchen, ob die Wahl des Drehpunktes A einen Einfluss auf die Gleichgewichtsbedingungen hat. Dazu bilden wir gemäß der Abbildung 1.3.10 die Momentensumme bezüglich A, wobei das Vorzeichen der Teilmomente gemäß der in Abbildung 1.3.10 gezeigten Richtung der Kraft $\underline{F}_i$ entschieden wurde:

$$\sum_{i=1}^{n} M_i^{(A)} = \sum_{i=1}^{n} \{(x_i - x_A)F_{iy} - (y_i - y_A)F_{ix}\} =$$
$$\sum_{i=1}^{n} (x_i F_{iy} - y_i F_{ix}) - x_A \sum_{i=1}^{n} F_{iy} + y_A \sum_{i=1}^{n} F_{ix} = \qquad (1.3.12)$$
$$\sum_{i=1}^{n} M_i^{(B)} - x_A \sum_{i=1}^{n} F_{iy} + y_A \sum_{i=1}^{n} F_{ix} \, .$$

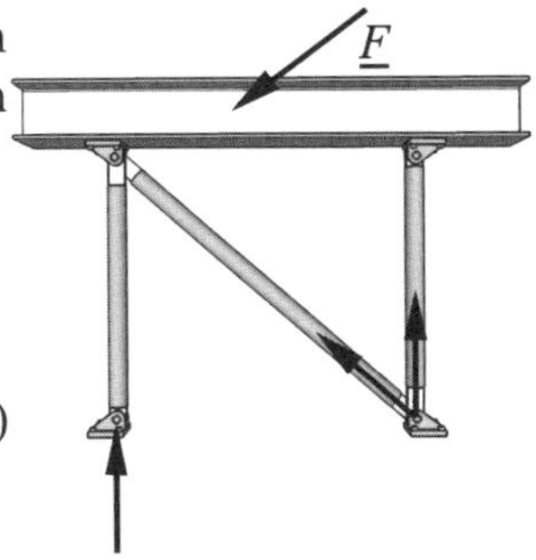

Abb. 1.3.11: a) Statisch bestimmt, 3 Stützkräfte.

Sind also die Kräftegleichgewichtsbedingungen erfüllt, so folgt, dass auch die Momentensumme um B verschwinden muss. Die Wahl des Angelpunktes ist also **unwesentlich** für die Formulierung der Momentenbedingung.

Einige Merksätze sollen am Abschluss dieses Abschnitts stehen:

- Anstelle der Gleichgewichtsbedingungen mit zwei Kräften in x- bzw. y-Richtung und einer Momentenbedingung kann man auch nur eine Kräftebedingung und dafür zwei Momentenbedingungen um verschiedene Drehpunkte auswerten, etwa:

$$\sum_{i=1}^{n} F_{ix} = 0 \, , \; \sum_{i=1}^{n} M_i^{(A)} = 0 \, , \; \sum_{i=1}^{n} M_i^{(B)} = 0 \, . \qquad (1.3.13)$$

- Niemals jedoch darf man drei Kräfte- oder drei Momentenbedingungen ansetzen. Bei einer Scheibe darf eine vierte Gleichung zur Kontrollrechnung verwendet werden.
- Ist statisches Gleichgewicht an mehreren Scheiben nachzuweisen (siehe Abbildung 1.3.12), so gibt es für jede Scheibe drei Gleichgewichtsbedingungen, die man auswertet, nachdem man die Scheiben durch Freischnitt voneinander getrennt hat.
- Bei der Auswertung der Momentenbedingung kann das Moment einer Kraft (Kraft mal Hebelarm) oder die Momente aus den Komponenten der Kraft zur Berechnung herangezogen werden.
- Wird ein Scheibensystem mit mehr als drei Stützkräften gehalten, so ist es mit drei Gleichgewichtsbedingungen nicht mehr zu berechnen. Das System ist statisch unbestimmt. Die fehlenden Gleichungen sind Verformungsbedingungen: Abbildung 1.3.11 b).

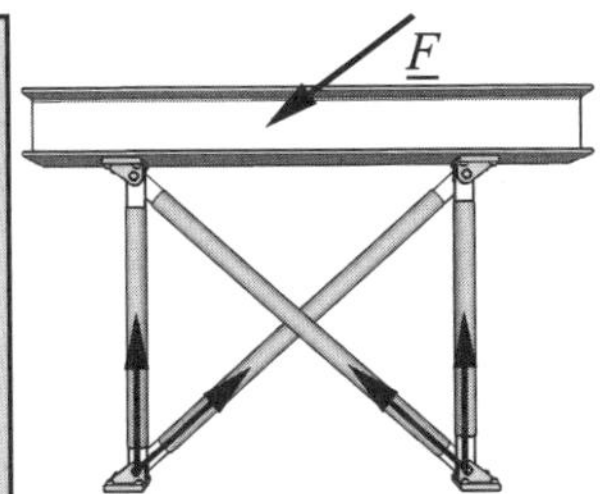

Abb. 1.3.11: b) Statisch unbestimmt, 3+1 Stützkräfte.

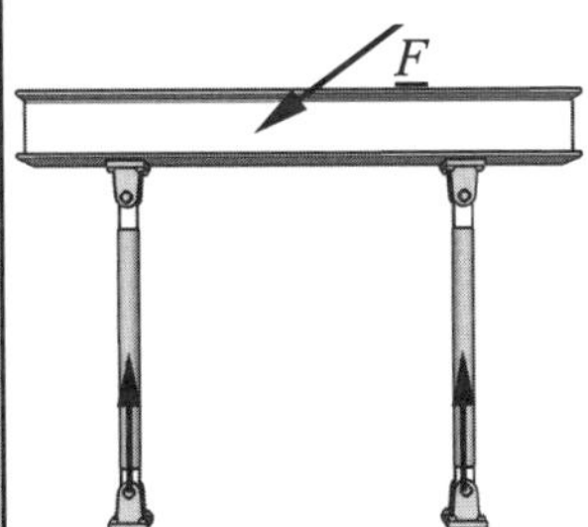

Abb. 1.3.11: c) Statisch überbestimmt, System klappt um.

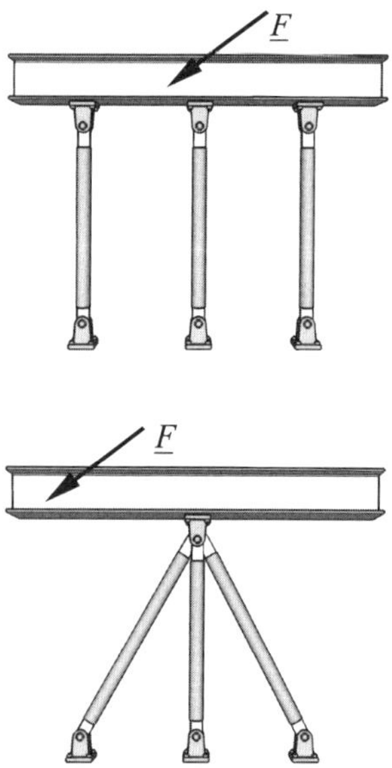

Abb. 1.3.11: c) und d) Fehlerhafte Stützung: Die Wirkungslinien der drei Stützkräfte dürfen nicht durch einen Punkt gehen, auch wenn dieser im Unendlichen liegt (parallele Stützen).

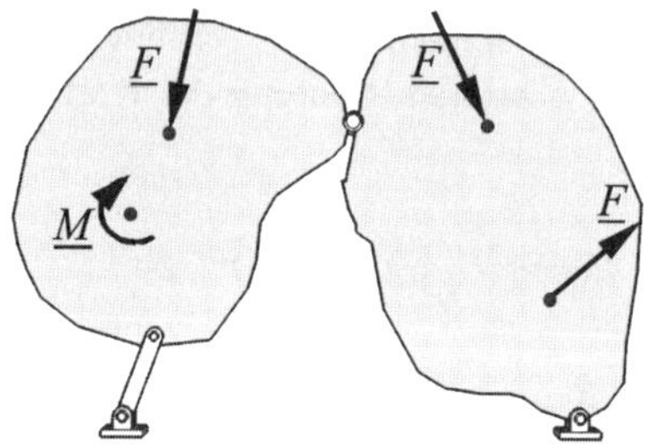

Abb. 1.3.12: Statisches Gleichgewicht an mehreren Scheiben.

1.3.3 Gleichgewicht illustriert an einem System von Pendelstäben

Betrachte das in Abbildung 1.3.13 gezeigte System einer durch drei Pendelstäbe abgestützten Gabel, die unter dem Einfluss einer äußeren Kraft F steht.

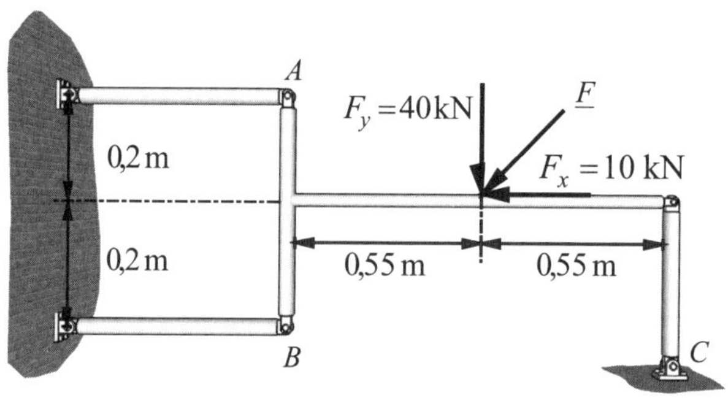

Abb. 1.3.13: System von Pendelstäben.

Wir interessieren uns für die in den Pendelstäben A, B und C herrschenden Kräfte, die wir mit F_A, F_B und F_C bezeichnen. Um diese Kräfte herauszufinden, wird zunächst, wie in Abbildung 1.3.14 gezeigt, freigeschnitten, und danach werden die Gleichgewichtsbedingungen ausgewertet, und zwar bezüglich des ebenen kartesischen Koordinatensystems, das in der Abbildung zu sehen ist.

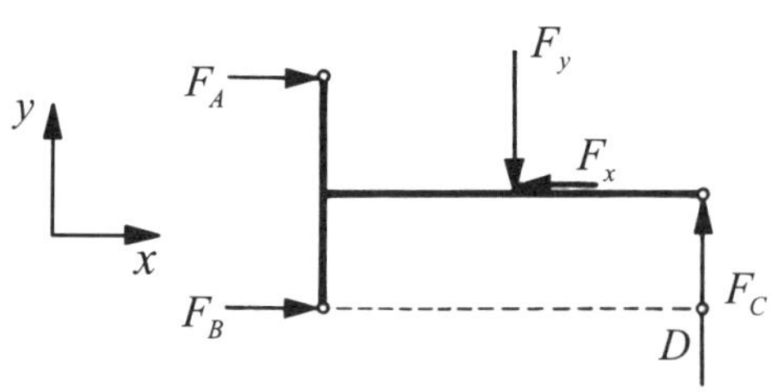

Abb. 1.3.14: Freischnitt des Systems von Pendelstäben.

Man erhält für das Kräftegleichgewicht in x- und y-Richtung:

$$\sum F_x = 0: \quad F_A + F_B - 10\,\text{kN} = 0,$$
$$\sum F_y = 0: \quad -40\,\text{kN} + F_C = 0. \qquad (1.3.14)$$

Aus der zweiten Gleichung finden wir:

$$F_C = 40\,\text{kN}. \qquad (1.3.15)$$

Die Pfeilspitze war also richtig am Stab C eingetragen. Um die beiden anderen Stabkräfte zu bestimmen, benötigen wir noch eine weitere Gleichung. Das ist die Momentenbedingung. Um möglichst wenig rechnen zu müssen und gleichzeitig wenig neue Unbekannte in die Momentengleichung einzubringen, wählen wir den im Freischnitt eingezeichneten Punkt D als Drehpunkt. Man erhält so:

$$\sum M^{(D)} = 0:$$
$$-F_A \cdot 0{,}4\,\text{m} + 40\,\text{kN} \cdot 0{,}55\,\text{m} + 10\,\text{kN} \cdot 0{,}2\,\text{m} = 0. \qquad (1.3.16)$$

Als Endergebnis folgt:

$$F_A = 60\,\text{kN}, \quad F_B = -50\,\text{kN}. \qquad (1.3.17)$$

Die Pfeilspitze der Stabkraft A war korrekt, wohingegen die Pfeilspitze der Stabkraft B sich nachträglich als falsch gewählt herausstellt. Wir fassen zusammen: Es handelt sich bei A um einen Druckstab, bei B um einen Zugstab und bei C wieder um einen Druckstab.

1.3.4 Vektorielle Deutung des Momentes

Definition des Momentenvektors

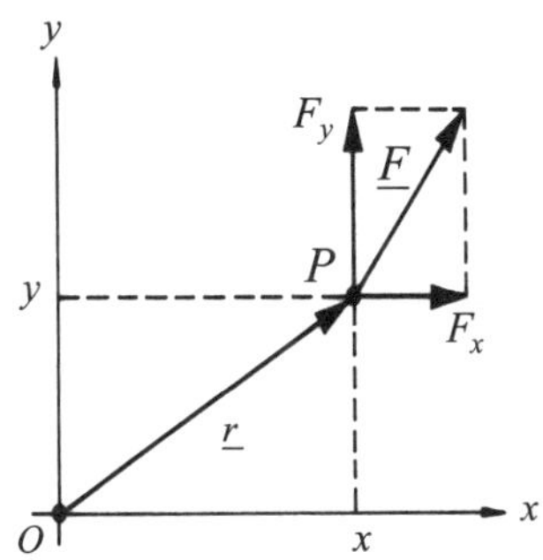

Abb. 1.3.15: Zur vektoriellen Deutung des Momentes.

Betrachte die Abbildung 1.3.15: Eine Kraft $\underline{F}$ greift in der (x, y)-Ebene in dem durch den Ortsvektor $\underline{r} = (x, y, 0)$ gekennzeichneten Punkt P an. Wir wollen das Moment dieser Kraft bezüglich des Ursprunges O des Koordinatensystems berechnen.

Es gilt offenbar:

$$M^{(0)} = x\,F_y - y\,F_x = \begin{vmatrix} 0 & 0 & 1 \\ x & y & 0 \\ F_x & F_y & 0 \end{vmatrix}. \tag{1.3.18}$$

Dabei haben wir die Summe aus Produkten von Abständen und Kräften mithilfe einer 3×3-Determinante umgeschrieben. Diese Darstellung lässt eine neue Interpretation des Momentes zu. Identifizieren wir nämlich die erste Zeile dieser Determinante als Einheitsvektor in z – Richtung, also:

$$(0\,,\quad 0\,,\quad 1) \quad \rightarrow \quad \underline{e}_z\,, \tag{1.3.19}$$

und die zweite Zeile als zum Fußpunkt der Kraft führenden Ortsvektor:

$$(x\,,\quad y\,,\quad 0) \quad \rightarrow \quad \underline{r}\,, \tag{1.3.20}$$

und die dritte Zeile schließlich als in der Ebene liegenden Kraftvektor:

$$(F_x\,,\quad F_y\,,\quad 0) \quad \rightarrow \quad \underline{F}\,, \tag{1.3.21}$$

so können wir einen Momentenvektor als das Kreuzprodukt aus Orts- und Kraftvektor wie folgt definieren:

$$\underline{M}^{(0)} = \underline{r} \times \underline{F}\,. \tag{1.3.22}$$

Diese Definition eines Momentenvektors ist sofort auf drei Dimensionen verallgemeinerungsfähig, wie wir weiter unten sehen werden. Zuvor jedoch sollen einige Bemerkungen zum Kreuzprodukt zwischen zwei Vektoren folgen, welche die obige Definition des Momentenvektors aus der Determinantenbedingung (1.3.18) heraus klar werden lassen.

Bemerkungen zum Kreuzprodukt von Vektoren

Betrachten wir also zwei beliebige Vektoren im Raum, genannt $\underline{a}$ und $\underline{b}$, so wie in der Abbildung 1.3.16 gezeigt. Durch das sogenannte **Kreuzprodukt** wird diesen beiden Vektoren ein dritter Vektor zugeordnet, den wir $\underline{c}$ nennen wollen. Wir schreiben:

$$\underline{c} = \underline{a} \times \underline{b}\,. \tag{1.3.23}$$

Dieses ist zunächst einmal nur eine formale Definition. Sie wird erst nützlich, wenn wir $\underline{c}$ als Vektor eindeutig kennzeichnen.

Und dazu ist es erforderlich, seinen Betrag und seine Richtung festzulegen.

Sein Betrag wird durch die folgende Gleichung aus den Längen der beiden Vektoren $\underline{a}$ und $\underline{b}$ sowie dem von ihnen eingeschlossenen Winkel φ berechenbar:

$$c = a\, b \sin(\varphi). \tag{1.3.24}$$

Man überlegt sich, dass die so definierte Länge c betragsmäßig gleich der Fläche des von $\underline{a}$ und $\underline{b}$ aufgespannten Parallelogramms ist (siehe Abbildung 1.3.16):

$$A = a\, h = a\, b \sin(\varphi). \tag{1.3.25}$$

Dabei bezeichnet h die Parallelogrammhöhe. Für die Richtung von $\underline{c}$ vereinbaren wir erstens, dass dieser Vektor sowohl senkrecht zu $\underline{a}$ als auch senkrecht zu $\underline{b}$ stehen soll. Zweitens sollen die Vektoren $\underline{a}$, $\underline{b}$ und $\underline{c}$ (in dieser Reihenfolge) ein **Rechtssystem** bilden. Genau das ist in der Abbildung 1.3.16 zu sehen.

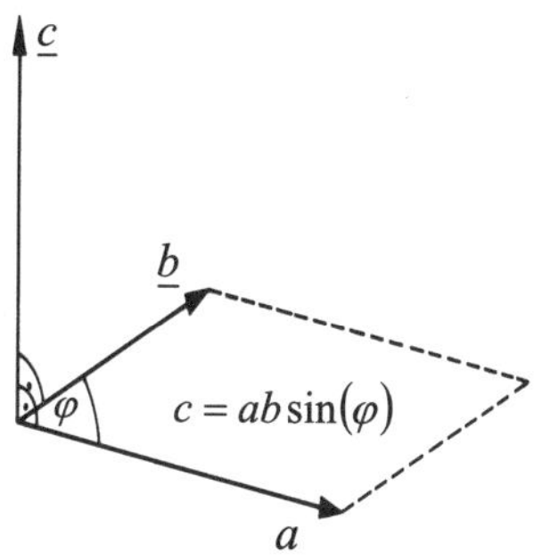

Abb. 1.3.16: Das Kreuzprodukt.

Bis jetzt haben wir nicht von der Komponentendarstellung der Vektoren $\underline{a}$, $\underline{b}$ und $\underline{c}$ geredet. Das müssen wir jetzt nachholen. Zunächst ist klar, dass aus den drei Vektoren bezüglich eines räumlichen dreidimensionalen Koordinatensystems eine Komponentendarstellung der Form

$$\begin{aligned} \underline{a} &= (a_x\,,\; a_y\,,\; a_z), \\ \underline{b} &= (b_x\,,\; b_y\,,\; b_z), \\ \underline{c} &= (c_x\,,\; c_y\,,\; c_z) \end{aligned} \tag{1.3.26}$$

folgt.

Wir fragen uns, wie man die Komponenten des Vektors $\underline{c}$ durch die Komponenten der beiden anderen Vektoren ausdrücken kann. Es lässt sich zeigen, dass gilt:

$$\begin{aligned} \underline{c} &= (a_y b_z - a_z b_y\,,\quad a_z b_x - a_x b_z\,,\quad a_x b_y - a_y b_x) \\ &= \begin{vmatrix} \underline{e}_x & \underline{e}_y & \underline{e}_z \\ a_x & a_y & a_z \\ b_x & b_y & b_z \end{vmatrix}. \end{aligned} \tag{1.3.27}$$

Diese auf den ersten Blick so kompliziert anmutende Kombination der verschiedenen Komponenten lässt sich also auf elegante Weise durch eine Determinante ersetzen, wobei die drei Basisvektoren $\underline{e}_x$, $\underline{e}_y$, $\underline{e}_z$ verwendet werden. Wie aber entsteht dieses Ergebnis? Dazu sei erinnert, dass die Komponentenschreibweise (1.3.26) für unsere drei Vektoren $\underline{a}$, $\underline{b}$ und $\underline{c}$ nichts anderes bedeutet als:

$$\begin{aligned} \underline{a} &= a_x\,\underline{e}_x + a_y\,\underline{e}_y + a_z\,\underline{e}_z\,, \\ \underline{b} &= b_x\,\underline{e}_x + b_y\,\underline{e}_y + b_z\,\underline{e}_z\,, \\ \underline{c} &= c_x\,\underline{e}_x + c_y\,\underline{e}_y + c_z\,\underline{e}_z\,. \end{aligned} \tag{1.3.28}$$

Setzt man diese Darstellung in das Kreuzprodukt (1.3.23) ein, so erhält man Ausdrücke der Form $(a_i\,\underline{e}_i)\times(b_j\,\underline{e}_j)$, wobei i oder j für jede beliebige Kombination der Indizes x, y oder z stehen darf. Man darf Zahlen einfach vor das Kreuzprodukt ziehen, also für den letzten Ausdruck schreiben: $a_i b_j(\underline{e}_i\times\underline{e}_j)$. Nun bedenken wir die Grunddefinition des Kreuzprodukts und wenden sie auf Einheitsvektoren an. Da der Winkel zwischen den beiden Einheitsvektoren 0° oder 90° beträgt, ist die Länge des aus $\underline{e}_i\times\underline{e}_j$ resultierenden Vektors entweder null oder eins, und er steht senkrecht auf $\underline{e}_i$ und $\underline{e}_j$, sodass die drei ein Rechtssystem bilden. In einem Satz: Wenn gilt $i\neq j$, ist der Vektor $\underline{e}_i\times\underline{e}_j$ bis auf das Vorzeichen gleich dem noch fehlenden Einheitsvektor $\underline{e}_k$, ansonsten gleich dem Nullvektor, z. B.:

$$\underline{e}_x\times\underline{e}_y=\underline{e}_z\,,\;\underline{e}_z\times\underline{e}_y=-\underline{e}_x\,,\;\underline{e}_x\times\underline{e}_x=\underline{0}. \tag{1.3.29}$$

Betrachten wir einen Spezialfall und nehmen an, dass die beiden Vektoren $\underline{a}$ und $\underline{b}$ in der $(x\,,\,y)$-Ebene liegen, dass also gilt:

$$\underline{a}=(a_x\,,\,a_y\,,\,0),\;\underline{b}=(b_x\,,\,b_y\,,\,0). \tag{1.3.30}$$

Gleichung (1.3.27) reduziert sich dann auf:

$$\underline{c}=\left(0\,,\quad 0\,,\quad a_x b_y-a_y b_x\right)=\begin{vmatrix}0 & 0 & \underline{e}_z\\ a_x & a_y & 0\\ b_x & b_y & 0\end{vmatrix}. \tag{1.3.31}$$

Das heißt, der aus dem Kreuzprodukt von $\underline{a}$ und $\underline{b}$ resultierende Vektor $\underline{c}$ besitzt nur Komponenten in $z-$Richtung. Genau diese Situation haben wir jedoch im vorangegangenen Abschnitt betrachtet. Der Vektor $\underline{a}$ entsprach dem Ortsvektor $\underline{r}$, der Vektor $\underline{b}$ dem Kraftvektor $\underline{F}$ und beide befanden sich in der $(x\,,\,y)$-Ebene. Der Momentenvektor steht senkrecht zu beiden, wobei $\underline{r}$, $\underline{F}$ und $\underline{M}^{(0)}$ (in dieser Reihenfolge) ein Rechtssystem bilden.

Die Länge von $\underline{M}^{(0)}$ wird gemäß der Formel (1.3.18) berechnet. Lägen nun $\underline{r}$ und $\underline{F}$ beliebig im Raum, d. h., greift der Kraftvektor in beliebiger Richtung an einem Ortspunkt an (beides relativ zu einem externen dreidimensionalen Koordinatensystem), so greift die allgemeine Definition (1.3.27) für das Kreuzprodukt und wir schreiben:

$$\underline{M}^{(0)} = \left(yF_z - zF_y\,,\quad zF_x - xF_z\,,\quad xF_y - yF_x\right) = \begin{vmatrix} \underline{e}_x & \underline{e}_y & \underline{e}_z \\ x & y & z \\ F_x & F_y & F_z \end{vmatrix}. \tag{1.3.32}$$

Zu beachten ist, dass die Richtung des Momentenvektors durch die Richtung des Ortsvektors und des Kraftvektors **sowie** durch die Reihenfolge beider festgelegt ist. Man kann sich das mit der **Rechtehandregel** klarmachen: Um die Richtung des Momentenvektors zu finden, muss man den Ortsvektor mit der rechten Handfläche auf den Kraftvektor drehen. Dann zeigt der Daumen in Richtung des Momentenvektors.

Man beachte, dass die Deutung des Momentes als eine Art Drehvektor (man spricht auch von einem **axialen Vektor**) in einem gewissen Sinne unausweichlich war, denn schließlich hatten wir weiter oben verabredet, dass Beiträge zu einem Moment in der Ebene positiv zu zählen sind, wenn die betreffende Kraft links um einen Angelpunkt dreht, und ansonsten negativ.

Greifen mehrere Kräfte $\underline{F}_i$ an verschiedenen Punkten $\underline{r}_i$ (gemessen am Ursprung eines kartesischen Dreibeins) an, so führt jede auf einen Momentenvektor $\underline{M}_i$, die dann im Sinne einer vektoriellen Addition zu einem Gesamtmomentenvektor $\underline{M}^{(R)}$ addiert werden können. Wir schreiben:

$$\underline{M}^{(R)} = \sum_{i=1}^{n} \underline{M}_i = \sum_{i=1}^{n} \underline{r}_i \times \underline{F}_i\,. \tag{1.3.33}$$

Ein Quader unter dem Einfluss äußerer Kräfte

Betrachte den in Abbildung 1.3.17 gezeigten Quader mit den Kantenlängen a, a, $2a$, in dessen einer Ecke sich ein Dreibein befindet.

Bezüglich dieses Dreibeins ergibt sich die Komponentendarstellung für die Kraft- und Ortsvektoren wie folgt:

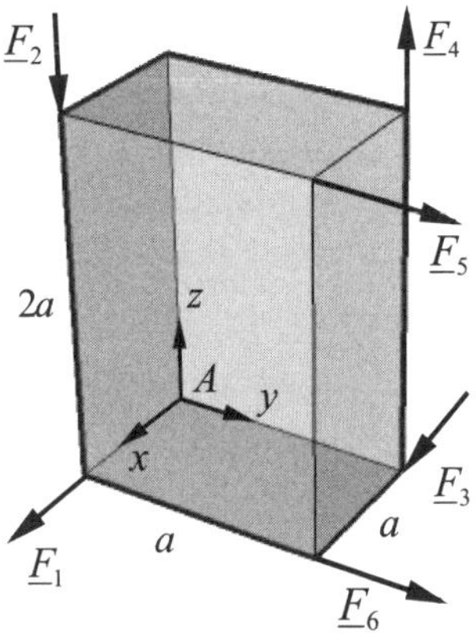

Abb. 1.3.17: Ein Quader unter dem Einfluss äußerer Kräfte.

$$\underline{F}_1 = (F,\ 0,\ 0),\ \underline{F}_2 = (0,\ 0,\ -F),\\ \underline{F}_3 = (2F,\ 0,\ 0),\ \underline{F}_4 = (0,\ 0,\ 2F),\\ \underline{F}_5 = (0,\ 3F,\ 0),\ \underline{F}_6 = (0,\ 3F,\ 0). \tag{1.3.34}$$

$$\underline{r}_1 = (a,\ 0,\ 0),\ \underline{r}_2 = (a,\ 0,\ 2a),\\ \underline{r}_3 = (0,\ a,\ 0),\ \underline{r}_4 = (0,\ a,\ 2a),\\ \underline{r}_5 = (a,\ a,\ 2a),\ \underline{r}_6 = (a,\ a,\ 0). \tag{1.3.35}$$

Die Kraftresultierende ergibt sich somit zu:

$$\underline{R} = (3F,\ 6F,\ F),\\ R = \sqrt{9F^2 + 36F^2 + F^2} = \sqrt{46}F. \tag{1.3.36}$$

Wir erhalten für die Momentenvektoren der einzelnen Kräfte bezogen auf A:

$$\underline{M}_1 = (0,\ 0,\ 0),\ \underline{M}_2 = (0,\ aF,\ 0),\\ \underline{M}_3 = (0,\ 0,\ -2aF),\ \underline{M}_4 = (2aF,\ 0,\ 0),\\ \underline{M}_5 = (-6aF,\ 0,\ 3aF),\ \underline{M}_6 = (0,\ 0,\ 3aF). \tag{1.3.37}$$

Damit ergibt sich der resultierende Momentenvektor zu:

$$\underline{M}_R^{(A)} = (-4,\ 1,\ 4)\,aF,\\ M_R^{(A)} = \sqrt{16+1+16}aF = \sqrt{33}aF. \tag{1.3.38}$$

Wir stellen fest, dass der Quader geeignet gelagert werden muss, damit er sich nicht in Bewegung setzt. Er würde nämlich in translatorische Bewegung versetzt, da die Kräfteresultierende nicht verschwindet, und außerdem in Rotation geraten, da der resultierende Momentenvektor nicht gleich dem Nullvektor ist.

1.3.5 Allgemeine Kräftegruppen im Raum

Zusammenfassung der Gleichgewichtsbedingungen

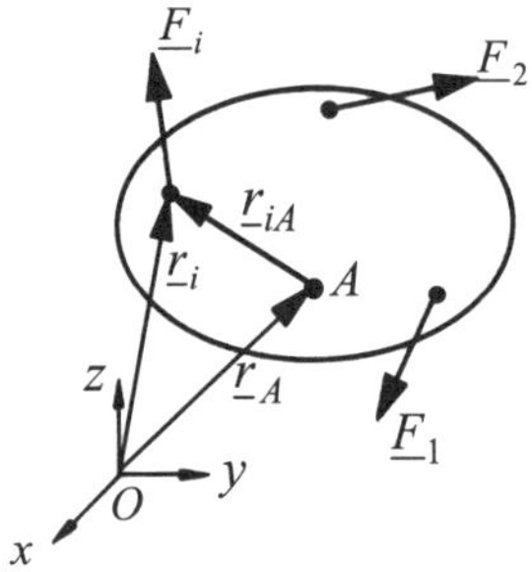

Abb. 1.3.18: Allgemeines Kräftesystem im Raum.

Betrachten wir ein allgemeines Kräftesystem im Raum (siehe Abbildung 1.3.18). Eine solche Kräftegruppe befindet sich im Gleichgewicht, wenn sowohl die resultierende Kraft als auch das resultierende Moment bezüglich eines beliebigen Punktes A verschwinden:

$$\sum_{i=1}^{n} \underline{F}_i = \underline{0},\ \sum_{i=1}^{n} \underline{M}_i^{(A)} = \underline{0}\ ,\ \text{mit}\ \underline{M}_i^{(A)} = \underline{r}_{iA} \times \underline{F}_i\,. \tag{1.3.39}$$

In Komponenten bezüglich eines kartesischen Dreibeins geschrieben, lauten diese Gleichungen:

$$\sum F_x = 0\,,\ \sum F_y = 0\,,\ \sum F_z = 0\,,$$
$$\sum M_x^{(A)} = 0\,,\ \sum M_y^{(A)} = 0\,,\ \sum M_z^{(A)} = 0\,. \qquad (1.3.40)$$

Die Wahl des Bezugspunktes A bei der Auswertung der Momentenbedingungen ist irrelevant. Er kann, muss aber nicht, mit dem Ursprung des Dreibeins $(x\,,\ y\,,\ z)$ zusammenfallen.

Rahmen im Raum

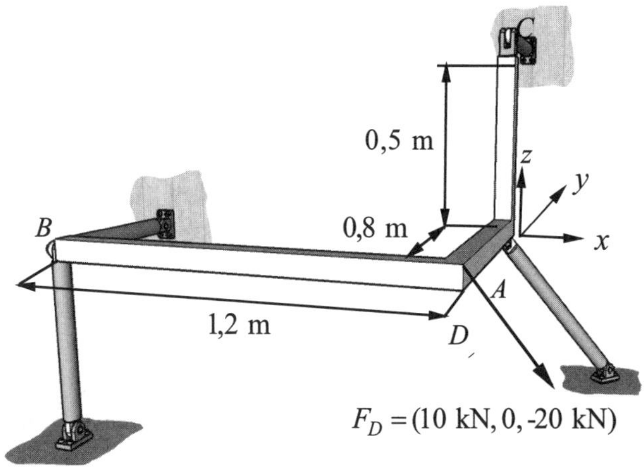

Abb. 1.3.19: Rahmen im Raum.

Betrachte den in Abbildung 1.3.19 dargestellten Rahmen, der auf mehreren Pendelstützen im Raum gehalten wird und in dessen einer Ecke D eine Kraft $\underline{F}_D = (10\,\text{kN}\,,\ 0\,,\ -20\,\text{kN})$ angreift.

Gesucht sind die in den Punkten A, B und C herrschenden Reaktionskräfte. Zur Lösung wird freigeschnitten, wie in der Abbildung 1.3.20 gezeigt. Dabei muss man beachten, dass Pendelstabkräfte nur in Achsrichtung auftreten können.

Wählt man das kartesische Dreibein nun in der Ecke A wie gezeichnet, so ergibt sich für die Ortsvektoren der Punkte A bis D:

$$\underline{r}_A = (0\,,\ 0\,,\ 0)\,,\ \underline{r}_B = (-1{,}2\,\text{m}\,,\ -0{,}8\,\text{m}\,,\ 0)\,,$$
$$\underline{r}_C = (0\,,\ 0\,,\ 0{,}5\,\text{m})\,,\ \underline{r}_D = (0\,,\ -0{,}8\,\text{m}\,,\ 0) \qquad (1.3.41)$$

und für die Kraftvektoren:

$$\underline{F}_A = (F_{Ax}\,,\ F_{Ay}\,,\ F_{Az})\,,\ \underline{F}_B = (0\,,\ -F_{By}\,,\ F_{Bz})\,,$$
$$\underline{F}_C = (0\,,\ -F_{Cy}\,,\ 0)\,,\ \underline{F}_D = (10\,\text{kN}\,,\ 0\,,\ -20\,\text{kN})\,. \qquad (1.3.42)$$

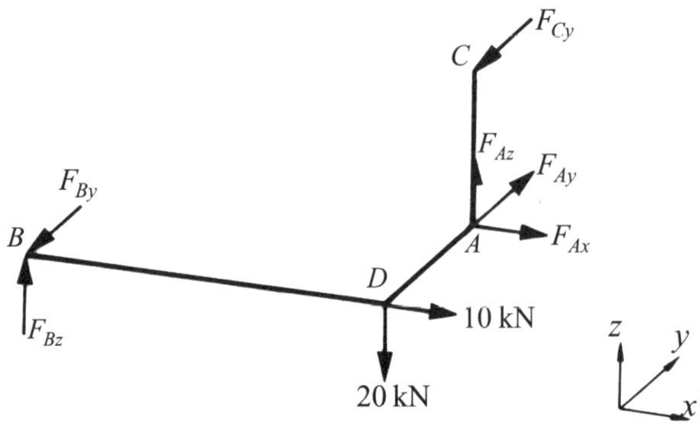

Abb. 1.3.20: Freischnitt des Rahmens.

Wir finden somit als Kräftegleichgewichtsbedingungen:

$$\underline{R} = \begin{pmatrix} F_{Ax} + 10\,\text{kN} \\ F_{Ay} - F_{By} - F_{Cy} \\ F_{Az} + F_{Bz} - 20\,\text{kN} \end{pmatrix} = \begin{pmatrix} 0 \\ 0 \\ 0 \end{pmatrix}. \tag{1.3.43}$$

Die Momentengleichgewichtsbedingungen ergeben sich durch Berechnung des resultierenden Momentes (Berechnung von vier Determinanten):

$$\underline{M}^{(A)} = \begin{pmatrix} -0{,}8\,\text{m}\, F_{Bz} + 0{,}5\,\text{m}\, F_{Cy} + 0{,}8\,\text{m}\, 20\,\text{kN} \\ 1{,}2\,\text{m}\, F_{Bz} \\ 1{,}2\,\text{m}\, F_{By} + 0{,}8\,\text{m}\, 10\,\text{kN} \end{pmatrix} = \begin{pmatrix} 0 \\ 0 \\ 0 \end{pmatrix}. \tag{1.3.44}$$

Dieses sind sechs teilweise entkoppelte lineare Gleichungen für die sechs unbekannten Kraftgrößen. Lösung der Gleichungen ergibt:

$$\begin{aligned} \underline{F}_A &= (-10\,\text{kN}, \quad -38{,}7\,\text{kN}, \quad 20\,\text{kN}), \\ \underline{F}_B &= (0, \quad -6{,}67\,\text{kN}, \quad 0), \\ \underline{F}_C &= (0, \quad -32\,\text{kN}, \quad 0). \end{aligned} \tag{1.3.45}$$

Man erkennt an den zum Teil negativen Vorzeichen, dass für einige Kräfte in der Abbildung die Pfeilspitze falsch gesetzt worden war.

1.3.6 Grafische Verfahren zur Behandlung allgemeiner 2-D-Kräftegruppen

Die CULMANNsche Gerade

Wir stellen uns die Aufgabe, drei Stabkräfte $\underline{F}_A$, $\underline{F}_B$ und $\underline{F}_C$ mit einer von außen an einer Scheibe angreifenden Kraft $\underline{F}$ ins Gleichgewicht zu bringen (Abb. 1.3.21):

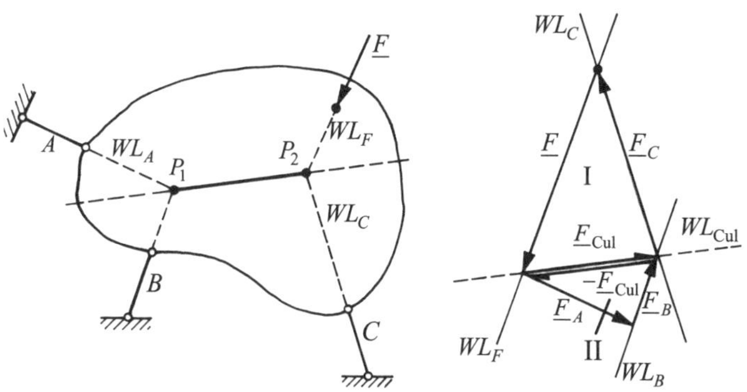

Abb. 1.3.21: Das CULMANN-Verfahren.

Die drei unbekannten Stabkräfte sollen **zeichnerisch** ermittelt werden. Wie in der Abbildung zu sehen, bringen wir die Wirkungslinien der beiden Stäbe A und B (und somit die Wirkungslinien der dazugehörigen Stabkräfte) im Punkt P_1 zum Schnitt. Ebensolches geschieht mit den Wirkungslinien der Kraft $\underline{F}$ und der Stabkraft $\underline{F}_C$. Wir erhalten den Punkt P_2. Die Verbindung beider Punkte nennt man CULMANNsche Gerade. Sie lässt sich als **Hilfslinie** verwenden, um, wie in Abbildung 1.3.21 angedeutet, miteinander im Gleichgewicht befindliche Kraftecke zu zeichnen.

Konkret beginnt man mit dem Krafteck I, in dem eine Kraft (hier $\underline{F}$) bekannt ist. Im vorliegenden Beispiel gelingt es so, die Richtung und Größe der Kraft $\underline{F}_C$ zu ermitteln. Darüber hinaus erhält man den nach rechts weisenden mit $\underline{F}_{\mathrm{Cul}}$ bezeichneten Kraftpfeil. Die CULMANNsche Gerade ist eine reine Hilfskonstruktion. Es besteht kein Grund für das Vorhandensein einer Kraft $\underline{F}_{\mathrm{Cul}}$. Daher annihilieren wir dieselbe, indem wir entlang der CULMANNschen Gerade einen entgegengesetzten, gleich großen Pfeil $-\underline{F}_{\mathrm{Cul}}$ einzeichnen. Dieser erlaubt es (unter Verwendung der Wirkungslinien für die Kräfte $\underline{F}_A$ und $\underline{F}_B$), das Krafteck II zu zeichnen und somit die Kräfte $\underline{F}_A$ und $\underline{F}_B$ nach

Karl CULMANN (1821 – 1881) wurde in Bergzabern (Rheinpfalz) geboren und war Schüler unter seinem eigenen Vater, der dort als Geistlicher arbeitete. Im Alter von siebzehn Jahren hatte er so viel gelernt, dass er am Karlsruher Polytechnikum ohne weitere Vorbereitung Maschinenbau zu studieren begann. Nach seiner Graduierung im Jahre 1841 beginnt er in Hof (Bayern) für die Eisenbahn zu arbeiten. Seine Aufgabe ist der Aufbau und die Konstruktion neuer Eisenbahnstrecken. Wie auch heute noch unter Gelehrten üblich, geht CULMANN 1849 nach Amerika, um seine Ingenieurkenntnisse zu verbessern. Besonders beeindrucken ihn die Brückenkonstruktionen von S. H. LONG. CULMANN bemerkt, dass „die amerikanischen Ingenieure zu praktisch sind, um groß über ihre herausragenden Männer nachzudenken. Jeder praktisch arbeitende Ingenieur betrachtet sich selber als die höchste Autorität, sieht auf die anderen herab und schenkt ihnen keine Aufmerksamkeit". Man darf sagen, dass dies nicht nur bei praktisch arbeitenden amerikanischen Ingenieuren üblich war und ist. Trotz seiner generellen Bewunderung für den Mut der amerikanischen Brückenbauer kritisiert CUL-

Statik

MANN die seiner Meinung nach unzureichenden theoretischen Voruntersuchungen und bemerkt lakonisch, dass eine Konstruktion nicht deshalb für ungenügend befunden wird, weil sie sich theoretisch nicht untermauern lässt, sondern erst dadurch, dass sie im Betrieb versagt. Nachdem CULMANN 1852 nach Deutschland zurückkehrt, arbeitet er zunächst wieder für die Bayerische Eisenbahn, bis er 1855 an das neu gegründete Züricher Polytechnikum als Professor für Baustatik berufen wird.

ihrer Größe und Richtung zeichnerisch zu ermitteln. In der Tat kann die CULMANN-Kraft nur in die Richtung zwischen $\underline{P}_1$ und $\underline{P}_2$ weisen. Nehmen wir zum Beweis an, dass sich die Kräfte $\underline{F}$ und $\underline{F}_C$ zu einer nicht in $\underline{P}_1$-$\underline{P}_2$-Richtung weisenden Kraft ergänzen. Dann müsste aufgrund des Kräftegleichgewichtes die Resultierende zwischen $\underline{F}_A$ und $\underline{F}_B$ dieselbe Wirkungslinie aufweisen, allerdings wäre der Kraftpfeil umgekehrt gerichtet. Es entstünde ein Kräftepaar, das in den Punkten $\underline{P}_1$ bzw. $\underline{P}_2$ ansetzt und (da dessen Verbindungslinie per Annahme nicht in $\underline{P}_1$-$\underline{P}_2$-Richtung weist) zu einem Drehmoment Anlass gibt. Dies jedoch darf im Gleichgewicht nicht passieren.

Das Seileck

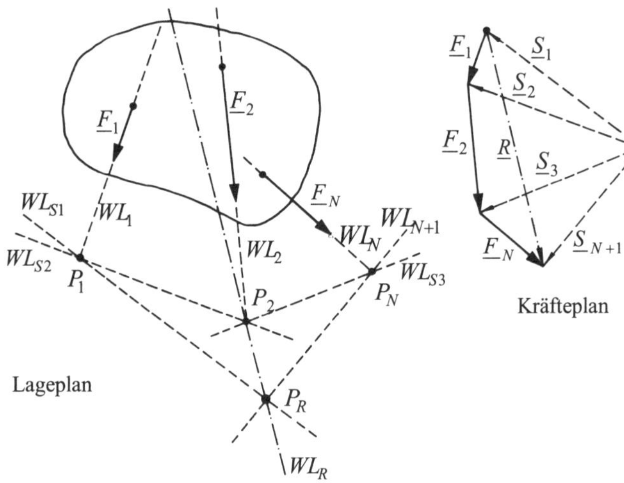

Abb. 1.3.22: Zur Seileckskonstruktion.

Betrachte die in Abbildung 1.3.22 dargestellte Situation: Mehrere Kräfte $\underline{F}_i$, $i = 1, \cdots, N$ greifen an einem starren Körper an. Sie besitzen keinen gemeinsamen Schnittpunkt. Ziel ist es, diese Kräfte grafisch zu einer Resultierenden zusammenzufassen und die Lage (= Wirkungslinie) dieser Resultierenden bezüglich der anderen Kräfte anzugeben.

Dazu geht man wie folgt vor:

a) Ermitteln der Länge und Richtung der Resultierenden $\underline{R}$:

1. Man zeichne die zu den Kräften gehörigen Wirkungslinien in den Lageplan ein: WL_i, $i = 1, \cdots, N$;

2. Man übertrage die Wirkungslinien in den Kräfteplan und konstruiere die Resultierende gemäß dem Prinzip der Vektoraddition: $\underline{R} = \sum_{i=1}^{N} \underline{F}_i$.

Wir kennen nun die **Größe** und **Richtung** der Resultierenden $\underline{R}$. Die **Lage** ihrer Wirkungslinie (also ihre Lage relativ zu den Kräften $\underline{F}_i$, $i = 1, \cdots, N$) ist jedoch noch unbekannt. Wir ermitteln einen möglichen Fußpunkt dieser Wirkungslinie wie folgt:

b) Ermitteln der Lage der Wirkungslinie der Resultierenden

1. Wähle im Kräfteplan einen Punkt P, der nicht auf den Kräften $\underline{F}_i$, $i = 1, \cdots, N$ und nicht auf der Resultierenden $\underline{R}$ liegt. Man nennt ihn den „Kräftepol" oder auch kurz „Pol".
2. Verbinde den Pol mit den Kräften $\underline{F}_i$, $i = 1, \cdots, N$ wie gezeichnet. Es entstehen $N+1$ neue Linien, die sich als Kräfte $\underline{S}_i$, $i = 1, \cdots, N+1$ interpretieren lassen. Wir zeichnen (Vereinbarung) ihre Spitzen zu den ursprünglichen Kräftepfeilen hin.
3. Mithin entstehen $N+1$ neue Wirkungslinien, die wir als Nächstes in den Lageplan eintragen. Wir beginnen mit der Wirkungslinie von $\underline{S}_1$, die wir (beliebig) mit der Wirkungslinie von $\underline{F}_1$ zum Schnitt bringen (Punkt P_1). In dem entstehenden Schnittpunkt tragen wir außerdem die Wirkungslinie von $\underline{S}_2$ ein, bringen diese zum Schnitt mit der Wirkungslinie von $\underline{F}_2$ (Punkt P_2) usw., bis wir uns zur Wirkungslinie von $\underline{S}_{N+1}$ vorgearbeitet haben (Punkt P_N), die ihrerseits mit der Wirkungslinie von $\underline{S}_1$ zum Schnitt gebracht wird. Der resultierende Schnittpunkt ist ein möglicher Fußpunkt der Wirkungslinie der Resultierenden $\underline{R}$, denn wie man durch Vergleich des Kräfte- mit dem Lageplan feststellt, muss die Resultierende $\underline{R}$ längs der Winkelhalbierenden des von $-\underline{S}_1$ und $\underline{S}_{N+1}$ aufgespannten Parallelogramms liegen, wobei der Schnittpunkt von $-\underline{S}_1$ und $\underline{S}_{N+1}$ als möglicher Fußpunkt der Wirkungslinie infrage kommt.
4. In den so bestimmten Fußpunkt übertragen wir aus dem Kräfteplan die Wirkungslinie der Resultierenden $\underline{R}$.

Pierre Varignon (1654–1722) wurde in Caen in eine Zimmermannsfamilie hineingeboren. Entsprechend war er nicht gerade begütert und besaß, wie er von sich selbst sagte, außer seiner eigenen Arbeitsfähigkeit keinen weiteren Besitz. Er wurde an der Jesuitenschule in Caen erzogen, studierte dann an der dortigen Universität, erreichte seinen Abschluss 1682 und avancierte im Jahr danach erst zum kirchlichen und 1688 bzw. 1704 schließlich zum „geistigen" Priester, als er Professor für Mathematik am Collège Mazarin bzw. am Collège Royal in Paris wurde. Ihm verdanken wir auch, dass er die Verwendung des Seilecks vorangetrieben hat. In seinen letzten Lebensjahren erntete er verstärkt die Früchte für seine Mühen und wurde Mitglied der Berliner Akademie (1713) sowie der Royal Society (1718).

Drei bemerkenswerte Dinge dieser Konstruktion (genannt das „Seileck“) bleiben nachzutragen:

1. Die Wahl des Pols ist beliebig, denn offenbar gilt:

$$\begin{aligned} \underline{R} = \sum_{i=1}^{N} \underline{F}_i &= \underline{F}_1 + \underline{F}_2 + \ldots + \underline{F}_N = \\ -\underline{S}_1 + \underline{S}_2 - \underline{S}_2 + \underline{S}_3 &\mp \underline{S}_N + \underline{S}_{N+1} = \underline{S}_{N+1} - \underline{S}_1, \end{aligned} \tag{1.3.46}$$

   und selbstverständlich ist die Resultierende $\underline{R}$ durch beliebig viele Kombinationen $-\underline{S}_1$ und $\underline{S}_{N+1}$ darstellbar.

2. Die Wahl des Startpunktes im Lageplan, also die Lage des Schnitts der Wirkungslinien von $\underline{F}_1$ mit $\underline{S}_1$, ist beliebig. Man überzeugt sich, dass bei Wahl eines anderen Schnittpunktes die nachfolgende Konstruktion winkeltreu bleibt. Mit anderen Worten: Man ermittelt lediglich andere Punkte der Wirkungslinie von $\underline{R}$ als Fußpunkte.

3. Die Konstruktion heißt das Seileck, weil ein mit $\underline{F}_i$, $i = 1, \cdots, N$ belastetes Seil die Form der Polstrahlen, also von $|\underline{S}_i|$, $i = 1, \cdots, N+1$ annimmt (siehe auch Abbildung 1.3.23).

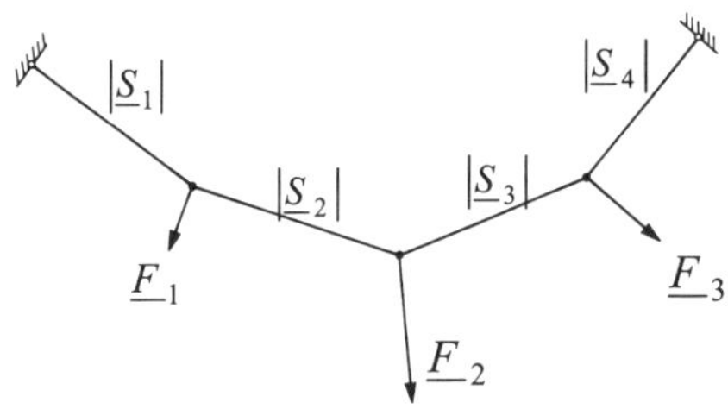

Abb. 1.3.23: Das Seileck.

Zwei **Spezialfälle** der Seileckskonstruktion sind von Wichtigkeit:

1. Die Kräfte $\underline{F}_i$, $i = 1, \cdots, N$ bilden eine Gleichgewichtsgruppe, d. h., die Resultierende ist der Nullvektor $\underline{0}$ und das resultierende Moment verschwindet. Dann fallen der erste und der letzte Seilstrahl zusammen, so wie im Lageplan des Kraftecks in Abbildung 1.3.24 gezeigt. Krafteck und Seileck sind geschlossen.

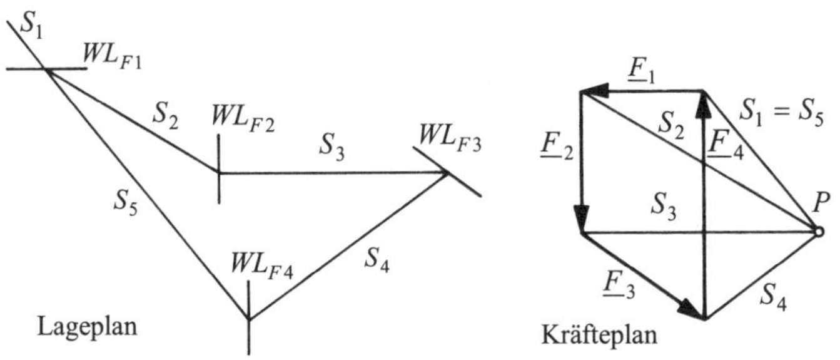

Abb. 1.3.24: Seileck im Gleichgewicht.

2. Die Kräfte $\underline{F}_i$, $i = 1, \cdots, N$ reduzieren sich auf ein Kräftepaar mit Momentenwirkung: Abbildung 1.3.25. In diesem Fall sind der erste und der letzte Seilstrahl zueinander parallel. Der Schnittpunkt liegt im Unendlichen. Das Krafteck ist geschlossen, das Seileck bleibt offen.

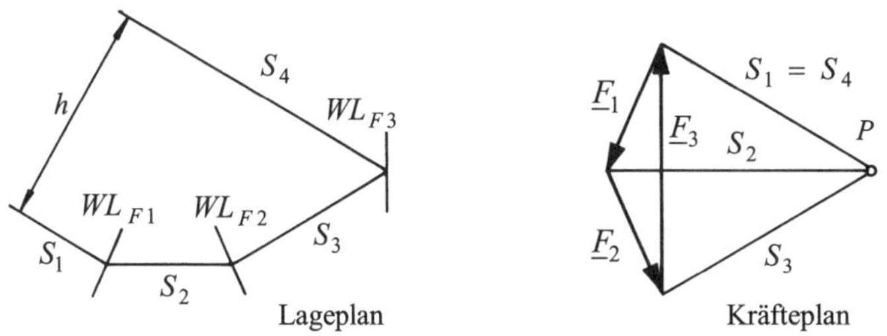

Abb. 1.3.25: Seileck und Kräftepaar.

1.4 Der Schwerpunkt

1.4.1 Schwerpunkt einer Gruppe paralleler Kräfte

Betrachte die Abbildung 1.4.1 links: Eine Gruppe paralleler Kräfte $\underline{G}_i$, $i = 1, \cdots, N$ greift an einer als gewichtslos angenommenen starren Stange an. Wir fragen, an welchem Punkt S eine Haltekraft $\underline{H} = -\sum_{i=1}^{N} \underline{G}_i$ angebracht werden muss, sodass statisches Gleichgewicht garantiert ist.

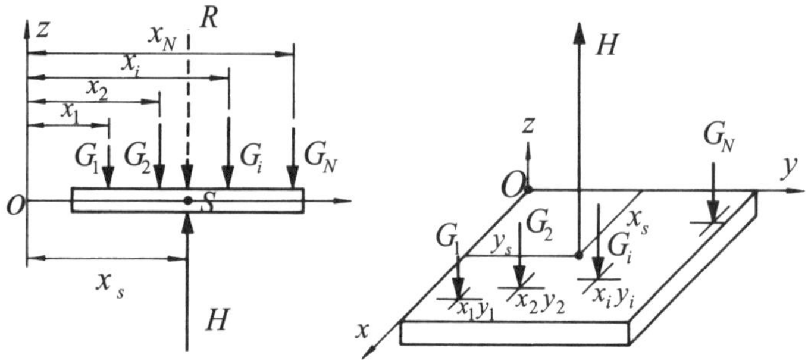

Abb. 1.4.1: Gruppe paralleler Einzelkräfte.

Zur Lösung wählen wir ein Koordinatensystem, wie gezeichnet*, und notieren als Gleichgewichtsbedingungen:

$$\sum F_z = 0 \quad \Rightarrow \quad H - \sum_{i=1}^{N} G_i = 0 \tag{1.4.1}$$

sowie:

$$\sum M^{(O)} = 0 \quad \Rightarrow \quad x_S H - \sum_{i=1}^{N} x_i G_i = 0. \tag{1.4.2}$$

Eliminiert man die Haltekraft z gemäß Gleichung (1.4.1), so resultiert für den gesuchten Abstand des Punktes S vom Ursprung des Koordinatensystems:

$$x_S = \frac{\sum_{i=1}^{N} x_i G_i}{\sum_{i=1}^{N} G_i}. \tag{1.4.3}$$

Man nennt den Punkt S auch **Kräftemittelpunkt oder (Kräfte-)Schwerpunkt**. Die zweite Bezeichnung wird erst bei Betrachtung des gewichtsbehafteten Körpers verständlich (siehe unten). Die soeben durchgeführte Betrachtung lässt sich ohne Weiteres auf zwei Dimensionen verallgemeinern, und zwar wie folgt. Die Kräfte $\underline{G}_i$, $i = 1, \cdots, N$ sollen parallel zur z-Achse auf einer als gewichtslos gedachten ebenen Scheibe angreifen: Abbildung 1.4.1 rechts. Man stellt die folgenden Gleichgewichtsbedingungen auf:

* Dass wir die Ordinate hier mit z und nicht mit y bezeichnen, ist reine Konvention.

$$\sum F_z = 0 \quad \Rightarrow \quad H - \sum_{i=1}^{N} G_i = 0, \tag{1.4.4}$$

$$\begin{aligned} \sum M_x^{(o)} &= 0 \quad \Rightarrow \quad y_S H - \sum_{i=1}^{N} y_i G_i = 0, \\ \sum M_y^{(o)} &= 0 \quad \Rightarrow \quad x_S H - \sum_{i=1}^{N} x_i G_i = 0. \end{aligned} \tag{1.4.5}$$

Indem man die Haltekraft H eliminiert, entsteht:

$$x_S = \frac{\sum_{i=1}^{N} x_i G_i}{\sum_{i=1}^{N} G_i}, \quad y_S = \frac{\sum_{i=1}^{N} y_i G_i}{\sum_{i=1}^{N} G_i}. \tag{1.4.6}$$

Diese für diskrete Kräfte gültigen Überlegungen lassen sich ohne größere Schwierigkeiten auf **kontinuierliche** Kräfteverteilungen verallgemeinern. Betrachten wir zunächst den Fall des kontinuierlich belasteten Balkens: Abbildung 1.4.2 links. Sei:

$$G_i = q(x)\Delta x \;\rightarrow\; q(x)\mathrm{d}x\,, \quad \sum_{i=1}^{N} \bullet \;\rightarrow\; \int_a^b \bullet, \tag{1.4.7}$$

so entsteht anstelle von Gleichung (1.4.3):

$$x_S = \frac{\int_a^b x q(x)\,\mathrm{d}x}{\int_a^b q(x)\,\mathrm{d}x}. \tag{1.4.8}$$

Analog folgt für eine kontinuierlich belastete Fläche (siehe Abbildung 1.4.2 rechts):

$$\begin{aligned} &G_i = p(x,y)\Delta x \Delta y = p(x,y)\Delta A \;\rightarrow\; p(x,y)\mathrm{d}A, \\ &\sum_{i=1}^{N} \bullet \;\rightarrow\; \iint_A \bullet, \end{aligned} \tag{1.4.9}$$

und damit aus den Gleichungen (1.4.6):

$$x_S = \frac{\iint_A x p(x,y)\,\mathrm{d}A}{\iint_A p(x,y)\,\mathrm{d}A}, \quad y_S = \frac{\iint_A y p(x,y)\,\mathrm{d}A}{\iint_A p(x,y)\,\mathrm{d}A}. \tag{1.4.10}$$

Die Größe $q(x)$ hat also die Dimension einer **Linienkraft**, nämlich Kraft pro Linieneinheit, hingegen ist $p(x,y)$ eine Flächenkraft, d. h. in Kraft pro Flächeneinheit gemessen.

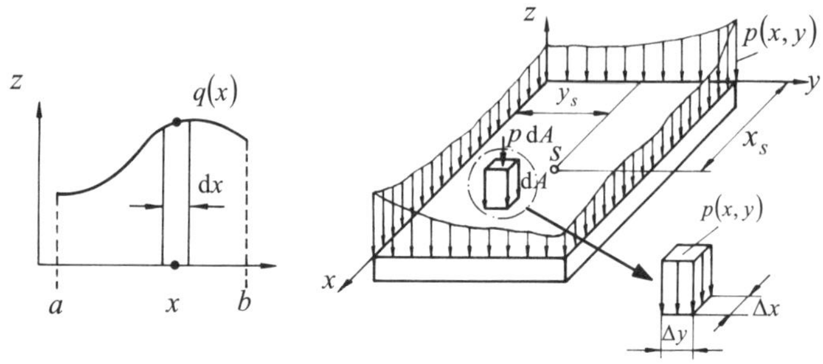

Abb. 1.4.2: Kontinuierlich belastete Linie und Fläche.

1.4.2 Spezielle Linienkräfte (Streckenlasten): Gleichstrecken- und Dreieckslast

Betrachte die Situation in Abbildung 1.4.3: Eine konstante Linienlast q greift über einem Balken der Länge l an. Gesucht ist der Kräftemittelpunkt bezüglich des im linken Ende des Stabes angesetzten Koordinatensystems. Wir verwenden Gleichung (1.4.8) und finden:

$$x_S = \frac{\int_0^l xq \, dx}{\int_0^l q dx} = \frac{ql^2/2}{ql} = \frac{l}{2}, \tag{1.4.11}$$

der Schwerpunkt liegt also in der Stabmitte, ein Ergebnis, das man auch ohne lange Rechnung vermutet hätte.

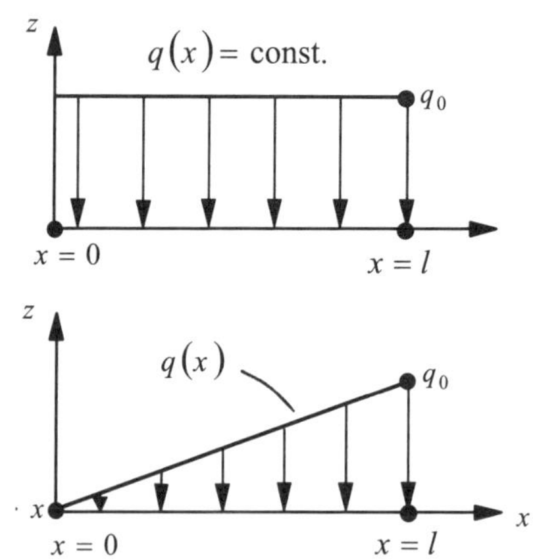

Abb. 1.4.3: Spezielle Linienkräfte.

Betrachte nun die dreiecksförmige Last aus Abbildung 1.4.3. Wieder ist der Schwerpunkt gesucht. Zunächst sei die x-Abhängigkeit der Streckenlast notiert:

$$q(x) = q_0 \frac{x}{l}. \tag{1.4.12}$$

Dabei ist q_0 die Endhöhe der Streckenlast am Punkt $x = l$. Man erhält für den Schwerpunkt:

$$x_S = \frac{\frac{q_0}{l}\int_0^l x^2\,\mathrm{d}x}{\frac{q_0}{l}\int_0^l x\,\mathrm{d}x} = \frac{l^3/3}{l^2/2} = \frac{2l}{3}. \tag{1.4.13}$$

Der Schwerpunkt liegt also auf $2/3$ der Seitenlänge des Dreiecks.

1.4.3 Massenschwerpunkt eines Volumens

Wir wollen die obigen Gleichungen nun auf einen dreidimensionalen Körper vom Volumen V anwenden (siehe Abbildung 1.4.4), der durch parallele Volumenkräfte, nämlich durch Gewichtskräfte, wie durch die eingezeichnete Erdschwere $g = 9{,}81\,\mathrm{m/s^2}$ angedeutet, belastet wird.

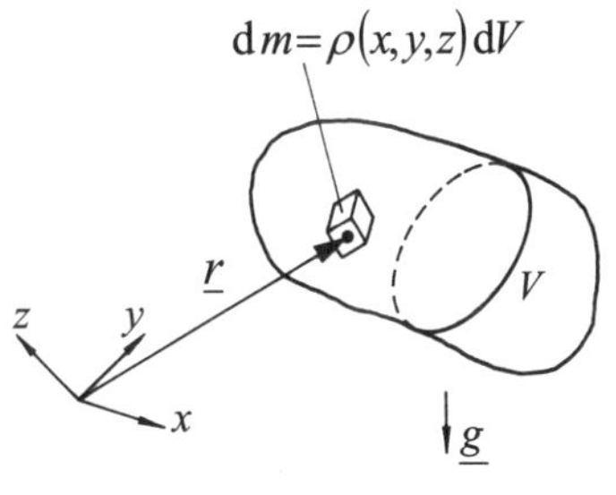

Abb. 1.4.4: Der Massenschwerpunkt.

Wir wollen annehmen, dass die Gewichtskraft (bestimmt durch die Erdschwere g) in einem beliebigen Winkel zum eingezeichneten dreidimensionalen Koordinatensystem (x, y, z) steht. Auf ein kleines Massenelement $\mathrm{d}m$ des Körpers wirkt somit die Kraft $g\,\mathrm{d}m$. Diese Kraft wollen wir ein wenig anders schreiben. Wir definieren die sog. Massendichte ρ in jedem Punkt $\underline{r} = (x, y, z)$ des Körpers V als den Quotienten aus Masse dm und dazugehörigem Volumen dV eines jeden Elementes der den Körper aufbauenden Materie:

$$\rho(x,y,z) = \lim_{\Delta V \to 0} \frac{\Delta m}{\Delta V} = \frac{\mathrm{d}m}{\mathrm{d}V} \quad \Rightarrow \quad \mathrm{d}f = g\mathrm{d}m = g \cdot \rho \mathrm{d}V. \quad (1.4.14)$$

Die Massendichte eines Körpers kann, muss aber nicht, in jedem Punkt denselben Zahlenwert annehmen. Beispiele solcher **homogener** Körper sind das Wasser in einem Eimer oder ein Klumpen Gold. **Inhomogene** Körper sind z. B. ein faserverstärktes Kohlenstoffgewebe oder ein Erz mit verschiedenen Materialbeimengungen. Hier variiert die Dichte offensichtlich von Punkt zu Punkt des Körpers. Somit können wir sagen, dass im Allgemeinen die Gewichtskraft auf das Massenelement gerade $\rho(x,y,z)g\,\mathrm{d}V$ beträgt (mit einer ortsabhängigen Dichte), und durch sinngemäßes Übertragen der 2-D-Formeln für den Kraftschwerpunkt, Gleichung (1.4.10), finden wir für den **Schwerpunkt** eines gewichtsbelasteten Körpers:

$$x_S = \frac{\iiint_V x\rho(x,y,z)g\,\mathrm{d}V}{\iiint_V \rho(x,y,z)g\,\mathrm{d}V},$$

$$y_S = \frac{\iiint_V y\rho(x,y,z)g\,\mathrm{d}V}{\iiint_V \rho(x,y,z)g\,\mathrm{d}V}, \quad (1.4.15)$$

$$z_S = \frac{\iiint_V z\rho(x,y,z)g\,\mathrm{d}V}{\iiint_V \rho(x,y,z)g\,\mathrm{d}V}.$$

Damit wird die Wortwahl „Schwerpunkt“ in ihrer ursprünglichen Bedeutung verständlich.

Die in den Gleichungen auftauchenden Volumenintegrale sehen zunächst komplizierter aus, als sie dann für die meisten uns interessierenden Körper auszuwerten sind. Bevor wir uns diesem Problem zuwenden, wollen wir die Ausdrücke jedoch noch weiter vereinfachen. Wir stellen nämlich fest, dass die Erdschwere g im Zähler wie im Nenner der Ausdrücke (1.4.15) einfach ein konstanter Faktor ist, der sich kürzen lässt:

$$x_S = \frac{\iiint\limits_V x\rho(x,y,z)\,\mathrm{d}V}{\iiint\limits_V \rho(x,y,z)\,\mathrm{d}V},$$

$$y_S = \frac{\iiint\limits_V y\rho(x,y,z)\,\mathrm{d}V}{\iiint\limits_V \rho(x,y,z)\,\mathrm{d}V}, \qquad (1.4.16)$$

$$z_S = \frac{\iiint\limits_V z\rho(x,y,z)\,\mathrm{d}V}{\iiint\limits_V \rho(x,y,z)\,\mathrm{d}V}.$$

Man beachte: Im Nenner dieser Ausdrücke steht die gesamte Masse M des Körpers:

$$M = \iiint\limits_V \rho(x,y,z)\,\mathrm{d}V. \qquad (1.4.17)$$

Offenbar sind die Zähler in Gleichung (1.4.16) mit x, y und z gewichtete Ausdrücke für die Masse. Man spricht daher auch vom **Massenmittelpunkt** des Körpers.

Haben wir es darüber hinaus noch mit einem **homogenen** Körper zu tun, so sind auch die Dichten ortsunabhängig. Sie lassen sich im Zähler und Nenner herauskürzen, und es verbleibt:

$$x_S = \frac{\iiint\limits_V x\,\mathrm{d}V}{\iiint\limits_V \mathrm{d}V}, \quad y_S = \frac{\iiint\limits_V y\,\mathrm{d}V}{\iiint\limits_V \mathrm{d}V}, \quad z_S = \frac{\iiint\limits_V z\,\mathrm{d}V}{\iiint\limits_V \mathrm{d}V}. \qquad (1.4.18)$$

Im Nenner steht nun immer das Volumen V des Körpers, denn es gilt ja:

$$V = \iiint\limits_V \mathrm{d}V. \qquad (1.4.19)$$

Man spricht hierbei auch vom **Volumenschwerpunkt**.

Massen- und Volumenschwerpunkt eines Körpers fallen im Allgemeinen **nicht** miteinander zusammen. Ein Beispiel soll dies veranschaulichen. Betrachte die beiden längs der Linie L zusammengeschweißten, gleich großen quadratischen Kästen aus Abbildung 1.4.5.

Im Kasten 1 befindet sich Wasser ($\rho_{\mathrm{H_2O}} = 10^3\ \mathrm{kg/m^3}$) und im Kasten 2 Stahl ($\rho_{\mathrm{Fe}} = 7{,}9 \cdot 10^3\ \mathrm{kg/m^3}$). Die x-Koordinate des Massenschwerpunktes ist dann berechenbar gemäß der Gleichung (1.4.15) (die Tiefe d der Kästen in z-Richtung kürzt sich aus der Gleichung heraus):

$$x_S = \frac{\rho_{H_2O} \int\limits_{x=0}^{x=l} x\,dx + \rho_{Fe} \int\limits_{x=l}^{x=2l} x\,dx}{\left(\rho_{H_2O} + \rho_{Fe}\right) l}. \tag{1.4.20}$$

Bei Ausführen der verbliebenen Integrale resultiert

$$x_S \approx 1{,}4\,l, \tag{1.4.21}$$

und dieses Ergebnis ist einleuchtend, da das höhere spezifische Gewicht des Stahls den Massenschwerpunkt in Richtung des Zentrums von 2 schieben wird. Der Volumenschwerpunkt des Systems liegt, wie man ohne Rechnen sofort sieht, bei $x = l$, und dies ist vom Massenschwerpunkt deutlich verschieden.

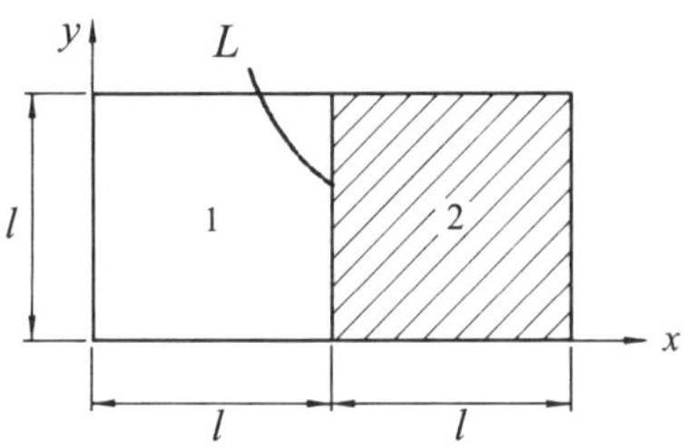

Abb. 1.4.5: Zum Unterschied zwischen Massen- und Volumenschwerpunkt.

1.4.4 Zum Flächenschwerpunkt

Flache, ebene, homogene Scheiben, siehe Abbildung 1.4.6, denen wir beim Kräftegleichgewicht im Zweidimensionalen, also in der Ebene, bereits begegnet sind, lassen sich selbstverständlich auch als dreidimensionale Gebilde mit einer festen Dicke h begreifen. Es ist in der Mechanik üblich, die Dickenkoordinate des Profils einer aus einem Stab durch Normalschnitt herausgetrennten Scheibe mit x zu bezeichnen, sodass y und z die Koordinaten innerhalb der Ebene repräsentieren.

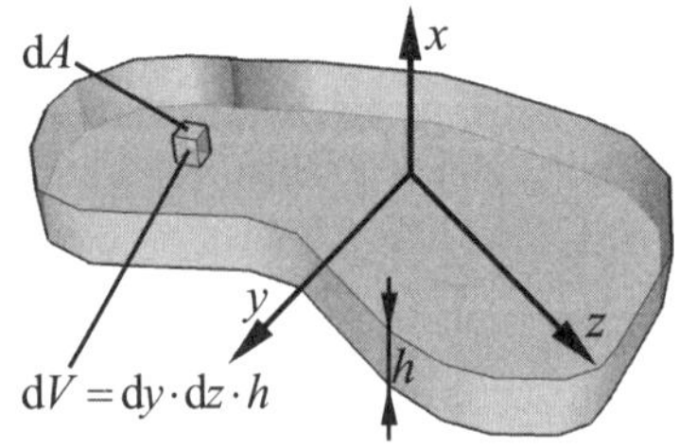

Abb. 1.4.6: Zum Flächenschwerpunkt.

Hierauf lassen sich die Gleichungen aus dem letzten Abschnitt ohne Weiteres anwenden. Wir erhalten beispielsweise für den „Volumenschwerpunkt" solcher Gebilde:

$$x_S = \frac{h}{2},\ y_S = \frac{\iint_A y \, \mathrm{d}A}{\iint_A \mathrm{d}A},\ z_S = \frac{\iint_A z \, \mathrm{d}A}{\iint_A \mathrm{d}A}. \tag{1.4.22}$$

Dabei wurde in Dickenrichtung (die hier als die x-Richtung angesetzt wurde) integriert und gesetzt:

$$\mathrm{d}V = h \, \mathrm{d}A. \tag{1.4.23}$$

Man nennt $\mathrm{d}A$ auch das zur Integration über die Scheibe A gehörige Flächenelement.

Die Integrale im Nenner der Gleichung (1.4.22) haben eine anschauliche Bedeutung. Es handelt sich bei ihnen um die Gesamtfläche der betrachteten Scheibe. Die in den Zählern der Gleichung (1.4.22) auftretenden Integrale:

$$S_z = \iint_A y \, \mathrm{d}A,\ S_y = \iint_A z \, \mathrm{d}A \tag{1.4.24}$$

sind weniger anschaulich. In der Literatur sind sie als **Flächenmomente erster Ordnung** (weil in ihnen nur über die Größen y bzw. z und nicht über Quadrate oder Produkte dieser Größen integriert wird) oder auch als **statische Momente** bekannt. Später werden wir noch Flächenmomenten zweiter Ordnung begegnen. Man beachte, dass die statischen Momente verschwinden, falls man den bei der Integration benötigten Koordinatenursprung in den Flächenschwerpunkt setzt. In diesem Fall wird nämlich jeweils gleich viel an negativen wie an positiven Beiträgen addiert. Achsen, die durch den Schwerpunkt eines Körpers gehen, heißen auch **Schwerachsen**.

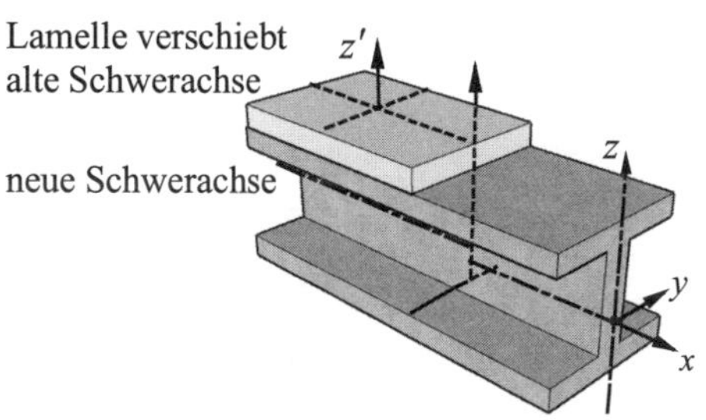

Abb. 1.4.7: Doppel-T-Träger und seine Schwerachsen.

Die Abbildung 1.4.7 zeigt einen Doppel-T-Träger mit seinen dazugehörigen Schwerachsen. In unseren statischen Gleichgewichtsberechnungen deuten wir den Kräften unterworfenen

Körper jedoch häufig nur durch diese Schwerachse (als Strich) an.

Beachte, dass man zur Berechnung des Schwerpunktes und damit insbesondere bei der Ermittlung von Schwerachsen die im Körper vorhandene **Symmetrie** ausnutzen kann. Grundsätzlich gilt: **Symmetrieachsen sind Schwerachsen**. Aber auch die Berechnung der Integrale in den Gleichungen (1.4.22) und (1.4.24) lässt sich oft vereinfachen, wenn man sich einen kompliziert gestalteten Körper aus Unterkörpern aufgebaut denkt, deren Schwerpunkte man bereits kennt: Abbildung 1.4.8. Integrale sind additiv und daher lassen sich die statischen Momente des zusammengesetzten Körpers als die Summe der statischen Momente der Unterkörper schreiben. Mehr noch: Man kann sogar negativ zu beaufschlagende Unterkörper in die Rechnung mit hineinnehmen, wenn man dadurch einen Vollkörper erhält, dessen Schwerpunkt bekannt ist (Beispiel: Rechteck mit Kreisloch = volles Rechteck minus Kreisfläche). Wenn wir die Unterkörper mit „i“ bezeichnen, so entsteht:

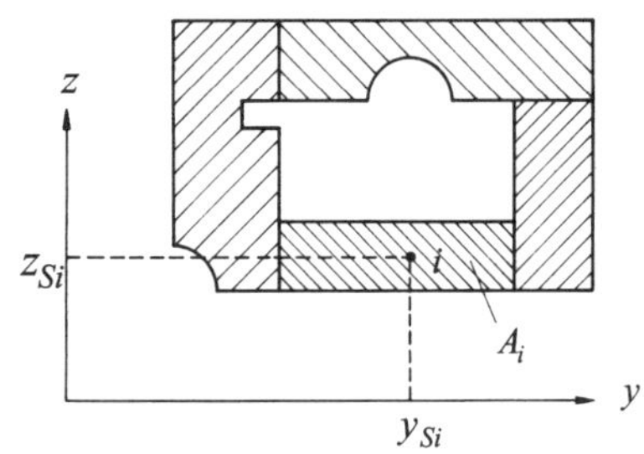

Abb. 1.4.8: Zusammengesetzter Körper.

$$y_S = \frac{\sum_{i=1}^{N} \iint_{A_i} y \,\mathrm{d}A}{\sum_{i=1}^{N} \iint_{A_i} \mathrm{d}A} = \frac{\sum_{i=1}^{N} y_{Si} \iint_{A_i} \mathrm{d}A}{\sum_{i=1}^{N} \iint_{A_i} \mathrm{d}A} = \frac{\sum_{i=1}^{N} y_{Si} A_i}{\sum_{i=1}^{N} A_i}, \tag{1.4.25}$$

$$z_S = \frac{\sum_{i=1}^{N} \iint_{A_i} z \,\mathrm{d}A}{\sum_{i=1}^{N} \iint_{A_i} \mathrm{d}A} = \frac{\sum_{i=1}^{N} z_{Si} \iint_{A_i} \mathrm{d}A}{\sum_{i=1}^{N} \iint_{A_i} \mathrm{d}A} = \frac{\sum_{i=1}^{N} z_{Si} A_i}{\sum_{i=1}^{N} A_i}. \tag{1.4.26}$$

Es empfiehlt sich, die auftretenden Summen in Form einer **Tabelle** auszuwerten, wie die nachfolgenden Beispiele zeigen.

Flächenschwerpunkt eines Dreiecks

Betrachte das in Abbildung 1.4.9 gezeigte rechtwinklige Dreieck mit der Seitenlänge a und der Höhe h. Wir berechnen seinen Flächenschwerpunkt gemäß der Formel (1.4.22) und notieren für die Fläche:

$$\iint_A \mathrm{d}A = \frac{1}{2} ah. \tag{1.4.27}$$

Wegen der Beziehung (Gerade durch den Nullpunkt):

$$z(y) = \frac{h}{a} y \tag{1.4.28}$$

wird für das statische Moment:

$$S_z = \iint_A y \, \mathrm{d}A = \int_{y=0}^{a} yz(y) \, \mathrm{d}y = \frac{ha^2}{3} \tag{1.4.29}$$

und somit (analog lässt sich $S_y = \iint_A z \, \mathrm{d}A$ berechnen):

$$y_S = \frac{2}{3} a, \; z_S = \frac{1}{3} h. \tag{1.4.30}$$

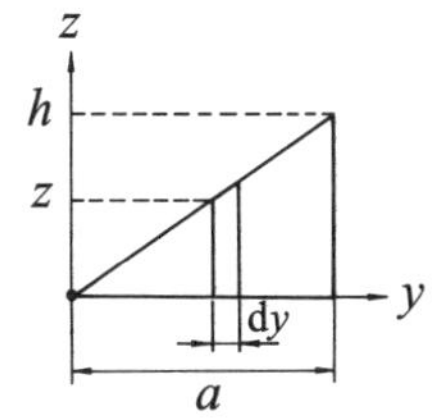

Abb. 1.4.9: Rechtwinkliges Dreieck.

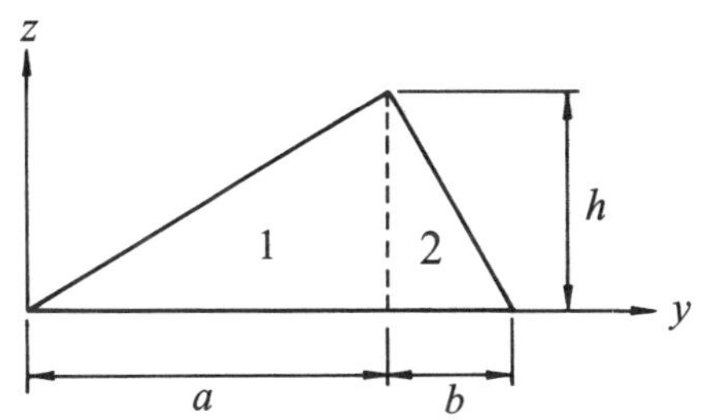

Abb. 1.4.10: Beliebiges Dreieck.

Um nun den Schwerpunkt eines beliebig gearteten Dreiecks zu ermitteln (siehe Abbildung 1.4.10), setzen wir dasselbe aus zwei rechtwinkligen Dreiecken zusammen. Für diese Art von Körpern haben wir nämlich gerade eine Formel zur Berechnung ihrer Einzelschwerpunkte abgeleitet, und wir können uns an den Gleichungen (1.4.25) und (1.4.26) versuchen, die es gestatten, den Gesamtschwerpunkt zu berechnen, wenn die Unterschwerpunkte bekannt sind. Wir operieren mit folgender Tabelle:

Körper	y_{Si}	A_i	$y_{Si}A_i$
Dreieck 1	$\frac{2}{3}a$	$\frac{1}{2}ah$	$\frac{1}{3}a^2h$
Dreieck 2	$a+\frac{1}{3}b$	$\frac{1}{2}bh$	$\frac{1}{2}abh+\frac{1}{6}b^2h$
$\sum_{i=1}^{2}$		$\frac{1}{2}(a+b)h$	$\frac{1}{6}(a+b)(2a+b)h$

Somit wird:

$$y_S = \frac{2a+b}{3}, \quad z_S = \frac{1}{3}h. \tag{1.4.31}$$

Flächenschwerpunkt einer Parabel

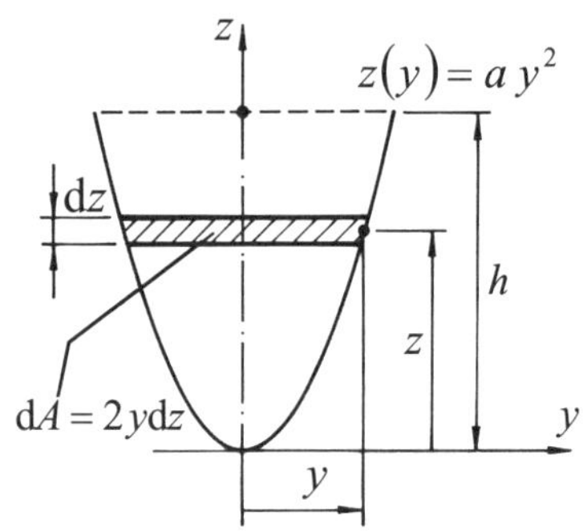

Abb. 1.4.11: Flächenschwerpunkt einer Parabel.

Betrachte die Abbildung 1.4.11: Gesucht ist die z – Koordinate des Schwerpunktes einer quadratischen Parabel der Form:

$$z = a\,y^2, \tag{1.4.32}$$

die bis zur Höhe h ansteigt. Der Faktor a wurde aus Dimensionsgründen eingeführt, denn sowohl z als auch y sollen die Längeneinheit m besitzen. Also hat a die Einheit $1/\mathrm{m}$. Die y-Koordinate des Schwerpunktes muss aus Symmetriegründen in der Mitte des kartesischen Koordinatensystems liegen, also bei $y = 0$. Wir werten die Gleichung (1.4.22) aus, indem wir die in Abbildung 1.4.11 dargestellten „Parabelscheibchen“ ungewichtet bzw. mit z gewichtet „aufsummieren“, sprich integrieren:

$$\iint_A \mathrm{d}A = 2\int_{z=0}^{z=h} y\,\mathrm{d}z = \frac{4}{3}\frac{h^{3/2}}{\sqrt{a}} \tag{1.4.33}$$

und:

$$S_y = \iint_A z\,\mathrm{d}A = \frac{2}{\sqrt{a}}\int_{z=0}^{h} z^{3/2}\,\mathrm{d}z = \frac{4h^{5/2}}{5\sqrt{a}}. \tag{1.4.34}$$

Damit folgt:

$$z_S = \frac{3}{5}h. \tag{1.4.35}$$

Flächenschwerpunkt eines Kreises

Betrachte den in Abbildung 1.4.12 dargestellten Halbkreis vom Radius R. Gesucht ist sein Flächenschwerpunkt. Aus Symmetriegründen muss der Schwerpunkt selbstverständlich auf der z-Achse liegen. Um seine Höhe über $y = 0$ herauszufinden, berechnen wir das statische Moment S_y dadurch, dass wir die in Abbildung 1.4.12 dargestellten „Kreisscheibchen“ mit z gewichtet integrieren:

$$\begin{aligned} S_z &= \iint_A z\,\mathrm{d}A = 2\int_{z=0}^{R} z\sqrt{R^2 - z^2}\,\mathrm{d}z \\ &= -\frac{2}{3}\left(R^2 - z^2\right)^{3/2}\Big|_{z=0}^{z=R} = \frac{2R^3}{3}. \end{aligned} \tag{1.4.36}$$

Dabei wurde das auftretende Integral mithilfe der folgenden Formel berechnet:

$$\int z\sqrt{R^2 - z^2}\,\mathrm{d}z = -\frac{1}{3}\left(R^2 - z^2\right)^{3/2}. \tag{1.4.37}$$

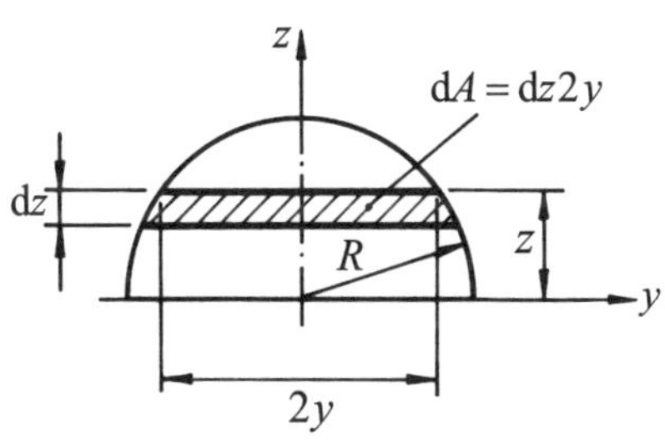

Abb. 1.4.12: Flächenschwerpunkt eines Kreises.

Da die Fläche A eines Halbkreises gegeben ist durch:

$$A = \frac{1}{2}\pi R^2 , \tag{1.4.38}$$

folgt schließlich:

$$z_S = \frac{4R}{3\pi} . \tag{1.4.39}$$

1.4.5 Zum Linienschwerpunkt

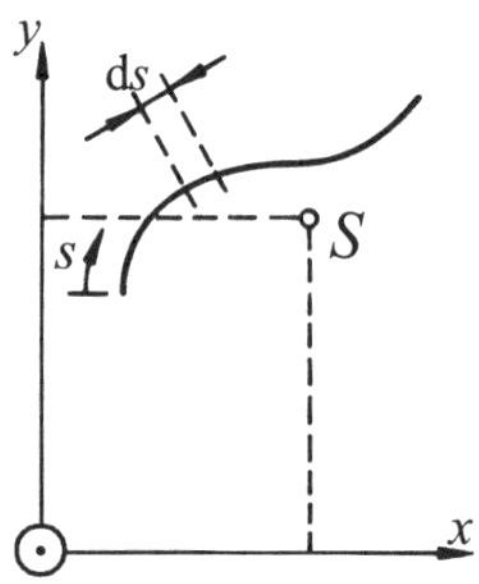

Abb. 1.4.13: Linienschwerpunkt, veranschaulicht für die Ebene.

Die Koordinaten des Schwerpunktes einer Linie (siehe Abbildung 1.4.13) errechnen sich völlig analog zu denen einer Fläche.

Wir schreiben in völliger Analogie zu den Gleichungen (1.4.22):

$$x_S = \frac{\int_L x\,ds}{\int_L ds} , \quad y_S = \frac{\int_L y\,ds}{\int_L ds} , \quad z_S = \frac{\int_L z\,ds}{\int_L ds} . \tag{1.4.40}$$

Die Integrale im Nenner dieser Ausdrücke sind einfach zu berechnen. Es handelt sich bei ihnen um die Gesamtlänge der Linie, kurz mit L bezeichnet. Die Zählerintegrale sind für beliebig gekrümmte Linien im Allgemeinen schwieriger zu ermitteln. Für das Bogenelement ds in drei Dimensionen hat man dann nämlich zu setzen:

$$ds = \sqrt{dx^2 + dy^2 + dz^2} . \tag{1.4.41}$$

Besteht die Linie jedoch aus Teilstücken L_i, für die die Schwerpunkte bekannt sind, so lässt sich analog wie in den Gleichungen (1.4.25) und (1.4.26) aufgrund der Additivität der Linienintegrale schreiben:

$$x_S = \frac{\sum_{i=1}^{N} \int_{L_i} x\,ds}{\sum_{i=1}^{N} \int_{L_i} ds} = \frac{\sum_{i=1}^{N} x_{Si} \int_{L_i} ds}{\sum_{i=1}^{N} \int_{L_i} ds} = \frac{\sum_{i=1}^{N} x_{Si} l_i}{\sum_{i=1}^{N} l_i} , \tag{1.4.42}$$

$$y_S = \frac{\sum_{i=1}^{N} \int_{L_i} y\,ds}{\sum_{i=1}^{N} \int_{L_i} ds} = \frac{\sum_{i=1}^{N} y_{Si} \int_{L_i} ds}{\sum_{i=1}^{N} \int_{L_i} ds} = \frac{\sum_{i=1}^{N} y_{Si} l_i}{\sum_{i=1}^{N} l_i} , \tag{1.4.43}$$

$$z_S = \frac{\sum_{i=1}^{N} \int_{L_i} z\mathrm{d}s}{\sum_{i=1}^{N} \int_{L_i} \mathrm{d}s} = \frac{\sum_{i=1}^{N} z_{Si} \int_{L_i} \mathrm{d}s}{\sum_{i=1}^{N} \int_{L_i} \mathrm{d}s} = \frac{\sum_{i=1}^{N} z_{Si} l_i}{\sum_{i=1}^{N} l_i} . \tag{1.4.44}$$

Die Anschauung sagt, dass der Schwerpunkt eines homogenen Drahtes genau auf seiner Mitte liegen muss.

Mit dieser Erkenntnis und zusammen mit den drei obigen Gleichungen lassen sich dann sofort die Schwerpunkte von Drahtgebilden berechnen, die sich aus verschiedenen geraden Stücken zusammensetzen, etwa wie in Abbildung 1.4.14 zu sehen.

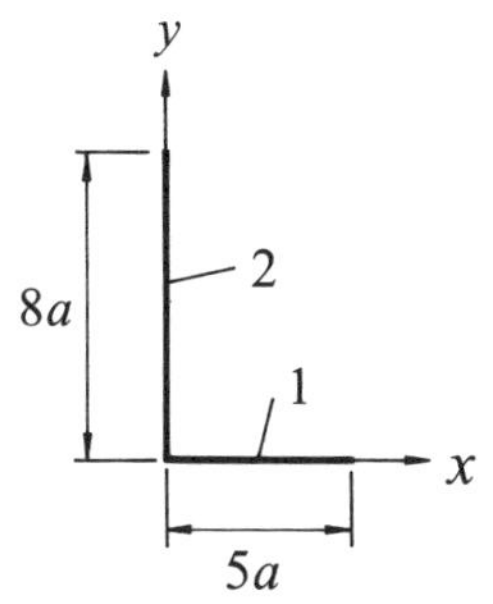

Abb. 1.4.14: Zum Schwerpunkt von Drahtgebilden.

Der Übersicht halber bedient man sich wieder der Tabellenmethode:

Körper	x_{Si}	l_i	$x_{Si} l_i$
Linie 1	$2{,}5a$	$5a$	$12{,}5a^2$
Linie 2	0	$8a$	0
$\sum_{i=1}^{2}$		$13a$	$12{,}5a^2$

Damit wird:

$$x_S = \frac{25}{26} a , \; y_S = \frac{32}{13} a . \tag{1.4.45}$$

Der Schwerpunkt gekrümmter Linien ist jedoch, wie gesagt, im Allgemeinen schwieriger zu berechnen. Manchmal jedoch hilft ein Trick, etwa im Fall des in Abbildung 1.4.15 dargestellten Kreisbogenstücks. Dieses hat nämlich einen festen Radius R, und man kann offensichtlich schreiben:

$$\mathrm{d}s = \sqrt{\mathrm{d}x^2 + \mathrm{d}y^2} = \sqrt{(R\mathrm{d}\varphi)^2} = R\mathrm{d}\varphi . \tag{1.4.46}$$

Damit folgt für den Schwerpunkt (der aus Symmetriegründen natürlich auf der x-Achse liegen muss):

$$x_S = \frac{\int_L x\mathrm{d}s}{\int_L \mathrm{d}s} = \frac{\int_{\varphi=-\alpha}^{\varphi=\alpha} R\cos(\varphi) R\mathrm{d}\varphi}{\int_{\varphi=-\alpha}^{\varphi=\alpha} R\mathrm{d}\varphi} = \frac{R\sin(\alpha)}{\alpha} . \tag{1.4.47}$$

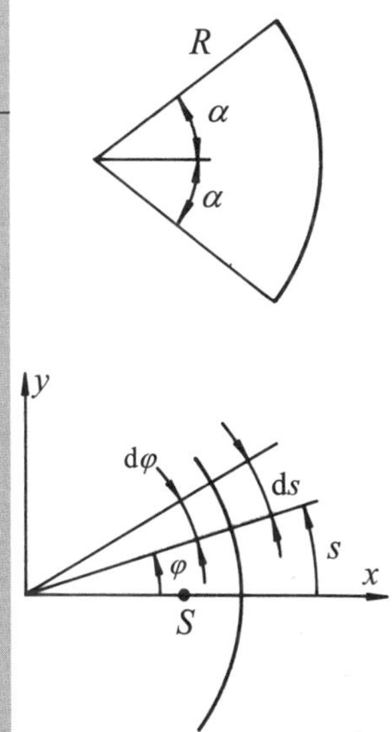

Abb. 1.4.15: Schwerpunkt gekrümmter Linien.

1.5 Lager, Trag- und Fachwerke

1.5.1 Freiheitsgrade, Lager und ihre technische Realisierung

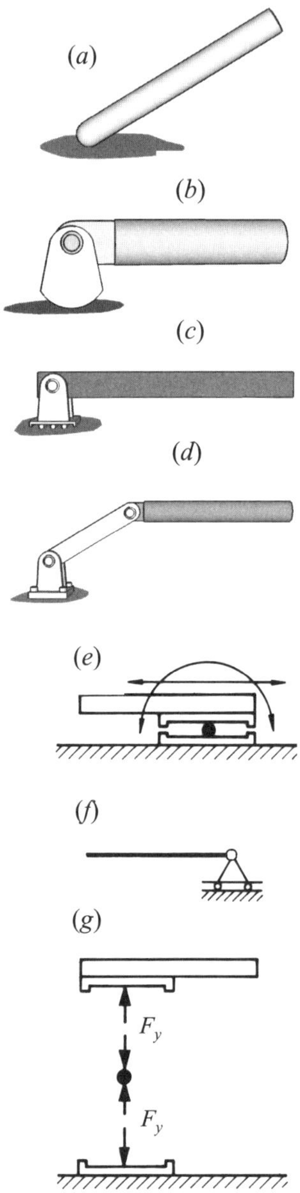

Abb. 1.5.1: Einwertige Lager.

Ein Körper, der keiner Bindung unterworfen ist, hat in der **Ebene** offensichtlich **zwei translatorische Freiheitsgrade** und kann sich etwa nach rechts bzw. links sowie nach oben bzw. unten bewegen. Außerdem kann er sich noch um eine senkrecht zur Ebene stehende Achse drehen, d. h., er besitzt **einen rotatorischen** Freiheitsgrad. Es ergibt sich somit als Gesamtanzahl der Freiheitsgrade in der Ebene die Zahl **drei**. Durch Lager, also Bindungen, wird die Bewegungsfreiheit eines Körpers eingeschränkt. Je nachdem, wie viele Lagerreaktionen r vorhanden sind, erniedrigt sich die Anzahl f der Freiheitsgrade eines Körpers von drei bis minimal auf null, d. h., der Körper ist vollständig gefesselt. Es gilt:

$$f = 3 - r \, . \tag{1.5.1}$$

Wir wollen uns im Folgenden darüber unterhalten, welche Möglichkeiten der Lagerung existieren.

Einwertige Lager

Per Definition können einwertige Lager nur eine Reaktion, d. h. eine Fesselung, übertragen. Also gilt für sie $r = 1$. Technische Beispiele hierfür sind das in Abbildung 1.5.1 dargestellte Rollenlager (*e*), das Gleitlager (*c*) sowie der Pendelstab (*d*). In Unterabbildung 1.5.1 (*f*) ist das technische Symbol eines einwertigen Lagers (*a*, *b*, *c*) zu sehen. Die Abbildung 1.5.1 (*e*) deutet am Beispiel des Rollenlagers an, welche Bewegungsmöglichkeiten bei einwertigen Lagern verbleiben: Bewegung in einer Richtung sowie eine Drehmöglichkeit. Eine Bewegung in vertikaler Richtung ist ausgeschlossen. Die Unterabbildung 1.5.1 (*g*) zeigt das Freischnittbild für ein einwertiges (Rollen-)Lager.

Zweiwertige Lager

Per Definition können zweiwertige Lager genau zwei Reaktionen, d. h. zwei Fesselungen, übertragen. Also gilt für sie $r = 2$. Technische Beispiele hierfür sind das in Abbildung 1.5.2 dargestellte Festlager (*a*) oder die Doppelstütze (*b*). In Unterabbildung 1.5.2 (*c*) ist das technische Symbol eines zweiwertigen Lagers zu sehen. Die Unterabbildung 1.5.2 (*d*) deutet an, welche Bewegungsmöglichkeit bei zweiwertigen Lagern noch verbleibt. Nach der Gleichung (1.5.1) ist dies genau eine, in den genannten

Beispielen eine Drehung, aber keinerlei Verschiebung. Die Unterabbildung 1.5.2 (*e*) zeigt das Freischnittbild für ein zweiwertiges Lager. Demnach kann eine Lagerkraft $\underline{F}$ mit zwei voneinander unabhängigen Komponenten F_x und F_y aufgenommen werden.

Es ist aber auch denkbar, dass eine Kraftkomponente und ein Moment aufgenommen werden, so geschehen in der Parallelführung (siehe Abbildung 1.5.3 oben) oder in der Schiebehülse (siehe Abbildung 1.5.3 unten) Die dazugehörigen Freischnitte sind ebenfalls in der Abbildung dargestellt. Wieder sind zwei voneinander unabhängige Schnittgrößen zu erkennen, nämlich ein Moment M und eine Kraftgröße F_x bzw. F_y.

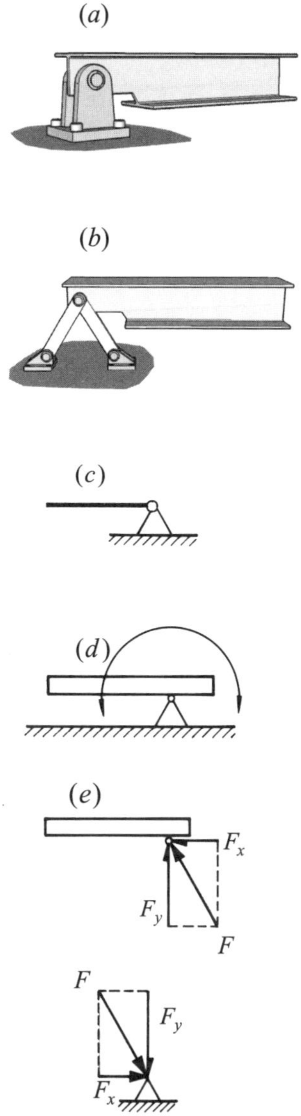

Abb. 1.5.2: Zweiwertige Lager.

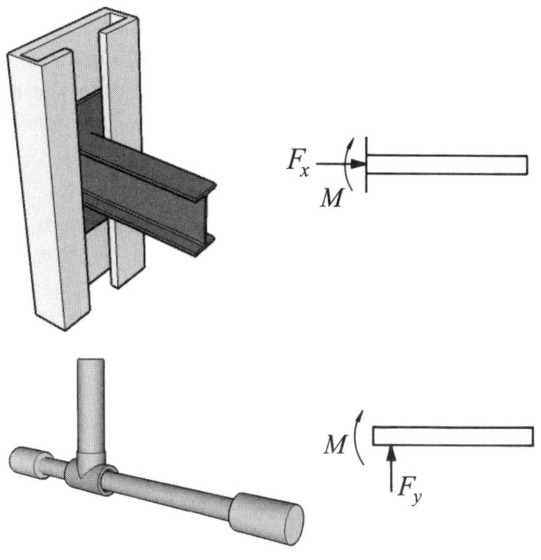

Abb. 1.5.3: Zweiwertige Einspannungen.

Dreiwertige Lager

Tritt zu einer Doppelstütze ein weiterer, etwas versetzter Pendelstab hinzu (Abbildung 1.5.4 (*a*)), so geht die Möglichkeit zu einer Drehung, die beim zweiwertigen Lager noch gegeben war, verloren. Vollständige Fesselung setzt ein, denn man hat die Größe r auf drei erhöht, bzw. die Anzahl der Freiheitsgrade auf null herabgesetzt und ein dreiwertiges Lager erzeugt. Zusätzlich zu **zwei** Kraftkomponenten kann nun (etwa) auch noch **ein** Moment übertragen werden, wie der Freischnitt, der in Abbildung 1.5.4 (*d*) zu sehen ist, lehrt. Die gleiche Situation ergibt sich bei einem fest einbetonierten Stab in der Wand (Abbildung 1.5.4 (*b*), (*c*)).

1.5.2 Tragwerke

Im Abschnitt 1.3.2 sind wir bereits auf den Begriff des statischen Gleichgewichtes an einem starren Körper bzw. an Körpern, die sich aus mehreren starren Scheiben zusammensetzen, zu sprechen gekommen. Aus mehreren Scheiben zusammengesetzte Körper sind in der Technik auch als **Tragwerke** bekannt.

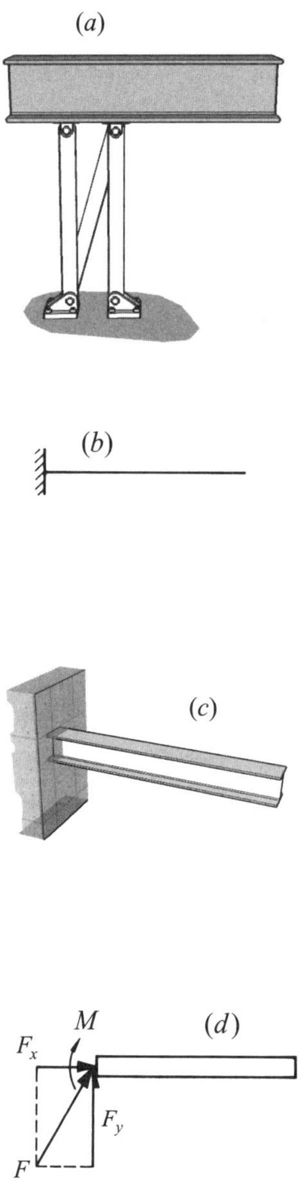

Abb. 1.5.4: Dreiwertige Lager.

Hierbei übertragen Verbindungselemente, wie z. B. Pendelstäbe oder auch Gelenke, Kräfte und Momente von Scheibe zu Scheibe. Diese Kräfte bzw. Momente gilt es zu berechnen, und man erreicht das, wie schon gesagt, durch sogenannte Freischnitte. Wir nennen unser System von Scheiben bzw. das Tragwerk **statisch bestimmt**, wenn es gelingt, aus den Gleichgewichtsbedingungen allein, also aus Kräfte- und Momentengleichgewicht, die für jede Scheibe gesondert aufzustellen sind, alle Unbekannten zu berechnen. Hierzu zählen die durch Gelenke und Verbindungselemente übertragenen Kräfte und Momente wie auch die Lagerreaktionen. Seien also allgemein n Scheiben gegeben, aus denen sich das Tragwerk zusammensetzt. Dann lassen sich stets $3n$ Gleichgewichtsbedingungen, also $3n$ Gleichungen formulieren, vorausgesetzt, es handelt sich bei den betrachteten Scheiben **nicht** um zentrale Kräftesysteme, was wir annehmen wollen. Sei die Anzahl der Lagerreaktionen mit r und die Anzahl der Reaktionen der Verbindungselemente mit υ bezeichnet. Dann ist es für ein statisch bestimmtes, ebenes Tragwerk notwendig, dass gilt:

$$3n = r + \upsilon \,. \tag{1.5.2}$$

Man beachte, dass sich für $n = 1$ der Sonderfall des statisch bestimmt gelagerten einteiligen, ebenen Tragwerks ergibt, etwa ein Balken auf zwei Stützen, auf den eine Kraft wirkt. Hier ist die Anzahl der Reaktionen υ der Verbindungselemente nämlich gerade null, und der Balken muss etwa mithilfe eines einwertigen und eines zweiwertigen Lagers gefesselt werden, um statische Bestimmtheit zu garantieren. Ein weiteres Beispiel soll die Formel (1.5.2) noch näher erläutern.

Betrachte die in Abbildung 1.5.5 a) dargestellte Situation: Eine Kugel presst mit ihrem Gewicht auf zwei Stützen, die über ein Gelenk sowie über ein Seil miteinander verbunden sind. Gesucht sind die Lagereaktionen in A bzw. B, die Seilkraft S sowie die Gelenkkraft in C. Betrachten wir die über Seil und Gelenk gehaltenen Stützen als ein Tragwerk, auf das aus dem Gewicht G der Kugel berechenbare, also bekannte Kräfte wirken, so lassen sich die Gelenkkraft sowie die Seilkraft durch den in der Abbildung dargestellten Freischnitt sichtbar machen. Die Anzahl der

Unbekannten ist offenbar gleich sechs, denn es gibt ja ein zweiwertiges sowie ein einwertiges Lager, eine Gelenkkraft (zwei Komponenten) sowie eine Seilkraft (eine Komponente). Die Anzahl der Scheiben beträgt zwei, was, mithilfe von Gleichung (1.5.2), die statische Bestimmtheit des Systems beweist. Für jede Scheibe lassen sich drei Gleichgewichtsbedingungen formulieren, das Problem ist lösbar.

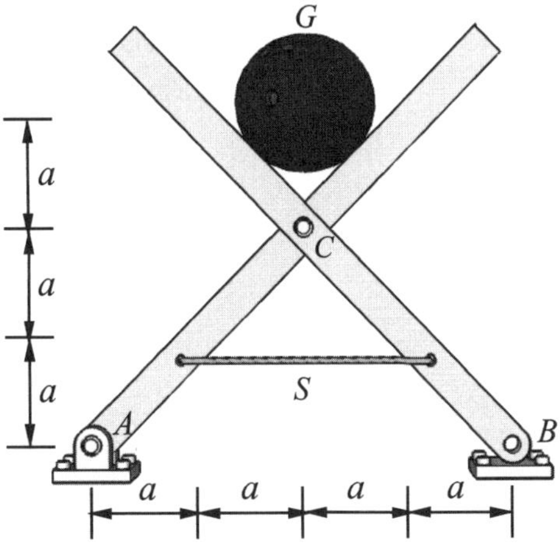

Abb. 1.5.5: a) Der symmetrische Bock.

1.5.3 Fachwerke

Definition des idealen Fachwerks

> Unter einem idealen Fachwerk wollen wir ein Stabgebilde mit den folgenden Eigenschaften verstehen:
>
> - Die Stäbe sind an den Knoten zentrisch und gelenkig miteinander verbunden (die Knoten sind reibungsfreie Gelenke).
> - Äußere Kräfte greifen nur an den Knoten an, d. h., die Stäbe werden nur auf Zug oder auf Druck beansprucht.
> - Die Stabachsen (= Schwerachsen) schneiden sich in den Knotenpunkten und sind gerade.

Diese Idealisierungen treffen in der Realität nur begrenzt zu, denn selbstverständlich greifen auch längs der Stäbe verteilte Lasten an, z. B. das Eigengewicht der Stäbe. Man hilft sich hier, indem man diese Kräfte entweder ganz vernachlässigt oder indem man sie zu statisch äquivalenten Kräften zusammenfasst, die in den zum Stab gehörigen Knoten angesetzt werden.

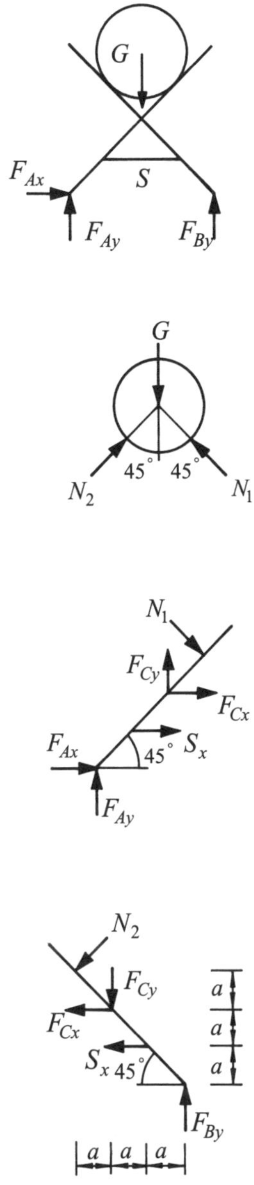

Abb. 1.5.5: b) Freischnitt des Bocks.

Ein Beispiel eines solchen Fachwerks zeigt die Abbildung 1.5.6. Weiter unten wird die Wahl der Lagerung (zwei zweiwertige Lager) erläutert.

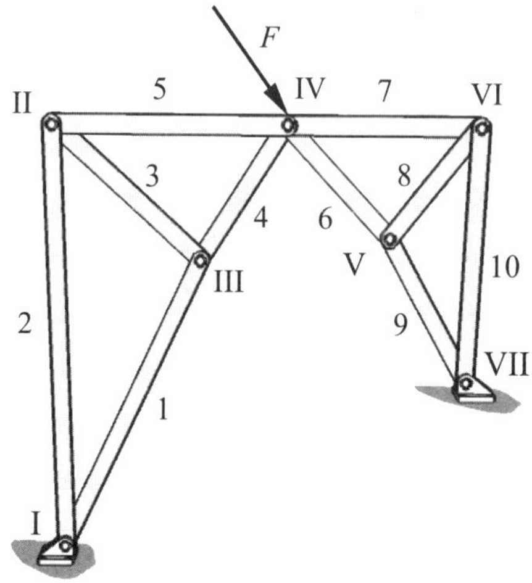

Abb. 1.5.6: Fachwerk.

Das Ziel besteht nun darin, zum einen die Lagerkräfte und zum anderen die in jedem Stab herrschenden Kräfte zu ermitteln. Letztere können nach den eingangs getroffenen Voraussetzungen nur in Achsrichtung der Stäbe wirkende Kräfte sein, die entweder den Charakter einer Zug- oder einer Druckkraft tragen. Wir vereinbaren, Zugkräfte positiv und Druckkräfte negativ zu werten. Stellen wir uns nun die Frage, wie die Anzahl der das Fachwerk aufbauenden Stäbe sowie Knoten und Lagerreaktionen (genannt s, k und r) beschaffen sein muss, damit das Fachwerk den Charakter eines statisch bestimmten Tragwerks hat. Offenbar können in der Ebene pro Knoten nur **zwei** Gleichgewichtsbeziehungen formuliert werden, denn an jedem Knoten muss eine zentrale Kräftegruppe angreifen, um Gleichgewicht zu garantieren. Eine zentrale Kräftegruppe in der Ebene ist eben durch zwei Gleichgewichtsbedingungen charakterisiert. Also gelingt es, bei k Knoten $2k$ Gleichungen aufzustellen. Für ein statisch bestimmtes Fachwerk mit s unbekannten Stabkräften und r unbekannten Lagerreaktionen ist es somit notwendig, dass die folgende Beziehung gilt:

$$2k = s + r\,. \qquad (1.5.3)$$

Die Abbildung 1.5.6 wird nun verständlich. Es gibt in dem abgebildeten Fachwerk nämlich sieben Knoten, also stehen 14 Gleichgewichtsbeziehungen zur Verfügung. Im Übrigen finden sich zehn Stäbe und offenbar sind vier Lagerreaktionen nötig, um die Gleichung (1.5.3) zu befriedigen. Dieses erreicht man z. B. mit zwei zweiwertigen Lagern.

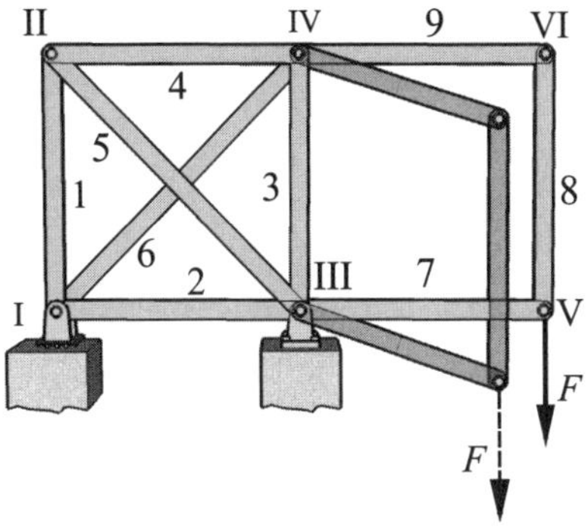

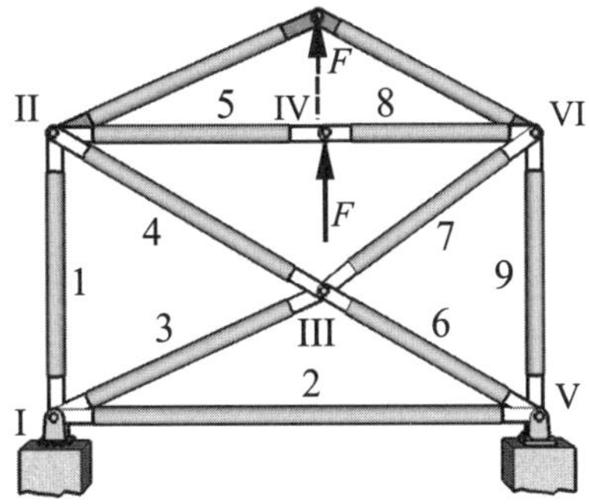

Abb. 1.5.7: Kinematisch unbestimmte Fachwerke.

Ein weiterer wichtiger Begriff ist die sogenannte **kinematische Bestimmtheit**. Die Abbildung 1.5.7 zeigt ein Beispiel eines kinematisch unbestimmten Fachwerks. Hier ist zwar die Gleichung (1.5.3) erfüllt, also die statische Bestimmtheit des Fachwerkes garantiert, dennoch lassen sich nicht alle Stabkräfte berechnen. Die Stäbe 7, 8 und 9 des gezeichneten Fachwerks (links) geben nämlich nach und beginnen, sich um einen endlichen Winkel zu drehen. Auch die zweite Skizze in Abbildung 1.5.7 (rechts) zeigt ein kinematisch unbestimmtes Fachwerk: Die Stäbe 5 und 8 sind in einer Linie verbunden, es besteht die Möglichkeit einer differenziell kleinen Drehung.

Es stellt sich somit die Frage, wie wir es konstruktiv sicherstellen, ein kinematisch bestimmtes Fachwerk zu erzeugen. Eine Möglichkeit ist die folgende (siehe Abbildung 1.5.8): Man beginne mit einem aus drei Stäben bestehenden Dreieck. Dieses wird nun Stück für Stück um zwei Stäbe, d. h. jeweils einen neuen Knoten, erweitert, wobei es **nicht** erlaubt ist, dass beide Stäbe so angeschlossen werden, dass sie auf einer Gerade liegen.

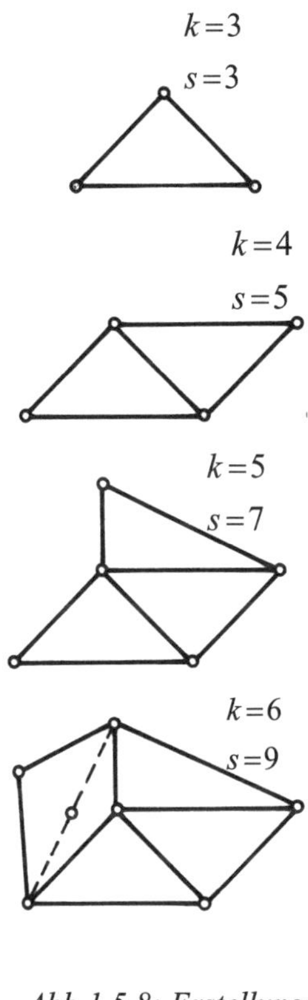

Abb. 1.5.8: Erstellung eines kinematisch bestimmten Fachwerks.

Prinzipielle Berechnung der Stabkräfte: Knotenpunktverfahren

Im Prinzip lassen sich alle Stabkräfte sowie Auflagerreaktionen in einem statisch sowie kinematisch bestimmten Fachwerk dadurch ermitteln, dass man einen jeden Knoten freischneidet, das so entstehende, im Allgemeinen gekoppelte Gleichungssystem löst. Dieses muss nicht immer einfach sein und kann rechnerisch aufwendig werden. Folgendes gilt es daher festzustellen:

- Die Auflagerreaktionen lassen sich oft gesondert behandeln, indem man das ganze Fachwerk als starre Scheibe begreift, an der die Lagerreaktionen wie zuvor kennengelernt durch drei Gleichgewichtsbedingungen ermittelt werden.
- Meist interessieren auch gar nicht alle Stabkräfte. Vielmehr fällt die Wahl auf verschiedene, kritische Einzelstäbe, deren Festigkeitsverhalten untersucht werden soll und die gesondert bemessen werden müssen. Hier hilft der RITTERsche Schnitt weiter (siehe unten).
- Oft sind Stäbe gar nicht belastet. Man nennt solche lastfreien Stäbe auch Nullstäbe und es empfiehlt sich, diese vorab auszusondern. Die folgenden Regeln helfen, sie in einem Fachwerk zu entdecken (vgl. Abbildung 1.5.9):

Regel 1: Sind an einem unbelasteten Knoten zwei Stäbe angeschlossen, die nicht in gleicher Richtung liegen, so sind diese Nullstäbe.

Regel 2: Sind an einem belasteten Knoten zwei Stäbe angeschlossen und greift die äußere Kraft in Richtung des einen Stabes an, so ist der andere Stab ein Nullstab.

Regel 3: Sind an einem unbelasteten Knoten drei Stäbe angeschlossen, von denen zwei in gleicher Richtung liegen, so ist der dritte Stab ein Nullstab.

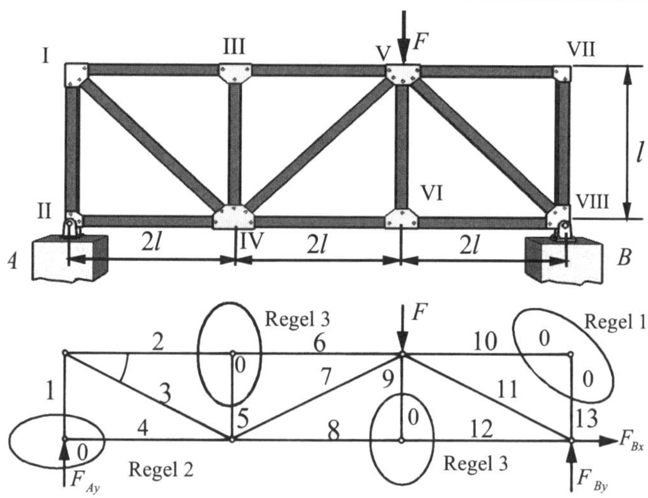

Abb. 1.5.9: Regeln zur Ermittlung von Nullstäben in Fachwerken.

Für den allgemeinen Fall gibt es nicht nur das rechnerische Verfahren zur Bestimmung der Auflagerreaktionen und Stabkräfte, sondern auch ein zeichnerisches Verfahren, den **CREMONA-Plan**, den wir weiter unten besprechen.

Der RITTERsche Schnitt

Falls nur einzelne Stabkräfte in einem Fachwerk zu bestimmen sind, hat sich das nach dem Mechaniker RITTER benannte Schnittverfahren bewährt.

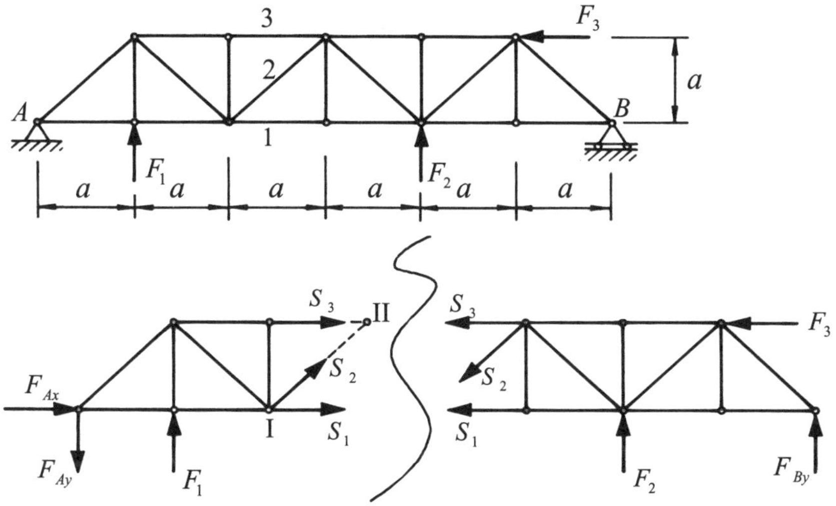

Abb. 1.5.10: Zum RITTERschen Schnitt.

Bei diesem Verfahren wird das Fachwerk durch einen Schnitt in zwei Teile zerlegt. Dabei werden **genau drei** Stäbe geschnitten, die nicht alle zum gleichen Knoten gehören dürfen, oder der Schnitt ist durch einen Stab und ein Gelenk zu führen. Wir erläutern den RITTERschen Schnitt an dem in Abbildung 1.5.10 gezeigten Fachwerk. Sowohl der linke wie auch der rechte Teilkörper müssen für sich im Gleichgewicht sein. Zunächst werden die Auflagerkräfte ermittelt. Dazu betrachtet man das Fachwerk als einen starren Körper, auf den in gewohnter Weise die Gleichgewichtsbedingungen angewendet werden.

August RITTER (1826 – 1908) war seit 1856 Dozent an der Polytechnischen Schule in Hannover. Bei Eröffnung der Hochschule in Aachen im Oktober 1870 trat er als ordentlicher Lehrer der Ingenieurmathematik und Mechanik in den Lehrkörper ein. Wir kennen seinen Namen vornehmlich von der nach ihm benannte Schnittmethode. Sein wissenschaftliches Interesse galt aber auch vielen anderen physikalischen Fragestellungen, z. B. der Theorie der adiabaten Zustandsänderungen. RITTER hatte den Aachener Lehrstuhl für Mechanik (so die damalige Bezeichnung) bis 1899 inne. Sein Nachfolger wurde im Jahr 1900 der berühmte Physiker Arnold SOMMERFELD.

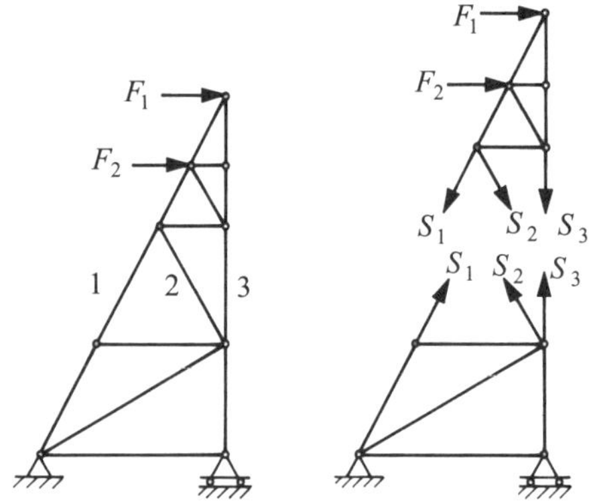

Abb. 1.5.11: Zum RITTERschen Schnitt.

Als Nächstes wird geschnitten, und dann wenden wir die drei Gleichgewichtsbedingungen auf einen der beiden Teilkörper an, um die drei unbekannten Stabkräfte zu ermitteln. Man sollte dabei möglichst Momentengleichungen um die Schnittpunkte von zwei Stabkräften aufstellen, um so jeweils eine Gleichung für eine unbekannte Stabkraft zu erhalten. Bei Drehung um den Punkt I erhält man:

$$2aF_{Ay} - aF_1 - aS_3 = 0 \quad \Rightarrow \quad S_3 = 2F_{Ay} - F_1 . \tag{1.5.4}$$

Und bei Drehung um den Punkt II sowie mit der Forderung, dass die Summe der Kräfte in vertikaler Richtung verschwinden muss, entsteht:

$$\begin{aligned} &3aF_{Ay} + aF_{Ax} - 2aF_1 + aS_1 = 0 \\ &\Rightarrow \quad S_1 = 2F_1 - 3F_{Ay} - F_{Ax} , \end{aligned} \tag{1.5.5}$$

$$\begin{aligned} &-F_{Ay} + F_1 + \frac{1}{\sqrt{2}} S_2 = 0 \\ &\Rightarrow \quad S_2 = \sqrt{2}\left(F_{Ay} - F_1\right) \end{aligned} \quad \text{mit } \cos(45°) = \frac{1}{\sqrt{2}} . \tag{1.5.6}$$

Es sei abschließend bemerkt, dass der RITTERsche Schnitt manchmal auch ohne Kenntnis der Auflagerkräfte zum Ziel führt. Ein Beispiel ist in Abbildung 1.5.11 zu sehen. Das obere rechte Teilsystem enthält alle eingeprägten Kräfte und kann offenbar sofort nach RITTER ausgewertet werden, ohne dass es nötig ist, die Kräfte in den Auflagern (linkes Teilsystem) zu ermitteln.

Der CREMONA-Plan

Der CREMONA-Plan erlaubt es, die Stabkräfte in einem statisch und kinematisch bestimmten idealen Fachwerk zeichnerisch zu ermitteln. Die folgenden Regeln gilt es zu beherzigen:

- Zeichne einen Freischnitt des Fachwerks und berechne, wenn möglich, die Lagerkräfte (zeichnerisch oder rechnerisch).
- Nummeriere die Stäbe durch.
- Identifiziere eventuell vorhandene Nullstäbe, kennzeichne dieselben (etwa) durch eine Null im Freischnitt.
- Lege für den Kräfteplan einen Maßstab sowie einen Umlaufsinn um die Knoten fest (beides willkürlich).
- Beginne an einem Knoten mit höchstens zwei unbekannten Stabkräften und zeichne für jeden Knoten das geschlossene Kräftepolygon. Trage dabei die Kräfte wieder in der Reihenfolge an, die durch den Umlaufsinn gegeben ist.
- Jede Stabkraft tritt zweimal auf (mit entgegengesetzter Orientierung). Trage daher keine Pfeile in das Kräftepolygon ein, sondern kennzeichne die Stabkraft nur durch die entsprechende Stabnummer. Zeichne im Freischnitt (Lageplan) jedoch jeweils an den Knoten den Pfeil und an den Gegenknoten den Gegenpfeil. Vom Knoten weg weisende Kraftpfeile entsprechen Zugstäben und in den Knoten weisende Kraftpfeile stehen für Druckstäbe.
- Verwende das letzte Krafteck zur Kontrolle.
- Lies alle Stabkräfte ab (Lineal) und übertrage sie mit Vorzeichen in eine Tabelle.
- Zur Kontrolle überprüfe noch, ob sich aus den eingeprägten Kräften und den Lagerreaktionen ein geschlossenes Krafteck ergibt (siehe Abbildung 1.5.12).

Als Beispiel für den CREMONA-Plan dient das in der Abbildung 1.5.12 gezeigte Fachwerk.

Antonio Luigi Gaudenzio Giuseppe CREMONA (1830 – 1903) wurde in der Lombardei in Pavia geboren. Er wurde im Jahre 1860 Professor an der Universität von Bologna, um 1866 an das Polytechnische Institut in Mailand zu wechseln. Dies waren seine wissenschaftlich fruchtbaren Jahre. Als er 1877 an die Universität in Rom ging, holte ihn das Peterprinzip ein. Verwaltungsaufgaben nahmen überhand und töteten zunehmend seinen Geist, was daran besonders deutlich wird, dass er 1879 die Mathematik völlig aufgab, um Erziehungsminister zu werden und schließlich als Vizepräsident des italienischen Parlaments sein Ende fristete.

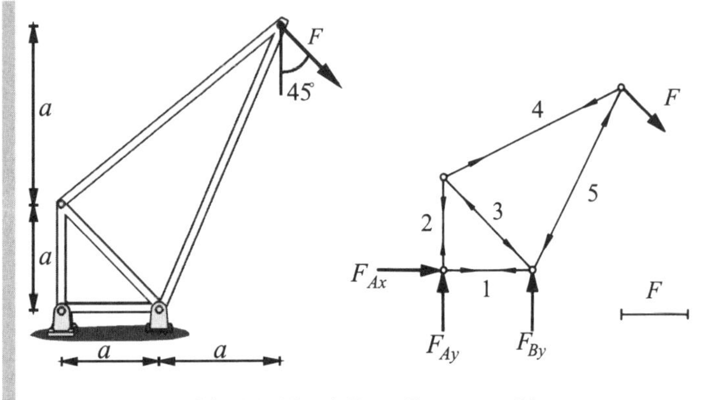

Abb. 1.5.12: a) Zum CREMONA*-Plan.*

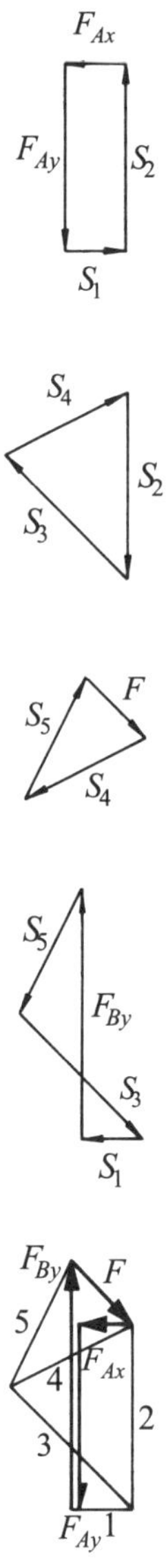

Abb. 1.5.12: b) Zum CREMONA*-Plan.*

1.6 Der biegesteife Träger

1.6.1 Schnittgrößen – Begriffsbildung

In diesem Abschnitt soll es um die inneren Kräfte in Balkentragwerken gehen. Gefühlsmäßig wird man sagen, dass diese ein Maß für die Beanspruchung des Balkenmaterials sind, und es ist einleuchtend, festzustellen, dass ihre Kenntnis wichtig ist, wenn es darum geht, die Tragflächen eines Rahmens zu untersuchen oder ein Tragwerk für vorgegebene Lasten richtig zu dimensionieren.

Der Einfachheit halber beschränken wir uns im Folgenden auf ebene Tragwerke, die durch Kräftegruppen in der Zeichenebene belastet sind, so wie in der Abbildung 1.6.1 gezeigt. Die im Balken herrschenden inneren Kräfte werden an der uns interessierenden Stelle durch einen Schnitt **senkrecht** zur Schwerachse des Balkens sichtbar gemacht. An der Schnittstelle wirken dann über die Querschnittsfläche verteilte innere Kräfte, genannt p: Abbildung 1.6.1. Dieses System kontinuierlich verteilter Flächenkräfte können wir nach den vorangegangenen Ausführungen durch eine Resultierende R sowie ein resultierendes Moment $M^{(S)}$ ersetzen. Als Bezugspunkt für diese Reduktion wählen wir den Schwerpunkt S der betreffenden Querschnittsfläche. Im Folgenden wollen wir diese Wahl stillschweigend voraussetzen und lassen den Index S am Momentensymbol M daher wieder weg.

Die Resultierende R zerlegen wir in zwei Komponenten. Die erste wirkt in Richtung der Schwerachse (normal zur Schnittebene). Wir nennen sie N. Die andere, Q, wirkt in der Schnittebene, senkrecht zur Schwerachse. Wir sprechen auch von der

Normalkraft N, der **Querkraft** Q und dem **Biegemoment** M, und alle drei **Schnittgrößen** sind in der Abbildung 1.6.1 dargestellt.

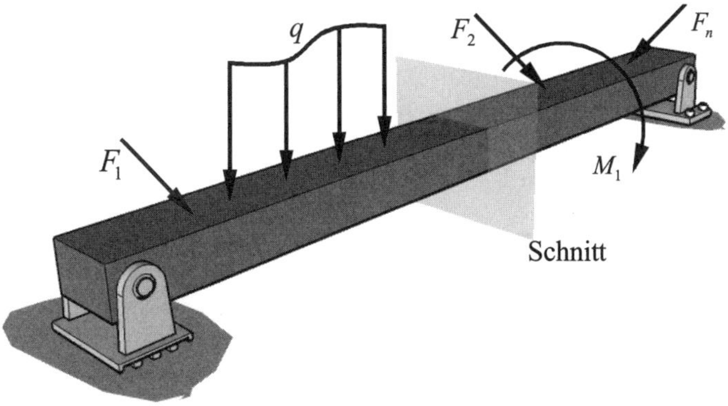

Abb. 1.6.1: a) Zur Definition der Schnittgrößen.

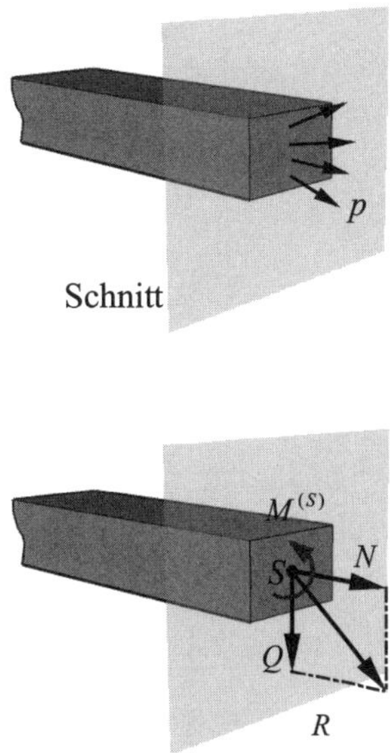

Abb. 1.6.1: b) Zur Definition der Schnittgrößen.

Offenbar besteht der Balken nach dem Schnitt aus zwei Teilen, an deren Schnittflächen jeweils N, Q und M anzubringen sind und zwar so, dass beim Zusammenschluss beider Teile sich alle Schnittgrößen gegeneinander aufheben. Dieses zeigt die Abbildung 1.6.2. Zur Charakterisierung der Vorzeichen der Schnittgrößen am linken wie am rechten Schnittufer führen wir, wie gezeigt, ein rechtwinklig-kartesisches Koordinatensystem x, y, z ein (mathematisch positiv orientiert), dessen x-Richtung entlang der Schwerachse weist. Am linken Schnittufer, das wie gezeigt durch eine Flächennormale $\underline{n}$ charakterisiert ist, zeigt also die x-Achse in Richtung dieser Flächennormale, am rechten entgegengesetzt dazu. Die Vorzeichenfestlegung lautet nun:

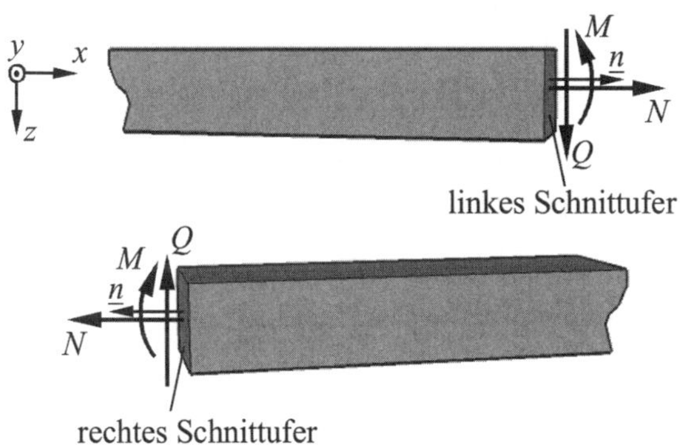

Abb. 1.6.2: Zur Bedeutung der Schnittufer.

Positive Schnittgrößen zeigen am positiven Schnittufer in mathematisch positive Koordinatenrichtungen (und in negative Koordinatenrichtungen für das rechte Schnittufer), und diese sind in der Abbildung 1.6.2 zu sehen. Diese Vorzeichenregelung gilt für die Kraftgrößen N und Q, aber auch für die Schnittmomente M, wobei man im Hinblick auf Abbildung 1.6.2 nur daran denken muss, dass eine Linksdrehung positiv und eine Rechtsdrehung negativ (Drehung hier in Bezug auf die y-Achse) gezählt wird.

1.6.2 Zur Berechnung von Schnittgrößen am geraden Balken

Gerader Balken unter Einzellasten

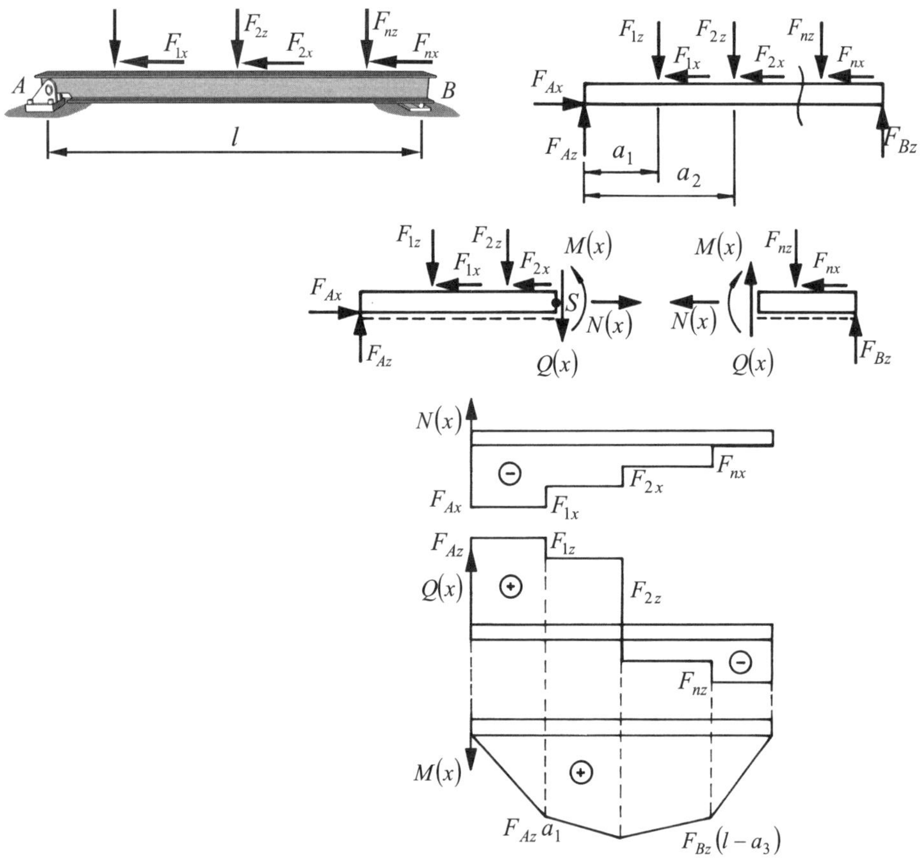

Abb. 1.6.3: Gerader Balken mit Einzellasten.

Wir betrachten den in Abbildung 1.6.3 dargestellten, unter der Wirkung verschiedener Einzellasten liegenden Balken. Wir schneiden den Balken zunächst an seinen Auflagern A und B frei und bestimmen die Auflagerkräfte mit den Methoden, die in den vorangegangenen Abschnitten erläutert wurden. Man erhält die Auflagerkräfte F_{Ax}, F_{Az} und F_{Bz}.

Nun schneiden wir den Balken an einer interessierenden Querschnittsstelle senkrecht zur Schwerachse durch. Es entstehen die in der Abbildung unten gezeigten Teilbalken. An der Schnittstelle werden die Schnittgrößen mit positivem Richtungssinn eingezeichnet. Nach dem Schnittprinzip bilden alle auf einen Teilbalken wirkenden Kräfte ein Gleichgewichtssystem, und sie werden aus den für jeden Teilbalken gültigen Gleichgewichtsbedingungen ermittelt. Die Ergebnisse einer solchen Rechnung werden oft in Diagrammen, den sogenannten **Normalkraft-, Querkraft-** und **Momentenflächen,** zusammengefasst. Für das betreffende Balkenbeispiel sind diese in der Abbildung 1.6.3 zu sehen.

Um die Bilder zu verstehen, werten wir die Gleichgewichtsbeziehungen aus. Zunächst fragen wir nach den Lagerreaktionen, und dazu werten wir die Gleichgewichtsbeziehungen für den **gesamten** Balken aus:

$$\sum M_A = 0: \quad lF_{Bz} - \sum_{i=1}^{n} a_i F_{iz} = 0 \quad \Rightarrow \quad F_{Bz} = \frac{1}{l}\left[\sum_{i=1}^{n} a_i F_{iz}\right], \tag{1.6.1}$$

$$\sum M_B = 0: \quad -lF_{Az} - \sum_{i=1}^{n} (l - a_i) F_{iz} = 0 \quad \Rightarrow \quad F_{Az} = \frac{1}{l}\left[\sum_{i=1}^{n} (l - a_i) F_{iz}\right], \tag{1.6.2}$$

$$\sum F_x = 0: \quad F_{Ax} - \sum_{i=1}^{n} F_{ix} = 0 \quad \Rightarrow \quad F_{Ax} = \sum_{i=1}^{n} F_{ix}. \tag{1.6.3}$$

Dabei bezeichnet l die Länge des Balkens und die Größen a_i kennzeichnen von links gemessen die Aufpunkte der verschiedenen am Balken angreifenden Kräfte. Nachdem wir nun die Auflagerkräfte als Funktion bekannter Größen, nämlich der am Balken vorgegebenen angreifenden Kräfte und Momente, dargestellt haben, untersuchen wir nun die Gleichgewichtsbedingungen am linken Teilbalken. Mit anderen Worten, wir stellen uns die Aufgabe, die bislang unbekannten Schnittgrößen N, Q und M zu berechnen. Exemplarisch geschieht das für den linken Teilbalken, und es findet sich:

$$\sum F_x = 0: \quad F_{Ax} - \sum F_{ix} + N = 0, \tag{1.6.4}$$

$$\sum F_z = 0: \quad F_{Az} - \sum F_{iz} - Q = 0, \tag{1.6.5}$$

$$\sum M_S = 0: \quad -xF_{Az} + \sum (x - a_i) F_{iz} + M = 0. \tag{1.6.6}$$

Daraus ermitteln wir, dass gilt:

$$N = -F_{Ax} + \sum F_{ix}, \tag{1.6.7}$$

$$Q = F_{Az} - \sum F_{iz}, \tag{1.6.8}$$

$$M = xF_{Az} - \sum (x - a_i) F_{iz}. \tag{1.6.9}$$

In den letzten drei Formeln sind die Summationen dabei nur über die für den linken Teilbalken relevanten Kräfte und Momente zu erstrecken. Zeichnerisch ist dieses Ergebnis wie bereits gesagt in Abbildung 1.6.3 zu sehen. Mithin ergeben sich im Fall der Normal- und Querkraftflächen abschnittsweise Geraden, nämlich Parallelen zur Balkenachse, und die Momentenflächen ergeben sich aus abschnittsweise unterschiedlich geneigten Geraden (Faktor x in Gleichung (1.6.9)). Auf jeden Fall verschwinden die Momentenflächen an den Balkenenden, und dies ist verständlich, denn der Balken wird auf zwei gelenkigen Lagern gehalten, die keinerlei Momente aufnehmen können.

Man beachte, dass sich diese Zeichnungen stets durch konsequente Auswertung (Kurvendiskussion) der Gleichungen (1.6.7) bis (1.6.9) erstellen lassen. Dies kann sich als etwas mühselig erweisen. Praktischer ist der folgende Weg. Man berechne zunächst alle Auflagerkräfte. Ist dies geschehen, so fängt man entweder am linken oder am rechten Ende des nicht durchgeschnittenen Balkens an, Normalkräfte, Querkräfte bzw. Momente zu berechnen. Beginnen wir beispielhaft am linken Ende und definieren die positive x-Richtung als mit der Schwerachse nach rechts fortschreitend. Dann baut die Stützkraftkomponente F_{Az} mit anwachsendem x eine linear ansteigende Momentenfläche auf, bis zu dem Punkt, an dem die erste äußere quergerichtete Kraft F_{1z} eingeleitet wird. Die Momentenfläche steigt von nun ab weniger steil an. Mehr noch: Sie wird sukzessive abgebaut, ihre anfänglich positive Steigung geht in eine negative Steigung über, und das Moment verschwindet schließlich am Ende des Balkens. Das Vorzeichen der Momentenfläche ermittelt man bei dieser Vorgehensweise am einfachsten anhand des Verhaltens der unter dem Balken eingezeichneten, **strichlierten Hilfslinie**. Wird diese durch die Wirkung der jeweils sichtbaren Kräfte und Momente **gedehnt (Zugzone)**, so ist die Momentenfläche **positiv**, wird sie **gestaucht (Druckzone)**, hingegen **negativ**. Dass wir in der Abbildung 1.6.3 die positive Momentenfläche nach unten auftragen, hat praktische Gründe, die im Zusammenhang mit der Berechnung Durchbiegung von Balken ersichtlich werden. Grob gesagt ist das an einer Stelle wirkende Moment ein Maß für die dort herrschende Krümmung. Die Krümmung sich in Bezug auf die strichlierte Linie konkav biegender Träger ist negativ, und hierzu gehört, wie wir noch feststellen werden, ein positives Moment.

Eine weitere Bemerkung ist angebracht. Differenziert man die Gleichung (1.6.9) für das Schnittmoment nach der Ortsveränderlichen x, so entsteht die Gleichung (1.6.8) für die Querkraft, offenbar besteht zwischen beiden Größen ein Zusammenhang. Wir finden:

$$\frac{dM}{dx} = F_{Az} + \sum F_{iz} = Q. \tag{1.6.10}$$

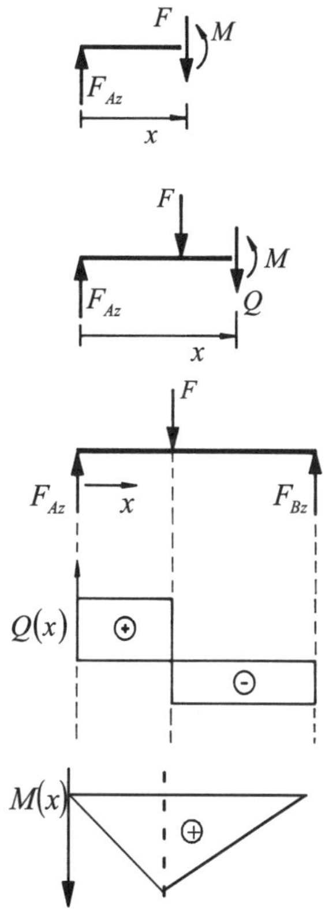

Abb. 1.6.4: b) Balken auf zwei Stützen unter Einzellast.

Balken auf zwei Stützen unter Einzellast (Dreipunktbiegemethode)

Gesucht sind die Normalkraft-, Querkraft- und die Momentenfläche für den in Abbildung 1.6.4 dargestellten Balken auf zwei Stützen unter Einzellast, also eine **Dreipunktbiegeprobe**.

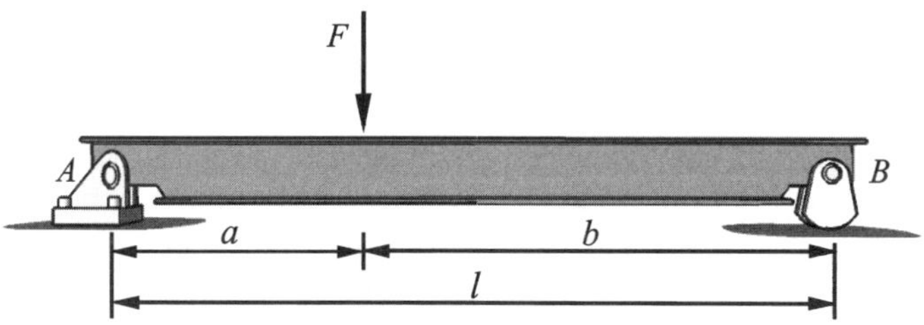

Abb. 1.6.4: a) Balken auf zwei Stützen unter Einzellast.

Wir folgen zunächst dem formalen Weg, indem wir die Formeln des letzten Abschnitts anwenden. Offenbar gilt für die Auflagerkräfte gemäß den Gleichungen (1.6.1–3):

$$F_{Bz} = \frac{a}{l}F\,,\; F_{Az} = \frac{b}{l}F\,,\; F_{Ax} = 0. \tag{1.6.11}$$

Mithin folgt aus den Gleichungen (1.6.7–9):

$$N = 0\,,\; Q = \frac{b}{l}F \quad \text{für } 0 \le x \le a\,,$$
$$Q = -\frac{a}{l}F \quad \text{für } a \le x \le l\,, \tag{1.6.12}$$

$$M = x\frac{b}{l}F \quad \text{für } 0 \le x \le a\,,$$
$$M = \left(1-\frac{x}{l}\right)aF \quad \text{für } a \le x \le l. \qquad (1.6.13)$$

Die zeichnerische Darstellung dieser Ergebnisse ist in Abbildung 1.6.4 im unteren Teil zu sehen.

Man muss jedoch die Gleichungen des letzten Abschnitts überhaupt nicht parat haben, um schnell die Querkraft- bzw. die Momentenfläche für dieses Problem zu zeichnen. Wenn man die Auflagerkräfte kennt, so startet man einfach am linken bzw. am rechten Balkenende und baut nach rechts bzw. nach links gehend die jeweiligen Flächen auf. Beispielhaft sei dies für das rechte Ende erläutert. Die Querkraft ist hier gleich dem negativen Wert von F_{Bz}, da die Normale auf der rechten Seitenfläche nach rechts zeigt und die Kraft F_{Bz} offenbar in negative Richtung von z weist. Der Wert der Querkraft ändert sich so lange nicht, bis die Stelle der Krafteinleitung erreicht ist. Die eingeleitete Kraft zeigt in positive $z-$Richtung und die Querkraftfläche erfährt einen Sprung nach oben. Mit dem Moment ist es ähnlich: Die Kraft F_{Bz} baut die Momentenfläche beim Wegschreiten vom rechten Ende linear auf, und zwar bis zu der Stelle, wo die Kraft F eingeleitet wird. Das Moment ist nach unserer Vereinbarung positiv (beachte die eingezeichnete strichlierte Hilfslinie) und erreicht an der Stelle der Krafteinleitung den Wert abF/l. Danach wird das Moment wieder abgebaut, denn die Kraft F resultiert in einem negativen Beitrag zur Momentenfläche (gesehen vom rechten Ende), der linear abnimmt und schließlich beim linken Ende den Wert $-aF$ erreicht. Dort jedoch hat die Kraft F_{Bz} das Moment aF geschaffen, sodass sich insgesamt der Wert null ergibt.

Kragträger unter Einzellast und Momentenwirkung

Betrachte den unter Wirkung einer Außenlast F sowie eines Momentes stehenden Kragträger der Abbildung 1.6.5 a).

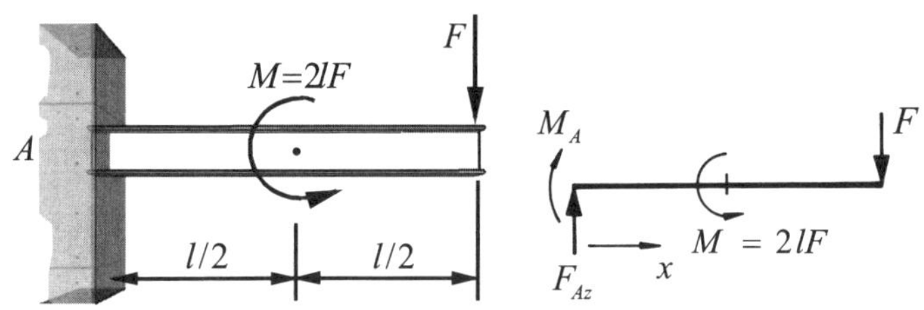

Abb. 1.6.5: a) Kragträger.

Der Freischnitt ergibt für die Auflagerreaktionen im Punkt A:

$$F_{Ax} = 0\,,\; F_{Az} = F\,,\; M_A = lF\,. \tag{1.6.14}$$

Baut man die Querkraftfläche von der linken Seite auf (zum Beispiel), so erkennt man, dass sich ein positiver Wert, nämlich F, ergibt. Die Querkraft bleibt konstant, bis ganz zum Schluss, wo die eingeleitete Kraft F zu einem (vom linken Schnittufer aus als negativ beurteilten) Beitrag $-F$ führt.

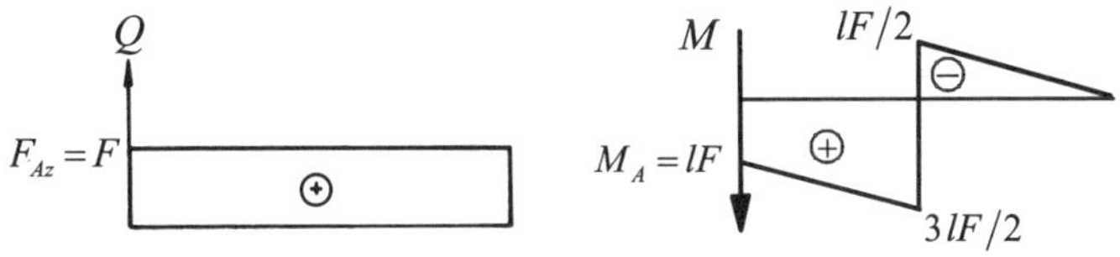

Abb. 1.6.5: b) Querkraft- und Momentenfläche des Kragträgers.

Bei der Konstruktion der Momentenfläche geht man sinnvollerweise vom rechten Balkenende aus. Die Kraft F staucht die unter dem Balken gedachte strichlierte Hilfslinie und die entsprechend negative Momentenfläche baut sich von null kommend linear bis auf den Minimalwert $-lF/2$ auf. Bei Überschreiten der Balkenmitte wird plötzlich das in Bezug auf die Hilfslinie positiv zu wertende Moment $2Fl$ sichtbar. Mithin erfolgt ein Sprung auf den positiven Wert $3lF/2$. Geht man weiter nach links, so sammelt die am rechten Balkenende immer noch sichtbare Kraft F weiterhin Hebelarm an und baut damit immer weiter Moment ab, eben nochmals um $-lF/2$. Damit verbleibt am linken Balkenende der Momentenwert lF, was nicht weiter verwundert, denn schließlich ist der Kragträger dort ja eingespannt. Mit ähnlichen Argumenten gelingt es, die Momentenfläche auch von links kommend aufzuziehen.

Zusammenhang zwischen Belastung und Schnittgrößen

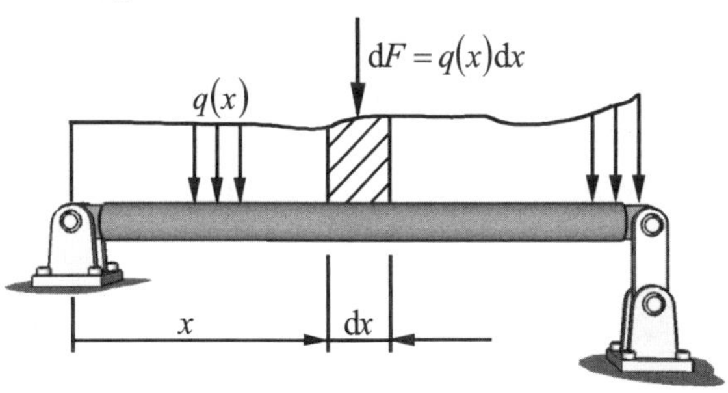

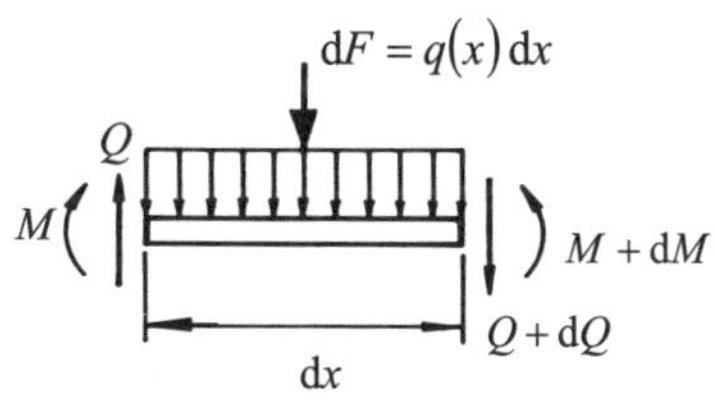

Abb. 1.6.6: Ein beliebig belasteter Balken.

Zwischen der Querkraft Q und dem Schnittmoment M besteht ein Zusammenhang, der im vorigen Abschnitt bereits für Einzelkräfte hergeleitet wurde: Gleichung (1.6.10). Diesen Zusammenhang wollen wir nun auf den Fall beliebig verteilter Lasten (und letztlich auch beliebig geformter Balken) verallgemeinern. Wir betrachten zu diesem Zweck einen unter einer Lastverteilung $q(x)$ stehenden, statisch bestimmt gelagerten Balken (siehe Abbildung 1.6.6) und denken uns in diesem ein Element der Länge $\mathrm{d}x$ herausgeschnitten.

Um diesen Schnitt durchführen zu können, muss man an beiden Seiten Schnittgrößen anbringen, und zwar auf der linken Seite die Größen N, Q, M und auf der rechten Seite die Größen $N+\mathrm{d}N$, $Q+\mathrm{d}Q$ und $M+\mathrm{d}M$. Das Element soll sich im statischen Gleichgewicht befinden, und infolgedessen müssen die Gleichgewichtsbedingungen der Statik beachtet werden, die da lauten:

$$\sum F_z = 0: \quad Q - q\,\mathrm{d}x - (Q + \mathrm{d}Q) = 0$$
$$\Rightarrow \quad \frac{\mathrm{d}Q}{\mathrm{d}x} = -q(x), \tag{1.6.15}$$

$$\sum M_S = 0: \quad -M - \mathrm{d}x Q + \frac{\mathrm{d}x}{2} q\,\mathrm{d}x + M + \mathrm{d}M = 0$$
$$\Rightarrow \quad \frac{\mathrm{d}M}{\mathrm{d}x} = Q, \tag{1.6.16}$$

Dieses sind zwei gewöhnliche Differenzialgleichungen erster Ordnung für die Querkraftfläche und für die Momentenfläche. Wir können die Differenzialgleichung für die Momentenfläche nochmals nach x differenzieren und finden so unter Verwendung der Differenzialgleichung für die Querkraft den folgenden Zusammenhang:

$$\frac{\mathrm{d}^2 M}{\mathrm{d}x^2} = -q(x). \tag{1.6.17}$$

Integration der Differenzialgleichungen für Querkraft- und Momentenfläche

Integrieren wir die Beziehungen (1.6.15) und (1.6.16) nach x, so entsteht:

$$Q(x) = -\int q(x)\,\mathrm{d}x + C_1, \quad M(x) = \int Q(x)\,\mathrm{d}x + C_2. \tag{1.6.18}$$

Die beiden Integrationskonstanten C_1 und C_2 müssen aus sogenannten Rand- und Übergangsbedingungen ermittelt werden. Wie dies geht, wird im folgenden Beispiel erläutert.

Randbedingungen für die Querkraft- und für die Momentenfläche

Wir erläutern den Begriff der Randbedingungen an dem in Abbildung 1.6.7 gezeigten Beispiel. Dort sind drei unter der gleichen **konstanten** Streckenlast stehende Balken zu sehen, die jeweils verschieden gelagert sind. Damit folgt aus der Gleichung (1.6.18) zunächst:

$$Q = -q_0 x + C_1 \,, \quad M = -\frac{1}{2} q_0 x^2 + C_1 x + C_2 \,. \tag{1.6.19}$$

Wir wissen, dass für den ersten Balken die Momentenfläche jeweils an den **gelenkigen** Endpunkten verschwinden muss, denn beim Freischnitt würden wir an beiden Endpunkten geeignete Kräfte in z -Richtung anbringen, und diese haben in unmittelbarer Umgebung der Enden jeweils den Hebelarm null zur Verfügung. Mathematisch bedeutet dieser Fall, dass:

$$M(x=0) = 0 \,, \quad M(x=l) = 0 \,. \tag{1.6.20}$$

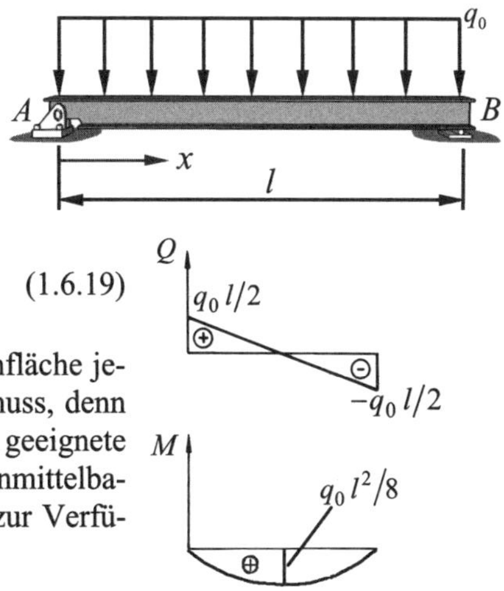

Abb. 1.6.7: Fall a).

Im zweiten Fall muss mit dem gleichen Argument wie eben die Momentenfläche zwar an der rechten Balkenende verschwinden, keineswegs jedoch am linken. Der Balken ist dort fest eingespannt. Dies entspricht, wie wir wissen, einer festen Einspannung, also dreiwertigen Lagerung, und eine solche kann auch ein Moment aufnehmen. Am rechten Ende muss jedoch auch die Querkraftfläche verschwinden, denn schließlich gibt es keine Auflagerkraft, und die konstante Streckenlast hat auch noch nicht angefangen zu wirken. Also wird:

$$Q(x=l) = 0 \,, \quad M(x=l) = 0 \,. \tag{1.6.21}$$

Der dritte Fall schließlich führt mit ähnlichen Argumenten auf folgende Randbedingungen:

$$Q(x=0) = 0 \,, \quad M(x=l) = 0 \,. \tag{1.6.22}$$

Man bestimmt nun die Konstanten aus Gleichung (1.6.19) für jeden Fall getrennt, indem man die Beziehungen (1.6.20) und (1.6.21) einsetzt. Dies ergibt jeweils zwei Gleichungen für die beiden unbekannten Integrationskonstanten, und die Endlösung lautet im Fall a):

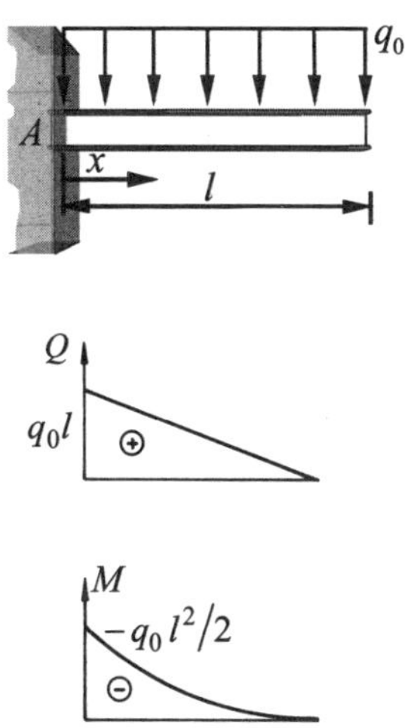

Abb. 1.6.7: Fall b).

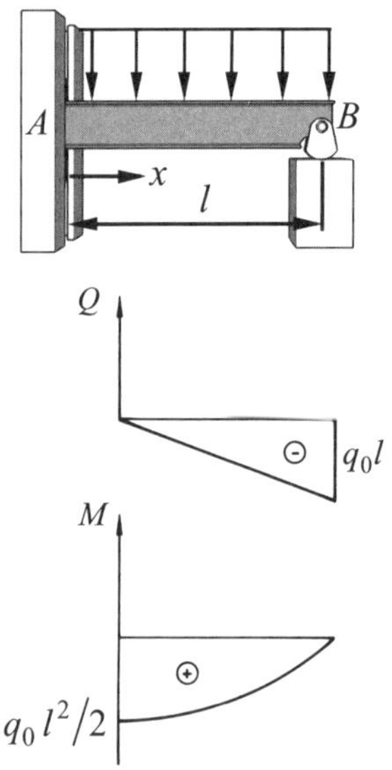

Abb. 1.6.7: Fall c).

$$Q = \frac{1}{2} q_0 l \left(1 - 2\frac{x}{l} \right), \quad M = \frac{1}{2} q_0 l^2 \frac{x}{l} \left(1 - \frac{x}{l} \right), \tag{1.6.23}$$

im Fall b):

$$Q = q_0 l \left(1 - \frac{x}{l} \right), \quad M = -\frac{1}{2} q_0 l^2 \left(1 - \frac{x}{l} \right)^2 \tag{1.6.24}$$

und im Fall c):

$$Q = -q_0 x \,, \quad M = \frac{1}{2} q_0 l^2 \left(1 - \left(\frac{x}{l} \right)^2 \right). \tag{1.6.25}$$

Die entsprechenden Querkraft- und Momentenflächen sind in Abbildung 1.6.7 skizziert. Man beachte die Struktur der **quadratischen Parabel**, die sich für die Momentenverteilung in allen drei Lagerungsfällen als Folge der Belastung mit einer **konstanten** Streckenlast ergibt.

Übergangsbedingungen für die Querkraft- und für die Momentenfläche

Das Problem der **Übergangsbedingungen** stellt sich, sobald die Belastung $q(x)$ über dem Balken nicht durch eine einzige Funktion gegeben ist, sondern in Teilbereichen durch mehrere Funktionen dargestellt wird. Wir wollen uns das an dem in Abbildung 1.6.8 gezeigten, gelenkig gelagerten Balken klarmachen, für den wieder die Querkraft- und die Momentenfläche gesucht sind.

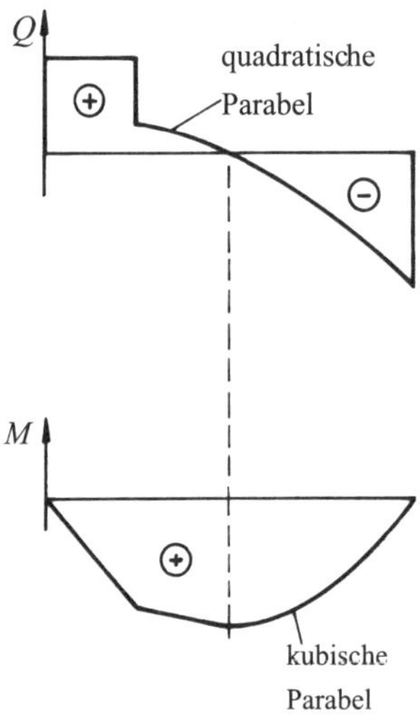

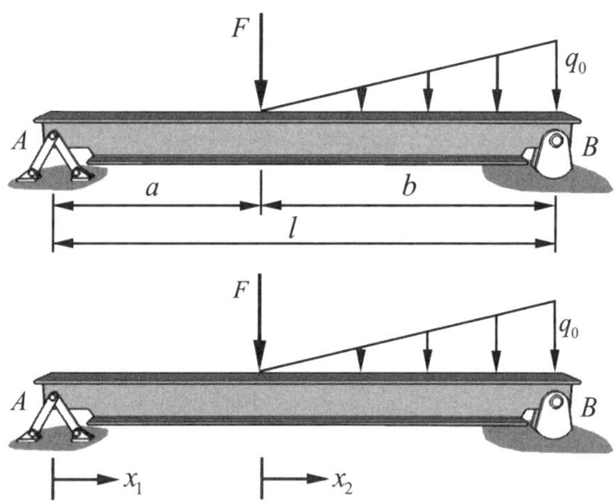

Abb. 1.6.8: Balken mit zwei Belastungsfunktionen.

Wegen der unstetigen Belastung teilen wir den Balken in zwei Bereiche, genannt I vor der Kraft F und II nach der Kraft F.

Wir verwenden dazugehörige Koordinaten x_1 und x_2 wie gezeichnet und setzen die Gleichungen (1.6.18) für jeden Bereich getrennt an.

Die Integration ergibt:

$$\text{I}: \; q_{\text{I}}(x_1) = 0 \quad \Rightarrow \quad Q_{\text{I}} = C_1 \quad \Rightarrow \quad M_{\text{I}} = C_1 x_1 + C_2 \tag{1.6.26}$$

$$\begin{aligned} \text{II}: \; q_{\text{II}}(x_2) = q_0 \frac{x_2}{b} \quad &\Rightarrow \quad Q_{\text{II}} = -q_0 \frac{x_2^2}{2b} + C_3 \\ &\Rightarrow \quad M_{\text{II}} = -q_0 \frac{x_2^3}{6b} + C_3 x_2 + C_4 . \end{aligned} \tag{1.6.27}$$

Die vier Integrationskonstanten ergeben sich aus den vier nachstehenden **Rand**- und **Übergangsbedingungen**:

$$\begin{aligned} &M_{\text{I}}(x_1 = 0) = 0 , \quad M_{\text{II}}(x_2 = b) = 0 , \\ &Q_{\text{II}}(x_2 = 0) = Q_{\text{I}}(x_1 = a) - F , \\ &M_{\text{II}}(x_2 = 0) = M_{\text{I}}(x_1 = a) , \end{aligned} \tag{1.6.28}$$

denn es gibt ja keine freien Momente und daher sollte die Momentenfläche überall stetig sein. Insgesamt erhalten wir also vier Gleichungen zur Bestimmung von vier Unbekannten und wir finden als Lösung für die Querkräfte:

$$Q_{\text{I}} = \left(\frac{1}{6} q_0 b + F \right) \frac{b}{l} , \quad Q_{\text{II}} = -q_0 \frac{x_2^2}{2b} + \left(\frac{1}{6} q_0 b - \frac{a}{b} F \right) \frac{b}{l} \tag{1.6.29}$$

und für die Momente:

$$\begin{aligned} &M_{\text{I}} = \left(\frac{1}{6} q_0 b + F \right) \frac{b}{l} x_1 , \\ &\text{M}_{\text{II}} = -q_0 \frac{x_2^3}{6b} + \left(\frac{1}{6} q_0 b - \frac{a}{b} F \right) \frac{b}{l} x_2 + \left(\frac{1}{6} q_0 b + F \right) \frac{ab}{l} . \end{aligned} \tag{1.6.30}$$

Momentenfläche bei komplizierteren Belastungen

Betrachte die in Abbildung 1.6.9 dargestellte Situation: Ein in A und B gelenkig gelagerter Balken der Länge l steht unter einer Sinuslast mit der Amplitude q_0. Gesucht ist die Querkraft- sowie die Momentenfläche. Für diese Belastung setzen wir an:

$$q(x) = A \sin(Bx) . \tag{1.6.31}$$

Darin sind A und B zwei Konstanten, die wir geeignet anpassen müssen, nämlich wieder über Randbedingungen. So wissen wir, dass die Last (gemäß der Skizze) an den Punkten a bzw. b verschwinden muss. Also gilt:

$$q(x=0) = A\sin(Bx) = 0\,,\; q(x=l) = A\sin(Bx) = 0\,. \tag{1.6.32}$$

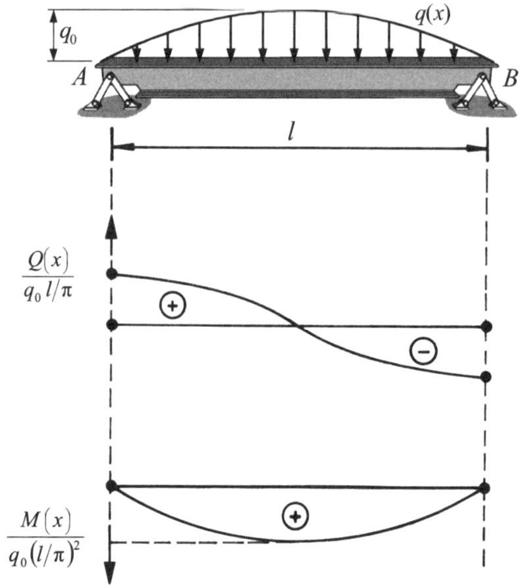

Abb. 1.6.9: Schnittgrößen eines Balkens unter „hügelförmiger" Belastung.

Beide Bedingungen könnten wir dadurch erfüllen, dass wir die Konstante A gleich 0 setzen. Damit würde jedoch die Belastung identisch verschwinden, und das widerspricht unserer Forderung, dass die Last nicht vollständig verschwindet. Eine andere Möglichkeit, an den Randpunkten (und nur da) verschwindende Kräfteamplituden zu bekommen, besteht darin, zu fordern, dass:

$$B\cdot 0 = 0\,,\; B\cdot l = \pi \quad\Rightarrow\quad B = \frac{\pi}{l}\,. \tag{1.6.33}$$

Damit erhalten wir aus den beiden für die Ränder formulierten Forderungen nur ein Ergebnis, nämlich die Konstante B. Um die Konstante A zu ermitteln, denken wir daran, dass auf der Mitte des Balkens die Lastamplitude gerade q_0 betragen soll, also gelten muss:

$$q(x=l/2) = A\sin(\pi/2) = q_0 \quad\Rightarrow\quad A = q_0\,. \tag{1.6.34}$$

Wir erhalten somit:

$$q(x) = q_0 \sin\left(\pi\frac{x}{l}\right). \tag{1.6.35}$$

Damit gehen wir in die Gleichung zur Berechnung der Querkraft- und der Momentenfläche, d. h. (1.6.15) und (1.6.16). Wir erhalten:

$$Q(x) = -\int q(x)\,\mathrm{d}x + C_1 = q_0 \frac{l}{\pi} \cos\left(\pi \frac{x}{l}\right) + C_1 \qquad (1.6.36)$$

und:

$$M(x) = \int Q(x)\,\mathrm{d}x + C_2 = q_0 \left(\frac{l}{\pi}\right)^2 \sin\left(\pi \frac{x}{l}\right) + C_1 x + C_2 \,. \qquad (1.6.37)$$

Die beiden Integrationskonstanten werden wieder aus geeigneten Randbedingungen für die Querkraft- bzw. für die Momentenfläche ermittelt. Es gilt offenbar:

$$M(x=0) = 0\,,\quad M(x=l) = 0 \qquad (1.6.38)$$

und somit folgt:

$$C_1 = C_2 = 0\,. \qquad (1.6.39)$$

Wir erhalten als Endergebnis:

$$Q(x) = q_0 \frac{l}{\pi} \cos\left(\pi \frac{x}{l}\right),\quad M(x) = q_0 \left(\frac{l}{\pi}\right)^2 \sin\left(\pi \frac{x}{l}\right), \qquad (1.6.40)$$

was in Abbildung 1.6.10 grafisch dargestellt ist. Beachte, dass dort, wo $M(x)$ sein Maximum hat, die Querkraft $Q(x)$ null wird, wie es nach dem differenziellen Zusammenhang in (1.6.15/16) auch zu erwarten ist (Extremumsbedingung).

Ein vergleichendes Beispiel

Wir betrachten die in Abbildung 1.6.10 dargestellte Situation:

Ein Balken liegt auf zwei Auflagern und wird mit Kräften $F_1 = 10\,\mathrm{kN}$ sowie $F_2 = 20\,\mathrm{kN}$ und einem Moment $M_1 = 5\,\mathrm{kN}\cdot\mathrm{m}$, wie gezeichnet, belastet. Wir wollen die Normal-, Querkraft- sowie die Schnittmomentenfläche für diese Situation ermitteln, und zwar sowohl mit dem im Kapitel 1.6.2 vorgestellten, an Einzellasten orientierten Verfahren, wie auch über das ebenda beschriebene Differenzialgleichungsverfahren. Beginnen wir mit dem **Einzellastverfahren**. Wir ermitteln zunächst die zum Gleichgewicht nötigen Auflagerlasten. Eine einfache Rechnung liefert, dass gilt:

$$F_{Ax} = 20\,\mathrm{kN}\,,\quad F_{Az} = 5\,\mathrm{kN}\,,\quad F_{Bz} = 5\,\mathrm{kN}\,. \qquad (1.6.41)$$

Wir beginnen mit der Konstruktion der **Normalkraftfläche**. Dazu starten wir (zum Beispiel) am linken Balkenende. Es handelt sich dabei offenbar um ein negatives Schnittufer. Anhand der im Abschnitt 1.6.1 erläuterten Vorzeichendefinition schließen wir, dass es sich bei der nach links weisenden Kraftkomponente F_{Ax} um einen positiven Beitrag zur Normalkraftfläche handeln muss. Schreiten wir nach rechts in Richtung höherer Werte von x (= Balkenachsenkoordinate) voran, so ergibt sich keine Änderung für $N(x)$. Mit anderen Worten: Die Normalkraftfläche ist einfach gleich einem positiven Wert, eben 20 kN.

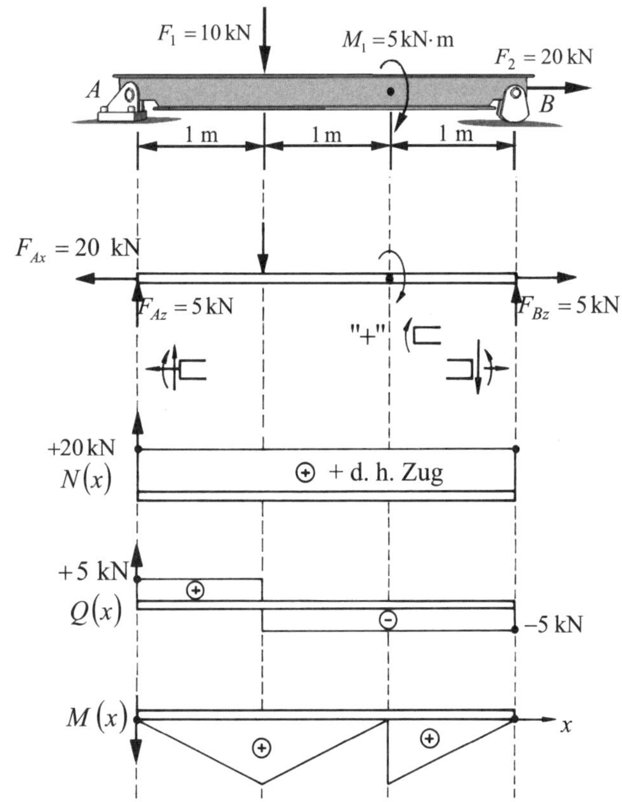

Abb. 1.6.10: Schnittgrößen bei Belastung durch Punktkraft und Moment.

Beachte, dass wir auch am rechten Balkenende hätten beginnen können. In diesem Fall liegt nämlich ein positives Schnittufer vor. Gemäß der im Abschnitt 1.6.1 vorgestellten Vorzeichenregelung ergibt sich der Normalkraftbeitrag von F_2 als positiv, denn der Pfeil weist ja nach rechts. Schreiten wir in Richtung kleinerer Werte von x voran (mit anderen Worten, gehen wir nach links), so ergibt sich für die Normalkraft keine Änderung. Wir erhalten also das gleiche Endresultat für die Normalkraftfläche, unabhängig davon, an welchem Ende wir beginnen, die Fläche aufzuzäumen. Und so muss es sein, denn ein Ergebnis, das vom Beginn abhinge, wäre zweifelsohne sinnlos, wenn es darum geht, den Balken hinsichtlich seiner Tragfähigkeit zu bemessen. Und diese Bemerkung bringt uns noch darauf, auch das Vorzeichen der Normalkraft zu beachten. Es ist positiv, also wird der Balken in Achsrichtung auf Zug beansprucht und wir müssen sicherstellen, dass das gewählte Balkenmaterial auch die (auf der Achse überall konstante) Zugkraft aushält. Darauf werden wir später noch zu sprechen kommen.

Nun zur **Querkraftfläche**: Wieder beginnen wir am linken Balkenende. Die dort eingeleitete Querkraft ist offenbar durch den Wert $F_{Az} = 5\,\text{kN}$ gegeben. Wieder bemerken wir, dass es sich beim linken Balkenende um ein negatives Schnittufer handelt. Also liefert genannte Kraft, da sie nach oben weist, einen positiven Beitrag zur Querkraftfläche. Dieser ändert sich nicht, wenn wir nach rechts in Richtung höherer Werte von x voranschreiten, jedenfalls so lange nicht, bis wir die Stelle kreuzen, an der die Querkraft $F_1 = 10\,\text{kN}$ eingeleitet wird. Hier kommt offenbar ein negativer Beitrag zur Querkraftfläche hinzu ($F_{Az} = 5\,\text{kN}$ zeigt nach oben und wir folgen einem negativen Schnittufer). Die Querkraftfläche fällt entsprechend vom Wert $+5\,\text{kN}$ auf den Wert $-5\,\text{kN}$. Danach bleibt sie wieder konstant und ändert sich nicht, bis wir am rechten Balkenende anschlagen.

Wir hätten alternativ auch mit dem rechten Balkenende beginnen können. Hier handelt es sich ja um ein positives Schnittufer. Der Querkraftflächenbeitrag aufgrund der senkrecht zur Balkenachse eingeleiteten Kraft $F_{Bz} = 5\,\text{kN}$ ist daher negativ, denn die genannte Kraft zeigt ja nach oben, was nach unserer Definition aus dem Abschnitt 1.6.1 einem negativen Beitrag entspricht. Schreiten wir nach links, so passiert so lange nichts, bis wir wieder die Stelle der Krafteinleitung $F_1 = 10\,\text{kN}$ kreuzen. Für ein positives Schnittufer ergibt sich somit ein positiver Beitrag, der die Querkraftfläche aus dem negativen auf den positiven Wert $+5\,\text{kN}$ anhebt. Dieser bleibt danach konstant und ändert sich nicht, bis wir am linken Balkenende anschlagen. Also ergibt sich wieder dieselbe Fläche, gleichgültig von welchem Balkenende aus man beginnt.

Schließlich zur **Momentenfläche**: Wir beginnen am negativen Schnittufer, d. h. am linken Balkenende. Die Kraft $F_{Az} = 5\,\text{kN}$ beginnt dort ein Moment aufzubauen. Dieses ist eingangs, d. h.

bei $x = 0$, gleich null, da dort noch kein Hebelarm zur Verfügung steht, und es wächst linear an, je weiter man nach rechts geht. Kommt man zum Punkt der Krafteinleitung $F_1 = 10\,\text{kN}$, so erwächst der Kraft F_{Az} auf einmal Konkurrenz. Von nun an geht es linear abwärts, denn die Kraft F_1 ist doppelt so groß wie die Kraft F_{Az} und schon bei $x = 2\ \text{m}$ ist der eingangs durch den längeren Hebelarm gegebene Vorsprung kompensiert, und man erhält als resultierendes Moment den Wert null. An der Stelle $x = 2\ \text{m}$ passiert jedoch noch etwas anderes: Ein freies Moment M_1 greift in das Geschehen ein. Für ein negatives Schnittufer liefert es nach den Ausführungen aus dem Abschnitt 1.6.1 offenbar einen positiven Beitrag. Mit anderen Worten: An der Stelle $x = 2\ \text{m}$ springt die Momentenfläche vom Wert null auf den Wert $5\,\text{kN} \cdot \text{m}$. Danach geht es wieder linear abwärts, als Folge der nach wie vor aktiven Kräfte F_{Az} und F_1. Am Ende des Balkens erreichen wir gerade wieder den Wert null.

Wir hätten aber auch am rechten Balkenende, also bei einem positiven Schnittufer, beginnen können. Hier beginnt die Kraft F_{Bz} ein Moment aufzubauen. Dieses ist nach der Vorzeichenkonvention aus Abschnitt 1.6.1 positiv. Beim Fortschreiten nach links wächst das Moment linear an, bis wir an die Stelle des freien Momentes kommen. Für ein negatives Schnittufer stellt dieses offenbar einen negativen Beitrag zur Momentenfläche dar. Dieselbe fällt schlagartig nach unten, und zwar in diesem Beispiel auf den Wert null zurück. Danach geht es wieder linear aufwärts, denn die Kraft F_{Bz} ist nach wie vor aktiv und es gelingt, den soeben erfolgten Einbruch in der Momentenfläche durch einen ansteigenden Hebelarm wettzumachen. Schließlich kommt der Punkt, an dem die Kraft F_1 eingeleitet wird. Für ein positives Schnittufer führt diese auf einen negativen Beitrag zur Momentenfläche. Der aus der Kraft F_{Bz} resultierende Anstieg wird sukzessive abgebaut, bis am linken Balkenende schließlich der Wert null erreicht ist. Damit hat sich wieder dieselbe Momentenfläche ergeben.

Wir wollen nun überlegen, was es vom Standpunkt der **Differenzialgleichungen** gemäß der Formeln (1.6.15/16) zu dem hier vorgestellten Balken zu sagen gibt. Da keine Querbelastung vorliegt, ist klar, dass die Querkraftfläche konstant sein muss (siehe Gleichung (1.6.19)). Sie darf allerdings Sprünge aufweisen, da der Balken zwischen den Enden belastet wird, was auf Übergangsbedingungen führt. Man spricht von einer abschnittsweise konstanten Funktion. Im gleichen Sinne ist die Momentenfläche stückweise linear (siehe Gleichung (1.6.19)). Auch sie kann springen (bei M_1), da das freie Moment auf eine Übergangsbedingung führt.

Man beachte, dass die Ableitung der Momentenfläche auf die Querkraftfläche führen muss (Gleichung (1.6.16)). Hat man also die Momentenfläche gefunden, so kann man die Querkraftfläche inklusive der richtigen Vorzeichen durch Differenziation ermitteln. Man spart sich so die etwas schwerfällige Argumentation über die richtigen Vorzeichen am jeweiligen Schnittufer. Natürlich muss man dabei die richtige Momentenfläche kennen, inklusive der richtigen Vorzeichen. Bisher haben wir diese auch aus Überlegungen am Schnittufer gefunden.

Es gibt jedoch eine einfache ingenieurmäßige Alternative: die **strichlierte Linie**. Erinnere an den obigen Abschnitt, wonach das Rezept wie folgt lautet: Man zeichne sich unter die Schwerachse des Balkens eine strichlierte Linie. Wird diese von einer am Balken angreifenden Querkraft **gestaucht**, so ist das auf diese Kraft zurückgehende Moment **negativ** zu rechnen. Bei **Zug** ist es entsprechend **positiv**. Diese Faser wird nachträglich in unserem Balkenproblem eingezeichnet. Offenbar führen die Kräfte F_{Az} und F_{Bz} zu einer Streckung der Faser, ihr Beitrag (falls relevant, je nachdem an welchem Balkenende man beginnt) ist positiv zu rechnen. Dagegen führt die Kraft F_1 offenbar zu einer Stauchung, also auf einen negativen Beitrag.

Für das freie Moment lässt sich über die strichlierte Faser ebenfalls schnell eine Entscheidung über das jeweils relevante Vorzeichen fällen. Kommt man von links, so **streckt** das freie Moment die strichlierte Faser. Das entspricht einem **positiven** Beitrag. Kommt man von rechts, so **staucht** es die strichlierte Faser, was einem **negativen** Beitrag entspricht.

1.6.3 Zur Berechnung von Schnittgrößen am Rahmentragwerk

Bisher haben wir die Schnittgrößen N, Q und M ausschließlich für gerade Balken ermittelt. Diese Schnittgrößen existieren jedoch auch im Fall mehrerer aneinandergeschweißter gerader Trägerstücke, also für den Fall eines Rahmentragwerks, sowie schließlich für einen beliebig gekrümmten Träger, d. h. einen Bogen. Der erste Fall soll in diesem Abschnitt untersucht werden.

Der rechtwinklige Rahmen

Wir betrachten die Abbildung 1.6.11, wo ein rechtwinkliger Rahmen zu sehen ist, der, gestützt auf zwei Lager genannt A

und B, einer Kraft von 12 kN unterliegt, die im Punkt k angreift. Gesucht sind $N(x)$, $Q(x)$ und $M(x)$. Dabei wollen wir die Koordinate x vom Auflagerpunkt A über die Punkte i und k bis hin zum Auflagerpunkt B als positiv ansteigend zählen (willkürliche Konvention). Außerdem zeichnen wir wieder eine strichlierte Faser (unter oder neben der Balkenschwerachse, wobei bei Überschreiten der Ecke nicht über die Schwerachse gesprungen wird) ein. Wie zuvor beim geraden Balken ermitteln wir als Erstes die Auflagerkräfte und erhalten:

$$F_{Ax} = 12\,\text{kN}\,,\ F_{Az} = 9{,}6\,\text{kN}\,,\ F_{Bz} = 9{,}6\,\text{kN}\,. \qquad (1.6.42)$$

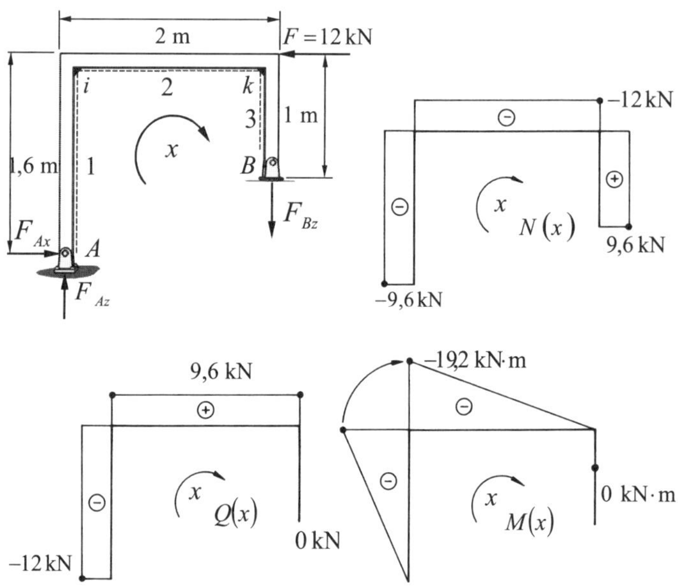

Abb. 1.6.11: Rechtwinkliger Rahmen.

Wir beginnen nun mit der Konstruktion der Normalkraftfläche, und zwar im Punkt A. Hier liefert die Kraftkomponente F_{Az} einen Beitrag zur Normalkraft, denn es ist nicht immer die x-Komponente einer Kraft, die dabei relevant ist, sondern stets diejenige Komponente, die **senkrecht zum Balkenquerschnitt** steht. Die Normalkraft bleibt offenbar konstant ($-9{,}6$ kN) bis in den Punkt i hinein, und es handelt sich um eine Druckkraft. Überschreiten wir den Punkt i, so übernimmt nun die Druckkraft 12 kN die Rolle der Normalkraft. Und nach Passieren des Punktes k stoßen wir schließlich auf die Zugkraft $F_{Bz} = 9{,}6\,\text{kN}$. Beim Zeichnen der Normalkraftflächen (wie auch der Querkraft- und der Momentenfläche) wollen wir nach außen abtragen, um Überschneidungen beim Passieren der Eckpunkte zu vermeiden.

Die Vorzeichen tragen wir in die Flächen ein. Charakteristische Punkte versehen wir mit vorzeichenbehafteten Zahlenwerten.

Um die Momentenfläche zu zeichnen, beginnen wir wieder am linken Balkenende, d. h. am Auflagerpunkt A. Die relevante Kraftkomponente ist hier F_{Ax}, welche die strichlierte Faser staucht, also einen negativen Beitrag zur Momentenfläche liefert, der linear abfällt. Nach Passieren des Knickpunktes i übertragen wir zunächst das bis dahin aufgebaute Moment von $-19{,}2\,\text{kN}\cdot\text{m}$ auf die andere Seite. Bei weiterem Fortschreiten nach rechts wird nun die Komponente $F_{Az} = 9{,}6\,\text{kN}$ aktiv zum Aufbau der Momentenfläche beitragen, und zwar im positiven Sinne, denn sie versucht die strichlierte Faser über der Hebellänge von $2\,\text{m}$ zu dehnen. Das Moment wird somit sukzessive abgebaut, und zwar bis auf den Wert null (wie man nachrechnet). Wir übertragen den Wert null nach Passieren des Punktes k auf die andere Seite. In der Tat bleibt die Momentenfläche danach auf dem Wert null stehen, denn die Kraftkomponente F_{Bz} versucht, auf dem verbliebenen Stück die strichlierte Faser weder zu stauchen noch zu strecken und die drei anderen Kräfte F_{Ax}, F_{Az} sowie die $12\,\text{kN}$ halten sich bezüglich ihrer Momentenwirkung gemeinsam die Waage (z bezeichnet die Lage irgendeines beliebigen Punktes auf dem betreffenden Balkenabschnitt):

$$-F_{Ax}z + F_{Az}\,2\,\text{m} - 12\,\text{kN}(1{,}6\,\text{m} - z) = 0\,. \tag{1.6.43}$$

Selbstverständlich hätten wir die Momentenfläche auch von rechts aufbauen können und wären auf den gleichen Verlauf gekommen.

Die Querkraftfläche erhalten wir schließlich durch Differenziation nach x aus der Momentenfläche. Bis zum Knickpunkt i erhält man einen konstanten negativen Wert von $-12\,\text{kN}$ (also F_{Ax}), danach einen weiteren konstanten Wert von $-9{,}6\,\text{kN}$ (also F_{Bz}). Das letzte Teilstück (hinter dem Punkt k) ist frei von Querkräften. Die Argumentation über positive und negative Schnittufer wäre selbstverständlich auch möglich gewesen.

Beliebiger gerader Träger

Betrachte die in Abbildung 1.6.12 dargestellte Situation: Ein geknickter Träger wird am einen Ende einer Last von $300\,\text{N}$ ausgesetzt. Gesucht sind die Normalkraft-, Querkraft- und die Momentenfläche. Zur Lösung schneiden wir die Stelle A frei und finden, dass dort gilt:

$$F_{Ax} = 0\,,\ F_{Az} = 300\,\mathrm{N}\,,\ M_A = 900\,\mathrm{N \cdot m}\,. \qquad (1.6.44)$$

Von nun an erfolgt die Ermittlung der Flächen quasi zwangsläufig, indem man an den verschiedenen Balkenabschnitten die jeweils „sichtbaren" Kräfte in Normal- und Queranteile zerlegt. Zum Beispiel erhält man im abgeknickten Trägerstück eine Normalkraft der Stärke $-300\,\mathrm{N}\sin(30°) = -150\,\mathrm{N}$. Sie ist negativ, da der entsprechende Anteil der am rechten Ende eingeprägten Kraft $300\,\mathrm{N}$ in die freigeschnittene Querschnittsfläche (linkes Schnittufer) hineinweist. Analog ergibt sich dort eine Querkraft der Stärke $300\,\mathrm{N}\cos(30°) = 260\,\mathrm{N}$. Das positive Vorzeichen stammt von dem entsprechenden Kraftanteil der rechts eingeprägten Kraft, der nach unten rechts weist, also bei einem positiven Schnittufer auf ein positives Vorzeichen führt. Das Vorzeichen der Momentenfläche ergibt sich aus der Konvention, wonach bei „Aufziehen" der strichlierten Linie ein positiver Beitrag und umgekehrt zu erwarten ist. Mithin ergibt sich das in Abbildung 1.6.12 gezeigte Ergebnis, worin der Übergang an der ersten Ecke von links zur Verdeutlichung nochmals besonders hervorgehoben wurde:

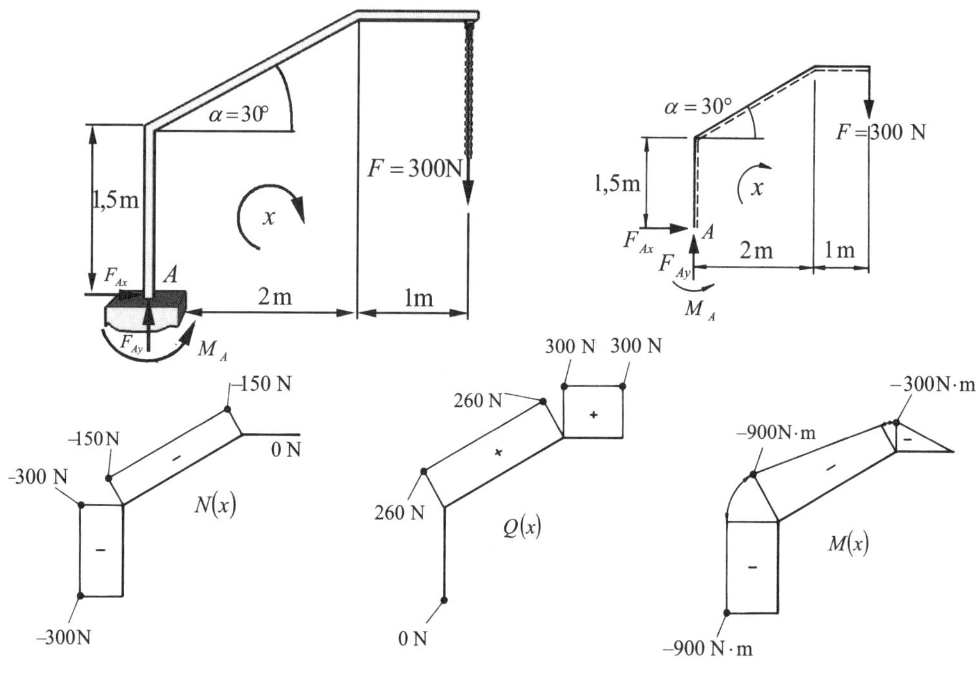

Abb. 1.6.12: Schnittgrößen am geknickten Träger.

Der stetig gekrümmte Träger – Theorie

Zur Einführung betrachten wir den in Abbildung 1.6.13 dargestellten gekrümmten Träger, der an der linken Seite eingespannt ist und an der rechten Seite unter der Last F steht. Wir fragen uns, wie an einer beliebigen Schnittstelle k die Normalkraft, Querkraft sowie das Schnittmoment aussehen. Dazu schneiden wir die Stelle k frei. Dieselbe ist charakterisiert durch eine Normalen- sowie eine Tangentialrichtung. Wir zerlegen die am rechten Trägerstück angreifende Kraft in eine Normal- sowie eine Tangentialkomponente. Indem wir die Gleichgewichtsbedingungen am rechten Träger analysieren, finden wir, dass gilt:

$$-N_k + F_N = 0\,,\quad +Q_k - F_Q = 0\,,\quad -M_k - Fh = 0\,, \qquad (1.6.45)$$

und somit folgt, dass:

$$N_k = F_N\,,\quad Q_k = F_Q\,,\quad M_k = -Fh\,. \qquad (1.6.46)$$

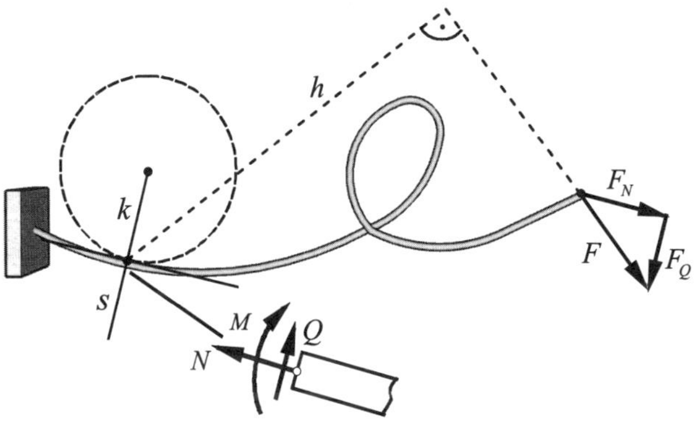

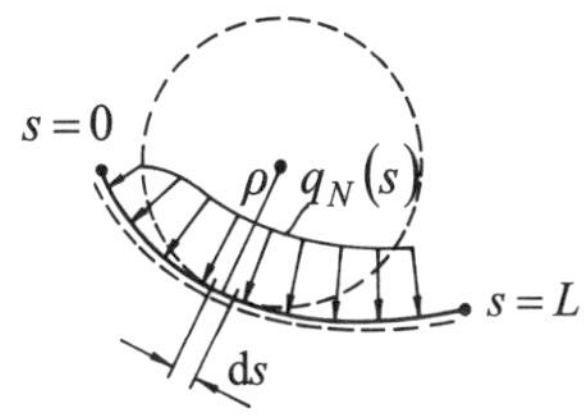

Abb. 1.6.13: Schnittgrößen am stetig gekrümmten Träger.

Der Hebelarm h ist klarerweise eine von der Position k abhängige Größe, und somit wird die Momentenfläche am gekrümmten Träger sich im Allgemeinen von Position zu Position auf dem Träger ändern. Dasselbe gilt für die Querkraft- und die Normalkraftverteilung. Das sollte uns aber nicht weiter verwundern, denn auch beim geraden Träger variierten ja im Allgemeinen die Normalkraft-, Querkraft- und die Momentenfläche.

Diskutieren wir nun den Fall, dass zusätzlich zu Punktlasten auch noch normale Belastungen am Träger angreifen, so wie in Abbildung 1.6.14 dargestellt.

Diese nennen wir $q_N(s)$, und durch den Bogenlängenparameter s können wir eindeutig jede Position auf dem gekrümmten Träger erfassen, genauso wie wir das zuvor mit der Koordinate x beim geraden Träger getan haben.

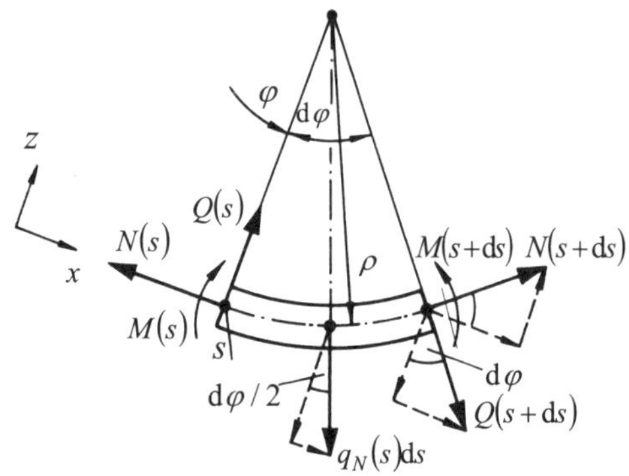

Abb. 1.6.14: Gleichgewicht am gekrümmten Bogenelement.

Wir betrachten nun ein kleines Bogenstück aus dem Träger, wie gezeichnet. Für dieses Bogenstück stellen wir die Gleichgewichtsbedingungen um den Schwerpunkt S auf (willkürlich), wobei zu beachten ist, dass alle Kräfte nach einer festen $(x\,,z)$-Richtung hin abgetragen werden. Es ergibt sich:

$$-N(s)+Q(s+\mathrm{d}s)\sin(\mathrm{d}\varphi)+N(s+\mathrm{d}s)\cos(\mathrm{d}\varphi)\\ +q_N(s)\,\mathrm{d}s\,\sin(\mathrm{d}\varphi/2)=0, \tag{1.6.47}$$

$$Q(s)-Q(s+\mathrm{d}s)\cos(\mathrm{d}\varphi)+N(s+\mathrm{d}s)\sin(\mathrm{d}\varphi)\\ -q_N(s)\,\mathrm{d}s\,\cos(\mathrm{d}\varphi/2)=0, \tag{1.6.48}$$

$$-M(s)-Q(s)\,\rho\,\mathrm{d}\varphi/2+M(s+\mathrm{d}s)\\ -Q(s+\mathrm{d}s)\,\rho\,\mathrm{d}\varphi/2=0. \tag{1.6.49}$$

Indem man diese Ausdrücke in TAYLOR-Reihen entwickelt, nach linearen Gliedern abbricht und außerdem beachtet, dass für den Schmiegekreisradius ρ (siehe Abbildung 1.6.14) gilt:

$$\mathrm{d}s=\rho\,\mathrm{d}\varphi, \tag{1.6.50}$$

folgt:

$$\frac{\mathrm{d}N(s)}{\mathrm{d}s}=-\frac{Q(s)}{\rho},\quad \frac{\mathrm{d}Q(s)}{\mathrm{d}s}=-q_N(s)+\frac{N(s)}{\rho},\\ \frac{\mathrm{d}M(s)}{\mathrm{d}s}=Q(s). \tag{1.6.51}$$

Darin bezeichnet φ den zur Bogenlänge s gehörigen Bogenwinkel.

Der stetig gekrümmte Träger – ein Halbkreisbogen

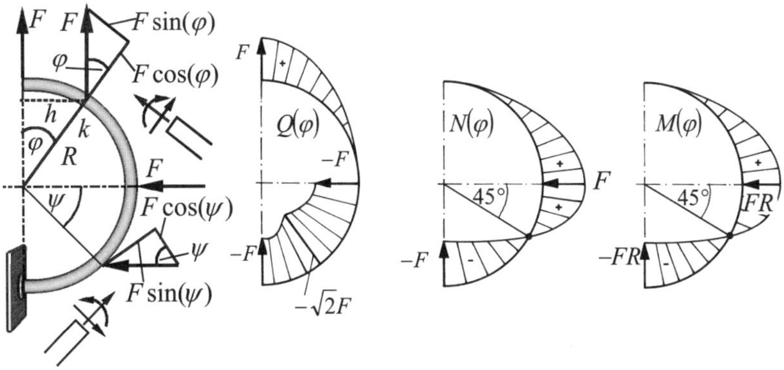

Abb. 1.6.15: Schnittgrößen am halbkreisförmigen Balken unter Punktlasten.

Wir betrachten die in Abbildung 1.6.15 dargestellte Situation: Ein Halbbogen steht unter den gezeigten zwei Lasten der Stärke F. Anwendung der theoretischen Überlegungen aus dem vorherigen Abschnitt bzw. durch konsequente Übertragung der am geraden Träger mit strichlierter Hilfslinie gemachten Erfahrungen (vgl. Abschnitt 1.6.3) ergibt die in Abbildung 1.6.15 gezeigten Querkraft-, Normalkraft- sowie Momentenflächen, die sich abschnittsweise mathematisch (vgl. die Abbildung 1.6.15 zu den betreffenden Winkeln) auch folgendermaßen ausdrücken lassen:

$$0 \le \varphi < \frac{\pi}{2}: \qquad (1.6.52)$$
$$N(\varphi) = F\sin(\varphi),\; Q(\varphi) = F\cos(\varphi),\; M(\varphi) = RF\sin(\varphi),$$

$$\frac{\pi}{2} \le \varphi \le \pi,\; 0 \le \psi \le \frac{\pi}{2}: \qquad (1.6.53)$$
$$N(\varphi,\psi) = F[\sin(\varphi) - \sin(\psi)]$$

$$Q(\varphi,\psi) = F[\cos(\varphi) - \cos(\psi)],$$
$$M(\varphi,\psi) = RF[\sin(\varphi) - \sin(\psi)]. \qquad (1.6.54)$$

Will man diese Ergebnisse mithilfe der Differenzialbeziehungen (1.6.10) überprüfen, so ist aufgrund des im Beispiel gewählten Krümmungssinnes zuvor ρ durch $-\rho$ zu ersetzen.

1.7 Reibungsphänomene

1.7.1 Gleitreibung und Haftreibung

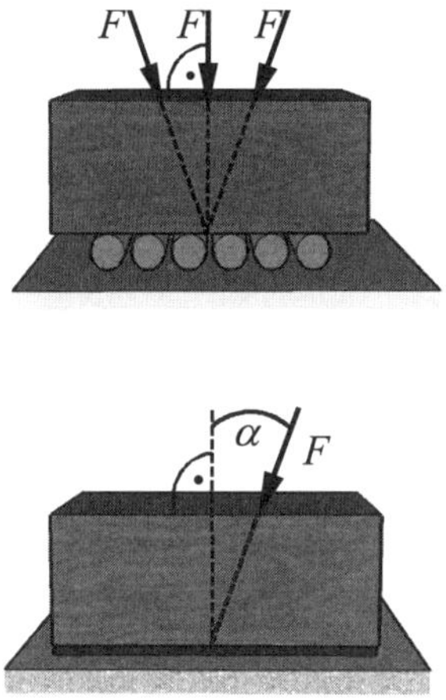

Abb. 1.7.1: Zum Begriff der Reibungsfuge.

Betrachte den auf ebener Fläche reibungsfrei gelagerten Körper in Abbildung 1.7.1 oben. Wenn dieser Körper nicht in Bewegung gesetzt werden soll (Fall des statischen Gleichgewichtes), darf man offenbar nur Kräfte F anbringen, die exakt senkrecht zur Lagerfuge stehen. Sobald die Kraft F eine Komponente in horizontaler Richtung aufweist, also parallel zur Lagerfuge zeigt, wird der Körper ins Rollen geraten, so klein diese Horizontalkraft auch sein mag. Mithin ist der soeben diskutierte Gleichgewichtszustand extrem **instabil**.

Im Allgemeinen ist jedoch zwischen zwei sich berührenden Flächen Reibung vorhanden. Und diese Reibung kann dazu benutzt werden, auch eine um den Winkel α geneigte Kraft (siehe Abbildung 1.7.1 unten) im statischen Gleichgewicht zu halten, jedenfalls solange man nicht einen kritischen Neigungswinkel ρ überschreitet.

Dieses wollen wir nun näher untersuchen und insbesondere die Wirkung der Reibung quantitativ erfassen. Dazu betrachten wir einen unter seinem Eigengewicht stehenden Körper, den wir nach links bewegen wollen, so wie in Abbildung 1.7.2 gezeigt.

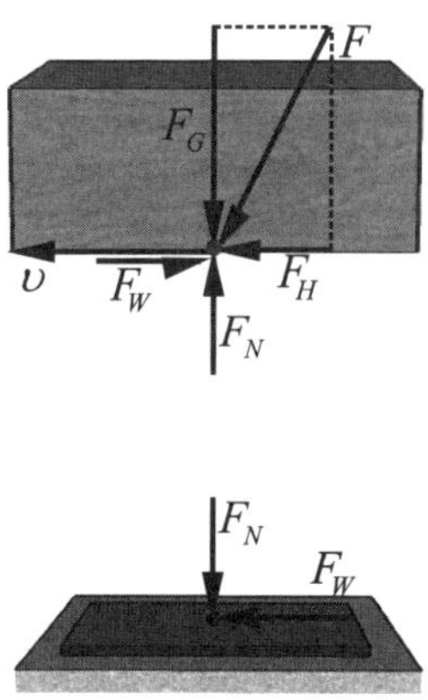

Abb. 1.7.2: Freischnitt in der Reibungsfuge.

Zunächst wird die Kraft F in zwei Komponenten zerlegt, eine normal zur Unterseite des Klotzes (d. h. im mathematischen Sinne senkrecht), genannt F_G, und eine parallel zur Unterseite, genannt F_H. Die Indizes G bzw. H rühren von den Worten **Gewichtskraft** bzw. **Haltekraft** her, denn der Körper wird ja mit seinem Gewicht über seine Unterseite senkrecht auf die Erdoberfläche drücken, und die Haltekraft muss aufgebracht werden, um die Haftung des Körpers gerade zu überwinden und ihn in Bewegung zu setzen. Diese **potenzielle** Bewegung ist in Abbildung 1.7.2 o. B. d. A. nach links angenommen und durch das die Geschwindigkeit (englisch „velocity") andeutende Pfeilsymbol υ hervorgehoben.

In der Reibungsfuge selbst werden zwei Kräfte angesetzt: eine sogenannte Normalkraft F_N sowie eine Widerstandskraft F_W (die **Haftreibungskraft**). Man beachte, dass die Widerstandskraft **stets der potenziellen Bewegung entgegengerichtet** ist. Sie zu überwinden ist notwendig, um den Körper zu bewegen. Dieses Mal darf man sich beim Freischnitt, also beim Einzeichnen des Kraftpfeils, nicht irren, sonst wird es zu Fehlern in der späteren Rechnung kommen. Auf der Erdoberfläche zeichnen wir dem Schnittprinzip gemäß beide Kräfte (also F_N und F_W) im Vergleich zur Klotzunterseite wie dargestellt in entgegengesetzter Weise ein.

Zwischen der Normalkraft und der aus dem Haften resultierenden maximalen Widerstandskraft besteht ein empirisch gefundener Zusammenhang, das sogenannte **COULOMBsche Reibungsgesetz**. Danach sind beide Kräfte zueinander **proportional:**

$$F_W = \mu F_N \,. \tag{1.7.1}$$

Dabei bezeichnet man den Koeffizienten μ als den sogenannten **Haftreibungskoeffizienten**. Er hängt von der Materialpaarung ab, also auch von der Rauigkeit der einander berührenden Körper, und er wird experimentell bestimmt.

Die Proportionalität zwischen F_W und F_N gilt jedoch überraschenderweise auch noch nach Einsetzen der Bewegung, und zwar in folgendem Sinne. Damit der Körper nach Überschreiten der durch μF_N gegebenen Haftkraft mit **konstanter** Geschwindigkeit weitergleitet, ist auch nach Einsetzen der Bewegung weiterhin ein Reibungswiderstand zu überwinden, welchen wir zur Unterscheidung von der Haftwiderstandskraft mit F_W^G bezeichnen wollen. Dieser **Gleitwiderstand** bzw. diese Gleitwiderstandskraft ist zahlenmäßig geringer als bei der Haftreibung. Allerdings, trägt man ihm nicht mindestens Rechnung, so kommt die Bewegung sofort zum Erliegen. Ist hingegen die angreifende Kraft größer als F_W^G, so wird sich der Körper beschleunigen, wovon in der Dynamik noch die Rede sein wird. Auch die Gleitwiderstandskraft ist proportional zur Normalkraft, allerdings ist der Proportionalitätsfaktor ein anderer und wir schreiben:

$$F_W^G = \mu_G F_N \,. \tag{1.7.2}$$

Den Koeffizienten μ_G nennen wir auch **Gleitreibungsbeiwert**. Wie der Haftreibungskoeffizient hängt er von der Oberflächenbeschaffenheit der aufeinander gleitenden Körper ab und es gilt:

$$\mu > \mu_G \,. \tag{1.7.3}$$

Beide Koeffizienten sind dimensionslose Zahlen. Typische Werte sind in der nachstehenden Tabelle zu finden.

Charles Augustin DE COULOMB (1736 – 1806) wurde in Angoulême geboren. Seine Erstausbildung erhält er in Paris, er tritt dem militärischen Ingenieurcorps bei und geht für neun Jahre auf die Insel Martinique, wo er Baukonstruktionen zu beaufsichtigen hat, was ihn in ersten Kontakt mit Problemen der Materialwissenschaft und der Strukturmechanik bringt. Es wird gesagt, dass ihm sein Aufenthalt in Übersee gesundheitliche Schäden brachte, und so zieht er sich 1789 beim Ausbruch der Französischen Revolution auf das Altenteil ins französische Hinterland, genauer gesagt auf sein Anwesen bei Blois zurück, um weitere naturwissenschaftliche Studien zu treiben. Neben der Mechanik haben es ihm die damals neuen Wissenszweige Elektrizität und Magnetismus besonders angetan. Berühmtheit erlangt er insbesondere durch seine experimentelle Entdeckung des quadratischen Abstandsgesetzes zur Anziehung und Abstoßung elektrischer Ladungen.

Statik

Tabelle verschiedener Materialkombinationen und dazugehörige Reibbeiwerte.

Kontakt	μ	μ_G
Stahl / Eis	0,027	0,014
Stahl / Stahl	0,45 – 0,8 (trocken)	0,4 – 0,7
Stahl / Teflon	0,04	
Leder / Metall	0,4	

Zusammenfassend ist Folgendes zum Reibungsphänomen festzustellen:

- Die Haftreibung ist stets größer als die Gleitreibung.
- Der Haftreibungskoeffizient μ ist unabhängig von der Größe der Reibungsfläche.
- Der Haftreibungskoeffizient μ ist von der Materialpaarung der Berührungsflächen abhängig.
- Der Gleitreibungskoeffizient μ_G ist bei kleinen Bewegungsgeschwindigkeiten unabhängig von der Geschwindigkeit.
- Die Haft- sowie die Gleitreibungskraft F_W wachsen linear mit der Druckkraft in der Reibungsfuge.
- Die Reibungskraft F_W ist stets der Bewegung oder der **gewollten** Bewegung entgegengerichtet.

Abb. 1.7.3: Zur Lokalität des Reibungsproblems.

Der letzte Satz sei nochmals an einem Beispiel illustriert. Eine Walze wird mit einer Umfangsgeschwindigkeit υ einen Berg **hinaufgerollt** (Abb. 1.7.3). Der Geschwindigkeitstrend geht also nach oben (siehe den Pfeil im Schwerpunkt). Diese Geschwindigkeit ist jedoch nicht für die Richtung der Reibungskraft maßgeblich. Am Kontaktpunkt zwischen der Walze und dem Hang existiert eine Reibungsfuge. Lokal geht die Bewegung υ dort nach unten. Die Reibungskraft F_W ist dieser Geschwindigkeit entgegengesetzt.

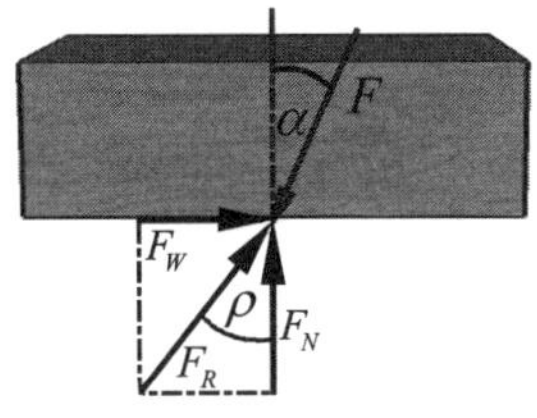

Abb.1.7.4: Zum Begriff des Reibungswinkels.

Anstelle der Reibungskoeffizienten verwendet man gerne auch den Begriff des **Reibungswinkels** ρ. Dieser Begriff sei nachfolgend erläutert. Betrachten wir dazu die in Abbildung 1.7.4 dargestellte Situation. Eine Kraft wirkt schräg auf einen Körper, und zwar zunächst unter einem Winkel α. Wir fragen, wie stark diese Kraft geneigt sein darf (Winkel ρ), bevor die Bewegung einsetzt. Dazu schneiden wir frei, wie gezeichnet.

Wir stellen fest, dass, falls die Kraft F so stark geneigt ist, dass ihre Horizontalkomponente gerade kompensiert wird, die Bewegung einsetzen wird. Die Haftreibung ist also völlig ausgenutzt. Offenbar gilt für den dazugehörigen **Grenzwinkel:**

$$\tan(\rho) = \frac{F_W}{F_N} = \mu . \qquad (1.7.4)$$

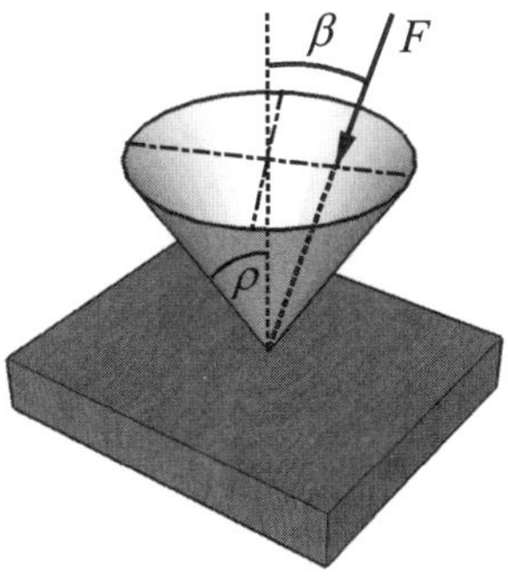

Abb. 1.7.5: Zum Begriff des Reibungskegels.

Man kann sagen, dass für $\alpha < \rho$ der Körper haftet und für $\alpha \geq \rho$ Gleiten des Körpers einsetzt. Auch im Räumlichen kann man den Reibungswinkel ρ wiederfinden: Abbildung 1.7.5. Hier wird aus dem ebenen Winkel ein Raumwinkel, und man spricht auch vom sogenannten **Reibungskegel**. Kommt die angreifende Kraft samt ihrer Wirkungslinie im Reibungskegel zu liegen, so ergibt sich keine Störung des Gleichgewichtes. Die Haftreibung ist ausreichend, um die Bewegung des Körpers zu unterbinden.

1.7.2 Reibung an der schiefen Ebene

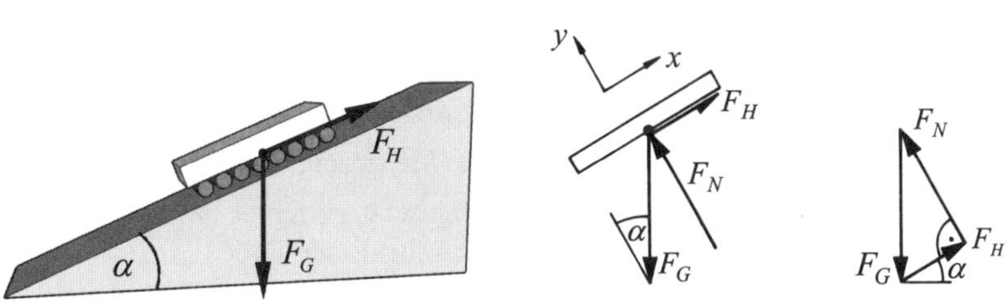

Abb. 1.7.6: Freischnitt entlang der schiefen Ebene ohne Berücksichtigung der Reibung.

Betrachte zunächst die in Abbildung 1.7.6 gezeigte Situation. Ein reibungsfrei gelagerter Klotz soll eine schiefe Ebene (Schräge α) hochgezogen werden. Gesucht ist die Halte- bzw. Zugkraft F_H.

Wenn wir einen **recht flachen** Klotz betrachten, dann sind zur Aufstellung der Gleichgewichtsbedingungen nur zwei Kraftbedingungen relevant, da es sich dann um eine zentrale, im Schwerpunkt des Körpers angreifende Kräftegruppe handelt. Wir orientieren unser Koordinatensystem praktischerweise in Richtung der schiefen Ebene, so wie oben gezeichnet. Beim Freischnitt ist zu den angreifenden Kräften F_G (Gewichtskraft) und F_H (die gesuchte Haltekraft) noch eine ebenfalls unbekannte Normalkraft F_N (und nur diese) anzutragen. Wir notieren:

$$\sum F_x = 0: \quad F_H - F_G \sin(\alpha) = 0 \quad \Rightarrow \quad F_H = F_G \sin(\alpha), \qquad (1.7.5)$$

$$\sum F_y = 0: \quad F_N - F_G \cos(\alpha) = 0 \quad \Rightarrow \quad F_N = F_G \cos(\alpha).$$

Damit sind die beiden Unbekannten bestimmt. Wir wissen jetzt, mit welcher Kraft der Klotz bei bekanntem Eigengewicht auf die Unterlage drückt und wie groß die Haltekraft sein muss, damit er nicht die Ebene herunterrutscht. Zusätzlich zu unserer rechnerischen Lösung haben wir in Abbildung 1.7.6 auch noch die zeichnerische Lösung angedeutet (Kräftepolygon).

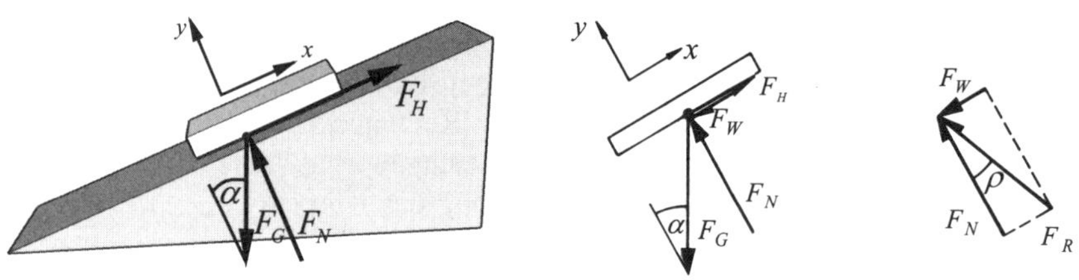

Abb. 1.7.7: Freischnitt bei Reibung entlang der schiefen Ebene.

Nun untersuchen wir dieselbe Situation unter Berücksichtigung der Haftreibung. Die Abbildung 1.7.7 zeigt den Freischnitt für diesen Fall.

Im Unterschied zu vorhin tritt zusätzlich zur Normalkraft eine Widerstandskraft F_W auf, die wie gezeigt der Bewegung (welche nach oben geht) entgegengesetzt gerichtet ist. Wir notieren die Gleichgewichtsbedingungen für diesen Fall:

$$\sum F_x = 0: \; F_H - F_G \sin(\alpha) - F_W = 0, \qquad (1.7.6)$$

$$\sum F_y = 0: \; F_N - F_G \cos(\alpha) = 0 .$$

Diesmal gibt es offenbar **drei** Unbekannte, wie vorhin die Haltekraft F_H, die Normalkraft F_N und **zusätzlich** die Widerstandskraft F_W aufgrund der Haftung. In der Tat haben wir aber auch drei Gleichungen, nämlich die beiden Gleichgewichtsbedingungen aus (1.7.6) und **zusätzlich** das COULOMBsche Reibungsgesetz aus Gleichung (1.7.1). Wir lösen auf:

$$F_H = F_G[\sin(\alpha) + \mu\cos(\alpha)],$$
$$F_N = F_G\cos(\alpha), \qquad (1.7.7)$$
$$F_W = \mu F_G\cos(\alpha).$$

Wir wollen uns nun auch noch um eine zeichnerische Lösung bemühen (siehe Abbildung 1.7.8). Zu diesem Zweck fasst man zweckmäßigerweise die Widerstandskraft F_W und die Normalkraft F_N zu einer Resultierenden F_R zusammen, wie das in der letzten Zeichnung aus Abb. 1.7.7 bereits angedeutet ist. Ihre Richtung liegt fest, denn sie ist wegen des COULOMBschen Zusammenhanges durch den Reibungswinkel ρ gegeben.

Nun müssen die Gewichtskraft F_G, die Haltekraft F_H und die genannte Resultierende F_R ein sich schließendes Kräftepolygon bilden, und dieses kann nur so liegen, wie in der Abbildung 1.7.8 zu sehen ist. Wir folgern durch Nachrechnen des Kraftecks, dass gelten muss (Sinussatz):

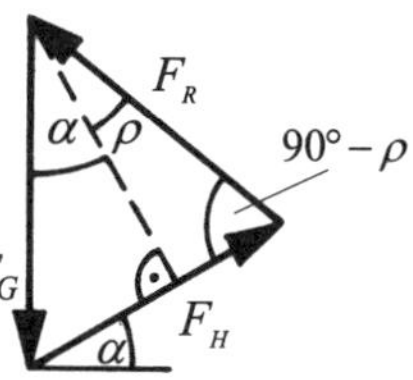

Abb. 1.7.8: Zur zeichnerischen Lösung von Reibungsaufgaben.

$$\frac{F_H}{F_G} = \frac{\sin(\alpha+\rho)}{\sin(90°-\rho)} \quad \Rightarrow \quad F_H = F_G\frac{\sin(\alpha+\rho)}{\sin(90°-\rho)}. \qquad (1.7.8)$$

Diese Lösung sieht auf den ersten Blick ein wenig anders aus als das in der zuvor abgeleiteten Gleichung (1.7.7) notierte Ergebnis. Das ist aber nur scheinbar, denn man rechnet nach, dass gilt:

$$F_H = F_G[\sin(\alpha) + \mu\cos(\alpha)] = F_G[\sin(\alpha) + \tan(\rho)\cos(\alpha)] = \qquad (1.7.9)$$
$$F_G\left(\sin(\alpha) + \frac{\sin(\rho)}{\cos(\rho)}\cos(\alpha)\right) = F_G\frac{\sin(\alpha)\cos(\rho) + \sin(\rho)\cos(\alpha)}{\cos(\rho)}$$
$$= F_G\frac{\sin(\alpha+\rho)}{\sin(90°-\rho)}.$$

Damit haben wir die Gleichung (1.7.4) für den Reibungskegel benutzt.

1.7.3 Spezielle Anwendungen des Reibungsphänomens

Der PRONYsche Zaum (Reibungsbremse)

Betrachte die in Abbildung 1.7.9 dargestellte Situation: Ein Rad, an dessem Umfang $2\pi r$ ein Gewicht F_G befestigt ist, wird über eine Stange, an der eine Backe angebracht ist, in Ruhe gehalten. Dabei wirkt am Ende der Stange die Kraft F, die über eine Backe und aufgrund der am Rad herrschenden Haftreibung (Haftreibungskoeffizient μ) die Bewegung des Rades verhindert. Gesucht ist die Größe der Kraft in Abhängigkeit von der aufgeprägten Gewichtskraft F_G, dem Reibungskoeffizienten μ und den Abmessungen a, h und l der Stange.

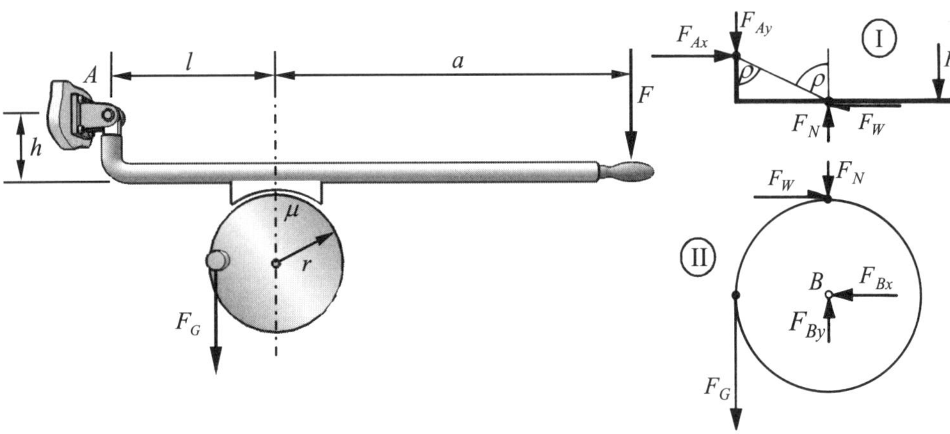

Abb. 1.7.9: Schematische Darstellung des PRONYschen Zaums.

Bevor wir zu rechnen beginnen, wird das System freigeschnitten. Es entstehen die beiden Teilsysteme I und II, die ebenfalls in der Abbildung 1.7.9 zu sehen sind. Die sieben unbekannten Kräfte nach dem Freischnitt lauten: F_{Ax}, F_{Ay}, F_{Bx}, F_{By}, F_N, F_W und F. Im Prinzip ist es möglich, sie alle zu berechnen, denn für jedes der beiden Untersysteme lassen sich drei Gleichgewichtsbedingungen formulieren, und darüber hinaus verfügen wir auch noch über das COULOMBsche Haftreibungsgesetz:

$$F_W = \mu F_N . \tag{1.7.10}$$

Im Allgemeinen sind die Auflagerkräfte jedoch von sekundärem Interesse, und wenn man sich Rechenarbeit sparen will, ist man gut beraten, nur solche Gleichgewichtsbedingungen auszuwerten, in denen diese nicht vorkommen. Das gelingt auch im vorliegenden Fall:

$$M_A = 0: \quad F_N l - F(l+a) - F_W h = 0, \tag{1.7.11}$$

$$M_B = 0: \quad F_G r - F_W r = 0.$$

Eine kurze Rechnung liefert:

$$F = \frac{1}{\mu} \frac{l - \mu h}{l + a} F_G. \tag{1.7.12}$$

Dieses Ergebnis verdient es, weiter diskutiert zu werden. Zunächst einmal ist aus dieser Formel ersichtlich, dass bei verschwindend kleiner Reibung ($\mu = 0$) die zum Abbremsen nötige Kraft F unendlich groß wird. Das leuchtet auch anschaulich ein. Zum Zweiten gelingt es, auf die zum Abbremsen nötige Kraft vollkommen zu verzichten, falls der in Gleichung (1.7.12) auftretende Zähler verschwindet, also gilt:

$$\mu = \frac{l}{h}. \tag{1.7.13}$$

Man sagt, das System ist **selbstsperrend**, falls der Haftreibungsbeiwert mindestens gleich dem in Gleichung (1.7.13) gezeigten Quotienten l/h ist. Wir dürfen schließlich schreiben:

$$\mu = \frac{l}{h} = \tan(\rho) = \frac{F_W}{F_N}. \tag{1.7.14}$$

Den Reibungswinkel ρ können wir bei bekanntem μ in unsere Skizze einzeichnen (siehe Abbildung 1.7.9), und damit gelingt eine anschauliche Interpretation der Selbstsperrung. Man darf sagen: Selbstsperrung liegt gerade dann noch vor, solange es der Gewichtskraft F_G nicht gelingt, die aus F_W und F_N bestehende Resultierende aus dem Reibungskegel herauszuführen.

Wir wollen abschließend noch untersuchen, was sich ändert, falls das Gewicht auf der rechten Seite des Rades angeschlossen wird: Abbildung 1.7.10. Die Gleichungen (1.7.11) schreiben sich dann wie folgt:

$$\begin{aligned} M_A &= 0: \quad F_N l - F(l+a) + F_W h = 0, \\ M_B &= 0: \quad -F_G r + F_W r = 0. \end{aligned} \tag{1.7.15}$$

Man beachte, dass sich sowohl die Vorzeichen bei F_G als auch bei der Widerstandskraft F_W umkehren, denn schließlich ändert sich ja die potenzielle Bewegungsrichtung. Eine kurze Rechnung liefert:

Gaspard Clair François Marie Riche Baron DE PRONY (1755 – 1839) wurde in Chamelet bei Lyon geboren. Er besuchte die École des Ponts et Chaussés ab 1776 und graduierte im Jahre 1780. Danach arbeitete er an der Konstruktion der Brücke von Neuilly, 1785 assistierte er bei der Wiederherstellung des Hafens von Dünkirchen und besuchte England. Zur Zeit der Französischen Revolution war er Mitglied in der Kommission zur Erstellung des metrischen Systems, wobei er sich derart engagierte, dass er nach Einteilung des Kreises in Neugrad die Erstellung der nunmehr notwendigen „neuen" trigonometrischen Tafeln verlangte und schließlich selbst in Angriff nahm. Er war einer der Gründer der berühmten École Polytechnique, deren Lehrkörper er auch von 1794 bis 1815 angehörte. Von 1798 bis zu seinem Tode war er außerdem noch Direktor der École des Ponts et Chaussés. Ämterhäufung gab es also schon damals!

Statik

$$F = \frac{1}{\mu}\frac{l+\mu h}{l+a}F_G. \qquad (1.7.16)$$

Mithin ist **stets** eine Bremskraft F erforderlich. Selbstsperrung ist bei diesem System nicht möglich.

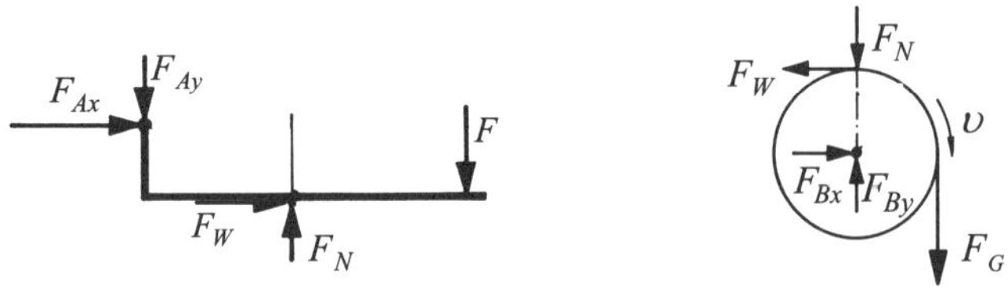

Abb. 1.7.10: Freischnitt am PRONYschen Zaum bei Umhängung des Gewichtes auf die rechte Seite.

Schraube

Betrachte die in Abbildung 1.7.11 dargestellte Situation. Eine Schraube wird unter Wirkung eines Momentes M_d nach **rechts** in ein Gewinde **hineingedreht**. Dabei wirken längs der Schraubenflanken (gewellte Linien in Abbildung 1.7.11) Reibungskräfte. Außerdem gilt es, eine äußere Kraft F zu überwinden. Diese Kraft kann man sich z. B. wie folgt zustande gekommen denken: Eine Person sitzt auf einem drehbaren Klavierhocker (Abbildung 1.7.11 rechts).

Wir wollen studieren, unter welchen Bedingungen statisches Gleichgewicht garantiert ist. Dazu wickeln wir zunächst die Schraubenlinie in der Ebene wie gezeichnet ab. Es entsteht eine Gerade, die wir durch die Ganghöhe h und die Basislänge $2\pi r$ bzw. kurz und effektiv durch den Schraubenwinkel α charakterisieren wollen. Es gilt offenbar:

$$\tan(\alpha) = \frac{h}{2\pi r}. \qquad (1.7.17)$$

Dabei ist r der Schraubenradius. Auf der Schraubenfläche betrachten wir, wie gezeichnet, ein kleines Element. Dieses unterliegt einem Normalkraftbeitrag $\mathrm{d}F_N$ sowie einem der Bewegung entgegengesetzten (also nach links weisenden) Reibungskraftbeitrag $\mathrm{d}F_W$. Beide Größen sind durch das COULOMBsche Reibungsgesetz miteinander verknüpft:

$$\mathrm{d}F_W = \mu\,\mathrm{d}F_N. \qquad (1.7.18)$$

Um die Gleichgewichtsbedingungen zu finden, müssen wir diese differenziellen Größen über die gesamte Schraubenlänge summieren, also integrieren. Mit dem angegebenen Koordinatensystem finden wir als Kraftbedingung:

$$\sum F_z = 0: \quad -F + \int \cos(\alpha)\,\mathrm{d}F_N - \int \sin(\alpha)\,\mathrm{d}F_W = 0\,. \qquad (1.7.19)$$

Um die Momentenbedingung aufzuschreiben, blicken wir von oben auf die Schraube und notieren mit den richtigen Vorzeichen:

$$\sum M_0 = 0: \quad M_d - r\int \sin(\alpha)\,\mathrm{d}F_N - r\int \cos(\alpha)\,\mathrm{d}F_W = 0\,. \quad (1.7.20)$$

Wir beachten, dass der Schraubenwinkel α und damit auch die Winkelfunktionen konstante Größen sind. Mit der Bezeichnung:

$$F_N = \int \mathrm{d}F_N\,, \qquad (1.7.21)$$

welche die totale Normalkraft repräsentiert, können wir dann schreiben:

$$M_d = r[\sin(\alpha) + \mu\cos(\alpha)]\,F_N \qquad (1.7.22)$$

sowie:

$$F = [\cos(\alpha) - \mu\sin(\alpha)]\,F_N\,. \qquad (1.7.23)$$

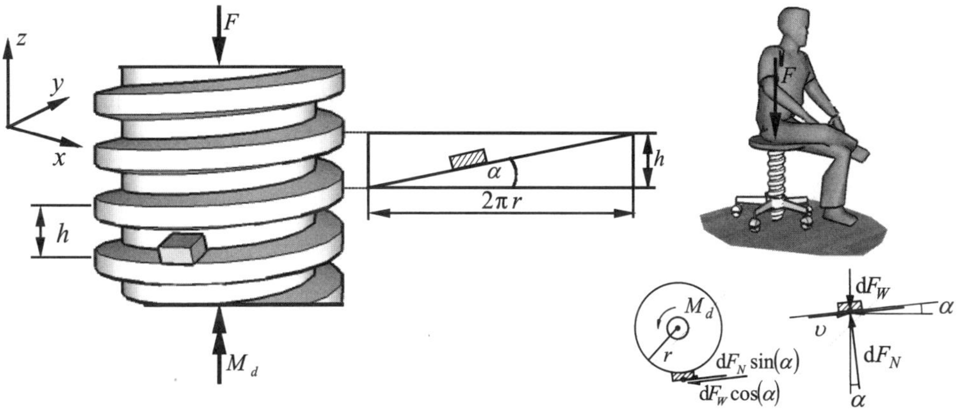

Abb. 1.7.11: Zum Reibungsphänomen bei Schrauben.

Dabei wurde das COULOMBsche Reibungsgesetz verwendet. Die zweite Gleichung benutzen wir, um bei bekannter eingeprägter Kraft F sowie bekanntem Schraubenwinkel α und Reibungskoeffizienten μ die totale Normalkraft F_N zu ermitteln:

$$F_N = \frac{F}{\cos(\alpha) - \mu\sin(\alpha)}\,. \qquad (1.7.24)$$

Statik

Dieses kann man in Gleichung (1.7.22) einsetzen, um so das zur Überwindung der Haftreibung und der aufgeprägten Kraft F benötigte Drehmoment zu ermitteln:

$$M_d = r \frac{\sin(\alpha) + \mu \cos(\alpha)}{\cos(\alpha) - \mu \sin(\alpha)} F . \tag{1.7.25}$$

Das wäre auch schon die Lösung. Folgendes ist zu der gefundenen Lösung noch anzumerken:

Zum Ersten wird bei vorgegebener Reibungszahl für einen gewissen Schraubenwinkel das Moment M_d unendlich groß (Nenner der Gleichung (1.7.25) verschwindet):

$$\alpha = \cot^{-1} \mu . \tag{1.7.26}$$

Hält man sich vor Augen, dass der Reibungsbeiwert für Stahl auf Holz im ungeschmierten Zustand zwischen 0,4 und 0,5 liegt, so ergibt sich ein kritischer Schraubenwinkel von $\alpha > 60°$, ein etwas ungewöhnliches Format für eine Schraube.

Zweitens wollen wir mithilfe des Reibwinkels ρ noch eine zeichnerische Lösung des Problems versuchen. Betrachte dazu die in Abbildung 1.7.12 gezeigte Situation. Die Reibkraft F_W und die Normalkraft F_N wurden dort zu einer Resultierenden F_R zusammengefügt. Diese greift unter dem Reibwinkel ρ gegenüber der Normalenrichtung geneigt auf der Schraubenlinie an. Es gilt:

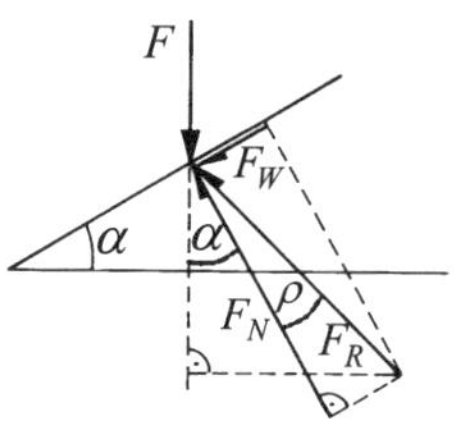

Abb. 1.7.12: Zum Einfluss des Reibungswinkels bei der Schraube (Drehung nach rechts).

$$\tan(\rho) = \frac{F_W}{F_N} = \mu . \tag{1.7.27}$$

Dabei ist das erste Gleichheitszeichen eine Folge der Geometrie (siehe Abbildung 1.7.12), das zweite hingegen eine Folge des COULOMBschen Reibungsgesetzes. Offenbar gelingt es F_R, der eingeprägten Kraft F gerade dann das Gleichgewicht zu halten, falls:

$$\frac{F}{F_R} = \cos(\alpha + \rho) \quad \Rightarrow \quad F_N = \frac{\cos(\rho)}{\cos(\alpha + \rho)} F . \tag{1.7.28}$$

Dieses Ergebnis erscheint auf den ersten Blick anders als das aus Gleichung (1.7.24). Man denke jedoch an das folgende Additionstheorem:

$$\cos(\alpha \pm \rho) = \cos(\alpha)\cos(\rho) \mp \sin(\alpha)\sin(\rho), \tag{1.7.29}$$

mit dem es gelingt, die Äquivalenz beider Gleichungen zu zeigen:

$$
\begin{aligned}
F_N &= \frac{\cos(\rho)}{\cos(\alpha+\rho)}F = \frac{\cos(\rho)F}{\cos\alpha\cos(\rho)-\sin(\alpha)\sin(\rho)} \\
&= \frac{F}{\cos(\alpha)-\frac{\sin(\alpha)}{\cos(\rho)}\sin(\rho)} = \frac{F}{\cos(\alpha)-\frac{\sin(\rho)}{\cos(\rho)}\sin(\alpha)} \qquad (1.7.30)\\
&= \frac{F}{\cos(\alpha)-\tan(\rho)\sin(\alpha)} = \frac{F}{\cos(\alpha)-\mu\sin(\alpha)}.
\end{aligned}
$$

Schließlich sei bemerkt, dass es gelingt, auch das Ergebnis für das Moment (1.7.25) mithilfe des Reibungswinkels ρ in eine handliche Form umzuschreiben. Hierbei ist das folgende Additionstheorem nützlich:

$$
\tan(\rho\pm\alpha) = \frac{\tan(\rho)\pm\tan(\alpha)}{1\mp\tan(\rho)\tan(\alpha)}. \qquad (1.7.31)
$$

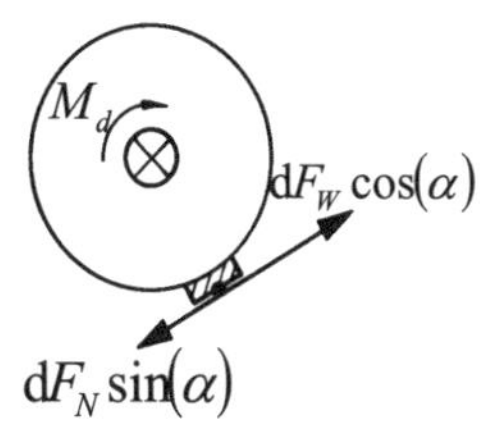

Beachtet man nun wieder die Beziehung (1.7.27), so wird aus Gleichung (1.7.25) nach kurzer Rechnung:

$$
\begin{aligned}
M_d &= r\frac{\sin(\alpha)+\mu\cos(\alpha)}{\cos(\alpha)-\mu\sin(\alpha)}F \\
&= r\frac{\frac{\sin(\alpha)}{\cos(\alpha)}+\tan(\rho)}{1-\tan(\rho)\frac{\sin(\alpha)}{\cos(\alpha)}}F = r\tan(\rho+\alpha)F. \qquad (1.7.32)
\end{aligned}
$$

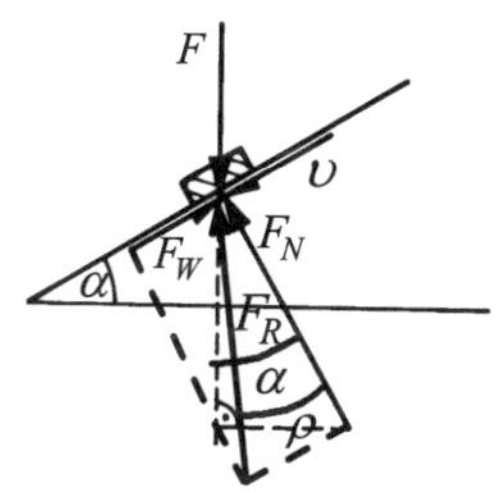

Abb. 1.7.13: Zum Einfluss des Reibungswinkels bei der Schraube (Drehung nach links).

Wir wollen uns nun dem Fall zuwenden, dass die Schraube herausgedreht wird: Abbildung 1.7.13.

In diesem Fall ändern sich die Gleichgewichtsbedingungen um in:

$$
\sum F_z = 0: \ -F + \int\cos(\alpha)\,dF_N + \int\sin(\alpha)\,dF_W = 0 \qquad (1.7.33)
$$

und:

$$
\sum M_0 = 0: \ -M_d - r\int\sin(\alpha)\,dF_N + r\int\cos(\alpha)\,dF_W = 0, \qquad (1.7.34)
$$

denn sowohl das angreifende Moment wie die Reibungswiderstandskraft F_W (der Bewegung entgegengesetzt) ändern ihr Vorzeichen. Man erhält:

$$
\begin{aligned}
F_N &= \frac{F}{\cos(\alpha)+\mu\sin(\alpha)} = \frac{F}{\cos(\alpha)+\frac{\sin(\rho)}{\cos(\rho)}\sin(\alpha)} \qquad (1.7.35)\\
&= \frac{F\cos(\rho)}{\cos(\rho-\alpha)},
\end{aligned}
$$

$$M_d = r\frac{-\sin(\alpha)+\mu\cos(\alpha)}{\cos(\alpha)+\mu\sin(\alpha)}F = r\frac{\tan(\rho)-\dfrac{\sin(\alpha)}{\cos(\alpha)}}{1+\tan(\rho)\dfrac{\sin(\alpha)}{\cos(\alpha)}}F \tag{1.7.36}$$

$$= r\tan(\rho-\alpha)F\,.$$

Dabei wurde wieder von den Additionstheoremen (1.7.29) und (1.7.31) sowie der Definition des Reibungswinkels ρ Gebrauch gemacht. Die dazugehörige zeichnerische Interpretation und Lösung ist in Abbildung 1.7.13 unten zu sehen. Man erkennt aus der Lösung außerdem, dass im Fall $\rho = \alpha$ das zur Aufrechterhaltung des Gleichgewichtes nötige Drehmoment trotz wirkender Kraft gerade verschwindet. Die Interpretation ist die, dass das System für diesen und kleinere Schraubenwinkel, also $\alpha \le \rho$, selbstsperrend ist. Man kann auch so sagen: Es ist dann erlaubt, nach links anzuziehen, ohne dass die Kraft F in der Lage ist, die Schraube herauszudrücken.

Umschlingungsreibung

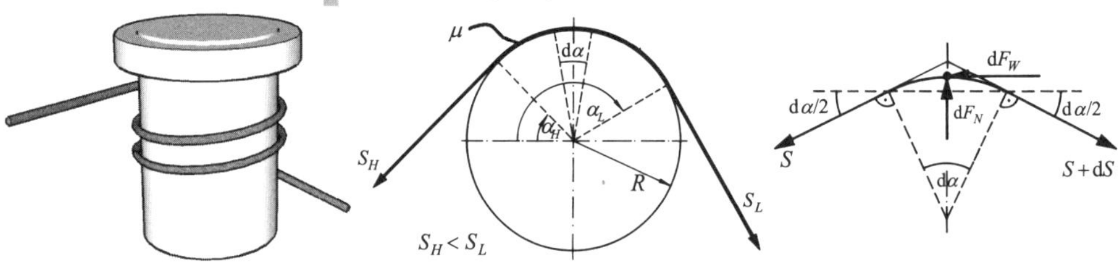

Abb. 1.7.14: EULER-EYTELWEINsche Umschlingungsreibung.

Betrachte die in Abbildung 1.7.14 dargestellte Situation: Ein Seil wird um einen kreisförmigen Poller geschlungen. Der Kontaktwinkel zwischen Seil und Poller betrage $\alpha = \alpha_L - \alpha_H$. Im Folgenden ist er stets im **Bogenmaß** anzugeben. Dabei sollen die Indizes H bzw. L bereits auf die Halte- bzw. auf die Lastseite hinweisen. Es ist anschaulich klar, dass wenn wir versuchen, eine am rechten Ende ziehende Last S_L ins Gleichgewicht zu bringen, indem wir am linken Ende halten, die dazu nötige Kraft S_H geringer sein wird als die Last S_L. Denn dadurch, dass zwischen Seil und Poller Reibung herrscht, gelingt es, durch Reibungskräfte einen Teil der Last S_L aufzufangen.

Wir wollen dieses Problem nun quantitativ analysieren, also berechnen, wie die Kräfte S_H und S_L sowie die Reibungskraft miteinander zusammenhängen. Zu diesem Zweck betrachten wir ein kleines Stück des Seiles an der Position α, gekennzeichnet durch die Länge $R\,\mathrm{d}\alpha$ (R ist der Pollerradius), und untersuchen statisches Gleichgewicht an diesem Seilstück. Rechts liegt ein wenig mehr Kraft an als links, $S+\mathrm{d}S$ im Gegensatz zu S. Deshalb würde sich das Seil potenziell nach rechts bewegen. Der Reibungswiderstand $\mathrm{d}F_W$ steht aber dieser Bewegung entgegen, wie in der Abbildung dargestellt. Ferner benötigt man, um im Freischnitt die Wirkung des Pollers auf das Seil zu berücksichtigen, noch die Normalkraft $\mathrm{d}F_N$. Man erhält insgesamt:

$$\sum F_x = 0: \; -S\cos\left(\frac{\mathrm{d}\alpha}{2}\right) + (S+\mathrm{d}S)\cos\left(\frac{\mathrm{d}\alpha}{2}\right) - \mathrm{d}F_W = 0 \qquad (1.7.37)$$

sowie:

$$\sum F_y = 0: \; \mathrm{d}F_N - S\sin\left(\frac{\mathrm{d}\alpha}{2}\right) - (S+\mathrm{d}S)\sin\left(\frac{\mathrm{d}\alpha}{2}\right) = 0. \qquad (1.7.38)$$

Um die beiden unbekannten Normal- und Reibungskraftanteile miteinander zu verbinden, verwenden wir das COULOMBsche Reibungsgesetz:

$$\mathrm{d}F_W = \mu\,\mathrm{d}F_N. \qquad (1.7.39)$$

Da der Winkel $\mathrm{d}\alpha$ klein ist, darf man die trigonometrischen Funktionen in Potenzreihen entwickeln und Letztere nach dem ersten Glied abbrechen:

$$\cos\left(\frac{\mathrm{d}\alpha}{2}\right) \approx 1, \; \sin\left(\frac{\mathrm{d}\alpha}{2}\right) \approx \frac{\mathrm{d}\alpha}{2}. \qquad (1.7.40)$$

Wenn man dieses in die Gleichungen (1.7.37) bis (1.7.39) einsetzt, entsteht:

$$\begin{aligned} &\mathrm{d}S = \mathrm{d}F_W = \mu \mathrm{d}F_N, \\ &\mathrm{d}F_N - S\frac{\mathrm{d}\alpha}{2} - (S+\mathrm{d}S)\frac{\mathrm{d}\alpha}{2} \approx \mathrm{d}F_N - S\,\mathrm{d}\alpha = 0. \end{aligned} \qquad (1.7.41)$$

Indem man die beiden verbliebenen Gleichungen kombiniert, entsteht eine Differenzialgleichung für die Seilkraft S an der Stelle α:

$$\frac{\mathrm{d}S}{S} = \mu\,\mathrm{d}\alpha. \qquad (1.7.42)$$

Integration zwischen den Winkeln α_H und α_L ergibt:

$$\begin{aligned} &\int_{S_H}^{S_L} \frac{\mathrm{d}S}{S} = \mu \int_{\alpha_H}^{\alpha_L} \mathrm{d}\alpha \;\Rightarrow\; \ln S\Big|_{S_H}^{S_L} = \mu\,\alpha\Big|_{\alpha_H}^{\alpha_L} \;\Rightarrow \\ &S_L = S_H \exp[\mu(\alpha_L - \alpha_H)] = S_H \exp(\mu\alpha). \end{aligned} \qquad (1.7.43)$$

Als fünfzehnjähriger Junge war der in Frankfurt am Main geborene **Johann Albert EYTELWEIN** (1764–1848) Kanonenschütze beim Berliner Artillerieregiment. Diese Tätigkeit hat ihn wohl zur Mechanik inspiriert, aber doch nur teilweise ausgefüllt, denn in seiner Freizeit bringt er sich genug Mathematik und Ingenieurwissen bei, um 1790 die Ingenieursprüfung als Architekt zu bestehen. Im Jahre 1799 gründet er dann zusammen mit Kollegen die Bauakademie in Berlin, wird deren Direktor und Professor für Ingenieurmechanik.

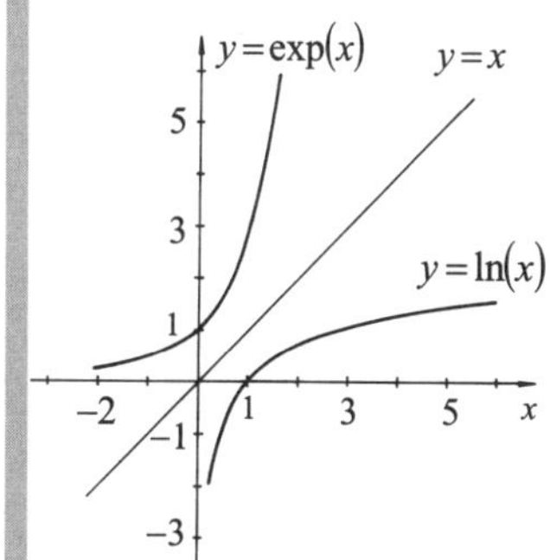

Abb. 1.7.15: Die Exponentialfunktion und der natürliche Logarithmus.

Hierbei wurde Gebrauch von den Eigenschaften des (natürlichen) Logarithmus und seiner Umkehrung, der Exponentialfunktion, gemacht. Das Endresultat ist bekannt unter dem Namen **EULER-EYTELWEINsche Gleichung** für die Umschlingungsreibung. Durch Steigerung des Umschlingungswinkels α gelingt es, mithilfe einer relativ geringen Kraft S_H leicht einer großen Last S_L das Gleichgewicht zu halten. Dieses ist der Wirkung der Exponentialfunktion zuzuschreiben, die zusammen mit dem natürlichen Logarithmus in der Abbildung 1.7.15 zu sehen ist.

Seilbremse

Eine Anwendung der EULER-EYTELWEINschen Gleichung ist in Abbildung 1.7.16 zu sehen. Um eine mit dem Drehmoment M nach links oder nach rechts anfahrende Walze zu halten, wird sie mit einem Riemen (Haftreibungskoeffizient) umgeben und mit einer Bremsvorrichtung, wie gezeichnet, verbunden. Gesucht ist die Bremskraft F für beide Drehrichtungen. Wir schneiden frei wie gezeichnet. Um die Auflagerkräfte nicht als Unbekannte in die Gleichungen hineinzubringen und die Bremskraft direkt zu ermitteln, wird im Teilsystem Walze das Momentengleichgewicht um den Punkt A sowie im Teilsystem Bremsstab das Momentengleichgewicht um den Punkt B ausgewertet. Man erhält bei Drehung nach links:

$$\sum M^{(A)} = 0: \quad M + S_2 r - S_1 r = 0, \tag{1.7.44}$$

bei Drehung nach rechts hingegen:

$$\sum M^{(A)} = 0: \quad -M + S_2 r - S_1 r = 0. \tag{1.7.45}$$

Wie man sich leicht überlegt, ist die Momentenbedingung bei Drehung um den Punkt B in beiden Fällen gleich:

$$\sum M^{(B)} = 0: \quad -S_2 0{,}5r + S_1 1{,}5r - F 3{,}5r = 0. \tag{1.7.46}$$

Nun zu der in dem jeweiligen Fall maßgeblichen Form der EULER-EYTELWEINschen Gleichung. Dreht sich die Walze nach links, so ist dies vom Standpunkt der Relativbewegung gleichbedeutend mit einem Wegziehen am rechten Ende des Seiles. Dieses entspricht dem Punkt L aus dem vorherigen Abschnitt und beide Situationen sind prinzipiell identisch. Reibung baut sich entgegen der Bewegung auf, und wir schreiben bei Walzendrehung nach links:

$$S_1 = S_2 \exp(\mu \pi). \tag{1.7.47}$$

Bei Drehung der Walze im Uhrzeigersinn, also nach rechts, ist die Situation genau umgekehrt. Vom Standpunkt der Relativbewegung entspricht dies einem Ziehen am Seil auf der linken Seite, welche nun dem Punkt L aus dem letzten Abschnitt entspricht. Somit schreiben wir bei Walzendrehung nach rechts:

$$S_2 = S_1 \exp(\mu \pi) \tag{1.7.48}$$

Auflösen der Gleichungen (1.7.44/46/47) ergibt bei Drehung nach links:

$$S_1 = \frac{M \exp(\mu \pi)}{r[\exp(\mu \pi) - 1]} \ ,$$

$$S_2 = \frac{M}{r[\exp(\mu \pi) - 1]} \ , \tag{1.7.49}$$

$$F = \frac{M}{r} \frac{3\exp(\mu \pi) - 1}{7[\exp(\mu \pi) - 1]}$$

und bei Drehung nach rechts:

$$S_1 = \frac{M}{r[\exp(\mu \pi) - 1]} \ ,$$

$$S_2 = \frac{M \exp(\mu \pi)}{r[\exp(\mu \pi) - 1]} \ , \tag{1.7.50}$$

$$F = \frac{M}{r} \frac{3 - \exp(\mu \pi)}{7[\exp(\mu \pi) - 1]} \ .$$

Wir untersuchen nun den Fall der Selbstsperrung, also die Möglichkeit, dass man überhaupt keine Kraft aufprägen muss, um abzubremsen: $F = 0$. Im Fall der Linksdrehung der Walze wäre dies nur dadurch möglich, dass man den Zähler zu null zwingt, also zu fordern:

$$3\exp(\mu \pi) - 1 = 0 \quad \Rightarrow \quad \mu = \frac{\ln(1/3)}{\pi} < 0 \ . \tag{1.7.51}$$

Ein negativer Reibungskoeffizient macht aber keinen Sinn, und daher ist im Fall der Linksdrehung keine Selbstsperrung möglich. Nun zum Fall der Rechtsdrehung der Walze. Hier ist, um Selbstsperrung zu erzwingen, der andere Zähler gleich null zu setzen:

$$3 - \exp(\mu \pi) = 0 \quad \Rightarrow \quad \mu = \frac{\ln 3}{\pi} \ . \tag{1.7.52}$$

Man beachte ferner, dass in beiden Fällen die Richtung der Bremskraft (Drücken des Pedals) zwingend ist, ansonsten lockert man das rechts vom Auflager B stehende Seil, und die Bremswirkung der Reibung bricht ab (Seile können keine Druckkräfte übertragen).

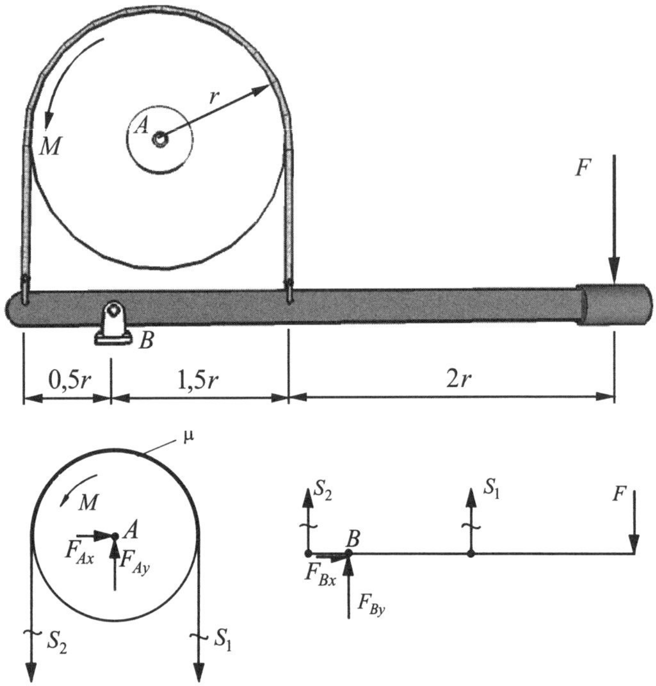

Abb. 1.7.16: Seilbremse mit Freischnitt.

Offenbar ist der Reibungskoeffizient bei Konstruktionen, die auf dem Prinzip der Reibung beruhen, der kritische Faktor. Der Reibungskoeffizient ist sehr stark von Umgebungsbedingungen abhängig, z. B. von der Luftfeuchtigkeit. Er kann daher sehr deutlichen Schwankungen unterliegen. Man berücksichtigt dies in einem Sicherheitsfaktor ν insofern, dass man in den Ergebnissen (siehe etwa die Gleichungen (1.7.49/50)) μ / ν an Stelle von μ einsetzt.

Der Sicherheitsfaktor ν beträgt etwa 2 bis $2{,}5$. Bei der Seilreibung (siehe Gleichung (1.7.43)) ergibt sich mithin ein großer Effekt. Es stellt sich die Frage, wie man den Reibungskoeffizienten vergrößern kann, ohne die Materialpaarung zu verändern. Die Antwort hierauf sind etwa **Keilriemen**, wie wir sie im nächsten Abschnitt untersuchen werden.

Reibung am Keil

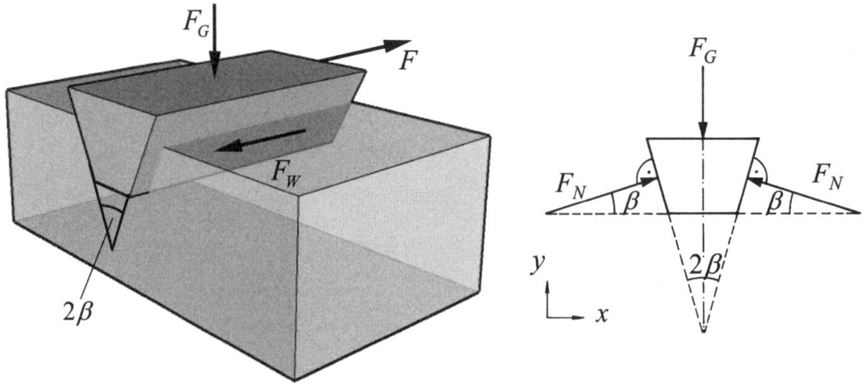

Abb. 1.7.17: Freischnitt bei Reibung am Keil.

Betrachte die in Abbildung 1.7.17 dargestellte Situation: Ein Keil wird unter der Wirkung einer Kraft F_G in eine Nut gepresst. Wir wollen errechnen, welche Kraft F man benötigt, um den Keil in seiner Längsrichtung (z-Richtung) zu bewegen. Auswerten der Gleichgewichtsbedingungen in x-, y- und z-Richtung ergibt:

$$\sum F_x = 0: \quad F_N \cos(\beta) - F_N \cos(\beta) = 0\,,$$

$$\sum F_y = 0: \quad 2F_N \sin(\beta) - F_G = 0 \qquad \Rightarrow \quad F_N = \frac{1}{2\sin(\beta)} F_G\,, \tag{1.7.53}$$

$$\sum F_z = 0: \quad 2F_W - F = 0 \quad \Rightarrow \quad F_W = \frac{F}{2}\,.$$

Mit dem COULOMBschen Reibungsgesetz:

$$F_W = \mu F_N \tag{1.7.54}$$

folgt durch Kombination der obigen Gleichungen:

$$F_W = \frac{\mu}{2\sin(\beta)} F_G\,, \; F = \frac{\mu}{\sin(\beta)} F_G\,. \tag{1.7.55}$$

Wählt man einen Keilwinkel $2\beta = 180° = \pi$, so erhält man die COULOMBsche Formel aus Gleichung (1.7.1), denn es gilt $F = 2F_W$. Man darf sagen, dass durch den Keilwinkel β die Wirkung des Reibkoeffizienten deutlich vergrößert werden kann (Faktor $1/\sin(\beta)$!).

2 Festigkeitslehre

2.1 Einführung, Begriffe

2.1.1 Aufgabe der Festigkeitslehre

Als Ergebnis einer statischen Berechnung erhält man Auflager- und Reaktionskräfte sowie Schnittgrößen. Die Berechnung erfolgte, wie wir gesehen haben, am statisch **unverformten** System. Bei der Berechnung sind **Materialeigenschaften**, wie beispielsweise die Steifigkeit des zu untersuchenden Trägers oder seine Festigkeit, **irrelevant**.

Im Gegensatz dazu interessieren in der Festigkeitslehre sehr wohl die Eigenschaften des verwendeten Materials. Ziel ist es, die Verteilung der Schnittgrößen über den Querschnitt des Bauteiles zu berechnen und schließlich auch die Auswirkungen dieser Beanspruchungen vorherzusagen, also die **Verformungen** des Trägers zu bestimmen. Neben den Abmessungen des Bauteils (Länge und Querschnittsform) ist das verwendete Material von entscheidender Bedeutung. In der Rechnung schlägt sich Letzteres in sogenannten **Materialparametern** wie dem **Elastizitätsmodul** oder der **Querkontraktionszahl** nieder. Die Bestimmung dieser Parameter ist Gegenstand der **Werkstoffkunde**. Durch Kombination einer statischen Berechnung mit Ergebnissen der Festigkeitslehre gelingt es letztendlich auch, die Frage der Sicherheit einer Konstruktion zu klären.

Um die Kräfteverteilung im Inneren des betrachteten Bauteils und darüber hinaus auch seine Verformungen zu untersuchen, ist es nötig, vom **starren** Körper der Statik auf **elastische** Systeme überzugehen (sogenannte **Elastostatik**). Im Allgemeinen werden jedoch weiterhin die Gleichgewichtsbedingungen für das **unverformte** Bauteil ausgewertet (sogenannte Theorie erster Ordnung). Man setzt dabei voraus, dass die aufgrund aufgeprägter Lasten resultierenden Verformungen **klein** gegenüber den Abmessungen des Bauteils bleiben, was für typische Ingenieurwerkstoffe (Metalle, z. B. Stahl, Glas, Keramik) meistens gewährleistet ist. Die wenigen Ausnahmen, bei denen das Gleichgewicht durch die Verformung empfindlich gestört wird, müssen allerdings mindestens nach einer Theorie zweiter Ordnung behandelt werden. Zu diesen Ausnahmen zählt etwa das Knicken von Stäben oder Säulen.

Vom Material setzen wir bei unseren Berechnungen folgendes Idealverhalten voraus:

a) Der Werkstoff soll isotrop und homogen sein, d. h., in allen Raumrichtungen soll dasselbe, gleichmäßige Gefüge vorliegen. Das ist bei den klassischen technischen Metallen (etwa Stahl) der Fall, bei Sonderwerkstoffen wie Einkristallen bei Superlegierungen oder auch Halbleitern im Allgemeinen jedoch nicht. Letztere zählen zu den anisotropen Werkstoffen, die im Rahmen dieser Einführung jedoch nicht behandelt werden.

b) Der Werkstoff verformt sich ideal elastisch, d. h., Belastung und Verformung sind zueinander proportional. Somit sind plastische Verformungen oder Kriechvorgänge bei den folgenden Betrachtungen erst einmal ausgenommen.

2.1.2 Beanspruchungsarten

Die Beanspruchung eines Balkenquerschnitts infolge der Schnittkräfte und der Schnittmomente ist aus der statischen Berechnung bekannt (siehe Kapitel 1.6). Wir unterscheiden die nachstehend genannten Grundbelastungsfälle:

a) **Normalkraftbelastung** (vgl. Abbildung 2.1.1): Hier greift die Kraft in der Schwerachse an und besitzt lediglich Komponenten in Richtung der Schwerachse. Je nachdem, ob der Kraftvektor in die Querschnittsfläche hinein- oder aus ihr herauszeigt, unterscheiden wir zwischen **Druck**- und **Zugbelastungsfällen**.

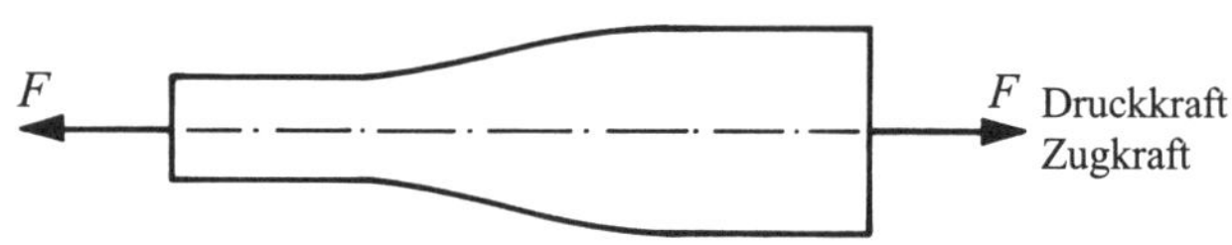

Abb. 2.1.1: Belastung durch normal zur Angriffsfläche wirkende Lasten.

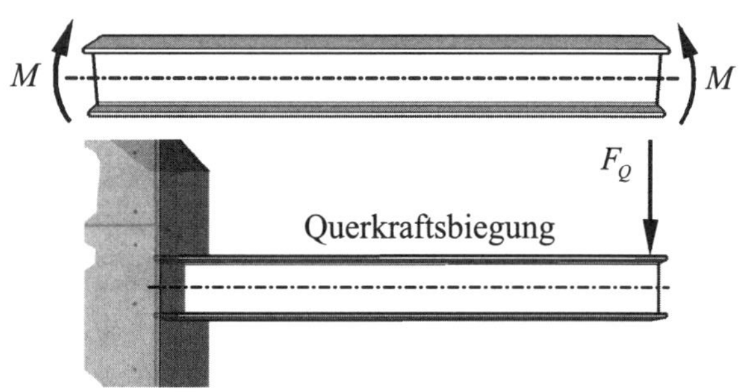

Abb. 2.1.2: Zur reinen Biegung sowie zur Querkraftsbiegung.

b) **Biegung** (vgl. Abbildung 2.1.2): Bei der sogenannten **reinen** Biegung werden gleiche Momente M an den Stabenden angebracht. Bei der sogenannten Querkraftbiegung erfolgt die Belastung (etwa am eingespannten Träger) durch eine Querkraft F_Q senkrecht zur Schwerachse.

c) **Schubbeanspruchung**: Wird ein Körper in der dargestellten Weise (vgl. Abbildung 2.1.3, links) durch eine in der Schnittfläche liegende Kraft F belastet, so versucht er dieser Kraft zu folgen und schert (hier nach rechts) aus. Praktisch tritt Abscheren, also Scherkräfte, bei Niet-, Schraub- und Bolzenverbindungen auf (vgl. Abbildung 2.1.3, rechts).

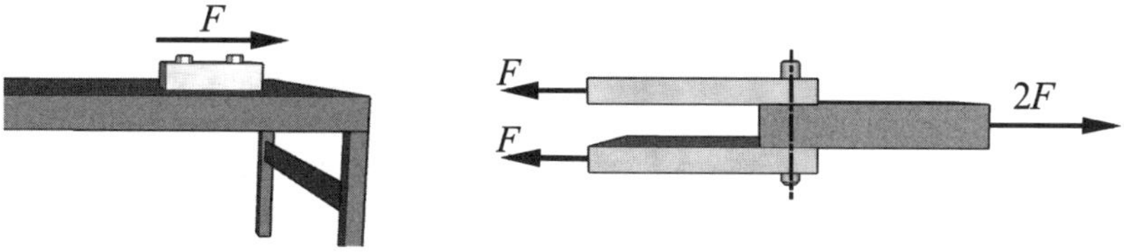

Abb. 2.1.3: Zur Schubbelastung eines am Tisch befestigten Klotzes sowie eines Niets.

d) **Verdrehung** (Torsion) (vgl. Abbildung 2.1.4): Hierbei wird ein um die Schwerachse drehendes Moment M_T auf den Träger aufgebracht.

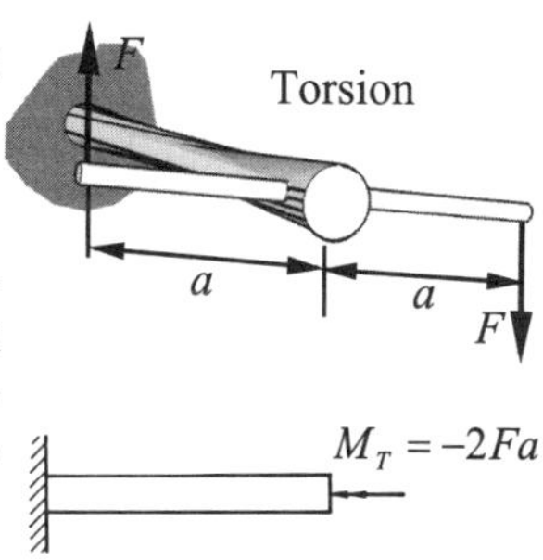

Abb. 2.1.4: Torsion eines Kreisstabes und die symbolische Darstellung der Torsion.

Abschließend sei darauf hingewiesen, dass in einem realen Bauteil die genannten Beanspruchungsarten gemeinsam wirken können. Nachstehend werden wir jedoch zuerst jede der Beanspruchungsarten getrennt untersuchen. Die Frage der Überlagerung wird danach gestellt.

2.1.3 Begriff der Spannung

Um die Wirkung von Kräften auf Bauteile vergleichen zu können, insbesondere im Hinblick auf Festigkeitsfragen, ist nicht die Kraft, die in einem Querschnitt des Bauteils wirkt, als solche interessant. Vielmehr ist maßgebend, wie groß der Kraftanteil ist, der auf ein **Flächenelement** des Querschnitts wirkt, also die **Kraft pro Flächeneinheit**. Eine auf die Flächeneinheit bezogene Kraftgröße nennt man **Spannung** und wir definieren zunächst in Worten:

$$\text{Spannung} = \frac{\text{Kraftgröße}}{\text{Querschnittsgröße}} . \qquad (2.1.1)$$

Die Einheit der Spannung ist somit N/m^2, die man auch als 1 Pa (Pascal) bezeichnet. Technisch relevante Spannungen sind im Allgemeinen wesentlich größer als 1 Pa, man benötigt MPa (Megapascal $= 10^6$ Pa) oder sogar GPa (Gigapascal $= 10^9$ Pa), um technischen Spannungen gerecht zu werden. In der technischen Literatur Deutschlands wird auch gern die Einheit $1\,N/mm^2 = 1\,MPa$ verwendet. Zur vollständigen Charakterisierung von Spannungen ist weiterhin die Richtung wichtig, unter der die Kraft auf die Fläche wirkt. Offenbar gilt es hier, zwei verschiedene Fälle zu unterscheiden:

a) Die Kraft greift senkrecht auf der Schnittfläche an, wie in der Abbildung 2.1.5 gezeichnet. Hierbei handelt es sich um eine reine Normalbelastung, eben durch eine Normalkraft ΔF, die als Zug- oder Druckkraft (so ist es gezeichnet) wirken kann. Berechnet man nun die zugehörige Spannung gemäß obiger Gleichung, so erhält man konsequenterweise eine Normalspannung, die wir mit dem Symbol σ bezeichnen. Je nach Richtung der Normalkraft lässt sich noch zwischen Zug- bzw. Druckspannungen unterscheiden. **Druckspannungen** wollen wir per Definition durch ein **negatives** Vorzeichen kennzeichnen, **Zugspannungen** durch ein **positives**. Wir schreiben:

$$\sigma = \frac{\Delta F}{\Delta A}. \tag{2.1.2}$$

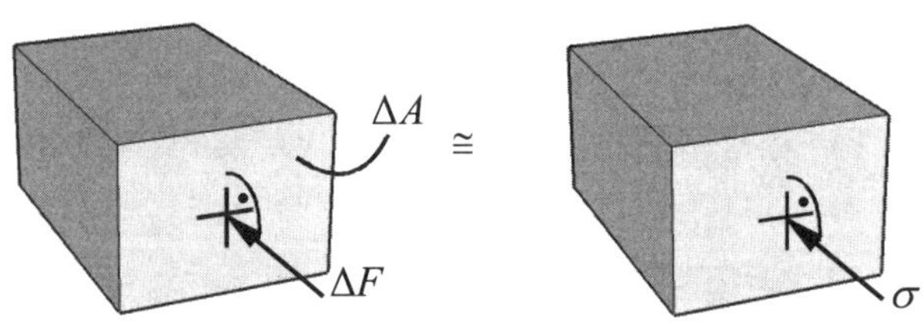

Abb. 2.1.5: Zum Begriff der Normalspannung.

b) Die Kraft greift parallel zur Schnittfläche an, wie in der Abbildung 2.1.6 dargestellt. Es handelt sich also um eine reine Querkraftbelastung ΔF_Q, und wir sprechen von einer aus ihr resultierenden Schubspannung, die wir mit dem Symbol τ bezeichnen. Man erhält:

$$\tau = \frac{\Delta F_Q}{\Delta A}. \tag{2.1.3}$$

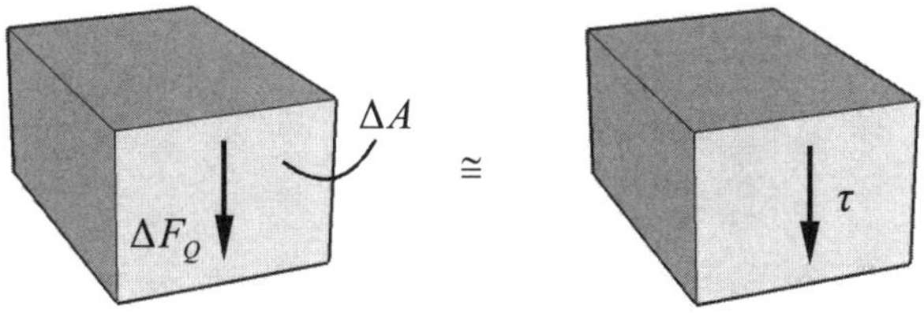

Abb. 2.1.6: Zum Begriff der Schubspannung.

Im Allgemeinen werden beide Spannungen **gemeinsam** auftreten. Mehr noch, die Spannungen werden von Punkt zu Punkt über den Balkenquerschnitt **variieren**. Zum Beispiel werden wir später sehen, dass beim Aufprägen eines reinen Biegemomentes M im Balken (siehe Abbildung 2.1.7) die resultierende Normalspannung von einer Zugspannung (untere Balkenseite) linear über den Balkenquerschnitt in eine Druckspannung (obere Balkenseite) überwechselt.

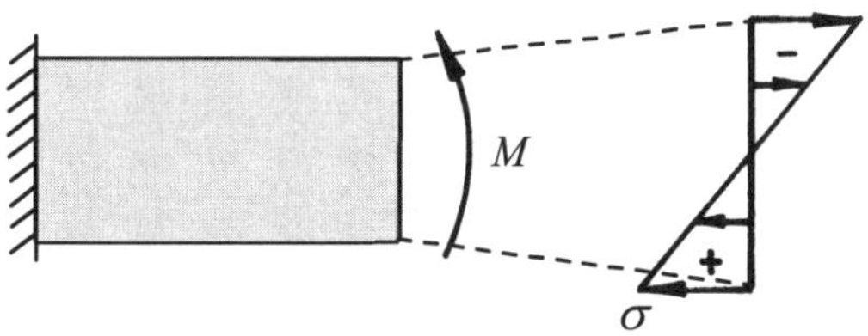

Abb. 2.1.7: Zum Begriff der Biegespannung.

2.2 Zug- und Druckbeanspruchung

2.2.1 Zug- und Druckspannung in Bauteilen

Betrachte den in Abbildung 2.2.1 dargestellten prismatischen Stab unter der Wirkung einer Zugkraft (Druckkraft) F, die an den Stabenden in der Schwerachse des Stabes angreift. In einem Querschnitt A fern von der Krafteinleitung ergibt sich eine über den Querschnitt konstante Zugspannung (Druckspannung) σ, die sich wie folgt berechnen lässt:

$$\sigma = \frac{F}{A}. \tag{2.2.1}$$

Vergleicht man Querschnitte entlang der Schwerachse, so wird sich keine Änderung der nach obiger Gleichung berechneten Spannung ergeben, denn weder gibt es einen Grund, dass sich die Kraft F längs der Schwerachse ändert, noch ändert sich der Querschnitt des prismatischen Stabes.

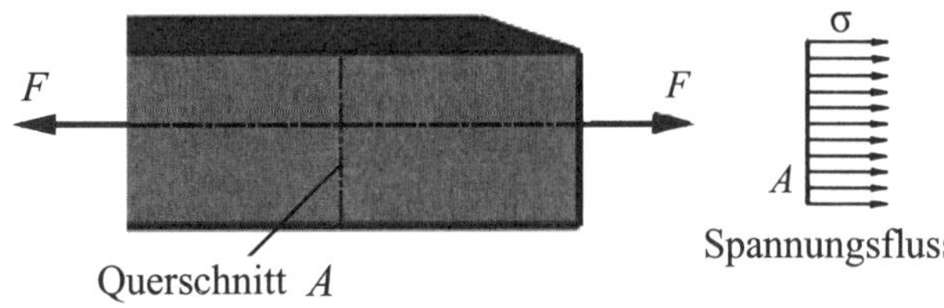

Abb. 2.2.1: Berechnung von Normalspannungen im Zugstab.

Man sagt: Der **Spannungsfluss** ist über alle Querschnitte entlang der Schwerachse gleich. Dies ist bei einem Stab, dessen Querschnitt sich längs der sonst geraden Schwerachse ändert, etwas anders: Abbildung 2.2.2. Betrachten wir die Querschnitte A_1 und A_2, so gilt für die dort herrschenden Spannungen gemäß der Gleichung (2.2.1):

$$\sigma_1 = \frac{F}{A_1}, \; \sigma_2 = \frac{F}{A_2}, \tag{2.2.2}$$

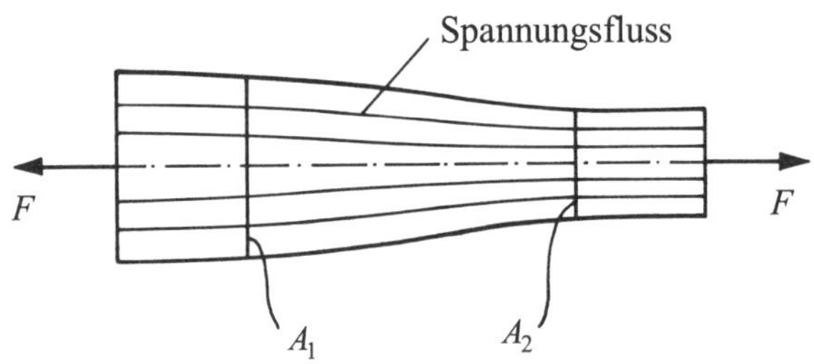

Abb. 2.2.2: Zum Konzept des Spannungsflusses.

und je nachdem, ob A_1 oder A_2 der größere bzw. kleinere Querschnitt ist, wird σ_1 oder σ_2 die kleinere bzw. größere Spannung werden. Offenbar hat man minimale Spannung am maximalen Querschnitt und umgekehrt. Mit einem Satz: Bei einem Träger mit veränderlichem Querschnitt ändert sich der Spannungsfluss längs der Schwerachse.

In der Tat, starke Querschnittssprünge haben Spannungsumverteilungen zur Folge, wie in der Abbildung 2.2.3 zu sehen ist. Man spricht von der **Kerbspannungswirkung** an Einschnürungen, Ecken und Kanten (Bild links). Ein besonderer Fall ist die durch ein kreisförmiges Loch geschwächte Platte (Bild rechts). Man kann zeigen, dass durch die Verengung des Spannungsflusses an der Lochflanke eine Spannungsüberhöhung um den Faktor drei auftreten kann.

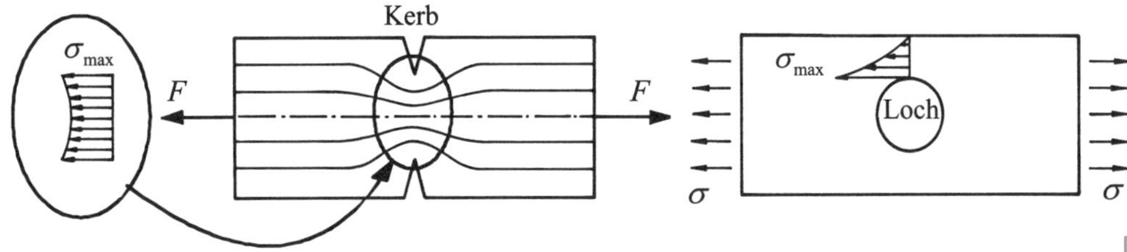

Abb. 2.2.3: Spannungskonzentrationen.

2.2.2 Beispiel: Spannungsverteilung in einem konischen Stab

Betrachte den in Abbildung 2.2.4 dargestellten konischen Stab der Länge l mit kreisförmigem Querschnitt, dessen Endquerschnitte durch die Radien r_0 bzw. $2r_0$ gegeben sind. Er wird durch eine Druckkraft F in Stabachsenrichtung belastet. Wir wollen die Normalspannung $\sigma(x)$ an einer beliebigen Querschnittsstelle x ermitteln.

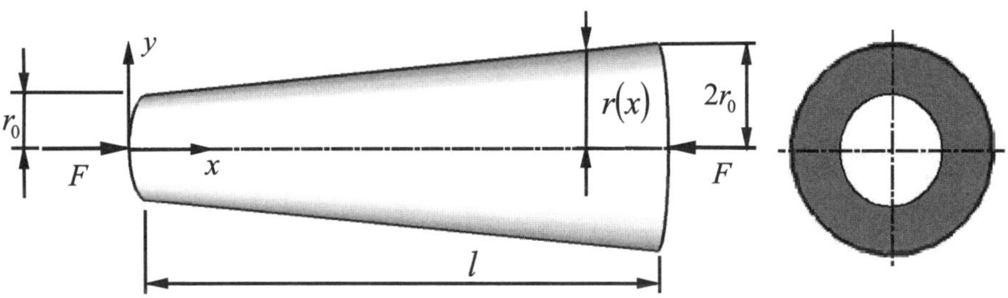

Abb. 2.2.4: Konischer Stab unter Drucklast.

Wir berechnen dazu einfach den zur Position x gehörigen Querschnitt. Offenbar gilt für den Radius dieses Querschnitts:

$$r(x) = r_0 + \frac{r_0}{l} x = r_0 \left(1 + \frac{x}{l}\right). \tag{2.2.3}$$

Damit folgt für die dazugehörige **Druckspannung** (Minuszeichen):

$$\sigma = -\frac{F}{A(x)} = -\frac{F}{\pi r_0^2 \left(1 + \frac{x}{l}\right)^2}. \tag{2.2.4}$$

Man erkennt, dass die Spannung am linken Ende viermal so groß wie am rechten Ende ist.

2.2.3 Beispiel: Stab gleicher Festigkeit

Auch das **Eigengewicht** kann zu Spannungen in einem Körper führen. Betrachte beispielsweise den in der Abbildung 2.2.5 dargestellten senkrecht stehenden Körper unter der Wirkung seines Eigengewichtes. Der Körper soll ein spezifisches Gewicht der Größe γ in $\mathrm{N/m^3}$ besitzen. Auf der oberen Querschnittsfläche A_0 soll zusätzlich zum Gewicht die konstante Last F aufgeprägt sein. Bei gleicher Wanddicke b des Turmes wird diejenige Form gesucht, bei der in jeder horizontalen Fuge die **konstante** Spannung $\sigma_0 = F / A_0$ herrscht. Natürlich wird sich mit zunehmender Turmhöhe zusätzlich zur aufgeprägten Last F das Eigengewicht des Turmes immer stärker bei der im jeweiligen Querschnitt herrschenden Spannung bemerkbar machen. Um dennoch einen konstanten Spannungswert $\sigma_0 = F / A_0$ zu garantieren, muss der Turm geeignet verbreitert werden, d. h., seine Querschnittsfläche muss sich nach unten hin vergrößern.

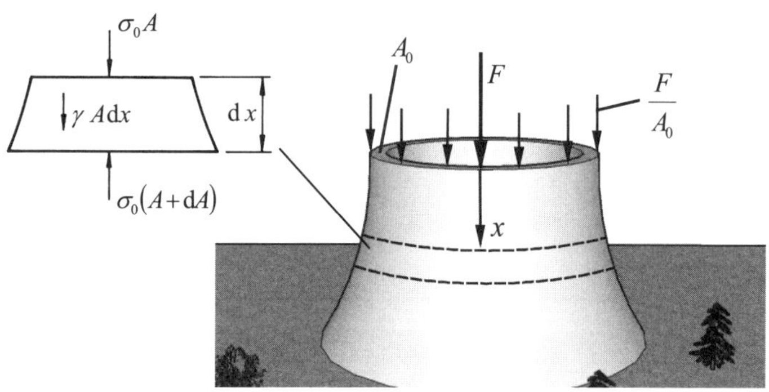

Abb. 2.2.5: Zur Frage des Profils eines stabförmigen Turmes gleicher Festigkeit.

Es stellt sich die Frage nach einem formelmäßigen Zusammenhang zwischen der jeweils nötigen Fläche A als Funktion der Höhenkoordinate (hier genannt x). Zur Lösung betrachten wir das in der Abbildung dargestellte freigeschnittene Stabelement der Höhe $\mathrm{d}x$, für das wir statisches Gleichgewicht untersuchen. Offenbar gilt:

$$\sigma_0 A + \gamma A \mathrm{d}x = \sigma_0 (A + \mathrm{d}A). \qquad (2.2.5)$$

Dieses führt auf die folgende Differenzialgleichung

$$\frac{\mathrm{d}A}{A} = \frac{\gamma}{\sigma_0} \mathrm{d}x. \qquad (2.2.6)$$

Die Lösung lautet:

$$A(x) = A_0 \exp\left(\frac{\gamma}{\sigma_0} x\right), \qquad (2.2.7)$$

was den gesuchten Zusammenhang darstellt.

Mit dem Namen des Gelehrten **Thomas YOUNG** (1773 – 1829) wird im angelsächsischen Raum gerne der Elastizitätsmodul bezeichnet. Gerechterweise muss man sagen, dass bei dieser Gepflogenheit der Patriotismus eine nicht unerhebliche Rolle spielt, denn hundert Jahre vor YOUNG verwendete der Schweizer EULER bei seinen Studien zur Biegelinie eine derartige materialspezifische Größe. Nichtsdestoweniger ist es kurzweilig zu hören, wie YOUNG den Elastizitätsmodul einführt. Er sagt: „Der Modulus der Elastizität irgendeiner Substanz ist die Säule dieser selben Substanz, die an ihrer Basis einen Druck erzeugt, der sich bezüglich des Gewichts, das einen bestimmten Grad an Kompression verursacht, verhält wie die Länge der Substanz zur Verlängerung ihrer Länge." Der Mechaniker und Werkstoffwissenschaftler J. E. GORDON bemerkt sarkastisch in seinem bei Spektrum der Wissenschaft erschienenen Buch „Strukturen unter Stress" zu dieser „bemerkenswerten" Definition: „Verständlicherweise konnten sich nur wenige Leute vorstellen, was das wohl heißen mochte — falls es überhaupt etwas hieß."

Festigkeitslehre

2.2.4 Die Längenänderung des Zug- oder Druckstabes

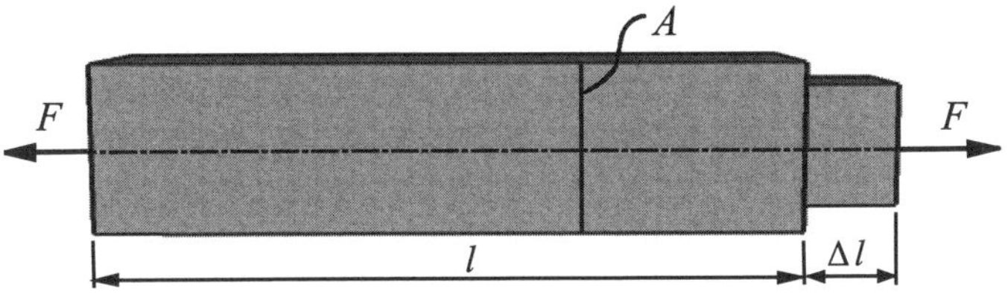

Abb. 2.2.6: Zur Längenänderung eines unter Zug stehenden Stabes.

Wie in der Abbildung 2.2.6 erkenntlich, verlängert (verkürzt) sich ein mit der Kraft F belasteter Zugstab (Druckstab) um den Betrag Δl. Wir definieren die sogenannte **Dehnung** (genauer **Axialdehnung**) ε als eine auf die Ausgangslänge l des Stabes bezogene Verlängerung:

$$\varepsilon = \frac{\Delta l}{l}. \qquad (2.2.8)$$

Die Dehnung ist also eine **dimensionslose** Größe. Die Erfahrung lehrt, dass bei vorgegebener Kraft die Verlängerung bei unterschiedlichen Materialien unterschiedlich stark ausfällt. Und zwar wird ein sehr steifes Material (Stahl) im Gegensatz zu einem sehr weichen Material (Gummi) bei gleicher Kraft eine viel geringere Verlängerung erfahren, was nach obiger Gleichung einer viel geringeren Dehnung entspricht.

Die Steifigkeit eines Materials kennzeichnet man physikalisch durch den sogenannten **Elastizitätsmodul** E. Man ermittelt denselben aus Zugversuchen. Dies sei exemplarisch am Beispiel des Baustahls St37 vorgeführt. Im Prinzip fertigt man sich zunächst einen Probestab aus dem interessierenden Material (hier St37), wie in der Abbildung 2.2.7 gezeigt. Man misst seinen Querschnitt A (vor der Belastung) und setzt ihn danach in einer Universalprüfmaschine einer Zugbelastung durch die Kraft F aus, die stetig ansteigt. Im Versuch misst man nun die zu der

Wir müssen dem Quäker YOUNG jedoch eine gewisse Kapriziosität zugestehen, denn neben naturwissenschaftlichen Studien beschäftigte er sich, nota bene, mit Latein und Griechisch, was er sich im Knabenalter selber beibrachte, und außerdem mit Persisch, Französisch, Italienisch, Hebräisch und Arabisch, der Entzifferung der Hieroglyphen (nachdem NAPOLEON den Stein von Rosette als Folge des Ägyptenfeldzuges nach Europa gebracht hatte), absolvierte ein Medizinstudium und eröffnete 1799 in London eine Arztpraxis.

Festigkeitslehre

jeweiligen Last gehörende Verlängerung und berechnet mit den obigen Gleichungen Wertepaare für die jeweilige Spannung und Dehnung, die man gegeneinander aufträgt. Das Ergebnis sieht aus, wie in Abbildung 2.2.7 gezeigt: Man beobachtet zunächst einen Bereich, in dem Spannung und Dehnung zueinander proportional sind. Hier gilt das sogenannte **HOOKEsche Gesetz**, wonach Spannung und Dehnung zueinander in einem **linearen** Zusammenhang stehen:

$$\sigma = E\,\varepsilon\,. \tag{2.2.9}$$

Die Proportionalitätskonstante E ist der schon erwähnte **Elastizitätsmodul** des betreffenden Materials, auch YOUNGscher Modul genannt. Je größer derselbe ausfällt, desto mehr Widerstand setzt das Material seiner Verformung entgegen, desto steifer reagiert es also auf Krafteinwirkungen. Für St 37 beträgt E typischerweise $210\,\mathrm{GPa}$, für Aluminium etwa $70\,\mathrm{GPa}$ und für Kupfer $120\,\mathrm{GPa}$.

Das Ende des HOOKEschen Bereiches ist durch die **Plastizitätsgrenze** gegeben. Diese wird durch die **Proportionalitätsgrenze** σ_P angezeigt, von der ab die Dehnung beim Erhöhen der Spannung überproportional zunimmt. Überschreitet man schließlich die sogenannte Fließgrenze, gekennzeichnet durch die sogenannte Fließspannung σ_F, so beginnt das Material plastisch zu fließen. Anschließend steigt die **Spannungs-Dehnungs-Kurve** wieder an, das Material verfestigt sich.

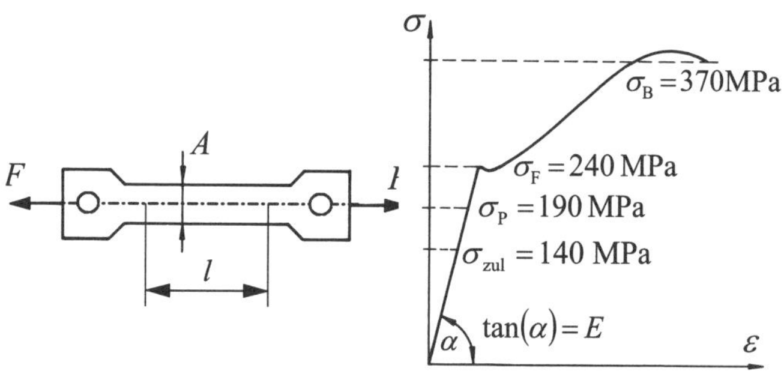

Abb. 2.2.7: Spannungs-Dehnungs-Kurve von St37.

Es sei angemerkt, dass bei Entlastung des Materials aus dem plastischen Bereich heraus seine Dehnung nicht wieder auf null zurückgeht, es verbleibt eine Restdehnung aufgrund der plastischer Verformung. Schließlich kommt der Punkt, bei dem das Material bricht, die **Bruchspannung** σ_B. In manchen Spannungs-Dehnungs-Schaubildern beruht das nicht monotone Wachstum der Spannungs-Dehnungs-Kurve übrigens auf der

Verwendung der Referenzfläche A beim Berechnen der Spannung. Aufgrund der Querkontraktion nimmt der Probenquerschnitt bei zunehmender Belastung natürlich ab. Und in der Tat: Dividiert man bei der Spannungsberechnung durch den aktuellen Querschnitt der sich zunehmend einschnürenden Probe, so nimmt die Spannung natürlich zu. Es resultiert die sogenannte wirkliche oder physikalische Spannung im Probenquerschnitt im Unterschied zur „Ingenieursspannung" der Zeichnung.

Schließlich ist im Diagramm noch die sogenannte zulässige Spannung $\sigma_{\text{zul}} < \sigma_{\text{P}}$ zu sehen. Bleiben wir unter ihr, so ist erstens sichergestellt, dass wir uns im linearen Bereich befinden (mit anderen Worten: dass das HOOKEsche Gesetz gilt), und zweitens, dass keine dauernden plastischen Verformungen auftreten. Da die Proportionalitätsgrenze σ_{P} nicht exakt zu messen ist, wird bei zähen Stählen σ_{zul} auf die Fließgrenze bezogen (solche Stähle zeigen nämlich eine ausgeprägte Fließgrenze, die im Experiment gut sichtbar ist). Falls keine ausgeprägte Fließgrenze vorliegt, so bezieht man σ_{zul} auf die Bruchspannung. Es gilt im ersten Fall:

$$\sigma_{\text{zul}} = \frac{\sigma_{\text{F}}}{\nu}, \; \nu = \text{Sicherheitsbeiwert} > 1 \text{ etwa } 1.5 - 2 \qquad (2.2.10)$$

und im zweiten:

$$\sigma_{\text{zul}} = \frac{\sigma_{\text{B}}}{\nu}, \; \nu = \text{Sicherheitsbeiwert} > 1 \text{ etwa } 2{,}5 - 3{,}5. \qquad (2.2.11)$$

Indem man den Ausdruck (2.2.8) für die Dehnung in das HOOKEsche Gesetz (2.2.9) einbringt, lässt sich bei bekannter Kraft F und Steife E des Materials die Längenänderung eines daraus gefertigten Stabes mit konstantem Querschnitt A wie folgt berechnen:

$$\Delta l = \frac{Fl}{EA}. \qquad (2.2.12)$$

Diese Gleichung hätte man auch ohne Herleitung „erraten" können, denn wenn man sich fragt, von welchen Größen die Längenänderung Δl eines Stabes wohl abhängt und wie diese sie beeinflussen, so wird man wohl vermuten, dass Δl umso stärker ausfallen wird, je stärker man daran zieht und je länger der Stab ursprünglich war. Also gehören F und l in den Zähler des Ausdruckes (2.2.12). Weiter wird ein steifer dicker Stab seiner Dehnung größeren Widerstand entgegensetzen als ein weicher Stab von geringem Querschnitt. Also gehören E und A in den Nenner. Die Dehnung ε liegt bei voll ausgenutzten Baustählen

Jean Marie Constant DUHAMEL wurde am 5. Februar 1797 in St. Malo geboren und starb am 29. April 1872 in Paris. Er schrieb sich 1814 an der École Polytechnique in Paris ein und graduierte im Jahre 1816. Danach hatte ihn die Wissenschaft offenbar ermüdet, denn er interessierte sich zeitweise wohl für den lukrativeren Beruf eines Advokaten, worauf sein anschließendes Studium der Rechte in Rennes hinweist. Schließlich jedoch geht er zurück nach Paris, um Mathematik an verschiedenen höheren Schulen zu lehren. Im Jahre 1830 wird er der Nachfolger des Physikers CORIOLIS, der Differenzial- und Integralrechnung an DUHAMELs alter Alma Mater lehrt. DUHAMEL bleibt der École Polytechnique bis zum Ende seiner professoralen Karriere im Jahre 1869 treu. Im Jahre 1840 wird er als Mitglied in die Académie des Science aufgenommen. DUHAMELS Arbeiten konzentrieren sich auf partielle Differenzialgleichungen und ihre Anwendungen in der Wärmelehre, der rationalen Mechanik und der Akustik. In seinen theoretischen Studien behandelt er die schwingende Saite sowie die Vibration von Luftsäulen in zylindrischen und konischen Röhren. Er ent-

Festigkeitslehre

wickelt die Idee, dass die Schwingungen der Saite durch das Zupfen der Härchen des Bogens hervorgerufen werden. Ihm entgeht es jedoch vollständig, zu realisieren, dass die Wellenausbreitung längs der Saite nicht instantan erfolgt, ein Fakt, der später von dem Physiker Herrmann VON HELMHOLTZ klar erkannt wurde. DUHAMELS in der Wärmelehre angewandte Methoden waren mathematisch ähnlich denen, die der Physiker FRESNEL in der Optik verwandte. Weiterhin basierte DUHAMELS Theorie der Wärmeleitung in Kristallen auf den Arbeiten von FOURIER und POISSON.

Franz Ernst NEUMANN wurde am 11. September 1798 in Joachimsthal, Brandenburg geboren (nun Jachymov) und starb am 23. Mai 1895 in Königsberg (nun Kaliningrad). Die NAPOLEONischen Kriege machten das Leben in Deutschland nicht gerade leicht, und es überrascht daher nicht zu hören, dass NEUMANNS Kindheit von großen Leiden und Armut geprägt war. Trotz geringster finanzieller Mittel schafft er es jedoch, die Volksschule in Joachimsthal zu besuchen, und geht später an das Werdersche Gymnasium in Berlin. Preußen wurde im Jahre

in der Größenordnung von 1 ‰, d. h., die eingangs gemachte Voraussetzung, dass die Verlängerung klein gegen die Ausgangslänge ist, ist mit Sicherheit erfüllt.

Neben der Längenänderung durch mechanische Belastung des Stabes ist es auch möglich, den Stab durch **Erwärmung** zu verlängern (oder durch Abkühlung zu verkürzen). Die dazugehörige Dehnung ist proportional zur aufgeprägten Temperaturänderung ΔT. Man schreibt:

$$\varepsilon_T = \alpha_T \Delta T \tag{2.2.13}$$

und nennt den positiven Proportionalitätskoeffizienten α_T den **thermischen Ausdehnungskoeffizienten** des betreffenden Materials. Für Stahl beträgt er $12 \cdot 10^{-6}\,1/\mathrm{K}$ und für Aluminium ist er $23 \cdot 10^{-6}\,1/\mathrm{K}$. Die Temperaturänderung ΔT kann positiv (Erwärmung) oder negativ (Abkühlung) sein, was jeweils zu einer positiven bzw. negativen Dehnung führt. Wirkt sowohl eine mechanische Spannung als auch eine Temperaturänderung, so ergibt sich die Gesamtdehnung des Materials durch Superposition des mechanischen und des thermischen Dehnungsanteils:

$$\varepsilon = \frac{\sigma}{E} + \alpha_T \Delta T\,, \tag{2.2.14}$$

was man auch in folgender Form schreiben kann:

$$\sigma = E(\varepsilon - \alpha_T \Delta T)\,. \tag{2.2.15}$$

Dieses um thermische Dehnungen erweiterte HOOKEsche Gesetz bezeichnet man auch als DUHAMEL-NEUMANN-Beziehung. Behindert man die thermische Ausdehnung etwa dadurch, dass man den Stab durch Zwingen auf einer festen Länge hält, so ergeben sich, wie man der obigen Beziehung ansieht, aufgrund des bei technischen Materialien wie z. B. Stahl hohen Wertes von E sofort starke **Thermospannungen**.

2.2.5 Die Querdehnung des Zug- oder Druckstabes

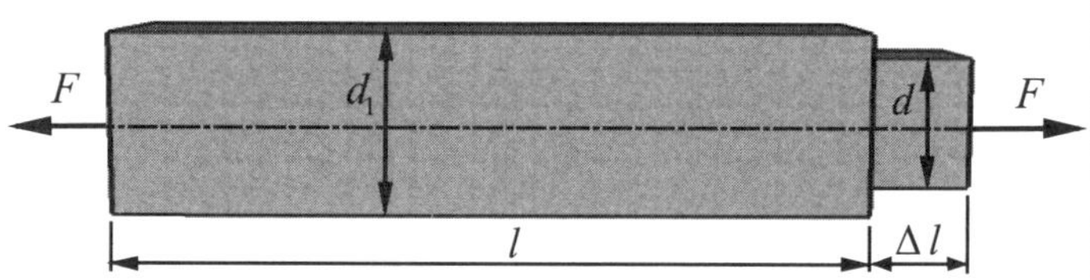

Abb. 2.2.8: Zur Querkontraktion eines unter Zug stehenden Stabes.

Betrachte wieder den unter äußerer Last F stehenden Stab der Länge l. Selbstverständlich wird er sich nicht nur verlängern, sondern auch in Querrichtung verkürzen. Man spricht von der sogenannten **Querkontraktion**: Abbildung 2.2.8. Die Änderung der Breite des Stabes pro Stabbreite, auch als **Querdehnung** ε_{q} bekannt, ist gegeben durch:

$$\varepsilon_{\mathrm{q}} = \frac{\Delta d}{d} = -\nu \frac{\Delta l}{l}, \quad \Delta d = d_1 - d < 0 \text{ oder } \varepsilon_{\mathrm{q}} = -\nu\varepsilon . \qquad (2.2.16)$$

Dabei haben wir die sogenannte **Querdehnungszahl** ν (auch **POISSONsche** Zahl genannt) definiert, einen **dimensionslosen** Kennwert. Er liegt typischerweise um den Wert 0,3 (Stahl). Für nahezu inkompressible, also volumenerhaltende Werkstoffe steigt er bis maximal auf den Wert 0,5. Dieses sieht man wie folgt ein. Nehmen wir einen kreisförmigen Stab vom Durchmesser d bzw. $d + \Delta d$ und der Länge l bzw. $l + \Delta l$. Dann gilt für sein Volumen vor und nach der Belastung:

$$V = \pi \left(\frac{d}{2} \right)^2 l, \quad V' = \pi \left(\frac{d + \Delta d}{2} \right)^2 (l + \Delta l). \qquad (2.2.17)$$

Für inkompressible Werkstoffe:

$$V = V' \quad \Rightarrow \quad \varepsilon_{\mathrm{q}} = \frac{\Delta d}{d} = -\frac{1}{2} \frac{\Delta l}{l}, \qquad (2.2.18)$$

wenn man lediglich lineare Terme in Δd und Δl berücksichtigt. Ein Vergleich mit der Gleichung (2.2.16) beschließt den Beweis.

2.2.6 Verformung statisch bestimmter Stabsysteme

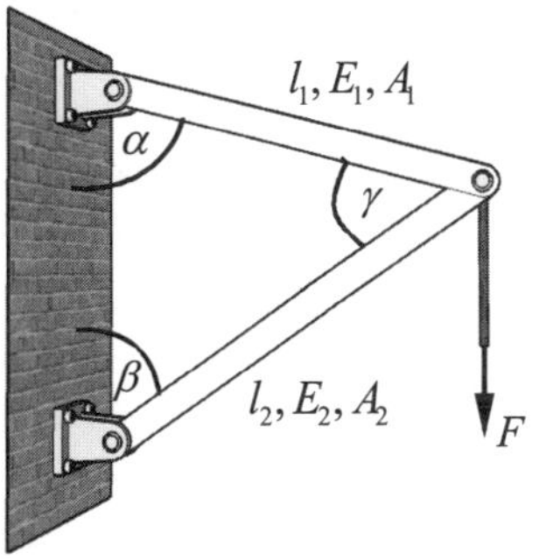

Abb. 2.2.9: Längenänderung in statisch bestimmten Stabsystemen.

1813 von der französischen Armee befreit, und wie es in jenen Tagen üblich war, entschied der junge NEUMANN sich, als Freiwilliger zu den deutschen Truppen zu melden. Da er jedoch noch zu jung war, wurde ihm nicht sofort erlaubt beizutreten, und man wies ihn zurück. In der Tat musste er bis zum Jahre 1815 warten, als das Militär in seiner unendlichen Güte und Weisheit es ihm erlaubte, sich Marschall BLÜCHERs Sturmtruppen anzuschließen. Und in der Tat, Franzens schönste Träume wurden wahr, als er endlich, schwerstverwundet für tot geglaubt, am 16. Juli 1815 auf dem Schlachtfeld von Ligny zurückgelassen wird. Nachdem man ihn schließlich doch noch lebend wiederfindet und ins Lazarett bringt, dauert es mehrere Monate bis zu seiner Genesung. Weniger couragierte Leute hätten nun wohl aufgegeben. Aber nicht so Franz Ernst NEUMANN! Dank seines deutschen Kampfgeistes entscheidet er sich unmittelbar danach, an der Belagerung von Givet teilzunehmen, wo er verbleibt, bis die Belle Alliance NAPOLEON schließlich erfolgreich von den Vorzügen der Altersteilzeit auf St. Helena überzeugt hat. Im Jahre 1816 kehrt NEUMANN nach Berlin zurück und beginnt, durch seine militärische Erfahrung vorzüglich vorbereitet, an seiner akademischen Karriere zu arbeiten. Er vollendet 1817 das Gymnasium und geht auf die Berliner Universität, um Theologie, die Rechte und Naturwissenschaften zu studieren. Besonders interessiert er sich für Mineralogie und wird 1820 der Assistent des Mineralogen E. C. WEISS. Als Ergebnis dieser Zusammenarbeit publiziert er ein Buch über Kristallstrukturen und promoviert im Jahre 1826. Im selben Jahr wird er Dozent für Mineralogie in Königsberg, wo er den berühmten Astronomen BESSEL und den Mathematiker JACOBY trifft. Nun avanciert er schnell. Er wird Assistenzprofessor im Jahre 1828 und 1829 schließlich Ordinarius. 1831 formuliert er ein Gesetz zur Molekulartheorie der Wärme und publiziert seine Vorstellungen zur elektrischen Induktion in den Jahren 1845 bzw. 1847. Auf die weitere Entwicklung der Naturwissenschaften in Deutschland nimmt er starken Einfluss. So waren die später berühmten Physiker KIRCHHOFF, CLEBSCH und VOIGT NEUMANNS Doktoranden.

Als ein wichtiger Anwendungsfall unserer Gleichung für die Verformung sowie die Längenänderung eines linear-elastischen Systems soll in diesem Abschnitt die Längenänderung in statisch bestimmten Stabsystemen besprochen werden. Wir betrachten die in Abbildung 2.2.9 dargestellte, uns bereits aus Abschnitt 1.2.5 bekannte Situation zweier miteinander verbundener Stäbe unter der Wirkung einer äußeren Kraft F. Damals interessierten die Stabkräfte, nun soll die Verlängerung bzw. Verkürzung der Stäbe untersucht werden. Wir wollen annehmen, dass die Elastizitätsmoduln, die Längen und die Querschnitte der Stäbe bekannt sind: E_1, E_2, l_1, l_2, A_1, A_2, und fragen nun nach der Längenänderungen der Stäbe unter der Wirkung der Kraft F. Offenbar müssen wir die im jeweiligen Stab wirkenden Druck- oder Zugkraft kennen, um die Verlängerungen Δl_1 und Δl_2 zu bestimmen. Wir berechnen die Stabkräfte wie vormals aus dem Kräfteplan (Sinussatz) und erhalten:

$$S_1 = \frac{\sin(\beta)}{\sin(\gamma)} F\,, \quad S_2 = -\frac{\sin(\alpha)}{\sin(\gamma)} F\,. \tag{2.2.19}$$

Dabei haben wir berücksichtigt, dass es sich beim Stab 2 um einen **Druckstab** handelt (Minuszeichen). Wir erinnern uns, dass für die Verlängerung von Stäben bei bekanntem Querschnitt und Elastizitätsmodul die Gleichung (2.2.12) gilt, also auf den hier vorliegenden Fall übertragen:

$$\Delta l_1 = \frac{S_1 l_1}{E_1 A_1}\,, \quad \Delta l_2 = \frac{S_2 l_2}{E_2 A_2}\,. \tag{2.2.20}$$

Der Stab 2 wird kürzer (**Druckstab**), der Stab 1 dagegen länger (**Zugstab**).

2.2.7 Statisch unbestimmte Stabsysteme

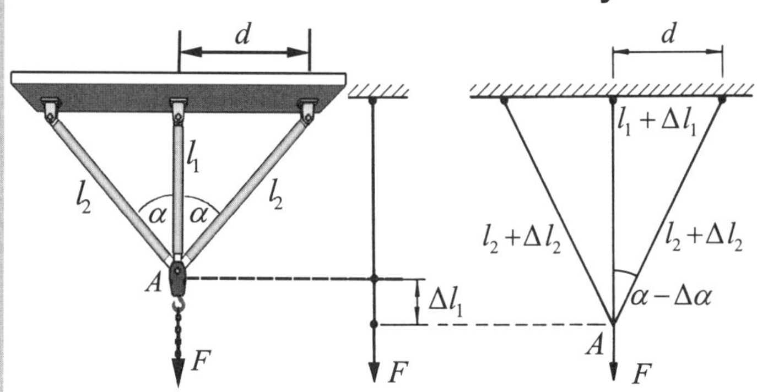

Abb. 2.2.10: Längenänderung und Kraftaufteilung in statisch unbestimmten Stabsystemen.

Das Stabsystem des letzten Abschnitts war statisch bestimmt: An einem Knoten griff eine Kraft an, und es interessierten die zwei Reaktionskräfte darauf, eben die beiden unbekannten Stabkräfte. Pro Knoten lassen sich in der Ebene aber zwei Gleichgewichtsbedingungen formulieren (zentrale Kräftegruppe), und die Lösung gelingt damit ohne weitere Probleme. Wir untersuchen nun das in Abbildung 2.2.10 gezeigte Problem, bei dem drei Stäbe miteinander verbunden sind, und fragen nach den Stabkräften und der damit verbundenen Verlängerung. Die Belastung sei durch eine Zugkraft im gemeinsamen Knoten vorgegeben. Der Einfachheit halber seien die beiden Außenstäbe einander in Länge und Querschnitt gleich und der Elastizitätsmodul bei allen Stäben derselbe. Offenbar handelt es sich um ein **einfach statisch unbestimmtes** Problem. **Drei** Stabkräfte sind gesucht, für den Knoten A lassen sich aber nur **zwei** Gleichgewichtsbedingungen formulieren, denn wie im vorherigen Beispiel handelt es sich ja um eine zentrale Kräftegruppe. Wir brauchen neben den Kräftegleichgewichtsbedingungen, die in folgendem Ergebnis resultieren:

$$S_2 = \frac{F - S_1}{2\cos(\alpha)}, \qquad (2.2.21)$$

noch eine weitere Gleichung, nämlich eine **Verformungsbedingung**. Um diese zu finden, argumentieren wir wie folgt: Der Stab 1 wird sich, wie gezeichnet, nach unten um ein Stück Δl_1 verlängern. Die Stäbe 2 werden sich ebenfalls verlängern, und zwar um die Längen Δl_2. Die Enden aller Stäbe müssen vor und nach Belastung zusammenpassen, und zwar gemäß der Bedingung (Satz des PYTHAGORAS, vgl. Abbildung 2.2.10):

$$l_2^2 - l_1^2 = d^2 = (l_2 + \Delta l_2)^2 - (l_1 + \Delta l_1)^2$$
$$\Rightarrow \quad \Delta l_1 = \frac{\Delta l_2}{\cos(\alpha)}, \qquad (2.2.22)$$

wobei Terme zweiter Ordnung in Δl_1 und Δl_2 vernachlässigt sind.

Wertet man diese Beziehung mithilfe des HOOKEschen Gesetzes nach Gleichung (2.2.12) aus, so kann man schreiben:

$$\frac{S_1 l_1}{EA_1} = \frac{S_2 l_2}{EA_2 \cos(\alpha)}. \qquad (2.2.23)$$

Die Gleichungen (2.2.21) und (2.2.23) sind zwei Gleichungen für zwei Unbekannte, nämlich S_1 und S_2. Damit ist die Aufgabe gelöst. Das Endresultat lautet:

Siméon Denis POISSON (1781 – 1840) wurde in der Kleinstadt Pithiviers in ärmlichen Verhältnissen geboren, und es heißt, dass er bis zu seinem fünfzehnten Lebensjahr wenig Gelegenheit besaß, sich mehr als elementare Kenntnisse im Lesen und Schreiben anzueignen. 1796 wurde er zu seinem Onkel nach Fontainebleau geschickt und zwar eigentlich, um Medizin zu studieren. Diesem Wunsch seiner Familie gab er jedoch nicht nach und verschrieb sich stattdessen einem weniger blutrünstigen Metier, nämlich der Mathematik und Physik. In der Tat besaß er hierfür ein derart großes Talent, dass er 1798 das Eingangsexamen an der renommierten École Polytechnique in Paris mit Auszeichnung bestand und im Laufe der Jahre zu einer eminenten Figur in der französischen Akademie der Wissenschaften aufstieg.

Gabriel Lamé (1795 – 1870) tritt 1813 der École Polytechnique in Paris bei, um 1817 von dort zu graduieren. Es folgen weitere Lehrjahre an der berühmten École des Mines, die er 1820 mit einem weiteren Abschluss beendet. Auch damals war es üblich, technische Entwicklungshilfe zu leisten, und so geht Lamé 1820 nach Russland, um in St. Petersburg Direktor der Hochschule für Verkehrswegeingenieure zu werden. Er lehrt im Bauingenieurwesen, aber er praktiziert auch seine Kenntnisse und hilft den Russen, Straßen und Brücken zu bauen. Im Jahre 1832 kehrt er nach Paris zurück, gründet zunächst ein Ingenieurbüro und übernimmt endlich den Lehrstuhl für Physik an seiner ersten Alma Mater. Trotzdem bleibt er aktiv und betätigt sich außerhalb der Academia als Berater und Chefingenieur für Fragen des Bergbaus und der Eisenbahn. Seine wissenschaftlichen Arbeiten bezeugen eine große Liebe für angewandte Mathematik, er beschäftigt sich aber auch mit Abstraktem, etwa der Zahlentheorie. So beweist er Fermats letztes Theorem für den Fall n=5. Nach der Meinung von Carl Friedrich Gauss ist Lamé der bedeutendste Mathematiker seiner Zeit. Seine französischen Zeitgenossen

$$S_1 = \frac{F}{1+2(A_2/A_1)\cos^3(\alpha)}, \quad S_2 = \frac{F\cos^2(\alpha)}{A_1/A_2 + 2\cos^3(\alpha)}. \qquad (2.2.24)$$

Es ist interessant zu untersuchen, was in den Grenzfällen $\alpha = 0$ und $\alpha = \pi/2$ geschieht. Der erste Fall führt nach Gleichung (2.2.22) auf:

$$S_1 = \frac{F}{3}, \quad S_2 = \frac{F}{3}, \qquad (2.2.25)$$

wenn man noch annimmt, dass die Querschnittsflächen aller Stäbe gleich sind. Mithin teilen sich alle drei Stäbe die Last gleichmäßig auf, was sofort einleuchtet. Im zweiten Fall hingegen folgt:

$$S_1 = F, \quad S_2 = 0, \qquad (2.2.26)$$

unabhängig von der Querschnittswahl, was ebenfalls klar ist, da nunmehr nur noch Stab Nummer 1 zum Halten bereitsteht.

2.2.8 Behinderte Wärmeausdehnung

Wir betrachten den in Abbildung 2.2.11 dargestellten, zwischen zwei starren Wänden eingespannten Stab, den wir um ein Temperaturintervall ΔT erwärmen. Der Stab möchte länger werden, die Wände behindern ihn jedoch in seiner Ausdehnung, und es werden im Stabinneren Wärmespannungen, im vorliegenden Fall Wärmedruckspannungen, entstehen. Diese wollen wir berechnen. Wir erinnern, dass ein frei stehender, um das Intervall ΔT erwärmter Stab eine Längenänderung erfährt (siehe Gleichung (2.2.13)):

$$\Delta l_T = l\alpha\Delta T. \qquad (2.2.27)$$

Eine Druckkraft F auf seiner Oberfläche A erzeugt hingegen eine Verkürzung des Stabes:

$$\Delta l_\sigma = -\frac{lF}{EA}. \qquad (2.2.28)$$

Lassen wir den Stab sich also erst frei ausdehnen und drücken wir ihn dann mit der Kraft F wieder zurück in seine Ursprungslage, so ist die effektive Verformung gleich null:

$$\Delta l_T + \Delta l_\sigma = 0 \quad \Rightarrow \quad l\alpha\Delta T = \frac{lF}{EA}, \qquad (2.2.29)$$

und man erhält hieraus die gesuchte Kraft bzw. Stabspannung zu:

$$F = EA\alpha\Delta T \quad \Rightarrow \quad \sigma = E\alpha\Delta T. \qquad (2.2.30)$$

Formal hätten wir dies auch aus der Gleichung (2.2.15) sehen können, in der wir einfach die totale Verzerrung ε gleich Null setzen müssen, denn diese muss in unserem Beispiel gerade verschwinden.

denken jedoch anders. Die mathematische Gilde empfindet ihn als allzu praktisch und für die Naturwissenschaftler besitzt er ein zu theoretisches Flair. Wir dürfen ihn daher als einen wirklich großen, originellen Denker ansehen.

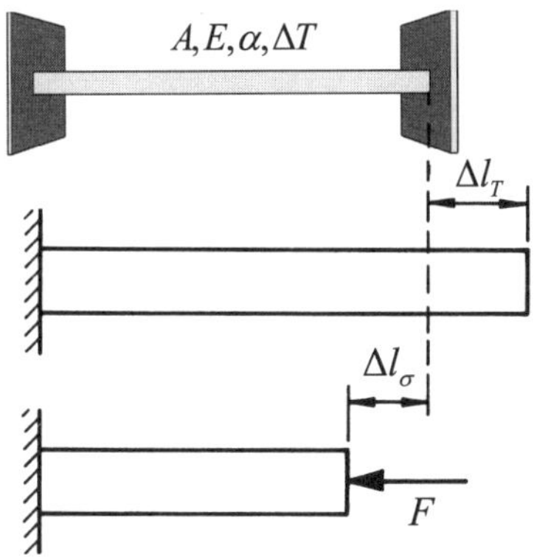

Abb. 2.2.11: Zur Entwicklung von Wärmeeigenspannungen.

Festigkeitslehre

2.3 Schubbeanspruchung und HOOKEsches Gesetz

2.3.1 Spannungen infolge Schublast

Betrachte den in Abbildung 2.3.1 dargestellten Körper. Seine Frontfläche wird mit der Kraft F belastet. Hierdurch werden Schubspannungen τ entstehen, die im Allgemeinen nicht konstant über die Fläche verteilt sind. Bei extrem kurzen Trägern, bei denen die Biegung vernachlässigt werden kann, wird jedoch mit der einfachen Gleichung:

$$\tau = \frac{F}{A} \tag{2.3.1}$$

gerechnet. Man spricht in diesem Zusammenhang auch vom Abscheren. Dieses tritt z. B. bei Niet-, Schraub- und Bolzenverbindungen auf.

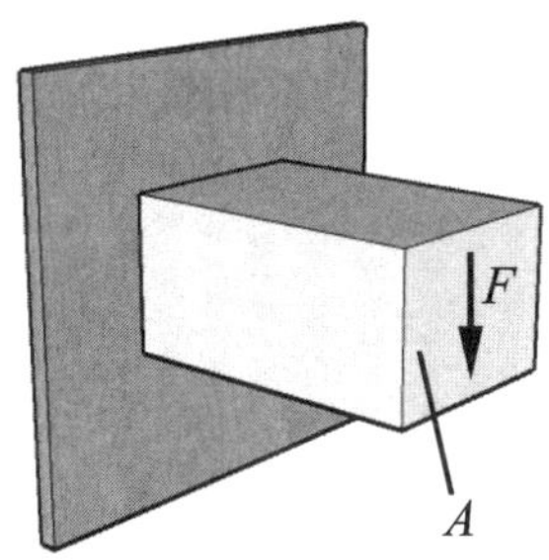

Abb. 2.3.1: Zur Berechnung von Schubspannungen.

2.3.2 Verformung infolge Schublast

Betrachte die in Abbildung 2.3.2 dargestellte Situation. Bei Schubbelastung verschieben sich die Querschnitte gegeneinander. Der (kleine) Gleitwinkel γ hängt proportional mit der Schubspannung $\tau = F/A$ wie folgt zusammen:

$$\tau = \mu\gamma . \qquad (2.3.2)$$

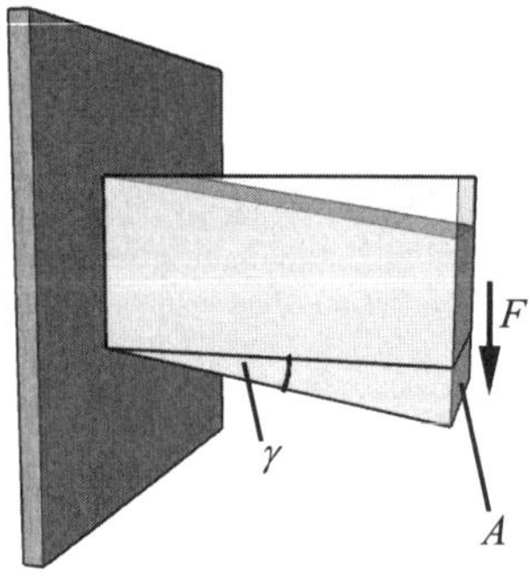

Abb. 2.3.2: Verformung unter Schub.

Diese Beziehung ist analog zum HOOKEschen Gesetz des Zugstabes, Gleichung (2.2.9), zu verstehen. Man nennt μ den **Schub-** oder **Schermodul** oder auch **zweite LAMÉsche Konstante**. In der technischen Literatur wird er auch oft mit dem Symbol G bezeichnet. Er ist im Prinzip eine aus dem Experiment für jeden Werkstoff gesondert zu bestimmende Größe, denn er kennzeichnet ja den Widerstand des betreffenden Materials gegenüber Scherverformung. In der Tat ist es jedoch so, dass eine Messung des Schermoduls nicht nötig ist, wenn man bereits den Elastizitätsmodul E sowie die POISSON-Zahl ν des betreffenden isotropen Materials kennt, denn es gilt folgender nützlicher Zusammenhang:

$$G = \frac{E}{2(1+\nu)} . \qquad (2.3.3)$$

2.4 Biegebeanspruchung des Balkens

2.4.1 Biegespannungsformel

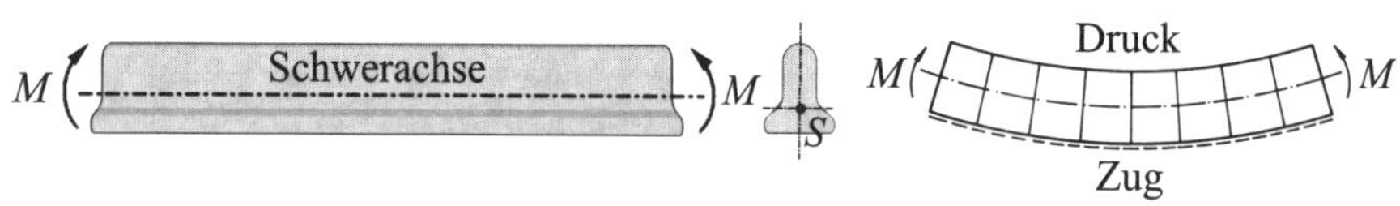

Abb. 2.4.1: Zur querkraftfreien Biegung eines Balkens durch an seinen Stirnflächen angreifende Momente.

Wir wollen die querkraftfreie, sogenannte „reine" Biegung untersuchen, die durch Anbringen zweier Biegemomente an den Balkenenden entsteht (Abbildung 2.4.1), und suchen im Folgenden die Spannungen zu berechnen, die dadurch in einem beliebigen Querschnitt des Balkens resultieren. Um diese Spannungen zu berechnen, wollen wir folgende Voraussetzungen treffen:

- Die Schwerachse des Balkens sei gerade.
- Die Dimensionen der Querschnitte sind klein im Vergleich zur Balkenlänge.
- Die Querschnitte bleiben bei der Biegung eben und senkrecht zur Balkenachse.
- Die Verformungen sind klein gegenüber den Abmessungen.

- Die Spannungen liegen im HOOKEschen Bereich ($\sigma < \sigma_P$, P: Proportionalitätsgrenze).
- Der Elastizitätsmodul ist für Druck und Zug gleich groß.
- Die Lasten greifen in der Hauptträgheitsachse des Querschnitts an. Das gilt für Lasten bei der Querkraftbiegung, bei der die nachfolgende Spannungsberechnung übernommen wird: Abbildung 2.4.2.

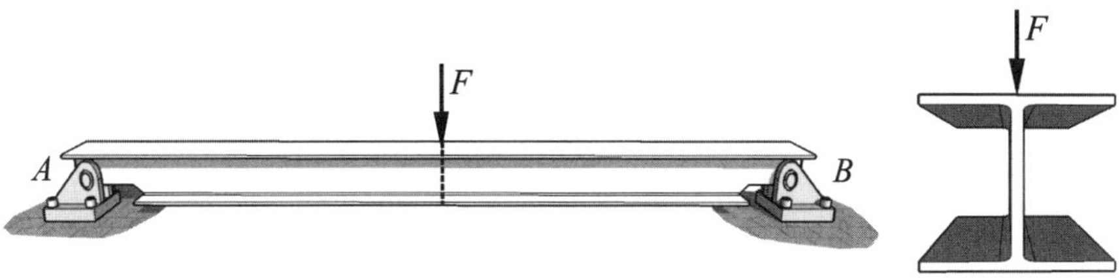

Abb. 2.4.2: Zur Querkraftsbiegung.

Offenbar wird bei der reinen Biegung in Abbildung 2.4.1 die Oberkante des Balkens gestaucht, die Unterkante hingegen verlängert. Im ersten Fall entstehen Druckspannungen in Stabrichtung, im zweiten hingegen Zugspannungen. Über dem Querschnitt werden die Spannungen geradlinig von Zug in Druck überwechseln: Abbildung 2.4.3. Die Frage ist nun, wo die sogenannte neutrale Faser, also die Stelle mit $\sigma = 0$, liegt?

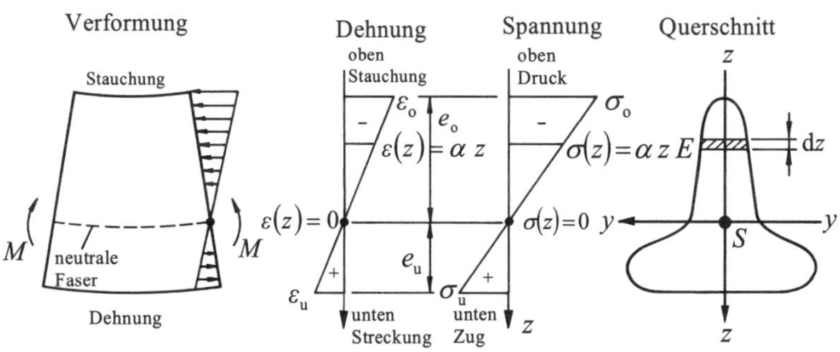

Abb. 2.4.3: Zur Herleitung der Biegespannungsformel.

Bei der reinen Biegung wirkt im Querschnitt keine resultierende Normalkraft. Daher haben wir zu schreiben (der Index x bezieht sich auf die Richtung der Balkenachse):

$$\sum F_x = 0: \quad \int_{e_u}^{e_o} \sigma \, dA = 0 . \tag{2.4.1}$$

Der Engländer **Robert** **HOOKE** (geboren am 18. Juli 1635 in Freshwater auf der Isle of Wight und gestorben am 3. März 1703 in London) war einer der vielseitigsten Gelehrten des 17. Jahrhunderts. Seine Untersuchungen über Federn führten ihn auf mehr oder weniger verbale Formen des nach ihm benannten Gesetzes, das er in der damals üblichen manieristischen Art in einem Anagramm wie folgt zusammenfasste: CEIIINOSSSTTUU. Dechiffriert bedeutet dies „ut tensio sic vis", was man mit „wie die Dehnung, so die Kraft" übersetzen mag. Mit seinem Zeitgenossen und Kollegen Isaac NEWTON verband HOOKE Zeit seines Lebens eine herzliche Feindschaft. Um NEWTON zu ärgern und darüber hinaus seine Prioritätsansprüche zu wahren, publizierte er Schriften wie "A Decimate of the Centesme of the Inventions I Intended to Publish". Im Übrigen wird berichtet, dass Robert HOOKE aufgrund einer Pockenerkrankung in seiner Jugend äußerlich nicht sonderlich reizvoll gewesen sein soll. Diesem Umstand muss man es wohl zuschreiben, dass es nur Phantasieporträts von ihm gibt, auf denen er (verschönt gemalt, wie in dem obigen Bild von Rita GREER, Oxford University) zu sehen ist. In jedem Fall bezeichnete ihn NEWTON wegen seiner körperlichen

Aufgrund der angenommenen Ebenheit der Querschnitte bei Verformung gilt:

$$\varepsilon = \alpha\, z \quad \Rightarrow \quad \sigma = E\alpha\, z \tag{2.4.2}$$

also:

$$\int_{e_u}^{e_o} \sigma \, \mathrm{d}A = E\alpha \int_{e_u}^{e_o} z \, \mathrm{d}A = 0 \,. \tag{2.4.3}$$

Letzteres geht nur dann, wenn man den zur Integration nötigen Ursprung in die Schwerpunktachse legt, d. h. vom Schwerpunkt aus zu zählen beginnt. Die neutrale Faser ist also identisch mit der Schwerachse.

Als Nächstes wollen wir eine Beziehung zwischen dem im Querschnitt wirkenden inneren Moment und der über dem Querschnitt herrschenden Spannung $\sigma = \sigma(z)$ aufstellen, und das gelingt wie folgt. Neben dem Kräftegleichgewicht muss in jedem Balkenquerschnitt selbstverständlich auch ein Momentengleichgewicht gewährleistet sein. Aus der Skizze in Abbildung 2.4.3 folgt:

$$\begin{aligned} M &= \int_{e_\mathrm{u}}^{e_\mathrm{o}} \sigma z \, \mathrm{d}A = E\alpha \int_{e_\mathrm{u}}^{e_\mathrm{o}} z^2 \mathrm{d}A \\ \Rightarrow \quad E\alpha &= \frac{M}{I_{yy}} \quad \text{mit} \quad I_{yy} = \int_A z^2 \mathrm{d}A \end{aligned} \tag{2.4.4}$$

Man nennt die Größe I_{yy} auch das Flächenträgheitsmoment des Balkens bei Biegung um seine y-Achse. Seine Einheit ist m^4, und es muss für jeden Flächenquerschnitt neu errechnet werden. Bei zusammengesetzten Körpern geht dies am besten mithilfe einer gegenüber der Schwerpunktsrechnung erweiterten Tabellenkalkulation, für elementare Querschnitte (Rechteck und Kreis) werden wir das Flächenträgheitsmoment durch direkte Integration ermitteln. Der Index „yy" gibt an, dass die Biegung um die $y-y$-Achse erfolgt (siehe Abbildung 2.4.1). Das muss jedoch nicht immer die Biegeachse sein. Genauso gut hätte man ja auch um die $z-z$-Achse biegen können. Dann wäre das Flächenträgheitsmoment jedoch ein anderes, nämlich berechenbar aus dem Ausdruck $I_{zz} = \int_A y^2 \mathrm{d}A$.

Mithilfe von Gleichung (2.4.4) ist es offenbar gelungen, die Proportionalitätskonstante $E\alpha$ des linearen Zusammenhangs (2.4.2) zu ermitteln. Wir fassen zusammen:

$$\sigma = \frac{M}{I_{yy}} z \quad \Rightarrow \quad \sigma_o = \frac{M}{I_{yy}} e_o \ , \quad \sigma_u = \frac{M}{I_{yy}} e_u \ , \qquad (2.4.5)$$

wobei auch die obere (o) und die untere (u) Randfaserspannung angegeben wurden.

Man definiert gerne das sogenannte **Widerstandsmoment** W_y des Balkens durch:

$$W_y = \frac{I_{yy}}{z} \quad \Rightarrow \quad W_{y,o} = \frac{I_{yy}}{e_o} \ , \quad W_{y,u} = \frac{I_{yy}}{e_u} \ , \qquad (2.4.6)$$

und somit kann man alternativ zu Gleichung (2.4.5) auch schreiben:

$$\sigma = \frac{M}{W_y} \quad \Rightarrow \quad \sigma_o = \frac{M}{W_{y,o}} \ , \quad \sigma_u = \frac{M}{W_{y,u}} \ . \qquad (2.4.7)$$

Merke:

- Die Trägheitsmomente sind auf eine Schwerachse bezogen. Sie sind für den ganzen Querschnitt A gültig.
- Die Widerstandsmomente sind auf einen Punkt des Querschnitts bezogen (besser: auf eine Linie mit gleichem Abstand von der Schwerachse).
- Die größte Spannung ist an der Stelle des kleinsten Widerstandsmomentes. In den Tabellen wird daher oft nur das kleinste Widerstandsmoment $W_{\min}$ angegeben.
- Theoretisch sind die Widerstandsmomente aufgrund des Abstandsmaßes $\pm z$ mit einem Vorzeichen behaftet. In den Handbüchern werden sie jedoch nicht mit Vorzeichen angegeben. Wir ermitteln das Vorzeichen der Spannung aus dem Vorzeichen der Momentenfläche, d. h. anhand der Lage der gestrichelten Linie aus Abschnitt 1.6.2 (Zug = positiv, Druck = negativ).

2.4.2 Trägheits- und Widerstandsmomente für einfache Querschnittsformen

Wir wollen nun für einfache Querschnittsformen wie das Rechteck oder den Kreis das Widerstands- sowie das Flächenträgheitsmoment explizit berechnen. Wie man an den Gleichungen (2.4.4) und (2.4.6) erkennt, läuft das im Prinzip auf die Berechnung eines zweifachen Integrals über die zweidimensionale Querschnittsfläche A hinaus. Durch geeignete Wahl der Integrationsvariablen ist es jedoch manchmal möglich, das Problem

Unzulänglichkeiten auch gerne als „den Zwerg“, und dies zeigt wieder einmal die Eloquenz großer Geister. Wie es bei intimen Feinden oft der Fall ist, finden sich in den Biographien HOOKES und NEWTONS teils vollkommen antagonistische Charakterzüge. In Kathy A. MILES kurzem Internetlebenslauf von Robert HOOKE (“Seeing Further, The Legacy of Robert HOOKE”) lesen wir: “HOOKE moved through Westminster, to Oxford University, working his way through as a servant as had NEWTON in Cambridge. At Oxford, HOOKE met Physicist Robert BOYLE, becoming his paid assistant. During his time with BOYLE, their greatest accomplishment was the construction of the air pump. HOOKE stayed with BOYLE until 1662 when BOYLE helped HOOKE secure the job as Curator of Experiments for the Royal Society. No job could have suited Robert HOOKE more, and most other scientists less, than the job of Curator of Experiments.” Seine Aufgabe bestand darin, drei oder vier größere Experimente zu beaufsichtigen und sie bei der Royal Society vorzuführen. Inhaltlich konnten die Experimente durchaus variieren. Sie hatten zwar alle mit Naturwissenschaft zu tun, manche waren jedoch aus dem Gebiet der Chemie, dann wieder aus der Astronomie und teilweise sogar aus der Biologie. Es war die Zeit der Neugier und alles musste untersucht und verstanden werden. Nicht immer waren es interlektuell erquickliche Unternehmungen, aber HOOKE führte sie alle exzellent für vierzig Jahre bis zu seinem Tode durch. Ähnlich wie sein Kollege HALLEY war HOOKE auch Ephemerem nicht abgeneigt, solange es nur naturwissenschaftlichen Inhalt hatte, was ihn für den Job als Kurator der Experimente geradezu prädestinierte, ganz im Gegensatz zu seinem Intimfeind Sir Isaac, den eine solche Aufgabe wohl eher frustriert, wenn nicht sogar an den Rand des Wahnsinns getrieben hätte. Anders als NEWTON, der erbarmungslos an einem einzigem Problem arbeitete, bis er es völlig durchdrungen hatte, sprang HOOKE von einem Thema zum nächsten, wobei er neue Konzepte gleich um konkreten Anwendungen bereicherte. Auch in anderer Hinsicht waren HOOKE und NEWTON sehr verschieden. NEWTON zog sich gern zurück, speiste kaum außer Haus, während HOOKE mehr den Charakter eines Lebemannes hatte und gern in Kaffeehäusern Hof hielt. Dort dinierte er und blieb oft bis zwei Uhr morgens, zechte, rauchte und trieb Konversation mit seinen Freunden. Obwohl weder NEWTON noch HOOKE je heirateten, war HOOKE, im Gegensatz zu Sir Isaac, offenbar zu amourösen Gefühlen fähig. Er verliebte sich zum Beispiel in seine Nichte, Jane HOOKE, die im Gresham College die Hauswirtschaft führte. Allerdings wurde seine Leidenschaft nur begrenzt erwidert, und Jane blieb ihm nicht treu. Möglicherweise war seine Arbeit als Kurator allzu besitzergreifend, um dem Thema „Liebe" auf Dauer die gebührende, stete Aufmerksamkeit zu schenken. Allerdings wurde seine Arbeit, die er so treu und voller Leidenschaft pflegte, spä-

der Doppelintegration auf die Ermittlung eines einzelnen Integrals zurückzuführen, wie wir nun sehen werden.

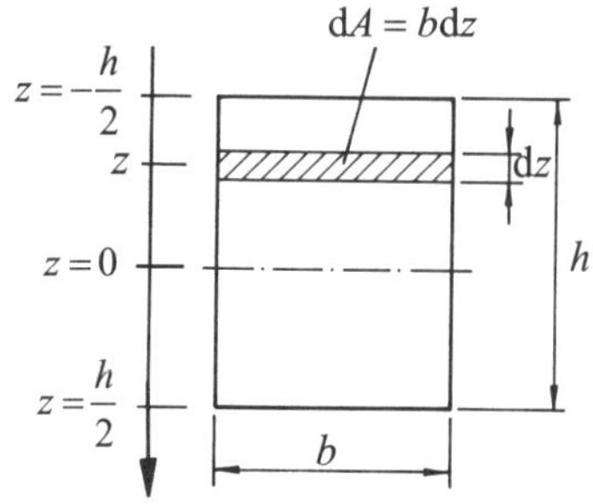

Abb. 2.4.4: Zur Berechnung des Flächenträgheitsmomentes für einen Rechteckquerschnitt.

Betrachte als Erstes die in der Abbildung 2.4.4 dargestellte rechteckige Querschnittsfläche eines Balkens der Höhe h und der Breite b. Für das dazugehörige Flächenträgheitsmoment I_{yy} erhalten wir folgenden Ausdruck:

$$I_{yy} = \int_A z^2 \mathrm{d}A = b \int_{-h/2}^{+h/2} z^2 \mathrm{d}z = \frac{bh^3}{12}, \tag{2.4.8}$$

denn schließlich gilt ja:

$$\mathrm{d}A = b\,\mathrm{d}z\,. \tag{2.4.9}$$

Aus Symmetriegründen haben wir die Schwerachse genau in die Mitte des Rechteckquerschnitts gelegt, denn verabredungsgemäß bezieht sich das Flächenträgheitsmoment I_{yy} ja gerade auf die Schwerachse des Balkens, was bei der Integration entsprechend zu berücksichtigen ist. Aus Gleichung (2.4.6) ermitteln wir nun mit:

$$e_\mathrm{o} = e_\mathrm{u} = \frac{h}{2} \tag{2.4.10}$$

sofort das Widerstandsmoment für einen Balken mit rechteckigem Querschnitt:

$$W_{y,\mathrm{o}} = W_{y,\mathrm{u}} = \frac{bh^2}{6}\,. \tag{2.4.11}$$

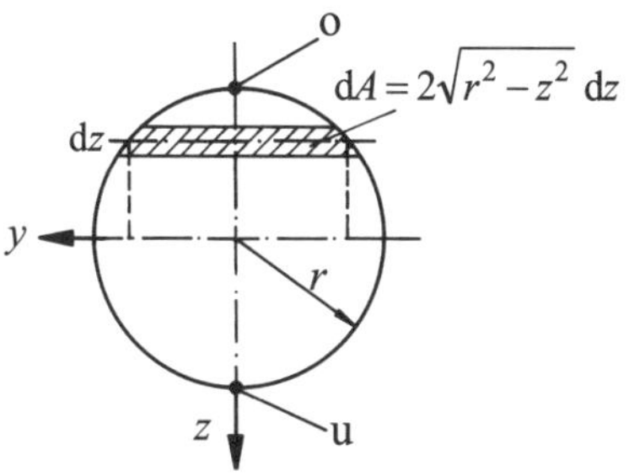

Abb. 2.4.5: Zum Flächenträgheitsmoment für einen kreisförmigen Querschnitt.

Als Nächstes ermitteln wir nun das Widerstands- und das Flächenträgheitsmoment für die in Abbildung 2.4.5 gezeigte Kreisfläche. Eine zum vorigen Fall analoge Rechnung liefert:

$$I_{yy} = \int_A z^2 \mathrm{d}A = 2\int_{z=-r}^{z=+r} z^2 \sqrt{r^2 - z^2}\,\mathrm{d}z = \frac{\pi r^4}{4} = \frac{\pi d^4}{64}, \qquad (2.4.12)$$

wobei d den Durchmesser des Kreises bezeichnet. Für das Widerstandsmoment in den in der Abbildung eingezeichneten achsenfernsten Punkten o und u erhalten wir:

$$e_\mathrm{o} = e_\mathrm{u} = \frac{d}{2} \quad \Rightarrow \quad W_{y,\mathrm{o}} = W_{y,\mathrm{u}} = \frac{\pi d^3}{32} \approx 0{,}1\,d^3. \qquad (2.4.13)$$

Abschließend sei bemerkt, dass die Widerstands- und Trägheitsmomente für Walzprofile (siehe etwa Abbildung 2.4.6) aus Tabellen ermittelt werden können.

2.4.3 Satz von STEINER

Abb. 2.4.7: Zum Trägheitsmoment zusammengesetzter Körper mit zusammenfallenden Schwerachsen.

In diesem Kapitel wollen wir annehmen, dass die Trägheitsmomente der Teilflächen, aus denen sich der betreffende Körper zusammensetzt, bekannt sind (etwa Rechtecke, Walzprofile, Kreise etc.). Wir stellen uns nun die Frage, wie sich das Trägheits- sowie das Widerstandsmoment des **gesamten** Körpers I_{yy}^{tot}

ter auch gegen HOOKE verwendet und als Stückwerk bezeichnet. MILES schreibt weiter: "In 1666, after the Great Fire of London, he was appointed surveyor of London, and designed many buildings including Montague House, the Royal College of Physicians, Bedlam and Bethlehem Hospital. In 1677, after Henry OLDENBURG's death, HOOKE succeeded him to the post of Secretary of the Royal Society while still maintaining his responsibilities as a Curator. HOOKE continued in this capacity until 1683 when the post of secretary was filled by Richard WALLER who would eventually write HOOKE's biography. HOOKE continued as curator and with his interest in architecture, an interest he shared with Christopher WREN, though WREN practised it far more diligently as an occupation. The two conversed often about the subject of architecture. While WREN was constructing St. Paul's Cathedral, his greatest work, HOOKE assisted in modifying the great arches of the structure. And when the Royal Observatory was under construction, references appear about HOOKE's connection with that, though precisely to what degree is not known."

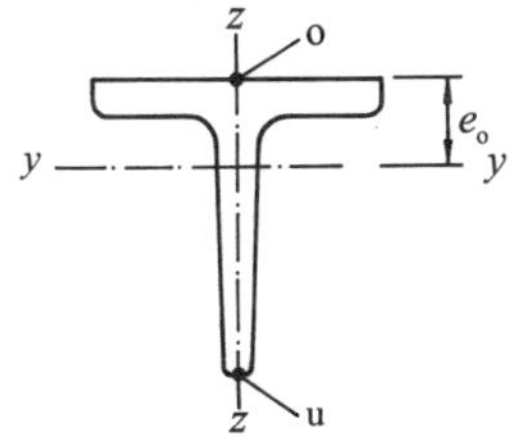

Abb. 2.4.6: Zum Flächenträgheitsmoment für Walzprofile.

Jacob STEINER (1796 – 1863) wurde in Utzenstorf in der Schweiz geboren. Es ergeht ihm zunächst ähnlich wie seinem Zeitgenossen und Kollegen POISSON. So lernt er vor seinem vierzehnten Lebensjahr weder zu lesen noch zu schreiben und geht mit achtzehn (gegen den Willen seiner Eltern) endlich zur Schule, besucht die Universitäten von Heidelberg und Berlin, wobei er sich als echter Selfmademan mangels Bafög durch ein bescheidenes Tutorengehalt finanziert. Im Jahre 1834 übernimmt er schließlich einen Lehrstuhl für Mathematik an der Universität in Berlin, den er bis zu seinem Tod innehält. Sein englischer Mathematikerkollege Thomas Archer HIRST (1830 – 1891) beschreibt ihn wie folgt: "He is a middle-aged man, of pretty stout proportions, has a long intellectual face, with beard and mustache and a fine prominent forehead, hair dark rather inclining to turn grey. The first thing that strikes you on his face is a dash of care and anxiety, almost pain, as if arising from physical suffering – he has rheumatism. He never prepares his lectures beforehand. He thus often stumbles or fails to prove what he wishes at the

aus den Trägheits- und Widerstandsmomenten der **einzelnen** Körper $I_{yy}^{(i)}$ berechnet. In einem ersten Schritt zur Beantwortung dieser Frage wollen wir zusätzlich annehmen, dass die Schwerpunkte der Teilkörper auf der gemeinsamen Schwerachse liegen, etwa so, wie in der Abbildung 2.4.7 zu sehen. Die Antwort lautet dann:

$$I_{yy}^{\text{tot}} = \sum_i I_{yy}^{(i)} , \tag{2.4.14}$$

d. h., die Trägheitsmomente dürfen einfach addiert werden, wenn sie sich auf die **gleiche Schwerachse** beziehen. Für die Widerstandsmomente gilt das jedoch **nicht**. Hier ist zu bilden (etwa für die maximalen Abstände o und u in Abbildung 2.4.7):

$$W_{y,\text{o}}^{\text{tot}} = W_{y,\text{u}}^{\text{tot}} = \frac{I_{yy}^{\text{tot}}}{h_{\max}/2} . \tag{2.4.15}$$

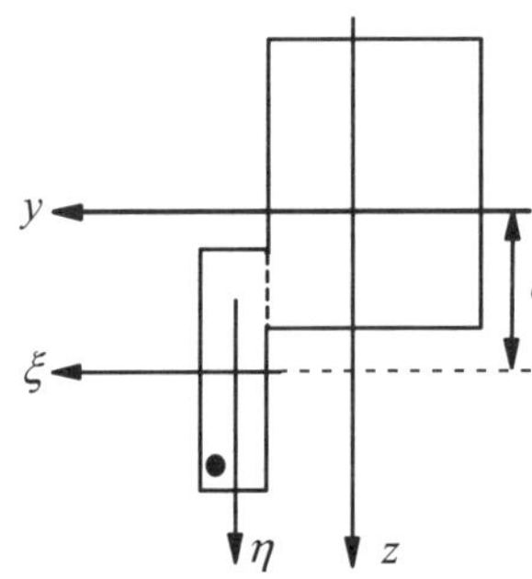

Abb. 2.4.8: Zum Trägheitsmoment zusammengesetzter Körper mit nicht zusammenfallenden Schwerachsen.

Wir wollen uns nun in einem zweiten Schritt dem allgemeineren Fall zuwenden, wonach die Einzelschwerpunkte nicht auf der gemeinsamen Schwerachse liegen, aber nach wie vor davon ausgehen, dass das Trägheitsmoment des Einzelkörpers relativ zu seiner eigenen Schwerachse bekannt ist. Dieser Beitrag soll mit $I_{\xi\xi}$ bezeichnet werden. Das gemeinsame Schwerachsensystem kennzeichnen wir durch die Koordinaten (y, z), das Schwerachsensystem des Einzelkörpers durch die Koordinaten (ξ, η), so wie in der Abbildung 2.4.8 angedeutet. Beachte, dass die Koordinaten (ξ, η) durch Parallelverschiebung aus den Koordinaten (y, z) hervorgehen. Dann erhält man den Beitrag I_{yy} des betreffenden Teilkörpers zum gesamten Trägheitsmoment dadurch, dass man bildet:

$$I_{yy} = I_{\xi\xi} + a^2 A , \tag{2.4.16}$$

moment, and at every such failure he is sure to make some characteristic remark." Letztere Dinge sind wir gelegentlich auch von unseren heutigen Dozenten her gewöhnt.

Festigkeitslehre

wobei A die Querschnittsfläche des betreffenden Teilkörpers bezeichnet (auch diese wird als bekannt vorausgesetzt) und a der Biegeachsenabstand zwischen dem teilkörpereigenen und dem globalen Koordinatensystem ist (siehe Abbildung 2.4.9). Dieses ist der sogenannte **Satz von STEINER**, der jetzt noch formal bewiesen werden soll. Dazu betrachten wir Abbildung 2.4.9 und bilden:

$$\begin{aligned} I_{yy} &= \int_A z^2 \mathrm{d}A = \int_A (a+\eta)^2 \mathrm{d}A \\ &= a \int_A \mathrm{d}A + \int_A \eta^2 \mathrm{d}A + 2a \int_A \eta \, \mathrm{d}A = a^2 A + I_{\xi\xi} , \end{aligned} \tag{2.4.17}$$

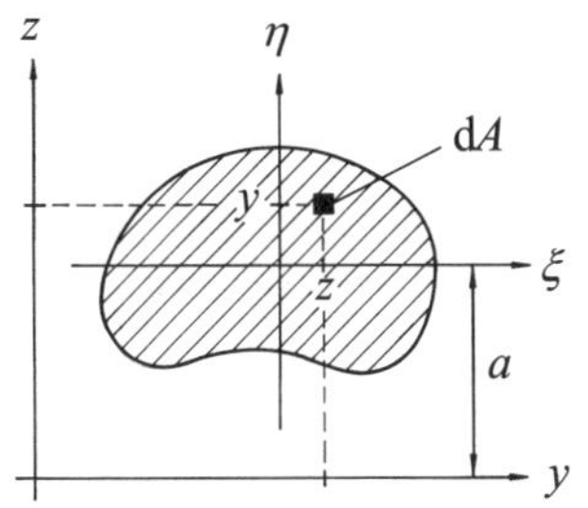

Abb. 2.4.9: Zum Satz von STEINER.

Denn per Definition des teilkörpereigenen Schwerpunktes verschwindet in Gleichung (2.4.17) das letzte Integral, und es folgt die Behauptung (2.4.16).

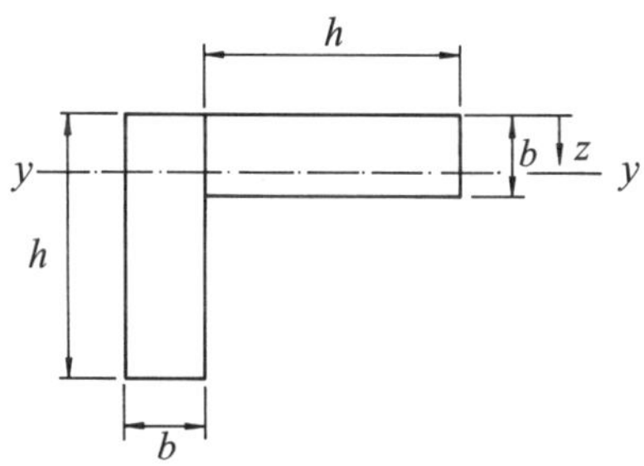

Abb. 2.4.10: Zum Tabellenverfahren.

Es bleibt festzustellen, dass das Eigenträgheitsmoment $I_{\xi\xi}$ stets kleiner ist als das Trägheitsmoment I_{yy} bezogen auf irgendeine andere zur Schwerachse parallele Achse. Das Problem bei der Anwendung des Satzes von STEINER besteht darin, diesen Abstand a herauszufinden. Man hilft sich mit einer Tabellenrechnung, die am Beispiel des Profils der Abbildung 2.4.10 illustriert sei (die Zählung der Abstände in z–Richtung erfolgt von der oberen Kante):

Körper	z_i	A_i	$z_i A_i$	$a_i = \lvert z_i - z_S \rvert$	$a_i^2 A$	$I_{\xi\xi}^{(i)}$
linkes Rechteck	$\frac{h}{2}$	hb	$\frac{bh^2}{2}$	$\frac{h-b}{4}$	$\frac{(h-b)^2 hb}{16}$	$\frac{bh^3}{12}$
rechtes Rechteck	$\frac{b}{2}$	hb	$\frac{hb^2}{2}$	$\frac{h-b}{4}$	$\frac{(h-b)^2 hb}{16}$	$\frac{hb^3}{12}$
$\sum_{i=1}^{2}$		$2hb$	$\frac{hb(h+b)}{2}$		$I_{\text{tot}} = \frac{(h^2+b^2)hb}{12} + \frac{(h-b)^2 hb}{8}$	
		$z_S = \frac{h+b}{4}$				

2.4.4 Die Normalspannungen im Balken infolge Querkraftbiegung

Im Gegensatz zur bisher behandelten reinen Biegung tritt bei der Querkraftbiegung zusätzlich zum Biegemoment eine Querkraft hinzu. Betrachte hierzu den in Abbildung 2.4.11 dargestellten Fall des einseitig eingespannten Balkens unter Wirkung zweier Querkräfte. Letztere führen auf Schubspannungen, die wir weiter unten ermitteln werden. Bei der Berechnung der Normalspannungen haben diese Schubspannungen, Träger mit stetig und wenig veränderlichem Profil vorausgesetzt, keinen Einfluss.

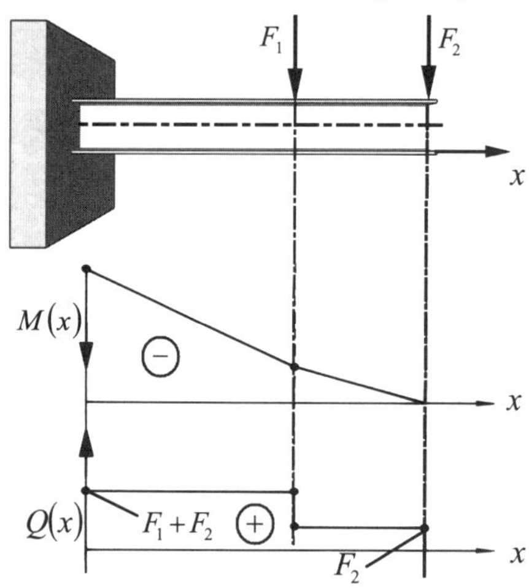

Abb. 2.4.11: Querkraft- und Momentenflächen am Balken unter Querlast.

Da unter Querkraftbiegung die zulässigen Spannungen nicht überall ausgenutzt werden, können die Träger, wie in Abbildung 2.4.12 dargestellt, entweder abgestuft oder stetig veränderlich ausgeführt werden. Als Beispiel wollen wir die Querschnittsform eines auf Biegung beanspruchten Trägers von rechteckigem Querschnitt $b \times h(x)$ berechnen, der überall unter den gleichen Randspannungen steht, siehe Abbildung 2.4.12. Wir fordern also, dass gelten soll:

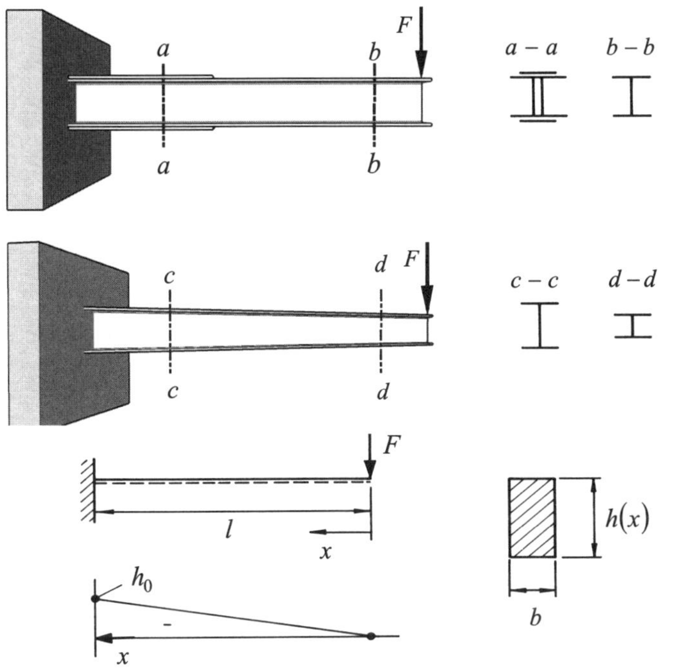

Abb. 2.4.12: Balken gleicher Randspannung.

$$\sigma(x) = \frac{M(x)}{W(x)} = \text{const.} = \frac{M(l)}{W(l)}. \tag{2.4.18}$$

Eine einfache Rechnung liefert daraus die gesuchte Balkenform, eine Parabel:

$$M(x) = -F\,x\,,\quad W(x) = \frac{b\,h^2(x)}{6}\,,$$
$$I_{yy} = \frac{b\,h^3(x)}{12} \quad \Rightarrow \quad h(x) = h_0\sqrt{\frac{x}{l}}. \tag{2.4.19}$$

Konstruktiv kann für die Stelle $x = 0$ bei nicht verschwindender Querkraft die Höhe $h(x)$ nicht gleich null werden. In der Praxis verwendet man daher meist eine Trapezform, um sich dem Balken gleicher Randspannung anzunähern, siehe Abbildung 2.4.13. Mögliche Anwendungen dieses Prinzips sind in der Abbildung 2.4.13 gezeigt: die Kurbel oder die Lasttraverse.

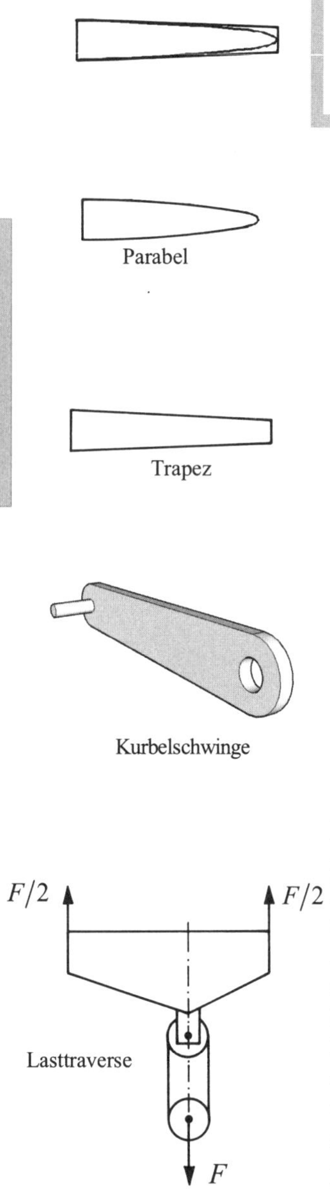

Abb. 2.4.13: Anwendungen des Prinzips des Balkens gleicher Randspannungen.

2.5 Schub infolge Querkraft beim Biegeträger

2.5.1 Ingenieurformel für die Schubspannungen

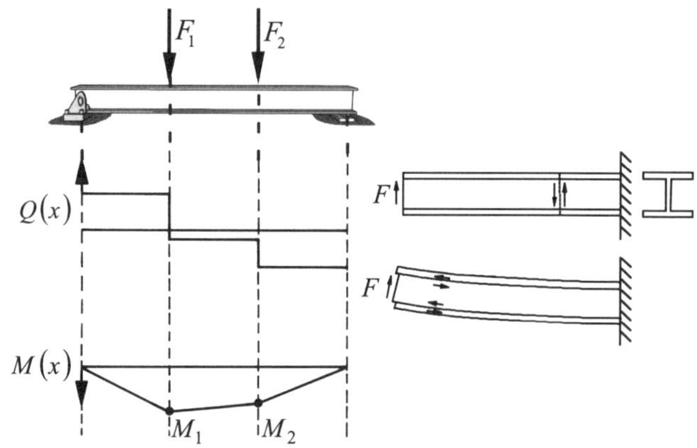

Abb. 2.5.1: Balken unter Querlast und deren Wirkung.

Die schädigende Wirkung von Normalspannungen am Balken ist unmittelbar aus den Abbildungen 2.4.1 und 2.4.3 einsichtig: Eine Seite des Balkens (hier der Untergurt) wird „zerrissen" und die andere „gequetscht" (hier der Obergurt), bzw. wie wir in Abschnitt 2.9. noch sehen werden, auf Knicken und Beulen beansprucht. Die Wirkungen von Schubspannungen unter Querkraft sind für den Anfänger erfahrungsgemäß weniger anschaulich: Wir betrachten daher die in Abbildung 2.5.1 links dargestellte Situation. Ein Biegeträger mit rechteckigem Querschnitt wird durch einzelne Querkräfte beansprucht. Es resultiert die skizzierte Q- sowie M-Fläche. Wegen der Beziehungen (die Balkenachse sei in x-Richtung gelegt):

$$\sigma(x) = \frac{M(x)}{W_y}, \quad Q(x) = \frac{\mathrm{d}M(x)}{\mathrm{d}x} \tag{2.5.1}$$

folgt, dass sich die Biegespannungen in denjenigen Bereichen stark ändern, in denen die Querkraft groß ist. Bei Beachtung des Kräftegleichgewichts sind damit die Querkraft, genauer gesagt die Schubspannungen, für den Aufbau der Biegespannungen wesentlich. Wie in Abbildung 2.5.1 rechts zu sehen ist, können die Schubspannungen zweierlei Art von schädigender Wirkung am Träger hervorrufen. Zum einen werden durch sie die Querschnitte gegeneinander verschoben (rechts oben) und bei genügender Größe der Scherspannungen auch abgeschert. Dieser Effekt trat bereits im Zusammenhang mit den in Abbildung 2.1.3 gezeigten Nieten auf, nur dass diesmal der Balkenquerschnitt an Stelle des Nietquerschnitts tritt. Zum anderen werden aufgrund der Querlast die einzelnen Schichten, aus denen man sich einen Balken aufgebaut denken kann, abgeschert. Dies ist in Abbildung 2.5.1 rechts unten übertrieben illustriert, so als ob der Ober- und Untergurt bereits versagt hätten. In den Abschnitten 2.8.4 und 2.8.8 werden wir den Spannungstensor einführen und sehen, dass die mit beiden Scherwirkungen einhergehenden Schubspannungen **gleich** sind.

Um jedoch vorab eine Ingenieurformel für die Schubspannungen aufzustellen, verwenden wir wieder das Prinzip vom Gleichgewicht der Kräfte und gehen davon aus, dass die Biegespannungen bei Querkraftbiegung den gleichen Gesetzmäßigkeiten folgen wie bei der reinen Biegung. Davon war im letzten Abschnitt bereits die Rede. Betrachten wir also die Abbildung 2.5.2, so wird die folgende Kräftebilanz für das freigeschnittene schraffierte Balkenelement einsichtig:

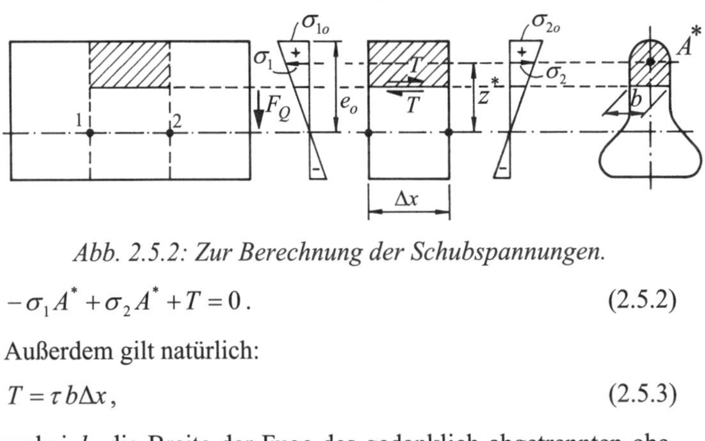

Abb. 2.5.2: Zur Berechnung der Schubspannungen.

$$-\sigma_1 A^* + \sigma_2 A^* + T = 0\,. \qquad (2.5.2)$$

Außerdem gilt natürlich:

$$T = \tau\, b \Delta x\,, \qquad (2.5.3)$$

wobei b die Breite der Fuge des gedanklich abgetrennten oberen Balkenteils aus Abbildung 2.5.2 und τ die Schubspannung in eben jener Fuge bezeichnet. Ferner gilt die Formel für die Biegespannungen (in Bezug auf den Schwerpunkt des schraffierten Balkenteils):

$$\sigma_1 = \frac{M_1}{I_{yy}} z^*\,, \quad \sigma_2 = \frac{M_2}{I_{yy}} z^*\,, \qquad (2.5.4)$$

und es folgt:

$$\begin{aligned}\tau(x\,,z) &= \frac{M_1 - M_2}{\Delta x}\frac{A^* z^*}{I_{yy} b} = \frac{\mathrm{d}M}{\mathrm{d}x}\frac{A^* z^*}{I_{yy} b} \\ &= \frac{Q(x)\,A^* z^*}{I_{yy} b} = \frac{Q(x)\,S_y^*(z)}{I_{yy} b(z)}\,.\end{aligned} \tag{2.5.5}$$

Die Größe $A^* z^*$ ist nämlich nichts anderes als das aus Gleichung (1.4.24) bekannte **statische Flächenmoment erster Ordnung** $S_y^*(z)$. Zu seiner Berechnung ist es nötig, die sich über der Höhe z gegebenenfalls ändernde Querschnittsform des betrachteten Balkens zu kennen. Ist sie bekannt, so gibt Gleichung (2.5.5) den gesuchten Verlauf der Schubspannungen über der Balkenhöhe an.

Eine letzte Anmerkung, bevor wir uns der Berechnung von Schubspannungen bei verschiedenen Querschnitten zuwenden: Bei der Berechnung der Biegespannungen galt die Voraussetzung, dass die Trägerquerschnitte bei der Verformung eben bleiben. Durch die unterschiedlichen Schubspannungen über der Trägerhöhe ist diese Voraussetzung im Allgemeinen nicht streng erfüllt. Man muss jedoch sagen, dass der Einfluss der Schubspannungen auf die Größe der Biegespannungen für nicht allzu kurze Träger vernachlässigt werden kann.

2.5.2 Berechnung der Schubspannungen für spezielle Trägerformen

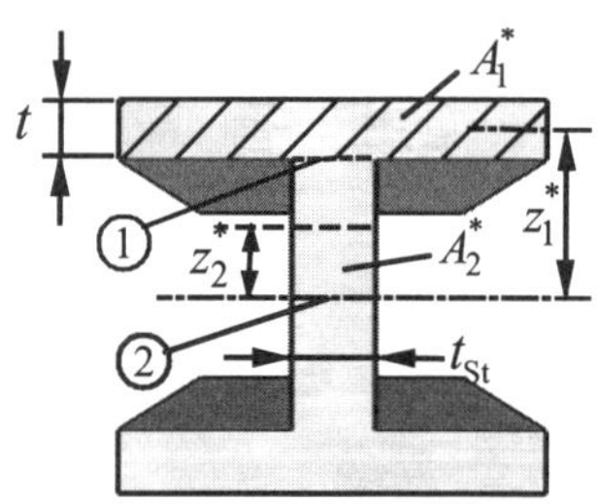

Abb. 2.5.4: Schubspannungen am Doppel-T-Profil.

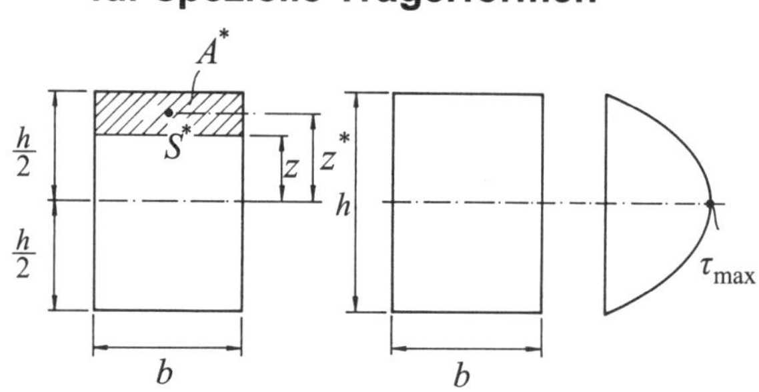

Abb. 2.5.3: Schubspannungen für den rechteckigen Querschnitt.

Wir betrachten zunächst das in der Abbildung 2.5.3 dargestellte Rechteckprofil, für das wir die Schubspannungsverteilung als Funktion der Trägerhöhenkoordinate z berechnen wollen. Offenbar gilt:

$$\tau(z) = \frac{Q\,A^*z^*}{I_{yy}b} = \frac{12\,Q\,b\left(\frac{1}{2}h - z\right)\frac{1}{2}\left(\frac{1}{2}h + z\right)}{b^2h^3} = \frac{6\,Q\left(\frac{1}{4}h^2 - z^2\right)}{bh^3}. \tag{2.5.6}$$

Es ergibt sich also ein zur Trägermitte hin symmetrischer parabolischer Verlauf. Die maximale, in der Trägermitte auftretende Schubspannung ist gegeben durch:

$$\tau_{\max} = \frac{3}{2}\frac{Q}{A}. \tag{2.5.7}$$

In ähnlicher Weise kann man für einen Kreisquerschnitt zeigen, dass gilt:

$$\tau_{\max} = \frac{4}{3}\frac{Q}{A}. \tag{2.5.8}$$

Wenden wir uns nun zusammengesetzten Profilen zu, etwa dem in Abbildung 2.5.4 dargestellten Doppel-T-Träger. An den Stellen 1 sowie 2 ermitteln wir die jeweiligen Stegspannungen mit der Grundformel (2.5.5) zu:

$$\tau_1 = \frac{QA_1^*z_1^*}{I_{yy}t_{\mathrm{St}}},\quad \tau_2 = \frac{Q\left(A_1^*z_1^* + A_2^*z_2^*\right)}{I_{yy}t_{\mathrm{St}}} \equiv \tau_{\max}. \tag{2.5.9}$$

Bei Doppel-T-Profilen überwiegt der Anteil $A_1^*z_1^*$ gegenüber dem Term $A_2^*z_2^*$. Somit kann man sagen, dass sich die Schubspannung im Steg eines solchen Trägers fast nicht ändert. Dies ist in Abbildung 2.5.5 illustriert (leichter parabelförmiger Abfall im Steg von der Mitte, Wert $\tau_{\max}$, auf den Wert τ_1 an den Rändern). Um diese nahezu konstanten Schubspannungen näherungsweise zu bestimmen, kann man also entweder die obige Gleichung für τ_1 verwenden, oder man behilft sich mit der folgenden Faustformel

$$\tau_{\max} \approx \frac{Q}{A_{\mathrm{St}}}, \tag{2.5.10}$$

wobei A_{St} die Fläche des Steges bezeichnet. Als Nächstes soll der Schubspannungsverlauf in den Flanschen ermittelt werden. Um ihn zu berechnen, sei zunächst bemerkt, dass sich der Schubfluss T_1 am Ende des Steges, also das Produkt aus Schubspannung τ_1 und Stegbreite t_{St}, beim Übergang in die Flansche nach zwei Seiten hin aufteilen muss. Wir schreiben:

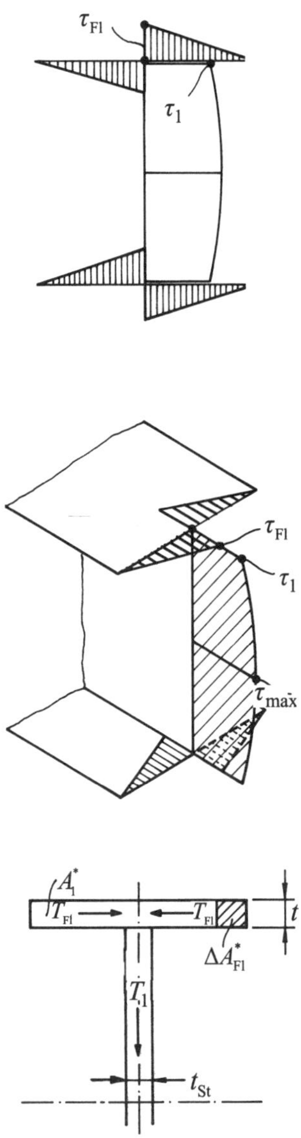

Abb.2.5.5: Schubfluss vom Steg in den Flansch und Schubspannungsverlauf im Doppel-T-Profil.

$$T_1 = 2T_{\mathrm{Fl}}\,,\ T_1 = \tau_1 t_{\mathrm{St}}\,,\ T_{\mathrm{Fl}} = \tau_{\mathrm{Fl}} t \tag{2.5.11}$$

und erhalten:

$$\tau_{\mathrm{Fl}} = \frac{Q A_1^* z_1^*}{2 I_{yy} t}\,. \tag{2.5.12}$$

Dieser Wert gilt, wie in Abbildung 2.5.5 zu sehen, am Übergang zwischen Steg und Flansch. Zu den Flanschenden hin nimmt dieser Wert linear ab, denn die zugehörige Fläche ΔA_{Fl}^* verringert sich linear auf null.

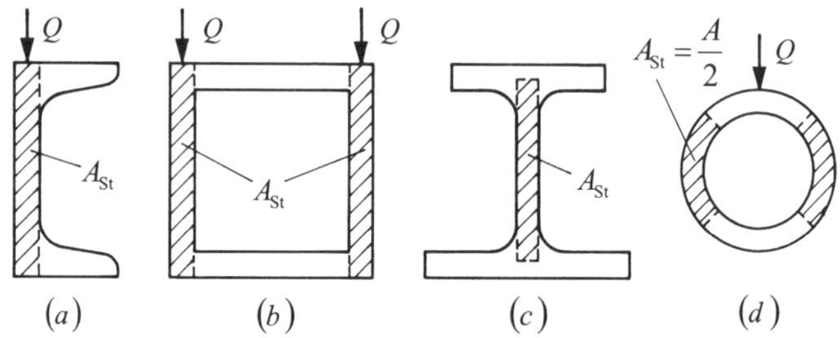

Abb. 2.5.6: Zur Schubspannungsberechnung bei verschiedenen Profilen.

So wie beim Doppel-T-Profil wird bei allen Profilen die Querkraft im Wesentlichen von den in Kraftrichtung (Q!) liegenden Querschnittsflächen übertragen; sehr oft ist dies die Stegfläche: Abbildung 2.5.6. Zur Abschätzung der Schubspannung verwendet man die Beziehung (2.5.10), wobei die Stegfläche manchmal etwas „erweitert“ und in den Flansch hineingezogen wird (siehe Abbildung 2.5.6 (c)). Aber auch beim Kreisrohr oder ähnlichen Profilen mit ausgeprägten Flanschen (Gurten) ist diese Berechnung meist ausreichend: Abbildung 2.5.6 (d).

2.5.3 Schubspannungen im geschweißten, geklebten und genieteten Träger

Betrachte den in Abbildung 2.5.7 a) dargestellten Träger, dessen Lamelle einmal geschweißt, dann genietet und schließlich geklebt wurde. Das Herstellungsverfahren wirkt sich deutlich auf die resultierenden Schubspannungen aus. Man ermittelt zunächst einmal das gesamte Flächenträgheitsmoment des Trägers gemäß dem Satz von STEINER, wobei beim horizontal liegenden Flansch („Fl“) und beim Aufsatz („Auf“) nur die STEINERschen Anteile $a^2 A$ berücksichtigt werden und der Eigenträgheitsmomente vernachlässigt werden kann:

$$I_{yy} = I_{St} + 2I_{Fl} + 2I_{Auf} =$$

$$\left(1 \cdot \frac{19^3}{12} + 2 \cdot 10^2 \cdot 10 + 2 \cdot 11^2 \cdot 8\right) cm^4 = 4508\, cm^4 . \qquad (2.5.13)$$

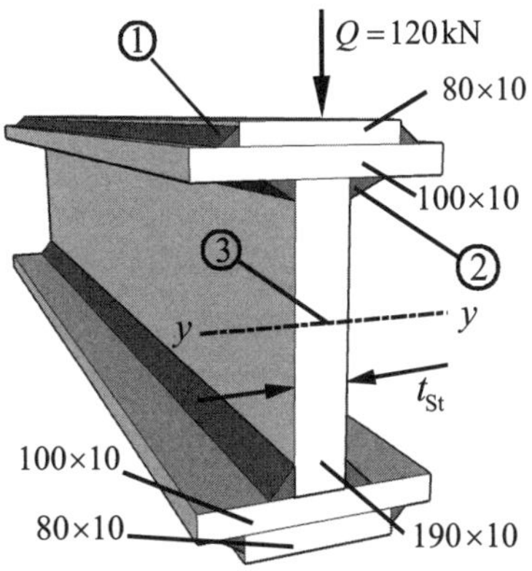

Abb. 2.5.7: a) Schubspannungen bei verschiedenen Verbindungsarten.

Als Nächstes werden die statischen Momente ermittelt, und zwar für den Aufsatz, den Flansch und den Steg (die Indizes 1, 2 und 3 beziehen sich auf die in Abbildung 2.5.7 gezeigten Stellen):

$$\left(A^* z^*\right)_1 = 8 \cdot 11\, cm^3 = 88\, cm^3 ,$$

$$\left(A^* z^*\right)_2 = 10 \cdot 10\, cm^3 = 100\, cm^3 , \qquad (2.5.14)$$

$$\left(A^* z^*\right)_3 = 9{,}5 \cdot \frac{9{,}5}{2}\, cm^3 = 45\, cm^3 .$$

Kommen wir nun zuerst zum Fall des **geschweißten** Trägers. Für die **Naht 2** findet man:

$$\tau_1 = \frac{Q\left[\left(A^* z^*\right)_1 + \left(A^* z^*\right)_2\right]}{I_{yy}\, 2a} = 83 \frac{N}{mm^2} \qquad (2.5.15)$$

und für die **Naht 1**:

$$\tau_2 = \frac{Q\left(A^* z^*\right)_1}{I_{yy}\, 2a} = 39 \frac{N}{mm^2} . \qquad (2.5.16)$$

Schließlich in der Stegmitte (die Stegbreite sei t_{St}):

$$\tau_3 = \frac{Q\left[\left(A^* z^*\right)_1 + \left(A^* z^*\right)_2 + \left(A^* z^*\right)_3\right]}{I_{yy}\, t_{St}} = 62 \frac{N}{mm^2} . \qquad (2.5.17)$$

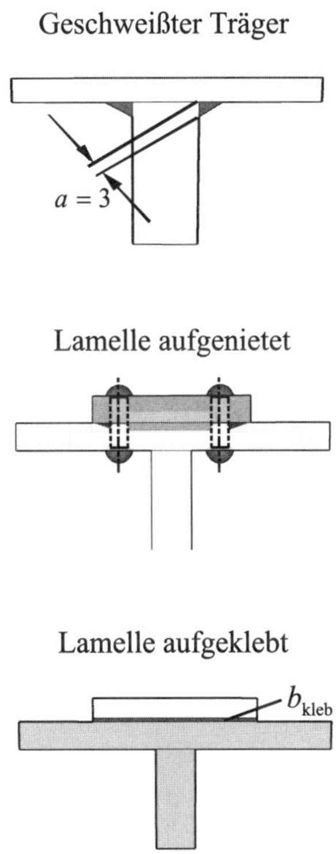

Abb. 2.5.7: b) Details.

Man beachte, dass man näherungsweise zum gleichen Ergebnis kommt, wenn man die Gleichung (2.5.10) ansetzt:

$$\tau_3 \approx \frac{Q}{A_{\text{St}}} = 63 \frac{\text{N}}{\text{mm}^2} . \tag{2.5.18}$$

Im Fall der **aufgenieteten** Lamelle findet man für die im Niet herrschende Schubspannung:

$$\tau_{\text{Niet}} = \frac{Q\left(A^* z^*\right)_1}{I_{yy} 2\, A_{\text{Niet}}/c} = 40{,}7 \frac{\text{N}}{\text{mm}^2} . \tag{2.5.19}$$

Dabei ist $c = 80\ \text{mm}$ der Nietabstand, der Nietdurchmesser sei $d = 17\ \text{mm}$ und $A_{\text{Niet}} = 2{,}3\ \text{cm}^2$ ist der daraus resultierende Nietquerschnitt. Abschließend diskutieren wir noch den Fall einer **aufgeklebten** Lamelle:

$$\tau_{\text{kleb}} = \frac{Q\left(A^* z^*\right)_1}{I_{yy} b_{\text{kleb}}} = 2{,}9 \frac{\text{N}}{\text{mm}^2} . \tag{2.5.20}$$

Aufgrund der großen Klebfuge $b_{\text{kleb}} = 8\ \text{cm}$ ergibt sich ein relativ kleiner Schubspannungswert, aber man muss bedenken, dass Kleber im Allgemeinen auch nicht in der Lage sind, große Belastungen zu ertragen, womit sich das zunächst erfreuliche Ergebnis wieder relativiert.

2.5.4 Schubmittelpunkt

Betrachten wir nun einen Biegeträger, dessen Profil nicht symmetrisch zur Lastebene in der Schwerachse liegt, etwa das Walzprofil aus der Abbildung 2.5.8. Bei Lasteinleitung im Schwerpunkt resultiert eine Verdrehung des Trägers um seine Längsachse. Diese Verdrehung wird dadurch erzeugt, dass die Schubkräfte T in den Flanschen ein Moment in Bezug auf den Schwerpunkt ausüben: Abbildung 2.5.8. Die äußere Querbelastung Q sowie die inneren Schubkräfte T_1, T_2 und T_{St} sind nämlich nicht im Gleichgewicht, und somit entsteht um die Schwerachse ein Torsionsmoment, das den Träger verdreht. Es gibt jedoch einen Punkt, den sogenannten Schubmittelpunkt M, in dem die Belastung Q keine Verdrehung hervorruft. Für das in der Abbildung gezeigte Profil liegt derselbe bei $a = 3/8\, b$, und zwar sieht man dies an der folgenden Berechnung. Gesucht ist der Abstand a des Schubmittelpunktes zum Stegmittelpunkt M'. Wir ermitteln ihn aus der Forderung nach Momentengleichgewicht bei Drehung um den Punkt M':

$$\sum M^{(M')} = 0: \quad Q\,a - 2T\frac{h}{2} = 0 \quad \Rightarrow \quad a = \frac{Th}{Q} = \frac{3}{8}b. \qquad (2.5.21)$$

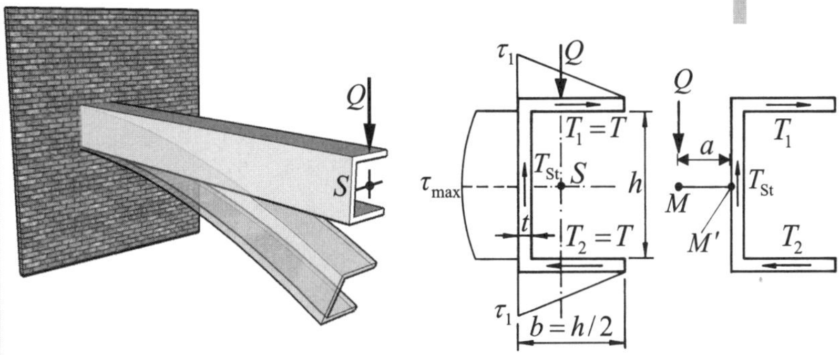

Abb. 2.5.8: Zum Begriff des Schubmittelpunktes.

Dabei wurden die Schubkräfte $T_1 = T_2 = T$ wie folgt ermittelt (siehe das Dreieck in Abbildung 2.5.8):

$$I_{yy} \approx \frac{t\,h^3}{12} + 2t\,b\left(\frac{h}{2}\right)^2 = \frac{t\,h^3}{3}, \quad \tau_1 = \frac{Q\,A^* z^*}{I_{yy} t} = \frac{Q}{I_{yy}}\frac{bh}{2},$$
$$T = \tau_1 \frac{1}{2} b\,t = \frac{3}{16} Q. \qquad (2.5.22)$$

Das geschilderte Phänomen tritt im Prinzip bei allen unsymmetrischen Profilen auf und insbesondere bei offenen unsymmetrischen Profilen: Abbildung 2.5.9. Bei unsymmetrischen geschlossenen Profilen liegt der Schubmittelpunkt M meist sehr dicht am Schwerpunkt S. Dadurch wird das entstehende Torsionsmoment gering. Die Torsionssteifigkeit solcher geschlossenen Profile ist ein Vielfaches der des offenen Profils (bei gleicher Querschnittsfläche), sodass hier im Allgemeinen der Verdrehungseinfluss vernachlässigt werden kann.

2.6 Die elastische Linie des Biegeträgers (Biegelinie)

2.6.1 Die Differenzialgleichung der Biegelinie

Wir wollen den Verlauf der Biegelinie eines (geraden) Trägers ermitteln, d. h. ein Verfahren zur Berechnung seiner Durchbiegung als Funktion der aufgeprägten Lasten, seiner Querschnittsform und seiner Einspannungs- bzw. Lagerbedingungen angeben. Zu diesem Zweck werden wir zuerst versuchen, die Krüm-

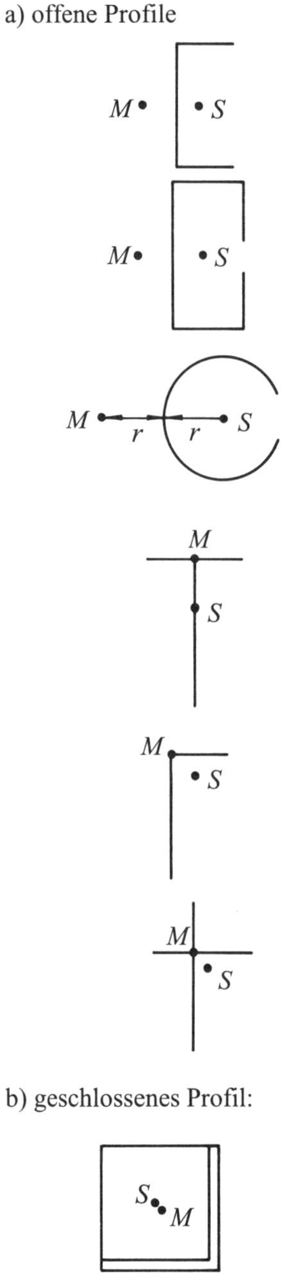

Abb. 2.5.9: Schubmittelpunkt bei verschiedenen Trägerprofilen

(S : Schwerpunkt, M : Schubmittelpunkt)

mung eines Balkenelementes mathematisch zu beschreiben, um dann durch Integration längs des jeweiligen Balkens eine Aussage über seine globale Durchbiegung zu erhalten. Betrachten wir also zunächst einmal ein Balkenelement, wie in der Abbildung 2.6.1 dargestellt. Wir notieren, dass für die untere Randfaser gilt:

$$\sigma_u = \frac{M}{W_{y,\mathrm{u}}} = \frac{Me_\mathrm{u}}{I_{yy}}. \tag{2.6.1}$$

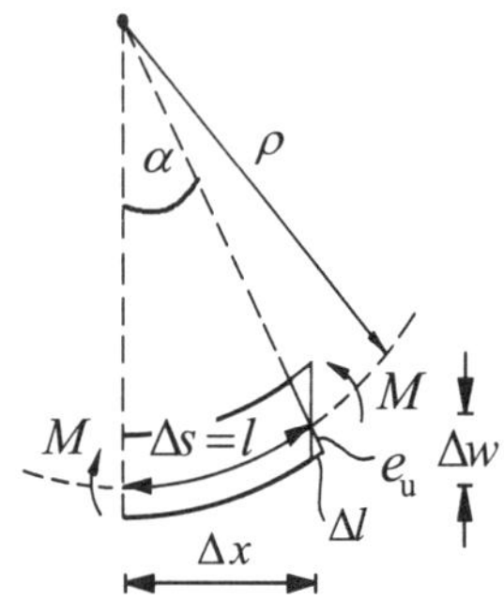

Abb. 2.6.1: Zur Herleitung der Differenzialgleichung der Biegelinie.

Andererseits gilt nach HOOKE:

$$\sigma_\mathrm{u} = E\frac{\Delta l}{l}. \tag{2.6.2}$$

Durch Kombination beider Gleichungen und unter Beachtung der Ähnlichkeitsrelation:

$$\varphi = \frac{\Delta l}{e_\mathrm{u}} = \frac{l}{\rho} \tag{2.6.3}$$

lässt sich für das Inverse des Radius des lokalen Schmiegekreises ρ an das Balkenelement, also für die Krümmung κ, die folgende Gleichung aufstellen:

$$\frac{1}{\rho} = \left|\frac{M}{EI_{yy}}\right| = \kappa. \tag{2.6.4}$$

Andererseits lässt sich für die Krümmung einer in der Form $w = w(x)$ gegebenen ebenen Kurve (hier konkret die Durchbiegung) schreiben:

$$\kappa = \frac{w''}{\left[1 + (w')^2\right]^{3/2}}. \tag{2.6.5}$$

Dass diese Gleichung gilt, folgt unmittelbar aus der anschaulichen Grunddefinition, wonach die Krümmung nichts anderes ist als die Änderung des Neigungswinkels α pro Bogenlänge s, also formelmäßig:

$$\kappa = \frac{\mathrm{d}\alpha}{\mathrm{d}s} = \frac{\mathrm{d}\alpha}{\mathrm{d}x}\frac{\mathrm{d}x}{\mathrm{d}s} = \frac{\mathrm{d}\alpha/\mathrm{d}x}{\mathrm{d}s/\mathrm{d}x}, \tag{2.6.6}$$

wobei wir gemäß der Kettenregel erweitert haben. Nach den Grundregeln der Differenzialrechnung dürfen wir im vorliegenden Fall schreiben:

$$w' = \frac{\mathrm{d}w}{\mathrm{d}x} = \tan(\alpha) \quad \Rightarrow \quad w'' = \frac{\mathrm{d}}{\mathrm{d}x}[\tan(\alpha)] \tag{2.6.7}$$

$$= \frac{\mathrm{d}}{\mathrm{d}\alpha}[\tan(\alpha)]\frac{\mathrm{d}\alpha}{\mathrm{d}x} = \left[1 + \frac{\sin^2(\alpha)}{\cos^2(\alpha)}\right]\frac{\mathrm{d}\alpha}{\mathrm{d}x} \quad \Rightarrow \quad \frac{\mathrm{d}\alpha}{\mathrm{d}x} = \frac{w''}{1+(w')^2}.$$

Weiterhin folgt aus Abbildung 2.6.1 mit dem Lehrsatz des PYTHAGORAS:

$$(\Delta x)^2 + (\Delta w)^2 = (\Delta s)^2 \quad \Rightarrow \quad \mathrm{d}s = \mathrm{d}x\sqrt{1+(w')^2}\,. \tag{2.6.8}$$

Setzt man nun die Gleichungen (2.6.6) und (2.6.7) in (2.6.5) ein, so folgt die Behauptung. Als Differenzialgleichung der Biegelinie entsteht somit:

$$\frac{w''}{\left[1+(w')^2\right]^{3/2}} = \left|\frac{M}{EI_{yy}}\right|. \tag{2.6.9}$$

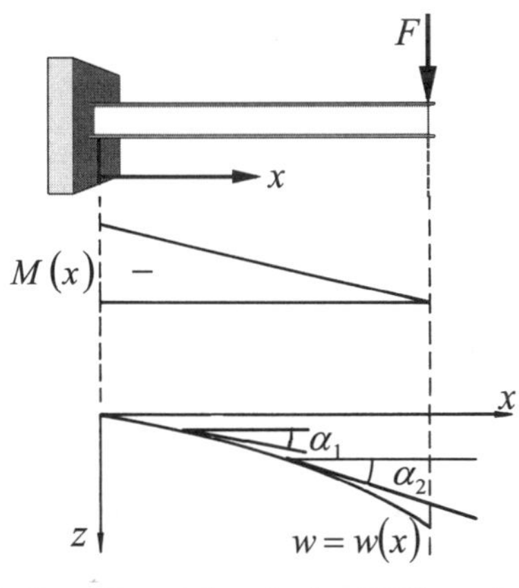

Abb. 2.6.2: Zum Vorzeichen in der Differenzialgleichung für die Biegelinie.

Festigkeitslehre

Dabei haben wir, wie oben bereits angedeutet, mit dem Symbol $w = w(x)$ die Durchbiegung des Balkens in z-Richtung bezeichnet.

Bevor wir uns mit der Lösung dieser gewöhnlichen nichtlinearen Differenzialgleichung zweiter Ordnung befassen, wollen wir das Vorzeichen für den Verlauf der Biegelinie festlegen. Es ergibt sich aus der Festlegung des Biegemomentes und der $(x\,,z)$-Koordinaten. Betrachte dazu die Abbildung 2.6.2. Interpretiert man die Krümmung als Änderung des Winkels α wie gezeichnet, so resultiert eine positive Krümmung aus einem negativem Moment, und wir müssen schreiben:

$$\frac{w''}{\left[1+(w')^2\right]^{3/2}} = -\frac{M}{EI_{yy}}\,. \qquad (2.6.10)$$

Diese Gleichung gilt auch für große Krümmungen, ist aber für kaum einen Belastungsfall eines Trägers geschlossen zu integrieren. Im Folgenden wollen wir von der Voraussetzung ausgehen, dass die Verformungen klein gegenüber der Balkenlänge sind. Die erste Ableitung der Biegelinie, also die Trägerneigung w', ist ein Maß für die Verformung. Mithin resultiert aus Gleichung (2.6.10):

$$w'' = -\frac{M}{EI_{yy}}\,. \qquad (2.6.11)$$

Diese Differenzialgleichung lässt sich einfach integrieren. Es entsteht:

$$w = -\int\left(\int\frac{M}{EI_{yy}}\,\mathrm{d}x\right)\mathrm{d}x + C_3 x + C_4\,. \qquad (2.6.12)$$

Für die Neigung der Biegelinie erhält man entsprechend:

$$\tan(\varphi) = w' = -\int\frac{M}{EI_{yy}}\,\mathrm{d}x + C_3\,. \qquad (2.6.13)$$

Die Integrationskonstanten folgen aus physikalisch sinnvollen **Randbedingungen**. So muss z. B. die Durchbiegung eines gelagerten oder eingespannten Balkens am Lager oder am Einspannende verschwinden. Ein Beispiel soll das Vorgehen erläutern.

2.6.2 Beispiel: Der eingespannte Balken

Betrachte die in Abbildung 2.6.3 dargestellte Situation eines einseitig eingespannten Balkens. Wir wollen annehmen, dass das Produkt EI_{yy} längs des Balkens konstant ist.

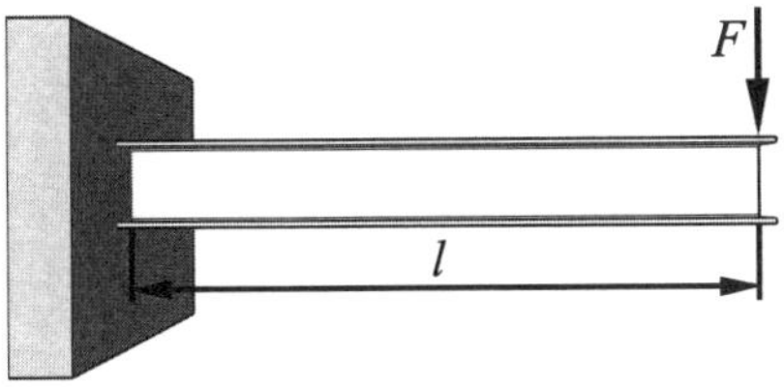

Abb. 2.6.3: Zur Festlegung der Randbedingungen beim eingespannten Balken.

Indem wir die folgenden Randbedingungen fordern (feste Einspannung am linken Balkenende):

$$w(x=0)=0\,,\ w'(x=0)=0 \qquad (2.6.14)$$

entsteht als Lösung:

$$w=-\int\left(\int\frac{M(x)}{EI_{yy}}\mathrm{d}x\right)\mathrm{d}x+C_3x+C_4\,,$$
$$M(x)=-F(l-x)\ \Rightarrow\ w=\frac{Fl^3}{6EI}\left(\frac{x}{l}\right)^2\left[3-\frac{x}{l}\right]. \qquad (2.6.15)$$

2.6.3 Beispiel: Träger auf zwei Stützen

Betrachte den in Abbildung 2.6.4 dargestellten, beidseitig unterstützten Balken unter Wirkung der Querlast F im linken Auflagerabstand a, dessen Biegelinie gesucht ist. Wie gezeichnet wählen wir, aus rechentechnischen Gründen, zwei Koordinatensysteme, genannt x und $\bar{x}$, die vom linken Balkenende bzw. von der Krafteinleitungsstelle aus gezählt werden. Entsprechend sind folgende **Randbedingungen** zu fordern:

$$w(x=0)=0\,,\ w(\bar{x}=b)=0\,, \qquad (2.6.16)$$

denn in Lagerpunkten muss die Durchbiegung ja verschwinden. Außerdem muss der **stetige** Anschluss der Durchbiegung an der Krafteinleitungsstelle gesichert sein, was wir mit den folgenden **Übergangsbedingungen** garantieren:

$$w(x=a)=w(\bar{x}=0),\ w'(x=a)=w'(\bar{x}=0). \qquad (2.6.17)$$

Mithin besitzen wir vier Gleichungen zur Festlegung der vier Integrationskonstanten aus den aus Gleichung (2.6.12) folgenden Lösungen:

$$w(x)=-\int\left(\int\frac{M}{EI_{yy}}\mathrm{d}x\right)\mathrm{d}x+C_3x+C_4\,,\ x\in[0,a], \qquad (2.6.18)$$

Festigkeitslehre

$$w(\bar{x}) = -\int\left(\int \frac{M}{EI_{yy}}\,\mathrm{d}\bar{x}\right)\mathrm{d}\bar{x} + \bar{C}_3\bar{x} + \bar{C}_4\,,\quad \bar{x}\in[0,b], \qquad (2.6.19)$$

in die Momentenflächen der Form:

$$M(x) = M_0\frac{x}{a}\,,\quad M(\bar{x}) = M_0\frac{b-\bar{x}}{b}\,,\quad M_0 = \frac{ab}{l}F \qquad (2.6.20)$$

eingesetzt und anschließend integriert werden müssen.

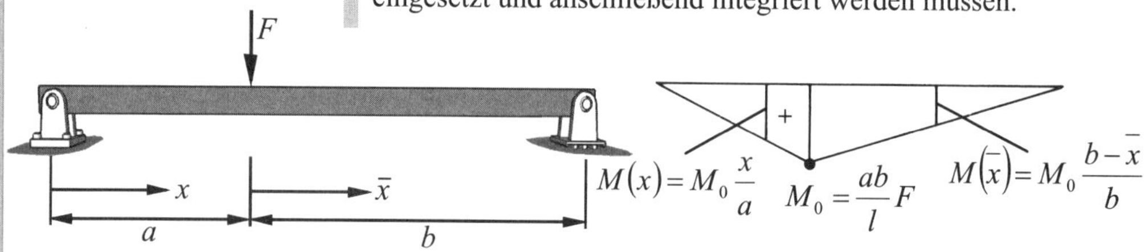

Abb. 2.6.4: Beidseitig unterstützter Balken unter Querlast.

Lösung des resultierenden Gleichungssystems liefert:

$$w(x) = \frac{Fabl}{6EI_{yy}}\frac{x}{l}\left[1+\frac{b}{l}-\frac{x^2}{al}\right],\quad x\in[0,a] \qquad (2.6.21)$$

und:

$$w(\bar{x}) = \frac{Fabl}{6EI_{yy}}\left[2\frac{a}{l}\frac{b}{l} - 2\left(\frac{a}{l}-\frac{b}{l}\right)\frac{\bar{x}}{l} - 3\left(\frac{\bar{x}}{l}\right)^2 + \frac{\bar{x}}{b}\left(\frac{\bar{x}}{l}\right)^2\right],\quad \bar{x}\in[0,b]$$

$$(2.6.22)$$

Eine qualitative Skizze dieser Lösung ist in Abbildung 2.6.5 zu sehen. Beachte die Gleichheit der Steigung an der Krafteinleitungsstelle.

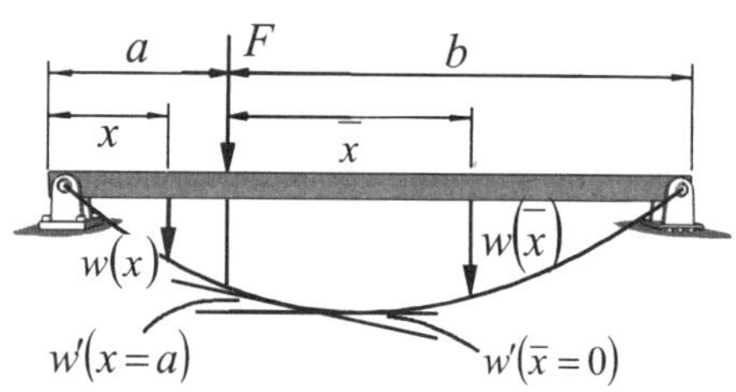

Abb. 2.6.5: Zur Festlegung der Randbedingungen beim eingespannten Balken.

2.6.4 Anwendung auf statisch unbestimmte Systeme

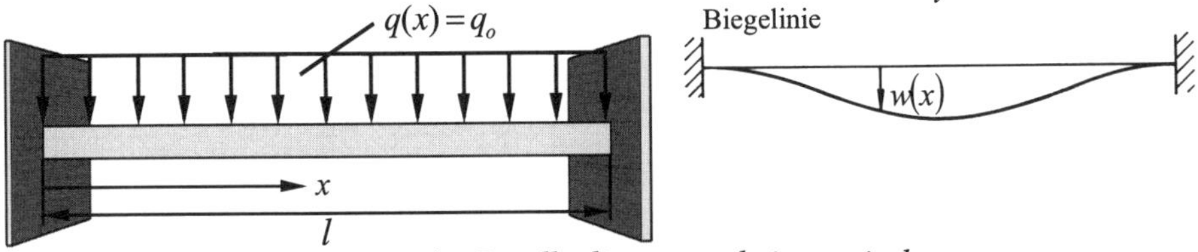

Abb. 2.6.6: Zur Festlegung der Randbedingungen beim statisch unbestimmten System.

Betrachte die in Abbildung 2.6.6 dargestellte Situation eines beidseitig fest eingespannten Balkens unter Gleichstreckenlast, dessen Biegelinie gesucht ist. Für die in Gleichung (2.6.8) einzusetzende Momentenfläche findet man zunächst:

$$\begin{aligned} M(x) &= -\int\left(\int q(x)\mathrm{d}x\right)\mathrm{d}x + C_1 x + C_2 \\ &= -q_0\frac{x^2}{2} + C_1 x + C_2 . \end{aligned} \tag{2.6.23}$$

Entsprechend resultiert:

$$w(x) = \frac{1}{EI_{yy}}\left[\frac{q_0 x^4}{24} - C_1\frac{x^3}{6} - C_2\frac{x^2}{2} + C_3 x + C_4\right]. \tag{2.6.24}$$

Mithin müssen auch in diesem Problem vier Konstanten bestimmt werden, wofür man vier Gleichungen benötigt. Diese folgen aus der Tatsache, dass es sich an beiden Enden um eine feste Einspannung handelt, so dass dort der Funktionswert und die erste Ableitung der Durchbiegung verschwinden muss:

$$\begin{aligned} &w\left(x=0\right)=0\,,\quad w'\left(x=0\right)=0\,, \\ &w\left(x=l\right)=0\,,\quad w'\left(x=l\right)=0. \end{aligned} \tag{2.6.25}$$

Auflösen dieser vier Gleichungen liefert als Endergebnis:

$$w(x) = \frac{q_0 l^4}{24EI_{yy}}\left(\frac{x}{l}\right)^2\left[1-2\frac{x}{l}+\left(\frac{x}{l}\right)^2\right] \tag{2.6.26}$$

und:

$$\begin{aligned} M(x) &= -\frac{q_0 l^4}{12}\left[1-6\frac{x}{l}+6\left(\frac{x}{l}\right)^2\right], \\ Q(x) &= \frac{q_0 l}{2}\left[1-2\frac{x}{l}\right], \end{aligned} \tag{2.6.27}$$

Otto Mohr (1835 – 1918) wurde in Wesselburen in Holstein geboren. Mit sechzehn Jahren besuchte er die Polytechnische Hochschule in Hannover und wurde nach seiner Graduierung Eisenbahningenieur in Hannover und Oldenburg. MOHR half mit, die ersten Stahltrassen für Schienenfahrzeuge in Deutschland zu planen und zu bauen. Im Alter von 32 Jahren war er ein wohlbekannter Ingenieur und wurde Professor am Stuttgarter Polytechnikum. Man sagt, dass MOHR auch ein ausgezeichneter Didakt war und seine Vorlesungen den Ingenieurnachwuchs begeisterten. Sein Schüler August FÖPPL, später selbst ein berühmter Mechaniker, spricht von MOHR als einem „Lehrer von Gottes Gnaden". Und um TIMOSHENKO, einen weiteren Mechaniker, sprechen zu lassen: "The reason for his students' interest in his lectures stemmed from the fact that he not only knew the subject thoroughly but had himself done much in the creation of the science which he presented." Im Jahre 1873 ging MOHR an die Technische Hochschule in Dresden, wo er bis zu seiner Emeritierung blieb.

wobei auch noch der Querkraftverlauf angegeben wurde.

2.6.5 MOHRsche Analogie; eine praktische rechnerisch-zeichnerische Methode zur Ermittlung der Biegelinie

In den folgenden Gleichungen sind jeweils Kraftgrößen formelmäßig entsprechenden Verformungsgrößen gegenübergestellt:

Kraftgrößen: Verformungsgrößen:

$$q = q(x) \qquad w'' = -\frac{M(x)}{EI_{yy}(x)} \tag{2.6.28}$$

$$Q(x) = -\int q(x)\,\mathrm{d}x + C_1 \qquad w' = -\int \frac{M(x)}{EI_{yy}}\,\mathrm{d}x + C_3 \tag{2.6.29}$$

$$M(x) = \int Q(x)\,\mathrm{d}x + C_2 \qquad w = \int w'\,\mathrm{d}x + C_4 \tag{2.6.30}$$

oder:

$$M(x) = -\int\int q(x)\,\mathrm{d}x\,\mathrm{d}x + C_1 x + C_2$$

$$w = -\int\int \frac{M(x)}{EI_{yy}}\mathrm{d}x\,\mathrm{d}x + C_3 x + C_4\,. \tag{2.6.31}$$

Man kann sagen, dass bis auf die Vorzeichen die Kraftgrößen Last, Querkraft und Biegemoment einerseits und die Verformungsgrößen Krümmung, Neigung und Durchbiegung andererseits den gleichen mathematischen Aufbau besitzen. Es müssen daher auch die gleichen Verfahren zur Lösung der entsprechenden Aufgaben anwendbar sein. Begreift man also etwa fiktiv die Größe $M(x)/(EI_{yy})$ als „Belastung" eines Balkens, so ist das daraus berechnete „Biegemoment" die gesuchte Biegelinie $w(x)$ des Balkens.

Eine Schwierigkeit bei dieser auf den Mechaniker Otto MOHR zurückgehenden Analogie ist durch die beiden unbekannten Integrationskonstanten C_3 bzw. C_4 in Gleichung (2.6.31) bedingt. Der „Ersatzbalken" mit der Belastung $M(x)/(EI_{yy})$ muss nämlich **nicht** den gleichen Randbedingungen genügen wie der eigentliche Balken. Betrachte zur Illustration den unter Gleichstreckenlast stehenden, einseitig eingespannten Kragträger aus Abb. 2.6.3. Zum Beispiel ist die Querkraft $Q(x)$ an der Stelle $x = 0$ sicherlich nicht null, die korrespondierende Größe Steigung w' verschwindet dort jedoch aufgrund der festen Einspannung.

Man erkennt, dass zur Bestimmung der genannten Konstanten also stets ein anderes Ersatzsystem gesucht werden müsste. Dieser Schwierigkeit kann man jedoch wie folgt aus dem Wege gehen: In der Gleichung für $w(x)$ ist der erste Teil, also das Integral $-\int\int \frac{M(x)}{EI_{yy}} \mathrm{d}x\,\mathrm{d}x$, die durch die Krümmung vorgegebene Form der Biegelinie, welche von der Wahl der „Auflager" **nicht** abhängt. Diese Krümmung kann damit auf jedes beliebige System aufgesetzt werden, das die Integration nicht stört, etwa Lager am Ende des Balkens. Der zweite Teil, also $C_3 x + C_4$, ist offenbar eine Gerade. In ihr werden die Randbedingungen des wirklichen Systems berücksichtigt. Sie muss durch zwei Punkte (also zwei Lager) oder durch einen Punkt und eine Richtung (Einspannung) festgelegt werden. Die dazugehörige Linie ist die sogenannte **Schlusslinie**. Einfache Beispiele sollen das Vorgehen erläutern.

2.6.6 Wahre Auflager und Ersatzlager sind identisch

Betrachte die in Abbildung 2.6.7 dargestellte Situation eines durch Einzelkräfte belasteten Balkens auf zwei Stützen. Gesucht ist die Biegelinie, welche mithilfe der MOHRschen Analogie (näherungsweise) ermittelt werden soll.

In einem ersten Schritt wird mit den üblichen Methoden die wahre Momentenfläche $M(x)$ für dieses System ermittelt. Dieses ist noch nicht die Verteilung der Ersatzlast. Um diese zu erhalten, muss man noch durch den Faktor EI_{yy} dividieren, der im vorliegenden Fall als konstant angenommen wird. Man erhält eine zur ursprünglichen Momentenfläche gestauchte, ähnliche Fläche.

Im Sinne der MOHRschen Analogie erinnert man sich nun, wie aus Querlasten Kräfte, also aus Krümmungen Neigungen werden. Die Lastverteilung $q(x)$ wurde durch Integration, also durch Vermessen der ausgefüllten Flächen (hier zwei Dreiecke und ein Trapez) zu einer äquivalenten Einzelkraft zusammengefasst, die im Schwerpunkt der entsprechenden Figur angesetzt wird. Dasselbe geschieht nun hier. Es entstehen fiktive Ersatzkräfte, genannt (F_a), (F_b) und (F_c), die sich physikalisch als Neigungswinkel oder, anders ausgedrückt, als Tangenten an die

Biegelinie interpretieren lassen. Wie immer bei Winkeln sind sie im Bogenmaß anzugeben, d. h., sie sind einheitenfrei bzw. dimensionslos. Mit diesen Ersatzkräften bzw. Neigungswinkeln muss man nun die „Momentenfläche“, also die Durchbiegung $w(x)$, im Sinne einer Hüllkurve approximieren.

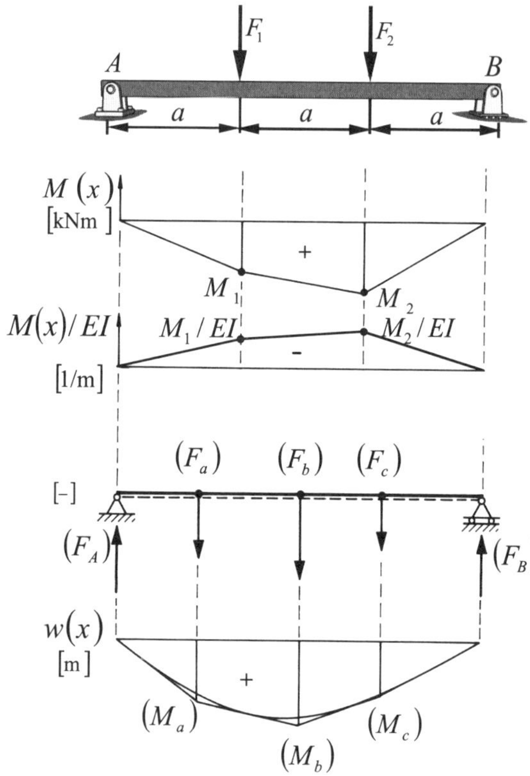

Abb. 2.6.7: Ermittlung der Biegelinie mithilfe der MOHRschen Analogie bei einem Balken auf zwei Stützen.

Dazu werden zuvor fiktive Auflager an den Enden des Ersatzbalkens eingeführt und, gemäß den Regeln des Kräfte- und Momentengleichgewichtes, zwei **Ersatzauflagerkräfte** (F_A) und (F_B) errechnet. Damit lässt sich eine **Ersatzmomentenfläche** zeichnen, die wir nach unten abtragen (Berücksichtigung des Vorzeichens bei der Berechnung von (M_a), (M_b) und (M_c)) und welche es als Einhüllende erlaubt, die Biegelinie zu skizzieren. Die Ersatzmomente haben die Einheit einer Länge, und sie erlauben es, die Durchbiegung, also die Biegelinie, in Einheiten von Millimetern zu ermitteln.

Zu diesem Zweck gilt es noch, die korrekte **Schlusslinie** zu finden. Im vorliegenden Fall sind wahre Auflager und Ersatzauflager identisch. Die Schlusslinie ist die Horizontale durch die Punkte A und B.

2.6.7 Schlusslinie als geneigte Gerade

Betrachte die in Abbildung 2.6.8 dargestellte Situation.

Die Berechnung erfolgt bis zur Konstruktion der Schlusslinie analog zum vorherigen Beispiel. Die Schlusslinie ergibt sich aus der Forderung, dass die Verschiebung in den wahren Lagern verschwinden muss. Es resultiert eine ansteigende Gerade, gegenüber der die Durchbiegung, wie angedeutet, auszumessen ist. Rechts vom rechten Lager ist diese **negativ**, links davon **positiv**.

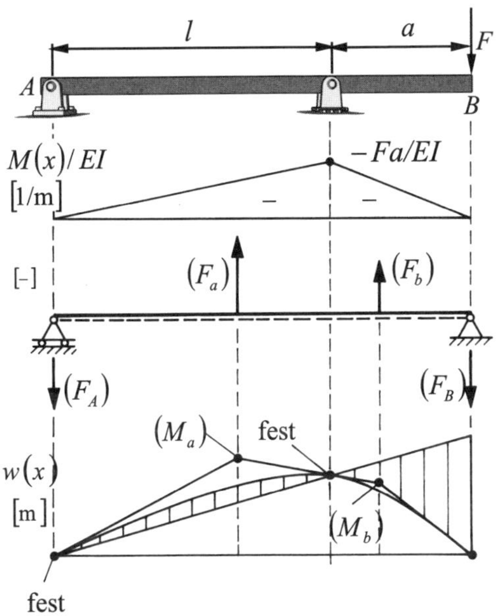

Abb. 2.6.8: Ermittlung der Biegelinie mithilfe der MOHRschen Analogie bei einem Balken auf zwei Stützen.

2.6.8 Ein Zahlenbeispiel

Wir untersuchen nun die in Abbildung 2.6.9 dargestellte Situation: Ein Balken ist am linken Ende in einer Wand eingespannt und wird mithilfe eines Kräftepaares belastet. Wir notieren für die Ersatzkräfte und -momente die nachfolgenden Werte. Aufgrund der Geometrie (Rechteck- bzw. Dreiecksfläche) ergibt sich:

$$(F_a) = 2{,}0 \cdot 10^{-3}\ ,\ \ (F_b) = 0{,}75 \cdot 10^{-3}\,. \qquad (2.6.32)$$

Kräfte- und Momentengleichgewicht am Ersatzträger erfordert, dass:

$$(F_A) = \frac{1}{3{,}5}(2{,}0 \cdot 2{,}5 + 0{,}75 \cdot 1) \cdot 10^{-3} = 1{,}64 \cdot 10^{-3}, \qquad (2.6.33)$$

$$(F_B) = (2{,}0 + 0{,}75 - 1{,}64) \cdot 10^{-3} = 1{,}11 \cdot 10^{-3}.$$

Für die Ersatzmomente folgt somit:

$$(M_a) = 1{,}64 \cdot 10^{-3} \cdot 1\,\text{m} = 1{,}64\,\text{mm},$$

$$(M_b) = 1{,}11 \cdot 10^{-3} \cdot 1\,\text{m} = 1{,}11\,\text{mm}. \qquad (2.6.34)$$

Einfache geometrische Überlegungen (Strahlensatz) liefern dann im Zusammenhang mit der eingezeichneten Schlusslinie die in der Abbildung eingetragenen Werte für die Durchbiegung am Ende.

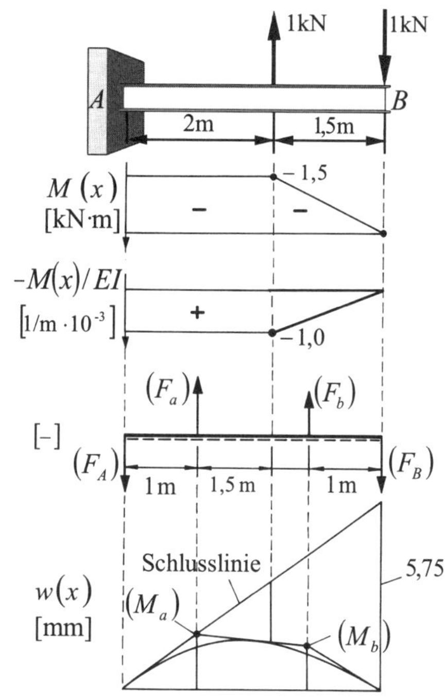

Abb. 2.6.9: Ermittlung der Biegelinie mithilfe der MOHRschen Analogie bei einem eingespannten Balken.

2.6.9 Zusammenfassung: Auffinden der Biegelinie mithilfe der MOHRschen Analogie

Der Gang der Berechnung wird aus Abbildung 2.6.10 deutlich.

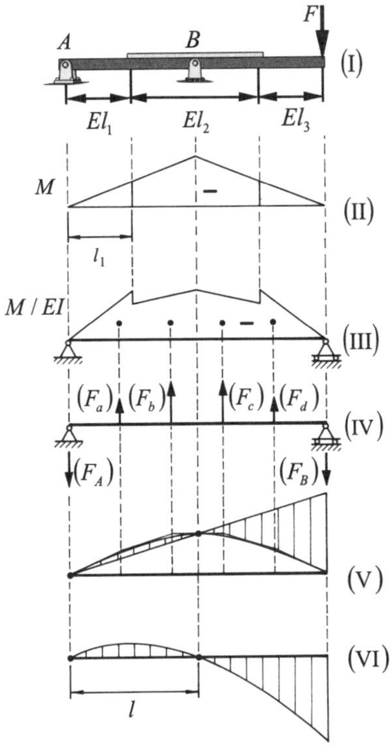

Abb. 2.6.10: Ablauffolge bei der MOHRschen Analogie.

Um den Gang der Rechnung nochmals zu wiederholen (zu den römischen Ziffern vergleiche die Abbildung):

- Für ein System mit gegebenen Lasten, vorgegebener Einspannung und gegebenenfalls abgestuften Trägern (das „wahre" System) ist die Biegelinie gesucht: Schritt (I).
- Zeichne die Momentenfläche des wahren Systems: Schritt (II).
- Zeichne die reduzierte Momentenfläche des wahren Systems, indem du durch die lokalen Steifigkeiten EI_{yy} dividierst. Zeichne Ersatzlager an die Trägerenden: Schritt (I – II).
- Berechne aus den Teilflächen der reduzierten Momentenfläche Ersatzlasten und setze diese in den Schwerpunkt der Teilflächen. Ermittle die Ersatzlagerkräfte für Ersatzlager an den Trägerenden unter Wirkung der Ersatzkräfte: Schritt (IV).

Festigkeitslehre

- Zeichne mithilfe aller Ersatzkräfte die Ersatzmomentenfläche, es entstehen Tangenten an die zukünftige Biegelinie. Konstruiere die Schlusslinie unter Berücksichtigung der wahren Lagerung: Schritt (V).
- Miss die Durchbiegung gegenüber der Schlusslinie aus.

Bemerkung: Die Ermittlung der Ersatzkräfte kann auch rein zeichnerisch erfolgen (etwa mithilfe des Seilecks). Merke außerdem, dass bei abgestuften Trägern die Ersatzmomentenfläche am Übergang zwischen den Steifigkeiten springt.

2.6.10 Ermittlung von Verformungen mithilfe des Superpositionsprinzips

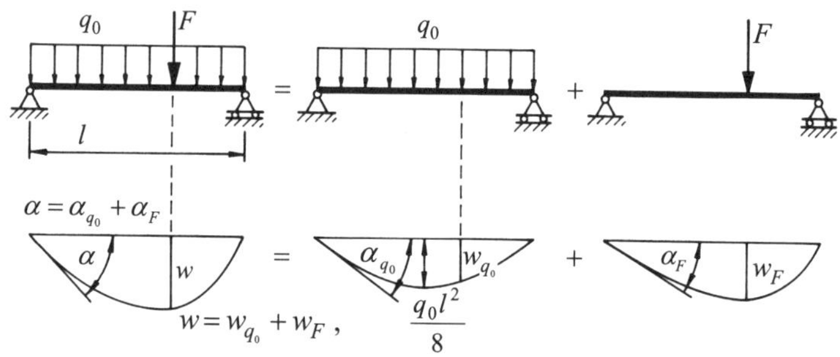

Abb. 2.6.11: Auffinden von Biegelinien durch Superposition von Lastfällen.

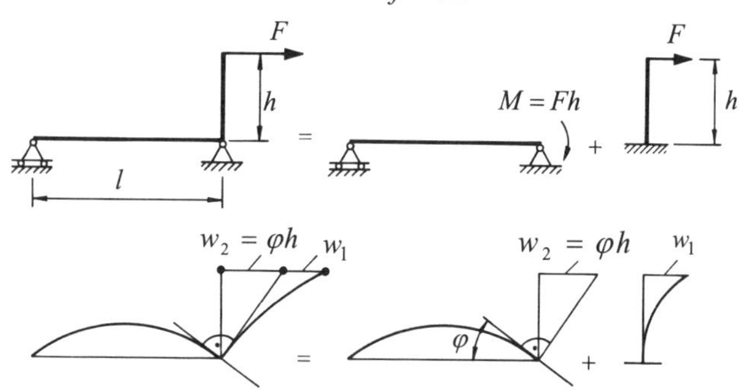

Abb. 2.6.12: Auffinden von Biegelinien durch Superposition von Systemen.

Mithilfe des im Rahmen der hier vorgestellten linearen Theorie erster Ordnung gültigen Superpositionsprinzips gelingt es, Biegelinien von Tragbalken zu finden, indem:

a) Lastfälle überlagert werden.

b) Systeme aneinandergefügt werden.

Ein Beispiel zu beiden Arten von Problemen findet sich in den Abbildungen 2.6.11 und 2.6.12.

2.6.11 Schiefe Biegung (Begriff der Hauptträgheitsachsen)

Es sei daran erinnert, dass bei der Berechnung der Durchbiegung dem Flächenträgheitsmoment I_{yy} eine fundamentale Rolle zukommt. Betrachte z. B. einen Rechteckquerschnitt, wie in Abbildung 2.6.13 dargestellt. Interessieren wir uns für die Durchbiegung um die eingezeichnete y-Achse, so ist für die Bestimmung der Biegelinie das Trägheitsmoment I_{yy} maßgeblich, bei Biegung um die z-Achse entsprechend das Flächenträgheitsmoment I_{zz}. Beide Größen berechnen sich für Rechteckprofile wie folgt:

$$I_{yy} = \int_A z^2 \mathrm{d}A = \frac{bh^3}{12} \,, \quad I_{zz} = \int_A y^2 \mathrm{d}A = \frac{hb^3}{12} \,. \tag{2.6.35}$$

Da sich die Maße b und h unterscheiden, sind auch beide Trägheitsmomente verschieden groß, und entsprechend resultiert bei gleicher Kraft eine unterschiedliche Durchbiegung.

Betrachten wir nun beliebige zueinander senkrecht stehende Biegeachsen, genannt ζ und η, die durch den Schwerpunkt S des Bauteils laufen, siehe Abbildung 2.6.13.

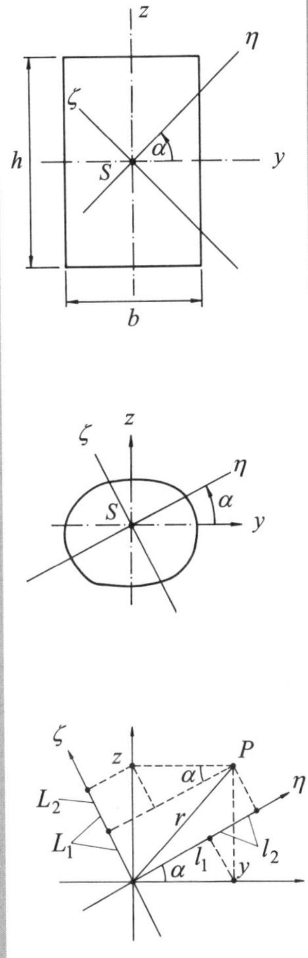

Abb. 2.6.13: Zum Begriff der Hauptträgheitsachsen bei Rechteck- und beliebigem Querschnitt.

Man kann analog zu den vorhergehenden Gleichungen **axiale Flächenträgheitsmomente** um diese Achsen definieren, etwa so:

$$I_{\eta\eta} = \int_A \zeta^2 \mathrm{d}A \,, \quad I_{\zeta\zeta} = \int_A \eta^2 \mathrm{d}A \,. \tag{2.6.36}$$

Diese Trägheitsmomente werden sich natürlich je nach Winkelstellung α mehr oder weniger stark von den zuvor genannten axialen Trägheitsmomenten I_{yy} und I_{zz} unterscheiden. Natürlich gibt es eine Winkelstellung, nämlich $90°$, wo sie mit diesen übereinstimmen. Mehr noch, es wird eine Winkelstellung geben, unter der **maximale** bzw. **minimale** Werte für das Flächenträgheitsmoment herauskommen, genannt $I_{\min}$ und $I_{\max}$. Die dazugehörigen Achsen werden **Hauptträgheitsachsen** des Querschnitts genannt. Um bei einem beliebigen Querschnitt (vgl. Abbildung 2.6.13 Mitte) die dazugehörige Winkelstellung α^* zu berechnen, ermitteln wir zunächst $I_{\eta\eta}$ und $I_{\zeta\zeta}$ in Abhängigkeit von I_{yy} und I_{zz} für eine beliebige Neigung α. Dazu notieren

Festigkeitslehre

wir zunächst, wie η und ζ von x und y abhängen (siehe Abbildung 2.6.13 unten):

$$\eta = l_1 + l_2 = y\cos(\alpha) + z\sin(\alpha),$$
$$\zeta = L_1 - L_2 = -y\sin(\alpha) + z\cos(\alpha). \tag{2.6.37}$$

Wir setzen nun in Gleichung (2.6.35) ein und finden sukzessive:

$$\begin{aligned}
I_{\eta\eta} &= \int_A \zeta^2 \mathrm{d}A \\
&= \sin^2(\alpha)\int_A y^2 \mathrm{d}A + \cos^2(\alpha)\int_A z^2 \mathrm{d}A - 2\sin(\alpha)\cos(\alpha)\int_A yz\mathrm{d}A \\
&= \sin^2(\alpha) I_{zz} + \cos^2(\alpha) I_{yy} + 2\sin(\alpha)\cos(\alpha) I_{yz}, \\
I_{\zeta\zeta} &= \int_A \eta^2 \mathrm{d}A \\
&= \cos^2(\alpha)\int_A y^2 \mathrm{d}A + \sin^2(\alpha)\int_A z^2 \mathrm{d}A + 2\sin(\alpha)\cos(\alpha)\int_A yz\mathrm{d}A, \\
&= \cos^2(\alpha) I_{zz} + \sin^2(\alpha) I_{yy} - 2\sin(\alpha)\cos(\alpha) I_{yz}, \\
I_{\eta\zeta} &= -\int_A \eta\zeta \mathrm{d}A = \sin(\alpha)\cos(\alpha)\int_A y^2 \mathrm{d}A \\
&\quad - \sin(\alpha)\cos(\alpha)\int_A z^2 \mathrm{d}A + \left(\sin^2(\alpha) - \cos^2(\alpha)\right)\int_A yz\mathrm{d}A \\
&= \sin(\alpha)\cos(\alpha)\left(I_{zz} - I_{yy}\right) + \left(\cos^2(\alpha) - \sin^2(\alpha)\right) I_{yz}.
\end{aligned} \tag{2.6.38}$$

Dabei haben wir in Bezug auf den Integranden „gemischte", sogenannte **Deviationsmomente** I_{yz} und $I_{\eta\zeta}$ eingeführt, deren Definition aus den vorstehenden Gleichungen ersichtlich ist. Wir erinnern an die folgenden Additionstheoreme für trigonometrische Funktionen:

$$\sin^2(\alpha) = \frac{1}{2}\left[1 - \cos(2\alpha)\right], \quad \cos^2(\alpha) = \frac{1}{2}\left[1 + \cos(2\alpha)\right],$$
$$2\sin(\alpha)\cos(\alpha) = \sin(2\alpha) \tag{2.6.39}$$

und erhalten, indem wir in die vorherigen Gleichungen einsetzen:

$$\begin{aligned}
I_{\eta\eta} &= \frac{1}{2}\left(I_{yy} + I_{zz}\right) + \frac{1}{2}\left(I_{yy} - I_{zz}\right)\cos(2\alpha) + I_{yz}\sin(2\alpha), \\
I_{\zeta\zeta} &= \frac{1}{2}\left(I_{yy} + I_{zz}\right) - \frac{1}{2}\left(I_{yy} - I_{zz}\right)\cos(2\alpha) - I_{yz}\sin(2\alpha), \\
I_{\eta\zeta} &= -\frac{1}{2}\left(I_{yy} - I_{zz}\right)\sin(2\alpha) + I_{yz}\cos(2\alpha).
\end{aligned} \tag{2.6.40}$$

Hiermit überprüfen wir leicht folgende **Invarianzeigenschaft**:

$$I_{\eta\eta} + I_{\zeta\zeta} = 2\frac{1}{2}\left(I_{yy} + I_{zz}\right) = I_{yy} + I_{zz} = \text{const.}_{\alpha}\,. \tag{2.6.41}$$

Man darf feststellen, dass die Summe der axialen Flächenträgheitsmomente unabhängig von der Winkelstellung konstant bleibt. Diese Konstante ist gleich dem sogenannten **polaren Flächenträgheitsmoment** I_{p}, das wie folgt definiert ist:

$$I_{yy} + I_{zz} = \int_A \left(z^2 + y^2\right)\mathrm{d}A = \int_A r^2 \mathrm{d}A = I_{\mathrm{p}}\,. \tag{2.6.42}$$

Der Name wird verständlich, wenn wir daran denken, dass es sich bei dem in Abbildung 2.6.13 unten dargestellten Radialabstand r um eine der beiden **Polarkoordinaten** handelt. Wir werden dem polaren Trägheitsmoment erneut im Abschnitt über Torsion 2.7 begegnen. Wir suchen nun diejenige Winkelstellung, unter der $I_{\zeta\zeta}$ und $I_{\eta\eta}$ extremal werden. Die Bedingungen hierfür lauten:

$$\left.\frac{\mathrm{d}I_{\eta\eta}}{\mathrm{d}\alpha}\right|_{\alpha=\alpha^*} = 0\,,\quad \left.\frac{\mathrm{d}I_{\zeta\zeta}}{\mathrm{d}\alpha}\right|_{\alpha=\alpha^*} = 0\,. \tag{2.6.43}$$

Es ergibt sich:

$$\left.\frac{\mathrm{d}I_{\eta\eta}}{\mathrm{d}\alpha}\right|_{\alpha=\alpha^*} = 0 = -\left(I_{yy} - I_{zz}\right)\sin\left(2\alpha^*\right) + 2I_{yz}\cos\left(2\alpha^*\right)$$

$$\Rightarrow \quad \tan\left(2\alpha^*\right) = \frac{2I_{yz}}{I_{yy} - I_{zz}}\,. \tag{2.6.44}$$

Man beachte, dass Gleichung $(2.6.43)_2$ auf genau dasselbe Ergebnis führt. Aufgrund der Periodizitätseigenschaft der Tangensfunktion, also der Beziehung $\tan\left(2\alpha^*\right) = \tan\left(2\left[\alpha^* + \pi/2\right]\right)$, gibt es zwei durch $\pi/2$ getrennte, also senkrecht aufeinanderstehende Achsen, die beide eindeutig durch den Richtungswinkel α^* charakterisiert sind und für welche die axialen Trägheitsmomente extremal werden. Dies sind die schon erwähnten Hauptträgheitsachsen. Die Größe der Hauptachsenträgheitsmomente errechnen wir mithilfe folgender, aus Gleichung (2.6.44) folgender Formeln:

$$\cos\left(2\alpha^*\right) = \frac{1}{\sqrt{1 + \tan^2\left(2\alpha^*\right)}} = \frac{I_{yy} - I_{zz}}{\sqrt{\left(I_{yy} - I_{zz}\right)^2 + 4I_{yz}^2}}\,,$$

Adhémar Jean Claude Barré DE SAINT-VENANT (1797 – 1886) wurde in Villiers-en-Bière, Seine-et-Marne geboren und starb in St. Ouen, Loir-et-Cher. Er war Schüler am Lyzeum von Bruges und schrieb sich im Alter von sechzehn Jahren an der École Polytechnique in Paris ein, nachdem er die Aufnahmeprüfung mit Bravour gemeistert hatte. Zum Ausklang der NAPOLEONischen Zeit, genauer gesagt im Jahre 1814, rückten die alliierten Armeen gegen Paris vor und auch die Studenten der École Polytechnique machten mobil. SAINT-VENANT konnte daran wenig Gefallen finden. Es heißt, dass er sich mit der Begründung, sein Gewissen verböte es ihm, für einen Usurpator zu kämpfen, aus den Reihen schlich. Dies nahmen ihm seine Kommilitonen übel, deuteten Vernunft als Feigheit, er wurde zum Verräter deklariert und mit seinen Studien an der École Polytechnique hatte es ein Ende. So arbeitete er während der nächsten acht Jahre in der Pulverindustrie, bis ihm der Gouverneur 1823 schließlich erlaubte, an der École des Ponts et Chaussés sein Studium zu vollenden. Nach der Graduierung arbeitete er am Bau des Kanals von Nivernais sowie am Ardennenkanal als Ingenieur mit, veröffentlichte nach und nach bedeutende Arbeiten in der Elastizitätstheorie sowie zur Festigkeitslehre und kam im Alter als Gelehrter an der Französischen Akademie zu hohen Ehren.

Festigkeitslehre

$$\sin\left(2\alpha^*\right)=\frac{\tan\left(2\alpha^*\right)}{\sqrt{1+\tan^2\left(2\alpha^*\right)}}=\frac{2I_{yz}}{\sqrt{\left(I_{yy}-I_{zz}\right)^2+4I_{yz}^2}}. \tag{2.6.45}$$

Einsetzen dieser Beziehungen in die Gleichungen (2.6.40) liefert:

$$I_{\eta\eta}^*=\frac{1}{2}\left(I_{yy}+I_{zz}\right)+\frac{1}{2}\sqrt{\left(I_{yy}-I_{zz}\right)^2+4I_{yz}^2},$$

$$I_{\zeta\zeta}^*=\frac{1}{2}\left(I_{yy}+I_{zz}\right)-\frac{1}{2}\sqrt{\left(I_{yy}-I_{zz}\right)^2+4I_{yz}^2},$$

$$I_{\eta\zeta}^*=0. \tag{2.6.46}$$

Es ist interessant zu vermerken, dass das Deviationsmoment im Hauptachsensystem verschwindet. Ähnliches werden wir im Zusammenhang mit dem MOHRschen Kreis zur anschaulichen Darstellung der Komponenten des zweidimensionalen Spannungstensors feststellen. Hier verschwinden im Hauptspannungssystem die Scherkomponenten des Spannungstensors. In der Tat könnte man auch die diversen Flächenträgheitsmomente als Komponenten eines **Flächenträgheitstensors** auffassen. An dieser Stelle wollen wir darauf jedoch verzichten. Wir werden auf diese Problematik im Abschnitt 5.7.2 zurückkommen, wo wir den sogenannten Massenträgheitstensor einführen.

Wenden wir uns wieder dem Rechteckquerschnitt zu. Aus Symmetriegründen erscheint es unmittelbar einleuchtend, dass es sich bei der x- bzw. der y-Achse um die Hauptträgheitsachsen dieses Profils handelt. Wir prüfen dies durch Rechnung nach. Dazu erinnern wir an Gleichung (2.6.35) und fügen noch den Ausdruck für das Deviationsmoment eines Rechteckquerschnitts hinzu:

$$I_{yz}=-\int_A yz\mathrm{d}A=-\int_{z=-\frac{h}{2}}^{z=\frac{h}{2}} z\left[\int_{y=-\frac{b}{2}}^{y=\frac{b}{2}} y\,\mathrm{d}y\right]\mathrm{d}z=0. \tag{2.6.47}$$

Dieses setzen wir in die Gleichungen (2.6.46) ein, um zu finden, dass:

$$I_{\eta\eta}^*=\frac{1}{2}\left(I_{yy}+I_{zz}\right)+\frac{1}{2}\left(I_{yy}-I_{zz}\right)=I_{yy},$$

$$I_{\zeta\zeta}^*=\frac{1}{2}\left(I_{yy}+I_{zz}\right)-\frac{1}{2}\left(I_{yy}-I_{zz}\right)=I_{zz}\,,\quad I_{\eta\zeta}^*=0. \tag{2.6.48}$$

Man darf allgemein feststellen:

Bei symmetrischen Querschnitten ist die Symmetrieachse eine Hauptträgheitsachse. Die Hauptträgheitsachsen stehen stets aufeinander senkrecht.

Ferner sei folgender Sachverhalt vermerkt. Definiere den sogenannten „Trägheitsradius“ i zum Flächenträgheitsmoment I wie folgt:

$$I = i^2 A \,. \tag{2.6.49}$$

Insbesondere gilt somit im Fall des Rechteckprofils:

$$i_y = \sqrt{\frac{I_{yy}}{A}} = \sqrt{\frac{1}{12}}h \,, \quad i_z = \sqrt{\frac{I_{zz}}{A}} = \sqrt{\frac{1}{12}}b \,. \tag{2.6.50}$$

Berechnet man nun in analoger Weise die Trägheitsradien i_α für alle Winkel α und trägt dieselben unter $90° + \alpha$ auf, so erhält man als Bild eine Ellipse, die sogenannte **Trägheitsellipse**: Abbildung 2.6.14.

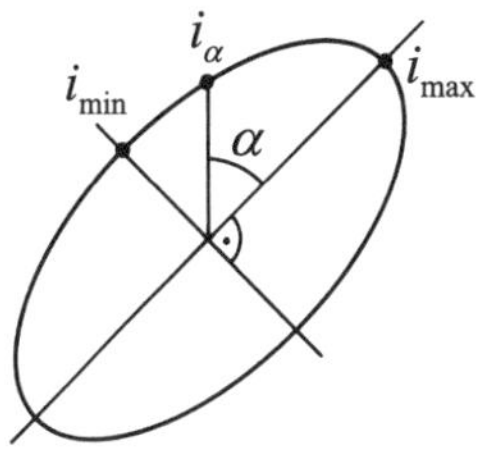

Abb. 2.6.14: Die Trägheitsellipse.

Wir klären als Nächstes den Begriff der **geraden Biegung**. Hierunter versteht man den Fall, dass die Biegung aus Lasten resultiert, die in einer Hauptachse wirken. Die Abbildung 2.6.15 zeigt solche Fälle für verschiedene Querschnittsprofile.

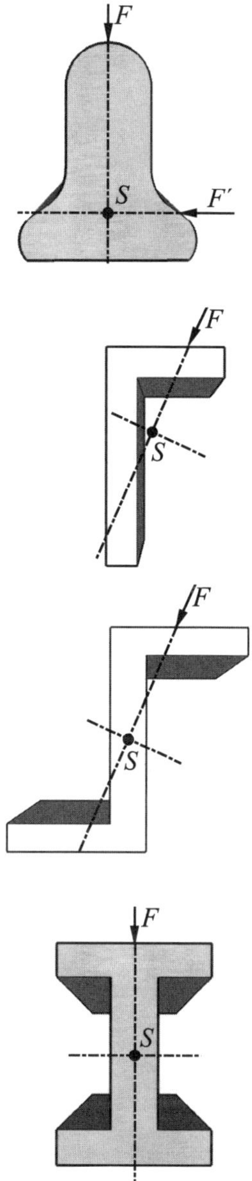

Abb. 2.6.15: Zum Begriff der geraden Biegung.

Bei der **schiefen Biegung** hingegen geht die Wirkungslinie der Last zwar weiterhin durch den Schwerpunkt des Trägers, allerdings ist sie unter einem Winkel α gegenüber einer der Hauptachsen geneigt: siehe Abbildung 2.6.16.

Man beachte zweierlei. Erstens: Die Gesamtspannungen werden durch Addition der Spannungen aus beiden Teilproblemen ermittelt, dabei sind die Vorzeichen zu berücksichtigen. Zweitens liegt die Nulllinie der Spannungen im Allgemeinen nicht senkrecht zur Lastrichtung. Bei in y- und z-Richtung gleich gelagerten Systemen, also so wie hier z. B. beim eingespannten Doppel-T-Profil, lässt sich die gesamte Durchbiegung w durch vektorielle Addition der Durchbiegungen der in y- bzw. z-Richtung errechneten Teildurchbiegungen bestimmen: Abbildung 2.6.17.

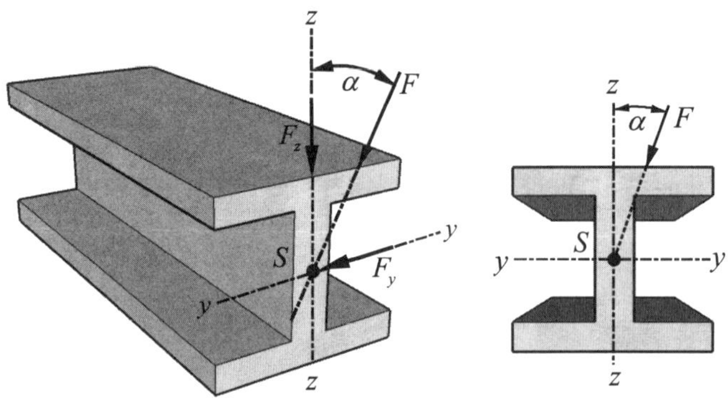

Abb. 2.6.16: Zum Begriff der schiefen Biegung.

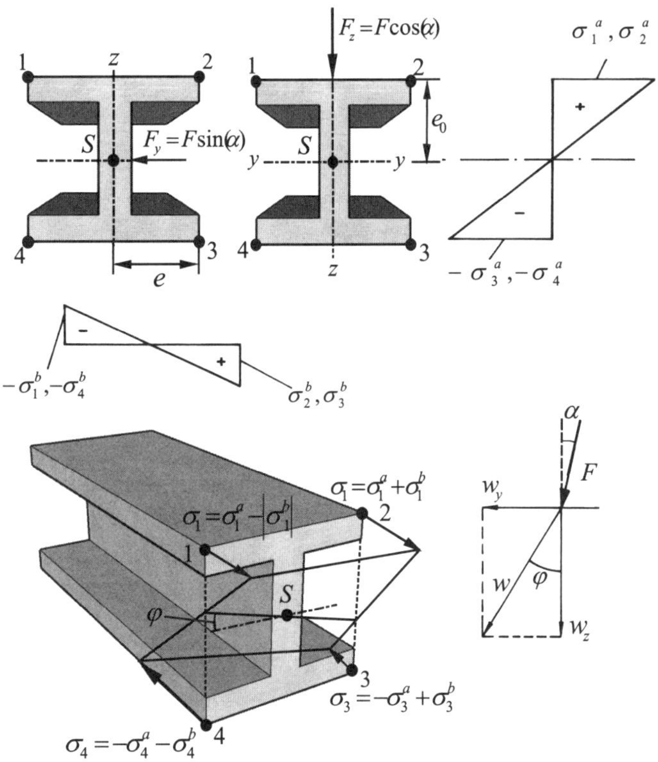

Abb. 2.6.17: Berechnung der Biegespannungen beim durch schiefe Biegung belasteten Doppel-T-Träger.

Man beachte, dass w senkrecht zur Spannungsnulllinie steht, d. h. ebenfalls nicht in Lastrichtung zeigt.

Zur Berechnung der Spannungen und der Durchbiegung zerlegen wir die Last in zu den Hauptträgheitsachsen parallele Komponenten und lassen dieselben in Richtung der Hauptachsen angreifen. In Abbildung 2.6.17 ist das Vorgehen für den in der Wand eingespannten Doppel-T-Träger aus Abbildung 2.6.16 illustriert.

2.7 Axiale Verdrehung / Torsion

2.7.1 Schubspannungen am Kreisquerschnitt

Betrachte den in Abbildung 2.7.1 dargestellten, einseitig eingespannten Träger mit kreisförmigem Profil. Dieser wird am Stabende durch ein angreifendes Torsionsmoment der Stärke $M_T = 2aF$ verdreht. Dabei bezeichnet a die Länge der beiden Hebel und F ist die am Hebelende angreifende Kraft. Wir wollen die sich aufgrund der Verdrehung ergebenden Schubspannungen τ sowie (in Abschnitt 2.7.5) den resultierenden Verdrehwinkel φ ermitteln.

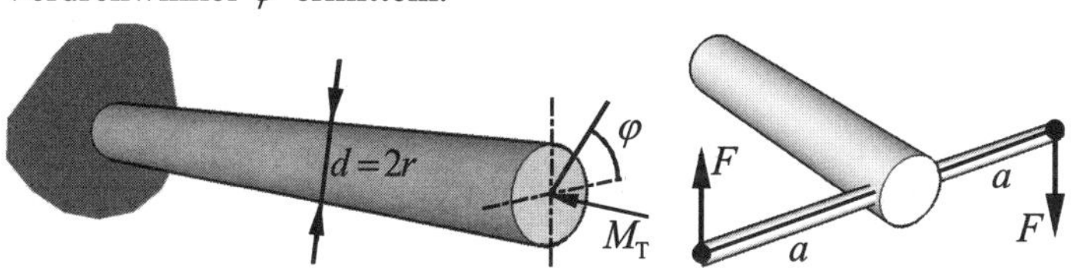

Abb. 2.7.1: Torsion eines Vollzylinders.

Zu diesem Zweck argumentieren wir wie folgt. Wie in Abbildung 2.7.2 gezeigt, betrachten wir ein ringförmiges Flächenelement der Größe dA im Abstand ρ vom Zentrum. Aus Symmetriegründen ist die längs dieses Ringelementes wirkende Schubspannung $\tau(\rho)$ konstant. In der Tat variiert die Schubspannung jedoch mit zunehmendem Abstand vom Zentrum. Man kann zeigen, dass sie für nicht allzu starke Verdrehungen (also solange man im HOOKEschen Bereich bleibt), wobei die Stabquerschnitte eben bleiben sollen, linear von null auf einen Maximalwert τ_{max} am Rand zunimmt (siehe Abb. 2.7.2):

$$\tau(\rho) = \tau_{max} \frac{\rho}{r}. \tag{2.7.1}$$

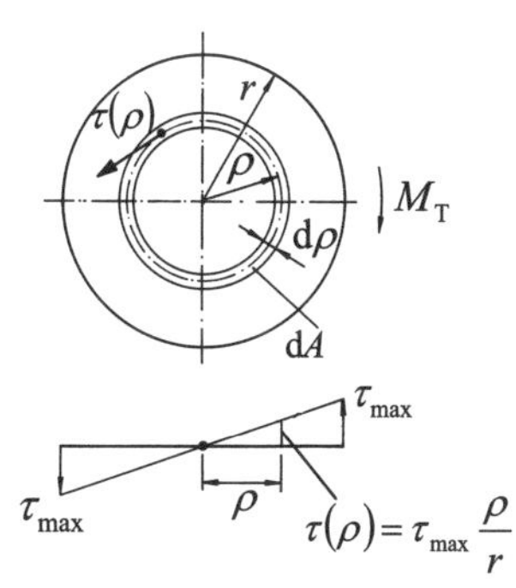

Abb. 2.7.2: Zur Herleitung der Torsionsspannungsverteilung.

Mithin wird von dem ringförmigen Flächenelement folgender Beitrag zum Widerstand gegenüber dem aufgeprägten Torsionsmoment geleistet:

$$\mathrm{d}M_\mathrm{T} = \tau(\rho)\,\mathrm{d}A\,\rho = \tau_\mathrm{max}\frac{\rho^2}{r}\mathrm{d}A\,. \tag{2.7.2}$$

Durch Integration über den gesamten Querschnitt findet man schließlich:

$$M_\mathrm{T} = \frac{\tau_\mathrm{max}}{r}\int_A \rho^2 \mathrm{d}A\,. \tag{2.7.3}$$

Hieraus lässt sich die noch unbekannte maximale Schubspannung am Stabrand bestimmen:

$$\tau_\mathrm{max} = \frac{M_\mathrm{T} r}{\int_A \rho^2 \mathrm{d}A} = \frac{M_\mathrm{T} r}{I_\mathrm{p}} \quad \text{mit} \quad I_\mathrm{p} = \int_A \rho^2 \mathrm{d}A\,. \tag{2.7.4}$$

Auf der rechten Seite der Gleichung (2.7.4) stehen bekannte Größen. Diese liegen fest bei vorgegebener Geometrie des Stabes, also bei Vorgabe seines Radius, und bei Vorgabe der aufgeprägten „Last“, also hier des Torsionsmomentes. In Analogie zur Biegespannungsformel am Balken:

$$\sigma_\mathrm{max} = \frac{M\,e}{\int_A z^2 \mathrm{d}A} = \frac{M\,e}{I_{yy}}\,. \tag{2.7.5}$$

wurde in der Gleichung (2.7.4) das sogenannte **polare Trägheitsmoment** I_p eingeführt. Dieses ist für einfache Querschnittsformen, etwa für das hier untersuchte Kreisprofil, analytisch berechenbar, wie im folgenden Abschnitt gezeigt wird.

2.7.2 Polares Trägheitsmoment für Kreisprofile

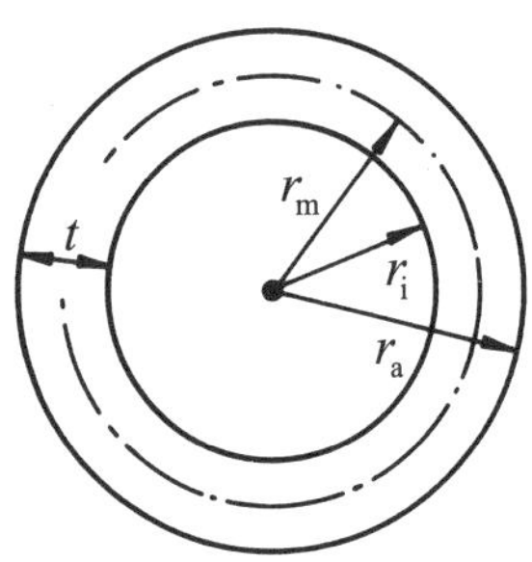

Abb. 2.7.3: Zum polaren Trägheitsmoment eines Hohlzylinders.

Betrachte das in Abbildung 2.7.3 dargestellte Ringprofil mit Innenradius r_i und Außenradius r_a. Die Dicke des Ringes sei t, der Mittenabstand r_m ist gegeben durch $r_\mathrm{m} = \frac{1}{2}(r_\mathrm{a} + r_\mathrm{i})$, d. h.:

$$r_\mathrm{a} = r_\mathrm{m} + \frac{t}{2}\,, \quad r_\mathrm{i} = r_\mathrm{m} - \frac{t}{2}\,. \tag{2.7.6}$$

Mithin folgt für das polare Trägheitsmoment:

$$I_\mathrm{p} = 2\pi\int_{r_\mathrm{i}}^{r_\mathrm{a}} \rho^3 \mathrm{d}\rho = \frac{\pi}{2}\left(r_\mathrm{a}^4 - r_\mathrm{i}^4\right), \tag{2.7.7}$$

und speziell für das im vorherigen Abschnitt untersuchte **Vollprofil**:

$$I_\mathrm{p} = \frac{\pi}{2} r^4 = \frac{\pi}{32} d^4 \approx 0{,}1\, d^4 , \tag{2.7.8}$$

wobei d den Durchmesser des Vollkreises bezeichnet. Für einen **sehr dünnen Ring** gilt:

$$t << r_\mathrm{a}\, ,\ r_\mathrm{i}\, ,\ r_\mathrm{m}\, , \tag{2.7.9}$$

und somit kann man höhere als lineare Terme in t vernachlässigen, die entstehen, wenn man Gleichung (2.7.6) in Gleichung (2.7.7) einsetzt. Es resultiert folgendes zu Gleichung (2.7.8) analoge Endergebnis für das polare Widerstandsmoment eines dünnwandigen Ringes:

$$I_\mathrm{p} \approx 2\pi r_\mathrm{m}^3 t\, . \tag{2.7.10}$$

Analog zum Widerstandsmoment beim Biegebalken kann nun für Kreisquerschnitte ein **polares Widerstandsmoment** wie folgt definiert werden:

$$W_\mathrm{p} = \frac{I_\mathrm{p}}{r}\, . \tag{2.7.11}$$

Man erhält somit für den Vollkreis:

$$W_\mathrm{p} = \pi \frac{r^3}{2} = \pi \frac{d^3}{16} \tag{2.7.12}$$

und für einen dünnwandigen Ring:

$$W_\mathrm{p} = \frac{I_\mathrm{p}}{r_\mathrm{a}} \approx 2\pi r_\mathrm{m}^2 t\, . \tag{2.7.13}$$

In der folgenden Tabelle sind (für Vollquerschnitte) die entsprechenden Trägheits- und Widerstandsmomente bei Biegung und Torsion von Vollkreisprofilen einander gegenübergestellt, um die Analogie zwischen beiden Größen hervorzuheben:

	I	W
Biegung	$\frac{\pi d^4}{64}$	$\frac{\pi d^3}{32} \approx 0{,}1 d^3$
Torsion	$\frac{\pi d^4}{32}$	$\frac{\pi d^3}{16}$

Rudolph BREDT, geboren 1842 in Barmen, heute Wuppertal, gestorben 1900 in Wetter / Ruhr, war nach dem Studium des Maschinenbaus und der Mathematik in Karlsruhe und Zürich zunächst in Berlin und danach in England bei einer Lokomotiv- und Maschinenfabrik tätig, wo er sich vor allem für den Kranbau interessierte. Im Jahre 1867 kehrt er nach Deutschland zurück und tritt der Firma Stuckenholz in Wetter / Ruhr bei. Diese baut er zu einer der ersten Kranbaufabriken Deutschlands auf. Nachdem Gustav STUCKENHOLZ im Jahre 1876 aus dem Betrieb ausscheidet, wird BREDT Alleininhaber und bringt 1887 den ersten elektrisch angetriebenen Laufkran auf den Markt. Im Jahre 1896, also im Wesentlichen kurz vor seinem Tode, veröffentlicht BREDT die nach ihm benannten Formeln im VDI-Journal und überträgt seine Firma einem langjährigen Mitarbeiter, Wolfgang REUTER, dem späteren Gründer des Maschinenkonzerns DEMAG AG.

2.7.3 Dünnwandige geschlossene Hohlprofile und dünnwandige offene Profile

Betrachte die in Abbildung 2.7.4 dargestellte Situation eines dünnwandigen geschlossenen Hohlprofils, welches nicht notwendigerweise symmetrisch und nicht notwendigerweise von konstanter Wandstärke t ist. Es bezeichnet D einen charakteristischen Durchmesser des Profils, wie gezeichnet, dann soll also gelten: $t << D$. Es gilt, die Schubspannungen für einen aus diesem Profil hergestellten Stab unter Wirkung eines Torsionsmomentes M_T zu berechnen. Um im Rahmen der bisher vorgestellten Theorie kleiner Verdrillungen zu bleiben, wird weiterhin vorausgesetzt, dass die Stabquerschnitte nach der Verdrillung weiterhin eben sind und dass außerdem der Schubfluss $\tau(t)\,t$ innerhalb des Profils, wie bei einer Strömung, in jedem Querschnittspunkt konstant bleibt. Man darf für den zum Schub $\tau(t)$ gehörigen Kraftbeitrag $\mathrm{d}T$ schreiben:

$$\mathrm{d}T = \tau(t)\,\mathrm{d}A = \tau(t)\,t\,\mathrm{d}s\,. \qquad (2.7.14)$$

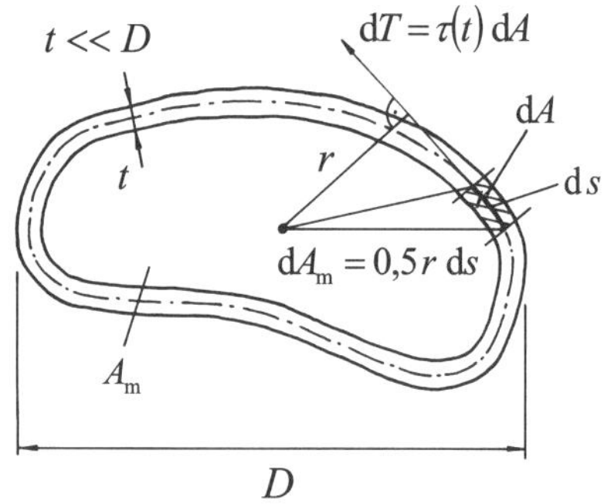

Abb. 2.7.4: Schubspannungen in dünnen Hohlprofilen.

Dabei bezeichnen $\mathrm{d}A$ ein Flächenelement des Querschnitts und $\mathrm{d}s$ ist ein Mittelbogenelement des Querschnitts, wie in Abbildung 2.7.4 dargestellt. Für den Momentenbeitrag notiert man folgerichtig mit dem ebenfalls in der Abbildung gezeichneten Hebelarm r:

$$\mathrm{d}M_\mathrm{T} = r\,\mathrm{d}T \qquad (2.7.15)$$

und durch Integration längs der Mittellinie L der Hohlwand folgt*:

* Die Tatsache, dass es sich hierbei um ein geschlossenes Linienintegral handelt, wird durch den Kreis im Integralsymbol angedeutet.

$$M_{\mathrm{T}} = \oint_L r \,\mathrm{d}T = \oint_L \tau\, t\, r \,\mathrm{d}s = \tau\, t \oint_L r \,\mathrm{d}s = \tau\, t\, 2 \oint_L \mathrm{d}A_{\mathrm{m}} = 2\tau\, t\, A_{\mathrm{m}}. \tag{2.7.16}$$

Es bezeichnet A_{m} die von der Mittellinie umschlossene Fläche, und wir gelangen somit zur **1. BREDTschen Formel**, die es erlaubt, für ein vorgegebenes geschlossenes Hohlprofil die auf ein Torsionsmoment der Stärke M_{T} zurückgehenden Schubspannungen an der Stelle der Wandstärke t zu ermitteln:

$$\tau(t) = \frac{M_{\mathrm{T}}}{2tA_{\mathrm{m}}}. \tag{2.7.17}$$

Man folgert, dass an Stellen, an denen sich das Profil verengt, die Schubspannung wächst und umgekehrt, was mit dem Strömungsbild, das man sich vom Schubfluss machen darf, konform ist:

$$t\uparrow \;\Rightarrow\; \tau(t)\downarrow \quad \text{und} \quad t\downarrow \;\Rightarrow\; \tau(t)\uparrow. \tag{2.7.18}$$

Die **maximale** Schubspannung findet man also an Stellen **minimaler** Wandstärke:

$$\tau_{\max} = \frac{M_{\mathrm{T}}}{2t_{\min} A_{\mathrm{m}}}. \tag{2.7.19}$$

Es ist üblich, als reine Rechengröße ein Widerstandsmoment wie folgt zu definieren:

$$W_{\mathrm{p}} = 2t\, A_{\mathrm{m}} \tag{2.7.20}$$

und es folgt:

$$\tau(t) = \frac{M_{\mathrm{T}}}{W_{\mathrm{p}}}. \tag{2.7.21}$$

In Tabellenwerken sind Widerstandsmomente für verschiedene Hohlprofilformen, aber nicht nur für diese, sondern auch für Vollprofile verzeichnet. Auch die Lage der zugehörigen maximalen Schubspannung ist angegeben. Man darf feststellen, dass das Widerstandsmoment für offene Profile (= Profile ohne Hohlraum) bei gleicher umschlossener Fläche stets geringer ist als für geschlossene Profile. Ein Beispiel ist in Abbildung 2.7.5 illustriert. Die Pfeile sollen den Spannungsfluss als Folge der Torsion andeuten.

In Abbildung 2.7.6 ist ein Rechteckvollprofil zu sehen. Die Stelle größter Schubspannung für den Fall $h > b$ ist angegeben. Für das hierzu gehörende minimale Widerstandsmoment sei notiert:

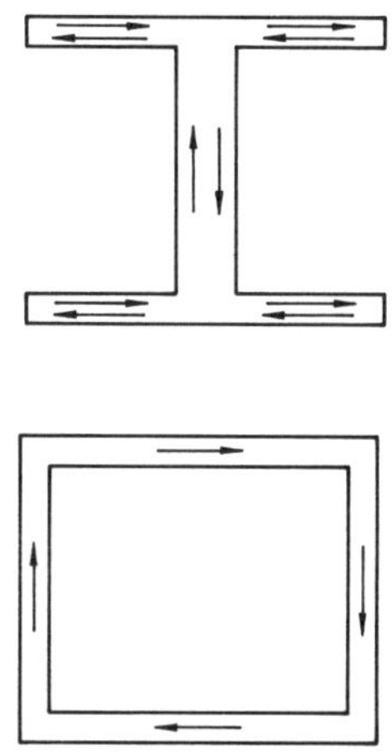

Abb. 2.7.5: Offenes Profil vs. geschlossenes Profil, beide flächenübergreifend gleich.

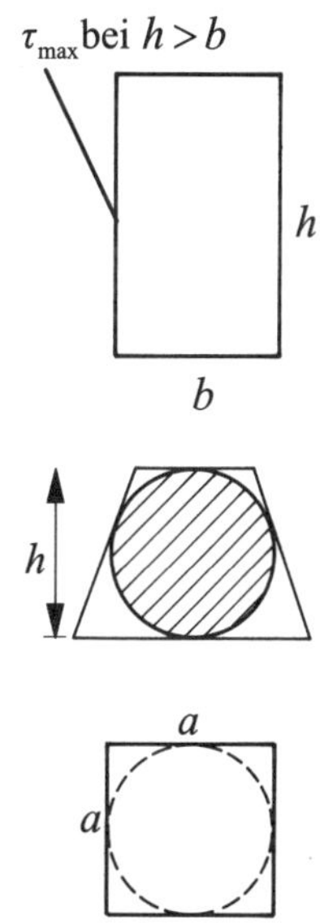

Abb. 2.7.6: Zum Widerstandsmoment gegen Torsion verschiedener Vollflächen.

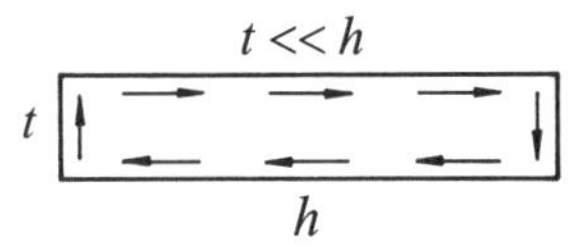

Abb. 2.7.7: Zum Widerstandsmoment des dünnen Rechtecks.

$$W_{\mathrm{p,\,min}}(\tau_{\max}) \approx \frac{2}{9} b^2 h\,. \tag{2.7.22}$$

Die Stärke der maximalen Torsionsspannung kann nach wie vor mithilfe von Gleichung (2.7.21) berechnet werden. Zur Abschätzung von Widerstandsmomenten kann man oft vorteilhaft das Konzept des sogenannten **Innenkreises** verwenden. Dieses ist ebenfalls in Abbildung 2.7.6 angedeutet. Damit findet man für ein Quadrat nach Gleichung (2.7.22):

$$W_{\mathrm{p,\,min}}(\tau_{\max}) \approx \frac{2}{9} a^3\ ,$$

bzw. nach längerer Rechnung auch exakt:

$$W_{\mathrm{p,\,min}}(\tau_{\max}) \approx 0{,}208 a^3\,. \tag{2.7.23}$$

Vergleicht man dies mit dem Trägheitsmoment des in das Quadrat einbeschriebenen Innenkreises, welches nach Gleichung (2.7.12) gegeben ist durch:

$$W_{\mathrm{p,\,min}}(\tau_{\max}) = \frac{\pi}{16} a^3 \approx 0{,}196 a^3\,, \tag{2.7.24}$$

so stellt man fest, dass kein großer Unterschied zwischen beiden Widerstandsmomenten besteht. In der Tat ist das Widerstandsmoment des Innenkreises etwas kleiner, also überschätzt man nach Gleichung (2.7.21) die resultierende Schubspannung, was im Sinne eines konservativen Spannungsnachweises zulässig ist. Analog kann man nun das Konzept des Innenkreises verwenden, um etwa bei einem Trapezprofil (siehe Abbildung 2.7.6, Mitte) zu einer Spannungsabschätzung zu gelangen.

Für ein dünnes Rechteck (Seitenverhältnisse etwa $t << h$, $t : h = 1 : 10$ und darunter, siehe Abbildung 2.7.7) liefert eine genaue Rechnung den folgenden Wert für das minimale Widerstandsmoment:

$$W_{\mathrm{p,\,min}} = \frac{1}{3} t^2 h\,. \tag{2.7.25}$$

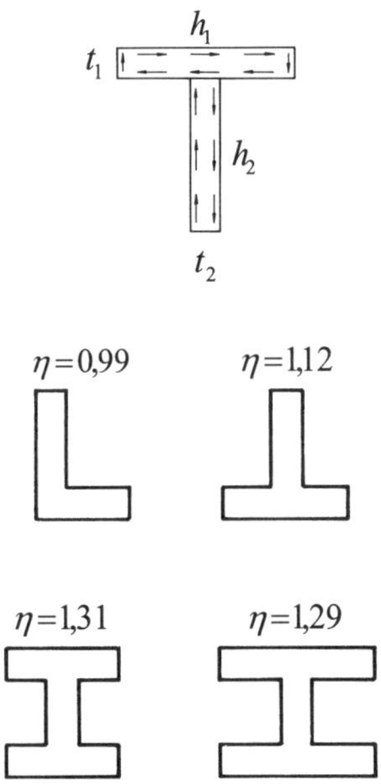

Abb. 2.7.8: Zum Widerstandsmoment von aus dünnen Rechtecken zusammengesetzten Profilen.

Diese Formel kann auf aus dünnen Rechtecken zusammengesetzte Profile (siehe etwa Abbildung 2.7.8) übertragen werden:

$$W_{\mathrm{p,\,min}} = \frac{\eta}{3 t_{\max}} \sum_i t_i^3 h_i\,. \tag{2.7.26}$$

Darin bezeichnet h_i stets die lange Seite, $t_{\max}$ ist die größte dünne Seite und η ist ein Formparameter.

Die Rechnung liefert die in der Abbildung 2.7.8 für L-, T- und Doppel-T-Profile angegebenen Werte.

2.7.4 Beliebige offene Profile, dickwandige Hohlprofile

Bei beliebigen offenen Profilen (= Profile ohne Hohlraum) oder auch dickwandigen Hohlprofilen ist die Bedingung, dass die Querschnitte bei Verwindung eben bleiben, nicht mehr gewährleistet. Beispiele solcher Querschnitte sind in Abbildung 2.7.9 gezeigt.

Die Querschnitte möchten sich verwölben, die Verwölbung ist aufgrund des Zusammenhaltes der Querschnitte jedoch nicht ohne Weiteres möglich. Mithin resultieren Unterschiede in den Spannungen aufgrund der Behinderung der Verwölbung.

Die mathematisch exakte Behandlung ist eine Aufgabe der linearen Elastizitätstheorie. Sie wurde erstmalig von Barré DE SAINT-VENANT durchgeführt und beruht auf der Lösung der LAPLACEschen partiellen Differenzialgleichung für die sogenannte **Spannungsfunktion.**

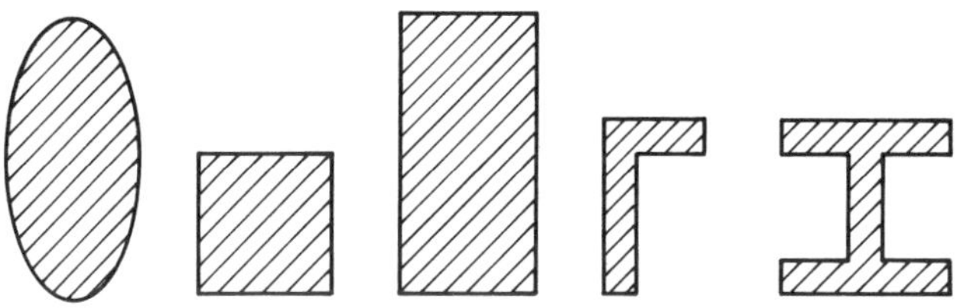

Abb. 2.7.9: Verschiedene offene Profile.

Wir wollen hierauf nicht weiter eingehen, sondern uns mit einer anschaulichen Deutung, der sogenannten Strömungsanalogie des Schubspannungsflusses nach PRANDTL, begnügen, die uns hilft, die Spannungsmaxima bei Verdrillung wenn nicht zu quantifizieren, so doch wenigstens zu lokalisieren.

Die Idee der Strömungsanalogie ist in Abbildung 2.7.10 dargestellt. Die Torsionsspannungsverteilung kann man sich wie einen Strudel vorstellen, der dem angelegten Drehmoment (hier im Uhrzeigersinn) entgegengerichtet ist.

An Stellen dünneren Querschnitts ist der Strudel schneller, also die Spannung größer, als an Stellen weiten Querschnitts. Einkerbungen wie eine Nut führen lokal zur Verengung der Strömung, also zu einer Spannungserhöhung. Letzteres darf man in Analogie zum Fall der Verengung des Spannungsflusses eines unter Zug stehenden gekerbten Balkens sehen.

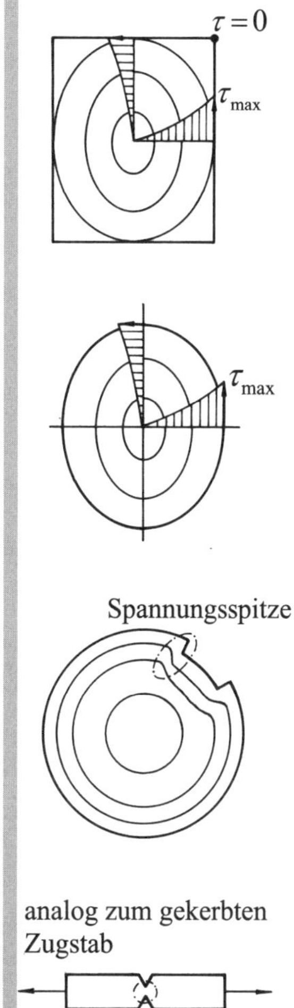

Abb. 2.7.10: Zur Strömungsanalogie nach PRANDTL.

2.7.5 Verformung infolge Torsion, Verdrehwinkel

Nach HOOKE ist die Schubspannung zum Scherwinkel γ proportional. Die Proportionalitätskonstante ist durch den Schubmodul G gegeben, also eine den Widerstand des Materials gegen Scherung bzw. hier Verdrehung kennzeichnende Größe:

$$\tau = G\,\gamma\,. \tag{2.7.27}$$

Betrachte nun die in Abbildung 2.7.11 gezeigte Situation des unter der Wirkung des Drehmomentes M_{T} längs der Länge l um den Winkel φ verdrehten Stabes.

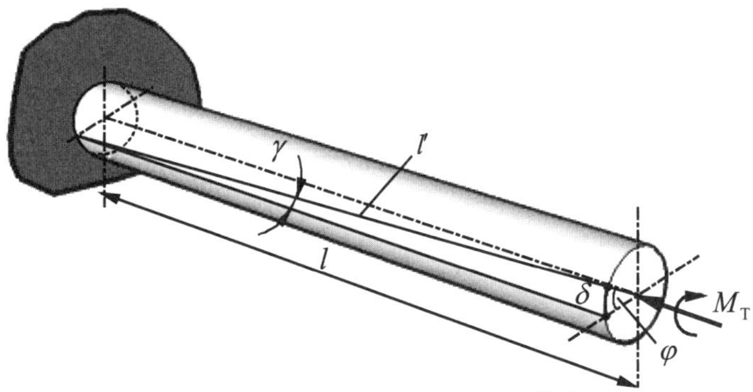

Abb. 2.7.11: Zur Verdrehung des Stabes.

Aufgrund geometrischer Überlegungen darf man schreiben:

$$\gamma\, l' = \delta = r\varphi\,. \tag{2.7.28}$$

Mit den Gleichungen (2.7.4/11/27) gilt darüber hinaus für die Umfangsspannung $\tau_{\max}$ am Stabende:

$$\tau_{\max} = G\,\gamma = \frac{M_{\mathrm{T}}}{W_{\mathrm{p}}} = \frac{M_{\mathrm{T}} r}{I_{\mathrm{p}}}\,. \tag{2.7.29}$$

Also folgt:

$$\gamma = \frac{M_{\mathrm{T}} r}{G I_{\mathrm{p}}} \tag{2.7.30}$$

und mithin für den Verdrehwinkel φ unter Verwendung der bei kleinen Verdrehungen (und um diese geht es hier) guten Näherung $l' \approx l$:

$$\varphi = \gamma \frac{l'}{r} = \frac{M_{\mathrm{T}} l}{G I_{\mathrm{p}}}\,. \tag{2.7.31}$$

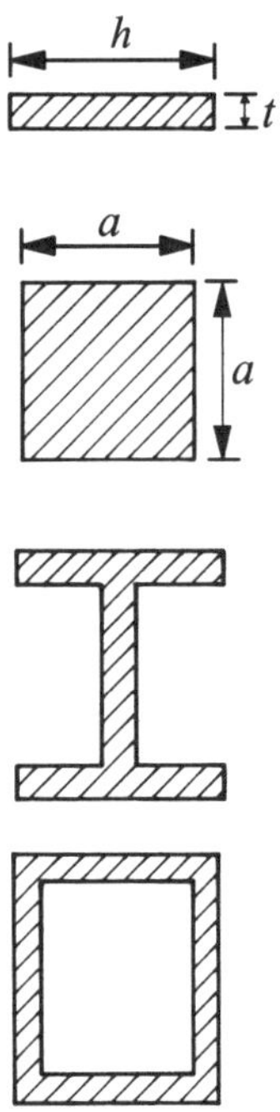

Abb. 2.7.12: Zur Verdrillung von Stäben verschiedener Profile.

Für beliebige Querschnitte gilt eine analoge Formel:

$$\varphi = \gamma \frac{l'}{r} = \frac{M_T l}{G I_p^*}, \qquad (2.7.32)$$

wobei das polare Trägheitsmoment I_p^* Tabellenwerken entnommen werden kann. So findet man beispielsweise (vgl. Abbildung 2.7.12) für ein schmales Rechteck $t << h$, $t : h = 1 : 10$:

$$I_p^* = \frac{1}{3} t^3 h \qquad (2.7.33)$$

und für ein Quadrat:

$$I_p^* = 0{,}141 a^4. \qquad (2.7.34)$$

Für dünnwandige Hohlraumprofile (vgl. Abbildung 2.7.13) hilft die **2. BREDTsche Formel** bei der Berechnung des polaren Trägheitsmomentes weiter:

$$I_p^* = \frac{4 A_m^2}{\int_{L_m} \frac{ds}{t}}. \qquad (2.7.35)$$

Die Bedeutung der einzelnen Größen kann der Abbildung 2.7.13 entnommen werden. Sie sind teilweise entsprechend zur 1. BREDTschen Formel. Ist nun die Profildicke stückweise längs des Umfanges L konstant, so vereinfacht sich die Berechnung des Linienintegrals, und wir können schreiben:

$$I_p^* = \frac{4 A_m^2}{\sum_i \frac{l_i}{t_i}}. \qquad (2.7.36)$$

Ein einfaches Beispiel ist in der Abbildung gezeigt.

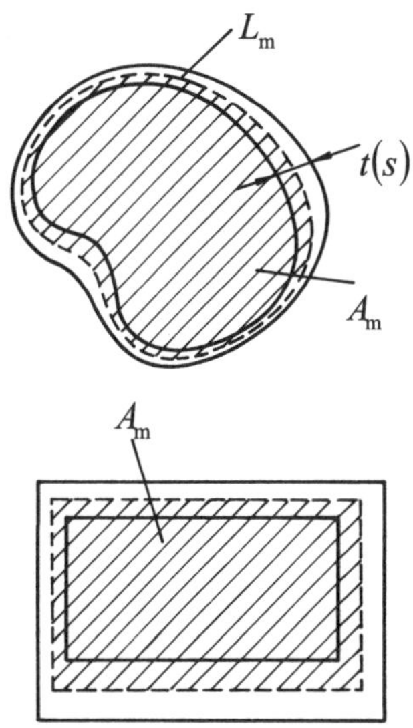

Abb. 2.7.13: Zur 2. BREDTschen Formel.

Ludwig PRANDTL (1875 – 1953) wurde in Freising bei München als Sohn eines Professors für Landwirtschaft geboren. Er studierte Ingenieurwesen an der Technischen Hochschule München und wurde nach seiner Graduierung der Assistent und später auch der Schwiegersohn des berühmten Mechanikers August FÖPPL, was wieder einmal zeigt, wozu Kenntnisse in der Mechanik und ihrem Umfeld von Nutzen sein können. Im Jahre 1900 beendete er sein Doktorat

Spezifischer Winkel, Drehfederkonstante

Für die Verformung von Torsionsstäben (Wellen) wird im Maschinenbau vielfach gefordert, dass sie bestimmte Grenzen einhält. Diese Grenzen werden durch den sogenannten **spezifischen Drehwinkel** ϑ angegeben, z. B. als $0{,}25\,°/\text{m}$ oder als $4{,}5 \cdot 10^{-3}\ 1/\text{m}$, je nachdem, ob man in Grad oder im Bogenmaß arbeitet. Zur Berechnung von ϑ hat man den im vorigen Abschnitt bestimmten Winkel φ auf die Längeneinheit zu beziehen:

$$\vartheta = \frac{\varphi}{l} = \frac{M_T}{G I_p^*}. \qquad (2.7.37)$$

Festigkeitslehre

mit einer Arbeit über Stabilitätstheorie und ging kurzzeitig in die Industrie (MAN). 1900 schließlich nimmt er einen Ruf an den Lehrstuhl für Ingenieurmechanik an der Technischen Hochschule in Hannover an, wo er seine Arbeiten über Strömungsanalogie bei der Torsion erstellt. Kurz danach im Jahre 1904 wird er Professor für Angewandte Mechanik an der damals für ihre Professoren der Mathematik und Physik berühmten Universität Göttingen. Im Jahre 1925 wird er Leiter des dortigen Kaiser-Wilhelm-Instituts für Strömungsmechanik, das heutige Max-Planck-Institut. Er ist der Entwickler fundamentaler Ideen in der Strömungsmechanik, so z. B. der Grenzschichttheorie. Aber auch für die Mechanik der Festkörper waren seine Arbeiten grundlegend. Wir finden seinen Namen auch in der Plastizitätstheorie, und zwar in den so genannten PRANDTL-REUSS-Gleichungen, den Grundgleichungen zur Beschreibung zeitunabhängiger Plastizität.

Analog zur Federkonstante c:

$$c = \frac{F}{\delta}, \tag{2.7.38}$$

wobei F die Kraft und δ die Verlängerung ist, definiert man bei Torsion auch noch die sogenannte Drehfederkonstante c_T durch:

$$c_{\mathrm{T}} = \frac{M_{\mathrm{T}}}{\varphi} = \frac{GI_{\mathrm{p}}^{*}}{l}. \tag{2.7.39}$$

Darstellung des Torsionsmomentes (M_{T}-Fläche)

Offenbar muss man zur Auswertung der in den vorherigen Abschnitten präsentierten Gleichungen für den Verdrillwinkel und den spezifischen Drehwinkel wissen, wie groß das Torsionsmoment in jedem Punkt der Wellen ist.

Dieses kann sich beim Einführen von Momenten längs der Wellenachse über der Welle ändern, und um den Überblick zu bewahren, ist es günstig, analog zur Biegemomentenfläche bei der Beurteilung der Biegung von Balken sogenannte Torsionsmomentenflächen über der Wellenachse aufzuzeichnen. Ein Beispiel ist in Abbildung 2.7.14 zu sehen.

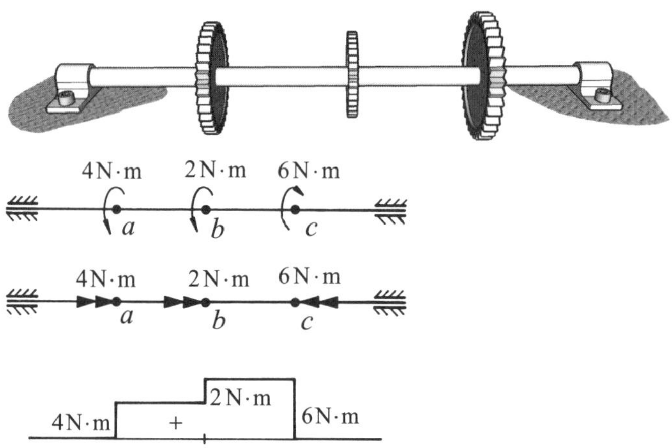

Abb. 2.7.14: Zum Begriff der Torsionsmomentfläche längs einer Wellenachse.

Konvention

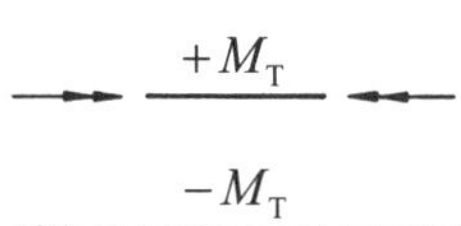

2.8 Zusammengesetzte Beanspruchung

2.8.1 Einführung

Bislang haben wir Belastungsfälle separat behandelt, um mit den Begriffen Zug, Druck, Biegung und Torsion vertraut zu werden. Im Allgemeinen ist es jedoch so, dass Belastungen nicht separat, sondern kombiniert auftreten. Es stellt sich die Frage, wie man die aus den einzelnen Belastungsarten resultierenden Spannungen zusammensetzen muss, um zu einer Aussage darüber zu kommen, ob eine belastete Konstruktion den Festigkeitsnachweis erfüllt oder nicht. Eine stringente und effiziente Behandlung des Zusammensetzens von Spannungen wird erst im Rahmen des Konzepts des Spannungstensors möglich. Hierauf werden wir später detaillierter zu sprechen kommen. Dieses Konzept soll zunächst jedoch schrittweise erarbeitet werden. Wir argumentieren zu diesem Zweck wie folgt:

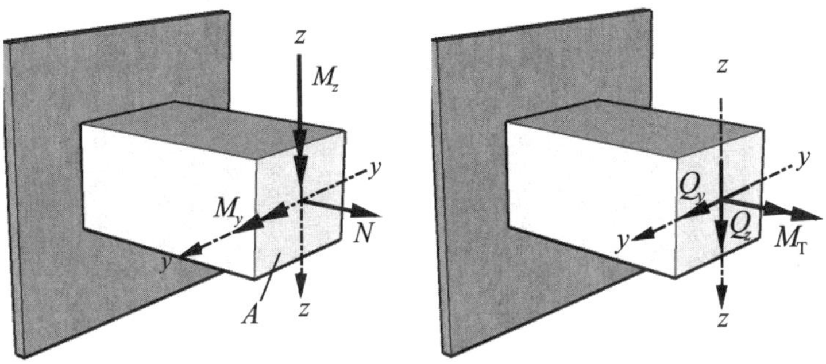

Abb. 2.8.1: Zusammengesetzte Belastung eines Balkens.

Betrachte Abbildung 2.8.1. Auf der linken Seite sind Momente sowie eine Normalkraft in Bezug auf die Stirnfläche eines Balkens zu sehen. Dies soll bedeuten, dass normal zur Stirnfläche die Normalkraft N wirkt, was zur Ausbildung einer über den Flächenquerschnitt A gleichförmigen Normalspannung

$$\sigma_N = \frac{N}{A} \qquad (2.8.1)$$

führt. Des Weiteren wird der Balken durch die Biegemomente M_y und M_z um die $y-y$- bzw. die $z-z$-Schwerachse gebogen. Dies führt zu linearen, aber inhomogenen Normalspannungen über dem Balkenquerschnitt, die wir mithilfe der Gleichungen:

Der französische Ingenieur **Henri TRESCA** (1814 – 1884) wirkte als Mechanikprofessor am Conservatoire National des Arts et Métiers (CNAM) in Paris. Er war der Erste, der Regeln aufstellte, um das Einsetzen plastischen Fließens in Festkörpern zu beschreiben. Fließen setzt ein, wenn eine gewisse Kombination der Einzelspannungen, die sogenannte äquivalente Spannung, einen materialabhängigen, kritischen Schwellenwert überschreitet (vgl. die Tabelle in Abschnitt 2.8.7). Nach TRESCA ist dies die maximale im Körper herrschende Schubspannung. Um seine Hypothese zu verifizieren, führte er auch Experimente durch, in denen er mehrachsige Spannungszustände auf den Körper einwirken ließ und das Einsetzen plastischen Fließens und Kriechens beobachtete. Außerdem war TRESCA bei der Gestaltung des noch heute in Paris aufbewahrten Urmeterstabes beteiligt. Aus thermomechanischen Stabilitätsgründen ließ er diesen aus einer Kombination von 90 % Platin und 10 % Iridium mit einem kreuzförmigen Querschnitt anfertigen. Man darf sich wünschen, dass auch unseren zahlreichen DIN- und ISO-Normen eine ähnlich lange Lebenszeit beschert ist.

Festigkeitslehre

$$\sigma_{M_y} = \frac{M_y}{W_y}, \quad \sigma_{M_z} = \frac{M_z}{W_z}, \quad W_y = \frac{I_{yy}}{z}, \quad W_z = \frac{I_{zz}}{y} \tag{2.8.2}$$

berechnen können. Auf der rechten Seite sind Belastungen durch Querkräfte und durch Torsionsmomente dargestellt. Die resultierenden Schubspannungen sind im Allgemeinen von Punkt zu Punkt des gezeigten Profilquerschnitts verschieden und wir können sie mit folgenden Formeln berechnen:

$$\tau_{Q_y} = \frac{Q_y S_z}{I_{zz} b}, \quad \tau_{Q_z} = \frac{Q_z S_y}{I_{yy} b}, \quad \tau_{\mathrm{T}} = \frac{M_{\mathrm{T}}}{W_{\mathrm{p}}}. \tag{2.8.3}$$

Dabei setzen wir voraus, dass die profilgeometrischen Größen wie die statischen Momente S_y, S_z, die Flächenträgheitsmomente I_{yy}, I_{zz}, die Breite b oder das Torsionswiderstandsmoment W_{p} bekannt sind.

Folgende Regeln gilt es zu notieren:

(a) Treten Spannungen an einer Stelle des Querschnitts auf, so darf man diese einfach zur Gesamtspannung addieren, wenn sie die gleiche Natur und Richtung haben, also etwa Normalspannungen σ_N zu den Biegespannungen σ_M oder die Schubspannungen τ_Q zu den Torsionsspannungen τ_{T} in den oben gezeigten Fällen.

(b) Treten Schub- **und** Biegespannungen in einem Schnitt gemeinsam auf oder kommen gleichzeitig Normalspannungen in aufeinander senkrechten Richtungen zusammen und treten eventuell noch Schubspannungen hinzu, so wird der Spannungsnachweis über eine sogenannte **Vergleichsspannung** geführt. In solchen Vergleichsspannungen sind die verschiedenen Spannungsanteile oder Spannungskomponenten im Allgemeinen auf nichtlineare Weise miteinander verknüpft. Wir werden hierauf später noch eingehen.

Diese Regeln werden nun detaillierter ausgeführt.

2.8.2 Normalspannungen aus Normalkräften und Biegung

Wie in Abbildung 2.8.2 dargestellt, stehen alle Spannungskraftpfeile senkrecht (= normal) auf der Schnittfläche und werden gemäß Regel (a) vorzeichengerecht addiert:

$$\sigma_{\text{tot}} = \pm\frac{F_N}{A} \pm \frac{M_y}{W_y} \pm \frac{M_z}{W_z}. \tag{2.8.4}$$

Falls die Biegung nur um eine Schwerachse erfolgt, entsteht der Sonderfall:

$$\sigma_{\text{tot}} = \pm\frac{F_N}{A} \pm \frac{M}{W}. \tag{2.8.5}$$

Abb. 2.8.2: Zusammensetzung von Normal- und Biegespannungen.

In Abbildung 2.8.3 ist zu sehen, wie durch Anbringen einer außermittigen Normalkraft ein Moment der Stärke $F \cdot e$ entsteht.

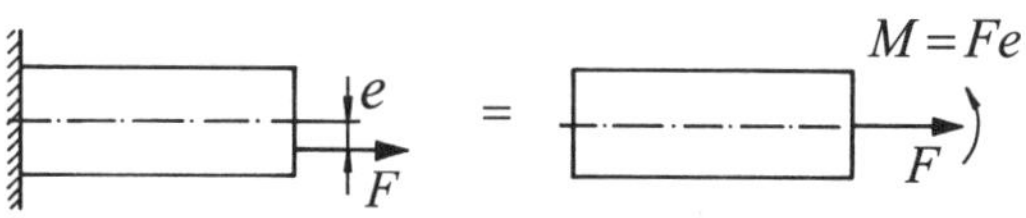

Abb. 2.8.3: Außermittig angebrachte Normalkraft.

Selbstverständlich tritt derselbe Effekt auch ein, wenn es sich um eine Druckkraft handelt: Abbildung 2.8.4. Mithin resultiert nach Gleichung (2.8.4) ein homogen konstanter Druckspannungsanteil der Stärke $-F/A$ und ein linear variierendes Normalspannungsprofil der Stärke M/W_y. Vorzeichengerecht addiert ergibt sich die in der Abbildung dargestellte Situation.

Bei geeigneter Wahl der Exzentrizität e kann es geschehen, dass die Gesamtspannung σ überall negativ ist, also gesichert ist, dass der Körper überall aufdrückt und nicht abhebt. Der Bereich, in dem e variieren darf, sodass dies gesichert ist, nennt man den **Kernbereich** des Querschnitts. Im Falle eines Rechteckprofils ermittelt man die Abmessungen dieses Kernbereiches wie folgt:

$$A = bh\,,\; W_y = \frac{hb^2}{6}\,,\; M = Fe\,,$$
$$-\frac{F}{A} + \frac{M}{W_y} = 0 \;\Rightarrow\; e = \frac{b}{6}. \tag{2.8.6}$$

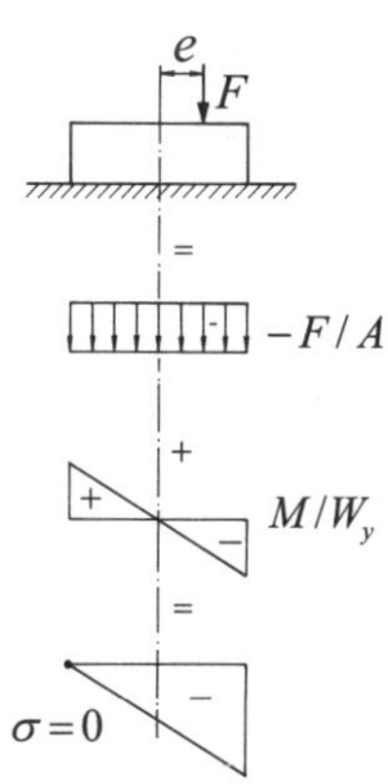

Abb. 2.8.4: Exzentrische Druckbelastung.

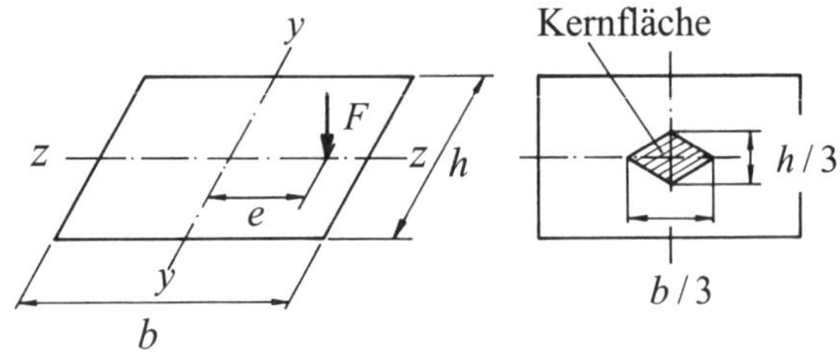

Abb. 2.8.5: Zur Kernfläche.

In Abbildung 2.8.5 ist die Kernfläche für eine rechteckige Fläche zu sehen.

2.8.3 Schubspannungen aus Querkraft und Torsion

Die **vektorielle** Addition von Schubspannungen, die gemeinsam in einem Punkt P einer Fläche wirken, gemäß Regel (a) ist in Abbildung 2.8.6 illustriert.

Am Spezialfall eines unter einer Querlast sowie unter einem Torsionsmoment liegenden Rechteck-, Kreis- sowie Hohlprofils ist das Vorgehen in den Abbildungen 2.8.7 bis 9 dargestellt.

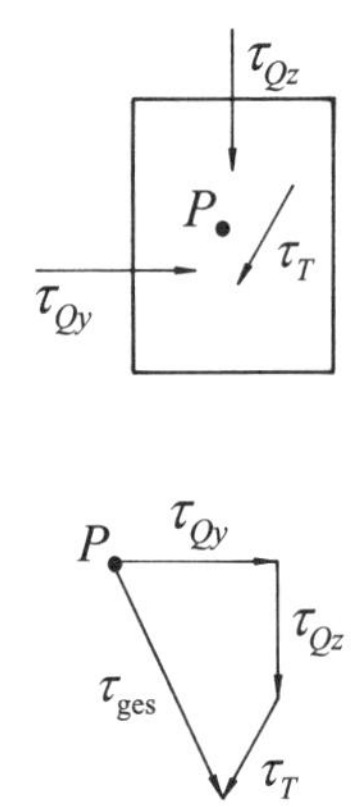

Abb. 2.8.6: Vektorielle Addition von Schubspannungen.

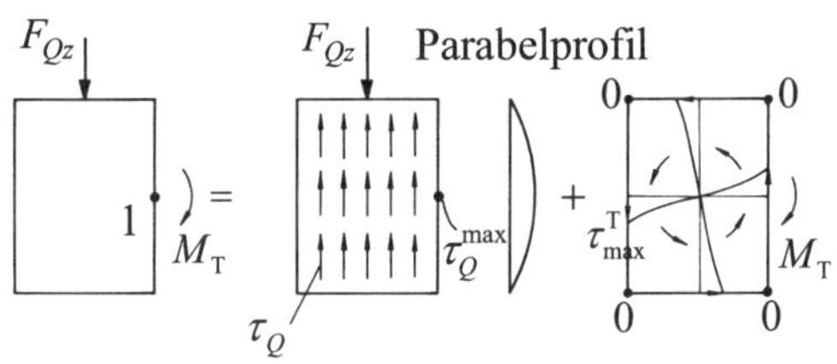

Abb. 2.8.7: Schubspannungen und Torsionsspannungen am Rechteckprofil.

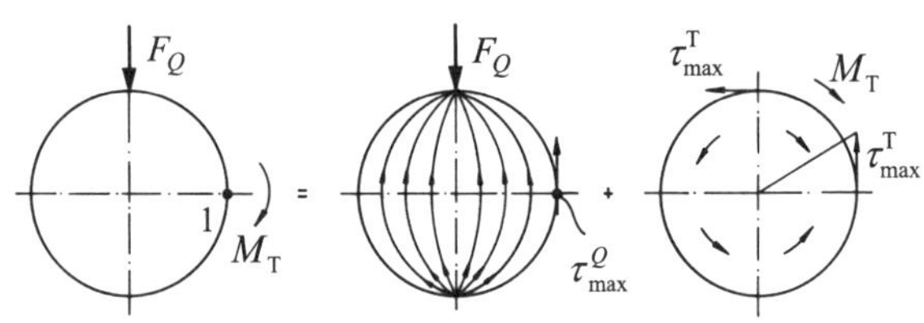

Abb. 2.8.8: Schubspannungen und Torsionsspannungen am Kreisprofil. Besonders hervorgehoben sei der Punkt „1“.

Hier addieren sich die Schubspannungen zur Maximalschubspannung gemäß:

$$\tau_{\max} = \tau_{\max}^{Q} + \tau_{\max}^{T} . \tag{2.8.7}$$

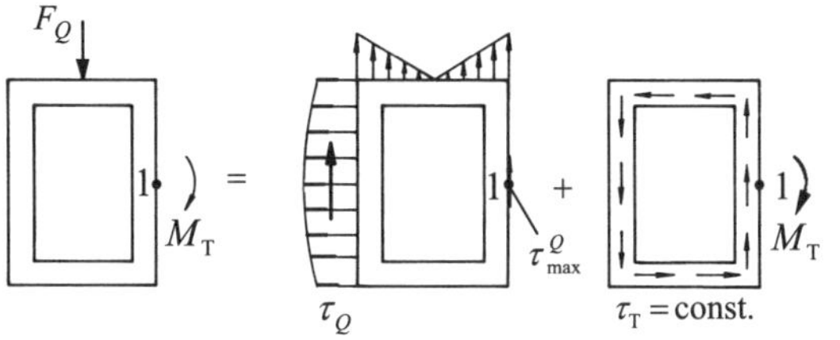

Abb. 2.8.9: Schubspannungen und Torsionsspannungen am rechteckigen Hohlprofil.

2.8.4 Begriff des Spannungstensors im ebenen Fall

Betrachte den in Abbildung 2.8.10 dargestellten, sogenannten ebenen Spannungszustand für ein rechteckiges Flächenelement in der (x, y)-Ebene. Ein anschauliches Beispiel für dieses Flächenelement ist in Abbildung 2.8.11 zu sehen: Ein Doppel-T-Träger, der einer Zug- sowie einer Querlast unterworfen ist. An den Kanten des Flächenelementes greifen vier verschiedene Spannungen an, nämlich zunächst einmal zwei Normalspannungen, genannt σ_{xx} bzw. σ_{yy}, welche hier (willkürlich) als Zugspannungen eingezeichnet sind. Weiterhin sind zwei Scherspannungen dargestellt, nämlich σ_{xy} bzw. σ_{yx}. Es ist durchaus üblich, Letztere auch mit den Symbolen τ_{xy} bzw. τ_{yx} zu bezeichnen, was unserem bisherigen „Brauch" entspricht, wonach Scherspannungen an dem Symbol τ erkennbar sind. Im Sinne des vereinheitlichenden Konzepts eines Spannungstensors wollen wir davon nun abrücken und bei σ_{xy} und σ_{yx} bleiben. Wir fassen die genannten vier Spannungen in einem Matrixschema zusammen wie folgt:

$$\sigma_{ij} = \begin{pmatrix} \sigma_{xx} & \sigma_{xy} \\ \sigma_{yx} & \sigma_{yy} \end{pmatrix}, \quad (i, j) \in (x, y) \tag{2.8.8}$$

und nennen σ_{ij} den Spannungstensor in Bezug auf das kartesische Koordinatensystem (x, y). Der Spannungstensor ist ein Tensor zweiter Stufe, ebenso wie ein Vektor ein Tensor erster Stufe ist. Zu seiner komponentenweisen Darstellung benötigt man zwei Indizes (diese sind in zwei Dimensionen aus der Menge (x, y) wählbar), ebenso wie man für einen Vektor, etwa den Kraftvektor, einen Index braucht.

Festigkeitslehre

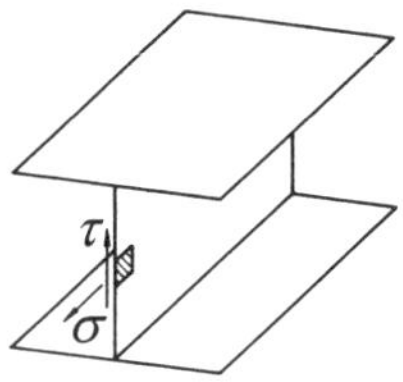

Abb. 2.8.11: Ein anschauliches Beispiel für eine Fläche im ebenen Spannungszustand.

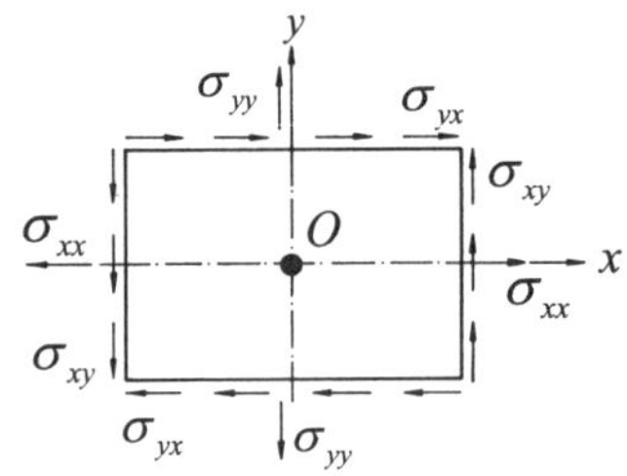

Abb. 2.8.10: Zum ebenen Spannungszustand.

In der Tat kann man den Spannungstensor in der Form (2.8.8) verwenden, um die Kräfte zu errechnen, die auf die vier Seiten des in Abbildung 2.8.10 dargestellten Rechtecks wirken. Betrachten wir zum Beispiel die rechte, senkrecht zur x-Achse gelegene Seite („r.S.") mit dem Flächeninhalt A_x. Dann ist die totale Kraft (F_x, F_y) auf dieses Flächenstück gegeben durch:

$$\underline{F}\big|_{\text{r.S.}} = \left(F_x\,,\,F_y\right)\big|_{\text{r.S.}} = \left(\sigma_{xx}A_x\,,\,\sigma_{xy}A_x\right)$$
$$= \left(A_x\,,\,0\right)\cdot\begin{pmatrix}\sigma_{xx} & \sigma_{xy}\\ \sigma_{yx} & \sigma_{yy}\end{pmatrix}. \tag{2.8.9}$$

Dabei wurde von der Multiplikationsregel einer quadratischen Matrix mit einem Zeilenvektor Gebrauch gemacht. Ebenso findet man für die totale Kraft bezogen auf die Oberseite („o.S."), welche senkrecht zur y-Achse steht, die linke Seitenfläche („l.S."), die senkrecht zur x-Achse steht und schließlich die Unterkante („u.S."), die senkrecht zur y-Achse liegt, der Reihe nach

$$\underline{F}\big|_{\text{o.S.}} = \left(F_x\,,\,F_y\right)\big|_{\text{o.S.}} = \left(\sigma_{yx}A_y\,,\,\sigma_{yy}A_y\right)$$
$$= \left(0\,,\,A_y\right)\cdot\begin{pmatrix}\sigma_{xx} & \sigma_{xy}\\ \sigma_{yx} & \sigma_{yy}\end{pmatrix}, \tag{2.8.10}$$

$$\underline{F}\big|_{\text{l.S.}} = \left(F_x\,,\,F_y\right)\big|_{\text{l.S.}} = \left(-\sigma_{xx}A_x\,,-\sigma_{xy}A_x\right)$$
$$= \left(-A_x\,,\,0\right)\cdot\begin{pmatrix}\sigma_{xx} & \sigma_{xy}\\ \sigma_{yx} & \sigma_{yy}\end{pmatrix}, \tag{2.8.11}$$

$$\underline{F}\big|_{\text{u.S.}} = \left(F_x\,,\,F_y\right)\big|_{\text{u.S.}} = \left(-\sigma_{yx}A_y\,,-\sigma_{yy}A_y\right)$$
$$= \left(0\,,\,-A_y\right)\cdot\begin{pmatrix}\sigma_{xx} & \sigma_{xy}\\ \sigma_{yx} & \sigma_{yy}\end{pmatrix}. \tag{2.8.12}$$

Albert EINSTEIN (1879 – 1955) wurde in Ulm als Sohn eines Elektroladenbesitzers geboren. Wie bei großen Männern üblich, werden über seine Jugend diverse Kuriosa berichtet. So habe er bis zum Alter von drei Jahren nicht gesprochen, sich aber stets aufgeweckt und aufgeschlossen gegenüber Naturphänomenen gezeigt. Seine Fähigkeiten beim Verständnis kompliziertester mathematischer Konzepte werden unterstrichen, beispielsweise habe er sich im Alter von zwölf Jahren die EUKLIDische Geometrie im Selbststudium beigebracht. Seine Schulzeit in München war ihm nach eigener Aussage verhasst: „Die Lehrer in der Elementarschule kamen mir wie Feldwebel vor, und die Lehrer im Gymna-

Zum einen fällt auf, dass je nach Fall ein negatives Vorzeichen berücksichtigt werden muss, und dies aus gutem Grund, denn schließlich muss für unser Flächenstück ja das Kräftegleichgewicht in x - und y -Richtung erfüllt sein:

$$\sum_i F_{xi} = 0\,,\quad \sum_i F_{yi} = 0\,, \tag{2.8.13}$$

wobei der Index i hier so zu verstehen ist, dass alle vier Seiten zu berücksichtigen sind.

Zum anderen fällt auf, dass in den Gleichungen (2.8.9 bis 12) letztendlich immer die Matrix des Spannungstensors zur Berechnung der Kräfte auf einer Seite herangezogen werden kann. Aus der Mathematik ist bekannt, dass ebene Flächen durch Angabe ihres Normalenvektors und ihrer Flächengröße definiert sind. Im obigen Beispiel hatte der Normalenvektor der Flächen immer nur eine Komponente in x - bzw. in y -Richtung und die Flächengröße war gegeben durch A_x bzw. A_y. Dies muss nicht notwendigerweise immer so sein, denn im Allgemeinen hat der Normalenvektor $\underline{n}$ einer Fläche in der Ebene **zwei** von null verschiedene Komponenten (n_x, n_y) und ihre Größe ist gegeben durch $A \cdot \mathrm{m}^2$. Für die Komponenten der auf sie wirkenden Kraft findet man:

$$\frac{\underline{F}}{A} = \left(\frac{F_x}{A}, \frac{F_y}{A}\right) = (n_x\,, n_y) \cdot \begin{pmatrix} \sigma_{xx} & \sigma_{xy} \\ \sigma_{yx} & \sigma_{yy} \end{pmatrix}. \tag{2.8.14}$$

Man darf sagen, dass obiges Matrixprodukt zwischen dem Normalenvektor einer ebenen Fläche und Spannungstensor die Komponenten $\underline{t} = (t_x, t_y)$ eines **Kraftdichtevektors**, auch **Spannungsvektor** oder **Traktion** genannt, bestimmt. In der Tat ist dieses Ergebnis nicht nur für ebene Flächen, sondern lokal auch für beliebig gekrümmte zweidimensionale Kontinua gültig. Denn in jedem Punkt derselben kann man eine Tangentialebene aufspannen, die durch ihren Normalenvektor $\underline{n} = (n_x, n_y)$ charakterisiert ist. Mehr noch: Gleichung (2.8.14) entspricht folgender koordinateninvarianter Schreibweise:

$$\underline{t} = \underline{n} \cdot \underline{\underline{\sigma}}\,, \tag{2.8.15}$$

wobei wir, um den Matrixcharakter des Spannungstensors anzudeuten, zwei Striche unter sein Symbol gesetzt haben, also $\underline{\underline{\sigma}}$. Letztere Gleichung kann man etwa dann vorteilhaft verwenden, wenn ein dem Problem angepasstes Koordinatensystem genutzt werden soll, z. B. Polarkoordinaten, die wir schon bei verschie-

sium wie Leutnants." Das Geschäft seiner Eltern geht zunehmend mehr schlecht als recht, man geht zunächst nach Mailand, danach in die Schweiz und, Glück im Unglück, EINSTEIN muss nicht weiter in die ungeliebte Münchner Schule gehen, sondern kann statt dessen die Matura in Aarau ablegen. Er immatrikuliert sich an der Polytechnischen Hochschule in Zürich für Physik und graduiert im Jahre 1900. Erneut geht die Fama, dass EINSTEIN die Lehrmethoden dort nicht sehr gefielen. Man sagt, er habe Vorlesungen geschwänzt, stattdessen auf der von ihm geliebten Geige gespielt und bei Prüfungen sogar von Kommilitonen abgeschrieben. Dies mag sein, wie es will, Fakt jedoch bleibt, dass er es nicht schaffte, eine Dozentur an einer Universität zu erringen, obwohl er sich sehr darum bemühte. Das lag daran, dass er zu jener Zeit in der akademischen Welt noch recht unbekannt war und die Professoren, die ihn kannten, ihn nicht mochten, um es vorsichtig auszudrücken. So tritt er im Jahre 1902 schließlich notgedrungen am Berner Patentamt als Beamter dritter Klasse eine Stelle an, um eine Familie ernähren zu können. Er heiratet 1903 seine Kommilitonin Mileva MARIÇ und zeugt mit ihr zwei Söhne. Von Mileva lässt er sich allerdings später wieder scheiden, um dann endlich seine Cousine zu heiraten. Wer sich für das Liebesleben des großen Physikers näher interessiert, dem seien solch herzhafte Bücher wie „Im Schatten

Festigkeitslehre

Albert EINSTEINS: das tragische Leben der Mileva EINSTEIN“ oder „The love letters / Albert EINSTEIN, Mileva MARIC“ empfohlen. In letzter Zeit wird (von feministischer Seite?) noch von einer EINSTEIN-Tochter, genannt Lieserl, berichtet, die Mileva 1902 angeblich zur Adoption freigegeben hat, um Alberts Karriere nicht zu schaden. Ob und inwieweit eine solche Karriere damals schon abzusehen war, sei dahingestellt. Schaut man auf die Fakten, so ist festzuhalten, dass EINSTEIN sicherlich die überragende naturwissenschaftliche Persönlichkeit des zwanzigsten Jahrhunderts war. Seine Erkenntnisse in der speziellen und allgemeinen Relativitätstheorie sowie in der Quantenmechanik haben unsere heutige wissenschaftliche Denkweise entscheidend vorangetrieben und geprägt und werden zeitlos ihre Gültigkeit behalten. Andererseits darf man mit der Journalistin Ellen GOODMAN vom Boston Globe auch sagen (Donnerstag, den 15. März 1990): “When EINSTEIN died, his brain inspired such awe that it was removed for study (and is still kept in a glass jar at an American psychiatrist’s office). But modern standards add another dimension to his biography. In his personal life, Albert was no EINSTEIN.”

denen Gelegenheiten kennengelernt haben. Man startet dann von der koordinateninvarianten Schreibweise (2.8.15) und wertet sie durch Verwendung der entsprechenden Einheitsbasis des betreffenden Koordinatensystems aus.

Gerne schreibt man an Stelle der Gleichungen (2.8.14/15) auch:

$$t_i = n_j \sigma_{ji} \,,\quad (i,j) \in (x,y), \tag{2.8.16}$$

wobei die sogenannte **EINSTEINsche Summenkonvention** benutzt wurde, wonach bei doppelt vorkommenden Indizes, hier j, automatisch über alle Möglichkeiten zu summieren ist. Ausgeschrieben bedeutet die letzte Gleichung nämlich:

$$t_x = n_x \sigma_{xx} + n_y \sigma_{yx} \,,\quad t_y = n_x \sigma_{xy} + n_y \sigma_{yy}, \tag{2.8.17}$$

was die Platzersparnis deutlich werden lässt. Betrachtet man darüber hinaus dreidimensionale Probleme, so lassen sich die Gleichungen (2.8.14/15) direkt übernehmen, wobei zu den Flächendimensionen (x,y) noch die Raumdimension z hinzutritt, wie wir weiter unten sehen werden.

Zusammenfassend zieht man aus dem Gesagten folgenden Schluss: In Bezug auf ein kartesisches Koordinatensystem ist die Spannungskomponente σ_{ji} lokal die Kraftkomponente pro Flächeneinheit in i-Richtung in Bezug auf eine Fläche senkrecht zur j-Richtung, wobei i und j der Indexmenge (x,y) zu entnehmen sind. Mit dieser Interpretation der Indizes des Spannungstensors folgen wir der Mehrzahl der deutsch- und englischsprachigen Fachliteratur. Es sei jedoch an dieser Stelle explizit darauf hingewiesen, dass auch die genau gegenteilige Interpretation auftritt, dass also in σ_{ji} der Buchstabe j als Kraft- und i als Flächenindex gedeutet wird und man für den Kraftvektor $t_j = \sigma_{ji} \cdot n_i$ bzw. $\underline{t} = \underline{\underline{\sigma}} \cdot \underline{n}$ schreibt. Beim Studium der Fachbücher ist darauf zu achten, welche der beiden Konventionen jeweils verwendet wird.

Es wurde bereits darauf hingewiesen, dass das in Abbildung 2.8.10 dargestellte zweidimensionale Flächenelement in Bezug auf die auf seine Seitenflanken ausgeübten Zug- und Scherspannungen kräftefrei ist: Gleichung (2.8.13). Wie jedoch ist es um das Momentengleichgewicht bestellt? Wir bezeichnen die Dicke des Elementes aus Abbildung 2.8.10 mit d und seine Ausdehnungen in x- bzw. y-Richtung mit $\mathrm{d}x$ und $\mathrm{d}y$. Dann gilt für die zugehörigen Flächen:

$$A_x = d\,\mathrm{d}y \,,\quad A_y = d\,\mathrm{d}x \,. \tag{2.8.18}$$

Bei Auswertung des Momentengleichgewichts um O ergibt sich somit:

$$\sum M^{(O)} = 0: \quad -2A_y\sigma_{yx}\frac{\mathrm{d}y}{2} + 2A_x\sigma_{xy}\frac{\mathrm{d}x}{2} = 0$$
$$\Rightarrow \quad -\sigma_{yx}\mathrm{d}x\,\mathrm{d}y + A_x\sigma_{xy}\mathrm{d}y\,\mathrm{d}x = 0 \qquad (2.8.19)$$

und es folgt lokal die **Symmetrie** des Spannungstensors:

$$\sigma_{xy} = \sigma_{yx}\,. \qquad (2.8.20)$$

Festigkeitslehre

2.8.5 Begriff des Spannungstensors im räumlichen Fall

Meistens sieht sich der praktisch arbeitende Ingenieur vor das Problem dreidimensionaler, also räumlicher Spannungszustände gestellt. Zwei Beispiele sind in den Abbildungen 2.8.12 und 2.8.13 dargestellt.

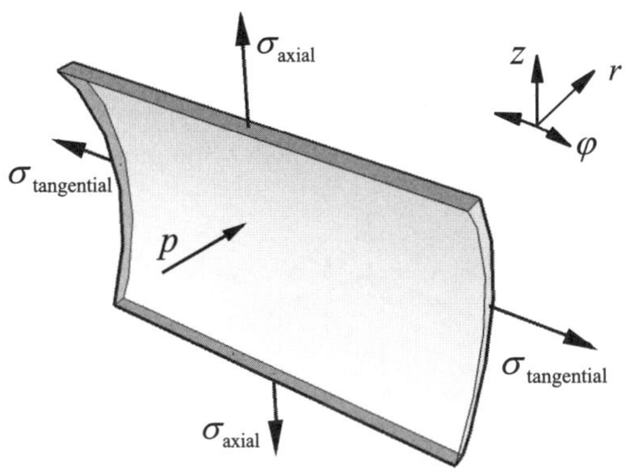

Abb. 2.8.12: Dreidimensionaler Spannungszustand in einer einem Innendruck ausgesetzten Kesselwand.

Zum einen sehen wir eine unter dem Innendruck $\sigma_{rr} = -p$ stehende Kesselwand. Bei σ_{rr} handelt es sich um eine Normalspannung, entgegengesetzt gerichtet zur Normalen der Kesselinnenwand. Bezieht man sich auf das in der Abbildung dargestellte Zylinderkoordinatensystem, so spricht man bei σ_{rr} auch von einer Radialspannung, da sie eine in r-Richtung weisende Kraft repräsentiert, die auf einer senkrecht zur r-Achse stehenden Fläche angreift. Als Folge bilden sich in der Kesselwand weitere Normalspannungen aus, nämlich tangentiale Umfangsspannungen $\sigma_{\varphi\varphi}$ sowie Axialspannungen σ_{zz}. Auch diese Bezeichnungen deuten auf Kräfte in der jeweiligen Achsrichtung hin, die an zur φ- bzw. z-Achse senkrecht stehenden Flächen angreifen.

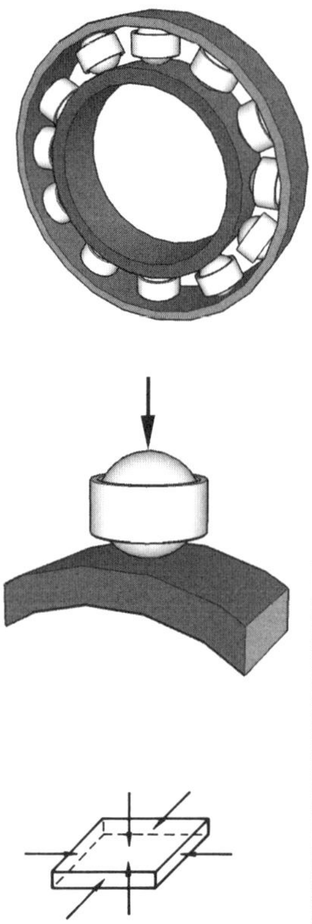

Abb. 2.8.13: HERTZ*sche Pressung in einem Kugellager.*

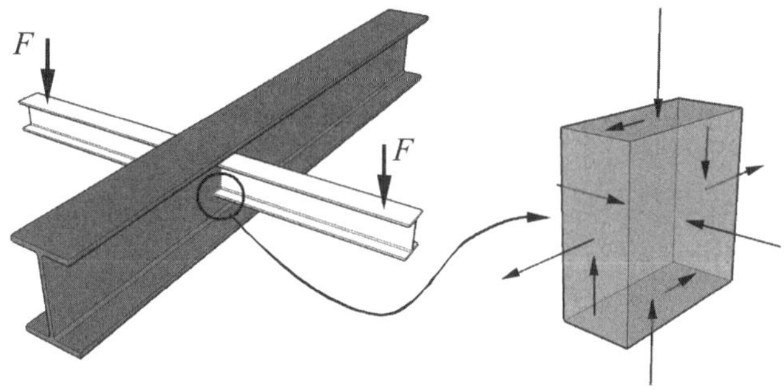

Abb. 2.8.14: Realisierung eines dreidimensionalen Spannungszustandes im Trägerkreuz.

Das andere Beispiel zeigt eine typische Situation in einem Wälzlager: Eine Lagerkugel wird auf die Innenseite des Lagerringes gedrückt. In diesem und in der Kugel bildet sich ein dreidimensionaler Spannungszustand aus. Analytisch berechnet wurden diese Spannungen das erste Mal von Heinrich HERTZ und man spricht auch vom HERTZschen Spannungszustand. Als drittes Beispiel ist in Abbildung 2.8.14 ein Trägerkreuz zu sehen. In der gezeichneten Kontaktstelle entsteht aufgrund der aufgeprägten Lasten ebenfalls ein dreidimensionaler Spannungszustand.

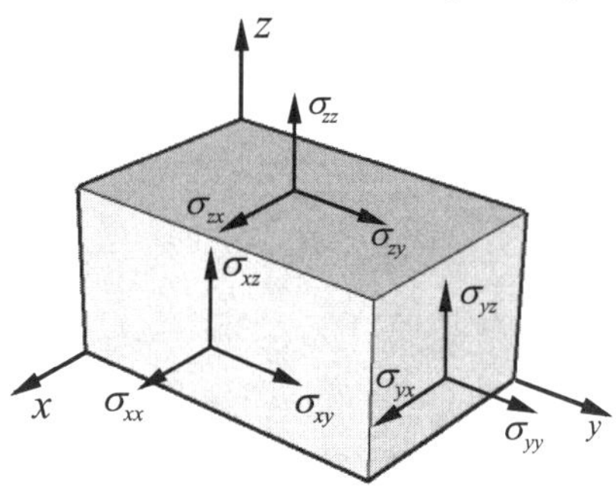

Abb. 2.8.15: Zum dreidimensionalen Spannungszustand.

In Abbildung 2.8.15 schließlich ist ein Volumenelement dargestellt, das einem allgemeinen dreidimensionalen Spannungszustand ausgesetzt ist.

Der Übersicht halber sind nur die Vorderflächen mit Spannungspfeilen versehen. Aus Gründen des Kräfte- und Momentengleichgewichtes ist das Anbringen von Spannungspfeilen in Gedanken auch auf den nicht direkt sichtbaren Flächen vorzunehmen.

Für den dreidimensionalen Spannungstensor in kartesischen Komponenten notieren wir in völliger Analogie zur Gleichung (2.8.8):

$$\sigma_{ij} = \begin{pmatrix} \sigma_{xx} & \sigma_{xy} & \sigma_{xz} \\ \sigma_{yx} & \sigma_{yy} & \sigma_{yz} \\ \sigma_{xz} & \sigma_{yz} & \sigma_{zz} \end{pmatrix}, \quad (i,j) \in (x,y,z). \qquad (2.8.21)$$

Und wie in Gleichung (2.8.14) kann man die Kraftdichte $\underline{t} = (t_x, t_y, t_z)$ auf ein kleines Flächenelement beziehen, das durch den Normalenvektor (n_x, n_y, n_z) gekennzeichnet ist und wie folgt berechnet wird:

$$(t_x, t_y, t_z) = (n_x, n_y, n_z) \cdot \begin{pmatrix} \sigma_{xx} & \sigma_{xy} & \sigma_{xz} \\ \sigma_{yx} & \sigma_{yy} & \sigma_{yz} \\ \sigma_{xz} & \sigma_{yz} & \sigma_{zz} \end{pmatrix}. \qquad (2.8.22)$$

Auch diese Gleichung bezieht sich wieder auf ein kartesisches Koordinatensystem. In einem beliebigen Koordinatensystem behält Gleichung (2.8.15) ihre Gültigkeit, wobei unter $\underline{t}$ und $\underline{n}$ jedoch nicht zwei-, sondern dreidimensionale Vektoren zu verstehen sind und $\underline{\underline{\sigma}}$ den vollen dreidimensionalen Spannungstensor bezeichnet. Um Momentengleichgewicht zu garantieren, ist es wie vormals in Gleichung (2.8.20) notwendig, dass der Spannungstensor symmetrisch ist, also:

$$\sigma_{xy} = \sigma_{yx}, \quad \sigma_{xz} = \sigma_{zx}, \quad \sigma_{yz} = \sigma_{zy}. \qquad (2.8.23)$$

2.8.6 Der MOHRsche Kreis

Zulässige Höchstspannungen, etwa die maximal zulässige Zugspannung, werden am eindimensionalen Zugstabversuch ermittelt. Beschränken wir uns zunächst auf zweidimensionale Probleme, so müssen wir im Sinne eines Spannungsnachweises diesen Wert mit der maximalen Zug-, Druck- oder Schubspannung in der betreffenden, unter Last stehenden Fläche vergleichen. Diese maximalen Spannungen gilt es zuvor zu ermitteln, und dabei hilft der sogenannte **MOHRsche Kreis**.

Wir betrachten das in Abbildung 2.8.16 dargestellte kleine rechteckige Flächenelement. Es steht, wie eingezeichnet, unter Wirkung der Spannungen σ_{xx}, σ_{xy}, σ_{yx} und σ_{yy}. Wir schneiden frei und erzeugen eine neue unter dem Winkel φ bzw. α stehende Schnittfläche mit der Länge $\mathrm{d}s$ zwischen den Seiten $(\mathrm{d}x, \mathrm{d}y)$. Das entstandene Dreieck halten wir durch Aufprägen von Zug- und Scherspannungen σ_s und τ_s auf der Schnittfläche im Gleichgewicht.

Heinrich Rudolf HERTZ (1857 – 1894) wurde in Hamburg in eine Juristenfamilie hineingeboren. Dieses hindert ihn aber nicht, sich der Physik und Mathematik im Allgemeinen und der Mechanik im Speziellen schon zu Jugendzeiten zu verschreiben. Im Jahre 1877 geht er nach München, um dort an der Technischen Hochschule Ingenieurwissenschaften zu studieren, entdeckt jedoch bald, dass seine wahre Neigung mehr den reinen Wissenschaften gilt. Er wendet sich daher nach Berlin und studiert bei den berühmten Physikern HELMHOLTZ und KIRCHHOFF. Nach dem mit summa cum laude abgeschlossenen Doktorat im Bereich der Elektrodynamik (wir kennen HERTZ gerade wegen seiner Arbeiten über Elektromagnetismus und über die Wellennatur der elektromagnetischen Strahlung) wird HERTZ 1880 bei HELMHOLTZ Assistent. Er betreibt optische Experimente, beginnt sich mit der Natur der NEWTONschen Ringe zu beschäftigen und formuliert dazu ein Berechnungsverfahren zur Beschreibung der Spannungsentwicklung und Deformation von in Kontakt stehenden elastischen Körpern, die erwähnte Theorie der HERTZschen Pressung. Kontakt ist auch für Ingenieure von Interesse und da-

Festigkeitslehre

her präsentiert HERTZ in den Verhandlungen des Vereins zur Beförderung des Gewerbefleißes zu Berlin im Jahre 1882 seine Spannungs- und Verschiebungsgleichungen, die bis heute die rechnerische Grundlage bei der Auslegung von Kugel- und Wälzlagern bilden. Aber HERTZ ist eigentlich Physiker. Er wendet seine Ergebnisse daher auch „beherzt" auf größere Objekte an, nämlich auf den Stoß von zwei Stahlkugeln so groß wie die Erde, und stellt fest: „Für zwei Stahlkugeln von der Größe der Erde, die mit einer Anfangsgeschwindigkeit von 10 mm/sec zusammenträfen, würde die Dauer der Berührung nahe an 27 Stunden betragen." Es ist leider nicht mehr verzeichnet, was die damaligen Ingenieure von einer derartigen Extrapolation seiner Theorie hielten. Nach Berichten gewisser Paläontologen jedoch hat ein solches Experiment, allerdings in etwas verkleinerter Ausführung mit Nebeneffekten plastisch-irreversibler Deformation, vor ca. 65 Millionen Jahren im Golf von Mexiko stattgefunden, als ein Meteorit oder Komet auf die Erde einschlug, was angeblich zum Aussterben der Dinosaurier führte.

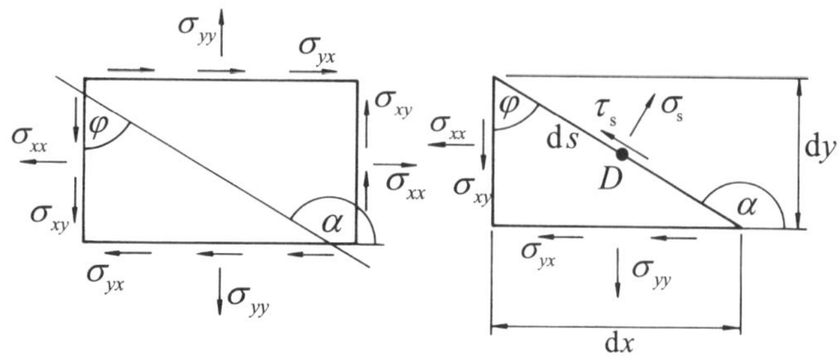

Abb. 2.8.16: Herleitung der Gleichung zum MOHRschen Spannungskreis.

Das Ziel ist es nun, einerseits diejenigen Winkel φ bzw. α zu finden, für die die Zug- oder die Schubspannung **maximal** werden, und anderseits die „neuen" Spannungen σ_s und τ_s durch die als vorgegeben anzusehenden „alten" Spannungen σ_{xx}, σ_{xy}, σ_{yx} und σ_{yy} auszudrücken. Ist dies gelungen, so ist das Ziel erreicht, welches darin bestand, die maximalen Zug- oder Schubspannungen in der Ebene zu ermitteln, um sie mit aus eindimensionalen Experimenten ermittelten, kritischen Kenndaten vergleichen zu können.

Auswertung des Kräfte- und Momentengleichgewichtes am Dreieck liefert:

$$\sum F_x = 0: \quad -\sigma_{xx}\mathrm{d}y - \sigma_{yx}\mathrm{d}x - \tau_s \sin(\varphi)\,\mathrm{d}s + \sigma_s \cos(\varphi)\,\mathrm{d}s = 0,$$

$$\sum F_y = 0: \quad -\sigma_{yy}\mathrm{d}x - \sigma_{xy}\mathrm{d}y + \tau_s \cos(\varphi)\,\mathrm{d}s + \sigma_s \sin(\varphi)\,\mathrm{d}s = 0,$$

$$\sum M^{(D)} = 0: \quad -\sigma_{yx}\mathrm{d}x\frac{\mathrm{d}y}{2} + \sigma_{xy}\mathrm{d}y\frac{\mathrm{d}x}{2} = 0. \tag{2.8.24}$$

Aus der letzten Gleichung folgt die schon bekannte Symmetrie des zweidimensionalen Spannungstensors:

$$\sigma_{xy} = \sigma_{yx}. \tag{2.8.25}$$

Im Übrigen gilt:

$$\mathrm{d}x = \mathrm{d}s \sin(\varphi), \quad \mathrm{d}y = \mathrm{d}s \cos(\varphi). \tag{2.8.26}$$

Mithin folgt:

$$-\sigma_{xx}\cos(\varphi) - \sigma_{xy}\sin(\varphi) - \tau_s \sin(\varphi) + \sigma_s \cos(\varphi) = 0,$$

$$-\sigma_{yy}\sin(\varphi) - \sigma_{xy}\cos(\varphi) + \tau_s \cos(\varphi) + \sigma_s \sin(\varphi) = 0. \tag{2.8.27}$$

Und somit:

$$\sigma_\mathrm{s} = \sigma_{xx}\cos^2(\varphi) + \sigma_{yy}\sin^2(\varphi) + 2\sigma_{xy}\sin(\varphi)\cos(\varphi),$$

$$\tau_\mathrm{s} = \left(\sigma_{yy} - \sigma_{xx}\right)\sin(\varphi)\cos(\varphi) + \sigma_{xy}\left(\cos^2(\varphi) - \sin^2(\varphi)\right). \qquad (2.8.28)$$

Mit den bekannten trigonometrischen Additionstheoremen für Winkelfunktionen:

$$\sin^2(\varphi) = \frac{1}{2}[1 - \cos(2\varphi)],$$

$$\cos^2(\varphi) = \frac{1}{2}[1 + \cos(2\varphi)], \quad \sin(2\varphi) = 2\sin(\varphi)\cos(\varphi) \qquad (2.8.29)$$

lässt sich hierfür auch schreiben:

$$\sigma_\mathrm{s} - \frac{\sigma_{xx} + \sigma_{yy}}{2} = -\frac{\sigma_{yy} - \sigma_{xx}}{2}\cos(2\varphi) + \sigma_{xy}\sin(2\varphi),$$

$$\tau_\mathrm{s} = \frac{\sigma_{yy} - \sigma_{xx}}{2}\sin(2\varphi) + \sigma_{xy}\cos(2\varphi). \qquad (2.8.30)$$

Quadriert man jede Gleichung für sich und addiert die beiden Ergebnisse, so folgt:

$$\tau_\mathrm{s}^2 + \left[\sigma_\mathrm{s} - \frac{\sigma_{xx} + \sigma_{yy}}{2}\right]^2 = \left(\frac{\sigma_{yy} - \sigma_{xx}}{2}\right)^2 + \left(\sigma_{xy}\right)^2. \qquad (2.8.31)$$

Dies ist die Gleichung eines auf der Abszisse versetzten Kreises:

$$y^2 + (x - a)^2 = r^2, \qquad (2.8.32)$$

eben die des **MOHRschen Kreises**. Wir identifizieren den **Offset** a vom Ursprung des Koordinatensystems und den **Radius** r des Kreises zu:

$$a = \frac{\sigma_{xx} + \sigma_{yy}}{2}, \quad r = \sqrt{\left(\frac{\sigma_{xx} - \sigma_{yy}}{2}\right)^2 + \left(\sigma_{xy}\right)^2}. \qquad (2.8.33)$$

Der MOHRsche Kreis ist in Abbildung 2.8.17 dargestellt. Für den Fall, dass σ_{xx}, σ_{yy} und σ_{xy} bekannt sind, verläuft die Konstruktion des Kreises wie folgt:

Richard VON MISES (1883 – 1953) wurde in Lemberg geboren. Er war ein angewandter Mathematiker und betätigte sich in der Festkörper- und Fluidmechanik, der Aerodynamik, der Statistik und der Wahrscheinlichkeitstheorie. Als Professor für Angewandte Mathematik arbeitete er von 1909 bis 1918 zunächst in Straßburg. Für die Österreichische Armee baut er 1915 ein 600 Pferdestärken starkes Flugzeug und fliegt es auch selbst während des Ersten Weltkrieges. Nach dessen Ende geht er nach Berlin, wo er die Zeitschrift für Angewandte Mathematik und Mechanik (ZAMM) gründet. Er bleibt dort als Professor, bis die Nazis ihn wegen seiner jüdischen Abstammung im Jahre 1933 aus Deutschland vertreiben. Danach verweilt er in Istanbul und geht 1939 schließlich in die Vereinigten Staaten nach Harvard.

Der Pole **Maxymilian Tytus Huber** (1872 – 1950) wirkte als Mechanikprofessor in Lwów (Lemberg), Warschau und nach 1945 in Gdańsk (Danzig). Er formulierte 1904 als Erster ein Festigkeitskriterium auf der Basis der Gestaltänderungsarbeit. Die Formulierungen durch R. von Mises (1913) und H. Hencky (1923) erfolgten davon unabhängig. M. T. Huber nahm als österreichischer Offizier am 1. Weltkrieg teil und geriet in russische Gefangenschaft, die er nutzte, um im Lager an der Wolga Russisch zu lernen und das damals gerade erschienene Lehrbuch der Festigkeitslehre von S. P. Timoshenko ins Polnische zu übersetzen, was das heutzutage politisch inkorrekte Statement von Heraklit bestätigt, wonach der Krieg der Vater aller Dinge ist, was man im speziellen Fall der Festigkeitslehre a priori auch nicht ganz von der Hand weisen kann.

- Trage als Abszisse die Normalspannungen und als Ordinate die Schubspannungen auf (ohne Beschränkung der Allgemeinheit wurde in der Abbildung 2.8.17 $\sigma_{xx} > \sigma_{yy}$ angenommen).
- Senkrecht zur Normalspannungsachse wird die Scherspannung σ_{xy} im Punkt σ_{xx} positiv und im Punkt σ_{yy} negativ aufgetragen. Dies ist konsistent mit dem Grenzübergang $\varphi \to 0$, wonach folgt (vgl. Abbildung 2.8.16) $\tau_s \to -\sigma_{xy}$ und $\sigma_s \to +\sigma_{xx}$.
- Beide Scherspannungspunkte werden nun miteinander durch eine Gerade verbunden. Diese schneidet die Normalspannungsabszisse im Mittelpunkt des Mohrschen Kreises. Die Lage dieses Mittelpunktes ist außerdem (Kontrollmöglichkeit!) gegeben durch den Wert des Offsets $a = (\sigma_{xx} + \sigma_{yy})/2$.
- Um den Mittelpunkt wird nun ein Kreis mit dem Radius r gemäß Gleichung (2.8.33) geschlagen.

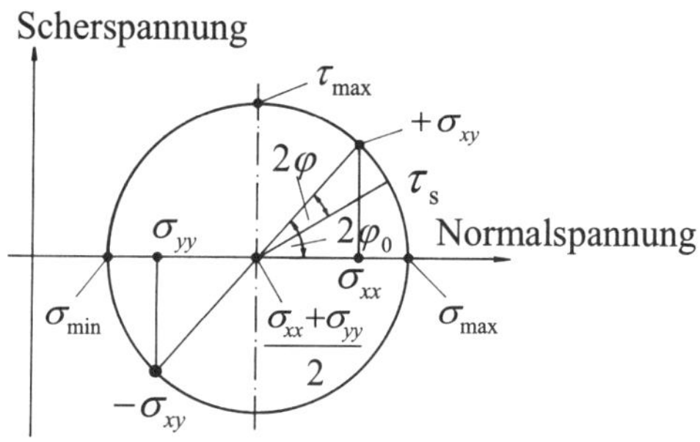

Abb. 2.8.17: Der Mohrsche Spannungskreis.

Es ist nun ein Leichtes, die maximalen Normalspannungen und die maximale Scherspannung grafisch als am weitesten links bzw. rechts liegenden Punkt bzw. als oberen und unteren Scheitelpunkt zu identifizieren. Rechnerisch findet man zusätzlich, dass gilt:

$$\sigma_{\substack{\min \\ \max}} = \frac{\sigma_{xx} + \sigma_{yy}}{2} \mp \sqrt{\left(\frac{\sigma_{xx} - \sigma_{yy}}{2}\right)^2 + \left(\sigma_{xy}\right)^2} \qquad (2.8.34)$$

und:

$$\tau_{\max} = \sqrt{\left(\frac{\sigma_{xx} - \sigma_{yy}}{2}\right)^2 + \left(\sigma_{xy}\right)^2} \,. \qquad (2.8.35)$$

Um die Winkel φ_0 und φ_1 zu finden, unter denen die maximalen Normal- bzw. Schubspannungen auftreten, wertet man nach den Regeln der Extremalrechnung folgende Beziehungen aus:

$$\left.\frac{d\sigma_s}{d\varphi}\right|_{\varphi_0} = 0 \,, \quad \left.\frac{d\tau_s}{d\varphi}\right|_{\varphi_1} = 0 \qquad (2.8.36)$$

und findet:

$$\tan(2\varphi_0) = \frac{2\sigma_{xy}}{\sigma_{xx} - \sigma_{yy}} \,, \quad \tan(2\varphi_1) = -\frac{\sigma_{xx} - \sigma_{yy}}{2\sigma_{xy}} \,. \qquad (2.8.37)$$

Man beachte, dass nach den Regeln für Winkelfunktionen gilt:

$$\tan\left(2\varphi_0 + \frac{\pi}{2}\right) = -\cot(2\varphi_0) \quad \Rightarrow \quad 2\varphi_1 = 2\varphi_0 + \frac{\pi}{2} \,. \qquad (2.8.38)$$

Mithin ist die Winkelrichtung maximaler Scherspannung φ_1 sofort berechenbar, wenn man nur die Winkelrichtung φ_0 maximaler Normalspannung zuvor ermittelt hat. Sie unterscheidet sich von Letzterer um 45°. Der Winkel $2\varphi_0$ ist auch in Abbildung 2.8.17 eingezeichnet. Wie mehrfach gesagt, dienen φ_0 und φ_1 zur Ermittlung der besonders gefährdeten Vorzugsrichtungen, wie jetzt an drei wichtigen Spezialfällen gezeigt wird.

Der erste Fall (Abbildung 2.8.18) beschäftigt sich mit dem **Spannungszustand im eindimensionalen Zugstab**. Hierfür darf man schreiben:

Abb. 2.8.18: Einachsiger Zugstabversuch.

$$\sigma_{xx} > 0 \,, \quad \sigma_{yy} = \sigma_{xy} = 0 \,. \qquad (2.8.39)$$

Mithin findet man aus den Gleichungen des MOHRschen Kreises (2.8.34 bis 38):

$$\sigma_{\substack{\max \\ \min}} = \begin{cases} \sigma_{xx} \\ 0 \end{cases} \,, \quad \tau_{\max} = \frac{\sigma_{xx}}{2} \,, \quad \varphi_0 = 0° \,, \quad \varphi_1 = 45° \,. \qquad (2.8.40)$$

Die maximale Normalspannung ist also, wie aufgrund der Belastung zu erwarten, die unter 0° aufgeprägte Spannung σ_{xx}. Was interessanter ist, ist die Tatsache, dass man auf unter 45° geneigten Ebenen im Zugstab die maximalen Scherspannungen erhält. Diese sind bei der Entwicklung von Scherbändern bei großer plastischer Verformung von unter einer eindimensionalen Zugspannung liegenden Metallstäben von Wichtigkeit. Der MOHRsche Kreis für den eindimensionalen Zugspannungszustand ist in Abbildung 2.8.19 illustriert.

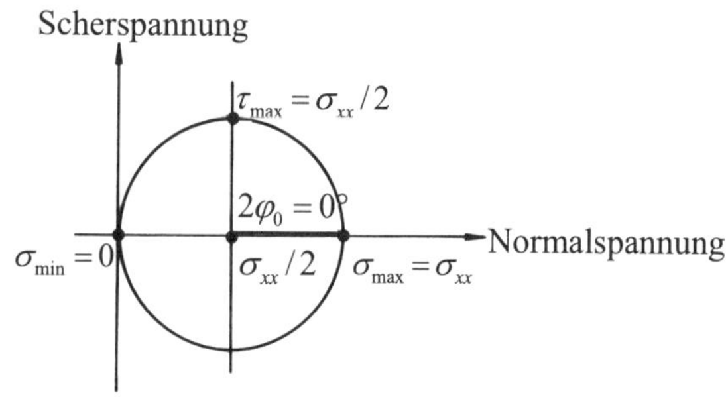

Abb. 2.8.19: Einachsiger Zug am MOHRschen Spannungskreis.

In einem zweiten Fall soll der **reine Schubzustand** betrachtet werden, also:

$$\sigma_{xx} = \sigma_{yy} = 0\ ,\quad \sigma_{xy} \neq 0\,. \tag{2.8.41}$$

Die Auswertung der MOHRschen Gleichungen (2.8.34 bis 38) liefert:

$$\sigma_{\substack{max\\min}} = \begin{cases} \sigma_{xy} \\ -\sigma_{xy} \end{cases},\quad \tau_{max} = \sigma_{xy}\,,\quad \varphi_0 = \pm 45°\,,\quad \varphi_1 = 0°\,. \tag{2.8.42}$$

Interessant ist, dass die maximalen Normalspannungen unter $\pm 45°$ auftreten.

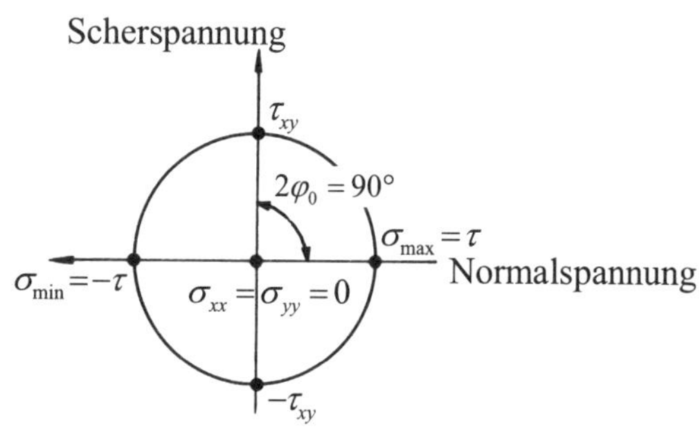

Abb. 2.8.20: Reiner Schub am MOHRschen Spannungskreis.

Der zum reinen Schub gehörige MOHRsche Kreis ist in Abbildung 2.8.20 gezeigt.

Abschließend sei der **reine Druckzustand** diskutiert:

$$\sigma_{xx} = \sigma_{yy} = -p \ , \ \sigma_{xy} = 0 \,. \tag{2.8.43}$$

Wir finden:

$$\sigma_{\substack{\max \\ \min}} = -p \ , \ \tau_{\max} = 0 \,. \tag{2.8.44}$$

In diesem Fall entartet der MOHRsche Kreis zu einem Punkt: Abb. 2.8.21.

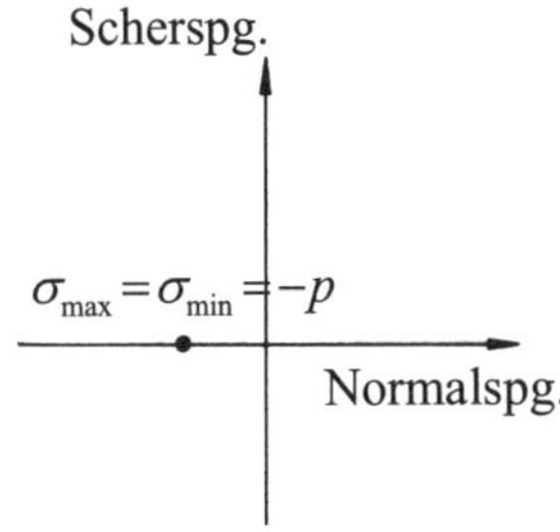

Abb. 2.8.21: Reiner Druck am MOHRschen Spannungskreis.

2.8.7 Vergleichsspannungen

Festigkeitshypothese	Spannungen am Element	
	σ_{xx} , σ_{yy} , σ_{xy}	σ_{xx} , σ_{xy}
Größte Normalspannung *Gültigkeitsbereich*: Spröde Werkstoffe bei Biegung, Zug, Torsion; also Gusseisen, Glas, Steine, Schweißnähte	$\sigma_V = \frac{\sigma_{xx}+\sigma_{yy}}{2} + \sqrt{\left(\frac{\sigma_{xx}-\sigma_{yy}}{2}\right)^2 + (\sigma_{xy})^2}$	$\sigma_V = \frac{\sigma_{xx}}{2} + \sqrt{\left(\frac{\sigma_{xx}}{2}\right)^2 + (\sigma_{xy})^2}$
Größte Schubspannung (nach TRESCA) *Gültigkeitsbereich*: Spröde Werkstoffe bei Druck	$\sigma_V = \sqrt{(\sigma_{xx}-\sigma_{yy})^2 + 4(\sigma_{xy})^2}$	$\sigma_V = \sqrt{(\sigma_{xx})^2 + 4(\sigma_{xy})^2}$
Größte Gestaltänderungsarbeit (nach von MISES-HUBER-HENCKY) *Gültigkeitsbereich*: Zähe Werkstoffe, Walz- und Schmiedestahl	$\sigma_V = \sqrt{(\sigma_{xx})^2 + (\sigma_{yy})^2 - \sigma_{xx}\sigma_{yy} + 3(\sigma_{xy})^2}$	$\sigma_V = \sqrt{(\sigma_{xx})^2 + 3(\sigma_{xy})^2}$

Die Idee des **Spannungsnachweises,** auch **Festigkeitsnachweis** genannt, wurde bereits diskutiert. Um sie zu wiederholen: Man berechnet die „gefährlichste“ Spannung in der Ebene bzw. im Raum und vergleicht diese dann mit den zulässigen Spannungen, die im Allgemeinen aus Versuchsergebnissen resultieren, die an eindimensionalen Proben gewonnen werden. Diese „gefährlichste“ Spannung bezeichnet man auch als **Vergleichsspannung** σ_V. Offensichtlich charakterisiert sie das Festigkeitsverhalten des verwendeten Werkstoffs, und je nach Werkstoff ist eine andere größte Spannung für sein Versagen maßgeblich. Man spricht in diesem Zusammenhang auch von Festigkeitshypothesen. Wie bei Hypothesen üblich, kann man diese nicht beweisen, sondern ihre Nützlichkeit und Richtigkeit wird durch die Praxis belegt oder verworfen. Die obige Tabelle zeigt einige solche Festigkeitshypothesen und gestattet es, für *zweidimensionale* Spannungszustände explizit Auswertungen vorzunehmen. Es sei darauf hingewiesen, dass die gezeigten Festigkeitshypothesen auch auf dreidimensionale Spannungszustände verallgemeinert werden können.

2.8.8 Spannungstensor für den Balken

Abschließend zum Thema Spannungstensor wollen wir die in den Abschnitten 2.4 und 2.5 bereits diskutierten Normal- und Scherspannungen an einem Balken mit Doppel-T-Querschnitt bei reiner bzw. unter Querkraftbiegung in ein neues Licht rücken und von einem ganzheitlichen Standpunkt aus betrachten. Wir starten mit der reinen Biegung, so wie sie in den Abbildungen 2.4.1 und 2.4.3 veranschaulicht ist. In diesem Fall reduziert sich der Spannungstensor auf eine Komponente, nämlich:

$$\sigma_{ij} = \begin{pmatrix} \sigma_{xx} & 0 & 0 \\ 0 & 0 & 0 \\ 0 & 0 & 0 \end{pmatrix} \quad , \quad \sigma_{xx}(z) = \frac{M}{I_{yy}} z \,. \tag{2.8.45}$$

Dass es sich dabei um die Komponente σ_{xx} handelt, liegt an der Wahl des Koordinatensystems: Wie in Abbildung 2.4.3 links angedeutet, wirken die Zug- bzw. Druckkräfte nämlich auf eine Ebene, die (im wesentlichen*) eine Normalenrichtung in x-Richtung (1. Index) aufweist, und zeigen als Kraftpfeile in negative bzw. positive x-Richtung (2. Index). Da das Moment konstant und unabhängig von der Position x ist, hängt die Normalspannung lediglich in *linearer* Weise von der z-Richtung ab.

Bei der Querkraftbiegung aus Abbildung 2.5.1 (beachte für das Folgende insbesondere den rechts eingespannten Balken) ist es komplizierter. Zunächst einmal gibt es auch hier Normalspannungen, und wir berechnen sie auch mit der Formel $(2.8.45)_2$, nur dass diesmal das Moment eine Funktion der Axialkoordinate

* Dass sich die Ebene leicht dreht, und auch Anteile in z-Richtung haben wird, ignoriert man in dieser einfachen Theorie.

x ist. Außerdem gibt es Scherspannungen, und wir müssen schreiben:

$$\sigma_{ij} = \begin{pmatrix} \sigma_{xx} & \sigma_{xy} & \sigma_{xz} \\ \sigma_{yx} & 0 & \sigma_{yz} \\ \sigma_{zx} & \sigma_{zy} & 0 \end{pmatrix} \quad , \quad \sigma_{xx}(x,z) = \frac{M(x)}{I_{yy}} z \,. \tag{2.8.46}$$

Dass die in der Matrix aufgeführten Scherspannungen tatsächlich auftreten, macht man sich am besten schrittweise klar. So ist zunächst σ_{zx} diejenige Schubspannung, die wir in den Abschnitten 2.5.1 und 2.5.2 behandelt haben. Es handelt sich hierbei nämlich um Kräfte in den „Trägerschichten" (vgl. Abbildung 2.5.1, rechts unten) und erstmal *nicht* im Trägerquerschnitt. Die Trägerschicht A_3 (siehe Freischnitt in Abbildung 2.8.22) hat offenbar eine Normale in negativer z-Richtung (1. Index), und der Kraftpfeil zeigt in der (negativen) Richtung der Trägerachse, also in x-Richtung, was den 2. Index erklärt (vgl. auch Abbildung 2.5.2).

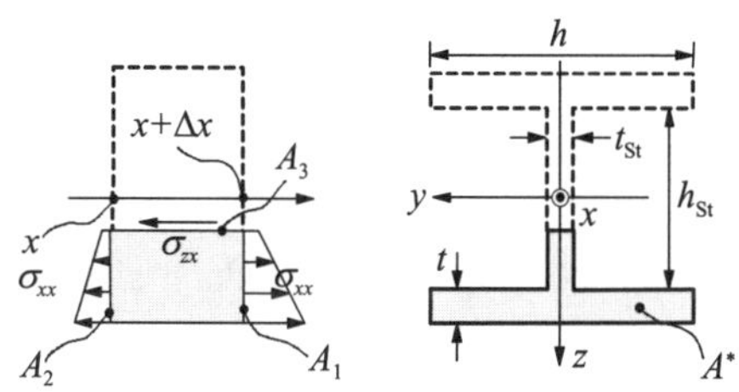

Abb. 2.8.22: Schnitt zur Berechnung der Schubspannungen σ_{zx}.

Um nun die Scherspannung σ_{zx} zu berechnen, wird das Kräftegleichgewicht in x-Richtung ausgewertet, und dabei verwenden wir die CAUCHYsche Formel (2.8.16), ähnlich wie seinerzeit im Zusammenhang mit den Gleichungen (2.8.9-12):

$$\sum F_x = 0: \quad \int_{A_1} n_x \sigma_{xx}(x+\Delta x, z)\,\mathrm{d}y\,\mathrm{d}z + \int_{A_2} n_x \sigma_{xx}(x,z)\,\mathrm{d}y\,\mathrm{d}z +$$

$$+ \int_{A_3} n_z \sigma_{zx}(x,z)\,\mathrm{d}x\,\mathrm{d}y = 0 \,. \tag{2.8.47}$$

Dabei wurde bereits berücksichtigt, dass die Flächen A_1 und A_2 nur Normalenanteile in x-Richtung haben. Lassen wir nun Δx gegen Null gehen, so resultiert bei vorzeichengerechter Auswertung der Komponenten der Normalen folgende Gleichung:

Festigkeitslehre

Festigkeitslehre

$$\sigma_{zx}(x,z) = \frac{1}{b(z)} \int_{A^*} \lim_{\Delta x \to 0} \frac{\sigma_{xx}(x+\Delta x, z) - \sigma_{xx}(x,z)}{\Delta x} \, \mathrm{d}y \, \mathrm{d}z =$$

$$= \frac{1}{b(z)} \int_{A^*} \frac{\mathrm{d}M(x)}{\mathrm{d}x} \frac{z}{I_{yy}} \, \mathrm{d}y \, \mathrm{d}z = \frac{Q(x)}{I_{yy} b(z)} \int_{A^*} z \, \mathrm{d}y \, \mathrm{d}z \equiv \frac{Q(x) S_y^*}{I_{yy} b(z)}. \quad (2.8.48)$$

Dabei wurde im dritten Integral σ_{zx} als über Δx nahezu konstant angenommen und die Integration über y ausgeführt, was entweder den Wert $b(z) = t_{\mathrm{St}}$ oder h ergibt, je nachdem, ob der z-Wert der Oberfläche A_3 im Steg oder im Flansch liegt. Außerdem wurden Gleichung $(2.8.46)_2$ und die Definition $(1.4.24)_2$ für das Moment 1. Ordnung verwendet, womit wir wieder bei der Beziehung (2.5.5) angelangt wären, diesmal jedoch von den Tensoreigenschaften der Spannung ausgiebig Gebrauch gemacht haben.

Mit den Gleichungen und Bezeichnungen aus Abschnitt 2.5.1 halten wir also fest:

$$\sigma_{zx}(x,z) = \mp \frac{Q(x) A^*(z) z^*(z)}{I_{yy} b(z)} \quad \text{für} \quad \begin{matrix} z < 0 \\ z > 0 \, . \end{matrix} \quad (2.8.49)$$

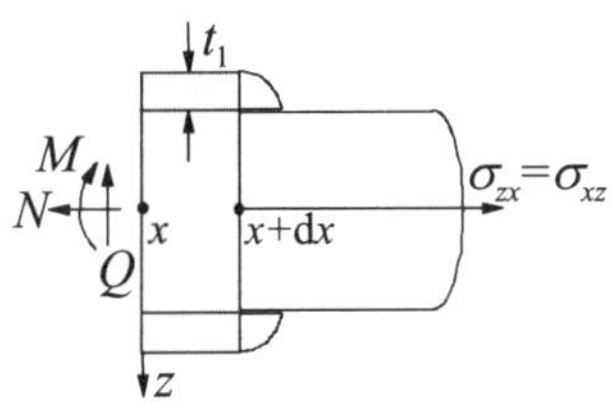

Abb. 2.8.23: Zum Schubspannungsverlauf σ_{zx} im Doppel-T-Träger.

Eine Bemerkung zum Vorzeichen von σ_{zx} ist angebracht. Die Formel (2.8.48) gilt für positive (wie in Abbildung 2.8.22) aber auch für negative Werte von z. S_y^* und A^* jedoch sind unabhängig davon immer positiv, z^* hingegen nicht. Um dem gerecht zu werden, wurde in (2.8.49) das Minuszeichen für $z < 0$ eingeführt. Für den in Abbildung 2.5.1 gezeichneten, rechts eingespannten Träger ist auch $Q(x)$ positiv, nämlich unabhängig von x gleich F. Also ist σ_{zx} im vorliegenden Fall positiv. Wie aber passt dies mit dem nach links, also in negative x-Richtung an σ_{zx} gezeichneten Pfeil aus Abbildung 2.8.22 zusammen? Die Antwort lautet, dass dieser Pfeil eine *Kraftrichtung* angibt, und diese erhält man erst durch Anwendung der CAUCHYschen Formel auf die Spannungen. Es gilt nämlich:

$$F_x(\sigma_{zx}) = \int_{A_3} n_z \sigma_{zx}(x,z) \, \mathrm{d}x \, \mathrm{d}y = -\int_{A_3} \sigma_{zx}(x,z) \, \mathrm{d}x \, \mathrm{d}y < 0 \, , \quad (2.8.50)$$

wenn man A_3 wie in Abbildung 2.8.22 gezeichnet freischneidet und zwar unabhängig davon, ob z positiv oder negativ ist*. Wir meinen also eigentlich Kräfte, wenn wir wie in Abbildung

* Man könnte ja stattdessen auch „von oben kommend" freischneiden und dann wäre $n_z = +1$.

2.8.22 und auch sonst bei Spannungen Pfeile einzeichnen. Bei bekannter, vorzeichenbestimmter Spannung ergibt sich die Pfeilrichtung erst nachträglich mit Hilfe von CAUCHY. Das gilt natürlich auch für die in Abbildung 2.8.22 eingezeichneten Normalspannungen auf A_2 und A_1:

$$F_x(\sigma_{xx}) = \int_{A_2} n_x \sigma_{xx}(x,z)\,\mathrm{d}y\,\mathrm{d}z = -\int_{A_2} \sigma_{xx}(x,z)\,\mathrm{d}y\,\mathrm{d}z < 0\,, \qquad (2.8.51)$$

$$F_x(\sigma_{xx}) = \int_{A_1} n_x \sigma_{xx}(x+\Delta x,z)\,\mathrm{d}y\,\mathrm{d}z = +\int_{A_1} \sigma_{xx}(x+\Delta x,z)\,\mathrm{d}y\,\mathrm{d}z > 0\,,$$

denn σ_{xx} ist nach Gleichung $(2.8.46)_2$ bei positivem $M(x)$ für den dort gezeichneten z-Bereich stets positiv, d. h. die zugehörigen Pfeile zeigen nach links bzw. nach rechts. Bei Normalspannungen haben wir, was das Vorzeichen angeht, jedoch meist ein gutes intuitives Gefühl, da wir sie mit Zug und Druck (also Pfeile raus bzw. rein) assoziieren. Bei Scherspannungen ist das anders. "Shear stresses are weird", wie Dave Harris, einer meiner früheren Chefs, immer sagte.

Aufgrund der Symmetrie des Spannungstensors gilt aber auch $\sigma_{xz} = \sigma_{zx}$, und darum lässt sich die Formel (2.8.49) auch zur Berechnung der Scherkraft *im Trägerquerschnitt* ansetzen, dessen Flächennormale offensichtlich in positiver x-Richtung liegt (1. Index in σ_{xz}). Diese Kraft zeigt in Querkraftrichtung, was den 2. Index in σ_{xz} erklärt. Den Verlauf von σ_{zx} bzw. σ_{xz} über der z-Achse eines Doppel-T-Trägers ist in Abbildung 2.8.23 zu sehen. Diesen muss man mit Abbildung 2.5.5 (Mitte) vergleichen. Wir halten fest, dass die damalige Zeichnung insofern ungenau war, dass sie den Verlauf über der Dicke t der T-Flansche ignorierte: Da die Breite $b(z)$ beim Übergang vom Steg auf den Flansch von t_{St} auf den wesentlich größeren Wert h ansteigt, sinkt die Schubspannung σ_{zx} beim Wechsel in den Flansch abrupt, um bei Annäherung auf den Unter- bzw. den Obergurt stetig, parabelförmig auf Null abzusinken. Diese Feinheit ist in Abb. 2.5.5 nicht dargestellt !

Die Gleichung (2.8.49) kann verwendet werden, um zu verifizieren, dass sich bei Integration von σ_{xz} über den ganzen Trägerquerschnitt tatsächlich die Querkraft $Q(x)$ ergibt. Wir schreiben unter Beachtung der CAUCHYformel:

$$F_z(\sigma_{xz}) = \int_{A^*} n_x \sigma_{xz}(x,z)\,\mathrm{d}y\,\mathrm{d}z = \int_{-(h_{\mathrm{St}}/2+t)}^{h_{\mathrm{St}}/2+t} \sigma_{xz}(x,z)b(z)\,\mathrm{d}z =$$

Festigkeitslehre

$$= t_{\text{St}} \int_{-h_{\text{St}}/2}^{h_{\text{St}}/2} \sigma_{zx}(x,z)\,\text{d}z + 2h \int_{h_{\text{St}}/2}^{h_{\text{St}}/2+t} \sigma_{zx}(x,z)\,\text{d}z \equiv Q(x), \qquad (2.8.52)$$

wenn man die Integrationen nur gewissenhaft ausführt und beachtet, dass für das Flächenträgheitsmoment gilt:

$$I_{yy} = \tfrac{1}{12} t_{\text{St}} h_{\text{St}}^3 + \tfrac{1}{2} h t h_{\text{St}}^2 + h h_{\text{St}} t^2 + \tfrac{2}{3} h t^3 . \qquad (2.8.53)$$

Als nächstes wenden wir uns den Schubspannungen σ_{yx} zu und untersuchen den Freischnitt für einen Teil des Flansches, so wie in Abbildung 2.8.24 dargestellt. In der Fläche A_3 wirkt σ_{yx}, denn diese Fläche hat eine Normale in (negative) Richtung von y und der Kraftpfeil zeigt in (negative) Richtung der Achse x.

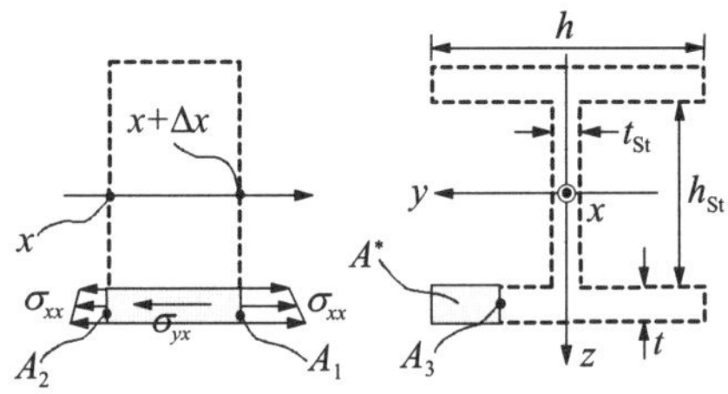

Abb. 2.8.24: Schnitt zur Berechnung der Schubspannungen σ_{yx}.

In bewährter Weise studieren wir das Kräftegleichgewicht und schreiben:

$$\sum F_x = 0: \quad \int_{A_1} n_x \sigma_{xx}(x+\Delta x, z)\,\text{d}y\,\text{d}z + \int_{A_2} n_x \sigma_{xx}(x,z)\,\text{d}y\,\text{d}z +$$

$$\int_{A_3} n_y \sigma_{yx}(x,y)\,\text{d}x\,\text{d}z = 0 . \qquad (2.8.54)$$

Wieder lassen wir Δx gegen Null gehen, und es resultiert bei vorzeichengerechter Auswertung der Komponenten der Normalen folgende Gleichung:

$$\sigma_{yx}(x,y) = \frac{1}{t} \int_{A^*} \lim_{\Delta x \to 0} \frac{\sigma_{xx}(x+\Delta x, z) - \sigma_{xx}(x,z)}{\Delta x}\,\text{d}y\,\text{d}z =$$

$$= \frac{1}{t} \int_{A^*} \frac{\text{d}M(x)}{\text{d}x} \frac{z}{I_{yy}}\,\text{d}y\,\text{d}z = \frac{Q(x)}{I_{yy} t} \int_{A^*} z\,\text{d}y\,\text{d}z \equiv \frac{Q(x) S_y^*}{I_{yy} t} . \qquad (2.8.55)$$

Diesmal wurde im dritten Integral σ_{yx} der Gleichung (2.8.54) als über Δx nahezu konstant angenommen und die Integration über z ausgeführt, was den Wert t ergibt. Erneut wurden Gleichung $(2.8.46)_2$ und die Definition $(1.4.24)_2$ für das Moment

1. Ordnung verwendet, und wir erhalten i. w. Gleichung (2.5.12). Rechnen wir nämlich für den vorliegenden Fall das Moment 1. Ordnung aus, so ergibt sich:

$$S_y^* = \int_{A^*} z \,\mathrm{d}y\,\mathrm{d}z \equiv \int_y^{h/2} \mathrm{d}\tilde{y} \int_{h_{\mathrm{St}}/2}^{h_{\mathrm{St}}/2+t} z\,\mathrm{d}z = \tfrac{1}{2} t\left(\tfrac{1}{2} h - y\right)\left(h_{\mathrm{St}} + t\right) \equiv A^* z^*, \quad (2.8.56)$$

wobei wie man leicht nachprüft $A^* = t(h-y)$ und $z^* = \frac{1}{2}\left(h_{\mathrm{St}} + t\right)$ gilt. Somit verlaufen die Schubspannungen σ_{yx} *linear in y* über dem unteren linken Flansch und sie sind positiv für den hier studierten Fall. Da die Formel (2.8.56) direkt auf die anderen Flanschstücke übertragbar ist und außerdem für rechts von der z-Achse liegende Flanschstücke $n_y = +1$ für die Normale der dortigen, zu A_3 analogen Fläche gilt, ergibt sich der in der Abbildung 2.8.25 dargestellte, hinsichtlich der Vorzeichen alternierende Verlauf, dem wir schon in Abbildung 2.5.5 begegnet sind. Die Verläufe wurden bewusst nicht über den Bereich hinaus gezeichnet, wo der Flansch auf den Steg trifft. Wenn dies jedoch gewünscht ist, muss man in Abbildung 2.8.24 (rechts) den Steg freischneiden, und in der damit entstehenden Fläche mit Normale in (negativer) z-Richtung werden aufgrund von Spannungen σ_{zy} weitere Kräfte in y-Richtung resultieren, die in der Bilanz (2.8.54) zu berücksichtigen sind. Wir werden diese hier nicht weiter untersuchen. In der Praxis wird diese Feinheit nicht berücksichtigt. Man sagt, der Steg sei dünn und zeichnet die Verläufe σ_{yx} bis zur Stegmitte, so wie dies auch in Abbildung 2.5.5 geschehen ist.

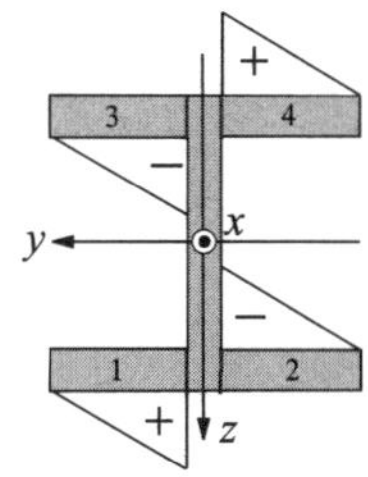

Abb. 2.8.25: Zum Schubspannungsverlauf σ_{yx} im Doppel-T-Träger.

Festigkeitslehre

Nun gilt aber auch noch $\sigma_{xy} = \sigma_{yx}$, und wir erwarten damit nicht nur Scherspannungen innerhalb der Fläche A_3, sondern auch solche innerhalb der Fläche A^* aus Abbildung 2.8.24. Daraus resultieren Kräfte in y- Richtung auf eine Fläche mit Normale in x-Richtung, eben A^*. Das ist auf den ersten Blick besorgniserregend, denn diesmal ist keine Querkraft Q da, die sich bei Integration der Spannungen, analog zur Gleichung (2.8.52), ergeben muss. Anders ausgedrückt, die aus den Schubspannungen σ_{xy} resultierenden Kräfte in Bezug auf die vier Flächen beider Flansche müssen mit sich selbst im Kräftegleichgewicht und hoffentlich auch im Momentengleichgewicht stehen. Dies überprüfen wir durch Berechnung der Kräfte F_y auf die vier Flächen aus Abbildung 2.8.25:

$$F_y\left(\sigma_{xy}\right) = \int_1 n_x \sigma_{xy}(x,z)\,\mathrm{d}y\,\mathrm{d}z = \pm\tfrac{1}{8} t h^2 (h+t) \frac{Q(x)}{I_{yy}}, \quad (2.8.57)$$

wobei das positive Vorzeichen für die Flächen 1 und 4 und das negative für die Flächen 2 und 3 zuständig ist. Die Summe aller dieser Kräfte ist also sicherlich gleich Null. Das Momentengleichgewicht (wie man z. B. bei Drehung um den Schwerpunkt sieht) ist damit auch identisch erfüllt: Das geschlossene Doppel-T-Profil verdreht sich nicht. Beim U-Profil ist das anders ! Wie wir in Abschnitt 2.5.4 gesehen haben, ist dort zwar Kräftegleichgewicht aber kein Momentengleichgewicht gegeben, es sei denn, Q greift im Schubmittelpunkt an.

Übrigens erhält man nun auch das Ergebnisse (2.5.9 / 12) für die Spannungen am Übergang Flansch zu Steg einfach aus den Gleichungen (2.8.49) und (2.8.55/56). Mit den Bezeichnungen aus Abschnitt 2.5.2 gilt nämlich:

$$\tau_1 \equiv \sigma_{zx}\left(x, z = \tfrac{1}{2} h_{\mathrm{St}}\right) = \frac{Q(x) A_1^* z_1^*}{I_{yy} t_{\mathrm{St}}}, \qquad (2.8.58)$$

$$\tau_{\mathrm{Fl}} \equiv \sigma_{yx}(x, y = 0) = \frac{Q(x) \frac{1}{2} A_1^* z_1^*}{I_{yy} t}, \quad z_1^* = \pm \tfrac{1}{2}\left(h_{\mathrm{St}} + t\right)$$

und somit folgt in der Tat die ingenieurmechanisch anschauliche*, aber leicht mysteriöse Erhaltung des Schubflusses:

$$\tau_1 t_{\mathrm{St}} = 2\tau_{\mathrm{Fl}} t \quad \Leftrightarrow \quad T_1 = 2T_{\mathrm{Fl}}. \qquad (2.8.59)$$

2.9 Stabilitätsprobleme

2.9.1 Einführung

Bisher wurden statische Systeme im stabilen Gleichgewicht betrachtet (siehe Abbildung 2.9.1, oben). Bei der Berechnung von Lagerkräften und -momenten, Schnittgrößen sowie Spannungen wurde vom unverformten System ausgegangen, d. h. eine so genannte Theorie 1. Ordnung betrieben. In der Festigkeitslehre interessierte das Versagen des Systems bei Erreichen einer kritischen Grenzspannung.

Im Folgenden geht es uns, als Aufgabengebiet der Stabilitätstheorie, um indifferente und labile Gleichgewichtslagen statischer Systeme (Abbildung 2.9.1, Mitte und unten). Wie wir sehen werden, ist es bei der Berechnung solcher Gleichgewichtslagen nötig, die Verformung des Systems mit einfließen zu lassen.

* Im Sinne der PRANDTLschen Strömungsanalogie aus Abschnitt 2.7.4.

Im einfachsten Fall spricht man in diesem Zusammenhang auch von einer Theorie zweiter Ordnung. Dabei stehen die Verformungen meist senkrecht zu der äußeren Belastung, und sie sind nicht länger proportional zur aufgeprägten Last.

2.9.2 Ein erstes Stabilitätsproblem

Betrachte den in Abbildung 2.9.2 links dargestellten Stab der Höhe h, gestützt durch eine senkrecht zur Achse wirkende Feder in Abstand h_1 vom Boden, welcher an seiner Spitze durch eine längs seiner Achse wirkende Druckkraft F belastet wird.

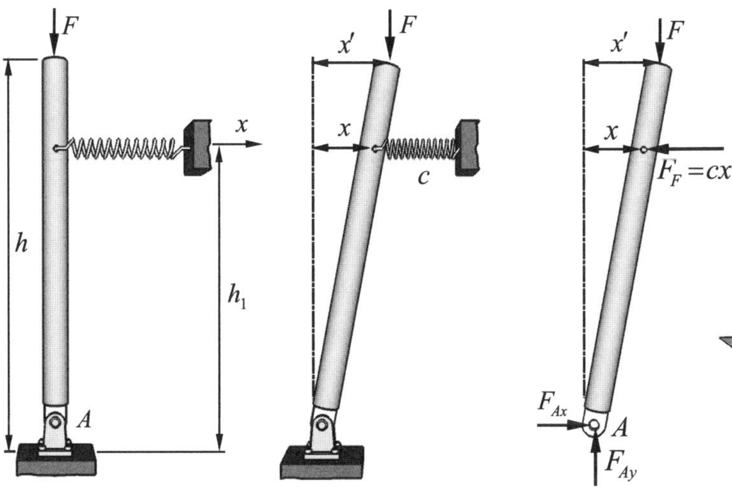

Abb. 2.9.2: Mit Feder gehaltener Stab unter Drucklast.

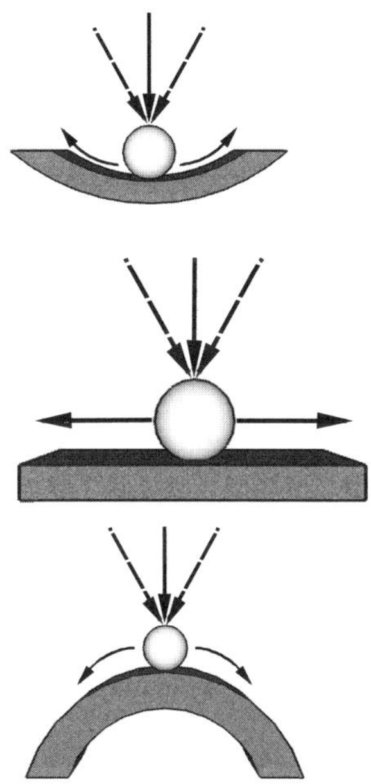

Abb. 2.9.1: Stabiles, indifferentes und labiles Gleichgewicht.

Ziel soll es sein, diejenige kritische Drucklast F_k zu finden, bei welcher der Stab beginnt, auszuweichen. Dazu schneiden wir die Feder frei, lenken den Stab ein wenig aus der Gleichgewichtslage aus (siehe Abbildung 2.9.2, rechts) und stellen die Momentenbilanz um den Punkt A auf:

$$\sum M^{(A)} = 0 \quad \Rightarrow \quad -F\frac{xh}{h_1} + F_c h_1 = 0\,. \tag{2.9.1}$$

Mit dem Federgesetz (der Index F steht für **Feder**):

$$F_F = cx \tag{2.9.2}$$

folgt daraus:

$$x\left(ch_1 - F\frac{h}{h_1}\right) = 0\,, \tag{2.9.3}$$

und da die Auslenkung nicht verschwinden soll, muss gelten:

$$F = c\frac{h_1^2}{h} \equiv F_{\mathrm{kr}}\,. \tag{2.9.4}$$

Dies ist die gesuchte kritische Last, bei der das System ausweicht. Man darf sagen, dass der Gleichgewichtszustand des Systems zusammenbricht, falls die Kraft F über den genannten Wert steigt. Praktisch wird die Verformung durch eine kleine Exzentrizität, Unebenheit oder sonstige Störung des Systems eingeleitet. Beachte ferner, dass das Ausweichen senkrecht zur Last erfolgt.

2.9.3 Zur Phänomenologie von Stabilitätsproblemen

Wie im letzten Beispiel angedeutet, treten Stabilitätsprobleme in der Praxis auf, wenn das Bauteil / das Bauelement auf Druck oder Schub belastet wird. Beispiele sind:

Abb. 2.9.3: Knicken eines Stabes unter Druck.

(a) **Knicken** eines Stabes unter Druck, siehe Abbildung 2.9.3;

(b) **Beulen** eines Bleches: Ein durch genügend hohe Druck- oder Schubspannungen belastetes Blech beult aus, siehe Abbildung 2.9.4;

(c) **Kippen**: Der Druckgurt eines unter genügend hoher Querlast stehenden Biegeträgers weicht senkrecht zur Kraftrichtung aus;

(d) **Biegedrillknicken**: Ein unsymmetrisches Profil unter genügend hoher Druckbelastung verdreht sich und knickt aus.

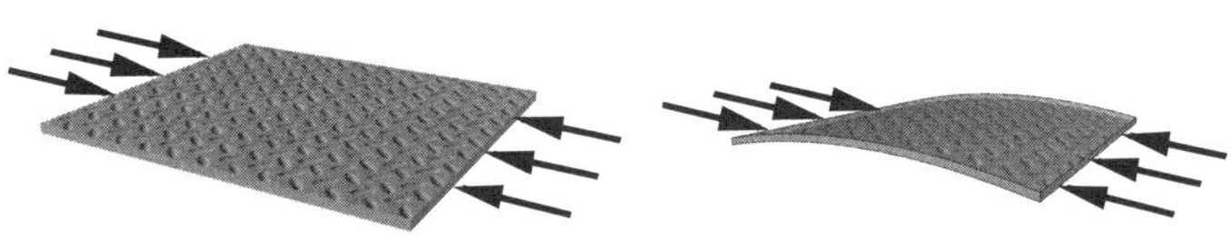

Abb. 2.9.4: Beulen eines Bleches unter Druck.

2.9.4 Die EULERsche Knickgleichung

Betrachte den in Abbildung 2.9.5 dargestellten Stab unter Axiallast F. Diese greift in Führungsrichtung des oberen einwertigen Lagers an. Unten ist der Stab an einem zweiwertigen Gelenk befestigt. Gesucht ist die maximal zulässige Drucklast, bevor der Stab, wie rechts im Bild zu sehen, ausweicht.

Wie schon im Beispiel 2.9.2 untersuchen wir das Gleichgewicht am ausgelenkten System, d. h., wir starten von der bekannten Differenzialgleichung der Biegelinie mit zugehöriger Momentenfläche:

$$w''(x) = -\frac{M(x)}{EI}\,,\quad M(x) = F\,w(x)\,. \tag{2.9.5}$$

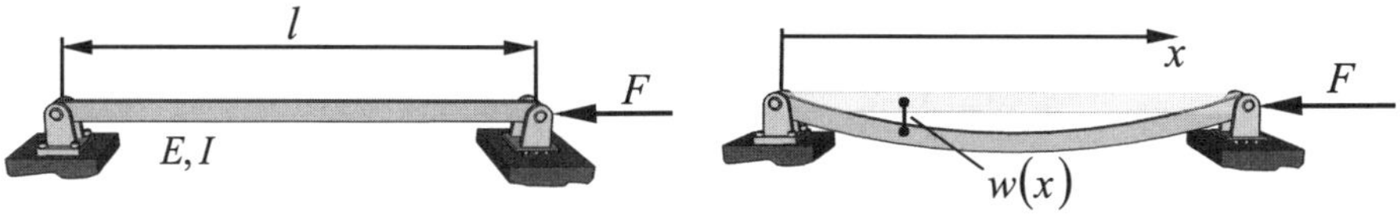

Abb. 2.9.5: EULERscher Knickstab, gehalten von einem ein- und einem zweiwertigen Lager.

Einsetzen liefert:

$$w''(x) = -\alpha^2 w\,,\quad \alpha^2 = \frac{F}{EI} > 0\,, \tag{2.9.6}$$

wobei durch das Quadrat angedeutet wird, dass es sich bei der Abkürzung α^2 um eine positive Größe handelt. Es resultiert folgende Differenzialgleichung zweiter Ordnung:

$$w''(x) + \alpha^2 w = 0\,. \tag{2.9.7}$$

Die allgemeine Lösung dieser Gleichung lautet:

$$w(x) = A\sin(\alpha x) + B\cos(\alpha x)\,, \tag{2.9.8}$$

und die Konstanten A bzw. B bestimmen wir aus den **Randbedingungen**, die für das in Abbildung 2.9.5 dargestellte System zu fordern sind:

$$w(x=0) = 0 \quad \Rightarrow \quad B = 0 \tag{2.9.9}$$

und:

$$w(x=l) = 0 \quad \Rightarrow \quad A\sin(\alpha l) = 0\,. \tag{2.9.10}$$

Es wäre töricht, aus der letzten Beziehung $A = 0$ schließen zu wollen, denn dann hätten wir nur die triviale (die Nulllösung) gefunden, die sicherlich bis zum Erreichen der Grenzlast vorliegt, wie man auch ohne Rechnung weiß. Es gibt aber noch eine andere Möglichkeit, die Gleichung (2.9.10) zu erfüllen, nämlich, wenn man fordert:

$$\alpha l = n\pi\,, \tag{2.9.11}$$

wobei n eine ganze (positive) Zahl ist. Dann folgt:

Festigkeitslehre

$$\alpha^2 = \frac{n^2\pi^2}{l^2} = \frac{F}{EI}, \tag{2.9.12}$$

d. h., die Kraft F muss so gewählt werden, dass eine ganz bestimmte **Knickbedingung,** eben die aus Gleichung (2.9.6), erfüllt ist:

$$F_{\text{kr}} = \frac{EI\pi^2}{l^2} \quad \Rightarrow \quad F_{\text{kr},n} = n^2 F_{\text{kr}}. \tag{2.9.13}$$

Indem man in Gleichung (2.9.4) einsetzt, entsteht:

$$w(x) = A\sin\left(\frac{n\pi x}{l}\right). \tag{2.9.14}$$

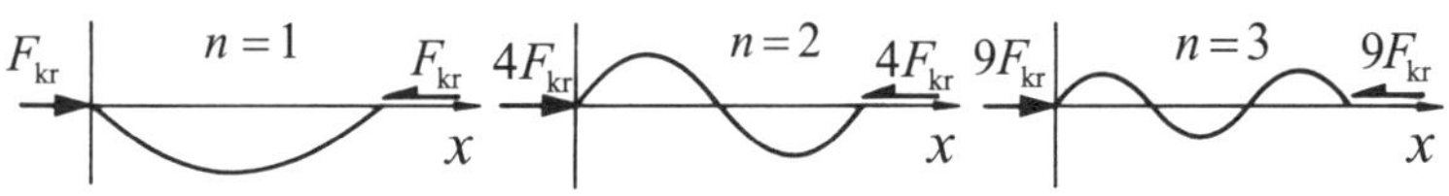

Abb. 2.9.6: Auslenkungsmodi des EULERschen Knickstabes.

Man beachte, dass über die Amplitude der Verschiebung **nichts** ausgesagt wird. Je nach Wert von n erhält man verschiedene Modi der Auslenkung. Solche sind für die Werte $n = 1, 2, 3$ in Abbildung 2.9.6 dargestellt. Der erste dargestellte Versagensfall erfordert die geringste Kraftanstrengung und tritt daher im Allgemeinen auch zuerst ein.

Kennt man die zum Knicken nötige Kraft, so lässt sich bei bekanntem Stabquerschnitt A daraus eine kritische Spannung errechnen:

$$\sigma_{\text{kr}} = \frac{F_{\text{kr}}}{A} = \frac{EI\pi^2}{Al^2}. \tag{2.9.15}$$

Mithilfe des schon aus Abschnitt 2.6.11 bekannten Trägheitsradius i:

$$i = \sqrt{\frac{I}{A}} \tag{2.9.16}$$

definiert man den sogenannten **Schlankheitsgrad** λ des Stabes zu:

$$\lambda = \frac{l}{i}, \tag{2.9.17}$$

und die kritische Spannung lässt sich dann auch schreiben als:

$$\sigma_{\text{kr}} = \frac{E\pi^2}{\lambda^2}. \tag{2.9.18}$$

Die Abhängigkeit der kritischen Spannung vom Schlankheitsgrad, die sogenannte **EULER-Hyperbel**, ist in Abbildung 2.9.7 zu sehen. Man erkennt, dass für gedrungene Stäbe, also bei kleinen Werten von l bzw. kleinem Schlankheitsgrad λ, die kritische Spannung deutlich ansteigt und eventuell oberhalb der Fließgrenze liegt, womit die Stabilitätsfrage als Sicherheitsproblem hinfällig wird.

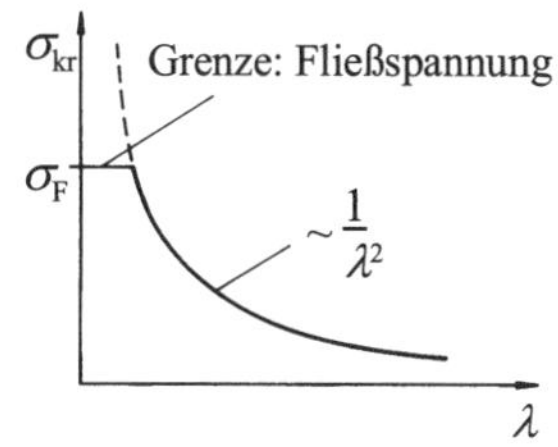

Abb. 2.9.7: EULER-Hyperbel.

2.9.5 Die vier EULERschen Knicktypen

Neben der im vorigen Abschnitt besprochenen Lagerung wurden von EULER noch weitere Lagerungsarten von Stäben und die damit jeweils verbundene Stabilitätsfrage untersucht. Man spricht von den vier EULERschen Knicktypen eines Stabes.

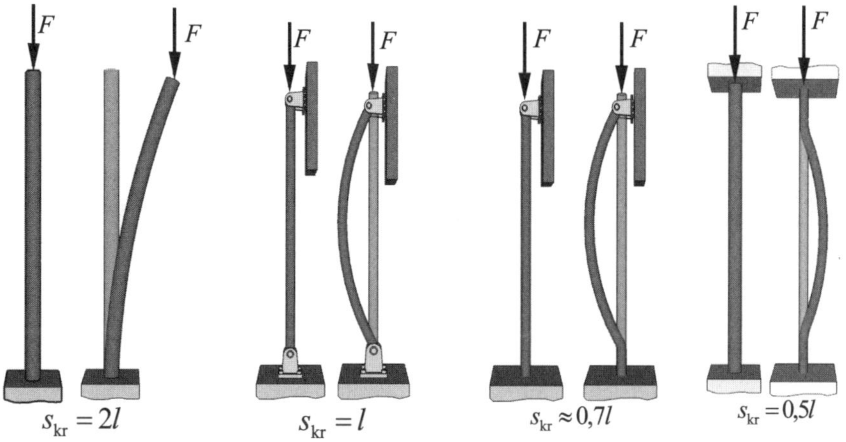

Abb. 2.9.8: Die vier EULERschen Knickfälle mitzugehörigen Knicklängen s_k .

Diese sind in Abbildung 2.9.8 schematisch zu sehen. Des Weiteren ist bei jedem Fall ein Längenparameter s_k , die sogenannte **Knicklänge**, angegeben. Dieser bestimmt die notwendige kritische Last, welche je nach Lagerungsfall verschieden ist, gemäß:

$$F_{kr} = \frac{EI\pi^2}{s_{kr}^2} . \tag{2.9.19}$$

Um diese Gleichung mit den bei gegebener Einspannung relevanten Parameterwerten s_{kr} herzuleiten, ist es ratsam, eine Gleichung für die Verschiebung zu entwickeln, die zunächst unabhängig von der gewählten Einspannung (oder mathematisch ausgedrückt: Randbedingung) gilt.

Heinrich **HENCKY** wurde am 2. November 1885 in Ansbach (Bayern) zunächst ohne Schwierigkeiten geboren, um am 6. Juli 1951 schließlich beim Bergsteigen zu sterben. Während seines Lebens arbeitete er auf diese Climax hin. So war sein Leben eine einzige, unstete Wanderschaft, er wurde hochgelobt und fiel oftmals tief. Sein Vater starb früh und seine Mutter zog mit seinen Geschwistern in die Landeshauptstadt München. Dort diente er 1909 im 3. Pionierregiment, um dann zwischen 1912 und 1913 an der Technischen Hochschule in Darmstadt zu studieren und mit einer numerischen Arbeit zur Theorie elastischer Platten zu promovieren. Zwischenzeitlich arbeitete er bereits für die Elsass-Lothringische Eisenbahn und wechselte 1913 zu einer Eisenbahnfirma nach Charkow (Ukraine). Der 1. Weltkrieg begann, und die Russen internierten ihn in seiner Eigenschaft als feindlicher Ausländer prompt jenseits des Urals. Dort jedoch trifft er (Glück oder Unglück?) eine Russin, die er 1918 heiratet. Nach Ende des Krieges mit Russland wird er schließlich freigelassen, und man zieht zunächst nach München. Von der Marine wird HENCKY aber sogleich als Testingenieur für Seeflugzeuge nach Warnemünde

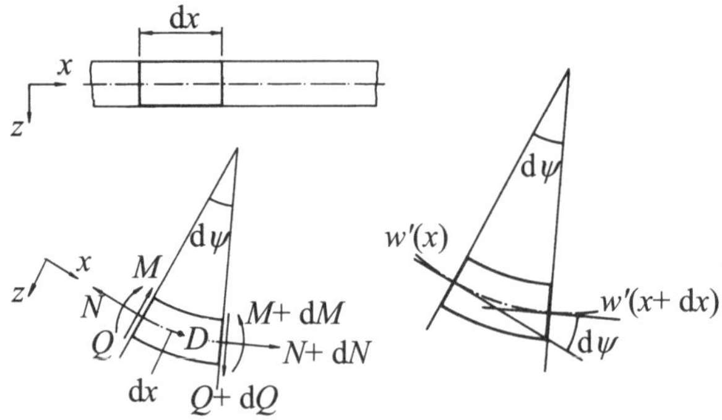

Abb. 2.9.9: Biegung eines Knickstabstückes.

Dazu argumentiert man lokal für das in Abbildung 2.9.9 dargestellte Balkenstück wie folgt. Kräfte- und Momentengleichgewicht am gekrümmten, unter der Drucklast F stehenden Balken liefern mit den Bezeichnungen der Abbildung folgende Zusammenhänge:

$$\sum F_x = 0: \quad -N + (N + \mathrm{d}N)\cos(\mathrm{d}\psi) + (Q + \mathrm{d}Q)\sin(\mathrm{d}\psi) = 0,$$

$$\sum F_z = 0: \quad -Q + (Q + \mathrm{d}Q)\cos(\mathrm{d}\psi) - (N + \mathrm{d}N)\sin(\mathrm{d}\psi) = 0,$$

(2.9.20)

$$\sum M^{(D)} = 0: \quad -M - Q\frac{\mathrm{d}x}{2} - (Q + \mathrm{d}Q)\frac{\mathrm{d}x}{2} + M + \mathrm{d}M = 0.$$

Vernachlässigt man hierin Größen höherer Ordnung, die bei der Entwicklung der Winkelfunktionen sowie beim Ausmultiplizieren der Klammerausdrücke entstehen, so resultieren folgende drei Zusammenhänge, die wir schon vom Ende von Abschnitt 1.6.3 über Normalkraft-, Querkraft- und Momentenflächen des gekrümmten Trägers her kennen:

$$\frac{\mathrm{d}N}{\mathrm{d}x} = -Q\frac{\mathrm{d}\psi}{\mathrm{d}x}, \quad N\frac{\mathrm{d}\psi}{\mathrm{d}x} = \frac{\mathrm{d}Q}{\mathrm{d}x}, \quad \frac{\mathrm{d}M}{\mathrm{d}x} = Q. \tag{2.9.21}$$

Wir kümmern uns zunächst um die beiden letzten Gleichungen. Aus der Abbildung ist ersichtlich, dass

$$\mathrm{d}w' = w'(x + \mathrm{d}x) - w'(x) = -\mathrm{d}\psi \quad \Rightarrow \quad w'' = -\frac{\mathrm{d}\psi}{\mathrm{d}x}. \tag{2.9.22}$$

Außerdem ist:

$$N = -F, \tag{2.9.23}$$

also folgt:

$$\frac{d^2M}{dx^2} = -F\frac{d\psi}{dx} = +Fw''. \tag{2.9.24}$$

Für die Krümmung weiß man nach Gleichung (2.6.11) außerdem, dass gilt:

$$w'' = -\frac{M}{EI}. \tag{2.9.25}$$

Durch Kombination der Gleichungen (2.9.24) und (2.9.25) folgt:

$$(EI\,w'')'' + F\,w'' = 0, \tag{2.9.26}$$

was man bei konstanter Steifigkeit EI auch wie folgt schreiben kann:

$$w^{IV} + \alpha^2 w'' = 0,\ \alpha^2 = \frac{F}{EI}. \tag{2.9.27}$$

Dieses ist eine Differenzialgleichung vierter Ordnung, eine sogenannte Eigenwertgleichung, und, wie man durch Differenzieren verifizieren kann, lautet ihre allgemeine Lösung:

$$w(x) = A\cos(\alpha x) + B\sin(\alpha x) + C\alpha x + D. \tag{2.9.28}$$

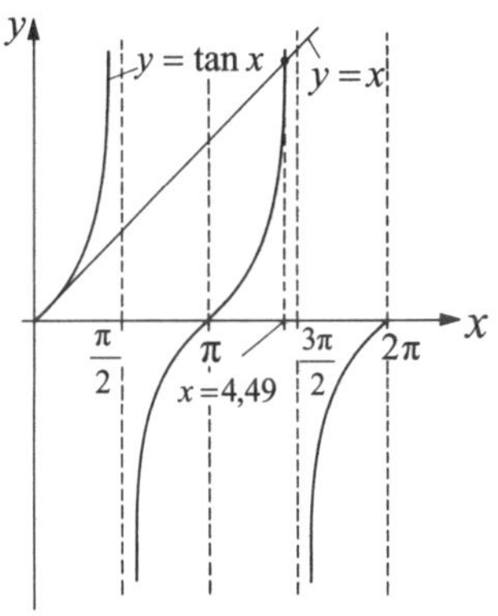

Abb. 2.9.10: Zur Lösung der transzendenten Gleichung im EULER-Fall 3.

Dabei bezeichnen A, B, C und D vier Integrationskonstanten, die man geeignet an Randbedingungen anpassen muss. Dieses sei für den dritten Fall aus Abbildung 2.9.8 erläutert. Offenbar muss gelten:

$$w(x=0)=0,\ w'(x=0)=0,\ w(x=l)=0,\ M(x=l)=0. \tag{2.9.29}$$

Durch Kombination der resultierenden Gleichungen bzw. Eliminierung von C und D erhält man:

geschickt. Die beginnende Demobilisierung setzt dieser Aktivität jedoch ein schnelles Ende, und so wird er 1919 schließlich Privatdozent in Darmstadt, also arbeitslos. Er geht an die Technische Universität Dresden, publiziert seine Habilitationsschrift und u. a. eine berühmte Arbeit über die Stabilität elastischer Platten. Die Fama geht, dass er in Dresden als festangestellter akademischer Lehrer allerdings weniger begehrt war. Die Bewerbung um eine Professur ebenda war nicht erfolgreich, das Bewerbungskomitee bemängelt übergroße Scheu gegenüber den Studenten, der vorsitzende Professor TREFFTZ jedoch bemerkt lakonisch „Wer unter uns ist schon ein geborener Lehrer?" Wie mancher von uns verlässt HENCKY daraufhin die deutschen Lande und geht 1922 als Lektor an die Technische Universität Delft. Aber auch dort gibt es keine Dauerstelle. Große Entdeckungen werden oft aus allgemeinem Schmerz heraus geboren, und im Jahre 1923 veröffentlicht er in der ZAMM schließlich seine berühmteste Arbeit „Über einige statisch bestimmte Fälle des Gleichgewichts in plastischen Körpern", in welcher er das nach ihm benannte Fließkriterium aufstellt. In Delft verbleibt er bis 1929, um 1930 als Associate Professor of Mechanics an das Department of Mechanical Engineering der berühmtesten Ingenieurhochschule der Welt, das Massachusetts Institute of Technology (MIT), berufen zu werden. Allerdings ist er als theorielastiger Mensch in der praktisch orientierten US-Academia nicht lange gut gelitten. Sein lokaler Förderer Präsident STRATTON stirbt 1932 und im selben Jahr wird HENCKY als redundant aus der Professorenschaft entlassen. Er wird Berater, also quasi arbeitslos, und reist in dieser Eigenschaft zunächst quer durch New Hampshire, um sich dort 1935 kurzzeitig auf einer Farm niederzulassen. Nebenbei publiziert er über das nichtlineare Deformationsverhalten von Gummi. Seine Arbeiten bringen ihn 1936 auf Empfehlung GALERKINS zurück in die Sowjetunion, erst an das Chemische Institut nach Charkow und dann an die Moskauer Universität an das Institut von ILJUSCHIN. Das Leben in Sowjetrussland ist jedoch unerträglich restriktiv, und er wird 1938 zurück ins Großdeutsche Reich ausgewiesen, wohin er allerdings ohne seine Kinder geht, die in die USA auswandern. Bruder Karl, der bei der IG-Farben in Leverkusen beschäftigt ist, hilft ihm, bei der MAN in der Nähe von Mainz unterzukommen. Die SS beäugt ihn skeptisch, wohl nicht zuletzt aufgrund seiner ausländischen Erfahrungen, und insistiert, ihm keinerlei Zugang zu geheimen Daten zu geben. Allerdings gelingt es ihm, bei MAN bis zu seinem Lebensende zu verweilen, da sein Vorgesetzter die Nazis schließlich doch noch von der Kriegswichtigkeit der Fertigkeiten HENCKYS überzeugen kann, was wiederum von der Wichtigkeit solider Mechanikkenntnisse in schweren Lebenslagen zeugt.

Festigkeitslehre

$$[\cos(\alpha l)-1]\,A+[\sin(\alpha l)-\alpha l]\,B=0\,, \tag{2.9.30}$$
$$\cos(\alpha l)\,A+\sin(\alpha l)\,B=0\,.$$

Um nicht die Nulllösung für A und B zu erhalten, muss die Determinante dieses Gleichungssystems verschwinden, also gelten:

$$\tan(\alpha l)=\alpha l\,. \tag{2.9.31}$$

Dies ist eine transzendente Gleichung, die man, wie in Abbildung 2.9.10 angedeutet, grafisch lösen kann. Wie man sieht, gibt es analog zu dem im vorherigen Abschnitt diskutierten Lagerungsfall auch hier unendlich viele Lösungen, nämlich Schnittpunkte. Für den ersten gilt:

$$\alpha l\approx 4{,}49\,. \tag{2.9.32}$$

Wegen Gleichung (2.9.27) ergibt sich:

$$F_{\text{kr}}\approx\frac{\pi^2 EI}{(0{,}7l)^2}\,, \tag{2.9.33}$$

und dies war bereits in der Abbildung 2.9.8 durch Angabe des Faktors $s_{\text{kr}}=0{,}7\,l$ in Verbindung mit Gleichung (2.9.19) gesagt worden.

3 Dynamik

3.1 Punktförmige Masse

3.1.1 Kinematik eines einzelnen Massenpunktes

Position, Geschwindigkeit und Beschleunigung im Eindimensionalen

Es sei daran erinnert, dass es sich bei dem Begriff Kinematik um die Lehre von der Bestimmung der Position bzw. der Bewegung handelt. Hier fragen wir nicht nach den Ursachen der Bewegung, sondern versuchen **allein die Geometrie des Bewegungsablaufes** zu klären. Zur Klärung der Begriffe Geschwindigkeit und Beschleunigung betrachten wir einen Punkt, der sich entlang einer geraden Linie im Laufe der Zeit bewegt. Zur Illustration mag man sich unter einem „Punkt" etwa den Schwerpunkt eines Fahrzeuges vorstellen, das sich entlang besagter gerader Strecke vorwärts oder auch rückwärts bewegt. Wir wollen annehmen, dass wir zu jedem Zeitpunkt t die Position x dieses Punktes genau kennen, und schreiben:

$$x = x(t)\ ,\ \ t_A \leq t \leq t_E\ . \tag{3.1.1}$$

Dabei ist t_A die Anfangszeit, zu welcher die Bewegung beginnt, und t_E signalisiert das Ende der Bewegung. Der in der Gleichung (3.1.1) dargestellte Zusammenhang lässt sich in einem (t, x)-Schaubild veranschaulichen: Abbildung 3.1.1 (oben). Man beachte, dass derselbe Ort zu verschiedenen Zeiten mehrfach angenommen werden kann, denn das Fahrzeug kann ja rückwärts fahren und die Bewegung sich umkehren.

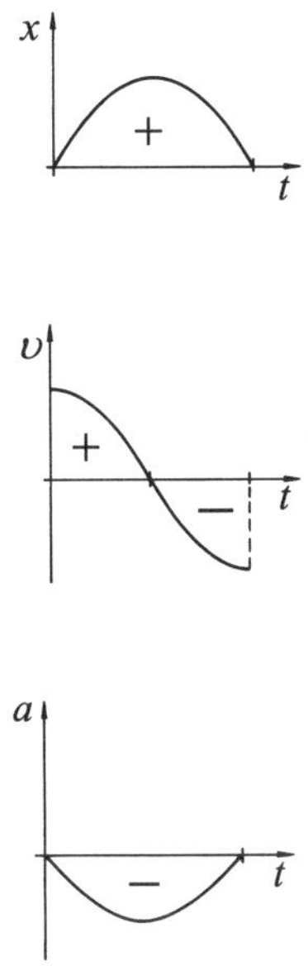

Abb. 3.1.1: Zur eindimensionalen Bewegung.

Bei einer reinen Vorwärtsbewegung akkumulieren wir im Laufe der Zeit selbstverständlich immer mehr an Weg, und dann ist $x = x(t)$ eine monoton ansteigende Funktion der Zeit.

Wir interessieren uns nun für die **Geschwindigkeit** des Fahrzeuges. Dieses ist ein etwas schwammiger Begriff, denn wie ein jeder Autofahrer weiß, bleibt diese selbst bei einer eindimensionalen geradlinigen Bewegung in den allerwenigsten Fällen zu allen Zeitpunkten gleich. Zum Beispiel können wir eine mittlere Geschwindigkeit der in Gleichung (3.1.1) beschriebenen Reise berechnen, wie folgt:

$$\bar{\upsilon} = \frac{\text{insgesamt zurückgelegter Weg}}{\text{Gesamtzeit}} = \frac{x(t_E) - x(t_A)}{t_E - t_A}\ . \tag{3.1.2}$$

Wenn Wege in m gemessen werden, dann sind nach dieser Definition Geschwindigkeiten offenbar in m/s anzugeben bzw. in Vielfachen dieser Einheiten, also etwa in km/h: $1\,\mathrm{km/h} = (10^3\,\mathrm{m})/(3{,}6 \cdot 10^3\,\mathrm{s}) = 0{,}278\,\mathrm{m/s}$, da $1\,\mathrm{m/s} = 3{,}6\,\mathrm{km/h}$.

Wie steht es nun um einen momentanen Geschwindigkeitswert? Dazu müssen wir die Position des Fahrzeugpunktes zu zwei, möglichst schnell aufeinander folgenden Zeitpunkten kennen, also etwa die Positionen $x(t+\Delta t)$ und $x(t)$. Damit bilden wir analog zu der vorherigen Gleichung:

$$\bar{\upsilon} = \frac{x(t+\Delta t) - x(t)}{t + \Delta t - t} = \frac{\Delta x}{\Delta t}. \tag{3.1.3}$$

Dieses ist dann die **mittlere Geschwindigkeit** im betreffenden Zeitintervall zwischen $t + \Delta t$ und t. Diese wird zur **momentanen Geschwindigkeit** $\upsilon = \upsilon(t)$, indem wir den Zeitunterschied Δt gegen null streben lassen:

$$\upsilon = \upsilon(t) = \lim_{\Delta t \to 0} \frac{x(t+\Delta t) - x(t)}{t + \Delta t - t} = \lim_{\Delta t \to 0} \frac{\Delta x}{\Delta t} = \frac{\mathrm{d}x}{\mathrm{d}t}. \tag{3.1.4}$$

Die momentane Geschwindigkeit ist also, mathematisch gesprochen, die erste Ableitung der Ortsposition nach der Zeit. Auch diese funktionelle Abhängigkeit kann man in einer Grafik darstellen, dem (t, υ)-Schaubild, vgl. Abbildung 3.1.1 (Mitte). Einer auf NEWTON zurückgehenden Konvention folgend, schreibt man auch:

$$\frac{\mathrm{d}x}{\mathrm{d}t} = \dot{x}. \tag{3.1.5}$$

Änderungen der Geschwindigkeit bezeichnet man als **Beschleunigungen**. Sie werden berechenbar, indem man folgenden Grenzwert ermittelt:

$$a = a(t) = \lim_{\Delta t \to 0} \frac{\upsilon(t+\Delta t) - \upsilon(t)}{t + \Delta t - t} = \lim_{\Delta t \to 0} \frac{\Delta \upsilon}{\Delta t} = \frac{\mathrm{d}\upsilon}{\mathrm{d}t} = \dot{\upsilon}. \tag{3.1.6}$$

Die (momentane) Beschleunigung ist also die erste Ableitung der Geschwindigkeit nach der Zeit oder, indem man Gleichung (3.1.4) in Gleichung (3.1.6) einsetzt, die zweite Ableitung des Ortes nach der Zeit:

$$a = a(t) = \frac{\mathrm{d}\upsilon}{\mathrm{d}t} = \frac{\mathrm{d}}{\mathrm{d}t}\left(\frac{\mathrm{d}x}{\mathrm{d}t}\right) = \frac{\mathrm{d}^2 x}{\mathrm{d}t^2} = \ddot{x}. \tag{3.1.7}$$

Auch hierfür ist eine grafische Darstellung möglich: (t, a), siehe Abbildung 3.1.1 (unten). Änderungen der Beschleunigungen und deren zeitliche Änderungen kann man selbstverständlich durch fortgesetztes Differenzieren berechnen. Diese Größen haben aber keinen eigenständigen Namen mehr. Es kann sogar passieren, dass bei Differenziation der Geschwindigkeit die Beschleunigung sich stets zu null ergibt. Offenbar muss dazu die Geschwindigkeit konstant sein, jedenfalls zeitweise. Man nennt eine (eindimensionale) Bewegung mit konstanter Geschwindigkeit auch **gleichförmige Bewegung**. Sie ist eben dadurch gekennzeichnet, dass die dazugehörige Beschleunigung zu allen Zeitpunkten verschwindet. Man kann dies besonders deutlich sehen, wie folgt:

$$a = a(t) = 0 \quad \Rightarrow \quad \frac{\mathrm{d}\upsilon}{\mathrm{d}t} = 0\,. \tag{3.1.8}$$

Integrieren wir nun unbestimmt, so ergibt sich:

$$\int \frac{\mathrm{d}\upsilon}{\mathrm{d}t}\mathrm{d}t = \int \mathrm{d}\upsilon = \upsilon = \text{const.} = \upsilon_0\,, \tag{3.1.9}$$

also eine **konstante** Geschwindigkeit. Den dazugehörigen Ort erhalten wir unter Beachtung von Gleichung (3.1.4) durch nochmalige unbestimmte Integration:

$$\begin{aligned} \frac{\mathrm{d}x}{\mathrm{d}t} = \upsilon_0 \quad \Rightarrow \quad & \int \frac{\mathrm{d}x}{\mathrm{d}t}\mathrm{d}t = \int \mathrm{d}x = x \\ & = \int \upsilon_0 \mathrm{d}t + C = \upsilon_0 \int \mathrm{d}t + C = \upsilon_0 t + C, \end{aligned} \tag{3.1.10}$$

also kurz:

$$x = \upsilon_0 t + C\,. \tag{3.1.11}$$

Die Integrationskonstante C bestimmen wir dadurch, dass wir die letzte Gleichung zum (beliebigen) Zeitpunkt t_0 auswerten, für den wir wissen, dass sich der materielle Punkt dann am Ort x_0 befindet:

$$x_0 = \upsilon_0 t_0 + C \quad \Rightarrow \quad C = x_0 - \upsilon_0 t_0\,. \tag{3.1.12}$$

Dieses setzen wir ein und finden:

$$x = x_0 + \upsilon_0 (t - t_0)\,. \tag{3.1.13}$$

Man kann dasselbe Ergebnis alternativ auch durch bestimmte Integration zwischen den Zeitpunkten t_0 und t finden:

$$\frac{\mathrm{d}x}{\mathrm{d}t}=\upsilon_0 \quad\Rightarrow\quad \int\limits_{x_0}^{x}\mathrm{d}x = x - x_0 = \int\limits_{t_0}^{t}\upsilon_0\mathrm{d}t = \upsilon_0\int\limits_{t_0}^{t}\mathrm{d}t = \upsilon_0\left(t-t_0\right). \tag{3.1.14}$$

Integrieren lässt sich natürlich immer, und zwar nicht nur, wenn es sich um eine gleichförmige Bewegung handelt. Allgemein dürfen wir daher als Umkehrung der Gleichungen (3.1.4) und (3.1.7) schreiben:

$$\upsilon=\int a\,\mathrm{d}t+C_1\,, \tag{3.1.15}$$

$$\frac{\mathrm{d}x}{\mathrm{d}t}=\upsilon \quad\Rightarrow\quad x=\int\upsilon\,\mathrm{d}t+C_2=\int\left(\int a\,\mathrm{d}t\right)\mathrm{d}t+C_1t+C_2\,.$$

Die Konstanten C_1 und C_2 muss man dann durch sogenannte **Anfangsdaten** bestimmen, also durch zwei bekannte, unterschiedliche Orts- oder Geschwindigkeitswerte. Alternativ bietet es sich auch diesmal wieder an, eine bestimmte Integration durchzuführen. Dies resultiert in

$$\upsilon=\upsilon_0+\int\limits_{t_0}^{t}a\,\mathrm{d}t\,, \tag{3.1.16}$$

$$\frac{\mathrm{d}x}{\mathrm{d}t}=\upsilon \quad\Rightarrow\quad x=x_0+\int\limits_{t_0}^{t}\upsilon\,\mathrm{d}t=x_0+\upsilon_0\left(t-t_0\right)+\int\limits_{t_0}^{t}\left(\int\limits_{t_0}^{t}a\,\mathrm{d}t\right)\mathrm{d}t\,.$$

In beiden Fällen ist es zur konkreten Lösung natürlich nötig, die unter den Integralen stehenden Zeitfunktionen explizit zu kennen. Dann ist es „nur noch" nötig, die Integrale zu ermitteln, was zur Not numerisch geschehen kann, etwa durch „Auszählen" der Fläche unter den entsprechenden Kurven, die in der Abbildung 3.1.1 zu sehen sind. Mit drei Beispielen zur eindimensionalen Bewegung sollen die Gleichungen eingeübt werden.

Beispiele zur eindimensionalen Bewegung

(a) *Freier Fall: direkte Integration der Bewegungsgleichungen:* $a=a(t)$

Wir studieren zuerst einen Körper, der im erdnahen Schwerefeld aus einer Anfangshöhe $x_0=x(t_0)=H$ zu Boden fällt. Damit positionieren wir stillschweigend unseren Koordinatenursprung am Erdboden und zählen positiv aufwärts. Im erdnahen Schwerefeld ist die Beschleunigung, die dieser Körper erfährt, konstant und nach unten gerichtet, nämlich gleich $a_0 = -g = -9{,}81\,\mathrm{m/s^2}$. Sie ist mit anderen Worten eine explizite Funktion der Zeit, nämlich unabhängig von derselben. Über die Gleichungen (3.1.16) finden wir dann:

$$\upsilon = \upsilon_0 - g \int_{\tilde{t}=t_0}^{\tilde{t}=t} \mathrm{d}\tilde{t} = -gt\,, \tag{3.1.17}$$

wenn wir der Bequemlichkeit halber annehmen, dass der Körper zum Zeitpunkt $t_0 = 0$ aus der Ruhe heraus, also mit $\upsilon_0 = \upsilon(t_0) = 0$, fallen gelassen wird. Mithin ist die Geschwindigkeit negativ, also nach unten hin gerichtet, wie man es auch anschaulich erwartet. Wir finden weiter, dass:

$$x = H - g \int_{\tilde{t}=0}^{\tilde{t}=t} \tilde{t}\,\mathrm{d}\tilde{t} = H - g\frac{t^2}{2}. \tag{3.1.18}$$

Die Ausgangshöhe wird also mit wachsender Zeit zunehmend abgebaut.

(b) *Durch geschwindigkeitsproportionale Reibung behinderte Bewegung*: $a = a(\upsilon(t))$

Als Nächstes betrachten wir die Bewegung eines materiellen Punktes, auf den eine negative Beschleunigung der Größe $-k\upsilon$ wirkt. Die Beschleunigung wird also umso stärker, je schneller sich der Körper bewegt, und außerdem drückt das Minuszeichen aus, dass sie seiner Bewegung entgegengesetzt ist, also ein Abbremsen erfolgt. Solch eine Situation tritt auf, wenn sich ein kugelförmiger Körper in einem zähen Medium bewegt und durch Reibung gebremst wird. Um die Geschwindigkeit als Funktion der Zeit zu ermitteln, ist es ungünstig, die integrierten Gleichungen (3.1.16) zu verwenden, da dann die Geschwindigkeit sowohl auf der linken Seite explizit als auch implizit auf der rechten Seite unter dem Integral vorkommt. Besser ist es, nochmals von der differenziellen Grunddefinition (3.1.7) zu starten und etwas anders umzuformen:

$$a = \frac{\mathrm{d}\upsilon}{\mathrm{d}t} = -k\upsilon \quad\Rightarrow\quad \frac{\mathrm{d}\upsilon}{\upsilon} = -k\,\mathrm{d}t \quad\Rightarrow\quad \int_{\tilde{\upsilon}=\upsilon_0}^{\tilde{\upsilon}=\upsilon} \frac{\mathrm{d}\tilde{\upsilon}}{\tilde{\upsilon}} = -k \int_{\tilde{t}=t_0}^{\tilde{t}=t} \mathrm{d}\tilde{t} \quad\Rightarrow$$

$$\ln\frac{\upsilon}{\upsilon_0} = -k(t - t_0) \quad\Rightarrow\quad \upsilon = \upsilon_0 \exp(-kt), \tag{3.1.19}$$

wobei angenommen wurde, dass die Geschwindigkeit υ_0 zum Zeitpunkt $t_0 = 0$ bekannt ist. Wollen wir nun noch die Position

Dynamik

des Punktes als Funktion der Zeit durch eine weitere Integration ermitteln, so können wir diesmal wieder direkt die integrierte Gleichung (3.1.16) verwenden:

$$x = x_0 + \upsilon_0 \int_{\tilde{t}=0}^{\tilde{t}=t} \exp\left(-k\tilde{t}\right) \mathrm{d}\tilde{t} = x_0 + \frac{\upsilon_0}{k}\left(1 - \exp\left(-kt\right)\right). \qquad (3.1.20)$$

(c) *Bewegung eines Punktes an einer Feder*: $a = a\left(x\left(t\right)\right)$

Wir wollen als Nächstes den Fall untersuchen, wenn die momentane Beschleunigung a eine vorgegebene Funktion der momentanen Position $x\left(t\right)$ ist, also $a = a\left(x\left(t\right)\right)$. Dieser Fall tritt z. B. bei Schwingungsbewegungen auf. Konkret denke man an eine Masse, die an einer linearen, HOOKEschen Feder befestigt ist. Je mehr wir sie aus einer Ruheposition auslenken, desto stärker ist die der Auslenkung entgegengerichtete Beschleunigung. Letzteres machen wir nun explizit, indem wir schreiben:

$$a = -\omega^2 x(t) = a\left(x\left(t\right)\right), \qquad (3.1.21)$$

und dabei ist ω^2 eine positive Konstante.

Dynamik

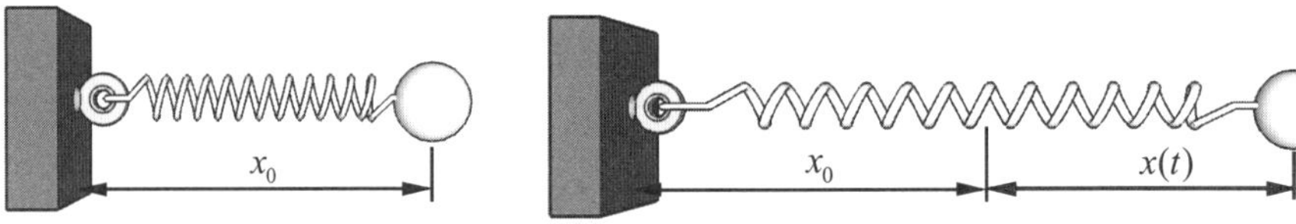

Abb. 3.1.2: Eine Feder vor und nach der Auslenkung aus der unverspannten Position.

Es soll nun die Geschwindigkeit und der Ort als Funktion der Zeit berechnet werden.

Wir erinnern an die differenziellen Grundgleichungen (3.1.7) und finden mit der Kettenregel:

$$\frac{\mathrm{d}\upsilon}{\mathrm{d}t} = \frac{\mathrm{d}\upsilon}{\mathrm{d}x}\frac{\mathrm{d}x}{\mathrm{d}t} = \frac{\mathrm{d}\upsilon}{\mathrm{d}x}\upsilon = a\left(x\left(t\right)\right) = -\omega^2 x\left(t\right). \qquad (3.1.22)$$

Jetzt trennen wir wieder analog zu der Gleichung (3.1.19) die Variablen:

$$\upsilon\,\mathrm{d}\upsilon = -\omega^2 x\,\mathrm{d}x\,. \qquad (3.1.23)$$

Bestimmtes Integrieren führt auf:

$$\int_{\tilde{\upsilon}=\upsilon_0}^{\tilde{\upsilon}=\upsilon} \tilde{\upsilon}\, \mathrm{d}\tilde{\upsilon} = -\omega^2 \int_{\tilde{x}=x_0}^{\tilde{x}=x} \tilde{x}\, \mathrm{d}\tilde{x}$$

$$\Rightarrow \quad \frac{1}{2}\left(\upsilon^2 - \upsilon_0^2\right) = -\frac{1}{2}\omega^2\left(x^2 - x_0^2\right). \tag{3.1.24}$$

Fordern wir noch, dass $\upsilon_0 = 0$, so folgt:

$$\upsilon = \omega\sqrt{x_0^2 - x^2}\,. \tag{3.1.25}$$

Um nun den Ort als Funktion der Zeit zu finden, schreiben wir:

$$\frac{\mathrm{d}x}{\mathrm{d}t} = \omega\sqrt{x_0^2 - x^2} \quad \Rightarrow \quad \frac{\mathrm{d}x}{\sqrt{x_0^2 - x^2}} = \omega\, \mathrm{d}t \quad \Rightarrow \tag{3.1.26}$$

$$\int_{\tilde{x}=x_0}^{\tilde{x}=x} \frac{\mathrm{d}\tilde{x}}{\sqrt{x_0^2 - \tilde{x}^2}} = \omega \int_{\tilde{t}=t_0}^{\tilde{t}=t} \mathrm{d}\tilde{t} \quad \Rightarrow \quad \arcsin\left(\frac{\tilde{x}}{x_0}\right)\Bigg|_{\tilde{x}=x_0}^{\tilde{x}=x} = \omega\left(t - t_0\right).$$

Ohne Beschränkung der Allgemeinheit setzen wir $t_0 = 0$ und schreiben:

$$t = \frac{1}{\omega}\left(\arcsin\left(\frac{x}{x_0}\right) - \frac{\pi}{2}\right) = \frac{1}{\omega}\arccos\left(\frac{x}{x_0}\right). \tag{3.1.27}$$

(d) *Grafische Vorhersage einer Bewegung*

Als letztes Beispiel untersuchen wir noch die grafisch-rechnerische Lösung des Weg-Geschwindigkeits-Beschleunigungs-Problems. Es sei das in der Abbildung gezeigte Beschleunigungs-Zeit-Diagramm vorgelegt.

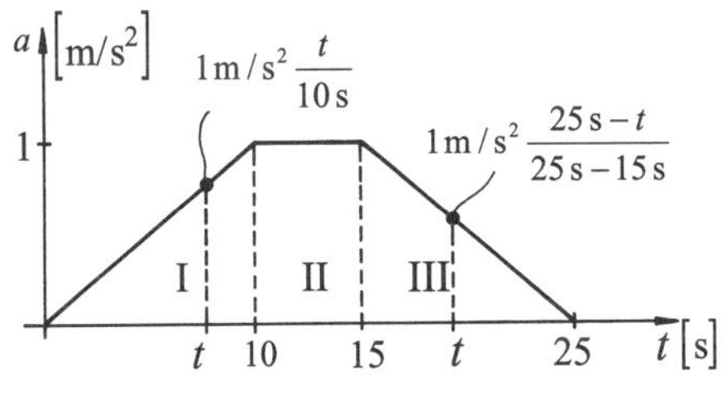

Abb. 3.1.3: Ein Beschleunigungs-Zeit-Diagramm.

Es wird also in den ersten zehn Sekunden linear von 0 auf $1{,}0\ \mathrm{m/s^2}$ beschleunigt, danach wird für fünf Sekunden die Beschleunigung konstant auf letzterem Wert gehalten und schließlich in weiteren zehn Sekunden auf null linear verzögert, d. h. abgebremst. Es ist bekanntlich:

$$\frac{d\upsilon}{dt} = a \quad \Rightarrow \quad \upsilon = \upsilon_0 + \int_{\tilde{t}=t_0}^{\tilde{t}=t} a(t)\, d\tilde{t} \,. \tag{3.1.28}$$

Anstatt das Integral explizit auszurechnen, interpretieren wir es als Fläche unter der oben dargestellten Funktion. Nehmen wir an, dass die Anfangsgeschwindigkeit gleich null ist, also aus dem Stand heraus beschleunigt wird, dann ist die Geschwindigkeit innerhalb des Zeitintervalls $\mathrm{I}: 0 \leq t \leq 10\,\mathrm{s}$ gegeben durch eine Dreiecksfläche (gleich der Hälfte des Produktes zwischen Grundfläche und Höhe) wie folgt:

$$\upsilon = \upsilon(t) = \frac{1}{2} \cdot 1\frac{\mathrm{m}}{\mathrm{s}^2} \cdot \frac{t}{10\,\mathrm{s}} \cdot t = \frac{t^2}{20}\frac{\mathrm{m}}{\mathrm{s}^3} \,, \quad 0 \leq t \leq 10\,\mathrm{s} \,. \tag{3.1.29}$$

Am Ende dieser Zeitspanne, also bei $t = 10\,\mathrm{s}$, ist die Geschwindigkeit gegeben durch:

$$\upsilon = \upsilon(10\,\mathrm{s}) = \frac{100}{20}\frac{\mathrm{m}}{\mathrm{s}} = 5\frac{\mathrm{m}}{\mathrm{s}} = \upsilon_{10} \,. \tag{3.1.30}$$

Dynamik

Im Bereich II der konstanten Beschleunigung gilt weiterhin Gleichung (3.1.28), allerdings ist diesmal die Eingangsgeschwindigkeit υ_0 von null verschieden und die Fläche unter einem Rechteck zu einer beliebigen Zeit t zu ermitteln, wie folgt:

$$\upsilon = \upsilon(t) = \upsilon_{10} + (t - 10\,\mathrm{s}) \cdot 1\frac{\mathrm{m}}{\mathrm{s}^2} \,, \quad 10\,\mathrm{s} \leq t \leq 15\,\mathrm{s} \,. \tag{3.1.31}$$

Am Ende des Intervalls ist:

$$\upsilon_{15} = 5\frac{\mathrm{m}}{\mathrm{s}} + (15 - 10)\frac{\mathrm{m}}{\mathrm{s}} = 10\frac{\mathrm{m}}{\mathrm{s}} \,. \tag{3.1.32}$$

Nun zum dritten Intervall. Hier ist die hinzukommende Fläche ein Trapez, welche man noch mit Mitteln der Elementarmathematik berechnen kann:

$$\upsilon = \upsilon(t) = \upsilon_{15} + \frac{1}{2} \cdot 1\frac{\mathrm{m}}{\mathrm{s}^2}\left(1 + \frac{25\,\mathrm{s} - t}{25\,\mathrm{s} - 15\,\mathrm{s}}\right) \cdot (t - 15\,\mathrm{s}) =$$

$$\upsilon_{15} + 1\frac{\mathrm{m}}{\mathrm{s}^2} \cdot (t - 15\,\mathrm{s}) - \frac{1}{2}\frac{(t - 15\,\mathrm{s})^2}{25\,\mathrm{s} - 15\,\mathrm{s}}\frac{\mathrm{m}}{\mathrm{s}^2} \,, \quad 15\,\mathrm{s} \leq t \leq 25\,\mathrm{s} \,. \tag{3.1.33}$$

Es folgt für $t = 25\,\mathrm{s}$:

$$\upsilon_{25} = 10\frac{\mathrm{m}}{\mathrm{s}} + 10\frac{\mathrm{m}}{\mathrm{s}} - \frac{1}{2}\frac{100\,\mathrm{s}^2}{10\,\mathrm{s}}\frac{\mathrm{m}}{\mathrm{s}} = 15\frac{\mathrm{m}}{\mathrm{s}} \,. \tag{3.1.34}$$

Wir skizzieren den so bestimmten Verlauf der Geschwindigkeit:

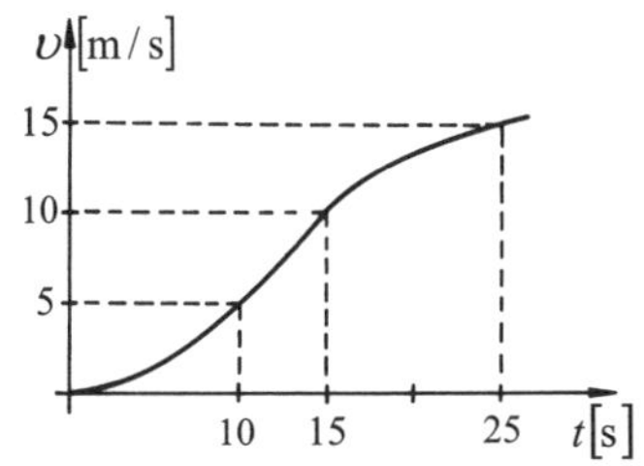

Abb. 3.1.4: Ein Geschwindigkeits-Zeit-Diagramm.

Man sieht, dass die zeichnerische Lösung zwar anschaulich, aber auch sehr mühsam ist. Um aus der gewonnenen Grafik nun den Ort als Funktion der Zeit zu gewinnen, wäre es u. a. nötig, Flächen unter Parabelstücken zu ermitteln. Dieses ist exakt nur per Integration machbar. Wir belassen es daher bei der zeichnerischen Bestimmung der Geschwindigkeit und verifizieren dieses Ergebnis noch analytisch. Für den Bereich I gilt:

$$
\begin{aligned}
a = \frac{1\,\frac{\mathrm{m}}{\mathrm{s}^2}}{10\,\mathrm{s}} t = \frac{\mathrm{d}\upsilon}{\mathrm{d}t} \quad &\Rightarrow \quad \upsilon = 0\,\frac{\mathrm{m}}{\mathrm{s}} + 0{,}1\,\frac{\mathrm{m}}{\mathrm{s}^2} \int_{\tilde{t}=0}^{\tilde{t}=t} \tilde{t}\,\mathrm{d}\tilde{t} \\
&= 0{,}05\,\frac{\mathrm{m}}{\mathrm{s}^3} t^2 .
\end{aligned} \tag{3.1.35}
$$

Also bestätigt sich wieder Gleichung (3.1.30). Weiter folgt:

$$
\begin{aligned}
\upsilon = \frac{\mathrm{d}x}{\mathrm{d}t} \quad &\Rightarrow \quad x = x_0 + \int_{\tilde{t}=0}^{\tilde{t}=t} \upsilon(\tilde{t})\,\mathrm{d}\tilde{t} \\
&= 0\,\mathrm{m} + 0{,}05\,\frac{\mathrm{m}}{\mathrm{s}^3} \int_{\tilde{t}=0}^{\tilde{t}=t} \tilde{t}^2\,\mathrm{d}\tilde{t} = \frac{0{,}05}{3}\frac{\mathrm{m}}{\mathrm{s}^3} t^3 .
\end{aligned} \tag{3.1.36}
$$

Im Bereich II finden wir, dass:

$$
\upsilon = \upsilon_{10} + \int_{\tilde{t}=10\mathrm{s}}^{\tilde{t}=t} a(\tilde{t})\,\mathrm{d}\tilde{t} = 5\,\frac{\mathrm{m}}{\mathrm{s}} + 1\,\frac{\mathrm{m}}{\mathrm{s}^3}(t - 10\,\mathrm{s}), \tag{3.1.37}
$$

womit sich das in Gleichung (3.1.32) gezeigte Ergebnis bestätigen lässt. Im Teil III gilt schließlich:

$$
\begin{aligned}
\upsilon &= \upsilon_{15} + \int_{\tilde{t}=15\mathrm{s}}^{\tilde{t}=t} a(\tilde{t})\,\mathrm{d}\tilde{t} = \upsilon_{15} + \int_{\tilde{t}=15\mathrm{s}}^{\tilde{t}=t} \left(1 - \frac{\tilde{t} - 15\,\mathrm{s}}{25\,\mathrm{s} - 15\,\mathrm{s}}\right) \frac{\mathrm{m}}{\mathrm{s}^2}\,\mathrm{d}\tilde{t} \\
&= 10\frac{\mathrm{m}}{\mathrm{s}} + (t - 15\,\mathrm{s})\frac{\mathrm{m}}{\mathrm{s}^2} - \frac{1}{2}\frac{t^2 - 15^2\mathrm{s}^2}{25\,\mathrm{s} - 15\,\mathrm{s}}\frac{\mathrm{m}}{\mathrm{s}^2} \\
&\quad + \frac{15\,\mathrm{s}}{25\,\mathrm{s} - 15\,\mathrm{s}}(t - 15\,\mathrm{s})\,\frac{\mathrm{m}}{\mathrm{s}^2} .
\end{aligned} \tag{3.1.38}
$$

Letzteres führt auf die Gleichungen (3.1.33/34).

Position, Geschwindigkeit und Beschleunigung im Raum

Wir verfolgen nun einen Punkt (zum Beispiel den Schwerpunkt eines Fahrzeuges), der sich im Raum beliebig bewegt: Abbildung 3.1.5. Zur Fixierung seiner momentanen Position $\underline{x}$ verwenden wir ein raumfestes Koordinatensystem, aufgespannt durch die aufeinander senkrecht stehenden Einheitsvektoren $\underline{e}_1$, $\underline{e}_2$, $\underline{e}_3$ (kartesische Darstellung). Dann gilt:

$$\underline{x} = x_1(t)\,\underline{e}_1 + x_2(t)\,\underline{e}_2 + x_3(t)\,\underline{e}_3 = \left(x_1(t),\, x_2(t),\, x_3(t)\right). \qquad (3.1.39)$$

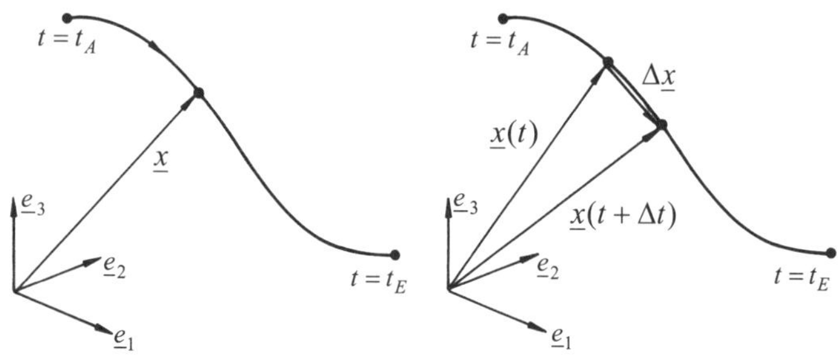

Abb. 3.1.5: Punktbewegung im Raum.

Anmerkung: Manchmal charakterisiert man die drei Raumrichtungen anstelle der Ziffern 1, 2, 3 durch die Symbole x, y, z.

Die Geschwindigkeit (bzw. genauer der Geschwindigkeitsvektor) ist dann die erste Zeitableitung des Vektors $\underline{x}$. Wie in der Abbildung dargestellt, darf man sich den Geschwindigkeitsvektor anschaulich entstanden denken aus der Differenz zweier in der Zeit benachbarter Ortspositionen $\underline{x}(t)$ und $\underline{x}(t+\Delta t)$:

$$\dot{\underline{x}} = \underline{\upsilon} = \lim_{\Delta t \to 0} \frac{\underline{x}(t+\Delta t) - \underline{x}(t)}{\Delta t} = \frac{\mathrm{d}\underline{x}}{\mathrm{d}t}. \qquad (3.1.40)$$

Mithin ist der Geschwindigkeitsvektor ein (nicht auf die Länge eins normierter) Tangentialvektor an die Bahnkurve. Wie jeder andere Vektor besitzt auch der Geschwindigkeitsvektor drei Komponenten, die in Bezug auf das von uns gewählte Dreibein lauten:

$$\underline{\upsilon} = \upsilon_1(t)\,\underline{e}_1 + \upsilon_2(t)\,\underline{e}_2 + \upsilon_3(t)\,\underline{e}_3 = \left(\upsilon_1(t), \upsilon_2(t), \upsilon_3(t)\right). \qquad (3.1.41)$$

Wie berechnet man den Geschwindigkeitsvektor bzw. seine drei Komponenten aber nun konkret? Um eine Antwort zu finden, differenzieren wir Gleichung (3.1.39) einfach nach der Zeit und beachten, dass die Einheitsvektoren nicht zeitabhängig sind, mit anderen Worten, wir wechseln unsere Beobachterposition nicht. Es folgt:

$$\begin{aligned}\underline{\upsilon} = \underline{\dot{x}} &= \dot{x}_1(t)\,\underline{e}_1 + \dot{x}_2(t)\,\underline{e}_2 + \dot{x}_3(t)\,\underline{e}_3 \\ &= \left(\dot{x}_1(t),\, \dot{x}_2(t),\, \dot{x}_3(t)\right).\end{aligned} \tag{3.1.42}$$

Im Vergleich der beiden letzten Gleichungen finden wir:

$$\upsilon_i(t) = \dot{x}_i(t)\ ,\quad i = 1, 2, 3\,. \tag{3.1.43}$$

Man erhält die Geschwindigkeitskomponenten also durch Differenziation der Komponenten des Ortsvektors nach der Zeit. Im gleichen Sinne definieren wir den Beschleunigungsvektor als Zeitableitung des Geschwindigkeitsvektors:

$$\begin{aligned}\underline{a} = \frac{\mathrm{d}\underline{\upsilon}}{\mathrm{d}t} &= a_1(t)\,\underline{e}_1 + a_2(t)\,\underline{e}_2 + a_3(t)\,\underline{e}_3 \\ &= \left(a_1(t),\, a_2(t),\, a_3(t)\right),\end{aligned} \tag{3.1.44}$$

und es gilt für seine Komponenten:

$$a_i(t) = \dot{\upsilon}_i(t) = \ddot{x}_i(t)\ ,\quad i = 1, 2, 3\,. \tag{3.1.45}$$

Also ergibt sich mathematisch gesehen das Gleiche wie im Falle einer Dimension, nur eben für jede Raumrichtung separat. Verzichtet man auf eine Dimension, so studiert man Bewegungen in der Ebene, verzichtet man auf zwei Dimensionen, so spezialisiert man sich auf Bewegungen längs einer geraden Linie. Klarerweise sind alle „Tricks“, die wir bei der Integration der Beschleunigung bzw. der Geschwindigkeit in einer Dimension schon kennengelernt haben, direkt übertragbar:

$$\begin{aligned}\underline{\upsilon} &= \underline{\upsilon}(t) = \underline{\upsilon}(t_0) + \int_{\tilde{t}=t_0}^{\tilde{t}=t} \underline{a}(\tilde{t})\,\mathrm{d}\tilde{t}\ , \\ \underline{x} &= \underline{x}(t) = \underline{x}(t_0) + \int_{\tilde{t}=t_0}^{\tilde{t}=\breve{t}} \underline{\upsilon}(\tilde{t})\,\mathrm{d}\tilde{t} \\ &= \underline{x}(t_0) + \underline{\upsilon}(t_0)(t - t_0) + \int_{\breve{t}=t_0}^{\breve{t}=t} \left(\int_{\tilde{t}=t_0}^{\tilde{t}=\breve{t}} \underline{a}(\tilde{t})\,\mathrm{d}\tilde{t} \right) \mathrm{d}\breve{t}\,,\end{aligned} \tag{3.1.46}$$

bzw. komponentenweise:

$$\upsilon_i = \upsilon_i(t) = \upsilon_i(t_0) + \int\limits_{\tilde{t}=t_0}^{\tilde{t}=t} a_i(\tilde{t})\,\mathrm{d}\tilde{t}\,,$$

$$\begin{aligned} x_i &= x_i(t) = x_i(t_0) + \int\limits_{\tilde{t}=t_0}^{\tilde{t}=\breve{t}} \upsilon_i(\tilde{t})\,\mathrm{d}\tilde{t} \\ &= x_i(t_0) + \upsilon_i(t_0)(t-t_0) + \int\limits_{\breve{t}=t_0}^{\breve{t}=t}\left(\int\limits_{\tilde{t}=t_0}^{\tilde{t}=\breve{t}} a_i(\tilde{t})\,\mathrm{d}\tilde{t}\right)\mathrm{d}\breve{t}\,. \end{aligned} \tag{3.1.47}$$

Manchmal möchte man den Betrag des Positions-, des Geschwindigkeits- oder des Beschleunigungsvektors ermitteln. Er folgt aus den jeweiligen kartesischen Komponenten durch Anwendung des Satzes von PYTHAGORAS im Raum:

$$|\underline{x}| = r = \sqrt{x_1^2 + x_2^2 + x_3^2}\,,\quad |\underline{\upsilon}| = \sqrt{\upsilon_1^2 + \upsilon_2^2 + \upsilon_3^2}\,,$$

$$|\underline{a}| = \sqrt{a_1^2 + a_2^2 + a_3^2}\,. \tag{3.1.48}$$

Koordinatensysteme

Bislang haben wir in naiver Weise zur Beschreibung der Bewegung eines Punktes ein zeitlich feststehendes kartesisches Koordinatensystem gewählt. Dieses ist immer erlaubt, aber stellt nicht immer die optimale Wahl zur Beschreibung eines Bewegungsproblems dar. Betrachten wir z. B. die Bewegung eines Punktes in der Ebene, wie in der Abbildung illustriert.

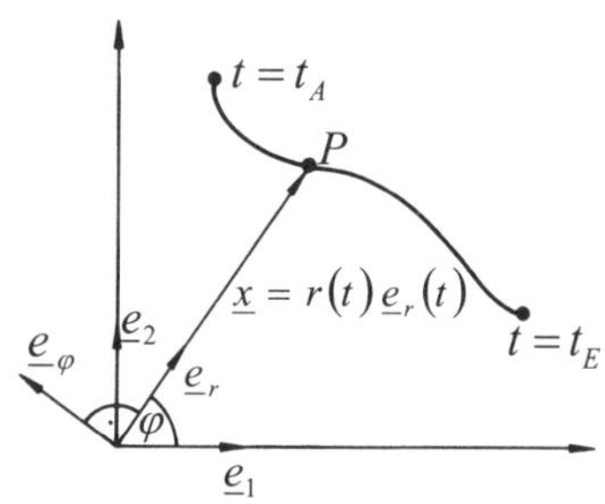

Abb. 3.1.6: Punktbewegung in der Ebene.

Alternativ zu den beiden feststehenden kartesischen Einheitsvektoren $\underline{e}_1$, $\underline{e}_2$ können wir die zeitlich veränderliche Basis $\underline{e}_r$, $\underline{e}_\varphi$ verwenden. $\underline{e}_r$ zeigt stets in Richtung des Ortsvektors, also in radialer Richtung, $\underline{e}_\varphi$ steht um 90° entgegen dem Uhrzeigersinn versetzt senkrecht auf $\underline{e}_r$. Man spricht von der **Polarkoordinatendarstellung** der Bewegung. Offensichtlich müssen sich $\underline{e}_r$ und $\underline{e}_\varphi$ drehen, wenn der Punkt im Laufe der Zeit seine

Dynamik

Bahnkurve durchläuft. Es handelt sich um zeitabhängige Vektoren und wir kennzeichnen dies explizit durch:

$$\underline{e}_r = \underline{e}_r(t)\,,\quad \underline{e}_\varphi = \underline{e}_\varphi(t). \tag{3.1.49}$$

Wir schreiben den Ortsvektor in der neuen Basis als:

$$\underline{x} = |\underline{x}|\,\underline{e}_r + 0\,\underline{e}_\varphi = r(t)\,\underline{e}_r(t) = (r(t), 0). \tag{3.1.50}$$

und erkennen, dass die Momentanposition in diesem Koordinatensystem eine sehr einfache Form annimmt. Offensichtlich gibt es nur eine Komponente in radialer Richtung. Beim Geschwindigkeitsvektor ist dies allerdings bereits nicht mehr so. Hier gilt zunächst:

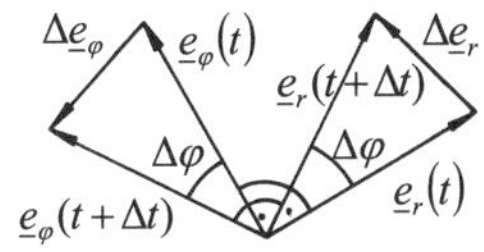

Abb. 3.1.7: Zeitliche Änderungen der Einheitsvektoren bei der Polarkoordinatendarstellung.

$$\underline{v} = \dot{\underline{x}} = \dot{r}\,\underline{e}_r + r\,\dot{\underline{e}}_r. \tag{3.1.51}$$

Was ist nun $\dot{\underline{e}}_r$? Dazu betrachten wir die Skizze und erkennen, dass im Grenzfall gilt:

$$\begin{aligned}\dot{\underline{e}}_r &= \lim_{\Delta t\to 0}\frac{\underline{e}_r(t+\Delta t)-\underline{e}_r(t)}{\Delta t}\\ &= \lim_{\Delta\varphi\to 0}\frac{\Delta\varphi\,\underline{e}_\varphi}{\Delta t} = \frac{\mathrm{d}\varphi}{\mathrm{d}t}\underline{e}_\varphi = \dot{\varphi}\,\underline{e}_\varphi.\end{aligned} \tag{3.1.52}$$

Also folgt für den Geschwindigkeitsvektor in Polarkoordinaten:

$$\underline{v} = \dot{r}\,\underline{e}_r + r\dot{\varphi}\,\underline{e}_\varphi = (\dot{r}\,, r\dot{\varphi}). \tag{3.1.53}$$

Analog wird für die Beschleunigung in Polarkoordinaten zunächst:

$$\underline{a} = \frac{\mathrm{d}\underline{v}}{\mathrm{d}t} = \ddot{r}\,\underline{e}_r + \dot{r}\,\dot{\underline{e}}_r + \dot{r}\dot{\varphi}\,\underline{e}_\varphi + r\ddot{\varphi}\,\underline{e}_\varphi + r\dot{\varphi}\,\dot{\underline{e}}_\varphi. \tag{3.1.54}$$

Der Zeichnung entnehmen wir außerdem, dass:

$$\begin{aligned}\dot{\underline{e}}_\varphi &= \lim_{\Delta t\to 0}\frac{\underline{e}_\varphi(t+\Delta t)-\underline{e}_\varphi(t)}{\Delta t}\\ &= \lim_{\Delta\varphi\to 0}\frac{\Delta\varphi\,(-\underline{e}_r)}{\Delta t} = -\frac{\mathrm{d}\varphi}{\mathrm{d}t}\underline{e}_r = -\dot{\varphi}\,\underline{e}_r,\end{aligned} \tag{3.1.55}$$

und es entsteht:

$$\begin{aligned}\underline{a} &= \ddot{r}\,\underline{e}_r + \dot{r}\dot{\varphi}\,\underline{e}_\varphi + \dot{r}\dot{\varphi}\,\underline{e}_\varphi + r\ddot{\varphi}\,\underline{e}_\varphi - r(\dot{\varphi})^2\,\dot{\underline{e}}_r\\ &= (\ddot{r} - r\,\dot{\varphi}^2)\underline{e}_r + (r\,\ddot{\varphi} + 2\dot{r}\,\dot{\varphi})\underline{e}_\varphi = (\ddot{r} - r\,\dot{\varphi}^2\,, r\,\ddot{\varphi} + 2\dot{r}\,\dot{\varphi}).\end{aligned} \tag{3.1.56}$$

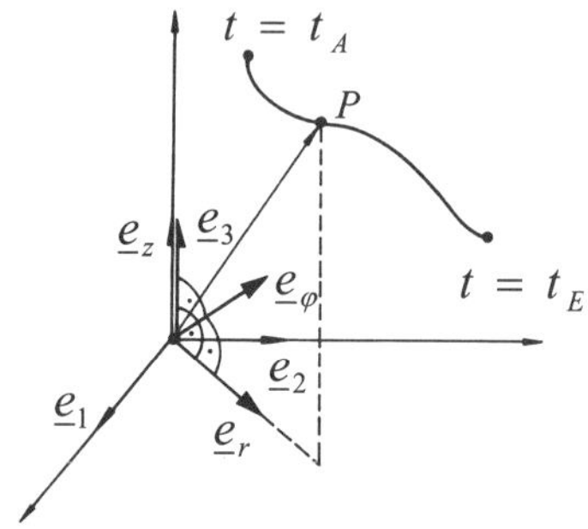

Abb. 3.1.8: Bewegung im Raum in Zylinderkoordinatendarstellung.

Betrachten wir nun eine Bewegung im Raum. Verwendet man zu ihrer Beschreibung das Dreibein $\underline{e}_r$, $\underline{e}_\varphi$, $\underline{e}_z$ an Stelle von $\underline{e}_1$, $\underline{e}_2$, $\underline{e}_3$, so spricht man von einer Darstellung in **Zylinderkoordinaten**. Hier gilt in Analogie zu den obigen Formeln:

$$\underline{x} = r\,\underline{e}_r + 0\,\underline{e}_\varphi + z\,\underline{e}_z = (r\,,0\,,z),$$

$$\underline{\dot{x}} = \underline{\upsilon} = (\dot{r}, r\dot{\varphi}, \dot{z}), \tag{3.1.57}$$

$$\underline{\ddot{x}} = \underline{\dot{\upsilon}} = \underline{a} = \left(\ddot{r} - r\,\dot{\varphi}^2\;, r\,\ddot{\varphi} + 2\dot{r}\,\dot{\varphi}\,, \ddot{z}\right).$$

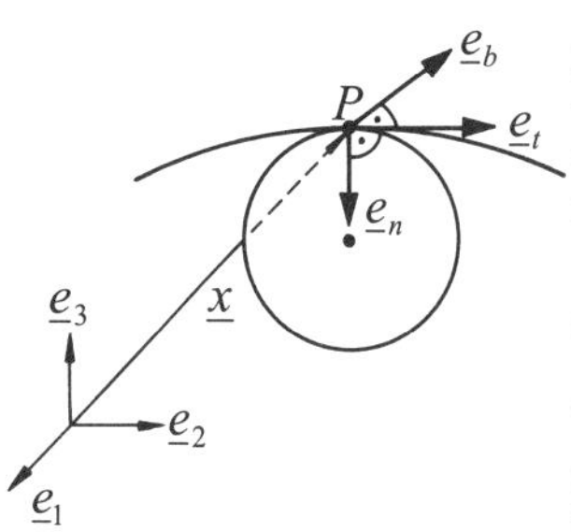

Abb. 3.1.9: Bewegung im Raum in natürlichen, mitbewegten Koordinaten.

Auf die Beschreibung dreidimensionaler Bewegung mithilfe von Kugelkoordinaten verzichten wir an dieser Stelle, nicht jedoch auf die Beschreibung mithilfe des sogenannten **natürlichen**, **mitgeführten** oder auch als **Eigenkoordinaten** bezeichneten Systems. Man bedient sich hierbei dreier aufeinander senkrecht stehender Einheitsvektoren $\underline{e}_t$, $\underline{e}_n$, $\underline{e}_b$, die in dieser Reihenfolge ein Rechtssystem bilden. $\underline{e}_t$ zeigt in Richtung der Bahntangente, also in Richtung der Geschwindigkeit, deren Darstellung somit besonders einfach wird:

$$\underline{\upsilon} = \upsilon\,\underline{e}_t\,. \tag{3.1.58}$$

$\underline{e}_n$ zeigt in Richtung des Mittelpunktes des Schmiegekreises an den momentanen Positionspunkt, und es gilt schließlich noch für den sogenannten **Binormalenvektor**:

$$\underline{e}_b = \underline{e}_t \times \underline{e}_n\,. \tag{3.1.59}$$

Wir schreiben:

$$\underline{x} = \underline{x}(s(t)), \tag{3.1.60}$$

wobei $s(t)$ die bis zum aktuellen Zeitpunkt durchlaufene Bogenlänge der Bahnkurve bezeichnet. Dann ist:

$$\underline{\upsilon} = \underline{\dot{x}} = \frac{\mathrm{d}\underline{x}}{\mathrm{d}s}\frac{\mathrm{d}s}{\mathrm{d}t} = \frac{\mathrm{d}s}{\mathrm{d}t}\underline{e}_t = (\dot{s}\,,0\,,0)\,. \qquad (3.1.61)$$

Man bedenke, dass nach PYTHAGORAS gilt:

$$\mathrm{d}s = \sqrt{\mathrm{d}x_1^2 + \mathrm{d}x_2^2 + \mathrm{d}x_3^2} \quad \Rightarrow \quad \frac{\mathrm{d}s}{\mathrm{d}t} = \sqrt{\dot{x}_1^2 + \dot{x}_2^2 + \dot{x}_3^2} = \upsilon\,, \qquad (3.1.62)$$

womit Gleichung (3.1.58) bestätigt ist. Um nun die Beschleunigung zu errechnen, beachten wir, dass im Allgemeinen alle drei Einheitsvektoren $\underline{e}_t$, $\underline{e}_n$, $\underline{e}_b$ Funktionen der Zeit sein werden, da der Punkt eine im Allgemeinen gekrümmte Raumkurve durchläuft. Also gilt:

$$\underline{a} = \underline{\dot{\upsilon}} = \ddot{s}\,\underline{e}_t + \dot{s}\,\underline{\dot{e}}_t\,. \qquad (3.1.63)$$

Zur Berechnung von $\underline{\dot{e}}_t$ beachten wir die nebenstehende Skizze und erkennen, dass die Zeitableitung in Richtung von $\underline{e}_n$ zeigen muss. Wir schreiben:

$$\underline{\dot{e}}_t = \lim_{\Delta t\to 0}\frac{\underline{e}_t(t+\Delta t) - \underline{e}_t(t)}{\Delta t} = \dot{\varphi}\,\underline{e}_n = \frac{\dot{s}}{\rho}\underline{e}_n = \frac{\upsilon}{\rho}\underline{e}_n\,. \qquad (3.1.64)$$

Also ist:

$$\underline{a} = \underline{\dot{\upsilon}} = \ddot{s}\,\underline{e}_t + \frac{\upsilon^2}{\rho}\underline{e}_n = \left(\dot{\upsilon}\,, \frac{\upsilon^2}{\rho}\,, 0\right). \qquad (3.1.65)$$

Man nennt $\dot{\upsilon}$ die **Bahnbeschleunigung** oder aus offensichtlichen Gründen auch die **Tangentialbeschleunigung**.

Die Komponente $\frac{\upsilon^2}{\rho}$ wird Normal- oder auch **Zentripetalbeschleunigung** genannt (lat. *petere* = abzielen, erstreben). Wir notieren abschließend als Sonderfall noch die **ebene Kreisbewegung** (Radius R):

$$\upsilon = \dot{s} = (R\varphi)^{\boldsymbol{\cdot}} = R\dot{\varphi} = R\omega(t)\,,$$

$$a_t = \dot{\upsilon} = R\,\dot{\omega}\,, \qquad (3.1.66)$$

$$a_n = \frac{\upsilon^2}{R} = R\,\omega^2\,.$$

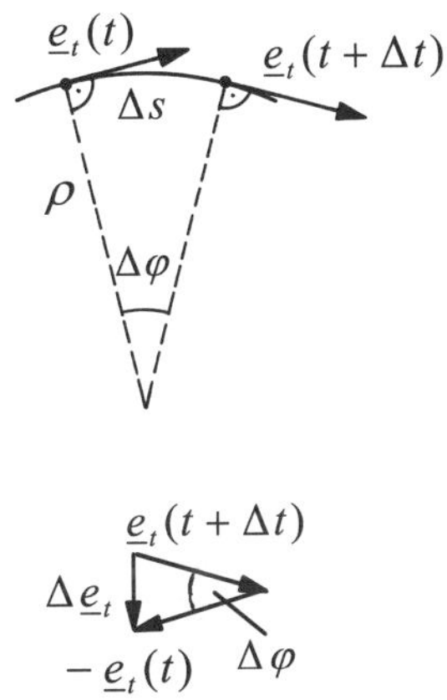

Abb. 3.1.10: Zeitliche Änderung der Einheitsvektoren des natürlichen Koordinatensystems.

Galileo Galilei wurde am 15. Februar 1564 in Pisa geboren und starb am 8. Januar 1642 in Arcetri nahe Florenz. Mit ihm beginnt, so darf ohne Übertreibung festgestellt werden, die Physik der Neuzeit. Schon als Kind mathematisch-naturwissenschaftlich hochbegabt, studiert er um 1582 die Klassiker Euklid und Archimedes in italienischer Übersetzung, obwohl er offiziell an der Universität in Pisa als Medizinstudent eingeschrieben ist. Studien über den Schwerpunkt von Körpern bringen ihn in Kontakt mit Professor Clavius vom Jesuiten-Collegium Romano, der ihn wertschätzt und weiterempfiehlt. Überhaupt entwickelt sich die katholische Kirche und ihre Themen zu Galileis Nemesis. An der Akademie in Florenz lektoriert er etwa über die Größe und die Lage der Hölle aus Dantes Inferno. Damit informiert er sich erst einmal theoretisch über diesen Gegenstand, die Praxis der Hölle auf Erden erfährt er etwas später. 1589 erhält einen Lehrstuhl für Mathematik an der Universität Pisa. Dort schreibt er sein Traktat „de motu“, in dem er die Theorie der Bewegung vorstellt und es zum Prinzip erhebt, Theorien im Experiment zu überprüfen, was einen für damalige Zeit

3.1.2 Kinetik des Massenpunktes

Die Newtonschen Gesetze

Im Sinne unserer Punktkinematik denken wir uns modellmäßig die gesamte Masse eines Körpers in einem Punkt „konzentriert“. In diesem Zusammenhang spricht man gerne vom Modell der punktförmigen Masse bzw. des **Massenpunktes**. Man kann sich aber genauso gut den Massenschwerpunkt des Körpers darunter vorstellen. Wir definieren den sogenannten Impuls des Massenpunktes als das Produkt aus der Masse und der (momentanen) Geschwindigkeit.

$$\underline{p} = m\underline{\upsilon}\,. \tag{3.1.67}$$

Der Impuls ist also eine **Vektorgröße**. Er ist im Allgemeinen eine Zeitfunktion, (a) weil sich die Geschwindigkeit im Laufe der Zeit ändert und (b) weil möglicherweise die Masse des Körpers im Laufe der Zeit zu- oder abnimmt. Bei Letzterem denke man etwa an eine Rakete, die Treibstoff verbrennt und ausstößt.

> Die **Ursachen** für die Bewegung einer Punktmasse sollen nun untersucht werden. Seit Newton weiß man, dass als Ursache für die Bewegung Kräfte angeführt werden. Diese Kräfte ändern, so Newton, zeitlich den Impuls. Newtons Grundgesetz, auch “Second Law” oder Lex Secunda genannt, besagt:
>
> Die Änderung des Impulses ist gleich der Summe aller Kräfte, wobei sich hinter Letzterem, wie wir noch sehen werden, eingeprägte wie auch erst im Freischnitt sichtbare Kräfte verbergen. In einer Gleichung heißt das:
>
> $$\frac{\mathrm{d}}{\mathrm{d}t}\left(\underline{p}\right) = \underline{F}\,. \tag{3.1.68}$$

Falls sich die Masse im Laufe der Zeit nicht ändert, wird hieraus wegen (3.2.1):

$$m\frac{\mathrm{d}\underline{\upsilon}}{\mathrm{d}t} = \underline{F} \quad \Leftrightarrow \quad m\underline{a} = \underline{F}\,. \tag{3.1.69}$$

In diesen Gleichungen präsentiert sich die Statik als Sonderfall: Verschwinden die Kräfte, ist also $\underline{F} = 0$, so verschwindet auch die Beschleunigung bzw. der Impuls ändert sich zeitlich nicht:

$$\frac{\mathrm{d}}{\mathrm{d}t}\underline{p} = 0 \quad \Rightarrow \quad \underline{p} = \underline{\text{const.}} = m\underline{\upsilon}\,. \tag{3.1.70}$$

Ist wiederum die Masse über der Zeit konstant, so kann Letzteres nur heißen, dass:

$$\underline{\upsilon} = \underline{\text{const.}}\,, \tag{3.1.71}$$

also z. B. gleich dem Nullvektor ist, wenn die Geschwindigkeit am Anfang null war, d. h. „statische" Bedingungen herrschten. Diesen Sonderfall konstanten Impulses bzw. konstanter Geschwindigkeit bezeichnet man manchmal auch als NEWTONS First Law, auch Lex Prima. Man fragt sich, warum ein solcher Spezialfall den Charakter eines separaten Gesetzes erhält. Dieses liegt daran, dass es alles andere als einfach ist, sicherzustellen, dass alle Kräfte verschwinden. Wohlgemerkt, es geht dabei nicht nur um eingeprägte Kräfte, die über Rollen und Muskeln auf den Körper wirken, es geht vielmehr auch um Kräfte, die durch die Wahl des Bezugssystems entstehen. Man denke bei letzterem etwa an Fliehkräfte, wie sie ein am Rande eines Karussells stehender Beobachter erfährt. NEWTONS First Law sagt also eigentlich aus, dass es ein Bezugssystem gibt, in dem wirklich alle solche Kräfte verschwinden und in dem der Körper einen anfangs vorhandenen Impuls beibehält. Solch ein Bezugssystem nennt man auch GALILEIsches **Inertialsystem**.

Schließlich kommen wir noch zu NEWTONS Third Law (Lex Tertia). Dieses Gesetz besagt, dass jede angreifende Kraft eine gleich große, aber entgegengerichtete Reaktionskraft erfährt. Wir kennen dieses Konzept bereits vom Freischneiden aus der Statik, werden es nun aber ebenso in der Kinetik anwenden.

Dynamik des freien Massenpunktes

Wir betrachten einen Massenpunkt im Schwerefeld der Erde, der eine gewisse Anfangsgeschwindigkeit $\underline{\upsilon}_A$ und einen Anfangsort $\underline{x}_A$ hat. Der Freischnitt ist in diesem Fall extrem einfach:

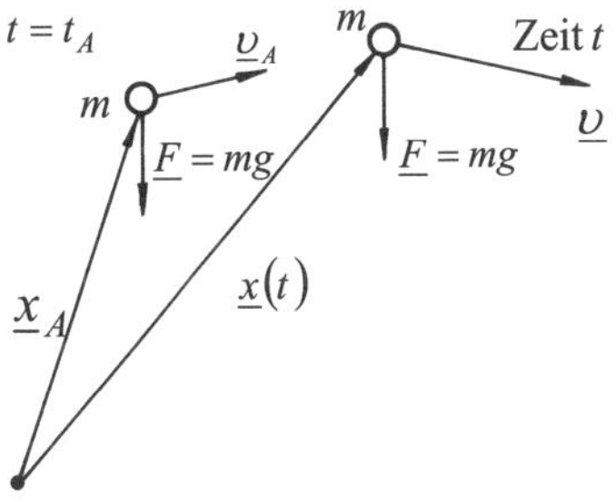

Abb. 3.1.11: Bewegung des freien Massenpunktes.

Wir finden, dass (für eine zeitlich konstante Masse) gilt:

$$m\underline{a} = m\underline{g} \quad \Rightarrow \quad \underline{a} = \underline{g} = \frac{\mathrm{d}\underline{\upsilon}}{\mathrm{d}t} \quad \Rightarrow \quad \underline{\upsilon} = \underline{\upsilon}_A + \underline{g}(t - t_A) = \frac{\mathrm{d}\underline{x}}{\mathrm{d}t}$$

großen Affront und Sieg der schnöden Materie über Geist und Glauben bedeutet. 1591 stirbt GALILEIS Vater, und als der älteste Sohn hat er die Pflicht und Schuldigkeit, die Familie zu ernähren. Das Gehalt in Pisa langt dafür nicht, und er geht nach Padua, wo er dreimal so viel verdient. Er beginnt sich dort zum Häretiker zu entwickeln, indem er beispielsweise ARISTOTELES' Dogma der unveränderlichen Sternensphäre anzweifelt. 1604 hatte sich nämlich eine Supernova am Himmel gezeigt, die dieser Unwandelbarkeit augenscheinlich widersprach. Überhaupt ist Augenschein alles für GALILEI. Er baut Teleskope, entdeckt die Monde des Jupiter, schmeichelt Cosimo de MEDICI, indem er diese die Mediceischen Sterne nennt, und erringt sich so den Chefposten für Mathematik und Philosophie an der Universität in Padua. Im Jahre 1610 entdeckt er, dass der Planet Venus Phasen zeigt wie der Mond. Er führt Fallexperimente von Türmen durch, deren Verlauf die Rotation der Erde um sich selbst und um die Sonne bekräftigt. Damit begünstigt GALILEI indirekt das Kopernikanische Weltbild. Zwar vermeidet er es, sich öffentlich zu bekennen, seine Schüler, etwa Professor CASTELLI in Pisa, hingegen sehen das anders und rühren kräftig die Werbetrommel. Das ruft Kardinal Robert BELLARMINE von der Heiligen Inquisition auf den Plan, der das Kopernikanische Weltbild zwar als elegante mathematische Theorie gelten lassen will, nicht jedoch als Realität und Wahrheit, da es die Autorität der Kirche in Frage stellt und untergräbt. Auf Befehl von Papst PAUL V. treffen sich am 24. Februar die Kardinäle und entscheiden, die Kopernikanische Theorie auf den Index zu setzen. Damit ist es GALILEI nicht länger erlaubt, kopernikanische Gedanken zu verbreiten. Allerdings sieht er dies zunächst relativ gefasst, denn Maffeo BARBARINI, ein Bewunderer GALILEIS wird zum Papst URBAN VIII. gewählt. Prompt widmet GALILEI 1623 ihm sein neuestes Buch *Il Saggiatore*, in dem er seine neuen wissenschaftlichen Methoden beschreibt. GALILEIS Gesundheit wird zunehmend schlechter, und es dauert ca. sechs Jahre, bevor er sein wohl berühmtestes Werk *Dialogo Sopra I Due Massimi Sistemi Del Mondo Tolemaico E Coperniano* vollendet hat. Wie man am Titel erkennt, muss dieses Werk den Widerspruch Roms hervorrufen. Und in der Tat, die Inquisition verbietet den Verkauf und befiehlt GALILEI, vor ihr zu erscheinen. Er wird für schuldig erklärt und zu lebenslangem Hausarrest verurteilt, allerdings nicht in Sibirien, sondern zunächst beim Erzbischof von Siena und später in seinem Haus in Arcetri. Dass man ihm zuvor die Folterwerkzeuge gezeigt hat und er nichtsdestotrotz der Kommission am Ende des Tribunals ein mutiges *Eppur si muove!* zurief, gehört ins Reich gern gehörter Fabel.

Dynamik

$$\Rightarrow \underline{x} = \underline{x}_A + \underline{\upsilon}_A(t - t_A) + \frac{1}{2}\underline{g}\left(t^2 - t_A^2\right) - \underline{g}t_A(t - t_A). \qquad (3.1.72)$$

Speziell für $t_A = 0$ wird:

$$\underline{x} = \underline{x}_A + \underline{\upsilon}_A t + \frac{1}{2}\underline{g}t^2 \quad \Rightarrow \quad \underline{\upsilon} = \underline{\upsilon}_A + \underline{g}t. \qquad (3.1.73)$$

Wir werden nun explizit und orientieren unser Koordinatensystem so, dass gilt:

$$\underline{x}_A = (0, 0, 0), \quad \underline{\upsilon}_A = \left(|\underline{\upsilon}_A|\cos(\alpha), 0, |\underline{\upsilon}_A|\sin(\alpha)\right),$$

$$\underline{g} = (0, 0, -g), \qquad (3.1.74)$$

wobei α der Steigungswinkel beim Abschuss, also zur Zeit $t = 0$ ist. Wegen NEWTONS Grundgesetz folgt:

$$ma_1 = 0, \quad ma_2 = 0, \quad ma_3 = -mg$$

$$\Rightarrow \upsilon_1 = |\underline{\upsilon}_A|\cos(\alpha), \quad \upsilon_2 = 0,$$

$$\upsilon_3 = |\underline{\upsilon}_A|\sin(\alpha) - gt, \qquad (3.1.75)$$

$$\Rightarrow x_1 = |\underline{\upsilon}_A|\cos(\alpha)t, \quad x_2 = 0, \quad x_3 = |\underline{\upsilon}_A|\sin(\alpha)t - \frac{g}{2}t^2.$$

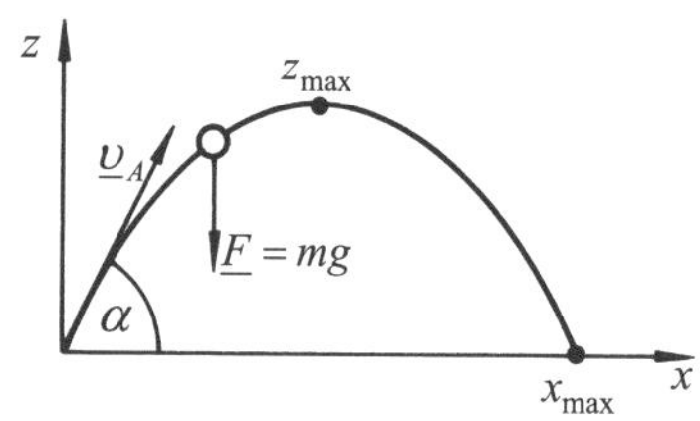

Abb. 3.1.12: Die Wurfparabel bei reibungsfreiem Flug.

Dies ist eine sogenannte **Parameterdarstellung** mithilfe des Parameters t, also der Zeit. Wir können aus $x_1 = x = x(t)$ und $x_3 = z = z(t)$ die Zeit eliminieren und somit die Bahnkurve $z = z(x)$ ermitteln:

$$t = \frac{x}{|\underline{\upsilon}_A|\cos(\alpha)}$$

$$\Rightarrow \quad z = -\frac{g}{2|\underline{\upsilon}_A|^2\cos^2(\alpha)}x^2 + \tan(\alpha)x. \qquad (3.1.76)$$

Dieses ist die Gleichung einer nach rechts verschobenen Parabel, der sogenannten **Wurfparabel**. Die Wurfweite ergibt sich aus der Forderung $z = 0$ zu:

$$x_{\max} = \tan(\alpha)\frac{2|\underline{\upsilon}_A|^2 \cos^2(\alpha)}{g} = \frac{|\underline{\upsilon}_A|^2}{g}\sin(2\alpha). \qquad (3.1.77)$$

Die maximale **Wurfhöhe** folgt aus:

$$\left.\frac{\mathrm{d}z}{\mathrm{d}x}\right|_{x_{z_{\max}}} = 0 \;\Rightarrow\; -\frac{g x_{z_{\max}}}{|\underline{\upsilon}_A|^2 \cos^2(\alpha)} + \tan(\alpha) = 0\,. \qquad (3.1.78)$$

$$\Rightarrow x_{z_{\max}} = \frac{|\underline{\upsilon}_A|^2}{g}\sin(\alpha)\cos(\alpha) = \frac{|\underline{\upsilon}_A|^2}{2g}\sin(2\alpha).$$

Wir fragen uns, für welches α sich die größte **Wurfweite** ergibt:

$$2\alpha = \frac{\pi}{2} \;\Rightarrow\; \alpha = \frac{\pi}{4} \qquad (3.1.79)$$

oder auch mit:

$$\frac{\mathrm{d}}{\mathrm{d}\alpha}\left(\sin(\alpha)\cos(\alpha)\right)\Big|_{\alpha_{z_{\max}}} = 0 = \cos^2(\alpha) - \sin^2(\alpha) = 0$$

$$\Rightarrow \quad \tan(\alpha) = 1 \;\Rightarrow\; \alpha = 45^\circ\,. \qquad (3.1.80)$$

Die **Wurfzeit** erhält man durch Einsetzen der Wurfweite $x_{\max}$ in Gleichung (3.1.75):

$$t_{\max} = \frac{x_{\max}}{|\underline{\upsilon}_A|\cos(\alpha)} = \frac{2|\underline{\upsilon}_A|^2 \sin(\alpha)\cos(\alpha)}{g|\underline{\upsilon}_A|\cos(\alpha)}$$

$$= \frac{2|\underline{\upsilon}_A|\sin(\alpha)}{g}\,. \qquad (3.1.81)$$

Geführte Bewegungen

In technischen Anwendungen ist, außer in der Ballistik, die freie Bewegung die Ausnahme. Um genau zu sein, auch in der Ballistik, also der manchmal fragwürdigen Kunst des Schießens, unterscheidet man zwischen „innerer" und „äußerer" Ballistik, d. h. der Wegbeschreibung vor und nach Austritt des Geschosses aus dem Lauf, und nur die letzte ist „frei", wenn auch (anders als im obigen Beispiel) zusätzlich gebremst durch den Luftwiderstand. Der Weg des Geschosses ist bereits eine geführte Bewegung und besagte Führung resultiert in sogenannten **Zwangs-** oder **Führungskräften**, die erst im Freischnitt des Massenpunk-

Dynamik

tes bzw. Körpers sichtbar werden. Wir schreiben NEWTONS Second Law also als:

$$\frac{\mathrm{d}}{\mathrm{d}t}\underline{p} = \underline{F}^{\mathrm{ext}} + \underline{F}^{\mathrm{zw}} \quad \Rightarrow \quad m\underline{a} = \underline{F}^{\mathrm{ext}} + \underline{F}^{\mathrm{zw}} . \tag{3.1.82}$$

$\underline{F}^{\mathrm{ext}}$ sind die eingeprägten Kräfte, also etwa die Schwerkraft, $\underline{F}^{\mathrm{zw}}$ bezeichnet die Zwangskräfte, welche die geforderte Bindung an eine Fläche bzw. Kurve bewirken. Sie sind, wie gesagt, Reaktionskräfte und sie stehen **stets** senkrecht zur Bahn. Die zweite Beziehung in Gleichung (3.1.82) ergibt sich bei Konstanz der Masse aus der Definition des Impulses gemäß Gleichung (3.1.69).

(a) *Bewegung einer Masse in einer Halbschale*

Als erste Anwendung betrachten wir eine Masse m, die in einer halbkreisförmigen Schale aus der Position $(R, \varphi = 0)$ beginnend in der Schale geführt herunterrutscht. Wir interessieren uns insbesondere für die Auflagekraft in jedem Moment der Bewegung. Dazu schneiden wir frei, wie gezeichnet. Ohne zu rechnen ist klar, dass:

$$F_N(\varphi = 0) = 0 . \tag{3.1.83}$$

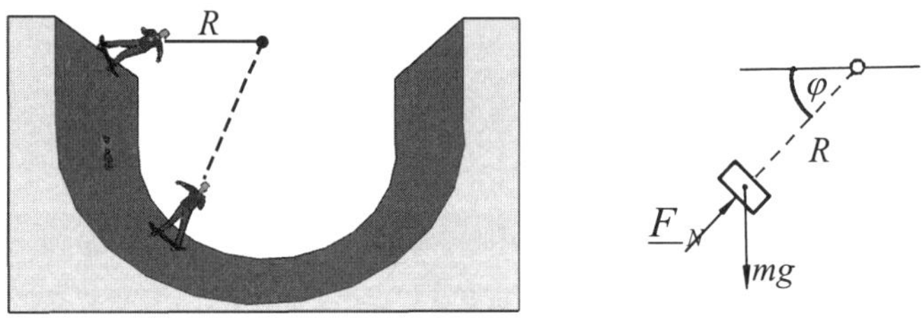

Abb. 3.1.13: Den Rand einer Schale herunterrutschende Masse.

Wir erwarten, dass im Laufe der Bewegung F_N stetig ansteigt, um bei $\varphi = \frac{\pi}{2}$ ein Maximum anzunehmen. Dieses könnten wir sogar mit einem aus der Schule bekannten Argument abschätzen. Es wirkt in dieser Position zum einen das Gewicht der Masse, also mg, und zum anderen erwarten wir eine „Zentrifugalkraft" der Stärke $mR\omega^2 = mR\dot{\varphi}^2$, also:

$$F_N = mg + mR\dot{\varphi}^2 . \tag{3.1.84}$$

Wir jedoch wissen von einer solchen Scheinkraft erst einmal nichts, notieren die Gleichung $\underline{F} = m\underline{a}$ im natürlichen Koordinatensystem und berücksichtigen **alle** an der Masse angreifenden Kräfte des Freischnitts. Dann ist zum einen aufgrund von Gleichung (3.1.66) und (3.1.82):

$$a_t = R\ddot{\varphi} \ , \ a_n = R\dot{\varphi}^2 , \tag{3.1.85}$$

$$m\,a_t = mg\cos(\varphi),\ m\,a_n = F_N - mg\sin(\varphi).$$

Es folgt:

$$mR\ddot{\varphi} = mg\cos(\varphi)\ ,\ mR\dot{\varphi}^2 = F_N - mg\sin(\varphi). \tag{3.1.86}$$

Man erkennt, dass die zweite Gleichung sich schreiben lässt als:

$$F_N = mR\dot{\varphi}^2 + mg\sin(\varphi), \tag{3.1.87}$$

und für $\varphi = \frac{\pi}{2}$ entsteht hieraus gerade die unter Verwendung des Konzeptes der Scheinkraft/Zentrifugalkraft gewonnene Beziehung (3.1.85). Man sieht aber auch, dass es völlig unnötig ist, dieses Konzept zu verwenden. Mehr noch: Der Name **Scheinkraft / Zentrifugalkraft** ist irreführend, denn es handelt sich um einen aus der Kinematik herrührenden Ausdruck der Beschleunigung und dabei hat das Konzept „Kraft" nichts zu suchen.

Letztere Interpretation geht auf NEWTON zurück, und man spricht gerne von NEWTONscher Mechanik, die strikt zwischen Kraftkinetik und Geometrie (= Kinematik) unterscheidet. Das etwas schwammige Konzept der Scheinkräfte ist ein Derivat des Konzeptes der Trägheitskraft, welches mit dem Namen des Mathematiko-Physikers D'ALEMBERT verbunden ist. Man kann nämlich in letzter Konsequenz NEWTONS Lex Secunda auch schreiben als:

$$\underline{F} - m\underline{a} = \underline{0} \tag{3.1.88}$$

und argumentieren, dass die Summe **aller** Kräfte (das umfasst eingeprägte Kräfte, Zwangskräfte und Trägheitskräfte ($-m\underline{a}$)) immer verschwindet, also letztendlich alles „Statik" ist. Wir raten dem Anfänger zunächst von diesem Konzept aufgrund der Schwierigkeiten, die richtigen Vorzeichen zu finden, dringlichst ab.

Zur Lösung des obigen Problems multiplizieren wir die erste Gleichung in (3.1.86) mit $\dot{\varphi}$:

$$mR\ddot{\varphi}\,\dot{\varphi} = mg\cos(\varphi)\dot{\varphi} \ \Rightarrow\ \frac{1}{2}mR\frac{\mathrm{d}}{\mathrm{d}t}(\dot{\varphi})^2 = mg\frac{\mathrm{d}}{\mathrm{d}t}(\sin(\varphi)) \ \Rightarrow \tag{3.1.89}$$

Jean le Rond D'ALEMBERT wurde am 17. November 1717 in Paris geboren und starb am 29. Oktober 1783 ebenda. Er war der uneheliche Sohn aus einer amourösen Liaison der Mme. de TENCIN. Sein offizieller Vater, LOUIS-CAMUS DESTOUCHES, war ein beruflich stark eingespannter Artillerieoffizier, der sich neun Monate vor D'ALEMBERTS Geburt außerhalb des Landes befand. Wie zur damaligen Zeit üblich, deponierte Mme. TENCIN das neugeborene Kind auf der Türschwelle der Kirche St. Jean le Rond (daher sein Namenszusatz), wo es schnell gefunden und zunächst an ein Heim weitergegeben wurde. Nach seiner Rückkehr „kümmerte" sich Monsieur DESTOUCHES um den unfreiwilligen Nachwuchs und übergab ihn privater Obhut, nämlich an Mme. ROUSSEAU, die Frau eines Glasers. Bei ihr lebte D'ALEMBERT für geraume Zeit. Auch für die Ausbildung wurde gesorgt. D'ALEMBERT besuchte zuerst eine Privatschule und danach das Collège des Quatre Nations. Hier schrieb er sich zunächst als Jean-Baptiste DAREMBERG ein, änderte dann aber seinen Namen um in JEAN D'ALEMBERT. Im Collège des Quatre Nations wurde der junge D'ALEMBERT durch einen Professor CAR-

RON mit den Grundzügen der Mathematik konfrontiert. Dessen Mathematikunterricht basierte auf Vorlesungen VARIGNONS, dessen Namen wir bereits vom Seileck her kennen. Außerdem lehrte man die Philosophie und (Meta-)Physik DESCARTES', für dessen Ansichten D'ALEMBERT den Rest seines Lebens nur wenig Respekt zeigte. Natürlich war auch die Religionslehre ein großes Thema am Collège, und auch dies wurde D'ALEMBERT gründlich ausgetrieben (als überzeugter Atheist wurde er in einem anonymen Grab beigesetzt). Nach der Graduierung 1735 dachte D'ALEMBERT zunächst daran, sich als Rechtsanwalt bzw. als Mediziner zu betätigen, gab dies dann aber zugunsten der Mathematik und Mechanik auf. Er reiste wenig und arbeitete Zeit seines Lebens in Paris an der Pariser Akademie der Wissenschaften bzw. an der Französischen Akademie. Ein solches Leben wurde nicht zuletzt dadurch möglich, dass er 1746 Mme. GEOFFRIN kennenlernte, eine reiche, anmaßende, nicht sonderlich kluge, aber finanziell großzügige Gründerin eines physikalischen Salons, zu dessen Sitzungen D'ALEMBERT geladen wurde. 1772 wurde D'ALEMBERT schließlich der Sekretär der Akademie und eine seiner Hauptaufgaben wurde das Aufsetzen von Todesanzeigen, was wohl zu den angenehmsten Pflichten der Gremienarbeit gehört. Seine Gesundheit

$$\frac{1}{2} mR \int_{\dot{\tilde{\varphi}}=0}^{\dot{\tilde{\varphi}}=\dot{\varphi}} \mathrm{d}\left(\dot{\tilde{\varphi}}\right)^2 = mg \int_{\tilde{\varphi}=0}^{\tilde{\varphi}=\varphi} \mathrm{d}(\sin(\varphi)) \quad \Rightarrow \quad mR(\dot{\varphi})^2 = 2mg\sin(\varphi).$$

Nach (3.1.66) berechnen wir damit die einzige von null verschiedene Komponente der Geschwindigkeit in natürlichen Koordinaten:

$$\upsilon = R\dot{\varphi} = R\sqrt{\frac{2g}{R}\sin(\varphi)} = \sqrt{2gR\sin(\varphi)}. \tag{3.1.90}$$

Offenbar wird die Geschwindigkeit für $\varphi = \frac{\pi}{2}$, also am untersten Punkt der Schale, maximal, nämlich gleich:

$$\upsilon_{\max} = \sqrt{2gR}. \tag{3.1.91}$$

Um die Position als Funktion der Zeit zu ermitteln, sei an Gleichung (3.1.90) erinnert:

$$\frac{\mathrm{d}\varphi}{\mathrm{d}t} = \sqrt{\frac{2g}{R}}\sin^{1/2}(\varphi). \tag{3.1.92}$$

Trennung der Veränderlichen führt auf:

$$t = \sqrt{\frac{R}{2g}} \int_{\varphi=0}^{\tilde{\varphi}=\varphi} \frac{\mathrm{d}\tilde{\varphi}}{\sin^{1/2}(\tilde{\varphi})}. \tag{3.1.93}$$

Dieses Integral ist jedoch für einen vorzugebenden Winkel φ nur noch numerisch zu lösen (vgl. Abschnitt 5.15).

(b) *Bewegung einer Masse in einer Führungsschiene*

Als ein weiteres Beispiel für eine erzwungene Bewegung betrachten wir eine Masse m, die sich längs einer Führungsschiene von einem sich mit der konstanten Winkelgeschwindigkeit ω_0 drehenden Zylinder bewegt. Dabei soll mithilfe einer eingreifenden Kraft F sichergestellt werden, dass die Masse sich relativ zur Scheibe stets mit der konstanten Radialgeschwindigkeit υ_0 bewegt. Um die Führungskraft F_N und die radial rückwärtstreibende Kraft $\underline{F}$ zu ermitteln, arbeiten wir sinnvollerweise in Polarkoordinaten (r,φ) und schreiben NEWTONS Second Law wie folgt:

$$\begin{aligned} \underline{e}_r &: \quad -F = ma_r = m\left(\ddot{r} - r\,\dot{\varphi}^2\right), \\ \underline{e}_\varphi &: \quad F_N = ma_\varphi = m\left(r\ddot{\varphi} + 2\dot{r}\dot{\varphi}\right). \end{aligned} \tag{3.1.94}$$

ließ stetig nach, und als Todesgrund wird eine Blasenkrankheit angegeben, was, um an TORBERGS *Schüler Gerber* zu erinnern, möglicherweise wie bei Tycho DE BRAHE auf Harnverhaltung während der intensiven wissenschaftlichen sowie der Gremientätigkeit zurückzuführen ist.

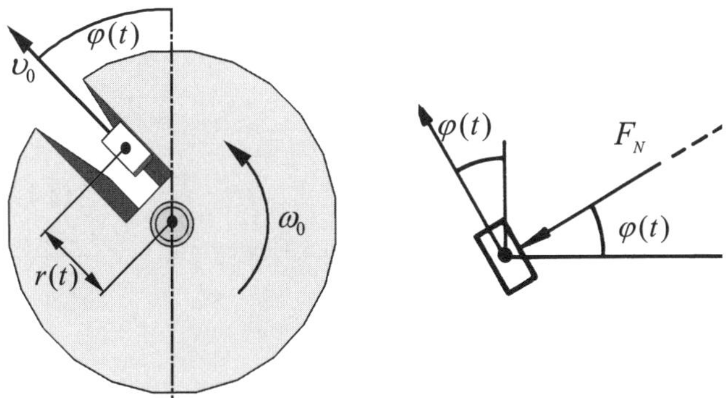

Abb. 3.1.14: Masse in einer Führungsschiene.

Wegen:

$$\dot{\varphi} = \omega_0 = \text{const.} \quad \Rightarrow \quad \ddot{\varphi} = 0 \ ,$$

$$\dot{r} = \upsilon_0 = \text{const.} \quad \Rightarrow \quad \ddot{r} = 0 \tag{3.1.95}$$

ergibt sich:

$$F = mr\omega_0^2 \ , \quad F_N = 2m\upsilon_0\omega_0 \ . \tag{3.1.96}$$

Bewegungen unter dem Einfluss von Reibungskräften

(a) *COULOMBsche Gleitreibung*

Als nächste Anwendung der NEWTONschen Gleichungen betrachten wir Bewegungen unter dem Einfluss von (Reibungs-) Widerstandskräften, z. B. einen flachen Klotz, der eine schiefe Ebene hinabgleitet. Wir verwenden bei der Bewegungsanalyse ein kartesisches Koordinatensystem wie gezeichnet. Die Bewegung beginnt zur Zeit $t_A = 0$ mit der Anfangsgeschwindigkeit $\upsilon_A = 0$ im Punkt $x_A = 0$. Es gilt:

$$\underline{e}_1 : F_W - mg\sin(\alpha) = m\ddot{x} \ , \tag{3.1.97}$$

$$\underline{e}_2 : F_N - mg\cos(\alpha) = 0 \quad \Rightarrow \quad F_N = mg\cos(\alpha) \ .$$

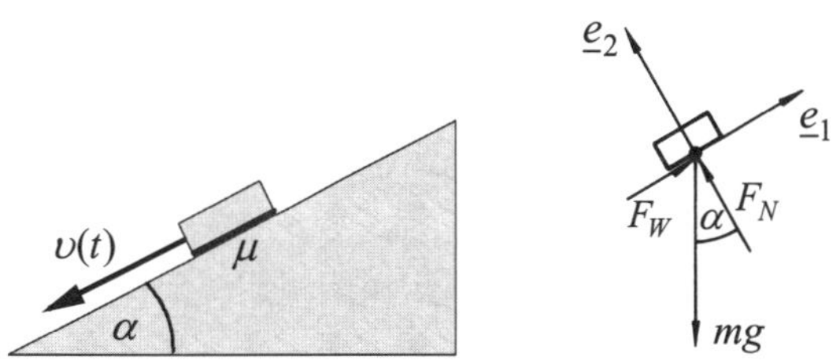

Abb. 3.1.15: Klotzförmige, eine schiefe Ebene heruntergleitende Masse.

Zudem greift das Gesetz der COULOMBschen Gleitreibung:

$$F_W = \mu F_N \,. \tag{3.1.98}$$

Es folgt:

$$m\ddot{x} = -mg[\sin(\alpha) - \mu\cos(\alpha)] \,. \tag{3.1.99}$$

Also ergibt sich als erstes Integral der Bewegung:

$$\dot{x} = -g[\sin(\alpha) - \mu\cos(\alpha)]\,t \tag{3.1.100}$$

und als zweites:

$$x = -g[\sin(\alpha) - \mu\cos(\alpha)]\frac{t^2}{2} \,. \tag{3.1.101}$$

Man beachte, dass sowohl der Ausdruck für die Beschleunigung als auch derjenige für die Geschwindigkeit ein negatives Vorzeichen tragen. Die Bewegung erfolgt hangabwärts. Man beachte, dass für $\alpha = \frac{\pi}{2}$ die Gleichungen des freien Falls (aus der Ruhe im Koordinatenursprung startend) resultieren:

$$m\ddot{x} = -mg \;,\; \dot{x} = -g\,t \;,\; x = -g\frac{t^2}{2} \,. \tag{3.1.102}$$

COULOMBsche Kontaktreibung ist dann ohne Belang.

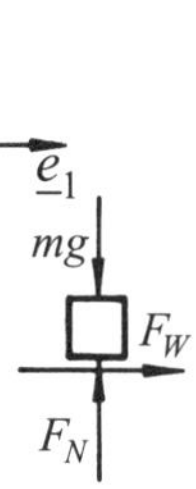

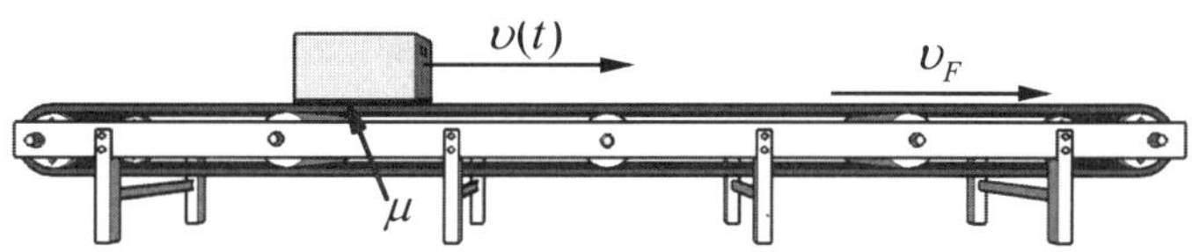

Abb. 3.1.16: Klotzförmige, auf ein laufendes Förderband gesetzte Masse.

Als weiteres Beispiel betrachten wir eine Kiste, die mit der Geschwindigkeit υ_0 auf ein sich mit der Geschwindigkeit $\upsilon_F > \upsilon_0$ bewegendes Förderband gesetzt wird. Einem links vom Aufsetzpunkt der Kiste auf dem Förderband befindlichen Beobachter kommt die Kiste also zuerst entgegen und wird dann aufgrund von Gleitreibung zusehends abgebremst. Also muss eine nach rechts der Bewegung entgegengerichtete Widerstandskraft F_W wirken, die diese Bewegung letztlich abbremst. Wir schreiben die NEWTONsche Lex Secunda als:

$$\underline{e}_1 : \quad m\ddot{x}_1 = F_W \,, \tag{3.1.103}$$

$$\underline{e}_2 : \quad 0 = -mg + F_N \quad \Rightarrow \quad F_N = mg \,.$$

Mit dem COULOMBschen Gleitreibungsgesetz wird:

$$F_W = \mu F_N \tag{3.1.104}$$

und somit:

$$m\ddot{x}_1 = \mu mg \ , \ \dot{x}_1 = \mu gt + \upsilon_0 \ , \ x_1 = \mu g \frac{t^2}{2} + \upsilon_0 t + x_0 . \tag{3.1.105}$$

Das Rutschen ist zu Ende, wenn:

$$\dot{x}_1 (t = t_f) = \mu g t_f + \upsilon_0 = \upsilon_F \quad \Rightarrow \quad t_f = \frac{\upsilon_F - \upsilon_0}{\mu g} . \tag{3.1.106}$$

(b) *STOKESsche Reibung*

Zur Illustration des Integrationsprozesses betrachten wir eine Kugel der Masse m und mit dem Radius r, die in einem mit Flüssigkeit gefüllten Behälter unter dem Einfluss der Schwerkraft nach unten „fällt". Zur Beschreibung der Bewegung wählen wir ein nach unten weisendes Koordinatensystem, wie gezeichnet. Zur Anfangszeit soll sich die Kugel am Ort $x_1 = 0$ befinden und ruhen. Der Freischnitt (siehe Abb. 3.1.17) zeigt, dass:

$$m\ddot{x}_1 = mg - F_w . \tag{3.1.107}$$

Mit der STOKESschen Gleichung für den Reibwiderstand (3.1.19) wird hieraus:

$$\ddot{x}_1 = g - \frac{k}{m} \dot{x}_1 . \tag{3.1.108}$$

Wir trennen die Variablen wie folgt:

$$\frac{d\dot{x}_1}{g - \frac{k}{m}\dot{x}_1} = dt \tag{3.1.109}$$

und integrieren von der Anfangszeit bis zu einer beliebigen Zeit t. Es resultiert für die Geschwindigkeit als Funktion der Zeit:

$$\dot{x}_1 = \frac{gm}{k} \left[1 - \exp\left(-\frac{k}{m} t \right) \right] . \tag{3.1.110}$$

Dieses wird nun nochmals integriert, was den Weg als Funktion der Zeit liefert:

$$x_1 = \frac{gm}{k} \left\{ t - \frac{m}{k} \left[1 - \exp\left(-\frac{k}{m} t \right) \right] \right\} . \tag{3.1.111}$$

George Gabriel STOKES wurde am 13. August 1819 in Skreen, County Sligo, Irland geboren und starb am 1. Februar 1903 in Cambridge, England. STOKES' Vater war Pastor der Gemeinde von Skreen und seine Mutter eine Pastorentochter. Er war das jüngste von sechs Kindern und drei seiner älteren Brüder machten sich auf, ebenso kirchlichen Diensten beizutreten. Trotzdem fühlte sich STOKES mehr zur Mathematik und Physik hingezogen. Nach einem Umweg über das Bristol College begann er in Cambridge am Pembroke College Mathematik zu studieren. 1841 graduierte er mit dem höchsten Rang im Mathematical Tripos Examen als Senior Wrangler, und außerdem wurde er auch noch First Smith's Prizeman. 1849 wurde STOKES einer der Nachfolger NEWTONS und rückte auf den berühmten Lucasian Chair. Er war hochgeehrt (1851 F.R.S., 1852 RUMFORD Medaille), aber schlecht bezahlt. Daher verschaffte er sich ein Zubrot als Professor of Physics at the Government School of Mines in London. Seine Heirat mit Mary Susanna ROBINSON im Jahre 1857 machte ihn etwas „weicher" und ließ ihn sich

Dynamik

von der reinen Wissenschaft zunehmend in Verwaltungsaufgaben zurückziehen. Dennoch verblieb in seiner Seele irgendwie doch stets ein harter, mathematischer Kern. So schreibt er an die Geliebte: "I too feel that I have been thinking too much of late, but in a different way, my head running on divergent series, the discontinuity of arbitrary constants, I often thought that you would do me good by keeping me from being too engrossed by those things." Aufgrund solcher Äußerungen ist zu vermuten, dass er im heutigen emanzipatorischen Zeitalter wohl Junggeselle geblieben wäre.

Man erkennt, dass die Geschwindigkeit einem Grenzwert zustrebt, nämlich $\frac{gm}{k}$, und der Ortsgewinn von einem gewissen Zeitpunkt an linear zunimmt.

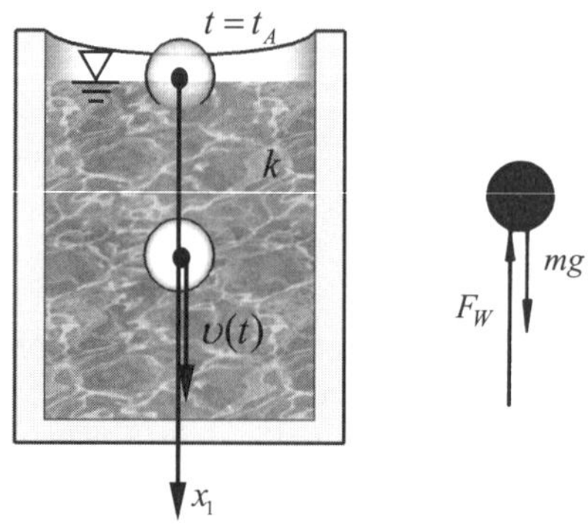

Abb. 3.1.17: Zur Bewegung einer in einem mit Flüssigkeit gefüllten Behälter fallenden Masse.

3.1.3 Der Impulssatz

Wir starten mit der NEWTONschen Lex Secunda und integrieren über das Zeitintervall $[t_A, t]$, wobei t_A eine beliebige Anfangszeit und t eine beliebige Zeit danach ist. Dann wird:

$$m\underline{\upsilon} = m\underline{\upsilon}_A + \int_{\tilde{t}=t_A}^{\tilde{t}=t} \underline{F}\, \mathrm{d}\tilde{t} \,. \tag{3.1.112}$$

Wirken keine Kräfte, so ist der Impuls vorher und nachher gleich. Es gilt:

$$m\underline{\upsilon} = m\underline{\upsilon}_A \,, \tag{3.1.113}$$

und man spricht von **Impulserhaltung**.

Unser Ziel ist es nun, **Stoßvorgänge** zu untersuchen. Der Stoß der Masse soll bei $t_A = 0$ beginnen und bis $t = t_S$ dauern. Bei dem dazugehörigen Integral über die Kraft spricht man in diesem Zusammenhang auch gerne von einem **Kraftstoß** und schreibt abkürzend:

$$\underline{K} = \int_{\tilde{t}=0}^{\tilde{t}=t_S} \underline{F}\, \mathrm{d}\tilde{t} \,. \tag{3.1.114}$$

Betrachten wir nun eine Masse, die wie in der Abbildung gezeigt auf eine Wand stößt, sich deformiert und nach Beendigung des Stoßes wieder von der Wand entfernt.

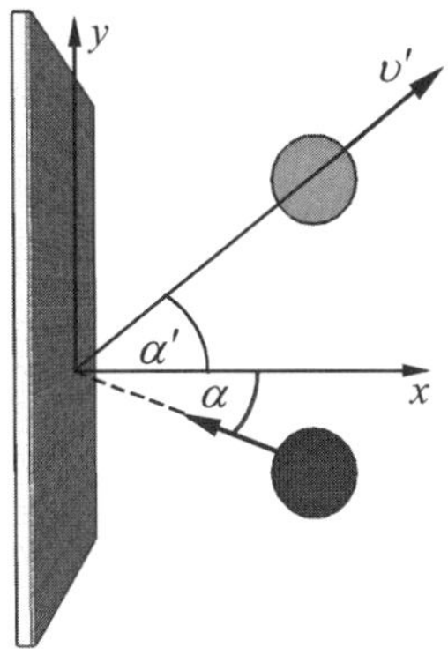

Abb. 3.1.18: Stoß einer Masse gegen eine Wand.

Bewegungsgrößen, also Geschwindigkeiten und Winkel unmittelbar nach dem Stoß, kennzeichnen wir mit einem Strich und schreiben die Gleichungen (3.1.112/114) komponentenweise hin:

$$m\upsilon_x' = m\upsilon_x + K_x \ , \quad m\upsilon_y' = m\upsilon_y + K_y \, . \tag{3.1.115}$$

Um die Geschwindigkeitskomponenten nach dem Stoß aus den Anfangsdaten zu berechnen, müssen wir den Kraftstoß näher untersuchen. Ist die Wand glatt, so kann sie in vertikaler, also in y-Richtung, keine Kraft übertragen und es folgt $K_y = 0$. Das aber bedeutet, dass dann:

$$\upsilon_y' = \upsilon_y \, , \tag{3.1.116}$$

d. h., die vertikale Geschwindigkeitskomponente ändert sich nicht. Um auch eine Aussage über die Normalkomponente der Geschwindigkeit zu machen, teilen wir den Kraftstoß in eine **Kompressionsperiode** $0 \le t \le t_K$ und eine **Restitutionsperiode** $t_K \le t \le t_S$ auf (vgl. Abb. 3.1.19):

$$\underline{K}^K = \int_{\tilde{t}=0}^{\tilde{t}=t_K} \underline{F} \, \mathrm{d}\tilde{t} \ , \quad \underline{K}^R = \int_{\tilde{t}=t_K}^{\tilde{t}=t_S} \underline{F} \, \mathrm{d}\tilde{t} \, . \tag{3.1.117}$$

Der Kraftstoß während beider Perioden ist in der Abbildung zu sehen. Die Kraft nimmt über der Zeit zunächst stark zu, erreicht einen Maximalwert, um dann wiederum schnell auf null abzufallen. Dies bedeutet nach Gleichung (3.1.112), dass:

$$m \cdot 0 = m\upsilon_x + K_x^K \ , \quad m\upsilon_x' = m \cdot 0 + K_x^R \, , \tag{3.1.118}$$

Dynamik

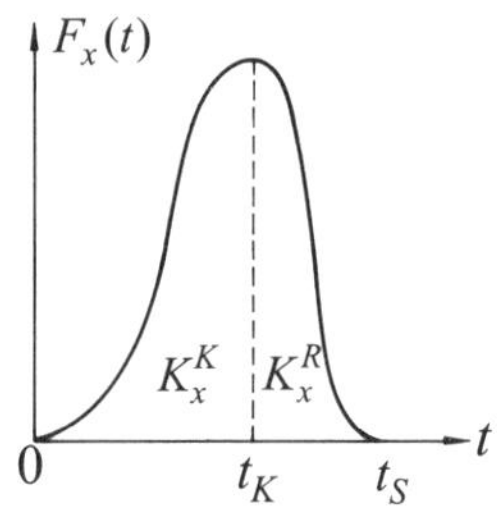

Abb. 3.1.19: Zum Kraftstoß.

denn zum Zeitpunkt des Wechsels von Kompression zu Dekompression der Masse ist deren Geschwindigkeit selbstverständlich null. Es besteht kein Grund, dass sich der Kraftverlauf beider Perioden symmetrisch ausbildet, noch besteht Veranlassung zu denken, dass die dazugehörigen Teilkraftstöße gleich sind. Im Allgemeinen schreiben wir daher:

$$K_x^R = e\,K_x^K \ , \ \ 0 \leq e \leq 1 , \tag{3.1.119}$$

wobei e ein dimensionsloser Faktor ist, die sog. **Stoßzahl**. Indem wir die Gleichungen (3.1.118/119) miteinander kombinieren, entsteht:

$$\upsilon_x' = -e\,\upsilon_x . \tag{3.1.120}$$

Zwei Grenzfälle sind von besonderem Interesse. Setzen wir $e = 0$, so verschwinden offenbar die Kräfte während der Restitutionsphase vollständig. Man findet:

$$\upsilon_x' = 0 , \tag{3.1.121}$$

und das bedeutet, dass die Masse vollkommen plastisch deformiert an der Wand entlang rutscht. Man sieht das besonders klar, wenn man die Einfalls- bzw. Ausfallswinkel des Stoßes verwendet und allgemein schreibt (vgl. Abbildung 3.1.18):

$$\upsilon_x = -\upsilon\cos(\alpha) \ , \ \ \upsilon_y = \upsilon\sin(\alpha) \ ,$$

$$\upsilon_x' = \upsilon'\cos(\alpha') \ , \ \ \upsilon_y' = \upsilon'\sin(\alpha') . \tag{3.1.122}$$

Im Vergleich mit den Gleichungen (3.1.121) und (3.1.116) folgt daraus:

$$\begin{aligned} &\cos(\alpha') = 0 \quad \Rightarrow \quad \alpha' = \frac{\pi}{2} \quad \Rightarrow \\ &\qquad \upsilon_y' = \upsilon' = \upsilon_y = \upsilon'\sin(\alpha) . \end{aligned} \tag{3.1.123}$$

Wählen wir nun $e = 1$, so ist:

$$\upsilon_x' = -\upsilon_x . \tag{3.1.124}$$

Dies ist der Fall vollständig elastischer Reflexion, und es folgt:

$$\tan(\alpha') = \frac{\upsilon_y'}{\upsilon_x'} = \frac{\upsilon_y}{\upsilon_x} = \tan(\alpha) \quad \Rightarrow \quad \alpha' = \alpha , \tag{3.1.125}$$

d. h., der Einfallswinkel ist gleich dem Ausfallswinkel. Abschließend zum Exkurs über Stöße soll ein Verfahren zur Bestimmung der Stoßzahlen angegeben werden. Wir lassen eine Masse aus der Höhe h auf eine waagerechte Unterlage fallen. Beim Aufprall erreicht sie die Geschwindigkeit:

$$\upsilon = -\sqrt{2gh}\,. \qquad (3.1.126)$$

Wir messen nun die Höhe h', welche die Masse nach dem Aufprall tatsächlich erreicht. Ihr entspricht die Geschwindigkeit:

$$\upsilon' = \sqrt{2gh'}\,. \qquad (3.1.127)$$

Wir bilden jetzt das Verhältnis:

$$e = -\frac{\upsilon'_x}{\upsilon_x} = -\frac{\upsilon'}{\upsilon} = \sqrt{\frac{h'}{h}} \qquad (3.1.128)$$

und erkennen, dass aus Höhenmessungen vor und nach dem Aufprall sich die Stoßzahl direkt bestimmen lässt. Selbstverständlich ist dabei anzugeben, welches Material auf welches trifft, etwa eine Stahlkugel auf eine Gummiplatte. Die Elastizität bzw. die Nichtelastizität der beteiligten Körper wird somit quantitativ erfassbar. Anschaulich gesprochen wird mit kleiner werdendem e der dissipative, also der in Form von Wärme verloren gehende Anteil an Energie immer größer. Um diese Aussage zu quantifizieren, ist es notwendig, dass wir uns als Nächstes über den Energiebegriff in der Punktmechanik Klarheit verschaffen.

3.1.4 Der Energiesatz der Mechanik

Wieder starten wir mit der NEWTONschen Lex Secunda und multiplizieren sie skalar mit $\mathrm{d}\underline{x}$, also einer kleinen Ortsänderung der Punktmasse:

$$m\underline{\ddot{x}} \cdot \mathrm{d}\underline{x} = \underline{F} \cdot \mathrm{d}\underline{x}\,. \qquad (3.1.129)$$

Wir integrieren die rechte und die linke Seite zwischen zwei Bahnpunkten $\underline{x}_A$ und $\underline{x}_E$ mit zugehörigen Geschwindigkeiten $\underline{\dot{x}}_A = \underline{\upsilon}_A$ und $\underline{\dot{x}}_E = \underline{\upsilon}_E$:

$$\begin{aligned}\int_{\underline{x}_A}^{\underline{x}_E} m\underline{\ddot{x}} \cdot \mathrm{d}\underline{x} &= \int_{t_A}^{t_E} \frac{\mathrm{d}}{\mathrm{d}t}\left(m\frac{\underline{\dot{x}}^2}{2}\right)\mathrm{d}t \\ &= \frac{m}{2}\underline{\upsilon}_E^{\,2} - \frac{m}{2}\underline{\upsilon}_A^{\,2} = \int_{\underline{x}_A}^{\underline{x}_E} \underline{F} \cdot \mathrm{d}\underline{x}\,.\end{aligned} \qquad (3.1.130)$$

Wir interpretieren Ausdrücke der Form $\frac{m}{2}\underline{\upsilon}^2$ als **kinetische Energie** E^{kin} des Massenpunktes und das Integral als die Verallgemeinerung der als „Kraft mal Weg“ bekannten mechanischen Arbeit W am Teilchen (vgl. auch Abschnitt 5.5.1 zum Arbeitssatz der Statik), kurz:

$$E_E^{\text{kin}} - E_A^{\text{kin}} = W\,. \tag{3.1.131}$$

Dies ist bereits der **Energiesatz der Mechanik**. Man darf sagen, dass am Massenpunkt geleistete Arbeit in einem Gewinn an kinetischer Energie resultiert und umgekehrt. Manche Mechaniker nennen aus diesem Grund die Gleichung (3.1.131) auch den **Arbeitssatz der Mechanik.**

Die Kräfte zerlegen wir gemäß Gleichung (3.1.82) in eingeprägte Kräfte $\underline{F}^{\text{ext}}$ und Zwangskräfte $\underline{F}^{\text{zw}}$. Da Letztere immer senkrecht zur Geschwindigkeit $\underline{\upsilon} = \frac{\mathrm{d}\underline{x}}{\mathrm{d}t}$ stehen, verschwindet der Arbeitsbetrag $\underline{F}^{\text{zw}} \cdot \mathrm{d}\underline{x} = 0$, und es entsteht:

$$W = \int_{\underline{x}_A}^{\underline{x}_E} \underline{F} \cdot \mathrm{d}\underline{x} = \int_{\underline{x}_A}^{\underline{x}_E} \underline{F}^{\text{ext}} \cdot \mathrm{d}\underline{x}\,. \tag{3.1.132}$$

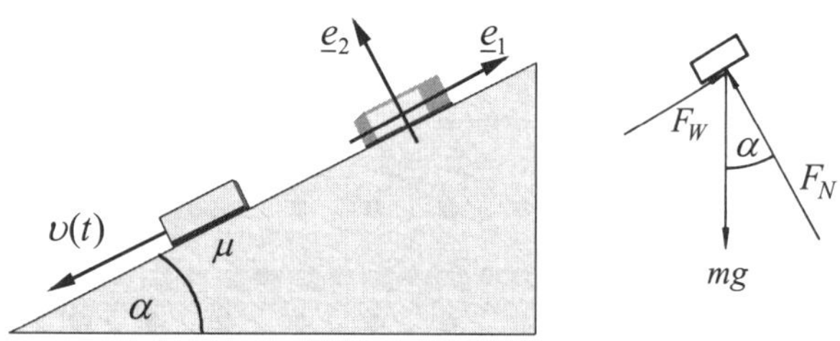

Abb.3.1.20: Energieverlust bei Gleitreibung.

Als Beispiel für die Berechnung eines solchen Arbeitsintegrals betrachten wir die gleitende Masse in Abbildung 3.1.20. Mit dem dort gezeigten Freischnitt wird:

$$\begin{aligned}\underline{F}^{\text{ext}} &= [F_W - mg\sin(\alpha), -mg\cos(\alpha)] \\ &= [\mu F_N - mg\sin(\alpha), -mg\cos(\alpha)] = \\ &\quad [mg[\mu\cos(\alpha) - \sin(\alpha)],\ -mg\cos(\alpha)].\end{aligned} \tag{3.1.133}$$

Weiter ist:

$$\begin{aligned}\mathrm{d}\underline{x} = (-\,\mathrm{d}x_1, 0) \quad &\Rightarrow \quad \underline{F}^{\text{ext}} \cdot \mathrm{d}\underline{x} \\ = -mg[\mu\cos(\alpha) - \sin(\alpha)]\,\mathrm{d}x_1 \quad &\Rightarrow\end{aligned} \tag{3.1.134}$$

$$W = \int_{\underline{x}_A=(0,0)}^{\underline{x}_E=\left(\frac{H}{\sin(\alpha)},0\right)} \left(-mg[\mu\cos(\alpha) - \sin(\alpha)]\right)\mathrm{d}x_1 = \tag{3.1.135}$$

$$-mg[\mu\cos(\alpha)-\sin(\alpha)]\frac{H}{\sin(\alpha)} = -mgH[\mu\cot(\alpha)-1]$$
$$= mgH[1-\mu\cot(\alpha)].$$

Man schließt bei Annahme einer Anfangsgeschwindigkeit $\underline{\upsilon}_A = 0$ mit dem Energiesatz der Mechanik aus Gleichung (3.1.130) auf die Endgeschwindigkeit:

$$\frac{m}{2}\upsilon_E^{\,2} = mgH[1-\mu\cot(\alpha)] \;\Rightarrow$$
$$\upsilon_E = \sqrt{2gH}\sqrt{1-\mu\cot(\alpha)}. \qquad (3.1.136)$$

Der Anteil mgH ist als **potenzielle Energie** (-differenz) bekannt. Sie bemisst die Energie, die aufzubringen ist, um einen Körper der Masse m (reibungsfrei) in einem konstanten Schwerefeld der Stärke g um den Betrag H in der Höhe anzuheben. Fällt ein Körper um diesen Betrag, dann geht die potenzielle Energie nicht verloren, sondern wandelt sich in kinetische Energie um. Das ist genau, was Gleichung (3.1.136) besagt. Man sieht allerdings, dass im Falle von Anwesenheit von Reibung **nicht** die gesamte potenzielle Energie in kinetische Energie umgewandelt werden kann. Ein Anteil $\mu\cot(\alpha)$ geht verloren.

Aber auch dieser Energieanteil verschwindet nicht einfach. Zwar wird er nicht in makroskopisch sichtbare kinetische Energie umgewandelt, doch erhöht er die mittlere kinetische Energie der Atome / Moleküle, welche die Masse m aufbauen. Mit anderen Worten, er dient der Erhöhung der sog. **inneren Energie** des Körpers, und man sagt, er geht als Wärme irreversibel verloren. Somit erkennt man auch, dass die Gleichungen (3.1.130/131) unmöglich den gesamten Energiehaushalt eines Körpers beschreiben können.

In der Tat repräsentieren sie auch nur den mechanischen Anteil der vollständigen Energiebilanz, denn sie sind ja eine Folge von NEWTONS Second Law, also der Impulsbilanz. Der Energiesatz der Mechanik wird später in der Thermodynamik um den sog. **1. Hauptsatz** ergänzt. Dieser beschreibt den inneren Energiehaushalt eines Körpers, und in Summe mit dem mechanischen Anteil aus Gleichung (3.1.130) ergibt sich die vollständige Energiebilanz, in der kinetische und innere Energie gemeinsam auftreten.

Hierauf wird aus didaktischen Gründen erst weiter unten eingegangen. Es sei jedoch bereits vermerkt, dass Mechaniker eine gewisse Tendenz haben, den inneren Energiehaushalt eines Körpers zu ignorieren bzw. zu verdrängen (Ähnliches, aber umgekehrt, gilt für viele Thermodynamiker beim Arbeitssatz). Dass ein solches Vorgehen schnell auf Irrwege führt, ist abzusehen. Im Zusammenhang mit der Arbeit W definieren wir noch die **Leistung** P als:

$$P = \frac{\mathrm{d}W}{\mathrm{d}t}. \tag{3.1.137}$$

Da $\mathrm{d}W = \underline{F} \cdot \mathrm{d}\underline{x}$, folgt:

$$P = \underline{F} \cdot \underline{\upsilon} = \underline{F}^{\mathrm{ext}} \cdot \underline{\upsilon}. \tag{3.1.138}$$

Die Einheit der Leistung ist $\mathrm{N} \cdot \mathrm{m/s} = \mathrm{J/s} = \mathrm{W}$. Oben haben wir bereits ein Beispiel für die Berechnung des Arbeitsintegrals kennengelernt. Die dort gezeigte Berechnung des Skalarproduktes soll nun verallgemeinert werden. Wir nehmen zu diesem Zweck an, dass die externen Kräfte $\underline{F}^{\mathrm{ext}}$ **konservativ** sind, d. h., dass sie sich aus einer skalaren Funktion, dem sog. **Potenzial** (manchmal auch „potenzielle Energie" genannt) E^{pot} ableiten lässt, dergestalt dass

$$F_i^{\mathrm{ext}} = -\frac{\partial E^{\mathrm{pot}}}{\partial x_i}, \quad i = 1, 2, 3. \tag{3.1.139}$$

Das Minuszeichen ist dabei reine Konvention, die sich daraus erklärt, dass die potenzielle Energie sich erhöhen soll, wenn man von einer Höhe 0 auf eine Höhe H hinaufsteigt. Dass eine Darstellung der Form (3.1.139) möglich ist, wird klar, wenn wir den Fall des Schwerefeldes der konstanten Stärke $\underline{g} = (0, 0, -g)$ betrachten. Dann gilt:

$$E^{\mathrm{pot}} = mg\,x_3 \quad \Rightarrow \quad \underline{F}^{\mathrm{ext}} = -\left(\frac{\partial E^{\mathrm{pot}}}{\partial x_1}, \frac{\partial E^{\mathrm{pot}}}{\partial x_2}, \frac{\partial E^{\mathrm{pot}}}{\partial x_3}\right) = -(0, 0, mg). \tag{3.1.140}$$

Es sei bemerkt, dass eine solche Eigenschaft auch beim ortsabhängigen, mit $1/r^2$ in der Entfernung abnehmenden Schwerefeld der Erde gegeben ist. Bei Reibungskräften jedoch ist dies nicht der Fall. Man nennt sie daher auch **nicht konservative Kräfte**. Wir berechnen jetzt vermöge (3.1.139) das Skalarprodukt $\mathrm{d}W$:

$$\mathrm{d}W = \underline{F}^{\mathrm{ext}} \cdot \mathrm{d}\underline{x} = -\left(\frac{\partial E^{\mathrm{pot}}}{\partial x_1} + \frac{\partial E^{\mathrm{pot}}}{\partial x_2} + \frac{\partial E^{\mathrm{pot}}}{\partial x_3}\right) \cdot \begin{pmatrix} \mathrm{d}x_1 \\ \mathrm{d}x_2 \\ \mathrm{d}x_3 \end{pmatrix} \tag{3.1.141}$$

$$= -\left(\frac{\partial E^{\text{pot}}}{\partial x_1}\mathrm{d}x_1 + \frac{\partial E^{\text{pot}}}{\partial x_2}\mathrm{d}x_2 + \frac{\partial E^{\text{pot}}}{\partial x_3}\mathrm{d}x_3\right) = -\mathrm{d}E^{\text{pot}} .$$

Die letzte Umformung ist ein aus der Mathematik bekanntes Resultat. Man spricht vom **totalen Differenzial** einer Ortsfunktion.

Mithin folgt:

$$\mathrm{d}W = -\mathrm{d}E^{\text{pot}} \quad \Rightarrow \quad W = \int_{\underline{\tilde{x}}=\underline{x}_A}^{\underline{\tilde{x}}=\underline{x}_E} \underline{F}^{\text{ext}} \cdot \mathrm{d}\underline{\tilde{x}} =$$

$$-\int_{\underline{\tilde{x}}=\underline{x}_A}^{\underline{\tilde{x}}=\underline{x}_E} \mathrm{d}E^{\text{pot}}(\underline{\tilde{x}}) = -\left[E^{\text{pot}}(\underline{x}_E) - E^{\text{pot}}(\underline{x}_A)\right]. \tag{3.1.142}$$

Für das obige Beispiel hätten wir somit zu schreiben:

$$W = (mgx_{3E} - mgx_{3A}) = -[mg(-H)] = mgH . \tag{3.1.143}$$

Der Vorteil der Potenzialfunktion ist klar. Sie ist effektiver auszuwerten, denn man erspart sich die konkrete Ausführung der Integration. Man erkennt außerdem, dass es bei einem konservativen Kraftfeld ohne Belang ist, wie man den Punkt $\underline{x}_E$ von $\underline{x}_A$ aus erreicht. Jeder Weg führt zum selben Ergebnis. Der Energieunterschied zwischen beiden Punkten ist **immer** $-\left[E^{\text{pot}}(\underline{x}_E) - E^{\text{pot}}(\underline{x}_A)\right]$. Man spricht geheimnisvoll von der **Wegunabhängigkeit des Integrals**, muss aber zugeben, dass dies nichts anderes als die Folge der Mathematik ist.

Wir schreiben nun den Arbeitssatz aus Gleichung (3.1.131) für den Spezialfall konservativer Kräfte, also:

$$\left[E^{\text{kin}}(\underline{x}_E) - E^{\text{kin}}(\underline{x}_A)\right] = -\left[E^{\text{pot}}(\underline{x}_E) - E^{\text{pot}}(\underline{x}_A)\right] \tag{3.1.144}$$

$$\Rightarrow \quad E^{\text{kin}}(\underline{x}_E) + E^{\text{pot}}(\underline{x}_E) = E^{\text{kin}}(\underline{x}_A) + E^{\text{pot}}(\underline{x}_A) = \text{const.}$$

In Worten: Die Summe aus kinetischer und potenzieller Energie ist für konservative Kräfte gleich einer Konstanten. Manche Mechaniker nennen diese Gleichung auch den „Energiesatz" im Unterschied zum „Arbeitssatz" (3.1.131), der auch den Fall dissipativer, nicht konservativer Kräfte umfasst. Dies geschieht wohl mehr, um zur babylonischen Sprachverwirrung beizutragen, denn für uns ist Gleichung (3.1.144) einfach ein Spezialfall des Energiesatzes der Mechanik (3.1.131).

3.1.5 Drehimpuls und Momentensatz

Genauso wie die kinetische Energie $\frac{m}{2}\underline{\upsilon}^2$ eines Massenpunktes durch Skalarmultiplikation des kinematischen Anteils in der Lex Secunda, also der Zeitableitung des Impulses und der Geschwindigkeit, hervorgeht, ist auch der sog. **Drehimpuls** eines Massenpunktes ein Derivat der Größe Impuls. Er wird mithilfe des Kreuzproduktes gebildet. Wir definieren:

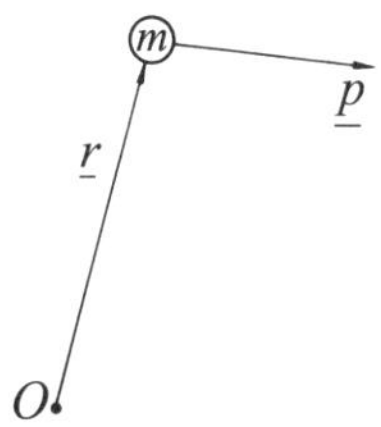

Abb. 3.1.21: Zum Begriff des Drehimpulses.

$$\underline{L}^{(O)} = \underline{r} \times \underline{p} = m\underline{r} \times \underline{\upsilon}. \tag{3.1.145}$$

Diese Größe wird von der Literatur gelegentlich auch **Impulsmoment** (engl. *moment of momentum*) oder **Drall** bezeichnet. Sie ist offenbar eine auf einen Aufpunkt (O) bezogene Größe, von dem ab der Ortsvektor $\underline{r}$ bis zum Massenpunkt m zählt.

Wir erinnern an den zugehörigen Momentenvektor:

$$\underline{M}^{(O)} = \underline{r} \times \underline{F}. \tag{3.1.146}$$

Um einen Zusammenhang zwischen beiden Größen herzuleiten, leiten wir den Drehimpuls $\underline{L}^{(O)}$ nach der Zeit ab, wobei wir annehmen, dass sich die Masse zeitlich nicht ändert:

$$\begin{aligned} \frac{\mathrm{d}\underline{L}^{(O)}}{\mathrm{d}t} &= m\dot{\underline{r}} \times \underline{\upsilon} + \underline{r} \times \left(m\dot{\underline{\upsilon}}\right) \\ &= m\underline{\upsilon} \times \underline{\upsilon} + \underline{r} \times \underline{F} = \underline{r} \times \underline{F} = \underline{M}^{(O)}. \end{aligned} \tag{3.1.147}$$

Dies ist der **Momentensatz** für einen Massenpunkt (auch als **Drehimpulssatz** oder **Drallsatz** bezeichnet): Die zeitliche Änderung des Drehimpulses ist gleich dem angreifenden Moment. Analog zur Lex Secunda darf man auch sagen, dass die Ursache für eine Änderung des Drehimpulses das angreifende Moment ist.

3.2 Die Dynamik von Massenpunktsystemen

3.2.1 Kinematik

Bei vielen technischen Systemen lassen sich relativ zwanglos mehrere Massenzentren identifizieren. Man denke z. B. an Zentrifugalkraftregler, Flaschenzüge oder mit Feder und diversen Stangen verbundene Massen in Uhrwerken.

Hinzu kommen „natürliche" Systeme, wie beispielsweise Planeten, die um einen Zentralkörper kreisen, bzw. Atome und Moleküle, die einen makroskopischen Körper, d. h. ein Gas, ein Fluid oder einen Festkörper konstituieren. Vom Standpunkt der technischen Mechanik aus darf man außerdem sagen, dass das Modell der Massenpunkte die „Vorstufe" zu komplexeren Modellvorstellungen bildet, in denen die Materie kontinuierlich verteilt ist. In diesem Zusammenhang werden wir uns weiter unten auch mit dem sogenannten starren Körper beschäftigen.

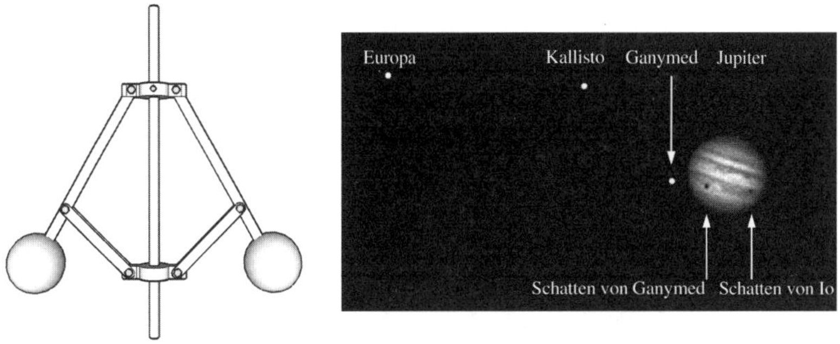

Abb. 3.2.1: Technische und physikalische Beispiele für Massenpunktsysteme, ein Fliehkraftregler und die Jupitermonde.

Zwischen den Massenpunkten bestehen im Allgemeinen **geometrische Bindungen**, die bei der Kinematik, also der Bewegungslehre, mit berücksichtigt werden müssen.

Als Beispiel betrachten wir zunächst die sogenannte starre Hantel (siehe Abb. 3.2.2), bei der zwei (kugelförmige) Massen durch eine Stange der Länge l miteinander verbunden sind. Den Ortsvektor der einen Masse bezeichnen wir mit $\underline{x}^1 = \left(x_1^1, x_2^1, x_3^1\right)$, den der anderen mit $\underline{x}^2 = \left(x_1^2, x_2^2, x_3^2\right)$. Entsprechend lautet die kinematische Nebenbedingung, die es zu beachten gilt:

$$\left(\underline{x}^1 - \underline{x}^2\right) \cdot \left(\underline{x}^1 - \underline{x}^2\right) = l^2 \quad \Leftrightarrow$$
$$\left(x_1^1 - x_1^2\right)^2 + \left(x_2^1 - x_2^2\right)^2 + \left(x_3^1 - x_3^2\right)^2 - l^2 = 0 . \qquad (3.2.1)$$

Ein weiteres Beispiel ist der einfache ideale Flaschenzug, bei dem zwei Massen über eine (gewichts- und reibungsarme) Rolle und über ein (gewichtsloses) Seil der Länge l miteinander verbunden sind. Hier gilt:

$$-x^1 + x^2 + \pi R = l \quad \Rightarrow \quad \dot{x}^1 = \dot{x}^2 . \qquad (3.2.2)$$

Offenbar ist die Bewegung der Massenpunkte durch die kinematischen Nebenbedingungen eingeschränkt. Ein freier Massenpunkt hat im Raum **drei** Möglichkeiten der Translation. Entsprechend haben N freie Massenpunkte $3\,N$ Bewegungsmög-

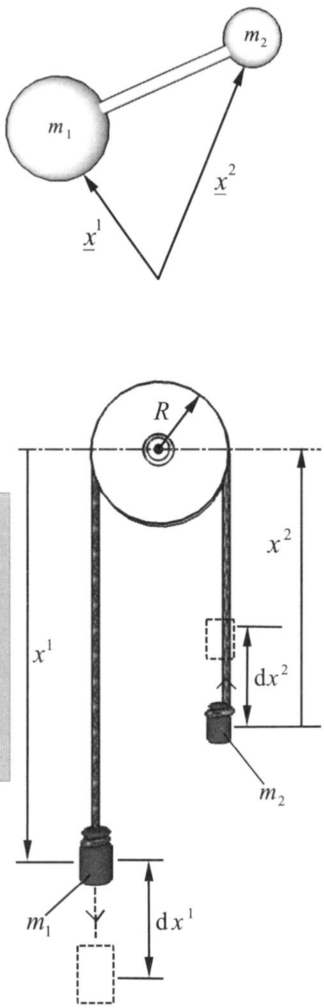

Abb. 3.2.2: Nebenbedingungen an der Hantel (oben) und am einfachen Flaschenzug (unten).

lichkeiten. Wenn es nun r Nebenbedingungen gibt, welche die Bewegung einschränken, so ist die Anzahl der verbleibenden Möglichkeiten gegeben durch:

$$f = 3N - r, \tag{3.2.3}$$

und man spricht bei f von der verbliebenen Anzahl der Freiheitsgrade. Für ebene Probleme ist $3\,N$ selbstverständlich durch $2\,N$ zu ersetzen.

3.2.2 Kinetik

Die Kräfte, welche auf die Massen wirken, unterteilt man in **äußere** und in **innere** Kräfte. Unter äußeren Kräften $\underline{F}^i$ darf man sich eingeprägte Kräfte, wie z. B. Gewichte oder Reaktionskräfte, bzw. Lager- und Zwangskräfte vorstellen. Der Index i kennzeichnet dabei, dass es sich um die auf den Massenpunkt $i = 1, \cdots, N$ wirkende äußere Kraft handelt.

Darüber hinaus gibt es innere Kräfte F^{ij}. Diese kennzeichnen die Wechselwirkungen zwischen den Massen i und j, $i \neq j$. Wir machen sie durch Freischnitte sichtbar, und es zählen zu ihnen etwa Seilkräfte, Stangenkräfte, Federkräfte, also insbesondere all diejenigen Kräfte, welche die kinematische Bindung bewirken. Aufgrund von NEWTONS **Third Law**, d. h. Kraft gleich Gegenkraft, haben wir:

$$\underline{F}^{ij} = -\underline{F}^{ji}, \; i \neq j, \; i, j \in (1, \ldots, N). \tag{3.2.4}$$

Mithin lautet die Bewegungsgleichung für den Massenpunkt i gemäß NEWTONS **Lex Secunda**:

$$m^i \ddot{\underline{x}}^i = \underline{F}^i + \sum_{j=1}^{N} \underline{F}^{ij} \Big|_{i \neq j}, \; i = 1, \cdots, N, \tag{3.2.5}$$

denn selbstverständlich müssen wir für einen festen Massenpunkt i **alle** Wechselwirkungskräfte erfassen, was die Summe erklärt.

Die Gleichungen (3.2.5) müssen ggf. noch durch die kinematischen Nebenbedingungen ergänzt werden bzw. es gilt, die Kräfte als Funktion des Ortes zu spezifizieren, also z. B. in Form von Feder- oder Gravitationsgesetzen. Als Beispiel betrachten wir den folgenden idealen doppelten Flaschenzug: Abbildung 3.2.3.

Wir schneiden frei wie rechts dargestellt und formulieren die (eindimensionalen) Bewegungsgleichungen für beide Massen:

$$\begin{aligned} 1: &\quad m_1 \ddot{x}^1 = S_1 - m_1 g\,, \\ 2: &\quad m_2 \ddot{x}^2 = m_2 g - S_2 - S_3\,. \end{aligned} \tag{3.2.6}$$

Bei einer idealen Rolle werden die Seilkräfte nur umgelenkt, also gilt:

$$S_1 = S_2 = S_3 = S\,. \tag{3.2.7}$$

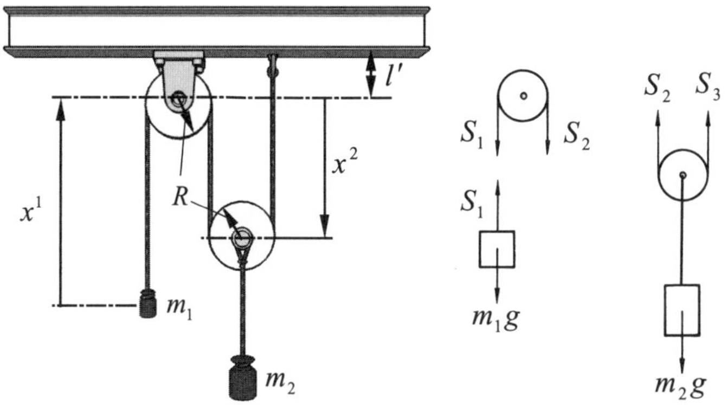

Abb. 3.2.3: Doppelter Flaschenzug.

Außerdem ist die Seillänge fest, und was die Masse m_2 an Weg nach unten gewinnt, muss die Masse m_1 an Weg nach oben aufbringen (vgl. auch Gleichung (3.2.2)):

$$x^1 + \pi R - x^2 + \pi R - x^2 + l' - l = 0 \quad \Rightarrow \quad \dot{x}^1 = 2\dot{x}^2\,. \tag{3.2.8}$$

Also ist:

$$m_1 \ddot{x}^1 = S - m_1 g \quad \Rightarrow \quad \ddot{x}^1 = \frac{S}{m_1} - g\,, \tag{3.2.9}$$

$$m_2 \ddot{x}^2 = -2S + m_2 g = \frac{m_2}{2}\ddot{x}^1 \quad \Rightarrow \quad -\ddot{x}^1 = \frac{4S}{m_2} - 2g\,.$$

Durch Addieren beider Gleichungen entsteht:

$$\frac{S}{m_1} + \frac{4S}{m_2} - 3g = 0 \quad \Rightarrow \quad S = \frac{3m_1 m_2}{4m_1 + m_2}\, g \tag{3.2.10}$$

$$\Rightarrow \quad \ddot{x}^1 = \frac{3m_2}{4m_1 + m_2}\, g - g = 2\,\frac{m_2 - 2m_1}{4m_1 + m_2}\, g\,.$$

Betrachten wir nun speziell den Fall statischen Gleichgewichts:

$$m_2 = 2m_1 = 2m\,, \tag{3.2.11}$$

so resultiert in der Tat:

$$\ddot{x}^1 = 0\,,\quad S = m\frac{3\cdot 2}{4+2}g = mg\,.$$

3.2.3 Impuls- und Schwerpunktsatz für Massenpunktsysteme

Wir summieren die N Stück Bewegungsgleichungen gemäß Gleichung (3.2.5) über alle Massenpunkte i auf:

$$\sum_{i=1}^{N} m_i \underline{\ddot{x}}^i = \sum_{i=1}^{N} \underline{F}^i + \sum_{i=1}^{N}\sum_{j=1}^{N} \underline{F}^{ij}\Big|_{i\neq j}\,. \tag{3.2.12}$$

Wegen Gleichung (3.2.4) verschwindet die zweite Summe, denn es ist:

$$\begin{aligned}\sum_{i=1}^{N}\sum_{j=1}^{N} \underline{F}^{ij}\Big|_{i\neq j} &= \sum_{j=1}^{N}\sum_{i=1}^{N} \underline{F}^{ij}\Big|_{i\neq j} = \\ -\sum_{j=1}^{N}\sum_{i=1}^{N} \underline{F}^{ji}\Big|_{i\neq j} &= -\sum_{i=1}^{N}\sum_{j=1}^{N} \underline{F}^{ij}\Big|_{i\neq j}\,.\end{aligned} \tag{3.2.13}$$

Nach dem ersten Gleichheitszeichen haben wir davon Gebrauch gemacht, dass man anstelle einer Summation über alle j bei festem i genauso gut erst über alle i bei festem j summieren kann. Das zweite Gleichheitszeichen betrifft NEWTONS actio = reactio, also Gleichung (3.2.4), und das dritte Gleichheitszeichen schließlich betrifft die Namensgebung der Summationsindizes, welche gleichgültig ist. Unterm Strich ergibt sich die Aussage, wonach eine Zahl gleich ihrem Negativen sein muss, und das ist nur für die Zahl Null möglich.

Die erste Kräftesumme $\sum_{i=1}^{N} \underline{F}^i$ ist die gesamte externe Kraft, welche auf die Ansammlung von Massenpunkten wirkt:

$$\underline{F} = \sum_{i=1}^{N} \underline{F}^i\,. \tag{3.2.14}$$

Alle Teilchen zusammen haben eine Gesamtmasse der Größe:

$$m = \sum_{i=1}^{N} m_i\,, \tag{3.2.15}$$

und man kann für Gleichung (3.3.12) schreiben:

$$m\ddot{\underline{x}}^S = \underline{F}\,,\quad \ddot{\underline{x}}^S = \frac{\sum\limits_{i=1}^{N}\left(m_i\ddot{\underline{x}}^i\right)}{\sum\limits_{i=1}^{N} m_i}\,, \tag{3.2.16}$$

wobei wir die Definition des Schwerpunktes

$$\underline{x}^S = \frac{\sum\limits_{i=1}^{N}\left(m_i\underline{x}^i\right)}{\sum\limits_{i=1}^{N} m_i} \tag{3.2.17}$$

verwenden und annehmen, dass sich die Massen zeitlich nicht ändern. Wir stellen fest, dass der Schwerpunkt eines Systems von Massenpunkten sich so bewegt, als wäre dort die Gesamtmasse unter der Wirkung aller äußeren Kräfte vereinigt, denn es ist dasselbe Gesetz wie für einen einzelnen Massenpunkt.

Dieses Ergebnis nennt man den **Schwerpunktsatz**. Die inneren Kräfte haben auf die Bewegung des Schwerpunktes keinen Einfluss. Für den Gesamtimpuls des Massenpunktsystems dürfen wir schreiben:

$$\underline{p} = \sum_{i=1}^{N}\left(m_i\dot{\underline{x}}^i\right) = m\dot{\underline{x}}^S\,, \tag{3.2.18}$$

und damit folgt aus Gleichung (3.2.16):

$$\frac{\mathrm{d}}{\mathrm{d}t}\underline{p} = \underline{F} \quad\Rightarrow\quad \underline{p} - \underline{p}_A = \int\limits_{\tilde{t}=t_A}^{\tilde{t}=t} \underline{F}\,\mathrm{d}\tilde{t}\,. \tag{3.2.19}$$

Dies ist der Impulssatz. Verschwindet überdies die Resultierende der äußeren Kräfte, so gilt:

$$\underline{p} = \underline{p}_A\,, \tag{3.2.20}$$

d. h., der aktuelle Impuls $\underline{p}$ ist gleich dem Anfangsimpuls $\underline{p}_A$. Man spricht in diesem Zusammenhang auch vom **Impulserhaltungssatz**. Wir werden diese Gesetzmäßigkeit bei der Diskussion von Stoßvorgängen benötigen.

3.2.4 Drehimpulssatz für Massenpunktsysteme

Der Gesamtdrehimpuls eines Systems von Massenpunkten ist gegeben durch:

$$\underline{L} = \sum_{i=1}^{N} \underline{L}^i = \sum_{i=1}^{N} \left(m_i \, \underline{x}^i \times \underline{\dot{x}}^i \right). \qquad (3.2.21)$$

Differenzieren wir dieses nach der Zeit, so wird daraus bei zeitlich konstanten Massen:

$$\begin{aligned} \underline{\dot{L}} &= \sum_{i=1}^{N} \left(m_i \, \underline{\dot{x}}^i \times \underline{\dot{x}}^i \right) + \sum_{i=1}^{N} \left(m_i \, \underline{x}^i \times \underline{\ddot{x}}^i \right) \\ &= \sum_{i=1}^{N} \left(\underline{x}^i \times \left(m_i \underline{\ddot{x}}^i \right) \right) \qquad (3.2.22) \\ &= \sum_{i=1}^{N} \left(\underline{x}^i \times \left(\underline{F}^i + \sum_{i=1}^{N} \underline{F}^{ij} \right) \right) \Bigg|_{i \neq j} \\ &= \sum_{i=1}^{N} \left(\underline{x}^i \times \underline{F}^i \right) + \sum_{i=1}^{N} \left(\sum_{j=1}^{N} \underline{x}^i \times \underline{F}^{ij} \right) \Bigg|_{i \neq j} . \end{aligned}$$

Dabei wurde wiederum von der NEWTONschen **Lex Secunda** für den einzelnen Massenpunkt Gebrauch gemacht.

Das zweite Integral verschwindet wegen des dritten NEWTONschen Gesetzes, denn bei der doppelten Summation treten paarweise Momentenbeiträge mit umgekehrten Vorzeichen auf:

$$\underline{x}^i \times \underline{F}^{ij} + \underline{x}^j \times \underline{F}^{ji} = \left(\underline{x}^j - \underline{x}^i \right) \times \underline{F}^{ji} = \underline{0} \ ,$$

$$\text{da} \quad \underline{F}^{ji} = F^{ji} \frac{\underline{x}^j - \underline{x}^i}{\left| \underline{x}^j - \underline{x}^i \right|} . \qquad (3.2.23)$$

Da $\underline{M}^i = \underline{x}^i \times \underline{F}^i$ das Moment der externen Kraft $\underline{F}^i$ auf die im Punkt $\underline{x}^i$ befindliche Masse m_i ist, folgt:

$$\underline{\dot{L}} = \sum_{i=1}^{N} \underline{M}^i = \underline{M} . \qquad (3.2.24)$$

Dies ist der Momentensatz (auch Drallsatz oder Drehimpulssatz genannt) für ein System von Massenpunkten. Er ist offenbar eine Folge der NEWTONschen **Lex Secunda**. $\underline{M}$ bezeichnet das gesamte auf die Ansammlung von Massenpunkten wirkende Moment der äußeren Kräfte. Verschwindet es, so ändert sich der Drehimpuls zeitlich nicht:

$$\underline{L} = \underline{\text{const.}} \qquad (3.2.25)$$

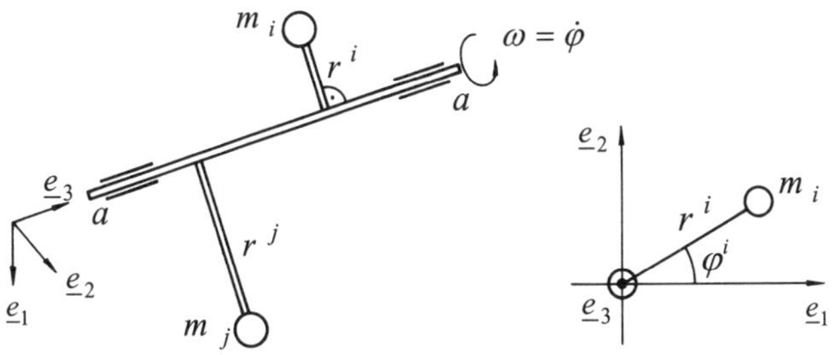

Abb. 3.2.4: Drehung von Einzelmassen um eine feste Achse.

Als wichtigen Spezialfall untersuchen wir die Drehung eines Systems von Massenpunkten um eine starre und sowohl zeitlich als auch räumlich feste Achse $a-a$. Wir orientieren diese Hauptstabachse in $\underline{e}_3$-Richtung und finden für die Einzeldrehimpulse:

$$\underline{L}^i = m_i \underline{x}^i \times \underline{\dot{x}}^i = m_i \begin{vmatrix} \underline{e}_1 & \underline{e}_2 & \underline{e}_3 \\ x_1^i & x_2^i & x_3^i \\ \dot{x}_1^i & \dot{x}_2^i & 0 \end{vmatrix} = m_i \begin{pmatrix} -x_3^i \dot{x}_2^i \\ +x_3^i \dot{x}_1^i \\ x_1^i \dot{x}_2^i - x_2^i \dot{x}_1^i \end{pmatrix}. \tag{3.2.26}$$

Wir notieren speziell für die $\underline{e}_3$-Komponente:

$$\begin{aligned} x_1^i &= r^i \cos(\varphi^i) \quad \Rightarrow \quad \dot{x}_1^i = -r^i \sin(\varphi^i)\dot{\varphi}^i, \\ x_2^i &= r^i \sin(\varphi^i) \quad \Rightarrow \quad \dot{x}_2^i = r^i \cos(\varphi^i)\dot{\varphi}^i, \\ &\Rightarrow \quad x_1^i \dot{x}_2^i - x_2^i \dot{x}_1^i = (r^i)^2 \left[\cos^2(\varphi^i) + \sin^2(\varphi^i)\right]\dot{\varphi}^i = (r^i)^2 \omega(t) \\ &\Rightarrow \quad L_3^i = m_i (r^i)^2 \omega(t), \end{aligned} \tag{3.2.27}$$

denn alle Teilchen drehen sich mit derselben Winkelgeschwindigkeit ω um die Hauptachse. Diese kann außerdem zeitabhängig sein: $\omega(t)$! Summieren wir nun über alle senkrecht zur Stange befestigten Massen, so entsteht:

$$L_3 = \left(\sum_{i=1}^{N} m_i (r^i)^2 \right) \omega(t) = \theta_{aa} \omega(t), \tag{3.2.28}$$

da $\omega(t)$, wie gesagt, für alle Teilchen gleich ist.

Die Größe

Dynamik

Dynamik

$$\Theta_{aa} = \sum_{i=1}^{N} m_i \left(r^i\right)^2 \tag{3.2.29}$$

nennt man das **Massenträgheitsmoment** des betrachteten Massenpunktsystems bzw. der Achse $a-a$. Wir werden diesem Begriff bei der Diskussion der Starrkörperrotation wieder begegnen. In Kombination mit Gleichung (3.2.24) dürfen wir schreiben:

$$\dot{L}_3 = M_3 \quad \Rightarrow \quad \Theta_{aa}\ddot{\varphi} = M_a . \tag{3.2.30}$$

Dieses Bewegungsgesetz für die Drehung eines Systems abstandsmäßig festliegender Massenpunkte um eine Drehachse tritt an die Stelle des Gesetzes für die Translation einer Masse (also z. B. $m\ddot{x}_3 = F_3$). Bei bekannter Massenverteilung, also Θ_{aa}, und vorgegebenem äußeren Moment M_a lässt sich hieraus die Winkelgeschwindigkeit und auch der Winkel als Funktion der Zeit bestimmen.

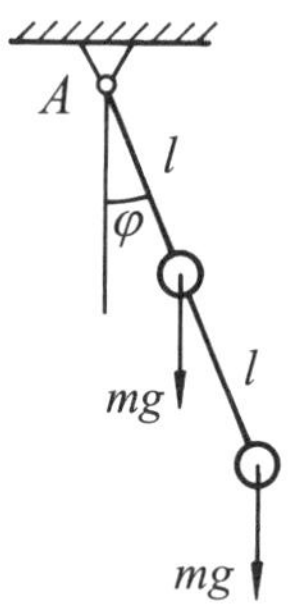

Abb. 3.2.5: Pendelstab mit zwei Massen.

Als Beispiel für diese Vorgehensweise betrachten wir den Pendelstab aus Abbildung 3.2.5. Die starren Pendelstangen haben die gleiche Länge l und auch die Massen sind gleich. Die Drehung erfolgt um den festen Drehpunkt A unter Einfluss der Schwere g.

Wir ermitteln zunächst das Massenträgheitsmoment:

$$\Theta_A = ml^2 + m(2l)^2 = 5ml^2 . \tag{3.2.31}$$

Das angreifende Moment resultiert aus dem Produkt von Kraft mg und Hebelarm $l\sin(\varphi)$ bzw. $2l\sin(\varphi)$. Es dreht mit dem Uhrzeiger, ist also negativ:

$$M = -mgl\sin(\varphi) - mg(2l)\sin(\varphi) = -3mgl\sin(\varphi). \tag{3.2.32}$$

Mithin ist:

$$\begin{aligned} &\ddot{\varphi} = \frac{M}{\Theta_A} = -\frac{3mgl\sin(\varphi)}{5ml^2} = -\frac{3}{5}\frac{g}{l}\sin(\varphi) \\ &\Rightarrow \quad \ddot{\varphi} + \frac{3}{5}\frac{g}{l}\sin(\varphi) = 0 . \end{aligned} \tag{3.2.33}$$

Für kleine Winkel darf man den Sinus durch den Winkel ersetzen und es resultiert:

$$\ddot{\varphi} + \frac{3}{5}\frac{g}{l}\varphi = 0 . \tag{3.2.34}$$

Dies ist, wie wir noch sehen werden, die Gleichung einer harmonischen Schwingung, die wir mit einem Sinus-/Kosinusansatz lösen können. Die Lösung der ursprünglichen Gleichung ist auch möglich. Sie führt auf sog. elliptische Integrale, was jedoch bereits ein mathematisches Problem ist.

3.2.5 Der Energie- und Arbeitssatz für Massenpunktsysteme

Wir starten mit der Bewegungsgleichung für i-te Masse des Systems:

$$m_i \ddot{\underline{x}}^i = \underline{F}^i + \sum_{j=1}^{N} \underline{F}^{ij} \Big|_{i \neq j} , \tag{3.2.35}$$

multiplizieren skalar mit $\dot{\underline{x}}_i$, integrieren bezüglich der Zeit und summieren das Ergebnis bezüglich aller Massen i. Es entsteht:

$$E^{\text{kin}}(t) - E^{\text{kin}}(t_A) = W^{\text{ext}} + W^{\text{int}} = W \tag{3.2.36}$$

mit:

$$E^{\text{kin}}(t) = \sum_{i=1}^{N} \frac{m_i}{2} \left(\dot{\underline{x}}^i(t)\right)^2 , \tag{3.2.37}$$

$$W^{\text{ext}} = \int_{\tilde{t}=t_A}^{\tilde{t}=t} \sum_{i=1}^{N} \left(\underline{F}^i \cdot \dot{\underline{x}}^i\right) \mathrm{d}\tilde{t} \quad ,$$

$$W^{\text{int}} = \int_{\tilde{t}=t_A}^{\tilde{t}=t} \sum_{i=1}^{N} \left(\sum_{j=1}^{N} \underline{F}^{ij} \cdot \dot{\underline{x}}^i \right) \Bigg|_{i \neq j} \mathrm{d}\tilde{t} . \tag{3.2.38}$$

W^{ext} ist die Arbeit der externen (äußeren), W^{int} die Arbeit der internen Kräfte, W entsprechend die gesamte ins System investierte Arbeit. Dies ist bereit der **Energiesatz der Mechanik** für Punktsysteme, auch **Arbeitssatz** genannt.

Der Anteil der inneren Arbeit ist null, falls die Massenpunkte untereinander starr verbunden sind. Zum Beweis betrachten wir die Abbildung 3.2.6, die zwei miteinander starr verbundene Massen zeigt.

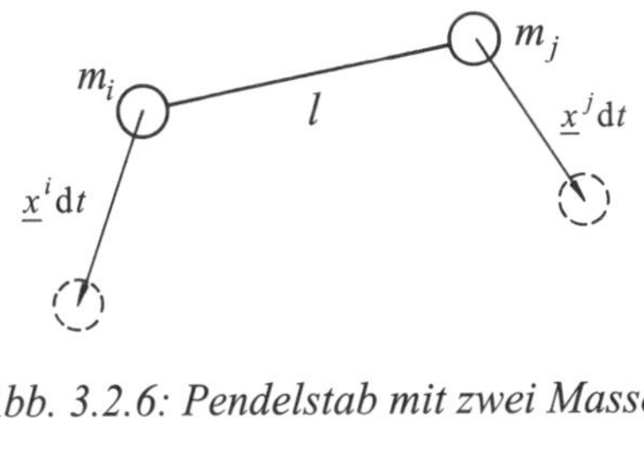

Abb. 3.2.6: Pendelstab mit zwei Massen.

Brook TAYLOR wurde am 18. 8. 1685 in Edmonton geboren und starb am 29. 12. 1731 in London. Er erhielt seine Ausbildung am St. John's College in London und gilt als einer der enthusiastischsten Bewunderer NEWTONS. Von 1712 an publizierte er zahlreiche Arbeiten in den Philosophical Transactions der Royal Society, insbesondere über die Bewegung von Projektilen und die Form von Flüssigkeitsoberflächen. Sein berühmter Satz erscheint 1715 als Proposition 7 in der Arbeit *Methodus Incrementorum Directa et Inversa*, allerdings verdient er nicht den Namen „Beweis" im heutigen Sinne, da TAYLOR zahlreiche Annahmen macht und sich auch wenig um Konvergenzbetrachtungen schert, was manchen Ingenieurstudenten zu hören freuen wird. Im Jahre 1719 gibt TAYLOR seinen Posten als Sekretär der Royal Society genauso wie das Studium der Mathematik auf, was nicht zuletzt auf diverse Familientragödien wie den Tod zweier Ehefrauen zurückzuführen ist.

Bewegen sich die Massen i, j um die Distanzvektoren $\underline{\dot{x}}^i \mathrm{d}t$ und $\underline{\dot{x}}^j \mathrm{d}t$, so folgt für die Arbeit der inneren Kräfte:

$$\begin{aligned} \mathrm{d}W^{\mathrm{int}} &= \underline{F}^{ij} \cdot \underline{\dot{x}}^i \mathrm{d}t + \underline{F}^{ji} \cdot \underline{\dot{x}}^j \mathrm{d}t \\ &= \underline{F}^{ij} \cdot \underline{\dot{x}}^i \mathrm{d}t - \underline{F}^{ij} \mathrm{d}t = \underline{F}^{ij} \cdot \left(\underline{\dot{x}}^i - \underline{\dot{x}}^j\right) \mathrm{d}t. \end{aligned} \tag{3.2.39}$$

Die starre Bindung bedeutet aber, dass:

$$\left[\underline{x}^j(t) - \underline{x}^i(t)\right]^2 = l^2 = \left[\underline{x}^j(t+\mathrm{d}t) - \underline{x}^i(t+\mathrm{d}t)\right]^2 = \tag{3.2.40}$$

$$\left[\underline{x}^j(t) + \underline{\dot{x}}^j \mathrm{d}t - \underline{x}^i(t) - \underline{\dot{x}}^i \mathrm{d}t\right]^2 =$$

$$\left[\underline{x}^j(t) - \underline{x}^i(t)\right]^2 + 2\left[\underline{x}^j(t) - \underline{x}^i(t)\right] \cdot \left[\underline{\dot{x}}^j \mathrm{d}t - \underline{\dot{x}}^i \mathrm{d}t\right] + \left[\underline{\dot{x}}^j \mathrm{d}t - \underline{\dot{x}}^i \mathrm{d}t\right]^2.$$

Dabei wurde in eine TAYLOR-Reihe entwickelt und nach dem ersten Glied abgebrochen. Mithin ist:

$$\left[\underline{x}^j(t) - \underline{x}^i(t)\right] \cdot \left(\underline{\dot{x}}^j - \underline{\dot{x}}^i\right) = 0, \tag{3.2.41}$$

d. h., beide Vektoren stehen senkrecht aufeinander. Da aber $\underline{F}^{ij}$ entlang der Wirkungslinie $\underline{x}^j(t) - \underline{x}^i(t)$ liegt, folgt aus Gleichung (3.2.39)

$$\mathrm{d}W^{\mathrm{int}} = 0. \tag{3.2.42}$$

Nehmen wir nun an, dass sowohl die inneren als auch die äußeren Kräfte aus einem Potenzial ableitbar, also konservativ sind, dann gilt wie bei der Einzelpunktmasse:

$$\begin{aligned} W^{\mathrm{ext}} &= -\left(\underline{E}^{\mathrm{pot,ext}}(t) - \underline{E}^{\mathrm{pot,ext}}(t_A)\right), \\ W^{\mathrm{int}} &= -\left(\underline{E}^{\mathrm{pot,int}}(t) - \underline{E}^{\mathrm{pot,int}}(t_A)\right). \end{aligned} \tag{3.2.43}$$

Und man schließt auf:

$$\begin{aligned} &E^{\mathrm{kin}}(t) + E^{\mathrm{pot,ext}}(t) + E^{\mathrm{pot,int}}(t) \\ &= E^{\mathrm{kin}}(t_A) + E^{\mathrm{pot,ext}}(t_A) + E^{\mathrm{pot,int}}(t_A). \end{aligned} \tag{3.2.44}$$

Dieser Spezialfall wird manchmal auch kurz als Energiesatz bezeichnet.

3.2.6 Eine Anwendung des Impuls- und des Energiesatzes: Zentrische Stöße zwischen kugelförmigen Massen

Wir beschränken uns im Folgenden auf den sog. „geraden", zentrischen Stoß zweier kugelförmiger Massen genannt m_1 und m_2. Der Begriff „gerade" bezieht sich auf die Normale der Berührungsebene der stoßenden Körper. Haben die Geschwindigkeiten $\underline{\upsilon}^1$ und $\underline{\upsilon}^2$ der Massen vor dem Stoß die Richtung dieser Normale, so spricht man von einem **geraden** Stoß. Geht ferner die Stoßnormale $\underline{n}$ durch die Schwerpunkte beider Massen, so spricht man von einem **zentrischen** Stoß: Abbildungen 3.2.7/8.

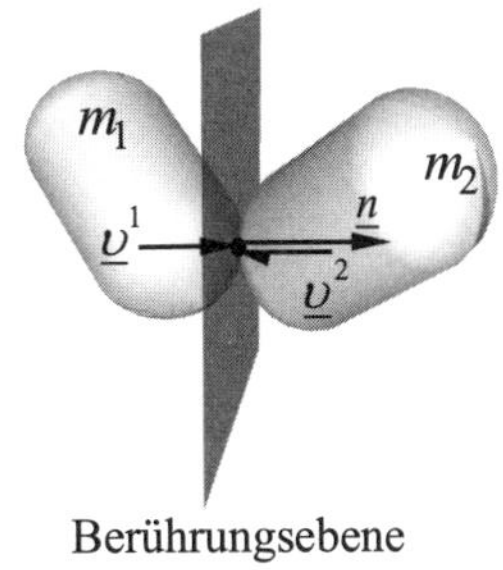

Abb. 3.2.7: Gerader Stoß zweier Körper.

Die zwei Kugeln nähern sich einander zentrisch. Ihre Geschwindigkeiten vor dem Stoß sind gegeben als $\upsilon^1 > \upsilon^2$. Es kommt schließlich zum Stoß und am Ende der Kompressionsphase besitzen beide die gleiche Geschwindigkeit υ^K. Danach trennen sie sich wieder, um mit $(\upsilon^1)' < (\upsilon^2)'$ weiterzulaufen: Abbildung 3.2.9.

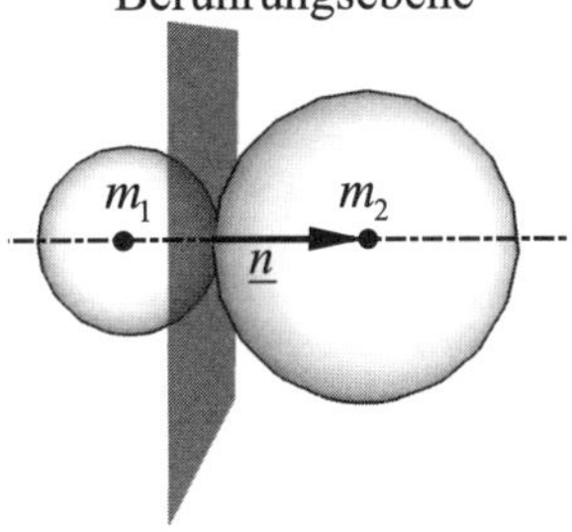

Abb. 3.2.8: Zentrischer Stoß zweier Körper.

Wie schon beim Stoß einer Masse gegen eine Wand können wir die Wechselwirkungskraft $F(t)$, die von den beiden Massen während des Stoßvorganges aufeinander ausgeübt wird, in eine Kompressions- und eine Restitutionsphase unterteilen

$$K^K = \int_0^{t_K} F(t)\,dt\,,\quad K^R = \int_{t_K}^{t_S} F(t)\,dt\,, \tag{3.2.45}$$

und wieder führen wir die Stoßzahl e als das Verhältnis beider Größen ein:

$$e = \frac{K^R}{K^K}\,,\quad 0 \le e \le 1\,. \tag{3.2.46}$$

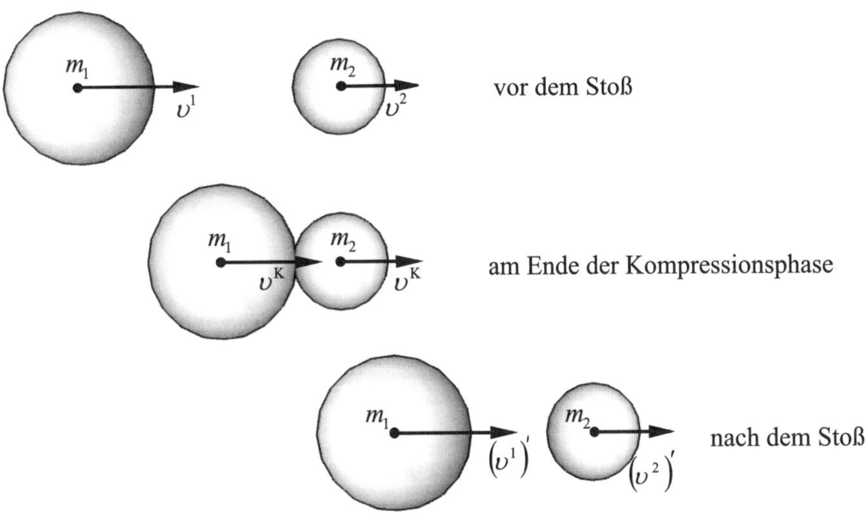

Abb. 3.2.9: Zentrisch gerader Stoßvorgang zweier Massen.

Dynamik

Für $e = 0$ ist der Stoß vollkommen plastisch, d. h. vollständig von irreversibler Deformation begleitet. Für $e = 1$ hingegen ist er vollkommen elastisch. Nach dem Impulssatz wird bei Integration vor dem Stoß bis zum Ende der Kompressionsphase für beide Massen

$$m_1\left(\upsilon^{\mathrm{K}} - \upsilon^1\right) = -K^{\mathrm{K}} \;,\quad m_2\left(\upsilon^{\mathrm{K}} - \upsilon^2\right) = +K^{\mathrm{K}} \;, \tag{3.2.47}$$

und entsprechend bei Integration zwischen dem Beginn der Restitutionsphase und dem Ende des Stoßvorgangs:

$$m_2\left(\left(\upsilon^1\right)' - \upsilon^{\mathrm{K}}\right) = -K^{\mathrm{R}} \;,\quad m_2\left(\left(\upsilon^2\right)' - \upsilon^{\mathrm{K}}\right) = +K^{\mathrm{R}} \,. \tag{3.2.48}$$

Zusammen mit der Definition der Stoßzahl sind dies fünf Gleichungen für fünf Unbekannte, nämlich υ^{K}, K^{K}, $\left(\upsilon^1\right)'$, $\left(\upsilon^2\right)'$, K^{R}. Insbesondere interessieren uns die Geschwindigkeiten nach dem Stoß, wofür wir finden:

$$\left(\upsilon^1\right)' = \frac{m_1\upsilon^1 + m_2\upsilon^2 - e m_2\left(\upsilon^1 - \upsilon^2\right)}{m_1 + m_2} \,,$$
$$\left(\upsilon^2\right)' = \frac{m_1\upsilon^1 + m_2\upsilon^2 + e m_1\left(\upsilon^1 - \upsilon^2\right)}{m_1 + m_2} \,. \tag{3.2.49}$$

Wir untersuchen einige Spezialfälle. Für den vollkommen elastischen Stoß entsteht mit $e = 1$:

$$\left(\upsilon^1\right)' = \frac{2m_2\upsilon^2 + \left(m_1 - m_2\right)\upsilon^1}{m_1 + m_2} \,,$$

$$\left(\upsilon^2\right)' = \frac{2m_1\upsilon^1 + \left(m_2 - m_1\right)\upsilon^2}{m_1 + m_2} \,. \tag{3.2.50}$$

Fordern wir außerdem, dass beide Massen gleich sind, so wird

$$\left(\upsilon^1\right)' = \upsilon^2 \,,\quad \left(\upsilon^2\right)' = \upsilon^1 \,. \tag{3.2.51}$$

Mithin tauschen beide Massen ihre Geschwindigkeiten, also hier ihren Impuls, einfach aus. Für den Fall eines vollständigen plastischen Stoßes wird hingegen wegen $e = 0$:

$$\left(\upsilon^1\right)' = \left(\upsilon^2\right)' = \frac{m_1\upsilon^1 + m_2\upsilon^2}{m_1 + m_2} \,. \tag{3.2.52}$$

Hier sind die Geschwindigkeiten also gleich der gemeinsamen Geschwindigkeit am Ende der Kompressionsperiode. Wir notieren noch den Impuls des Gesamtsystems nach dem Stoß:

$$m_1\left(\upsilon^1\right)' + m_2\left(\upsilon^2\right)' = \tag{3.2.53}$$
$$\frac{1}{m_1+m_2}\Big[(m_1)^2\upsilon^1 + m_1 m_2\upsilon^2 - e m_1 m_2\left(\upsilon^1-\upsilon^2\right) +$$
$$m_1 m_2 \upsilon^1 + (m_2)^2\upsilon^2 + e m_1 m_2\left(\upsilon^1-\upsilon^2\right)\Big] = m_1\upsilon^1 + m_2\upsilon^2 .$$

Der Impuls bleibt also trotz möglicher Dissipation erhalten. Dies ist nicht so für die gesamte mechanische Energie des Systems. Da im vorliegenden Fall potenzielle Energien keine Rolle spielen, finden wir:

$$\Delta E^{\text{kin}} = \left(E^{\text{kin}}\right)' - E^{\text{kin}}$$
$$= \frac{m_1}{2}\left[\left(\upsilon^1\right)'\right]^2 + \frac{m_2}{2}\left[\left(\upsilon^2\right)'\right]^2 - \frac{m_1}{2}\left(\upsilon^1\right)^2 - \frac{m_2}{2}\left(\upsilon^2\right)^2 =$$
$$-\frac{1-e^2}{2}\frac{m_1 m_2}{m_1+m_2}\left(\upsilon^1-\upsilon^2\right)^2 . \tag{3.2.54}$$

Nur für $e = 1$, also den völlig elastischen Stoß, ist die kinetische Energie vorher und nachher dieselbe, ansonsten ergibt sich ein Verlust, der sich in Form von Wärme manifestiert.

3.2.7 Körper mit zeitveränderlicher Masse

Eine weitere Anwendung des Impulssatzes für Massenpunktsysteme betrifft Körper mit zeitlich veränderlicher Masse $m(t)$. Ein Beispiel für ein solches offenes System ist eine Rakete, die pro Zeiteinheit die Masse $\mu(t) = -|\dot{m}(t)|$ ausstößt, und zwar mit einer Geschwindigkeit $\underline{w}(t)$ relativ zur aktuellen Geschwindigkeit des Raketenkörpers, welche wir mit $\underline{\upsilon}(t)$ bezeichnen. Dabei soll das negative Vorzeichen per Konvention andeuten, dass Masse verloren geht. Der Grund, warum wir die Austrittsgeschwindigkeit der Gase relativ zum Raketenkörper angeben, ist ein rein praktischer. In der Brennkammer erfolgt eine exotherme chemische Reaktion der beteiligten atomaren Spezies, etwa Sauerstoff und Wasserstoff. Die in Form von Wärme freigesetzte Energie dient dazu, die Brenngase zu beschleunigen, sodass sie aus den Düsen schließlich mit einer bestimmten Geschwindigkeit austreten. Wie in der Thermodynamik gezeigt wird, kann man diese in Beziehung zu der Verbrennungswärme setzen, und selbstverständlich wird sie relativ zum Raketenkörper angegeben, eben als Austrittsgeschwindigkeit aus der Düse.

Weitere Beispiele offener Systeme sind Sprinklerwagen oder Förderbänder, auf die Massen aufgesetzt werden. Bei Letzteren ist die Massenzufuhr positiv und die Aufsetzgeschwindigkeit wird im Allgemeinen durch den relativ zum Band laufenden Packer bestimmt. Das gilt es bei der Anwendung der nun folgenden Gleichungen zu beachten, denn diese leiten wir unter Verwendung der für den zuerst genannten Fall definierten Größen $\mu = -|\dot{m}(t)|$, $\underline{w}(t)$, $\underline{\upsilon}(t)$ ab.

Zunächst jedoch müssen wir das Problem in Bezug zu den für Massenpunktsysteme gültigen Gleichungen, insbesondere zum Impulssatz, setzen. Wie in der Abbildung 3.2.10 gezeigt, stellen wir uns dazu einen aus zunächst zwei Massenpunkten bestehenden Körper vor. Die Gesamtmasse ist gegeben durch $m(t)$. Sie wird allerdings in eine kleine und in eine große Masse zerlegt, die wir mit $m(t)-|\mathrm{d}m|$ und $|\mathrm{d}m|$ bezeichnen und die miteinander durch eine Sprungfeder im gespannten Zustand verbunden sind. Letztere verkörpert die chemische Energie, die dazu dient, den kleinen Körper, also ein Quantum der Austrittsgase, auf die relativ zum großen Körper bezogene Geschwindigkeit $\underline{w}(t)$ zu beschleunigen.

Den Zustand vor dem Abschuss, also zur Zeit t, sehen wir im linken, den Zustand danach, d. h. den Zeitpunkt $t+\mathrm{d}t$, hingegen im rechten Teil der Abbildung 3.2.10. Hierfür notieren wir den Impulssatz aus Abschnitt 3.2.3:

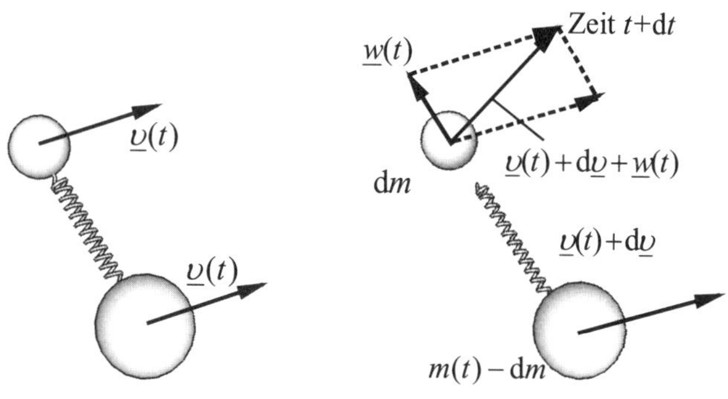

Abb. 3.2.10: Massenveränderliche Körper als Massenpunktsysteme gedeutet.

$$\underline{p}^{\text{tot}}(t+\mathrm{d}t) = \underline{p}^{\text{tot}}(t) + \int_{\tilde{t}=t}^{\tilde{t}=t+\mathrm{d}t} \underline{F}\,\mathrm{d}\tilde{t} \quad \Rightarrow \tag{3.2.55}$$

$$[m(t)-|\mathrm{d}m|][\underline{\upsilon}(t)+\mathrm{d}\underline{\upsilon}] + |\mathrm{d}m|\,[\underline{\upsilon}(t)+\mathrm{d}\underline{\upsilon}+\underline{w}(t)] = m(t)\underline{\upsilon}(t) + \underline{F}\mathrm{d}t\,,$$

woraus entsteht:

$$m(t)\frac{\mathrm{d}\underline{\upsilon}}{\mathrm{d}t} = \underline{F} - \frac{|\mathrm{d}m|}{\mathrm{d}t}\underline{w}(t)$$
$$= \underline{F} + \underline{S}\,,\quad \underline{S} = -\frac{|\mathrm{d}m|}{\mathrm{d}t}\underline{w}(t) = \mu(t)\underline{w}(t). \tag{3.2.56}$$

Man nennt die Größe $\underline{S}(t)$ auch die **Schubkraft** oder kurz den „Schub". Man beachte, dass Gleichung (3.2.56) auf den ersten Blick so aussieht, als wäre der Impuls $\underline{p}(t) = m(t)\underline{\upsilon}(t)$ einer einzigen zeitveränderlichen Masse gemäß der Kettenregel differenziert und danach in NEWTONS Bewegungsgleichung für eine einzige Masse eingesetzt worden.

Das ist aber nicht ganz richtig, denn immerhin steht auf der rechten Seite nicht die Größe $-(\mathrm{d}m(t)/\mathrm{d}t)\,\underline{\upsilon}(t)$, sondern eben $-(\mathrm{d}m(t)/\mathrm{d}t)\,\underline{w}(t)$. Diesen feinen Unterschied gilt es zu beachten.

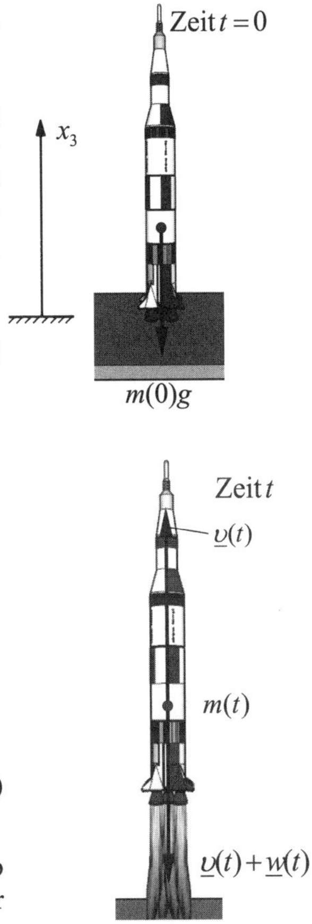

Abb. 3.2.11: Startende Rakete.

Wir wollen nun die Gleichung (3.2.56) für den in Abbildung 3.2.11 dargestellten Fall integrieren. Dabei wollen wir annehmen, dass die Rakete anfangs ruht, die Ausströmrate zeitlich konstant ist, der Anfangsschub stark genug ist, um die anfängliche Schwerkraft zu überwinden, $|\underline{S}(0)| > |m(0)\,\underline{g}|$, und außerdem in dem nach oben weisenden Koordinatensystem arbeiten:

$$\mu = -|\mu_0| = \text{const.} \quad \Rightarrow \quad m(t) = m(0) - |\mu_0|\,t\,, \tag{3.2.57}$$

$$\underline{\upsilon} = (0\,,0\,,\upsilon)\,,\quad \underline{w} = \underline{w}_0 = \underline{\text{const.}} = (0\,,0\,,-w_0)\,,$$
$$m\underline{g} = (0\,,0\,,-mg).$$

Die 1-D-Integration liefert:

$$\frac{\mathrm{d}\upsilon}{\mathrm{d}t} = -g + \frac{|\mu_0|}{m(0) - |\mu_0|\,t}w_0 \quad \Rightarrow$$

$$\upsilon(t) = -gt + w_0|\mu_0|\int_{\tilde{t}=0}^{\tilde{t}=t}\frac{\mathrm{d}\tilde{t}}{m(0) - |\mu_0|\,\tilde{t}} \quad \Rightarrow$$

$$\upsilon(t) = w_0\,\ln\left|\frac{m(0)}{m(0) - |\mu_0|\,t}\right| - gt\,. \tag{3.2.58}$$

Die größte Geschwindigkeit erhalten wir in dem Moment, wo der gesamte Brennstoff verbraucht und nur noch die Masse der Rakete plus Traglast vorhanden ist:

$$m(t_E) = m(0) - |\mu_0|t_{\mathrm{E}} = m_{\mathrm{E}} \quad \Rightarrow$$

$$\upsilon(t_E) = \upsilon_{max} = w_0 \ln\left|\frac{m(0)}{m_E}\right| - g\,\frac{m(0)-m_E}{|\mu_0|}\,. \tag{3.2.59}$$

3.3 Die Dynamik des starren Körpers

3.3.1 Starrkörperkinematik

Freiheitsgrade des starren Körpers

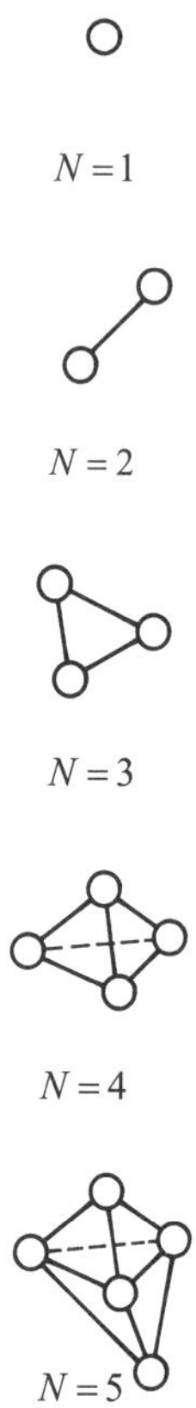

Abb. 3.3.1: Aufbau eines beliebigen starren Körpers aus Grundelementen.

Der sog. „starre Körper" ist die wohl einfachste Modellvorstellung kontinuierlich ausgedehnter Massen. Sehr oft ist es nämlich nicht erforderlich, die Deformation, die ein dreidimensionaler, ausgedehnter Körper während seiner Bewegung erfährt, im Detail zu erfassen. Man denke an Pendel, an Roboterarme, Motoren, Räder, Walzen, Achsen, Getriebe, sogar an gesamte Fahrzeuge, zumindest vor einem Crashtest. Nichtsdestoweniger bewegen sich diese, sie rollen, schwingen, laufen längs einer Bahn, und wir wollen im Folgenden lernen, wie man die allgemeine Bewegung eines starren Körpers mathematisch beschreibt. Dies ist wie immer Aufgabe der Kinematik, also der geometrischen Bewegungslehre.

Beschäftigen wir uns zunächst mit der Anzahl der Freiheitsgrade, die ein starrer Körper aufzuweisen hat. Es sind dies genau sechs Stück, nämlich, wie man gerne anschaulich sagt und wie wir jetzt genauer definieren müssen, drei **translatorische** und drei **rotatorische** Freiheitsgrade. Um dies einzusehen, bauen wir einen starren Körper sukzessive aus Punktmassen auf, die wir, wie in Abbildung 3.3.1 dargestellt, über starre Verbindungen aneinandersetzen.

Am Anfang gibt es nur einen Massenpunkt. Dieser kann sich frei in allen drei Raumrichtungen bewegen. Da es sich um einen Massenpunkt handelt, macht es keinen Sinn, von einer ihm eigenen Rotation zu sprechen. Die Anzahl der Freiheitsgrade ist also genau $f = 3$.

Bei zwei Massen, $N = 2$, benötigen wir eine starre Fessel, führen also, wie im Kapitel über die Kinematik von Massenpunkten erläutert wurde, eine Zwangsbedingung ein: $r = 1$. Die Anzahl der Freiheitsgrade reduziert sich demzufolge um eins auf: $f = 3 \cdot 2 - 1 = 5$. Und das macht Sinn, denn die so entstandene Hantel kann sich in den drei Raumrichtungen bewegen und um zwei voneinander unabhängige, senkrecht zu ihrer Verbindungslinie stehende Achsen drehen. Man zählt also hier drei translatorische und zwei rotatorische Freiheitsgrade. Eine Rotation um die Verbindungslinie zählt nicht, denn schließlich handelt es sich um Massen**punkte**. Betrachten wir nun den Fall, dass wie gezeichnet eine weitere Masse mit zwei starren Verbindungen zu der Hantel hinzugefügt wird. Mithin ist $r = 2$ und es folgt $f = 3 \cdot 3 - 3 = 6$. Dieses Ergebnis interpretieren wir als freie Bewegungsmöglichkeit in den drei Raumrichtungen und freie Rotationsmöglichkeit um drei aufeinander senkrecht stehende Achsen. Die Zahl der Freiheitsgrade ändert sich nicht, denn wenn wir zu einem Kollektiv von $N > 2$ Massenpunkten mit bestehenden sechs Freiheitsgraden, also $f_N = 6$, einen weiteren hinzufügen, indem wir, um Starrheit zu garantieren, drei Fesselungen verwenden, $r = 3$, so wird für die resultierende Anzahl von Freiheitsgraden:

$$f_{N+1} = f_N + 3 \cdot 1 - r = 6 . \tag{3.3.1}$$

Selbstverständlich müssten wir jetzt noch den Übergang auf den „kontinuierlich verschmierten" starren Körper durchführen, d. h. den Übergang $N \to \infty$, wobei unendlich viele Fesselungen hinzukommen, die selbstverständlich alle masselos zu realisieren wären. Diese Feinheiten überlassen wir den Philosophen und den Mathematikern und stellen ingenieurmäßig fest:

> Ein starrer Körper lässt sich als ein System von unendlich vielen Massenpunkten begreifen, deren gegenseitige Abstände sich nicht ändern.

Wie wir weiter unten zeigen werden, lässt sich jede Bewegung eines starren Körpers eindeutig aufteilen und damit eindeutig beschreiben, und zwar durch eine sog. translatorische Bewegung seines Schwerpunktes und eine Rotation um eine momentane Drehachse. Um dies zu verstehen, müssen wir zunächst einmal diese beiden Begriffe eindeutig definieren.

Translation des starren Körpers

Wir betrachten zwei materielle Punkte A und B des in Abbildung 3.3.2 dargestellten starren Körpers, die wir über einem Vektor $\underline{x}^{AB}$ miteinander verbinden.

Der Körper bewegt sich wie gezeichnet um $\mathrm{d}\underline{x}$, wobei der Vektor $\underline{x}^{AB}$ seine Richtung beibehält.

Anschaulich würde man sagen, dass sich der Körper **nicht** dreht, und eine solche Bewegung, bei der sich die Verbindungsstrecke zwischen zwei beliebigen Punkten nicht ändert, nennen wir demzufolge **rein translatorisch**.

Dynamik

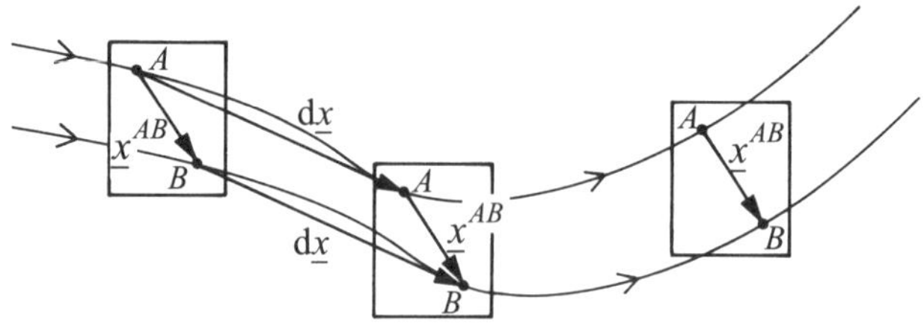

Abb. 3.3.2: Reine Translation eines starren Körpers.

Die Geschwindigkeit des Punktes A und des Punktes B respektive aller anderen Punkte sind gleich, ihre Bahnkurven sind gleich und die Bewegung eines beliebigen Punktes ist repräsentativ für die aller anderen. In einer solchen Situation dürfen wir also einfach die aus dem Kapitel über die Kinematik der einzelnen Punktmasse gültigen Beziehungen für den Geschwindigkeits- und den Beschleunigungsvektor ansetzen:

$$\underline{\upsilon} = \frac{\mathrm{d}\underline{x}}{\mathrm{d}t}\,, \quad \underline{a} = \frac{\mathrm{d}\underline{\upsilon}}{\mathrm{d}t} = \frac{\mathrm{d}^2\underline{\upsilon}}{\mathrm{d}t^2}\,. \tag{3.3.2}$$

Rotation des starren Körpers um eine feste Achse

Bei einer Rotation bewegen sich alle Punkte des starren Körpers um eine gemeinsame Drehachse. Gelegentlich kommt es vor, dass die **Lage** dieser Achse im Raum **fest** ist. Man denke etwa an eine in einem Prüfstand aufgehängte Welle.

Abb. 3.3.3: Beispiele unterschiedlicher Rotationsachsen: Welle am Prüfstand, Kreisel, demonstrativ am Nordpol „errichtete" Erdachse.

Manchmal ist es jedoch lediglich so, dass nur ein Punkt auf der Achse raumfest ist, die Achse selbst aber präzediert, d. h., sie „torkelt" um den raumfesten Punkt A. Hierbei denke man etwa an einen Kinderkreisel oder an in der Schiff- oder Raumfahrt zur Stabilisierung verwendete Gyroskope.

Schließlich gibt es momentane Drehachsen, bei denen nicht einmal ein Punkt zeitlich unveränderlich bleibt. Als bekanntes Beispiel denke man an die Drehachse der Erde. Selbstverständlich ist die Erde auch nur bedingt als starrer Körper anzusehen: Abbildung 3.3.3.

Studieren wir zunächst die Bewegung eines starren Körpers um eine raumfeste Achse, wie sie in Abbildung 3.3.4 oben zu sehen ist. In einem solchen Fall bewegen sich alle Körperpunkte auf Kreisbahnen um die Drehachse, so zum Beispiel wie gezeichnet der Punkt P im Senkrechtabstand r von der Drehachse. Die Winkelgeschwindigkeit ist für alle Punkte gleich, nämlich gegeben durch $\omega(t) = \dot{\varphi}(t)$, also die vorgegebene, eventuell zeitabhängige Winkelgeschwindigkeit der Drehachse.

Wir dürfen wieder Resultate aus der Kinematik des einzelnen Massenpunktes verwenden. Bequemerweise operieren wir in einem mit der Drehachse fest verbundenen Zylinderkoordinatensystem $\underline{e}_r$, $\underline{e}_\varphi$, $\underline{e}_z$ und schreiben für die Komponenten des Orts-, Geschwindigkeits- und Beschleunigungsvektors eines beliebigen Punktes des starren Körpers aufbauend auf den Gleichungen (3.1.57):

$$\underline{x} = r\,\underline{e}_r + 0\,\underline{e}_\varphi + z\,\underline{e}_z = (r\,,0\,,z),$$

$$\underline{\dot{x}} = \underline{\upsilon} = (0\,,r\,\dot{\varphi}\,,0) = (0\,,r\omega\,,0), \tag{3.3.3}$$

$$\underline{\ddot{x}} = \underline{\dot{\upsilon}} = \underline{a} = \left(-r(\dot{\varphi})^2, r\,\ddot{\varphi}\,,0\right) = \left(-r\,\omega^2, r\,\dot{\omega}\,,0\right).$$

Dabei ist die Starrheit des Körpers insofern eingegangen, dass r und z keine Funktionen der Zeit sind, der Winkel φ jedoch sehr wohl.

Betrachten wir nun den etwas allgemeineren Fall, der in Abbildung 3.3.4 unten dargestellt ist und bei dem sich die Richtung der durch den festen Punkt A gehenden Drehachse zeitlich ändert. Wir kennzeichnen ihre momentane Richtung durch den Einheitsvektor $\underline{e}_\omega$. Alle Punkte bewegen sich nunmehr **momentan** auf einer Kreisbahn, so wie das stellvertretend für den Punkt P angedeutet ist. Man darf nach der Definition des Winkelmaßes schreiben:

$$\left|\mathrm{d}\underline{x}^P\right| = r\,\mathrm{d}\varphi\,, \tag{3.3.4}$$

und in Vektornotation:

$$\mathrm{d}\underline{x}^P = \left(\underline{e}_\omega \times \underline{x}^{AP}\right)\mathrm{d}\varphi\,, \tag{3.3.5}$$

denn es ist ja:

$$\left|\mathrm{d}\underline{x}^P\right| = \left|\underline{e}_\omega\right|\left|\underline{x}^{AP}\right|\sin(\theta)\,\mathrm{d}\varphi\;,\quad \sin(\theta) = \frac{r}{\left|\underline{x}^{AP}\right|} \tag{3.3.6}$$

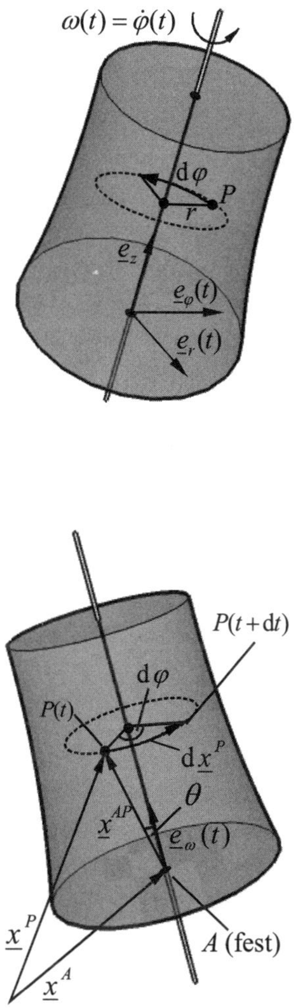

Abb. 3.3.4: Rotation um eine im Raum fest stehende bzw. durch einen raumfesten Punkt gehende Achse.

und die Richtung von $\mathrm{d}\underline{x}^P$ ergibt sich bei Drehung des Vektors $\underline{e}_\omega$ auf den Vektor A. Es ist üblich, den sog. **infinitesimalen Drehvektor** $\mathrm{d}\underline{\varphi}$ sowie den **Winkelgeschwindigkeitsvektor** $\underline{\omega}$ wie folgt einzuführen:

$$\mathrm{d}\underline{\varphi} = \mathrm{d}\varphi\, \underline{e}_\omega \,, \quad \underline{\omega} = \frac{\mathrm{d}\underline{\varphi}}{\mathrm{d}t} = \dot{\varphi}\, \underline{e}_\omega = \omega\, \underline{e}_\omega \,. \tag{3.3.7}$$

Der **Geschwindigkeitsvektor** des Punktes P ergibt sich aus dem Gesagten somit zu:

$$\underline{\upsilon}^P = \frac{\mathrm{d}\underline{x}^P}{\mathrm{d}t} = \underline{\omega} \times \underline{x}^{AP} \,. \tag{3.3.8}$$

Der **Beschleunigungsvektor** folgt stante pede durch Differenziation nach der Zeit gemäß der Produktregel:

$$\underline{a}^P = \frac{\mathrm{d}\underline{\upsilon}^P}{\mathrm{d}t} = \underline{\dot{\omega}} \times \underline{x}^{AP} + \underline{\omega} \times \underline{\dot{x}}^{AP} \,. \tag{3.3.9}$$

Die zweite Differenziation werten wir wie folgt aus:

$$\underline{x}^{AP} = \underline{x}^P - \underline{x}^A \quad \Rightarrow \quad \underline{\dot{x}}^{AP} = \underline{\dot{x}}^P = \underline{\omega} \times \underline{x}^{AP} \,, \tag{3.3.10}$$

denn die Lage des Punktes A ändert sich zeitlich ja nicht. Mithin resultiert:

$$\begin{aligned} \underline{a}^P &= \underline{\dot{\omega}} \times \underline{x}^{AP} + \underline{\omega} \times \left(\underline{\omega} \times \underline{x}^{AP}\right) \\ &= \underline{\dot{\omega}} \times \underline{x}^{AP} + \left(\underline{\omega}\, \underline{\omega} \cdot \underline{x}^{AP} - \underline{x}^{AP}\, \underline{\omega}^2\right). \end{aligned} \tag{3.3.11}$$

Im letzten Umformungsschritt wurde von folgender Rechenregel für Vektoren Gebrauch gemacht:

$$\underline{a} \times \left(\underline{b} \times \underline{c}\right) = \underline{b}\left(\underline{a} \cdot \underline{c}\right) - \underline{c}\left(\underline{a} \cdot \underline{b}\right). \tag{3.3.12}$$

Allgemeine Bewegung des starren Körpers in der Ebene

Wir wollen uns nun dem Fall zuwenden, dass nicht einmal ein Punkt der Drehachse raumfest ist, und die allgemeine Bewegung eines starren Körpers studieren. Wir werden zeigen, dass diese sich aus einem translatorischen und einem rotatorischen Anteil zusammensetzt, wobei Letzterer um eine momentane, eben örtlich veränderliche Drehachse zu denken ist. Um nicht zu viele Argumente auf einmal zu präsentieren, studieren wir zunächst ausführlich die allgemeine Bewegung eines starren Körpers in der Ebene. Die Drehachse steht dabei stets senkrecht zur Zeichenebene, ist aber innerhalb derselben beliebig verschiebbar.

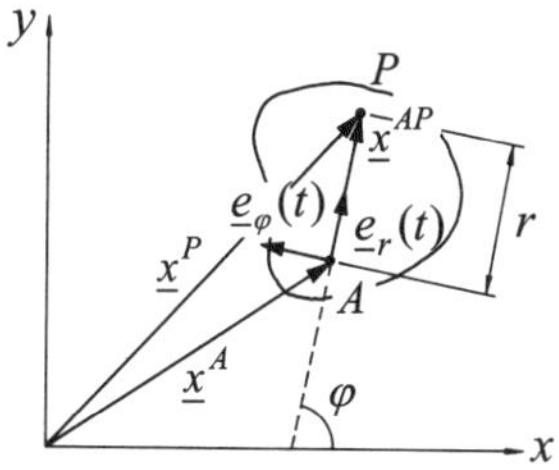

Abb. 3.3.5: Beliebige Bewegung eines starren Körpers in der Ebene.

Wir betrachten, wie in der Abbildung 3.3.5 dargestellt, stellvertretend zwei materielle Punkte des starren Körpers, genannt A (den **momentanen Drehpunkt** bzw. oft der **Führungspunkt**) und P (einen beliebigen **Aufpunkt**) mit den zugehörigen Ortsvektoren $\underline{x}^A$ und $\underline{x}^P$, hinsichtlich eines raumfesten, externen Koordinatensystems (x, y). Der Abstand zwischen den beiden Punkten, also $\left|\underline{x}^{AP}\right| = r$, ist aufgrund der Starrheit des Körpers konstant, und wir dürfen in Bezug auf ein mit dem Körper im Punkt A mitbewegtes Koordinatensystem $(\underline{e}_r, \underline{e}_\varphi)$ schreiben:

$$\underline{x}^P = \underline{x}^A + \underline{x}^{AP} = \underline{x}^A + r\underline{e}_r. \qquad (3.3.13)$$

Ziel ist es nun, für den beliebigen Punkt P den Geschwindigkeits- und den Beschleunigungsvektor zu ermitteln. Dazu wird gemäß den Differenziationsregeln nach der Zeit abgeleitet, und dabei gilt es zu beachten, dass die Basis $(\underline{e}_r, \underline{e}_\varphi)$ zeitabhängig ist. Hierfür haben wir im Zusammenhang mit mitgeführten Koordinatensystemen in Abschnitt 3.1 bereits die folgenden Gleichungen wertschätzen gelernt:

$$\dot{\underline{e}}_r = \dot{\varphi}\,\underline{e}_\varphi\,,\quad \dot{\underline{e}}_\varphi = -\dot{\varphi}\,\underline{e}_r. \qquad (3.3.14)$$

Somit wird:

$$\dot{\underline{x}}^P = \dot{\underline{x}}^A + \dot{\underline{x}}^{AP} = \dot{\underline{x}}^A + r\dot{\underline{e}}_r = \dot{\underline{x}}^A + r\dot{\varphi}\,\underline{e}_\varphi = \dot{\underline{x}}^A + r\omega\,\underline{e}_\varphi\,, \qquad (3.3.15)$$

$$\ddot{\underline{x}}^P = \ddot{\underline{x}}^A + \ddot{\underline{x}}^{AP} = \ddot{\underline{x}}^A + r\ddot{\varphi}\,\underline{e}_\varphi + r\dot{\varphi}\,\dot{\underline{e}}_\varphi = \ddot{\underline{x}}^A + r\dot{\omega}\,\underline{e}_\varphi - r\omega^2\,\underline{e}_r.$$

Wir unterscheiden und definieren hierin die folgenden Größen: den **Geschwindigkeitsvektor** aufgrund der Drehbewegung von P längs eines momentanen Kreises um A:

$$\underline{\upsilon}_\varphi^{AP} = r\omega\,\underline{e}_\varphi\,, \qquad (3.3.16)$$

den **Zentripetalbeschleunigungsvektor** in P aufgrund der Rotation um A:

$$\underline{a}_r^{AP} = -r\omega^2\,\underline{e}_r\,, \qquad (3.3.17)$$

und den **Tangentialbeschleunigungsvektor** in P aufgrund der Rotation um A:

$$\underline{a}_\varphi^{AP} = r\dot{\omega}\underline{e}_\varphi. \qquad (3.3.18)$$

Damit zerlegen wir Ort, Geschwindigkeit und Beschleunigung prägnant wie folgt:

$$\underline{x}^P = \underline{x}^A + \underline{x}^{AP}\,,\quad \underline{\upsilon}^P = \underline{\upsilon}^A + \underline{\upsilon}_\varphi^{AP}\,,$$

$$\underline{a}^P = \underline{a}^A + \underline{a}_r^{AP} + \underline{a}_\varphi^{AP} \tag{3.3.19}$$

und sagen, dass die Geschwindigkeit respektive Beschleunigung eines beliebigen Punktes P eines starren Körpers gleich der Geschwindigkeit bzw. Beschleunigung des Punktes A plus der Geschwindigkeit bzw. Beschleunigung des Punktes P infolge der Rotation um A ist. Die Gleichungen (3.3.19) werden auch als **EULERsche Gleichungen der Starrkörperkinematik** bezeichnet.

Da wir in der Technischen Mechanik oft gerade, starre Stangen miteinander verbinden, ist es wünschenswert, die Geschwindigkeit und die Beschleunigung des Punktes P in Bezug auf ein kartesisches Koordinatensystem anzugeben. In Bezug auf Abbildung 3.3.5 notieren wir sofort:

$$x^P = x^A + r\cos[\varphi(t)]\ ,\quad y^P = y^A + r\sin[\varphi(t)]. \tag{3.3.20}$$

Durch Differenziation nach der Zeit entsteht hieraus gemäß den Gleichungen (3.3.19):

$$\upsilon_x^P = \dot{x}^P = \dot{x}^A - r\dot{\varphi}\sin(\varphi)\ ,\quad \upsilon_y^P = \dot{y}^P = \dot{y}^A + r\dot{\varphi}\cos(\varphi) \tag{3.3.21}$$

und:

$$a_x^P = \ddot{x}^P = \ddot{x}^A - r\dot{\omega}\sin(\varphi) - r\omega^2\cos(\varphi), \tag{3.3.22}$$

$$a_y^P = \ddot{y}^P = \ddot{y}^A + r\dot{\omega}\cos(\varphi) - r\omega^2\sin(\varphi).$$

Auch die allgemeine räumliche Bewegung setzt sich analog zu den Gleichungen (3.3.19) aus Translation und Rotation zusammen.

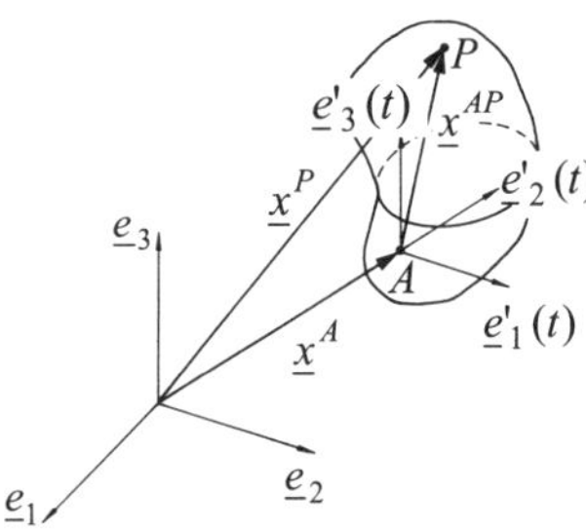

Abb. 3.3.6: Beliebige Bewegung eines starren Körpers im Raum.

Um dies einzusehen, betrachten wir die Abbildung 3.3.6. Mit einem raumfesten Koordinatensystem $(\underline{e}_1, \underline{e}_2, \underline{e}_3)$ steuern wir wie zuvor im ebenen Fall zwei Körperpunkte A und P an. Im Punkt A ist außerdem ein Koordinatensystem $(\underline{e}'_1, \underline{e}'_2, \underline{e}'_3)$ angebracht, das sich mit diesem Körperpunkt mitbewegt. Mithin schließt ein auf ihm gefesselter Beobachter, dass der Körper eine Rotation ausführt, der ein Geschwindigkeits- bzw. Beschleunigungsvektor gemäß den Gleichungen (3.3.8) und (3.3.11) zuzuordnen ist. Hinzu kommen noch der translatorisch bedingte Geschwindigkeits- und der Beschleunigungsvektor des Punktes A bezüglich des festen Systems $(\underline{e}_1, \underline{e}_2, \underline{e}_3)$, genannt $\underline{\upsilon}^A$ und $\underline{a}^A$ gemäß den Gleichungen (3.3.2), und wir finden:

$$\underline{x}^P = \underline{x}^A + \underline{x}^{AP},$$

$$\underline{\upsilon}^P = \underline{\upsilon}^A + \underline{\omega} \times \underline{x}^{AP}, \tag{3.3.23}$$

$$\underline{a}^P = \underline{a}^A + \underline{\dot{\omega}} \times \underline{x}^{AP} + \underline{\omega} \times \left(\underline{\omega} \times \underline{x}^{AP}\right)$$
$$= \underline{a}^A + \underline{\dot{\omega}} \times \underline{x}^{AP} + \left(\underline{\omega}\, \underline{\omega} \cdot \underline{x}^{AP} - \underline{x}^{AP}\, \underline{\omega}^2\right).$$

Wir wollen noch kurz zeigen, dass diese Gleichungen den Spezialfall der Starrkörperbewegung in der Ebene inkludieren. Dazu setzen wir:

$$\underline{\omega} = \omega\, \underline{e}_3 \quad \Rightarrow \quad \underline{\dot{\omega}} = \dot{\omega}\, \underline{e}_3, \; \underline{x}^{AP} = r\underline{e}_r \tag{3.3.24}$$

und gehen in die allgemeinen Gleichungen unter Beachtung von $\underline{e}_3 \times \underline{e}_r = \underline{e}_\varphi$:

$$\underline{x}^P = \underline{x}^A + r\underline{e}_r,$$

$$\underline{\upsilon}^P = \underline{\upsilon}^A + \left(\omega\, \underline{e}_3\right) \times \left(r\underline{e}_r\right) = \underline{\upsilon}^A + r\omega\underline{e}_\varphi, \tag{3.3.25}$$

$$\underline{a}^P = \underline{a}^A + \left(\dot{\omega}\, \underline{e}_3\right) \times \left(r\underline{e}_r\right) + \left(\omega\, \underline{e}_3\right)\left(\omega\, \underline{e}_3\right) \cdot \left(r\underline{e}_r\right) - \left(r\underline{e}_r\right)\omega^2$$
$$= \underline{a}^A + r\dot{\omega}\underline{e}_\varphi - r\omega^2\, \underline{e}_r.$$

Zwei Beispiele zur Kinematik des starren Körpers

Als **erstes Beispiel** betrachten wir die in der Abbildung 3.3.7 dargestellte Leiter der Länge l, die im Fußpunkt A mit vorgegebener Geschwindigkeit $\underline{\upsilon}^A(t) = \left(\upsilon^A(t), 0\right)$ horizontal weggezogen wird, sodass der obere Punkt B reibungsfrei nach unten gleitet.

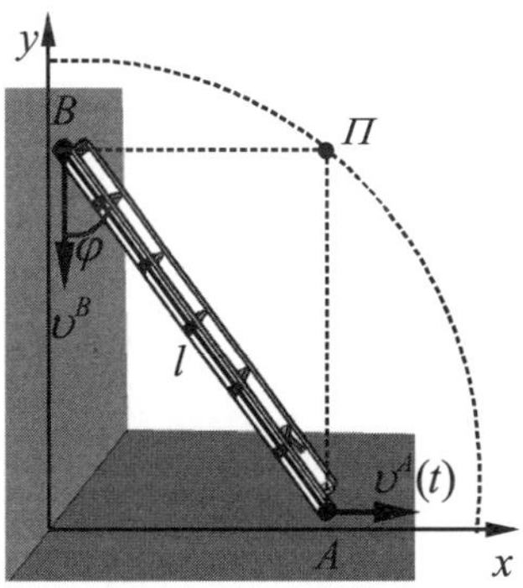

Abb. 3.3.7: Rutschende Leiter mit Momentanpol Π und Rastpolbahn.

Gesucht ist die Geschwindigkeit des Punktes B. Wir erinnern zur Lösung an die in Abbildung 3.3.5 dargestellte Situation und spezialisieren die Gleichungen (3.3.20) auf den hier interessierenden Fall:

$$x^B = x^A - l\sin[\varphi(t)] = 0\,,\quad y^B = l\cos[\varphi(t)]. \tag{3.3.26}$$

Durch Differenziation nach der Zeit folgt:

$$\dot{x}^B = 0 \;\Rightarrow\; \dot{x}^A = \upsilon^A = l\dot{\varphi}\cos(\varphi)$$
$$\Rightarrow\; \dot{\varphi} = \omega = \frac{\upsilon^A}{l\cos(\varphi)}, \tag{3.3.27}$$
$$\dot{y}^B = -l\dot{\varphi}\sin(\varphi) = -\upsilon_A\tan(\varphi).$$

Differenzieren wir nochmals nach der Zeit, so wird:

$$\ddot{x}^A = \dot{\upsilon}^A = a^A = l\ddot{\varphi}\cos(\varphi) - l(\dot{\varphi})^2\sin(\varphi) \tag{3.3.28}$$
$$= l\dot{\omega}\cos(\varphi) - \frac{(\upsilon^A)^2}{l}\frac{\sin(\varphi)}{\cos^2(\varphi)}$$
$$\Rightarrow\; \dot{\omega} = \frac{a^A}{l\cos(\varphi)} + \frac{(\upsilon^A)^2}{l^2}\frac{\sin(\varphi)}{\cos^3(\varphi)},$$

$$\ddot{y}^B = -l\dot{\omega}\sin(\varphi) - l\omega^2\cos(\varphi) = \tag{3.3.29}$$
$$-a^A\tan(\varphi) - \frac{(\upsilon^A)^2}{l}\frac{\sin^2(\varphi)}{\cos^3(\varphi)} - \frac{(\upsilon^A)^2}{l}\frac{1}{\cos(\varphi)} =$$
$$-a^A\tan(\varphi) - \frac{(\upsilon^A)^2}{l}\frac{1}{\cos^3(\varphi)}.$$

Damit sind die Geschwindigkeits- und Beschleunigungskomponenten des Punktes B durch lauter vorgegebene Größen und den Winkel φ als Funktion der Zeit ausgedrückt. Letzterer lässt sich, bei vorgegebener Zeitfunktion $\upsilon^A(t)$, aus der Gleichung (3.3.27) per Integration ermitteln:

$$\cos(\varphi)\,\mathrm{d}\varphi = \mathrm{d}\,[\sin(\varphi)] = \frac{1}{l}\upsilon^A(t)\,\mathrm{d}t$$
$$\Rightarrow\; \sin[\varphi(t)] = \sin[\varphi(t=0)] + \frac{1}{l}\int_{\tilde{t}=0}^{\tilde{t}=t}\upsilon^A(\tilde{t})\,\mathrm{d}\tilde{t}\,. \tag{3.3.30}$$

Als **zweites Beispiel** betrachten wir den in Abbildung 3.3.8 dargestellten Kurbeltrieb. Durch Drehung der Stange l' mit der konstanten Winkelgeschwindigkeit ω_0 wird über das Gelenk A der im Punkte P gelenkig befestigte Kolben horizontal hin- und herbewegt. Gesucht ist die Kolbenpositionsgeschwindigkeit und -beschleunigung, wenn aus der Winkelstellung $\alpha = 0$ heraus gestartet wird.

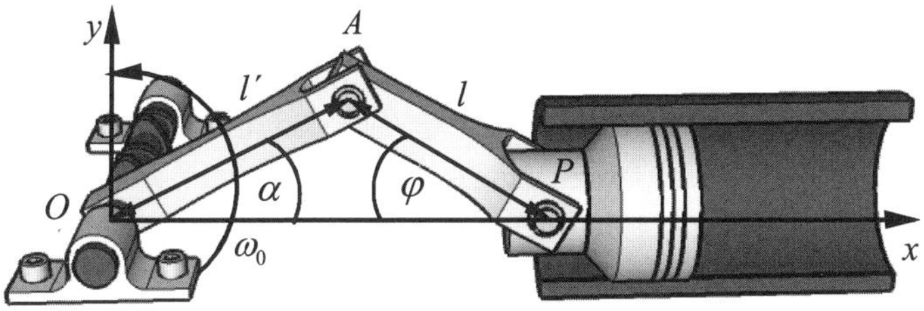

Abb. 3.3.8: Kurbeltrieb.

Wir verankern das (x, y)-Koordinatensystem im Punkt O und schreiben gemäß den Gleichungen (3.3.20):

$$x^P = l'\cos(\alpha) + l\cos(\varphi), \qquad (3.3.31)$$

$$y^P = l'\sin(\alpha) - l\sin(\varphi) = 0 \quad \Rightarrow \quad \sin(\varphi) = \frac{l'}{l}\sin(\alpha).$$

Es folgt aus der zweiten Gleichung mit $\alpha = \omega_0 t$:

$$\dot{y}^P = 0 = l'\omega_0\cos(\omega_0 t) - l\dot{\varphi}\cos(\varphi)$$
$$\Rightarrow \quad \dot{\varphi} = \omega_0 \frac{l'}{l}\frac{\cos(\alpha)}{\cos(\varphi)}. \qquad (3.3.32)$$

Aus der ersten hingegen ergibt sich hiermit:

$$\dot{x}^P = -l'\omega_0\sin(\alpha) - l\dot{\varphi}\sin(\varphi)$$
$$= -l'\omega_0\sin(\alpha)\left\{1 + \frac{l'}{l}\frac{\cos(\alpha)}{\cos(\varphi)}\right\}. \qquad (3.3.33)$$

Damit ist die Geschwindigkeit durch lauter bekannte Größen ausgedrückt, denn es gilt ja:

$$\cos(\varphi) = \sqrt{1 - \left(\frac{l'}{l}\right)^2 \sin^2(\alpha)}. \qquad (3.3.34)$$

Für die Beschleunigung findet sich:

$$\ddot{y}^P = 0 \qquad (3.3.35)$$

und:

$$\ddot{x}^P = -l'\omega_0^2\left[\cos(\alpha) - \frac{l'}{l}\left(\frac{\sin^2(\alpha)}{\cos(\varphi)} - \frac{\cos^2(\alpha)}{\cos^3(\varphi)}\right)\right]. \qquad (3.3.36)$$

Dynamik

Der Momentanpol

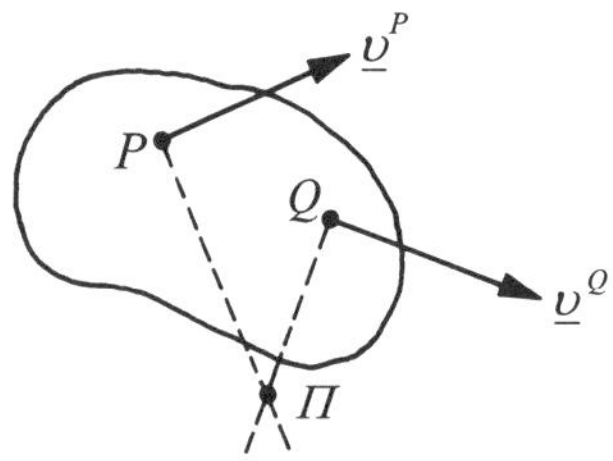

Abb. 3.3.9: Zum Auffinden des Momentanpols in der Ebene.

Wir haben in den obigen Abschnitten gelernt, dass jede Bewegung eines starren Körpers sich als Translationsbewegung, verkörpert durch die Geschwindigkeit $\underline{\upsilon}^A$ des Punktes A und eine Rotationsbewegung um diesen Punkt, gegeben durch den Ausdruck $\underline{\omega} \times \underline{x}^{AP}$, aufteilen lässt. Mehr noch, jede Bewegung lässt sich momentan auch als **reine** Drehbewegung um einen augenblicklichen Drehpunkt Π auffassen, genannt **Momentanpol** oder **Momentanzentrum**. Um ihn zu finden, setzen wir in Gleichung (3.3.23)₂ $\underline{\upsilon}^{\Pi} = 0$ und finden, dass:

$$\underline{\upsilon}^P = \underline{\omega} \times \underline{x}^{\Pi P} . \tag{3.3.37}$$

Wir beachten, dass:

$$\underline{\omega} = \omega\, \underline{e}_z\,,\ \underline{\upsilon}^P = \upsilon^P \underline{e}_\varphi\,,\ \underline{x}^{\Pi P} = r^P \underline{e}_r\,,\ \left(\underline{e}_r \perp \underline{e}_\varphi \perp \underline{e}_z\right) \tag{3.3.38}$$

und lösen diese Gleichung durch ein Kreuzprodukt mit $\underline{\omega} \times$ nach $\underline{x}^{\Pi P}$ wie folgt auf:

$$\begin{aligned} \underline{0} &= \underline{\omega} \times \left(\underline{\omega} \times \underline{x}^{\Pi P}\right) - \underline{\omega} \times \underline{\upsilon}^P \\ &= \omega^2 r^P \underline{e}_z \times \left(\underline{e}_z \times \underline{e}_r\right) - \omega \upsilon^P \left(\underline{e}_z \times \underline{e}_\varphi\right) \\ &= \omega^2 r^P \left(\underline{e}_z \underline{e}_z \cdot \underline{e}_r - \underline{e}_r \underline{e}_z^2\right) + \omega \upsilon^P \underline{e}_r = \underline{e}_r \omega \left(\omega r^P - \upsilon^P\right) \\ \Rightarrow\quad \underline{x}^{\Pi P} &= \frac{1}{\omega} \upsilon^P \underline{e}_r = -\frac{\upsilon^P}{\omega} \left(\underline{e}_z \times \underline{e}_\varphi\right). \end{aligned} \tag{3.3.39}$$

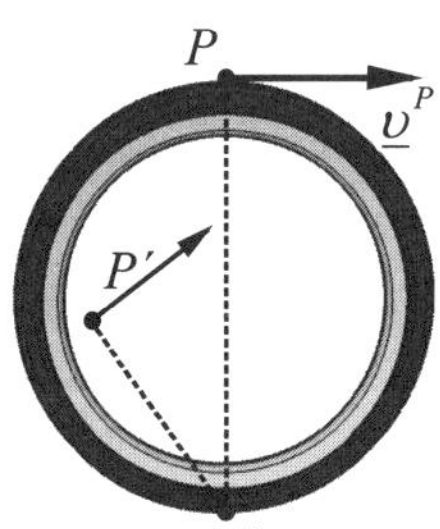

Abb. 3.3.10: Momentanpol des rollenden Rades.

Damit steht der Vektor $\underline{x}^{\Pi P}$ senkrecht auf der Geschwindigkeit $\underline{\upsilon}^P$ und hat die Länge $r^P = \upsilon_P / \omega$. Dieses erlaubt, den Momentanpol eindeutig festzulegen.

In der Ebene lässt sich der Momentanpol einfach dadurch finden, dass man die beiden senkrecht auf den Geschwindigkeiten in zwei unterschiedlichen Punkten P und Q des Körpers stehenden Fahrstrahlen zum Schnitt bringt: Abb. 3.3.9.

Als erstes Beispiel betrachten wir eine kreisrunde Scheibe, die auf einer ebenen Unterlage ohne Schlupf abrollt: Abb. 3.3.10.

Wir vermuten den Momentanpol auf der senkrecht zur rein horizontal gerichteten Geschwindigkeit $\underline{\upsilon}_P$ liegenden Linie des obersten Punktes P. In der Tat muss es sich um den eingezeichneten Punkt Π handeln, denn dieser ist im Moment der Berührung in Ruhe. Gemäß Gleichung (3.3.39) dürfen wir für einen beliebigen Scheibenpunkt P' schreiben:

$$r^{P'} = \frac{\upsilon^{P'}}{\omega} \quad \Rightarrow \quad \upsilon^{P'} = \omega r^{P'} = \frac{\upsilon^{P}}{r} r^{P'} . \tag{3.3.40}$$

Der Momentanpol der in Abbildung 3.3.7 gezeichneten Situation ist einfach als Schnittpunkt der senkrecht auf $\underline{\upsilon}^{A}$ und $\underline{\upsilon}^{B}$ stehenden Linien zu finden. Man bezeichnet den geometrischen Ort aller Punkte, die ein Momentanpol durchläuft, auch als **Rastpolbahn**. Im vorliegenden Fall (Abbildung 3.3.7) ist diese ein Viertelkreis mit dem Radius l.

3.3.2 Starrkörperkinetik

Einleitende Bemerkungen

Im Abschnitt 3.3 1 wurde die Kinematik des starren Körpers abgehandelt. Dabei haben wir uns zunächst mit der geometrischen Beschreibung der Rotation um eine feste Achse eines starren 3-D-Körpers beschäftigt, gefolgt von der Rotation um eine Achse mit einem raumfesten Punkt, und danach wurde die Translation zunächst für zweidimensionale Scheiben und danach auch für 3-D-Bauteile mit der Rotation verknüpft. Die **Ursachen** für die Translation und die Rotation standen dabei nicht zur Debatte.

Der Klärung der Frage nach den Ursachen wollen wir uns nun zuwenden. Indirekt kennen wir die Antwort bereits aus der Statik. Translationen eines Tragwerks wurden dadurch verhindert, dass die Summe aller Kräfte verschwinden musste. Rotationen waren ausgeschlossen, sobald die Summe der Momente verschwand. Beides ist nun nicht länger der Fall, und wir werden Ergebnisse aus der Kinetik von Massenpunktsystemen verwenden, um die Bewegungsgleichungen für beide Fälle herzuleiten.

In bewährter Weise wird dabei induktiv vorgegangen, d. h., zunächst wird die Dynamik der Rotation eines starren 3-D-Körpers um eine feste Drehachse behandelt. Danach wird die translatorische Bewegung an die Rotation angekoppelt, zunächst in 2 D, also für starre Scheiben, und schließlich, zum Abschluss, wird die allgemeine, sich aus Translation und Rotation zusammensetzende Kinetik eines starren 3-D-Bauteils untersucht.

Rotation eines starren Körpers um eine feste Achse

Wir studieren im Folgenden die in Abbildung 3.3.11 dargestellte Situation. Ein dreidimensionales starres Bauteil, etwa eine Welle, rotiert um eine fest gelagerte Achse $a-a$. Wir greifen an der Stelle $\underline{x}$ ein beliebiges Massenelement $\mathrm{d}m = \rho(\underline{x})\,\mathrm{d}V$ aus dem Körper heraus, wobei $\rho(\underline{x})$ die im Punkte $\underline{x}$ vorliegende

Massendichte des Körpers und $\mathrm{d}V$ das Volumen des Massenelementes bezeichnen.

Die Kinetik der Rotationsbewegung eines Massenpunktes, der sich im Senkrechtabstand r um eine feste Achse bewegt, wurde bereits in Abschnitt 3.2.4 im Zusammenhang mit dem Drehimpulssatz eines Systems von Massenpunkten geklärt. In Analogie zu den Gleichungen (3.2.29/30) schreiben wir für die z-Komponente des für dieses Massenelement gültigen **Drallsatzes**:

$$r^2 \mathrm{d}m\, \ddot{\varphi} = \mathrm{d}M_a\,. \tag{3.3.41}$$

Dabei ist $\mathrm{d}M_a$ das Moment der äußeren und der inneren Kräfte bezüglich der Drehachse (vgl. Gleichung (3.2.23/24) und den Text dazu). Außerdem gilt für alle Massenelemente:

$$\dot{\varphi} = \omega = \mathrm{const}_{\underline{x}} \quad \Rightarrow \quad \ddot{\varphi} = \dot{\omega} = \mathrm{const.}_{\underline{x}}\,, \tag{3.3.42}$$

wobei $\mathrm{const.}_{\underline{x}}$ andeuten soll, dass die Winkelgeschwindigkeit ω bzw. die Winkelbeschleunigung $\dot{\omega}$ ortsunabhängig ist, d. h. für alle Massenelemente gleich ist. Dieses liegt eben daran, dass wir einen **starren** Körper betrachten. Wir führen jetzt noch den Übergang auf den „kontinuierlich verschmierten" starren Körper durch, d. h. den Übergang zu $N \to \infty$ Massenelementen. Das bedeutet, dass wir die Gleichung (3.3.41) über alle Elemente summieren, also im Kontinuierlichen integrieren müssen. Es gelten die Regeln der Integralrechnung und Konstanten dürfen vor das Integral gezogen werden:

$$\dot{\omega} \int_M r^2 \mathrm{d}m = M_a\,, \tag{3.3.43}$$

wobei M die gesamte Masse des Körpers bezeichnet. Das Integral repräsentiert nichts anderes als das Massenträgheitsmoment um die Achse $a-a$. Wir haben es bereits in Gleichung (3.2.29) für endlich viele, um eine feste Achse rotierende Massen kennengelernt. Mit $\mathrm{d}m = \rho(\underline{x})\,\mathrm{d}V$ dürfen wir schreiben:

$$\Theta_{aa} = \int_M r^2 \mathrm{d}m = \int_V r^2 \rho(\underline{x})\,\mathrm{d}V \quad \Rightarrow \quad \Theta_{aa}\ddot{\varphi} = M_a\,. \tag{3.3.44}$$

Die letzte Gleichung bezeichnet man kurz als **Momentensatz** der Starrkörperrotation um eine feste Drehachse. Hinsichtlich der Vorzeichen der Winkel und der angreifenden Momente sei eine Bemerkung gestattet. Bei der Ableitung der in (3.3.44) relevanten Momente wurde implizit von einem mitdrehenden Koordinatensystem $\underline{e}_r$, $\underline{e}_\varphi$ und $\underline{e}_\omega$ Gebrauch gemacht, vgl. Abbildung 3.3.11, unten links. Denn genauso wurde bei der Herleitung der Analoggleichung zu (3.3.41) im Abschnitt 3.2.4 verfahren. Diese drei Vektoren bilden ein Rechtssystem (in dieser Reihenfolge) und sind wie folgt festgelegt: $\underline{e}_\omega$ zeigt in Richtung der Drehachse oder, anders ausgedrückt, in Richtung des Winkelgeschwindigkeitsvektors $\underline{\omega} = |\omega| \, \underline{e}_\omega$. Der Vektor $\underline{e}_r$ weist, wie in Abbildung 3.3.11 links dargestellt, direkt auf einen Körperpunkt und bewegt sich mit diesem mit. Auch der Einheitsvektor $\underline{e}_\varphi$ bewegt sich, da er auf $\underline{e}_r$ senkrecht steht. Dieses legt die **positive** Winkelrichtung fest. Ferner besitzt ein Momentenvektor, der in Richtung des Winkelgeschwindigkeitsvektors $\underline{\omega} = |\omega| \, \underline{e}_\omega$ zeigt, lediglich eine Komponente in $\underline{e}_\omega$- Richtung und diese ist zudem positiv. Selbstverständlich können die Momentenvektoren durch Bildung der Kreuzproduktes zwischen Aufpunktvektor und der Kraft berechnet werden.

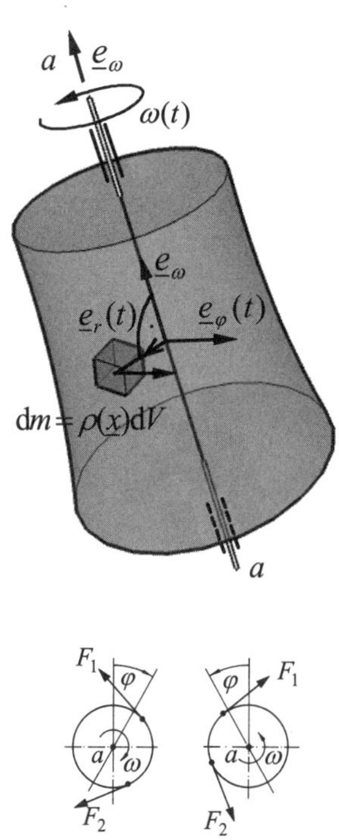

Abb. 3.3.11: Rotation eines beliebigen starren 3-D-Körpers um eine feste Achse.

Oft jedoch sind Rotationen von Körpern zu untersuchen, die sich durch einen in $\underline{e}_\omega$-Richtung gleich bleibenden Querschnitt auszeichnen. Es gilt also, Rotationen von „Scheiben", d. h. rein ebene Probleme, zu handhaben (siehe Abbildung 3.3.11 unten rechts). Hier mit Kreuzprodukten zu argumentieren ist ebenfalls möglich, aber lästig, und genau wie wir bei ebenen statischen Problemen eine einfache Regel zum Auffinden des Vorzeichens des Momentes einer Kraft aufgestellt haben, soll dies nun auch für die Starrkörperrotation geschehen. Betrachte dazu die beiden rechts in der Abbildung dargestellten kreisförmigen Scheiben. Wir erinnern uns, dass um den Drehpunkt a linksherum drehende Kräfte einen positiven Beitrag zum Moment geben und umgekehrt. Weiterhin wollen wir verabreden, dass entgegen dem Uhrzeigersinn angetragene Winkel positiv zu zählen sind und umgekehrt. Für die erste dargestellte Situation findet man somit die Bewegungsgleichung $-\Theta_{aa}\ddot{\varphi} = F_1 R - F_2 R$ und für die zweite $\Theta_{aa}\ddot{\varphi} = -F_1 R + F_2 R$.

Manchmal schreibt man unter Verwendung des sogenannten Trägheitsradius i_a auch:

$$\Theta_{aa} = i_a^2 M \, , \tag{3.3.45}$$

wobei M die Gesamtmasse des Körpers bezeichnet:

$$M = \int_V \rho(\underline{x}) \, \mathrm{d}V \, . \tag{3.3.46}$$

Indem man die Gleichungen (3.3.44/46) kombiniert, schließt man, dass der Trägheitsradius derjenige Abstand von der Rotationsachse ist, in dem man **eine** Masse, nämlich die Gesamtmasse des Körpers selbst, konzentriert anzubringen hat, damit sie das gleiche Trägheitsmoment, also den Widerstand des Körpers gegen Rotation, beinhaltet wie der Körper selbst.

Bei Maschinenbauteilen ist die Massendichte oft konstant. Dann vereinfacht sich die Integration in Gleichung (3.3.44) und man schreibt:

$$\Theta_{aa} = \rho \int_V r^2 \, dV \,. \tag{3.3.47}$$

Außerdem betrachten wir oft Bauteile, deren Querschnitt entlang der Rotationsachse sich nicht ändert. Dann gilt $dV = l \, dA$, wobei l die axiale Länge des Bauteils ist, und es folgt aus (3.3.47):

$$\Theta_{aa} = \rho l \int_A r^2 \, dA = \rho l \, I_p \,. \tag{3.3.48}$$

Dabei wurde außerdem von der Definition des **polaren Flächenträgheitsmomentes** I_p Gebrauch gemacht, welches wir schon aus der elementaren Festigkeitslehre kennen (vgl. den Abschnitt 2.7.2 über Torsion). Für einen Vollkreiszylinder mit Durchmessser $d = 2R$ hatten wir dort per Integration gefunden, dass:

$$I_p = \frac{\pi}{2} R^4 = \frac{\pi}{32} d^4 \approx 0{,}1 \, d^4 \,. \tag{3.3.49}$$

Also ist das Massenträgheitsmoment für einen Vollzylinder bei Drehung um seine Symmetrieachse:

$$\Theta_{aa} = M \frac{R^2}{2} \,, \tag{3.3.50}$$

wobei:

$$M = \rho \, l \, \pi R^2 \,. \tag{3.3.51}$$

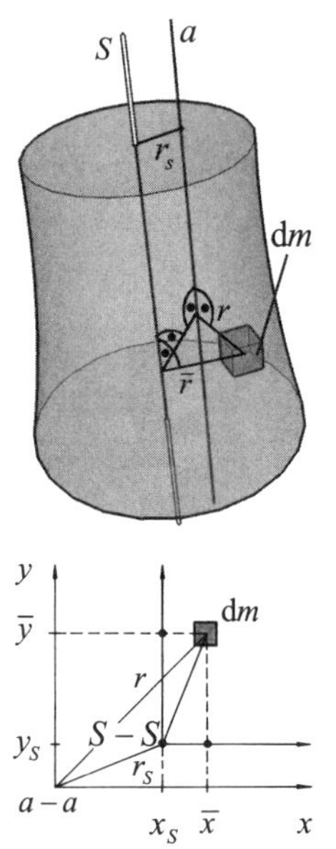

Abb. 3.3.12: Zum Satz von STEINER bei Massenträgheitsmomenten.

Für Flächenträgheitsmomente galt der **Satz von STEINER**, und dieser ist nun sinngemäß auf Massenträgheitsmomente zu übertragen. Wir betrachten die in der Abbildung 3.3.12 dargestellte Situation. Es handelt sich um einen rotationssymmetrischen Körper, der um seine Schwerachse $S - S$ rotiert. Derselbe Körper wird nun um eine durch Parallelverschiebung (Senkrechtabstand r_S) daraus hervorgegangene Achse, genannt $a - a$, gedreht. Unter Berücksichtigung der beiden Senkrechtabstände r, $\bar{r}$ wird für die beiden Koordinaten der Abbildung:

$$x = x_S + \bar{x}\,,\quad y = y_S + \bar{y} \tag{3.3.52}$$

und somit für das Massenträgheitsmoment bezüglich der zur Schwerachse parallel verschobenen Achse:

$$\Theta_{aa} = \int_V r^2 \mathrm{d}m = \int_V \left(x^2 + y^2\right)\mathrm{d}m = \tag{3.3.53}$$

$$= \left(x_S^2 + y_S^2\right)\int_V \mathrm{d}m + 2x_S\int_V \bar{x}\,\mathrm{d}m + 2y_S\int_V \bar{y}\,\mathrm{d}m + \int_V\left(\bar{x}^2 + \bar{y}^2\right)\mathrm{d}m\,.$$

Aufgrund der Definition des Schwerpunktes ist:

$$\int_V \bar{x}\,\mathrm{d}m = 0\,,\quad \int_V \bar{y}\,\mathrm{d}m = 0\,, \tag{3.3.54}$$

und es folgt der Satz von STEINER für Massenträgheitsmomente:

$$\Theta_{aa} = r_S^2 M + \Theta_{SS}\,, \tag{3.3.55}$$

wobei:

$$r_S^2 = x_S^2 + y_S^2\,,\quad M = \int_V \mathrm{d}m\,,\quad \Theta_{SS} = \int_V\left(\bar{x}^2 + \bar{y}^2\right)\mathrm{d}m\,. \tag{3.3.56}$$

Mithin folgt aus Gleichung (3.2.5) für die Trägheitsradien:

$$i_a^2 = i_S^2 + r_S^2\,. \tag{3.3.57}$$

Ein wichtiges Anwendungsbeispiel des STEINERschen Satzes betrifft das Massenträgheitsmoment einer um den Punkt a schwingenden, homogenen Stange mit der Querschnittsfläche A, die in der Abbildung 3.2.13 zu sehen ist. Offenbar ist in diesem Fall:

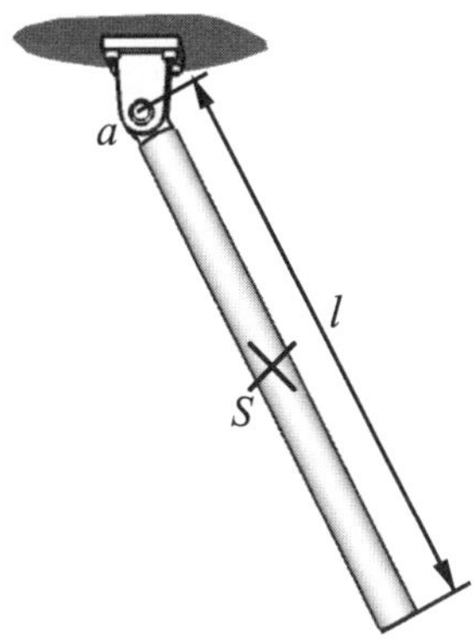

Abb. 3.3.13: Zum Massenträgheitsmoment einer in einem Punkt aufgehängten Stange.

$$\Theta_{SS} = \rho A \int_{-l/2}^{-l/2} r^2 \mathrm{d}r = \rho A \left.\frac{r^3}{3}\right|_{-l/2}^{l/2} = \rho A \frac{l^3}{12} = M\frac{l^2}{12}\,, \tag{3.3.58}$$

da die Masse der Stange gegeben ist durch:

$$M = \rho A l\,. \tag{3.3.59}$$

Nach STEINER wird somit:

$$\Theta_{aa} = M\left(\frac{l}{2}\right)^2 + M\frac{l^2}{12} = M\frac{l^2}{3}\,. \tag{3.3.60}$$

Ein Beispiel zur Aufstellung der Bewegungsgleichung von um eine feste Achse rotierenden Körpern

Scheiben, die in einem Punkt aufgehängt sind und unter der Wirkung ihrer eigenen Schwerkraft stehend zu schwingen be-

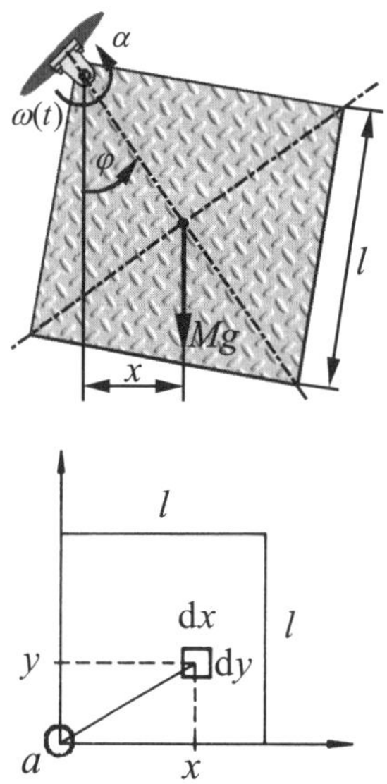

Abb. 3.3.14: Eine um den Punkt a schwingende Quadratscheibe.

ginnen, sind Paradebeispiele für die Anwendung der Bewegungsgleichung (3.3.44). Wir betrachten die Quadratscheibe mit Seitenlänge l und Dicke t, die in Abbildung 3.3.14 zu sehen ist, und schreiben:

$$\Theta_{aa}\ddot{\varphi} = M_a \,. \tag{3.3.61}$$

Dabei zählen wir den Drehwinkel entgegen dem Uhrzeigersinn von der Gleichgewichtsposition an. Wir berechnen das Moment, indem wir die Gewichtskraft im Schwerpunkt konzentriert angreifend denken, und schreiben (vgl. Abbildung 3.3.14).

Für das im ausgelenkten Zustand (Winkel φ) wirksame Moment (rechtsdrehend!) wird:

$$M_a = -x\, Mg = -\frac{Mgl}{\sqrt{2}}\sin(\varphi). \tag{3.3.62}$$

Für das Massenträgheitsmoment finden wir:

$$\begin{aligned}\Theta_{aa} &= \rho\, t \int\limits_{y=0}^{l} \int\limits_{x=0}^{l} \left(x^2 + y^2\right) \mathrm{d}x\mathrm{d}y \\ &= \rho t \left[\frac{x^3}{3}\bigg|_0^l \, y\Big|_0^l + x\Big|_0^l \, \frac{y^3}{3}\bigg|_0^l \right] = \frac{2\rho t l^4}{3} = \frac{2Ml^2}{3}\end{aligned} \tag{3.3.63}$$

mit der Gesamtmasse der Scheibe:

$$M = \rho t l^2 \,. \tag{3.3.64}$$

Es folgt als Bewegungsgleichung:

$$\ddot{\varphi} + \frac{3}{2\sqrt{2}}\frac{g}{l}\sin(\varphi) = 0 \,. \tag{3.3.65}$$

Energie- und Arbeitssatz bei Rotation um eine feste Achse

Betrachten wir erneut die Abbildung 3.3.11. Wir erkennen, dass die kinetische Energie des Masseteilchens sich schreiben lässt als:

$$\mathrm{d}E^{\text{kin}} = \frac{1}{2}\mathrm{d}m\, \underline{v}^2 = \frac{1}{2}\mathrm{d}m\left(r\frac{\mathrm{d}\varphi}{\mathrm{d}t}\right)^2 = \frac{\omega^2}{2} r^2 \mathrm{d}m \tag{3.3.66}$$

und durch Integration über alle Massenelemente folgt:

$$E^{\text{kin}} = \frac{\omega^2}{2}\int\limits_M r^2 \mathrm{d}m = \frac{1}{2}\Theta_{aa}\omega^2 \,. \tag{3.3.67}$$

Drehen wir den starren Körper mithilfe eines Momentes M_a der äußeren Kräfte um den Winkel φ, so ist die dazugehörige Arbeit gegeben durch (vgl. Kapitel 5.5.1):

$$\mathrm{d}W = M_a \mathrm{d}\varphi \quad \Rightarrow \quad W = \int_{\tilde{\varphi}=\varphi_A}^{\tilde{\varphi}=\varphi} M_a \mathrm{d}\tilde{\varphi} . \tag{3.3.68}$$

Die Leistung folgt entsprechend zu:

$$P = \frac{\mathrm{d}W}{\mathrm{d}t} = M_a \frac{\mathrm{d}\varphi}{\mathrm{d}t} = M_a \omega . \tag{3.3.69}$$

Für den Arbeitssatz dürfen wir nach der für Massenpunktsysteme gültigen Gleichung (3.2.36) somit schreiben:

$$E^{\mathrm{kin}}(t) - E^{\mathrm{kin}}(t_A) = W , \tag{3.3.70}$$

und falls das Moment aus einem Potenzial E^{pot} ableitbar ist, folgt der Energiesatz:

$$E^{\mathrm{kin}}(t) + E^{\mathrm{pot}}(t) = E^{\mathrm{kin}}(t_A) + E^{\mathrm{pot}}(t_A) = \mathrm{const}_t . \tag{3.3.71}$$

Dynamik

Weitere Beispiele zur Bewegung starrer Körper: Reibungsbremse und Walze

Zunächst soll ein Rad mit dem Massenträgheitsmoment

$$\Theta_{BB} = \frac{MR^2}{2} , \tag{3.3.72}$$

wie in Abbildung 3.3.15 dargestellt, über einen Hebel mit einer Bremsbacke (Reibungskoeffizient μ) aus der Anfangswinkelgeschwindigkeit ω_0 zum Stillstand gebracht werden.

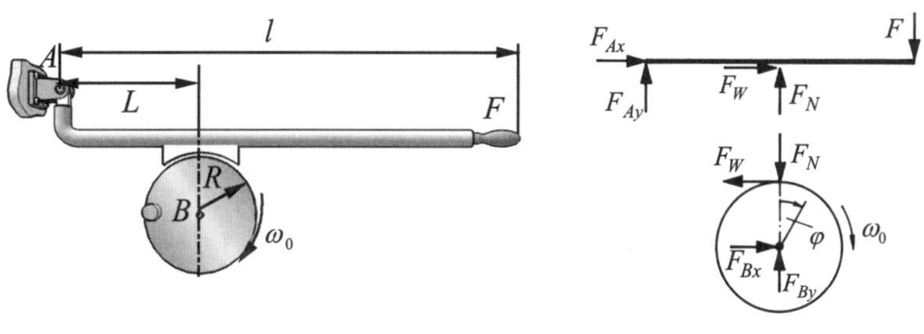

Abb. 3.3.15: Abbremsung eines rotierenden Rades.

Wir interessieren uns für die Anzahl der verbleibenden Umdrehungen, falls die Bremskraft F konstant ist. Die Aufgabe wird zunächst über die Bewegungsgleichungen gelöst. Der gezeigte Freischnitt ist uns noch aus Abschnitt 1.7.3 bekannt. Wir notieren als Wichtigstes der damaligen Ergebnisse:

$$F_W = \mu F_N = \mu \frac{l}{L} F \,. \tag{3.3.73}$$

Als Nächstes notieren wir die Bewegungsgleichung für das Rad gemäß Gleichung (3.3.44) (beachte, dass der Winkel φ im Uhrzeigersinn gezählt wird, was ein negatives Vorzeichen bei $\ddot{\varphi}$ bedeutet):

$$-\Theta_{BB}\ddot{\varphi} = M^{(B)} = R\,F_W \quad \Rightarrow \quad \ddot{\varphi} = -\kappa \,, \; \kappa = \frac{R\mu lF}{L\Theta_{BB}} \tag{3.3.74}$$

und integrieren:

$$\dot{\varphi} = -\kappa t + \omega_0 \,, \; \varphi = -\frac{1}{2}\kappa t^2 + \omega_0 t \,. \tag{3.3.75}$$

Stillstand bedeutet, dass $\dot{\varphi} = 0$ gilt:

$$t_{\text{stop}} = \frac{\omega_0}{\kappa} \,. \tag{3.3.76}$$

Der zurückgelegte „Weg" ist gegeben durch:

$$\varphi_{\text{stop}} = -\frac{1}{2}\kappa \frac{\omega_0^2}{\kappa^2} + \omega_0 \frac{\omega_0}{\kappa} = \frac{1}{2}\frac{\omega_0^2}{\kappa} \,. \tag{3.3.77}$$

Mithin ist die gesuchte Anzahl der verbleibenden Umdrehungen:

$$n = \frac{\varphi_{\text{stop}}}{2\pi} = \frac{\omega_0^2}{4\pi\kappa} \,. \tag{3.3.78}$$

Betrachten wir das Problem nun unter dem Aspekt des Arbeitssatzes (3.3.70). Es gilt:

$$E^{\text{kin}}\left(t_{\text{stop}}\right) = 0 \,, \; E^{\text{kin}}(0) = \frac{1}{2}\Theta_{BB}\omega_0^2 \,, \tag{3.3.79}$$

und für die Arbeit ergibt sich:

$$W = \int_{\tilde{\varphi}=0}^{\tilde{\varphi}=\varphi_{\text{stop}}} M^{(B)} \mathrm{d}\tilde{\varphi} = -RF_W\left(\varphi_{\text{stop}} - 0\right) = -\frac{R\mu lF}{L}\varphi_{\text{stop}} \,. \tag{3.3.80}$$

Die Kombination beider Gleichungen gemäß (3.3.68) ergibt:

$$-\frac{1}{2}\Theta_{BB}\omega_0^2 = -\frac{R\mu lF}{L}\varphi_{\text{stop}} \quad \Rightarrow \quad \varphi_{\text{stop}} = \frac{1}{2}\frac{\omega_0^2}{\kappa} \,, \tag{3.3.81}$$

führt also auf dasselbe Ergebnis wie oben.

Betrachten wir nun als Zweites das in Abbildung 3.3.16 dargestellte System. Die Masse m_1 bringt eine Walze der Masse m_2 und vom Radius R in Rotation, indem sie selbst nach unten fällt und über ein auf der Walze aufgewickeltes, genügend langes

Seil mit derselben verbunden ist. Um das Seil an der Decke aufzuhängen, dient eine kleine Umlenkrolle, deren Masse bei der Beschreibung der Bewegung beider Körper vernachlässigt werden kann. Wir schneiden frei, wie in der Abbildung 3.3.16 angedeutet wurde, und zählen die Bewegung x der Masse m_1 vom Zentrum der Umlenkrolle nach unten. Im Übrigen sind alle mechanischen Elemente reibungsfrei.

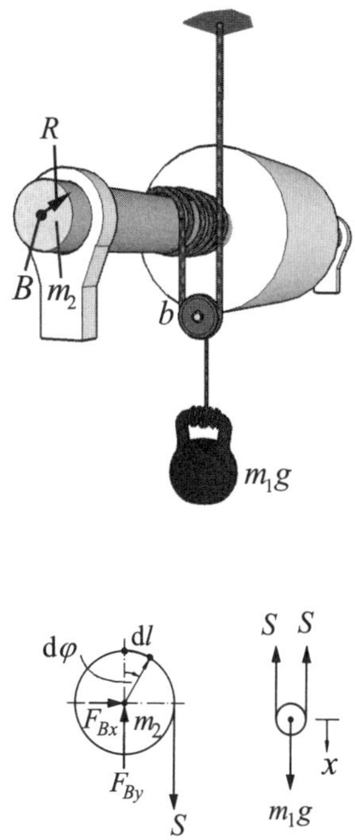

Abb. 3.3.16: Eine über ein aufgewickeltes Seil per Umlenkrolle beschleunigte Walze.

Wie schon im Abschnitt 3.2.1 über Massenpunktsysteme angemerkt, gilt es, eine kinematische Nebenbedingung zu beachten. Fällt nämlich die Masse m_1 um dx, so ist dazu Seil der Länge $dl = 2dx$ bereitzustellen, und es gilt:

$$R d\varphi = dl = 2dx \quad \Rightarrow \quad \dot{x} = \frac{R}{2}\dot{\varphi}. \tag{3.3.82}$$

Die Bewegungsgleichung des Massenpunktes m_1 lautet:

$$m_1 \ddot{x} = m_1 g - 2S, \tag{3.3.83}$$

die der Walze (beachte, dass der Drehwinkel im Uhrzeigersinn gezählt wird):

$$-\Theta_{BB}\ddot{\varphi} = M^{(B)} = -RS, \quad \Theta_{BB} = \frac{m_2 R^2}{2}. \tag{3.3.84}$$

Elimination der Seilkraft S und der Winkelbeschleunigung $\ddot{\varphi}$ führen auf:

$$m_1 \ddot{x} = m_1 g - 2m_2 \ddot{x}, \tag{3.3.85}$$

was leicht zu integrieren ist:

$$\dot{x} = \frac{m_1}{m_1 + 2m_2} g t, \quad x = \frac{m_1}{m_1 + 2m_2} g \frac{t^2}{2}. \tag{3.3.86}$$

Dabei haben wir vorausgesetzt, dass die Masse m_1 aus der Ruhe heraus aus der Anfangsposition $x = 0$ fällt. Wir können die Zeit aus den beiden letzten Gleichungen eliminieren und finden, dass:

$$(\dot{x})^2 = \frac{2m_1}{m_1 + 2m_2} g x. \tag{3.3.87}$$

Wir untersuchen das Problem nun mit dem Arbeitssatz, genauer gesagt dem Energiesatz (3.3.71), da es sich um ein reibungsfreies System handelt und die Energien des Massenpunktes selbstverständlich zu inkludieren sind. Es ist:

$$E^{\text{kin}}(t_A = 0) = 0, \quad E^{\text{pot}}(t_A = 0) = 0, \tag{3.3.88}$$

$$E^{\text{kin}}(t) = \frac{\Theta_{BB}}{2}(\dot{\varphi})^2 + \frac{m_1}{2}\dot{x}^2 \,, \quad E^{\text{pot}}(t) = -m_1 g x \,.$$

Aufgrund der Nebenbedingung (3.3.82) entsteht hieraus:

$$\begin{aligned} &\frac{1}{2}m_1\dot{x}^2 + \frac{1}{2}\left(\frac{1}{2}m_2R^2\right)\left(4\frac{\dot{x}^2}{R^2}\right) - m_1 g x = 0 \\ &\Rightarrow \quad \dot{x} = \sqrt{\frac{2m_1}{m_1 + 2m_2} g x}, \end{aligned} \tag{3.3.89}$$

was mit dem Ergebnis (3.3.87) übereinstimmt.

Analogie zwischen der geradlinigen Bewegung eines Massenpunktes und der Starrkörperrotation um eine feste Achse

Zwischen der geradlinigen Bewegung eines Massenpunktes und der Starrkörperrotation um eine feste Achse besteht die folgende Analogie hinsichtlich der Bewegungsgrößen und Bewegungsgleichungen:

Translation Massenpunkt (1 D)	Rotation starrer Körper um feste Achse $a-a$
Weg x	Winkel φ
Geschwindigkeit $\dot{x} = \upsilon$	Winkelgeschwindigkeit $\dot{\varphi} = \omega$
Beschleunigung $\ddot{x} = \dot{\upsilon} = a$	Winkelbeschleunigung $\ddot{\varphi} = \dot{\omega}$
Masse m	Massenträgheitsmoment Θ_{aa}
Kraft in Wegrichtung F	Drehmoment um Achse $a-a$ M_a
Impuls $p = m\upsilon$	Drehimpuls um Achse $a-a$ $L_a = \Theta_{aa}\omega$
Kräftesatz $ma = F$	Momentensatz $\Theta_{aa}\dot{\omega} = M_a$

Dynamik

kinetische Energie $E^{\text{kin}} = \frac{m}{2} \upsilon^2$	kinetische Energie $E^{\text{kin}} = \frac{\Theta_{aa}}{2} \omega^2$
Arbeit $W = \int F \, \mathrm{d}x$	Arbeit $W = \int M_a \mathrm{d}\varphi$
Leistung $P = F\upsilon$	Leistung $P = M_a \omega$

Kinetik von ebenen starren Körpern (Scheiben)

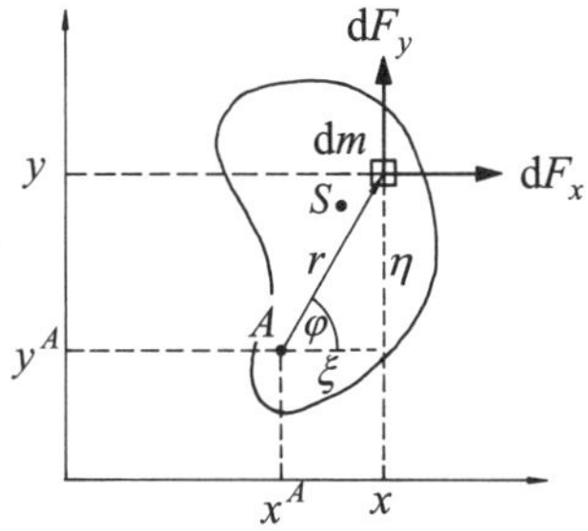

Abb. 3.3.17: Allgemeine Bewegung einer starren Scheibe.

Ziel dieses Abschnitts ist es, die Bewegungsgleichungen für einen starren Körper in zwei Dimensionen, also ein Scheibensystem, aufzustellen. Dabei lassen wir uns von den Ergebnissen aus den vergangenen Abschnitten leiten und erinnern, dass sich jede Bewegung eines starren Körpers, speziell auch die in der Ebene, als Kombination einer Translation und einer Rotation um einen beliebigen Punkt A begreifen lässt. Eine solche Situation ist in der Abbildung 3.3.17 zu sehen. Wir schreiben für die Ortskoordinaten des Massenelementes $\mathrm{d}m$:

$$x = x^A + \xi = x^A + r\cos(\varphi) \,,$$

$$y = y^A + \eta = y^A + r\sin(\varphi) . \tag{3.3.90}$$

Man muss nun nach der Zeit differenzieren, um die Geschwindigkeit und die Beschleunigung des Massenelementes zu ermitteln. Dabei verwendet man gerne das Symbol für die Winkelgeschwindigkeit $\omega = \dot{\varphi}$:

$$\dot{x} = \dot{x}^A - r\omega\sin(\varphi) = \dot{x}^A - \omega\eta \,,$$

$$\dot{y} = \dot{y}^A + r\omega\cos(\varphi) = \dot{x}^A + \omega\xi \,, \tag{3.3.91}$$

bzw.:

$$\ddot{x} = \ddot{x}^A - r\dot{\omega}\sin(\varphi) - r\omega^2\cos(\varphi) = \ddot{x}^A - \dot{\omega}\eta - \omega^2\xi \,, \tag{3.3.92}$$

$$\ddot{y} = \ddot{y}^A + r\dot{\omega}\cos(\varphi) - r\omega^2\sin(\varphi) = \ddot{y}^A + \dot{\omega}\xi - \omega^2\eta .$$

Letzteres setzen wir nun in die NEWTONsche Bewegungsgleichung für einen Massenpunkt ein und erhalten:

$$\ddot{x}\mathrm{d}m = \ddot{x}^A\mathrm{d}m - \dot{\omega}\eta\,\mathrm{d}m - \omega^2\xi\,\mathrm{d}m = \mathrm{d}F_x \,,$$

$$\ddot{y}\mathrm{d}m = \ddot{y}^A\mathrm{d}m + \dot{\omega}\xi\,\mathrm{d}m - \omega^2\eta\,\mathrm{d}m = \mathrm{d}F_y . \tag{3.3.93}$$

Mit diesen Kraftkomponenten lässt sich auch das Moment errechnen, welches in Bezug auf den Drehpunkt A auf das Massenelement $\mathrm{d}m$ wirkt:

$$\mathrm{d}M^{(A)} = \xi \mathrm{d}F_y - \eta \mathrm{d}F_x = \tag{3.3.94}$$

$$\ddot{y}^A \xi \,\mathrm{d}m + \dot{\omega}\xi^2 \mathrm{d}m - \omega^2 \xi\eta \,\mathrm{d}m - \ddot{x}^A \eta \,\mathrm{d}m + \dot{\omega}\eta^2 \mathrm{d}m + \omega^2 \xi\eta \,\mathrm{d}m .$$

Als Nächstes integrieren wir die Gleichungen (3.3.53/54) über den ganzen Körper:

$$M\ddot{x}^A - \dot{\omega}\int_M \eta \,\mathrm{d}m - \omega^2 \int_M \xi \,\mathrm{d}m = F_x ,$$

$$M\ddot{y}^A + \dot{\omega}\int_M \xi \,\mathrm{d}m - \omega^2 \int_M \eta \,\mathrm{d}m = F_y , \tag{3.3.95}$$

$$\ddot{y}^A \int_M \xi \,\mathrm{d}m + \dot{\omega}\int_M \xi^2 \mathrm{d}m - \omega^2 \int_M \xi\eta \,\mathrm{d}m$$
$$- \ddot{x}^A \int_M \eta \,\mathrm{d}m + \dot{\omega}\int_M \eta^2 \mathrm{d}m + \omega^2 \int_M \xi\eta \,\mathrm{d}m = M^{(A)}.$$

Dabei haben wir Größen, die aufgrund der Tatsache, dass wir einen starren Körper behandeln, für jeden Massenpunkt gleich, also Konstanten im Ort sind, vor das Integral gezogen (nämlich ω, $\dot{\omega}$) und außerdem die Gesamtmasse verwendet:

$$M = \int_M \mathrm{d}m . \tag{3.3.96}$$

Wenn wir nun für den Punkt A speziell den Massenschwerpunkt S wählen, so ergeben sich diverse Integrale in Gleichung (3.3.95) zu null und wir finden:

$$M\ddot{x}^S = F_x , \quad M\ddot{y}^S = F_y , \quad \dot{\omega}\int_M \left(\xi^2 + \eta^2\right)\mathrm{d}m = M^{(S)}. \tag{3.3.97}$$

Aufgrund von $r^2 = \xi^2 + \eta^2$ und der Definition des Massenträgheitsmomentes (3.3.44) können wir die letzte Beziehung auch folgendermaßen schreiben:

$$\Theta_{SS}\ddot{\varphi} = M^{(S)} , \quad \Theta_{SS} = \int_M r_S^2 \mathrm{d}m . \tag{3.3.98}$$

Dabei ist Θ_{SS} das Massenträgheitsmomentes in Bezug auf die Schwerachse, die durch den Schwerpunkt geht und senkrecht auf der Zeichenebene steht, und r_S ist der vom Schwerpunkt ab gezählte Radialabstand zu einem beliebigen Massenelement.

Man nennt die beiden ersten Gleichungen in (3.3.97) auch den sogenannten **Schwerpunktsatz** bzw. auch **Kräftesatz**. Die Gleichungen haben formal dieselbe Struktur wie die NEWTONschen Bewegungsgleichungen für einen Massenpunkt in der Ebene. Sie beschreiben die Translation der starren Scheibe. Hingegen steht Gleichung (3.3.98) für den **Drehimpulssatz** der

Dynamik

starren Scheibe und beschreibt die Rotation derselben. Deutsche Mechaniker bezeichnen diese Gleichung auch gerne als **Drallsatz** oder **Momentensatz**.

Man beachte, dass sich im Fall der Ruhe, also für:

$$\ddot{x}^A = 0\ ,\ \ddot{y}^A = 0\ ,\ \ddot{\varphi} = 0\ , \tag{3.3.99}$$

ergibt:

$$F_x = 0\ ,\ F_y = 0\ ,\ M^{(S)} = 0\ . \tag{3.3.100}$$

Dieses sind genau die Gleichgewichtsbedingungen der Statik in der Ebene, welche wir bereits ausgiebig kennengelernt haben. Somit ergibt sich in der Tat die Statik als Spezialfall der Dynamik. Für den Spezialfall einer **reinen Translationsbewegung** (also $\ddot{\varphi} = 0$) der starren Scheibe schließen wir, dass:

$$M\ddot{x}^A = F_x \neq 0\ ,\ M\ddot{y}^A = F_y \neq 0\ ,\ M^{(S)} = 0\ . \tag{3.3.101}$$

Mithin dürfen bei reiner Translation die äußeren Kräfte kein Moment bezüglich des Schwerpunktes haben. Für den Fall der reinen Rotationsbewegung (also $\ddot{x}^A = 0$, $\ddot{y}^A = 0$) wird hingegen:

$$F_x = 0\ ,\ F_y = 0\ ,\ \Theta_{SS}\ddot{\varphi} = M^{(S)} \neq 0\ . \tag{3.3.102}$$

Die letzte Gleichung kennen wir bereits aus dem Anfang des Abschnitts 3.3.2 über die Rotation um eine fest stehende Achse, welche hier die Schwerachse ist.

Vorzugsweise werden wir die Bewegungsgleichungen für allgemeine Scheibensysteme in der Form (3.3.97) verwenden. Wir schneiden also das im Allgemeinen aus mehreren Scheiben bestehende System frei und werten im jeweiligen Schwerpunktsystem aus. Einige Beispiele sollen das Vorgehen verdeutlichen.

Dynamik

Beispiel I zur Starrkörperbewegung von Scheiben

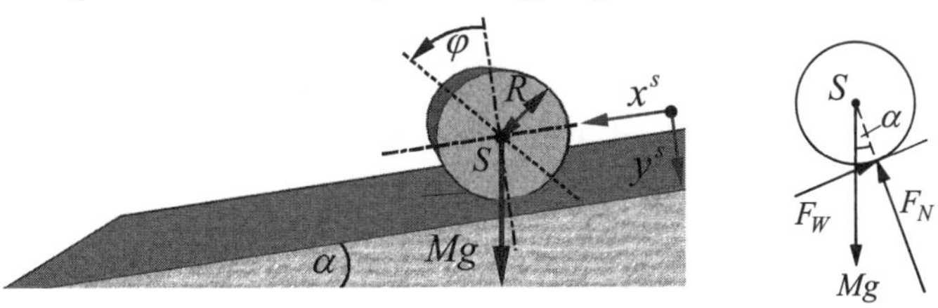

Abb. 3.3.18: Die rollende Walze.

Wir betrachten die in der Abbildung 3.3.18 dargestellte Situation. Eine kreisförmige Walze vom Radius R liegt auf einer schiefen Ebene und beginnt sich zu bewegen. Bewegt sie sich ohne zu rutschen abwärts, so spricht man vom reinen Rollen. Dass reines Rollen ohne Reibung nicht möglich ist, leuchtet aus der täglichen Erfahrung sofort ein. Bei vollkommener Glätte der Berührungsstelle würde die Walze einfach herunterrutschen und überhaupt nicht in Rotation geraten. Dies aber genau soll geschehen. Wir zeichnen im Freischnitt die Reibungskraft der reinen Rutschbewegung entgegengesetzt gerichtet ein, also nach oben weisend.

Der Kräftesatz lautet somit:

$$M\,\ddot{x}^S = Mg\sin(\alpha) - F_W\,,$$

$$M\,\ddot{y}^S = 0 = -Mg\cos(\alpha) + F_N \tag{3.3.103}$$

und der Drallsatz:

$$\Theta_{SS}\ddot{\varphi} = F_W R \tag{3.3.104}$$

mit (vgl. (3.3.50)):

$$\Theta_{SS} = \frac{MR^2}{2}\,. \tag{3.3.105}$$

Zwei Fälle gilt es nun zu unterscheiden, zunächst den des sogenannten **reinen Rollens**. Dieser tritt bei starker Haftreibung auf. In diesem Fall muss zwischen dem zurückgelegten Drehwinkel $\mathrm{d}\varphi$ und der auf dem Umfang der Walze zurückgelegten Wegstrecke $\mathrm{d}l$ folgender Zusammenhang gelten:

$$R\,\mathrm{d}\varphi = \mathrm{d}l\,. \tag{3.3.106}$$

Diese Strecke muss aber auch der Schwerpunkt in x-Richtung durchlaufen haben, denn schließlich soll es sich bei der Walze um einen starren Körper handeln. Man erhält so einen kinematischen Zusammenhang, auch **Rollbedingung** genannt:

$$R\,\mathrm{d}\varphi = \mathrm{d}x^S \quad \Rightarrow \quad \dot{x}^S = R\dot{\varphi} \quad \Rightarrow \quad \ddot{x}^S = R\ddot{\varphi}\,. \tag{3.3.107}$$

Indem wir F_W mithilfe von Gleichung (3.3.104) in (3.3.103) ersetzen, die Rollbedingung (3.3.107) und die Gleichung (3.3.105) für das Massenträgheitsmoment der Walze beachten, entsteht:

$$\ddot{x}^S = \frac{g\sin(\alpha)}{1+\dfrac{\Theta_{SS}}{MR^2}} = \frac{2}{3}g\sin(\alpha)\,. \tag{3.3.108}$$

Man darf feststellen, dass bei Vernachlässigung des Massenträgheitsmomentes der Beschleunigung die zur schiefen Ebene parallel nach unten gerichtete Komponente der Schwerkraft vollständig zugute käme. So vorzugehen jedoch ist natürlich unsinnig. Die Walze hat ein von null verschiedenes Massenträgheitsmoment Θ_{SS}, und es muss zusätzlich zur translatorischen Bewegung auch rotatorische Bewegung entstehen. Mithin wird die Translationsbeschleunigung um den Faktor $2/3$ vermindert.

Wir können jetzt auch die Haftreibungskraft berechnen. Sie ergibt sich aus Gleichung (3.3.103) in Verbindung mit dem soeben gefundenen Ergebnis für $\ddot{x}_S$:

$$F_W = M\left[g\sin(\alpha) - \ddot{x}^S\right] = \frac{M}{3} g\sin(\alpha). \tag{3.3.109}$$

Fragen wir uns nun, für welchen Haftreibungskoeffizienten reines Rollen überhaupt möglich ist. Dazu verwenden wir die COULOMBsche Reibungsgleichung für die Haftreibung (Haftreibungskoeffizient μ_0):

$$F_W = \mu_0 F_N \tag{3.3.110}$$

in Verbindung mit Gleichung (3.3.103) und Gleichung (3.3.109):

$$F_N = Mg\cos(\alpha) \quad \Rightarrow \quad \mu_0 = \frac{1}{3}\tan(\alpha). \tag{3.3.111}$$

Dies ist der **Mindestwert**, kleinere μ_0-Werte führen zu „nicht reinem" Rollen, eben zur Drehung mit Schlupf, und im Extremfall völlig fehlender Reibung zum einfachen Herunterrutschen der Walze, wobei dann überhaupt keine Drehbewegung einsetzt. Der Boden ist in diesen Fällen nicht griffig genug, um reines Rollen zu erzeugen. Um diesen Fall analytisch zu erfassen, verwenden wir den Freischnitt aus Abbildung 3.3.18. Die wirkende Reibungskraft ist nun aber die Gleitreibungskraft, und für sie gilt:

$$F_W = \mu F_N \tag{3.3.112}$$

mit dem Gleitreibungskoeffizienten μ. Die Gleichungen (3.3.103/104) bleiben bestehen, nur ersetzen wir diesmal F_W in (3.3.103) links mithilfe von (3.3.103) rechts und (3.3.112), denn eine kinematische Beziehung der Form (3.3.107) existiert hier nicht länger. Es folgt:

$$\ddot{x}^S = g\left[\sin(\alpha) - \mu\cos(\alpha)\right], \quad \ddot{\varphi} = \frac{2\mu g}{R}\cos(\alpha). \tag{3.3.113}$$

Man sieht an der letzten Beziehung sehr schön, dass nur im Fall völlig verschwindender Reibung überhaupt keine Drehbewegung zustande kommt.

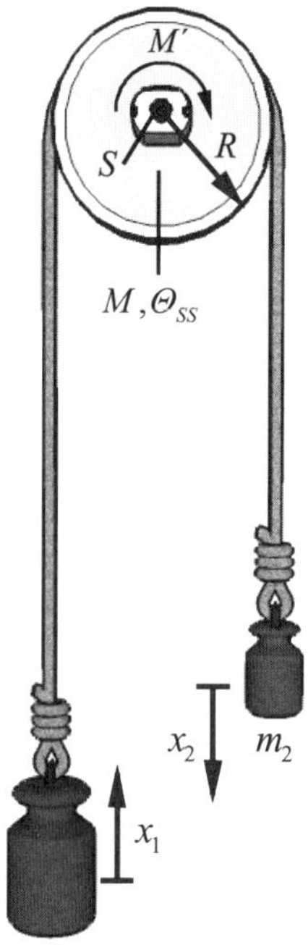

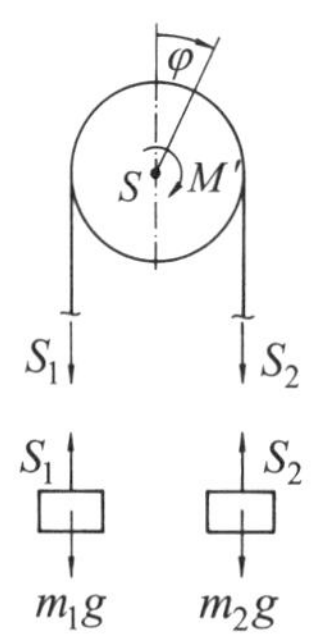

Abb. 3.3.19: Die ATWOODsche Fallmaschine.

Beispiel II zur Starrkörperbewegung von Scheiben: Die ATWOODsche Fallmaschine

Wir betrachten die in Abbildung 3.3.19 dargestellte Situation. Um eine kreisförmige Scheibe vom Radius R und der Masse M ist ein Seil gelegt, wobei an beiden Enden zwei unterschiedliche Massen m_1 und m_2 befestigt sind. Im Schwerpunkt S der Scheibe befindet sich ein Motor, der mit einem Antriebsmoment M' dafür sorgt, dass die Masse m_1 angehoben und die Masse m_2 gesenkt wird. Wir wollen annehmen, dass während des Hubs das Seil nicht rutscht, das heißt, dass die Haftreibung zu jedem Zeitpunkt stark genug ist, Schlupf zu vermeiden. Mit noch anderen Worten gesagt, es liegt **reines Rollen** vor, und man kann auch an eine Zahnradkette anstelle des Seiles denken. Um die Bewegungsgleichungen der beteiligten drei Körper aufzustellen, schneiden wir, wie unten dargestellt, frei. Wir zählen die Bewegung von m_1 positiv nach oben, die von m_2 positiv nach unten und den Drehwinkel der Scheibe nach rechts. Somit sagt der Drallsatz für die Scheibe:

$$-\Theta_{SS}\ddot{\varphi} = S_1 R - S_2 R - M' . \qquad (3.3.114)$$

Der Schwerpunktsatz ist hier irrelevant, denn die Scheibe führt keine translatorische Bewegung durch. Für die Punktmasse m_1 wird:

$$m_1\ddot{x}_1 = S_1 - m_1 g , \qquad (3.3.115)$$

für die Punktmasse m_2 hingegen:

$$m_2\ddot{x}_2 = -S_2 + m_2 g . \qquad (3.3.116)$$

Wir notieren noch das Massenträgheitsmoment der Scheibe:

$$\Theta_{SS} = \frac{MR^2}{2} \qquad (3.3.117)$$

und die hier relevanten kinematischen Bedingungen (reines Rollen, vgl. (3.3.106)):

$$R\ddot{\varphi} = \ddot{x}_1 = \ddot{x}_2 . \qquad (3.3.118)$$

Durch gegenseitiges Einsetzen entsteht:

$$\ddot{x}_1 = \frac{-(m_1 - m_2)g + \dfrac{M'}{R}}{m_1 + m_2 + \dfrac{M}{2}} . \qquad (3.3.119)$$

Beispiel III zur Starrkörperbewegung von Scheiben: Das Jo-Jo

Betrachte das in Abbildung 3.3.20 dargestellte Jo-Jo der Masse M und des Massenträgheitsmomentes Θ_{SS}, welches nach rechts über ein Seil angerissen wird. Der Innenradius, um welchen der Faden gewickelt ist, sei R_1, der Außenradius R_2. Wir tragen den Winkel rechtsläufig an und wollen voraussetzen, dass **reines Rollen** vorliegt. Das Jo-Jo würde bei Nichtvorliegen von Reibung sich rutschend nach rechts bewegen. Die Reibungskraft tragen wir dieser Bewegung entgegengesetzt gerichtet auf, also nach links. Der Drallsatz ergibt sich zu:

$$-\Theta_{SS}\ddot{\varphi} = FR_1 - F_W R_2 \,. \tag{3.3.120}$$

Der Kräftesatz lautet:

$$M\,\ddot{x}^S = F - F_W \;,\quad M\,\ddot{y}^S = 0 = F_N - Mg \,. \tag{3.3.121}$$

Aufgrund der vorausgesetzten reinen Rollbewegung wird außerdem:

$$\ddot{x}^S = R_2\ddot{\varphi} \,. \tag{3.3.122}$$

Elimination von F_W in Gleichung (3.3.121) mithilfe der Gleichungen (3.3.120/122) führt auf:

$$\ddot{x}^S = \frac{F\left(1-\dfrac{R_1}{R_2}\right)}{M+\dfrac{\Theta_{SS}}{R_2^2}} \,. \tag{3.3.123}$$

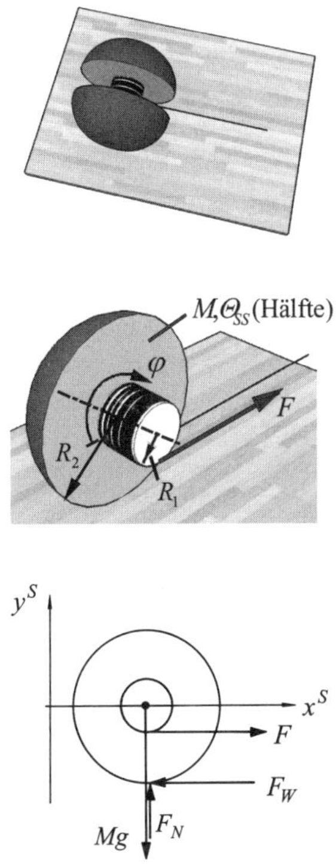

Abb. 3.3.20: Auf einer Unterlage liegendes Jo-Jo.

Wie in Beispiel I ausführlich diskutiert, liefern die Gleichungen (3.3.121) und (3.3.123) in Verbindung mit dem COULOMBschen Haftreibungsgesetz den für reines Rollen zumindest notwendigen Haftreibungskoeffizienten:

$$F_W = \mu_0 F_N \,, F_N = Mg \,,$$

$$F_W = F - M\,\ddot{x}^S \quad \Rightarrow \quad \mu_0 = \frac{F}{Mg} - \frac{F\left(1-\dfrac{R_1}{R_2}\right)}{\left(M+\dfrac{\Theta_{SS}}{R_2^2}\right)g} \,. \tag{3.3.124}$$

Beispiel IV zur Starrkörperbewegung von Scheiben

Wir betrachten die in Abbildung 3.3.21 dargestellte Vorrichtung. Zwei Seiltrommeln mit den vorgegebenen Radien r_1, r_2

George ATWOOD wurde 1745 in London geboren und starb am 11. Juli 1807 in Westminster, London. Er besuchte zunächst die Schule in Westminster und ging dann auf das berühmte Trinity College in Cambridge, wo er 1769 graduierte und anschließend in der Position eines Fellows Lehraufgaben übernahm. ATWOOD war ein überaus populärer Dozent, nicht zuletzt dadurch, dass er seine Vorlesungen durch viele Experimente auflockerte. Im Jahre 1776 wurde er als Fellow in die Royal Society gewählt. Dem britischen Premierminister William PITT gelang es schließlich, ATWOOD für das Schatzamt zu verpflichten, eine Aufgabe, die mit jährlich 500 Pfund honoriert wurde. Hier musste er seine mathematischen Kenntnisse praktisch einsetzen, und zwar für buchhalterische Kalkulationen, was wohl etwas langweilig, aber dafür gut dotiert war. 1784 veröffentlicht er ein Lehrbuch mit dem Titel „A Treatise on the Rectilinear Motion", das der NEWTONschen Mechanik gewidmet ist und in welchem er die nach ihm benannten Fallmaschinen beschreibt.

sowie Massenträgheitsmomenten Θ_1, Θ_2 (bezüglich ihres Schwerpunktes) sind über ein Reibradpaar (Radien R_1, R_2, Massen M_1, M_2 mit in Θ_1, Θ_2 enthaltenem Massenträgheitsmoment) miteinander verbunden. Durch eine **horizontale Vorspannung** wird genügend Haftung garantiert, sodass die Reibräder aufeinander **abrollen**. Zwei Massen m_1, m_2 sorgen für die reine Rollbewegung. Dabei ist m_2 die „antreibende" Masse, mit anderen Worten, Rad 2 dreht im Uhrzeigersinn, Rad 1 im Gegenuhrzeigersinn. Zur Beschreibung der Bewegung führen wir positive Winkelrichtungen φ_1, φ_2 ein sowie Bewegungsrichtungen für die Massen, beide nach unten gezählt.

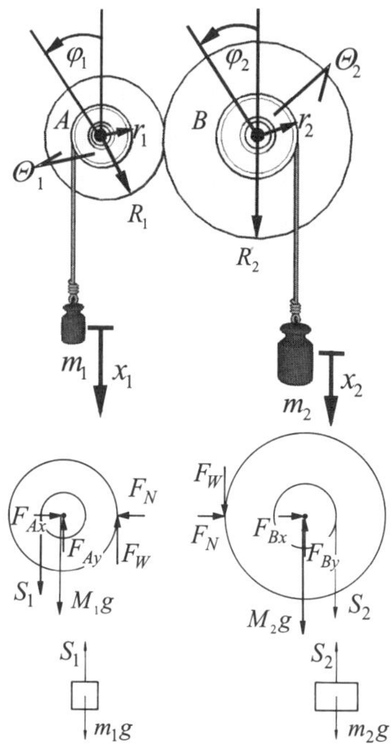

Abb. 3.3.21: Seiltrommeln und aufeinander abrollende Reibräder.

In einem **ersten Lösungsschritt** schneiden wir frei. Dies ist in Abbildung 3.3.21 unten dargestellt. Reibrad 2 treibt an, die Reibkraft ist der Bewegungsrichtung entgegengerichtet eingezeichnet. Wir notieren die Bewegungsgleichungen als **zweiten Lösungsschritt**.

a) Trommel/Reibrad 1:

Drallsatz (Drehung um A)

$$\Theta_1 \ddot{\varphi}_1 = S_1 r_1 + F_W R_1 , \quad (3.3.125)$$

Kräftesatz

$$0 = F_{Ax} - F_N \text{ (horizontal)} ,$$

$$0 = -S_1 + F_{Ay} + F_W - M_1 g \text{ (vertikal)}; \quad (3.3.126)$$

b) Trommel/Reibrad 2:

Drallsatz (Drehung um B)

$$\Theta_2 \ddot{\varphi}_2 = -S_2 r_2 + F_W R_2 , \quad (3.3.127)$$

Kräftesatz

$$0 = F_{Bx} + F_N \text{ (horizontal)} ,$$

$$0 = -F_W - S_2 + F_{By} - M_2 g \text{ (vertikal)}; \quad (3.3.128)$$

c) *Massen 1 und 2*, nur Kraftsatz für Punktmassen:

$$m_1 \ddot{x}_1 = -S_1 + m_1 g \ , \quad m_2 \ddot{x}_2 = -S_2 + m_2 g \, . \quad (3.3.129)$$

Beachte, dass alle Seilkräfte als Zugkräfte angetragen sind, so wie es für Seile einzig möglich ist. Wir notieren als Unbekannte 11 Größen wie folgt (die Vorspannkraft F_N ist vorgegeben):

$$\ddot{x}_1 \, , \; \ddot{x}_2 \, , \; \ddot{\varphi}_1 \, , \; \ddot{\varphi}_2 \, , \; S_1 \, , \; S_2 \, , \; F_{Ax} \, , \; F_{Ay} \, , \; F_{Bx} \, , \; F_{By} \, , \; F_W \; .$$

Bisher existieren aber nur acht Gleichungen zu vollständigen Beschreibung der Bewegung. Wir komplettieren den Gleichungssatz durch in einem **dritten Lösungsschritt** aufzustellende Beziehungen, nämlich die COLOUMBsche Haftreibungsgleichung:

$$F_W = \mu_0 F_N \quad (3.3.130)$$

und die sogenannten kinematischen Beziehungen. Die Gleichung (3.3.130) erlaubt es, für eine vorgegebene Vorspannkraft F_N den für reines Rollen notwendigen Reibkoeffizienten μ_0 zu bestimmen. Ferner ist zu fordern, dass, wenn sich das große Reibrad um $-R_2 \, \mathrm{d}\varphi_2$ dreht, das kleine die gleich große Strecke $R_1 \, \mathrm{d}\varphi_1$ erbringt, da ja reines Rollen vorliegen soll. Auf die Zeiteinheit bezogen wird:

$$R_1 \dot{\varphi}_1 = -R_2 \dot{\varphi}_2 \quad \Rightarrow \quad R_1 \ddot{\varphi}_2 = -R_2 \ddot{\varphi}_2 \, . \quad (3.3.131)$$

Außerdem senkt sich die Masse 1 um $\mathrm{d}x$, und das muss gleich der bereitgestellten Seillänge $R_1 \, \mathrm{d}\varphi_1$ sein. Wieder auf die Zeiteinheit bezogen wird:

Dynamik

$$\dot{x}_1 = r_1\dot{\varphi}_1 \quad \Rightarrow \quad \ddot{x}_1 = r_1\ddot{\varphi}_1 . \tag{3.3.132}$$

Ebenso senkt sich die Masse 2 um dx_2, und auch hier gilt es, die Seillänge $-R_2\,d\varphi_2$ bereitzustellen:

$$\dot{x}_2 = -r_2\dot{\varphi}_2 \quad \Rightarrow \quad \ddot{x}_2 = -r_2\ddot{\varphi}_2 . \tag{3.3.133}$$

Damit verfügen wir über vier zusätzliche Gleichungen und das Problem wird lösbar. Wir interessieren uns speziell für die Winkelbeschleunigungen:

$$\ddot{\varphi}_1 = \frac{\left(r_1 m_1 + r_2 m_2 \dfrac{R_1}{R_2}\right) g}{\Theta_1 + m_1 r_1^2 + \left(\Theta_2 + m_2 r_2^2\right)\left(\dfrac{R_1}{R_2}\right)^2} \tag{3.3.134}$$

und für die Vertikalbeschleunigung der Massen:

$$\ddot{x}_1 = r_1\ddot{\varphi}_1 = \frac{\left(r_1 m_1 + r_2 m_2 \dfrac{R_1}{R_2}\right) r_1 g}{\Theta_1 + m_1 r_1^2 + \left(\Theta_2 + m_2 r_2^2\right)\left(\dfrac{R_1}{R_2}\right)^2} . \tag{3.3.135}$$

Die Seilkräfte werden dann

$$S_1 = m_1\left(g - \ddot{x}_1\right) \;, \quad S_2 = m_2\left(g - \ddot{x}_2\right). \tag{3.3.136}$$

Impuls-, Arbeits- und Energiesatz bei der Bewegung starrer Körper in der Ebene

Wir erinnern an den Kraft- sowie den Drallsatz der ebenen Bewegung, Gleichungen (3.3.97) und (3.3.98). Diese integrieren wir nun über die Zeit im Intervall $[t_A, t]$ und finden:

$$M\dot{x}^S(t) - M\dot{x}^S(t_A) = \int_{\tilde{t}=t_A}^{\tilde{t}=t} F_x(\tilde{t})\,d\tilde{t} = K_x(t), \tag{3.3.137}$$

$$M\dot{y}^S(t) - M\dot{y}^S(t_A) = \int_{\tilde{t}=t_A}^{\tilde{t}=t} F_y(\tilde{t})\,d\tilde{t} = K_y(t), \tag{3.3.138}$$

$$\Theta_{SS}\dot{\varphi}(t) - \Theta_{SS}\dot{\varphi}(t_A) = \int_{\tilde{\varphi}=\varphi_A}^{\tilde{\varphi}=\varphi} M^{(S)}(t)\,d\tilde{\varphi} = K^{M^{(S)}}(t). \tag{3.3.139}$$

Die Kraft- und Momentenstöße $K_x, K_y, K^{M^{(S)}}$ sind dabei aus vorzugebenden Kräften und Momenten vorzeichenrichtig zu ermitteln. Eine Anwendung dieser Gleichungen sind Stöße zwischen Körpern endlicher Abmessung, wobei sich diese nach dem Stoß nicht notwendigerweise translatorisch weiterbewegen (so wie im Fall der Massenpunkte aus Abschnitt 3.2.6), sondern auch in Rotation versetzt werden können. Hierauf werden wir im Rahmen dieses Buches jedoch nicht weiter eingehen.

Wir interessieren uns nun als Nächstes für die kinetische Energie einer Scheibe. Dazu betrachten wir den Massenanteil dm in einer Scheibe aus Abbildung 3.3.17. Seine Geschwindigkeit lässt sich aus der Gleichung (3.3.91) wie folgt bestimmen:

$$\upsilon_x = \dot{x} = \dot{x}_S - \dot{\varphi}\eta \;,\quad \upsilon_y = \dot{y} = \dot{y}_S + \dot{\varphi}\xi \,. \tag{3.3.140}$$

Man findet so für die kinetische Energie der Scheibe (beachte, dass die Winkelgeschwindigkeit $\dot{\varphi} = \omega$ für alle Körperpunkte gleich ist und vor das Integral gezogen werden darf):

$$\begin{aligned} E^{\text{kin}} &= \frac{1}{2}\int_M \underline{\upsilon}^2 \mathrm{d}m = \frac{1}{2}\int_M \left(\dot{x}^2 + \dot{y}^2\right)\mathrm{d}m \\ &= \frac{1}{2}\left(\dot{x}_S^2 + \dot{y}_S^2\right)\int_M \mathrm{d}m - \dot{x}_S\omega\int_M \eta \,\mathrm{d}m + \\ &\quad \dot{y}_S\omega\int_M \xi \,\mathrm{d}m + \frac{\omega^2}{2}\int_M \left(\xi^2 + \eta^2\right)\mathrm{d}m \,. \end{aligned} \tag{3.3.141}$$

Aufgrund der Tatsache, dass wir auf den Schwerpunkt beziehen, gilt:

$$\int_M \xi \,\mathrm{d}m = 0 \,,\; \int_M \eta \,\mathrm{d}m = 0 \tag{3.3.142}$$

und deshalb folgt:

$$E^{\text{kin}} = \frac{1}{2}M\underline{\upsilon}_S^2 + \frac{1}{2}\Theta_{SS}\omega^2 \,. \tag{3.3.143}$$

Mithin ist die kinetische Energie in einen **translatorischen** sowie in einen **rotatorischen** Anteil aufteilbar. Der Arbeitssatz lautet:

$$E^{\text{kin}}(t) - E^{\text{kin}}(t_A) = W \,, \tag{3.3.144}$$

wobei W die Arbeit der äußeren Kräfte bzw. Momente beim Übergang des starren Körpers von seiner Position zur Zeit t_A auf die aktuelle Position zur Zeit t ist. Sind die äußeren Kräfte bzw. Momente aus einem Potenzial ableitbar, so folgt der Energiesatz in der Form:

$$E^{\text{kin}}(t) + E^{\text{pot}}(t) = E^{\text{kin}}(t_A) + E^{\text{pot}}(t_A) = \text{const.}_t \,. \tag{3.3.145}$$

Ein Beispiel zum Energiesatz ebener starrer Körper

Wir betrachten das in Abbildung 3.3.22 dargestellte System, bei dem eine Walze (Masse m_2, Trägheitsmoment Θ_{ss}), die über eine Feder an der Wand befestigt ist, durch ein per Umlenkrolle (massenlos) angebrachtes Gewicht (Masse m_1) in Bewegung gesetzt wird.

Gesucht ist die Geschwindigkeit des Gewichtes, wenn das System bei entspannter Feder aus der Ruhe losgelassen wird. Wir lösen das Problem zunächst direkt über die **Bewegungsgleichungen** und notieren für die freigeschnittene Walze Kräftesatz und Drallsatz:

$$m_2\ddot{x}^S = -F_c + S - F_W \;,\quad m_2\ddot{y}^S = F_N - m_2 g = 0 \qquad (3.3.146)$$

$$-\Theta_{SS}\ddot{\varphi} = -SR - F_W R \,.$$

Analog gehen wir bei der freigeschnittenen Punktmasse vor:

$$m_1\ddot{x}_1 = m_1 g - S \,. \qquad (3.3.147)$$

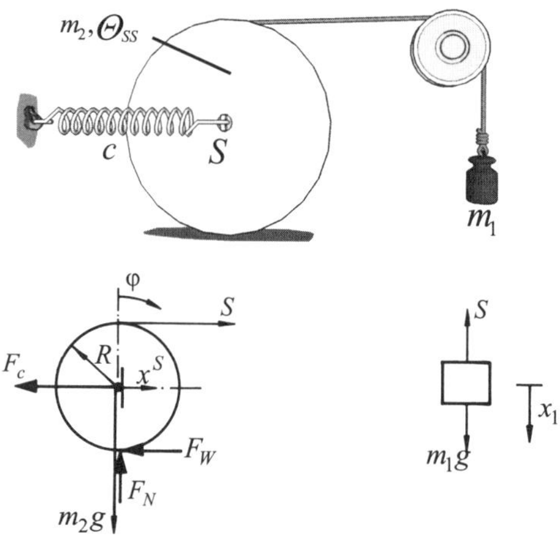

Abb. 3.3.22: Schwingende Walze.

Nun gilt es, kinematische und andere Bedingungen zu formulieren, denn zur Bestimmung der sechs Unbekannten, nämlich $\ddot{x}^s, F_c, S, F_w, \ddot{y}^s, F_N, \ddot{\varphi}$, reichen diese drei Gleichungen nicht aus. Die **kinematischen Gleichungen** sind wie folgt:

$$R\,\mathrm{d}\varphi = \mathrm{d}x^S \;,\quad \frac{\mathrm{d}x_1}{2R} = \frac{\mathrm{d}x^S}{R} \quad \Rightarrow \quad 2R\dot{\varphi} = \dot{x}_1 \,. \qquad (3.3.148)$$

Weiterhin gilt die Gleichung für die HOOKEsche Feder:

$$F_c = cx^S \qquad (3.3.149)$$

und die COULOMBsche Haftgleichung, die für das Eintreten **reinen Rollens** zuständig ist:

$$F_W = \mu_0 F_N . \tag{3.3.150}$$

Aus dieser Gleichung errechnet man den für reines Rollen mindestens notwendigen Haftreibungskoeffizienten μ_0, der eine weitere Unbekannte ist. Für uns sind die Beschleunigungen besonders interessant. Durch gegenseitiges Auflösen findet man:

$$\ddot{x}_1\left(2m_1 + \frac{m_2}{2} + \frac{\Theta_{SS}}{2R^2}\right) = -\frac{c}{2}x_1 + 2m_1 g . \tag{3.3.151}$$

Indem man nun mit $\dot{x}_1$ multipliziert, umformt:

$$\ddot{x}_1\dot{x}_1 = \frac{\mathrm{d}}{\mathrm{d}t}\left(\frac{1}{2}(\dot{x}_1)^2\right), \; \dot{x}_1 x_1 = \frac{\mathrm{d}}{\mathrm{d}t}\left(\frac{1}{2}(x_1)^2\right) \tag{3.3.152}$$

und nach der Zeit integriert, wobei zu beachten ist, dass am Anfang alles ruht, folgt:

$$\dot{x}_1 = \pm\sqrt{\frac{2m_1 g x_1 - \frac{c}{4}(x_1)^2}{m_1 + \frac{m_2}{4} + \frac{\Theta_{SS}}{4R^2}}} . \tag{3.3.153}$$

Dieses langatmig hergeleitete Ergebnis wird zum „Zweizeiler", wenn man sich des Energiesatzes* bedient:

$$E^{\text{pot}}(t_A = 0) = 0 , \; E^{\text{kin}}(t_A = 0) = 0 ,$$

$$E^{\text{pot}}(t) = -m_1 g x_1 + \frac{c}{2}\left(x^S\right)^2 = -m_1 g x_1 + \frac{c}{8}(x_1)^2 , \tag{3.3.154}$$

$$\begin{aligned} E^{\text{kin}}(t) &= \frac{1}{2}m_1(\dot{x}_1)^2 + \left(\frac{1}{2}m_2\left(\dot{x}^S\right)^2 + \frac{1}{2}\Theta_{SS}\dot{\varphi}^2\right) \\ &= \frac{1}{2}(\dot{x}_1)^2\left(m_1 + \frac{m_2}{4} + \frac{\Theta_{SS}}{4R^2}\right). \end{aligned}$$

Diese Ergebnisse folgen unmittelbar aus den Ausdrücken für die potenzielle Energie im Schwerefeld, der potenziellen Energie einer gespeicherten Feder und den kinetischen Energieanteilen eines starren Körpers.

* Im Grunde reflektieren die Umformungen in den Gleichungen (3.3.151/152) den Energiesatz.

3.4 Schwingungen

3.4.1 Grundbegriffe der Schwingungslehre

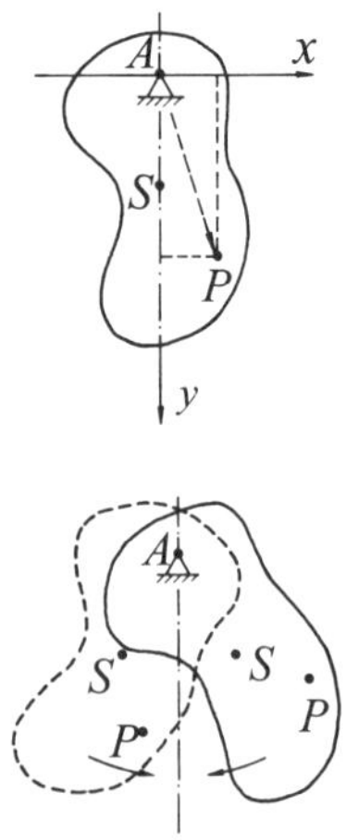

Abb. 3.4.1: Physikalisches Pendel.

Periodisch wiederkehrende gleiche Zustände eines physikalisch-technischen Systems bezeichnet man gemeinhin als Schwingungen. Als einfachstes Beispiel betrachten wir eine Scheibe, die an einem Lager A aufgehängt nach einer Auslenkung aus ihrer Gleichgewichts-, also Ruhelage sich um diese periodisch hin- und herbewegt: Abbildung 3.4.1.

Betrachten wir einen beliebigen Punkt P des Pendels, so stellen wir fest, dass für seine kartesischen Koordinaten gilt:

$$x = x(t) = x(t+T) = x(t+2T) = \cdots ,$$

$$y = y(t) = y(t+T) = y(t+2T) = \cdots . \tag{3.4.1}$$

Mit anderen Worten: nach ganzzahligen Vielfachen der Periodendauer T kehrt der Punkt P in dieselbe Position zurück. Jedenfalls gilt dies, wenn die Lager- und Luftreibung vernachlässigbar klein ist. Es muss sich bei der betrachteten, einer Schwingung unterzogenen Größe auch nicht unbedingt um Ortskoordinaten handeln. Es kann sich genauso gut um abgeleitete kinematische Größen handeln, die „schwingen“, also periodisch gleiche Zahlenwerte annehmen, etwa die Geschwindigkeit $\dot{x}$, $\dot{y}$ oder die Beschleunigung $\ddot{x}$, $\ddot{y}$. Und natürlich „schwingen“ auch physikalisch völlig andersartige Größen, etwa der Druck in einem Raum oder eine Kraft, welche die Bewegung anregt, oder elektro-magnetische Felder etc.

Wir werden letztendlich jeweils nach den Ursachen für die Schwingung fragen müssen und eine „Bewegungsgleichung“ für die betreffende Größe aufstellen. Davon später mehr. Zuvor definieren wir noch die sogenannte **Frequenz** einer Schwingung als die inverse Periodendauer T:

$$\nu = \frac{1}{T} . \tag{3.4.2}$$

Die Einheit der Frequenz ist $1/\mathrm{s}$. Dies bezeichnet man auch als ein Hertz (Hz), zu Ehren des großen Mechanikers und Physikers Heinrich HERTZ. Gerne trägt man eine schwingende Größe $x(t)$ über der Zeit auf, etwa so wie in Abbildung 3.4.2 dargestellt.

Dies erlaubt es, die Schwingung samt ihrer Periodendauer T explizit zu „sehen“. Beachte, dass man zum Abgreifen der Schwingungsdauer T bei irgendeinem Punkt starten kann, es muss sich nicht um einen Nulldurchgang oder ein Maximum handeln.

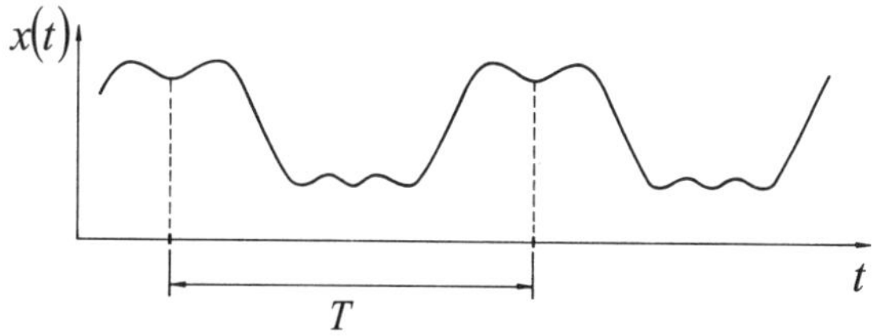

Abb. 3.4.2: Schwingung einer Größe.

Wir wollen uns nun speziell den sogenannten harmonischen Schwingungen zuwenden. Anschaulich kann man sich diese wie folgt zustande gekommen denken: Abbildung 3.4.3. Eine Kreisscheibe dreht sich um ihr Zentrum S mit der konstanten Winkelgeschwindigkeit ω. Nach der Zeit t steht ein ursprünglich an der Stelle $(0, y_{max})$ gelegener Punkt P auf der Position $(-\sin(\omega t), \cos(\omega t))$, denn er wurde ja um den Winkel ωt bezüglich S entgegen dem Uhrzeigersinn gedreht. Diese Bewegung ist in der Abbildung dargestellt. Die (x, y)-Position ändert sich also rein sinus- bzw. kosinusförmig, und man spricht in dem Zusammenhang von einer **harmonischen** Schwingung. Die extremalen Positionen $\pm x_{max}$, $\pm y_{max}$ nennt man auch die **Amplitude** der Schwingung und ω nennt man auch die **Kreisfrequenz**. Dieser Name wird verständlich, wenn man bedenkt, dass der Schwingungsdauer T der volle Kreiswinkel 2π entspricht, der bei konstantem ω während der Zeit

$$\omega T = 2\pi \quad \Rightarrow \quad T = \frac{2\pi}{\omega} \tag{3.4.3}$$

umfahren wird. Mit Gleichung (3.4.2) entsteht:

$$\frac{1}{\nu} = \frac{2\pi}{\omega} \quad \Rightarrow \quad \omega = 2\pi\nu\,. \tag{3.4.4}$$

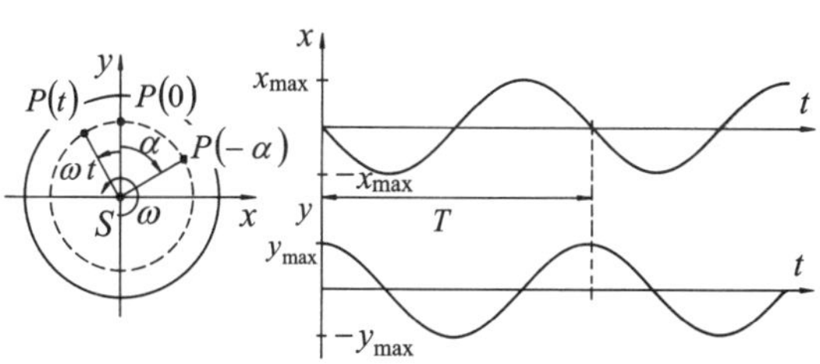

Abb. 3.4.3: Eine sich mit der konstanten Winkelgeschwindigkeit ω drehende Kreisscheibe und ein darauf befindlicher Punkt P.

Bei genauer Inspektion des Beispiels aus Abbildung 3.4.3 erkennt man, dass die Anfangsposition des Punktes P bei der Darstellung der zeitlichen Entwicklung eingegangen ist. Wir hätten P ja nicht von der Position $(0, y_{max})$ aus starten lassen müssen, sondern genauso gut den Punkt P aus einem Winkel $-\alpha$ heraus starten lassen können. Dann hätten wir schreiben müssen:

$$y(t) = y_{max} \cos(\omega t - \alpha), \tag{3.4.5}$$

und mit den Additionstheoremen für Winkelfunktionen folgt hieraus:

$$y(t) = y_{max} \left(\cos(\omega t)\cos(\alpha) + \sin(\omega t)\sin(\alpha)\right). \tag{3.4.6}$$

Wir definieren:

$$\begin{aligned} &A = y_{max} \cos(\alpha), \quad B = y_{max} \sin(\alpha) \\ &\Rightarrow \quad y_{max} = \sqrt{A^2 + B^2}, \quad \alpha = \arctan\left(\frac{B}{A}\right) \end{aligned} \tag{3.4.7}$$

und schreiben:

$$y(t) = A\cos(\omega t) + B\sin(\omega t). \tag{3.4.8}$$

Wir erkennen, dass eine harmonische Schwingung immer als Addition, also Überlagerung, von einer Sinus- und einer Kosinusschwingung dargestellt werden kann.

Die Amplituden können im Laufe der Zeit abnehmen. Man spricht dann von einer **gedämpften** Schwingung. Sie können sich aber auch im Laufe der Zeit vergrößern. Dann spricht man von einer **angefachten** Schwingung. Eine weitere gängige Klassifikation von Schwingungen erfolgt nach der Zahl der **Freiheitsgrade** des Schwingers. Man spricht von Schwingern mit ein, zwei, ..., n Freiheitsgraden. Zunächst konzentrieren wir uns auf Systeme mit einem Freiheitsgrad.

Des Weiteren ist es üblich, Schwingungen nach dem Typ ihrer Bewegungsgleichung zu charakterisieren. Wie diese abzuleiten sind, darüber werden wir noch sprechen müssen. Wir dürfen jedoch bereits feststellen, dass es sich bei den Bewegungsgleichungen stets um Differenzialgleichungen der betreffenden schwingenden Größe handelt, und diese können linearen bzw. nichtlinearen Charakter haben und zu **linearen** bzw. **nichtlinearen** Schwingungen führen.

Schließlich unterteilt man Schwingungen auch noch gerne nach ihrem Entstehungsmechanismus. Zwei Fälle werden im Folgenden behandelt, die **freien** und die **erzwungenen** Schwingungen.

Freie Schwingungen (auch Eigenschwingungen genannt) spiegeln die Bewegung eines schwingenden Systems wider, auf das **keine** äußeren, antreibenden Kräfte oder Energiequellen wirken. Bei erzwungenen Schwingungen hingegen ist dies der Fall.

3.4.2 Freie, ungedämpfte Schwingungen mit einem Freiheitsgrad

Bewegungsgleichungen und ihre Lösung

Typische mechanische Systeme, um die es im Folgenden geht, sind in Abbildung 3.4.4 zu sehen. Ein Klotz kann sich reibungsfrei in x-Richtung bewegen, wobei eine HOOKEsche Feder ihn zwingt, regelmäßig in die kräftefreie Ruhelage zurückzukehren. Diese ist durch Kräftefreiheit der HOOKEschen Feder gekennzeichnet.

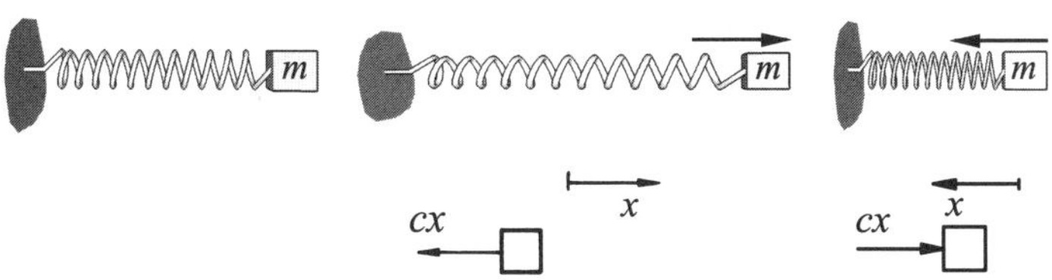

Abb. 3.4.4: Ungedämpfter 1-D-Massenschwinger unter Einfluss einer HOOKEschen Feder mit Bewegung um die Gleichgewichtslage (linkes Bild) sowie Freischnitt.

Der Freischnitt ist ebenfalls dargestellt und mit seiner Hilfe formulieren wir die Bewegungsgleichung:

$$m\ddot{x} = -cx = c(-x), \tag{3.4.9}$$

wobei c die sogenannte **Federkonstante** bezeichnet. Sie ist eine die Steifigkeit, also den Widerstand gegenüber Auslenkung der Feder, kennzeichnende Größe. Daraus wird:

$$\ddot{x} + \omega^2 x = 0 \ , \ \omega^2 = \frac{c}{m}. \tag{3.4.10}$$

Dies ist eine **lineare, homogene Differenzialgleichung 2. Ordnung** mit konstanten Koeffizienten, nämlich zum einen dem Faktor eins und zum anderen dem Quadrat der sogenannten (positiven) Eigenkreisfrequenz ω. Wir lösen sie allgemein mit dem Ansatz:

$$x(t) = A\cos(\omega\, t) + B\sin(\omega\, t), \tag{3.4.11}$$

wobei A und B an sogenannte Anfangsbedingungen angepasst werden müssen. Beispielsweise lenken wir die Masse zum Zeitpunkt $t = 0$ aus, und zwar in die Position $x(t=0) = x_0$, und ge-

Dynamik

ben ihr eine beliebige Geschwindigkeit $\dot{x}(t=0)=\upsilon_0$ mit auf den Weg. Wir finden so:

$$x(t=0)=A\cdot 1+B\cdot 0=x_0 \quad\Rightarrow\quad A=x_0 \tag{3.4.12}$$

und:

$$\dot{x}(t)=-A\omega\sin(\omega t)+B\omega\cos(\omega t) \tag{3.4.13}$$

$$\Rightarrow\quad \dot{x}(t=0)=-A\omega\cdot 0+B\omega\cdot 1=\upsilon_0 \quad\Rightarrow\quad B=\frac{\upsilon_0}{\omega}.$$

Es resultiert:

$$x(t)=x_0\cos(\omega t)+\frac{\upsilon_0}{\omega}\sin(\omega t). \tag{3.4.14}$$

Oft werden mechanische Systeme durch ihr eigenes Gewicht zur Schwingung angeregt. Abbildung 3.4.5 zeigt ein Kaleidoskop derartiger Probleme mit zugehörigem Freischnitt.

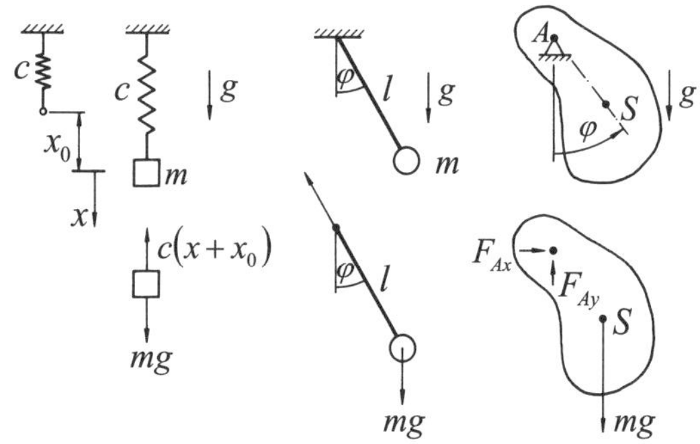

Abb. 3.4.5: Einfache Schwinger: Federpendel, Fadenpendel und physikalisches Pendel.

Aus dem Freischnitt folgen die jeweiligen Bewegungsgleichungen sofort.

a) Für den **Federschwinger** (x_0 kennzeichnet die Gleichgewichtslage der Feder nach Aufhängen der Masse und vor der Auslenkung, die zur Schwingung führt):

$$m\ddot{x}=-c(x+x_0)+mg \quad \text{mit} \quad mg=cx_0$$

$$\Rightarrow\quad \ddot{x}+\omega^2x=0\ ,\ \omega^2=\frac{c}{m}; \tag{3.4.15}$$

b) für das **Fadenpendel**:

$$m(l\dot{\varphi})^{\bullet}=-mg\sin\varphi \quad\Rightarrow\quad \ddot{\varphi}+\frac{g}{l}\sin(\varphi)=0\,, \tag{3.4.16}$$

falls $|\varphi| << 1 \quad \Rightarrow \quad \ddot{\varphi} + \omega^2 \varphi = 0 \ , \ \omega^2 = \frac{g}{l};$

c) für das **physikalische Pendel**:

$$\Theta_{AA}\ddot{\varphi} = -mgl\sin(\varphi)$$

$$\Rightarrow \quad \ddot{\varphi} + \frac{mgl}{\Theta_{AA}}\sin(\varphi) = 0, \qquad (3.4.17)$$

falls $|\varphi| << 1 \quad \Rightarrow \quad \ddot{\varphi} + \omega^2 \varphi = 0 \ , \ \omega^2 = \frac{mgl}{\Theta_{AA}}.$

Für den Fall kleiner Auslenkungen:

$$\sin\varphi \approx \varphi \qquad (3.4.18)$$

ergibt sich also stets **derselbe** Typ von Bewegungsgleichung, wobei die Eigenfrequenzen aus jeweils anderen Grundgrößen zu ermitteln sind.

Wir lösen die Differenzialgleichungen auf genau dieselbe Weise, wie es oben für Gleichung (3.4.10) vorgeführt wurde, d. h., wir geben Anfangsposition (Anfangswinkel) und Anfangsgeschwindigkeit (Anfangswinkelgeschwindigkeit) vor und erhalten eine harmonische Lösung vom Typus (3.4.11) bzw. (3.4.14).

Es sei abschließend darauf hingewiesen, dass es auch möglich ist, die nichtlinearen Differenzialgleichungen in (3.4.16/17) zu lösen, ohne dass der Sinus in eine Reihe entwickelt wird. Die Lösung führt auf elliptische Integrale, welche für gegebene Anfangsbedingungen numerisch ausgewertet werden müssen.

Alternativen und ergänzende Betrachtungen mithilfe des Energiesatzes

Die in Abbildung 3.4.5 gezeigten Systeme sind reibungsfrei. Zu ihrer Beschreibung dürfen wir den Energiesatz in der Form (3.3.145) verwenden, wobei alle potenziellen Energieanteile aufgrund der Konservativität der die Schwingung antreibenden Gewichts- bzw. Federkraft explizit aufgeschrieben werden können. Wir notieren also den Energiesatz:

$$E^{\text{kin}}(t) + E^{\text{pot}}(t) = E^{\text{kin}}(0) + E^{\text{pot}}(0) = \text{const.}_t \qquad (3.4.19)$$

und haben bei der **Feder** aus Abbildung 3.4.5:

$$E^{\text{kin}} = \frac{m}{2}(\dot{x}(t))^2, \qquad (3.4.20)$$

$$E^{\text{pot}} = \frac{c}{2}x^2(t), \qquad (3.4.21)$$

beim **Fadenpendel**:

$$E^{\text{kin}} = \frac{m}{2}(l\dot{\varphi})^2 = \frac{ml^2}{2}\dot{\varphi}^2(t), \tag{3.4.22}$$

$$\begin{aligned} E^{\text{pot}} &= mgl - mgl\cos(\varphi) = mgl(1-\cos\varphi) \\ &\approx mgl\left(1-\left(1-\frac{\varphi^2}{2}\right)\right) = mgl\frac{\varphi^2}{2}, \end{aligned} \tag{3.4.23}$$

und schließlich beim **physikalischen Pendel**:

$$E^{\text{kin}} = \frac{\Theta_{AA}}{2}(\dot{\varphi})^2 = \frac{\Theta_{AA}}{2}\dot{\varphi}^2(t), \tag{3.4.24}$$

$$E^{\text{pot}} \approx mgl\frac{\varphi^2(t)}{2}. \tag{3.4.25}$$

Indem man diese Ergebnisse in die Gleichung (3.4.19) einsetzt und nach der Zeit differenziert, entstehen sukzessive die Bewegungsgleichungen (3.4.15/16/17), was nicht verwunderlich ist, denn der Energiesatz war ja eine Konsequenz der NEWTONschen Bewegungsgleichungen, nämlich sein erstes Integral über die Zeit.

Die Gleichung (3.4.19) zeigt uns jedoch noch etwas anderes. Wenn man so will, schwingen auch kinetische und potenzielle Energie um einen mittleren Wert, nämlich die mittlere konstante Gesamtenergie. Betrachten wir zur Erläuterung die Situation beim Fadenpendel, welches wir am Anfang um einen Winkel φ_0 auslenken und dann aus der Ruhe loslassen. Es gilt also aufgrund der Anfangsbedingungen:

$$E^{\text{kin}}(0) = 0\ ,\ \ E^{\text{pot}}(0) = mgl\frac{\varphi_0^2}{2} = E_0 \tag{3.4.26}$$

und nach Gleichung (3.4.14):

$$\varphi(t) = \varphi_0\cos(\omega\, t)\ ,$$

$$\omega^2 = \frac{g}{l} \quad \Rightarrow \quad \dot{\varphi}(t) = -\varphi_0\omega\sin(\omega\, t). \tag{3.4.27}$$

Somit nach Gleichungen (3.4.22/23):

$$\begin{aligned} E^{\text{kin}} &= \frac{ml^2}{2}(\varphi_0\omega)^2\sin^2(\omega\, t) = \frac{ml\varphi_0^2 g}{2}\sin^2(\omega\, t) \\ &= \frac{E_0}{2}[1-\cos(2\omega\, t)], \end{aligned} \tag{3.4.28}$$

$$E^{\text{pot}} = \frac{mgl}{2}\varphi_0^2 \cos^2(\omega t) = \frac{E_0}{2}\left[1+\cos(2\omega_0 t)\right] \;,\quad E_0 = \frac{1}{2}mgl\varphi_0^2 \;,$$

wobei folgende Additionstheoreme verwendet wurden:

$$\sin^2(\omega t) = \frac{1}{2}\left[1-\cos(2\omega t)\right] \;,$$

$$\cos^2(\omega t) = \frac{1}{2}\left[1+\cos(2\omega t)\right]. \tag{3.4.29}$$

Das zeitliche Verhalten beider Energien, der kinetischen und der potenziellen, ist in der Abbildung 3.4.6 illustriert.

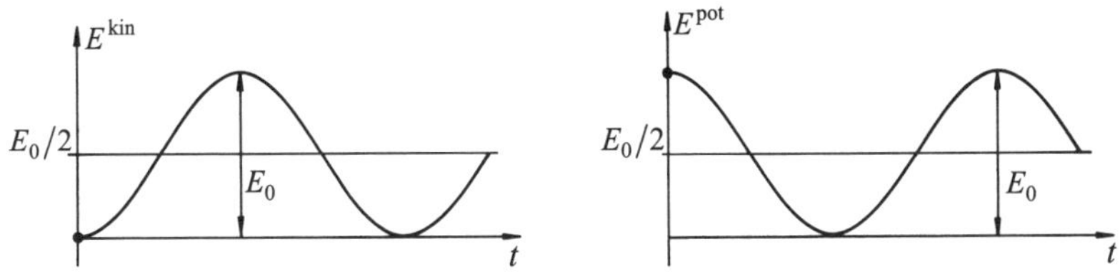

Abb. 3.4.6: Schwingung der kinetischen und der potenziellen Energie.

Man erkennt, dass:

- E^{kin} wie E^{pot} um einen mittleren Energiewert $E_0/2$ „schwingen".
- E^{kin} sein Minimum (nämlich null) dann annimmt, wenn E^{pot} sein Maximum hat (nämlich E_0) und umgekehrt.
- die Schwingungsfrequenz der Energien zweimal so groß ist wie die der Schwingung des Winkels φ.
- die Summe beider Energien E^{pot} und E^{kin} zu jedem Zeitpunkt konstant und gleich dem festen Wert E_0 ist.

Beispiele für die freie ungedämpfte Schwingung mit einem Freiheitsgrad

In Kapitel 3.3 haben wir bereits ein etwas komplexeres Beispiel für ein System des hier interessierenden Typus kennengelernt. Nach Freischnitt (vgl. Abbildung 3.3.22) hatten wir die folgende Bewegungsgleichung für den Winkel φ der Walze gewonnen:

$$\left(\Theta_{SS} + 4m_1R^2 + m_2R^2\right)\ddot{\varphi} + cR^2\varphi = 2m_1gR\,. \tag{3.4.30}$$

Der Winkel der Ruhelage folgt mit $\ddot{\varphi} = 0$ zu:

$$\varphi_0 = \frac{2m_1 g}{Rc}, \tag{3.4.31}$$

und wir können schreiben:

$$\hat{\varphi} = \varphi - \varphi_0 \quad \Rightarrow \quad \ddot{\hat{\varphi}} + \omega^2 \hat{\varphi} = 0 \ ,$$

$$\omega^2 = \frac{c}{\dfrac{\Theta_{SS}}{R^2} + 4m_1 + m_2}. \tag{3.4.32}$$

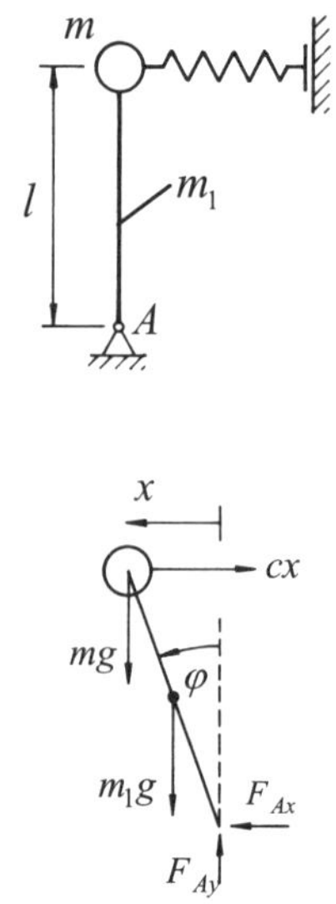

Abb. 3.4.7: Feder-Masse-System.

Als zweites Beispiel betrachten wir die in Abbildung 3.4.7 dargestellte Situation:

Auf den dargestellten Freischnitt wenden wir den Drallsatz an (Drehpunkt A, $\Theta_{AA} = ml^2 + \dfrac{m_1 l^2}{3}$):

$$\Theta_{AA}\ddot{\varphi} = mgx + m_1 g\frac{x}{2} - cxl\cos(\varphi). \tag{3.4.33}$$

Mit der Annahme kleiner Schwingungsamplituden:

$$x = l\sin(\varphi) \approx l\varphi \ , \quad x\cos(\varphi) \approx l\varphi \tag{3.4.34}$$

wird:

$$\ddot{\varphi} + \omega^2\varphi = 0 \ , \quad \omega^2 = \frac{cl - \left(m + \dfrac{m_1}{2}\right)g}{\Theta_{AA}/l}. \tag{3.4.35}$$

Federkonstanten

Wir betrachten zunächst die in Abbildung 3.4.8 dargestellte Situation. Zwei Federn unterschiedlicher Stufe c_1, c_2 sind parallel geschaltet und werden beide um dieselbe Strecke x ausgelenkt:

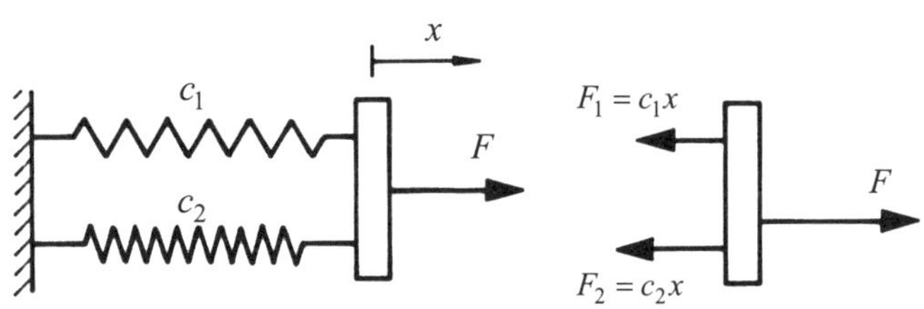

Abb.3.4.8: Federn in Parallelschaltung.

Nach HOOKE haben wir für die (gleichgroßen!) Kräfte an beiden Federn zu schreiben:

$$F_1 = c_1 x \ , \ \ F_2 = c_2 x \, . \tag{3.4.36}$$

Wir wollen die beiden Federn durch eine einzige Feder unbekannter Steife ersetzen. Für sie muss gelten:

$$F = F_1 + F_2 = cx \, , \tag{3.4.37}$$

und der Freischnitt ist in Abbildung 3.4.9 zu sehen.

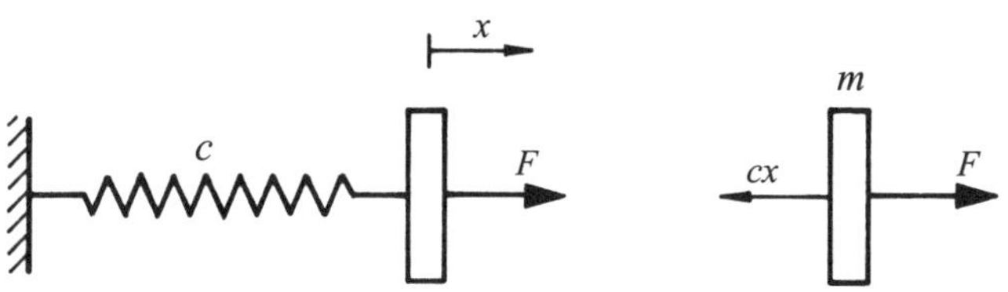

Abb. 3.4.9: Ersatzfeder mit Freischnitt.

Wir schließen, dass

$$c_{\text{par}} = c_1 + c_2 \, . \tag{3.4.38}$$

Die Federsteifigkeiten sind bei **Parallelschaltungen** also zu **summieren**.

Natürlich muss auch Momentengleichgewicht gelten. Diese Forderung gestattet es, einen Angriffspunkt der Kraft F derart aufzufinden, dass keine Drehung des gezeichneten Klotzes erfolgt. Das Ergebnis bleibt bestehen, wenn mehr als zwei parallel geschaltete Federn ersetzt werden sollen:

$$c_{\text{par}} = c_1 + c_2 + \ldots + c_n = \sum_{i=1}^{n} c_i \, . \tag{3.4.39}$$

Wenden wir uns nun dem Fall der Serienschaltung zu, dargestellt in Abb. 3.4.10.

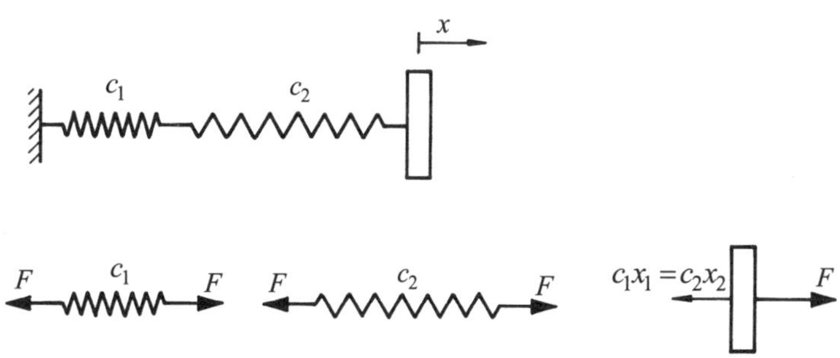

Abb. 3.4.10: In Serie geschaltete Federn.

Wir haben aufgrund des Freischnitts für die Kraft und außerdem für die Gesamtverschiebung, welche durch die in Abbildung 3.4.9 gezeigte Feder erreicht werden muss:

$$F = c_1 x_1 = c_2 x_2 \;,\quad x_1 + x_2 = x \tag{3.4.40}$$

und außerdem für die Gesamtverschiebung:

$$x_1 + x_2 = x \,. \tag{3.4.41}$$

Bei Definition der linearen Feder gilt für die Gesamtverschiebung:

$$F = c_{\mathrm{ser}} x \,. \tag{3.4.42}$$

Indem man die Gleichungen miteinander verbindet, entsteht:

$$\frac{F}{c_1} + \frac{F}{c_2} = \frac{F}{c_{\mathrm{ser}}} \tag{3.4.43}$$

und somit:

$$\frac{1}{c_{\mathrm{ser}}} = \frac{1}{c_1} + \frac{1}{c_2} \,. \tag{3.4.44}$$

Dies ist das Gesetz für die Federsteife in **Serien-** oder **Reihenschaltung**.

Oft ist es auch nötig, Federsteifigkeiten aus Material- bzw. Geometrieparametern zu errechnen. Abbildung 3.4.11 zeigt einige Varianten derartiger Probleme.

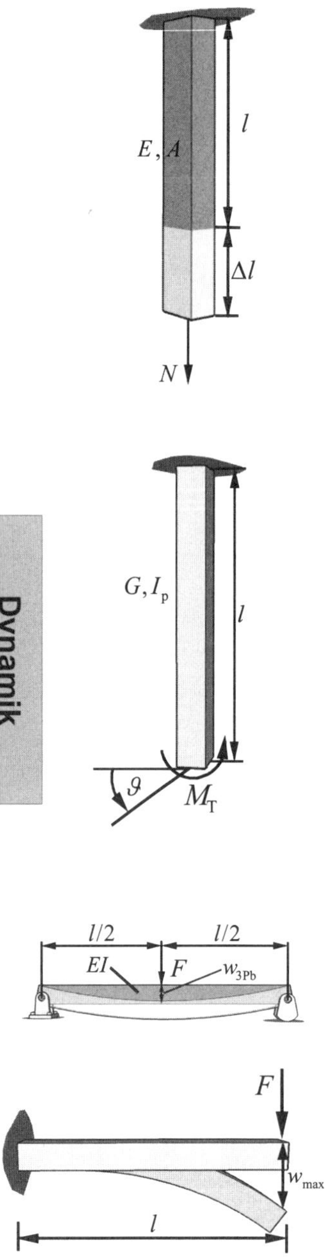

Abb. 3.4.11: Elastische Balken, die als Federn wirken.

Betrachten wir zuerst den unter einer Axiallast N stehenden Stab. Seine Längenänderung ist nach HOOKE gegeben durch:

$$\Delta l = \frac{Nl}{EA} \quad \Rightarrow \quad N = \frac{EA}{l} \Delta l \,. \tag{3.4.45}$$

Mithin ist die Federsteifigkeit hier:

$$c_{\mathrm{ax}} = \frac{EA}{l} \,. \tag{3.4.46}$$

Als Zweites betrachten wir die Torsion eines Stabes mit kreisförmigem Querschnitt. Der Torsionswinkel wird:

$$\vartheta = \frac{M_{\mathrm{T}} l}{G I_{\mathrm{p}}} \quad \Rightarrow \quad M_T = \frac{G I_{\mathrm{p}}}{l} \vartheta \tag{3.4.47}$$

und wir definieren als Federkonstante der Torsion:

$$c_{\mathrm{T}} = \frac{G I_{\mathrm{p}}}{l} \,. \tag{3.4.48}$$

Für die 3-Punkt-Biegeprobe ist die maximale Durchbiegung bekannt:

$$w_{3\text{Pb}} = \frac{Fl^3}{48EI} \quad \Rightarrow \quad F = \frac{48EI}{l^3} w_{3\text{Pb}} . \tag{3.4.49}$$

Somit:

$$c_{3\text{Pb}} = \frac{48EI}{l^3} . \tag{3.4.50}$$

Schließlich ist für den eingespannten Balken:

$$w_{\max} = \frac{Fl^3}{3EI} \quad \Rightarrow \quad F = \frac{3EI}{l^3} w_{\max} , \tag{3.4.51}$$

also:

$$c = \frac{3EI}{l^3} . \tag{3.4.52}$$

Wir können diese Resultate verwenden, um Schwingungsgleichungen aufzustellen und die Eigenfrequenz der in Abbildung 3.4.12 gezeigten Systeme zu finden.

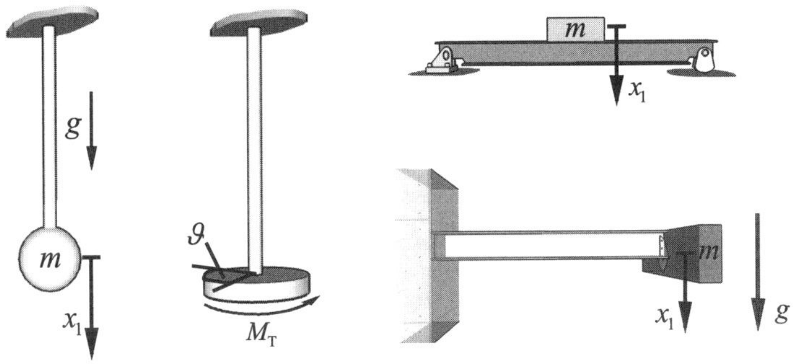

Abb. 3.4.12: Schwingfähige Stab-Masse-Systeme.

Die Bewegungsgleichungen für die vier Systeme lauten:

$$\ddot{x} + \omega^2 x = 0 \quad \text{bzw.} \quad \ddot{\varphi} + \omega^2 \varphi = 0 , \tag{3.4.53}$$

mit:

$$\omega^2 = \frac{c_{\text{ax}}}{m} = \frac{c_{3\text{Pb}}}{m} = \frac{c}{m} = \frac{c_T}{\Theta} . \tag{3.4.54}$$

Dynamik

3.4.3 Freie, gedämpfte Schwingungen mit einem Freiheitsgrad

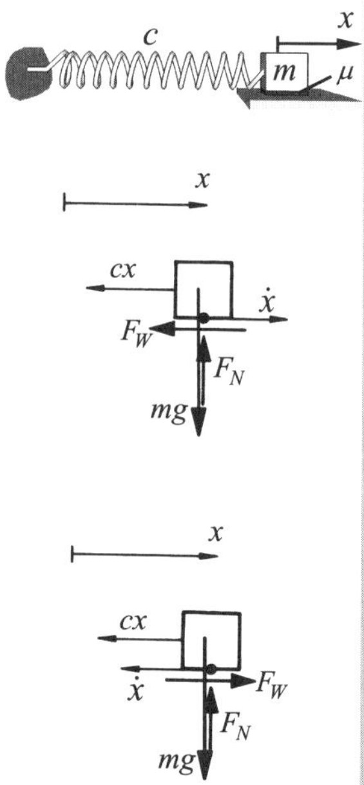

Abb. 3.4.13: Schwingungen bei COULOMB*-Reibung.*

COULOMB-Reibung

Wir betrachten das in Abbildung 3.4.13 dargestellte System und schneiden je nach Bewegungsrichtung frei wie gezeichnet.

Mithin ergeben sich zwei Bewegungsgleichungen

$$m\ddot{x} = -cx - F_W \text{ für } \dot{x} > 0 \,,$$

$$m\ddot{x} = -cx + F_W \text{ für } \dot{x} < 0 \,. \tag{3.4.55}$$

Wir definieren die **positiven** Größen:

$$\omega^2 = \frac{c}{m} \,, \quad r = \frac{F_W}{c} = \frac{\mu m g}{c} \,, \text{ da : } F_N - mg = 0 \,,$$

$$F_W = \mu F_N = \mu m g \tag{3.4.56}$$

sodass:

$$\ddot{x} + \omega^2 x = -\omega^2 r \text{ für } \dot{x} > 0 \,,$$

$$\ddot{x} + \omega^2 x = +\omega^2 r \text{ für } \dot{x} < 0 \,. \tag{3.4.57}$$

Dies ist eine **inhomogene lineare Differenzialgleichung 2. Ordnung**. Wir lösen sie, indem wir zunächst annehmen, dass:

$$x(t=0) = x_0 > 0 \,, \quad \dot{x}(t=0) = 0 \,. \tag{3.4.58}$$

Somit wird sich der Körper danach nach links bewegen ($\dot{x} < 0$), und wir haben zu lösen:

$$\ddot{x} + \omega^2 x = \omega^2 r \,. \tag{3.4.59}$$

Die Lösung ist eine Summe aus der **vollständigen** Lösung der **homogenen** Gleichung (also für $r = 0$) und **einer speziellen**, sogenannten **partikuläre** Lösung der **inhomogenen** Gleichung. Die erste kennen wir bereits (Gleichung (3.4.11)) und die letztere ist leicht zu finden:

$$x_{\text{part}} = r \,, \tag{3.4.60}$$

sodass:

$$x = A_1 \cos(\omega t) + B_1 \sin(\omega t) + r \,. \tag{3.4.61}$$

Mit den Anfangsbedingungen (3.4.58) erhalten wir:

$$A_1 = x_0 - r \,, \quad B_1 = 0 \quad \Rightarrow \quad x(t) = (x_0 - r)\cos(\omega t) + r \,,$$

$$\dot{x}(t) = -(x_0 - r)\,\omega \sin(\omega t) \,. \tag{3.4.62}$$

Die Bewegung kehrt sich also um, und zwar zum Zeitpunkt:

$$\omega t_1 = \pi \quad \Rightarrow \quad t_1 = \frac{\pi}{\omega}. \tag{3.4.63}$$

Dann ist folgende Gleichung zu lösen:

$$\ddot{x} + \omega^2 x = -\omega^2 r, \tag{3.4.64}$$

d. h.

$$x(t) = A_2 \cos[\omega(t - t_1)] + B_2 \sin[\omega(t - t_1)] - r, \quad t \geq t_1. \tag{3.4.65}$$

Die Konstanten A_2 und B_2 bestimmen wir, indem wir diese Lösung zu der in Gleichung (3.4.63) gezeigten für den Zeitpunkt t_1 anpassen:

$$x(t = t_1) = (x_0 - r)\cos(\omega t_1) + r = -(x_0 - r) + r = A_2 - r$$

$$\Rightarrow \quad A_2 = -x_0 + 3r$$

$$\dot{x}(t = t_1) = 0 = B_2 \omega \quad \Rightarrow \quad B_2 = 0 \quad \Rightarrow \tag{3.4.66}$$

$$x(t) = (-x_0 + 3r)\cos[\omega(t - t_1)] - r, \quad t \geq t_1.$$

Die Bewegung ist in Abbildung 3.4.14 grafisch dargestellt.

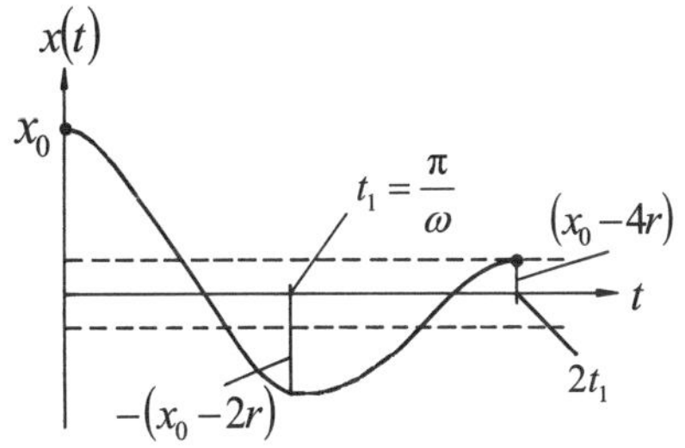

Abb. 3.4.14: Amplitudenschwund bei einer Schwingung unter dem Einfluss COULOMBscher Reibung

Geschwindigkeitsproportionale Reibung: Der lineare Dämpfer (Dashpot)

Wir betrachten die in Abbildung 3.4.15 oben dargestellte Situation: Der nach rechts gerichteten Bewegung $\dot{x}$ einer Masse m steht eine der jeweiligen Geschwindigkeit proportionale Widerstandskraft entgegen:

$$F_W = \kappa \dot{x}. \tag{3.4.67}$$

Dynamik

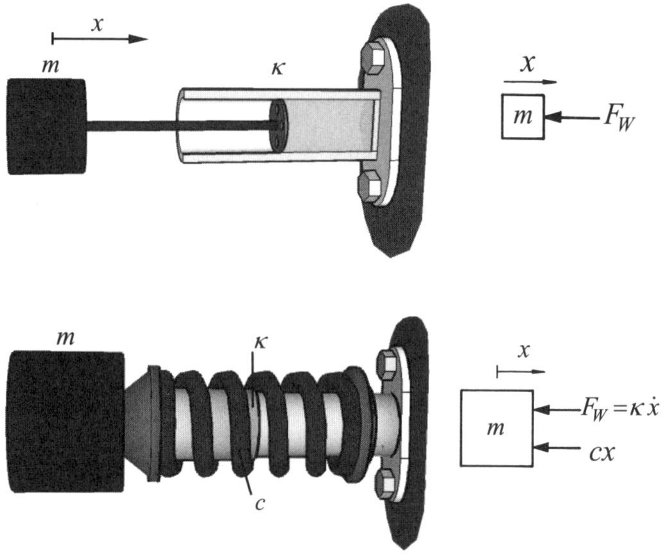

Abb. 3.4.15: Dämpfer und Schwingung unter Einwirkung von Dämpfung.

Das eingezeichnete geschwindigkeitsproportionale Dämpferelement wird im Englischen auch **Dashpot** genannt, κ ist die sogenannte **Dämpferkonstante**. Sie hat die Einheit $\mathrm{N/(m/s)}$. Anschaulich darf man sich unter einem solchen Element den Reibungswiderstand vorstellen, den eine Flüssigkeit einem in ihr fallenden Körper entgegensetzt oder aber auch den Stoßdämpfer eines Autos, um ein etwas technischeres System zu nennen.

Wir wenden uns nun einer unter der Wirkung geschwindigkeitsproportionaler Reibung stehenden Schwingung zu, also etwa der Schwingbewegung eines Autos, das sich auf seine Stoßdämpfer stützt. Der Freischnitt ist in Abbildung 3.4.15 unten rechts dargestellt. Er erlaubt uns, die Bewegungsgleichung aufzustellen:

$$m\ddot{x} = -\kappa\,\dot{x} - cx\,. \tag{3.4.68}$$

Wir definieren den sogenannten **Abklingkoeffizienten**:

$$2\delta = \frac{\kappa}{m} > 0 \tag{3.4.69}$$

und schreiben damit

$$\ddot{x} + 2\delta\,\dot{x} + \omega^2 x = 0\,. \tag{3.4.70}$$

Zur Lösung dieser **homogenen Differenzialgleichung 2. Ordnung** in der Zeit verwenden wir folgenden **Ansatz**:

$$x = A\exp(\lambda t) \quad \Rightarrow \quad \dot{x} = \lambda x\,,\ \ \ddot{x} = \lambda^2 x\,, \tag{3.4.71}$$

denn wir erwarten zum einen eine Schwingung und zum anderen eine Dämpfung der Amplitude im Laufe der Zeit. Beides ist in diesem Ansatz enthalten, denn die Exponentialfunktion enthält über EULERS Gleichung sowohl harmonische Schwingungen, wenn das Argument nur rein imaginär ist:

$$\exp(\mathrm{i}\,\varphi) = \cos(\varphi) + \mathrm{i}\sin(\varphi)\ ,\quad \mathrm{i} = \sqrt{-1}\ , \tag{3.4.72}$$

als auch Dämpfung, und zwar dann, wenn das Argument rein (negativ) reell ist:

$$\exp(-\alpha t) \to 0 \quad \text{für} \quad t \to \infty\ ,\quad \alpha > 0\ . \tag{3.4.73}$$

Einsetzen des Ansatzes und Kürzen der von null als verschieden vorausgesetzten Größe x liefert eine quadratische, sogenannte **charakteristische Gleichung** für die Konstante λ:

$$\lambda^2 + 2\delta\lambda + \omega^2 = 0\ . \tag{3.4.74}$$

Wir lösen auf und finden:

$$\lambda_{1,2} = -\delta \pm \omega\sqrt{D^2 - 1}\ ,\quad D = \frac{\delta}{\omega}\ . \tag{3.4.75}$$

D ist das sogenannte LEHRsche **Dämpfungsmaß**, auch **Dämpfungsgrad** genannt. Je nachdem ob das Argument unter der Wurzel positiv, null oder negativ ist, haben wir verschiedene Fälle zu unterscheiden, die wir im Folgenden diskutieren.

Ernst LEHR wurde am 4. Juli 1896 in Groß-Eichen/Oberhessen geboren und starb während des 2. Weltkrieges am 24. März 1944 in Berlin. Er war seit 1938 Leiter der Forschungsanstalt für Mechanik der MAN in Augsburg. Seine Arbeiten umfassen hauptsächlich schwingungstechnische Probleme, zu deren Klärung auch die Festigkeitslehre beitrug. So beschäftigt er sich in einer seiner letzten Arbeiten aus dem Jahre 1943 zum Beispiel mit der Frage der Dauerhaltbarkeit von Kurbelwellen bei Großdieselmotoren.

Dynamik

1. $D > 1$, **starke Dämpfung** (dann sind λ_1 und λ_2 beide **reell**):

$$\lambda_{1,2} = -\delta \pm \mu\ ,\quad \mu = \omega\sqrt{D^2 - 1}\ . \tag{3.4.76}$$

Wir haben also zwei Lösungen und die Summe beider ist wieder eine Lösung, wobei es zwei „Integrationskonstanten" gibt, welche die Ordnung der Differenzialgleichung widerspiegeln und die an zwei Bedingungen angepasst werden müssen:

$$\begin{aligned} x(t) &= A_1 \exp(\lambda_1 t) + A_2 \exp(\lambda_2 t) \\ &= \exp(-\delta t)\left[A_1 \exp(\mu t) + A_2 \exp(-\mu t)\right]. \end{aligned} \tag{3.4.77}$$

Die Konstanten A_1 und A_2 lassen sich aus den Anfangsbedingungen bestimmen.

$$x(t = 0) = x_0\ ,\quad \dot{x}(t = 0) = \upsilon_0\ . \tag{3.4.78}$$

Da $\delta > \mu = \sqrt{\delta^2 - \omega^2}$ ist, handelt es sich bei (3.4.77) um eine exponentiell abklingende Bewegung. Der Ausschlag besitzt höchstens einen Extremwert und höchstens einen Nulldurchgang. Im Detail gilt:

(a) $\upsilon_0 > 0$: Anstieg auf ein Maximum, danach Abklingen auf null;

(b) $\upsilon_0 = 0$: Stetiges Abklingen von der Ausgangsauslenkung x_0 auf den Wert null, anfangs positive Krümmung;

(c) $\upsilon_0 < 0$, $|\upsilon_0| < \delta\, x_0$: wie (b), aber stets mit negativer Krümmung;

(d) $\upsilon_0 < 0$, $|\upsilon_0| > \delta\, x_0$: wie (c), aber mit Nulldurchgang.

Dieses ist in Abbildung 3.4.16 dargestellt. Aus offensichtlichen Gründen spricht man auch von einer **Kriechbewegung**.

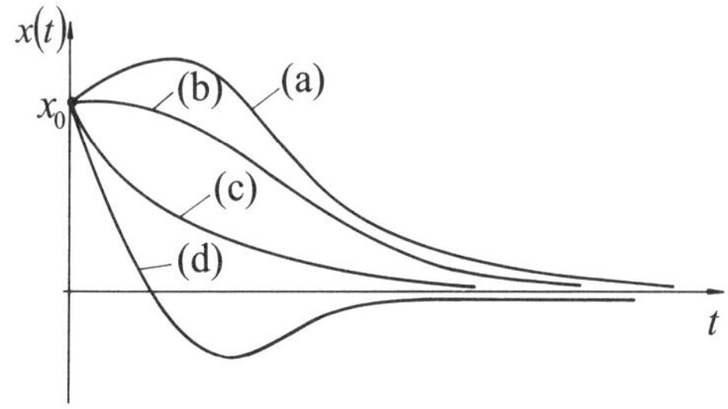

Abb.3.4.16: Der Fall starker Dämpfung.

2. Der **aperiodische Grenzfall** ergibt sich für $D = 1$, sodass die beiden Wurzeln der charakteristischen Gleichung zusammenfallen: $\lambda_1 = \lambda_2 = -\delta$. Eine Lösung der Differenzialgleichung (3.4.70) ist somit bekannt: $A_1 \exp(-\delta\, t)$.

Bei der Lösung einer Differenzialgleichung 2. Ordnung muss es jedoch zwei „Integrationskonstanten“ geben. Wir versuchen daher zur Lösung dieses etwas „entarteten“ Falles einen Ansatz mit einer zeitabhängigen Amplitude:

$$x = A(t)\exp(-\delta t) \tag{3.4.79}$$

und gehen damit in:

$$\ddot{x} + 2\delta\dot{x} + \delta^2 x = 0\,, \tag{3.4.80}$$

da ja nun $\delta = \omega$ gilt. Hiermit wird:

$$\dot{x} = \dot{A}\exp(-\delta\, t) - \delta A\exp(-\delta\, t),$$

$$\ddot{x} = \ddot{A}\exp(-\delta\, t) - 2\delta\dot{A}\exp(-\delta\, t) + \delta^2 A\exp(-\delta\, t),$$

$$\Rightarrow \quad \left(\ddot{A} - 2\delta\,\dot{A} + \delta^2 A + 2\delta\,\dot{A} - 2\delta^2 A + \delta^2 A\right)\exp(-\delta\, t) = 0 \tag{3.4.81}$$

$$\Rightarrow \quad \ddot{A} = 0 \quad \Rightarrow \quad A = A_2\, t + A_3,$$

Dynamik

und wir dürfen die allgemeine Lösung zu Gleichung (3.4.80) wie folgt aufschreiben (A_3 können wir zu null wählen, eine Lösung von diesem Typ ist bereits durch A_1 gegeben):

$$x(t) = (A_1 + A_2 t)\exp(-\delta t). \qquad (3.4.82)$$

Dies beschreibt ebenfalls eine exponentiell abklingende Bewegung.

Wie bei starker Dämpfung erfolgt das Abklingen kriechend. Allerdings geht der Ausschlag im vorliegenden Fall schneller gegen null als bei starker Dämpfung.

3. Die **schwache Dämpfung**: $D < 1$. Um das negative Argument der Wurzel zu berücksichtigen, schreiben wir Gleichung (3.4.75) wie folgt:

$$\lambda_{1,2} = -\delta \pm \mathrm{i}\,\omega_d \;, \quad \omega_d = \omega\sqrt{1-D^2} \;, \quad \mathrm{i} = \sqrt{-1}\,. \qquad (3.4.83)$$

Dann wird für die allgemeine Lösung der Differenzialgleichung (3.4.70) analog zu (3.4.74) und unter Verwendung der EULER-Beziehung (3.4.72):

$$\begin{aligned} x(t) &= \exp(-\delta t)\left(A_1 \exp(\mathrm{i}\,\omega_d t) + A_2 \exp(-\mathrm{i}\,\omega_d t)\right) = \\ &\exp(-\delta t)\left(A\cos(\omega_d t) + B\sin(\omega_d t)\right) = \qquad (3.4.84)\\ &C\exp(-\delta t)\cos(\omega_d t - \alpha)\;, \quad A = A_1 + A_2\;, \quad B = \mathrm{i}(A_1 - A_2)\,. \end{aligned}$$

Zu der letzten Umformung vergleiche man die Ausführung zu den Gleichungen (3.4.5/6).

Man darf feststellen, dass die Bewegung offenbar eine Schwingung ist, deren Amplituden mit der Zeit exponentiell abnehmen. Außerdem ist festzuhalten, dass der Abstand der Nulldurchgänge, also die halbe Schwingungszeit $T/2$, durch den Kosinusanteil bestimmt ist und sich im Laufe der Zeit nicht ändert.

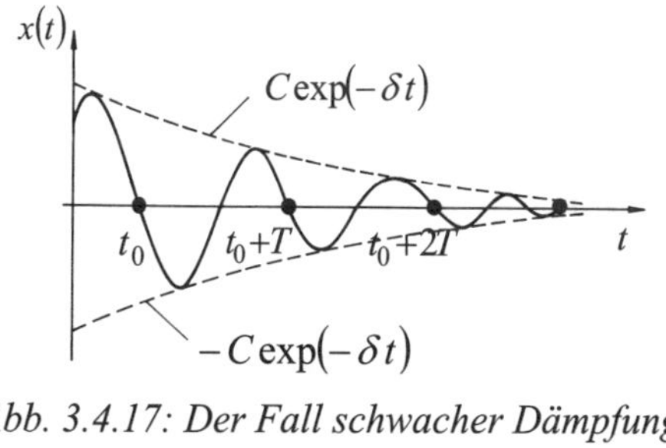

Abb. 3.4.17: Der Fall schwacher Dämpfung.

Erinnere Dich nun explizit an die Beziehung für die Schwingungsdauer aus den Gleichungen (3.4.2/4):

Dynamik

$$T = \frac{2\pi}{\omega_d} \tag{3.3.85}$$

und vergleiche für den Fall $\dot{x}(t=0)=0$ die Ausschläge zu den Zeiten t und $t+T$:

$$x(t) = C\exp(-\delta t)\cos(\omega_d t - \alpha),$$
$$x(t+T) = C\exp(-\delta(t+T))\cos(\omega_d(t+T)-\alpha)$$

$$\Rightarrow \quad \ln\frac{x(t)}{x(t+T)} = \delta T = \frac{2\pi\delta}{\omega_d} = 2\pi\frac{D}{\sqrt{1-D^2}} = \Lambda. \tag{3.4.86}$$

Λ nennt man auch das **logarithmische Dekrement**. Nachdem es experimentell bestimmt wurde, kann es zur Bestimmung des LEHRschen Dämpfungsmaßes D dienen.

Ein komplizierteres Beispiel für eine Schwingung mit Dämpfung

Wir betrachten die in der Abbildung dargestellte Situation einer Masse, die über einen masselos gedachten Stab mit einer Feder und einem Dashpot verbunden ist. Indem wir zunächst **freischneiden** und dann den **Drallsatz** um den raumfesten Punkt A verwenden, wird:

$$-m(2a)^2\ddot{\varphi} = cx_1 a + \kappa\dot{x}_2 3a. \tag{3.4.87}$$

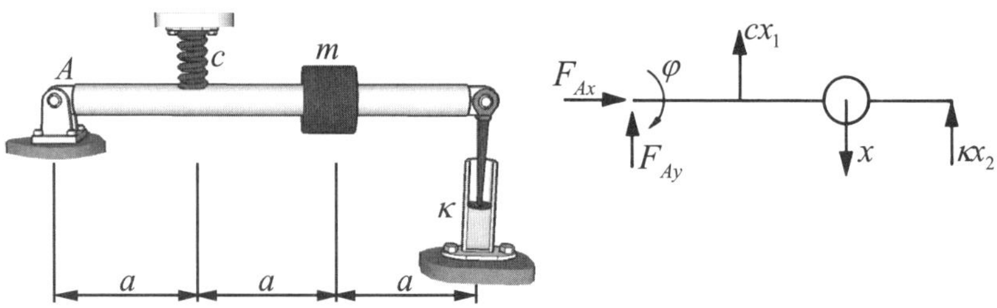

Abb. 3.4.18: Masse-Feder-Dämpfer-System mit Freischnitt.

Als kinematische Beziehungen sind (für kleine Auslenkungen φ) zu notieren:

$$\dot{x}_1 = a\dot{\varphi}, \quad \dot{x}_2 = 3a\dot{\varphi}. \tag{3.4.88}$$

Somit entsteht:

$$\ddot{\varphi} + 2\delta\dot{\varphi} + \omega^2\varphi = 0, \quad \delta = \frac{9\kappa}{8m}, \quad \omega^2 = \frac{c}{4m}. \tag{3.4.89}$$

Schwache Dämpfung liegt vor für:

$$D = \frac{\delta}{\omega} = \frac{9\kappa}{8m} 2\sqrt{\frac{m}{c}} = \frac{9\kappa}{4\sqrt{mc}} < 1 . \qquad (3.4.90)$$

Als Lösung der Bewegungsgleichung (3.4.89) können wir dann notieren:

$$\varphi(t) = C \exp(-\delta t) \cos(\omega_d t - \alpha) ,$$

$$\omega_d = \omega\sqrt{1-D^2} = \frac{1}{2}\sqrt{\frac{c}{m}}\sqrt{1-\frac{81\kappa^2}{16\,mc}} . \qquad (3.4.91)$$

Wählen wir als Anfangsbedingungen:

$$\varphi(t=0) = 0 \ , \ \dot{\varphi}(t=0) = \dot{\varphi}_0 , \qquad (3.4.92)$$

so kann man die Konstanten C und α ermitteln und schreiben:

$$\varphi(t) = \frac{\dot{\varphi}_0}{\omega_d} \exp(-\delta t) \cos\left(\omega_d t - \frac{\pi}{2}\right) . \qquad (3.4.93)$$

3.4.4 Angefachte Schwingungen

Angefachte Schwingungen ohne Dämpfung

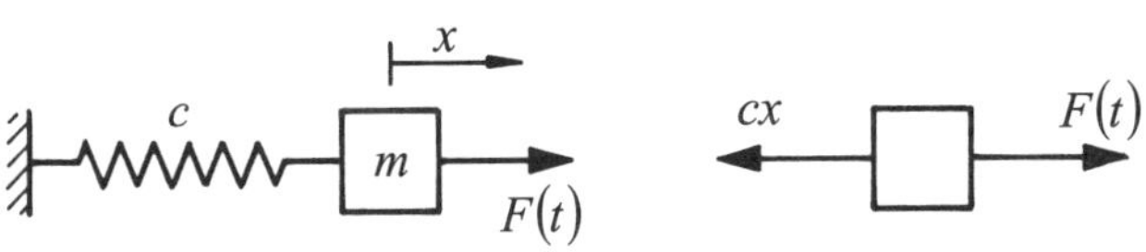

Abb. 3.4.19: Angefachte Schwingung einer an einer Feder befestigten Masse.

Wir betrachten den in der Abbildung gezeigten Freischnitt einer unter der harmonisch in der Zeit sich verändernden Kraft $F(t)$ zu einer Schwingung angeregten Masse:

$$F(t) = F_0 \cos(\Omega t) . \qquad (3.4.94)$$

Dabei ist Ω die sogenannte **Anregungsfrequenz** und F_0 die Amplitude der harmonisch schwankenden Kraft. Die Bewegungsgleichung für m ergibt sich mit dem gezeigten Freischnitt zu:

$$m\ddot{x} = -cx + F_0 \cos(\Omega t), \qquad (3.4.95)$$

bzw. auch anders geschrieben:

$$\ddot{x} + \omega^2 x = \omega^2 x_0 \cos(\Omega t) \ , \ \omega^2 = \frac{c}{m} \ , \ x_0 = \frac{F_0}{c} . \qquad (3.4.96)$$

Dynamik

Dynamik

Dies ist wie schon im Fall der COULOMB-Reibung bei Gleichung (3.4.57) eine inhomogene Differenzialgleichung 2. Ordnung, deren allgemeine Lösung sich aus der **vollständigen Lösung** der **homogenen** Gleichung (vgl. Gleichung (3.4.5) oder (3.4.11)) und einer sogenannten **partikulären** Lösung der **inhomogenen** Gleichung ergibt:

$$x = C\cos(\omega t - \alpha) + x_{\mathrm{p}}\,. \tag{3.4.97}$$

Für die partikuläre Lösung x_{p} setzen wir an:

$$x_{\mathrm{p}} = x_0 V\cos(\Omega t) \tag{3.4.98}$$

und finden für die noch unbekannte Größe V:

$$-x_0 V\,\Omega^2\cos(\Omega t) + \omega^2 x_0\cos(\Omega t) = \omega^2 x_0\cos(\Omega t)$$

$$\Rightarrow\quad V = \frac{\omega^2}{\omega^2 - \Omega^2}\,. \tag{3.4.99}$$

Wir definieren das sogenannte Frequenzverhältnis, auch **Abstimmung** genannt:

$$\eta = \frac{\Omega}{\omega} \quad\Rightarrow\quad V = \frac{1}{1-\eta^2}\,. \tag{3.4.100}$$

Somit wird:

$$x(t) = C\cos(\omega t - \alpha) + x_0 V\cos(\Omega t). \tag{3.4.101}$$

Wie gehabt werden C und α aus Anfangsbedingungen ermittelt. Bei realen Systemen klingt der homogene Anteil der Lösung aufgrund der Reibung mit der Zeit ab und es wird:

$$x(t >> 0) = x_0 V\cos(\Omega t). \tag{3.4.102}$$

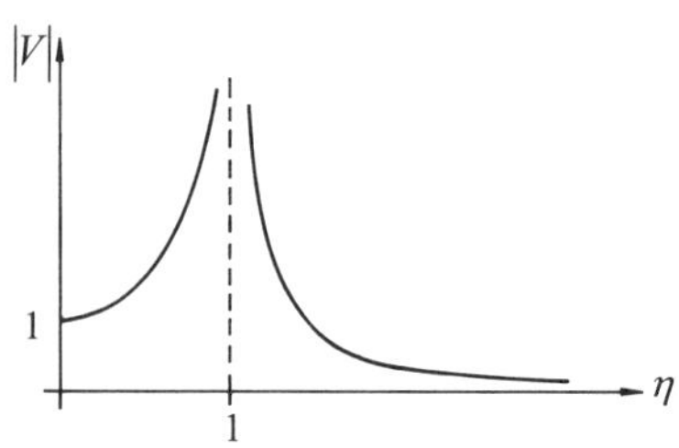

Abb. 3.4.20: Frequenzgangkurve im ungedämpften Fall.

V ist somit ein Maß für das Verhältnis der Schwingungsamplitude zur statischen Auslenkung x_0. Man bezeichnet V daher auch als **Vergrößerungsfunktion**. Offenbar wird V für das Frequenzverhältnis $\eta = 1$ unendlich groß. Dann ist die anregende Frequenz Ω gleich der Eigenfrequenz ω des Systems und es kommt zur **Resonanz**: Abbildung 3.4.20.

Der Ansatz für die partikuläre Lösung (3.4.98) ist im Resonanzfall nicht gültig. Wir wählen stattdessen (vgl. Gleichung (3.4.98)ff.):

$$x_p = x_0 \overline{V} t \sin(\Omega\, t) = x_0 \overline{V} t \sin(\omega\, t) \tag{3.4.103}$$

und finden durch Einsetzen:

$$\overline{V} = \frac{\omega}{2}. \tag{3.4.104}$$

Mithin ist:

$$x_p = \frac{1}{2} x_0 \omega\, t \sin(\omega\, t), \tag{3.4.105}$$

und das ergibt eine Schwingung mit zeitlich linear wachsender Amplitude, welche in Abbildung 3.4.3 dargestellt ist, wenn wir mit den Anfangsbedingungen

$$x(t=0) = 0\ ,\quad \dot{x}(t=0) = 0 \tag{3.4.106}$$

arbeiten:

$$x(t) = C\cos(\omega\, t - \alpha) + \frac{x_0}{2}\,\omega\, t \sin(\omega t) \quad \Rightarrow \quad x(0) = C\cos(\alpha) = 0$$

$$\Rightarrow \quad \dot{x}(t) = -C\omega \sin(\omega\, t - \alpha) + \frac{x_0}{2}\,\omega \sin(\omega\, t) + \frac{x_0}{2}\,\omega^2 t \cos(\omega\, t)$$

$$\Rightarrow \quad \dot{x}(0) = C\omega \sin(\alpha) = 0 \tag{3.4.107}$$

$$\Rightarrow \quad C = 0 \quad \Rightarrow \quad x(t) = \frac{1}{2} x_0 \omega\, t \sin(\omega\, t).$$

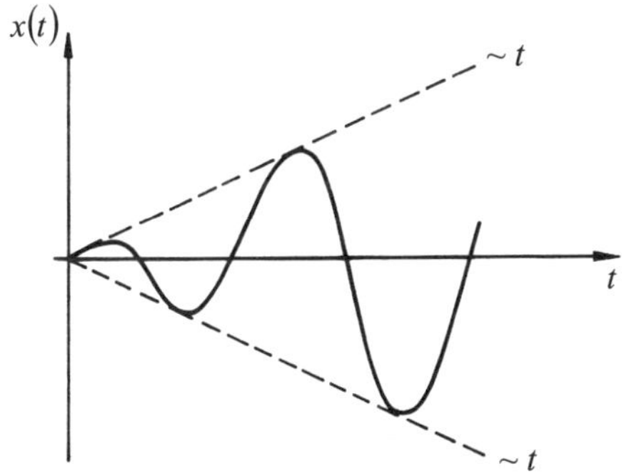

Abb. 3.4.21: Linear angefachte Schwingung (Resonanzfall).

Angefachte Schwingungen mit geschwindigkeitsproportionaler Dämpfung

Wir konzentrieren uns im Folgenden auf angefachte Schwingungen mit geschwindigkeitsproportionaler Dämpfung. Je nach Zusammenschaltung des Feder-Masse-Dashpot-Systems unterscheiden wir die in Abbildung 3.4.22 dargestellten drei Fälle:

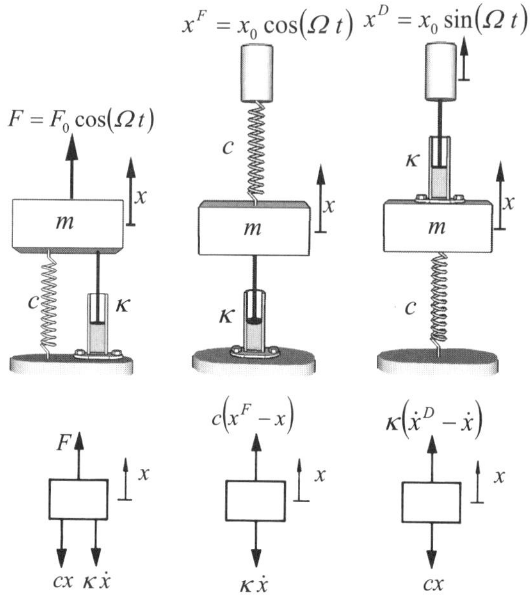

Abb. 3.4.22: Kraft- und weggesteuerte angefachte Schwingungen inkl. Freischnitt.

Im **ersten Fall** der in der Abbildung gezeigten Schwingung wird die Masse **kraftgesteuert** angeregt. Die aus dem Freischnitt abzulesende Bewegungsgleichung lautet:

$$m\ddot{x} = -cx - \kappa\dot{x} + F_0 \cos(\Omega t). \tag{3.4.108}$$

Wir definieren folgende Größen:

$$2\delta = \frac{\kappa}{m}, \quad \omega^2 = \frac{c}{m}, \quad x_0 = \frac{F_0}{c} \tag{3.4.109}$$

und finden:

$$\ddot{x} + 2\delta\dot{x} + \omega^2 x = \omega^2 x_0 \cos(\Omega t). \tag{3.4.110}$$

Im **zweiten Fall** ist die Bewegung des oberen Punktes der Feder vorgegeben, es liegt also **Wegsteuerung** vor. Nehmen wir an, dass $x^F > x$, so steht der Massenpunkt durch die Feder unter

Zug, wie gezeichnet. Die Bewegungsgleichung folgt dann gemäß Freischnitt zu:

$$m\ddot{x} = c\left(x^F - x\right) - \kappa\,\dot{x} \;\Rightarrow\; m\ddot{x} + \kappa\,x + cx = cx^F = cx_0\cos(\Omega\,t). \tag{3.4.111}$$

Mithin ergibt sich **dieselbe** Differenzialgleichung wie schon bei kraftgesteuerter Anregung. Betrachten wir nun den **dritten** in Abbildung 3.4.22 dargestellten **Fall**. Diesmal wird der Endpunkt des Dämpfers schneller ausgelenkt als die Masse ($\dot{x}^D > \dot{x}$, geschwindigkeitsgesteuert). Der Freischnitt liefert daher:

$$m\ddot{x} = -cx + \kappa\left(\dot{x}^D - \dot{x}\right) \;\Rightarrow\; m\ddot{x} + \kappa\,\dot{x} + cx = \kappa\,\Omega\,x_0\cos(\Omega\,t), \tag{3.4.112}$$

da:

$$x^D = x_0\sin(\Omega\,t) \;\Rightarrow\; \dot{x}^D = x_0\Omega\cos(\Omega\,t). \tag{3.4.113}$$

Wir definieren folgende Größen:

$$2\delta = \frac{\kappa}{m},\; \omega^2 = \frac{c}{m},\; D = \frac{\delta}{\omega},\; \eta = \frac{\Omega}{\omega} \tag{3.4.114}$$

und erhalten:

$$\ddot{x} + 2\delta\,\dot{x} + \omega^2 x = 2D\eta\omega^2 x_0\cos(\Omega\,t). \tag{3.4.115}$$

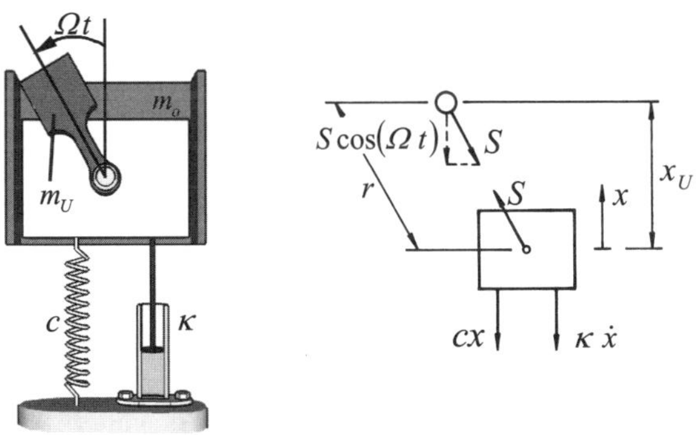

Abb. 3.4.23: Anregung mit Unwucht.

Als **vierten Fall** diskutieren wir schließlich die in der Abbildung 3.4.23 dargestellte Masse, die durch eine Unwucht periodisch angeregt wird. Wir haben für die Position der Unwuchtmasse zu schreiben:

$$x_U = x + r\cos(\Omega\,t) \;\Rightarrow\; \ddot{x}_U = \ddot{x} - r\Omega^2\cos(\Omega\,t). \tag{3.4.116}$$

Aus den Freischnitten für die Massen entnehmen wir ferner, dass:

$$m_U \ddot{x}_U = -S\cos(\Omega\, t)\ ,$$

$$m_0 \ddot{x} = -cx - \kappa\,\dot{x} + S\cos(\Omega\, t). \qquad (3.4.117)$$

Durch gegenseitiges Einsetzen und Elimination von x_U und S wird:

$$(m_0 + m_U)\,\ddot{x} + \kappa\,\dot{x} + cx = m_U r\ \Omega^2 \cos(\Omega\, t). \qquad (3.4.118)$$

Wir definieren:

$$m = m_0 + m_U\ ,\quad x_0 = \frac{m_U}{m} r \qquad (3.4.119)$$

und erhalten mit obigen Abkürzungen:

$$\ddot{x} + 2\delta\,\dot{x} + \omega^2 x = \omega^2 \eta^2 x_0 \cos(\Omega\, t). \qquad (3.4.120)$$

Zusammenfassend lässt sich feststellen, dass sich alle vier Fälle nur durch einen Faktor vor dem Kosinus auf der rechten Seite der Differenzialgleichung unterscheiden. Wir fassen sie zu einer einzigen Gleichung zusammen:

$$\frac{1}{\omega^2}\ddot{x} + \frac{2D}{\omega}\dot{x} + x = x_0 E\cos(\Omega\, t). \qquad (3.4.121)$$

Dabei steht E für den sogenannte „Erregungspart“, nämlich:

- I: $E = 1$ bei kraftgesteuerter Masse / weggesteuerter Feder,
- II: $E = 2D\eta$ bei geschwindigkeitsgesteuertem Dämpfer,
- III: $E = \eta^2$ bei Unwuchterregung.

Die Lösung der Differenzialgleichung setzt sich aus der vollen Lösung der homogenen Differenzialgleichung, also:

$$\ddot{x} + 2D\,\omega\,\dot{x} + \omega^2 x = 0\,, \qquad (3.4.122)$$

und einer speziellen Lösung der inhomogenen Form (3.4.121) zusammen. Die Lösung der homogenen Differenzialgleichung wurde in Abschnitt 3.3.2 bereits ausführlich diskutiert. Wie wir gesehen haben, wird die **homogene Lösung** im Laufe der Zeit immer weiter **abgedämpft**. Sie ist für das Langzeitverhalten der hier interessierenden angefachten Schwingung also von untergeordneter Bedeutung. Die Ausschläge aus der homogenen Lösung können nach einer gewissen Zeit, die man aus gutem Grunde die **Einschwingdauer** nennt, gegenüber den aus der partikulären Lösung x_p stammenden Ausschlägen vernachlässigt werden. Wir untersuchen daher nur x_p näher und machen einen gegenüber dem Fall der ungedämpften, angefachten Schwingung etwas erweiterten Ansatz:

$$x_p = x_0 V \cos(\Omega t - \varphi). \tag{3.4.123}$$

Die Größe φ soll dabei eine eventuelle Phasenverschiebung zwischen Erregung und Ausschlag berücksichtigen. Wir schreiben dies mithilfe der trigonometrischen Additionstheoreme etwas um und bilden die erste und zweite Zeitableitung:

$$\begin{aligned} x_p &= x_0 V[\cos(\Omega t)\cos(\varphi) + \sin(\Omega t)\sin(\varphi)], \\ \dot{x}_p &= x_0 V\, \Omega\, [-\sin(\Omega t)\cos(\varphi) + \cos(\Omega t)\sin(\varphi)], \\ \ddot{x}_p &= x_0 V\, \Omega^2 [-\cos(\Omega t)\cos(\varphi) - \sin(\Omega t)\sin(\varphi)]. \end{aligned} \tag{3.4.124}$$

Dies wird in die Differenzialgleichung (3.4.28) eingesetzt und es resultiert:

$$\begin{aligned} & x_0 V \frac{\Omega^2}{\omega^2}[-\cos(\Omega t)\cos(\varphi) - \sin(\Omega t)\sin(\varphi)] + \\ & 2D\, x_0 V \frac{\Omega}{\omega}[-\sin(\Omega t)\cos(\varphi) + \cos(\Omega t)\sin(\varphi)] + \\ & x_0 V[\cos(\Omega t)\cos(\varphi) + \sin(\Omega t)\sin(\varphi)] = x_0 E \cos(\Omega t). \end{aligned} \tag{3.4.125}$$

Mit der Definition für das Frequenzverhältnis η aus Gleichung (3.4.114) und durch Umschreiben entsteht daraus:

$$\begin{aligned} & [-V\eta^2 \cos(\varphi) + 2DV\eta \sin(\varphi) + V\cos(\varphi) - E]\ \cos(\Omega t) + \\ & [-V\eta^2 \sin(\varphi) - 2DV\eta \cos(\varphi) + V\sin(\varphi)]\ \sin(\Omega t) = 0. \end{aligned} \tag{3.4.126}$$

Da diese Gleichung für alle Zeiten t erfüllt sein muss und Sinus und Kosinus unabhängige Grundfunktionen sind, müssen zum Erfüllen der Gleichungen beide Klammerausdrücke für sich verschwinden:

$$\begin{aligned} & V[-\eta^2 \cos(\varphi) + 2D\eta \sin(\varphi) + \cos(\varphi)] = E, \\ & -\eta^2 \sin(\varphi) - 2D\eta \cos(\varphi) + \sin(\varphi) = 0. \end{aligned} \tag{3.4.127}$$

Aus der zweiten Gleichung lässt sich die Phasenverschiebung φ berechnen, welche auch unter dem Namen **Phasenfrequenzgang** bekannt ist:

$$\tan(\varphi) = \frac{2D\eta}{1-\eta^2}. \tag{3.4.128}$$

Man sieht sofort, dass für verschwindende Dämpfung auch der Phasenfrequenzgang verschwindet. Das ist in Übereinstimmung mit unserem früheren Ansatz (3.4.98) bei der ungedämpften, angefachten Schwingung. Des Weiteren folgt aus der ersten Beziehung in (3.4.127) für die Verstärkungsfunktion:

$$V = \frac{E}{\sqrt{\left(1-\eta^2\right)^2 + 4D^2\eta^2}} . \tag{3.4.129}$$

Dabei ist zu beachten, dass man schreiben darf:

$$\sin(\varphi) = \frac{\tan(\varphi)}{\sqrt{1+\tan^2(\varphi)}} \, , \quad \cos(\varphi) = \frac{1}{\sqrt{1+\tan^2(\varphi)}} . \tag{3.4.130}$$

Die Verstärkungsfunktion V ist schließlich in Abbildung 3.4.24 entsprechend der drei Werte für die Erregung zusammen mit dem Phasenfrequenzgang φ dargestellt. Deutlich ist der „beruhigende" Einfluss der Dämpfung im Resonanzfall zu sehen.

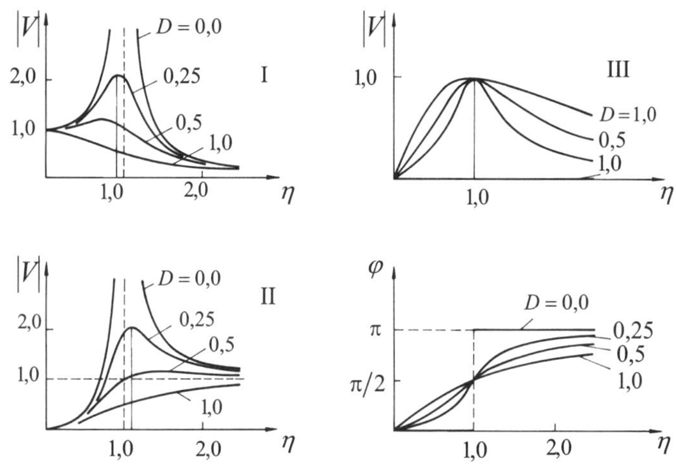

Abb. 3.4.24: Verstärkerfunktionen und Frequenzgang.

3.4.5 Schwingungen mit endlich vielen Freiheitsgraden

Motivation und Erinnerung

Bisher haben wir sogenannte „Einschwinger-Massenprobleme" behandelt. **Eine** Masse m ist an Federn und Dämpfer gekoppelt. Durch Freischneiden und Anwendung der NEWTONschen Bewegungsgleichung gelang es, bei bekannten Systemgrößen wie der

Masse m, der Federsteife c und des Reibungsbeiwertes κ folgende Phänomene quantitativ zu beschreiben:

(a) Reine Schwingung ohne Reibung mit der Schwingungsdauer (Periode):

$$T = \frac{2\pi}{\omega} = 2\pi\sqrt{\frac{m}{c}}, \qquad (3.4.131)$$

(b) Gedämpfte Schwingung bei geschwindigkeitsproportionaler Reibung (Feder-Masse-Dämpfer (Dashpot)-Modell) charakterisiert durch das sog. LEHRsche Dämpfungsmaß:

$$D = \frac{\delta}{\omega}, \quad 2\delta = \frac{\kappa}{m} \qquad (3.4.132)$$

mit $D > 1$: Kriechfall, $D = 1$: aperiodischer Grenzfall, $D < 1$: Schwingfall;

(c) Resonanz bei extern angefachter Schwingung.

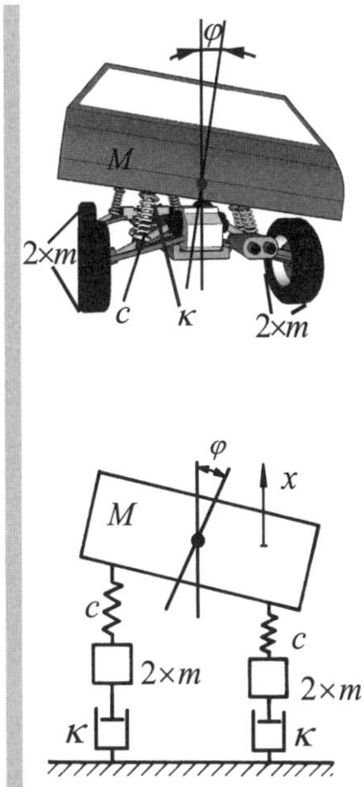

Abb. 3.4.25: Ersatzmodell für ein Fahrzeug.

Die meisten technischen Systeme bestehen jedoch aus deutlich mehr als einer schwingungsfähigen Masse. Ein typisches Beispiel zeigt die Abb. 3.4.25. Hier ist ein vereinfachtes zweidimensionales Ersatzmodell eines Fahrzeugs dargestellt, bestehend aus dem Wagenkasten der Masse M und vier Rädern mit den jeweiligen Massen m, die über Federn der Steife c sowie Dämpfer mit der Dämpfungskonstante κ ankoppeln (Stoßdämpfer).

Bewegungsgleichung der freien, ungedämpften Schwingung mit zwei Freiheitsgraden

Wie in der Abbildung 3.4.26 dargestellt, betrachten wir im Folgenden zwei über Federn unterschiedlicher Steife c_1 und c_2 miteinander gekoppelte Massen m_1 und m_2, wobei die Schwerkraft vernachlässigt wird.

Jede Masse ist **unabhängig** von der anderen auslenkbar und wird nach Auslenkung und anschließendem Loslassen aufgrund der Federkräfte in vertikaler Richtung zu schwingen beginnen. Dies erklärt den Ausdruck „Schwingung mit zwei Freiheitsgraden“. Wir lenken die Massen um x_1 bzw. x_2 aus, wobei ohne Beschränkung der Allgemeinheit $x_1 < x_2$ gelten soll. Der Freischnitt gestaltet sich wie gezeichnet, da wir zunächst die reibungsfreie, nicht angefachte Schwingung untersuchen wollen. Nach NEWTON müssen wir dann schreiben:

$$m_1\ddot{x}_1 = -c_1 x_1 + c_2(x_2 - x_1), \quad m_2\ddot{x}_2 = -c_2(x_2 - x_1). \qquad (3.4.133)$$

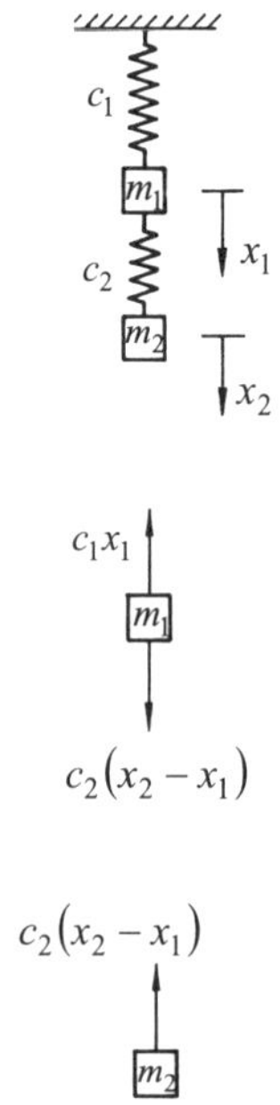

Abb. 3.4.26: Zwei miteinander gekoppelte, schwingfähige Massen.

Offenbar sind diese beiden Differenzialgleichungen zweiter Ordnung miteinander gekoppelt, da in jeder **beide** Variablen x_1 und x_2 sowie deren Zeitableitungen vorkommen. Wir kürzen ab und schreiben:

$$\ddot{x}_1 + \omega_{\mathrm{I}}^2 x_1 - \frac{c_2}{m_1} x_2 = 0 \ , \ \ \omega_{\mathrm{I}}^2 = \frac{c_1 + c_2}{m_1} \ ,$$

$$\ddot{x}_2 - \omega_{\mathrm{II}}^2 x_1 + \omega_{\mathrm{II}}^2 x_2 = 0 \ , \ \ \omega_{\mathrm{II}}^2 = \frac{c_2}{m_2} , \tag{3.4.134}$$

oder auch in Matrizenschreibweise:

$$\underline{\ddot{x}} + \underline{\underline{a}}\,\underline{x} = \underline{0} \tag{3.4.135}$$

mit:

$$\underline{x} = \begin{pmatrix} x_1 \\ x_2 \end{pmatrix} , \ \ \underline{\underline{a}} = \begin{pmatrix} a_{11} & a_{12} \\ a_{21} & a_{22} \end{pmatrix} = \begin{pmatrix} \omega_{\mathrm{I}}^2 & -\dfrac{c_2}{m_1} \\ -\omega_{\mathrm{II}}^2 & \omega_{\mathrm{II}}^2 \end{pmatrix} . \tag{3.4.136}$$

In der Tat zeigt Gleichung (3.4.134) bereits die typische Form des Differenzialgleichungssystems, das sich auch dann ergibt, wenn man mehr als zwei Massenschwinger in Form einer linearen Kette durch Federn in Reihe miteinander verbindet, so wie in der Abbildung 3.4.27 zu sehen. Man spricht hier von der sogenannten „linearen" Kette.

Abb. 3.4.27: Die lineare Kette.

Dieses ist das wohl einfachste **Modell** eines **Festkörpers**. Die Massenpunkte repräsentieren die **Atome** und die Federn stehen für die **Bindungskräfte** zwischen den Atomen. Selbstverständlich sind die Atome eines Festkörpers nicht in Ruhe, vielmehr schwingen sie um ihre Gleichgewichtslagen, und die Schwingung ist umso stärker, je höher die dem Festkörper eigene Temperatur ist. De facto ist der Begriff Temperatur nichts anderes als ein (makroskopisches) Maß für die Stärke dieser ungeordneten Bewegung. Es ist weiterhin festzustellen, dass man zur Beschreibung von Festkörperschwingungen i. Allg. einen nichtlinearen, vom HOOKEschen Federgesetz abweichenden Kraft-Dehnungs-Ansatz wählt (etwa einen Potenzialansatz nach LENNARD-JONES) und dass auch die Atommassen nicht alle verschieden sind, sondern bei einem Ein-Stoff-System alle gleich, bzw. in einem Mischkristall aus in regelmäßigen Abständen wiederkehrenden Atomsorten bestehen (etwa Steinsalz NaCl).

Wir werden in diesem Buch Systeme aus N Stück ($N > 2$) Massenschwingern nicht detailliert behandeln. Vielmehr behandeln wir Festkörperschwingungen im Rahmen linear-elastischer, kontinuierlicher Massenverteilungen, was auf die Bewegungsgleichungen der elastischen Saite sowie der elastischen Membran führen wird. Doch davon später.

Wir halten zunächst fest, dass sich die Kreisfrequenzen ω_{I} und ω_{II} folgendermaßen interpretieren lassen: Halten wir zunächst die Masse m_2 fest und lenken m_1 aus, so ist ω_{I} offenbar die zu der Schwingung von m_1 gehörige Eigenkreisfrequenz. Umgekehrt gilt eine analoge Interpretation auch für ω_{II}, solange die Masse m_1 festgehalten und die Masse m_2 zum Schwingen gebracht wird. Um zu einer Lösung des gekoppelten Gleichungssystems zu gelangen, versuchen wir zunächst zu entkoppeln.

Dazu differenzieren wir die erste Gleichung in (3.4.134) zweimal nach der Zeit und finden:

$$a_{12}x_2 = -\ddot{x}_1 - a_{11}x_1 \quad \Rightarrow \quad a_{12}\ddot{x}_2 = -x_1^{(\mathrm{IV})} - a_{11}\ddot{x}_1 . \tag{3.4.137}$$

In die dritte Gleichung aus (3.4.134) eingesetzt, entsteht eine Differenzialgleichung vierter Ordnung für x_1:

$$x_1^{(\mathrm{IV})} + (a_{11} + a_{22})\ddot{x}_1 + (a_{11}a_{22} - a_{12}a_{21})x_1 = 0 . \tag{3.4.138}$$

In analoger Weise lässt sich folgende Differenzialgleichung vierter Ordnung für x_2 herleiten:

$$x_2^{(\mathrm{IV})} + (a_{11} + a_{22})\ddot{x}_2 + (a_{11}a_{22} - a_{12}a_{21})x_2 = 0 . \tag{3.4.139}$$

Wir stellen fest, dass beide Differenzialgleichungen exakt dieselbe Gestalt haben, und wählen demzufolge bei der Lösung hinsichtlich der Zeitabhängigkeit völlig gleiche Ansätze:

$$x_1(t) = A\exp(\lambda t) , \quad x_2(t) = B\exp(\lambda t) . \tag{3.4.140}$$

An dieser Stelle sei angemerkt, dass das vorgestellte Verfahren der Rückführung zweier gekoppelter Differenzialgleichungen zweiter Ordnung durch **Nachdifferenziation** auf zwei Differenzialgleichungen vierter (höherer) Ordnung auch bei mehr als zwei Massenschwingern anwendbar ist. Darüber hinaus ist es nicht die einzige Methode, die zur Lösung des Problems (3.4.134) zur Verfügung steht. Im gleichen Zusammenhang ist nämlich noch das **Substitutionsverfahren** zu nennen, bei dem die Geschwindigkeiten, also Größen erster Ableitung, zu unabhängigen Variablen erklärt werden, was es erlaubt, ein Differenzialgleichungssystem zweiter Ordnung auf ein System erster Ordnung mit doppelt so vielen Unbekannten zurückzuführen.

Dynamik

Hierfür stehen Lösungsverfahren zur Verfügung, etwa die **Diagonalisierungsmethoden**, bei denen durch Multiplikation mit geeigneten Matrizen auf Hauptachsengestalt transformiert, also diagonalisiert und damit entkoppelt wird:

$$y_1 = x_1 \ , \quad y_2 = \dot{x}_1 \ , \quad y_3 = x_2 \ , \quad y_4 = \dot{x}_4 \, . \tag{3.4.141}$$

Indem man nun den Ansatz (3.4.140) in die Gleichungen (3.4.139/140) einsetzt und den gemeinsamen Exponentialfaktor $A\exp(\lambda t)$ ausklammert, schließt man auf das Verschwinden von:

$$\lambda^4 + (a_{11} + a_{22})\lambda^2 + (a_{11}a_{22} - a_{12}a_{21}) = 0 \, . \tag{3.4.142}$$

In diesem Zusammenhang spricht man auch von der sogenannten **charakteristischen Gleichung**. Wir lösen sie wie folgt:

$$x = \lambda^2 \quad \Rightarrow \quad x^2 + (a_{11} + a_{22})x + (a_{11}a_{22} - a_{12}a_{21}) = 0$$

$$\Rightarrow \quad x = -\frac{1}{2}(a_{11} + a_{22}) \pm \sqrt{\frac{1}{4}(a_{11} + a_{22})^2 - (a_{11}a_{22} - a_{12}a_{21})} \tag{3.4.143}$$

$$\Rightarrow \quad \lambda^2 = -\left(\frac{1}{2}(a_{11} + a_{22}) \mp \frac{1}{2}\sqrt{(a_{11} + a_{22})^2 - 4(a_{11}a_{22} - a_{12}a_{21})}\right).$$

Wir erinnern an die Definition in Gleichung (3.4.136) und schließen, dass:

$$a_{11} + a_{22} = \omega_{\mathrm{I}}^2 + \omega_{\mathrm{II}}^2 > 0 \, , \tag{3.4.144}$$

$$\begin{aligned}(a_{11} + a_{22})^2 - 4(a_{11}a_{22} - a_{12}a_{21}) &= (a_{11} - a_{22})^2 + 4a_{12}a_{21} \\ &= (\omega_{\mathrm{I}}^2 - \omega_{\mathrm{II}}^2)^2 + 4\omega_{\mathrm{II}}^2 \frac{c_2}{m_1} > 0 \, .\end{aligned}$$

Damit ist der letzte Klammerausdruck in Gleichung (3.4.142) stets positiv, damit sind gemäß Gleichung (3.4.143) alle λ-Werte rein imaginär und wir schreiben:

$$\lambda_1 = \mathrm{i}\omega_1 \ , \quad \lambda_2 = -\mathrm{i}\omega_1 \ , \quad \lambda_3 = \mathrm{i}\omega_2 \ , \quad \lambda_4 = -\mathrm{i}\omega_2$$

mit den beiden sog. **Eigenfrequenzen** des Zwei-Massen-Schwingers:

$$\omega_{1,2} = \frac{1}{\sqrt{2}}\sqrt{(a_{11} + a_{22}) \mp \sqrt{(a_{11} + a_{22})^2 - 4(a_{11}a_{22} - a_{12}a_{21})}} \, . \tag{3.4.145}$$

Die Lösung lautet damit:

$$\begin{aligned} x_1(t) = {} & A_1 \exp(\lambda_1 t) + A_2 \exp(\lambda_2 t) + \\ & A_3 \exp(\lambda_3 t) + A_4 \exp(\lambda_4 t) = \end{aligned} \tag{3.4.146}$$

$$\begin{aligned} & A_1(\cos(\omega_1 t) + \mathrm{i}\sin(\omega_1 t)) + A_2(\cos(\omega_1 t) - \mathrm{i}\sin(\omega_1 t)) + \\ & A_3(\cos(\omega_2 t) + \mathrm{i}\sin(\omega_2 t)) + A_4(\cos(\omega_2 t) + \mathrm{i}\sin(\omega_2 t)) = \end{aligned}$$

$$\begin{aligned} & a_1 \cos(\omega_1 t) + a_2 \sin(\omega_1 t) + \\ & a_3 \cos(\omega_2 t) + a_4 \sin(\omega_2 t) \end{aligned} \tag{3.4.147}$$

sowie analog:

$$\begin{aligned} x_2(t) = {} & b_1 \cos(\omega_1 t) + b_2 \sin(\omega_1 t) + \\ & b_3 \cos(\omega_2 t) + b_4 \sin(\omega_2 t)\,. \end{aligned} \tag{3.4.148}$$

Dabei wurde wieder die EULERsche Gleichung verwendet:

$$\exp(\mathrm{i}\omega t) = \cos(\omega t) + \mathrm{i}\sin(\omega t) \tag{3.4.149}$$

und Koeffizienten geeignet zusammengefasst, etwa:

$$a_1 = A_1 + A_2 \ , \quad a_2 = \mathrm{i}(A_1 - A_2)\,. \tag{3.4.150}$$

ω_1 und ω_2 sind durch Wahl der Massen- und Federsteifigkeiten a priori vorgegebene Systemkonstanten. Hingegen werden a_j, b_j, $j = 1,\cdots,4$ durch Anfangsbedingungen festgelegt. Allerdings sind die a_j nicht unabhängig von den b_j wählbar. Ursprünglich galt es nämlich, die Gleichungen (3.4.133) zu lösen. Wenn wir die gefundene Lösung einsetzen, so entstehen folgende zwei Gleichungen:

$$\begin{aligned} & \cos(\omega_1 t)\left[-\omega_1^2 a_1 + a_{11}a_1 + a_{12}b_1\right] + \\ & \sin(\omega_1 t)\left[-\omega_1^2 a_2 + a_{12}a_2 + a_{12}b_2\right] + \\ & \cos(\omega_2 t)\left[-\omega_2^2 a_3 + a_{11}a_3 + a_{12}b_3\right] + \\ & \sin(\omega_2 t)\left[-\omega_2^2 a_4 + a_{11}a_4 + a_{12}b_4\right] = 0, \\ & \cos(\omega_1 t)\left[-\omega_1^2 b_1 + a_{21}a_1 + a_{22}b_1\right] + \\ & \sin(\omega_1 t)\left[-\omega_1^2 b_2 + a_{21}a_2 + a_{22}b_2\right] + \\ & \cos(\omega_2 t)\left[-\omega_2^2 b_3 + a_{21}a_3 + a_{22}b_3\right] + \\ & \sin(\omega_2 t)\left[-\omega_2^2 b_4 + a_{21}a_4 + a_{22}b_4\right] = 0. \end{aligned} \tag{3.4.151}$$

Diese Gleichungen müssen für alle Zeiten t erfüllt sein. Da die Winkelfunktionen dann i. Allg. jedoch von null verschieden sind, sind diese Gleichungen nur dann erfüllbar, wenn die jeweiligen eckigen Klammern verschwinden, und dies bedingt Relati-

Gabriel Cramer wurde 1704 in Genf geboren und starb 1752 in Bagnols-sur-Cèze (Frankreich). In Genf war er als Professor für Mathematik tätig, aber wie damals üblich, beschäftige er sich auch und gerade mit Anwendungen der Mathematik, also mit der Mechanik und der Physik. So schrieb er über die Ursache der Abplattung von Planeten und die Bewegung ihrer Achsen. Berühmt wurde er jedoch vor allem durch seine Arbeiten in der Analysis und über Determinanten. Er heiratete jedoch trotzdem oder vielleicht gerade deshalb nie.

onen zwischen den Konstanten a_i und b_i. Zum Beispiel folgt aus Gleichung $(3.4.151)_1$:

$$b_1 = \frac{\omega_1^2 - a_{11}}{a_{12}} a_1 \,, \quad b_2 = \frac{\omega_1^2 - a_{11}}{a_{12}} a_2 \,,$$

$$b_3 = \frac{\omega_2^2 - a_{11}}{a_{12}} a_3 \,, \quad b_4 = \frac{\omega_2^2 - a_{11}}{a_{12}} a_4 \,. \qquad (3.4.152)$$

Auf den ersten Blick ergibt die Gleichung $(3.4.151)_2$ etwas anderes:

$$b_1 = \frac{a_{21}}{\omega_1^2 - a_{22}} a_1 \,, \quad b_2 = \frac{a_{21}}{\omega_1^2 - a_{22}} a_2 \,,$$

$$b_3 = \frac{a_{21}}{\omega_2^2 - a_{22}} a_3 \,, \quad b_4 = \frac{a_{21}}{\omega_2^2 - a_{22}} a_4 \,. \qquad (3.4.153)$$

Setzt man hierin jedoch ω_1 und ω_2 aus Gleichung (3.4.145) ein, so bestätigt man nach algebraischen Umformungen, dass beide Ergebnisse identisch gleich sind. Indem man Additionstheoreme für die Winkelfunktionen benutzt und die Beziehungen (3.4.152) verwendet, entsteht folgende Lösung für den Zwei-Massen-Schwinger:

$$x_1(t) = c_1 \sin(\omega_1 t + \alpha_1) + c_2 \sin(\omega_2 t + \alpha_2), \qquad (3.4.154)$$

$$x_2(t) = \frac{a_{21} c_1}{\omega_1^2 - a_{22}} \sin(\omega_1 t + \alpha_1) + \frac{a_{21} c_2}{\omega_2^2 - a_{22}} \sin(\omega_2 t + \alpha_2).$$

An dieser Lösung sieht man ganz klar, dass man vier Anfangsbedingungen benötigt, um das Problem eindeutig zu formulieren, etwa die Anfangslagen und die Anfangsgeschwindigkeiten beider Massen:

$$x_1(t=0) = x_{10} \,, \quad \dot{x}_1(t=0) = \upsilon_{10} \,,$$

$$x_2(t=0) = x_{20} \,, \quad \dot{x}_2(t=0) = \upsilon_{20} \,. \qquad (3.4.155)$$

Durch passende Wahl der Konstanten x_{10}, υ_{10}, x_{20} und υ_{20} gelingt es, alle Integrationskonstanten in (3.4.154) bis auf jeweils eine zum Verschwinden zu bringen. Dann schwingen beide Massen sinus- bzw. kosinusförmig nur mit der ersten oder nur mit der zweiten Eigenfrequenz. Solche Schwingungen nennt man auch **Hauptschwingungen**.

Erzwungene Schwingung mit zwei Freiheitsgraden

Um einen Eindruck des Schwingungsverhaltens eines angefachten Zwei-Massen-Systems zu bekommen, betrachten wir die in der Abbildung 3.4.28 gezeigte Situation. Hier werden die beiden schon bekannten Massen zusätzlich über eine externe Kraft periodisch mit der Frequenz Ω angeregt:

$$F(t) = F_0 \cos(\Omega t) . \qquad (3.4.156)$$

Wir schneiden wie dargestellt frei und stellen die NEWTONschen Bewegungsgleichungen auf. Die Argumentation ist völlig analog zum obigen Vorgehen dieses Abschnitts bis auf das Einbeziehen der anregenden Kraft:

$$m_1 \ddot{x}_1 = -2\frac{1}{2}c_1 x_1 + c_2(x_2 - x_1) + F_0 \cos(\Omega t) ,$$

$$m_2 \ddot{x}_2 = -c_2(x_2 - x_1) . \qquad (3.4.157)$$

Wir stellen leicht um und erhalten:

$$\ddot{x}_1 + a_{11}x_1 + a_{12}x_2 = \frac{F_0}{m_1}\cos(\Omega t) ,$$

$$\ddot{x}_2 + a_{21}x_1 + a_{22}x_2 = 0 . \qquad (3.4.158)$$

Man erhält also i. W. dasselbe Differenzialgleichungssystem wie im vorigen Abschnitt, nur dass diesmal die rechte Seite nicht verschwindet. Die Lösung gelingt wie folgt. Zur vollständigen Lösung des homogenen Systems hat man eine spezielle, partikuläre Lösung des inhomogenen Systems zu addieren:

$$x_j = x_j^{\text{hom}} + x_j^{\text{part}} , \; j = 1, 2 . \qquad (3.4.159)$$

Die homogene Lösung haben wir bereits diskutiert und betrachten sie im Folgenden nicht weiter, da sie in realen Systemen aufgrund der stets vorhandenen Dämpfung ohnehin nach einer gewissen Zeit abklingt. Für die partikuläre Lösung versuchen wir einen Ansatz der Form:

$$x_1^{\text{part}} = X_1 \cos(\Omega t) , \; x_2^{\text{part}} = X_2 \cos(\Omega t), \qquad (3.4.160)$$

da wir erwarten, dass die externe Kraft dem Zwei-Massen-Schwinger seine eigene Frequenz aufzwingt. Es resultiert ein lineares Gleichungssystem für die beiden Amplituden X_1 und X_2:

$$(a_{11} - \Omega^2)X_1 + a_{12}X_2 = \frac{F_0}{m_1} ,$$

$$a_{21}X_1 + (a_{22} - \Omega^2)X_2 = 0 . \qquad (3.4.161)$$

Wir lösen es in gewohnter Manier, z. B. mit der CRAMERschen Regel, und finden:

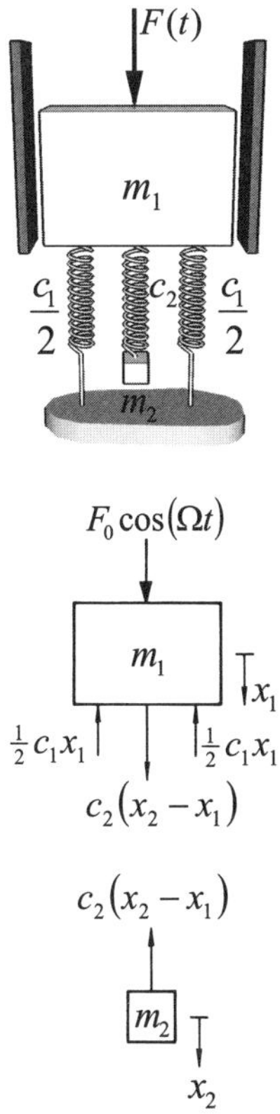

Abb. 3.4.28: Zur Schwingung angeregtes Zwei-Massen-System.

$$X_1 = \frac{\frac{F_0}{m_1}\left(a_{22} - \Omega^2\right)}{\det[\Omega]}, \quad X_2 = -\frac{\frac{F_0}{m_1} a_{21}}{\det[\Omega]},$$

$$\det[\Omega] = \left(a_{11} - \Omega^2\right)\left(a_{22} - \Omega^2\right) - a_{12}a_{21}. \tag{3.4.162}$$

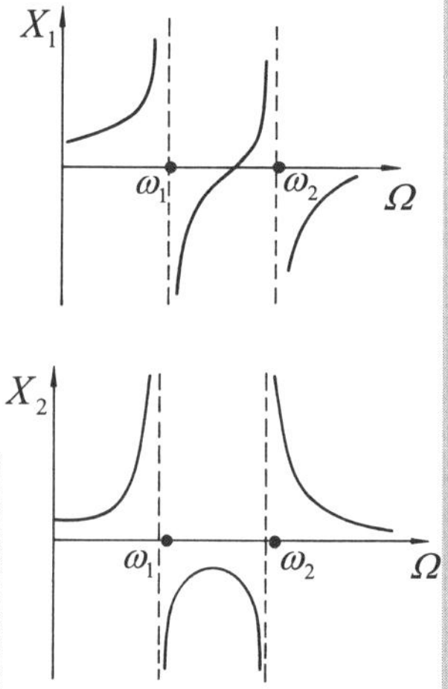

Abb. 3.4.29: Frequenzgang eines Zwei-Massen-Systems.

Wie schon beim angeregten Ein-Massen-Schwinger interessieren wir uns besonders für **Resonanzphänomene**. Wir erinnern daran, dass Resonanz auftritt, wenn die anregende Frequenz gleich der Eigenfrequenz des Schwingers ist. Hier erwarten wir Ähnliches, wobei die Eigenfrequenzen durch die Gleichungen (3.4.145) gegeben sind.

Mathematisch gesprochen ist Resonanz durch eine unendlich große Amplitude charakterisiert, und eine solche erhält man aus der Lösung (3.4.162) für den Fall, dass die Determinante im Nenner verschwindet. In der Tat lässt sich die auftretende Determinante alternativ unter Verwendung der Eigenfrequenzen (3.4.145) wie folgt schreiben:

$$\det[\Omega] = \left(\Omega^2 - \omega_1^2\right)\left(\Omega^2 - \omega_2^2\right). \tag{3.4.163}$$

Damit erhält man:

$$X_1 = \frac{\frac{F_0}{m_1}\left(a_{22} - \Omega^2\right)}{\left(\Omega^2 - \omega_1^2\right)\left(\Omega^2 - \omega_2^2\right)},$$

$$X_2 = -\frac{\frac{F_0}{m_1} a_{21}}{\left(\Omega^2 - \omega_1^2\right)\left(\Omega^2 - \omega_2^2\right)}. \tag{3.4.164}$$

Der Verlauf der Amplituden als Funktion der anregenden Frequenz ist in Abbildung 3.4.29 zu sehen. Offenbar gibt es für beide Massen **zwei Resonanzfrequenzen**, eben ω_1 und ω_2. Interessant ist auch der Nulldurchgang im linken der beiden Graphen. Nimmt z. B. die Erregerfrequenz den Wert $\sqrt{a_{22}}$ an, so ist die erste Masse in Ruhe, die zweite jedoch nicht. Diese schwingt mit ihrer Eigenfrequenz, nämlich $\sqrt{c_2/m_2}$, was dann auch gleich der Erregerfrequenz ist. Man spricht von Schwingungstilgung/-isolierung, einem Effekt, den man in der technischen Praxis z. B. bei schwingungsgedämpften Tischen ausnutzt.

4 Kontinuumsmechanik

4.1 Bilanzgleichungen der Masse

4.1.1 Bilanzgleichung der Masse in globaler Form

Im Folgenden betrachten wir zunächst einmal sog. **abgeschlossene Systeme**, die auch **materielle Volumina** V genannt werden. Ein solches ist in Abbildung 4.1.1 zu sehen.

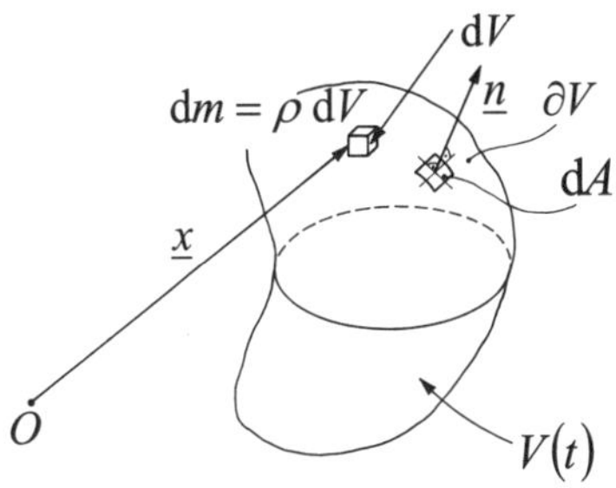

Abb. 4.1.1: Ein materielles Volumen und dazugehörige Bezeichnungen.

Solche Systeme sind dadurch gekennzeichnet, dass durch ihre Oberfläche ∂V keine Materie dringt. Mit anderen Worten, die in einem solchen System vorhandene Masse M ändert sich in der Zeit t **nicht**. Mathematisch drücken wir dies wie folgt aus:

$$\frac{dM}{dt} = 0 . \tag{4.1.1}$$

Technische Beispiele für *abgeschlossene* Systeme sind z. B. Dampfkochtöpfe, (teilweise) gefüllte und dann verschlossene Gasbehälter, ein beladenes Flugzeug vor dem Start, im Kreisprozess betriebene Anlagen etc. Demgegenüber stehen **offene** Systeme wie beispielsweise Motoren, Pumpen, Presslufthämmer, ein beladenes Flugzeug nach dem Start, eine Rakete im Flug etc. Hier gilt Gleichung (4.1.1) nicht, und die im System enthaltene Masse ändert sich zeitlich durch Zu- und Abfluss von Materie. Auf der rechten Seite der Gleichung steht demzufolge keine Null, sondern ein von null verschiedener Massenfluss. Allerdings genügt es, mit Gleichung (4.1.1) zu starten, und zwar aus zweierlei Gründen. Erstens kann man die Gültigkeit von Gleichung (4.1.1) stets dadurch erzwingen, dass man die Systemgrenzen dahingehend erweitert, dass man die zu- und abströmende Materie in ihnen mit erfasst. Zweitens werden wir in den folgenden Abschnitten lernen, wie man aus der **global** für ein makroskopisches System geltenden Gleichung (4.1.1) eine sogenannte **lokale** Gleichung generiert, die an einem beliebigen Ortspunkt $\underline{x}$ des Systems V gilt und in die per Definition die Systemgrenzen und damit Informationen hinsichtlich der Zu- und Abfuhr von Masse nicht eingehen.

4.1.2 Massendichte und Umschreibung der globalen Massenbilanz

Um Gleichung (4.1.1) in Bezug auf die im Innern des Volumens ablaufenden Vorgänge zu detaillieren, betrachten wir das in Abbildung 4.1.1 dargestellte Volumenelement $\mathrm{d}V$. In ihm befindet sich die Masse $\mathrm{d}m$. Mithilfe der Massendichte $\rho = \hat{\rho}(\underline{x}, t)$ (in $\mathrm{kg/m^3}$, also Masse pro Volumeneinheit) können wir schreiben:

$$\mathrm{d}m = \hat{\rho}(\underline{x}, t)\,\mathrm{d}V \,. \tag{4.1.2}$$

Diese Gleichung haben wir bereits im Zusammenhang mit der Definition des Schwerpunktes oder des Massenträgheitsmomentes beim starren Körper kennengelernt. Man beachte, dass die Massendichte im Allgemeinen eine von Ort **und** Zeit abhängige Funktion ist. Man denke etwa an einen Verbundwerkstoff, bei dem verschiedene Substanzen unterschiedlicher Dichte räumlich zusammengefügt werden, bzw. an einen Gasbehälter, in dem sich die Massendichte bei Kompression oder Expansion des Gases lokal zeitlich ändert. Es sei außerdem angemerkt, dass die Schreibweise $\hat{\rho}(\underline{x}, t)$ nichts anderes aussagt, als dass die Massendichte eine Funktion von vier Veränderlichen ist, nämlich der Zeit t und den drei unabhängigen Komponenten des Ortsvektors $\underline{x}$, also in kartesischen Koordinaten von $x_1, x_2, x_3 \equiv x_i$, $i = 1,2,3$. Man spricht bei der funktionellen Abhängigkeit $\hat{\rho}(\underline{x}, t)$ auch von der EULERschen Darstellung der Massendichte†. Damit will man ausdrücken, dass diese Funktion durch ein körperunabhängiges Koordinatensystem beschrieben wird, wobei die Koordinatenlinien sozusagen unter dem Körper angelegt wurden und die Materie darüber hinwegfließt. Diese Beschreibung der Bewegung von Materie ist in Abbildung 4.1.2 links dargestellt. Man erkennt den deformierten, als „Blase" angedeuteten Körper zur Zeit t, der sich unter raumfesten Koordinatenlinien $x_i = \text{const.}$, die der Einfachheit halber nur zweidimensio-

† EULERsche Darstellungen einer Feldfunktion werden in diesem Buch durch das Symbol „ ̂ " über der Funktion hervorgehoben, LAGRANGEsche Darstellungen durch eine Tilde „ ̃ ".

Kontinuumsmechanik

nal dargestellt wurden, hindurchbewegt. In Abb. 4.1.2 rechts ist eine zweite, alternative Darstellung der Bewegung zu sehen, die sogenannte **LAGRANGEsche** oder auch **materielle** Beschreibungsweise. Hier identifiziert man in einem ersten Schritt die Lage aller den Körper aufbauenden materiellen Teilchen in einer i. W. beliebigen Referenzlage zur Ausgangszeit t_0, für die man oft einen spannungsfreien Zustand vor der Deformation wählt. Der zugehörige Körper ist in der Abbildung durch ein Rechteck angedeutet. Die Lage eines materiellen Teilchens ist dann eindeutig durch seinen Referenzortsvektor gekennzeichnet und identifizierbar. Das Teilchen bewegt sich weiter und ist zur aktuellen Zeit t am Ort $\underline{x}$ angekommen. Wir beschreiben dies mathematisch durch die **Gleichung für die Bewegung**†:

$$\underline{x} = \underline{\tilde{x}}(\underline{X}, t) \quad \Leftrightarrow \quad \underline{X} = \underline{\hat{X}}(\underline{x}, t) . \tag{4.1.3}$$

In der ersten Gleichung ist nur noch die Zeit t variabel. Die Position $\underline{X}$ – d. h. der „Teilchenidentifikator“ – ist fest, denn er kennzeichnet ja ein ganz bestimmtes Teilchen, das weder verschwinden noch mit anderen Teilchen verschmelzen bzw. sich aufteilen kann. Aus genau diesem Grunde lässt sich Gleichung $(4.1.3)_1$ auch nach $\underline{X}$ **eindeutig** auflösen: Gleichung $(4.1.3)_2$. Die Bewegung, also die Abbildungen $\underline{\tilde{x}}$ bzw. $\underline{\hat{X}}$, sind, wie man in der Mathematik sagt, **bijektiv**, d. h. umkehrbar eindeutig. Weiter unten werden wir von der LAGRANGEschen Beschreibungsweise noch ausgiebig Gebrauch machen.

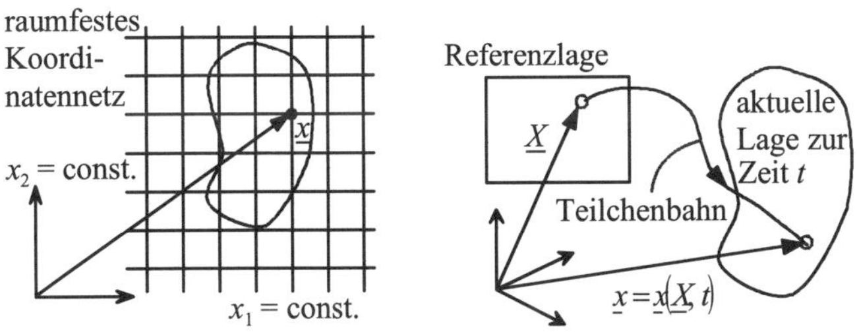

Abb. 4.1.2: EULERsche und LAGRANGEsche Beschreibungsweise der Bewegung.

Indem wir über alle Massenelemente dm summieren bzw. über das Volumen V integrieren, erhalten wir die Gesamtmasse M und schreiben:

$$M = \int_M \mathrm{d}m = \int_{V(t)} \hat{\rho}(\underline{x}, t)\, \mathrm{d}V . \tag{4.1.4}$$

Eingesetzt in Gleichung (4.1.1) folgt:

Gottfried Wilhelm VON LEIBNIZ wurde am 1. Juli 1646 in Leipzig geboren und starb am 14. November 1716 in Hannover. Neben Sir Isaac NEWTON darf er als einer der Hauptbeteiligten bei der Entdeckung der Differenzial- und Integralrechnung gelten. Sein Vater war Professor für Moralphilosophie in Leipzig. Offenbar war er von seinem Fach sehr überzeugt, denn er brachte seinem zwölfjährigen Sohn Latein und Griechisch bei, sodass dieser in des Vaters Büchern lesen konnte. Von 1661 bis 1666 studiert LEIBNIZ an der Universität Leipzig Jura. Allerdings wird ihm die Möglichkeit zum Doktorat verweigert, und so geht er 1666 an die Universität von Altdorf, um dort 1667 den Dr. iur. abzulegen. Einen juristischen Lehrstuhl in Altdorf lehnt er allerdings ab, denn ihm steht der Sinn nach Veränderung. So geht er stattdessen bis zum Jahre 1672 nach Mainz, wo er sich nacheinander in vielseitigster Weise als Sekretär, Bibliothekar, Rechtsberater und als Diplomat betätigt. Letztere Aktivität bringt ihn mit J. C. von

$$\frac{\mathrm{d}}{\mathrm{d}t}\int_{V(t)} \hat{\rho}(\underline{x},t)\,\mathrm{d}V = 0\,. \tag{4.1.5}$$

4.1.3 LEIBNIZsche Regel zur Differenziation von Parameterintegralen und REYNOLDSsches Transporttheorem

Bei genauem Hinsehen wird man feststellen, dass das Integrationsgebiet in Gleichung (4.1.5) als explizit zeitabhängig gekennzeichnet wurde, denn die Größe und Form, in dem sich die Materie befindet, wird sich im Laufe der Zeit im Allgemeinen ändern: $V = V(t)$. Die Frage ist nun, wie das bei der Differenziation nach der Zeit berücksichtigt werden muss, denn überdies ist ja auch der Integrand, eben die Dichteverteilung $\hat{\rho}(\underline{x},t)$, zeitabhängig. Die Antwort hierauf gibt eine Differenziationsregel, die für eindimensionale Integrale bereits von LEIBNIZ gefunden wurde. Es bezeichnet $\hat{\xi}(x,t)$ eine von der 1-D-Position x und von der Zeit t abhängige Funktion. Ferner sind $\alpha(t)$ und $\beta(t)$ die von der Zeit explizit abhängigen Grenzen eines Integrals über den Ort bezüglich dieser Funktion. Dann gilt:

$$\frac{\mathrm{d}}{\mathrm{d}t}\int_{\alpha(t)}^{\beta(t)} \hat{\xi}(x,t)\,\mathrm{d}x = \int_{\alpha(t)}^{\beta(t)} \frac{\partial \hat{\xi}(x,t)}{\partial t}\,\mathrm{d}x + \hat{\xi}(\beta(t),t)\,\dot{\beta}(t) - \hat{\xi}(\alpha(t),t)\,\dot{\alpha}(t). \tag{4.1.6}$$

Der Beweis folgt aus der Grunddefinition des Differenzierens:

$$\frac{\mathrm{d}}{\mathrm{d}t}\int_{\alpha(t)}^{\beta(t)} \hat{\xi}(x,t)\,\mathrm{d}x = \lim_{\Delta t\to 0} \frac{\int_{\alpha(t+\Delta t)}^{\beta(t+\Delta t)} \hat{\xi}(x,t+\Delta t)\,\mathrm{d}x - \int_{\alpha(t)}^{\beta(t)} \hat{\xi}(x,t)\,\mathrm{d}x}{\Delta t} =$$

$$\lim_{\Delta t\to 0}\frac{1}{\Delta t}\left\{\left(\int_{\alpha(t+\Delta t)}^{\beta(t+\Delta t)} \hat{\xi}(x,t+\Delta t)\,\mathrm{d}x - \int_{\alpha(t+\Delta t)}^{\beta(t+\Delta t)} \hat{\xi}(x,t)\,\mathrm{d}x\right) + \right. \tag{4.1.7}$$

$$\left.\left(\int_{\alpha(t+\Delta t)}^{\beta(t+\Delta t)} \hat{\xi}(x,t)\,\mathrm{d}x - \int_{\alpha(t+\Delta t)}^{\beta(t)} \hat{\xi}(x,t)\,\mathrm{d}x\right) - \left(+\int_{\beta(t)}^{\alpha(t+\Delta t)} \hat{\xi}(x,t)\,\mathrm{d}x - \int_{\beta(t)}^{\alpha(t)} \hat{\xi}(x,t)\,\mathrm{d}x\right)\right\} =$$

$$\int\limits_{\alpha(t)}^{\beta(t)} \lim_{\Delta t \to 0} \frac{\hat{\xi}(x,t+\Delta t)-\hat{\xi}(x,t)}{\Delta t}\,\mathrm{d}x +$$

$$\lim_{\Delta t \to 0} \frac{1}{\Delta t} \int\limits_{\beta(t)}^{\beta(t+\Delta t)} \hat{\xi}(x,t)\,\mathrm{d}x - \lim_{\Delta t \to 0} \frac{1}{\Delta t} \int\limits_{\alpha(t)}^{\alpha(t+\Delta t)} \hat{\xi}(x,t)\,\mathrm{d}x.$$

Dabei haben wir geeignet Terme addiert und wieder abgezogen und außerdem von der Vorzeichenregel bei Umtausch der Integralgrenzen Gebrauch gemacht:

$$\int\limits_{\alpha(t)}^{\beta(t)} \hat{\xi}(x,t)\,\mathrm{d}x = -\int\limits_{\beta(t)}^{\alpha(t)} \hat{\xi}(x,t)\,\mathrm{d}x\,. \tag{4.1.8}$$

Nun erinnern wir einerseits an die Definitionsgleichung für partielle Differenziation:

$$\lim_{\Delta t \to 0} \frac{\hat{\xi}(x,t+\Delta t)-\hat{\xi}(x,t)}{\Delta t} = \left.\frac{\partial \hat{\xi}(x,t)}{\partial t}\right|_x \equiv \frac{\partial \hat{\xi}(x,t)}{\partial t} \tag{4.1.9}$$

und an den Mittelwertsatz der Integralrechnung, z. B.:

$$\lim_{\Delta t \to 0} \frac{1}{\Delta t} \int\limits_{\beta(t)}^{\beta(t+\Delta t)} \hat{\xi}(x,t)\,\mathrm{d}x = \tag{4.1.10}$$

$$\lim_{\Delta t \to 0} \frac{\left.\hat{\xi}(\bar{x},t)\right|_{\bar{x}\in[\beta(t),\beta(t+\Delta t)]}\left(\beta(t+\Delta t)-\beta(t)\right)}{\Delta t} = \hat{\xi}(\beta(t),t)\,\dot{\beta}(t),$$

und der Beweis von Gleichung (4.1.6) ist erbracht.

Gleichung (4.1.6) verdient es, kommentiert zu werden. Der erste Term nach dem Gleichheitszeichen drückt aus, dass, wie nicht anders zu erwarten, der explizit zeitabhängige Integrand partiell nach t, also bei festem Ort x, differenziert werden muss. Es gibt jedoch noch zwei Zusatzterme, und diese berücksichtigen die zeitliche Änderung der Berandung. Der erste Zusatzterm behandelt die obere Grenze, und zwar wird die **Geschwindigkeit der Grenze**, d. h. $\dot{\beta}(t)$, mit dem Funktionswert ausgewertet an der momentanen Grenze, also $\xi(\beta(t), t)$, multipliziert. Der Beitrag ist außerdem positiv. Dies kann man anschaulich so deuten, dass man sagt, dass die zur oberen Grenze gehörende Geschwindigkeit in positive x-Richtung zeigt. Der zweite Zusatzterm ist analog zu interpretieren, mit dem einzigen Unterschied, dass er mit einem negativen Vorzeichen versehen ist. Hier weist die Geschwindigkeit der unteren Grenze sozusagen in negative x-Richtung.

BOYNEBUR nach Paris, wo er mithilft, König LOUIS XIV. zu überreden, von Übergriffen auf deutsche Lande abzusehen. Aber nicht nur deshalb weilt er an der Seine. Vor allem studiert er dort Mathematik und Physik unter dem berühmten Christian HUYGENS, und er entwickelt in dieser Zeit die Grundzüge seiner Version der Differenzial- und Integralrechnung. Im Jahre 1676 geht er schließlich in die Stadt Hannover, wo er bis zu seinem Tode bleibt. Um das Jahr 1673 ist er immer noch stark damit beschäftigt, eine gute Notation für die Differenzial- und Integralrechnung zu finden, und bei seinen ersten Berechnungen stellt er sich genau so mühselig an, wie viele von uns bis zum Ende ihrer Tage. Aber am 21. November 1675 verfasst er schließlich ein Manuskript, in dem er die Schreibweise $f(x)\,\mathrm{d}x$ zum ersten Mal verwendet. In demselben Manuskript finden wir auch die beliebte Produktenregel. Die Quotientenregel folgt in einem anderen Manuskript nach, und zwar zwei Jahre später, im Juli 1677. Zwar muss man LEIBNIZ' großem Widersacher NEWTON Recht geben, der da behauptet, dass nicht ein einziges zuvor ungelöstes Problem in diesen Arbeiten behandelt werde, aber der Formalismus, den LEIBNIZ erstellte, war prägend für die weitere Entwicklung der Differenzial- und Integralrechnung. Zwar dachte LEIBNIZ bei der Ableitung nicht im Sinne eines Grenzwertes (diese

Idee kommt erst in D'ALEMBERTS Arbeiten im Jahre 1786 auf), aber er publiziert 1684 Details zu Anwendungen des „Calculus": In den noch heute existenten Acta Editorum (einem von LEIBNIZ zwei Jahre zuvor eröffneten Journal) erscheint die Arbeit *Nova Methodus pro Maximis et Minimis, idemque Tangentibus*, worin man die Regel zum Differenzieren von Potenzen, Produkten und Quotienten findet. Zur möglichen Freude vieler (nichtmathematischer) Studenten finden sich in dieser Arbeit allerdings keinerlei Beweise und Kollege Jacob BERNOULLI spricht von ihr dann auch mehr von einem Enigma anstatt von einer Erklärung. 1686 publiziert LEIBNIZ wieder in seinem Hausjournal über die Integralrechnung, wo die uns bekannte Schreibweise des Integrals zum ersten Mal in gedruckter Form erscheint. NEWTONS Principia erscheinen erst im darauffolgenden Jahr. Zwar war NEWTONS „Fluxionsmethode" bereits 1671 verfasst, aber die Publikation verspätete sich, was neben NEWTONS streitsüchtigem Charakter zum Entstehen des Prioritätsstreites mit LEIBNIZ beitrug. Im Gegensatz zu NEWTON war LEIBNIZ unzweifelhaft ein Universalgenie, denn neben der Mathematik und Naturwissenschaft und dem Bau einer Rechenmaschine begeisterten ihn in seinem Leben noch die Theologie und Philosophie, die Logik, die Biologie, die Geschichte und eben das Recht. Zu den Eigenheiten dieser be-

Kontinuumsmechanik

Die Verallgemeinerung der Gleichung (4.1.6) auf den dreidimensionalen Fall gelingt nun wie folgt:

$$\frac{\mathrm{d}}{\mathrm{d}t}\int_{V(t)}\hat{\xi}(\underline{x},t)\,\mathrm{d}V=\int_{V(t)}\frac{\partial\hat{\xi}(\underline{x},t)}{\partial t}\,\mathrm{d}V+\oint_{\partial V(t)}\hat{\xi}(\underline{x},t)\,\underline{\upsilon}\cdot\underline{n}\,\mathrm{d}A\,. \tag{4.1.11}$$

Dem Beweis dieses auf REYNOLDS zurückgehenden Transporttheorems werden wir uns gleich zuwenden. Zuvor jedoch gilt es, den Inhalt zu verstehen und die Analogien zur Gleichung (4.1.6) darzulegen. Wie zuvor wird im ersten Term der explizit von der Zeit abhängige Integrand bei konstantem Ortsvektor $\underline{x}=(x_1,x_2,x_3)\equiv x_i$, $i=1,2,3$ differenziert und anschließend über $V(t)$ integriert. Der zweite Term berücksichtigt den Einfluss des sich zeitlich verändernden Volumens. Hier wird der Integrand an einer Stelle der Oberfläche $\underline{x}$ ausgewertet, danach mit der „gerichteten" Geschwindigkeit $\underline{\upsilon}\cdot\underline{n}$ multipliziert und schließlich über die gesamte Oberfläche $\partial V(t)$ integriert. Die Integration entspricht der Summe der beiden letzten Terme in der eindimensionalen Gleichung (4.1.6). Dort gibt es nämlich nur zwei Randpunkte des Integrationsgebietes, eben $\alpha(t)$ und $\beta(t)$, wohingegen im Dreidimensionalen eine ganze Hüllfläche zur Verfügung steht. Auch das jeweilige Vorzeichen wird berücksichtigt, und zwar in Gestalt des Skalarproduktes $\underline{\upsilon}\cdot\underline{n}$. Die Normale $\underline{n}$ steht senkrecht auf den jeweiligen Punkten der Hüllfläche und ist aus dem Gebiet hinaus gerichtet (vgl. Abb. 4.1.1). $\underline{\upsilon}$ bezeichnet den Geschwindigkeitsvektor der auf der Oberfläche des Volumens liegenden materiellen Teilchen. Zeigt dieser aus dem Volumen hinaus, d. h. vergrößert sich das Volumen, so ist das Skalarprodukt positiv, weist er hingegen hinein, verkleinert sich das Volumen also, so ist der Winkel zwischen Geschwindigkeits- und Normalenvektor größer als 90° und das Skalarprodukt entsprechend negativ. Wir wollen noch folgende Alternativschreibweise für das Skalarprodukt notieren. Seien $(\upsilon_1,\upsilon_2,\upsilon_3)\equiv\upsilon_i$, $i=1,2,3$ und $\underline{n}=(n_1,n_2,n_3)\equiv n_i$, $i=1,2,3$ die drei kartesischen Komponenten des Geschwindigkeits- bzw. des Normalenvektors, so lässt sich für das Skalarprodukt kurz schreiben:

$$\underline{\upsilon}\cdot\underline{n}=\upsilon_1 n_1+\upsilon_2 n_2+\upsilon_3 n_3\equiv\upsilon_i n_i\ ,\quad \sum_{i=1}^{3}\upsilon_i n_i=\upsilon_i n_i\,. \tag{4.1.12}$$

Tauchen also in einem Ausdruck zwei gleiche Indizes auf, so muss man gemäß der EINSTEINschen Summenkonvention bezüglich dieser Indizes automatisch von eins bis drei summieren. Die

Summe werden wir aus schreibökonomischen Gründen nicht explizit notieren. Mithin kann man das REYNOLDSsche Transporttheorem auch folgendermaßen schreiben:

$$\frac{\mathrm{d}}{\mathrm{d}t}\int_{V(t)}\hat{\xi}(\underline{x},t)\,\mathrm{d}V = \int_{V(t)}\frac{\partial\hat{\xi}(\underline{x},t)}{\partial t}\,\mathrm{d}V + \oint_{\partial V(t)}\hat{\xi}(\underline{x},t)\,\upsilon_i n_i\;\mathrm{d}A\,. \qquad (4.1.13)$$

deutenden Person gehörte es außerdem, ständig Zettel bei sich zu tragen, um Einfälle bei jeder Gelegenheit notieren zu können. 70000 dieser Zettel sind bekannt. Bei manchem heutigen klausurschreibendem Studenten oder ordentlichem Professor ist das ähnlich.

Abschließend wenden wir uns noch dem Beweis des REYNOLDSschen Transporttheorems zu oder besser gesagt, wir präsentieren eine Gedankenkette, die mehr anschaulich argumentiert denn wirklich beweist. Unter Beachtung der Grunddefinition des Differenzials schreiben wir zunächst in völliger Analogie zu der eindimensionalen Gleichung (4.1.7):

$$\frac{\mathrm{d}}{\mathrm{d}t}\int_{V(t)}\hat{\xi}(\underline{x},t)\,\mathrm{d}V = \lim_{\Delta t\to 0}\frac{\int_{V(t+\Delta t)}\hat{\xi}(\underline{x},t+\Delta t)\,\mathrm{d}V - \int_{V(t)}\hat{\xi}(\underline{x},t)\,\mathrm{d}V}{\Delta t}\,. \qquad (4.1.14)$$

Dabei haben wir wie angedeutet EULERsche Darstellung vorausgesetzt, d. h., der Ortsvektor $\underline{x}$ ist zeitlich fest. Nun wird geeignet ergänzt und zusammengefasst:

$$\frac{\mathrm{d}}{\mathrm{d}t}\int_{V(t)}\hat{\xi}(\underline{x},t)\,\mathrm{d}V = \qquad (4.1.15)$$

$$\lim_{\Delta t\to 0}\left\{\int_{V(t+\Delta t)}\frac{\hat{\xi}(\underline{x},t+\Delta t)-\hat{\xi}(\underline{x},t)}{\Delta t}\,\mathrm{d}V + \frac{1}{\Delta t}\int_{V(t+\Delta t)-V(t)}\hat{\xi}(\underline{x},t)\,\mathrm{d}V\right\}.$$

Der erste Term ergibt im Grenzfall bereits den ersten Term der rechten Seite von Gleichung (4.1.13). Um den zweiten Term umzuschreiben, betrachten wir die Abbildung 4.1.3. Man sieht, wie durch die Bewegung υ_i der Materie an der Oberfläche $\mathrm{d}A$ das Volumen $(\upsilon_i\Delta t)n_i\,\mathrm{d}A$ „hinausgespült“ und damit pro Zeiteinheit Δt die Menge $\hat{\xi}(\underline{x},t)\upsilon_i n_i\mathrm{d}A$ an Feldgröße $\hat{\xi}(\underline{x},t)$ wie man sagt *konvektiv* transportiert wird. Das Skalarprodukt $\upsilon_i n_i$ ist zu beachten, denn wenn die Bewegung υ_i tangential zur Oberfläche, also normal zu n_i erfolgt, wird überhaupt nichts konvektiv transportiert, und genau dann ist das Skalarprodukt auch gleich null. Die dazugehörige Änderung der Größe $\hat{\xi}(\underline{x},t)$ aufgrund der Volumenänderung $V(t+\Delta t)-V(t)$ ist also $\hat{\xi}(\underline{x},t)\upsilon_i n_i\Delta t$, was pro Zeiteinheit genommen und über die Gesamtoberfläche integriert den zweiten Anteil in Gleichung (4.1.13) erklärt. Im Hinblick auf die eindimensionale Gleichung (4.1.6) und um uns zu wiederholen, könnte man auch sagen,

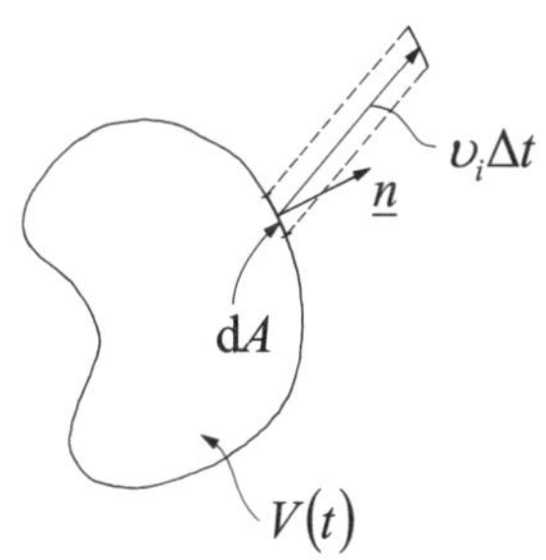

Abb. 4.1.3: Zum REYNOLDSschen Transporttheorem.

Kontinuumsmechanik

Osborne Reynolds wurde am 23. August 1842 in Belfast, Irland geboren und starb am 21. Februar 1912 in Watchet, Somerset, England. Er war ein Cambridge Graduate der Mathematik und wurde, was beim Fachdünkel der Ingenieure heute wohl undenkbar wäre, 1868 der allererste Professor of Engineering an der Universität Manchester. Hier blieb er bis zu seiner Emeritierung im Jahre 1905. Im Jahre 1877 wurde er wissenschaftlich geadelt, nämlich zum RFS ernannt, also ein Fellow of the Royal Society. 11 Jahre später gewann er außerdem die Royal Medal dieser ehrenwerten Gesellschaft. Seine frühen Arbeiten konzentrierten sich auf den Elektromagnetismus. Bald jedoch wandte er sich der Hydraulik und der Hydrodynamik zu, wovon auch sein Transporttheorem zeugt. Im Jahre 1886 formulierte er eine Theorie der Schmierung und drei Jahre später entwickelte er die mathematischen Grundlagen zum Studium der Turbulenz. Daran erinnert auch die nach ihm benannte Reynolds-Zahl, welche den Übergang zwischen laminaren und turbulenten Strömungen kennzeichnet.

dass die zeitliche Änderung des Volumens durch Änderung seiner Oberfläche – also seiner Integrationsgrenzen – zu einem zweiten Beitrag führt, bei dem die Bewegung der Oberflächenteilchen in Kombination mit der Richtung der Oberfläche eingeht. Dieser Term entspricht dem Ausdruck $\hat{\xi}(\beta(t),t)\dot{\beta}(t)-\hat{\xi}(\alpha(t),t)\dot{\alpha}(t)$ in (4.1.6), bzw. noch anders ausgedrückt: Ein eindimensionales Integral führt zu einem algebraischen Ausdruck ausgewertet an den Integrationsgrenzen, und ein dreidimensionales Integral über ein Volumen bedingt ein zweidimensionales Integral über die zugehörige Oberfläche.

4.1.4 Lokale Massenbilanz in regulären Punkten

Wir wenden nun das Reynoldssche Transporttheorem auf die globale Massenbilanz aus Gleichung (4.1.4) an. Dann ist $\hat{\xi}(\underline{x},t)=\hat{\rho}(\underline{x},t)$, und wir können für Gleichung (4.1.13) schreiben:

$$\frac{\mathrm{d}}{\mathrm{d}t}\int_{V(t)}\hat{\rho}(\underline{x},t)\,\mathrm{d}V = \int_{V(t)}\frac{\partial\hat{\rho}(\underline{x},t)}{\partial t}\,\mathrm{d}V+\oint_{\partial V(t)}\hat{\rho}(\underline{x},t)\,\hat{\upsilon}_i(\underline{x},t)\,n_i\,\mathrm{d}A. \tag{4.1.16}$$

In der letzten Gleichung haben wir noch besonders herausgestellt, dass sich im Allgemeinen nicht nur die Massendichte $\hat{\rho}(\underline{x},t)$ von Punkt zu Punkt auf der Oberfläche des Körpers zeitlich ändert, sondern ebenso die Teilchengeschwindigkeit: $\hat{\upsilon}_i(\underline{x},t)$. Beides sind sogenannte **Feldgrößen**. Falls nun innerhalb des Volumens keinerlei Unstetigkeiten vorkommen, d. h. das Feld der Massendichte $\hat{\rho}(\underline{x},t)$ und das Feld der Geschwindigkeit $\hat{\upsilon}_i(\underline{x},t)$ sich stetig ändern, so kann man direkt den Gaussschen Satz anwenden, um das Oberflächenintegral in der Gleichung (4.1.16) in ein Volumenintegral umzuwandeln. Es gilt nämlich für in einem Gebiet $V(t)$ stetige Vektorfelder $\hat{g}_i(\underline{x},t)$ (ohne Beweis):

$$\oint_{\partial V(t)}\hat{g}_i(\underline{x},t)\,n_i\,\mathrm{d}A=\int_{V(t)}\frac{\partial g_i}{\partial x_i}\,\mathrm{d}V\,. \tag{4.1.17}$$

Stetige Massen- und Geschwindigkeitsfelder liegen beispielsweise in einer **laminaren Strömung** oder in einer schwingenden, aus einem Werkstoff hergestellten Membran vor.

Beispiele sich unstetig verhaltender technisch relevanter Massen- und Geschwindigkeitsfelder treten bei Stoßwellenvorgängen in Düsen sowie bei Mehrphasenproblemen auf, etwa an der Grenzschicht einer verdampfenden Flüssigkeit. Hiermit werden wir uns in diesem Buch nicht beschäftigen, und es genügt zu sagen, dass die hier vorgestellte Theorie auf solche Probleme verallgemeinert werden kann. Es sei außerdem daran erinnert, dass im Sinne der oben eingeführten Kurzschreibweise (EINSTEINsche Summationskonvention) der rechts des Gleichheitszeichens stehende Teil aus Gleichung (4.1.17) explizit wie folgt auszuschreiben ist (was den Vorteil der Kurzschreibweise unterstreicht):

$$\int_{V(t)} \frac{\partial g_i}{\partial x_i}\,\mathrm{d}V = \int_{V(t)} \left(\frac{\partial g_1}{\partial x_1} + \frac{\partial g_2}{\partial x_2} + \frac{\partial g_3}{\partial x_3} \right) \mathrm{d}V\,. \tag{4.1.18}$$

Indem wir nun den GAUSSschen Satz auf Gleichung (4.1.13) anwenden und beide Terme unter ein Volumenintegral schreiben, entsteht:

$$\begin{aligned} &\frac{\mathrm{d}}{\mathrm{d}t} \int_{V(t)} \hat{\rho}(\underline{x},t)\,\mathrm{d}V = \\ &\int_{V(t)} \left(\frac{\partial \hat{\rho}(\underline{x},t)}{\partial t} + \frac{\partial\left[\hat{\rho}(\underline{x},t)\hat{\upsilon}_i(\underline{x},t)\right]}{\partial x_i} \right) \mathrm{d}V = 0. \end{aligned} \tag{4.1.19}$$

Da per Voraussetzung im Gebiet $V(t)$ alle Feldgrößen stetig sind, ist das Verschwinden des integralen Ausdrucks nur dann möglich, wenn der Integrand verschwindet, also gilt:

$$\frac{\partial \rho}{\partial t} + \frac{\partial(\rho \upsilon_i)}{\partial x_i} = 0\,. \tag{4.1.20}$$

Hier haben wir der Bequemlichkeit halber die Argumente t und $\underline{x}$ an den Feldgrößen weggelassen, aber selbstverständlich ist die letzte Gleichung so zu verstehen, dass alle Felder Funktionen der Zeit und des Ortes sind.

Gleichung (4.1.17) ist die in **regulären** (= **stetig differenzierbaren**) Punkten eines Körpers gültige, **lokale Massenbilanz**. In der Hydromechanik wird sie gelegentlich auch die **Kontinuitätsgleichung** genannt, weil sie, wie wir noch sehen werden, einen Aspekt der Bewegung eines kontinuierlichen Massenstroms innerhalb kommunizierender Röhren beschreibt.

Mathematisch gesprochen ist sie eine sogenannte **partielle Differenzialgleichung**, die zusammen mit sinnvoll vorzugebenden

Johann Carl Friedrich Gauss wurde am 30. April 1777 in Braunschweig geboren und starb am 23. Februar 1855 in Göttingen. Er war für die Mathematik das, was Newton für die Physik war, wissenschaftlich wie menschlich. Als Wunderkind im Kopfrechnen hatte er im Alter von 17 Jahren bereits viele seiner mathematischen Theorien erdacht und wurde so zum Studium nach Braunschweig und Göttingen geschickt. Er schrieb das erste moderne Buch über Zahlentheorie, in dem er das Gesetz quadratischer Reziprozität beschreibt, und entwickelt die Differenzialgeometrie gekrümmter Flächen. Außerdem formuliert er die Theorie elliptischer und komplexer Funktionen (ohne sie zu publizieren) und ist ein Pionier mathematischer Anwendungen in der Physik, etwa bei der Gravitation, dem Magnetismus und der aufkeimenden neuen Erfindung „Elektrizität". Im Jahre 1807 wird er schließlich Professor der Mathematik und Direktor der Göttinger Sternwarte. 1821 wird er mit der Vermessung und Kartografierung des Staates Hannover beauftragt, wofür er das sogenannte Heliotrop erfindet. Außerdem wurde nach ihm die Einheit der magnetischen Induktion benannt. Da soll noch einer sagen, die Mathematiker wären nicht praktisch.

Anfangs- und Randbedingungen dazu dient, das Feld der Massendichte in allen Punkten $\underline{x}$ und zu allen Zeiten t zu berechnen.

4.1.5 Alternativschreibweisen der Massenbilanz in regulären Punkten; Endziel des Mechanikers

Oft wird Gleichung (4.1.20) in anderer Form zitiert. Zum Beispiel kann man die Produktregel anwenden und schreiben:

$$\frac{\partial \rho}{\partial t} + \upsilon_i \frac{\partial \rho}{\partial x_i} + \rho \frac{\partial \upsilon_i}{\partial x_i} = 0 . \qquad (4.1.21)$$

Wir fragen als Nächstes nach der Zeitableitung für die Bewegung $(4.1.3)_1$. Nach der Kettenregel gilt:

$$\begin{aligned} \frac{\mathrm{d}x_i}{\mathrm{d}t} &= \frac{\mathrm{d}\tilde{x}_i(\underline{X},t)}{\mathrm{d}t} = \\ \frac{\partial \tilde{x}_i}{\partial X_j}\bigg|_t \frac{\mathrm{d}X_j}{\mathrm{d}t} &+ \frac{\partial \tilde{x}_i}{\partial t}\bigg|_{\underline{X}} \frac{\mathrm{d}t}{\mathrm{d}t} = \frac{\partial \tilde{x}_i}{\partial X_j}\bigg|_t 0 + \frac{\partial \tilde{x}_i}{\partial t}\bigg|_{\underline{X}} = \upsilon_i , \end{aligned} \qquad (4.1.22)$$

denn die Referenzlage X_j des Teilchens ist fest und ändert sich zeitlich nicht: $\mathrm{d}X_j/\mathrm{d}t \equiv 0$. Ferner ist die Änderung der Position eines fest gewählten Teilchens gleich seiner Geschwindigkeit: $\partial\tilde{x}/\partial t|_{\underline{X}} \equiv \upsilon_i$ und somit ist das Ergebnis bestehend aus der Summe beider Terme auch konsistent mit dem Beginn der Gleichung, also der zeitlichen Änderung des Ortsvektors, der zu dem betreffenden Teilchen führt: $\mathrm{d}x_i/\mathrm{d}t \equiv \upsilon_i$.

Nun bilden wir die Zeitableitung der Massendichte, die in Eulerscher Darstellung $\rho = \hat{\rho}(\underline{x},t)$ gegeben ist. Dann liefert die Kettenregel:

$$\begin{aligned} \frac{\mathrm{d}\hat{\rho}(\underline{x},t)}{\mathrm{d}t} &= \frac{\partial \hat{\rho}(\underline{x},t)}{\partial x_i}\bigg|_t \frac{\mathrm{d}x_i}{\mathrm{d}t} + \frac{\partial \hat{\rho}(\underline{x},t)}{\partial t}\bigg|_{\underline{x}} \frac{\mathrm{d}t}{\mathrm{d}t} \\ &\equiv \frac{\partial \rho}{\partial x_i}\upsilon_i + \frac{\partial \rho}{\partial t} , \end{aligned} \qquad (4.1.23)$$

denn wie zuvor festgestellt ist ja $\mathrm{d}x_i/\mathrm{d}t \equiv \upsilon_i$. Also folgt aus (4.1.21):

$$\frac{\mathrm{d}\hat{\rho}(\underline{x},t)}{\mathrm{d}t} + \rho \frac{\partial \upsilon_i}{\partial x_i} = 0 . \qquad (4.1.24)$$

In der Tat lässt sich in analoger Weise zu der in Gleichung (4.1.19) gezeigten Zeitableitung der Massendichte für ein beliebiges, in EULERscher Darstellung gegebenes Feld $\hat{\xi}(\underline{x},t)$ ausführlichst schreiben:

$$\begin{aligned}\frac{\mathrm{d}\hat{\xi}(\underline{x},t)}{\mathrm{d}t} &= \left.\frac{\partial\hat{\xi}(\underline{x},t)}{\partial x_j}\right|_t \frac{\mathrm{d}x_j}{\mathrm{d}t} + \left.\frac{\partial\hat{\xi}(\underline{x},t)}{\partial t}\right|_{\underline{x}} \frac{\mathrm{d}t}{\mathrm{d}t} \\ &= \frac{\partial\hat{\xi}(\underline{x},t)}{\partial x_j}\upsilon_j + \frac{\partial\hat{\xi}(\underline{x},t)}{\partial t} \equiv \dot{\xi}.\end{aligned} \tag{4.1.25}$$

Um die Besonderheit dieser Zeitableitung hervorzuheben (immerhin resultieren zwei Terme, wobei erst nach dem Ort bei fester Zeit und dann nach der Zeit bei festem Ort differenziert wird, wobei man auch von **lokaler** Zeitableitung spricht), nennt man sie auch die **materielle** Zeitableitung. Wir werden von dieser Formel noch häufigen Gebrauch machen, bzw. dies ist eben bereits geschehen, und wir schreiben Gleichung (4.1.24) alternativ nun auch:

$$\dot{\rho} + \rho\frac{\partial \upsilon_i}{\partial x_i} = 0. \tag{4.1.26}$$

Die materielle Zeitableitung kann auch auf vektorwertige Felder angewendet werden (Beispiele siehe weiter unten) und sogar auf den Ortsvektor x_i selber. Hier hat man zu schreiben:

$$\frac{\mathrm{d}x_i}{\mathrm{d}t} = \left.\frac{\partial x_i}{\partial x_j}\right|_t \frac{\mathrm{d}x_j}{\mathrm{d}t} + \left.\frac{\partial x_i}{\partial t}\right|_{\underline{x}} \frac{\mathrm{d}t}{\mathrm{d}t} = \delta_{ji}\upsilon_j + 0 = \upsilon_i, \tag{4.1.27}$$

($\delta_{ji} = 1$ falls $i = j$, null sonst). Dieses hätten wir auch nicht anders vermutet, denn wie bereits gesagt, muss die Zeitableitung des Ortsvektors die Geschwindigkeit sein. Wir wollen nun noch untersuchen, was sich ergibt, wenn wir in Gleichung (4.1.23) anstelle der EULERschen die LAGRANGEsche Darstellung für die Felder verwenden, also mit der Gleichung (4.1.3) für die Bewegung schreiben:

$$\xi = \hat{\xi}(\underline{x},t) = \hat{\xi}(\underline{\tilde{x}}(\underline{X},t),t) \equiv \tilde{\xi}(\underline{X},t). \tag{4.1.28}$$

Dann gilt offenbar in Analogie zu (4.1.25):

$$\begin{aligned}\frac{\mathrm{d}\tilde{\xi}(\underline{X},t)}{\mathrm{d}t} &= \left.\frac{\partial\tilde{\xi}(\underline{X},t)}{\partial X_i}\right|_t \frac{\mathrm{d}X_i}{\mathrm{d}t} + \left.\frac{\partial\tilde{\xi}(\underline{X},t)}{\partial t}\right|_{\underline{X}} \frac{\mathrm{d}t}{\mathrm{d}t} \\ &\equiv \frac{\partial\xi}{\partial X_i}0 + \left.\frac{\partial\xi}{\partial t}\right|_{\underline{X}} \equiv \dot{\xi}.\end{aligned} \tag{4.1.29}$$

Ist also das betreffende Feld in LAGRANGEscher Darstellung gegeben, so bestimmt sich seine materielle Zeitableitung einfach durch partielle Ableitung nach der Zeit (für festes Teilchen $\underline{X}$).

Abschließend diskutieren wir noch Spezialfälle der Massenbilanz in regulären Punkten. Ein **inkompressibles Material**, also z. B. der starre Körper, ist dadurch gekennzeichnet, dass sich seine Massendichte nicht ändert, weder zeitlich noch örtlich. Hierfür gilt per Definition:

$$\dot{\rho} = \frac{\mathrm{d}\rho}{\mathrm{d}t} = 0\,, \tag{4.1.30}$$

und die Massenbilanz (4.1.21) oder (4.1.24) degeneriert zu der folgenden partiellen Differenzialgleichung:

$$\frac{\partial \upsilon_i}{\partial x_i} = 0\,. \tag{4.1.31}$$

Zusammengefasst könnte man etwas überspitzt auch sagen, dass es die **Aufgabe des Mechanikers** ist, das Feld der Dichte ρ und die drei Komponenten υ_i, $i = 1, 2, 3$ des Feldes der Geschwindigkeit in allen Punkten $\underline{x}$ und zu allen Zeiten t eines Körpers zu ermitteln, also **vier** unbekannte Feldgrößen zu berechnen.

In diesem Sinne haben wir nun den ersten Schritt getan und **eine** Gleichung für die **vier** Feldgrößen hergeleitet. Wir brauchen noch drei weitere, und diese hat Sir Isaac NEWTON vor mehr als 300 Jahren gefunden. Das Feld der Geschwindigkeit ist nämlich durch die Impulsbilanz bestimmt, also die NEWTONsche Kraftgleichung, die eine **vektorielle** Gleichung ist. Ihr wenden wir uns nun zu.

4.2 Bilanzgleichungen des Impulses

4.2.1 Bilanzgleichung des Impulses in globaler Form

Nach NEWTON ist die zeitliche Änderung des Gesamtimpulses P_i der in einem materiellen Volumen vorhandenen Materie (vgl. Abbildung 4.1.1) gegeben durch die wirkenden Kräfte K_i. Wir schreiben daher analog wie in Gleichung (4.1.1) in kartesischen Komponenten:

$$\frac{dP_i}{dt} = K_i \,, \quad i = 1, 2, 3 \,. \tag{4.2.1}$$

Im Unterschied zu der Gesamtmasse, welche für ein materielles Volumen konstant ist, ändert sich also der Gesamtimpuls, eben aufgrund der Anwesenheit von Kräften. Um nun Gleichung (4.2.1) weiter zu detaillieren, um also zu Feldgrößen zu gelangen und letztendlich eine lokale Gleichung für den Impuls zu gewinnen, argumentieren wir wie folgt. Das in der Abbildung 4.1.1 dargestellte, den Körper $V(t)$ aufbauende Massenelement dm besitzt den Impuls $dm\upsilon_i = \rho\upsilon_i dV$. Damit ergibt sich der Gesamtimpuls durch Integration zu:

$$P_i = \int_{V(t)} \hat{\rho}(\underline{x}, t)\,\hat{\upsilon}_i(\underline{x}, t)\, dV \,. \tag{4.2.2}$$

Für die Zeitableitung dieser Größe gelten genau dieselben Argumente wie im Zusammenhang mit der Massenbilanz, denn sowohl das Integrationsgebiet als auch die Integranden sind explizit zeitabhängig. Also müssen wir mit dem REYNOLDSschen Transporttheorem nach Gleichung (4.1.13) schreiben:

$$\begin{aligned} \frac{dP_i}{dt} &= \frac{d}{dt}\int_{V(t)} (\rho\upsilon_i)\, dV \\ &= \int_{V(t)} \frac{\partial(\rho\upsilon_i)}{\partial t}\, dV + \oint_{\partial V(t)} (\rho\,\upsilon_i)\,\upsilon_j n_j\, dA \,, \end{aligned} \tag{4.2.3}$$

wobei $\xi = \rho\,\upsilon_i$ gesetzt wurde. Welchen Index man im Skalarprodukt $\underline{\upsilon}\cdot\underline{n}$ verwendet, ist an und für sich gleichgültig, nur muss man darauf achten, dass er nicht bereits vergeben ist. Da wir zur Kennzeichnung der Impulsdichte bereits den Index i verwendet hatten, mussten wir ihn im Skalarprodukt auf j abändern: $\underline{\upsilon}\cdot\underline{n} = \upsilon_j n_j$. Wir nehmen nun wieder an, dass die Felder der Dichte und der Geschwindigkeit im Innern des Gebietes stetig sind, und benutzen dann den GAUSSschen Satz, um zu schreiben:

$$\frac{dP_i}{dt} = \int_{V(t)} \left(\frac{\partial(\rho\upsilon_i)}{\partial t} + \frac{\partial(\rho\upsilon_i\upsilon_j)}{\partial x_j} \right) dV \,. \tag{4.2.4}$$

Wenden wir uns nun den Kräften zu. Die Gesamtkraft lässt sich additiv in zwei „Sorten" von Kräften aufteilen:

$$K_i = F_i + T_i \,. \tag{4.2.5}$$

Baron **Augustin Louis CAUCHY** wurde am 21. August 1789 in Paris geboren und starb am 23. Mai 1857 in Sceaux bei Paris. In seinen jungen Jahren war er Ingenieur in NAPOLEONS Armee. Im Alter von 26 Jahren wurde er bereits Professor an der École Polytechnique, wo er sich bald als der führende französische Mathematiker seiner Zeit etablierte. Es wird berichtet, dass ihm seine Kollegen den zweifelhaften Kosenamen „cochon" zulegten, da er angeblich seine Ideen aus von ihm begutachteten Veröffentlichungen stahl, ähnlich wie Studenten während der Klausur. Trotz dieser dunklen Seite muss man wohl gerechterweise feststellen, dass der Großteil seiner 789 Veröffentlichungen wohl doch von ihm selbst stammt. CAUCHYS letzte Worte in der Französischen Akademie waren „C'est ce que j'expliquerai plus au long dans un prochain mémoire". Er starb achtzehn Tage später und äußerte sich verständlicherweise nicht mehr darüber, was er denn wohl erklären wollte. Sein Wissen nahm er mit ins Grab und die Kollegen in der Akademie hörten rein gar nichts von seiner mathematischen Neuentdeckung. Gleiches Pech (oder Glück?) hat man als Student der Ingenieurwissenschaft in Bezug auf die Vorlesung zumindest bei jungen, neuberufenen Professoren nur äußerst selten.

Zum einen gibt es **langreichweitige** Kräfte, die sozusagen von außen kommend im Innern des Körpers angreifen. Man nennt sie **Volumenkräfte** F_i und ein prominentes Beispiel hierfür ist die Schwerkraft. Wie gesagt wirken sie direkt am Massenelement dm und wir schreiben:

$$F_i = \int_{V(t)} \hat{\rho}(\underline{x},t)\,\hat{f}_i(\underline{x},t)\,\mathrm{d}V\,. \tag{4.2.6}$$

Die Größe f_i ist die sogenannte spezifische Volumenkraft. Wie man sich leicht überzeugt, hat sie die Dimension einer Beschleunigung und für den in der Technik gemeinhin interessierenden Fall der erdnahen Schwerkraft ist sie nichts anderes als der Erdbeschleunigungsvektor mit:

$$f_i = g_i\ ,\ |g_i| = 9{,}81\frac{\mathrm{m}}{\mathrm{s}^2}\,. \tag{4.2.7}$$

Dann gibt es noch Kräfte, die an der **Oberfläche** des Körpers ansetzen, dort ziehen, drücken und scheren und dadurch den Körper eventuell bewegen und seinen Impulshaushalt steuern. Wir benutzen das Symbol T_i (nach engl. „traction" = Zug, Schleppen) und schreiben:

$$T_i = \oint_{\partial V(t)} t_i\,\mathrm{d}A\,, \tag{4.2.8}$$

wobei t_i die Dimension einer Kraft pro Flächeneinheit hat und auch **Spannungsvektor** genannt wird. Man kann nun zeigen, dass ein linearer Zusammenhang zu dem aus dem Kapitel über Festigkeitslehre bekannten Spannungstensor σ_{ij} besteht, wie folgt:

$$t_i = n_j\sigma_{ji} = n_1\sigma_{1i} + n_2\sigma_{2i} + n_3\sigma_{3i}\,. \tag{4.2.9}$$

Der Beweis läuft über das sogenannte CAUCHYsche Tetraederargument, das weiter unten erläutert wird. Wir werden im Folgenden außerdem stets annehmen, dass der Spannungstensor symmetrisch ist, also sechs unabhängige Komponenten besitzt:

$$\sigma_{ij} = \sigma_{ji}\,. \tag{4.2.10}$$

Nehmen wir nun wieder Stetigkeit der Spannungen innerhalb des Volumens an, so entsteht mithilfe des GAUSSschen Satzes:

$$T_i = \oint_{\partial V(t)} \sigma_{ij} n_j\,\mathrm{d}A = \int_{V(t)} \frac{\partial \sigma_{ji}}{\partial x_j}\,\mathrm{d}V\,. \tag{4.2.11}$$

Wenn wir nun die Gleichung (4.2.1/4–6/11) zusammenfassen, entsteht:

$$\int_{V(t)} \left(\frac{\partial(\rho \upsilon_i)}{\partial t} + \frac{\partial(\rho \upsilon_i \upsilon_j - \sigma_{ji})}{\partial x_j} - \rho f_i \right) \mathrm{d}V = 0 . \qquad (4.2.12)$$

4.2.2 Das CAUCHYsche Tetraederargument

Bevor wir uns mit der Umschreibung der Impulsbilanz in ihre lokal-reguläre Form beschäftigen, soll die Richtigkeit der Gleichung (4.2.9) nachgewiesen und überhaupt ihre Bedeutung diskutiert werden. Wir stellen zunächst einmal fest, dass, wie in Abbildung 4.2.1 gezeigt, der gleiche Kraftvektor $\underline{t}\,\mathrm{d}A$ bei Flächen mit unterschiedlicher Einheitsnormale $\underline{n}$ aber gleicher Fläche $\mathrm{d}A$ unterschiedliche Wirkungen hat. Die oberste Abbildung zeigt einen Druckzustand, die darauffolgende Zeichnung eine Scherung und die dritte Skizze schließlich eine Mischung aus Zug und Scherung. Mithin ist es sinnvoll zu schreiben:

$$\underline{t} = \underline{t}(\underline{x}, t; \underline{n}), \qquad (4.2.13)$$

um damit auszudrücken, dass der Spannungsvektor neben Ort und Zeit auch noch von der Normalenrichtung abhängt.

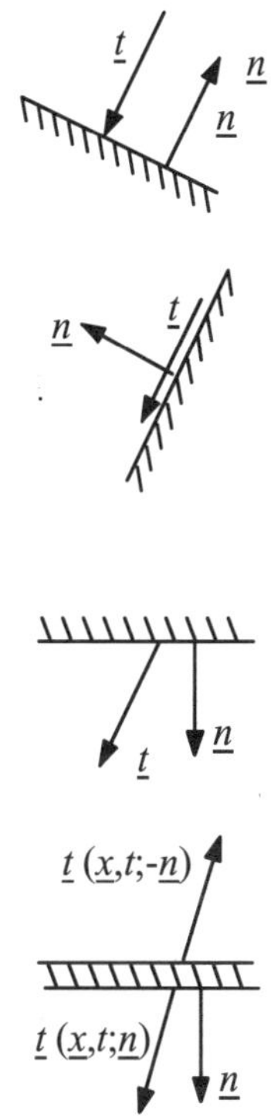

Abb. 4.2.1: Wirkung des gleichen Kraftvektors auf Flächen mit unterschiedlicher Normalenrichtung.

Die letzte Zeichnung aus Abbildung 4.2.1 schließlich zeigt eine im Kräftegleichgewicht befindliche Fläche $\mathrm{d}A$. Hier gilt:

$$\underline{t}(\underline{x}, t; \underline{n})\,\mathrm{d}A + \underline{t}(\underline{x}, t; -\underline{n})\,\mathrm{d}A = \underline{0}, \qquad (4.2.14)$$

woraus sich ergibt:

$$\underline{t}(\underline{x}, t; \underline{n}) = -\underline{t}(\underline{x}, t; -\underline{n}). \qquad (4.2.15)$$

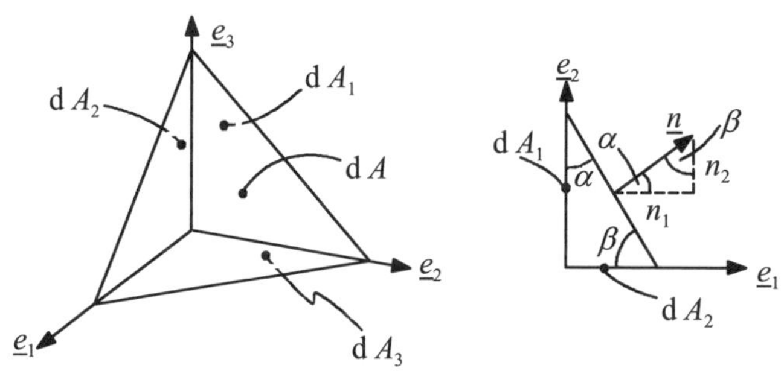

Abb. 4.2.2: Wirkung eines Kraftvektors auf Flächen mit unterschiedlicher Normalenrichtung.

Wir studieren nun entsprechend das Kräftegleichgewicht an dem in Abbildung 4.2.2 links dargestellten Tetraeder, dessen vier

Oberflächen $\mathrm{d}A$, $\mathrm{d}A_1$, $\mathrm{d}A_2$ und $\mathrm{d}A_3$ mit den Kräften $\underline{t}\,\mathrm{d}A$, $\underline{t}^{\,1}\mathrm{d}A_1$, $\underline{t}^{\,2}\mathrm{d}A_2$ und $\underline{t}^{\,3}\mathrm{d}A_3$ belastet werden, und schreiben:

$$\underline{t}(\underline{x},t;\underline{n})\,\mathrm{d}A+\underline{t}^{\,1}(\underline{x},t;-\underline{e}_1)\,\mathrm{d}A_1+\underline{t}^{\,2}(\underline{x},t;-\underline{e}_2)\,\mathrm{d}A_2 \\ +\underline{t}^{\,3}(\underline{x},t;-\underline{e}_3)\,\mathrm{d}A_3=\underline{0}\,, \tag{4.2.16}$$

$$\mathrm{d}A_i=n_i\mathrm{d}A\,, \tag{4.2.17}$$

denn es gilt ja:

$$\cos(\alpha)=\frac{\mathrm{d}A_1}{\mathrm{d}A}=\frac{n_1}{1}\,,\quad \cos(\beta)=\frac{\mathrm{d}A_2}{\mathrm{d}A}=\frac{n_2}{1}\,. \tag{4.2.18}$$

Mithin folgt aus Gleichung (4.2.16):

$$t_i(\underline{x},t;\underline{n})=-t_i^1(\underline{x},t;-\underline{e}_1)\,n_1-t_i^2(\underline{x},t;-\underline{e}_2)\,n_2 \\ -t_i^3(\underline{x},t;-\underline{e}_3)\,n_3\,,\quad i=1,2,3. \tag{4.2.19}$$

Wegen des Actio-Reactio-Prinzips aus Gleichung (4.2.15) darf man schreiben:

$$t_i^j(\underline{x},t;\underline{e}_j)=-t_i^j(\underline{x},t;-\underline{e}_j),\quad i,j=1,2,3\,. \tag{4.2.20}$$

Definiert man nun:

$$\sigma_{ji}=t_i^j(\underline{x},t;\underline{e}_j), \tag{4.2.21}$$

so folgt durch Einsetzen in Gleichung (4.2.19) gerade die Behauptung (4.2.9).

4.2.3 Bilanzgleichung des Impulses in lokaler Form

Aufgrund der vorausgesetzten Stetigkeit schließen wir auf das Verschwinden des Integranden in Gleichung (4.2.12) und finden **drei** partielle Differenzialgleichungen, eben die lokale Bilanzgleichung des Impulses in regulären Punkten:

$$\frac{\partial(\rho\upsilon_i)}{\partial t}+\frac{\partial}{\partial x_j}(\rho\upsilon_i\upsilon_j-\sigma_{ji})=\rho f_i\,,\ i=1,2,3\,. \tag{4.2.22}$$

Unter Verwendung der Produktregel folgt hieraus:

$$\frac{\partial\rho}{\partial t}\upsilon_i+\rho\frac{\partial\upsilon_i}{\partial t}+\frac{\partial(\rho\upsilon_j)}{\partial x_j}\upsilon_i+\rho\upsilon_j\frac{\partial\upsilon_i}{\partial x_j}=\frac{\partial\sigma_{ji}}{\partial x_j}+\rho f_i\,. \tag{4.2.23}$$

Der erste und der dritte Term auf der linken Seite lassen sich zusammenfassen und verschwinden aufgrund der Massenbilanz (4.1.20). Es verbleibt:

$$\rho\left(\frac{\partial \upsilon_i}{\partial t}+\upsilon_j\frac{\partial \upsilon_i}{\partial x_j}\right)=\frac{\partial \sigma_{ji}}{\partial x_j}+\rho f_i . \qquad (4.2.24)$$

Außerdem gilt (4.1.27) und aufgrund der Kettenregel folgt (alles in EULERscher Darstellung):

$$\begin{aligned}\frac{\mathrm{d}\hat{\upsilon}_i(\underline{x},t)}{\mathrm{d}t}&=\frac{\partial \hat{\upsilon}_i(\underline{x},t)}{\partial x_j}\frac{\mathrm{d}x_j}{\mathrm{d}t}+\frac{\partial \hat{\upsilon}_i(\underline{x},t)}{\partial t}\frac{\mathrm{d}t}{\mathrm{d}t}\\&=\frac{\partial \hat{\upsilon}_i(\underline{x},t)}{\partial x_j}\upsilon_j+\frac{\partial \hat{\upsilon}_i(\underline{x},t)}{\partial t}.\end{aligned} \qquad (4.2.25)$$

Aus Gleichung (4.2.24) wird so:

$$\rho\frac{\mathrm{d}\upsilon_i}{\mathrm{d}t}=\frac{\partial \sigma_{ji}}{\partial x_j}+\rho f_i \quad\Leftrightarrow\quad \rho\dot{\upsilon}_i=\frac{\partial \sigma_{ji}}{\partial x_j}+\rho f_i . \qquad (4.2.26)$$

Dies war ein weiteres Anwendungsbeispiel für eine materielle Zeitableitung aus Gleichung (4.1.25), denn selbstverständlich darf man auch eine vektorwertige Größe entsprechend behandeln.

Mit den Beziehungen (4.1.20/26) und (4.2.26) sind wir der Lösung der „Hauptaufgabe des Mechanikers“, nämlich der Berechnung der Felder der Massendichte und des Geschwindigkeitsvektors in jedem Punkt eines Körpers zu allen Zeiten, einen weiteren Schritt näher gekommen, denn immerhin verfügen wir jetzt über vier partielle Differenzialgleichungen, denen diese Felder genügen müssen. Komplettiert man diese Differenzialgleichungen nun noch mit physikalisch-technisch relevanten Rand- und Anfangsbedingungen, so scheint das Ziel in greifbare Nähe gerückt, denn es ist dann „nur noch“ ein mathematisches Problem zu lösen.

Bei genauerem Hinsehen sind wir vom rein mathematischen Problem jedoch noch ein Stück entfernt, wie sich bei genauerer Begutachtung der Gleichungen (4.2.26) herausstellt. In der Tat enthält die Kontinuitätsgleichung (4.1.20/26) lediglich die gesuchten Felder der Massendichte und der Geschwindigkeit. Die Impulsbilanz (4.2.26) enthält diese auch, aber hinzu kommen die Felder des Spannungstensors σ_{ij} und der Volumenkraftdichte f_i. Letztere ist im Falle der Erdschwere zahlenmäßig explizit bekannt: Gleichung (4.2.7). Für den Spannungszustand eines Körpers gibt es eine analoge, allgemein gültige Beziehung jedoch nicht. In der Tat führt das Aufprägen gleicher Oberflächenkräfte bei unterschiedlichen Materialien zu unterschiedlichen Wirkungen, d. h. unterschiedlichen Spannungszuständen im Körper. Man sagt, dass der Spannungstensor in **materialabhängiger Weise** mit den Feldern der Dichte und der Geschwindigkeit verknüpft werden muss. Diese Gesetzmäßigkeiten allgemein zu formulieren und dabei Materialklassen wie Festkörper, Flüssigkeiten und Gase zu definieren, ist Aufgabe der sogenannten **Materialtheorie**. In ihrer vollen Allgemeinheit ist sie nicht Gegenstand dieses Buches. Allerdings werden wir im Folgenden für die simpelsten Materialien solche Materialgleichungen angeben, nämlich für das reibungsfreie Fluid, auch EULERsches Fluid genannt, das NAVIER-STOKES-Fluid, auch NEWTONsches Fluid genannt, sowie für den linear-elastischen Festkörper, in Form des sog. HOOKEschen Gesetzes, das wir schon im Abschnitt über elementare Festigkeitslehre kennengelernt haben und welches jetzt auf drei Dimensionen verallgemeinert werden muss.

4.2.4 Eine Bemerkung zum REYNOLDSschen Transporttheorem

Am Ende dieses Abschnitts über die Impulsbilanz wollen wir uns nochmals mit der Gleichung (4.2.3) beschäftigen. Bei der Umformung der Zeitableitung des Gesamtimpulses wurde vom REYNOLDSschen Transporttheorem in der Form (4.1.13) ausgegangen und $\xi = \rho\, \upsilon_i$ gesetzt. Wir spalten nun die Massendichte ρ bewusst ab und definieren eine zusätzliche Feldgröße ψ pro Masseneinheit wie folgt:

$$\begin{aligned} \xi = \rho\,\psi \quad &\Leftrightarrow \quad \hat{\xi}(\underline{x},t) = \hat{\rho}(\underline{x},t)\hat{\psi}(\underline{x},t) \\ &\Leftrightarrow \quad \tilde{\xi}(\underline{X},t) = \tilde{\rho}(\underline{X},t)\tilde{\psi}(\underline{X},t), \end{aligned} \tag{4.2.27}$$

wobei in den letzten beiden Gleichungen auch noch mal die EULERsche bzw. LAGRANGEsche Darstellungsweise explizit hingeschrieben wurde. Hiermit gehen wir in Gleichung (4.1.13) und schreiben:

$$\begin{aligned} \frac{\mathrm{d}}{\mathrm{d}t}\int_{V(t)} \hat{\xi}(\underline{x},t)\,\mathrm{d}V &= \frac{\mathrm{d}}{\mathrm{d}t}\int_{V(t)} \hat{\rho}(\underline{x},t)\hat{\psi}(\underline{x},t)\,\mathrm{d}V \\ &= \frac{\mathrm{d}}{\mathrm{d}t}\int_{M} \hat{\psi}(\underline{x},t)\,\mathrm{d}m. \end{aligned} \tag{4.2.28}$$

Beachte, dass im letzten Schritt der Gleichungskette das Massenelement $\mathrm{d}m$ gemäß Gleichung (4.1.2) eingeführt wurde und nun über die zeitlich konstante Gesamtmasse M zu integrieren ist. Dies vereinfacht die Differenziation nach der Zeit beträchtlich, da nur noch der Integrand differenziert werden muss:

$$\frac{\mathrm{d}}{\mathrm{d}t}\int_M \hat{\psi}(\underline{x},t)\,\mathrm{d}m = \int_M \frac{\mathrm{d}}{\mathrm{d}t}\hat{\psi}(\underline{x},t)\,\mathrm{d}m = \int_M \dot{\psi}\,\mathrm{d}m = \int_{V(t)} \hat{\rho}(\underline{x},t)\dot{\hat{\psi}}(\underline{x},t)\,\mathrm{d}V\,. \tag{4.2.29}$$

Mithin folgt bei Auswertung der materiellen Zeitableitung gemäß der Grunddefinition (4.1.25):

$$\frac{\mathrm{d}}{\mathrm{d}t}\int_{V(t)} \hat{\rho}(\underline{x},t)\hat{\psi}(\underline{x},t)\,\mathrm{d}V = \int_{V(t)} \rho\left(\frac{\partial\psi}{\partial t} + \upsilon_j\frac{\partial\psi}{\partial x_j}\right)\mathrm{d}V\,. \tag{4.2.30}$$

Setzen wir also für ψ den Impuls pro Masseneinheit, d. h. die Geschwindigkeit υ_i ein, so resultiert:

$$\frac{\mathrm{d}P_i}{\mathrm{d}t} = \frac{\mathrm{d}}{\mathrm{d}t}\int_{V(t)} \hat{\rho}(\underline{x},t)\tilde{\upsilon}_i(\underline{x},t)\,\mathrm{d}V = \int_{V(t)} \rho\left(\frac{\partial\upsilon_i}{\partial t} + \upsilon_j\frac{\partial\upsilon_i}{\partial x_j}\right)\mathrm{d}V\,. \tag{4.2.31}$$

In der Tat ist dies konsistent mit dem alten Ergebnis gemäß Gleichung (4.2.3), das wir zunächst mit dem GAUSSschen Satz gemäß (4.1.17) umformen:

$$\frac{\mathrm{d}P_i}{\mathrm{d}t} = \frac{\mathrm{d}}{\mathrm{d}t}\int_{V(t)} (\rho\upsilon_i)\,\mathrm{d}V = \int_{V(t)} \left[\frac{\partial(\rho\upsilon_i)}{\partial t} + \frac{\partial(\rho\upsilon_i\upsilon_j)}{\partial x_j}\right]\mathrm{d}V \tag{4.2.32}$$

und dann unter Verwendung der Produktregel umschreiben:

$$\frac{\mathrm{d}P_i}{\mathrm{d}t} = \frac{\mathrm{d}}{\mathrm{d}t}\int_{V(t)} (\rho\upsilon_i)\,\mathrm{d}V = \int_{V(t)} \left[\rho\left(\frac{\partial\upsilon_i}{\partial t} + \upsilon_j\frac{\partial\upsilon_i}{\partial x_j}\right) + \upsilon_i\left(\frac{\partial\rho}{\partial t} + \frac{\partial\rho\upsilon_j}{\partial x_j}\right)\right]\mathrm{d}V\,. \tag{4.2.33}$$

Indem man nun noch die Massenbilanz in der Form (4.1.20) beachtet, folgt gerade (4.2.31). Zusammenfassend stellen wir fest, dass sich für massenspezifische Feldgrößen ψ mithilfe des in Gleichung (4.2.29) gezeigten Tricks die Verwendung des REYNOLDSschen Transporttheorems umgehen lässt.

4.3 Einfache Materialgleichungen

4.3.1 Das reibungsfreie Fluid

In einem reibungsfreien, sog. EULERschen Fluid degeneriert der Spannungszustand zu einem reinen **Druckzustand**. Zu einem Zeitpunkt t wirkt in einem Punkt $\underline{x}$ des Körpers in alle Richtungen dieselbe „Kraft pro Oberflächeneinheit", genannt $p = p(\underline{x}, t)$, und wir schreiben:

$$\sigma_{ij} = -p\delta_{ij}, \tag{4.3.1}$$

wobei δ_{ij} das sog. KRONECKER-Symbol ist, ein Synonym für die Einheitsmatrix. In kartesischen Koordinaten, mit welchen wir hier arbeiten, gilt einfach:

$$\delta_{ij} = \begin{cases} 1, \text{falls}\, i = j \\ 0, \text{falls}\, i \neq j. \end{cases} \tag{4.3.2}$$

Das Minuszeichen in Gleichung (4.3.1) ist konform mit unserer alten Übereinkunft, wonach Zugspannungen positiv und Druckspannungen negativ sind. Um in der Gleichung für den Druck selbst ein negatives Vorzeichen zu vermeiden, ziehen wir es in Gleichung (4.3.1) heraus und schreiben es explizit davor. Offenbar ist das Problem der Materialgleichungen der sechs unabhängigen Komponenten für den Spannungstensor eines reibungsfreien Fluids nun auf das Problem reduziert, eine einzige Materialgleichung anzugeben, also den Druck in Verbindung mit der Dichte zu setzen. Die wohl einfachste Möglichkeit dabei besteht darin, die Gleichung idealer Gase zu verwenden, also:

$$p = \rho \frac{R}{M} T. \tag{4.3.3}$$

Darin bezeichnen R die ideale Gaskonstante, M das Molekulargewicht des Gases, also etwa $M = 4$ für Helium, und T ist schließlich die absolute Temperatur in Kelvin. Wie wir gleich sehen werden, existiert diese Möglichkeit auch für ein reibungsbehaftetes Fluid. Ein ideales Gas ist also nicht notwendigerweise „reibungsfrei". Wir spezialisieren nun die Impulsbilanz (4.2.26) auf den hier vorliegenden Fall:

$$\rho \frac{\mathrm{d}\upsilon_i}{\mathrm{d}t} = -\frac{\partial p}{\partial x_i} + \rho f_i \quad \Rightarrow \quad \rho \frac{\mathrm{d}\upsilon_i}{\mathrm{d}t} = -\frac{R}{M} T \frac{\partial \rho}{\partial x_i} + \rho f_i, \tag{4.3.4}$$

wobei wir in der zweiten Beziehung die Materialgleichung für das ideale Gas eingesetzt und außerdem angenommen haben, dass die Temperatur örtlich konstant ist. In der Tat ist das eine

Annahme, die der Mechaniker oft trifft, falls er nicht zusätzlich die Wärmeleitungsgleichung lösen möchte, welche über die zeitlich-räumliche Entwicklung der Temperatur in einem Körper Auskunft gibt, und die aus der allgemeinen Energiebilanz folgt. Wir werden darauf noch zu sprechen kommen, denn dem praktisch arbeitenden Ingenieur bleibt diese Aufgabe oft nicht erspart.

4.3.2 Das NAVIER-STOKES-Fluid

Reibungsbehaftete Strömungen von Körpern in gemeinen Fluiden wie Wasser oder auch manchen Ölen bzw. in Gasen lassen sich oft mit folgendem auf NAVIER-STOKES bzw. NEWTON zurückgehenden Ansatz für die Spannungen beschreiben:

$$\sigma_{ij} = -p\delta_{ij} + \lambda \frac{\partial \upsilon_k}{\partial x_k}\delta_{ij} + \mu\left(\frac{\partial \upsilon_i}{\partial x_j} + \frac{\partial \upsilon_j}{\partial x_i}\right). \tag{4.3.5}$$

Man nennt die Koeffizienten λ und μ die **Volumen**- und die **Scherviskosität**. Sie sind temperaturabhängig. Vergleicht man die Beziehung (4.3.5) mit der Materialgleichung für das EULERsche Fluid, so stellt man fest, dass im Zusammenhang mit Flüssigkeitsreibung **Geschwindigkeitsgradienten** auftreten, die in einfachster Form linear sind. Setzt man die Gleichung (4.3.5) in die Impulsbilanz (4.2.26) ein, so resultieren die Bewegungsgleichungen nach NAVIER-STOKES:

$$\rho\frac{\mathrm{d}\upsilon_i}{\mathrm{d}t} = -\frac{\partial p}{\partial x_i} + \lambda\frac{\partial^2 \upsilon_k}{\partial x_i \partial x_k} + \mu\left(\frac{\partial^2 \upsilon_i}{\partial x_j \partial x_j} + \frac{\partial^2 \upsilon_j}{\partial x_i \partial x_j}\right) + \rho f_i. \tag{4.3.6}$$

Im Falle eines kompressiblen, reibungsbehafteten Gases könnte man für den Druck im einfachsten Fall wieder die ideale Gasgleichung (4.3.3) einsetzen. Spezialisiert man hier noch auf den Fall eines inkompressiblen Fluids (mit $p = p(\rho)$, $\rho = \text{const.}$), so resultiert mit Gleichung (4.1.31) eine etwas einfachere partielle Differenzialgleichung:

$$\rho\frac{\mathrm{d}\upsilon_i}{\mathrm{d}t} = \mu\frac{\partial^2 \upsilon_i}{\partial x_j \partial x_j} + \rho f_i. \tag{4.3.7}$$

4.3.3 Der linear-elastische HOOKEsche Körper

Als erstes Modell zur Beschreibung der Bewegung von Festkörpern haben wir den starren Körper kennengelernt. Alle Teilchen eines starren Körpers bewegen sich von einem außen stehenden Beobachter aus betrachtet mit einer Geschwindigkeit, die sich

Leopold KRONECKER wurde am 7. 12. 1823 in Liegnitz geboren und starb am 29. 12. 1891 in Berlin. Sein Vater war Kaufmann und wusste um den Vorteil einer soliden Ausbildung. Leopold wurde daher zunächst von einem Hauslehrer unterrichtet, ging dann auf eine Vorschule und besuchte schließlich das städtische Gymnasium. Zu dieser Zeit unterrichtete dort Ernst Eduard KUMMER, der später in Berlin KRONECKERS Kollege wurde. Im Frühjahr 1841 begann KRONECKER das Studium an der Berliner Universität. Dort hörte er mathematische Vorlesungen von DIRICHLET, JACOBI und STEINER, aber auch Philosophisches unter SCHELLING, und er las die Werke von HEGEL. Überdies pflegte er alte Sprachen als Mitglied der „Graeca“, der Griechischen Gesellschaft zu Berlin. Er geht 1843 für ein Semester nach Bonn und folgt danach KUMMER, seinem einstigen Lehrer, nach Breslau, wohin dieser mittlerweile als Professor berufen worden war. 1844 kehrt er wieder nach Berlin zurück und publiziert noch als Student seine erste Arbeit im damals schon weltberühmten CRELLEschen „Journal für reine und angewandte Mathematik“. 1845 promoviert er mit Auszeichnung. 1845 übernahm KRONECKER die Verwaltung des Familiengutes in Schlesien. Dies hindert ihn für die nächsten acht Jahre weiter zu publizieren. Allerdings wird er durch Erbschaft und Großgrundbesitz vermögend, was es ihm später ermöglicht, als Privatmann in Berlin zu leben und sich nach Belieben seinen Interessen zu widmen. 1861 wird er in die Berliner und 1868 in die Pariser Akademie gewählt. Ordentlicher Professor wird er erst im Jahre 1883, nachdem KUMMER aus Altersgründen zurückgetreten war. Aber KRONECKER hatte es ja, wie gesagt, eigentlich auch nicht nötig, Geld zu verdienen, und konnte es sich erlauben, wählerisch zu sein, wie man auch daran sieht, dass er einen zuvor erhaltenen Ruf nach Göttingen einfach ablehnte.

aus einem für alle gleichen translatorischen sowie für alle gleichen rotatorischen Anteil zusammensetzt, und wir haben den Kraft- und Drallsatz zu ihrer Berechnung erfolgreich herangezogen. Im Folgenden soll der Festkörper nicht mehr ideal starr sein. Vielmehr dürfen sich die ihn aufbauenden Masseteilchen auch gegeneinander bewegen, mit anderen Worten, der Festkörper darf sich **deformieren**. Allerdings sollen im Rahmen dieses Buches die gegenseitigen, relativen Bewegungen klein sein und mithilfe einer **linearen Deformationstheorie** beschrieben werden. Doch davon später.

Bisher haben wir zur Beschreibung von Feldern und Bewegungen hauptsächlich die EULERsche Darstellungsweise verwendet, bei der „unter" dem Körper angelegte Koordinatenlinien zur Beschreibung der sich darüber bewegenden Materie verwendet wurden. Wir haben jedoch bereits angemerkt, dass man äquivalent und alternativ auch die LAGRANGEsche Sichtweise verwenden kann, bei der man sich sozusagen mit dem in einer Referenzkonfiguration eindeutig durch seinen Ortsvektor $\underline{X}$ gekennzeichneten Teilchen mitbewegt und für seine Bewegung schreibt $\underline{x} = \underline{\tilde{x}}(\underline{X}, t)$.

In der Tat ist es bei fluidmechanischen Problemen oft einfacher nach EULER zu argumentieren. Zur Beschreibung der Bewegung, Deformation und Spannungen in Festkörpern jedoch ist die Beschreibung nach LAGRANGE i. Allg. besser geeignet. Anstelle der Bewegung $\underline{x} = \underline{\tilde{x}}(\underline{X}, t)$ verwendet man hier aber hauptsächlich den sogenannten **Verschiebungsvektor** $\underline{u}$ und seine Ableitungen. Wir führen $\underline{u}$ über seine kartesischen Komponenten ein wie folgt:

$$\begin{aligned} u_i = x_i - X_i &\Leftrightarrow \tilde{u}_i(\underline{X}, t) = \tilde{x}_i(\underline{X}, t) - X_i \\ &\Leftrightarrow \hat{u}_i(\underline{x}, t) = x_i - \hat{\underline{X}}(\underline{x}, t), \quad i = 1, 2, 3 \,. \end{aligned} \qquad (4.3.8)$$

Sind die Verschiebungen für alle Teilchen $\underline{X}$ gleich, so haben wir es mit einer translatorischen Starrkörperbewegung zu tun. Diese führt zu keinerlei Spannungen im Körper, denn wenn wir alle Teilchen des Körpers in gleicher Weise durch den Raum bewegen, gibt es keinerlei Deformation, und wo es keine Deformation gibt, da existiert auch keine Spannung. Wenn die Teilchen im Festkörper jedoch unterschiedliche Verschiebungen erfahren (den Fall einer allgemeinen aus Translation und Rotation zusammengesetzten Starrkörperbewegung ausgenommen), wenn es also **Verschiebungsgradienten** gibt, dann treten Spannungen auf. Dieses ist uns nicht neu. Denken wir beispielsweise an einen Stab der ursprünglichen Länge l. Dieser wird am einen

Ende eingespannt und am anderen Ende durch eine Kraft belastet. Teilchen am eingespannten Ende werden sich nicht bewegen, Teilchen am Stabende hingegen werden besonders stark ausgelenkt, die Deformation nimmt – wie wir noch explizit nachweisen werden – von einem Ende zum anderen linear zu:

$$u_1 = \frac{\Delta l}{l} X_1 \,, \quad X_1 \in [0, l], \tag{4.3.9}$$

wobei wir die Stabachse in 1-Richtung gelegt haben. Bekanntlich gehen mit dieser Deformation im Stab Zugspannungen einher. Es sei außerdem vermerkt, dass sich aufgrund der Querkontraktion über der Stabachse konstante Verschiebungen in 2- und 3-Richtung ergeben werden.

Wir verknüpfen nun die Gleichungen (4.1.22) und (4.3.8), sodass wir für die Geschwindigkeit auch schreiben können:

$$\upsilon_i = \frac{\mathrm{d}x_i}{\mathrm{d}t} = \left.\frac{\partial x_i}{\partial t}\right|_{\underline{X}} = \left.\frac{\partial u_i}{\partial t}\right|_{\underline{X}} = \frac{\partial u_i}{\partial t}, \tag{4.3.10}$$

Letzteres als Kurzschreibweise, wobei vorausgesetzt wird, dass u_i in LAGRANGEscher Darstellung geschrieben ist. In der Impulsbilanz (4.2.26) treten Beschleunigungen, also Zeitableitungen der Geschwindigkeit auf. Wir schreiben in der materiellen Darstellung:

$$\frac{\mathrm{d}\hat{\upsilon}_i(\tilde{\underline{x}}(\underline{X},t),t)}{\mathrm{d}t} = \left.\frac{\partial \tilde{\upsilon}_i(\underline{X},t)}{\partial t}\right|_{\underline{X}} = \left.\frac{\partial^2 \tilde{u}_i(\underline{X},t)}{\partial t^2}\right|_{\underline{X}} = \frac{\partial^2 u_i}{\partial t^2}, \tag{4.3.11}$$

wobei im letzten Schritt wieder die abkürzende Schreibweise verwendet wurde. Um Deformationen und ihre Gradienten auf drei Dimensionen zu verallgemeinern, definieren wir nun den sogenannten **linearen Verzerrungstensor** $\underline{\underline{\varepsilon}}$ über seine kartesischen Komponenten wie folgt:

$$\varepsilon_{ij} = \frac{1}{2}\left(\frac{\partial u_i}{\partial x_j} + \frac{\partial u_j}{\partial x_i}\right). \tag{4.3.12}$$

Im Fall des in der 1-Richtung belasteten Stabes finden wir:

$$\varepsilon_{11} = \frac{\partial u_1}{\partial x_1} = \frac{\partial u_1}{\partial X_1}\frac{\partial X_1}{\partial x_1} = \frac{\Delta l}{l}\frac{1}{1+\frac{\Delta l}{l}} \approx \frac{\Delta l}{l}, \tag{4.3.13}$$

denn es ist ja:

Claude Louis Marie Henri NAVIER wurde am 15. 2. 1785 in Dijon geboren und starb am 23. 8. 1836 in Paris. Von 1819 an war er als Professor für die Mechanikkurse an der École des Ponts et Chaussées verantwortlich und wurde 1831 schließlich CAUCHYS Nachfolger an der École Polytechnique. Er arbeitete auf vielen für den Maschinenbau wichtigen Gebieten, wie der Elastizitätstheorie und der Flüssigkeitsmechanik. Als Schüler FOURIERS leistete er wichtige Beiträge zu FOURIER-Reihen und deren Anwendungen und entwickelte die nach ihm mitbenannte NAVIER-STOKES-Gleichung. Als Spezialist für Straßen- und Brückenbau befasste er sich außerdem mit der Theorie der Brückenaufhängung. Wohlgemerkt mit *Theorie*, und das war wichtig, denn bis dahin basierte der Brückenbau hauptsächlich auf Empirie. Ein größeres Projekt NAVIERS betraf eine Hängebrücke über die Seine, in deren Nähe kurz vor ihrer Fertigstellung ein Abwasserrohr brach, was eine Bewegung eines der Brückenpfeiler bewirkte. Von der École des Ponts et Chaussées wurde dies als kein größeres Problem angesehen und man meldete unmittelbar Vollzug der Reparaturarbeiten. Allerdings unterstützte der Stadtrat den Bau der Brücke von Anfang an nicht, und so bot sich für ihn die willkommene Gelegenheit, den unverzüglichen Abriss zu befehlen. Gegen die Verwaltung helfen eben keine noch so guten theoretischen Argumente.

$$x_1 = u_1 + X_1 \quad \Rightarrow \quad \frac{\partial x_1}{\partial X_1} = \frac{\Delta l}{l} + 1 , \tag{4.3.14}$$

und $\Delta l / l$ ist eine *kleine* Größe, jedenfalls bei den Materialien und Deformationsprozessen, die wir im Rahmen dieses Buches betrachten. Wie bereits gesagt, geht es uns hier um eine lineare Theorie, und $\underline{\underline{\varepsilon}}$ ist bereits ein lineares Verformungsmaß, in dem Quadrate des Verschiebungsgradienten sowie höhere Ableitungen der Verschiebung **nicht** auftreten.

Nach HOOKE, der sich mit als Erster mit linearen Kraft-Verformungs-Gesetzen bei Federn quantitativ beschäftigt hat, setzt man nun Verformungsgradienten in linearer Weise mit Spannungen in Verbindung. Im dreidimensionalen Fall hat man allgemein für anisotrope linear-elastische Werkstoffe zu schreiben (man beachte die EINSTEINsche Summationskonvention in Bezug auf die Indizes k und l):

$$\sigma_{ij} = C_{ijkl} \varepsilon_{kl} . \tag{4.3.15}$$

Dabei steht C_{ijkl} für den sogenannten Steifigkeitstensor, der die **Richtungsabhängigkeit** der elastischen Konstanten bei **anisotropen** Materialien, also z. B. bei Einkristallen ausdrückt. Es handelt sich hierbei um einen *Tensor vierter Stufe*, also um eine Größe mit *vier* Indizes, so wie der Spannungs- bzw. der Dehnungstensor Tensoren zweiter Stufe sind, d. h. durch zwei Indizes beschrieben werden können. Allerdings sind nicht alle $3 \times 3 \times 3 \times 3 = 81$ Komponenten von C_{ijkl} voneinander unabhängig. Man kann zeigen, dass der höchste Grad an Anisotropie es erfordert, 21 verschiedene elastische Konstanten experimentell zu bestimmen. Bei isotropen, linear-elastischen Werkstoffen, also z. B. polykristallinen Materialien, gibt es jedoch nur zwei elastische Konstanten, nämlich den Elastizitätsmodul E und die Querkontraktionszahl ν. C_{ijkl} lässt sich dann durch Kombinationen von Produkten aus Einheitsmatrizen bzw. KRONECKER-Symbolen und eben diesen beiden Konstanten ausdrücken, nämlich:

$$C_{ijkl} = \lambda \delta_{ij} \delta_{kl} + \mu \left(\delta_{ik} \delta_{jl} + \delta_{il} \delta_{jk} \right). \tag{4.3.16}$$

Man nennt die Koeffizienten λ und μ die LAMÉschen Konstanten, welche mit dem Elastizitätsmodul und der Querkontraktionszahl wie folgt zusammenhängen:

$$\lambda = \frac{E \nu}{(1+\nu)(1-2\nu)} , \quad \mu = \frac{E}{2(1+\nu)} . \tag{4.3.17}$$

Kontinuumsmechanik

Im Vergleich mit (2.3.3) stellt man fest, dass die zweite LAMÉsche Konstante nichts anderes als der Schubmodul ist. Warum sich ein derart komplizierter Zusammenhang ergibt, werden wir weiter unten diskutieren. Im Moment genügt es festzustellen, dass nach Einsetzen von (4.3.16/17) in (4.3.15) und nach leichtem Umformen das HOOKEsche Gesetz für isotrope, linear-elastische Materialien resultiert:

$$\sigma_{ij} = \lambda \varepsilon_{kk} \delta_{ij} + 2\mu\varepsilon_{ij} \quad \text{oder}$$

$$\sigma_{ij} = \frac{E}{1+\nu}\left(\varepsilon_{ij} + \frac{\nu}{1-2\nu} \varepsilon_{kk} \delta_{ij} \right). \tag{4.3.18}$$

Dabei steht ε_{kk} für die Spur des Verzerrungstensors, die nach der EINSTEINschen Summationskonvention ausführlich geschrieben lautet:

$$\varepsilon_{kk} = \varepsilon_{11} + \varepsilon_{22} + \varepsilon_{33} = \mathrm{Sp}(\underline{\underline{\varepsilon}}). \tag{4.3.19}$$

Abschließend wollen wir nochmals einen Blick auf die Massenbilanz in der Form (4.1.26) werfen. Mit den Gleichungen (4.3.10/12) wird für den zweiten Term bis auf Terme höherer Ordnung:

$$\frac{\partial \upsilon_k}{\partial x_k} = \dot{\varepsilon}_{kk} \, . \tag{4.3.20}$$

Der Beweis, dass dies wirklich gilt, ist etwas länglich:

$$\begin{aligned}
\frac{\partial \upsilon_k}{\partial x_k} &= \frac{\partial \tilde{\upsilon}_k(\underline{X},t)}{\partial X_l}\frac{\partial X_l}{\partial x_k} = \frac{\partial}{\partial X_l}\left(\frac{\partial \tilde{u}_k(\underline{X},t)}{\partial t}\right)\frac{\partial X_l}{\partial x_k} \\
&= \frac{\partial}{\partial t}\left(\frac{\partial \tilde{u}_k(\underline{X},t)}{\partial X_l}\right)\frac{\partial X_l}{\partial x_k} \\
&= \frac{\partial}{\partial t}\left(\frac{\partial \tilde{u}_k\left(\underline{\hat{X}}(\underline{x},t),t\right)}{\partial x_m}\frac{\partial x_m}{\partial X_l}\right)\frac{\partial X_l}{\partial x_k} \\
&= \frac{\mathrm{d}}{\mathrm{d}t}\left(\frac{\partial \hat{u}_k(\underline{x},t)}{\partial x_m}\frac{\partial x_m}{\partial X_l}\right)\frac{\partial X_l}{\partial x_k} \\
&= \frac{\mathrm{d}}{\mathrm{d}t}\left(\frac{\partial u_k}{\partial x_m}\frac{\partial (u_m + X_m)}{\partial X_l}\right)\frac{\partial X_l}{\partial x_k} \\
&= \frac{\mathrm{d}}{\mathrm{d}t}\left(\frac{\partial u_k}{\partial x_l} + \frac{\partial u_k}{\partial x_m}\frac{\partial u_m}{\partial X_l}\right)\frac{\partial X_l}{\partial x_k} \approx \frac{\mathrm{d}}{\mathrm{d}t}\left(\frac{\partial u_k}{\partial x_l}\right)\frac{\partial (x_l - u_l)}{\partial x_k}
\end{aligned} \tag{4.3.21}$$

Kontinuumsmechanik

$$= \frac{\mathrm{d}}{\mathrm{d}t}\left(\frac{\partial u_k}{\partial x_l}\right)\frac{\partial(x_l - u_l)}{\partial x_k} = \frac{\mathrm{d}}{\mathrm{d}t}\left(\frac{\partial u_k}{\partial x_k}\right) - \frac{\mathrm{d}}{\mathrm{d}t}\left(\frac{\partial u_k}{\partial x_l}\right)\frac{\partial u_l}{\partial x_k}$$

$$\approx \frac{\mathrm{d}}{\mathrm{d}t}\left(\frac{\partial u_k}{\partial x_k}\right) = \frac{\mathrm{d}}{\mathrm{d}t}\varepsilon_{kk} \equiv \dot{\varepsilon}_{kk} \; .$$

Mit (4.3.20) wird es möglich, die Massenbilanz (4.1.26) in der Zeit zu integrieren:

$$(\ln \rho)^{\bullet} = -\dot{\varepsilon}_{kk} \quad \Rightarrow \quad \ln\left(\frac{\rho}{\rho_0}\right) = -\varepsilon_{kk} , \tag{4.3.22}$$

wenn man annimmt, dass die Deformation eingangs null war und die dazugehörige Massendichte den Wert ρ_0 hatte. Für kleine Deformation folgt aus der letzten Gleichung durch Linearisierung:

$$\rho = \rho_0\left(1 - \varepsilon_{kk}\right). \tag{4.3.23}$$

Diese Gleichung gestattet es zu berechnen, um wie viel sich die Dichte eines Festkörpers bei kleinen Verformungen ändert, also z. B. herauszufinden, um wie viel sich ρ_0 verringert, wenn man einen HOOKEschen Balken einem einachsigen Zug aussetzt. Weiter unten werden wir hierauf zurückkommen.

4.4 Bilanzgleichungen des Drehimpulses

4.4.1 Die lokale Bilanz des Drehimpulses

Wir erinnern zunächst daran, dass man den sogenannten Drehimpuls $\underline{L}$ eines Massenpunktes m aus dem Linearimpuls $\underline{p} = m\underline{\upsilon}$ durch Kreuzmultiplikation mit dem Ortsvektor $\underline{x}$ „von links“ definiert:

$$\underline{L} = \underline{x} \times \underline{p} = m\underline{x} \times \underline{\upsilon} . \tag{4.4.1}$$

Diese symbolische Schreibweise ist zum Rechnen im Indexkalkül ungünstig. Daher erinnern wir ferner daran, dass zur Auswertung eines Kreuzproduktes in kartesischen Koordinaten die Determinantenregel verwendet wurde:

$$\underline{x} \times \underline{\upsilon} = \begin{vmatrix} \underline{e}_1 & \underline{e}_2 & \underline{e}_3 \\ x_1 & x_2 & x_3 \\ \upsilon_1 & \upsilon_2 & \upsilon_3 \end{vmatrix} = \begin{pmatrix} x_2\upsilon_3 - x_3\upsilon_2 \\ x_3\upsilon_1 - x_1\upsilon_3 \\ x_1\upsilon_2 - x_2\upsilon_1 \end{pmatrix} . \tag{4.4.2}$$

Kontinuumsmechanik

Definiert man nun den sogenannten **antimetrischen Tensor** ε_{ijk} wie folgt (sog. „zyklische Vertauschungen" von $ijk = 123$ umfassen 312 und 231, etc.):

$$\varepsilon_{ijk} = \begin{cases} +1 & \text{für} \quad ijk = 123 \text{ und zyklische Vertauschungen} \\ -1 & \text{für} \quad ijk = 213 \text{ und zyklische Vertauschungen} \\ 0 & \text{sonst, etwa für } ijk = 113, \end{cases} \quad (4.4.3)$$

so kann man das obige Kreuzprodukt auch folgendermaßen schreiben, wie man durch Ausschreiben der doppelt vorkommenden Indizes gemäß der EINSTEINschen Summenkonvention bestätigt:

$$(\underline{x} \times \underline{\upsilon})_i = \varepsilon_{ijk} x_j \upsilon_k . \quad (4.4.4)$$

Um zur Drehimpulsbilanz der Kontinuumsmechanik zu gelangen, multiplizieren wir also die lokale Impulsbilanz (4.2.22) mit $\varepsilon_{kli} x_l$ und formen um:

$$\frac{\partial(\rho\varepsilon_{kli} x_l \upsilon_i)}{\partial t} + \frac{\partial}{\partial x_j}(\rho\varepsilon_{kli} x_l \upsilon_i \upsilon_j - \varepsilon_{kli} x_l \sigma_{ji}) = \varepsilon_{kij}\sigma_{ji} + \varepsilon_{kli} x_l \rho f_i . \quad (4.4.5)$$

Dabei haben wir berücksichtigt, dass gilt:

$$\frac{\partial x_l}{\partial t} = 0 , \; \varepsilon_{kli} \frac{\partial x_l}{\partial x_j} \upsilon_i \upsilon_j = \varepsilon_{kli} \delta_{lj} \upsilon_i \upsilon_j = \varepsilon_{kli} \upsilon_i \upsilon_l = 0 , \quad (4.4.6)$$

$$-\varepsilon_{kli} \frac{\partial x_l}{\partial x_j} \sigma_{ji} = -\varepsilon_{kli} \delta_{lj} \sigma_{ji} = -\varepsilon_{kji} \sigma_{ji} = +\varepsilon_{kij} \sigma_{ji} .$$

Die erste Formel ergibt sich aufgrund der Tatsache, dass in EULERscher Darstellung die Variablen x_l und t voneinander unabhängig sind. Wenn wir uns nun wie schon weiter oben angedeutet auf Materialien beschränken, für die der Spannungstensor symmetrisch ist, so folgt:

$$\varepsilon_{kij} \sigma_{ji} = 0 , \quad (4.4.7)$$

und mit der Definition für den spezifischen Drehimpuls:

$$l_i = \varepsilon_{ijk} x_j \upsilon_k \quad (4.4.8)$$

sowie den auf Oberflächen- bzw. Volumenkräfte zurückführbaren Momentendichten

$$m_{ij}^{\sigma} = \varepsilon_{ikl} x_k \sigma_{jl} , \; m_i^f = \rho\varepsilon_{ijk} x_j f_k \quad (4.4.9)$$

Kontinuumsmechanik

lässt sich schreiben:

$$\frac{\partial(\rho l_i)}{\partial t} + \frac{\partial(\rho l_i \upsilon_j)}{\partial x_j} = \frac{\partial m_{ij}^\sigma}{\partial x_j} + m_i^f . \tag{4.4.10}$$

Für einen symmetrischen Spannungstensor ist also genau wie der Impuls auch der Drehimpuls eine **Erhaltungsgröße**. Die beiden Ausdrücke auf der rechten Seite von Gleichung (4.4.10) repräsentieren die **Zufuhr** an Drehimpuls aufgrund von Oberflächen- und Volumenkräften. Man kann in dieser Gleichung wieder die Massenbilanz in der Form (4.1.17) berücksichtigen und erhält dann die folgende Alternativversion:

$$\rho \frac{\mathrm{d}l_i}{\mathrm{d}t} = \frac{\partial m_{ij}^\sigma}{\partial x_j} + m_i^f \tag{4.4.11}$$

mit der materiellen Zeitableitung:

$$\frac{\mathrm{d}l_i}{\mathrm{d}t} = \frac{\partial l_i}{\partial t} + \upsilon_j \frac{\partial l_i}{\partial x_j} . \tag{4.4.12}$$

4.4.2 Die globale Bilanz des Drehimpulses

Wir beschränken uns wieder auf den Fall stetiger Feldgrößen, integrieren die Gleichung (4.4.10) über ein materielles Volumen $V(t)$ und wenden den GAUSSschen Satz sowie das REYNOLDSsche Transporttheorem an:

$$\frac{\mathrm{d}}{\mathrm{d}t} \int_{V(t)} \rho l_i \,\mathrm{d}V = \oint_{\partial V(t)} m_{ij}^\sigma n_j \,\mathrm{d}A + \int_{V(t)} m_i^f \,\mathrm{d}V . \tag{4.4.13}$$

Definieren wir:

$$L_i = \int_{V(t)} \rho l_i \,\mathrm{d}V \ , \quad M_i^A = \oint_{\partial V(t)} m_{ij}^\sigma n_j \,\mathrm{d}A \ ,$$

$$M_i^V = \int_{V(t)} m_i^f \,\mathrm{d}V , \tag{4.4.14}$$

so gelangen wir zu der schon aus Abschnitt 3.2.4 bekannten Aussage, dass die zeitliche Änderung des Drehimpulses gleich der Wirkung der von äußeren Kräften stammenden Momente ist:

$$\frac{\mathrm{d}L_i}{\mathrm{d}t} = M_i^A + M_i^V . \tag{4.4.15}$$

4.5 Einführung in die lineare Elastizitätstheorie

4.5.1 Der eindimensionale Zugstab neu gesehen

Bevor wir uns mit dynamischen Problemen linear-elastischer Kontinua beschäftigen, soll ein statischer Spannungszustand untersucht werden, dem wir im Abschnitt über elementare Festigkeitslehre bereits begegnet sind, nämlich der eindimensionale Zugstab, der in Abbildung 4.5.1 zu sehen ist.

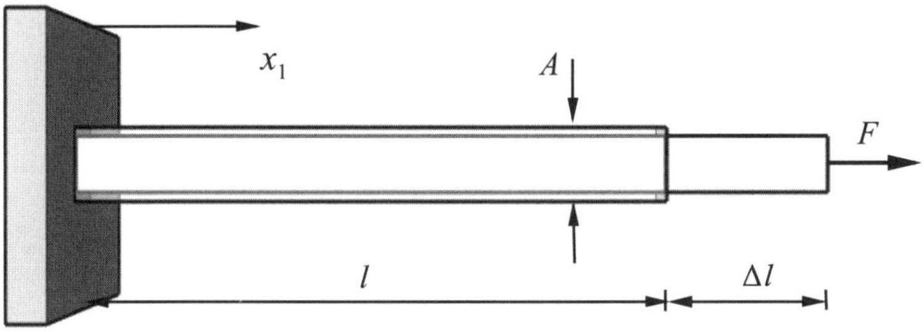

Abb. 4.5.1: Der eingespannte 1-D-Zugstab.

Wenn wir den Luftdruck vernachlässigen, so ist der Spannungszustand offenbar gegeben durch:

$$\sigma_{ij} = \begin{pmatrix} \sigma_{11} & \sigma_{12} & \sigma_{13} \\ \sigma_{21} & \sigma_{22} & \sigma_{23} \\ \sigma_{31} & \sigma_{32} & \sigma_{33} \end{pmatrix} = \begin{pmatrix} \frac{F}{A} & 0 & 0 \\ 0 & 0 & 0 \\ 0 & 0 & 0 \end{pmatrix}, \qquad (4.5.1)$$

denn die einzig wirkende Kraft zeigt in x_1-Richtung und ist zudem eine Normalkraft. Wenn wir nun den hierzu gehörigen Verformungszustand berechnen wollen, sind zwei Gleichungen maßgeblich. Zum Ersten, unabhängig vom Material, die Impulsbilanz (4.2.26/4.3.11) in lokaler Form, die sich, da es sich um ein *zeitunabhängiges* Problem handelt und wir die Gravitation vernachlässigen, wie folgt vereinfacht:

$$\rho \ddot{u}_i = \frac{\partial \sigma_{ji}}{\partial x_j} + \rho f_i \quad \Rightarrow \quad \frac{\partial \sigma_{ji}}{\partial x_j} = 0 . \qquad (4.5.2)$$

Offenbar ist diese Beziehung bei Beachtung von (4.5.1) identisch erfüllt. Zum Zweiten beachten wir das Materialgesetz, welches die Spannungen mit den Dehnungen verknüpft. Hier wollen wir das HOOKEsche Gesetz annehmen, also voraussetzen,

Kontinuumsmechanik

dass es sich um ein isotropes, linear-elastisches Material handelt (vgl. Gleichung $(4.3.18)_1$)

$$\sigma_{ij} = \lambda\varepsilon_{kk}\delta_{ij} + 2\mu\varepsilon_{ij}\,. \tag{4.5.3}$$

Wir erinnern außerdem an den Zusammenhang zwischen linearem Dehnungsmaß und Verschiebungsgradienten:

$$\varepsilon_{ij} = \frac{1}{2}\left(\frac{\partial u_i}{\partial x_j} + \frac{\partial u_j}{\partial x_i}\right), \tag{4.5.4}$$

denn letztendlich interessiert uns der Verschiebungsvektor u_i. Ihn wollen wir für das obige Problem berechnen. Gleichung (4.5.3) führt zusammen mit Gleichung (4.5.1) auf:

$$\begin{aligned}
\sigma_{11} &= \frac{F}{A} = (\lambda + 2\mu)\varepsilon_{11} + \lambda(\varepsilon_{22} + \varepsilon_{33}),\\
\sigma_{22} &= 0 = \lambda\,\varepsilon_{11} + (\lambda + 2\mu)\varepsilon_{22} + \lambda\varepsilon_{33},\\
\sigma_{33} &= 0 = \lambda\,\varepsilon_{11} + \lambda\,\varepsilon_{22} + (\lambda + 2\mu)\varepsilon_{33},\\
\sigma_{12} &= 0 = 2\mu\,\varepsilon_{12}\ ,\quad \sigma_{13} = 0 = 2\mu\,\varepsilon_{13}\ ,\quad \sigma_{23} = 0 = 2\mu\,\varepsilon_{23}\,.
\end{aligned} \tag{4.5.5}$$

Wir addieren die zweite zur dritten Gleichung und erhalten:

$$\varepsilon_{22} + \varepsilon_{33} = -\frac{\lambda}{\lambda + 2\mu}\varepsilon_{11}\,. \tag{4.5.6}$$

Aus Symmetriegründen (**isotroper** HOOKEscher Körper) steht zu erwarten, dass die Querdehnungen gleich sind und daher gilt:

$$\varepsilon_{22} = \varepsilon_{33} = -\frac{\lambda}{2(\lambda + \mu)}\varepsilon_{11}\,. \tag{4.5.7}$$

Im Vergleich mit (2.2.16) schließen wir, dass für die Querkontraktionszahl gelten muss:

$$\nu \equiv \frac{\lambda}{2(\lambda + \mu)}\,. \tag{4.5.8}$$

Die Konsistenz mit den Gleichungen (4.3.17) ist einfach nachzuprüfen. Wir setzen nun (4.5.7) in die erste Gleichung aus (4.5.5) ein:

$$\sigma_{11} = \frac{F}{A} = \mu\frac{3\lambda + 2\mu}{\lambda + \mu}\varepsilon_{11}\,. \tag{4.5.9}$$

In der Tat ist dies genau die Form, welche wir im Abschnitt über die elementare Festigkeitslehre für das HOOKEsche Gesetz in

Gleichung (2.2.9) aufgeschrieben haben, sodass wir den Elastizitätsmodul wie folgt identifizieren:

$$E \equiv \mu \frac{3\lambda + 2\mu}{\lambda + \mu} . \tag{4.5.10}$$

Dies ist wiederum konsistent mit den Angaben in (4.3.17), wie man durch Nachrechnen prüft. Wir setzen das Ergebnis nun in die Impulsbilanz der Statik ein, Gleichung (4.5.2), und finden, dass die einzige nicht verschwindende Komponente dieser Vektorgleichung lautet:

$$\frac{\partial \sigma_{11}}{\partial x_1} = 0 \quad \Rightarrow \quad E \frac{\partial \varepsilon_{11}}{\partial x_1} = 0 \quad \Rightarrow \quad \frac{\partial \varepsilon_{11}}{\partial x_1} = 0 . \tag{4.5.11}$$

Mit dem Zusammenhang (4.5.4) wird daraus:

$$\frac{\partial^2 u_1}{\partial x_1^2} = 0 , \tag{4.5.12}$$

und aufgrund der Eindimensionalität des Problems ist ferner:

$$u_1 = u_1(x_1) \quad \Rightarrow \quad \frac{\mathrm{d}^2 u_1}{\mathrm{d} x_1^2} = 0 \quad \Rightarrow \quad u_1 = A x_1 + B . \tag{4.5.13}$$

Die Integrationskonstanten legen wir über Randbedingungen fest:

$$u_1(x_1 = 0) = 0 \; , \; u_1(x_1 = l + \Delta l) = \Delta l$$

$$\Rightarrow \quad u_1 = \frac{\Delta l}{l + \Delta l} x_1 = \frac{\Delta l / l}{1 + \Delta l / l} x_1 \approx \frac{\Delta l}{l} x_1 , \tag{4.5.14}$$

denn in der linearen Theorie macht es keinen Unterschied, ob man in der aktuellen oder in der Referenzkonfiguration auswertet.

4.5.2 Die LAMÉ-NAVIERschen Gleichungen

Im letzten Abschnitt haben wir ein spezielles Problem der linearen Elastizitätstheorie behandelt, nämlich das des axial auf Zug belasteten Stabes. Die Lösung basierte auf folgenden „Zutaten“:

- an die Erfordernisse von Festkörpern angepasste Impulsbilanz, nämlich geschrieben in Form von Verschiebungen:

$$\rho \ddot{u}_i = \frac{\partial \sigma_{ji}}{\partial x_j} + \rho f_i ; \tag{4.5.15}$$

- lineare kinematische Beziehungen:

Kontinuumsmechanik

$$\varepsilon_{ij} = \frac{1}{2}\left(\frac{\partial u_i}{\partial x_j} + \frac{\partial u_j}{\partial x_i}\right); \qquad (4.5.16)$$

- sowie schließlich einer Materialgleichung zur Beschreibung des linear-elastischen Deformationsverhaltens für den HOOKEschen Festkörper:

$$\sigma_{ij} = C_{ijkl}\varepsilon_{kl}, \qquad (4.5.17)$$

für den speziell isotropes Materialverhalten angenommen wurde:

$$C_{ijkl} = \lambda\delta_{ij}\delta_{kl} + \mu\left(\delta_{ik}\delta_{jl} + \delta_{il}\delta_{jk}\right). \qquad (4.5.18)$$

Ohne auf ein spezielles Problem Bezug zu nehmen, wollen wir die genannten Gleichungen vom Standpunkt des Mechanikers untersuchen und uns fragen, ob mit ihnen überhaupt das Ziel der Kontinuumsmechanik (vgl. Ende Abschnitt 4.2.3) erreichbar ist. Das Ziel bestand in der Bestimmung von vier Feldern, nämlich dem skalaren Feld der Massendichte ρ und dem Vektorfeld der Geschwindigkeit υ_i zu allen Zeiten und in allen Punkten eines Körpers. Dieses Ziel wollen wir etwas modifizieren, indem wir sagen, dass wir anstelle des Geschwindigkeitsfeldes bei Festkörpern das Vektorfeld der Verschiebung suchen. Dies sind ebenso drei Unbekannte und in der Tat besteht gemäß Gleichung (4.3.10) ja eine Verbindung zwischen Geschwindigkeit und Verschiebung. Es sei ferner daran erinnert, dass wir für das Feld der Massendichte für Körper mit kleinen Deformationen in Gleichung (4.3.23) bereits eine Lösung gefunden haben, die wir bei Beachtung von Gleichung (4.5.16) auch folgendermaßen schreiben können:

$$\rho = \rho_0\left(1 - \frac{\partial u_k}{\partial x_k}\right). \qquad (4.5.19)$$

Kennt man also die Verschiebung, so erlaubt es diese Gleichung, die aktuelle Massendichte in allen Körperpunkten zu allen Zeiten zu berechnen, und es stellt sich das Problem, ob mit (4.5.15–17) wohl genügend Gleichungen vorhanden sind, das Verschiebungsfeld zu errechnen. Auf den ersten Blick scheinen es viel zu viele Gleichungen zu sein: Drei Vektorgleichungen (4.5.15), sechs tensorielle Gleichungen (beachte die Symmetrie $\varepsilon_{ij} = \varepsilon_{ji}$) (4.5.16) und nochmals sechs tensorielle Gleichungen (aufgrund der Symmetrie $\sigma_{ij} = \sigma_{ji}$). Dafür sind allerdings auch zwölf neue Unbekannte ins Spiel gekommen, nämlich σ_{ij} und ε_{ij}. In summa steht also die richtige Gleichungsanzahl zur Ver-

Kontinuumsmechanik

fügung. Wir wollen uns ganz auf das Bestimmen der drei Felder u_i konzentrieren und daher versuchen wir, (4.5.15–17) ineinander einzusetzen, und zwar so lange, bis nur mehr u_i und ihre Ableitungen nach Ort und Zeit vorkommen. Diese Gleichungen sind in der Literatur auch als LAMÉ-NAVIERsche Gleichungen bekannt. Wir setzen als Erstes (4.5.16) in (4.5.17) ein und beachten, dass aufgrund der Symmetrie $\varepsilon_{ij} = \varepsilon_{ji}$ allgemein gelten muss, dass $C_{ijkl} = C_{ijlk}$:

$$\begin{aligned} \sigma_{ij} &= \frac{1}{2} C_{ijkl} \left(\frac{\partial u_k}{\partial x_l} + \frac{\partial u_l}{\partial x_k} \right) \\ &= \frac{1}{2} \left(C_{ijkl} \frac{\partial u_k}{\partial x_l} + C_{ijlk} \frac{\partial u_l}{\partial x_k} \right) = C_{ijkl} \frac{\partial u_k}{\partial x_l} . \end{aligned} \tag{4.5.20}$$

Hiermit gehen wir in (4.5.15) und beachten, dass der Steifigkeitstensor C_{ijkl} konstant ist:

$$\rho \ddot{u}_i = C_{ijkl} \frac{\partial^2 u_k}{\partial x_j \partial x_l} + \rho f_i . \tag{4.5.21}$$

Nun erinnern wir uns noch an die in Abschnitt 4.3.3 getroffene Vereinbarung, dass wir bei kleinen Deformationen nur lineare Terme mitnehmen, also Produkte aus Zeit- bzw. Ortsableitungen der Verschiebung vernachlässigen. Im Hinblick auf die Kombination der Lösung für die Massendichte (4.2.19) mit Gleichung (4.5.21) bedeutet das, dass wir darin nur die Referenzdichte ρ_0 einzusetzen haben:

$$\rho_0 \frac{\partial^2 u_i}{\partial t^2} = C_{ijkl} \frac{\partial^2 u_k}{\partial x_j \partial x_l} , \tag{4.5.22}$$

wobei wir außerdem, wie es oft üblich ist, den Einfluss der Volumenkraft vernachlässigen und die materielle Zeitableitung in EULERscher Darstellung gemäß Gleichung (4.1.25) wie folgt beachtet haben:

$$\dot{u}_i = \frac{\partial u_i}{\partial t} + \upsilon_k \frac{\partial u_i}{\partial x_k} = \frac{\partial u_i}{\partial t} + \dot{u}_i \frac{\partial u_i}{\partial x_k} \approx \frac{\partial u_i}{\partial t} , \tag{4.5.23}$$

$$\Rightarrow \quad \ddot{u}_i \approx \left(\frac{\partial u_i}{\partial t} \right)^{\cdot} = \frac{\partial^2 u_i}{\partial t^2} + \upsilon_k \frac{\partial^2 u_i}{\partial x_k \partial t} = \frac{\partial^2 u_i}{\partial t^2} + \dot{u}_i \frac{\partial^2 u_i}{\partial x_k \partial t} \approx \frac{\partial^2 u_i}{\partial t^2} .$$

Spezialisieren wir nun noch auf isotrope HOOKEsche Festkörper (4.5.18), so wird:

$$\rho_0 \frac{\partial^2 u_i}{\partial t^2} = (\lambda + \mu)\frac{\partial^2 u_k}{\partial x_i \partial x_k} + \mu \frac{\partial^2 u_i}{\partial x_k \partial x_k} . \tag{4.5.24}$$

Dieses ist ein gekoppeltes System dreier partieller Differenzialgleichungen für die drei gesuchten Komponenten des Verschiebungsvektors, das man unter Beachtung geeigneter Anfangs- und Randbedingungen lösen muss. In der Tat gelingt eine analytische Lösung nur in wenigen einfachen Fällen. Einen haben wir bereits im vorigen Abschnitt kennengelernt, nämlich den statisch unter Zug stehenden HOOKEschen Stab. Zur Lösung dieses Problems mithilfe von (4.5.24) nehmen wir an, dass jede der Verschiebungskomponenten nur von einer ihr entsprechenden Ortskoordinate abhängt. Dieses Verfahren, wonach man die Lösung durch plausible Annahmen von vornherein einschränkt, heißt **semiinverse Methode** und wir schreiben:

$$u_1 = u_1(x_1),\ u_2 = u_2(x_2),\ u_3 = u_3(x_3). \tag{4.5.25}$$

Damit in (4.5.24) eingegangen, liefert unter Beachtung der Zeitunabhängigkeit drei gewöhnliche Differenzialgleichungen:

$$\frac{\mathrm{d}^2 u_1}{\mathrm{d}x_1^2} = 0 , \ \frac{\mathrm{d}^2 u_2}{\mathrm{d}x_2^2} = 0 , \ \frac{\mathrm{d}^2 u_3}{\mathrm{d}x_3^2} = 0 . \tag{4.5.26}$$

Die erste haben wir bereits weiter oben in (4.5.13) gelöst. Die beiden anderen haben analoge Lösungen:

$$u_2 = Cx_2 + D \ , \ u_3 = Cx_3 + D . \tag{4.5.27}$$

Zur Bestimmung der vier Integrationskonstanten nehmen wir an, dass der Stab vor Belastung einen rechteckigen Querschnitt mit den Breite $2d_2$ und der Höhe $2d_3$ hat. Befindet sich das Koordinatensystem im Zentrum dieses Querschnitts, so lauten die Randbedingungen (beachte die Analogie zur Gleichung (4.5.14)):

$$\begin{aligned} &u_{2/3}(x_{2/3} = 0) = 0 , \\ &u_{2/3}(x_{2/3} = d_{2/3} - \Delta d_{2/3}) = -\Delta d_{2/3} , \\ &\Rightarrow \quad u_{2/3} \approx -\frac{\Delta d_{2/3}}{d_{2/3}} x_{2/3} . \end{aligned} \tag{4.5.28}$$

Damit in (4.5.16) gegangen, liefert den Verzerrungstensor:

$$\varepsilon_{ij} = \begin{pmatrix} \Delta l / l & 0 & 0 \\ 0 & -\Delta d_2 / d_2 & 0 \\ 0 & 0 & -\Delta d_3 / d_3 \end{pmatrix} . \tag{4.5.29}$$

Aus dem HOOKEschen Gesetz (4.5.17/18) (oder einfacher mit Gleichung $(4.3.18)_1$) findet man für die Komponenten des Spannungstensors:

$$\sigma_{11} = (\lambda + 2\mu)\frac{\Delta l}{l} - \lambda\left(\frac{\Delta d_2}{d_2} + \frac{\Delta d_3}{d_3}\right),$$

$$\sigma_{22} = \lambda\frac{\Delta l}{l} - (\lambda + 2\mu)\frac{\Delta d_2}{d_2} - \lambda\frac{\Delta d_3}{d_3},$$

$$\sigma_{33} = \lambda\frac{\Delta l}{l} - \lambda\frac{\Delta d_2}{d_2} - (\lambda + 2\mu)\frac{\Delta d_3}{d_3}, \qquad (4.5.30)$$

$$\sigma_{12} = 0\ ,\ \sigma_{13} = 0\ ,\ \sigma_{23} = 0\,.$$

Man beachte, dass der Spannungstensor sich als konstant **ergibt**. Wieder verwenden wir Randbedingungen, um die Konstanten festzulegen. Wir sagen, dass der Kraftvektor, also die Traktion an der freien Stirnfläche des Balkens (Normale $\underline{n} = (1, 0, 0)$) mit F/A in x_1-Richtung vorgeschrieben ist und auf allen anderen Seitenflächen (Normalen $\underline{n} = (0, \pm 1, 0)$ bzw. $\underline{n} = (0, 0, \pm 1)$) keine Kraft wirkt. Mit der CAUCHYschen Formel (4.2.9) entsteht so:

$$n_j\sigma_{ij} = (1 \quad 0 \quad 0)\begin{pmatrix}\sigma_{11} & \sigma_{12} & \sigma_{13}\\ \sigma_{12} & \sigma_{22} & \sigma_{23}\\ \sigma_{13} & \sigma_{23} & \sigma_{33}\end{pmatrix} = (\sigma_{11}, \sigma_{12}, \sigma_{13}) = \left(\frac{F}{A}, 0, 0\right),$$

$$n_j\sigma_{ij} = (0 \quad \pm 1 \quad 0)\begin{pmatrix}\sigma_{11} & \sigma_{12} & \sigma_{13}\\ \sigma_{12} & \sigma_{22} & \sigma_{23}\\ \sigma_{13} & \sigma_{23} & \sigma_{33}\end{pmatrix} = (\pm\sigma_{12}, \pm\sigma_{22}, \pm\sigma_{23}) = (0, 0, 0), \qquad (4.5.31)$$

$$n_j\sigma_{ij} = (0 \quad 0 \quad \pm 1)\begin{pmatrix}\sigma_{11} & \sigma_{12} & \sigma_{13}\\ \sigma_{12} & \sigma_{22} & \sigma_{23}\\ \sigma_{13} & \sigma_{23} & \sigma_{33}\end{pmatrix} = (\pm\sigma_{13}, \pm\sigma_{23}, \pm\sigma_{33}) = (0, 0, 0).$$

Mithin erkennen wir, dass:

$$\sigma_{12} = 0,\ \sigma_{13} = 0,\ \sigma_{23} = 0, \qquad (4.5.32)$$

was konsistent zu $(4.5.30)_{4\text{–}6}$ ist und auf keinen Widerspruch führt. Ferner ist im Vergleich mit $(4.5.30)_{1\text{–}3}$ zu fordern:

$$\sigma_{11} = \frac{F}{A} = (\lambda + 2\mu)\frac{\Delta l}{l} - \lambda\left(\frac{\Delta d_2}{d_2} + \frac{\Delta d_3}{d_3}\right), \qquad (4.5.33)$$

$$\sigma_{22} = 0 = \lambda\frac{\Delta l}{l} - (\lambda + 2\mu)\frac{\Delta d_2}{d_2} - \lambda\frac{\Delta d_3}{d_3},$$

$$\sigma_{33} = 0 = \lambda\frac{\Delta l}{l} - \lambda\frac{\Delta d_2}{d_2} - (\lambda + 2\mu)\frac{\Delta d_3}{d_3}.$$

Damit ist derselbe Zustand wie in Abschnitt 4.5.1 erreicht, und man mag fragen, was wir nun gewonnen haben. Die Antwort ist, dass die damaligen anschaulichen Argumentationen bei komplizierteren Last- und Geometriefällen sich nicht beibehalten lassen. Hier ist man auf ein rationales Vorgehen durch Vorgabe von Rand- und (bei zeitabhängigen Problemen) Anfangsbedingungen für die Verschiebungen und Lasten angewiesen.

4.5.3 Der axial schwingende Zugstab

Wir untersuchen nun ein dynamisches Problem, nämlich den in der Abbildung 4.5.2 dargestellten axial schwingenden HOOKEschen Stab. Die Schwingung wird dadurch angeregt, dass der Stab mit einer periodisch von Zug auf Druck umschlagenden Normalkraft belastet wird bzw. wir an den Enden eine sich periodisch ändernde Verschiebung vorgeben:

$$F = F(t) = F_0 \sin(\omega t)\ , \quad u_1(\pm l, t) = u_0 \sin(\omega t). \qquad (4.5.34)$$

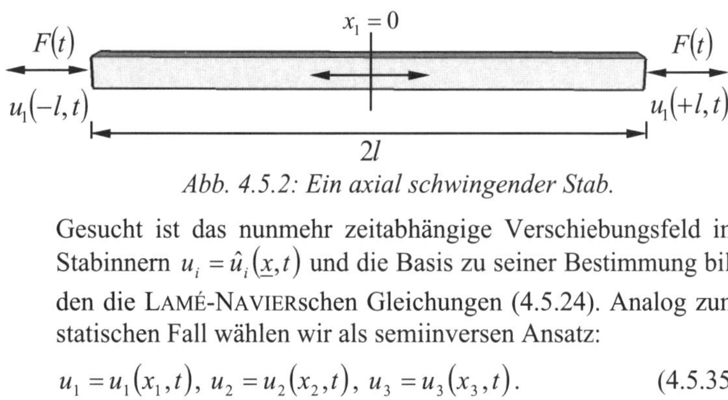

Abb. 4.5.2: Ein axial schwingender Stab.

Gesucht ist das nunmehr zeitabhängige Verschiebungsfeld im Stabinnern $u_i = \hat{u}_i(\underline{x}, t)$ und die Basis zu seiner Bestimmung bilden die LAMÉ-NAVIERschen Gleichungen (4.5.24). Analog zum statischen Fall wählen wir als semiinversen Ansatz:

$$u_1 = u_1(x_1, t),\ u_2 = u_2(x_2, t),\ u_3 = u_3(x_3, t). \qquad (4.5.35)$$

Dann entkoppeln die LAMÉ-NAVIERschen Gleichungen (4.5.24) wieder*:

* Der Unterstrich am Index soll andeuten, dass die EINSTEINsche Summationskonvention aufgehoben ist und nicht summiert wird.

Kontinuumsmechanik

$$\rho_0 \frac{\partial^2 u_i}{\partial t^2} = (\lambda + 2\mu) \frac{\partial^2 u_{\underline{i}}}{\partial x_{\underline{i}}^2} \quad \text{mit } i = 1, 2, 3. \tag{4.5.36}$$

Unter Beachtung von (4.3.17) können wir hierfür auch schreiben:

$$\rho_0 \frac{\partial^2 u_i}{\partial t^2} = \frac{E(1-\nu)}{(1+\nu)(1-2\nu)} \frac{\partial^2 u_{\underline{i}}}{\partial x_{\underline{i}}^2} \quad \text{mit } i = 1, 2, 3. \tag{4.5.37}$$

Nehmen wir nun ein **rein eindimensionales** Kontinuum an, bei dem es *keine* Querkontraktion geben kann, also $\nu = 0$ gilt, dann verschwinden per Voraussetzung auch die Querverschiebungen u_2 und u_3, und es verbleibt eine einzige Gleichung für die axiale Verschiebung u_1:

$$\frac{\partial^2 u_1}{\partial t^2} = \frac{E}{\rho_0} \frac{\partial^2 u_1}{\partial x_1^2}. \tag{4.5.38}$$

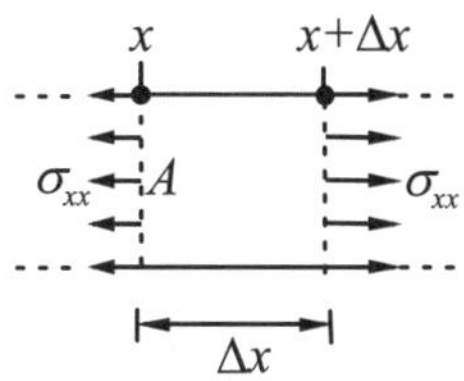

Abb. 4.5.3: Freischnitt eines axial schwingenden Balkenteilchens.

Wie man leicht feststellt, hat der Ausdruck

$$c_\ell = \sqrt{\frac{E}{\rho}} \tag{4.5.39}$$

die Dimension einer Geschwindigkeit. Hierbei handelt es sich um die Geschwindigkeit sich in axialer, also longitudinaler Richtung des eindimensionalen Stabes ausbreitender Wellen, auch **Schallgeschwindigkeit** genannt. Sie beträgt z. B. in Stahl:

$$c_\ell = \sqrt{\frac{210 \cdot 10^9}{7900}} \frac{\text{m}}{\text{s}} \approx 5000 \frac{\text{m}}{\text{s}}. \tag{4.5.40}$$

Eine schnellere, ingenieurmäßige Herleitung der Wellengleichung (4.5.38) eines axial schwingenden Balkens beruht auf dem in Abbildung 4.5.3 dargestellten Freischnitt eines Balkenstücks. Es soll nur in x_1-Richtung, ingenieurmäßig kurz x-Achse genannt, schwingen können, und daher betrachten wir ausschließlich die NEWTONsche Grundgleichung in dieser Richtung:

$$\Delta m \ddot{x} = \sum F_x \ , \quad \Delta m = \rho A \Delta x. \tag{4.5.41}$$

Dabei haben wir die Masse bereits durch die Massendichte ρ, die Querschnittsfläche A sowie die Seitenlänge Δx ausgedrückt. Die Kräfte sind durch die Normalspannungen in x-Richtung gegeben:

$$\sum F_x = [-\sigma_{xx}(x) + \sigma_{xx}(x + \Delta x)] A \approx \frac{\mathrm{d}\sigma_{xx}}{\mathrm{d}x} \Delta x A, \tag{4.5.42}$$

Kontinuumsmechanik

wobei im letzten Schritt in eine TAYLORreihe entwickelt und nach dem ersten Glied abgebrochen wurde. Nun beachten wir ferner, dass sich mit der Verschiebung u_x in x-Richtung schreiben lässt:

$$u_x = x - X \quad \Rightarrow \quad \ddot{x} = \frac{\partial^2 u_x}{\partial t^2}, \tag{4.5.43}$$

müssen wir doch bedenken, dass u_x ein Feld ist, das vom Ort und von der Zeit abhängt. Bei der Behandlung des Zugstabes in Abschnitt 4.5.1 hatten wir ferner gesehen, dass sich bei Beachtung des HOOKEschen Gesetzes schreiben lässt:

$$\sigma_{xx} = E \frac{\partial^2 u_x}{\partial x^2}. \tag{4.5.44}$$

Also folgt durch Kombination aller Gleichungen als Endformel die partielle Differentialgleichung für den 1D-Stab unter Zuglast:

$$\frac{\partial^2 u_x}{\partial t^2} = \frac{E}{\rho} \frac{\partial^2 u_x}{\partial x_x^2}. \tag{4.5.45}$$

Ein Nachteil dieser Herleitung im Vergleich mit Gleichung (4.5.39) besteht darin, dass man nicht sieht, dass als Teil der Näherung die Dichte konstant zu wählen ist. Auch verliert sich der Aspekt des eindimensionalen Kontinuums mit $\nu = 0$.

Kontinuumsmechanik

4.5.4 Die Schwingungsgleichung der Geigensaite

Wir betrachten die in der Abbildung 4.5.4 dargestellte Situation. Eine Geigensaite, vorgespannt durch eine konstante, axiale Zugkraft N, und darüber hinaus belastet durch eine in positive x_3-Richtung weisende, variable Streckenlast $q(x_1)$, wird transversal (d. h. in x_3-Richtung) leicht angeschlagen. Wir interessieren uns für die resultierende, transversale Schwingung, also die in u_3-Richtung weisende Verschiebung, die wir samt ihren Ableitungen als klein annehmen werden. Zur Einstimmung in das Problem beginnen wir mit einer „Ingenieurherleitung" dieser Gleichung, wobei wir ähnlich wie im Abschnitt 2.9.5 bei der Herleitung der Differenzialgleichung für die Knickung argumentieren. Wir idealisieren die Saite zu einem eindimensionalen Gebilde, in dem lediglich die konstante, axiale Saitenkraft N herrscht.

Sodann schneiden wir ein Saitenelement der Masse $\rho A \, \mathrm{d}x_1 / \cos(\psi)$ frei wie gezeichnet (A bezeichnet den Querschnitt) und konzentrieren uns auf die Komponente der NEWTONschen Kraftgleichung in vertikaler Richtung (x_3 und u_3 zeigen positiv nach unten):

$$\rho A \frac{dx_1}{\cos(\psi)} \frac{\partial^2 u_3}{\partial t^2} = N \sin(\psi + d\psi) - N \sin(\psi) + q dx_1 . \qquad (4.5.46)$$

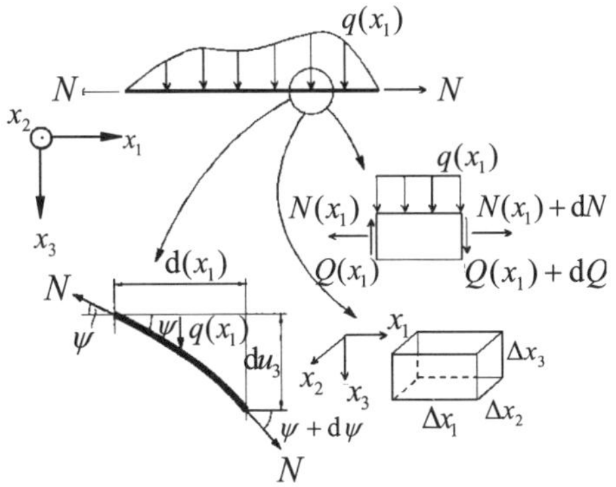

Abb. 4.5.4: Belastete Geigensaite nebst diversen Freischnitten und Koordinatensystemen.

Nun beachten wir, dass der Deformationswinkel klein ist und entwickeln den Sinus in eine TAYLOR-Reihe bis zu maximal linearen Termen:

$$\sin(\psi + d\psi) \approx \psi + d\psi , \ \cos(\psi) \approx 1 . \qquad (4.5.47)$$

Es entsteht:

$$\rho A dx_1 \frac{\partial^2 u_3}{\partial t^2} = +N d\psi + q dx_1 . \qquad (4.5.48)$$

Nun gilt, wie schon in Abschnitt 2.9.5 gezeigt wurde, folgende geometrische Beziehung:

$$du_3 = u_3(x_1 + dx_1, t) - u_3(x_1, t) = \frac{\partial u_3}{\partial x_1} dx_1 ,$$
$$\psi \approx \tan(\psi) = \frac{du_3}{dx_1} \quad \Rightarrow \quad \frac{d\psi}{dx_1} = \frac{\partial^2 u_3}{\partial x_1^2} , \qquad (4.5.49)$$

und es folgt als partielle Differenzialgleichung für die gesuchte Vertikalverschiebung:

$$\rho A \frac{\partial^2 u_3}{\partial t^2} = N \frac{\partial^2 u_3}{\partial x_1^2} + q . \qquad (4.5.50)$$

Dieselbe Gleichung soll nun nochmals aus einer mehr kontinuumsmechanischen Sichtweise hergeleitet werden. Wir integrieren dazu unter Vernachlässigung der Volumenkräfte und für kleine Deformationen die Impulsbilanz (4.5.15) über ein kleines Volumenelement $V = \Delta x_1 \Delta x_2 \Delta x_3$ der Saite und wenden danach den GAUSSschen Satz (4.1.17) an (das Element ist im Profil bzw. dreidimensional perspektivisch ebenfalls in der Abbildung 4.5.3 zu sehen):

$$\int_V \rho_0 \frac{\partial^2 u_i}{\partial t^2} \,\mathrm{d}V = \oint_{\partial V} n_j \sigma_{ji} \,\mathrm{d}A . \tag{4.5.51}$$

Dieses sind, wie bereits betont, drei Gleichungen, die wir nun komponentenweise für den in der Abbildung gezeigten Quader auswerten. Aufgrund seiner Kleinheit sind die in ihm bzw. auf seinen Oberflächen erklärten Felder nahezu konstant und wir dürfen schreiben:

$$\rho_0 \frac{\partial^2 u_i}{\partial t^2} \Delta x_1 \Delta x_2 \Delta x_3 = \sum_{i=1}^{6} \overset{(i)}{n}_j \overset{(i)}{\sigma}_{ji} \,\mathrm{d}\overset{(i)}{A} . \tag{4.5.52}$$

Der Index i läuft über die sechs Flächen des Quaders, deren Normalenvektoren sich sehr einfach berechnen:

$$\overset{(1,2)}{n}_j = (\pm 1, 0, 0), \quad \overset{(3,4)}{n}_j = (0, \pm 1, 0)$$

$$\text{oder} \quad \overset{(5,6)}{n}_j = (0, 0, \pm 1) . \tag{4.5.53}$$

Daher lauten die drei Gleichungen (4.5.52):

$$\begin{aligned}
&\rho_0 \frac{\partial^2 u_1}{\partial t^2} \mathrm{d}x_1 \mathrm{d}x_2 \mathrm{d}x_3 = \left(\overset{(1)}{\sigma}_{11} - \overset{(2)}{\sigma}_{11} \right) \mathrm{d}x_2 \mathrm{d}x_3 + \\
&\left(\overset{(3)}{\sigma}_{21} - \overset{(4)}{\sigma}_{21} \right) \mathrm{d}x_1 \mathrm{d}x_3 + \left(\overset{(5)}{\sigma}_{31} - \overset{(6)}{\sigma}_{31} \right) \mathrm{d}x_1 \mathrm{d}x_2 , \\
&\rho_0 \frac{\partial^2 u_2}{\partial t^2} \mathrm{d}x_1 \mathrm{d}x_2 \mathrm{d}x_3 = \left(\overset{(1)}{\sigma}_{12} - \overset{(2)}{\sigma}_{12} \right) \mathrm{d}x_2 \mathrm{d}x_3 + \\
&\left(\overset{(3)}{\sigma}_{22} - \overset{(4)}{\sigma}_{22} \right) \mathrm{d}x_1 \mathrm{d}x_3 + \left(\overset{(5)}{\sigma}_{32} - \overset{(6)}{\sigma}_{32} \right) \mathrm{d}x_1 \mathrm{d}x_2 , \\
&\rho_0 \frac{\partial^2 u_3}{\partial t^2} \mathrm{d}x_1 \mathrm{d}x_2 \mathrm{d}x_3 = \left(\overset{(1)}{\sigma}_{13} - \overset{(2)}{\sigma}_{13} \right) \mathrm{d}x_2 \mathrm{d}x_3 \\
&+ \left(\overset{(3)}{\sigma}_{23} - \overset{(4)}{\sigma}_{23} \right) \mathrm{d}x_1 \mathrm{d}x_3 + \left(\overset{(5)}{\sigma}_{33} - \overset{(6)}{\sigma}_{33} \right) \mathrm{d}x_1 \mathrm{d}x_2 .
\end{aligned} \tag{4.5.54}$$

Wir erinnern daran, dass der **erste** Index im Spannungstensor die Richtung der Flächennormale und der **zweite** Index die Richtung der in der Fläche wirkenden Kraft bezeichnet. Aufgrund der gewählten Belastung ist wegen der CAUCHYschen

Gleichung (4.2.9) dann klar, dass folgende Komponenten des Spannungstensors auf bestimmten Flächen verschwinden*:

$$\overset{(3)}{\sigma}_{21}, \overset{(4)}{\sigma}_{21}, \overset{(5)}{\sigma}_{31}, \overset{(6)}{\sigma}_{31}, \overset{(1)}{\sigma}_{12}, \overset{(2)}{\sigma}_{12}, \overset{(3)}{\sigma}_{22}, \tag{4.5.55}$$

$$\overset{(4)}{\sigma}_{22}, \overset{(5)}{\sigma}_{32}, \overset{(6)}{\sigma}_{32}, \overset{(3)}{\sigma}_{23}, \overset{(4)}{\sigma}_{23}, \overset{(5)}{\sigma}_{33}.$$

Ferner müssen die Freischnittkräfte wie folgt identifiziert werden:

$$\overset{(1)}{\sigma}_{11}\,\mathrm{d}x_2\mathrm{d}x_3 = N(x)+\mathrm{d}N,\ \overset{(2)}{\sigma}_{11}\,\mathrm{d}x_2\mathrm{d}x_3 = N(x), \tag{4.5.56}$$

$$\overset{(1)}{\sigma}_{13}\,\mathrm{d}x_2\mathrm{d}x_3 = Q(x)+\mathrm{d}Q,\ \overset{(2)}{\sigma}_{13}\,\mathrm{d}x_2\mathrm{d}x_3 = Q(x),$$

$$-\overset{(6)}{\sigma}_{33}\,\mathrm{d}x_1\mathrm{d}x_2 = q(x_1)\,\mathrm{d}x_1.$$

Es resultiert:

$$\rho_0 A\frac{\partial^2 u_1}{\partial t^2}\mathrm{d}x_1 = \mathrm{d}N,\ \ A = \mathrm{d}x_2\mathrm{d}x_3, \tag{4.5.57}$$

$$\rho_0\frac{\partial^2 u_2}{\partial t^2}\mathrm{d}x_1\mathrm{d}x_2\mathrm{d}x_3 = 0\ ,\ \ \rho_0 A\frac{\partial^2 u_3}{\partial t^2}\mathrm{d}x_1 = \mathrm{d}Q + q(x_1)\,\mathrm{d}x_1.$$

Wir erinnern in diesem Zusammenhang nun nochmals an folgende Beziehungen aus Abschnitt 2.9.5, in dem die allgemeine Differenzialgleichung der Knickung hergeleitet wurde. Die damals gemachten Überlegungen sind auf den hier vorliegenden Fall direkt übertragbar, und wir identifizieren die damaligen Verschiebungsgrößen (die Verschiebung in Vertikalrichtung wurde mit w bezeichnet und ψ stand für den Neigungswinkel des durchgebogenen Stabes, also für die Änderung besagter Verschiebung in axialer Richtung x_1) mit den jetzigen wie folgt:

$$w = u_3\ ,\ \ w'' = \frac{\mathrm{d}\psi}{\mathrm{d}x_1} = \frac{\partial^2 u_3}{\partial x_1^2}. \tag{4.5.58}$$

Außerdem bestand damals zwischen den Kraft- / Verformungsgrößen folgende Beziehung:

$$N\frac{\mathrm{d}\psi}{\mathrm{d}x_1} = \frac{\mathrm{d}Q}{\mathrm{d}x_1}. \tag{4.5.59}$$

Beides übertragen wir nun in die Gleichung (4.5.57) und folgern, dass:

* Siehe auch die analoge Argumentation im statischen Fall aus Gleichung (4.5.31).

Kontinuumsmechanik

$$\rho_0 A \frac{\partial^2 u_3}{\partial t^2} = \frac{dQ}{dx_1} + q(x_1) = N \frac{\partial^2 u_3}{\partial x_1^2} + q(x_1). \tag{4.5.60}$$

Wie eingangs gesagt, ist die axiale Zugspannung in der Saite konstant. Weiterhin macht es Sinn, für kleine Durchsenkungen u_3 die Verschiebungen/Schwingungen in $x_{1,2}$-Richtung völlig zu vernachlässigen: $u_{1,2} \approx 0$. Dies alles ist konsistent mit den Gleichungen $(4.5.57)_{1,2}$, wonach dann wieder folgt:

$$dN = 0, \tag{4.5.61}$$

also die vorausgesetzte Konstanz der axialen Kraft.

Im Speziellen interessiert der Fall verschwindender Querlast $q(x_1)$, also die sog. **freie Saitenschwingung**. Hierfür folgt aus Gleichung (4.5.55):

$$\frac{\partial^2 u_3}{\partial t^2} = c_S^2 \frac{\partial^2 u_3}{\partial x_1^2}, \quad c_S^2 = \frac{N}{\rho_0 A}. \tag{4.5.62}$$

Diese partielle Differenzialgleichung ist von exakt derselben Gestalt wie Gleichung (4.5.38), welche die Longitudinalschwingung in Stäben beschreibt. Wieder haben wir es mit einer eindimensionalen Wellengleichung zu schaffen, für die wir weiter unten Lösungsverfahren angeben werden.

Der Vollständigkeit halber sei gesagt, dass die Größe c_S wieder die Dimension einer Geschwindigkeit hat. Es handelt sich um die sog. **Phasengeschwindigkeit** bei der transversalen Saitenschwingung.

4.5.5 Die Schwingungsgleichung einer Membran

Das zweidimensionale Gegenstück zur transversal schwingenden Geigensaite ist die in Abbildung 4.5.5 dargestellte, transversal, also in x_3-Richtung schwingende Membran. Wir wollen annehmen, dass die Membran mit entlang ihres Randes konstanter Normalkraft pro Längeneinheit n vorgespannt ist, also etwa wie eine Trommelhaut. Senkrecht zu dieser Vorspannung, also in x_3-Richtung, erfolgt eine als klein angenommene Auslenkung u_3 und wirkt außerdem eine vorgegebene Lastverteilung $p(x_1, x_2)$. Die Dicke der Membran bezeichnen wir mit h.

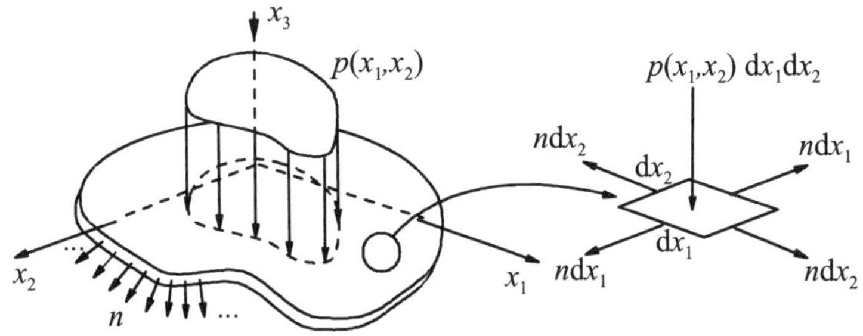

Abb. 4.5.5: Zur transversal schwingenden Membran.

Wir können das Ingenieurargument aus Abschnitt 4.5.4 unmittelbar auf den hier vorliegenden Fall übertragen, mit dem einzigen Unterschied, dass wir diesmal die Rechnung in zwei Dimensionen durchführen müssen. Analog zu dem in Abbildung 4.5.4 oben dargestellten Linienelement schneiden wir nun ein entlang der x_1/x_2-Achsen orientiertes Flächenelement heraus. Dieses steht unter der Wirkung der Vertikallast $p(x_1, x_2)\,\mathrm{d}x_1\mathrm{d}x_2$ sowie der konstanten in x_1- und x_2-Richtung weisenden Vorspannkräfte n. Gemäß dem Vorgehen in Abschnitt 4.5.4 müssen wir die analog zu dem links unten in Abbildung 4.5.4 dargestellten Schnitt (verformte Geigensaite) in x_3-Richtung weisende n-Anteile berücksichtigen, die sowohl aus der x_1- als auch aus der x_2-Richtung stammen. Entsprechend verwenden wir zwei für die Deformation in der x_1/x_3- bzw. x_2/x_3-Ebene maßgebliche Winkel $\psi_1(x_1)$ und $\psi_2(x_2)$ und schreiben:

$$\begin{aligned}&\rho h \mathrm{d}x_1\mathrm{d}x_2 \frac{\partial^2 u_3}{\partial t^2} = \\ &-n\,\mathrm{d}x_2 \sin(\psi_1) + n\,\mathrm{d}x_2 \sin(\psi_1 + \mathrm{d}\psi_1) - \\ &\quad n\,\mathrm{d}x_1 \sin(\psi_2) + n\,\mathrm{d}x_1 \sin(\psi_2 + \mathrm{d}\psi_2) + p\,\mathrm{d}x_1\mathrm{d}x_2\,.\end{aligned} \tag{4.5.63}$$

Auf der linken Seite dieser Gleichung haben wir die Verformung der Fläche (vgl. die Kosinusanteile in der analogen Beziehung (4.5.46)) von vornherein nicht berücksichtigt. Indem wir nun wieder wie folgt entwickeln:

$$\sin(\psi_{1/2} + \mathrm{d}\psi_{1/2}) \approx \psi_{1/2} + \mathrm{d}\psi_{1/2}, \tag{4.5.64}$$

entsteht:

$$\begin{aligned}&\rho h\,\mathrm{d}x_1\mathrm{d}x_2 \frac{\partial^2 u_3}{\partial t^2} = \\ &+n\,\mathrm{d}x_2\,\mathrm{d}\psi_1 + n\,\mathrm{d}x_1\mathrm{d}\psi_2 + p\mathrm{d}x_1\mathrm{d}x_2\,.\end{aligned} \tag{4.5.65}$$

Pierre Simon de LAPLACE wurde am 28. März 1749 in Beaumont-en-Auge (Normandie) geboren, und zwar im Gegensatz zu vielen anderen berühmten Naturwissenschaftlern in eine begüterte Familie. Er starb am 5. März 1827 in Paris. LAPLACE studierte zunächst in seiner Geburtsstadt, um sich schließlich im Jahre 1766 an der Universität Caen einzuschreiben. 1768 geht er von dort weg nach Paris, allerdings ohne einen Abschluss, und arbeitet mit dem berühmten Mathematiker und Mechaniker D'ALEMBERT bis zu dessen Tode im Jahre 1773 zusammen. Danach beschäftigt ihn die École Militaire, und im Jahre 1773 wird er Mitglied an der Académie des Sciences, wo er es bis zum Chefmathematiker bringt. Er erwirbt sich große Verdienste in der Himmelsmechanik, und seine Forschungen kulminieren in einem fünfbändigen Werk mit dem Titel Traité de Mécanique Céleste. Ihm haben wir insbesondere die Hypothese der Bildung unseres Sonnensystems durch gravitationsinduzierte Kontraktion aus einem Nebel heraus zu verdanken. Trotz seiner wissenschaftlichen Neigungen scheint LAPLACE aber auch über ein gehöriges Maß an sozialer Intelligenz verfügt zu haben,

Weiterhin gilt in linearer Näherung:

$$\mathrm{d}u_3 = u_3(x_1 + \mathrm{d}x_1, x_2 + \mathrm{d}x_2) - u_3(x_1, x_2) =$$

$$\frac{\partial u_3}{\partial x_1}\mathrm{d}x_1 + \frac{\partial u_3}{\partial x_2}\mathrm{d}x_2 \qquad (4.5.66)$$

sowie:

$$\psi_{1/2} \approx \tan(\psi_{1/2}) = \frac{\mathrm{d}u_3}{\mathrm{d}x_{1/2}}$$

$$\Rightarrow \quad \frac{\mathrm{d}\psi_1}{\mathrm{d}x_1} = \frac{\partial^2 u_3}{\partial x_1^2}, \quad \frac{\mathrm{d}\psi_2}{\mathrm{d}x_2} = \frac{\partial^2 u_3}{\partial x_2^2} \qquad (4.5.67)$$

und damit entsteht:

$$\rho\, h \frac{\partial^2 u_3}{\partial t^2} = n\left(\frac{\partial^2 u_3}{\partial x_1^2} + \frac{\partial^2 u_3}{\partial x_2^2}\right) + p\,. \qquad (4.5.68)$$

Die Differenzialoperation $\left(\frac{\partial^2}{\partial x_1^2} + \frac{\partial^2}{\partial x_2^2}\right)$ bezeichnet man abkürzend auch als den LAPLACE-Operator Δ, hier in zwei Dimensionen, sodass man in der Literatur oft auch folgende Gleichung findet:

$$\rho\, h \frac{\partial^2 u_3}{\partial t^2} = n\, \Delta u_3 + p\,. \qquad (4.5.69)$$

Auch diesmal sind freie Schwingungen, also der Fall $p(x_1, x_2) = 0$, besonders interessant:

$$\frac{\partial^2 u_3}{\partial t^2} = c_{\mathrm{M}}^2 \left(\frac{\partial^2 u_3}{\partial x_1^2} + \frac{\partial^2 u_3}{\partial x_2^2}\right), \quad c_{\mathrm{M}}^2 = \frac{n}{\rho h}\,. \qquad (4.5.70)$$

Man beachte, dass die Größe c_{M} wieder die Dimension einer Geschwindigkeit hat. Es handelt sich um die sogenannte **Phasengeschwindigkeit** bei der transversalen Membranschwingung.

4.5.6 Der transversal schwingende Balken

In Analogie zu den Ausführungen der vergangenen Abschnitte verwenden wir auch hier ein Ingenieurargument, um die Differentialgleichung eines transversal schwingenden Balkens herzuleiten. Der Unterschied zur transversal schwingenden Geigensaite aus Abschnitt 4.5.4 besteht darin, dass ein Balken aufgrund seiner Biegesteifigkeit *EI* in der Lage ist, Biegemomente aufzunehmen. Dies wirkt sich in der Form der resultierenden Differentialgleichung aus, die wie wir sehen werden, nicht mehr zweiter, sondern vierter Ordnung im Ort ist. Wir analysieren den Freischnitt eines Balkenteilchens aus Abbildung 4.5.6. Anwendung der NEWTONschen Grundgleichung in transversaler Richtung z erfordert, dass:

$$\Delta m\ddot{z} = \sum F_z \ , \ \Delta m = \rho A \Delta x \, . \tag{4.5.71}$$

Für die Kräfte in z-Richtung darf man schreiben:

$$\sum F_z = Q(x+\Delta x,t) - Q(x,t) + q(x,t)\Delta x \approx \left(\frac{\partial Q}{\partial x} + q\right)\Delta x \, , \tag{4.5.72}$$

wobei die TAYLORreihe wieder nach dem ersten Glied abgebrochen wurde. Mit der Verschiebung in z-Richtung findet man:

$$u_z \equiv w = z - Z \quad \Rightarrow \quad \ddot{w} = \frac{\partial^2 w}{\partial t^2} \, . \tag{4.5.73}$$

Aus der (statischen) Theorie der Biegelinie ist bekannt dass (vgl. Abschnitt 2.6, Gleichung (2.6.11)):

$$\frac{\partial^2 w}{\partial x^2} = -\frac{M(x)}{EI} \, , \tag{4.5.74}$$

und außerdem gilt der Zusammenhang zwischen Querkraft und Moment nach Gleichung (1.6.16), so dass:

$$\frac{\partial Q(x)}{\partial x} = \frac{\partial^2 M(x)}{\partial x^2} \, . \tag{4.5.75}$$

Setzt man die Gleichungen ineinander ein (konstante Biegesteifigkeit vorausgesetzt), so entsteht:

$$\frac{\partial^2 w}{\partial t^2} = -c^2 \frac{\partial^4 w}{\partial x^4} + \frac{q}{\rho A} \ , \ c = \sqrt{\frac{EI}{\rho A}} \, . \tag{4.5.76}$$

Der Nachteil bei der Herleitung dieser an sich richtigen Gleichung besteht darin, dass man Bedingungen aus der Statik unbekümmert auf den dynamischen Fall überträgt.

4.5.7 Lösungsmethoden I: Das Verfahren von D'ALEMBERT

In diesem und den folgenden Abschnitten sollen zwei Standardverfahren zur Lösung von Wellengleichungen, also primär von Gleichungen folgenden Typs:

$$\frac{\partial^2 w}{\partial t^2} = c^2 \frac{\partial^2 w}{\partial x^2} \quad \text{mit} \quad w = w(x,t) \, , \tag{4.5.77}$$

denn er überlebt die Französische Revolution, ohne Schaden zu nehmen. Im Gegenteil, alle Despoten gleich welcher Couleur loben ihn. Unter NAPOLEON wird er in den Französischen Senat gewählt, und nach dessen Fall wird ihm sogar der Titel eines „Marquis“ verliehen, und zwar ohne vorher Konsul WEYER kontaktiert zu haben.

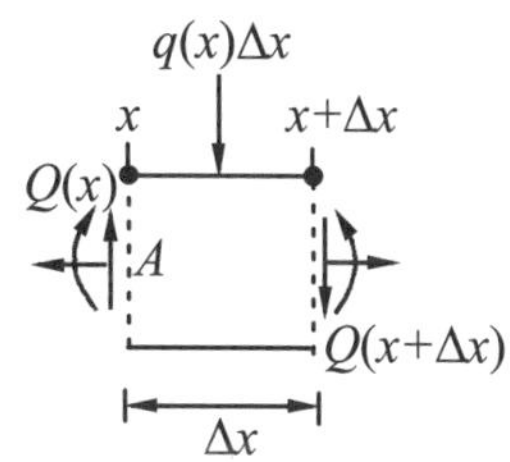

Abb. 4.5.6: Freischnitt eines transversal schwingenden Balkenteilchens.

besprochen werden und zwar das Charakteristikenverfahren nach D'ALEMBERT sowie die Separationsmethode nach Johann BERNOULLI bzw. FOURIER. Es sei an dieser Stell bereits angemerkt, dass sich die Wellengleichung (4.5.76) für die Transversalschwingung des Balkens ebenfalls mit dem BERNOULLIverfahren lösen lässt. Wir werden darauf noch zurückkommen.

Beim D'ALEMBERTschen Verfahren wird die partielle Differenzialgleichung der Form (4.5.77) durch eine Variablentransformation in eine andere partielle Differenzialgleichung überführt, die sich leicht allgemein lösen lässt. Die Transformation lautet:

$$z_1 = x - ct\,,\; z_2 = x + ct$$

$$\Leftrightarrow \quad x = \tfrac{1}{2}(z_1 + z_2),\; ct = \tfrac{1}{2}(-z_1 + z_2). \tag{4.5.78}$$

Hierüber fassen wir nun w als Funktion von z_1 und z_2 auf, d. h. $w = w(x,t) = w(x(z_1,z_2),\; t(z_1,z_2)) = w(z_1,z_2)$, und bilden mithilfe der Kettenregel die folgenden Ableitungen bezüglich des Ortes:

$$\frac{\partial w}{\partial x} = \frac{\partial w}{\partial z_1}\frac{\partial z_1}{\partial x} + \frac{\partial w}{\partial z_2}\frac{\partial z_2}{\partial x} = \frac{\partial w}{\partial z_1} + \frac{\partial w}{\partial z_2}, \tag{4.5.79}$$

$$\frac{\partial^2 w}{\partial x^2} = \frac{\partial}{\partial x}\left(\frac{\partial w}{\partial z_1} + \frac{\partial w}{\partial z_2}\right) =$$

$$\frac{\partial}{\partial z_1}\left(\frac{\partial w}{\partial z_1} + \frac{\partial w}{\partial z_2}\right)\frac{\partial z_1}{\partial x} + \frac{\partial}{\partial z_2}\left(\frac{\partial w}{\partial z_1} + \frac{\partial w}{\partial z_2}\right)\frac{\partial z_2}{\partial x} =$$

$$\frac{\partial^2 w}{\partial z_1^2} + 2\frac{\partial^2 w}{\partial z_1 \partial z_2} + \frac{\partial^2 w}{\partial z_2^2}$$

sowie in der Zeit:

$$\frac{\partial w}{\partial t} = \frac{\partial w}{\partial z_1}\frac{\partial z_1}{\partial t} + \frac{\partial w}{\partial z_2}\frac{\partial z_2}{\partial t} = \left(\frac{\partial w}{\partial z_2} - \frac{\partial w}{\partial z_1}\right)c, \tag{4.5.80}$$

$$\frac{\partial^2 w}{\partial t^2} = c\frac{\partial}{\partial t}\left(\frac{\partial w}{\partial z_2} - \frac{\partial w}{\partial z_1}\right) = c\frac{\partial}{\partial z_1}\left(\frac{\partial w}{\partial z_2} - \frac{\partial w}{\partial z_1}\right)\frac{\partial z_1}{\partial t} +$$

$$c\frac{\partial}{\partial z_2}\left(\frac{\partial w}{\partial z_2} - \frac{\partial w}{\partial z_1}\right)\frac{\partial z_2}{\partial t} = c^2\left(\frac{\partial^2 w}{\partial z_1^2} - 2\frac{\partial^2 w}{\partial z_1 \partial z_2} + \frac{\partial^2 w}{\partial z_2^2}\right).$$

Eingesetzt in Gleichung (4.5.77) und nach Kürzen des gemeinsamen Faktors 4 ergibt sich folgende Differenzialgleichung:

$$\frac{\partial^2 w}{\partial z_1 \partial z_2} = 0\,. \tag{4.5.81}$$

Kontinuumsmechanik

Dies lässt sich leicht integrieren wie folgt:

$$w(x,t) = f(z_1) + g(z_2) = f(x-ct) + g(x+ct), \tag{4.5.82}$$

wobei die Größen f und g zunächst zwei beliebige Funktionen der Argumente $z_1 = x - ct$ und $z_2 = x + ct$ sind. In der Tat sind diese Funktionen jedoch nicht so willkürlich, wie man zunächst annehmen möchte, denn sie müssen mit vorzugebenden **Anfangs- und Randvorgaben** im Einklang sein. In diesem Abschnitt beschäftigen wir uns ausschließlich mit den Anfangsdaten, die Erfüllung der Randwerte ist Gegenstand des nächsten Abschnitts. Da es sich bei der Wellengleichung (4.5.77) um eine Differentialgleichung zweiter Ordnung in der Zeit handelt, sind zwei Anfangsbedingungen vorzugeben. Zum einen schreiben wir die **Auslenkung bei $t = 0$** (d. h. an den Orten $z_1(x,0) = z_2(x,0) = x$) durch eine i. w. beliebige Ortsfunktion $A(x)$ vor, und für diese muss gelten:

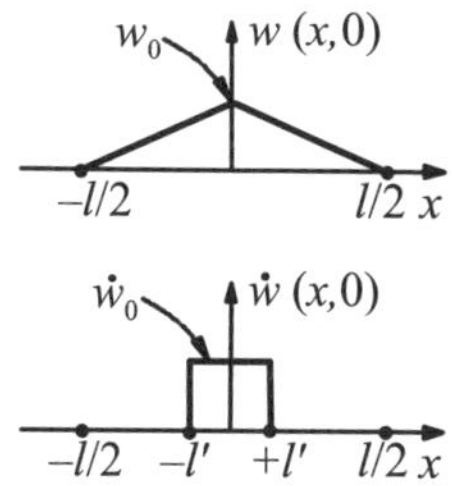

Abb. 4.5.7: Einfache Anfangsbedingung für eine Saite (siehe Text).

$$w(x,0) = A(x) = f(x) + g(x). \tag{4.5.83}$$

Zum zweiten geben wir die **Anfangsgeschwindigkeit** $B(x)$, auch **Schnelle** genannt, vor. Für diese gilt:

$$\begin{aligned}\frac{\partial w}{\partial t}(x,0) = B(x) &= \frac{\partial}{\partial t}\left[f(x-ct) + g(x+ct)\right]\Big|_{t=0} \\ &= -c\left(\left.\frac{\mathrm{d}f}{\mathrm{d}z_1}\right|_{t=0} - \left.\frac{\mathrm{d}g}{\mathrm{d}z_2}\right|_{t=0}\right).\end{aligned} \tag{4.5.84}$$

Hierfür darf man offenbar auch schreiben:

$$\frac{\partial w}{\partial t}(x,0) = B(x) = -c\left(\frac{\mathrm{d}f}{\mathrm{d}x} - \frac{\mathrm{d}g}{\mathrm{d}x}\right), \tag{4.5.85}$$

was sich integrieren lässt:

$$g(x) - f(x) = \frac{1}{c}\int_{\tilde{x}=x_0}^{\tilde{x}=x} B(\tilde{x})\,\mathrm{d}\tilde{x}\,. \tag{4.5.86}$$

Es sei darauf hingewiesen, dass man sowohl die Anfangsauslenkung als auch die Anfangsgeschwindigkeit für den gesamten relevanten Ortsbereich vorgeben muss, also über dem gesamten Zugstab oder für die gesamte Saite. Für ingenieurrelevante Probleme ist die Größe dieses Bereiches endlich, also etwa durch das

Kontinuumsmechanik

Intervall $\left[-\frac{1}{2}l,+\frac{1}{2}l\right]$ gegeben*. $A(x)$ und $B(x)$ können aber müssen nicht auf Teilen dieses Bereiches gleich Null sein. Als Beispiel hierfür dienen die Anfangsbedingungen aus Abbildung 4.5.7: Die obere steht für eine bei $-\frac{1}{2}l$ und $+\frac{1}{2}l$ fest eingespannte Geigensaite, die man anfangs in ihrer Mitte um den Betrag w_0 auslenkt. Damit ergibt sich für die Auslenkung ein gleichschenkeliges Dreieck, und die Anfangsauslenkung ist auf $\left(-\frac{1}{2}l,+\frac{1}{2}l\right)$ überall ungleich Null. Die untere Zeichnung zeigt die Schnelle, also $\dot{w}(x,0)$, so wie sie sich ergibt, wenn etwa ein ungarischer Hirte seine Zymbalsaite mit einem Klöppel mittig anschlägt: $\dot{w}(x,0)$ ist in weiten Teilen auf $\left[-\frac{1}{2}l,+\frac{1}{2}l\right]$ gleich Null.

Mathematiker haben nur geringe Probleme damit, den Bereich $\left[-\frac{1}{2}l,+\frac{1}{2}l\right]$ gedanklich auf $(-\infty,+\infty)$ zu erweitern, also Ränder zu ignorieren. In der Tat werden auch wir zunächst untersuchen, wie in einem endlichen Bereich innerhalb $\left[-\frac{1}{2}l,+\frac{1}{2}l\right]$ von Null verschieden vorgegebene Anfangsbedingungen sich nach links und rechts laufend als „Störungen" in bislang „unberührte" Bereiche ausbreiten und zwar bis nach $-\infty$ bzw. $+\infty$. Das Problem der Randbedingungen klären wir später und argumentieren zunächst wie folgt: Durch Addition und Subtraktion dieses Ergebnisses von der Gleichung (4.5.83) finden wir:

$$f(x)=\frac{1}{2}\left(A(x)-\frac{1}{c}\int_{\tilde{x}=x_0}^{\tilde{x}=x}B(\tilde{x})\,\mathrm{d}\tilde{x}\right),$$

$$g(x)=\frac{1}{2}\left(A(x)+\frac{1}{c}\int_{\tilde{x}=x_0}^{\tilde{x}=x}B(\tilde{x})\,\mathrm{d}\tilde{x}\right). \tag{4.5.87}$$

Damit aber lässt sich die Gesamtlösung zu allen Zeiten sofort schreiben als:

$$w(x,t)=f(x-ct)+g(x+ct)= \tag{4.5.88}$$

$$\frac{1}{2}\left(A(x+ct)+A(x-ct)+\frac{1}{c}\int_{\tilde{x}=x_0}^{\tilde{x}=x+ct}B(\tilde{x})\,\mathrm{d}\tilde{x}-\frac{1}{c}\int_{\tilde{x}=x_0}^{\tilde{x}=x-ct}B(\tilde{x})\,\mathrm{d}\tilde{x}\right)=$$

$$\frac{1}{2}\left(A(x+ct)+A(x-ct)+\frac{1}{c}\int_{\tilde{x}=x-ct}^{\tilde{x}=x+ct}B(\tilde{x})\,\mathrm{d}\tilde{x}\right).$$

* Eigentlich wäre es für eine Saite natürlicher $[0,l]$ als Intervall zu wählen. Weiter unten werden wir jedoch sehen, dass sich die Störungen bzw. Wellen symmetrisch nach links und rechts ausbreiten. Das oben gewählte Intervall trägt dem Rechnung und wird in der Literatur alternativ benutzt.

Kontinuumsmechanik

Diese Form der Lösung der (eindimensionalen) Wellengleichung geht wie gesagt auf D'ALEMBERT zurück. Wir wollen die Aussagekraft dieser Gleichung an einem einfachen Beispiel testen. Wie in Abbildung 4.5.8 dargestellt, wird eine (unendlich) lange, vorgespannte Geigensaite über dem Gebiet $\left[-l',l'\right]$ mit einer konstanten Amplitude ausgelenkt und dann losgelassen (die Anfangsgeschwindigkeit sei zunächst gleich Null):

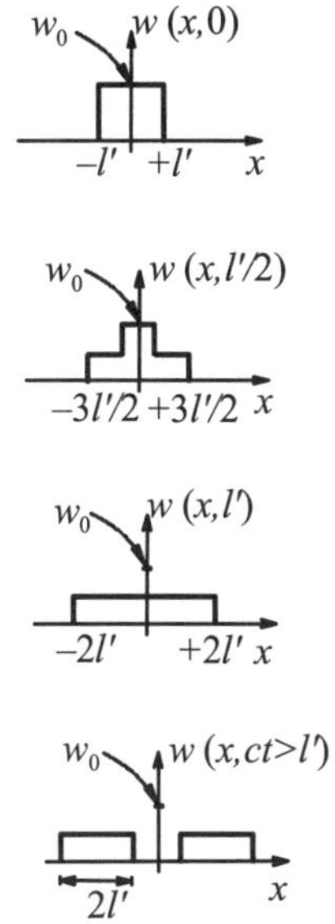

Abb. 4.5.8: Anfangsbedingung und sich ausbreitende Störung in einer Geigensaite.

$$A(x_1)=\begin{cases} w_0, & x\in\left[-l',+l'\right] \\ 0, & \text{sonst}\end{cases},\quad B(x)=0\,. \tag{4.5.89}$$

Man überlegt sich nun mithilfe der Gleichungen (4.5.88/89) leicht, dass gilt:

„Zeit" ct	Auslenkung $w(x)$
$l'/2$	$\begin{cases} w_0/2, & \text{falls } x\in\left[-3l'/2,-l'/2\right) \text{oder} \left(l'/2,\ 3l'/2\right] \\ w_0, & \text{falls } x\in\left[-l'/2,\ l'/2\right] \\ 0 & \text{sonst}\end{cases}$
l'	$\begin{cases} w_0/2, & \text{falls } x\in\left[-2l',0\right) \text{oder} \left(0,\ 2l'\right] \\ w_0, & \text{falls } x=0 \\ 0 & \text{sonst}\end{cases}$

Der Rechteckpuls der Höhe w_0 beginnt also in zwei Rechteckpulse der Höhe $w_0/2$ zu zerfließen. Letztendlich gibt es zwei unabhängige Rechteckpulse der halben Höhe, die sich unabhängig voneinander nach rechts bzw. nach links mit der Geschwindigkeit c bewegen. In der Tat ist es so, dass der linke Rechteckpuls zu der Lösung $\frac{1}{2}A(x+ct)$ gehört und der sich nach rechts bewegende zu $\frac{1}{2}A(x-ct)$. Man sagt oft, dass die Pulse sich entlang ihrer **Charakteristiken** ausbreiten. Unter diesem Begriff versteht man allgemein die geometrischen Orte $z_{1/2}=x\mp ct=\text{const.}$ in der (x,ct)-Ebene. Offensichtlich sind dies Geraden mit den Anstiegen:

$$ct=-\text{const.}\pm x \quad\Rightarrow\quad \frac{\mathrm{d}(ct)}{\mathrm{d}x}=\pm 1\,. \tag{4.5.90}$$

Man unterscheidet gemäß dieser Gleichung zwischen der **positiven** und der **negativen** Charakteristik z_1 bzw. z_2. Man beachte schließlich, dass im Gegensatz zur Anfangsauslenkung die Anfangsschnelle integriert und konsequent ausgewertet werden

Johann Peter Gustav Lejeune DIRICHLET wurde am 13. Februar 1805 in Düren geboren und starb am 5. Mai 1859 in Göttingen. Seine Familie stammte aus dem heutigen Belgien, damals Fürstbistum Lüttich, was seinen Namen erklärt, wenn man noch weiss, dass Richelette der Ursprungsort der DIRICHLETs war und er nach seinen Vorfahren nurmehr ein „junger" DIRICHLET war. Er ging in Bonn und Köln auf das Gymnasium und begann im Mai 1822 ein Mathematikstudium in Paris, um dort berühmte Persönlichkeiten zu treffen, von denen auch wir in diesem Buch gehört haben, u. a. nämlich FOURIER, LAPLACE, LEGENDRE und POISSON. Mit LEGENDRE bewies er 1825 die FERMATsche Vermutung für den Spezialfall $n = 5$: Für $n > 2$ existiert keine nichttriviale ganzzahlige Lösung der Gleichung $a^n + b^n = c^n$. 1827 erhielt er einen Ehrenpromotion an der Universität Bonn. Die Habilitation und Privatdozentenzeit verbrachte er an der Universität Breslau. 1828 holte ihn Alexander VON HUMBOLDT an die Berliner Universität, wo er 1831 a.o. Professor und 1839 schließlich Ordinarius wird. Tüchtig wie er in seinem Fach ist, beruft man ihn 1855 schließlich nach Göt-

Kontinuumsmechanik

muss, und das macht Arbeit, selbst wenn sie z. B. wie in Abbildung 4.5.7 nur in einem Bereich $\left[-\frac{1}{2}l',+\frac{1}{2}l'\right]$ ungleich Null und dort auch noch konstant ist. Die Stammfunktion für diesen Fall zu finden ist noch leicht, aber je nach gewählter Zeit und gewähltem Ort müssen diverse Fallunterscheidungen gemacht werden. Teilergebnisse sollen das Vorgehen für $ct = \frac{1}{2}l'$ erläutern:

$$x = 0: \quad \frac{1}{c}\int_{\tilde{x}=0-l'/2}^{\tilde{x}=0+l'/2} B(\tilde{x})\,\mathrm{d}\tilde{x} = \frac{1}{c}\int_{\tilde{x}=-l'/2}^{\tilde{x}=l'/2} \dot{w}_0\,\mathrm{d}\tilde{x} = \frac{\dot{w}_0}{c}l',$$

$$x = \tfrac{1}{2}l': \quad \frac{1}{c}\int_{\tilde{x}=l'/2-l'/2}^{\tilde{x}=l'/2+l'/2} B(\tilde{x})\,\mathrm{d}\tilde{x} = \frac{1}{c}\int_{\tilde{x}=0}^{\tilde{x}=l'} \dot{w}_0\,\mathrm{d}\tilde{x} = \frac{\dot{w}_0}{c}l', \tag{4.5.91}$$

$$x = l': \quad \frac{1}{c}\int_{\tilde{x}=l'-l'/2}^{\tilde{x}=l'+l'/2} B(\tilde{x})\,\mathrm{d}\tilde{x} = \frac{1}{c}\left(\int_{\tilde{x}=l'/2}^{\tilde{x}=l'} \dot{w}_0\,\mathrm{d}\tilde{x} + \int_{\tilde{x}=l'}^{\tilde{x}=3l'/2} 0\,\mathrm{d}\tilde{x}\right) = \frac{\dot{w}_0}{c}\frac{1}{2}l', \text{ etc.}$$

4.5.8 Die Frage der Randbedingungen

Zunächst erläutern wir, welche Randbedingungen typischerweise in technischen Kontinuumsschwingungen auftreten. Beginnen wir mit dem axial schwingenden Zugstab aus Abschnitt 4.5.3. Wir können eines der Kopfenden festhalten und das andere entweder mit der zeitabhängigen Amplitude $u_0(t)$ bewegen oder unter eine vorgegebene, zeitabhängige Axialspannung setzen. Dies bedeutet*:

$$u_x(0,t) = 0\,,\; u_x(l,t) = u_0(t), \tag{4.5.92}$$

$$\sigma_{xx}(l,t) = \sigma_0(t) \;\Rightarrow\; \frac{\partial u_x}{\partial x}(l,t) = \frac{\sigma_0(t)}{E},$$

wobei in der letzten Gleichung mit Hilfe des HOOKEschen Gesetzes die vorgegebene Spannung in einen Verschiebungsgradienten umgerechnet wurde. Das gesuchte Feld ist die (axiale) Verschiebung. Gibt man diese auf dem Rand direkt vor, so spricht man von DIRICHLETschen Randbedingungen. Gibt man stattdessen die Ableitung der Ortsableitung vor, so nennt man das eine NEUMANNsche Randbedingung.

* An Stelle der Enden 0 und l kann man natürlich auch $-l/2$ und $+l/2$ wählen, und umgekehrt, so wie das bereits eingangs in Abschnitt 4.5.7 geschehen ist.

Bei der transversal schwingenden Geigensaite ist die Vorspannungskraft N konstant. Die Saite wird an beiden Rändern festgehalten:

$$w\left(-\tfrac{1}{2}l,t\right)=0\,,\quad w\left(+\tfrac{1}{2}l,t\right)=0\,. \tag{4.5.93}$$

Beim transversal schwingenden Balken schließlich liegt eine Differentialgleichung vierter Ordnung im Ort vor, und wir brauchen nicht wie bisher zwei, sondern vier Randbedingungen. Wir können typischerweise aus folgenden Möglichkeiten wählen ($i=0$ oder $i=l$), wobei wir statische Bestimmtheit sicherzustellen haben:

(a) $w(i,t)=0\,,\quad \dfrac{\partial w(i,t)}{\partial x}=0$ (feste Einspannung);

(b) $Q(i,t)=EI\dfrac{\partial w^3(i,t)}{\partial x^3}=0\,,$

$$M(i,t)=EI\frac{\partial w^2(i,t)}{\partial x^2}=0 \text{ (freies Ende);} \tag{4.5.94}$$

(c) $w(i,t)=0\,,$

$M(i,t)=EI\dfrac{\partial w^2(i,t)}{\partial x^2}=0$ (unterstütztes Ende, Loslager);

(d) $\dfrac{\partial w(i,t)}{\partial x}=0\,,$

$Q(i,t)=EI\dfrac{\partial w^3(i,t)}{\partial x^3}=0$ (vertikal gleitendes Ende).

Wie kann man nun sicherstellen, dass Randbedingungen im Zusammenhang mit der allgemeinen D'ALEMBERTschen Lösung der Wellengleichung (4.5.88), welche die Wellenausbreitung für die unendlich lange x-Achse beschreibt, erfüllt sind ? Die Lösung besteht darin, sich zu vergegenwärtigen, dass Gleichung (4.5.88) eine links- und eine rechtslaufende Welle enthält und das lineare Superpositionsprinzip gilt. Um zum Beispiel die festen Einspannbedingungen (4.5.93) für die Saite zu realisieren, muss man die beiden Anfangsbedingungen $A(x)$ und $B(x)$ einfach **ungerade** über das Intervall $\left[-\tfrac{1}{2}l,+\tfrac{1}{2}l\right]$ fortsetzen. Dadurch ist dann automatisch garantiert, dass sich an den Enden stets betragsmäßig gleichgroße Amplituden mit unterschiedlichen Vorzeichen treffen und in der Summe eine Null entsteht, sich also die Bedingung für feste Einspannung ergibt. Der Vorgang ist in Abbildung 4.5.9 (oben) illustriert. Wie man sich überlegt, schafft man es, ein spannungsfreies Ende (vgl. Gleichung

tingen als Nachfolger von GAUSS. Dort bleibt er bis zum Tode.
DIRICHLET erarbeitete Entscheidendes auf den Gebieten der partiellen Differentialgleichungen, der bestimmten Integrale und der Zahlentheorie.
Als Kurioses ist zu berichten, dass DIRICHLET mit Rebecka Henriette MENDELSSOHN verheiratet war, einer Schwester von Fanny HENSEL und dem Komponisten Felix MENDELSSOHN BARTHOLDY. Entsprechend wurde in seinem Hause viel musiziert, was ihm bestimmt Gelegenheit gab, seine Randbedingungen für die Saite live zu erleben.

Carl Gottfried NEUMANN wurde am 7. Mai 1832 in Königsberg (Preußen) geboren und starb am 27. März 1925 in Leipzig. Er war der Sohn des und schon bekannten Physikers und Mineralogen Franz Ernst NEUMANN. Er studierte in Königsberg Mathematik, promovierte 1856 und habilitierte sich 1858 in Halle. Dort arbeitete er zunächst als Privatdozent und wurde 1863 außerordentlicher Professor. 1863 folgt er Rufen nach Basel, 1865 nach Tübingen und 1868 an die Universität Leipzig, wo er 42 Jahre wirkte.

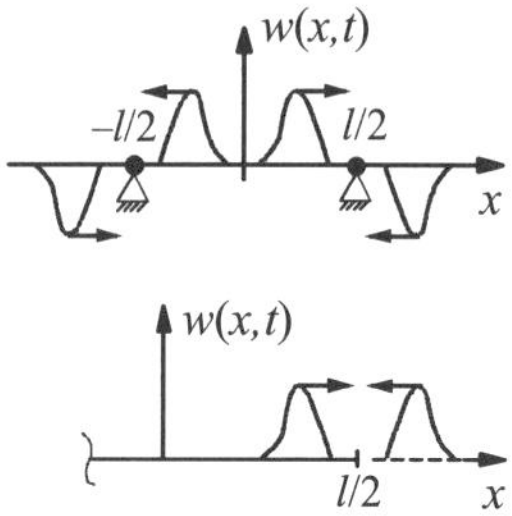

Abb. 4.5.9: Realisierung fester und kräftefreier Einspannung bei der D'ALEMBERTschen Lösung.

Johann BERNOULLI wurde am 6. August 1667 in Basel geboren und starb am 1. Januar 1748 ebenda. Er war sozusagen Seniormitglied der Mathematikerfamilie BERNOULLI. Ursprünglich sollte er Kaufmann werden. Stattdessen studierte er ab 1683 an der Universität Basel, wo er 1685 seinen Magister machte. Danach studierte er Medizin. In die Mathematik und speziell die damals neue Analysis führte ihn sein älterer Bruder Jakob BERNOULLI ein, mit dem er anfangs eng zusammenarbeitete, sich aber später (wie auch mit seinem Sohn) überwarf. Ab 1693 begann eine umfangreiche Korrespondenz mit LEIBNIZ, in der auch die Methode der Trennung der Veränderlichen erwähnt ist. Für LEIBNIZ setzt er sich ein und führt nach dessen Tod die Fehde der kontinentalen Mathematiker gegen die NEWTONianer weiter.

(4.5.92)₃), also einen verschwindenden Verschiebungsgradient dadurch zu realisieren, dass man **gerade** fortsetzt: Abbildung 4.5.9 (unten). Wie man jedoch einen zeitlich veränderlichen, i. a. von Null verschiedenen Spannungswert an einem Ende realisiert, gestaltet sich schwieriger. Hier nimmt man besser vom D'ALEMBERTschen Verfahren Abstand und wendet sich der BERNOULLIschen Methode zu, welche die Frage nach der Berücksichtigung von Randbedingungen direkt angeht.

4.5.9 Lösungsmethoden II: Das Verfahren von BERNOULLI

Nach Jakob BERNOULLI verwenden wir zur Lösung der Wellengleichung (4.5.77) einen **Produktansatz** und separieren in einen Orts- und in einen Zeitanteil wie folgt:

$$w = w(x,t) = A(x)\,B(t). \qquad (4.5.95)$$

In die partielle Differenzialgleichung (4.5.77) eingesetzt, entsteht nach algebraischer Umformung:

$$c^2 \frac{A''(x)}{A(x)} = \frac{\ddot{B}(t)}{B(t)}. \qquad (4.5.96)$$

Es steht also links eine reine Orts- und rechts eine reine Zeitfunktion, die einander gleich sind. Dies ist nur möglich, wenn sich die Orts- und Zeitabhängigkeiten herausheben und die Quotienten gleich einer von Ort und Zeit unabhängigen Konstanten sind. Bei der hier diskutierten Wellengleichung geht es um die Beschreibung (periodischer) Bewegungsvorgänge ohne Dämpfung. Aus diesem Grunde beschränken wir uns bei der Wahl dieser Konstante auf rein negative Werte und schreiben (Punkte weisen auf Zeit-, Striche auf Ortsableitungen hin):

$$c^2 \frac{A''(x)}{A(x)} = \frac{\ddot{B}(t)}{B(t)} = -\omega^2 \quad \Rightarrow$$

$$A''(x) + \left(\tfrac{\omega}{c}\right)^2 A(x) = 0 \ , \quad \ddot{B}(t) + \omega^2 B(t) = 0\,, \qquad (4.5.97)$$

haben also im Endeffekt aus einer partiellen Differenzialgleichung zwei gewöhnliche Differenzialgleichungen, eben die Schwingungsgleichungen der Saite, gewonnen. Diese werden durch die beiden trigonometrischen Funktionen Sinus bzw. Kosinus erfüllt, und wir erhalten zunächst folgende Gesamtlösung:

$$w(x,t) = \left[A_1 \sin\left(\tfrac{\omega}{c}x\right) + A_2 \cos\left(\tfrac{\omega}{c}x\right)\right]\left[B_1 \sin(\omega t) + B_2 \cos(\omega t)\right]. \qquad (4.5.98)$$

Die fünf Konstanten A_1, A_2, B_1, B_2 und ω gilt es nun, an **Anfangs**- und, falls man es mit endlichen Gebieten zu tun hat, in denen sich Wellen ausbreiten, **Randbedingungen** anzupassen. Betrachten wir zur Erläuterung wieder die endliche Saite im Bereich $x \in [0, l]$. Da die Saite bei $x = 0$ und $x = l$ festgehalten wird, lauten die Randbedingungen dort:

$$w(0,t) = 0 \ , \ \ w(l,t) = 0 \, . \tag{4.5.99}$$

Aus der ersten Randbedingung erhalten wir mit Gleichung (4.5.98):

$$A_2 = 0 \tag{4.5.100}$$

und aus der zweiten:

$$A_1 \sin\left(\tfrac{\omega}{c} x\right) = 0 \, . \tag{4.5.101}$$

Da wir nicht die triviale Nulllösung suchen, folgern wir, dass gelten muss:

$$A_1 \sin\left(\tfrac{\omega}{c} l\right) = 0 \ \ \Rightarrow \ \ \tfrac{\omega}{c} l = k\pi \, , \ \ k = 1, 2, 3, \cdots \, , \tag{4.5.102}$$

und dies bedeutet, dass wir als Gesamtlösung die Summe aller möglichen Einzellösungen zulassen müssen, wie folgt:

$$w(x,t) = \sum_{k=1}^{\infty} \sin\left(k \tfrac{\pi x}{l}\right) \left[b_{1,k} \sin\left(k \tfrac{\pi c t}{l}\right) + b_{2,k} \cos\left(k \tfrac{\pi c t}{l}\right)\right] \tag{4.5.103}$$

und je nach Eigenfrequenz die verbleibende Konstante A_1 mit den Konstanten B_1 und B_2 zu neuen Konstanten $b_{1,k}$ und $b_{2,k}$ zusammengefasst wurde. In der Tat ist es im Allgemeinen wichtig, nicht nur eine Eigenfrequenz, also mehr als einen Summanden mit verschiedenem Wert von k zu berücksichtigen, denn schließlich ist es lediglich in den seltensten Fällen so, dass die Ausgangsauslenkung nur Sinusbögen mit Knotenpunkten an den Enden umfasst. Ganz allgemein wollen wir analog zu den Ausführungen des Abschnitts 4.5.7 Anfangsbedingungen für die Auslenkung und die Schnelle vorgeben:

$$w(x,0) = A(x) \ , \ \ \frac{\partial w}{\partial t}(x,0) = B(x) \, . \tag{4.5.104}$$

Gleichung (4.5.103) lässt sich ebenfalls zum Anfangszeitpunkt auswerten und durch Kombination mit der vorherigen Gleichung entsteht:

$$\sum_{k=1}^{\infty} b_{2,k} \sin\left(k \tfrac{\pi x}{l}\right) = A(x), \ \ \tfrac{\pi c}{l} \sum_{k=1}^{\infty} k b_{1,k} \sin\left(k \tfrac{\pi x}{l}\right) = B(x) \, . \tag{4.5.105}$$

Dies sind zwei Gleichungssysteme für zweimal unendlich viele Koeffizienten $b_{1,k}$ und $b_{2,k}$. Es lässt sich durch einen Trick nach diesen aufläsen. Und zwar multipliziert man die Gleichungen (4.5.105) zunächst mit $\sin\left(n\,\pi\,\frac{x}{l}\right)^*$, integriert dann von 0 bis $2l$, substituiert $y = \pi\frac{x}{l}$ und beachtet die erste der folgenden Orthogonalitätsrelationen:

$$\int_{y=0}^{2\pi} \sin(n\,y)\sin(k\,y)\,\mathrm{d}y = \begin{cases} 0 & \text{für } n=k=0 \\ \pi & \text{für } n=k\neq 0 \\ 0 & \text{sonst} \end{cases},$$

$$\int_{y=0}^{2\pi} \cos(n\,y)\cos(k\,y)\,\mathrm{d}y = \begin{cases} 2\pi & \text{für } n=k=0 \\ \pi & \text{für } n=k\neq 0 \\ 0 & \text{sonst} \end{cases}, \qquad (4.5.106)$$

$$\int_{y=0}^{2\pi} \sin(n\,y)\cos(k\,y)\,\mathrm{d}y = 0\ \forall\ k,n\,.$$

Die beiden anderen Formeln erweisen sich als nützlich, wenn man Wellengleichungsprobleme mit anderen Randbedingungen studiert, etwa die in Gleichung (4.5.92) angegebenen. Im vorliegenden Fall lautet die Lösung für $k = 1, 2, \cdots$:

$$b_{1,k} = \frac{1}{k\pi c}\int_{x=0}^{x=2l} B(x)\sin\left(k\,\frac{\pi x}{l}\right)\mathrm{d}x\,,\ b_{2,k} = \frac{1}{l}\int_{x=0}^{x=2l} A(x)\sin\left(k\,\frac{\pi x}{l}\right)\mathrm{d}x\,. \qquad (4.5.107)$$

Bevor wir diese Lösung in Kontext mit einer allgemeinen FOURIERreihenentwicklung bringen, konzentrieren wir uns zur Klärung einiger technischer Fachbegriffe für den Moment auf ganz spezielle Anfangsbedingungen, so wie sie in Abbildung 4.5.10 zu sehen sind. Wir schreiben:

$$w_{k=1}(x,0) = w_0\sin\left(\frac{\pi x}{l}\right) \text{ oder } w_{k=2}(x,0) = w_0\sin\left(2\frac{\pi x}{l}\right), \qquad (4.5.108)$$

u.s.w. Man spricht bei $k = 1$ von der sogenannten **Grundschwingung** und bei $k = 2, 3, \ldots$ von den sogenannten **Oberschwingungen**.

Der Einfachheit halber werden wir nun sogar fordern, dass die anfängliche Geschwindigkeit verschwindet, d. h., die per Sinusbogen ausgelenkte Saite wird aus der Ruhe heraus losgelassen und nicht etwa angeschlagen:

$$\dot{w}_{k=1}(x,0) = 0\,,\ \dot{w}_{k=2}(x,0) = 0\,,\ \cdots \qquad (4.5.109)$$

* n ist wie k ganzzahlig positiv.

Kontinuumsmechanik

Wir schließen mit den Gleichungen (4.5.105) ohne große Rechnung durch Vergleich von linker und rechter Seite, dass:

$$b_{2,k=1} = w_0,\ b_{2,k=2} = 0,\ \cdots \text{ oder}$$

$$b_{2,k=1} = 0,\ b_{2,k=2} = w_0,\ \cdots \text{ oder } \cdots, \tag{4.5.110}$$

$$b_{1,k=1} = 0,\ b_{1,k=2} = 0,\ \cdots$$

und für die zeitliche Entwicklung der **Eigenschwingungen** folgt:

$$w_{k=1}(x,t) = w_0 \sin\left(\pi \tfrac{x}{l}\right)\cos\left(\pi \tfrac{ct}{l}\right), \tag{4.5.111}$$

$$w_{k=2}(x,t) = w_0 \sin\left(2\pi \tfrac{x}{l}\right)\cos\left(2\pi \tfrac{ct}{l}\right),\ \cdots.$$

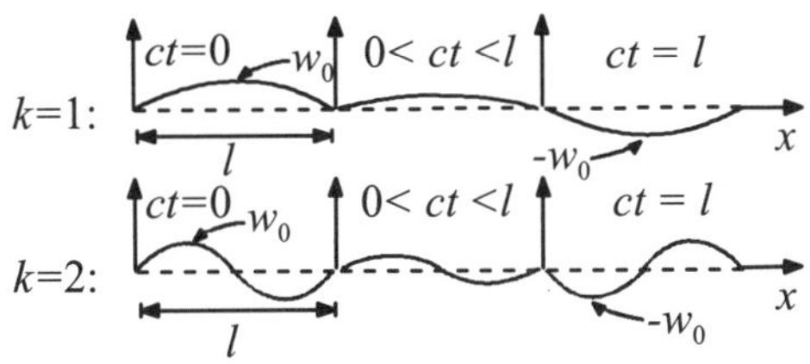

Abb. 4.5.10: Sinusförmig ausgelenkte Geigensaiten.

Offenbar bewirkt der Kosinusanteil, dass die Sinusauslenkungen im Laufe der Zeit überall stetig auf null abnehmen und sich schließlich in das entgegengesetzte Vorzeichen umkehren. Danach gehen diese über null wieder in die Ausgangslage zurück: Abbildung 4.5.10. Man beachte, dass sich die Nulldurchgänge (man spricht auch von **Knoten**) nicht bewegen, sondern während der Schwingung am gleichen Ort verbleiben. Es handelt sich somit um **stehende Wellen**. Bei den Extrema dieser Wellen spricht man auch von **Bäuchen**. In der Abbildung sieht man z. B., dass der Bauch der Grundschwingung in der Saitenmitte liegt.

Ist nun die anfängliche Auslenkung auf der Geigensaite nicht wie in Abbildung 4.5.10 dargestellt ein einzelner Sinusbogen, sondern eine beliebige andere Funktion ist, etwa ein Rechteck wie in Abbildung 4.5.11, und die Anfangsgeschwindigkeit nicht identisch Null, so kann man nach Gleichung (4.5.103) die Lösung als eine unendliche Reihe durch Superposition von Grund- und Oberschwingungen darstellen. Die Grund- und Oberschwingungen sind dabei gewichtet und die **Gewichte** sind durch die Koeffizienten $b_{1,k}$ und $b_{2,k}$ aus Gleichung (4.5.107) gegeben. Man kann es aber auch anders ausdrücken: Die Gewichte sind nämlich die FOURIERkoeffizienten aus reinen Sinusentwicklungen, wie wir jetzt sehen werden.

Kontinuumsmechanik

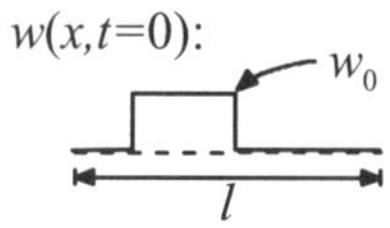

Abb. 4.5. 11: Rechteckförmig ausgelenkte Geigensaite.

Es gilt der Satz über FOURIER-Reihen: Jede stückweise monotone und stetige Funktion $f(x)$, vgl. Abbildung 4.5.12 (oben), die über dem Intervall $(0, L)$ periodisch ist, lässt sich durch eine (unendliche) Summe trigonometrischer Funktionen darstellen:

$$f(x) = \tfrac{1}{2} a_0 + \sum_{k=1}^{\infty} \left[a_k \cos\left(2\pi k \tfrac{x}{L}\right) + b_k \sin\left(2\pi k \tfrac{x}{L}\right) \right]. \tag{4.5.112}$$

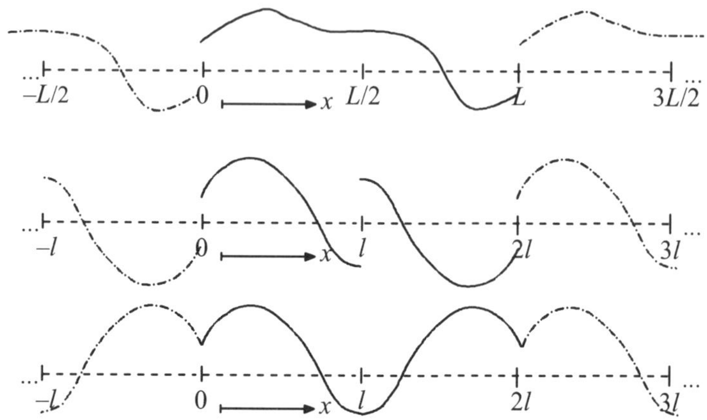

Abb. 4.5.12: Periodische, ungerade und gerade fortgesetzte Funktionen.

Die Entwicklungskoeffizienten a_k und b_k erhält man bei bekannter periodischer Funktion $f(x)$ durch Integration:

$$a_k = \tfrac{2}{L} \int_{x=0}^{L} f(x) \cos\left(2\pi k \tfrac{x}{L}\right) \mathrm{d}x\,, \ k = 0, 1, 2 \cdots, \tag{4.5.113}$$

$$b_k = \tfrac{2}{L} \int_{x=0}^{L} f(x) \sin\left(2\pi k \tfrac{x}{L}\right) \mathrm{d}x\,, \ k = 1, 2, 3 \cdots.$$

Wenn die Funktion $f(x)$ nun wie in der Abbildung 4.5.12 (Mitte) gezeigt bezüglich der Mitte des Intervalls $[0, L = 2l]$ ungerade ist, wobei l die Saitenlänge bezeichnet, so folgt:

$$a_k = \tfrac{1}{l} \int_{x=0}^{2l} f(x) \cos\left(\pi k \tfrac{x}{l}\right) \mathrm{d}x = 0\,, b_k = \tfrac{1}{l} \int_{x=0}^{2l} f(x) \sin\left(\pi k \tfrac{x}{l}\right) \mathrm{d}x\,. \tag{4.5.114}$$

Das genau ist unser Resultat aus Gleichung (4.5.107). Man darf also festhalten, dass die Anfangsbedingungen bei der eingespannten Saite ungerade über l fortzusetzen sind, so wie es bereits am Ende von Abschnitt 4.5.8 bei der Spezialisierung der

D'ALEMBERTschen Lösung auf ein endliches Gebiet gefordert wurde. Den Beweis der Richtigkeit der Gleichung $(4.5.114)_1$ kann man übrigens auf zweierlei Art führen: Einmal durch direktes Nachrechnen unter Beachtung der vorausgesetzten Eigenschaften der Funktion $f(x)$ sowie des Kosinus über dem Intervall $[0,2l]$ oder anschaulich, indem man über der Funktion $f(x)$ auf besagtem Intervall noch eine Kosinusfunktion zeichnet und positive und negative Beiträge des Produkts beider einander gegenrechnet.

Setzt man schließlich $f(x)$ wie in der Abbildung 4.5.12 (unten) gezeigt bezüglich der Mitte des Intervalls $[0, L = 2l]$ gerade fort, so entartet die allgemeine FOURIERlösung (4.5.112) in eine reine Cosinusreihe, da gilt:

$$a_k = \tfrac{1}{l} \int_{x=0}^{2l} f(x) \cos\left(\pi k \tfrac{x}{l}\right) \mathrm{d}x \,, \; k = 0, 1, 2 \cdots, \tag{4.5.115}$$

$$b_k = \tfrac{1}{l} \int_{x=0}^{2l} f(x) \sin\left(\pi k \tfrac{x}{l}\right) \mathrm{d}x = 0 \,, \; k = 1, 2, 3 \cdots .$$

Ungerade Fortsetzungen empfehlen sich, wenn man die Ableitung an den Saitenende zu Null zwingen will. Auch dies wurde bereits am Ende von Abschnitt 4.5.8 gesagt. Jetzt sieht man es explizit wie folgt: Für einen an beiden Enden freien axial schwingenden Stab:

$$\frac{\partial u_x}{\partial x}(0,t) = 0 \,, \quad \frac{\partial u_x}{\partial x}(l,t) = 0 \tag{4.5.116}$$

ergibt sich als zu Gleichung (4.5.103) analoge Beziehung:

$$u_x(x,t) = \sum_{k=0}^{\infty} \cos\left(k \tfrac{\pi x}{l}\right) \left[b_{1,k} \sin\left(k \tfrac{\pi c t}{l}\right) + b_{2,k} \cos\left(k \tfrac{\pi c t}{l}\right)\right], \tag{4.5.117}$$

wobei:

$$b_{2,0} = \tfrac{1}{2l} \int_{x=0}^{x=2l} A(x) \, \mathrm{d}x \,. \tag{4.5.118}$$

und für $k = 1, 2, \cdots$ gilt:

$$b_{1,k} = \tfrac{1}{k \pi c} \int_{x=0}^{x=2l} B(x) \cos\left(k \tfrac{\pi x}{l}\right) \mathrm{d}x \,, b_{2,k} = \tfrac{1}{l} \int_{x=0}^{x=2l} A(x) \cos\left(k \tfrac{\pi x}{l}\right) \mathrm{d}x \,. \tag{4.5.119}$$

Vergleicht man dieses Ergebnis mit den Gleichungen (4.5.115), so stellt man Übereinstimmung fest, wenn man noch bedenkt, dass der scheinbar fehlende Faktor $\frac{1}{2}$ bei a_0 in der Reihe nach Gleichung (4.5.112) enthalten ist.

Das letzte Beispiel ist etwas akademisch, denn offenbar ist ein axial an beiden Enden frei schwingender Balken nicht vernünftig gelagert. Besser ist es da, man spannt ihn an einer Seite fest ein und lässt die andere frei, vgl. Abbildung 4.5.13:

$$u_x(0,t)=0 \ , \ \frac{\partial u_x}{\partial x}(l,t)=0 . \tag{4.5.120}$$

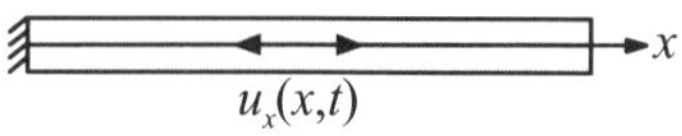

Abb. 4.5. 13: Einseitig eingespannter, axial schwingender Balken.

Auswertung von Gleichung (4.5.98) führt dann auf:

$$u_x(x,t)=\sum_{k=1}^{\infty}\sin\left(\tfrac{(2k-1)\pi x}{2l}\right)\left[b_{1,k}\sin\left(\tfrac{(2k-1)\pi c t}{2l}\right)+b_{2,k}\cos\left(\tfrac{(2k-1)\pi c t}{2l}\right)\right]. \tag{4.5.121}$$

Die Konstanten $b_{1,k}$ und $b_{2,k}$ bestimmt man dann in ähnlicher Weise wie in Gleichung (4.5.105).

Abschließend noch ein Wort zur Lösung der Wellengleichung vierter Ordnung (4.5.76). Wir spezialisieren uns auf den Fall ohne Querlast und finden mit dem Produktansatz (4.5.95) in völliger Analogie zu den Ausführungen am Anfang dieses Abschnitts:

$$c^2\frac{A^{(\mathrm{IV})}(x)}{A(x)}=-\frac{\ddot{B}(t)}{B(t)}=\omega^2 \quad \Rightarrow \tag{4.5.122}$$

$$A^{(\mathrm{IV})}(x)+\left(\tfrac{\omega}{c}\right)^2 A(x)=0 \ , \ \ddot{B}(t)+\omega^2 B(t)=0 .$$

Die zweite Differentialgleichung hat dieselbe Lösung wie zuvor bei der ordinären Wellengleichung, und für die erste wählt man als Lösungsansatz eine Exponentialfunktion:

$$A(x)=A\exp(\lambda x). \tag{4.5.123}$$

Durch Einsetzen findet man vier Lösungen:

$$A(x)=A_1\exp(\mathrm{i}\beta x)+A_2\exp(-\mathrm{i}\beta x)+A_3\exp(\beta x)+A_4\exp(-\beta x),$$

$$\beta=\sqrt{\tfrac{\omega}{c}} . \tag{4.5.124}$$

Es ist üblich, diese Gleichung wegen

$$\exp(\pm\beta x)=\cosh(\beta x)\pm\sinh(-\beta x), \tag{4.5.125}$$

$$\exp(\pm\mathrm{i}\beta x)=\cos(\beta x)\pm\mathrm{i}\sin(-\beta x).$$

auf die folgende Form zu bringen:

$$A(x) = A_1 \sin(\beta x) + A_2 \cos(\beta x) + A_3 \sinh(\beta x) + A_4 \cosh(\beta x), \tag{4.5.126}$$

wobei die Namen der Integrationskonstanten einfach beibehalten wurden. Die Gesamtlösung lautet also:

$$w(x,t) = \left[A_1 \sin\left(\sqrt{\tfrac{\omega}{c}}x\right) + A_2 \cos\left(\sqrt{\tfrac{\omega}{c}}x\right) + A_3 \sinh\left(\sqrt{\tfrac{\omega}{c}}x\right) + A_4 \cosh\left(\sqrt{\tfrac{\omega}{c}}x\right)\right] \times \left[B_1 \sin(\omega t) + B_2 \cos(\omega t)\right]. \tag{4.5.127}$$

Danach beginnt wieder die Anpassung an die Anfangs- und Randbedingungen, nur dass diesmal bei letzteren vier Stück zu beachten sind, nämlich an jedem Rand zwei Stück aus der Liste (4.5.94).

4.5.10 Zur Äquivalenz der Lösungsverfahren nach D'ALEMBERT und BERNOULLI

Wir müssen uns nun die Frage stellen, warum zwei so unterschiedlich aussehende Lösungen der Wellengleichung, wie sie sich in den Gleichungen (4.5.88) und (4.5.98/103) manifestieren sind, de facto dasselbe beschreiben. Um die Äquivalenz zu zeigen, sei zunächst einmal darauf hingewiesen, dass Gleichung (4.5.88) der Beschreibung der Ausbreitung von Störungen in einem unendlich großen, eindimensionalen Gebiet dient. Dies ist bei Gleichung (4.5.98) zunächst einmal auch so, aber in ihrer weiteren Reduktion auf die Form (4.5.103) geht es schließlich um eine an den Enden festgehaltene Saite der endlichen Länge l. Allerdings haben wir uns von der Endlichkeit des Gebietes im letzten Abschnitt in einem gewissen Sinne bereits befreit. Um nämlich nicht sinoidale Wellenbewegungen mit Knoten an den Enden zu analysieren, musste man, wie in der Abbildung 4.5.12 gezeigt, die Anfangsbedingungen ungerade ins Unendliche fortsetzen. Die entstehenden periodischen, über dem Intervall $-\infty, +\infty$ definierten Funktionen dienten dann zur Berechnung der FOURIER-Koeffizienten, Gleichung (4.5.113), welche letztlich in Gleichung (4.5.103) einzusetzen waren. Wenn man so will, kann man sich diese Lösung über den Bereich $[0,l]$ hinaus fortgesetzt denken. Sie beschreibt die Bewegung von **unendlich vielen Anfangsstörungen**, wobei regelmäßig in Abständen der Saitenlänge l die **Auslenkung unterbunden** ist.

Will man sich schließlich von solchen Zwängen befreien, so hat man wie folgt zu argumentieren. Wir beginnen mit einer unendlichen Summe über Teillösungen in einer kombinierten Form der Gleichungen (4.5.98/103):

Kontinuumsmechanik

$$w(x,t)=\sum_{k=0}^{\infty}\begin{cases}\left[A_{1,k}\sin\left(k\pi\frac{x}{l}\right)+A_{2,k}\cos\left(k\pi\frac{x}{l}\right)\right]\cdot\\ \left[B_{1,k}\sin\left(k\pi\frac{ct}{l}\right)+B_{2,k}\cos\left(k\pi\frac{ct}{l}\right)\right]\end{cases}= \tag{4.5.128}$$

$$\sum_{k=0}^{\infty}\left\{a_k\sin\left(k\pi\tfrac{x}{l}\right)\sin\left(k\pi\tfrac{ct}{l}\right)+b_k\sin\left(k\pi\tfrac{x}{l}\right)\cos\left(k\pi\tfrac{ct}{l}\right)+\right.$$

$$\left.c_k\cos\left(k\pi\tfrac{x}{l}\right)\sin\left(k\pi\tfrac{ct}{l}\right)+d_k\cos\left(k\pi\tfrac{x}{l}\right)\cos\left(k\pi\tfrac{ct}{l}\right)\right\}.$$

Damit lassen wir offen, ob überhaupt und ggf. an welchen Stellen die Saite festgehalten wird. Außerdem haben wir im letzten Schritt ausmultipliziert und Produkte von Konstanten zu neuen Konstanten zusammengefasst.

Wenn es nun noch erwünscht ist, die Konstanten mit nicht periodischen Anfangsdaten in Verbindung zu bringen, also insbesondere das in Abbildung 4.5.8 dargestellte Problem des Pulses auf der unendlich langen, vorgespannten Saite zu lösen, so tritt anstelle der unendlichen, aber diskreten Summen aus Gleichung (4.5.128) ein **kontinuierliches** Integral über die **Wellenzahl** k:

$$w(x,t)=\frac{1}{\sqrt{2\pi}}\int_{k=-\infty}^{+\infty}\left[a(k)\sin(kx)\sin(kct)+b(k)\sin(kx)\cos(kct)+\right.$$

$$\left.c(k)\cos(kx)\sin(kct)+d(k)\cos(kx)\cos(kct)\right]\mathrm{d}k\,. \tag{4.5.129}$$

Den Faktor $1/\sqrt{2\pi}$ haben wir, wie wir gleich sehen werden, aus reiner Bequemlichkeit eingefügt. Man beachte, dass auch die Fourier-Koeffizienten $a(k)$, ..., $d(k)$ nunmehr kontinuierliche Funktionen sind. Man bestimmt sie mithilfe des Fourierschen Integralsatzes. Dieser lautet in Analogie zu dem Satz über Fourier-Reihen, also den Gleichungen (4.5.112/113), wie folgt. Betrachte eine integrierbare, stückweise stetige Funktion $f(x)$ mit endlich vielen Sprungstellen ($\int_{-\infty}^{+\infty} f(x)\,\mathrm{d}x<\infty$), erklärt über dem Intervall $-\infty, +\infty$. Dann gilt:

$$f(x)=\frac{1}{\sqrt{2\pi}}\int_{k=-\infty}^{+\infty}\hat{f}(k)\exp(-\mathrm{i}kx)\,\mathrm{d}k \quad \text{mit}$$

$$\hat{f}(k)=\frac{1}{\sqrt{2\pi}}\int_{x=-\infty}^{+\infty}f(x)\exp(\mathrm{i}kx)\,\mathrm{d}x\,. \tag{4.5.130}$$

Man beachte, dass selbst für eine reellwertige Funktion $f(x)$ die FOURIER-Transformierte $\hat{f}(k)$ im Allgemeinen **komplexwertig** ist:

Kontinuumsmechanik

$$\hat{f}(k) = \hat{f}_1(k) + \mathrm{i}\hat{f}_2(k), \tag{4.5.131}$$

mit den zwei reellwertigen Funktionen $\hat{f}_1(k)$ und $\hat{f}_2(k)$. Durch Einsetzen in Gleichung (4.5.130) findet man, dass:

$$f(x) = \frac{1}{\sqrt{2\pi}} \int_{k=-\infty}^{+\infty} \left[\hat{f}_2(k)\sin(kx) + \hat{f}_1(k)\cos(kx)\right]\mathrm{d}k + \tag{4.5.132}$$

$$\frac{\mathrm{i}}{\sqrt{2\pi}} \int_{k=-\infty}^{+\infty} \left[-\hat{f}_1(k)\sin(kx) + \hat{f}_2(k)\cos(kx)\right]\mathrm{d}k .$$

Zur Anfangszeit $t = 0$ wird aus Gleichung (4.5.129) für die Auslenkung:

$$w(x, t=0) = \frac{1}{\sqrt{2\pi}} \int_{k=-\infty}^{+\infty} [b(k)\sin(kx) + d(k)\cos(kx)]\,\mathrm{d}k \tag{4.5.133}$$

und für die Saitengeschwindigkeit oder Schnelle:

$$\dot{w}(x, t=0) = \frac{c}{\sqrt{2\pi}} \int_{k=-\infty}^{+\infty} k\,[a(k)\sin(kx) + c(k)\cos(kx)]\,\mathrm{d}k . \tag{4.5.134}$$

Die linken Seiten seien vorgegeben, und zwar als reelle Größen, beide integrierbar und mit endlich vielen Sprungstellen. Dann folgt im Vergleich mit den Gleichungen (4.5.130/132):

$$d(k) + \mathrm{i}b(k) = \frac{1}{\sqrt{2\pi}} \int_{x=-\infty}^{+\infty} w(x, t=0)\exp(\mathrm{i}kx)\,\mathrm{d}x ,$$

$$ck[c(k) + \mathrm{i}a(k)] = \frac{1}{\sqrt{2\pi}} \int_{x=-\infty}^{+\infty} \dot{w}(x, t=0)\exp(\mathrm{i}kx)\,\mathrm{d}x . \tag{4.5.135}$$

Abschließend sei noch der Äquivalenzbeweis der Lösungen nach den Gleichungen (4.5.88) und (4.5.129) erbracht. Wir definieren:

$$b(x \pm ct) = \frac{1}{c} \int_{\tilde{x}=x_0}^{\tilde{x}=x\pm ct} B(\tilde{x})\,\mathrm{d}\tilde{x} \tag{4.5.136}$$

und schreiben die d'Alembert-Lösung (4.5.88) wie folgt:

$$w(x, t) = \tfrac{1}{2}[A(x+ct) + A(x-ct) + b(x+ct) - b(x-ct)]. \tag{4.5.137}$$

Nun entwickeln wir alle Funktionen der rechten Seite in Fourier-Integrale, z. B.:

$$A(x \pm ct) = \frac{1}{\sqrt{2\pi}}$$

Kontinuumsmechanik

$$\int\limits_{k=-\infty}^{+\infty} \hat{A}(k)\left[\cos(k(x \pm ct)) - \mathrm{i}\sin(k(x \pm ct))\right] \mathrm{d}k. \tag{4.5.138}$$

Wir beachten die Additionstheoreme trigonometrischer Funktionen:

$$\cos(k(x \pm ct)) = \cos(kx)\cos(kct) \mp \sin(kx)\sin(kct), \tag{4.5.139}$$

$$\sin(k(x \pm ct)) = \sin(kx)\cos(kct) \pm \cos(kx)\sin(kct)$$

und erhalten durch Einsetzen in Gleichung (4.5.137) und geeignetes Zusammenfassen:

$$w(x,t) = \tag{4.5.140}$$

$$\tfrac{1}{\sqrt{2\pi}} \int\limits_{k=-\infty}^{+\infty} \left[\hat{A}(k)\cos(kct) - \mathrm{i}\hat{b}(k)\sin(kct)\right]\left[\cos(kx) - \mathrm{i}\sin(kx)\right] \mathrm{d}k \,.$$

Die FOURIER-Koeffizienten zerlegen wir analog zu Gleichung (4.5.131) in Real- und Imaginärteil:

$$\hat{A}(k) = \hat{A}_1(k) + \mathrm{i}\hat{A}_2(k),\ \hat{b}(k) = \hat{b}_1(k) + \mathrm{i}\hat{b}_2(k), \tag{4.5.141}$$

und durch Einsetzen in die vorherige Gleichung und anschließendes Ausmultiplizieren entsteht:

$$w(x,t) = \tfrac{1}{\sqrt{2\pi}}\left\{ \int\limits_{k=-\infty}^{+\infty} \begin{bmatrix} \hat{A}_1(k)\left[\cos(kx) - \mathrm{i}\sin(kx)\right] \\ + \hat{A}_2(k)\left[\sin(kx) + \mathrm{i}\cos(kx)\right] \end{bmatrix} \cos(kct)\,\mathrm{d}k - \right.$$

$$\left. - \int\limits_{k=-\infty}^{+\infty} \begin{bmatrix} \hat{b}_1(k)\left[\sin(kx) + \mathrm{i}\cos(kx)\right] \\ - \hat{b}_2(k)\left[\cos(kx) - \mathrm{i}\sin(kx)\right] \end{bmatrix} \sin(kct)\,\mathrm{d}k \right\}. \tag{4.5.142}$$

Wir erkennen, dass der Realteil dieser Gleichung (und da $w(x,t)$ eine reellwertige Funktion ist, zählt nur dieser) genau mit der Gleichung (4.5.129) übereinstimmt, wenn man nur setzt:

$$\hat{A}_1(k) = d(k),\ \hat{A}_2(k) = b(k), \tag{4.5.143}$$

$$\hat{b}_1(k) = -a(k),\ \hat{b}_2(k) = c(k).$$

4.6 Einführung in die Hydromechanik

4.6.1 Massenbilanz bei der Rohrströmung

Wie erinnern daran, dass die lokale Massenbilanz in der Form (4.1.20) ursprünglich aus der globalen Massenbilanz (4.1.5) für ein materielles, also zu allen Zeiten aus denselben Teilchen bestehendes System hergeleitet wurde. Für solche Systeme war die Gesamtmasse zeitlich konstant, es erfolgte kein Gesamtmassenzu- oder -abfluss über die Systemgrenzen.

Andererseits ist der globale Zustand eines Systems überhaupt nicht Gegenstand einer lokalen Bilanz, und sie gilt allgemein, unabhängig davon, ob das globale System offen oder geschlossen ist.

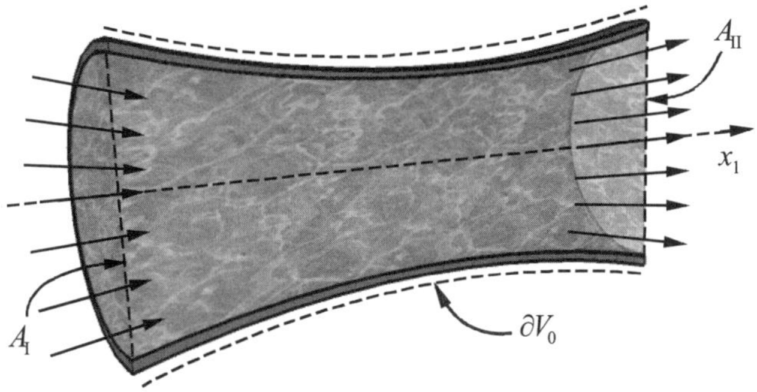

Abb. 4.6.1: Eine Rohrströmung, Begriff des Kontrollvolumens.

Wir wollen nun mithilfe der lokalen Massenbilanz den Massenhaushalt eines offenen Systems untersuchen und betrachten im Folgenden die in Abbildung 4.6.1 dargestellte Strömung eines Gases oder einer Flüssigkeit durch ein Rohr. Die Materie strömt auf der linken Seite über die Fläche A_I ein und auf der rechten Seite über die Fläche A_{II} aus. Die zugehörigen Flächeneinheitsnormalen sind:

$$n_i\big|_I = (-1, 0, 0),\ n_i\big|_{II} = (+1, 0, 0). \qquad (4.6.1)$$

Wir integrieren nun die lokale Massenbilanz (4.1.20) über das gezeichnete Kontrollvolumen V_0, das von den bereits genannten Flächen A_I und A_{II} sowie der Mantelfläche der Düse/Röhre A_M berandet wird, die allesamt gestrichelt in der Abbildung 4.6.1 dargestellt sind:

$$\int_{V_0} \frac{\partial \rho}{\partial t}\,\mathrm{d}V + \int_{V_0} \frac{\partial(\rho \upsilon_i)}{\partial x_i}\,\mathrm{d}V = 0\,. \qquad (4.6.2)$$

Im Unterschied zu der Herleitung der lokalen Massenbilanz in Abschnitt 4.1 ist das betrachtete Volumen diesmal nicht explizit zeitabhängig. Wenn wir nun annehmen, dass sich das Feld der Dichte und das der Geschwindigkeit im Innern des Kontrollbereiches stetig ändern, so darf man den GAUSSschen Satz anwenden und schreiben:

Kontinuumsmechanik

$$\int_{V_0} \frac{\partial \rho}{\partial t} \, \mathrm{d}V + \oint_{\partial V_0} \rho \upsilon_i n_i \, \mathrm{d}A = 0 \,. \tag{4.6.3}$$

Wir wollen außerdem annehmen, dass die Strömung **stationär** ist. Dann verschwinden alle partiellen Zeitableitungen. Wir teilen außerdem das Flächenintegral über ∂V_0 in die Summe über die drei Teilflächen auf ($\partial V_0 = A_{\mathrm{I}} \cup A_{\mathrm{II}} \cup A_M$) und erhalten:

$$\int_{A_{\mathrm{I}}} \rho \upsilon_i n_i \, \mathrm{d}A + \int_{A_{\mathrm{II}}} \rho \upsilon_i n_i \, \mathrm{d}A + \int_{A_M} \rho \upsilon_i n_i \, \mathrm{d}A = 0 \,. \tag{4.6.4}$$

Nun betrachten wir jedes Integral getrennt. Für die ersten beiden dürfen wir aufgrund von Gleichung (4.6.1) und aufgrund des Mittelwertes der Integralrechnung schreiben:

$$\int_{A_{\mathrm{I}}} \rho \upsilon_i n_i \, \mathrm{d}A = -\left(\overline{\rho \upsilon_1}\right)\Big|_{\mathrm{I}} A_{\mathrm{I}} \,, \quad \int_{A_{\mathrm{II}}} \rho \upsilon_i n_i \, \mathrm{d}A = \left(\overline{\rho \upsilon_1}\right)\Big|_{\mathrm{II}} A_{\mathrm{II}} \,. \tag{4.6.5}$$

Dabei wurden Mittelwertgrößen mit Querstrichen gekennzeichnet. Das noch verbleibende Integral verschwindet, da wir die Kontrollfläche auf die Außenseite der Düse/Röhre gelegt haben, und dort ist die Geschwindigkeit identisch null:

$$\int_{A_M} \rho \upsilon_i n_i \, \mathrm{d}A = 0 \,. \tag{4.6.6}$$

Beachte, dass man das Kontrollvolumen auch auf die Innenseite der Düse hätte legen können. Um das dritte Integral zum Verschwinden zu bringen, hätte man dann entweder sagen können, dass das Fluid reibungsfrei strömt und die Geschwindigkeit an der Behälterwand senkrecht zur Normalenrichtung steht. In diesem Fall würde das Skalarprodukt $\upsilon_i n_i$ verschwinden. Oder man könnte sagen, dass es sich um eine reibungsbehaftete Strömung handelt. Dann muss die Flüssigkeit/das Gas an der Behälterwand haften, d. h. die Geschwindigkeit verschwinden, und wieder ergibt sich aus dem dritten Integral kein Beitrag. An der Vielzahl der nunmehr nötigen Erklärungen ersieht man, dass es sich lohnt, über die Wahl des Kontrollvolumens nachzudenken und dass man sich Kunstgriffe ersparen kann, um letztlich auf das folgende Endergebnis zu kommen:

$$\left(\overline{\rho \upsilon_1}\right)\Big|_{\mathrm{I}} A_{\mathrm{I}} = \left(\overline{\rho \upsilon_1}\right)\Big|_{\mathrm{II}} A_{\mathrm{II}} \,. \tag{4.6.7}$$

Wie man sich leicht überzeugt, hat das Produkt $\overline{\rho}\overline{\upsilon_1} A$ die Einheit $\mathrm{kg/s}$, d. h. die Dimension eines Massenflusses. In Worten bedeutet die Gleichung (4.6.7), dass der Massenfluss längs der Rohr- bzw. Düsenachse konstant ist; die (mittlere) Massendichte $\overline{\rho}$, die (mittlere) Geschwindigkeit $\overline{\upsilon_1}$ und die Querschnittsfläche A können sich ändern, nicht jedoch ihr Produkt:

$$\dot{m} = \left(\bar{\rho}\bar{\upsilon}_1\right)\Big|_{\mathrm{I}} A_{\mathrm{I}} = \left(\bar{\rho}\bar{\upsilon}_1\right)\Big|_{\mathrm{II}} A_{\mathrm{II}} = \bar{\rho}\bar{\upsilon}_1 A . \tag{4.6.8}$$

Man spricht auch von der Kontinuität der Massenströmung und daher hat die lokale Massenbilanz letztlich auch ihren Namen **Kontinuitätsgleichung**.

4.6.2 Der hydrostatische Druck

Als eine erste Anwendung der lokalen Impulsbilanz (4.2.24) in der Hydromechanik wollen wir die Druckverteilung einer **ruhenden** Flüssigkeit im Schwerefeld berechnen: Abbildung 4.6.2. Wenn wir die x_3-Koordinate nach unten zählen, haben wir in Gleichung (4.2.24) zu setzen:

$$\upsilon_i = 0 \ , \ \sigma_{ij} = -p(x_1, x_2, x_3)\,\delta_{ij} \ , \ f_i = (0, 0, g) \tag{4.6.9}$$

und finden:

$$\frac{\partial p}{\partial x_1} = 0 \ , \ \frac{\partial p}{\partial x_2} = 0 \ , \ \frac{\partial p}{\partial x_3} = \rho g . \tag{4.6.10}$$

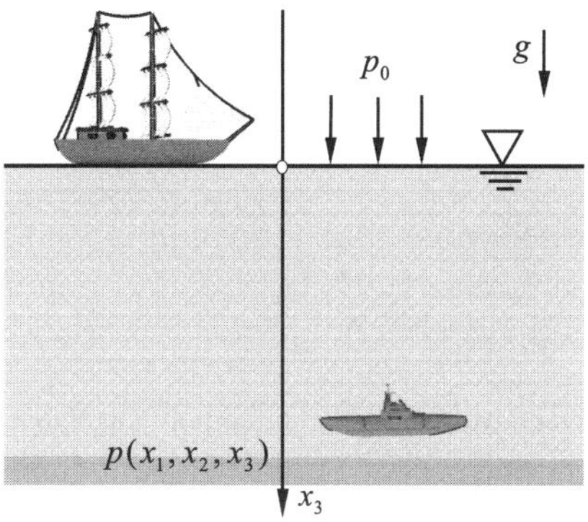

Abb. 4.6.2: Zum hydrostatischen Druck.

Bei Inspektion der ersten beiden Gleichungen schließt man, dass der Druck nur von der Vertikalkoordinate x_3 abhängen kann. Die dritte Gleichung wird dann zu einer gewöhnlichen Differenzialgleichung, die einfach zu integrieren ist, wenn wir annehmen, dass die Flüssigkeit inkompressibel ist, also $\rho = \text{const.}$ gilt:

$$p = p(x_3) = \rho\, g x_3 + c . \tag{4.6.11}$$

Dabei ist c eine Integrationskonstante, die wir aus der Bedingung bestimmen, dass an der Flüssigkeitsoberfläche der Druck gleich dem Luftdruck p_0 ist:

$$p = p_0 + \rho\, g x_3 . \tag{4.6.12}$$

Kontinuumsmechanik

Wie mancher von uns, so krankte auch **Daniel BERNOULLI** an seiner Familie. Er verdankt dem Schicksal das zweifelhafte Glück, am 8. Februar 1700 in eine der berühmtesten Gelehrtenfamilien der Geschichte hineingeboren zu werden, und zwar in Groningen in den Niederlanden. Zu dieser Zeit hielt sein Vater, Johann BERNOULLI, den Lehrstuhl für Mathematik an der dortigen Universität inne. Praktischerweise starb fünf Jahre später Daniels Onkel, Jacob BERNOULLI, und machte dem Vater den mathematischen Lehrstuhl in der ursprünglichen Heimatstadt aller BERNOULLIS, Basel, frei. Im Alter von dreizehn Jahren versuchte Johann die Karriere seines Sohnes zunächst durch ein erzwungenes Studium der Philosophie und Logik in nichtmathematische Bahnen zu lenken. Daniel jedoch folgt letztlich dem Ruf der Mathematik, teils aus wahrem Interesse, teils um sich mit seinem Vater und den Verwandten zu messen. Nach vergeblichen Versuchen, in Basel einen Lehrstuhl für Botanik bzw. Logik zu erhalten (Lehrstühle wurden damals sinnvollerweise per Losentscheid vergeben und Daniel hatte Pech im Spiel), zog er nach Italien, um sich der Medizin zu widmen, erkrankte zwi-

Der (hydrostatische) Druck nimmt also mit zunehmender Tiefe linear zu.

4.6.3 Die BERNOULLIsche Gleichung

Wir spezialisieren die lokale Impulsbilanz in der Form (4.2.24) auf den Fall einer **stationären** Strömung eines inkompressiblen, reibungsfreien EULER-Fluids (Gleichung (4.3.1)) im Schwerefeld (x_3 zeigt entgegen der Schwerkraft):

$$\rho = \text{const.}\,,\; f_i = (0,\,0,\,-g) = -\frac{\partial(gx_3)}{\partial x_i}\,,\; \sigma_{ij} = -p\delta_{ij}\,. \tag{4.6.13}$$

Dabei haben wir die x_3-Achse entgegen der Schwerkraftrichtung orientiert. Es entsteht:

$$\rho\upsilon_j\frac{\partial\upsilon_i}{\partial x_j} + \frac{\partial p}{\partial x_i} + \frac{\partial(\rho g x_3)}{\partial x_i} = 0\,. \tag{4.6.14}$$

Wenn wir diese Vektorgleichung skalar mit υ_i multiplizieren und beachten, dass gilt:

$$\upsilon_i\upsilon_j\frac{\partial\upsilon_i}{\partial x_j} = \tfrac{1}{2}\upsilon_j\frac{\partial(\upsilon_i\upsilon_i)}{\partial x_j} = \upsilon_j\frac{\partial}{\partial x_j}\left(\frac{\underline{\upsilon}^2}{2}\right) = \upsilon_i\frac{\partial}{\partial x_i}\left(\frac{\underline{\upsilon}^2}{2}\right), \tag{4.6.15}$$

können wir schreiben:

$$\upsilon_i\frac{\partial}{\partial x_i}\left(\frac{\rho\underline{\upsilon}^2}{2} + p + \rho g x_3\right) = 0\,. \tag{4.6.16}$$

Bewegen wir uns mit einem materiellen Teilchen mit, d. h., bewegen wir uns längs einer Stromlinie bzw. eines sogenannten Stromfadens, gilt also die Gleichung (4.1.22), so erhalten wir:

$$\begin{aligned} &\frac{\partial}{\partial t}\left(\frac{\rho\underline{\upsilon}^2}{2} + p + \rho g x_3\right)\bigg|_{\underline{X}} = 0 \\ \Rightarrow\; &\left(\frac{\rho\underline{\upsilon}^2}{2} + p + \rho g x_3\right)\bigg|_{\underline{X}} = \text{const.}\big|_{\underline{X}}\,. \end{aligned} \tag{4.6.17}$$

Dies ist die nach Daniel BERNOULLI benannte Gleichung. Wenn wir für den Moment vom Effekt der Schwerkraft absehen, dürfen wir feststellen, dass dort, wo der Druck groß ist, die Geschwindigkeit klein sein muss und umgekehrt. Ist der Druck konstant, wie etwa beim Austritt am Ort $x_3 = 0$ eines entgegen der Schwerkraft gerichteten Wasserstrahls, so errechnet sich die bei einer Austrittsgeschwindigkeit $\underline{\upsilon}_0$ maximal erreichbare Höhe H zu:

$$\left.\left(\frac{\rho\upsilon_0^2}{2}+p\right)\right|_{\underline{X}} = \left.(p+\rho g H)\right|_{\underline{X}} \quad\Rightarrow\quad H = \frac{\upsilon_0^2}{2g}. \tag{4.6.18}$$

Dieses Ergebnis hätten wir auch anders voraussagen können. Die kinetische Energie des austretenden Wasserteilchens ist gegeben durch $\frac{\rho\upsilon_0^2}{2}$. Beim Aufstieg wandelt sich diese in potenzielle Energie um, und zwar maximal bis zum Wert $\rho\, gH$.

Eine andere äußerst populäre, jedoch leider allzu simplifizierte Anwendung der BERNOULLIschen Gleichung, findet man oft im Zusammenhang mit der Erklärung des Auftriebs von Flugzeugen, dem sogenannten „lift". Betrachten wir ein typisches Flügelprofil, so wie in der Abbildung 4.6.3 (oben). Ein Stromfaden kommt von links und „teilt sich am Flügel auf". Wie dies gehen soll, ist vom Standpunkt der Kontinuumsmechanik mysteriös, denn ein materielles Teilchen kann sich per Definition nicht teilen. Aber sei es drum ! Die Teilstromfäden bewegen sich auf der Oberseite bzw. auf der Unterseite des Flügels und kommen dann hinten wieder zusammen. Damit das klappt, muss der obere Teilstromfaden offenbar schneller sein als der untere, d. h. für die zugehörigen Geschwindigkeiten gilt $\upsilon_{\mathrm{o}} > \upsilon_{\mathrm{u}}$. Und damit sind wir bei der Anwendung der BERNOULLIschen Gleichung (4.6.17). Nehmen wir zur ihrer Auswertung an, dass die Höhe x_3 von Eingang und Ausgang i. w. gleich und dass die Luftdichte $\rho \approx 1{,}2\,\frac{\mathrm{kg}}{\mathrm{m}^3}$ konstant ist, so folgt:

$$p_{\mathrm{u}} - p_{\mathrm{o}} = \tfrac{1}{2}\rho\left(\upsilon_{\mathrm{o}}^2 - \upsilon_{\mathrm{u}}^2\right) > 0\,. \tag{4.6.19}$$

Also herrscht unter dem Flügel ein höherer Druck als darüber, und das treibt das Flugzeug hoch. Um auszurechnen, wie groß der Wegunterschied $\Delta s = s_{\mathrm{o}} - s_{\mathrm{u}}$ zwischen oberem und unterem Flügelprofil sein muss, damit die aus dem Druckunterschied resultierende Kraft ausreicht, die Masse $m = 1500\ \mathrm{kg}$ einer Cessna anzuliften, nehmen wir nun explizit an, dass die Laufzeit T der Teilstromfäden *gleich* ist, so dass:

$$\upsilon_{\mathrm{o}} \approx \frac{s_{\mathrm{o}}}{T},\ \upsilon_{\mathrm{u}} \approx \frac{s_{\mathrm{u}}}{T}. \tag{4.6.20}$$

Umformung von (4.6.19) bei Lösung einer quadratischen Gleichung für Δs führt dann auf:

$$\Delta s = -s_{\mathrm{u}} + \sqrt{s_{\mathrm{u}}^2 + \frac{2T^2}{\rho}\left(p_{\mathrm{u}} - p_{\mathrm{o}}\right)} = -s_{\mathrm{u}} + \sqrt{s_{\mathrm{u}}^2 + \frac{2T^2 mg}{\rho A}}, \tag{4.6.21}$$

schenzeitlich schwer, was ihn allerdings nicht daran hinderte, ein Stundenglas zur Navigation von Schiffen zu konstruieren, das ihm den Preis der Pariser Akademie der Wissenschaften einbrachte. Das Studium der Medizin war übrigens im Einklang mit der ihn ursprünglich interessierenden mathematischen Thematik. Es ging um Blutfluss und Blutdruckmessung, und nicht zuletzt kennen wir Daniel BERNOULLI auch aus seinen grundlegenden Arbeiten zur Hydromechanik. 1725 folgt Daniel schließlich zusammen mit seinem Bruder einem Ruf auf eine Mathematikprofessur in St. Petersburg, wo er mit dem großen Leonard EULER äußerst fruchtbar zusammenarbeitet und insbesondere die Saitenschwingung studiert. 1733 schließlich verlässt er das kalte Russland und kehrt nach Basel zurück, um dort mangels Mathematiklehrstuhl Vorlesungen über Botanik zu geben. Hieran zeigt sich, wie praktisch es ist, sich auf mehr als ein Fach zu verstehen, denn auch damals fand man nicht immer den Job, der einem am meisten behagte. 1734 bewerben sich sowohl Daniel als auch sein Vater um einen weiteren Preis der Pariser Akademie. Den gewinnen sie auch (Daniel mit einer astronomischen Arbeit), allerdings wird er geteilt und beide erhalten jeweils nur eine Hälfte. Die Psychoanalyse war zu dieser Zeit noch nicht entwickelt und so bricht der Vater mit Daniel aus Neid und gekränkter Eitelkeit und verbannt ihn aus seinem Haus. Auch später ging das Schicksal nicht gerade gnädig mit Daniel um, denn immerhin dauert es noch bis 1782, als ihn in Basel der Tod ereilt und dem Wunsch nach Bedeutung ein natürliches Ende setzt.

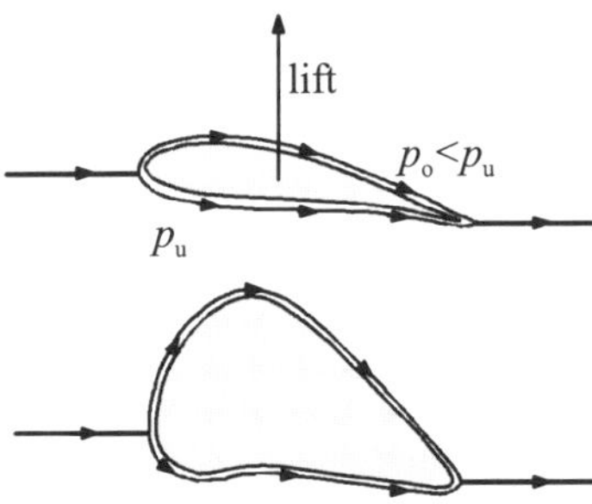

Abb. 4.6.3: Anströmung von Flügelprofilen.

wobei $A \approx 16\,\text{m}^2$ die gesamte Tragfläche bezeichnet. Die Laufzeit T schätzen wir dadurch ab, dass wir die Abhebefluggeschwindigkeit $\upsilon_{\text{Fl}} \approx 100\,\frac{\text{km}}{\text{h}}$ der Cessna ins Spiel bringen und sagen, dass $s_{\text{u}} \approx \upsilon_{\text{Fl}} T$. Damit ergibt sich aus folgender kompakter Endformel:

$$\frac{\Delta s}{s_{\text{u}}} = \sqrt{1 + \frac{2mg}{\rho \upsilon_{\text{Fl}}^2 A}} - 1 \approx 0{,}7\,. \tag{4.6.22}$$

Um also eine ausreichende aerodynamische Auftriebskraft zu erzeugen, müsste das Profil auf der Oberseite um 70% länger als auf der Unterseite sein (siehe Abbildung 4.6.3, unten). Das würde aber extreme Werte beim Luftwiderstand mit sich bringen und sicherlich auch konstruktive Probleme.

Was aber bringt dann ein Flugzeug in die Luft ? Der Grund liegt darin, dass die Annahme gleicher Laufzeiten oben wie unten fehlerhaft ist: Die Strömung ist über dem Flügel deutlich schneller und der lift bei „normalen" Flügelprofilen deutlich stärker.

4.6.4 Der Auftrieb nach ARCHIMEDES

Wir betrachten die in Abbildung 4.6.4 dargestellte Situation. Ein Körper mit dem festen Volumen V_{K} **schwebt** in einer ruhenden Flüssigkeit. Wir wissen aus der Schule, dass in diesem Fall die Auftriebskraft T_i der Gewichtskraft G_i des Körpers gerade das Gleichgewicht hält. Wir wollen mithilfe des Impulssatzes das Gesetz des ARCHIMEDES beweisen, wonach die Auftriebskraft gleich dem Gewicht der verdrängten Flüssigkeitsmenge ist. Da es sich um ein statisches Problem handelt, d. h. die Geschwindigkeit υ_i überall und zu jeder Zeit verschwindet, schreibt sich die Impulsbilanz in globaler Form, Gleichungen (4.2.11/12), folgendermaßen:

$$0 = \oint_{\partial V_{\text{K}}} \sigma_{ji} n_j \,\text{d}A + \int_{V_{\text{K}}} \rho f_i \,\text{d}V = 0\,. \tag{4.6.23}$$

Man beachte, dass es sich bei ρ um die Dichte des eingetauchten Körpers und nicht um die der verdrängten Flüssigkeit handelt. Der Spannungstensor σ_{ij} ist an der Oberfläche ∂V_{K} des Körpers auszuwerten, eben dort, wo er an die (ruhende) Flüssigkeit grenzt. Dort herrscht ein reiner Druckzustand und wir schreiben:

$$\sigma_{ij} = -p\delta_{ij}\,. \tag{4.6.24}$$

Dies in Gleichung (4.6.23) eingesetzt, ergibt für die Auftriebskraft:

Kontinuumsmechanik

$$T_i = \oint\limits_{\partial V_K} \sigma_{ji} n_j \, dA = -\oint\limits_{\partial V_K} p n_i \, dA = -\int\limits_{V_K} \rho f_i \, dV . \tag{4.6.25}$$

Orientieren wir die x_3-Achse so, dass sie entgegengesetzt der Schwerkraft vom Behälterboden an aufwärts zeigt, so erhalten wir für das Volumenintegral:

$$-\int\limits_{V_K} \rho f_i \, dV = -(0,0,-g)\int\limits_{V_K} \rho \, dV = (0,0,M_K g) . \tag{4.6.26}$$

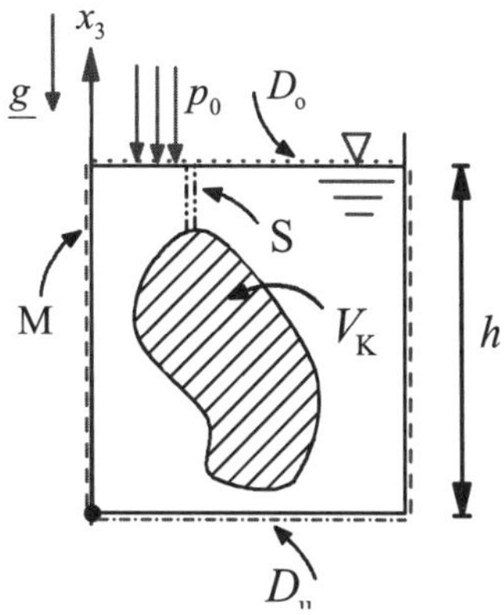

Abb. 4.6.4: Zum Auftriebsgesetz.

Dabei steht M_K für die Masse des Körpers und Gleichung (4.6.25) sagt nun aus, dass im Gleichgewicht die Auftriebskraft gleich dem Gewicht des Körpers ist und nicht etwa gleich dem Gewicht der verdrängten Flüssigkeitsmenge. Um Letzteres jedoch zu beweisen, müssen wir das Oberflächenintegral mithilfe der hydrostatischen Druckformel (4.6.12) auswerten, die, wenn wir mit unserem vom Behälterboden an zählenden Koordinatensystem arbeiten, lautet:

$$p(x_3) = \rho_F g (h - x_3) + p_0 , \tag{4.6.27}$$

wobei h die Höhe des Wasserstandes im Behälter und ρ_F die Dichte der (inkompressiblen) Flüssigkeit bezeichnen. Wir erhalten durch Einsetzen:

$$T_i = -\oint\limits_{\partial V_K} p n_i \, dA = -\oint\limits_{\partial V_K} [\rho_F g (h - x_3) + p_0] n_i \, dA . \tag{4.6.28}$$

Hierin verschwinden die den äußeren Luftdruck sowie die Füllhöhe betreffenden Anteile, da es sich um eine geschlossene Fläche handelt, wofür die folgende Beziehung gilt:

$$\oint\limits_{\partial V_K} n_i \, dA = 0 . \tag{4.6.29}$$

Der verbleibende, die Koordinate x_3 enthaltende Anteil wird mit einem Trick berechnet. Um den GAUSSschen Satz anwenden zu können, betrachten wir ausschließlich das Flüssigkeitsvolumen V_F mit der dazugehörigen Oberfläche ∂V_F und formen das hierauf mit stetigem Integranden definierte Oberflächenintegral wie folgt um:

$$\oint\limits_{\partial V_F} x_3 n_i \, dA = \int\limits_{V_F} \frac{\partial x_3}{\partial x_i} \, dV = \delta_{3j} \int\limits_{V_F} dV = (0,0,1) V_F . \tag{4.6.30}$$

Andererseits lässt sich die Oberfläche ∂V_F in vier Teiloberflächen unterteilen, wie folgt:

$$\partial V_F = M \cup D_o \cup D_u \cup S \cup \partial V_K . \tag{4.6.31}$$

Kontinuumsmechanik

Dabei steht wie in der Abbildung angedeutet M für die Mantelfläche des Behälters, D_o für den obcren und D_u für den unteren Behälterdeckel und schließlich ist S der Verbindungsschlauch, welcher zum Körper mit der Oberfläche ∂V_K führt. Die Integration ist additiv und daher darf man schreiben:

$$\oint_{\partial V_\mathrm{F}} x_3 n_i \,\mathrm{d}A = \int_{\mathrm{M}} x_3 n_i \,\mathrm{d}A + \int_{D_\mathrm{o}} x_3 n_i \,\mathrm{d}A + \int_{D_\mathrm{u}} x_3 n_i \,\mathrm{d}A + \int_{\mathrm{S}} x_3 n_i \,\mathrm{d}A - \int_{\partial V_\mathrm{K}} x_3 n_i \,\mathrm{d}A. \tag{4.6.32}$$

Im letzten Integral haben wir die Vorzeichenrichtung gleich an die in Gleichung (4.6.29) gebräuchliche angepasst: Oberflächennormalen zeigen per Definition immer vom korrespondierenden Volumen weg. Daher zeigt die Normale bei der Berechnung der Integrale in Gleichung (4.6.29) in Bezug auf ∂V_K nach außen, und ebenso zeigt die Normale bei der Berechnung der Oberflächenintegrale in Gleichung (4.6.30) in Bezug auf ∂V_F nach außen, d. h. im überlappenden Gebiet, also in Bezug auf ∂V_K, nach innen. Wir finden für die einzelnen Integrale:

$$\int_{\mathrm{M}} x_3 n_i \,\mathrm{d}A = 0 \;,\quad \int_{\mathrm{S}} x_3 n_i \,\mathrm{d}A = 0 ,$$
$$\int_{D_\mathrm{o}} x_3 n_i \,\mathrm{d}A = h(0,0,1)\int_{D_\mathrm{o}} \mathrm{d}A = (0,0,hA), \tag{4.6.33}$$
$$\int_{D_\mathrm{u}} x_3 n_i \,\mathrm{d}A = 0\int_{D_\mathrm{u}} (0,0,-1)\mathrm{d}A = 0 .$$

Die beiden ersten Ergebnisse erklären sich aus dem Fakt, dass für eine feste Höhe x_3 zu jeder Normale eine entgegengerichtete Normale existiert, sodass sich insgesamt die Null ergibt. Zusammen mit Gleichung (4.6.31) erhält man also für das in Gleichung (4.6.32) verbliebene Oberflächenintegral:

$$\int_{\partial V_\mathrm{K}} x_3 n_i \,\mathrm{d}A = (0,0,hA) - (0,0,V_\mathrm{F}) = (0,0,V_\mathrm{K}). \tag{4.6.34}$$

Und damit haben wir das Auftriebsgesetz des ARCHIMEDES bewiesen, denn in Gleichung (4.6.28) eingesetzt, ergibt sich nun:

$$T_i = (0\,,0\,,\rho_\mathrm{F} g V_\mathrm{K}). \tag{4.6.35}$$

5 Energiemethoden

5.1 Energiebilanzen

5.1.1 Lokale und globale Bilanz der kinetischen Energie

Die Bilanz der kinetischen Energie ist eine Konsequenz der Impulsbilanz. Dies hatten wir bereits für Massenpunktsysteme und starre Körper gesehen. In analoger Weise wollen wir die kinetische Energiebilanz nun für einen deformierbaren Körper herleiten. Wir starten von der lokalen Form der Impulsbilanz (4.2.22), und multiplizieren diese skalar mit der Geschwindigkeit υ_i:

$$\upsilon_i \frac{\partial}{\partial t}(\rho\upsilon_i) + \upsilon_i \frac{\partial}{\partial x_j}(\rho\upsilon_i\upsilon_j) = \upsilon_i \frac{\partial \sigma_{ji}}{\partial x_j} + \rho\upsilon_i f_i . \tag{5.1.1}$$

Ziel ist es zunächst, auf der linken Seite Dichten der kinetischen Energie zu erzeugen, also Terme der Form $\frac{\rho\underline{\upsilon}^2}{2}$. Dieses gelingt wie folgt:

$$\begin{aligned}
&\upsilon_i \frac{\partial}{\partial t}(\rho\upsilon_i) + \upsilon_i \frac{\partial}{\partial x_j}(\rho\upsilon_i\upsilon_j) = \\
&\underline{\upsilon}^2\left(\frac{\partial\rho}{\partial t} + \frac{\partial}{\partial x_j}(\rho\upsilon_j)\right) + \rho\upsilon_i\left(\frac{\partial\upsilon_i}{\partial t} + \upsilon_j\frac{\partial\upsilon_i}{\partial x_j}\right) = \\
&\frac{\partial}{\partial t}\left(\frac{\rho}{2}\underline{\upsilon}^2\right) + \frac{\partial}{\partial x_j}\left(\frac{\rho}{2}\underline{\upsilon}^2\upsilon_j\right) - \frac{1}{2}\underline{\upsilon}^2\left(\frac{\partial\rho}{\partial t} + \frac{\partial}{\partial x_j}(\rho\upsilon_j)\right) = \\
&\frac{\partial}{\partial t}\left(\frac{\rho}{2}\underline{\upsilon}^2\right) + \frac{\partial}{\partial x_j}\left(\frac{\rho}{2}\underline{\upsilon}^2\upsilon_j\right).
\end{aligned} \tag{5.1.2}$$

Dabei wurde mehrfach Gebrauch von der lokalen Massenbilanz, Gleichung (4.1.20), gemacht. Für den ersten Term der rechten Seite von Gleichung (5.1.1) sei noch notiert, dass gilt:

$$\upsilon_i \frac{\partial \sigma_{ji}}{\partial x_j} = \frac{\partial}{\partial x_j}(\upsilon_i\sigma_{ji}) - \sigma_{ji}\frac{\partial\upsilon_i}{\partial x_j} . \tag{5.1.3}$$

Wir integrieren nun die umgeformten linken und rechten Seiten über ein materielles Volumen $V(t)$, in dem alle Feldgrößen stetig variieren, und wenden das REYNOLDSsche Transporttheorem:

$$\frac{\mathrm{d}}{\mathrm{d}t}\int_{V(t)}\frac{\rho}{2}\upsilon^2\,\mathrm{d}V=\int_{V(t)}\frac{\partial}{\partial t}\left(\frac{\rho}{2}\upsilon^2\right)\mathrm{d}V+\oint_{\partial V(t)}\frac{\rho}{2}\upsilon^2\upsilon_j n_j\,\mathrm{d}A \quad (5.1.4)$$

sowie den GAUSSschen Satz an, um folgendes Ergebnis zu erhalten:

$$\frac{\mathrm{d}}{\mathrm{d}t}\int_{V(t)}\frac{\rho}{2}\upsilon^2\,\mathrm{d}V=$$
$$\int_{V(t)}\left(\frac{\partial}{\partial x_j}(\upsilon_i\sigma_{ji})-\sigma_{ji}\frac{\partial\upsilon_i}{\partial x_j}+\rho\upsilon_i f_i\right)\mathrm{d}V= \quad (5.1.5)$$
$$\oint_{\partial V(t)}\upsilon_i\sigma_{ji}n_j\,\mathrm{d}A+\int_{V(t)}\rho\upsilon_i f_i\,\mathrm{d}V-\int_{V(t)}\sigma_{ji}\frac{\partial\upsilon_i}{\partial x_j}\mathrm{d}V\,.$$

Dies ist die **globale Bilanz der kinetischen Energie**. Sie besagt, dass man die kinetische Energie eines Körpers dadurch ändert, dass die angreifenden Oberflächen- sowie die Volumenkräfte am Körper Arbeit verrichten. Um es genauer zu sagen: Der erste Term („Kraft mal Geschwindigkeit") auf der rechten Seite von Gleichung (5.1.5) repräsentiert die Leistung der Oberflächenkraft, der zweite, ebenfalls von der Form „Kraft mal Geschwindigkeit", steht für die Leistung der Volumenkräfte. Beides sind sogenannte **Zufuhrterme**. Unter Zufuhren einer Größe versteht man von außen auf den Körper wirkende Einflüsse, welche die auf der linken Seite der Bilanz stehende Größe zeitlich ändern. Derartige Zufuhrgrößen kennen wir bereits aus der Impulsbilanz in Form der Gleichungen (4.2.1/6 bis 8). Hier waren es die Oberflächen- und die Volumenkraft, die, von außen dem Körper „zugeführt", seinen Impuls beeinflussen. Derartige Einflüsse lassen sich im Prinzip „ausschalten" bzw. zumindest von außen steuern. Nun gibt es auf der rechten Seite der Gleichung (5.1.5) allerdings noch ein drittes (Volumen-)Integral, das mit der Wirkung der Spannungen und Geschwindigkeiten im Innern des Körpers zu tun hat und das sich von außen **nicht** beeinflussen lässt, sondern eine Konsequenz thermodynamischer Prozesse im Körper ist, wie beispielsweise der Reibung. Bei einer Bilanz spricht man in einem solchen Zusammenhang von **Produktionstermen**, und wenn sie auftreten, sagt man, dass die zu bilanzierende Größe **keine Erhaltungsgröße** ist. Mithin genügt die kinetische Energie allein keinem Erhaltungssatz.

Nun spricht man aber gerade im Zusammenhang mit der Energie gerne von einer Erhaltungsgröße. Wie steht das jedoch im Einklang mit unserer Gleichung (5.1.5)? Die Antwort ist einfach. Diese Gleichung beschreibt überhaupt nicht den gesamten Energiehaushalt eines Kontinuums, es fehlt noch der Anteil der sogenannten **inneren** Energie.

5.1.2 Zum Begriff der inneren Energie

Beim Begriff der inneren Energie bewegen wir uns im Grenzbereich dessen, was der reine Mechaniker wissen muss. Gleiches gilt leider nicht für den Maschinenbauer bzw. den praktizierenden Ingenieur, denn er/sie muss über den Wärmehaushalt von Systemen Auskunft geben können und um diesen geht es hier. Die kinetische Energie von Körpern kann man **makroskopisch** wahrnehmen, nämlich an der Bewegung des Körpers erkennen. Dies ist bei der inneren Energie nicht so. Die innere Energie ist eine **mikroskopisch** zu deutende Größe, sie ist ein Maß für die Stärke der ungeordneten Bewegung der Atome/Moleküle, welche wir nicht sehen, aber spüren können, indem wir beispielsweise einen Körper als heiß oder kalt empfinden. Wie die Massendichte oder die Geschwindigkeit ist auch die spezifische innere Energie eine Feldfunktion, die sich im Ort und in der Zeit ändert, und wir bezeichnen sie mit dem Symbol $u = u(\underline{x},t)$. Ihre Einheit ist $\mathrm{J/kg}$.

Genauso wie der Spannungstensor ist die innere Energie eine materialabhängige Größe, und es ist die Aufgabe der **thermodynamischen Materialtheorie**, sie in Verbindung mit den uns interessierenden Grundvariablen Dichte und Geschwindigkeit (sowie auch der Temperatur) und deren Ableitungen zu bringen. In unserem Buch werden wir uns mit einer der allereinfachsten inneren Energien, nämlich mit der eines linear-elastischen Festkörpers beschäftigen. Doch davon später. Zunächst soll die Bilanz für die gesamte Energie eines Kontinuums aufgestellt werden.

5.1.3 Gesamtbilanz der Energie oder Energieerhaltungssatz

Die gesamte Energie eines Kontinuums ist die Summe seiner inneren und seiner kinetischen Energien:

$$
\begin{aligned}
E_{\text{tot}} &= E_{\text{inn}} + E_{\text{kin}} = \int_{V(t)} \rho u \,\mathrm{d}V + \int_{V(t)} \frac{\rho}{2} \underline{\upsilon}^2 \,\mathrm{d}V \\
&= \int_{V(t)} \rho \left(u + \frac{\underline{\upsilon}^2}{2} \right) \mathrm{d}V .
\end{aligned}
\tag{5.1.6}
$$

Die Gesamtenergie ist eine **Erhaltungsgröße** und wir fragen, welche Faktoren ihre zeitliche Änderung bedingen. Die Antwort darauf ist letztlich simpel, es kostete die Wissenschaft jedoch

Energiemethoden

mehrere hundert Jahre Mühe und Streit, sie zu finden, und wir wollen es den Thermodynamikern überlassen, von diesen historischen Schlachten zu berichten. Für uns genügt es zu wissen, dass die Gesamtenergie sich dadurch ändern lässt, dass man erstens über die Oberfläche dem Körper Wärme zuführt (q_i bezeichnet den Wärmeflussvektor; das negative Vorzeichen in der Bilanz ist Konvention, da man sagt, dass sich die innere Energie eines Körpers erhöhen soll, wenn Wärme in den Körper hineinströmt, was offenbar einen gegen die nach außen weisende Normale gerichteten Wärmeflussvektor bedingt), zweitens sowohl die Oberflächen- als auch die Volumenkräfte am Körper Leistung erbringen und drittens durch Strahlung dem Körper Energie zugeführt werden kann (r bezeichnet die spezifische Strahlungsdichte in $\mathrm{J/(kg \cdot s)}$):

$$\frac{\mathrm{d}}{\mathrm{d}t}\int_{V(t)} \rho\left(u+\frac{\upsilon^2}{2}\right)\mathrm{d}V = \\ -\oint_{\partial V(t)} q_j n_j \,\mathrm{d}A + \oint_{\partial V(t)} \upsilon_i \sigma_{ji} n_j \,\mathrm{d}A + \int_{V(t)} \rho \upsilon_i f_i \,\mathrm{d}V + \int_{V(t)} \rho r \,\mathrm{d}V . \tag{5.1.7}$$

Wir verwenden die üblichen Argumente und Stetigkeitsanforderungen, um die linke Seite der globalen Bilanz der Gesamtenergie in Gleichung (5.3.2) wie folgt umzuformen:

$$\frac{\mathrm{d}}{\mathrm{d}t}\int_{V(t)} \rho\left(u+\frac{\upsilon^2}{2}\right)\mathrm{d}V = \\ \int_{V(t)} \frac{\partial}{\partial t}\left[\rho\left(u+\frac{\upsilon^2}{2}\right)\right]\mathrm{d}V + \oint_{\partial V(t)} \rho\left(u+\frac{\upsilon^2}{2}\right)\upsilon_j n_j \,\mathrm{d}A = \\ \int_{V(t)}\left(\frac{\partial}{\partial t}\left[\rho\left(u+\frac{\upsilon^2}{2}\right)\right]+\frac{\partial}{\partial x_j}\left[\rho\left(u+\frac{\upsilon^2}{2}\right)\upsilon_j\right]\right)\mathrm{d}V . \tag{5.1.8}$$

Stetigkeit vorausgesetzt wandeln wir mithilfe des GAUSSschen Satzes die beiden Oberflächenintegrale auf der rechten Seite der Gleichung (5.1.7) in Volumenintegrale um und schließen, dass in regulären Punkten des Körpers folgende lokale Bilanz der Gesamtenergie gilt:

$$\frac{\partial}{\partial t}\left[\rho\left(u+\frac{\upsilon^2}{2}\right)\right]+\frac{\partial}{\partial x_j}\left[\rho\left(u+\frac{\upsilon^2}{2}\right)\upsilon_j + q_j - \upsilon_i\sigma_{ji}\right] \\ = \rho(\upsilon_i f_i + r). \tag{5.1.9}$$

Diese Gleichung findet man oft auch in leicht anderer Form vor, nämlich:

$$\rho \frac{\partial}{\partial t}\left(u+\frac{\upsilon^2}{2}\right)+\rho\upsilon_j \frac{\partial}{\partial x_j}\left(u+\frac{\upsilon^2}{2}\right)+\frac{\partial}{\partial x_j}\left(q_j-\upsilon_i\sigma_{ji}\right) \qquad (5.1.10)$$
$$=\rho\left(\upsilon_i f_i + r\right).$$

Diese entsteht, wenn man in Gleichung (5.1.9) die Produktregel anwendet und die Massenbilanz in lokaler Form, Gleichung (4.1.20), berücksichtigt. Mit der aus Gleichung (4.1.25) bekannten materiellen Zeitableitung darf man auch schreiben:

$$\rho\left(u+\frac{\upsilon^2}{2}\right)^{\cdot}+\frac{\partial}{\partial x_j}\left(q_j-\upsilon_i\sigma_{ji}\right)=\rho\left(\upsilon_i f_i + r\right). \qquad (5.1.11)$$

Abschließend sei noch auf in der Mechanik gern verwendete Alternativschreibweisen der Gesamtenergiebilanz in integraler Form eingegangen, bei welchen die Leistungsanteile der Oberflächen- und Volumenkräfte in Verbindung zu der Leistung der jeweiligen Momentendichten (4.4.9) sowie der Verschiebung (4.3.8) gebracht werden.

Wir beginnen mit der Umschreibung des Kreuzproduktes der auf den kontinuierlichen Fall übertragenen Gleichungen (3.3.7/8) für den Winkelgeschwindigkeitsvektor $\underline{\omega}$:

$$\underline{\upsilon}=\underline{\omega}\times\underline{x} \quad \Rightarrow \quad \upsilon_i=\varepsilon_{irs}\omega_r x_s\,. \qquad (5.1.12)$$

Nun formen wir in Gleichung (5.1.7) den Leistungsterm der Oberflächenkräfte um, indem wir die Gleichung (5.1.12) einsetzen:

$$\begin{aligned}\upsilon_i\sigma_{ji}n_j &= \varepsilon_{irs}\omega_r x_s\sigma_{ji}n_j = -\varepsilon_{isr}x_s\sigma_{ji}\omega_r n_j \\ &= +\varepsilon_{rsi}x_s\sigma_{ji}\omega_r n_j = m^{\sigma}_{rj}\omega_r n_j\,.\end{aligned} \qquad (5.1.13)$$

Als Nächstes folgt der Leistungsterm der Volumenkräfte:

$$\begin{aligned}\rho\upsilon_i f_i &= \rho\varepsilon_{irs}\omega_r x_s f_i = -\rho\varepsilon_{isr}x_s f_i\omega_r \\ &= +\rho\varepsilon_{rsi}x_s f_i\omega_r = m^f_r\,\omega_r\,.\end{aligned} \qquad (5.1.14)$$

In beiden Fällen haben wir mehrfach beachtet, dass der total antimetrische Tensor ε_{ijk} bei Vertauschung zweier Indizes das Vorzeichen wechselt. Die Ergebnisse in den Gleichungen (5.3.13/14) kann man symbolisch auch wie folgt schreiben:

$$\underline{n}\cdot\underline{\underline{\sigma}}\cdot\underline{\upsilon}=\underline{\omega}\cdot\underline{\underline{m}}^{\sigma}\cdot\underline{n}\;,\quad \rho\underline{\upsilon}\cdot\underline{f}=\underline{m}^{f}\cdot\underline{\omega}\,. \qquad (5.1.15)$$

Damit folgt für die Gesamtenergiebilanz (5.1.7) alternativ:

Jean Baptiste Joseph Baron de FOURIER wurde am 21. März 1768 in Auxerre in der Bourgogne geboren und starb am 16. Mai 1830 in Paris. Er war ursprünglich nicht von adliger Herkunft, sondern vielmehr der Sohn eines Schneiders, der ihn eigentlich in klerikalen Diensten wissen wollte. FOURIERS Interesse für die Mathematik und Naturwissenschaften war jedoch stärker, denn wie er in einem Brief an seinen Mathematikprofessor BONARD ehrgeizig betont, hätten NEWTON und PASCAL in seinem Alter von 21 Jahren doch bereits unsterbliche Leistungen vollbracht. Mit der geplanten Priesterweihe wird es also nichts, mit einem intensiven Studium der Mathematik allerdings zumindest vorläufig auch nichts, denn die Französische Revolution setzt ein und der junge FOURIER begeistert sich für die damit verbundenen Ideen. Die Ernüchterung kommt jedoch schnell, denn der Terror regiert und unglücklicherweise verteidigt FOURIER in Orleans Anhänger der falschen Fraktion, was ihn 1794 ins Gefängnis bringt. Doch schließlich kommt ROBESPIERRE selbst auf die Guillotine, der politische Wind dreht sich, FOURIER wird wieder freigelassen

$$\frac{\mathrm{d}}{\mathrm{d}t}\int_{V(t)} \rho\left(u+\frac{\upsilon^2}{2}\right)\mathrm{d}V = -\oint_{\partial V(t)} \underline{q}\cdot\underline{n}\,\mathrm{d}A + \oint_{\partial V(t)} \underline{\omega}\cdot\underline{\underline{m}}^{\sigma}\cdot\underline{n}\,\mathrm{d}A + \int_{V(t)} \underline{m}^{f}\cdot\underline{\omega}\,\mathrm{d}V + \int_{V(t)} \rho r\,\mathrm{d}V. \tag{5.1.16}$$

Oft schreibt man mit dem Drehvektor $\underline{\varphi}$ auch:

$$\underline{\omega} = \frac{\mathrm{d}\underline{\varphi}}{\mathrm{d}t}, \tag{5.1.17}$$

und dann entstehen Ausdrücke für die Leistung bzw. für das Arbeitsinkrement folgender Art:

$$\underline{\omega}\cdot\underline{\underline{m}}^{\sigma}\mathrm{d}t = \mathrm{d}\underline{\varphi}\cdot\underline{\underline{m}}^{\sigma}\ ,\ \underline{m}^{f}\cdot\underline{\omega}\,\mathrm{d}t = \underline{m}^{f}\cdot\mathrm{d}\underline{\varphi}. \tag{5.1.18}$$

Damit werden wir weiter unten noch arbeiten. Erinnert sei nun noch an die Gleichung (4.3.10) im Zusammenhang mit dem Verschiebungsvektor $\underline{u}$ in LAGRANGEscher Darstellung und seine Zeitableitung – die Geschwindigkeit – aus Gleichung (5.1.16). Wir dürfen demzufolge für die Leistungsterme bzw. Arbeitsinkremente auch schreiben:

$$\underline{n}\cdot\underline{\underline{\sigma}}\cdot\underline{\upsilon}\,\mathrm{d}t = \underline{n}\cdot\underline{\underline{\sigma}}\cdot\mathrm{d}\underline{u}\,,\ \rho\underline{\upsilon}\cdot\underline{f}\mathrm{d}t = \rho\underline{f}\cdot\underline{\upsilon}\,\mathrm{d}t = \rho\underline{f}\cdot\mathrm{d}\underline{u}\,, \tag{5.1.19}$$

und Ausdrücke dieser Form sind besonders im Falle von (linearelastischen) Festkörpern, bei denen (kleine) Verschiebungen interessieren, nützlich.

5.1.4 Bilanz der inneren Energie

Subtrahieren wir von der globalen Energiebilanz (5.1.8) die globale Bilanz der kinetischen Energie, Gleichung (5.1.4), so verbleibt die Bilanz der inneren Energie, auch **erster Hauptsatz der Thermodynamik** genannt:

$$\frac{\mathrm{d}}{\mathrm{d}t}\int_{V(t)} \rho u\,\mathrm{d}V = -\oint_{\partial V(t)} q_j n_j\,\mathrm{d}A + \int_{V(t)} \rho r\,\mathrm{d}V + \int_{V(t)} \sigma_{ji}\frac{\partial \upsilon_i}{\partial x_j}\mathrm{d}V. \tag{5.1.20}$$

Indem wir hierauf das REYNOLDSsche Transporttheorem gemäß (4.1.13) mit $\xi = \rho u$ anwenden sowie den GAUSSschen Satz (4.1.18) zur Umschreibung aller Volumenintegrale heranziehen, entsteht:

$$\frac{\partial(\rho u)}{\partial t} + \frac{\partial}{\partial x_j}\left(\rho u \upsilon_j + q_j\right) = \rho r + \sigma_{ji}\frac{\partial \upsilon_i}{\partial x_j}, \tag{5.1.21}$$

bzw. wenn wir noch die Massenbilanz (4.1.20) sowie die Definition der materiellen Zeitableitung (4.1.25) berücksichtigen, erhalten wir:

$$\rho \dot{u} + \frac{\partial q_j}{\partial x_j} = \rho r + \sigma_{ji} \frac{\partial \upsilon_i}{\partial x_j}, \tag{5.1.22}$$

was wir alternativ auch direkt unter Beachtung von (4.2.30) mit der Setzung $\psi = u$ hätten finden können.

Dabei umfasst $\int\limits_{V(t)} \sigma_{ji} \frac{\partial \upsilon_i}{\partial x_j} \mathrm{d}V$ die gesamte **Produktion** an innerer Energie. Die innere Energie ist also ebenfalls **keine** Erhaltungsgröße. Ein thermodynamisch vorbelasteter Mensch wird sich wundern, dass die Gleichung (5.1.20) so ganz anders als die gemeinhin aus der Schule bekannte Form des ersten Hauptsatzes aussieht. Um diese wiederzugewinnen, spezialisieren wir als Erstes den Spannungszustand im Körper auf einen reinen Druckzustand:

$$\sigma_{ij} = -p(\underline{x}, t)\, \delta_{ij}\,. \tag{5.1.23}$$

Wie angedeutet, wird der Druck im Körper, etwa in einem mit Gas gefüllten Behälter, im Allgemeinen von Position zu Position variieren. Nehmen wir nun zweitens an, dass wir einen Prozess an dem Behälter so ausführen (etwa den Kolben in einem Zylinder bewegen), dass der Gasdruck sich zeitlich zwar verändert, aber in jedem Punkt des Zylinders denselben Wert annimmt, so gelingt es, für den Druckterm in Gleichung (5.1.20) zu schreiben:

$$\begin{aligned} \int\limits_{V(t)} \sigma_{ji} \frac{\partial \upsilon_i}{\partial x_j} \mathrm{d}V &= -p(t) \int\limits_{V(t)} \frac{\partial \upsilon_i}{\partial x_i} \mathrm{d}V = -p(t) \oint\limits_{\partial V(t)} \upsilon_i n_i \,\mathrm{d}A \\ &= -p(t) \frac{\mathrm{d}V}{\mathrm{d}t}. \end{aligned} \tag{5.1.24}$$

Dabei wurde vom GAUSSschen Satz Gebrauch gemacht und das REYNOLDSsche Transporttheorem aus Gleichung (4.1.13) mit $\hat{\xi}(\underline{x}, t) = 1$ verwendet. Wir definieren außerdem:

$$U = \int\limits_{V(t)} \rho u \,\mathrm{d}V \;, \quad \dot{Q} = -\oint\limits_{\partial V(t)} q_j n_j \,\mathrm{d}A, \tag{5.1.25}$$

vernachlässigen die Strahlung und finden so den aus der Schule bekannten **ersten Hauptsatz der Thermodynamik**:

$$\frac{\mathrm{d}U}{\mathrm{d}t} = \dot{Q} - p(t) \frac{\mathrm{d}V}{\mathrm{d}t}. \tag{5.1.26}$$

und beginnt endlich an der École Normale in Paris zu studieren. Sein Lehrmeister ist der berühmte LAGRANGE, der ihn als einen der ersten Wissenschaftlern Europas ansieht. 1797 wird FOURIER LAGRANGES Nachfolger und auf den Lehrstuhl für Analysis und Mechanik der École Polytechnique berufen. Hier wird er als sehr guter Lehrer gerühmt, um seine Forschung jedoch ist es noch nicht weit bestellt. Und so wird FOURIER 1798 schließlich NAPOLEONS wissenschaftlicher Berater und begleitet diesen während seines Ägyptenfeldzuges. Er ist Mitentdecker des Steins von Rosette und stellt seine Fähigkeiten als Verwalter und Gründer wissenschaftlicher Institutionen in Ägypten unter Beweis. Diese Aufgabe erledigt er wohl nicht ganz schlecht, denn NAPOLEON hindert ihn daran, seiner Stellung als Professor weiter nachzugehen, und macht ihn stattdessen einfach zum Präfekten über das Département d'Isère. FOURIER ist darüber nicht sehr glücklich und merkt einmal mehr, wie schnell man zum Spielball der wahrhaft Mächtigen werden kann. Immerhin nützt er die Zeit zu etwas Praktischem, indem er den Bau einer neuen Straße zwischen Grenoble und Turin beaufsichtigt, die noch heute in Betrieb ist. Auch bleibt genug Zeit zum Forschen, und er veröffentlicht seine berühmte Arbeit *De la propagation de la chaleur*, in der er die Wärmeleitungsgleichung aufstellt. Er beginnt sie auch zu lösen, eben mithilfe der nach ihm benannten trigonometrischen Reihenansätze. Dafür verleiht ihm NAPOLEON 1808 die Würde eines Barons, was zeigt, dass Wissenschaft einen manchmal auch im gesellschaftlichen Leben weiterbringen kann. Seine Arbeit wird kontrovers diskutiert, 1811 gibt man FOURIER dafür zwar einen Mathematikpreis, bemängelt allerdings seinen Zugang zu den Gleichungen und Mangel an Allgemeinheit, was Gutachter wissenschaftlicher Arbeiten auch heute noch gerne kritisieren. Man kann jedoch sagen, dass FOURIER sein Leben der Wärme quasi widmete. So vermerkt der amerikanische Science-(Fiction-)Autor Isaac ASIMOV: *FOURIER believed heat to be essential to health so he always kept his dwelling place overheated and swathed himself in layer upon layer of clothes*. He died of a fall down the stairs.

In diesem Buch werden wir uns jedoch weniger mit der Mechanik von Gasen als der von Festkörpern, speziell mit dem linearelastischen HOOKEschen Festkörper kleiner Deformationen, beschäftigen. Der Spannungszustand hierin weicht, wie wir von der Längenänderung, Biegung und Torsion von Stäben aus vorausgegangenen Kapiteln wissen, jedoch deutlich von einem Druckzustand, geschweige von einem örtlich konstanten Druckzustand ab. Daher brauchen wir die Energiebilanz und speziell den ersten Hauptsatz in der allgemeineren Form (5.1.7) bzw. (5.1.20).

Den gemeinen Mechaniker stören an diesen Gleichungen allerdings weniger die Leistungsterme der Oberflächen- und Volumenkräfte als vielmehr der Wärmeflussterm. Genauso wie für den Spannungstensor und die innere Energie muss man auch für den Wärmefluss materialspezifische Gleichungen formulieren, um diesen mit den letztlich interessierenden Feldern, Massendichte, Geschwindigkeit und Temperatur in Verbindung zu bringen. Ein konkretes Beispiel für einen solchen Zusammenhang ist das FOURIERsche Gesetz, wonach der Wärmeflussvektor entgegengesetzt dem Temperaturgradienten gerichtet ist. Gesetze dieser Art werden wir in diesem Buch, um im Fachgebiet der Mechanik zu bleiben, jedoch zu vermeiden wissen. Wir werden also den Teufel mit Beelzebub austreiben und den Wärmefluss mithilfe der Entropiebilanz bzw. Entropieungleichung eliminieren.

5.1.5 Energiebilanz bei der Rohrströmung

Wir betrachten erneut die **stationäre** Rohrströmung aus Abbildung 4.6.1 und werten die Gesamtenergiebilanz in der Form:

$$\int_{V(t)} \frac{\partial}{\partial t}\left[\rho\left(u+\frac{\upsilon^2}{2}\right)\right]\mathrm{d}V + \oint_{\partial V(t)} \left\{\left[\rho\left(u+\frac{\upsilon^2}{2}\right)-\sigma_{ji}\right]\upsilon_j + q_j\right\} n_j \,\mathrm{d}A = \int_{V(t)} \rho(\upsilon_i f_i + r)\,\mathrm{d}V \tag{5.1.27}$$

für das gestrichelt gezeichnete Kontrollvolumen aus, wobei wir annehmen, dass:

$$q_j = 0\ ,\quad \sigma_{ij} = -p\delta_{ij}\ ,\quad f_i = 0\ ,\quad r = 0\,. \tag{5.1.28}$$

Es verbleibt dann von Gleichung (5.1.28) zunächst:

$$\oint_{\partial V(t)} \left[u + \frac{\upsilon^2}{2} + \frac{p}{\rho}\right]\rho\upsilon_j n_j\,\mathrm{d}A = 0\,. \tag{5.1.29}$$

Energiemethoden

Wir treffen nun dieselben Annahmen wie in Abschnitt 4.6.1 und werten analog die Beiträge der verschiedenen Oberflächen aus, um folgendes Ergebnis zu erhalten (Querstriche bezeichnen wie zuvor Mittelwerte auf der Ein- bzw. Austrittsfläche):

$$\left(\left[\bar{u}+\frac{\bar{\upsilon}^2}{2}+\overline{\left(\frac{p}{\rho}\right)}\right]\overline{\rho\upsilon_1}\right)\Bigg|_{\mathrm{I}} A_{\mathrm{I}} = \left(\left[\bar{u}+\frac{\bar{\upsilon}^2}{2}+\overline{\left(\frac{p}{\rho}\right)}\right]\overline{\rho\upsilon_1}\right)\Bigg|_{\mathrm{II}} A_{\mathrm{II}}. \quad (5.1.30)$$

Berücksichtigen wir nun noch die Kontinuitätsgleichung in der Form (4.6.7), so entsteht:

$$\left(\bar{u}+\frac{\bar{\upsilon}^2}{2}+\overline{\left(\frac{p}{\rho}\right)}\right)\Bigg|_{\mathrm{I}} = \left(\bar{u}+\frac{\bar{\upsilon}^2}{2}+\overline{\left(\frac{p}{\rho}\right)}\right)\Bigg|_{\mathrm{II}} \quad (5.1.31)$$

bzw.:

$$\bar{h}+\frac{\bar{\upsilon}^2}{2}=\text{const.} \quad \text{mit} \quad \bar{h}=\bar{u}+\overline{\left(\frac{p}{\rho}\right)} \quad (5.1.32)$$

längs der Rohrachse. Die Größe h nennt man auch **Enthalpie**, ein dem Griechischen entlehntes Kunstwort, das so viel wie „Wärmeinhalt" bedeutet. Dieses Ergebnis muss man folgendermaßen deuten: Offenbar kann die kinetische Energie in der Strömung zu- oder abnehmen, aber das geht auf Kosten des Wärmehaushaltes und umgekehrt.

5.2 Entropiebilanz und zweiter Hauptsatz

5.2.1 Globale und lokale Entropiebilanz

Über wohl kein technisches Konzept wird so viel Mystisches geschrieben wie über die Entropie und den zweiten Hauptsatz der Thermodynamik. Wir versuchen dies im Folgenden möglichst zu vermeiden und sehen beide Begriffe als Hilfsmittel an, Materialfunktionen und -zusammenhänge in ihrer funktionalen Abhängigkeit von Dichte, Geschwindigkeit und Temperatur sowie deren Ableitungen möglichst einzuschränken. Genau wie die Masse, die kinetische Energie oder die innere Energie ist auch die Entropie S eines Körpers eine additive Größe, also per Integration aus der spezifischen Entropie s (in Einheiten von $\mathrm{J/(kg\cdot K)}$) bestimmbar:

$$S=\int_{V(t)}\rho s\,\mathrm{d}V . \quad (5.2.1)$$

Energiemethoden

Anschaulich mag man sich unter Entropie eine den **Ordnungszustand** der Materie charakterisierende Größe vorstellen. Die spezifische Entropie ist wie die Dichte oder Geschwindigkeit einerseits Feldgröße, d. h., sie variiert von Ort zu Ort in einem Körper. Andererseits ist sie wie der Spannungstensor oder die innere Energie auch eine materialspezifische Größe, wie man schon ihrer anschaulichen Interpretation entnimmt. Wie jede additive Größe, die nicht notwendigerweise erhalten ist, genügt auch dic Entropie einer allgemeinen Bilanzgleichung, d. h., ihre zeitliche Änderung wird gesteuert durch Entropiefluss Φ, Zufluss Ξ und Produktion Σ:

$$\frac{\mathrm{d}S}{\mathrm{d}t} = \Phi + \Xi + \Sigma\,. \tag{5.2.2}$$

In dieser Form ist die Entropiebilanz natürlich noch zu nichts nütze. Für die Ingenieurmaterialien, die uns interessieren, kann man die zwei ersten Größen auf der rechten Seite wie folgt spezifizieren:

$$\Phi = -\oint_{\partial V(t)} \frac{q_j}{T} n_j \,\mathrm{d}A\,,\quad \Xi = \int_{V(t)} \frac{\rho r}{T} \mathrm{d}V\,. \tag{5.2.3}$$

Für die linke Seite schreibt man unter Verwendung des REYNOLDSschen Transporttheorems noch:

$$\frac{\mathrm{d}S}{\mathrm{d}t} = \int_{V(t)} \frac{\partial}{\partial t}(\rho s)\,\mathrm{d}V + \oint_{\partial V(t)} \rho s \upsilon_j n_j \,\mathrm{d}A\,. \tag{5.2.4}$$

Definieren wir noch die Produktion über die Produktionsdichte der Entropie σ:

$$\Sigma = \int_{V(t)} \sigma \,\mathrm{d}V\,, \tag{5.2.5}$$

so entsteht:

$$\int_{V(t)} \left(\frac{\partial(\rho s)}{\partial t} - \frac{\rho r}{T} \right) \mathrm{d}V + \oint_{\partial V(t)} \left(\rho s \upsilon_j + \frac{q_j}{T} \right) n_j \,\mathrm{d}A = \int_{V(t)} \sigma \,\mathrm{d}V \geq 0\,. \tag{5.2.6}$$

Die empirische Tatsache, dass alle Prozesse so laufen, dass dabei die **Entropieproduktion Σ positiv** ist, bezeichnet man auch als den **zweiten Hauptsatz der Thermodynamik**. Er wird uns weiter unten helfen, mechanische Stabilitätsprobleme zu verstehen und nicht einfach zu postulieren. Wir nehmen nun an, dass alle Feldgrößen stetig sind, wenden auf die Oberflächenintegrale in der Gleichung (5.2.6) den GAUSSschen Satz an und erhalten die Entropiebilanz in lokaler Form:

$$\frac{\partial(\rho s)}{\partial t}+\frac{\partial}{\partial x_j}\left(\rho s \upsilon_j+\frac{q_j}{T}\right)-\frac{\rho r}{T}=\sigma \geq 0\,, \tag{5.2.7}$$

bzw. wenn wir noch die Massenbilanz in lokaler Form, Gleichung (4.1.20), verwenden, auch:

$$\rho\frac{\partial s}{\partial t}+\rho\upsilon_j\frac{\partial s}{\partial x_j}+\frac{\partial}{\partial x_j}\left(\frac{q_j}{T}\right)-\frac{\rho r}{T}=\sigma \geq 0\,. \tag{5.2.8}$$

Selbstverständlich kann auch das mithilfe der materiellen Zeitableitung geschrieben werden:

$$\rho\dot{s}+\frac{\partial}{\partial x_j}\left(\frac{q_j}{T}\right)-\frac{\rho r}{T}=\sigma \geq 0\,. \tag{5.2.9}$$

Dabei ist eingegangen, dass nicht nur die globale, sondern auch die lokale Entropieproduktion bei physikalisch möglichen Prozessen stets positiv ist.

5.2.2 Die GIBBSsche Gleichung

Für die Mechanik wichtige Zusammenhänge zwischen Energie, Spannung und Dehnung lassen sich mithilfe der sogenannten GIBBSschen Gleichung herleiten. Wenn wir uns auf Prozesse beschränken, bei denen es ausreicht, die Materialfunktionen der spezifischen Entropie, der spezifischen inneren Energie und der Spannung durch die Temperatur und die linearen Dehnungen ε_{kl} gemäß der Definitionsgleichung (4.3.12) zu beschreiben, und in diesem Buch werden wir damit auskommen, lautet diese:

$$T\,\mathrm{d}s=\mathrm{d}u-\frac{1}{\rho}\sigma_{lk}\,\mathrm{d}\varepsilon_{kl}\,. \tag{5.2.10}$$

Der allgemeine Beweis dieser Gleichung ist einem Werk über Materialtheorie vorbehalten. An dieser Stelle jedoch wollen wir die Gleichung zumindest motivieren und beschränken uns auf für den gemeinen Mechaniker ausreichende **isotherme** Prozessführung, also auf Vorgänge, bei denen sich die Temperatur nicht ändert. Dann dürfen wir die Temperatur in der Gleichung (5.2.9) vor die Ortsableitung ziehen. Außerdem sollen die betrachteten Prozesse **reversibel** verlaufen, gedacht ist speziell an elastische Deformationen. Somit gilt für die Produktionsdichte der Entropie $\sigma=0$, und es folgt aus Gleichung (5.2.9):

Josiah Willard GIBBS wurde am 11. Februar 1839 in New Haven, Connecticut geboren und starb am 28. April 1903 ebenda. Er war ein mathematisch orientierter Physiker, der die Wissenschaft der chemischen Thermodynamik begründete und darüber hinaus viele bedeutende Beiträge zur Vektoranalysis und zur statistischen Mechanik einbrachte. Sein Vater, der ebenfalls Josiah Willard GIBBS hieß, war Professor für sakrale Literatur an der Yale University. Es wird gesagt, dass sein Sohn jedoch eher seiner Mutter, Mary Anna Van Cleve GIBBS, nachschlug. Josiah hatte vier Geschwister. Er schrieb sich in Yale 1854 ein und graduierte 1858, wobei er viele Preise in Latein und in Mathematik gewann. Danach folgte das Doktorat, ebenfalls in Yale, und zwar als Student der Ingenieurwissenschaften, also an Yales neu gegründeter Schule für Graduierte. 1863 wird ihm einer der ersten Doktortitel in den USA verliehen. Danach wird er erst einmal Tutor für Latein und Naturwissenschaften. Er begibt sich aber bald für mehrere Jahre nach Europa und treibt Studien in Paris, Berlin und Heidelberg. Erfahren und gereift kehrt er schließlich nach Yale in New Haven zurück und wird dort Pro-

Energiemethoden

$$\rho T\dot{s} + \frac{\partial q_j}{\partial x_j} = \rho r\,. \qquad (5.2.11)$$

Mithilfe der Bilanz für die innere Energie, Gleichung (5.1.22), lassen sich Wärmefluss- und Strahlungsanteil eliminieren. Man findet:

$$\begin{aligned}\rho T\dot{s} &= \rho r - \frac{\partial q_j}{\partial x_j} = \rho\dot{u} - \sigma_{ji}\frac{\partial \upsilon_i}{\partial x_j} \\ &= \rho\dot{u} - \sigma_{ji}\frac{1}{2}\left(\frac{\partial \upsilon_i}{\partial x_j} + \frac{\partial \upsilon_j}{\partial x_i}\right),\end{aligned} \qquad (5.2.12)$$

Letzteres aufgrund der Symmetrie des Spannungstensors. Analog zur Gleichung (4.3.20) kann man nun den Produktionsterm der inneren Energie auf Zeitableitungen der linearen Dehnungen umschreiben. Es gilt bis auf Terme höherer Ordnung (zum Beweis ersetze man in der Gleichungskette (4.3.21) einfach die Doppelindizes k durch i und j):

$$\frac{1}{2}\left(\frac{\partial \upsilon_i}{\partial x_j} + \frac{\partial \upsilon_j}{\partial x_i}\right) = \dot{\varepsilon}_{ij}\,, \qquad (5.2.13)$$

und wir schließen auf:

$$\rho T\dot{s} = \rho\dot{u} - \sigma_{ji}\dot{\varepsilon}_{ij}\,, \qquad (5.2.14)$$

was die Motivation der GIBBSschen Gleichung beschließt. Für Spannungszustände, die nur Drücke umfassen (vgl. Gleichung (4.3.1)), wird hieraus:

$$T\,\mathrm{d}s = \mathrm{d}u + \frac{p}{\rho}\,\mathrm{d}\varepsilon_{kk}\,. \qquad (5.2.15)$$

Nach den Gleichungen (4.3.20–22) kann man dies wie folgt umschreiben:

$$T\,\mathrm{d}s = \mathrm{d}u - \frac{p}{\rho^2}\,\mathrm{d}\rho = \mathrm{d}u + p\,\mathrm{d}\left(\frac{1}{\rho}\right) = \mathrm{d}u + p\,\mathrm{d}\upsilon\,, \qquad (5.2.16)$$

wobei im letzten Schritt das spezifische Volumen υ als Kehrwert der Massendichte eingeführt wurde. In dieser Form ist die GIBBSsche Gleichung aus elementaren Thermodynamiklehrbüchern bekannt.

5.2.3 Eine Anwendung der GIBBSschen Gleichung: Gummielastizität vs. HOOKEsches Gesetz

Dem Mechaniker sind Konzepte wie Entropie oder GIBBSsche Gleichung i. Allg. sehr fremd und auch der praktisch arbeitende Ingenieur wird sie eher als Manierismen denn als Bereicherung empfinden. Dass man an ihnen nicht vorbeikommt, wenn man mit komplexeren Materialien als linear-elastischen HOOKEschen Körpern konstruiert, soll das folgende Beispiel zeigen. Wir beginnen unsere Ausführungen mit dem in Abbildung 5.2.1 dargestellten Experiment: Ein Gummistraps wird an einem Ende befestigt und am freien Ende durch ein Gewicht belastet. Nun wird mit einem Fön die Temperatur des Gummis deutlich erhöht. In Abschnitt 2.2.4 haben wir bereits das Phänomen der thermischen Ausdehnung bei Temperaturerhöhung untersucht. Wir würden darauf bauend annehmen, dass sich der Gummistraps nun verlängern wird. Genau das aber passiert nicht, er zieht sich vielmehr zusammen und hebt das Gewicht um einen kleinen, aber sichtbaren Betrag an.

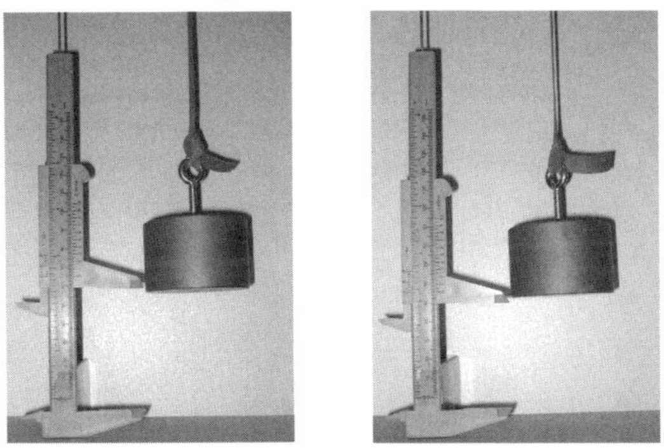

Abb. 5.2.1: Versuch zur entropieinduzierten Elastizität von Gummi (vgl. Text).

Der Grund hierfür ist atomarer Natur und hängt mit der Entropie als Maß an Unordnung zusammen. Phänomenologisch sagt man, dass z. B. in einem Metall eine Temperaturerhöhung dazu führt, dass die Atome beginnen, um die Ruhelage in ihrem Wechselwirkungspotenzial verstärkt zu schwingen, so wie in Abb. 5.2.2 angedeutet. Da das Wechselwirkungspotenzial asymmetrisch ist, ist eine Vergrößerung der Schwingungsamplitude gleichbedeutend mit einer positiven Verschiebung des Ruhelagenabstandes und damit einer Vergrößerung der Gitterabstände zwischen den Atomen. Mithin ist makroskopisch gesprochen der thermische Ausdehnungskoeffizient positiv.

fessor für mathematische Physik. Diese Reise scheint seine Wanderlust für immer gesättigt zu haben, denn den Rest seines Lebens verbringt er ausschließlich in New Haven. Auch professionelle Meetings vermeidet er, so gut es geht. Natürlich bleibt ihm dann nur ein sehr kleiner Kreis, um seine Ideen zu diskutieren, aber das stört ihn ebenso wenig, denn Josiah Willard GIBBS war wohl der erste amerikanische theoretische Physiker von internationalem Format, und zwar mehr durch Sein als durch Schein. Als er 1873 aus Europa zurückkehrt, publiziert er sofort zwei Arbeiten, die seinen Ruf in der Thermodynamik für immer festigen. Zum einen *Graphical Methods in the Thermodynamics of Fluids* und zum anderen *A Method of Geometrical Representation of Thermodynamic Properties by Means of Surfaces.* GIBBS längstes und wohl wichtigstes Paper *On the Equilibrium of Heterogeneous Substances* erscheint 1876. Diese Arbeit präsentiert eine Theorie thermodynamischer Systeme unter gleichzeitiger Berücksichtigung chemischer, elastischer, oberflächenbezogener, elektromagnetischer und elektrochemischer Phänomene. Das klingt fast nach einer Theorie für alles.

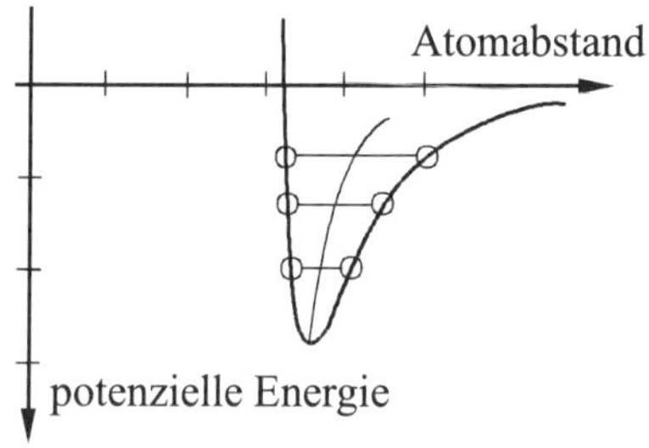

Abb. 5.2.2: Schwingung von Atomen um ihre Ruhelage bei Temperaturerhöhung.

Gummi verhält sich nicht so. Hierbei handelt es sich auf atomarer Ebene nämlich um Makromoleküle, die bei Temperaturerhöhung versuchen, ein Knäuel zu bilden. Hat man sie durch Aufprägen einer äußeren Last wie im Versuch nach Abb. 5.2.1 zunächst gezwungen, sich axial auszurichten, so wirkt eine Temperaturerhöhung dem entgegen. Die zugehörige Knäuelbildung bedeutet mikroskopisch gesprochen eine Verkürzung der mittleren Moleküllänge und damit makroskopisch ein Zusammenziehen des Gummis. Zunehmende Knäuelbildung heißt aber auch Zunahme der Unordnung, und damit sind wir wieder beim Entropiebegriff als dem entsprechenden Maß angekommen.

Beide Arten von thermischer Ausdehnung sollen nun im Detail untersucht werden. Startpunkt ist die GIBBSsche Gleichung in der Form (5.2.14). Wir berechnen zunächst den Produktionsterm der inneren Energie für den Fall axialer Dehnung unter einer konstanten Last F. Es gilt:

$$\sigma_{ij} = \begin{pmatrix} \sigma_{11} & 0 & 0 \\ 0 & 0 & 0 \\ 0 & 0 & 0 \end{pmatrix}, \quad \varepsilon_{ij} = \begin{pmatrix} \varepsilon_{11} & 0 & 0 \\ 0 & \varepsilon_{22} & 0 \\ 0 & 0 & \varepsilon_{33} \end{pmatrix}. \tag{5.2.17}$$

Dabei sind die Axialspannung und die Axialdehnung gegeben durch:

$$\sigma_{11} = \frac{F}{A} \approx \frac{F}{A_0}, \quad \varepsilon_{11} = \frac{l(t) - l_0}{l_0}, \tag{5.2.18}$$

mit dem aktuellen Querschnitt A, der aktuellen Länge $l(t)$ sowie den entsprechenden Größen im Referenzzustand vor Aufprägen der Last A_0 und l_0. Es folgt:

$$\sigma_{ji}\dot{\varepsilon}_{ij} = \sigma_{11}\dot{\varepsilon}_{11} = \frac{F}{A_0 l_0}\dot{l}, \tag{5.2.19}$$

und wir halten fest, dass wir uns über die Querdehnungen jedenfalls für den Produktionsterm keine weiteren Gedanken machen müssen. Nun beachten wir noch, dass wir die Massendichte in der GIBBSschen Gleichung bei Vernachlässigung von Dehnungstermen höherer als linearer Ordnung als eine Konstante ρ_0 ansehen können, die wir mit dem Ausdruck $A_0 l_0$ zur (während des Versuchs konstanten) Gesamtmasse M zusammenfassen:

$$M = \rho_0 A_0 l_0 . \qquad (5.2.20)$$

Gleichung (5.2.14) schreibt sich dann:

$$T\dot{s} = \dot{u} - \frac{1}{M} F\dot{l} \quad \Leftrightarrow \quad T\dot{S} = \dot{U} - F\dot{l} , \qquad (5.2.21)$$

wobei wir im letzten Schritt zu der gesamten Entropie $S = Ms$ und der gesamten inneren Energie $U = Mu$ übergegangen sind und wir sinnvollerweise annehmen, dass beide Funktionen der Veränderlichen Temperatur $T(t)$ sowie Länge $l(t)$ sind:

$$S = S(T,l) , \quad U = U(T,l). \qquad (5.2.22)$$

Dann können wir die Zeitableitungen in (5.2.21) ausführen:

$$T\left[\left.\frac{\partial S}{\partial T}\right|_l \dot{T} + \left.\frac{\partial S}{\partial l}\right|_T \dot{l} \right] = \left[\left.\frac{\partial U}{\partial T}\right|_l \dot{T} + \left.\frac{\partial U}{\partial l}\right|_T \dot{l} \right] - F\dot{l} . \qquad (5.2.23)$$

Wir sammeln Terme in $\dot{T}$ sowie $\dot{l}$ und schließen auf:

$$T\left.\frac{\partial S}{\partial T}\right|_l = \left.\frac{\partial U}{\partial T}\right|_l , \qquad (5.2.24)$$

$$T\left.\frac{\partial S}{\partial l}\right|_T = \left.\frac{\partial U}{\partial l}\right|_T - F \quad \Rightarrow \quad F = \left.\frac{\partial U}{\partial l}\right|_T - T\left.\frac{\partial S}{\partial l}\right|_T .$$

Die letzte Beziehung ist besonders bemerkenswert, denn sie sagt aus, dass im 1-D-Zugversuch ein Teil der herrschenden Kraft respektive Zugspannung mit der inneren Energie und ein anderer Teil mit der Entropie zusammenhängt, d. h. teils energie- und teils entropieinduziert ist. Die beiden Anteile wollen wir weiter untersuchen. Dazu leiten wir Gleichung $(5.2.24)_1$ nach l und Gleichung $(5.2.24)_2$ nach T ab und beachten die Vertauschbarkeit der Reihenfolge partieller Differenziation bei den als stetig vorausgesetzten Funktionen S und U:

$$T\frac{\partial^2 S}{\partial l \partial T} = \frac{\partial^2 U}{\partial l \partial T} , \qquad (5.2.25)$$

Energiemethoden

$$\left.\frac{\partial S}{\partial l}\right|_T + T\frac{\partial^2 S}{\partial T \partial l} = \frac{\partial U}{\partial T \partial l} - \left.\frac{\partial F}{\partial T}\right|_l \quad \Rightarrow \quad \left.\frac{\partial S}{\partial l}\right|_T = -\left.\frac{\partial F}{\partial T}\right|_l .$$

Dieses können wir in $(5.2.24)_2$ einsetzen und erhalten:

$$F = \left.\frac{\partial U}{\partial l}\right|_T + \left.\frac{\partial F}{\partial T}\right|_l T . \tag{5.2.26}$$

Um den Einfluss der beiden verbliebenen partiellen Ableitungen möglichst griffig zu untersuchen, ändern wir unseren eingangs geschilderten Versuch wie folgt ab:

Erstens soll der Versuch mit zwei verschiedenen Materialien durchgeführt werden, nämlich mit einem polykristallinen Metall- (etwa Stahl) als auch mit einem Gummistab.

Zweitens werden beiden Stäbe vor Erwärmung von ihrer ursprünglichen Länge l_0 um den festen Wert Δl gedehnt.

Drittens werden die Stäbe auf der Länge $l_0 + \Delta l$ gehalten und dabei die Temperatur geändert, und zwar sowohl gesenkt als auch erhöht.

Wir fragen nach dem Verhalten der im jeweiligen Stab herrschenden Kraft und beantworten die Frage zunächst für den Stahlstab, für den das HOOKEsche Gesetz in der DUHAMEL-NEUMANNschen Form (2.2.15) gilt:

$$\sigma = E(\varepsilon - \alpha \Delta T) . \tag{5.2.27}$$

Nach der ersten Ausdehnung ($\Delta T = 0$) gilt dann für die zugehörige Kraft F_1 im Stab:

$$F_1 = EA_0 \frac{\Delta l}{l_0} > 0 , \tag{5.2.28}$$

d. h., der Stab steht unter Zug, so wie man es anschaulich erwartet. Im zweiten Schritt erfolgt eine Temperaturänderung ΔT und nach (5.2.27) gilt dann:

$$F = EA_0\left(\frac{\Delta l}{l_0} - \alpha \Delta T\right) = F_1 - EA_0 \alpha \Delta T , \tag{5.2.29}$$

denn die Vordehnung $\varepsilon = \Delta l / l_0$ wird ja beibehalten. Die bislang im Stab herrschende Zugkraft F_1 wird sich also ändern, und zwar (bei als positiv vorausgesetztem Ausdehnungskoeffizienten α) wird eine Temperaturerhöhung $\Delta T > 0$ eine Verringerung bewirken ($F < F_1$), die prinzipiell bis zum Umschlagen von Zug auf Druck reichen kann. Dass dem so ist, wird klar, wenn man bedenkt, dass der Stab in diesem Fall versucht sich auszudehnen, wegen der festen Einspannung aber auf Widerstand stößt, was zu einem Druck und damit zum Abbau der Zugkraft F_1 führen muss. Wird hingegen gekühlt ($\Delta T < 0$), so nimmt die Zugkraft zu ($F > F_1$) und die anschauliche Begründung hierfür ist analog. In Abbildung 5.2.3 (links) sind beide Vorgänge nochmals in einem Kraft-Temperatur-Diagramm veranschaulicht. Man beachte, dass sich nach Gleichung (5.2.29) ein **linearer** Kraft-Temperatur-Zusammenhang ergibt, denn es ist $\Delta T = T - T_0$ *. Diese Darstellung kann man dazu verwenden, den Koeffizienten $\partial F/\partial T|_l$ in Gleichung (5.2.26) zu ermitteln. Er ist ja nichts anderes als die Ableitung der Kraft-Temperatur-Funktion $F(T,l)$ bei konstanter Länge l, also die Steigung und im vorliegenden Fall sogar konstant** und negativ (bei als positiv vorausgesetztem α):

$$\left.\frac{\partial F}{\partial T}\right|_l = -EA_0\alpha < 0 \,. \qquad (5.2.30)$$

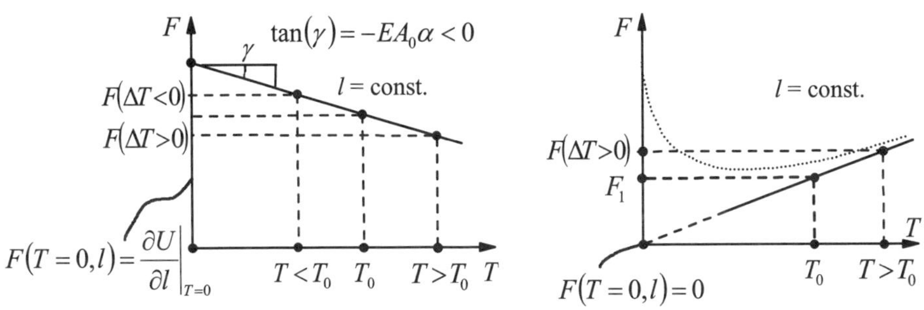

Abb. 5.2.3: Energie- und entropieinduzierte Kraft; links HOOKE-DUHAMEL-NEUMANNscher Körper, rechts Gummi.

Außerdem zeigt Abbildung 5.2.3 (links) ganz anschaulich die Bedeutung der anderen partiellen Ableitung aus Gleichung (5.2.26), jedenfalls für die Temperatur $T = 0$. Danach handelt es

* T_0 bezeichnet die Referenztemperatur, also im vorliegenden Fall die Raumtemperatur bei der der Stab ursprünglich vorlag und die er auch bei seiner Vordehnung beibehalten soll, denn die Vordehnung soll isotherm durchführt werden

** Dabei ist außerdem angenommen worden, dass sowohl der Elastizitätsmodul als auch der Ausdehnungskoeffizient konstant und nicht von der Temperatur abhängig sind.

Energiemethoden

sich bei $\partial U/\partial l|_{T-0}$ um den Achsenabschnitt der Kraft-Temperatur-Funktion, denn es gilt nach Gleichung (5.2.26):+

$$F(T=0,l)=\left.\frac{\partial U}{\partial l}\right|_{T=0}+\left.\frac{\partial F}{\partial T}\right|_{l}0=\left.\frac{\partial U}{\partial l}\right|_{T=0}\neq 0, \tag{5.2.31}$$

und da beide Ableitungen in Gleichung (5.2.26) **nicht** verschwinden, sagt man, die lineare Elastizität nach HOOKE-DUHAMEL-NEUMANN ist energie- **und** entropieinduziert.

Bei Gummi ist das anders. Wie man im Rahmen einer nichtlinearen Spannungs-Dehnungs-Theorie zeigen kann, tritt anstelle von Gleichung (5.2.27) folgender nichtlinearer Zusammenhang:

$$\sigma=s_{+}\left(\lambda-\frac{1}{\lambda^{2}}\right)+s_{-}\left(1-\frac{1}{\lambda^{3}}\right),\quad \lambda=\frac{l(t)}{l_{0}}\equiv 1+\varepsilon. \tag{5.2.32}$$

Darin bezeichnen s_{+} und $s_{-}\approx -0{,}1\,s_{+}$ zwei elastische Koeffizienten, für die wir bei Raumtemperatur $T_0=298\text{ K}$ setzen dürfen:

$$s_{+}(T_0)=3\cdot 10^{-4}\,\text{GPa}\quad\Rightarrow\quad s_{-}(T_0)\approx -3\cdot 10^{-5}\,\text{GPa}. \tag{5.2.33}$$

Das ist im Vergleich zum Elastizitätsmodul von Stahl deutlich weniger, aber immerhin können wir ja ein Gummiband mit den bloßen Händen auseinanderziehen, einen Stahldraht hingegen nicht. Außerdem stellt man experimentell eine nahezu lineare Temperaturabhängigkeit beider Koeffizienten fest:

$$s_{+/-}\sim T. \tag{5.2.34}$$

Die sogenannte Streckung λ kann deutlich größer als eins gewählt werden. Wir wollen uns aber aus schon mehrfach genannten Gründen auf kleine Dehnungen beschränken, und darum entwickeln wir wie folgt:

$$\lambda^{2}\approx 1+2\varepsilon\quad\Rightarrow\quad\frac{1}{\lambda^{2}}\approx 1-2\varepsilon,\quad \lambda=\frac{l(t)}{l_{0}}\equiv 1+\varepsilon \tag{5.2.35}$$

und erhalten anstelle von Gleichung (5.2.32):

$$\sigma\approx 3(s_{+}+s_{-})\varepsilon=E_{G}(T)\varepsilon. \tag{5.2.36}$$

Für den Elastizitätsmodul für Gummi, der wegen Gleichung (5.2.34) eine lineare Temperaturabhängigkeit zeigt, kann man schreiben:

$$\begin{aligned}&E_{G}(T)=3(s_{+}+s_{-})\approx 2{,}7\,s_{+}=sT\\&\quad\Rightarrow\quad E_{G}(T_0)\approx 10^{-3}\,\text{GPa},\ s\approx 0{,}34\cdot 10^{-5}\,\frac{\text{GPa}}{\text{K}}.\end{aligned} \tag{5.2.37}$$

Energiemethoden

Durch Kombination der Gleichungen (5.2.36/37) erhält man in Analogie zur Gleichung (5.2.29):

$$F = s\,A_0 T \varepsilon\,. \qquad (5.2.38)$$

Mithin ergibt sich die zur Vordehnung des Gummistabes um Δl notwendige Kraft F_1 zu:

$$F_1 = E_G(T_0) A_0 \frac{\Delta l}{l_0}\,. \qquad (5.2.39)$$

Das bedeutet, wie in Abbildung 5.2.3 (rechts) zu sehen ist, dass die Kraft-Temperatur-Funktion eine durch den Ursprung gehende Gerade ist, deren Steigung mit zunehmender Vordehnung Δl – also zunehmendem l – zunimmt. Die Steigung beträgt:

$$\left.\frac{\partial F}{\partial T}\right|_l = s\,A_0 \frac{\Delta l}{l_0} > 0\,. \qquad (5.2.40)$$

Und sie ist im Gegensatz zu dem Ergebnis (5.2.30) für HOOKE-DUHAMEL-NEUMANN-Materalien positiv. Es sei darauf hingewiesen, dass bei Temperaturerhöhung die Zugkraft im Gummistab steigt, denn die Gummimoleküle wollen sich dann verkürzen und der Zug im Stab wird damit erhöht. Eine entsprechende Bemerkung gilt bei Abkühlung. Ferner stellt man mit (5.2.29) leicht fest, dass im Gegensatz zu (5.2.31) gilt:

$$F(T=0,l) = \left.\frac{\partial U}{\partial l}\right|_{T=0} + \left.\frac{\partial F}{\partial T}\right|_l 0 = \left.\frac{\partial U}{\partial l}\right|_{T=0} = 0\,, \qquad (5.2.41)$$

jedenfalls, wenn man die Gültigkeit dieser Gleichung bis zu $T=0$ hin extrapoliert, was natürlich problematisch ist, da für sehr tiefe Temperaturen bei der inneren Energie sicherlich Effekte auftreten werden, die in den hier beschriebenen Werkstoffmodellen nicht enthalten sind. Wir halten dennoch fest, dass im Rahmen des beschriebenen idealisierten Materialgesetzes von Gummi dessen Elastizität rein entropischer Natur ist. Es sei abschließend gesagt, dass bei realen Materialien stets eine Kombination zwischen energetischer und entropischer Elastizität vorliegen wird, so wie dies in Abbildung 5.2.3 (rechts) durch die punktierte Kraft-Temperatur-**Kurve** angedeutet ist.

5.3 Die Sätze von CASTIGLIANO, BETTI und MAXWELL

5.3.1 Potenzialcharakter von Formänderungsenergie, komplementärer Formänderungsenergie, freier Energie und freier Enthalpie

Carlo Alberto CASTIGLIANO wurde in Asti, Italien, am 8. November 1847 geboren und starb am 25. Oktober 1884 in Mailand. Wie man hört, stammt er aus sehr bescheidenen Verhältnissen und verliert beide Elternteile, noch bevor er die Schule beendet. Als echtem Selfmademan gelingt es ihm trotzdem, sich mit Buchübersetzungen und Nachhilfestunden durchzuschlagen und Ingenieurwissenschaften und Mathematik am Turiner Polytechnischen Institut zu studieren. Er stirbt jung, nicht ohne zuvor sein berühmtes Theorem formuliert und bewiesen zu haben.

Wir betrachten Festkörper und beschränken uns auf kleine Deformationen. Als Erstes studieren wir den Fall **isentroper** Vorgänge, die im Hinblick auf die Entropiebilanz (siehe z. B. (5.2.9)) auch **adiabate** Prozesse genannt werden, was darauf hinweisen soll, dass kein Wärmefluss und keine Strahlung (und auch keine Entropieproduktion) vorhanden ist, so wie es in der (elementaren) Mechanik oft vorkommt. Dann folgt entweder aus der GIBBSschen Gleichung (5.2.10) oder auch aus der lokalen Bilanz der inneren Energie (5.1.22) in Verbindung mit dem Alternativausdruck für die Produktion der inneren Energie (5.2.13), dass:

$$\mathrm{d}u = \frac{1}{\rho}\sigma_{lk}\,\mathrm{d}\varepsilon_{kl}\,. \tag{5.3.1}$$

Dieses lässt sich leicht integrieren, und zwar sinnvollerweise zwischen einem Anfangszustand *ohne* und einem Endzustand *mit* Deformation:

$$u_{\mathrm{E}} - u_{\mathrm{A}} = \int_{t=t_A}^{t_E} \frac{1}{\rho}\sigma_{lk}\,\dot{\varepsilon}_{kl}\,\mathrm{d}t \quad\Leftrightarrow\quad u_{\mathrm{E}} - u_{\mathrm{A}} = \int_{\underline{\underline{\tilde{\varepsilon}}}=\underline{\underline{0}}}^{\underline{\underline{\tilde{\varepsilon}}}=\underline{\underline{\varepsilon}}} \frac{1}{\rho}\sigma_{lk}\,\mathrm{d}\tilde{\varepsilon}_{kl}\,. \tag{5.3.2}$$

Wie wir in Gleichung (4.3.23) gesehen haben, unterscheiden sich in linearer Näherung die aktuelle Dichte und die Dichte im spannungsfreien Zustand nur über die Spur der Dehnungen ε_{kk}. Damit ist es im Rahmen einer Theorie, in der Quadrate der Dehnung und höhere Terme vernachlässigt werden, möglich, die Dichte in Gleichung (5.3.2) als Konstante vor das Integral zu ziehen und zu schreiben:

$$\rho\left(u_{\mathrm{E}} - u_{\mathrm{A}}\right) = \int_{\underline{\underline{\tilde{\varepsilon}}}=\underline{\underline{0}}}^{\underline{\underline{\tilde{\varepsilon}}}=\underline{\underline{\varepsilon}}} \sigma_{lk}\left(\underline{\underline{\tilde{\varepsilon}}}\right)\mathrm{d}\tilde{\varepsilon}_{kl}\,. \tag{5.3.3}$$

Das verbliebene Integral, für dessen konkrete Auswertung die Spannungen als Funktion der Dehnungen bekannt sein müssen, hat in der Mechanik eine große Bedeutung. Man bezeichnet es mit dem Symbol w_{s} und spricht von der sogenannten **Formän-**

Energiemethoden

derungsenergiedichte. Im Angelsächsischen wird diese Größe auch **stored energy density** oder **strain energy density** genannt:

$$w_s = \int_{\underline{\underline{\tilde{\varepsilon}}}=\underline{\underline{0}}}^{\underline{\underline{\tilde{\varepsilon}}}=\underline{\underline{\varepsilon}}} \sigma_{lk}\left(\underline{\underline{\tilde{\varepsilon}}}\right) \mathrm{d}\tilde{\varepsilon}_{kl} \,. \tag{5.3.4}$$

Die Formänderungsenergiedichte ist also primär eine Funktion der Verzerrung, obwohl wir wegen $\underline{\underline{\varepsilon}} = \underline{\underline{\tilde{\varepsilon}}}\left(\underline{\underline{\sigma}}\right)$ sie auch als Funktion der Spannungen schreiben könnten, stückweise Umkehrbar-Eindeutigkeit des Spannungs-Dehnungszusammenhanges vorausgesetzt. Ihre Bedeutung erklärt sich nicht zuletzt aus der Möglichkeit einer anschaulichen Interpretation, vgl. Abbildung 5.3.1, oben. w_s ist nämlich nichts anderes als die Fläche unter der Spannungs-Dehnungs-Kurve bis zu einer bestimmten Deformation, mit anderen Worten die Arbeit pro Volumeneinheit deformierter Materie (in $\mathrm{N \cdot m/m^3 \equiv N/m^2}$), also das Produkt aus Spannungen (in $\mathrm{N/m^2}$) mit den Verzerrungen (dimensionslos). Man beachte, dass die Deformation durchaus nichtlinear sein kann, allerdings reversibel nichtlinear, d. h. ohne Entropieproduktion, so wie es etwa bei Gummi näherungsweise der Fall ist. Ein linearer, also HOOKEscher Spannungs-Dehnungszusammenhang ist aber selbstverständlich auch gestattet. Er ist nämlich ebenfalls reversibel: Beim „Abschalten" der Kraft/Spannung geht die Deformation/Verzerrung auf null zurück.

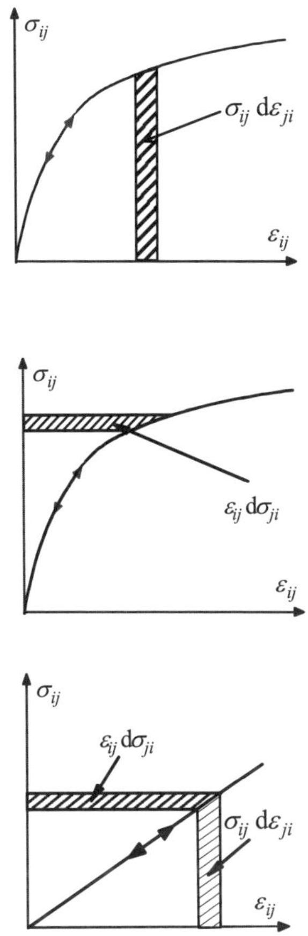

Abb. 5.3.1: Zur Formänderungsenergiedichte (oben), ihrer komplementären Größe (Mitte) und dem Fall linear-elastischer Materialien (unten); der Doppelpfeil soll andeuten, dass die Spannungs-Dehnungs-Kurve bei elastischen Materialien reversibel durchlaufen wird, d. h. bei Belastung und anschließender Entlastung kommt man stets zum gleichen Ausgangspunkt zurück.

Wir halten fest, dass für adiabate Prozesse die Formänderungsenergiedichte vollständig dazu verwendet wird, die Dichte der inneren Energie des Festkörpers (also seine Temperatur) zu verändern, denn durch Kombination von (5.3.3) und (5.3.4) erhält man ja:

$$\rho\left(u_{\mathrm{E}} - u_{\mathrm{A}}\right) = w_s \,. \tag{5.3.5}$$

Als Nächstes studieren wir den Fall **isothermer** Vorgänge, also Prozesse gleicher Temperatur, und zwar zeitlich und örtlich. Dann folgt aus der GIBBSschen Gleichung (5.2.10), dass:

$$\mathrm{d}\left(u - Ts\right) = \frac{1}{\rho}\sigma_{lk}\,\mathrm{d}\varepsilon_{kl} \,. \tag{5.3.6}$$

Die Kombination $f = u - Ts$ nennt man auch die **spezifische freie Energie** (engl. **specific free energy** in $\mathrm{N \cdot m/kg \equiv J/kg}$) und durch Integration der Gleichung (5.3.6) resultiert:

Adrien Marie LEGENDRE wurde am 18. September 1752 in Paris geboren und starb ebenda am 10. Januar 1833. Von seiner Jugend ist wenig bekannt. Manche verlegen seinen Geburtsort sogar nach Toulouse und behaupten, seine Eltern seien erst später nach Paris gezogen. Auf jedem Fall entstammt er einer vermögenden Familie und erhält die bestmögliche Ausbildung in Mathematik und Physik am Collège Mazarin in Paris. Mit 18 verteidigt LEGENDRE bereits seine Doktorarbeit. Dies klingt allerdings nach mehr, als es tatsächlich war, denn zu jener Zeit bestand eine Doktorarbeit im wesentlichen aus einem Plan, welche Forschung man theoretisch durchführen müsse, und nicht aus der Durchführung dieser Forschung selbst. Trotzdem war LEGENDRE alles andere als ein Sprücheklopfer. Er lehrt zwischen 1775 und 1780 an der École Militaire in Paris unter der Mentorenschaft von LAPLACE. Durch seine Umgebung offenbar stimuliert, entscheidet er sich 1782, an einem Wettbewerb der Berliner Akademie teilzunehmen, bei dem es um äußere Ballistik geht. Mit seiner Arbeit *Recherches sur la trajectoire des projectiles dans les milieux résistants* gewinnt er den Preis und erregt die Aufmerksamkeit und das Wohlwollen des

$$f_\mathrm{E} - f_\mathrm{A} = \int_{t=t_A}^{t_E} \frac{1}{\rho}\sigma_{lk}\left(\underline{\underline{\tilde{\varepsilon}}}\right)\dot{\varepsilon}_{kl}\,\mathrm{d}t \quad \Leftrightarrow$$
$$f_\mathrm{E} - f_\mathrm{A} = \int_{\underline{\underline{\tilde{\varepsilon}}}=\underline{\underline{0}}}^{\underline{\underline{\tilde{\varepsilon}}}=\underline{\underline{\varepsilon}}} \frac{1}{\rho}\sigma_{lk}\left(\underline{\underline{\tilde{\varepsilon}}}\right)\mathrm{d}\tilde{\varepsilon}_{kl} \qquad (5.3.7)$$

bzw. wieder im Rahmen einer Theorie, in der Quadrate der Dehnung und höhere Terme vernachlässigt werden, auch:

$$\rho\left(f_\mathrm{E} - f_\mathrm{A}\right) = \int_{\underline{\underline{\tilde{\varepsilon}}}=\underline{\underline{0}}}^{\underline{\underline{\tilde{\varepsilon}}}=\underline{\underline{\varepsilon}}} \sigma_{lk}\left(\underline{\underline{\tilde{\varepsilon}}}\right)\mathrm{d}\tilde{\varepsilon}_{kl}\,. \qquad (5.3.8)$$

Im Vergleich mit Gleichung (5.3.4) stellt sich also heraus, dass bei isothermen Vorgängen die Formänderungsenergiedichte dazu dient, die Dichte der freien Energie des Festkörpers (also seine Temperatur *und* seinen Ordnungszustand) zu ändern:

$$\rho\left(f_\mathrm{E} - f_\mathrm{A}\right) = w_\mathrm{s}\,. \qquad (5.3.9)$$

Schließlich behandeln wir noch den allgemeinen Fall, bei dem die Temperatur sich ändern kann. Wir schreiben die GIBBSsche Gleichung in der Form (5.2.10) leicht um (sog. LEGENDRE-Transformation) und finden mit der als konstant angenommenen Dichte (was im Rahmen der schon mehrfach angesprochenen Näherung bei Vernachlässigung der Quadrate der Dehnung und höherer Terme zulässig ist):

$$\mathrm{d}\left[\rho\, f\left(T,\varepsilon_{ij}\right)\right] = -\rho\, s\left(T,\varepsilon_{ij}\right)\mathrm{d}T + \sigma_{lk}\left(T,\varepsilon_{ij}\right)\mathrm{d}\varepsilon_{kl}\,. \qquad (5.3.10)$$

Wir schließen, dass:

$$\left.\frac{\partial(\rho f)}{\partial\varepsilon_{ij}}\right|_T = \sigma_{ji}\,, \quad \left.\frac{\partial f}{\partial T}\right|_{\varepsilon_{ij}} = -s\,. \qquad (5.3.11)$$

In Worten heißt das: Die **freie Energiedichte** als Funktion der Dehnungen und der Temperatur ist ein **skalares Potenzial für die Spannungen und für die Entropiedichte**, denn sie erlaubt es, bei Differenziation nach den Dehnungen bzw. nach der Temperatur die Spannungen und die Entropiedichte zu berechnen. Der Potenzialbegriff erklärt sich aus der Analogie, wonach wir durch Differenziation der potenziellen Energie nach dem Ort konservative Kräfte ermitteln konnten (vgl. Abschnitt 3.1.4).

Das Ergebnis (5.3.11) kann man jedoch auch anders interpretieren, und zwar im Kontext mit der Definitionsgleichung für die Formänderungsenergiedichte (5.3.4). Zunächst einmal folgt aus dieser Beziehung aufgrund des Hauptsatzes der Integralrechnung:

$$\frac{\partial w_s}{\partial \varepsilon_{kl}} = \sigma_{lk}\left(\underline{\underline{\varepsilon}}\right). \tag{5.3.12}$$

Also ist die Formänderungsenergiedichte ein Potenzial für die Spannungen, die man dadurch erhält, dass man w_s nach den Dehnungen differenziert. Diese mathematische Tatsache bezeichnet man in der Mechanik als den (erweiterten) **2. Satz von CASTIGLIANO***. Im Vergleich von Gleichung $(5.3.11)_1$ mit Gleichung (5.3.12) darf man darüber hinaus feststellen, dass bei Prozessen mit *konstanter* Temperatur die Formänderungsenergiedichte mit der freien Energiedichte übereinstimmt:

$$w_s = \rho\, f\left(T = \text{const.}, \varepsilon_{ij}\right). \tag{5.3.13}$$

Um zu dem (erweiterten) 1. Satz von CASTIGLIANO zu gelangen, definieren wir zunächst die **komplementäre** oder auch **Ergänzungsenergiedichte** (in $\mathrm{N \cdot m/m^3 \equiv N/m^2}$) wie folgt:

$$w_s^* = \int_{\underline{\underline{\tilde{\sigma}}}=0}^{\underline{\underline{\tilde{\sigma}}}=\underline{\underline{\sigma}}} \varepsilon_{lk}\left(\underline{\underline{\tilde{\sigma}}}\right) \mathrm{d}\tilde{\sigma}_{kl}\,. \tag{5.3.14}$$

Die komplementäre Formänderungsenergiedichte ist also primär eine Funktion der Spannungen aber analog zu w_s ließe sie sich mit $\underline{\underline{\sigma}} = \underline{\underline{\tilde{\sigma}}}\left(\underline{\underline{\varepsilon}}\right)$ im Prinzip auch als Funktion der Dehnungen schreiben. Wie w_s lässt sich auch w_s^* anschaulich interpretieren, und zwar als die unter der Dehnungs-Spannungs-Funktion $\varepsilon_{lk}\left(\underline{\underline{\tilde{\sigma}}}\right)$ liegende Fläche, so wie in Abb. 5.3.1 Mitte zu sehen. Mit dem Hauptsatz der Integralrechnung erhält man hieraus sofort:

$$\frac{\partial w_s^*}{\partial \sigma_{kl}} = \varepsilon_{lk}\left(\underline{\underline{\sigma}}\right). \tag{5.3.15}$$

Also ist die komplementäre Formänderungsenergiedichte ein Potenzial für die Dehnungen, denn diese erhält man dadurch, dass man w_s^* nach den Spannungen differenziert, und genau diese (wiederum mathematische) Tatsache bezeichnet man in der Mechanik als den (erweiterten) **1. Satz von CASTIGLIANO**. Aber auch in diesem Zusammenhang ist es wieder möglich, dem Ganzen einen naturwissenschaftlichen Sinn zu geben. Wir starten erneut mit der GIBBSschen Gleichung (5.2.10) und wechseln zunächst von $\left(T, \varepsilon_{ij}\right)$ auf den Variablensatz $\left(T, \sigma_{ij}\right)$:

* Es sei darauf hingewiesen, dass die Bezeichnungen „1. oder 2. Satz von CASTIGLIANO" in der Literatur nicht immer einheitlich gebraucht werden.

großen LAGRANGE. In Folge publiziert LEGENDRE über diverse Themen der Mathematik und Mechanik. So entwickelt er u. a. im Zusammenhang mit himmelsmechanischen Untersuchungen die nach ihm benannten Polynome. Er steigt auf im wissenschaftlichen Leben und wird 1787 Mitglied der Französischen Akademie. In dieser Eigenschaft ist er federführend bei der Organisation der Zusammenarbeit mit dem Royal Observatory in Greenwich, wo es um die Vermessung der Form des Erdkörpers geht. Überhaupt sind Maße und Normen große Themen während der Französischen Revolution, denn die Betonung liegt fortan in der Schaffung „natürlicher", dezimaler, von der Person des jeweiligen Herrschers unabhängiger Längen und Gewichte. So wird LEGENDRE 1791 Mitglied des entsprechenden Komitees der Akademie. 1792 wird begonnen, Logarithmentafeln zu erstellen, und unter der Leitung LEGENDRES, CARNOTS und de PRONYS arbeiten zeitweise mehr als 80 Assistenten, ein Zustand, von dem heutzutage selbst großzügig ausgestattete Professoren nur träumen können. Gegen Ende seines Lebens ändern sich die politischen Verhältnisse. Beharrlich weigert sich LEGENDRE 1826 für den Regierungskandidaten des Institute National zu stimmen. Dies nimmt man ihm übel und streicht seine Pension, sodass er in Armut stirbt. Möge dieses Schicksal unsere heutige Regierung nicht auf neue Spargedanken bringen!

$$
\begin{aligned}
&-\mathrm{d}\left[\rho u - T\rho s - \sigma_{lk}\varepsilon_{kl}\right]\left(T,\sigma_{ij}\right) \\
&= \rho s\left(T,\sigma_{ij}\right)\mathrm{d}T + \varepsilon_{kl}\left(T,\sigma_{ij}\right)\mathrm{d}\sigma_{kl}\,.
\end{aligned}
\tag{5.3.16}
$$

Man nennt die Kombination $g = u - Ts - \dfrac{1}{\rho}\sigma_{lk}\varepsilon_{kl}$ auch die **spezifische freie Enthalpie** (engl. **specific GIBBS free energy** in $\mathrm{N}\cdot\mathrm{m/kg} \equiv \mathrm{J/kg}$) und schließt, dass gilt:

$$
-\mathrm{d}\left[\rho\, g\left(T,\sigma_{ij}\right)\right] = \rho s\left(T,\sigma_{ij}\right)\mathrm{d}T + \varepsilon_{kl}\left(T,\sigma_{ij}\right)\mathrm{d}\sigma_{lk}\,,
\tag{5.3.17}
$$

und folglich ist:

$$
\left.\frac{\partial(\rho g)}{\partial\sigma_{ij}}\right|_T = -\varepsilon_{ji}\,,\quad \left.\frac{\partial g}{\partial T}\right|_{\sigma_{ij}} = -s\,,
\tag{5.3.18}
$$

Dies bedeutet in Worten: Die (negative) **freie Enthalpiedichte** als Funktion der Spannungen und der Temperatur ist ein **skalares Potenzial für die Dehnungen und für die Entropiedichte**, denn sie erlaubt es, bei Differenziation nach den Spannungen bzw. nach der Temperatur diese Größen zu berechnen. Im Vergleich mit (5.3.15) schließen wir auf:

$$
w_{\mathrm{s}}^{*} = -\rho\, g\left(T = \mathrm{const.}, \sigma_{ij}\right),
\tag{5.3.19}
$$

d. h., bei Prozessen mit *konstanter* Temperatur ist die komplementäre Formänderungsenergiedichte mit der negativen freien Enthalpiedichte identisch, und da man in der Mechanik oft nur solche Prozesse betrachtet, wird auf diesen subtilen Punkt auch selten hingewiesen.

5.3.2 Formänderungsenergiedichte linear-elastischer Körper

Für linear-elastische Materialien lassen sich die verbliebenen Integrale in den Gleichungen (5.3.3/6) explizit auswerten, denn in diesem Fall wissen wir, wie die Spannungen von den Dehnungen abhängen, nämlich gemäß dem HOOKEschen Gesetz aus Gleichung (4.3.18):

$$
\sigma_{lk} = \lambda\varepsilon_{pp}\delta_{lk} + 2\mu\varepsilon_{lk}\,.
\tag{5.3.20}
$$

Dann wird aus Gleichung (5.3.3):

$$
\begin{aligned}
w_{\mathrm{s}} &= \int\limits_{\underline{\underline{\tilde{\varepsilon}}}=\underline{\underline{0}}}^{\underline{\underline{\tilde{\varepsilon}}}=\underline{\underline{\varepsilon}}} \sigma_{lk}\,\mathrm{d}\tilde{\varepsilon}_{kl} = \lambda \int\limits_{\underline{\underline{\tilde{\varepsilon}}}=\underline{\underline{0}}}^{\underline{\underline{\tilde{\varepsilon}}}=\underline{\underline{\varepsilon}}} \tilde{\varepsilon}_{pp}\,\mathrm{d}\tilde{\varepsilon}_{ll} + 2\mu \int\limits_{\underline{\underline{\tilde{\varepsilon}}}=\underline{\underline{0}}}^{\underline{\underline{\tilde{\varepsilon}}}=\underline{\underline{\varepsilon}}} \tilde{\varepsilon}_{lk}\,\mathrm{d}\tilde{\varepsilon}_{kl} \\
&= \frac{\lambda}{2}\varepsilon_{kk}\varepsilon_{ll} + \mu\,\varepsilon_{lk}\varepsilon_{kl}\,.
\end{aligned}
\tag{5.3.21}
$$

Energiemethoden

Wenn man nicht genau hinschaut, so könnte man denken, ε_{ll} bzw. ε_{lk} wären eine einzige Variable und gehorchten dann einfach den üblichen Integrationsregeln. Dem ist aber nicht so, denn bei $\varepsilon_{ll} = \varepsilon_{11} + \varepsilon_{22} + \varepsilon_{33}$ handelt es sich um die Spur und bei ε_{lk} sogar um alle (unabhängigen) Komponenten des Dehnungstensors, also um *sechs* Variable aufgrund der Symmetrie $\varepsilon_{ij} = \varepsilon_{ji}$. Und trotzdem, so werden wir gleich zeigen, verhalten sie sich beim Integrieren sozusagen wie eine einzige Veränderliche. Zu diesem Zweck rechnen wir „rückwärts". Wir betrachten nämlich die Umkehrung der Integration in Gleichung (5.3.21), d. h. wollen (5.3.20) durch Differenziation der Gleichung nach den Größen ε_{ij} bestätigen. Das Problem besteht dann darin, dass die Größe $\underline{\underline{\varepsilon}}$ ein symmetrischer Tensor ist, der nur sechs unabhängige Komponenten hat, und die Frage ist, wie man ihn richtig differenziert. Eine Möglichkeit ist zu schreiben:

$$\varepsilon_{lk} = \tfrac{1}{2}\left(\varepsilon_{lk} + \varepsilon_{kl}\right). \qquad (5.3.22)$$

Damit hat man die Symmetrie explizit gemacht und man kann von den beiden Größen ε_{lk} und ε_{kl} auf der rechten Seite der Gleichung o. B. d. A. annehmen, dass beide neun unabhängige Komponenten haben. In (5.3.21) eingesetzt ergibt sich:

$$\begin{aligned} w_{\mathrm{s}} &= \frac{\lambda}{2}\varepsilon_{kk}\varepsilon_{ll} + \frac{\mu}{4}\left(\varepsilon_{lk} + \varepsilon_{kl}\right)\left(\varepsilon_{kl} + \varepsilon_{lk}\right) \\ &= \frac{\lambda}{2}\varepsilon_{kk}\varepsilon_{ll} + \frac{\mu}{2}\left(\varepsilon_{lk}\varepsilon_{kl} + \varepsilon_{kl}\varepsilon_{kl}\right), \end{aligned} \qquad (5.3.23)$$

wobei im letzten Schritt durch Umbenennen von Indizes ursprünglich vier Terme zu zweien zusammengefasst wurden. Wir bilden nun:

$$\begin{aligned} \frac{\partial w_{\mathrm{s}}}{\partial \varepsilon_{ij}} &= \frac{\lambda}{2}\left(\delta_{ik}\delta_{jk}\varepsilon_{ll} + \varepsilon_{kk}\delta_{il}\delta_{jl}\right) \\ &\quad + \frac{\mu}{2}\left(\delta_{il}\delta_{jk}\varepsilon_{kl} + \varepsilon_{lk}\delta_{ik}\delta_{jl} + \delta_{ik}\delta_{jl}\varepsilon_{kl} + \varepsilon_{kl}\delta_{ik}\delta_{jl}\right) \end{aligned} \qquad (5.3.24)$$

$$= \frac{\lambda}{2}\left(\varepsilon_{ll} + \varepsilon_{kk}\right)\delta_{ij} + \frac{\mu}{2}\left(\varepsilon_{ji} + \varepsilon_{ji} + \varepsilon_{ij} + \varepsilon_{ij}\right) = \lambda\varepsilon_{kk}\delta_{ij} + \mu\left(\varepsilon_{ij} + \varepsilon_{ji}\right).$$

Im letzten Schritt machen wir gemäß (5.3.22) die explizite Symmetrisierung wieder rückgängig und erhalten in Übereinstimmung mit (5.3.12) das HOOKEsche Gesetz (5.3.20), also die Gleichung, von der aus die Integration gestartet wurde. Alternativ lässt sich auch etwas mathematischer wie folgt argumentieren: Jeder beliebige Tensor zweiter Stufe a_{kl} mit neun unabhängigen Komponenten lässt sich additiv wie folgt in einen symmetrischen und einen antimetrischen Tensor ε_{kl} bzw. ω_{kl} zerlegen:

$$a_{kl} = \varepsilon_{kl} + \omega_{kl} \quad \text{mit} \quad \varepsilon_{kl} = \tfrac{1}{2}\left(a_{kl} + a_{lk}\right) \tag{5.3.25}$$

und $\omega_{kl} = \tfrac{1}{2}\left(a_{kl} - a_{lk}\right)$.

Dass dem so ist, überzeugt man sich durch Nachrechnen:

$$\varepsilon_{kl} = \tfrac{1}{2}\left(a_{kl} + a_{lk}\right) = \tfrac{1}{2}\left(a_{lk} + a_{kl}\right) = \varepsilon_{lk} \tag{5.3.26}$$

$$\omega_{kl} = \tfrac{1}{2}\left(a_{kl} - a_{lk}\right) = -\tfrac{1}{2}\left(a_{lk} - a_{kl}\right) = -\omega_{lk}$$

$$\Rightarrow \quad \varepsilon_{kl} + \omega_{kl} = \tfrac{1}{2}\left(a_{kl} + a_{lk}\right) + \tfrac{1}{2}\left(a_{kl} - a_{lk}\right) \equiv a_{kl}\,.$$

Offenbar gilt im Grenzwert:

$$w_{\mathrm{s}} = \lim_{\underline{\underline{\omega}} \to \underline{\underline{0}}} \left(\frac{\lambda}{2} a_{kk} a_{ll} + \mu\, a_{lk} a_{kl} \right). \tag{5.3.27}$$

Der Ausdruck in der Klammer lässt sich ohne Weiteres nach den neun unabhängigen Komponenten a_{ij} differenzieren:

$$\begin{aligned} &\frac{\partial}{\partial a_{ij}} \left(\frac{\lambda}{2} a_{kk} a_{ll} + \mu\, a_{lk} a_{kl} \right) = \\ &\frac{\lambda}{2}\left(\delta_{ik}\delta_{jk} a_{ll} + a_{kk}\delta_{il}\delta_{jl}\right) + \mu\left(\delta_{il}\delta_{jk} a_{kl} + a_{lk}\delta_{ik}\delta_{jl}\right) = \\ &\frac{\lambda}{2}\left(a_{ll} + a_{kk}\right)\delta_{ij} + \mu\left(a_{ji} + a_{ji}\right) = \lambda\, a_{ll}\delta_{ij} + 2\mu\, a_{ji}\,. \end{aligned} \tag{5.3.28}$$

Im Grenzwert $\underline{\underline{\omega}} \to \underline{\underline{0}}$ folgt hieraus gerade wieder (5.3.12). Nach diesem Exkurs über Tensordifferenziation sei darauf hingewiesen, dass sich anstelle von Gleichung (5.3.21) die Formänderungsenergiedichte auch unter Verwendung des Elastizitätsmoduls und der POISSON-Zahl schrieben lässt (vgl. (4.3.17)):

$$w_{\mathrm{s}} = \frac{E}{2(1+\nu)} \left(\varepsilon_{lk}\varepsilon_{kl} + \frac{\nu}{1-2\nu} \left(\varepsilon_{kk}\right)^2 \right). \tag{5.3.29}$$

Schließlich kann man die Formänderungsenergie auch als Funktion der Spannungen darstellen. Dazu lösen wir das HOOKEsche Gesetz (5.3.20) nach der Spur der Dehnungen ε_{kk} auf und stellen danach nach ε_{ij} um:

$$\varepsilon_{kk} = \frac{1}{3\lambda + 2\mu}\sigma_{kk} \quad \Rightarrow \tag{5.3.30}$$

$$\varepsilon_{ij} = \frac{1}{2\mu}\left(\sigma_{ij} - \frac{\lambda}{3\lambda + 2\mu}\sigma_{kk}\delta_{ij}\right)$$

$$\Leftrightarrow \quad \varepsilon_{ij} = \frac{1+\nu}{E}\left(\sigma_{ij} - \frac{\nu}{1+\nu}\sigma_{kk}\delta_{ij}\right).$$

Das in (5.3.21) oder (5.3.29) eingesetzt, ergibt:

$$w_s = \frac{1}{2\mu}\left(\sigma_{lk}\sigma_{kl} - \frac{\lambda}{3\lambda + 2\mu}(\sigma_{kk})^2\right)$$

$$\Leftrightarrow \quad w_s = \frac{1+\nu}{2E}\left(\sigma_{lk}\sigma_{kl} - \frac{\nu}{1+\nu}(\sigma_{kk})^2\right). \tag{5.3.31}$$

Es sei abschließend bemerkt, dass sich aufgrund der Gleichungen (5.3.2) und (5.3.4) die Formänderungsenergie elastischer Körper unter Beachtung des HOOKEschen Gesetzes in der Form (5.3.20) auch einfach folgendermaßen schreiben lässt:

$$w_s = \frac{1}{2}\sigma_{lk}\varepsilon_{kl}. \tag{5.3.32}$$

5.3.3 Komplementäre Formänderungsenergiedichte linear-elastischer Körper

Wir wenden uns nun der Berechnung der komplementären Formänderungsenergiedichte gemäß der Gleichung (5.3.14) zu. Dabei gelten in analoger Weise die in 5.3.2 gemachten Ausführen, und zwar diesmal in Bezug auf den ebenfalls symmetrischen Spannungstensor σ_{ij}. Als Endergebnis findet man:

$$w_s^* = \frac{1}{2\mu}\left(\sigma_{lk}\sigma_{kl} - \frac{\lambda}{3\lambda + 2\mu}(\sigma_{kk})^2\right)$$

$$\Leftrightarrow \quad w_s^* = \frac{1+\nu}{2E}\left(\sigma_{lk}\sigma_{kl} - \frac{\nu}{1+\nu}(\sigma_{kk})^2\right). \tag{5.3.33}$$

Mit anderen Worten, es ergibt sich im Vergleich mit (5.3.31), dass für linear-elastische Materialien die Gleichheit beider Formänderungsenergiedichten:

$$w_s \equiv w_s^* \tag{5.3.34}$$

gilt. Dass dies so sein muss, ist mit einem Blick auf Abbildung 5.3.1 unten ebenfalls sofort einleuchtend: Bei einem linear elatischen Körper sind die Flächen unter dem Spannungs-Dehnungs- bzw. unter dem Dehnungs-Spannungs-Verlauf einfach Dreiecke, deren Flächeninhalt darüber hinaus auch noch gleich ist.

5.3.4 Formänderungsenergiedichten für Balken

Für den Fall des einachsigen Zug-/Druckspannungszustandes eines Stabes unter der Wirkung einer Normalkraft $N(x_1)$ und eines Querschnittes A haben wir zu schreiben:

$$\sigma_{ij} = \begin{pmatrix} N(x_1)/A & 0 & 0 \\ 0 & 0 & 0 \\ 0 & 0 & 0 \end{pmatrix}, \quad \varepsilon_{ij} = \begin{pmatrix} \varepsilon_{11} & 0 & 0 \\ 0 & \varepsilon_{22} & 0 \\ 0 & 0 & \varepsilon_{33} \end{pmatrix}. \tag{5.3.35}$$

Daraus folgt für die komplementäre Formänderungsenergie (Spannungsdarstellung) bei Normalkraftbelastung gemäß der für linear-elastische, also HOOKEsche Balken gültigen Gleichung (5.3.33):

$$\begin{aligned} w_s^{*,N} &= \frac{1+\nu}{2E}\left(\sigma_{11}\sigma_{11} - \frac{\nu}{1+\nu}(\sigma_{11})^2\right) \\ &= \frac{1}{2E}\sigma_{11}^2 = \frac{N^2}{2EA^2} \equiv w_s^N , \end{aligned} \tag{5.3.36}$$

wobei wir im letzten Schritt Gleichung (5.3.34) ausgenutzt haben, wonach für einen HOOKEschen Balken beide Formänderungsenergiedichten gleich sind. Andererseits können wir mit der Gleichung (5.3.32) für die Formänderungsenergiedichte auch schreiben:

$$w_s^N = \tfrac{1}{2}\sigma_{11}\varepsilon_{11} = \frac{N}{2A}\frac{\partial u_1}{\partial x_1} = \frac{N}{2A}u_1', \tag{5.3.37}$$

wobei außerdem von der Definitionsgleichung (4.3.12) für die Dehnung Gebrauch gemacht und die Eindimensionalität des Problems berücksichtigt wurde (der Strich deutet eine Ableitung nach dem Ort x_1 an). Außerdem gilt nach den Gleichungen (4.5.9/10):

$$\sigma_{11} = E\varepsilon_{11}, \tag{5.3.38}$$

und somit folgt die Formänderungsenergie schließlich in der für sie „natürlichen" Dehnungsdarstellung:

$$w_s^N = \tfrac{1}{2}\sigma_{11}\varepsilon_{11} = \frac{E}{2}\varepsilon_{11}^2 = \frac{E}{2}(u_1')^2. \tag{5.3.39}$$

Dieses sind wie gesagt lediglich die Dichten der Formänderungsenergien. Um die gesamten Formänderungsenergien eines Stabes zu erhalten, muss über das Stabvolumen integriert werden:

$$W_s^{*N} = \int_V w_s^{*N} \mathrm{d}V = \frac{1}{2EA} \int_0^l N^2(x_1)\,\mathrm{d}x_1 \,, \tag{5.3.40}$$

$$W_s^{N} = \int_V w_s^{N} \mathrm{d}V = \frac{EA}{2} \int_0^l (u_1')^2\,\mathrm{d}x_1 \,.$$

Hierbei wurde angenommen, dass sich der Querschnitt über die Länge des Stabes nicht verändert. Außerdem haben wir sowohl eine Darstellung der Formänderungsenergie über die Schnittlast als auch eine alternative Gleichung mithilfe der Verschiebung angegeben. Sind die Schnittlast oder die Dehnung konstant, so lässt sich die Integration einfach ausführen, und wir erhalten:

$$W_s^{*,N} = \frac{N^2 l}{2EA} \,, \quad W_s^{N} = \frac{EAl}{2}(u_1')^2 \,. \tag{5.3.41}$$

Und selbstverständlich gilt auch hier:

$$W_s^{N} = W_s^{*,N} \,. \tag{5.3.42}$$

In ähnlicher Weise kann man folgende Ausdrücke für einen **gleichzeitig** unter Normal-, Querkraft- und Momentenwirkung, $N(x_1)$, $Q(x_1)$ und $M(x_1)$ stehenden Balken mit Achse in x_3-Richtung, konstantem Querschnitts A und konstantem Flächenträgheitsmoment I_{22} herleiten. Man startet mit einem Spannungstensor in der Form nach Gleichung (2.8.46), wobei die Scherspannungen σ_{23} vernachlässigt werden. Ferner beachtet man die Gleichungen (2.8.46)$_2$ (wobei noch der Term $N(x_1)/A$ hinzuzuaddieren ist), (2.8.48) und (2.8.55), integriert und findet heraus, dass sich die gesamte Formänderungsenergie **additiv** aus drei Anteilen, charakteristisch jeweils für eine der drei Belastungsarten, zusammensetzt (α ist ein vom betrachteten Querschnitt abhängiger Formfaktor):

$$W_s^{*} = W_s^{*,N} + W_s^{*,Q} + W_s^{*,M} \quad \text{mit}$$

$$W_s^{*,Q} = \frac{\alpha}{2GA} \int_0^l Q^2(x_1)\,\mathrm{d}x_1 \,, \quad \alpha = \frac{A}{I_{22}^2} \int_0^l \frac{S_2^2(x_3)}{b^2(x_3)}\,\mathrm{d}A \,, \tag{5.3.43}$$

$$W_s^{*,M} = \frac{1}{2EI_{22}} \int_0^l M^2(x_1)\,\mathrm{d}x_1 \,.$$

5.3.5 Formänderungsenergie in der Elastostatik

Im letzten Abschnitt wurden mit der Normalkraft, also einer Schnittgröße, Erinnerungen an die Statik, genauer gesagt an die Elastostatik, wachgerufen. Weiter unten wird sich zeigen, wie man die dort gemachten Überlegungen auf die Berechnung der Verformungsenergie allgemein belasteter Biegebalken, also durch Normal-, Querkraft- und Momentenverteilung gleichzeitig belasteten Systemen, übertragen kann.

Wir wollen in diesem Zusammenhang den Energiesatz aus Gleichung (5.1.7/16) auf den Fall der Elastostatik reduzieren und in Kontext mit den Ergebnissen der Abschnitte 5.3.1–3 stellen. Statik soll heißen, dass in der allgemeinen Energiebilanz sowohl die kinetische Energie als auch der Wärmefluss/Strahlung verschwinden:

$$\int_{V(t)} \rho \frac{\upsilon^2}{2} \, \mathrm{d}V = 0 \ , \quad \oint_{\partial V(t)} \underline{q} \cdot \underline{n} \, \mathrm{d}A = 0 \ , \quad \int_{V(t)} \rho r \, \mathrm{d}V = 0 \, . \tag{5.3.44}$$

Dann verbleibt in Gleichung (5.1.7):

$$\frac{\mathrm{d}}{\mathrm{d}t} \int_{V(t)} \rho u \, \mathrm{d}V = \oint_{\partial V(t)} \upsilon_i \sigma_{ji} n_j \, \mathrm{d}A + \int_{V(t)} \rho \upsilon_i f_i \, \mathrm{d}V \, , \tag{5.3.45}$$

bzw. wenn die Leistungen in Form von Momentendichten gemäß (5.1.16) geschrieben werden sollen:

$$\frac{\mathrm{d}}{\mathrm{d}t} \int_{V(t)} \rho u \, \mathrm{d}V = \oint_{\partial V(t)} \underline{\omega} \cdot \underline{\underline{m}}^{\sigma} \cdot \underline{n} \, \mathrm{d}A + \int_{V(t)} \underline{m}^{f} \cdot \underline{\omega} \, \mathrm{d}V \, . \tag{5.3.46}$$

Selbstverständlich ist die ganze Argumentation auch auf einen regulären Punkt des Körpers übertragbar. Wenn wir als Startpunkt die lokale Gleichung (5.1.11) wählen, finden wir, dass:

$$\rho \dot{u} = \frac{\partial}{\partial x_j} \left(\upsilon_i \sigma_{ji} \right) + \rho \upsilon_i f_i \, . \tag{5.3.47}$$

Weiterhin dürfen wir unter den genannten Umständen die innere Energie gleich der Formänderungsenergie gemäß Gleichung (5.3.5) setzen, also schreiben:

$$\frac{\mathrm{d}W_{\mathrm{s}}}{\mathrm{d}t} = \frac{\mathrm{d}}{\mathrm{d}t} \int_{V(t)} w_s \, \mathrm{d}V = \oint_{\partial V(t)} \upsilon_i \sigma_{ji} n_j \, \mathrm{d}A + \int_{V(t)} \rho \upsilon_i f_i \, \mathrm{d}V \, , \tag{5.3.48}$$

bzw. lokal:

$$\dot{w}_s = \frac{\partial}{\partial x_j}\left(\upsilon_i \sigma_{ji}\right) + \rho \upsilon_i f_i . \tag{5.3.49}$$

Statik heißt außerdem, dass am Körper angreifende Kräfte nicht zu einer Impulsänderung, also einer Bewegung führen. Im Hinblick auf die Impulsbilanz in regulären Punkten, Gleichungen (4.2.22) oder (4.2.24), bedeutet dies, dass man dort einfach die Terme weglässt, die Geschwindigkeiten enthalten, sodass folgt:

$$\frac{\partial \sigma_{ji}}{\partial x_j} = -\rho f_i , \tag{5.3.50}$$

und aus Gleichung (5.3.49) wird:

$$\dot{w}_s = \upsilon_i \frac{\partial}{\partial x_j}\left(\sigma_{ji}\right) + \sigma_{ji} \frac{\partial \upsilon_i}{\partial x_j} + \rho \upsilon_i f_i = \sigma_{ji} \frac{\partial \upsilon_i}{\partial x_j} . \tag{5.3.51}$$

Spezialisieren wir nun wieder auf das lineare Verzerrungsmaß gemäß Gleichung (5.2.13) und beachten ferner die Symmetrie des Spannungstensors, so entsteht im Einklang mit der Grunddefinition der Formänderungsenergiedichte nach Gleichung (5.3.4):

$$\dot{w}_s = \sigma_{lk} \dot{\varepsilon}_{kl} . \tag{5.3.52}$$

In Worten veranschaulicht bedeutet dies, dass im Falle des statischen Gleichgewichtes die Änderung der Formänderungsenergie gleich der Leistung der Oberflächenkräfte ist, denn genau diese verändern ja auch die Form des Körpers durch Zug, Druck oder Scherung.

5.3.6 Die Sätze von MAXWELL und BETTI

Wie wir bereits aus den Kapiteln über Statik und Starrkörperdynamik wissen, ist es in der Technischen Mechanik üblich, sich äußere Kräfte und Momente in diskreten Angriffspunkten $k = 1, \cdots, n$ zusammengefasst zu denken, so wie dies in der Abbildung 5.3.2 zu sehen ist. Hier vertritt man aus Gründen des Aufwandes also nicht mehr den detaillierten lokalen Standpunkt der Kontinuumsmechanik, der sich in den Kraft- und Momentendichten / -verteilungen der Gleichungen (4.2.6/11) und (4.4.9) manifestiert. Diese „Zusammenfassung in Schwerpunkten" ist im Rahmen des Superpositionsprinzips vollkommen legitim, wir werden sie im Folgenden anwenden, verzichten aber auf einen formalen Beweis und schreiben summarisch für die äußeren Kräfte und Momente:

$$\oint_{\partial V(t)} \sigma_{ji} n_j \, \mathrm{d}A + \int_{V(t)} \rho(\underline{x},t)\, f_i(\underline{x},t) \, \mathrm{d}V = F_i^a , \tag{5.3.53}$$

James Clerk MAXWELL wurde am 13. Juni 1831 in Edinburgh, Schottland geboren und starb am 5. November 1879 in Cambridge, Cambridgeshire, England. Bei ihm handelt es sich um einen Forscher, dem aufgrund seines Hanges zum Understatement und wohl auch aufgrund seines frühen Todes an seinen Leistungen gemessen viel zu wenig Beachtung geschenkt wird. Wie wir wissen, war er nicht nur in der klassischen Disziplin der Mechanik tätig. Vielmehr war er derjenige, welcher den Experimenten FARADAYS mathematischen Charakter gab, und zwar in den berühmten MAXWELLschen Gleichungen der Elektrodynamik. Auch war er ein Verfechter des atomaren Aufbaus der Materie, wie seine Arbeiten zur kinetischen Gastheorie bezeugen. Berühmt und berüchtigt ist hierbei sein Disput mit dem Österreicher BOLTZMANN, der von MAXWELLS Arbeiten schreibt: „Und immer höher wogt das Chaos der Formeln", ein Ausspruch, den man auch von so manchem Studenten der Mechanik hört.

$$\oint_{\partial V(t)} m_{ij}^{\sigma} \, n_j \, \mathrm{d}A + \int_{V(t)} m_i^f \, \mathrm{d}V = M_i^a .$$

Greifen am Körper mehrere äußere Kräfte und Momente an, so wie in der Abbildung 5.3.2 dargestellt, so wollen wir diese mit dem Symbol $\underline{K}^k$ kennzeichnen und von sogenannten **verallgemeinerten Belastungsgrößen** sprechen.

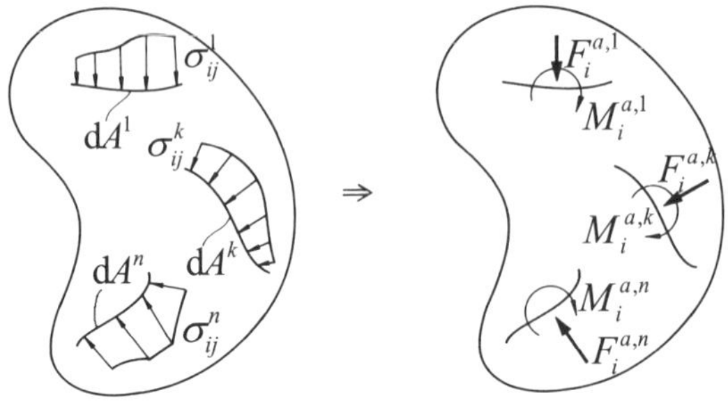

Abb. 5.3.2: Zusammenfassung von Kraftdichten am Körper zu äußeren Kräften und Momenten.

Wie gezeichnet greifen am (gelagerten) Körper $k = 1, \cdots, n$ Stück solcher verallgemeinerter Belastungsgrößen an. Seien ferner mit dem Symbol $\underline{u}^k$ die **verallgemeinerten Verschiebungsvektoren** der Kraftangriffspunkte bezeichnet, wobei das Attribut „verallgemeinert" darauf hinweisen soll, dass es sich im Falle einer wirklichen Kraft um eine Verschiebung und im Falle eines Momentes um eine Winkeldrehung handelt. Es sei schließlich mit f^k der Anteil des Verschiebungsvektors $\underline{u}^k$ in Richtung der verallgemeinerten Kraft bezeichnet, so wie für Kräfte und Momente in der Abbildung dargestellt. Wir setzen nun linear-elastisches (HOOKEsches) Verhalten des Materials voraus. Daher bestehen zwischen den verallgemeinerten Verschiebungen und den verallgemeinerten Kräften lineare Zusammenhänge und es ist so, dass zur Verschiebung f^k im Punkte k die verallgemeinerten Kraftgrößen von allen übrigen Punkten in linearer Weise beitragen. Wir schreiben:

$$f^k = \alpha^{k1} K^1 + \alpha^{k2} K^2 + \cdots + \alpha^{kn} K^n \;, \quad k = 1, \cdots, n, \tag{5.3.54}$$

bzw. mit einem Superindex $l = 1, \cdots, n$ auch kurz:

$$f^k = \sum_{l=1}^{n} \alpha^{kl} K^l \;, \quad k = 1, \cdots, n \tag{5.3.55}$$

und sprechen bei den Größen α^{kl} auch von den sogenannten **Einflusszahlen**. Diese haben eine ganz anschauliche Bedeutung,

Energiemethoden

und zwar kann man sagen, dass die Einflusszahl α^{kl} den Verschiebungsbeitrag angibt, den eine an der Stelle l angreifende verallgemeinerte Einzelkraft der Stärke eins ($K^l = 1$) an der Stelle k in Richtung der verallgemeinerten Kraft $\underline{K}^k$ hervorruft.

Wie wir gleich sehen werden, hat dieses gegenüber dem Formalismus der Material- und Bilanzgleichungen der Kontinuumsmechanik auf den ersten Blick etwas unbeholfen wirkende Konzept seine Meriten, wenn es um die Berechnung von Reaktionskräften in Lagern geht, und zwar insbesondere bei **statisch unbestimmten Systemen**.

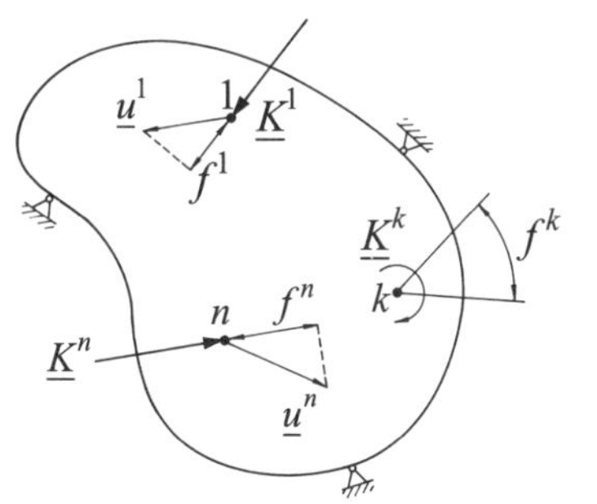

Abb. 5.3.3: Gelagerter Körper unter Wirkung verallgemeinerter Belastungsgrößen.

In Vorbereitung auf diese Anwendungen beweisen wir zunächst den sog. **Reziprozitätssatz von BETTI**. Wir betrachten ein linear-elastisches System wie in Abbildung 5.3.3, auf das der Einfachheit halber lediglich zwei verallgemeinerte Kräfte wirken, nämlich $\underline{K}^k$ und $\underline{K}^l$. Wir bringen zunächst die Kraft $\underline{K}^k$ langsam auf, was analog zu den Gleichungen (3.1.137/138) mit folgender Leistung bzw. Arbeit verbunden ist:

$$\frac{\mathrm{d}W^{kk}}{\mathrm{d}t} = \underline{K}^k \cdot \frac{\mathrm{d}\underline{u}^k}{\mathrm{d}t} \quad \Rightarrow \quad W^{kk} = \int_{\tilde{\underline{u}}^k=\underline{0}}^{\tilde{\underline{u}}^k=\underline{u}^k} \underline{K}^k \cdot \mathrm{d}\tilde{\underline{u}}^k = \int_{\tilde{f}^k=0}^{\tilde{f}^k=f^k} K^k \mathrm{d}\tilde{f}^k . \qquad (5.3.56)$$

Mit der Annahme linear-elastischen Materialverhaltens, also mit der auf einen Term reduzierten Gleichung (5.3.55), wird hieraus:

$$W^{kk} = \alpha^{kk} \int_{\tilde{K}^k=0}^{\tilde{K}^k=K^k} \tilde{K}^k \mathrm{d}\tilde{K}^k = \tfrac{1}{2}\alpha^{kk}\left(K^k\right)^2 . \qquad (5.3.57)$$

„Nun bringen wir als Nächstes die Kraft $\underline{K}^l$ auf, die eine zusätzliche Verschiebung $\alpha^{kl} K^l$ an der Stelle k und die Verschiebung $\alpha^{ll} K^l$ an der Stelle l hervorruft. Längs der ersten Verschiebung wirkt dabei $\underline{K}^k$ und leistet die Arbeit:

Enrico BETTI wurde am 21. Oktober 1823 in Pistoia, Toskana geboren und starb am 11. August 1892 in Soiana, Region Pisa. Er studierte Mathematik und Physik an der Universität in Pisa, graduierte in Mathematik im Jahre 1846 und wurde daraufhin zum Assistenten ernannt. Nicht zuletzt auch durch den Einfluss seines akademischen Lehrers MOSSOTTI begeisterte er sich außer für Wissenschaft auch für Italiens Unabhängigkeitskampf gegen Österreich. Er schloss sich MOSSOTTIS Bataillon an und kämpfte an dessen Seite in den Schlachten von Curtatone und Montanara, eine Leistung, die ein heutiger Professor von sich nur bedingt erwarten kann.

$$W^{kl} = \int_{\tilde{K}^l=0}^{\tilde{K}^l=K^l} \tilde{K}^k \mathrm{d}\left(\alpha^{kl} \tilde{K}^l\right) = \alpha^{kl} K^k K^l . \tag{5.3.58}$$

Längs der zweiten Verschiebung wird analog zur Gleichung (5.3.57) die Kraft $\underline{K}^l$ aufgebaut, und damit verbunden ist die Arbeit:

$$W^{ll} = \int_{\tilde{\underline{u}}^l=\underline{0}}^{\tilde{\underline{u}}^l=\underline{u}^l} \underline{K}^l \cdot \mathrm{d}\tilde{\underline{u}}^l = \int_{\tilde{f}^l=0}^{\tilde{f}^l=f^l} K^l \mathrm{d}\tilde{f}^l = \alpha^{ll} \int_{\tilde{K}^l=0}^{\tilde{K}^l=K^l} \tilde{K}^l \mathrm{d}\tilde{K}^l = \tfrac{1}{2}\alpha^{ll}\left(K^l\right)^2 . \tag{5.3.59}$$

Wir wissen aus den Gleichungen (5.1.15/18/19) und (5.3.48), dass die Verformungsenergie sich aus der Leistung, also dem Skalarprodukt der Kräfte und Verformungen bzw. der Momente und den Verdrehungen berechnet, und im vorliegenden Fall ist dies gleich der Summe der drei Arbeiten:

$$\begin{aligned} W_{\mathrm{s}}^* &= W^{kk} + W^{kl} + W^{ll} \\ &= \tfrac{1}{2}\alpha^{kk}\left(K^k\right)^2 + \alpha^{kl} K^k K^l + \tfrac{1}{2}\alpha^{ll}\left(K^l\right)^2 . \end{aligned} \tag{5.3.60}$$

Die Reihenfolge, in der wir die Kräfte aufbringen, ist jedoch beliebig. Wenn wir also zuerst $\underline{K}^l$ und danach $\underline{K}^k$ aufprägen, so erhalten wir für die Formänderungsenergie:

$$\begin{aligned} W_{\mathrm{s}}^* &= W^{ll} + W^{lk} + W^{kk} \\ &= \tfrac{1}{2}\alpha^{ll}\left(K^l\right)^2 + \alpha^{lk} K^l K^k + \tfrac{1}{2}\alpha^{kk}\left(K^k\right)^2 . \end{aligned} \tag{5.3.61}$$

Es sei angemerkt, dass dieses Ergebnis zwar richtig ist, aber nicht der „natürlichen" Form einer Formänderungsenergie entspricht, die sich eigentlich als Funktion von Verschiebungen und nicht von Kräften schreibt. Und das ist auch möglich, die denn Gleichungen (5.3.55) lassen sich im Prinzip nach den Kräften invertieren. Wir werden in Abschnitt 5.3.8) darauf noch zurückkommen. Wenn wir die Gleichungen (5.3.60/61) einander gegenüberstellen, dann ergibt sich, dass folgende Energiebeiträge gleich sein müssen:

$$\alpha^{kl} K^k K^l = \alpha^{lk} K^l K^k . \tag{5.3.62}$$

Dieses ist der **Reziprozitätssatz von BETTI**, wonach die Arbeit des ersten Systems an den vom zweiten System hervorgerufenen Verschiebungen gleich ist der Arbeit des zweiten Systems an den Verschiebungen des ersten. Als weitere Konsequenz der Gleichung (5.3.62) folgt die **Vertauschbarkeit der Indizes der Einflusszahlen**, was man auch als den **Reziprozitätssatz von MAXWELL** bezeichnet:

$$\alpha^{kl} = \alpha^{lk} . \tag{5.3.63}$$

5.3.7 Anwendung der Sätze von MAXWELL und BETTI auf statisch bestimmte und unbestimmte Systeme

Betrachten wir die in Abbildung 5.3.4 links dargestellte Situation: Ein gerader Balken steht unter der Wirkung von $k = 1, \cdots, n$ Stück Einzellasten. Wir fragen nach der Verschiebung $w(x_i)$ im Punkt x_i und selbstverständlich gilt nach Gleichung (5.3.54):

$$w(x_i) = \alpha^{i1}K^1 + \alpha^{i2}K^2 + \cdots + \alpha^{in}K^n. \qquad (5.3.64)$$

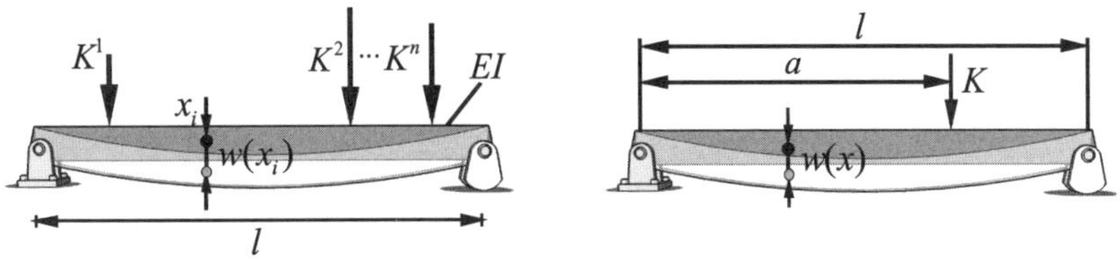

Abb. 5.3.4: Statisch bestimmt gelagerter Balken.

Diese Gleichung ist zwar richtig, aber zunächst einmal nicht sehr nützlich. Zwar sind die Kräfte gegeben, die n Stück Einflusszahlen α^{i1}, ..., α^{in} jedoch zunächst einmal nicht. Nach dem Vertauschungssatz von MAXWELL (5.3.63) darf man jedoch auch schreiben:

$$w(x_i) = \alpha^{1i}K^1 + \alpha^{2i}K^2 + \cdots + \alpha^{ni}K^n, \qquad (5.3.65)$$

und damit ist viel gewonnen, denn die hierin auftauchenden Einflusszahlen beziehen sich allesamt auf eine feste Kraft der Stärke eins an der Stelle x_i und repräsentieren die daraus resultierenden Verschiebungen in den Punkten x_1, ... x_n. Wir müssen also lediglich das in der Abbildung 5.3.4 rechts dargestellte Problem eines Balkens auf zwei Stützen mit einer Einzellast K in einem beliebigen Punkt $x = a$ lösen. Dieses ist bereits in Abschnitt 2.6.3 geschehen, und das Ergebnis lautet sinngemäß übertragen:

$$w(x) = -\frac{Kl^2(l-a)}{6EI}\frac{x}{l}\left(\frac{x^2+(l-a)^2}{l^2}-1\right) \quad 0 \le x \le a, \qquad (5.3.66)$$

$$w(x) = -\frac{Kl^2(l-a)}{6EI}\frac{x}{l}\left(\frac{x^2+(l-a)^2}{l^2}-1\right)+\frac{K(x-a)^3}{6EI}, \quad a \le x \le l.$$

Energiemethoden

Für x setzen wir x_k (Aufpunkt der gesuchten Durchbiegung) und a wird ersetzt durch x_i (Punkt der Krafteinleitung):

$$\alpha^{ki} = \frac{w(x_k)}{K} = -\frac{l^2(l-x_i)}{6EI}\frac{x_k}{l}\left(\frac{x_k^2+(l-x_i)^2}{l^2}-1\right),\quad 0 \le x_k \le x_i\,, \tag{5.3.67}$$

$$\alpha^{ki} = \frac{w(x_k)}{K} = -\frac{l^2(l-x_i)}{6EI}\frac{x_k}{l}\left(\frac{x_k^2+(l-x_i)^2}{l^2}-1\right)+\frac{(x_k-x_i)^3}{6EI}\,,$$

$x_i \le x_k \le l$.

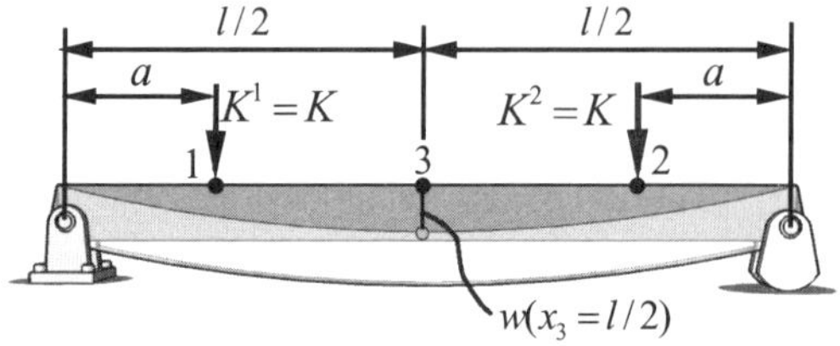

Abb. 5.3.5: Symmetrisch belasteter, statisch bestimmt gelagerter Balken.

Werden wir nun noch konkreter und wenden dieses Ergebnis auf den in Abbildung 5.3.5 dargestellten Fall an. Speziell fragen wir nach Durchbiegung in der Balkenmitte. Also ist $x_k = x_3 = l/2$ und nach Gleichung (5.3.64/65) haben wir zu schreiben:

$$w\left(x_3=\frac{l}{2}\right) = \alpha^{13}K^1 + \alpha^{23}K^2 \tag{5.3.68}$$

mit:

$$K^1 = K(x_1 = a)\,,\quad K^2 = K(x_2 = l-a) \tag{5.3.69}$$

und nach Gleichung (5.3.67):

$$\alpha^{23} = -\frac{l^2(l-a)}{12EI}\left(\frac{(l-a)^2+l^2/4}{l^2}-1\right)+\frac{(l-a-l/2)^3}{6EI} = -\frac{a}{12EI}\left(a^2-\frac{3}{4}l^2\right), \tag{5.3.70}$$

$$\alpha^{13} = -\frac{l^2 a}{12EI}\left(\frac{a^2+l^2/4}{l^2}-1\right) = -\frac{a}{12EI}\left(a^2-\frac{3}{4}l^2\right).$$

Energiemethoden

Diese beiden Einflusszahlen sind also gleich, und das muss aus Symmetriegründen auch so sein. Wir erhalten somit als Durchbiegung in der Mitte:

$$w\left(x_3 = \frac{l}{2}\right) = \frac{al^2}{8EI}\left(1 - \frac{4}{3}\frac{a^2}{l^2}\right)K. \tag{5.3.71}$$

Betrachten wir nun den in der Abbildung 5.3.6 dargestellten statisch unbestimmten Balken. Dieser unterscheidet sich vom vorherigen durch die in der Mitte angebrachte Stütze. Gesucht ist die notwendige Stützkraft in vertikaler Richtung F_y^3. Wenn wir im Punkt x_3 wie rechts gezeichnet freischneiden, so dürfen wir nach Gleichung (5.3.65) schreiben:

$$w(x_3) = 0 = \alpha^{31}K^1 + \alpha^{32}K^2 + \alpha^{33}K^3 \tag{5.3.72}$$

mit:

$$K^1 = K(x_1 = a)\,,\quad K^2 = K(x_2 = l - a)\,,\quad K^3 = F_y^3. \tag{5.3.73}$$

Die Auflösung nach der Unbekannten F_y^3 ergibt:

$$F_y^3 = -\frac{\alpha^{31} + \alpha^{32}}{\alpha^{33}}K. \tag{5.3.74}$$

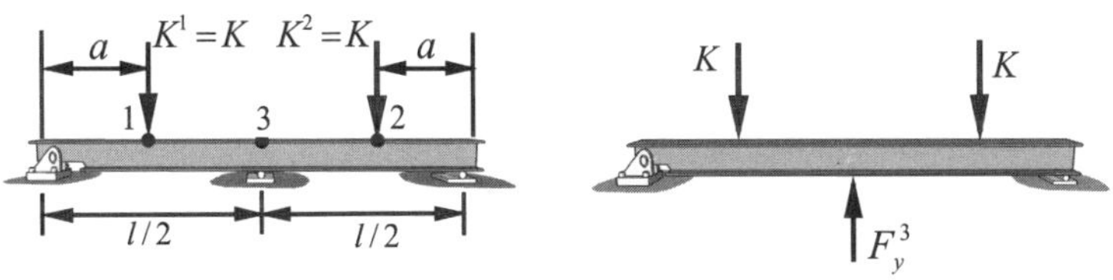

Abb. 5.3.6: Symmetrisch belasteter, statisch unbestimmt gelagerter Balken.

Man darf sich anschaulich vorstellen, dass die Kraft F_y^3 die in Gleichung (5.3.71) berechnete Verformung einfach rückgängig macht. Damit werden die in Gleichung (5.3.70) berechneten Einflusszahlen unmittelbar relevant, und unter Beachtung des MAXWELLschen Reziprozitätssatzes können wir einfach schreiben (siehe auch Gleichung (5.3.71)):

$$\alpha^{31} + \alpha^{32} = \alpha^{13} + \alpha^{23} = \frac{a}{24EI}\left(3l^2 - 4a^2\right). \tag{5.3.75}$$

Die noch fehlende Einflusszahl ermittelt man, indem man eine „Minus-Kraft“ im Punkt x_3 angreifen lässt (F_y^3 zeigt nämlich im Freischnitt entgegen der positiv nach unten gezählten Durch-

Energiemethoden

biegung) und die dazugehörige Verformung aus Gleichung (5.3.66) bzw. sinngemäß übertragen auch aus Gleichung (5.3.67) bei $a = l/2$ ermittelt:

$$\alpha^{33} = \frac{l^3}{12EI}\frac{1}{2}\left(\frac{l^2+l^2}{2l^2}-1\right) = -\frac{l^3}{48EI}. \tag{5.3.76}$$

Somit resultiert als Endergebnis:

$$F_y^3 = \frac{6a}{l}\left(1-\frac{4}{3}\frac{a^2}{l^2}\right)K. \tag{5.3.77}$$

5.3.8 Die Sätze von CASTIGLIANO für diskret belastete Systeme

Betrachten wir erneut den in der Abbildung 5.3.3 dargestellten gelagerten linear-elastischen Festkörper unter $k = 1, \cdots, n$ Stück verallgemeinerten Lasten. Indem man diese Lasten sukzessive aufprägt, findet man analog zum Vorgehen bei Gleichung (5.3.60) für die zugehörige Formänderungsenergie:

$$\begin{aligned} W_\mathrm{s}^* = {} & \tfrac{1}{2}\alpha^{11}\left(K^1\right)^2 + \alpha^{12}K^1K^2 + \tfrac{1}{2}\alpha^{22}\left(K^2\right)^2 + \cdots + \\ & \alpha^{1n}K^1K^n + \alpha^{2n}K^2K^n + \cdots + \alpha^{n-1,n}K^{n-1}K^n + \tfrac{1}{2}\alpha^{nn}\left(K^n\right)^2. \end{aligned} \tag{5.3.78}$$

Indem man den Satz von MAXWELL benutzt, also Gleichung (5.3.63), und Gleichung (5.3.78) umordnet, entsteht hieraus:

$$\begin{aligned} W_\mathrm{s}^* = {} & \tfrac{1}{2}K^1\left(\alpha^{11}K^1 + \alpha^{12}K^2 + \cdots + \alpha^{1n}K^n\right) + \\ & \tfrac{1}{2}K^2\left(\alpha^{21}K^1 + \alpha^{22}K^2 + \cdots + \alpha^{2n}K^n\right) + \cdots + \\ & \tfrac{1}{2}K^n\left(\alpha^{n1}K^1 + \alpha^{n2}K^2 + \cdots + \alpha^{nn}K^n\right) = \sum_{k=1}^{n}\sum_{i=1}^{n}\left(\tfrac{1}{2}\alpha^{ik}K^iK^k\right), \end{aligned} \tag{5.3.79}$$

wofür wir mit den Gleichungen (5.3.54/55) auch schreiben dürfen:

$$W_\mathrm{s}^* = \sum_{i=1}^{n}\left(\tfrac{1}{2}K^if^i\right) \equiv W_\mathrm{s}. \tag{5.3.80}$$

Vom Aufbau her ergibt sich also eine zu der Gleichung (5.3.32) für die Verzerrungsenergiedichte der Kontinuumsmechanik völlig analoge Beziehung, wie auch nicht anders zu erwarten war, denn schließlich handelt es sich immer noch um ein linear-elastisches Material, wenn auch die elastische Wirkung nun diskret und nicht mehr kontinuierlich behandelt wird. Ferner ist die Gleichung (5.3.80) eine „Mischform“, und sie wird der Formänderungsenergie und ihrem Komplement gleichermaßen gerecht. Trotzdem sei nochmals gesagt, dass die „natürliche“ Darstellung von W_s eigentlich eine Darstellung in Verschiebungen und von W_s^* eine solche in Kräften ist.

Selbstverständlich dürfen wir auch ein zu Gleichung (5.3.12) analoges Ergebnis erwarten. Der **erste Satz von CASTIGLIANO** in diskreter Formulierung besagt, dass die partielle Ableitung der (komplementären) Formänderungsenergie nach der äußeren Kraft gleich der Verschiebung in Richtung dieser Kraft ist, wie man aus Gleichung (5.3.79) sofort durch Differenzieren bestätigt:

$$\frac{\partial W_s^*}{\partial K^l} = \sum_{k=1}^{n}\sum_{i=1}^{n}\left(\tfrac{1}{2}\alpha^{ik}\delta^{il}K^k\right) + \sum_{k=1}^{n}\sum_{i=1}^{n}\left(\tfrac{1}{2}\alpha^{ik}K^i\delta^{kl}\right) \tag{5.3.81}$$

$$= \sum_{k=1}^{n}\left(\tfrac{1}{2}\alpha^{lk}K^k\right) + \sum_{i=1}^{n}\left(\tfrac{1}{2}\alpha^{il}K^i\right)$$

$$= \sum_{k=1}^{n}\left(\tfrac{1}{2}\alpha^{lk}K^k\right) + \sum_{i=1}^{n}\left(\tfrac{1}{2}\alpha^{lk}K^k\right) = \tfrac{1}{2}f^l + \tfrac{1}{2}f^l = f^l \,.$$

Dabei wurde wieder vom Reziprozitätsgesetz nach MAXWELL Gebrauch gemacht. Der **zweite Satz von CASTIGLIANO** sagt in Analogie zu den Gleichungen (5.3.15) aus, dass die partielle Ableitung der Formänderungsenergie nach der Verschiebung die zugeordnete Kraft ergibt:

$$\frac{\partial W_s}{\partial f^l} = K^l \,. \tag{5.3.82}$$

Dies beweist man völlig analog zu Gleichung (5.3.81), nur dass man diesmal in Gleichung (5.3.80) die Kräfte durch Inversion des linearen Gleichungssystems (5.3.55) als Funktion der Verschiebungen ausdrückt (die Koeffizienten β^{kl} bilden die Inverse zur Matrix α^{kl} der Einflussgrößen) und dabei bedenkt, dass im linear-elastischen Fall die komplementäre Formänderungsenergie gleich der Formänderungsenergie ist ($W_s^* = W_s$):

$$K^k = \sum_{l=1}^{n}\beta^{kl}f^l \;,\quad k = 1,\cdots,n \,. \tag{5.3.83}$$

Energiemethoden

5.3.9 Eine Anwendung der Sätze von CASTIGLIANO auf ein statisch bestimmtes System

Wir betrachten den unter Wirkung einer Einzellast an seinem äußeren Ende stehenden Kragträger aus Abbildung 5.3.7. Ziel ist es, die Verschiebung am frei stehenden Ende zu berechnen.

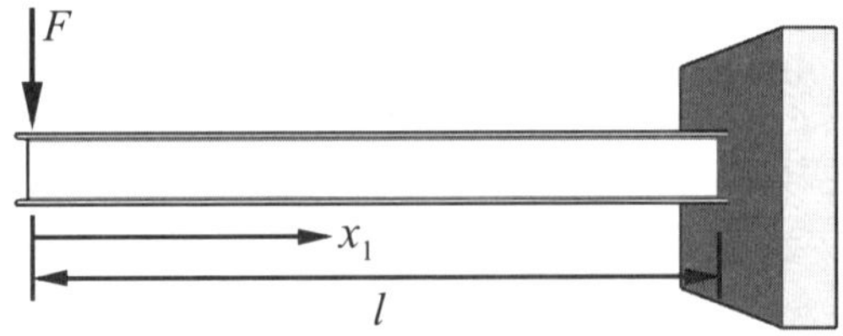

Abb. 5.3.7: Kragträger unter Einzellast.

Dazu berechnen wir zunächst die (komplementäre) Formänderungsenergie des Balkens gemäß Gleichung (5.3.43), worin wir setzen:

$$Q(x_1) = F \ , \ \ M(x_1) = -Fx_1 \, . \tag{5.3.84}$$

Es entsteht:

$$W_s^{*,Q} = \frac{\alpha F^2}{2GA} \int_0^l \mathrm{d}x_1 = \frac{(1+\nu)\alpha F^2 l}{EA} , \tag{5.3.85}$$

$$W_s^{*,M} = \frac{F^2}{2EI_{22}} \int_0^l x_1^2 \, \mathrm{d}x_1 = \frac{F^2 l^3}{6EI_{22}} \ , \ \ W_s^* = W_s^{*,Q} + W_s^{*,M} \, .$$

Gemäß dem 1. Satz von CASTIGLIANO ergibt sich die gesuchte Absenkung zu:

$$\frac{\partial W_s^*}{\partial F} = f = \frac{Fl}{E}\left(\frac{2(1+\nu)\alpha}{A} + \frac{l^2}{3I_{22}} \right). \tag{5.3.86}$$

Der zweite Anteil in diesem Ausdruck ist bei schlanken Balken dominant. So findet man beispielsweise mit den Daten aus Abschnitt 2.5.3 bei einer Länge $l = 3\,\mathrm{m}$:

$$\frac{2(1+\nu)\alpha}{A} = 0{,}047\,\alpha \, \tfrac{1}{\mathrm{cm}^2} \ , \ \ \frac{l^2}{3I_{22}} = 6.65 \, \tfrac{1}{\mathrm{cm}^2} \, . \tag{5.3.87}$$

Die Formzahl α liegt typischerweise um der Wert Eins. M.a.W. Schlanke Balken sind **schubsteif**, in dem Sinne, dass man in der gesamten (komplementären) Formänderungsenergie für die Schubsteife $GA \to \infty$ setzt und den Querkraftanteil vernachlässigt.

Energiemethoden

5.4 Energiefunktionale und ihre Extrema

5.4.1 Eine erste Motivation zur Minimierung von Energieausdrücken

Wir werden in den nächsten Abschnitten die Prinzipien der virtuellen Arbeit bzw. der virtuellen Kräfte kennenlernen. Diese postulieren, wie wir noch sehen werden, die Minimierung gewisser Energieausdrücke. Wohlgemerkt, es handelt sich um Postulate, aus denen man gewisse Schlüsse ziehen kann, die wiederum im Experiment, d. h. im Vergleich mit der Realität auf Richtigkeit überprüft werden müssen, sodass gegebenenfalls die Postulate ad absurdum geführt werden können. Um es vorwegzunehmen, Letzteres ist beim Prinzip der virtuellen Arbeit bzw. der virtuellen Kräfte bis heute nicht der Fall gewesen, und beide haben sich in der täglichen Ingenieurspraxis als einfache rechentechnische Hilfsmittel bei der Behandlung von Mechanikaufgaben bewährt.

Wir wollen jedoch die Minimierung oder genauer gesagt die Extremierung von Energieausdrücken vorab motivieren, und zwar durch Kombination des Energiesatzes mit dem zweiten Hauptsatz, den wir im Abschnitt 5.2.1 bereits kennengelernt haben. Wir erinnern an die Energiebilanz aus Gleichung (5.1.7), die wir leicht umschreiben:

$$\frac{\mathrm{d}}{\mathrm{d}t}\int_{V(t)} \rho\left(u+\frac{\upsilon^2}{2}\right)\mathrm{d}V - \oint_{\partial V(t)} \upsilon_i \sigma_{ji} n_j \,\mathrm{d}A - \int_{V(t)} \rho \upsilon_i f_i \,\mathrm{d}V = - \oint_{\partial V(t)} q_j n_j \,\mathrm{d}A + \int_{V(t)} \rho r \,\mathrm{d}V \tag{5.4.1}$$

und kombinieren die Gleichungen (5.2.2–5), um zu finden, dass für die Entropie gilt:

$$\frac{\mathrm{d}}{\mathrm{d}t}\int_{V(t)} \rho s \,\mathrm{d}V + \oint_{\partial V(t)} \frac{q_j}{T} n_j \,\mathrm{d}A - \int_{V(t)} \frac{\rho r}{T} \mathrm{d}V = \int_{V(t)} \sigma \,\mathrm{d}V \geq 0 \,. \tag{5.4.2}$$

Wenn wir nun voraussetzen, dass die Temperatur T im gesamten Körper und insbesondere an der Oberfläche überall **konstant** ist und sich auch **zeitlich nicht ändert**, dann dürfen wir die Temperatur aus den beiden Integralen, in denen sie ursprünglich vorkommt, unter das die spezifische Entropie s bzw. das die Entropieproduktion σ enthaltende Integral ziehen und können ebenso gut schreiben:

Energiemethoden

$$\frac{\mathrm{d}}{\mathrm{d}t}\int_{V(t)}\rho T s\,\mathrm{d}V + \oint_{\partial V(t)} q_j n_j\,\mathrm{d}A - \int_{V(t)}\rho r\,\mathrm{d}V = \int_{V(t)} T\sigma\,\mathrm{d}V \geq 0\,. \qquad (5.4.3)$$

Man beachte, dass sich dadurch auch der Charakter der Ungleichung nicht ändert, da die absolute Temperatur ja stets **positiv** ist. Nochmaliges Umstellen nach den Wärmefluss- und Strahlungstermen in der letzten Gleichung erlaubt es, beide aus der Energiebilanz zu eliminieren. Wir finden zuerst

$$-\oint_{\partial V(t)} q_j n_j\,\mathrm{d}A + \int_{V(t)}\rho r\,\mathrm{d}V = \frac{\mathrm{d}}{\mathrm{d}t}\int_{V(t)}\rho T s\,\mathrm{d}V - \int_{V(t)} T\sigma\,\mathrm{d}V\,, \qquad (5.4.4)$$

was in Gleichung (5.4.1) eingesetzt ergibt:

$$\begin{aligned}&\frac{\mathrm{d}}{\mathrm{d}t}\int_{V(t)}\rho\left(u+\frac{\upsilon^2}{2}\right)\mathrm{d}V - \oint_{\partial V(t)}\upsilon_i\sigma_{ji}n_j\,\mathrm{d}A - \int_{V(t)}\rho\upsilon_i f_i\,\mathrm{d}V = \\ &\frac{\mathrm{d}}{\mathrm{d}t}\int_{V(t)}\rho T s\,\mathrm{d}V - \int_{V(t)} T\sigma\,\mathrm{d}V\end{aligned} \qquad (5.4.5)$$

oder:

$$\begin{aligned}&\frac{\mathrm{d}}{\mathrm{d}t}\int_{V(t)}\rho\left(f+\frac{\upsilon^2}{2}\right)\mathrm{d}V - \oint_{\partial V(t)}\upsilon_i\sigma_{ji}n_j\,\mathrm{d}A - \int_{V(t)}\rho\upsilon_i f_i\,\mathrm{d}V = \\ &-\int_{V(t)} T\sigma\,\mathrm{d}V \leq 0\,.\end{aligned} \qquad (5.4.6)$$

Dabei bezeichnet $f = u - Ts$ wieder die spezifische freie Energie. Wir stellen fest, dass die obige Kombination aus freier Energie:

$$F = \int_{V(t)}\rho f\,\mathrm{d}V\,, \qquad (5.4.7)$$

kinetischer Energie:

$$E_{\text{kin}} = \int_{V(t)}\rho\frac{\upsilon^2}{2}\,\mathrm{d}V\,, \qquad (5.4.8)$$

Leistung der Oberflächenkräfte:

$$P^{\sigma} = \oint_{\partial V(t)}\upsilon_i\sigma_{ji}n_j\,\mathrm{d}A \qquad (5.4.9)$$

und der Leistung der Volumenkräfte:

$$P^{\underline{f}} = \int_{V(t)}\rho\upsilon_i f_i\,\mathrm{d}V \qquad (5.4.10)$$

Energiemethoden

stets **negativ** ist, d. h. über den Zeitverlauf eines Prozesses integriert, immer kleiner werden wird, also einem **Minimum** zustrebt. Energieänderungen unter Berücksichtigung der sie begleitenden Leistungen von Kräften genügen also Extremalprinzipen letztendlich aufgrund der postulierten Gültigkeit des zweiten Hauptsatzes. Es sei ausdrücklich darauf hingewiesen, dass, um eine Gleichung in der Form (5.4.6) aufzustellen, angenommen werden musste, dass die Temperatur während der gesamten Prozessführung räumlich und zeitlich konstant ist, was bei vielen technischen Vorgängen sicher nicht der Fall ist. Dennoch wollen wir uns hier auf solche Prozesse beschränken, insbesondere bei den nun folgenden Prinzipien der virtuellen Verschiebungen und der virtuellen Kräfte.

5.4.2 Hinführung zur Variationsrechnung

Von der Schule her ist bekannt, wie man das Extremum – also das Maximum, Minimum oder den Sattelpunkt – einer hinreichend glatten Funktion $y = \widetilde{y}(x)$ findet. Hierzu hat man die erste Ableitung dieser Funktion gleich null zu setzen, und es wird durch Einsetzen des hieraus ermittelbaren Lagepunktes x_{ex} des Extremums in die zweite Ableitung der Funktion möglich, zu sagen, um was für ein Extremum es sich handelt. Abhängig vom Vorzeichen gilt:

$$\left.\frac{\mathrm{d}y}{\mathrm{d}x}\right|_{x_{ex}} \overset{!}{=} 0$$

$$\Rightarrow \quad x_{ex} = \cdots \quad \Rightarrow \quad \left.\frac{\mathrm{d}^2 y}{\mathrm{d}x^2}\right|_{x_{ex}} \begin{cases} < 0\,, & \text{Maximum} \\ = 0\,, & \text{Sattelpunkt} \\ > 0\,, & \text{Minimum}\,. \end{cases} \tag{5.4.11}$$

Soweit die Mathematik. Diese formale Aussage hat aber auch eine physikalische Bedeutung, und diese ist bereits in Abbildung 2.9.1 veranschaulicht. Wie wir noch sehen werden, entspricht ein Energiemimimum nämlich einem stabilen, ein Energiemaximum einem labilem und ein Energiesattelpunkt einem indifferenten Gleichgewicht. Energie ist dabei in einem erweiterten Sinne zu verstehen, und das deutet sich bereits in Gleichung (5.4.6) an. Je nach Problem tragen eben Kombinationen von innerer Energie (enthalten in der freien Energiedichte f), kinetischer Energie ($\underline{\upsilon}^2$), Formänderungsarbeit (im Integral über die Spannungen σ_{ji}) und potenzieller Energie (in der Volumenkraft f_i) zur Gesamtenergie entscheidend bei.

Allerdings ist bei der Berechnung der „Lage“ des Energieextremums nicht länger möglich, sich des einfachen Minimaxkalküls nach Gleichung (5.4.11) zu bedienen, und das liegt daran, dass es sich bei den Energieausdrücken nicht länger um einfache Funktionen der Art $y = \tilde{y}(x)$, sondern um „Funktionen über eine Funktion“ handelt, eben um sogenannte **Funktionale**. Dass dem so ist, versteht man, wenn man beispielsweise daran denkt, dass die freie Energiedichte nach Abschnitt 5.3.1 für isotherme Prozesse gleich der Formänderungsenergiedichte (Gleichung (5.3.9)) ist. Die Formänderungsenergiedichte ist nach Gleichung (5.3.4) aber ein Integral der Spannungen über die Dehnungen und dabei sind die Spannungen wieder Funktionen der Dehnungen und die Dehnungen sind nach Gleichung (4.5.4) wiederum Funktionen – nämlich Ableitungen – der letztendlich interessierenden drei Komponenten des Verschiebungsfeldes, die ihrerseits von den drei Ortskoordinaten und von der Zeit abhängen. Das ganze ist also komplex verschachtelt, und wie man von einem solchen Funktional ein Extremum findet, lernt man in der Schule und selbst im Mathematikgrundkurs an einer Universität meistens nicht.

Dieses Problem ist Gegenstand der sogenannten **Variationsrechnung**. Wir versuchen es in für uns relevantem Umfang zu formalisieren und mathematisch zu fassen, wie folgt: Gesucht sind diejenigen drei Felder $u_i = \tilde{u}_i(x_j, t)$ der Verschiebung, welche vom Ort x_j und von der Zeit t abhängen, die ein Integral folgender Art:

$$\Psi = \int_{V(t)} \psi\left(t, x_i, u_k, \frac{\partial u_l}{\partial x_m}\right) \mathrm{d}V \qquad (5.4.12)$$

extremal werden lassen. Dabei ist zu beachten, dass der Integrand nicht nur von den Verschiebungen, sondern auch von den Ortsableitungen der Verschiebungen abhängt, explizit also von $1+3+3+9=16$ Variablen:

$$\begin{aligned} &\psi\left(t, x_i, u_k, \frac{\partial u_l}{\partial x_m}\right) = \\ &\psi\left(t, x_1, x_2, x_3, u_1, u_2, u_3, \frac{\partial u_1}{\partial x_1}, \frac{\partial u_1}{\partial x_2}, \dots, \frac{\partial u_3}{\partial x_3}\right). \end{aligned} \qquad (5.4.13)$$

Um zu lernen, wie man hierzu die richtigen Verschiebungen findet, beginnen wir mit einem einfacheren Fall.

5.4.3 Die EULERsche Variationsgleichung

Dem schon mehrfach erwähnten Leonard EULER kommt das Verdienst zu, wohl als Erster Extremalprobleme der eben genannten Art auf die Lösung gewisser Differenzialgleichungen zurückgeführt zu haben, die ihm zu Ehren benannt sind. Um diese herzuleiten, studieren wir zunächst den zu (5.4.12/13) analogen eindimensionalen Fall mit nur einer Verschiebungskomponente (Integration von Anfangs- bis Endpunkt):

$$\Psi = \int_{x_A}^{x_E} \psi(x,u,u')\mathrm{d}x \tag{5.4.14}$$

und setzen der Einfachheit halber voraus, dass das Problem statisch ist, also nicht von der Zeit abhängt. $u' \equiv \mathrm{d}u/\mathrm{d}x$ bezeichnet die Ableitung der Verschiebung nach dem Ort. Wie in der Abbildung 5.4.1 dargestellt, versuchen wir diejenige Verschiebungsfunktion $u(x)$, welche den Ausdruck (5.4.14) extremiert, dadurch zu finden, dass wir in dem Intervall $[x_A, x_E]$ eine Serie beliebiger Testfunktionen $\delta u(x)$ mit zugehöriger Ortsableitung $\delta u'(x)$ aufaddieren. Dabei stellen wir sicher, dass diese Testfunktionen in den Intervallgrenzen verschwinden:

$$\delta u(x_A) = 0 \ , \ \ \delta u(x_E) = 0 \, . \tag{5.4.15}$$

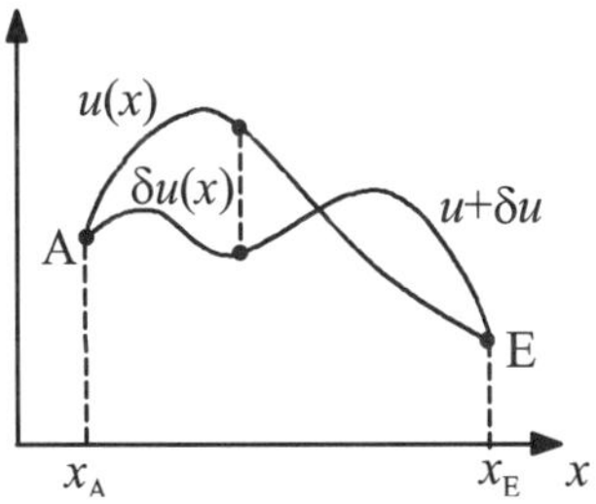

Abb. 5.4.1: Variation einer Funktion.

Man sagt, man bildet die erste Variation des Funktionals Ψ unter der Nebenbedingung fester Endpunkte. Letzteres kann anschaulich bedeuten, dass man an den Enden geeignet lagert. Hierfür ist es üblich, zu schreiben:

$$\frac{\delta \Psi}{\delta u} = \frac{\delta}{\delta u} \int_{x_A}^{x_E} \psi(x,u,u')\mathrm{d}x = \int_{x_A}^{x_E} \frac{\delta \psi(x,u,u')}{\delta u} \mathrm{d}x \, . \tag{5.4.16}$$

Die Variation des Integranden ist dabei analog zu der Grundformel der Differenziation erklärt:

Energiemethoden

$$\frac{\delta\psi(x,u,u')}{\delta u} = \lim_{\substack{\delta u\to 0\\ \delta u'\to 0}} \frac{1}{\delta u}\left[\psi(x,u+\delta u,u'+\delta u')-\psi(x,u,u')\right]. \tag{5.4.17}$$

Um weiterrechnen zu können, ist es hilfreich, einen Kleinheitsparameter ε einzuführen, wie folgt:

$$\delta u(x)=\varepsilon\,\eta(x)\ ,\quad \delta u'(x)=\varepsilon\,\eta'(x), \tag{5.4.18}$$

wobei die Ortsabhängigkeit sich in der Funktion $\eta(x)$ wiederfindet. Wir ersetzen und ergänzen nun im Klammerausdruck der Gleichung (5.4.17) geeignet:

$$\frac{\delta\psi(x,u,u')}{\delta u} = \lim_{\varepsilon\to 0}\left[\frac{\psi(x,u+\varepsilon\eta,u'+\varepsilon\eta')-\psi(x,u,u'+\varepsilon\eta')}{u+\varepsilon\eta-u}\frac{u+\varepsilon\eta-u}{\delta u}+\right. \tag{5.4.19}$$

$$\left.\frac{\psi(x,u,u'+\varepsilon\eta')-\psi(x,u,u')}{u'+\varepsilon\eta'-u'}\frac{u'+\varepsilon\eta'-u'}{\delta u}\right] \equiv \frac{\partial\psi}{\partial u}+\frac{\partial\psi}{\partial u'}\frac{\delta u'}{\delta u}.$$

Letzteres folgt gemäß der Grunddefinition partieller Differenziale. Das wird nun in (5.4.16) eingesetzt, und der zweite Term wird partiell integriert sowie Gleichung (5.4.15) beachtet:

$$\begin{aligned}
\delta\Psi &= \int_{x_A}^{x_E}\left(\frac{\partial\psi}{\partial u}\delta u+\frac{\partial\psi}{\partial u'}\delta u'\right)\mathrm{d}x\\
&= \int_{x_A}^{x_E}\left(\frac{\partial\psi}{\partial u}\delta u+\frac{\mathrm{d}}{\mathrm{d}x}\left(\frac{\partial\psi}{\partial u'}\delta u\right)-\frac{\mathrm{d}}{\mathrm{d}x}\left(\frac{\partial\psi}{\partial u'}\right)\delta u\right)\mathrm{d}x\\
&= \int_{x_A}^{x_E}\left(\frac{\partial\psi}{\partial u}-\frac{\mathrm{d}}{\mathrm{d}x}\left(\frac{\partial\psi}{\partial u'}\right)\right)\delta u\,\mathrm{d}x+\left(\frac{\partial\psi}{\partial u'}\delta u\right)\Bigg|_{x_A}^{x_E}\\
&= \int_{x_A}^{x_E}\left(\frac{\partial\psi}{\partial u}-\frac{\mathrm{d}}{\mathrm{d}x}\left(\frac{\partial\psi}{\partial u'}\right)\right)\delta u\,\mathrm{d}x.
\end{aligned} \tag{5.4.20}$$

Extremum heißt, dass die erste Variation des Funktionals verschwindet, und somit schließen wir auf das Verschwinden des verbliebenen Integranden und folgende notwendigen Beziehungen in Form einer Differenzialgleichung, der sogenannten EULERschen Gleichung:

$$\frac{\delta \Psi}{\delta u} = 0 \quad \Rightarrow \quad \frac{\partial \psi}{\partial u} - \frac{\mathrm{d}}{\mathrm{d}x}\left(\frac{\partial \psi}{\partial u'}\right) = 0 . \tag{5.4.21}$$

Dieses entspricht der Gleichung (5.4.11) des einfachen Minimaxkalküls, eine Differenzialgleichung hat sozusagen die Rolle der Extremalstelle x_{ex} übernommen.

Um zu sagen, ob es sich um eine Maximierung oder Minimierung des Funktionals handelt, also hinreichende Bedingungen für ein Extremum zu erhalten, ist es nötig, die zweite Variation zu bilden, um zu finden, dass:

$$\frac{\delta^2 \Psi}{\delta u^2} \begin{cases} < 0 \,, \text{Maximum} \\ = 0 \,, \text{Sattelpunkt} \\ > 0 \,, \text{Minimum}. \end{cases} \tag{5.4.22}$$

Wie die zweite Variation explizit im vorliegenden Fall zu bilden ist, soll allerdings hier nicht weiter untersucht werden. Wir kommen stattdessen auf das in Gleichung (5.4.12) gezeigte allgemeinere dreidimensionale Funktional zu sprechen und suchen notwendige Bedingungen für diejenigen Verschiebungen u_i, die es extremieren. Die Vorgehensweise ist völlig analog zu der in der Gleichungskette (5.4.16–21), wobei wir es lediglich mit mehreren Variablen u_i und zugehörigen Ableitungen zu schaffen haben. So lässt sich sofort der Anfang von Gleichung (5.4.20) übertragen und schreiben:

$$\delta \Psi = \int\limits_{V(t)} \left[\frac{\partial \psi}{\partial u_k} \delta u_k + \frac{\partial \psi}{\partial (\partial u_l / \partial x_m)} \delta \left(\frac{\partial u_l}{\partial x_m} \right) \right] \mathrm{d}V . \tag{5.4.23}$$

Man beachte, dass die EINSTEINsche Summationskonvention greift und der erste Term aus drei, der zweite Term (Doppelsumme) sogar aus neun Termen besteht. Gemäß der Produktregel formen wir ihn weiter um:

$$\delta \Psi = \int\limits_{V(t)} \left[\frac{\partial \psi}{\partial u_k} \delta u_k + \frac{\partial}{\partial x_m} \left(\frac{\partial \psi}{\partial (\partial u_l / \partial x_m)} \delta u_l \right) - \frac{\partial}{\partial x_m} \left(\frac{\partial \psi}{\partial (\partial u_l / \partial x_m)} \right) \delta u_l \right] \mathrm{d}V . \tag{5.4.24}$$

Bei dieser Umformung ist die Frage angebracht, warum man die Variation mit der partiellen Differenziation vertauschen darf, warum also gilt:

$$\delta\left(\frac{\partial u_l}{\partial x_m}\right) = \frac{\partial(\delta u_l)}{\partial x_m} \; ? \tag{5.4.25}$$

Dieses erklärt sich anlog wie in Gleichung (5.4.18), wonach wir mit Testfunktionen für die Verschiebungskomponenten und für deren Ableitungen schreiben:

$$\delta u_l(x_k,t) = \varepsilon\,\eta_l(x_k,t) \;,\quad \delta\left(\frac{\partial u_l}{\partial x_m}\right) = \varepsilon\frac{\partial \eta_l}{\partial x_m} . \tag{5.4.26}$$

Dann folgt sofort:

$$\delta\left(\frac{\partial u_l}{\partial x_m}\right) = \varepsilon\frac{\partial \eta_l}{\partial x_m} = \frac{\partial(\varepsilon\eta_l)}{\partial x_m} = \frac{\partial(\delta u_l)}{\partial x_m} . \tag{5.4.27}$$

Den zweiten Term formen wir mit dem GAUSSschen Satz (4.1.17) in ein Oberflächenintegral um, den dritten führen wir mit dem ersten zusammen:

$$\begin{aligned} \delta\Psi = & \int_{V(t)} \left[\frac{\partial \psi}{\partial u_l} - \frac{\partial}{\partial x_m}\left(\frac{\partial \psi}{\partial(\partial u_l/\partial x_m)}\right)\right]\delta u_l \,\mathrm{d}V \\ & + \oint_{\partial V(t)} n_m \frac{\partial \psi}{\partial(\partial u_l/\partial x_m)}\delta u_l \mathrm{d}A . \end{aligned} \tag{5.4.28}$$

Ist die Verschiebung auf der Oberfläche des Volumens durch geeignete Lagerung gleich null (solches hatten wir im Zusammenhang mit den eindimensionalen Gleichungen (5.4.15) angenommen), dann verschwindet das Oberflächenintegral und man schließt wegen der Beliebigkeit von δu_l sowie der Forderung nach Extremalität, also $\delta\Psi = 0$, auf:

$$\frac{\partial \psi}{\partial u_l} - \frac{\partial}{\partial x_m}\left(\frac{\partial \psi}{\partial(\partial u_l/\partial x_m)}\right) = 0 . \tag{5.4.29}$$

Diese Gleichungen entsprechen der EULERschen Gleichung (5.8.21) im Eindimensionalen. Es sind notwendige Bedingungen in Form partieller Differenzialgleichungen an diejenigen Verschiebungen u_l, welche das Funktional Ψ zu einem Extremum werden lassen. Wir werden auf sie im Zusammenhang mit den Prinzipen der virtuellen Verschiebung sowie der virtuellen Kraft zurückkehren.

5.5 Das Prinzip der virtuellen Verschiebungen (PdvV)

Das Prinzip der virtuellen Verschiebungen wird in der Technischen Mechanik in diversen Formulierungen präsentiert, manchmal elementar, manchmal überaus theoretisch und wohlgelehrt, aber meist als Mirakel. Ziel dieses Abschnitts ist es daher, einerseits dem Praktiker einen Überblick über seine Möglichkeiten und Anwendungsweise zu geben und andererseits dieses Prinzip auch in einen übergeordneten kontinuumsmechanischen Kontext einzubauen, wofür in Abschnitt 5.4 bereits notwendige mathematische Utensilien bereitgestellt wurden.

5.5.1 Das PdvV in der elementaren Technischen Mechanik

In der elementaren Statik führt die Anwendung der Gleichgewichtsbedingungen der Ebene, also:

$$\sum F_x = 0, \ \sum F_y = 0, \ \sum M^{(D)} = 0 \tag{5.5.1}$$

stets zum Ziel, wenn man die Auflager- oder die Schnittkräfte ermitteln will. Sehr oft ergeben sich dabei gekoppelte Gleichungssysteme, denn bei Tragwerken, die aus mehreren Scheiben bestehen, lassen sich jeweils drei Gleichungen der obigen Form aufschreiben, und diese sind miteinander gekoppelt (über die Freischneide- bzw. Reaktionskräfte). Bei der konkreten Lösung ist dieses Vorgehen oft mit erheblichem Rechenaufwand verbunden. Will man jedoch lediglich einige Aussagen über das Tragwerk machen, etwa nur eine einzige Auflagerkraft oder nur eine einzige Stabkraft ermitteln, so verwendet man statt des kompletten Satzes an Gleichungen vorteilhafterweise das sogenannte **Prinzip der virtuellen Verrückungen**, oft auch **Arbeitssatz der Mechanik** genannt. Hierbei wird nur die sog. äußere Arbeit, das ist die Arbeit der angreifenden Lasten und eventuell der Lagerkräfte, angesetzt, da vereinbarungsgemäß die Verformungen in der Statik nicht bei der Ermittlung des Gleichgewichtes berücksichtigt werden.

In der Punktmechanik ist der Begriff der Arbeit als das Skalarprodukt zwischen Kraft und Weg definiert, also, falls die Kraft entlang des Weges konstant bleibt, durch:

$$A = \underline{F} \cdot \underline{r} \,. \tag{5.5.2}$$

Arbeit leistet also nur die Teilkomponente der Kraft in Richtung des Weges, nicht die senkrecht zum Weg stehende Komponente. Ändert sich die Kraft längs des Weges, ist sie also eine Funktion

Energiemethoden

desselben, dann kann man die obige Gleichung sinngemäß übertragen und sagt, dass der Beitrag zur Arbeit auf dem infinitesimalen Wegstückes $\mathrm{d}\underline{r}$ gegeben ist durch:

$$\mathrm{d}A = \underline{F} \cdot \mathrm{d}\underline{r} . \tag{5.5.3}$$

Die gesamte Arbeit zwischen Anfangspunkt a und Endpunkt b des Weges C erhält man durch Integration wie folgt:

$$A = \int_{a,C}^{b,C} \underline{F} \cdot \mathrm{d}\underline{r} . \tag{5.5.4}$$

Bei Anwendung des Arbeitssatzes auf quasistatische Probleme ist es jedoch im Allgemeinen nicht nötig, ein solches Integral zu berechnen. Im Gegenteil: Wird der Arbeitssatz hier eingesetzt, so geschieht das dadurch, dass man am System eine gedachte, kleine Verschiebung anbringt, eine sogenannte virtuelle Verrückung oder Verschiebung.

Unter einer solchen virtuellen Verrückung δu wollen wir anschaulich verstehen:

1. eine gedachte, willkürliche Bewegung, die
2. klein ist und
3. mit der Kinematik des Systems verträglich ist.

Das Symbol δ stammt aus der Variationsrechnung im Unterschied zum Differenzialsymbol d in $\mathrm{d}x$ und $\mathrm{d}y$, vgl. Abschnitt 5.4, nur dass dieses Faktum in elementaren Lehrbüchern meistens nicht erwähnt wird, da man es vermeiden will, die dazugehörige Mathematik zu erläutern. Die Variationsrechnung beschäftigt sich – wie in 5.4 bereits gesagt – damit, unter allen möglichen Zuständen eines Systems diejenigen zu finden, für die gewisse Größen, die sogenannten Funktionale, einen Extremwert annehmen. Im Moment ist für uns dieses Funktional die Arbeit (5.5.4), welche wir unter allen möglichen Zuständen des Systems zu minimieren suchen. In diesem Sinne notieren wir das

Prinzip der virtuellen Verrückungen in elementarer Formulierung bzw. lapidar auch den **Arbeitssatz der Mechanik**: Bei einem im Gleichgewicht stehenden mechanischen System ist die Summe aus allen virtuellen Arbeiten stets gleich null.

$$\delta A = \sum_{i=1}^{n} \underline{F}_i \cdot \delta \underline{u}_i = 0 . \tag{5.5.5}$$

Dabei wurden die Verrückungen bewusst mit einem Unterstrich versehen, denn im Sinne des Arbeitsbegriffes tragen nur die Anteile der Verrückungen zur Gesamtarbeit bei, die kollinear zur Kraft stehen. Senkrecht zur Kraft stehende Verschiebungsanteile sind unwirksam, und wir schreiben daher auch:

$$\delta A = \sum_{i=1}^{n} F_i \delta u_i \cos(\varphi_i) = 0\,, \tag{5.5.6}$$

und dabei ist φ_i der zwischen der Kraft F_i und der Verschiebung δu_i stehende, hier als konstant vorausgesetzte Winkel (Definition des Skalarproduktes). Man beachte, dass die virtuellen Verschiebungen sich oft auch durch Änderung von Winkellagen (Drehwinkel) erzeugen lassen. Wir haben (bei festem Drehabstand r_i)

$$\delta u_i = r_i \delta \vartheta_i \tag{5.5.7}$$

und können für solche Anteile in der obigen Summe auch schreiben:

$$\delta A = \sum_{i=1}^{n} F_i \delta u_i \cos(\varphi_i) + \sum_{j=1}^{m} F_j r_j \delta \vartheta_j \cos(\varphi_i) = 0 \tag{5.5.8}$$

bzw. mit der Definition des Drehmomentes $M_j = r_j F_j \cos(\varphi_i)$:

$$\delta A = \sum_{i=1}^{n} F_i \delta u_i \cos(\varphi_i) + \sum_{j=1}^{m} M_j \delta \vartheta_j = 0\,. \tag{5.5.9}$$

Man benutzt den Arbeitssatz in der Statik starrer Körper:

- um Kräfte oder Momente zu ermitteln;
- zur Lösung von Stabilitätsproblemen;
- zur Ermittlung von Einflusslinien.

Wir werden das Vorgehen im Falle der ersten beiden Problemgruppen nun anhand von Beispielen nach Abschnitt 5.5.4 durch zahlreiche Beispiele erläutern.

5.5.2 Das PdvV in der höheren Technischen Mechanik

Bis jetzt waren die virtuellen Verschiebungen diskret, d. h. für einen Punkt des Systems definiert und beispielsweise in einem Lagerpunkt angesetzt. Davon befreien wir uns nun und verstehen unter einer virtuellen Verschiebung einen **ortsabhängigen Vektor**, der **eine gedachte, beliebige Verschiebung** der materiellen Teilchen in einem Körper repräsentiert, die **klein, aber**

nicht infinitesimal klein ist und sich mit der **inneren Kinematik des kontinuierlichen Systems verträgt**. Die „Energien" eines solchen Systems werden klarerweise von der Deformation, also von der Verschiebung abhängen. Also vergleichen wir im Folgenden nun gewisse, noch zu entwickelnde Energieausdrücke und postulieren dann, dass unter der Vielzahl möglicher virtueller Verschiebungen diejenigen die wahre Deformation des Körpers kennzeichnen, für welche der Energieausdruck minimal wird.

Bevor wir mit der Herleitung dieser Energieausdrücke beginnen, sei vermerkt, dass, wie oben schon angesprochen, Verschiebungen, also auch virtuelle Verschiebungen, ihrem Charakter nach Ortsverschiebungen mit der Einheit Meter $[m]$ oder dimensionslose Winkeldrehungen sind. Für Letztere schreiben wir, um es explizit zu machen, analog zur Gleichung (5.1.17) auch oft $\delta\underline{\varphi}$.

Wir berechnen nun die mit einer virtuellen Verschiebung $\delta\underline{u}$ einhergehende Arbeit δA der Oberflächen- und der Volumenkräfte. Dazu orientieren wir uns an den Gleichungen (5.4.9) und (5.4.10) und finden:

$$\delta A = \oint\limits_{\partial V(t)} n_j \sigma_{ji} \delta u_i \, \mathrm{d}A + \int\limits_{V(t)} \rho f_i \delta u_i \, \mathrm{d}V . \tag{5.5.10}$$

Wir setzen nun voraus, dass alle Felder innerhalb des Volumens $V(t)$ stetig sind, und formen mithilfe des GAUSSschen Satzes das Oberflächenintegral in ein Volumenintegral um:

$$\begin{aligned} &\oint\limits_{\partial V(t)} n_j \sigma_{ji} \delta u_i \, \mathrm{d}A = \int\limits_{V(t)} \frac{\partial(\sigma_{ji}\delta u_i)}{\partial x_j} \mathrm{d}V = \\ &\int\limits_{V(t)} \frac{\partial \sigma_{ji}}{\partial x_j} \delta u_i \, \mathrm{d}V + \int\limits_{V(t)} \sigma_{ji} \frac{\partial(\delta u_i)}{\partial x_j} \mathrm{d}V . \end{aligned} \tag{5.5.11}$$

Im letzten Schritt wurde von der Produktregel des Differenzierens Gebrauch gemacht. Aufgrund der vorausgesetzten Stetigkeit aller Felder greift die Impulsbilanz in lokaler Form aus Gleichung (4.2.26), die wir mithilfe der in den Gleichungen (4.3.8) eingeführten Verschiebung in materiellen Koordinaten wie folgt umschreiben:

$$\frac{\partial \sigma_{ji}}{\partial x_j} = \rho \ddot{u}_i - \rho f_i . \tag{5.5.12}$$

Setzen wir außerdem noch Symmetrie des Spannungstensors voraus, so wird:

$$\oint_{\partial V(t)} n_j \sigma_{ji} \delta u_i \, \mathrm{d}A = \int_{V(t)} \rho \ddot{u}_i \delta u_i \, \mathrm{d}V$$
$$- \int_{V(t)} \rho f_i \delta u_i \, \mathrm{d}V + \int_{V(t)} \sigma_{ji} \tfrac{1}{2} \left(\frac{\partial(\delta u_i)}{\partial x_j} + \frac{\partial(\delta u_j)}{\partial x_i} \right) \mathrm{d}V . \tag{5.5.13}$$

Wir definieren nun in Übereinstimmung mit Gleichung (4.3.12) den virtuellen Verzerrungstensor:

$$\delta \varepsilon_{ij} = \tfrac{1}{2} \left(\frac{\partial(\delta u_i)}{\partial x_j} + \frac{\partial(\delta u_j)}{\partial x_i} \right) \tag{5.5.14}$$

und erkennen, dass sich Gleichung (5.5.10) auch folgendermaßen schreiben lässt:

$$\delta A = \int_{V(t)} \rho \ddot{u}_i \delta u_i \, \mathrm{d}V + \int_{V(t)} \sigma_{ji} \delta \varepsilon_{ij} \, \mathrm{d}V . \tag{5.5.15}$$

Das erste Integral stellt die virtuelle Arbeit der Massenbeschleunigungen dar. Wir definieren hierfür das Symbol:

$$\delta B = \int_{V(t)} \rho \ddot{u}_i \delta u_i \, \mathrm{d}V . \tag{5.5.16}$$

Das zweite Integral ist nach Gleichung (5.3.4) die mit der virtuellen Verschiebung einhergehende, gesamte virtuelle Formänderungsenergie des Volumens, nämlich:

$$\delta W_{\mathrm{s}} = \int_{V(t)} \delta w_{\mathrm{s}} \, \mathrm{d}V = \int_{V(t)} \sigma_{ji} \delta \varepsilon_{ij} \, \mathrm{d}V . \tag{5.5.17}$$

Mithin erhält man die Gleichung:

$$\delta A = \delta W_{\mathrm{s}} + \delta B . \tag{5.5.18}$$

Diese lässt sich einfach und anschaulich interpretieren, indem man sagt, dass die Arbeit der äußeren Lasten, also die Arbeit der Oberflächenkräfte zuzüglich Volumenkräfte, zu einem Teil zur Formänderung des Körpers und zum anderen Teil zur Beschleunigung seiner Masse dient. Mit der Definition des sich aus drei Termen zusammensetzenden Energiefunktionals $\Pi = A - W_{\mathrm{s}} - B$ folgt:

$$\delta \left(A - W_{\mathrm{s}} - B \right) = 0 \quad \Leftrightarrow \quad \delta \Pi = 0 . \tag{5.5.19}$$

An dieser Stelle sind lässt sich ein Zusammenhang zu den Ausführungen zum Thema Variationsrechnung aus Abschnitt 5.4.2 herstellen. Erinnere dich, dass man unter einem **Funktional** zunächst einmal die „Funktion einer Funktion" versteht. In der Tat ist jede der bislang betrachteten Größen ein Integral (also eine

Funktion) über die Funktion der virtuellen Verschiebungen, wie man schon in den Gleichungen (5.5.10/16/17) sieht. Gleichung (5.5.19) sagt dann mathematisch gesprochen aus, dass die Variation oder auch die erste Funktionalableitung der Kombination besagter Funktionale verschwinden muss. Wir untersuchen dieses im nächsten Abschnitt etwas näher.

5.5.3 Das PdvV vom Standpunkt der Variationsrechnung

Wir diskutieren die Funktionalableitungen der einzelnen Komponenten des Energiefunktionals $\Pi = A - W_s - B$ im Zusammenhang mit den Rechenregeln für Variationsableitungen (5.4.28) eines Funktionals vom allgemeinen Typ (5.4.12). Für die Arbeit ergibt sich aus den Gleichungen (5.4.9/10) für die Leistungen:

$$A = \oint_{\partial V(t)} t_i u_i \, \mathrm{d}A + \int_{V(t)} \rho f_i u_i \, \mathrm{d}V . \tag{5.5.20}$$

Dieses Funktional ist linear in den Verschiebungen u_i und die Oberflächen- und Volumenkräfte $t_i = n_j \sigma_{ji}$ bzw. ρf_i sind auf das System aufgeprägte konstante Größen. Mithin ergibt die Anwendung der Rechenregel (5.4.28):

$$\delta A = \oint_{\partial V(t)} t_i \delta u_i \, \mathrm{d}A + \int_{V(t)} \rho f_i \delta u_i \, \mathrm{d}V . \tag{5.5.21}$$

Für die Formänderungsenergie haben wir gemäß (5.3.4) allgemein zu schreiben:

$$W_s = \int_{V(t)} w_s \, \mathrm{d}V = \int_{V(t)} \int_{\underline{\underline{\tilde{\varepsilon}}}=\underline{\underline{0}}}^{\underline{\underline{\tilde{\varepsilon}}}=\underline{\underline{\varepsilon}}} \sigma_{rs}\left(\underline{\underline{\tilde{\varepsilon}}}\right) \mathrm{d}\tilde{\varepsilon}_{sr} \, \mathrm{d}V . \tag{5.5.22}$$

Im Hinblick auf die Grunddefinition für die Verzerrungen, Gleichung (4.3.12), ist dieses Funktional lediglich abhängig von Ortsableitungen der Verschiebungen. Somit ergibt die Anwendung der Rechenregel (5.4.28):

$$\begin{aligned} \delta W_s = &- \int_{V(t)} \frac{\partial}{\partial x_m} \frac{\partial \left(\int_{\underline{\underline{\tilde{\varepsilon}}}=\underline{\underline{0}}}^{\underline{\underline{\tilde{\varepsilon}}}=\underline{\underline{\varepsilon}}} \sigma_{rs}\left(\underline{\underline{\tilde{\varepsilon}}}\right) \mathrm{d}\tilde{\varepsilon}_{sr} \right)}{\partial \left(\partial u_l / \partial u_m \right)} \delta u_l \, \mathrm{d}V + \\ & \oint_{\partial V(t)} n_m \frac{\partial \left(\int_{\underline{\underline{\tilde{\varepsilon}}}=\underline{\underline{0}}}^{\underline{\underline{\tilde{\varepsilon}}}=\underline{\underline{\varepsilon}}} \sigma_{rs}\left(\underline{\underline{\tilde{\varepsilon}}}\right) \mathrm{d}\tilde{\varepsilon}_{sr} \right)}{\partial \left(\partial u_l / \partial u_m \right)} \delta u_l \mathrm{d}A . \end{aligned} \tag{5.5.23}$$

Energiemethoden

Die weitere Umformung ist etwas länglich, folgt aber stets den gebräuchlichen Regel der Differenzial- und Integralrechnung:

$$\delta W_s = -\int_{V(t)} \frac{\partial}{\partial x_m}\left[\frac{\partial\left(\int_{\underline{\underline{\tilde{\varepsilon}}}=\underline{\underline{0}}}^{\underline{\underline{\tilde{\varepsilon}}}=\underline{\underline{\varepsilon}}} \sigma_{rs}\left(\underline{\underline{\tilde{\varepsilon}}}\right)\mathrm{d}\tilde{\varepsilon}_{sr}\right)}{\partial\varepsilon_{u\upsilon}}\frac{\partial\varepsilon_{u\upsilon}}{\partial(\partial u_l/\partial u_m)}\right]\delta u_l dV \qquad (5.5.24)$$

$$+\oint_{\partial V(t)} n_m \frac{\partial\left(\int_{\underline{\underline{\tilde{\varepsilon}}}=\underline{\underline{0}}}^{\underline{\underline{\tilde{\varepsilon}}}=\underline{\underline{\varepsilon}}} \sigma_{rs}\left(\underline{\underline{\tilde{\varepsilon}}}\right)\mathrm{d}\tilde{\varepsilon}_{sr}\right)}{\partial\varepsilon_{u\upsilon}}\frac{\partial\varepsilon_{u\upsilon}}{\partial(\partial u_l/\partial u_m)}\delta u_l \mathrm{d}A =$$

$$-\int_{V(t)} \frac{\partial}{\partial x_m}\left[\sigma_{\upsilon u}\tfrac{1}{2}\left(\delta_{ul}\delta_{m\upsilon}+\delta_{l\upsilon}\delta_{mu}\right)\right]\delta u_l \mathrm{d}V +$$

$$\oint_{\partial V(t)} n_m\sigma_{\upsilon u}\tfrac{1}{2}\left(\delta_{ul}\delta_{m\upsilon}+\delta_{l\upsilon}\delta_{mu}\right)\delta u_l \mathrm{d}A =$$

$$-\tfrac{1}{2}\int_{V(t)} \frac{\partial}{\partial x_m}\left[\sigma_{ml}+\sigma_{lm}\right]\delta u_l \mathrm{d}V + \tfrac{1}{2}\oint_{\partial V(t)} n_m\left(\sigma_{ml}+\sigma_{lm}\right)\delta u_l \mathrm{d}A =$$

$$-\int_{V(t)} \frac{\partial\sigma_{ml}}{\partial x_m}\delta u_l \mathrm{d}V + \oint_{\partial V(t)} n_m\sigma_{ml}\,\delta u_l \mathrm{d}A =$$

$$-\int_{V(t)} \frac{\partial\sigma_{ml}}{\partial x_m}\delta u_l \mathrm{d}V + \oint_{\partial V(t)} n_m t_m\,\delta u_l \mathrm{d}A.$$

Dabei wurde mehrmals angenommen, dass der Spannungstensor symmetrisch ist. Schließlich betrachten wir noch das Funktional der Beschleunigungsarbeit, für die wir allgemein schreiben müssen:

$$B = \int_{V(t)} \rho \ddot{u}_i u_i \,\mathrm{d}V\,. \qquad (5.5.25)$$

Um die Rechenregel (5.4.28) anwenden zu können, ist zu beachten, dass in ihr die Funktion der zweifachen Zeitableitung der Verschiebung wie eine Konstante aufzufassen ist. B ist also ebenfalls ein lineares Funktional in der Verschiebung und es gilt:

$$\delta B = \int_{V(t)} \rho \ddot{u}_i \delta u_i \,\mathrm{d}V\,. \qquad (5.5.26)$$

Wir fordern nun, dass $\Pi = A - W_s - B$ extremal wird, und finden durch Addition respektive Subtraktion der Ergebnisse (5.5.21/24/26), dass sich ergibt:

$$\delta\Pi = \delta A - \delta W_s - \delta B$$
$$= \int_{V(t)} \left(\rho f_i + \frac{\partial \sigma_{ji}}{\partial x_i} - \rho \ddot{u}_i \right) \delta u_i \, \mathrm{d}V \overset{!}{=} 0. \tag{5.5.27}$$

Da nun δu_i völlig beliebig gewählt werden kann, muss der Integrand verschwinden, d. h., es folgt die Impulsbilanz in regulären Punkten, die wir schon aus den Gleichungen (4.2.26) bzw. (4.5.2) her kennen:

$$\rho \ddot{u}_i = \frac{\partial \sigma_{ji}}{\partial x_i} + \rho f_i. \tag{5.5.28}$$

Mithin sind die notwendigen Bedingungen für die Extremwertbildung des Energiefunktionals Π gerade die NEWTONschen Gleichungen der Kontinuumsmechanik und in diesem Sinne ist das PdvV äquivalent zur diesem Satz von partiellen Differenzialgleichungen. Im Zusammenhang mit der Methode finiter Elemente spricht man gerne auch davon, dass die Beziehungen (5.5.33) die sogenannte **schwache Form** der Gleichungen (5.5.41) darstellen, denn sie gelten im **integralen** Sinne.

Wir werden nun einige Spezialfälle studieren und u. a. den Energiesatz der Mechanik aus Abschnitt 5.5.1 als Spezialfall des auf Kontinua und dynamische Prozesse verallgemeinerten Energieprinzips aus Gleichung (5.5.19) wiederentdecken.

5.5.4 Das PdvV – Statik starrer Systeme

Im Falle der Statik verschwinden in Gleichung (5.5.19) alle beschleunigungsabhängigen Terme. Es ist also:

$$\delta B = 0. \tag{5.5.29}$$

Spezialisieren wir nun noch auf starre Körper, so ist der Verzerrungstensor aus Gleichung (5.5.14) identisch null und wir finden so:

$$\delta W_s = 0. \tag{5.5.30}$$

Das bedeutet im Hinblick auf das Prinzip der virtuellen Verschiebung nach Gleichung (5.5.19), dass:

$$\delta A = 0. \tag{5.5.31}$$

Energiemethoden

In Worten heißt das, dass bei statischen Starrkörpersystemen die virtuelle Arbeit der Kräfte und Momente verschwindet bzw. ein mechanisches System starrer Körper im Gleichgewicht ist, wenn seine virtuelle Arbeit null ist, denn es gilt ja per Definition der Gleichung (5.5.10):

$$\begin{aligned}\delta A &= \oint_{\partial V(t)} n_j \sigma_{ji} \delta u_i \,\mathrm{d}A + \int_{V(t)} \rho f_i \delta u_i \,\mathrm{d}V = \sum_{i=1}^{P} \underline{K}^i \cdot \delta \underline{u}^i \\ &= \sum_{i=1}^{N} \underline{F}^i \cdot \delta \underline{u}^i + \sum_{i=1}^{M} \underline{M}^i \cdot \delta \underline{\varphi}^i .\end{aligned} \tag{5.5.32}$$

Hierbei haben wir nach dem zweiten Gleichheitszeichen anstelle der kontinuierlichen Oberflächen- und Volumenkraftverteilung gemäß den Gleichungen (5.3.53) speziell diskrete verallgemeinerte Kraftgrößen $\underline{K}^i$ eingeführt, die wir nach dem dritten Gleichheitszeichen in Punktkräfte $\underline{F}^i$ und Punktmomente $\underline{M}^i$ aufgeschlüsselt haben. Dies ist geschehen, da in Problemen der elementaren Mechanik diskrete Kraftgrößen auftreten, wie wir aus den Abschnitten über die Statik bereits wissen. In der Form (5.5.31/32) kennen wir den Arbeitssatz der Statik bereits aus Abschnitt 5.5.1. Mehrere Beispiele sollen die Anwendung des PdvV in der Statik verdeutlichen:

5.5.5 Beispiele zum PdvV in der Statik starrer Systeme

Berechnung von Kräften und Momenten

Betrachte die in Abbildung 5.5.1 dargestellte Wippe unter der Wirkung zweier Kräfte F_1 sowie F_2. Die dazugehörigen Hebel seien mit a und b bezeichnet. Wir wollen annehmen, dass Letztere vorgegeben sowie die Kraft F_1 bekannt sei. Die Frage ist nun, wie groß die Kraft F_2 sein muss, um Gleichgewicht zu garantieren. Zu diesem Zweck lenken wir die Wippe am Ende der gesuchten Kraft um ein kleines virtuelles Stück δu_2 aus. Dieses entspricht einem dazugehörigen Drehwinkel $\delta \vartheta$, und da wir voraussetzen, dass die Auslenkung klein ist, dürfen wir schreiben:

$$\delta u_2 = a \delta \vartheta \,, \quad \delta u_1 = b \delta \vartheta \,. \tag{5.5.33}$$

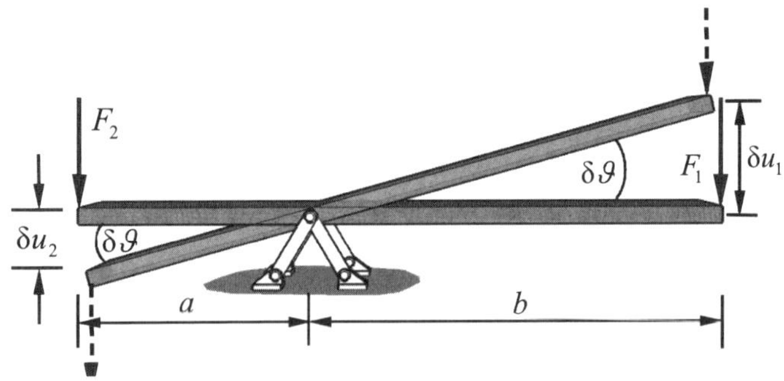

Abb. 5.5.1: Anwendung des Prinzips der virtuellen Verschiebung auf eine Wippe.

In der letzten Gleichung haben wir auch schon die kinematische Bedingung aufgeschrieben, die bei der virtuellen Bewegung erfüllt sein muss. Wenn man nämlich auf der linken Seite um den virtuellen Winkel $\delta\vartheta$ auslenkt, so muss wegen der Starrheit (Zwangsbedingung) der Stange derselbe Winkel auch auf der rechten Seite auftreten. Werten wir nun den Arbeitssatz in der Form (5.5.6) für das gegebene Problem aus, so folgt:

$$\delta A = -F_1 \delta u_1 + F_2 \delta u_2 = -F_1 b \delta\vartheta + F_2 a \delta\vartheta = 0\,, \qquad (5.5.34)$$

denn im Falle der Kraft F_1 liegt die Kraft antiparallel zum durchlaufenen Weg, d. h., der dazugehörige Kosinus des eingeschlossenen Zwischenwinkels ist gleich -1 im Gegensatz zu der Kraft F_2, wo der Weg parallel zur Kraft durchlaufen wird. Mithin erhält man:

$$F_2 = \frac{b}{a} F_1\,, \qquad (5.5.35)$$

also das ARCHIMEDIsche Hebelgesetz.

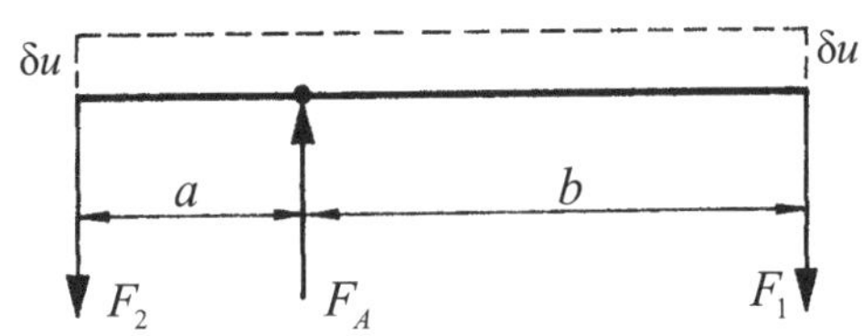

Abb. 5.5.2: Anwendung des Prinzips der virtuellen Verschiebung zur Bestimmung der Auflagerkraft einer Wippe.

Als zweites Beispiel betrachten wir die Abbildung 5.5.2, in der es um die Bestimmung der Auflagerkraft F_A einer Wippe geht. Wir verschieben zur Lösung um ein Stück δu in vertikaler Richtung und wenden den Arbeitssatz an:

$$\delta A = F_A \delta u - F_2 \delta u - F_1 \delta u = 0\,. \qquad (5.5.36)$$

Dabei mussten wir wieder die jeweilige Orientierung der Kräfte zu der Verschiebung, also die Wirkung der Kosinusfunktion, beachten. Es folgt:

$$F_A = F_1 + F_2\,, \qquad (5.5.37)$$

also die Kräftesumme in y-Richtung.

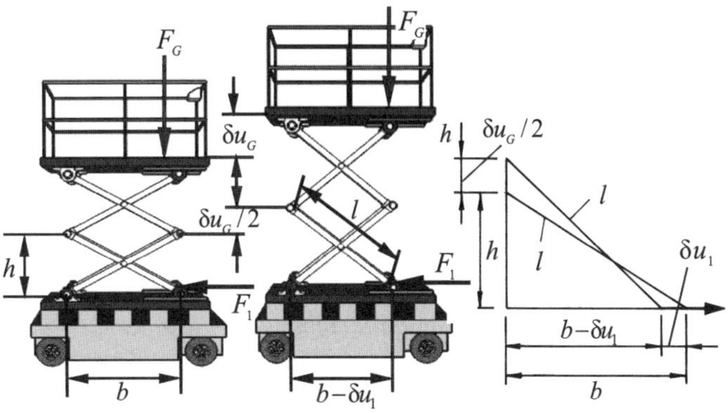

Abb. 5.5.3: Anwendung des Prinzips der virtuellen Verschiebung auf eine Hebebühne.

Um die Möglichkeiten des Arbeitssatzes, nämlich insbesondere die mit ihm verbundene Rechenersparnis, klar zu sehen, betrachten wir als letztes Beispiel die in der Abbildung 5.5.3 dargestellte Hebebühne und fragen nach der zum Halten des Gleichgewichtes nötigen Schiebekraft F_1. Notieren wir den Arbeitssatz, so gilt:

$$\delta A = -F_G \delta u_G + F_1 \delta u_1 = 0\,. \qquad (5.5.38)$$

Als kinematische Zwangsbedingung ist zu notieren, dass (PYTHAGORAS!):

$$\left(\frac{\delta u_G}{2} + h\right)^2 + (b - \delta u_1)^2 = l^2 = h^2 + b^2 \qquad (5.5.39)$$

$$\Rightarrow \quad \frac{\delta u_G}{\delta u_1} = 2\frac{b}{h}\,. \qquad (5.5.40)$$

Letzteres folgt aus der Forderung, dass die Stablänge l (siehe Zeichnung) konstant bleiben muss und dass die virtuellen Verschiebungen klein sind, sodass man Größen zweiter Ordnung vernachlässigen kann. Mithin wird:

Evangelista TORRICELLI wurde am 15. Oktober 1608 in Rom geboren und starb jung am 25. Oktober 1647 in Florenz. Er war u. a. Sekretär des berühmten Galileo GALILEI und beschäftigte sich wie dieser mit Problemen der Mechanik. Die Wetterkunde hatte es ihm besonders angetan. Er entwickelte nämlich Barometer (siehe Bild), und die noch heute verwendete Druckeinheit Torr ist nach ihm benannt. Außerdem studierte er Probleme der Ballistik, was der Obrigkeit besonders gefiel. Geld machte er jedoch mit dem Schleifen von Mikroskoplinsen, also mit extrem praktischer Mechanik, und das stellt die Wertschätzung seines Theorems durch den Rest der Menschheit in die richtige Perspektive.

$$F_1 = 2F_G \frac{b}{h}. \tag{5.5.41}$$

Berechnung von stabilen Lagen

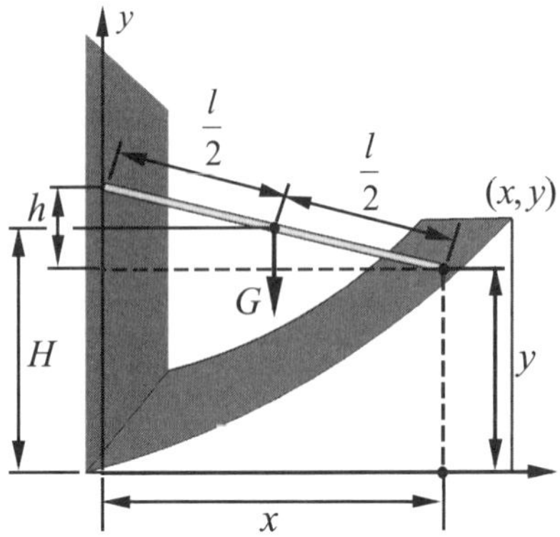

Abb. 5.5.4: Gleichgewicht eines reibungsfrei gelagerten Stabes an einer gekrümmten Wand.

Betrachte die in Abbildung 5.5.4 dargestellte reibungsfrei gelagerte Stange mit dem Gewicht G (gleichmäßig über die Stange verteilt zu denken). Wir suchen die Menge der Punkte $(x\,,\,y)$ in der Ebene, für die diese Stange im Gleichgewicht bleibt, mit anderen Worten, die stabilen Gleichgewichtslagen der Stange. Mit dem allgemeinen Verschiebungsvektor $(\delta u_{G_x}\,,\,\delta u_{G_y})$ des mit dem Gewicht G versehenen Schwerpunktes findet man über den Arbeitssatz:

$$\delta A = \begin{pmatrix} \delta u_{Gx} \\ \delta u_{G_y} \end{pmatrix} \cdot \begin{pmatrix} 0 \\ -G \end{pmatrix} = -\delta u_{G_y}\, G = 0 \quad \Rightarrow \quad \delta u_{G_y} = 0 \tag{5.5.42}$$

und damit sofort:

$$H = \text{const.} = y + \frac{h}{2} = y + \tfrac{1}{2}\sqrt{l^2 - x^2}\,. \tag{5.5.43}$$

Das bedeutet anschaulich, dass sich die Höhe des Schwerpunktes H nicht ändern darf. Der Wert dieser konstanten Höhe lässt sich für den Fall einer vertikal aufgestellten Stange sofort ermitteln:

$$\text{const.} = 0 + \tfrac{1}{2}\sqrt{l^2 - 0^2} = \tfrac{1}{2}l\,. \tag{5.5.44}$$

Somit folgt:

$$y = \tfrac{1}{2}l - \tfrac{1}{2}\sqrt{l^2 - x^2}\,. \tag{5.5.45}$$

Dieses ist nichts anderes als die Gleichung einer Ellipse, wie man durch einfaches Umstellen sofort erkennt:

$$\frac{(y-l/2)^2}{(l/2)^2}+\frac{x^2}{l^2}=1. \tag{5.5.46}$$

Das Prinzip von TORRICELLI

Wir spezialisieren das Energieprinzip der Statik starrer Körper, Gleichung (5.5.31/32), auf den Fall, dass nur Gewichtskräfte am Körper angreifen. Es ist also (u. a. wegen (4.3.8)):

$$\delta\underline{u}=(\delta u_1,\delta u_2,\delta u_3)\equiv\delta\underline{x}\ ,\quad \underline{f}=(0,0,-g), \tag{5.5.47}$$

und damit gilt:

$$\begin{aligned}\delta A&=\int_V \rho f_i \delta u_i\ \mathrm{d}V=-g\int_V \rho\,\delta u_3\ \mathrm{d}V\\&=-g\int_V \rho\,\delta x_3\ \mathrm{d}V=-g\int_M \delta x_3\ \mathrm{d}m\\&=-g\delta\int_M x_3\ \mathrm{d}m=-g\delta\int_V \rho x_3\ \mathrm{d}V=-g\delta\left(Mx_3^S\right)=-gM\,\delta x_3^S\,.\end{aligned} \tag{5.5.48}$$

Also folgt wegen $\delta A=0$, dass:

$$\delta x_3^S=0\,, \tag{5.5.49}$$

d. h., bei ausschließlicher Anwesenheit von Gewichtskräften ordnen sich die Massen des Körpers so an, dass der Körperschwerpunkt im Gleichgewicht eine Extremlage (Tiefstlage) annimmt. Diese Aussage ist auch als das Prinzip von TORRICELLI bekannt.

Der GERBER-Träger

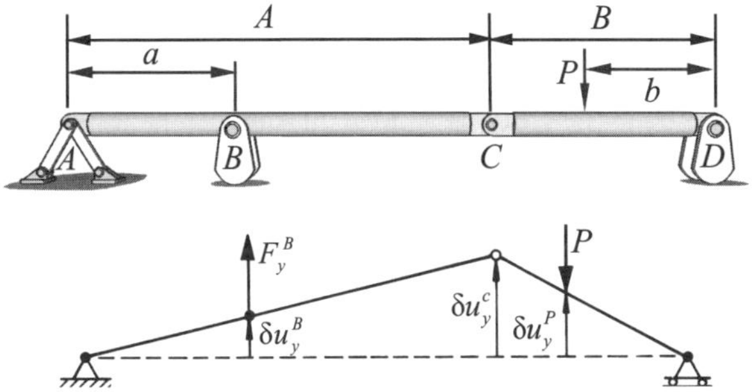

Abb. 5.5.5: GERBER-Träger unter Einzellast.

Für den in Abb. 5.5.5 dargestellten GERBER-Träger ist die Auflagerkraft im Punkt B gesucht. Wir entfernen das Auflager in

Heinrich GERBER wurde am 18. 11. 1832 in Hof / Bayern geboren und starb am 3. 1. 1912 in München. Zeit seines Lebens widmete er sich erfolgreich dem Bau von Brücken. So wurde er im Jahre 1856 mit der Bauführung für die Eisenbahnbrücke über die Isar bei Großhessenlohe. Ab 1858 war er leitender Ingenieur für Eisenbauten in den CRAMER-PLETTschen Werken in Nürnberg sowie Leiter der Brückenbauabteilungen der Nachfolgewerke. Im Jahre 1885 erhielt er einen Aufsichtsratsposten der Maschinenbau-Aktiengesellschaft Augsburg-Nürnberg, begründet nicht zuletzt durch seinen Entwurf und Bau der Eisenbahnbrücke über den Rhein bei Mainz (1000 m Länge, 1859–1862). GERBER führte neue statische Berechnungsverfahren ein und brachte Konstruktionen im Brückenbau zur Vollendung. So ist er der Erfinder des Auslegerträgers mit freiliegenden Stützpunkten, des sogenannten GERBER-Trägers, den er sich 1866 patentieren lässt. Das erste Bauwerk mit GERBER-Balken wurde die Mainbrücke bei Haßfurth. Im Groben besteht dieser Brückentyp aus zwei Kragarmen, die in der Mitte durch einen eingehangenen Einfeldträger verbunden sind. Bemerkenswert ist dabei, dass die Gurtführung weitgehend dem Momentenverlauf, also den tatsächlichen Biegemomenten entsprechend, angepasst wird. An den Gurtkreuzungspunkten, wo die Zug- und Druckkräfte gegen null gehen, sind die GERBER-Gelenke angeordnet. Zu den vielen in aller Welt nach dem GERBER-Prinzip gebauten Brücken zählt die berühmte Firth-of-Forth-Brücke bei Queensferry in Schottland.

diesem Punkt und lassen ihn sich unter der Wirkung der Auflagerkraft $\underline{F} = (0, F_{By})$ um die virtuelle Verschiebung $\delta \underline{u}^B = (\delta u_x^B, \delta u_y^B)$ bewegen. Dabei bewegt sich auch der Punkt, in dem die Kraft $\underline{P} = (0, -P)$ angreift, und zwar um $\delta \underline{u}^P = (\delta u_x^P, \delta u_y^P)$. Die dazugehörigen virtuellen Arbeiten ergeben sich unter Verwendung des PdvV aus den Gleichungen (5.5.31/32) zu:

$$\delta A = F_y^B \delta u_y^B - P \delta u_y^P = 0 . \tag{5.5.50}$$

Der Kinematik ist Rechnung zu tragen, und das bedeutet nach dem Strahlensatz, dass gelten muss:

$$\frac{\delta u_y^B}{a} = \frac{\delta u_y^c}{A} , \quad \frac{\delta u_y^P}{b} = \frac{\delta u_y^c}{B} . \tag{5.5.51}$$

Eliminierung der Hilfsgröße δu_y^c ergibt:

$$\delta u_y^P = \frac{b}{a} \frac{A}{B} \delta u_y^B . \tag{5.5.52}$$

Dies in Gleichung (5.9.50) eingesetzt führt auf:

$$\left(F_y^B - P \frac{b}{a} \frac{A}{B} \right) \delta u_y^B = 0 . \tag{5.5.53}$$

Da die Wahl von δu_y^B willkürlich ist, folgt:

$$F_y^B = P \frac{b}{a} \frac{A}{B} . \tag{5.5.54}$$

5.5.6 Das PdvV – Statik deformierbarer Systeme

Auch weiterhin sollen in Gleichung (5.5.19) alle beschleunigungsabhängigen Terme verschwinden. Der Verzerrungstensor aus Gleichung (5.5.14) ist jedoch diesmal nicht null, und das Prinzip der virtuellen Verschiebung aus Gleichung (5.5.19) lautet nun:

$$\delta A - \delta W_s = 0 . \tag{5.5.55}$$

Dabei sind die Arbeit der Kräfte und die Formänderungsenergie durch die Gleichungen (5.5.32) und (5.5.17) definiert. Um das Prinzip verwendbar zu machen, müssen wir jedoch in der Lage sein, die Formänderungsenergie explizit auszurechnen. Das gelingt z. B. dann, wenn wir linear-elastisches Materialverhalten annehmen. Wir verwenden also das HOOKEsche Gesetz in der allgemeinen Form (4.5.3) und die darauf aufbauenden Ergebnisse aus Abschnitt 5.3.2 und insbesondere die Gleichung (5.3.29):

$$\begin{aligned} w_s &= \tfrac{1}{2}\sigma_{lk}\varepsilon_{kl} \\ \Rightarrow\quad \delta w_s &= \delta\left[\tfrac{1}{2}\sigma_{lk}\varepsilon_{kl}\right] = \sigma_{lk}\delta\varepsilon_{kl} = \varepsilon_{kl}\delta\sigma_{lk}\,. \end{aligned} \tag{5.5.56}$$

Die in der letzten Gleichung stehenden Identitäten beweist man durch Nachrechnen unter Verwendung des HOOKEschen Gesetzes:

$$\begin{aligned} \sigma_{ij} &= \frac{E}{1+\nu}\left(\varepsilon_{ij} + \frac{\nu}{1-2\nu}\varepsilon_{kk}\delta_{ij}\right) \\ \Rightarrow\quad \delta\sigma_{ij} &= \frac{E}{1+\nu}\left(\delta\varepsilon_{ij} + \frac{\nu}{1-2\nu}(\delta\varepsilon_{kk})\delta_{ij}\right) \end{aligned} \tag{5.5.57}$$

und unter Verwendung der Produktregel:

$$\delta\left[\sigma_{lk}\varepsilon_{kl}\right] = (\delta\sigma_{lk})\,\varepsilon_{kl} + \sigma_{lk}\delta\varepsilon_{kl}\,. \tag{5.5.58}$$

5.5.7 Ein Beispiel zum PdvV in der Statik deformierbarer Systeme

Als spezieller Anwendungsfall soll ein gerader, linear-elastischer Balken auf zwei Stützen betrachtet werden, der unter Wirkung einer Querkraftverteilung $q(x)$, also einer Biegemomentenverteilung, steht: Abbildung 5.5.6.

Hierfür hatten wir bereits in Abschnitt 5.3.4 angegeben, dass in diesem Fall sich die komplementäre Formänderungsenergie wie folgt schreiben lässt:

$$W_s^{*,M} = \tfrac{1}{2}\int_0^l \frac{M^2}{EI}\,\mathrm{d}x\,. \tag{5.5.59}$$

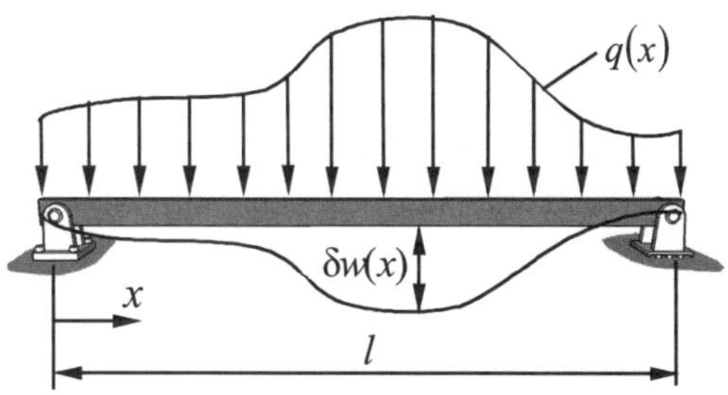

Abb. 5.5.6: Gerader Balken unter Querlast mit „virtuell variierter" Biegelinie.

Diese ist, wie wir wissen, für linear-elastische Materialien gleich der im Zusammenhang mit dem PvVV nötigen Formänderungsenergie W_s^M. Da es sich um ein statisches Problem handelt, wollen wir nun gemäß dem PdvV folgende Variationen untersuchen:

$$\delta A_M - \delta W_s^M = 0 . \tag{5.5.60}$$

Hierzu ist es offenbar nötig, anstelle von Kraftgrößen, eben der Momentenverteilung $M(x)$, Verschiebungsgrößen einzubringen, nämlich die Durchbiegung $w(x)$ und damit zusammenhängende Variationen bzw. virtuelle Verschiebungen. In Gleichung (5.5.59) jedoch ist die komplementäre Formänderungsenergie und damit auch die Formänderungsenergie selbst durch Kraftgrößen ausgedrückt worden. Aus der elementaren Festigkeitslehre ist aber bekannt, dass gilt:

$$w'' = -\frac{M}{EI} . \tag{5.5.61}$$

Dabei bedeuten die beiden Striche die zweite Ableitung der Verschiebung nach dem Ort. Mithin dürfen wir anstelle von Gleichung (5.5.59) auch schreiben:

$$W_s^{*,M} \equiv W_s^M = \tfrac{1}{2}\int_0^l EI\left(w''\right)^2 \mathrm{d}x . \tag{5.5.62}$$

Dies ist die Darstellung der Formänderungsenergie in Verschiebungsgrößen. Wir bilden nun die Variation der Formänderungsenergie gemäß den aus der elementaren Differenzialrechnung bekannten Regeln, die für Funktionalableitungen in analoger Weise gelten, ohne dieselben explizit zu beweisen.

$$\begin{aligned}\delta W_s^M &= \tfrac{1}{2}\delta\int_0^l EI\left(w''\right)^2 \mathrm{d}x \\ &= \tfrac{1}{2}\int_0^l EI\delta\left(w''\right)^2 \mathrm{d}x = \int_0^l EIw''\delta\left(w''\right) \mathrm{d}x .\end{aligned} \tag{5.5.63}$$

Wir wenden uns nun der Arbeit zu, welche die Querlasten im Zusammenhang mit der virtuellen Verschiebung erbringen. Hierfür haben wir offenbar:

$$\delta A_M = \int_0^l q \, \delta w \, \mathrm{d}x . \tag{5.5.64}$$

Also folgt gemäß dem PdvV aus Gleichung (5.5.60):

$$\int_0^l \left(q\,\delta w - EIw''\delta(w'')\right)\mathrm{d}x = 0\,. \tag{5.5.65}$$

Wir müssen nun wieder die Kinematik richtig berücksichtigen, ähnlich wie wir dies schon im Beispiel aus Abschnitt 5.5.5 gemacht haben. Das bedeutet hier, dass wir versuchen, die Größe $\delta(w'')$ auf die Größe δw zurückzuführen. Im vorliegenden Fall gelingt dies durch partielle Integration:

$$\int_0^l EIw''\delta(w'')\,\mathrm{d}x = \left[EIw''\delta(w')\right]\Big|_0^l - \int_0^l \left(EIw''\right)'\delta(w')\,\mathrm{d}x = \tag{5.5.66}$$

$$\left[EIw''\delta(w')\right]\Big|_0^l - \left[\left(EIw''\right)'\delta w\right]\Big|_0^l + \int_0^l \left(EIw''\right)''\delta w\,\mathrm{d}x\,.$$

Die bei der ersten partiellen Integration ausintegrierten Terme verschwinden aufgrund der **physikalischen Randbedingungen**. Da nämlich gelenkig gelagert wurde, verschwinden in den Auflagern die Momente und es gilt:

$$EIw''(x=0) = -M(x=0) = 0\,,$$

$$EIw''(x=l) = -M(x=l) = 0\,. \tag{5.5.67}$$

Die durch die zweite partielle Integration entstandenen Terme verschwinden aufgrund von **Kompatibilität**, d. h. **geometischer Randbedingungen**, denn unsere virtuellen Verschiebungen können in den Lagerpunkten nur so beschaffen sein, dass gilt:

$$\delta w(x=0) = 0\,,\quad \delta w(x=l) = 0\,. \tag{5.5.68}$$

Also folgt durch Einsetzen der Gleichung (5.5.66) in Gleichung (5.5.65):

$$\int_0^l \left[q - \left(EIw''\right)''\right]\delta w\,\mathrm{d}x = 0\,, \tag{5.5.69}$$

woraus wegen der Beliebigkeit der virtuellen Verschiebung nur folgen kann, dass:

$$\left(EIw''\right)'' = q\,, \tag{5.5.70}$$

also die Grundgleichung der Biegetheorie bei Anwesenheit einer Streckenlast quer zur Balkenachse.

5.5.8 PdvV – Allgemeine Belastungsfälle für HOOKEsche Balken

Wie sukzessive in Kapitel 2 gezeigt wurde, sind (gerade) Balken typischerweise nicht nur Biegemomentenbelastungen $M(x)$, sondern auch Normal- bzw. Torsionsbelastungen $N(x)$ und $M_T(x)$ ausgesetzt. Im Allgemeinen treten diese Belastungsfälle sogar **gleichzeitig** auf, und es stellt sich die Frage, wie die im vorherigen Abschnitt für den Fall reiner Biegung präsentierten Argumente des PdvV auf einen allgemeinen Belastungsfall übertragen werden können. Der zentrale Punkt in obiger Argumentationskette war die auf reine Biegung spezialisierte Formänderungsenergie, also Gleichung (5.5.59) bzw. Gleichung (5.5.62), je nachdem, ob wir von der komplementären Formänderungsenergie starten und aufgrund der linearen Elastizität damit sofort auch die Formänderungsenergie in Form der Schnittgröße $M(x)$ hinschreiben können, bzw. wie es der Formänderungsenergie eigentlich angemessen ist, von Anfang an die Verformungsgröße $w(x)$ verwenden.

Die folgende Tabelle erlaubt es, die Verformungsenergie für jeden der drei hier interessierenden Belastungs- bzw. Verschiebungsfälle abzulesen, und zwar dargestellt sowohl durch Schnitt- als auch durch die entsprechenden Verformungsgrößen, was man aus offensichtlichem Grund auch als **duale** Darstellungsmöglichkeit bezeichnet:

Schnitt- bzw. Verschiebungsgröße	*Formänderungsenergie* in dualer Darstellung
Normalkraft $N(x)$ bzw. Verschiebung in Schwerachsenrichtung des Balkens $u(x)$ (vgl. Abschnitte 2.2.1/4)	$W_s^{*,N} \equiv W_s^N = \frac{1}{2}\int_0^l \frac{N^2}{EA}\,dx \quad \Leftrightarrow$ $W_s^N = \frac{1}{2}\int_0^l EA(u')^2\,dx \qquad (5.5.71)$
Momentenverteilung $M(x)$ längs der Balkenachse bzw. resultierende Durchbiegung $w(x)$ senkrecht zu derselben (vgl. Abschnitt 2.6)	$W_s^{*,M} \equiv W_s^M = \frac{1}{2}\int_0^l \frac{M^2}{EI}\,dx \quad \Leftrightarrow$ $W_s^M = \frac{1}{2}\int_0^l EI(w'')^2\,dx$ $(5.5.72)$

Energiemethoden

Torsionsmomenten-verteilung $M_{\mathrm{T}}(x)$ längs der Balkenachse bzw. resultierender Verdrillwinkel $\varphi(x)$ (vgl. Abschnitte 2.7.5)	$W_{\mathrm{s}}^{*,M_{\mathrm{T}}} \equiv W_{\mathrm{s}}^{M_{\mathrm{T}}} = \frac{1}{2}\int_0^l \frac{M_{\mathrm{T}}^2}{GI_{\mathrm{p}}}\mathrm{d}x \quad \Leftrightarrow$ $W_{\mathrm{s}}^{M_{\mathrm{T}}} = \frac{1}{2}\int_0^l GI_{\mathrm{p}}(\varphi')^2\mathrm{d}x$ (5.5.73)

Dass diese Darstellungen richtig sind, beweisen wir, indem wir von der Grunddefinition der spezifischen Formänderungsenergie im linear-elastischen Fall starten (vgl. Abschnitt 5.3.2):

$$w_{\mathrm{s}} = \tfrac{1}{2}\sigma_{ij}\varepsilon_{ji}\,, \tag{5.5.74}$$

diese auf den betreffenden Last-/Dehnungsfall spezialisieren und danach im Schwerachsensystem des geraden Balkens über dessen Länge l und dessen Querschnitt A integrieren:

$$W_{\mathrm{s}} = \int_V w_{\mathrm{s}}\mathrm{d}V = \int_{x=0}^{l}\int_A w_{\mathrm{s}}\mathrm{d}A\mathrm{d}x\,. \tag{5.5.75}$$

Dieses wurde für den Fall **reiner** Normalkraftbelastung bereits in Abschnitt 5.3.4 vorgeführt, und man gelangt in völlig analoger Weise zu den Gleichungen für **reine** Momenten- bzw. **reine** Torsionsbelastung.

Wir werden nun an einem Spezialfall zeigen, dass sich in Bezug auf ein gemeinsames Hauptschwerachsensystem die Formänderungsenergie im gemischten Belastungsfall als Summe der Formänderungsenergien der einzelnen Belastungen schreiben lässt. Mischterme treten dann nicht auf, und es gilt einfach:

$$W_{\mathrm{s}}^* = W_{\mathrm{s}}^{*,N} + W_{\mathrm{s}}^{*,M} + W_{\mathrm{s}}^{*,M_{\mathrm{T}}} = \frac{1}{2}\int_0^l\left(\frac{N^2}{EA} + \frac{M^2}{EI} + \frac{M_{\mathrm{T}}^2}{GI_{\mathrm{p}}}\right)\mathrm{d}x\,. \tag{5.5.76}$$

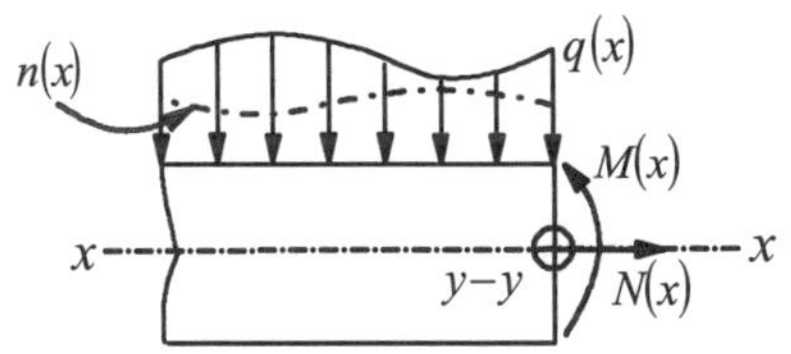

Abb. 5.5.7: Gerader Balken unter gleichzeitiger Normal- und Biegebeanspruchung.

Dass dem so ist, liegt daran, dass bei der Integration in Bezug auf das gemeinsame Schwerachsensystem aus einer Mischung der Belastungsfälle resultierende Integrale sich zu null ergeben.

Energiemethoden

Betrachten wir als Beispiel den in Abbildung 5.5.7 dargestellten Balken, der unter Zug in x-Richtung sowie unter Biegebeanspruchung um die y-Achse steht. Wie wir aus Abschnitt 2.8.2 wissen, entsteht in diesem Fall ein einachsiger Spannungszustand in der Form:

$$\underline{\underline{\sigma}} = \begin{pmatrix} \sigma_{xx} & 0 & 0 \\ 0 & 0 & 0 \\ 0 & 0 & 0 \end{pmatrix} \tag{5.5.77}$$

mit:

$$\sigma_{xx} = \frac{N(x)}{A} + \frac{M_y(x)}{I_{yy}} z \,. \tag{5.5.78}$$

Weiterhin gilt für die einzige nicht verschwindende Komponente der Spannung gemäß dem HOOKEschen Gesetz (vgl. auch Abschnitt 4.5.1):

$$\sigma_{xx} = E\varepsilon_{xx} , \tag{5.5.79}$$

und aus Gleichung (5.5.74) folgt:

$$w_{\mathrm{s}} = \tfrac{1}{2}\sigma_{xx}\varepsilon_{xx} = \frac{\sigma_{xx}^2}{2E} = \frac{1}{2E}\left(\frac{N(x)}{A} + \frac{M_y(x)}{I_{yy}} z\right)^2 = \tag{5.5.80}$$

$$\frac{1}{2E}\left(\frac{N^2}{A^2} + \frac{M_y^2}{I_{yy}^2} z^2 + 2\frac{NM_y}{AI_{yy}} z\right).$$

Hieran sieht man deutlich, wie zwischenzeitlich ein Mischterm auftritt. Dieser verschwindet jedoch bei den nachfolgenden Integrationen gemäß der Gleichung (5.5.75), wobei man zu beachten hat, dass die Größen N, M_y, E und I_{yy} höchstens von der Längenkoordinate x abhängen können:

$$W_{\mathrm{s}}^* = \int_{x=0}^{l}\int_A \frac{1}{2E}\left(\frac{N^2}{A^2} + \frac{M_y^2}{I_{yy}^2} z^2 + 2\frac{NM_y}{AI_{yy}} z\right) \mathrm{d}A\mathrm{d}x = \tag{5.5.81}$$

$$\int_{x=0}^{l} \frac{1}{2E}\frac{N^2}{A^2}\int_A \mathrm{d}A\,\mathrm{d}x + \int_{x=0}^{l} \frac{1}{2E}\frac{M_y^2}{I_{yy}^2}\int_A z^2\,\mathrm{d}A\mathrm{d}x + \int_{x=0}^{l} \frac{1}{E}\frac{NM_y}{AI_{yy}}\int_A z\,\mathrm{d}A\mathrm{d}x \,.$$

Im Hauptschwerachsensystem verschwindet das statische Moment erster Ordnung:

$$A = \int_A \mathrm{d}A \,, \quad I_{yy} = \int_A z^2\,\mathrm{d}A \,, \quad 0 = \int_A z\,\mathrm{d}A \,. \tag{5.5.82}$$

Also verbleibt als Endergebnis:

$$W_s^* = \int_{x=0}^{l} \frac{1}{2E}\frac{N^2}{A}\,dx + \int_{x=0}^{l} \frac{1}{2E}\frac{M_y^2}{I_{yy}}\,dx\,, \tag{5.5.83}$$

ein Spezialfall der allgemeinen Beziehung (5.5.76) bzw. $(5.3.43)_1$. Wir sind somit in der Lage, das PdvV auf beliebig belastete, gerade Balken anzuwenden. Indem wir die Gleichungen (5.5.71–73) sukzessive der in Abschnitt 5.5.7 vorgestellten Variationsprozedur unterwerfen, entsteht für den Normalbelastungsanteil:

$$\int_0^l \left[n - (EAu')'\right] \delta u \,dx = 0 \tag{5.5.84}$$

und für den Anteil der Torsionsbelastung:

$$\int_0^l \left[m_T - (GI_p\varphi')'\right] \delta\varphi \,dx = 0\,. \tag{5.5.85}$$

Diese Gleichungen resultieren aus dem PdvV in der Form (5.5.55), wobei die jeweils zu den Belastungen gehörigen virtuellen Arbeiten lauten (n bezeichnet die Normalkraft pro Längeneinheit und m_T das Torsionsmoment pro Längeneinheit):

$$\delta A_N = \int_0^l n\,\delta u\,dx\;,\quad \delta A_{M_T} = \int_0^l m_T\,\delta\varphi\,dx\,. \tag{5.5.86}$$

Bei beliebigen virtuellen Verschiebungen schließen wir auf das Verschwinden der Integranden:

$$(EAu')' = n\;,\quad (GI_p\varphi')' = m_T\,. \tag{5.5.87}$$

Diese Gleichungen sind uns (für konstante Steifigkeiten) aus der elementaren Festigkeitslehre bereits bekannt.

Man mag sich fragen, was man nun gewonnen hat, denn um es mit AUGUSTINUS zu sagen, scheint es sich wieder zu bewahrheiten, dass gilt "*Nihil novi sub sole*". Dies aber ist nur scheinbar. Erinnere, dass man die Differenzialgleichungen (5.5.70) und (5.5.87) für kompliziertere Last- und Geometriefälle oft nurmehr näherungsweise lösen kann. Warum sollte man also nicht gleich die Extremierung des Energiefunktionals nicht für die exakte Lösung, sondern für eine Näherungslösung fordern und daraus Bestimmungsgleichungen für dieselbe ableiten? Genau dies ist die Idee, die den berühmten Näherungsmethoden nach RITZ und GALERKIN zugrunde liegt, welche die mathematische Grundlage

Walter RITZ wurde in Sion im Schweizer Kanton Valais am 22. Februar 1878 geboren und starb im jungen Alter von 31 Jahren in Göttingen am 7. Juli 1909. Sein Studium fiel in die Zeit der großen Entdeckungen der Physik. Interessanterweise war Albert EINSTEIN einer seiner Klassenkameraden an der ETH Zürich. Entsprechend beschäftigen sich viele seiner wissenschaftlichen Arbeiten mit Elektrodynamik und Atomtheorie. Ein Jahr vor seinem Tod veröffentlichte er jedoch noch das Papier, das uns hier besonders interessiert, betitelt mit „Über eine neue Methode zur Lösung gewisser Variationsprobleme der mathematischen Physik".

Boris Grigorievich GALERKIN wurde am 4. März 1871 in Polotsk, Weißrussland geboren und starb am 12. Juni 1945 in Moskau. Er entstammte ärmsten Verhältnissen und finanzierte sein Studium der Mathematik und Ingenieurwissenschaften am Petersburger Polytechnikum durch Nachhilfestunden und als technischer Zeichner. 1899 graduiert er schließlich, um eine Arbeit am Lokomotivenwerk in Charkow anzunehmen. Er schafft es jedoch, ins westliche Ausland zu kommen und sich dort mit dem damaligen state-of-the-art bei der Berechnung von Baukonstruktionen vertraut zu machen. Seine Stippvisite endet im Jahre 1914 und inspiriert die Arbeiten, für die er weltberühmt ist, nämlich seine approximativen Verfahren zur Lösung von Differenzialgleichungen, die er 1915 erstmalig veröffentlicht. Von da an geht es mit der Karriere steil aufwärts. 1920 wird er der Leiter für Strukturmechanik am Petersburger Polytechnikum. Außerdem besetzt er gleichzeitig zwei Lehrstühle, nämlich einen für Elastizitätstheorie am Leningrader Ingenieurinstitut sowie einen weiteren für Strukturmechanik an der Leningrader Universität. Da sage man noch etwas über Ämterhäufung.

der Finite-Elemente-Verfahren (FEM) bilden. Davon wird im nächsten Abschnitt die Rede sein.

5.5.9 PdvV – Die Näherungsmethoden von RITZ und GALERKIN

Als Beispiel für die Ideen von RITZ betrachten wir wieder den unter Biegung stehenden geraden Balken mit dem zugehörigen, zu extremierenden Energiefunktional (vgl. Abschnitt 5.5.7):

$$\Pi_M = A_M - W_s^M , \tag{5.5.88}$$

$$A_M = \int_0^l q(x)\, w(x)\, \mathrm{d}x \ , \quad W_s^M = \tfrac{1}{2}\int_0^l EI(x)\big(w''(x)\big)^2 \, \mathrm{d}x \, .$$

Das Vorgehen besteht nun darin, das Extremum für einen beliebig genauen Näherungsansatz für die Verschiebung zu finden, wie folgt:

$$w(x) \approx \tilde{w}(x) = \sum_{i=1}^{n} c_i w_i(x) . \tag{5.5.89}$$

Die Größen c_i sind **unbekannte**, per Extremwertbildung zu bestimmende **Konstanten** (sogenannte Gewichte), die Größen $w_i(x)$ sind **bekannte**, geeignet anzunehmende (Verschiebungs-) **Ortsfunktionen** in x, welche die **geometrischen Randbedingungen jede für sich allein** erfüllen. Damit werden die Integrationen in den Gleichungen (5.5.88) ausführbar und die Extremwertbildung, also die Variation:

$$\delta \Pi_M = 0 , \tag{5.5.90}$$

erfolgt wie folgt:

$$\Pi_M = \Pi_M(c_1 , c_2 , \cdots c_n) \\ \Rightarrow \ \delta \Pi_M(c_1 , c_2 , \cdots c_n) = \sum_{i=1}^{n} \frac{\partial \Pi_M}{\partial c_i} \delta c_i = 0 . \tag{5.5.91}$$

Da die Variationen δc_i alle unabhängig voneinander sind, ergeben sich folgende n Stück lineare Gleichungen für die unbekannten Koeffizienten c_i:

$$\frac{\partial \Pi_M}{\partial c_1} = 0 \ , \ \frac{\partial \Pi_M}{\partial c_2} = 0 \ , \ \cdots , \ \frac{\partial \Pi_M}{\partial c_n} = 0 . \tag{5.5.92}$$

Als Beispiel betrachten wir den in der Abbildung 5.5.8 dargestellten Balken auf zwei Stützen unter einer Gleichstreckenlast.

Die exakte Form der zugehörigen Biegelinie ermittelt man durch Integration der Differenzialgleichung (5.5.70) zu:

$$w(x) = \frac{q_0 l^4}{24EI} \frac{x}{l} \left[\left(\frac{x}{l}\right)^3 - 2\left(\frac{x}{l}\right)^2 + 1 \right]. \tag{5.5.93}$$

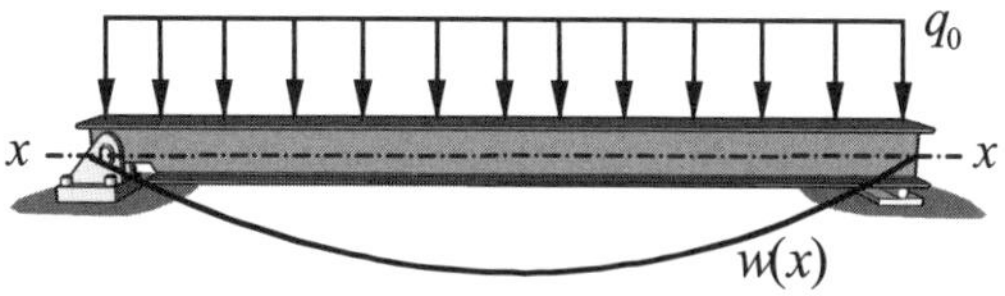

Abb. 5.5.8: Gerader Balken auf zwei Stützen unter Wirkung einer Gleichstreckenlast.

Hieraus ermittelt man das Maximum der Durchbiegung zu:

$$w_{\max} = w\left(x = \frac{l}{2}\right) = \frac{5 q_0 l^4}{384 EI}. \tag{5.5.94}$$

Wie man sieht, ist zur exakten Beschreibung der Form der Biegelinie ein Polynom vierter Ordnung notwendig. Auf den ersten Blick sieht die Biegelinie der Abbildung 5.5.8 jedoch wie eine Sinusfunktion aus und wir schreiben mit RITZ näherungsweise:

$$\tilde{w}(x) = c_1 \sin\left(\frac{\pi x}{l}\right). \tag{5.5.95}$$

Damit haben wir auch gleichzeitig sichergestellt, dass die Ortsfunktion die geometrischen Randbedingungen erfüllt, nämlich:

$$\tilde{w}(x=0) = \sin\left(\frac{\pi 0}{l}\right) = 0 \,, \quad \tilde{w}(x=l) = \sin\left(\frac{\pi l}{l}\right) = 0. \tag{5.5.96}$$

Wir berechnen nun gemäß der Gleichung (5.5.88) das Energiefunktional:

$$\begin{aligned} \Pi_M &= A_M - W_s^M \\ &= q_0 c_1 \int_0^l \sin\left(\frac{\pi x}{l}\right) \mathrm{d}x - \frac{EI}{2} c_1^2 \left(\frac{\pi}{l}\right)^4 \int_0^l \sin^2\left(\frac{\pi x}{l}\right) \mathrm{d}x. \end{aligned} \tag{5.5.97}$$

Indem wir nun extremieren, also gemäß Gleichung (5.5.92) nach c_1 differenzieren, entsteht:

$$\begin{aligned} \frac{\partial \Pi_M}{\partial c_1} &= q_0 \int_0^l \sin\left(\frac{\pi x}{l}\right) \mathrm{d}x - EI c_1 \left(\frac{\pi}{l}\right)^4 \int_0^l \sin^2\left(\frac{\pi x}{l}\right) \mathrm{d}x \\ &= q_0 \frac{2l}{\pi} - EI \left(\frac{\pi}{l}\right)^4 \frac{l}{2} c_1 = 0 \end{aligned} \tag{5.5.98}$$

Energiemethoden

mit:

$$c_1 = q_0 \frac{4l^4}{\pi^5 EI} \quad \Rightarrow \quad \widetilde{w}(x) = \frac{4q_0 l^4}{\pi^5 EI} \sin\left(\frac{\pi x}{l}\right). \tag{5.5.99}$$

Die maximale Durchbiegung ergibt sich somit zu:

$$\widetilde{w}_{\max} = \widetilde{w}\left(x = \frac{l}{2}\right) = \frac{4q_0 l^4}{\pi^5 EI}. \tag{5.5.100}$$

Wir vergleichen nun die beiden Zahlenfaktoren in dieser und in Gleichung (5.5.94):

$$\frac{4}{\pi^5} \approx 0{,}013071054 \;, \quad \frac{5}{384} \approx 0{,}013020833 \tag{5.5.101}$$

und erkennen eine minimale Abweichung zwischen beiden Ergebnissen. Selbstverständlich hätten wir durch einen die Randbedingungen erfüllenden Polynomansatz vierter Ordnung die exakte Lösung herausbekommen. Die Rechnung (Aufstellen und Lösen eines Gleichungssystems mit vier unbekannten Konstanten) ist jedoch etwas mühsam und darum verzichten wir an dieser Stelle darauf.

Das Vorgehen nach GALERKIN ist ähnlich. Es wird ein Näherungsansatz für die Verschiebungen in der Form (5.5.89) gemacht, der viermal bereichsweise stetig differenzierbar und von der Nullfunktion verschieden ist und der diesmal **alle** geometrischen und physikalischen Randbedingungen erfüllt. Wieder sind alle dabei notwendigen Ansatzfunktionen $w_i(x)$ bekannt und die Konstanten c_i sind die noch zu ermittelnden Unbekannten. Man legt sie dadurch fest, dass man fordert, dass das Energieprinzip in der Form (5.5.69) für **jede** der virtuellen Verschiebungen δw_j erfüllt ist, also:

$$\int_0^l \left[q - \left(EI \sum_{i=1}^{n} c_i w_i''(x) \right)'' \right] \delta w_j \, \mathrm{d}x = 0 \,, \tag{5.5.102}$$

$$j = 1, 2, \cdots, n.$$

Dies sind wieder genau n Stück Gleichungen für die n Stück unbekannten Gewichte c_i. Werden Letztere in die Gleichung (5.5.89) eingesetzt, so erhält man eine Näherungslösung, die zwar alle Randbedingungen exakt, aber die zu Gleichung (5.5.102) gehörigen Differenzialgleichungen nur im Mittel erfüllt.

Zur Erläuterung der GALERKINschen Methode betrachten wir wieder das in Abbildung 5.5.8 dargestellte Problem des Balkens auf zwei Stützen. Wir wählen im Hinblick auf die zu erfüllenden geometrischen und physikalischen Randbedingungen folgenden vierfach stetig differenzierbaren Polynomansatz:

$$\tilde{w}(x) = c_1 \frac{x}{l} + c_2 \left(\frac{x}{l}\right)^2 + c_3 \left(\frac{x}{l}\right)^3 + c_4 \left(\frac{x}{l}\right)^4 . \qquad (5.5.103)$$

Als geometrische Randbedingungen haben wir sicherzustellen, dass an den Rändern des Balkens keine Durchbiegung erfolgt:

$$\tilde{w}(x=0) = 0 \ , \ \tilde{w}(x=l) = 0 . \qquad (5.5.104)$$

Die erste dieser Bedingungen ist identisch erfüllt, die zweite liefert:

$$\tilde{w}(x=l) = c_1 + c_2 + c_3 + c_4 = 0 . \qquad (5.5.105)$$

Um den physikalischen Randbedingungen zu genügen, müssen die Momente, also nach Gleichung (5.5.61) die zweite Ableitung der Verschiebung an beiden Balkenenden, verschwinden:

$$\tilde{w}''(x=0) = 0 \ , \ \tilde{w}''(x=l) = 0 . \qquad (5.5.106)$$

Mithin ergeben sich die folgenden Anforderungen an die Gewichte:

$$\tilde{w}''(x=0) = c_2 = 0 \ , \ \tilde{w}''(x=l) = 6c_3 + 12c_4 = 0 . \qquad (5.5.107)$$

Damit verbleibt:

$$\tilde{w}(x) = c_4 \left[\left(\frac{x}{l}\right)^4 - 2\left(\frac{x}{l}\right)^3 + \frac{x}{l} \right] . \qquad (5.5.108)$$

Hiermit stellt man sofort fest, dass:

$$\tilde{w}^{\mathrm{IV}}(x) = 24 \frac{c_4}{l^4} . \qquad (5.5.109)$$

Also reduziert sich das Problem (5.5.102) auf:

$$\int_0^l \left[q_0 - 24EI \frac{c_4}{l^4} \right] \delta \left(c_4 \left\{ \left(\frac{x}{l}\right)^4 - 2\left(\frac{x}{l}\right)^3 + \frac{x}{l} \right\} \right) \mathrm{d}x = 0 , \qquad (5.5.110)$$

denn mit diesem Ansatz ist nach Erfüllung der Randbedingungen ja nur eine einzige Testfunktion übrig geblieben. Um das Verschwinden dieses Ausdrucks für alle Orte zu garantieren, bleibt nur übrig, dass die rechteckige Klammer verschwindet. Man muss also fordern, dass gilt:

$$c_4 = \frac{q_0 l^4}{24EI}, \tag{5.5.111}$$

damit entsteht aus Gleichung (5.5.108) die „Näherungslösung“:

$$\widetilde{w}(x) = \frac{q_0 l^4}{24EI}\left[\left(\frac{x}{l}\right)^4 - 2\left(\frac{x}{l}\right)^3 + \frac{x}{l}\right]. \tag{5.5.112}$$

Wie man im Vergleich mit (5.5.93) feststellt, ist die „Näherungslösung“ für diesen Fall gleich der exakten Lösung, was nicht verwunderlich ist, denn bei dem betrachteten Fall der Gleichstreckenlast genügt ja ein Polynom vierten Grades zur korrekten Wiedergabe der Biegelinie.

5.6 Das Prinzip der virtuellen Kräfte (PdvK)

5.6.1 Formulierung des PdvK im Rahmen der elementaren und höheren Technischen Mechanik

Angesichts von (5.5.21) regt die Gleichung (5.5.20) an, neben der Variation der Verzerrungen die Variation der Spannungen zu untersuchen. Erinnere, dass im Abschnitt 5.5.2 bei der Formulierung des PdvV die Verformungen aus dem Gleichgewichtszustand heraus variiert wurden, wohingegen nun die Kräfte aus dem Gleichgewichtszustand heraus variiert werden sollen. Erinnere ferner, dass bei der Berechnung der Formänderungsenergiedichte die Spannungen als Funktion der Dehnungen über die Dehnungen integriert wurden (siehe Gleichung (5.3.4)), bei ihrem Komplement hingegen die Dehnungen als Funktion der Spannungen über die Spannungen: Gleichung (5.3.14). Mithin ist zu vermuten, dass im Falle einer Variation der Spannungen die letztere Größe eine wichtige Rolle spielen wird, wie eben bei PdvV, also bei einer Variation der Verschiebungen respektive Dehnungen die Formänderungsenergie sich als wichtig erwiesen hat: Gleichung (5.5.17). Bedenke jedoch auch, dass für linear-elastische Materialien die Formänderungsenergiedichte gleich ihrem Komplement ist, was es erlauben wird, im konkreten Fall belasteter Balken direkt auf Resultate der Abschnitte 5.5.7/8 zurückzugreifen.

Wir berechnen demzufolge die mit einer Variation der Oberflächen- bzw. der Volumenkräfte $\delta \underline{u}$ einhergehende, sogenannte **virtuelle Komplementärarbeit** (auch virtuelle Ergänzungsarbeit genannt) δA^*. Dazu orientieren wir uns an den Gleichungen (5.5.10) und (5.5.20) und finden:

$$\delta A^* = \oint_{\partial V(t)} u_i n_j \delta\sigma_{ji} \, dA + \int_{V(t)} \rho u_i \delta f_i \, dV . \tag{5.6.1}$$

Wir setzen wieder voraus, dass alle Felder innerhalb des Volumens $V(t)$ stetig sind, und formen mithilfe des GAUSSschen Satzes das Oberflächenintegral in ein Volumenintegral um:

$$\begin{gathered} \oint_{\partial V(t)} u_i (\delta\sigma_{ji}) n_j \, dA = \int_{V(t)} \frac{\partial (u_i \delta\sigma_{ji})}{\partial x_j} dV = \\ \int_{V(t)} \frac{\partial u_i}{\partial x_j} \delta\sigma_{ji} \, dV + \int_{V(t)} u_i \frac{\partial (\delta\sigma_{ji})}{\partial x_j} dV . \end{gathered} \tag{5.6.2}$$

Im letzten Schritt wurde von der Produktregel Gebrauch gemacht. Aufgrund der vorausgesetzten Stetigkeit aller Felder greift die Impulsbilanz in lokaler Form aus den Gleichungen (4.2.26), $(4.5.2)_1$, diesmal sinngemäß auf virtuelle Beschleunigungen und Kräfte angewandt:

$$\frac{\partial (\delta\sigma_{ji})}{\partial x_j} = \rho \delta \ddot{u}_i - \rho \delta f_i . \tag{5.6.3}$$

Setzen wir nun wieder die Symmetrie des variierten Spannungstensors voraus, so wird:

$$\begin{gathered} \oint_{\partial V(t)} u_i (\delta\sigma_{ji}) n_j \, dA = \int_{V(t)} \rho u_i \delta \ddot{u}_i \, dV \\ - \int_{V(t)} \rho u_i \delta f_i \, dV + \int_{V(t)} \frac{1}{2} \left(\frac{\partial u_i}{\partial x_j} + \frac{\partial u_j}{\partial x_i} \right) (\delta\sigma_{ji}) dV . \end{gathered} \tag{5.6.4}$$

Damit lässt sich Gleichung (5.6.1) auch folgendermaßen schreiben:

$$\delta A^* = \int_{V(t)} \rho u_i \delta \ddot{u}_i \, dV + \int_{V(t)} \varepsilon_{ij} \delta\sigma_{ji} \, dV . \tag{5.6.5}$$

Das erste Integral stellt die virtuelle Arbeit der Massenbeschleunigungen bei Variation der Kräfte dar. Wir definieren im Unterschied zu Gleichung (5.5.16) hierfür das Symbol der **komplementären Beschleunigungsarbeit**:

$$\delta B^* = \int_{V(t)} \rho \ddot{u}_i \delta u_i \, dV . \tag{5.6.6}$$

Das zweite Integral korrespondiert nach Gleichung (5.3.14) gerade zu der bei der virtuellen Kraftänderung einhergehenden, gesamten, jetzt **virtuellen komplementären Formänderungsenergie** im materiellen Volumen, nämlich:

$$\delta W_{\mathrm{s}}^{*} = \int_{V(t)} \delta w_{\mathrm{s}}^{*} \,\mathrm{d}V = \int_{V(t)} \varepsilon_{ij} \delta\sigma_{ji} \,\mathrm{d}V . \tag{5.6.7}$$

Mithin erhält man die Gleichung:

$$\delta A^{*} = \delta W_{\mathrm{s}}^{*} + \delta B^{*} . \tag{5.6.8}$$

Diese lässt sich einfach und anschaulich interpretieren, indem man sagt, dass die virtuelle Komplementärarbeit der äußeren Lasten, also die komplementäre Arbeit der Oberflächenkräfte zuzüglich Volumenkräften zu einem Teil zur Formänderung des Körpers und zum anderen Teil zur Beschleunigung seiner Masse dient. Mit der Definition des sich aus drei Termen zusammensetzenden komplementären Energiefunktionals $\Pi^{*} = A^{*} - W_{\mathrm{s}}^{*} - B^{*}$ folgt:

$$\delta\left(A^{*} - W_{\mathrm{s}}^{*} - B^{*}\right) = 0 \quad \Leftrightarrow \quad \delta\Pi^{*} = 0 . \tag{5.6.9}$$

Das komplementäre Energiefunktional nimmt also im Gleichgewicht ein Extremum an, und das ist die Aussage des Prinzips der virtuellen Kräfte. Für den speziellen Fall der linearen Elastizität kann man wegen des Zusammenhangs $W_{\mathrm{s}}^{*} = W_{\mathrm{s}}$ aus Gleichung (5.3.34) auch schreiben:

$$\delta\left(A^{*} - W_{\mathrm{s}} - B^{*}\right) = 0 , \tag{5.6.10}$$

denn dann ist die komplementäre Formänderungsenergie gleich der Formänderungsenergie. Wie schon in den vorhergehenden Kapiteln zum PdvV lässt sich auch das PdvK auf den Spezialfall der Statik deformierbarer Körper reduzieren ($\delta B^{*} = 0$) und lautet dann:

$$\delta\left(A^{*} - W_{\mathrm{s}}^{*}\right) = 0 \tag{5.6.11}$$

bzw. für linear-elastische Körper auch einfach:

$$\delta\left(A^{*} - W_{\mathrm{s}}\right) = 0 . \tag{5.6.12}$$

Als Anwendungsbeispiel zu der letzten Gleichung betrachten wir HOOKEsche Balken unter den drei Lastfällen aus der Tabelle aus Abschnitt 5.5.8. Offenbar gilt für die virtuellen Komplementärarbeiten der Reihe nach:

$$\delta A_{N}^{*} = \int_{0}^{l} u \,\delta n \,\mathrm{d}x \;, \quad \delta A_{M}^{*} = \int_{0}^{l} w \,\delta q \,\mathrm{d}x \,, \tag{5.6.13}$$

Energiemethoden

$$\delta A^*_{M_T} = \int_0^l \varphi \, \delta m_T \, dx .$$

Selbstverständlich darf die Variation der Kraftgröße, also beispielsweise die Querlast q, auch diskreten Charakter haben. Beispielsweise würden wir bei einer senkrecht zur Balkenachse angreifenden Punktlast δF schreiben:

$$\delta A^*_M = w \, \delta F . \tag{5.6.14}$$

Wir wählen die natürliche Darstellung der komplementären Formänderungsenergie in Form von Kraftgrößen. Dann ist:

$$\delta W_s^{*N} = \delta \left[\tfrac{1}{2} \int_0^l \frac{N^2}{EA} dx \right] = \int_0^l \frac{N}{EA} \delta N \, dx , \tag{5.6.15}$$

$$\delta W_s^{*M} = \int_0^l \frac{M}{EI} \delta M \, dx , \quad \delta W_s^{*M_T} = \int_0^l \frac{M_T}{GI_p} \delta M_T \, dx ,$$

denn diesmal wird nach der jeweiligen Schnittgröße variiert.

5.6.2 Das PdvK vom Standpunkt der Variationsrechnung

Wie schon bei der Herleitung des PdvV im Abschnitt 5.5.2, so haben wir auch das PdvK soeben mehr oder weniger intuitiv „hergeleitet“, wobei die Variationen in Anlehnung an die bekannten Regeln der Differenzialrechnung ausgeführt wurden. Das ist auch erlaubt, und um dies etwas formaler nachzuweisen, starten wir analog zum Abschnitt 5.5.3 mit dem **Postulat**, dass das komplementäre Energiefunktional $\Pi^* = A^* - W_s^* - B^*$ ein Extremum annehmen soll:

$$\delta \Pi^* = \delta \left(A^* - W_s^* - B^* \right) \equiv \delta A^* - \delta W_s^* - \delta B^* \stackrel{!}{=} 0 . \tag{5.6.16}$$

Um diese Gleichung zu konkretisieren, variieren wir nun jeden seiner drei Bestandteile nach den Kräften. Es sei zunächst an Gleichung (5.5.20) erinnert, und dass gilt $A^* \equiv A$. Offenbar ist die Arbeit ein lineares Funktional in den Kraftgrößen t_i und ρf_i, und das bedeutet nach den Regeln der Variationsrechnung aus Abschnitt 5.8, dass wir einfach schreiben dürfen:

$$\delta A^* = \oint_{\partial V(t)} u_i \delta t_i \, dA + \int_{V(t)} u_i \delta(\rho f_i) \, dV . \tag{5.6.17}$$

Energiemethoden

Für die komplementäre Formänderungsenergie haben wir gemäß (5.3.14) allgemein zu schreiben:

$$W_s^* = \int_{V(t)} w_s^* \, dV = \int_{V(t)} \int_{\underline{\underline{\tilde{\sigma}}}=0}^{\underline{\underline{\tilde{\sigma}}}=\sigma} \varepsilon_{lk}\left(\underline{\underline{\tilde{\sigma}}}\right) d\tilde{\sigma}_{kl} \, dV \,. \qquad (5.6.18)$$

Die Dehnung ist per Voraussetzung lediglich eine Funktion der Spannungen und nicht etwa auch ihrer Ortsableitungen. Somit ergibt die Anwendung der Rechenregeln der Variationsrechnung und Beachtung der Gleichung (5.3.15):

$$\delta W_s^* = \int_{V(t)} \frac{\partial \left(\int_{\underline{\underline{\tilde{\sigma}}}=0}^{\underline{\underline{\tilde{\sigma}}}=\sigma} \varepsilon_{rs}\left(\underline{\underline{\tilde{\sigma}}}\right) d\tilde{\sigma}_{sr} \right)}{\partial \sigma_{kl}} \delta\sigma_{kl} \, dV$$

$$\equiv \int_{V(t)} \frac{\partial w_s^*}{\partial \sigma_{kl}} \delta\sigma_{kl} \, dV = \int_{V(t)} \varepsilon_{lk} \delta\sigma_{kl} \, dV \,. \qquad (5.6.19)$$

Für die weitere Umformung wird die Definitionsgleichung der Verzerrung (4.3.12) beachtet, ferner die Symmetrie des Spannungstensors, Vertauschbarkeit von Variation und Ortsableitung, analog zu Gleichung (5.4.25), sowie der GAUSSsche Satz:

$$\begin{aligned} \delta W_s^* &= \int_{V(t)} \frac{\partial u_l}{\partial x_k} \delta\sigma_{kl} \, dV \\ &= \int_{V(t)} \frac{\partial}{\partial x_k}\left(u_l \delta\sigma_{kl}\right) dV - \int_{V(t)} u_l \frac{\partial \delta\sigma_{kl}}{\partial x_k} \, dV \\ &= \int_{V(t)} \frac{\partial}{\partial x_k}\left(u_l \delta\sigma_{kl}\right) dV - \int_{V(t)} u_l \, \delta\left(\frac{\partial \sigma_{kl}}{\partial x_k}\right) dV \\ &= \oint_{\partial V(t)} u_l \delta\sigma_{kl} n_k \, dA - \int_{V(t)} u_l \, \delta\left(\frac{\partial \sigma_{kl}}{\partial x_k}\right) dV \\ &= \oint_{\partial V(t)} u_l \, \delta t_l dA - \int_{V(t)} u_l \, \delta\left(\frac{\partial \sigma_{kl}}{\partial x_k}\right) dV \,. \end{aligned} \qquad (5.6.20)$$

Es bleibt die Beschleunigungsarbeit gemäß Gleichung (5.5.25) zu variieren. Hier ist analog zu Gleichung (5.6.16) $B^* \equiv B$ und die Verschiebung als Konstante zu behandeln, also zu schreiben:

$$\delta B^* = \int_{V(t)} u_i \delta\left(\rho \ddot{u}_i\right) dV \,. \qquad (5.6.21)$$

Indem wir nun die Resultate (5.6.17/20/21) in Gleichung (5.6.16) einsetzen, entsteht:

$$\delta \Pi^* = \int_{V(t)} u_i \delta\left(\rho f_i + \frac{\partial \sigma_{kl}}{\partial x_k} - \rho \ddot{u}_i\right) \mathrm{d}V = 0 . \tag{5.6.22}$$

Da die Verschiebungen i. Allg. von null verschieden sind, bleibt nur den Klammerausdruck unter der Variation zum Verschwinden zu bringen und man erhält wie schon beim PdvV in Abschnitt 5.5.3 die Impulsbilanz in regulären Punkten. Damit sind die notwendigen Bedingungen für die Extremwertbildung des Energiefunktionals Π^* gerade die NEWTONschen Gleichungen der Kontinuumsmechanik und in diesem Sinne ist auch das PdvK äquivalent hierzu.

5.6.3 Beispiele zum PdvK

Verschiebungen in einem statisch bestimmten System

Wir betrachten den in Abbildung 5.6.1 dargestellten Balken unter konstanter Streckenlast q. Wir wollen die Durchbiegung am freien Ende $x = l$ bestimmen.

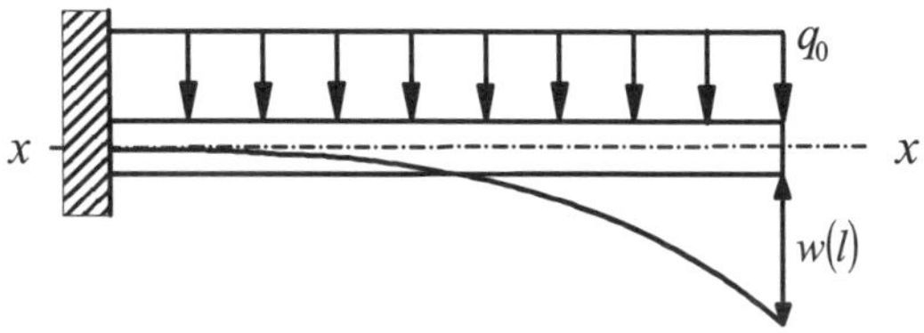

Abb. 5.6.1: Einseitig eingespannter, gerader Balken unter Wirkung einer Gleichstreckenlast.

Aus dem Abschnitt 1.6.2 ist die Momentenverteilung für diesen Belastungsfall bekannt:

$$M(x) = -\frac{q_0 l^2}{2}\left(1 - \frac{x}{l}\right)^2 . \tag{5.6.23}$$

Um die gesuchte Durchbiegung $w(l)$ zu bestimmen, führen wir am Ende bei $x = l$ eine virtuelle, senkrecht gerichtete Punktkraft δF ein, die mit der gesuchten Verschiebung auf die in Gleichung (5.6.14) angegebene Komplementärarbeit führt:

$$\delta A_M^* = w(l)\,\delta F . \tag{5.6.24}$$

Nach dem PdvK, also mit den Gleichungen (5.6.12) sowie (5.6.15) wird:

$$w(l)\,\delta F - \int_0^l \frac{M}{EI}\,\delta M \; \mathrm{d}x = 0\,. \qquad (5.6.25)$$

Hierin muss man nun das zur variierten Kraft gehörige variierte Biegemoment einsetzen, das offenbar gegeben ist durch:

$$\delta M = -\left(1-\frac{x}{l}\right) l\,\delta F\,. \qquad (5.6.26)$$

Mit Gleichung (5.6.23) folgt somit aus dem PdvK:

$$w(l)\,\delta F - \int_0^l \frac{q_0 l^2}{2EI}\left(1-\frac{x}{l}\right)^2\left(1-\frac{x}{l}\right) l\,\delta F \; \mathrm{d}x = 0\,. \qquad (5.6.27)$$

Die Integration wird ausführbar und es folgt:

$$\begin{aligned} w(l) &= \frac{q_0 l^3}{2EI}\int_0^l \left(1-\frac{x}{l}\right)^3 \mathrm{d}x \\ &= \frac{q_0 l^3}{2EI}\, x\left[1-\frac{3}{2}\frac{x}{l}+\left(\frac{x}{l}\right)^2-\frac{1}{4}\left(\frac{x}{l}\right)^3\right]\Bigg|_{x=0}^{x=l} = \frac{q_0 l^4}{8EI}\,. \end{aligned} \qquad (5.6.28)$$

Lagerreaktionen in einem statisch-unbestimmten System

Wir wollen mithilfe des PdvK ein einfach statisch unbestimmtes System analysieren. Ein eindimensionaler HOOKEscher Balken, der sich unter Wirkung einer Gleichstreckenlast q_0 befindet, ist in einer Wand verankert (Punkt A) und außerdem mit einem Gleitlager im Punkt B abgestützt: Abbildung 5.6.2. Die Belastung des Gleitlagers in vertikaler Richtung F_y^B ist gesucht.

Wir schneiden im Punkte B frei, wie in Abbildung 5.6.2 rechts gezeichnet. Dann wissen wir aus Abschnitt 1.6, dass das Biegemoment aus der vorgegebenen Last q_0 sowie der unbekannten Kraft F_y^B gegeben ist durch:

$$M(x) = F_y^B l\left(1-\frac{x}{l}\right) - \frac{q_0 l^2}{2}\left(1-\frac{x}{l}\right)^2\,. \qquad (5.6.29)$$

Nun wird im Punkte B eine virtuelle Last in Richtung z, also vertikal zur Balkenachse nach unten, angebracht. Das dazugehörige virtuelle Biegemoment δM an einer beliebigen Stelle x des Balkens ist dann:

$$\delta M = -l\left(1-\frac{x}{l}\right)\delta F\,. \tag{5.6.30}$$

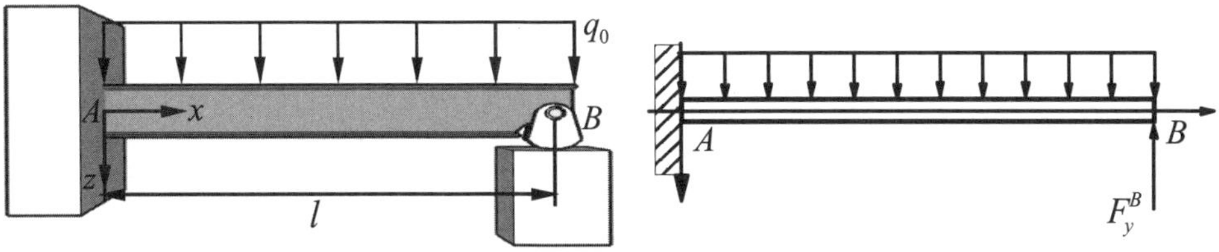

Abb. 5.6.2: In der Wand und auf einem Gleitlager montierter HOOKEscher Balken unter Gleichstreckenlast.

Die dazugehörige virtuelle Ergänzungsarbeit ist gegeben durch:

$$\delta A^* = w(l)\,\delta F\,, \tag{5.6.31}$$

und da die Verschiebung an der Auflagerstelle B, also $w(l)$, verschwinden muss, ergibt sich auch die virtuelle Ergänzungsarbeit zu null und das PdvK reduziert sich auf:

$$\delta A^* = 0 = \delta W_s^* = \int_0^l \frac{M}{EI}\delta M\,\mathrm{d}x = \tag{5.6.32}$$

$$-\frac{l^2}{EI}\int_0^l \left[F_y^B\left(1-\frac{x}{l}\right)-\frac{q_0 l}{2}\left(1-\frac{x}{l}\right)^2\right]\left(1-\frac{x}{l}\right)\delta F\,\mathrm{d}x\,.$$

Die Integrationen lassen sich einfach ausführen:

$$\int_0^l \left[F_y^B\left(1-\frac{x}{l}\right)-\frac{q_0 l}{2}\left(1-\frac{x}{l}\right)^2\right]\left(1-\frac{x}{l}\right)\mathrm{d}x = \tag{5.6.33}$$

$$F_y^B x\left[1-\frac{x}{l}+\frac{1}{3}\left(\frac{x}{l}\right)^2\right]\Bigg|_{x=0}^{l} - \frac{q_0 l}{2}x\left[1-\frac{3}{2}\frac{x}{l}+\left(\frac{x}{l}\right)^2-\frac{1}{4}\left(\frac{x}{l}\right)^3\right]\Bigg|_{x=0}^{x=l},$$

und es resultiert:

$$\delta F\left(\frac{F_y^B l}{3}-\frac{q_0 l^2}{8}\right) = 0\,. \tag{5.6.34}$$

Und da dieses für alle variierten Kräfte δF Bestand haben muss, folgt für die unbekannte Auflagerkraft:

$$F_y^B = \frac{3 q_0 l}{8}\,. \tag{5.6.35}$$

5.6.4 Eine rezeptmäßige Auswertung des PdvK: Das 1-Kraft-Konzept

Die zwei Beispiele des vorigen Abschnittes lassen sich auch ohne tiefes Nachdenken und Kenntnis der Variationsrechnung lösen. Hier hilft das Konzept der sogenannten 1-Kraft, das wir (für schubsteife Träger, d. h. unter Vernachlässigung des Einflusses von Querkräften $Q(x)$) wie folgt formulieren: An der Position der gesuchten Verschiebung w wird am **unbelasteten** Balken eine Kraft der Stärke 1 angesetzt und die zugehörigen Normalkraft-, Momenten- und Torsionsmomentenflächen $\overline{N}(x)$, $\overline{M}(x)$, $\overline{M}_{\mathrm{T}}(x)$ nach den Regeln für Schnittgrößen ermittelt. Ferner ist für das **belastete** System die Normalkraft-, Momenten- und Torsionsmomentenflächen $N(x)$, $M(x)$, $M_{\mathrm{T}}(x)$ zu bestimmen. Dann berechnet sich die Verschiebung gemäß der Gleichung:

$$w = \frac{1}{EA}\int_l N(x)\overline{N}(x)\,\mathrm{d}x + \frac{1}{EI}\int_l M(x)\overline{M}(x)\,\mathrm{d}x + \frac{1}{GI_{\mathrm{p}}}\int_l M_{\mathrm{T}}(x)\overline{M}_{\mathrm{T}}(x)\,\mathrm{d}x. \tag{5.6.36}$$

Dabei wird über die Balkenlänge l integriert, A ist der Balkenquerschnitt, E der Elastizitätsmodul, G der Schermodul, I das Flächenträgheitsmoment und I_{p} das polare Flächenträgheitsmoment. Falls nicht eine Verschiebung in Einheiten der Länge $[\mathrm{m}]$ gesucht ist, sondern eine Verdrehung φ in Einheiten des Bogenmaßes $[1]$, so tritt an die Stelle der 1-Kraft ein Moment der Stärke 1. Ferner lässt sich die Formel (5.6.36) sinngemäß auf den Fall variabler Balkensteife bzw. abschnittsweise konstanter Balkensteife erweitern. Dass dies so sein muss, ist eine direkte Folge des PdvK der Statik. Erinnere, dass wir dann nämlich gemäß Gleichung (5.6.11) schreiben dürfen:

$$\delta A^* = \delta W_{\mathrm{s}}^*. \tag{5.6.37}$$

Für die Komplementärarbeit einer Kraft der Stärke δF gilt nach (5.6.14):

$$\delta A^* = w\,\delta F. \tag{5.6.38}$$

Für linear-elastische Festkörper ist $W_{\mathrm{s}}^* = W_{\mathrm{s}}$ und mit den Ergebnissen aus (5.5.76) folgt:

Energiemethoden

$$\begin{aligned}\delta W_{\mathrm{s}}^{*} &= \frac{1}{2}\delta\int_0^l \left(\frac{N^2}{EA}+\frac{M^2}{EI}+\frac{M_{\mathrm{T}}^2}{GI_{\mathrm{p}}}\right)\mathrm{d}x \\ &= \frac{1}{2}\int_0^l \left(\frac{2N\,\delta N}{EA}+\frac{2M\,\delta M}{EI}+\frac{2M_{\mathrm{T}}\,\delta M_{\mathrm{T}}}{GI_{\mathrm{p}}}\right)\mathrm{d}x.\end{aligned} \quad (5.6.39)$$

Wir setzen:

$$\overline{N}=\frac{\delta N}{\delta F}\,,\quad \overline{M}=\frac{\delta M}{\delta F}\,,\quad \overline{M}_{\mathrm{T}}=\frac{\delta M_{\mathrm{T}}}{\delta F}\,, \quad (5.6.40)$$

haben somit die variierten Normalkräfte und -momente auf die Krafteinheit bezogen, woraus die Behauptung (5.6.36) resultiert. Die Gleichung (5.6.36) wird nun zur Probe auf die beiden Probleme aus Abschnitt 5.6.5 angesetzt. Für die in Abbildung 5.6.1 dargestellte Durchbiegung findet man zunächst:

$$w=\frac{1}{EI}\int_l M(x)\overline{M}(x)\mathrm{d}x\,, \quad (5.6.41)$$

wobei die beiden Momentenflächen in Abbildung 5.6.3 graphisch dargestellt sind.

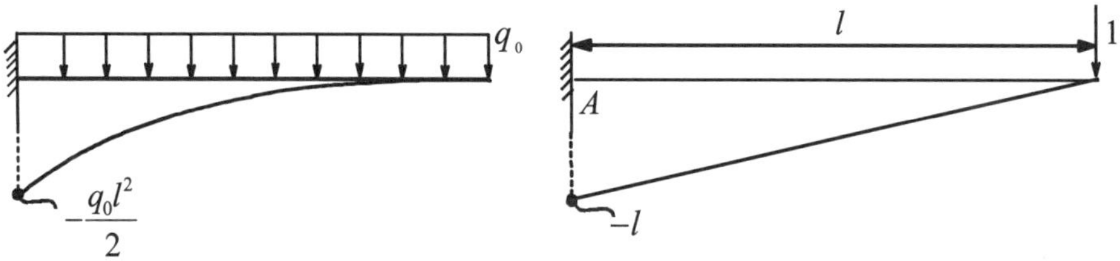

Abb. 5.6.3: Momentenflächen am einseitig eingespannten Balken.

Man könnte sich nun die Arbeit machen, Gleichungen für $M(x)$ und $\overline{M}(x)$ aufstellen und die notwendigen Integration durchführen. Dieses nimmt einem die sogenannte Koppeltabelle 5.6.1 ab. Hier sind für einige wichtige Normalkraft- und Momentenflächen die Integrale aus Gleichung (5.6.36) bereits gelöst, und man kann die Ergebnisse einfach ablesen, wobei man die Größe C noch mit der Balkenlänge geteilt durch die jeweilige Balkensteife multiplizieren muss.

Im vorliegenden Fall trifft also eine dreiecksförmige Fläche auf eine Parabel, und wir haben zu schreiben:

$$C=\tfrac{1}{3}A\cdot a \quad \text{mit} \quad a=-1\cdot l=-l \quad \text{und} \quad A=-\tfrac{1}{2}q_0 l^2\,. \quad (5.6.42)$$

Also ist:

$$w = \frac{q_0 l^4}{8EI}, \tag{5.6.43}$$

wie bereits in Gleichung (5.6.28) angegeben. Bei diesem Verfahren muss man aufpassen, die jeweils richtigen Flächen zusammenzusetzen, also wie hier eine „spitze Parabel“ mit einem Dreieck, dessen Stirnseite links liegt. Ferner beachte man die Vorzeichen der Momentenflächen.

Wir wenden uns nun erneut dem in Abbildung 5.6.2 gezeigten einfach statisch unbestimmten System zu. Wir zerlegen es zur Bestimmung der Auflagerkraft F_y^B in zwei statisch bestimmte Systeme, wie folgt (vgl. Abbildung 5.6.3). In der sogenannten 0-Situation wurde das „störende“ Lager B beseitigt. Es resultiert im Punkt B eine Absenkung nach unten, die wir mit den zugehörigen Momentenflächen $M_{0,0}$ und $\overline{M}_{0,1}$ folgendermaßen berechnen:

$$w_0 = \frac{1}{EI}\int_l M_{0,0}(x)\overline{M}_{0,1}(x)\mathrm{d}x = \frac{q_0 l^4}{8EI}. \tag{5.6.44}$$

Tabelle 5.6.1: Kopplungsintegrale C für Normalkraft- und Momentenflächen.

C	A 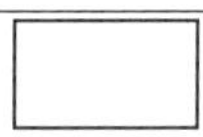	A 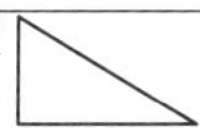	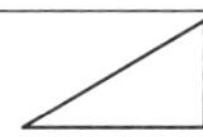 B	A 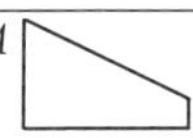 B
a 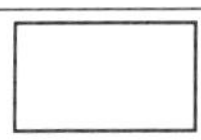	$A \cdot a$	$\frac{1}{2} A \cdot a$	$\frac{1}{2} B \cdot a$	$\frac{1}{2}(A+B) \cdot a$
a 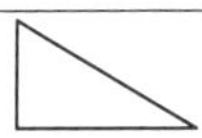	$\frac{1}{2} A \cdot a$	$\frac{1}{3} A \cdot a$	$\frac{1}{6} B \cdot a$	$\frac{1}{6}(2A+B) \cdot a$
a 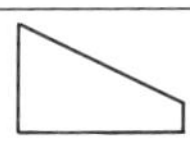 b	$\frac{1}{2} A \cdot (a+b)$	$\frac{1}{6} A \cdot (2a+b)$	$\frac{1}{6} B \cdot (a+2b)$	$\frac{1}{6}(2Aa+2Bb+Ab+Ba)$
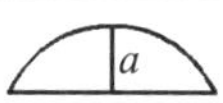 a	$\frac{2}{3} A \cdot a$	$\frac{1}{3} A \cdot a$	$\frac{1}{3} B \cdot a$	$\frac{1}{3}(A+B) \cdot a$
a 	$\frac{2}{3} A \cdot a$	$\frac{5}{12} A \cdot a$	$\frac{1}{4} B \cdot a$	$\frac{1}{12}(5A+3B) \cdot a$
a 	$\frac{1}{3} A \cdot a$	$\frac{1}{4} A \cdot a$	$\frac{1}{12} B \cdot a$	$\frac{1}{12}(3A+B) \cdot a$

Energiemethoden

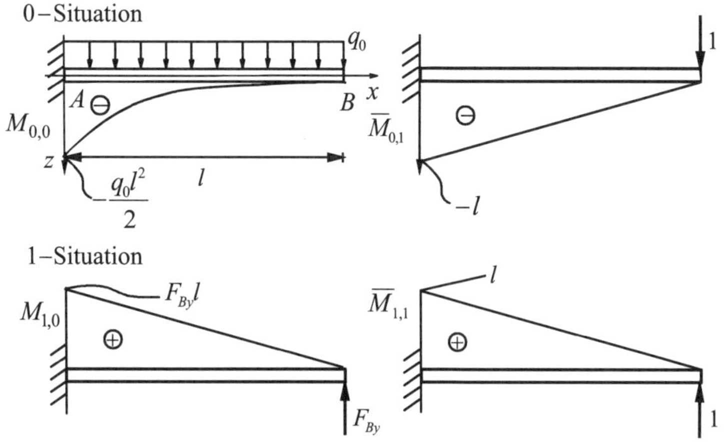

Abb. 5.6.4: Relevante Momentenflächen für das in Abbildung 5.6.2 dargestellte einfach statisch unbestimmte System.

Dabei konnten wir (zufälligerweise) direkt die Ergebnisse aus den Gleichungen (5.6.42/43) übernehmen. Im zweiten System, das als 1-Situation bezeichnet wird, erzeugt man im Punkt B eine Verschiebung nach oben durch Aufprägen einer Last F_y^B. Diese berechnet sich durch Kombination zweier dreiecksförmiger Momentenflächen $M_{1,0}$ und $\overline{M}_{1,1}$. Indem wir das Tabellenverfahren anwenden, resultiert:

$$C = \tfrac{1}{4} A \cdot a \quad \text{mit} \quad a = 1 \cdot l = l \quad \text{und} \quad A = F_y^B l. \tag{5.6.45}$$

Also ist:

$$w_1 = \frac{1}{EI} \int_l M_{1,0}(x) \overline{M}_{1,1}(x) \mathrm{d}x = \frac{F_y^B l^3}{3EI}. \tag{5.6.46}$$

Ist nun F_y^B gerade identisch mit der Auflagerkraft, so müssen beide Verschiebungen gleich sein und es ergibt sich:

$$w_0 = w_1 \quad \Rightarrow \quad F_y^B = \tfrac{3}{8} q_0 l, \tag{5.6.47}$$

also wieder das Ergebnis (5.6.35). Man beachte, dass die vorgestellte Methode sich sinngemäß ohne Schwierigkeiten auch auf höher unbestimmte Balkenproblem übertragen lässt. Der Rechenaufwand ist dann jedoch i. Allg. größer.

Joseph Louis LAGRANGE wurde am 25. Januar 1736 in Turin geboren und starb am 10. April 1813 in Paris. Er war der „Doktorvater" FOURIERS. Selbst jedoch hatte er offenbar keinen Lehrmeister, denn es geht die Fama, dass er Autodidakt gewesen war. Wie gesagt, wurde er in Italien geboren und ursprünglich auf den Namen Giuseppe Ludovico LAGRANGIA getauft. Aus diesem Grund wird er in italienischen Enzyklopädien auch als italienischer Mathematiker angesehen. Er ist wohl auch der Begründer der sogenannten Rationalen Mechanik, worin versucht wird, rein deduktiv mathematisch zu argumentieren und irgendwelche Ingenieurargumente tunlichst zu vermeiden. Von LAGRANGE wurde diese Philosophie erfolgreich in seinem berühmten Buch „Traité de mécanique analytique" demonstriert, in dessen Vorwort er stolz schreibt, dass man nicht eine einzige Zeichnung in seinem Werk finden wird und alles ausschließlich mithilfe von Gleichungen bewiesen sei. Trotz dieser etwas ideell anmutenden Ideen hatte LAGRANGE durchaus auch Sinn für die materialistischen Seiten des Lebens. So soll er gesagt

5.7 Dynamische Energieprinzipe

5.7.1 Das D'ALEMBERTsche Prinzip in LAGRANGEscher Fassung

In diesem und den folgenden Abschnitten soll dem Bewegungsanteil des Energieprinzips aus Abschnitt 5.5 besondere Aufmerksamkeit geschenkt werden. Wir erinnern also nochmals an Gleichung (5.5.19):

$$\delta\left(A - W_{\mathrm{s}} - B\right) = 0\,, \tag{5.7.1}$$

wobei gemäß der Gleichung (5.5.32) für die virtuelle Arbeit der Oberflächen- und Volumenkräfte zu setzen ist:

$$\begin{aligned}\delta A &= \oint_{\partial V(t)} n_j \sigma_{ji} \delta u_i \, \mathrm{d}A + \int_{V(t)} \rho f_i \delta u_i \, \mathrm{d}V \\ &= \sum_{i=1}^{I} \underline{F}^i \cdot \delta \underline{x}^i + \sum_{j=1}^{J} \underline{M}^j \cdot \delta \underline{\varphi}^j .\end{aligned} \tag{5.7.2}$$

Nach dem letzten Gleichheitszeichen haben wir **diskrete** Kraft- und Momentengrößen F_i bzw. M_i eingeführt, so wie dies in Abschnitt 5.3.6 erläutert wurde und wie es den Gepflogenheiten bei der Behandlung elementarer Mechanikprobleme und -modelle entspricht. Für die Variation der Formänderungsenergie gilt Gleichung (5.5.17):

$$\delta W_{\mathrm{s}} = \int_{V(t)} \sigma_{ji} \delta \varepsilon_{ij} \, \mathrm{d}V\,. \tag{5.7.3}$$

Im nächsten Abschnitt werden wir uns speziell auf starre Körper beschränken und dann verschwindet dieser Anteil natürlich. Schließlich notieren wir zunächst für den Beschleunigungsterm gemäß der Definitionsgleichung (5.5.25):

$$\delta B = \int_{V(t)} \rho \ddot{u}_i \delta u_i \, \mathrm{d}V = \int_{V(t)} \rho a_i \delta u_i \, \mathrm{d}V\,, \tag{5.7.4}$$

wobei nach dem zweiten Gleichheitszeichen das allgemeine Symbol für die Beschleunigung $a_i = \ddot{u}_i$ verwendet wurde, so wie dies in vielen Lehrbüchern üblich ist. Auch diesen Term kann man auf verschiedene Arten umschreiben. Wir definieren die sogenannte **virtuelle Impulsarbeit** des gesamten (nicht notwendigerweise starren) Körpers als Integral über das Skalarprodukt zwischen dem Impulsbeitrag $\rho \dot{u}_i \, \mathrm{d}V$ und der virtuellen Verschiebung δu_i:

$$\delta P = \frac{\mathrm{d}\left(\int_{V(t)} \rho \dot{u}_i \delta u_i \, \mathrm{d}V \right)}{\mathrm{d}t} . \quad (5.7.5)$$

Wir erinnern ferner daran, dass für ein Massenelement $\mathrm{d}m$ gilt:

$$\mathrm{d}m = \rho \, \mathrm{d}V . \quad (5.7.6)$$

Für hinsichtlich der Masse zeitlich unveränderliche Systeme, also $M = \mathrm{const.}_{,t}$, lässt sich die vorherige Gleichung also wie folgt umschreiben:

$$\delta P = \frac{\mathrm{d}}{\mathrm{d}t} \left(\int_M \dot{u}_i \delta u_i \, \mathrm{d}m \right) = \int_M \ddot{u}_i \delta u_i \, \mathrm{d}m + \int_M \dot{u}_i \delta \dot{u}_i \, \mathrm{d}m , \quad (5.7.7)$$

denn unter diesen Umständen ist es ohne Weiteres zulässig, die Zeitableitung unter das Integral zu ziehen und lediglich die beiden Verformungsgrößen nach der Zeit zu differenzieren. Der erste der beiden entstandenen Terme ist offenbar nichts anderes als die virtuelle Beschleunigungsarbeit aus Gleichung (5.7.4),

haben, dass er sich nie der Mathematik gewidmet hätte, wäre er denn reich gewesen. Einem solch defätistischen Statement darf man als ordentlicher Professor natürlich keinesfalls zustimmen.

und den zweiten Term können wir in Verbindung mit der virtuellen kinetischen Energie bringen, die wie folgt definiert ist (vgl. auch Abschnitt 5.1.1):

$$\delta E^{\mathrm{kin}} = \delta \left(\frac{1}{2} \int_M \underline{\dot{u}}^2 \, \mathrm{d}m \right) \quad (5.7.8)$$

und die wir wie folgt umschreiben:

$$\begin{aligned} \delta E^{\mathrm{kin}} &= \frac{1}{2} \int_M \delta\left(\underline{\dot{u}}^2\right) \mathrm{d}m = \frac{1}{2} \int_M \left[(\delta \dot{u}_i) \dot{u}_i + \dot{u}_i (\delta \dot{u}_i) \right] \mathrm{d}m \\ &= \int_M \dot{u}_i (\delta \dot{u}_i) \, \mathrm{d}m . \end{aligned} \quad (5.7.9)$$

Durch Kombination der Gleichungen (5.7.4/5) und (5.7.9) entsteht somit die Beziehung:

$$\delta B = \delta P - \delta E^{\mathrm{kin}} . \quad (5.7.10)$$

Damit gestaltet sich das Energieprinzip (5.7.1) auch wie folgt:

$$\delta\left(A - W_{\mathrm{s}} - P + E^{\mathrm{kin}} \right) = 0 . \quad (5.7.11)$$

Wir spezialisieren nun auf den **Fall eines starren Körpers** $\delta W_{\mathrm{s}} = 0$ und formulieren hiermit das **D'ALEMBERTsche Prinzip in LAGRANGEscher Fassung**, wonach für die beliebige Bewegung eines Starrkörpersystems die virtuelle Arbeit der aufgeprägten Kräfte und Momente, δA, gleich der virtuellen Arbeit

Energiemethoden

der aktuellen Massenbeschleunigungen δB bzw. gleich der Differenz zwischen virtueller Impulsleistung δP und virtueller kinetischer Energie δE^{kin} ist:

$$\delta A = \delta B \quad \Leftrightarrow \quad \delta A = \delta P - \delta E^{\text{kin}} . \tag{5.7.12}$$

Alternativ dürfen wir feststellen, dass das für den Fall der Starrkörperkinetik relevante Energiefunktional unter allen denkbaren Bewegungen, d. h. virtuellen Verschiebungen, ein Extremum annimmt, da scine Variation verschwindet:

$$\Pi^{\text{kin}} = A - B = A - P + E^{\text{kin}} \quad \Rightarrow \quad \delta \Pi^{\text{kin}} = 0 . \tag{5.7.13}$$

5.7.2 Ableitung der Bewegungsgleichungen des starren Körpers mithilfe des D'ALEMBERTschen Prinzips in LAGRANGEscher Fassung

In den Gleichungen (5.7.12/13) ist die Starrkörperkinematik und die Tatsache, dass das System eines starren Körpers endlich viele Freiheitsgrade besitzt, nämlich drei der Translation und drei der Rotation, noch nicht eingearbeitet. Wir erinnern in diesem Zusammenhang an Gleichung (3.3.23), nach der die aktuelle Geschwindigkeit $\dot{\underline{x}}$ eines jeden Punktes P des starren Körpers in Abhängigkeit von der Translationsgeschwindigkeit eines beliebigen Bezugspunktes $\underline{x}^A$ und der Starrkörperrotation um diesen Punkt mit der gemeinsamen Winkelgeschwindigkeit $\underline{\omega}$ wie folgt geschrieben werden kann:

$$\underline{x} = \underline{x}^A + \underline{x}^{AP} \quad \Rightarrow \quad \dot{\underline{x}} = \dot{\underline{x}}^A + \underline{\omega} \times \underline{x}^{AP} . \tag{5.7.14}$$

Wie der Abbildung 5.7.1 zu entnehmen ist, bezeichnet $\underline{x}^{AP}$ den Abstandsvektor zwischen dem Bezugspunkt A und dem betrachteten Aufpunkt P.

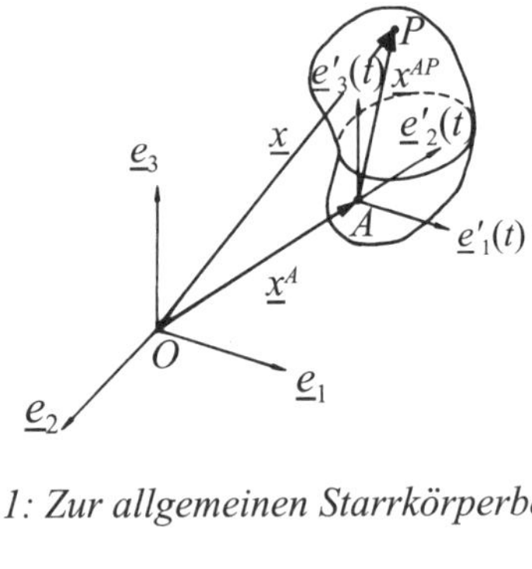

Abb. 5.7.1: Zur allgemeinen Starrkörperbewegung.

Energiemethoden

Durch Differenziation nach der Zeit entsteht unter Beachtung der Beziehung $\dot{\underline{x}}^{AP} = \underline{\omega} \times \underline{x}^{AP}$ aus Gleichung (3.3.8) hieraus:

$$\begin{aligned} \underline{a} = \ddot{\underline{x}} &= \ddot{\underline{x}}^{A} + \dot{\underline{\omega}} \times \underline{x}^{AP} + \underline{\omega} \times \dot{\underline{x}}^{AP} \\ &= \ddot{\underline{x}}^{A} + \underline{\omega} \times \left(\underline{\omega} \times \underline{x}^{AP}\right) + \dot{\underline{\omega}} \times \underline{x}^{AP} . \end{aligned} \tag{5.7.15}$$

Weiterhin darf man unter Beachtung von:

$$\underline{\omega} = \frac{\mathrm{d}\underline{\varphi}}{\mathrm{d}\,t} \tag{5.7.16}$$

für die virtuelle Verschiebung eines beliebigen Aufpunktes schreiben:

$$\delta\underline{x} \equiv \delta\underline{u} = \delta\underline{x}^{A} + \delta\underline{\varphi} \times \underline{x}^{AP} . \tag{5.7.17}$$

Mit den Gleichungen (5.7.15/17) bietet sich nun die Möglichkeit, folgende Alternativform für die virtuelle Beschleunigungsarbeit (5.7.4) zu erzeugen, die speziell für einen starren Körper gültig ist:

$$\begin{aligned} \delta B &= \int_M \underline{a} \cdot \delta\underline{u} \,\mathrm{d}m \\ &= \int_M \left(\ddot{\underline{x}}^{A} + \underline{\omega} \times \left(\underline{\omega} \times \underline{x}^{AP}\right) + \dot{\underline{\omega}} \times \underline{x}^{AP}\right) \cdot \left(\delta\underline{x}^{A} + \delta\underline{\varphi} \times \underline{x}^{AP}\right) \mathrm{d}m \end{aligned} \tag{5.7.18}$$

und bei der noch die Variablentransformation vom Volumen- auf ein Massenelement gemäß Gleichung (4.1.2) vorgenommen wurde. Man darf feststellen, dass in der letzten Gleichung mit $\delta\underline{x}^{A}$ der Variation der maximal drei Freiheitsgrade der Translation und mit $\delta\underline{\varphi}$ der Variation der maximal drei Freiheitsgrade der Rotation Rechnung getragen wird. Wir wählen nun speziell den Schwerpunkt S als Bezugspunkt und setzen:

$$\underline{x}^{A} = \underline{x}^{S} \quad \Rightarrow \quad \delta\underline{x}^{A} = \delta\underline{x}^{S} \ , \quad \underline{x} = \underline{x}^{S} + \underline{x}^{SP} . \tag{5.7.19}$$

Dann ist unter Beachtung der Definitionsgleichung für den Schwerpunkt natürlich:

$$\int_M \underline{x}^{SP} \,\mathrm{d}m = \underline{0} , \tag{5.7.20}$$

und bei Ausmultiplizieren der Klammerausdrücke in Gleichung (5.7.18) verbleiben nur die folgenden drei Terme, wobei wir der Einfachheit halber den hochgestellten Index bei $\underline{x}^{SP}$ weglassen und dafür einfach $\underline{x}$ schreiben:

$$\delta B = M\,\underline{\ddot{x}}^S \cdot \delta \underline{x}^S + \int_M \left[\underline{\omega}\times\left(\underline{\omega}\times\underline{x}\right)\right]\cdot\left(\delta\underline{\varphi}\times\underline{x}\right)\mathrm{d}m$$
$$+\int_M \left(\underline{\dot{\omega}}\times\underline{x}\right)\cdot\left(\delta\underline{\varphi}\times\underline{x}\right)\mathrm{d}m\,. \tag{5.7.21}$$

Die diversen Skalar- und Kreuzprodukte des dritten Anteils wandeln wir mithilfe folgender Lehrsätze der Vektorrechnung um. Zum einen verwenden wir die Deutung des Produktes $\underline{a}\cdot\left(\underline{b}\times\underline{c}\right)$ als Inhalt des von den drei Vektoren $\underline{a}$, $\underline{b}$ und $\underline{c}$ aufgespannten Parallelepipeds. Da das Volumen eine invariante Größe ist, müssen folgende Ausdrücke einander gleich sein:

$$\underline{a}\cdot\left(\underline{b}\times\underline{c}\right)=\underline{b}\cdot\left(\underline{c}\times\underline{a}\right)=\underline{c}\cdot\left(\underline{a}\times\underline{b}\right). \tag{5.7.22}$$

Man spricht in diesem Zusammenhang auch vom sog. **Spatprodukt**. Des Weiteren gilt der sogenannte **Entwicklungssatz**, den wir schon im Abschnitt 3.3.1 verwendet haben:

$$\underline{a}\times\left(\underline{b}\times\underline{c}\right)=\underline{b}\left(\underline{a}\cdot\underline{c}\right)-\underline{c}\left(\underline{a}\cdot\underline{b}\right). \tag{5.7.23}$$

Diese Sätze lassen sich einfach beweisen, indem man zur Darstellung der diversen Kreuzprodukte den total antisymmetrischen Tensor ε_{ijk} aus Abschnitt 4.4.1 verwendet. Wir finden somit für den dritten Term der Gleichung (5.7.21):

$$\int_M \left(\underline{\dot{\omega}}\times\underline{x}\right)\cdot\left(\delta\underline{\varphi}\times\underline{x}\right)\mathrm{d}m = \int_M \delta\underline{\varphi}\cdot\left[\underline{x}\times\left(\underline{\dot{\omega}}\times\underline{x}\right)\right]\mathrm{d}m = \tag{5.7.24}$$

$$\int_M \delta\underline{\varphi}\cdot\left[\left(\underline{x}\cdot\underline{x}\right)\underline{\dot{\omega}}-\underline{x}\left(\underline{\dot{\omega}}\cdot\underline{x}\right)\right]\mathrm{d}m = \left(\left\{\int_M \left[\left(\underline{x}\cdot\underline{x}\right)\underline{\underline{1}}-\underline{x}\underline{x}\right]\;\mathrm{d}m\right\}\cdot\underline{\dot{\omega}}\right)\cdot\delta\underline{\varphi}\,,$$

wobei $\underline{\underline{1}}$ die **Einheitsmatrix** (bzw. den **Einheitstensor**) bezeichnet. Selbstverständlich lässt sich dies alles auch direkt im Indexkalkül beweisen, wenn wir noch (ohne Beweis) die folgende Hilfsformel notieren:

$$\varepsilon_{irs}\varepsilon_{imn} = \varepsilon_{rsi}\varepsilon_{imn} = \delta_{rm}\delta_{sn} - \delta_{rn}\delta_{sm}\,. \tag{5.7.25}$$

Dann wird nämlich:

$$\left(\underline{\dot{\omega}}\times\underline{x}\right)\cdot\left(\delta\underline{\varphi}\times\underline{x}\right)=\varepsilon_{irs}\dot{\omega}_r x_s \varepsilon_{imn}\delta\varphi_m x_n =$$
$$\left(\delta_{rm}\delta_{sn}-\delta_{rn}\delta_{sm}\right)\dot{\omega}_r x_s \delta\varphi_m x_n = \tag{5.7.26}$$
$$\dot{\omega}_m x_n \delta\varphi_m x_n - \dot{\omega}_n x_m \delta\varphi_m x_n = \left\{\left[\left(\underline{x}\cdot\underline{x}\right)\underline{\underline{1}}-\underline{x}\underline{x}\right]\;\cdot\underline{\dot{\omega}}\right\}\cdot\delta\underline{\varphi}\,.$$

Energiemethoden

In Gleichung (5.7.24) darf man die virtuelle Drehung $\delta\underline{\varphi}$ vor das Integral ziehen, da sie naturgemäß bei einem starren Körper überall gleich sein muss. Der Ausdruck in geschweiften Klammern – in ausgeschriebener Form eine 3×3-Matrix – ist der sogenannte **Massenträgheitstensor**, also die Verallgemeinerung des aus Abschnitt 3.3.2 bekannten Massenträgheitsmomentes auf drei Dimensionen:

$$\underline{\underline{\Theta}} = \int_M \left[(\underline{x} \cdot \underline{x}) \underline{\underline{1}} - \underline{x}\underline{x} \right] \mathrm{d}m \,. \tag{5.7.27}$$

In Komponenten ausgeschrieben, nimmt diese Größe folgende Gestalt an:

$$\Theta_{ij} = \begin{pmatrix} \Theta_{xx} & \Theta_{xy} & \Theta_{xz} \\ \Theta_{yx} & \Theta_{yy} & \Theta_{yz} \\ \Theta_{zx} & \Theta_{zy} & \Theta_{zz} \end{pmatrix} =$$

$$\begin{pmatrix} \int_M (y^2 + z^2)\,\mathrm{d}m & -\int_M xy\,\mathrm{d}m & -\int_M xz\,\mathrm{d}m \\ -\int_M yx\,\mathrm{d}m & \int_M (x^2 + z^2)\,\mathrm{d}m & -\int_M yz\,\mathrm{d}m \\ -\int_M zx\,\mathrm{d}m & -\int_M zy\,\mathrm{d}m & \int_M (x^2 + y^2)\,\mathrm{d}m \end{pmatrix} . \tag{5.7.28}$$

Man erkennt sofort, dass es sich um eine in den Indizes **symmetrische** Größe handelt:

$$\Theta_{ij} = \Theta_{ji} \,. \tag{5.7.29}$$

Die Diagonalelemente bezeichnet man auch als **axiale Massenträgheitsmomente**. Die Nichtdiagonalelemente Θ_{xy}, Θ_{xz} und Θ_{yz} werden bisweilen auch **Deviations-** oder **Zentrifugalmomente** genannt. Der Massenträgheitstensor hat ähnliche Eigenschaften wie der Spannungstensor. Beispielsweise gibt es gewisse Stellungen der Drehachse, bei denen die axialen Massenträgheitsmomente Θ_{xx}, Θ_{yy} und Θ_{zz} extremal werden und die Deviationsmomente verschwinden (vgl. MOHRscher Kreis beim Spannungstensor). Dann gilt:

$$\Theta_{ij} = \begin{pmatrix} \Theta_{\mathrm{I}} & 0 & 0 \\ 0 & \Theta_{\mathrm{II}} & 0 \\ 0 & 0 & \Theta_{\mathrm{III}} \end{pmatrix} . \tag{5.7.30}$$

Man nennt die Koeffizienten Θ_{I}, Θ_{II} und Θ_{III} in diesem Fall auch die **Hauptträgheitsmomente** und das dazugehörige geeignet gedrehte Koordinatensystem das **Hauptachsenzentralsystem**. Oft hat man es mit relativ einfachen Massenverteilungen bzw. **homogenen** Körpern zu schaffen. Dann gelten die folgenden Merkregeln:

- **Symmetrieachsen** des Körpers sind Hauptachsen.
- Bei **rotationssymmetrischen** Körpern sind die Rotationsachse und jede senkrecht dazu stehende Achse Hauptachsen.
- Hat der Körper eine **Symmetrieebene**, so ist die zu dieser Ebene senkrechte Achse eine Hauptachse. Die zu der Ebene senkrechte Achse, welche durch den Schwerpunkt des Körpers geht, ist eine Hauptzentralachse. Die beiden anderen Hauptzentralachsen müssen in diesem Fall in der Symmetrieebene liegen.
- Für einen Körper mit zwei Symmetrieachsen bzw. zwei Symmetrieebenen, die nicht senkrecht zueinander stehen, sind die beiden dazugehörigen Hauptträgheitsmomente gleich.
- Für einen Körper mit drei Symmetrieachsen bzw. drei Symmetrieebenen, die nicht senkrecht zueinander stehen, sind die drei dazugehörigen Hauptträgheitsmomente gleich.

Da die Winkelgeschwindigkeit eine von der Position im starren Körper unabhängige Größe ist, stellen wir zusammenfassend fest, dass sich Gleichung (5.7.21) mithilfe des Trägheitstensors folgendermaßen schreiben lässt:

$$\delta B = M\,\underline{\ddot{x}}^S \cdot \delta \underline{x}^S + \int_M [\underline{\omega} \times (\underline{\omega} \times \underline{x})] \cdot (\delta \underline{\varphi} \times \underline{x})\,\mathrm{d}m + (\underline{\underline{\Theta}} \cdot \underline{\dot{\omega}}) \cdot \delta \underline{\varphi}\,. \quad (5.7.31)$$

Wir fragen nun noch nach einer einfachen Deutung des zweiten Anteils in Gleichung (5.7.30). Nach der für den zweidimensionalen Fall gültigen Gleichung (3.2.28) ist zu vermuten, dass dieser und der dritte, soeben berechnete Anteil mit der zeitlichen Änderung des Drehimpulses des starren Körpers zusammenhängen. Dieses wollen wir nun für den dreidimensionalen Fall untersuchen, und wir erinnern an die Definition des Drehimpulses (oder auch „Dralls") für einen beliebig deformierbaren und nicht notwendigerweise starren Körper gemäß den Gleichungen (4.4.8) und $(4.4.14)_1$:

$$\underline{L}^{(O)} = \int_{V(t)} \underline{x} \times (\rho \underline{\dot{x}})\,\mathrm{d}V = \int_M \underline{x} \times \underline{\dot{x}}\,\mathrm{d}m\,. \quad (5.7.32)$$

Der Drehimpuls $\underline{L}^{(O)}$ hängt von der Wahl des Ursprungs ab. Zum Beispiel haben wir in der obigen Darstellung den beliebigen Ursprung O aus Abbildung 5.7.1 verwendet. Wir wollen nun hierfür speziell den Schwerpunkt S wählen. Dann schreibt sich Gleichung $(5.7.14)_2$:

$$\underline{x} = \underline{x}^{SP} \quad \Rightarrow \quad \dot{\underline{x}} = \underline{\omega} \times \underline{x}^{SP} = \underline{\omega} \times \underline{x}, \tag{5.7.33}$$

und es folgt aus Gleichung (5.7.32):

$$\underline{L}^{(S)} = \int_M \underline{x} \times \dot{\underline{x}}\, \mathrm{d}m = \int_M \underline{x} \times (\underline{\omega} \times \underline{x})\, \mathrm{d}m. \tag{5.7.34}$$

Diesen Ausdruck können wir mithilfe des Entwicklungssatzes (5.7.23) sowie mit der Definitionsgleichung (5.7.27) für den Trägheitstensor weiter umschreiben:

$$\underline{L}^{(S)} = \int_M (\underline{x} \cdot \underline{x}\, \underline{\omega} - \underline{x}\, \underline{x} \cdot \underline{\omega})\, \mathrm{d}m = \int_M (\underline{x} \cdot \underline{x}\, \underline{\underline{1}} - \underline{x}\, \underline{x}) \cdot \underline{\omega}\, \mathrm{d}m = \tag{5.7.35}$$

$$\left(\int_M (\underline{x} \cdot \underline{x}\, \underline{\underline{1}} - \underline{x}\, \underline{x})\, \mathrm{d}m \right) \cdot \underline{\omega} = \underline{\underline{\Theta}} \cdot \underline{\omega}.$$

Damit wir die Winkelgeschwindigkeit $\underline{\omega}$ vor das Integral ziehen durften, mussten wir schließlich annehmen, dass es sich um einen **starren** Körper handelt, denn nur für diesen gibt es eine einzige, gemeinsame, eben ortsunabhängige Winkelgeschwindigkeit. Wir bilden nun die Zeitableitung des Drehimpulses:

$$\dot{\underline{L}}^{(S)} = \dot{\underline{\underline{\Theta}}} \cdot \underline{\omega} + \underline{\underline{\Theta}} \cdot \dot{\underline{\omega}}. \tag{5.7.36}$$

Den zweiten Term in dieser Gleichung hatten wir bereits als den dritten Term in der Gleichung (5.7.21) identifiziert: Gleichung (5.7.30). Es bleibt noch, den zweiten Term aus (5.7.21) als den ersten Term in (5.7.36) zu identifizieren. Dies gelingt wie folgt. Die zeitliche Änderung des Trägheitstensors ist ausschließlich bedingt durch die Drehung des bei seiner Berechnung verwendeten Koordinatensystems. Es gelten exakt die Argumente, wie sie bei der Berechnung der Zeitableitung von Ortsvektoren im Abschnitt 3.3.1 vorgestellt wurden, und in Analogie zu der Gleichung $(5.7.33)_2$ findet man, dass gilt:

$$\dot{\underline{\underline{\Theta}}} = \underline{\omega} \times \underline{\underline{\Theta}}. \tag{5.7.37}$$

Wir schreiben nun hiermit für die mit dem ersten Term aus Gleichung (5.7.36) verbundene virtuelle Arbeit:

$$
\begin{aligned}
(\dot{\underline{\underline{\Theta}}}\cdot\underline{\omega})\cdot\delta\underline{\varphi} &= [(\underline{\omega}\times\underline{\underline{\Theta}})\cdot\underline{\omega}]\cdot\delta\underline{\varphi} \\
&= \left\{\underline{\omega}\times\left(\int_M(\underline{x}\cdot\underline{x}\,\underline{\underline{1}}-\underline{x}\,\underline{x})\,\mathrm{d}m\right)\cdot\underline{\omega}\right\}\cdot\delta\underline{\varphi} \\
&= \left\{\int_M[(\underline{x}\cdot\underline{x})(\underline{\omega}\times\underline{\underline{1}})\cdot\underline{\omega}-(\underline{\omega}\times\underline{x})(\underline{x}\cdot\underline{\omega})]\,\mathrm{d}m\right\}\cdot\delta\underline{\varphi} \\
&= \int_M[(\underline{x}\times\underline{\omega})(\underline{x}\cdot\underline{\omega})]\,\mathrm{d}m\cdot\delta\underline{\varphi}
\end{aligned}
\qquad (5.7.38)
$$

denn es ist:

$$
(\underline{x}\cdot\underline{x})(\underline{\omega}\times\underline{\underline{1}})\cdot\underline{\omega} = x_r x_r \varepsilon_{ijk}\omega_j\delta_{km}\omega_i = 0\,, \qquad (5.7.39)
$$

da der total antimetrische Tensor auf einen symmetrischen Ausdruck trifft:

$$
\varepsilon_{ijk}\omega_j\omega_i = 0\,. \qquad (5.7.40)
$$

Letzte Umformungen dieses Ergebnisses durch Hinzufügen einer „geschickten Null" und mithilfe von Spat- und Entwicklungssatz nach den Gleichungen (5.7.22/23) bringen schließlich das vermutete Ergebnis:

$$
\begin{aligned}
(\dot{\underline{\underline{\Theta}}}\cdot\underline{\omega})\cdot\delta\underline{\varphi} &= \int_M[(\underline{\omega}\cdot\underline{x})(\underline{x}\times\underline{\omega})]\,\mathrm{d}m\cdot\delta\underline{\varphi} \\
&= \int_M\{\underline{x}\times[(\underline{\omega}\cdot\underline{x})\underline{\omega}-(\underline{\omega}\cdot\underline{\omega})\underline{x}]\cdot\delta\underline{\varphi}\}\,\mathrm{d}m =
\end{aligned}
\qquad (5.7.41)
$$

$$
\int_M[\underline{\omega}\,(\underline{\omega}\cdot\underline{x})-\underline{x}\,(\underline{\omega}\cdot\underline{\omega})]\cdot[\delta\underline{\varphi}\times\underline{x}]\,\mathrm{d}m = \int_M[\underline{\omega}\times(\underline{\omega}\times\underline{x})]\cdot(\delta\underline{\varphi}\times\underline{x})\,\mathrm{d}m\,.
$$

Damit gilt für die virtuelle Beschleunigungsarbeit eines starren Körpers:

$$
\delta B = M\,\ddot{\underline{x}}^S\cdot\delta\underline{x}^S+(\underline{\underline{\Theta}}\cdot\underline{\omega})^{\bullet}\cdot\delta\underline{\varphi}\,. \qquad (5.7.42)
$$

Dieses lässt sich anschaulich dahingehend interpretieren, dass die virtuelle Beschleunigungsarbeit sich in einen Arbeitsanteil zur **translativen** und auch einen zur **rotativen Beschleunigung** des starren Körpers aufspalten lässt, wie man es ja auch erwartet.

Wir richten unser Augenmerk nun nochmals auf folgenden Spatproduktausdruck in der Gleichung (5.7.38):

$$
(\underline{x}\times\underline{\omega})\cdot\delta\underline{\varphi} = (\underline{\omega}\times\delta\underline{\varphi})\cdot\underline{x}\,. \qquad (5.7.43)
$$

Dieser verschwindet nur dann, wenn die virtuellen Drehungen $\delta\underline{\varphi}$ parallel zu der durch den Winkelgeschwindigkeitsvektor $\underline{\omega}$

angezeigten Drehachsenrichtung stehen, und das ist in drei Dimensionen im Allgemeinen kinematisch nicht erzwingbar. Wenn jedoch eine ebene Bewegung oder eine dreidimensionale Bewegung um eine feste Drehachse vorliegen, ist diese Voraussetzung gegeben. Dann verschwindet der zweite Term in der Gleichung (5.7.21) und wir können schreiben:

$$\delta B = M \underline{\ddot{x}}^S \cdot \delta \underline{x}^S + \left(\underline{\underline{\Theta}} \cdot \underline{\dot{\omega}}\right) \cdot \delta \underline{\varphi} \equiv M \underline{\ddot{x}}^S \cdot \delta \underline{x}^S + \left(\underline{\underline{\Theta}} \cdot \underline{\ddot{\varphi}}\right) \cdot \delta \underline{\varphi} . \quad (5.7.44)$$

Wenn man nun noch das Koordinatensystem in Richtung des Hauptzentralachsensystems legt, wobei die Drehachse in 3-Richtung zeigt, so folgt mit Gleichung (5.7.30):

$$\delta B = M \underline{\ddot{x}}^S \cdot \delta \underline{x}^S + \left(\Theta_{\mathrm{III}} \dot{\omega}\right) \delta \varphi \equiv M \underline{\ddot{x}}^S \cdot \delta \underline{x}^S + \left(\Theta_{\mathrm{III}} \ddot{\varphi}\right) \delta \varphi . \quad (5.7.45)$$

Um nun das Energieprinzip in der Form (5.7.12) für starre Körper auswerten zu können, benötigen wir noch den entsprechenden Ausdruck für die virtuelle Arbeit starrer Körper, unter Berücksichtigung der Starrkörperbewegung (5.7.14) bezüglich des Schwerpunktes S, wie folgt:

$$\begin{aligned}
\delta A &= \sum_{i=1}^{I} \underline{F}^i \cdot \delta \underline{x}^i + \sum_{j=1}^{J} \underline{M}^j \cdot \delta \underline{\varphi}^j \\
&= \sum_{i=1}^{I} \underline{F}^i \cdot \left(\delta \underline{x}^S + \delta \underline{\varphi} \times \underline{x}^{SP,i}\right) + \sum_{j=1}^{J} \underline{M}^j \cdot \delta \underline{\varphi} \\
&= \left(\sum_{i=1}^{I} \underline{F}^i\right) \cdot \delta \underline{x}^S + \left(\sum_{i=1}^{I} \underline{x}^{SP,i} \times \underline{F}^i + \sum_{j=1}^{J} \underline{M}^j\right) \cdot \delta \underline{\varphi} \\
&= \underline{F}^{\mathrm{app}} \cdot \delta \underline{x}^S + \underline{M}^{\mathrm{app},S} \cdot \delta \underline{\varphi} .
\end{aligned} \quad (5.7.46)$$

Man beachte, dass die Größen $\delta \underline{x}^S$ und $\delta \underline{\varphi}$ keinen Index erhalten, denn es gibt nur einen Schwerpunkt und bei einem starren Körper nur eine einzige kollektive Drehmöglichkeit. Ferner bezeichnet $\underline{F}^{\mathrm{app}}$ die Summe aller angreifenden äußeren Kräfte und $\underline{M}^{\mathrm{app},S}$ ist die Summe der freien Momente zuzüglich der auf den Schwerpunkt bezogenen Momente der Einzelkräfte. Einsetzen der Gleichungen (5.7.44) und (5.7.46) in das Energieprinzip (5.7.12) führt schließlich auf das D'ALEMBERTsche Prinzip in LAGRANGEscher Fassung für einen **ebenen** starren Körper bzw. für die Drehung eines starren Körpers um eine **räumlich feste Drehachse**

$$\delta(A - B) = \left(\underline{F}^{\mathrm{app}} - M \underline{\ddot{x}}^S\right) \cdot \delta \underline{x}^S + \left(\underline{M}^{\mathrm{app},S} - \underline{\underline{\Theta}} \cdot \underline{\ddot{\varphi}}\right) \cdot \delta \underline{\varphi} = 0 . \quad (5.7.47)$$

Hierin sind selbstverständlich noch geeignete kinematische Beziehungen zu berücksichtigen. In jedem Fall erkennt man, dass im Falle des **ebenen** starren Körpers mit maximal drei unabhängigen Bewegungsmöglichkeiten $\delta \underline{x}^S$, $\delta \underline{\varphi}$ die energetische Aussage (5.7.47) äquivalent zu den Gleichungen des **Schwerpunkt-** und des **Drallsatzes** ist, die wir schon in Abschnitt 3.3.2 kennengelernt haben. Beides würde man hier allerdings schreiben als:

$$\underline{F}^{\text{app}} - M \ddot{\underline{x}}^S = \underline{0} \,, \quad \underline{M}^{\text{app},S} - \underline{\underline{\Theta}} \cdot \ddot{\underline{\varphi}} = \underline{0} \,. \tag{5.7.48}$$

Dies ist die Interpretation von D'ALEMBERT, der auch dynamische Vorgänge im Sinne des Gleichgewichtsprinzips begreift, wonach die Summe aller Kräfte und Momente verschwinden muss, wobei jedoch auch Massenträgheitsterme in einer solchen Summe mit einbezogen werden müssen.

Technische Systeme lassen sich oft als ein System aus mehreren starren Körpern behandeln. Wenn ein System aus n Stück starren Körpern vorliegt, so nimmt die Gleichung (5.7.47) die folgende Form an:

$$\begin{aligned} \delta(A-B) = & \sum_{i=1}^{n} \left(\underline{F}^{\text{app},i} - M \ddot{\underline{x}}^{S_i} \right) \cdot \delta \underline{x}^{S_i} \\ & + \sum_{i=1}^{n} \left(\underline{M}^{\text{app},S_i} - \underline{\underline{\Theta}}^i \cdot \ddot{\underline{\varphi}}^i \right) \cdot \delta \underline{\varphi}^i = 0 \,. \end{aligned} \tag{5.7.49}$$

5.7.3 Ein Beispiel zum D'ALEMBERTschen Prinzip in LAGRANGEscher Fassung

Wie in Abbildung 5.7.2 dargestellt, wird eine Walze (kreisförmiger Starrkörper 1 mit Masse m_1, Radius R_1 und Massenträgheitsmoment Θ_1) per Seil über ein mit einem Motor versehenes Schwungrad (kreisförmiger Starrkörper 2 mit Masse m_2, Radius R_2 und Massenträgheitsmoment Θ_2) sowie ein Fallgewicht (Punktkörper 3 mit Masse m_3) beschleunigt.

Das Seil sei masselos und undehnbar und außerdem soll reines Rollen vorliegen. Um die Bewegungsgleichungen der beteiligten Körper aufzustellen, starten wir vom D'ALEMBERTschen Prinzip in LAGRANGEscher Fassung gemäß der Gleichung (5.7.49):

$$\begin{aligned} \delta(A-B) = & \sum_{i=1}^{3} \left(\underline{F}^{\text{app},i} - m_i \ddot{\underline{x}}^{S_i} \right) \cdot \delta \underline{x}^{S_i} \\ & + \sum_{i=1}^{3} \left(\underline{M}^{\text{app},S_i} - \underline{\underline{\Theta}}_i \cdot \ddot{\underline{\varphi}}^i \right) \cdot \delta \underline{\varphi}^i = 0 \,. \end{aligned} \tag{5.7.50}$$

Energiemethoden

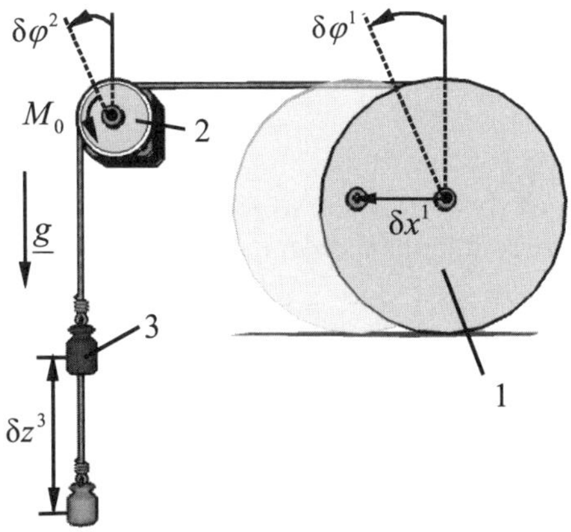

Abb. 5.7.2: Zur allgemeinen Starrkörperbewegung.

Um diese Gleichung weiter auszuwerten, wird der Schwerpunkt der Walze virtuell in horizontaler Richtung um δx^1 verschoben und die Walze um den Winkel $\delta\varphi^1$ gedreht. Das Schwungrad ist in seinem Zentrum drehbar gelagert. Eine Schwerpunktverschiebung ist daher nicht möglich, allerdings lässt es sich wie gesagt drehen, und den dazugehörigen virtuellen Drehwinkel bezeichnen wir mit $\delta\varphi^2$. Schließlich wird das Fallgewicht als Punktmasse behandelt, d. h., sein Schwerpunkt wird virtuell um δz^3 abgesenkt und eine Drehbewegung findet naturgemäß nicht statt. Wir stellen abschließend fest, dass das dargestellte System lediglich einen einzigen Freiheitsgrad besitzt.

Bezüglich der eingeprägten Kräfte und Momente ist festzustellen, dass das Fallgewicht unter Wirkung der Schwerkraft steht und dem Schwungrad das Drehmoment M_0 eigen ist. Weitere Kräfte und Momente sind in Gleichung (5.7.50) nicht zu berücksichtigen, und wir schreiben daher konsequenterweise:

$$\left(0 - m_1 \ddot{x}^1\right)\delta x^1 + \left(0 - \Theta_1 \ddot{\varphi}^1\right)\delta\varphi^1 + (0-0)\,0 + \left(M_0 - \Theta_2 \ddot{\varphi}^2\right)\delta\varphi^2 + \left(m_3 g - m_3 \ddot{z}^3\right)\delta z^3 + (0-0)\,0 = 0. \tag{5.7.51}$$

In diese Gleichungen müssen wir nun kinematische Bedingungen einbauen. Wie in der Abbildung zu sehen, senkt sich das Gewicht virtuell um die Strecke δz^3. Dieses gilt es an Seillänge bereitzustellen. Wenn sich das Schwungrad um den Winkel $\delta\varphi^2$ dreht, so bedeutet das, dass gelten muss:

$$\delta z^3 = R_2 \delta\varphi^2 . \tag{5.7.52}$$

Energiemethoden

Ferner dreht sich die Walze um den Winkel $\delta\varphi^1$ und außerdem bewegt sich ihr Schwerpunkt um die Strecke δx^1. Somit muss gelten:

$$\delta z^3 = \delta x^1 + R_1 \delta\varphi^1 . \tag{5.7.53}$$

Da die Walze rollt, gilt außerdem:

$$\delta x^1 = R_1 \delta\varphi^1 , \tag{5.7.54}$$

und aus Gleichung (5.7.53) folgt:

$$\delta z^3 = 2R_1 \delta\varphi^1 . \tag{5.7.55}$$

Für die in Gleichung (5.7.51) auftretenden Beschleunigungen schreiben wir entsprechend folgende Zusammenhänge auf:

$$\ddot{z}^3 = R_2 \ddot{\varphi}^2 , \quad \ddot{z}^3 = 2R_1 \ddot{\varphi}^1 . \tag{5.7.56}$$

Wir sind somit in der Lage, die Gleichung (5.7.51) unter Verwendung einer einzigen, wie man sagt, **generalisierten** Koordinate zu schreiben, zum Beispiel der Größe z^3. Es entsteht:

$$\left[\frac{M_0}{R_2} + m_3 g - \ddot{z}^3 \left(\frac{m_1}{4} + \frac{\Theta_1}{4(R_1)^2} + \frac{\Theta_2}{(R_2)^3} + m_3 \right) \right] \delta z^3 = 0 . \tag{5.7.57}$$

Dieses muss für alle möglichen virtuellen Verschiebungen δz^3 gelten, und daher ergibt sich die gesuchte Bewegungsgleichung zu:

$$\frac{M_0}{R_2} + m_3 g - \ddot{z}^3 \left(\frac{m_1}{4} + \frac{\Theta_1}{4(R_1)^2} + \frac{\Theta_2}{(R_2)^2} + m_3 \right) = 0 \quad \Rightarrow \tag{5.7.58}$$

$$\ddot{z}^3 = \frac{\dfrac{M_0}{R_2} + m_3 g}{\dfrac{m_1}{4} + \dfrac{\Theta_1}{4(R_1)^2} + \dfrac{\Theta_2}{(R_2)^2} + m_3} .$$

5.7.4 Das HAMILTONsche Prinzip und die LAGRANGE-Funktion

Wir beschränken uns weiter auf starre Körper ($\delta W = 0$) und folgern gemäß dem Energieprinzip der Gleichung (5.7.12), dass gilt:

$$\delta P = \delta A + \delta E^{\text{kin}} , \tag{5.7.59}$$

wobei:

$$\delta P = \frac{\mathrm{d}}{\mathrm{d}\,t}\int_M \underline{\dot{u}}\cdot\delta\underline{u}\,\mathrm{d}m\ , \qquad (5.7.60)$$

$$\delta A = \sum_{i=1}^{I} \underline{F}^i \cdot \delta\underline{x}^i + \sum_{j=1}^{J} \underline{M}^j \cdot \delta\underline{\varphi}^j\ , \quad \delta E^{\mathrm{kin}} = \int_M \underline{\dot{u}}\cdot\delta\underline{\dot{u}}\,\mathrm{d}m\,.$$

Wir wollen jetzt die Bewegung des starren Körpers über der Zeit erfassen. Zu diesem Zweck variieren wir die Bahnkurven, und zwar so, dass wir fordern, dass die variierten Verschiebungen zu Anfang und zu Ende der Bewegung verschwinden:

$$\delta\underline{u}(t=t_A)=\underline{0}\ ,\quad \delta\underline{u}(t=t_E)=\underline{0}\,. \qquad (5.7.61)$$

Damit stellen wir sicher, dass der starre Körper aus einer ganz bestimmten Position heraus startet und in einer ganz bestimmten Position endet. Gesucht sind seine Zwischenstationen. Indem wir nun Gleichung (5.7.59) über die Zeit integrieren, entsteht:

$$\left.\int_M \underline{\dot{u}}\cdot\delta\underline{u}\,\mathrm{d}m\right|_{t_A}^{t_E} = \int_{t=t_A}^{t=t_E}\left(\delta A + \delta E^{\mathrm{kin}}\right)\mathrm{d}t\,. \qquad (5.7.62)$$

Die linke Seite verschwindet aufgrund der Forderung (5.7.61) und es resultiert:

$$\int_{t=t_A}^{t=t_E}\left(\delta A + \delta E^{\mathrm{kin}}\right)\mathrm{d}t = 0\,. \qquad (5.7.63)$$

Diese Beziehung gilt auch für nicht konservative Systeme. Liegt nun speziell der Fall vor, dass die Kräfte in Gleichung $(5.7.60)_2$ aus einem **Potenzial** U ableitbar sind, so lässt sich schreiben:

$$F_k = -\frac{\partial U}{\partial x_k} \quad\Rightarrow\quad \delta A = \underline{F}\cdot\delta\underline{x} = -\frac{\partial U}{\partial x_k}\delta x_k = -\delta U\,. \qquad (5.7.64)$$

Damit lässt sich Gleichung (5.7.62) wie folgt umschreiben:

$$\begin{aligned}\int_{t=t_A}^{t=t_E}\left(\delta E^{\mathrm{kin}} - \delta U\right)\mathrm{d}t &= \int_{t=t_A}^{t=t_E}\delta\left(E^{\mathrm{kin}} - U\right)\mathrm{d}t \\ &= \delta\int_{t=t_A}^{t=t_E}\left(E^{\mathrm{kin}} - U\right)\mathrm{d}t = 0.\end{aligned} \qquad (5.7.65)$$

LAGRANGE zu Ehren nennt man die Differenz:

$$L = E^{\mathrm{kin}} - U \qquad (5.7.66)$$

auch LAGRANGE-Funktion und schreibt die Gleichung (5.7.65) kurz als:

Sir William Rowan HAMILTON wurde am 4. August 1805 in Dublin, Irland geboren und starb ebenda am 2. September 1865. Vernachlässigt durch seinen geschäftsreisenden Vater, jedoch gefördert durch seine intellektuell orientierte Mutter, entwickelte er sich zum Wunderkind, das mit fünf Jahren bereits Latein, Griechisch und Hebräisch beherrschte. Sein Interesse an der Mathematik erwachte mit ca. zwölf Jahren, wo er sich bereits aktiv an Mathematikwettbewerben beteiligte. Mit achtzehn Jahren besucht er schließlich das Trinity College in Dublin, um Naturwissenschaften und „Classics" zu studieren. Es wird jedoch berichtet, dass eine (unglückliche) Liebesaffäre seinen Notendurchschnitt von „valde bene" auf „bene" senkte und er sich sogar zeitweise mit dem Gedanken an Selbstmord trug. Wir lernen daraus, dass ein(e) durch Regelstudienzeiten limitierte(r) Student(in) Amouren tunlichst vermeiden sollte.

$$\delta H = \delta \int_{t=t_A}^{t=t_E} L \, \mathrm{d}t = 0 \,. \tag{5.7.67}$$

Die über die Zeit integrierte LAGRANGE-Funktion:

$$H = \int_{t=t_A}^{t=t_E} L \, \mathrm{d}t = 0 \tag{5.7.68}$$

bezeichnet man nach dem Mechaniker und Mathematiker HAMILTON mit dem Symbol H und nennt sie auch **Aktion** oder **Wirkung**. Konsequenterweise spricht man bei Gleichung (5.7.67) dann auch vom **Prinzip der kleinsten Wirkung** bzw. vom sog. HAMILTONschen Prinzip. Die Bahnkurve des (starren) Körpers muss so beschaffen sein, dass die Wirkung, also das Integral über die LAGRANGE-Funktion, ein Extremum annimmt, mit anderen Worten, die Variation der Wirkung verschwindet in diesem Fall.

Dieses ist gut zu wissen, es hilft aber nicht direkt bei der Berechnung der Bahnkurve respektive der Aufstellung der Bewegungsgleichungen eines starren Körpers. Wie man aus dem HAMILTONschen Prinzip solche Gleichungen gewinnt, wird in den nächsten Abschnitten erläutert.

5.7.5 Generalisierte Koordinaten

In Abschnitt 5.7.3 hatten wir an einem Beispiel bereits gesehen, dass die zur Beschreibung einer mehrere starre Körper einschließenden Bewegung verwendeten Koordinaten nicht voneinander unabhängig sind, sondern durch kinematische Beziehungen miteinander in Beziehung stehen. Im damaligen Fall hatten wir **vier Koordinaten** verwendet, nämlich x^1, φ^1, φ^2 und z^3. Diese wurden durch **drei kinematische** Beziehungen eingeschränkt, nämlich durch die Gleichungen (5.7.52–54) und bei der weiteren Rechnung wurde eine verbliebene, nunmehr unabhängige Koordinate (z^3) verwendet. Diese Anzahl ist konsistent mit der **Anzahl der Freiheitsgrade**, die im damaligen Fall **eins** betrug. Allgemein nennt man diejenigen Koordinaten, welche die unabhängigen Bewegungsmöglichkeiten des Systems beschreiben, bzw. nach Elimination mithilfe kinematischer Bedingungen verbleiben, auch **generalisierte Koordinaten** q_i. Ihre Anzahl ist identisch mit der Anzahl der Systemfreiheitsgrade f. Bezeichne ferner k die Anzahl kinematischer Bedingungen und p die Anzahl der ursprünglich zur Beschreibung der Systembewegung verwendeten Koordinaten. Dann gilt offenbar:

$$f = p - k , \tag{5.7.69}$$

und der Vektor generalisierter Koordinaten sowie dessen Zeitableitung besitzt folgende Struktur:

$$\underline{q} = \left(q_1 , q_2 , \cdots q_f\right), \quad \underline{\dot{q}} = \left(\dot{q}_1 , \dot{q}_2 , \cdots \dot{q}_f\right). \tag{5.7.70}$$

Selbstverständlich kann man die generalisierten Koordinaten verwenden, um alle Energiefunktionale, die wir bislang kennengelernt haben, mit ihnen auszudrücken. Zum Beispiel darf man für die LAGRANGE-Funktion aus Gleichung (5.7.66) schreiben:

$$L = E^{\text{kin}} - U = L\left(q_1 , q_2 , \cdots q_f ; \dot{q}_1 , \dot{q}_2 , \cdots \dot{q}_f\right). \tag{5.7.71}$$

Man beachte, dass eine funktionelle Abhängigkeit sowohl von den generalisierten Koordinaten als auch von den generalisierten Geschwindigkeiten besteht, denn die potenzielle Energie U wird von den Ersteren und die kinetische Energie von den Letzteren abhängen.

5.7.6 Die EULER-LAGRANGEschen Bewegungsgleichungen

Im Folgenden werden wir die Variation aus Gleichung (5.7.67) explizit ausführen. Dazu argumentieren wir wie folgt. Die generalisierten Koordinaten samt ihren Zeitableitungen werden wie folgt variiert:

$$\underline{q} \to \underline{q} + \delta\underline{q} \ , \ \underline{\dot{q}} \to \underline{\dot{q}} + \delta\underline{\dot{q}} , \tag{5.7.72}$$

wobei, um Grenzprozesse definieren und ausführen zu können, ein Kleinheitsparameter ε eingeführt wird:

$$\delta\underline{q} = \varepsilon\underline{\tilde{q}} \ , \ \delta\underline{\dot{q}} = \varepsilon\underline{\dot{\tilde{q}}} . \tag{5.7.73}$$

Ferner müssen die generalisierten virtuellen Verschiebungen $\delta\underline{q}$ bzw. $\underline{\tilde{q}}$ gemäß der Gleichung (5.7.61) folgenden Nebenbedingungen zum Anfangs- und Endzeitpunkt der Bewegung genügen:

$$\delta\underline{q}(t = t_A) = \underline{\tilde{q}}(t = t_A) = \underline{0} \ , \ \delta\underline{q}(t = t_E) = \underline{\tilde{q}}(t = t_E) = \underline{0} . \tag{5.7.74}$$

Mit diesen Ansätzen gehen wir in Gleichung (5.7.67) und finden, dass:

$$\delta H\left(\underline{q} ; \underline{\dot{q}}\right) = \lim_{\varepsilon \to 0} \frac{1}{\varepsilon}\left[H\left(\underline{q} + \varepsilon\underline{\tilde{q}} ; \underline{\dot{q}} + \varepsilon\underline{\dot{\tilde{q}}}\right) - H\left(\underline{q} ; \underline{\dot{q}}\right)\right] \tag{5.7.75}$$

$$= \lim_{\varepsilon \to 0} \frac{1}{\varepsilon} \int_{t=t_A}^{t=t_E} \left[L\left(\underline{q} + \varepsilon \underline{\tilde{q}} \,;\, \underline{\dot{q}} + \varepsilon \underline{\dot{\tilde{q}}}\right) - L\left(\underline{q} \,;\, \underline{\dot{q}}\right) \right] \mathrm{d}t$$

$$= \lim_{\varepsilon \to 0} \frac{1}{\varepsilon} \int_{t=t_A}^{t=t_E} \left[\begin{matrix} L\left(\underline{q} + \varepsilon \underline{\tilde{q}} \,;\, \underline{\dot{q}} + \varepsilon \underline{\dot{\tilde{q}}}\right) - L\left(\underline{q} + \varepsilon \underline{\tilde{q}} \,;\, \underline{\dot{q}}\right) + \\ L\left(\underline{q} + \varepsilon \underline{\tilde{q}} \,;\, \underline{\dot{q}}\right) - L\left(\underline{q} \,;\, \underline{\dot{q}}\right) \end{matrix} \right] \mathrm{d}t$$

$$= \int_{t=t_A}^{t=t_E} \left[\sum_{k=1}^{f} \frac{\partial L}{\partial \dot{q}_k} \dot{\tilde{q}}_k + \sum_{k=1}^{f} \frac{\partial L}{\partial q_k} \tilde{q}_k \right] \mathrm{d}t$$

$$= \sum_{k=1}^{f} \frac{\partial L}{\partial \dot{q}_k} \tilde{q}_k \Bigg|_{t_A}^{t_E} - \int_{t=t_A}^{t=t_E} \left[\sum_{k=1}^{f} \left(\frac{\mathrm{d}}{\mathrm{d}t} \left(\frac{\partial L}{\partial \dot{q}_k} \right) - \frac{\partial L}{\partial q_k} \right) \tilde{q}_k \right] \mathrm{d}t \,.$$

Aufgrund der Bedingungen (5.7.74) verschwindet der nach partieller Integration entstandene, ausintegrierte Anteil. Wegen der Unabhängigkeit der Größen $\tilde{q}_k$ darf man ferner auf das Verschwinden des zweiten Integranden schließen, und man erhält f Stück der sogenannten EULER-LAGRANGEschen Bewegungsgleichungen:

$$\frac{\mathrm{d}}{\mathrm{d}t} \left(\frac{\partial L}{\partial \dot{q}_k} \right) - \frac{\partial L}{\partial q_k} = 0 \,, \quad k = 1, 2, \cdots, f \,. \tag{5.7.76}$$

Wie zuvor gesagt, hängt die potenzielle Energie $U\left(\underline{q}\right)$ stets nur von den generalisierten Koordinaten und nicht von deren Zeitableitungen, also von den generalisierten Geschwindigkeiten $\underline{\dot{q}}$, ab.

Entsprechendes gilt jedoch **nicht** für die kinetische Energie $E^{\text{kin}}\left(\underline{q}\,,\underline{\dot{q}}\right)$. Mithin können wir unter Verwendung von Gleichung (5.7.71) die EULER-LAGRANGEschen Bewegungsgleichungen auch folgendermaßen schreiben:

$$\frac{\mathrm{d}}{\mathrm{d}t} \left(\frac{\partial E^{\text{kin}}}{\partial \dot{q}_k} \right) - \frac{\partial E^{\text{kin}}}{\partial q_k} = -\frac{\partial U}{\partial q_k} = Q_k \,, \quad k = 1, 2, \cdots, f \,. \tag{5.7.77}$$

Hierbei wurde die Ortsableitung der potenziellen Energie mit dem Symbol $\underline{Q}$ bezeichnet. Anschaulich gesprochen verbirgt sich hierunter eine **generalisierte Kraft**, welche die Bewegung, nämlich die Änderung der auf der linken Seite befindlichen kinetischen Energie, bewirkt.

Es sei abschließend darauf hingewiesen, dass man mit den EULER-LAGRANGEschen Bewegungsgleichungen entsprechende Beziehungen auch für den Fall angeben kann, dass es sich nicht um ein konservatives System handelt, d. h. mit anderen Worten, dass eine Potenzialbeziehung in der Form (5.7.64) nicht existiert. In einem solchen Fall dürfen wir nach Gleichung (5.7.63) schreiben:

$$\delta \int_{t=t_A}^{t=t_E} L^* \, \mathrm{d}t = 0 \,, \quad L^* = A + E^{\text{kin}} \,. \tag{5.7.78}$$

Darin müssen wir für die variierte Arbeit schreiben (vgl. (5.7.60)):

$$\begin{aligned} \delta A &= F_i \, \delta x_i(\underline{q}) = F_i \sum_{k=1}^{f} \frac{\partial x_i}{\partial q_k} \delta q_k \\ &= \sum_{k=1}^{f} Q_k^* \, \delta q_k \,, \quad Q_k^* = F_i \frac{\partial x_i}{\partial q_k} \,, \end{aligned} \tag{5.7.79}$$

wobei mit dem Symbol $\underline{Q}^*$ die nicht konservativen, generalisierten Kräfte bezeichnet wurden.

Die obige Argumentationskette zur Herleitung der EULER-LAGRANGEschen Bewegungsgleichungen bleibt ansonsten erhalten, und man findet für den nicht konservativen Fall folgendes Analogon zur Gleichung (5.7.77):

$$\frac{\mathrm{d}}{\mathrm{d}t}\left(\frac{\partial E^{\text{kin}}}{\partial \dot{q}_k}\right) - \frac{\partial E^{\text{kin}}}{\partial q_k} = Q_k + Q_k^* \,, \quad k = 1, 2, \cdots, f \,. \tag{5.7.80}$$

5.7.7 Beispiel I zu den EULER-LAGRANGEschen Bewegungsgleichungen: Geführte Punktmasse

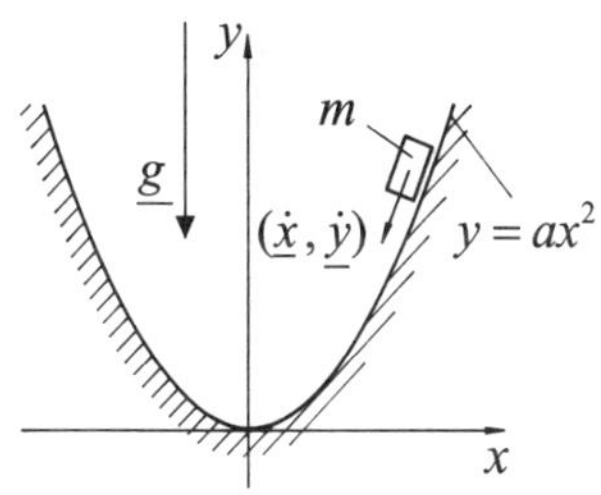

Abb. 5.7.3: Eine geführte Bewegung.

Betrachte die in der Abbildung 5.7.3 dargestellte Situation. Ein Massenpunkt bewegt sich unter dem Einfluss der Erdschwere auf einer parabolisch geformten Schiene reibungsfrei auf und ab.

Die Bewegung des Massenpunktes ist also in der (x, y)-Ebene festgeschrieben, aufgrund der Schienenführung jedoch sind beide Koordinaten nicht voneinander unabhängig, sondern stets gemäß der Parabelgleichung miteinander verknüpft:

$$y = ax^2 \,, \tag{5.7.81}$$

wobei a eine geeignet zu wählende Konstante bezeichnet.

Wir müssen uns nun für eine generalisierte Koordinate entscheiden, und ohne Beschränkung der Allgemeinheit wählen wir hierfür x. Als Nächstes konstruieren wir die LAGRANGE-Funktion gemäß der Gleichung (5.7.71) und notieren für die kinetische Energie unter Beachtung der letzten Gleichung:

$$E^{\text{kin}} = \tfrac{1}{2} m \left(\dot{x}^2 + \dot{y}^2\right) = \tfrac{1}{2} m \left(\dot{x}^2 + 4a^2 \dot{x}^2 x^2\right) \\ = \tfrac{1}{2} m \dot{x}^2 \left(1 + 4a^2 x^2\right) \tag{5.7.82}$$

und für die potenzielle Energie:

$$U = m\, g\, y = m\, g\, a\, x^2 . \tag{5.7.83}$$

Also ist:

$$L = E^{\text{kin}} - U = \tfrac{1}{2} m \left(\dot{x}^2 + 4a^2 \dot{x}^2 x^2\right) - m\, g\, a\, x^2 . \tag{5.7.84}$$

Die LAGRANGEschen Gleichungen (5.7.76) reduzieren sich auf:

$$\frac{\mathrm{d}}{\mathrm{d}t}\left(\frac{\partial L}{\partial \dot{x}}\right) - \frac{\partial L}{\partial x} = 0 , \tag{5.7.85}$$

und es folgt mit Gleichung (5.7.84):

$$\ddot{x}\left(1 + 4a^2 x^2\right) + 4a^2 x \dot{x}^2 + 2\, g\, a\, x = 0 . \tag{5.7.86}$$

Wie man aber diese hochgradig nichtlineare Differenzialgleichung zweiter Ordnung löst, ist bereits eine andere Frage, deren Beantwortung wir den Mathematikern überlassen.

5.7.8 Beispiel II zu den EULER-LAGRANGEschen Bewegungsgleichungen: Massenpunktsystem mit zwei generalisierten Koordinaten

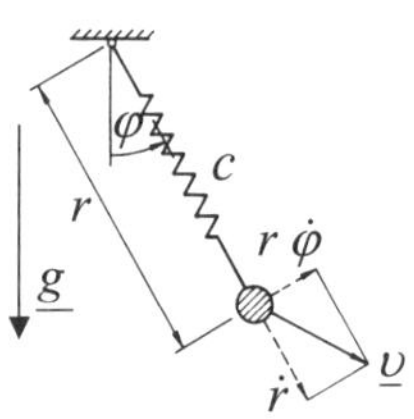

Abb. 5.7.4: An einer HOOKEschen Feder befestigter Punktmassenschwinger.

Wir betrachten die in Abbildung 5.7.4 dargestellte Punktmasse unter der Wirkung der Erdschwere sowie einer HOOKEschen Feder. Auch hier handelt es sich wieder um ein konservatives System, denn sowohl die Schwer- als auch die Federkraft sind aus einem Potenzial darstellbar. Um die Lage des Massenpunktes zu charakterisieren, verwenden wir den Abstand r. Die Länge des Schwingers im entspannten Zustand sei r_0. Die Geschwindigkeit des Massenpunktes lässt sich gemäß Gleichung (3.1.53) folgendermaßen mit den in der Abbildung gezeigten Polarkoordinaten $(r\, , \varphi)$ ausdrücken:

$$\underline{\upsilon} = \left(\dot{r}\, , r\, \dot{\varphi}\right) . \tag{5.7.87}$$

Damit wird für die kinetische Energie des Systems:

$$E^{\text{kin}} = \tfrac{1}{2} m \underline{\upsilon}^2 = \tfrac{1}{2} m \left(\dot{r}^2 + r^2 \dot{\varphi}^2\right) . \tag{5.7.88}$$

Den „Nullpunkt“ des Gravitationsanteils der potenziellen Energie setzen wir in die Aufhängung und schreiben:

$$U = \tfrac{1}{2} c \left(r - r_0\right)^2 - mgr\cos(\varphi), \qquad (5.7.89)$$

wobei c die Federkonstante bezeichnet. Offenbar sind zur Beschreibung des Problems **zwei** generalisierte Koordinaten notwendig, nämlich die beiden Polarkoordinaten. Die weitere Rechnung vereinfacht sich, wenn wir die Radialkoordinate noch **normieren**, wie folgt:

$$q_1 = \frac{r}{r_0}\,, \quad q_2 = \varphi\,. \qquad (5.7.90)$$

Dann wird für die LAGRANGE-Funktion:

$$\begin{aligned} L &= E^{\text{kin}} - U \\ &= \tfrac{1}{2} m r_0^2 \left(\dot{q}_1^2 + q_1^2 \dot{q}_2^2\right) - \tfrac{1}{2} c r_0^2 \left(q_1 - 1\right)^2 + mgr_0 q_1 \cos\left(q_2\right). \end{aligned} \qquad (5.7.91)$$

Bei richtigem Differenzieren nach den generalisierten Koordinaten und nach der Zeit entstehen gemäß Gleichung (5.7.76) so die folgenden zwei gekoppelten Differenzialgleichungen:

$$m r_0 \ddot{q}_1 - m r_0 q_1 \dot{q}_2^2 + c r_0 \left(q_1 - 1\right) - mg\cos\left(q_2\right) = 0\,, \qquad (5.7.92)$$

$$r_0 q_1 \ddot{q}_2 + 2 r_0 \dot{q}_1 \dot{q}_2 + g\sin\left(q_2\right) = 0\,.$$

Wie diese Gleichungen zu lösen sind, um bei vorgegebenen Anfangsbedingungen für die Lage und die Geschwindigkeit die momentane Position zu errechnen, verraten uns die LAGRANGEschen Gleichungen natürlich nicht. Sie dienen lediglich dazu, die Bewegungsgleichungen **aufzustellen.** Ihre konkrete Lösung gestaltet sich im vorliegenden Fall als schwierig, denn immerhin gilt es, ein System gekoppelter, nichtlinearer Differenzialgleichungen zweiter Ordnung zu lösen. Zur weiteren Illustration betrachten wir noch zwei Spezialfälle. Zum Beispiel könnten wir den Schwinger lediglich in vertikaler Richtung auslenken. Dann ist die zweite Differenzialgleichung wegen $\varphi \equiv 0$ identisch erfüllt, und die erste reduziert sich auf:

$$m\ddot{r} = -c\left(r - r_0\right) + mg\,. \qquad (5.7.93)$$

Dieses ist nichts anderes als die Differenzialgleichung eines harmonischen 1-D-Masse-Feder-Systems, wobei wir noch die sog. **statische Ruhelage** mit:

$$x = r - r_0 - \frac{mg}{c} \qquad (5.7.94)$$

Energiemethoden

einführen können, wodurch die Differenzialgleichung folgende besonders einfache Form annimmt:

$$m\ddot{x} = -cx\,. \tag{5.7.95}$$

Wir untersuchen als zweiten Spezialfall das Problem unendlich großer Federsteife $c \to \infty$. Dazu dividieren wir die erste Differenzialgleichung durch c, führen den Grenzübergang aus und gewinnen so die folgende Aussage:

$$q_1 = 1\,. \tag{5.7.96}$$

In die zweite Gleichung eingesetzt, führt dies auf:

$$r_0\ddot{q}_2 + g\sin(q_2) = 0 \quad \Rightarrow \quad \ddot{\varphi} = -\frac{g}{r_0}\sin(\varphi), \tag{5.7.97}$$

also die Differenzialgleichung des Fadenpendels aus Abschnitt 3.4.2.

5.7.9 Beispiel III zu den EULER-LAGRANGEschen Bewegungsgleichungen: Mehrere Punktmassen im Verbund

Als Beispiel für die gekoppelten Bewegungsgleichungen eines Systems mit mehreren kinematisch miteinander verbundenen Körpern betrachten wir die in Abbildung 5.7.5 dargestellte Situation.

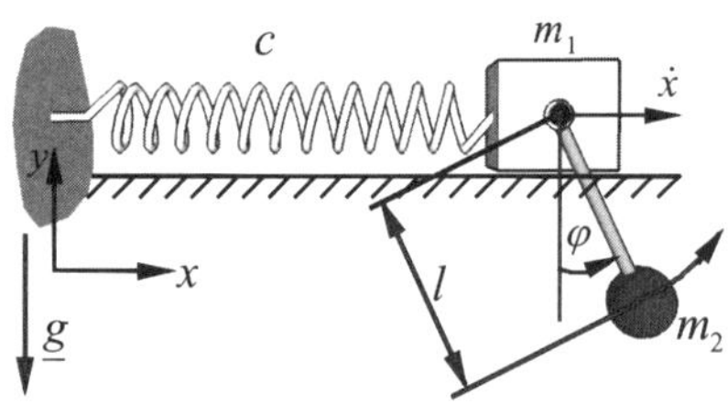

Abb. 5.7.5: Schwingende Bewegung zweier Massen.

An einem reibungsfrei in horizontaler Richtung auf einer Unterlage gleitenden Klotz (m_1) mit Feder (Steife c) ist ein Pendel befestigt. Das Pendel besteht aus einer Punktmasse (Masse m_2), die an einem Stab fester Länge l befestigt ist. Die Masse des Stabes soll bei der Aufstellung der Bewegungsgleichungen vernachlässigt werden. Das System hat zwei Freiheitsgrade, und wir wählen zwei generalisierte Koordinaten, nämlich die Horizontallage des Klotzes bzw. der Feder (genannt x) und die Winkelstellung des Pendels (genannt φ, vgl. Abbildung 5.7.5). Da das Pendel für einen außenstehenden Beobachter den karte-

Energiemethoden

sischen Geschwindigkeitsvektor $\underline{\upsilon} = (\dot{x} + l\dot{\varphi}\cos(\varphi), l\dot{\varphi}\sin(\varphi))$ besitzt, ist die kinetische Energie des Gesamtsystems gegeben durch:

$$E^{\text{kin}} = \tfrac{1}{2} m_1 \dot{x}^2 + \tfrac{1}{2} m_2 \left\{ \left[\dot{x} + l\dot{\varphi}\cos(\varphi)\right]^2 + \left[l\dot{\varphi}\sin(\varphi)\right]^2 \right\}. \tag{5.7.98}$$

Wieder handelt es sich um ein **konservatives** System. Das Nullniveau des Gravitationsanteils der potenziellen Energie identifizieren wir der Einfachheit halber mit der Höhenlage des Klotzes, sodass gilt:

$$U = \tfrac{1}{2} c x^2 - m_2 g l \cos(\varphi). \tag{5.7.99}$$

Die LAGRANGE-Funktion wird somit:

$$\begin{aligned} L &= E^{\text{kin}} - U \\ &= \tfrac{1}{2}(m_1 + m_2)\dot{x}^2 + m_2 l \dot{x}\dot{\varphi}\cos(\varphi) + \tfrac{1}{2} m_2 l^2 \dot{\varphi}^2 \\ &\quad - \tfrac{1}{2} c x^2 + m_2 g l \cos(\varphi), \end{aligned} \tag{5.7.100}$$

und die beiden Bewegungsgleichungen lauten nach Ausführung der entsprechenden Differenziationen nach den generalisierten Koordinaten und ihren Zeitableitungen:

$$\begin{aligned} &(m_1 + m_2)\ddot{x} + m_2 l \ddot{\varphi}\cos(\varphi) - m_2 l \dot{\varphi}^2 \sin(\varphi) + c x = 0, \\ &\ddot{x}\cos(\varphi) + l\ddot{\varphi} + g\sin(\varphi) = 0. \end{aligned} \tag{5.7.101}$$

Wieder wollen wir Spezialfälle untersuchen. Ersetzen wir zunächst die Feder durch eine starre Anbindung des Klotzes an der Wand, so entspricht das der Forderung nach unendlich großer Federsteife $c \to \infty$. Dann folgt aus der ersten Differenzialgleichung nach Division durch c und Ausführung des Grenzüberganges die Gleichung $x = 0$, was Sinn macht, denn der Klotz kann sich dann ja nicht bewegen. Aus der zweiten Gleichung folgt unter diesen Umständen:

$$\ddot{\varphi} + \frac{g}{l}\sin(\varphi) = 0, \tag{5.7.102}$$

also wieder die Schwingungsgleichung für das Fadenpendel. Als zweiten Spezialfall untersuchen wir die Situation eines „freien“ Klotzes, nehmen also die Feder aus dem System heraus: $c = 0$. Dann entsteht aus der ersten Differenzialgleichung:

$$\ddot{x} = -\frac{m_2\, l}{m_1 + m_2}\left[\ddot{\varphi}\cos(\varphi) - \dot{\varphi}^2 \sin(\varphi)\right]. \tag{5.7.103}$$

Dieses kann in die zweite Differenzialgleichung eingesetzt werden, sodass wird:

Energiemethoden

$$\left[1-\frac{m_2}{m_1+m_2}\cos^2(\varphi)\right] l\ddot{\varphi}+ \\ \frac{m_2 l}{m_1+m_2}\sin(\varphi)\cos(\varphi)\dot{\varphi}^2+g\sin(\varphi)=0. \tag{5.7.104}$$

Diese Gleichung kann man noch hinsichtlich kleiner Auslenkungen linearisieren:

$$\cos(\varphi)\approx 1\ ,\ \ \sin(\varphi)\approx 0 \tag{5.7.105}$$

und dann entsteht:

$$\ddot{\varphi}+\frac{g}{l}\frac{m_1+m_2}{m_1}\varphi=0. \tag{5.7.106}$$

Offenbar schwingt das Pendel jetzt mit einer anderen Eigenfrequenz, nämlich:

$$\omega^2=\frac{g}{l}\frac{m_1+m_2}{m_1}, \tag{5.7.107}$$

denn der Klotz nimmt ja an der Bewegung zum Pendel gegenläufig teil.

5.7.10 Beispiel IV zu den EULER-LAGRANGEschen Bewegungsgleichungen: Punktmassen und starrer Körper im Verbund

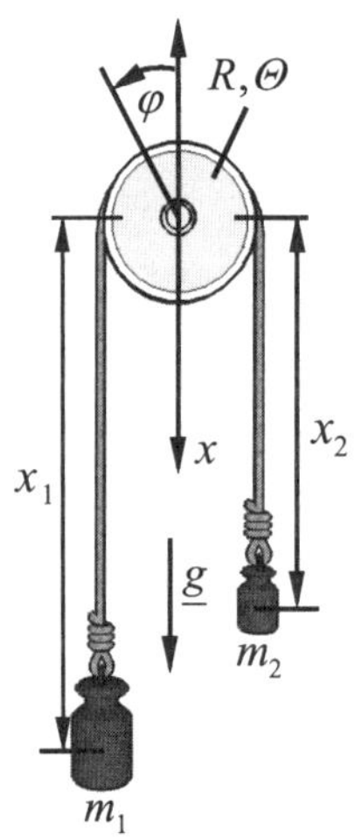

Abb. 5.7.6: Einfache ATWOODsche Fallmaschine.

Wir betrachten die in Abbildung 5.7.6 dargestellte einfache ATWOODsche Fallmaschine, die wir bereits in Abschnitt 3.2.1 kennengelernt haben, als der Begriff „kinematische Nebenbedingungen“ erstmals erläutert wurde.

An den Enden eines Seils fester Länge l mit zu vernachlässigender Masse sind zwei Punktmassen m_1 und m_2 befestigt und um ein Schwungrad mit Radius R und Massenträgheitsmoment Θ gelegt. Ohne Beschränkung der Allgemeinheit nehmen wir an, dass gilt $m_1 > m_2$, sodass die Bewegung nach unten (was wir positiv zählen) bei der links gezeichneten Masse einsetzt. Außerdem setzen wir reibungsfreies Rollen voraus. Für die kinetische Energie des Systems schreiben wir mit den in der Abbildung angegebenen Koordinaten x_1, x_2 und φ:

$$E^{\text{kin}}=\frac{m_1}{2}\dot{x}_1^2+\frac{m_2}{2}\dot{x}_2^2+\frac{\Theta}{2}\dot{\varphi}^2. \tag{5.7.108}$$

Offenbar besteht folgender kinematischer Zusammenhang:

$$x_1 + x_2 + \pi R = l \quad \Rightarrow \quad \dot{x}_1 = -\dot{x}_2 \equiv \dot{x}. \tag{5.7.109}$$

Zusätzlich gilt die Abrollbedingung:

$$\dot{x} = R\,\dot{\varphi}. \tag{5.7.110}$$

Mithin ist es möglich, nunmehr eine generalisierte Koordinate, eben x, zu verwenden und zu schreiben:

$$E^{\text{kin}} = \tfrac{1}{2}\left(m_1 + m_2 + \frac{\Theta}{R^2}\right)\dot{x}^2. \tag{5.7.111}$$

Es handelt sich wieder um ein konservatives System. Die potenzielle Energie besteht allein aus Gravitationsanteilen. Bis auf eine Normierungskonstante dürfen wir schreiben:

$$U = -(m_1 x_1 + m_2 x_2)g = -(m_1 - m_2)\,gx - m_2 g(l - \pi R). \tag{5.7.112}$$

Dabei haben wir wieder von der Nebenbedingung (5.7.109) Gebrauch gemacht. Die LAGRANGE-Funktion wird somit:

$$\begin{aligned} L &= E^{\text{kin}} - U \\ &= \tfrac{1}{2}\left(m_1 + m_2 + \frac{\Theta}{R^2}\right)\dot{x}^2 + (m_1 - m_2)\,gx + m_2 g(l - \pi R) \end{aligned} \tag{5.7.113}$$

und die Bewegungsgleichung lautet nach Ausführung der entsprechenden Differenziationen nach der generalisierten Koordinate und ihrer Zeitableitung:

$$\begin{aligned} &\left(m_1 + m_2 + \frac{\Theta}{R^2}\right)\ddot{x} - (m_1 - m_2)\;g = 0 \\ \Rightarrow \quad &\ddot{x} = \frac{(m_1 - m_2)\;g}{m_1 + m_2 + \dfrac{\Theta}{R^2}}. \end{aligned} \tag{5.7.114}$$

Dieses Ergebnis entspricht sinngemäß dem per Freischneiden über die NEWTONschen Gleichungen gewonnenen Ergebnis aus Abschnitt 3.3.2.

5.7.11 Beispiel V zu den EULER-LAGRANGEschen Bewegungsgleichungen: Konservative Starrkörperbewegung

In der in Abbildung 5.7.7 dargestellten Situation rollt eine zylinderförmige Walze mit Radius R und Masse m bedingt durch ihr Eigengewicht einen Hang mit Neigungswinkel α herunter. Die kinetische Energie der Walze setzt sich aus zwei Anteilen zusammen, nämlich der kinetischen Energie der Schwerpunktbewegung und dem Rotationsanteil der kinetischen Energie, so wie dies im Abschnitt 3.3.2 ausführlich erläutert wurde. Mithin schreiben wir:

$$E^{\text{kin}} = \tfrac{1}{2} m\, \dot{x}^2 + \tfrac{1}{2} \Theta\, \dot{\varphi}^2 . \tag{5.7.115}$$

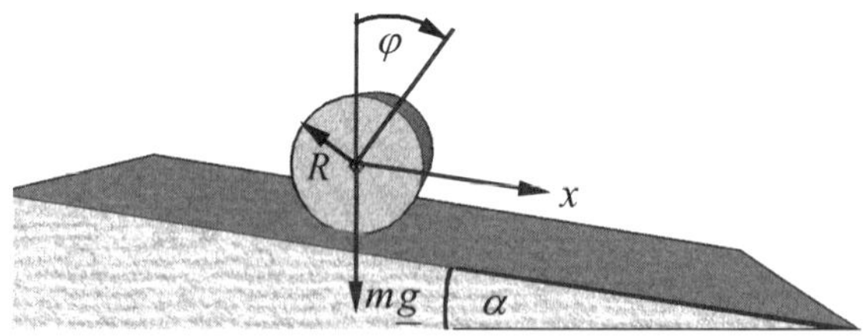

Abb. 5.7.7: Eine den Berg herunterrollende Walze.

Selbstverständlich ist die Rollbedingung zu beachten:

$$\dot{x} = R\, \dot{\varphi} , \tag{5.7.116}$$

und es wird möglich, eine einzige generalisierte Koordinate, nämlich x, zu verwenden:

$$E^{\text{kin}} = \tfrac{1}{2}\left(m + \frac{\Theta}{R^2} \right) \dot{x}^2 . \tag{5.7.117}$$

Aus in diesem Fall handelt es sich wieder um ein konservatives System. Die potenzielle Energie besteht lediglich aus einem Gravitationsanteil, und wir dürfen bis auf eine Normierungskonstante schreiben:

$$U = -m\, g\, x \sin(\alpha) . \tag{5.7.118}$$

Die LAGRANGE-Funktion lautet somit:

$$L = E^{\text{kin}} - U = \tfrac{1}{2}\left(m + \frac{\Theta}{R^2} \right) \dot{x}^2 + m\, g\, x \sin(\alpha) , \tag{5.7.119}$$

und die Bewegungsgleichung ergibt sich nach Ausführung der entsprechenden Differenziationen nach der generalisierten Koordinate x und ihrer Zeitableitung zu:

$$\left(m + \frac{\Theta}{R^2} \right) \ddot{x} - m\, g \sin(\alpha) = 0 \quad \Rightarrow \quad \ddot{x} = \frac{m\, g}{m + \dfrac{\Theta}{R^2}} \sin(\alpha) . \tag{5.7.120}$$

Dies entspricht dem per Freischnitt über die NEWTONsche Methode gewonnenen Ergebnis aus Abschnitt 3.3.2.

5.7.12 Beispiel VI zu den EULER-LAGRANGEschen Bewegungsgleichungen: Ein nicht konservatives System

Wir wenden uns nun nochmals dem Problem aus Abschnitt 5.7.3 zu. Wie damals gesagt, erzeugt ein Motor am Schwungrad das Drehmoment M_0. Es handelt sich also um ein **nicht konservatives** System und zur Aufstellung der dazugehörigen Bewegungsgleichungen sind die LAGRANGEschen Gleichungen in der erweiterten Form (5.7.80) gültig. Zur Berechnung der nicht konservativen generalisierten Kraft verwenden wir die Gleichung $(5.7.79)_2$, worin wir setzen:

$$F_i \to M_0 \ , \ \ \delta x_i(\underline{q}) \to \delta\varphi^2 . \qquad (5.7.121)$$

Als einzig verbliebene generalisierte Koordinate verwenden wir z^3 gemäß der Zeichnung 5.7.2. Hierfür hatten wir bereits gefunden, dass folgender kinematischer Zusammenhang gilt:

$$z^3 = R_2 \varphi^2 . \qquad (5.7.122)$$

Für die generalisierte nicht konservative Kraft ergibt sich also:

$$Q_k^* = F_i \frac{\partial x_i}{\partial q_k} \quad \Rightarrow \quad Q^* = M_0 \frac{\partial \varphi^2}{\partial z^3} = \frac{M_0}{R_2} . \qquad (5.7.123)$$

Die kinetische Energie des Systems setzt sich aus vier Anteilen zusammen, nämlich der translatorischen kinetischen Energie des Fallgewichtes, der rotatorischen kinetischen Energie des Schwungrades sowie dem Schwerpunkt- und dem rotatorischen Anteil der kinetischen Energie der Walze:

$$E^{\text{kin}} = \tfrac{1}{2} m_3 \left(\dot{z}^3\right)^2 + \tfrac{1}{2}\Theta_2 \left(\dot{\varphi}^2\right)^2 + \tfrac{1}{2} m_1 \left(\dot{x}^1\right)^2 + \tfrac{1}{2}\Theta_1 \left(\dot{\varphi}^1\right)^2 . \qquad (5.7.124)$$

Wenn wir hierin ausschließlich die generalisierte Koordinate z^3 verwenden (vgl. die Gleichungen (5.7.52 bis 55) zu den entsprechenden kinematischen Relationen), dann entsteht:

$$E^{\text{kin}} = \tfrac{1}{2}\left(m_3 + \frac{\Theta_2}{(R_2)^2} + \frac{m_1}{4} + \frac{\Theta_1}{4(R_1)^2} \right)\left(\dot{z}^3\right)^2 . \qquad (5.7.125)$$

Für die rein aus dem Gravitationsanteil der Masse m_3 resultierende potenzielle Energie haben wir zu schreiben:

$$U = -m_3 \, g \, z^3 . \qquad (5.7.126)$$

Mit diesen Resultaten gehen wir in die verallgemeinerten LAGRANGEschen Gleichungen in der Form (5.7.80) und erhalten

Energiemethoden

nach Ausführen der entsprechenden Differenziation nach der verbliebenen generalisierten Koordinate z^3:

$$\left(m_3 + \frac{\Theta_2}{(R_2)^2} + \frac{m_1}{4} + \frac{\Theta_1}{4(R_1)^2} \right) \ddot{z}^3 = \frac{M_0}{R_2} + m_3\, g \quad \Rightarrow \tag{5.7.127}$$

$$\ddot{z}^3 = \frac{\dfrac{M_0}{R_2} + m_3\, g}{m_3 + \dfrac{\Theta_2}{(R_2)^2} + \dfrac{m_1}{4} + \dfrac{\Theta_1}{4(R_1)^2}}\,.$$

Dieses stimmt offensichtlich mit dem zuvor gefundenen Ergebnis aus Gleichung (5.7.58) überein.

5.7.13 Die LAGRANGEschen Bewegungsgleichungen 1. Art

In der Literatur bezeichnet man die in Abschnitt 5.7.4 aus dem HAMILTONschen Prinzip der kleinsten Wirkung hergeleiteten EULER-LAGRANGEschen Bewegungsgleichungen auch oft als LAGRANGEsche Gleichungen 2. Art. Mithin stellt sich die Frage, wie denn wohl die LAGRANGEschen Gleichungen 1. Art lauten. Die Antwort verbirgt sich im D'ALEMBERTschen Prinzip in LAGRANGEscher Fassung, für das wir gemäß Gleichung (5.7.49) schreiben dürfen:

$$\begin{aligned} \delta(A-B) = &\sum_{i=1}^{n} \left(\underline{F}^{\text{app},i} - m_i \underline{\ddot{x}}^{S_i} \right) \cdot \delta \underline{x}^{S_i} + \\ &\sum_{i=1}^{n} \left(\underline{M}^{\text{app},S_i} - \underline{\underline{\Theta}}_i \cdot \underline{\ddot{\varphi}}^i \right) \cdot \delta \underline{\varphi}^i = 0 \end{aligned} \tag{5.7.128}$$

bzw. auch:

$$\delta(A-B) = \sum_{j=1}^{p} \left(K_j - m_j \ddot{f}_j \right) \delta f_j = 0\,, \tag{5.7.129}$$

wenn wir, um die Formeln kompakt zu halten, die Skalarprodukte ausführen und verallgemeinerte Kraft- und Verschiebungsgrößen K_j und f_j einführen, d. h., nicht mehr explizit zwischen Kräften und Momenten sowie Verschiebungen und Drehungen unterscheiden, so wie es seinerzeit schon im Abschnitt 5.3.6 geschehen ist. Das Symbol m_j steht dann jeweils für eine Masse oder einen Trägheitstensor.

Am Ende von Abschnitt 5.7.2 hatten wir bereits angemerkt, dass die virtuellen Verschiebungen δf_j im Allgemeinen nicht unabhängig voneinander wählbar sind, sondern durch geeignete kinematische Beziehungen auf die verbleibenden generalisierten Koordinaten reduziert werden müssen. Wie hier vorzugehen ist, wurde im Beispiel des Abschnitts 5.7.3 gezeigt. Im Wesentlichen sind die „überzähligen“ Koordinaten sukzessive zu eliminieren, danach Terme mit den verbliebenen generalisierten Koordinaten zusammenzufassen, die dann jeweils zu null gesetzt werden dürfen, da die Variationen der verbliebenen generalisierten Verschiebungen unabhängig voneinander wählbar sind.

LAGRANGE hat nun eine alternative mathematische Methode ersonnen, bei der man sich das mühselige Eliminieren erspart. Dieses Verfahren ist auch als **Methode der LAGRANGEschen Multiplikatoren** bekannt. Es besteht darin, dass man die kinematischen Bedingungen, also die Nebenbedingungen, in folgender Form schreibt:

$$F^i(f_1, f_2, \cdots, f_p) \equiv F^i(f_l) = 0, \quad l = 1, \cdots, p, \; i = 1, \cdots, k, \tag{5.7.130}$$

wenn wir voraussetzen, dass es k Stück kinematische Nebenbedingungen gibt (siehe Gleichung (5.7.69)). Aus der letzten Gleichung folgert man, dass gilt:

$$\delta F^i(f_l) = 0 \quad \Rightarrow \quad \sum_{j=1}^{p} \frac{\partial F^i(f_l)}{\partial f_j} \delta f_j = 0, \quad i = 1, \cdots, k. \tag{5.7.131}$$

Man multipliziert diese k Stück Gleichungen nun jeweils mit einem sog. LAGRANGEschen Multiplikator λ^i, $i = 1, \cdots, k$, und addiert sie zu der Gleichung (5.7.129). Durch Umsortieren folgt:

$$\delta(A - B) = \sum_{j=1}^{p} \left(K_j - m_j \ddot{f}_j + \sum_{i=1}^{k} \lambda^i \frac{\partial F^i}{\partial f_j} \right) \delta f_j = 0. \tag{5.7.132}$$

Nunmehr sind die Nebenbedingungen berücksichtigt, denn wir haben dafür „bezahlt“, und zwar in Form der k Stück LAGRANGEschen Multiplikatoren, also zusätzlichen Unbekannten. Mithin sind jetzt die virtuellen Verschiebungen δf_j **unabhängig** voneinander wählbar, weswegen wir auf das Verschwinden der Klammer in Gleichung (5.7.132) schließen, was auf die folgenden p Stück Gleichungen führt:

$$m_j \ddot{f}_j = K_j + \sum_{i=1}^{k} \lambda^i \frac{\partial F^i}{\partial f_j}\,,\quad j = 1,\cdots,p\,. \tag{5.7.133}$$

Dieses sind die **LAGRANGEschen Gleichungen 1. Art**. Es ist üblich, den Ausdruck:

$$Z_j = \sum_{i=1}^{k} \lambda^i \frac{\partial F^i}{\partial f_j}\,,\quad j = 1,\cdots,p \tag{5.7.134}$$

als **generalisierte Zwangskraft** zu deuten, die dafür Sorge trägt, dass die Körper in ihrer Bewegung den kinematischen Nebenbedingungen genügen. D. h., man schreibt anstelle von Gleichung (5.7.133):

$$m_j \ddot{f}_j = K_j + Z_j\,,\quad j = 1,\cdots,p\,. \tag{5.7.135}$$

Wir sind damit sozusagen wieder bei NEWTONschen Bewegungsgleichungen gelandet. Bei der Lösung konkreter Probleme werden die LAGRANGEschen Multiplikatoren sukzessive eliminiert. Wie hierbei vorzugehen ist, soll in zwei Beispielen erläutert werden.

5.7.14 Beispiel I zu den LAGRANGEschen Bewegungsgleichungen 1. Art

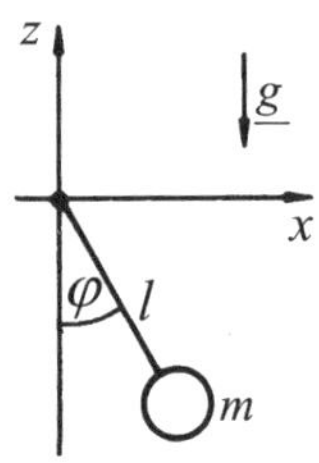

Abb. 5.7.8: Fadenpendel.

Wir betrachten ein Fadenpendel (Masse m) in der (x,z)-Ebene. Da das Pendel die feste Länge l hat, gilt als Nebenbedingung der Bewegung

$$F(x,z) = x^2 + z^2 - l^2 = 0\,. \tag{5.7.136}$$

Die LAGRANGEschen Gleichungen 1. Art lauten gemäß Gleichung (5.7.132):

$$m\ddot{x} = \lambda \frac{\partial F}{\partial x} = \lambda 2x\,, \tag{5.7.137}$$

$$m\ddot{z} = -mg + \lambda \frac{\partial F}{\partial z} = -mg + \lambda 2z\,.$$

Hieraus lässt sich der LAGRANGEsche Multiplikator λ eliminieren und man erhält:

$$-\ddot{z}x + \ddot{x}z = gx\,. \tag{5.7.138}$$

Aus der Geometrie ist bekannt, dass:

$$x = l\sin(\varphi)\,,\quad z = -l\cos(\varphi)\,. \tag{5.7.139}$$

Differenzieren nach der Zeit bringt:

$$\dot{x} = l\dot{\varphi}\cos(\varphi)\,,\quad \ddot{x} = l\ddot{\varphi}\cos(\varphi) - l(\dot{\varphi})^2\sin(\varphi), \tag{5.7.140}$$

$$\dot{z} = l\dot{\varphi}\sin(\varphi)\,,\quad \ddot{z} = l\ddot{\varphi}\sin(\varphi) + l(\dot{\varphi})^2\cos(\varphi).$$

Einsetzen in Gleichung (5.7.138) liefert die bekannte nicht lineare Differenzialgleichung des mathematischen Pendels:

$$\ddot{\varphi} = -\frac{g}{l}\sin(\varphi). \tag{5.7.141}$$

Um diese Gleichung zu lösen, multiplizieren wir sie auf beiden Seiten mit $\dot{\varphi}$ und schließen:

$$\frac{\mathrm{d}}{\mathrm{d}\,t}\left(\frac{1}{2}\dot{\varphi}^2 - \omega^2\cos(\varphi)\right) = 0$$
$$\Rightarrow\quad \frac{1}{2}\dot{\varphi}^2 - \omega^2\cos(\varphi) = \text{const.}_{,t}\,,\quad \omega^2 = \frac{g}{l}. \tag{5.7.142}$$

Um die Konstante zu bestimmen, formulieren wir als Anfangsbedingungen:

$$\varphi\,(t=0) = \varphi_0\,,\quad l\dot{\varphi}\,(t=0) = \upsilon_0 \tag{5.7.143}$$

und finden, dass:

$$l\dot{\varphi} = \pm\sqrt{\upsilon_0^2 + 2gl\,[\cos(\varphi) - \cos(\varphi_0)]}. \tag{5.7.144}$$

Im Folgenden konzentrieren wir uns auf den Fall eines hin- und herschwingenden Pendels. Den Fall eines Überschlagpendels diskutieren wir hier nicht. In diesem Zusammenhang fordern wir noch, dass $\upsilon_0 = 0$ gilt, erinnern an die folgende Hilfsformel für trigonometrische Funktionen:

$$\cos(\varphi) = 1 - 2\sin^2\left(\frac{\varphi}{2}\right) \tag{5.7.145}$$

und schließen auf:

$$l\dot{\varphi} = \pm\sqrt{4gl}\,\sqrt{\sin^2\left(\frac{\varphi_0}{2}\right) - \sin^2\left(\frac{\varphi}{2}\right)}. \tag{5.7.146}$$

Wir definieren noch:

$$\sin^2\left(\frac{\varphi_0}{2}\right) = k^2 < 1. \tag{5.7.147}$$

Man beachte, dass dies bei einem schwingenden Pendel eine Größe ist, die stets kleiner als eins bleibt, da in diesem Fall der maximale Anfangswinkel unterhalb von π liegt ($\varphi_0 < 180°$).

Gleichung (5.7.146) lässt sich nach der Zeit wie folgt integrieren:

$$\sqrt{\frac{g}{l}}t = \pm\int_{\varphi_0}^{\varphi} \frac{\mathrm{d}\left(\frac{\tilde{\varphi}}{2}\right)}{\sqrt{k^2 - \sin^2\left(\frac{\tilde{\varphi}}{2}\right)}}. \tag{5.7.148}$$

Indem man nun noch einen Winkel ψ wie folgt einführt:

$$k\sin(\psi) = \sin\left(\frac{\varphi}{2}\right), \tag{5.7.149}$$

folgt für Zähler und Nenner unter dem Integral in der Gleichung (5.7.148):

$$\mathrm{d}\left(\frac{\varphi}{2}\right) = \frac{k\cos(\psi)\,\mathrm{d}\psi}{\sqrt{1-k^2\sin^2(\psi)}},$$

$$\sqrt{k^2 - k^2\sin^2(\psi)} = k\cos(\psi). \tag{5.7.150}$$

Damit lässt sich das Integral in Gleichung (5.7.148) auf eine kakanonische Form zurückführen:

$$\sqrt{\frac{g}{l}}t = \pm\int_{\psi_0}^{\psi} \frac{\mathrm{d}\psi}{\sqrt{1-k^2\sin^2(\psi)}} = \pm\left[F(k,\psi) - F(k,\psi_0)\right], \tag{5.7.151}$$

nämlich auf ein sogenanntes **elliptisches Integral 1. Art**:

$$F(k,\psi) = \int_0^{\psi} \frac{\mathrm{d}\psi}{\sqrt{1-k^2\sin^2(\psi)}}. \tag{5.7.152}$$

Dieses Integral ist tabelliert und man kann für ein gegebenes k und ein vorgegebenes ψ berechnen, wie der momentane Auslenkungswinkel mit der Zeit zusammenhängt. Selbstverständlich nimmt der Winkel ab ($\varphi \leq \varphi_0$) und damit ist nur die zweite Lösung in Gleichung (5.7.151) physikalisch sinnvoll.

Allgemein bezeichnet T die Periodendauer einer vollen Schwingung. Dann ist die Zeit $T/4$ bis zur ersten Tiefstlage des Pendels ($\varphi = 0$) gegeben durch:

$$\frac{T}{4} = -\sqrt{\frac{l}{g}}\left[F(k,0) - F(k,\psi_0)\right] = \sqrt{\frac{l}{g}}F(k,\psi_0). \tag{5.7.153}$$

Mithin können wir für die Gleichung (5.7.151) auch schreiben:

$$t = \frac{T}{4} - \sqrt{\frac{l}{g}} F(k, \psi). \tag{5.7.154}$$

Für die Zeit, bis zur der das Pendel die Lage $\varphi = -\varphi_0$ erreicht, also eine halbe Schwingung vollendet ist, gilt aufgrund der Gleichungen (5.7.147/149):

$$\psi = -\frac{\pi}{2} \quad \Rightarrow \quad \frac{T}{2} = \frac{T}{4} - \sqrt{\frac{l}{g}} F\left(k, -\frac{\pi}{2}\right). \tag{5.7.155}$$

Es gilt:

$$-F\left(k, -\frac{\pi}{2}\right) = F\left(k, \frac{\pi}{2}\right) = K(k), \tag{5.7.156}$$

und man nennt die Größe:

$$K(k) = \int_0^{\pi/2} \frac{\mathrm{d}\psi}{\sqrt{1 - k^2 \sin^2(\psi)}} \tag{5.7.157}$$

das **vollständige elliptische Integral 1. Art**. Es ist ebenfalls für gegebene Werte k tabelliert. Für die Schwingungsdauer wird somit:

$$T = 4\sqrt{\frac{l}{g}} K(k). \tag{5.7.158}$$

Wählen wir beispielsweise einen anfänglichen Auslenkungswinkel $\varphi_0 = 5°$, so findet man in der Tabelle:

$$k = \sin(2{,}5°) \quad \Rightarrow \quad K(k) = 1{,}5716 \cdots. \tag{5.7.159}$$

Man sieht also, dass die Abweichung zur Schwingungsdauer der linearisierten Schwingungsgleichung:

$$\ddot{\varphi} = -\frac{g}{l}\varphi \quad \Rightarrow \quad T = \frac{2\pi}{\sqrt{g/l}} \tag{5.7.160}$$

äußerst gering ist. Wie gering, lässt sich ermitteln, indem man den Integranden des vollständigen elliptischen Integrals in eine Reihe entwickelt und danach Term für Term integriert:

$$\begin{aligned} K(k) &= \int_0^{\pi/2} \frac{\mathrm{d}\psi}{\sqrt{1 - k^2 \sin^2(\psi)}} \\ &= \int_0^{\pi/2} \left[1 + \tfrac{1}{2} k^2 \sin^2(\psi) + \tfrac{1 \cdot 3}{2 \cdot 4} k^4 \sin^4(\psi) + \cdots\right] \mathrm{d}\psi \end{aligned} \tag{5.7.161}$$

Energiemethoden

$$=\frac{\pi}{2}\left[1+\left(\tfrac{1}{2}\right)^2 k^2+\left(\tfrac{1\cdot 3}{2\cdot 4}\right)^2 k^4+\cdots\right]=\frac{\pi}{2}\left[1+5\cdot 10^{-4}\right],$$

wobei im letzten Schritt der oben genannte Auslenkungswinkel zur Berechnung von k verwendet wurde. Die Korrektur ist also sehr klein. Sie wird natürlich umso bedeutender, je größer der anfängliche Auslenkungswinkel ist.

5.7.15 Beispiel II zu den LAGRANGEschen Bewegungsgleichungen 1. Art

Wir wenden uns erneut dem Problem der ATWOODschen Fallmaschine aus Abschnitt 5.7.9 zu, vernachlässigen aber zunächst den Trägheitsanteil der Schwungscheibe. Dann gibt es nur eine Nebenbedingung zu beachten, nämlich Gleichung (5.7.109), und diese schreiben wir im Sinne von Gleichung (5.7.130) nunmehr als:

$$F^1(x_1,x_2)=x_1+x_2+\pi R-l=0\,. \tag{5.7.162}$$

Dann lauten die beiden LAGRANGEschen Gleichungen 1. Art (21.33.6):

$$m_1\ddot{x}_1=m_1 g+\lambda^1\frac{\partial F^1}{\partial x_1}=m_1 g+\lambda^1\;,$$

$$m_2\ddot{x}_2=m_2 g+\lambda^1\frac{\partial F^1}{\partial x_2}=m_2 g+\lambda^1\,. \tag{5.7.163}$$

Elimination des LAGRANGEschen Multiplikators aus beiden Gleichungen führt auf:

$$m_1\ddot{x}_1-m_2\ddot{x}_2=\left(m_1-m_2\right)g\,. \tag{5.7.164}$$

Zweifache Differenziation der Nebenbedingung (5.7.162) nach der Zeit ergibt außerdem:

$$\ddot{x}_1=-\ddot{x}_2 \tag{5.7.165}$$

und somit folgt:

$$\ddot{x}_1=\frac{m_1-m_2}{m_1+m_2}g\,. \tag{5.7.166}$$

Dies ist aber wieder das Ergebnis aus Abschnitt 5.7.9, wenn man das Trägheitsmoment der Schwungscheibe vernachlässigt. Will man dieses berücksichtigen, so muss man eine weitere Nebenbedingung beachten, nämlich die Abrollbedingung (5.7.110). Diese ist inkrementell in der Zeit formuliert, und wir schreiben daher:

$$\mathrm{d}F^2 = 0 = \frac{\partial F^2}{\partial x_1}\mathrm{d}x_1 + \frac{\partial F^2}{\partial x_2}\mathrm{d}x_2 + \frac{\partial F^2}{\partial \varphi}\mathrm{d}\varphi = \mathrm{d}x_1 - R\,\mathrm{d}\varphi\,. \quad (5.7.167)$$

Damit folgt:

$$\frac{\partial F^2}{\partial x_1} = 1\,, \quad \frac{\partial F^2}{\partial x_2} = 0\,, \quad \frac{\partial F^2}{\partial \varphi} = -R\,. \quad (5.7.168)$$

Man erhält aus den Formeln (5.7.133) nun folgende LAGRANGEschen Gleichungen 1. Art:

$$m_1\ddot{x}_1 = m_1 g + \lambda^1 \frac{\partial F^1}{\partial x_1} + \lambda^2 \frac{\partial F^2}{\partial x_1} = m_1 g + \lambda^1 + \lambda^2\,,$$

$$m_2\ddot{x}_2 = m_2 g + \lambda^1 \frac{\partial F^1}{\partial x_2} + \lambda^2 \frac{\partial F^2}{\partial x_2} = m_2 g + \lambda^1\,, \quad (5.7.169)$$

$$\Theta\,\ddot{\varphi} = \lambda^1 \frac{\partial F^1}{\partial \varphi} + \lambda^2 \frac{\partial F^2}{\partial \varphi} = -\lambda^2 R\,.$$

Hieraus eliminiert man nun beide LAGRANGEsche Multiplikatoren λ_1 und λ_2, sodass entsteht:

$$m_1\ddot{x}_1 - m_2\ddot{x}_2 = (m_1 - m_2)g - \frac{\Theta}{R}\ddot{\varphi}\,. \quad (5.7.170)$$

Aufgrund der Beziehungen (5.7.165) und (5.7.167) gewinnt man hieraus das bekannte Ergebnis (5.7.114).

5.7.16 Klassifizierung kinematischer Bedingungen

In den Abschnitten über LAGRANGEsche Gleichungen 1. Art wurde gezeigt, wie man kinematische Zwänge, also geometrische Nebenbedingungen, in das D'ALEMBERTsche Prinzip mit einbringen kann. Startpunkt aller dieser Überlegungen war Gleichung (5.7.130), in der vorausgesetzt wird, dass Nebenbedingungen allgemein in folgender Form zu schreiben sind:

$$F^i(f_1, f_2, \cdots, f_p) \equiv F^i(f_j) = 0\,, \quad j = 1, \cdots, p\,,\ i = 1, \cdots, k. \quad (5.7.171)$$

Eine Nebenbedingung dieser Art, die sich in der Zeit nicht ändert, da die Zeit nur **implizit** über die verallgemeinerten Verschiebungsgrößen, aber eben nicht **explizit** vorkommt, bezeichnet man als **starr** oder nach dem entsprechenden griechischen Wort als **skleronom**. Ein konkretes Beispiel einer solchen skleronomen Bedingung ist Gleichung (5.7.136), in der die zeitliche

Konstanz der Pendellänge in Verbindung mit einem zeitlich festen Aufhängepunkt des Pendels zum Ausdruck gebracht wurde:

$$F(x,z) = x^2 + z^2 - l^2 = 0\,. \tag{5.7.172}$$

Würden wir den Aufhängepunkt bewegen und beispielsweise wie in der Abbildung 5.7.9 gezeigt in horizontaler bzw. vertikaler Richtung mit einer vorgegebenen, also bekannten Bewegung $X(t)$ bzw. $Z(t)$ führen, so bleibt die Pendellänge zwar immer noch konstant, aber die Nebenbedingungen schreiben sich nun:

$$F(x,z,t) = [x - X(t)]^2 + z^2 - l^2 = 0\ ,$$

$$F(x,z,t) = x^2 + [z - Z(t)]^2 - l^2 = 0\,. \tag{5.7.173}$$

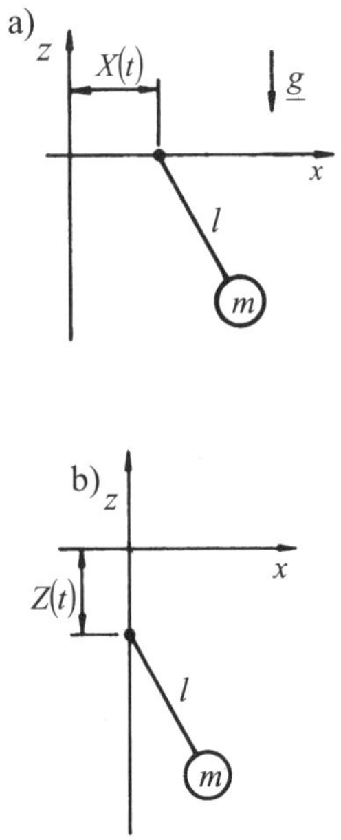

Abb. 5.7.9: Ein Pendel fester Länge, dessen Aufhängepunkt in a) horizontaler bzw. b) vertikaler Richtung geführt wird.

Man nennt solche explizit zeitabhängigen Nebenbedingungen **fließend** oder auch nach dem entsprechenden griechischen Wort **rheonom** und wir schreiben allgemein:

$$F^i(f_1, f_2, \cdots, f_p, t) \equiv F^i(f_j, t) = 0\,,\quad j = 1, \cdots, p\,,\ i = 1, \cdots, k. \tag{5.7.174}$$

Oft haben wir die Nebenbedingungen auch in differenzieller Form verwendet, also geschrieben:

$$\mathrm{d}F^i(f_j) = 0 \quad \Rightarrow \quad \sum_{j=1}^{p} \frac{\partial F^i(f_j)}{\partial f_j}\mathrm{d}f_j = 0\,,\ i = 1, \cdots, k\,, \tag{5.7.175}$$

bzw. nun für rheonome Nebenbedingungen:

$$\mathrm{d}F^i(f_j,t) = 0$$
$$\Rightarrow \quad \sum_{j=1}^{p} \frac{\partial F^i(f_j,t)}{\partial f_j}\mathrm{d}f_j + \frac{\partial F^i(f_j,t)}{\partial t}\mathrm{d}t = 0\,,\ i = 1, \cdots, k. \tag{5.7.176}$$

Hierfür kann man offenbar auch schreiben:

$$\sum_{j=1}^{p} \frac{\partial F^i(f_j)}{\partial f_j}\dot{f}_j = 0\,,\ i = 1, \cdots, k \tag{5.7.177}$$

bzw.:

$$\sum_{j=1}^{p} \frac{\partial F^i(f_j,t)}{\partial f_j}\dot{f}_j + \frac{\partial F^i(f_j,t)}{\partial t} = 0\,,\ i = 1, \cdots, k\,. \tag{5.7.178}$$

Die Form dieser Ausdrücke ist also:

$$\sum_{j=1}^{p} \xi_j^i(f_j)\dot{f}_j = 0 \quad \text{bzw.}$$

$$\sum_{j=1}^{p} \xi_j^i(f_j,t)\dot{f}_j + \xi_0^i(f_j,t) = 0\,,\quad i = 1,\cdots,k\,, \tag{5.7.179}$$

und man spricht allgemein von **Differenzialausdrücken** bzw. sogenannten **PFAFFschen Formen**. Die hier vorliegenden Differenzialausdrücke sind jedoch ganz spezielle, denn sie sind integrierbar, da sie ursprünglich ja durch Differenziation der Funktionen $F^i(f_j)$ bzw. $F^i(f_j\,,t)$ gewonnen wurden. Wenn dies der Fall ist, bezeichnet man die Gleichungen (5.7.177) auch als sogenannte **holonome** Nebenbedingungen, was aus dem griechischen Wort für „ganz", „vollständig", also im hiesigen Sinne „integrabel" stammt. Man hätte jedoch auch gleich von einer differenziellen Form starten können und beliebige Funktionen ξ_j in den Gleichungen (5.7.177) setzen können, die nicht durch Differenziation aus einer Funktion $F^i(f_j)$ bzw. $F^i(f_j\,,t)$ entstanden sind, sodass die Gleichungen (5.7.177) kein totales Differenzial verkörpern. Solche Nebenbedingungen nennt man dann **nicht holonom**.

Konkrete Beispiele für derartige Nebenbedingungen werden wir hier nicht behandeln. Es sei nur gesagt, dass die dreidimensionale Starrkörperanalyse eines rollenden scharfkantigen Rades auf solche Fragestellungen führt.

Wir fassen tabellarisch zusammen. Nebenbedingungen der Form (5.7.179) heißen:

nicht-holonom-rheonom	wenn die Größen ξ_j^i , $i = 1, 2, \cdots, k$, $j = 0, 1, 2, \cdots, 3n$ Funktionen von f_j und t sind, aber die sich ergebende Differenzialform **nicht** integrierbar ist
nicht-holonom-skleronom	wenn die Größen ξ_j^i , $i = 1, 2, \cdots, k$, $j = 1, 2, \cdots, 3n$ Funktionen von f_j, aber **nicht** von t sind und die sich ergebende Differenzialform **nicht** integrierbar ist
holonom-rheonom	wenn es eine Funktion $F^i(f_j\,,t)$ gibt, sodass $\xi_j^i = \dfrac{\partial F^i(f_j,t)}{\partial f_j}$, $i = 1, 2, \cdots, k$, $j = 0, 1, 2, \cdots, 3n$ und $\xi_0^i(f_j,t) \neq 0$ gilt

Johann Friedrich PFAFF wurde am 22. 12. 1765 in Stuttgart geboren und starb am 21. 4. 1825 in Halle an der Saale. Er besuchte von 1774 bis 1785 die Hohe Carlsschule in Stuttgart und studierte darauf bis 1787 in Göttingen, wo er sich hauptsächlich mit Sternenkunde beschäftigte und einen Preis der dortigen Philosophischen Fakultät für die Arbeit *De ortibus et occasibus siderum* bekam. Im selben Jahr vertiefte er seine Studien bei dem Astronomen Bode in Berlin. 1788 wurde er ordentlicher Professor in Helmstedt. Einen Ruf nach Dorpat in Estland im Jahre 1803 lehnt er ab, um endlich 1810 Professor für Mathematik in Halle an der Saale zu werden. Dies erfolgte mehr oder weniger freiwillig, denn die Universität in Helmstedt wurde geschlossen und die Fakultätsmitglieder ermutigt, sich andere Positionen zu suchen. In Halle entsteht auch sein Hauptwerk, das sich mit der Klassifikation und Integration gewöhnlicher und partieller Differenzialgleichungen erster Ordnung beschäftigt: *Methodus generalis aequationes differentiarum.*

holonom-skleronom	wenn $\xi_0^i(f_j, t) = 0$, $i = 1, 2, \cdots, k$ gilt und es eine lediglich von den f_j abhängige Funktion $F^i(f_j)$ gibt, sodass $\xi_j^i = \frac{\partial F^i(f_j)}{\partial f_j}$, $i = 1, 2, \cdots, k$, $j = 1, 2, \cdots, 3n$ gilt

5.7.17 Beispiele zu holonom-rheonomen Nebenbedingungen

In den bisherigen Aufgabenbeispielen haben wir ausschließlich holonom-skleronome Nebenbedingungen ausgewertet. Wir analysieren nun die in Abbildung 5.7.9 dargestellte Situation eines in horizontaler bzw. vertikaler Richtung geführten Pendels fester Länge. Die LAGRANGEschen Gleichungen 1. Art lauten wie in Abschnitt 5.7.13 bereits angegeben:

$$m\ddot{x} = \lambda \frac{\partial F}{\partial x} \; , \quad m\ddot{z} = -mg + \lambda \frac{\partial F}{\partial z} . \tag{5.7.180}$$

Bei der weiteren Auswertung interessieren die in Gleichung (5.7.173) zusammengestellten zeitabhängigen Nebenbedingungen, woraus entsteht:

$$\frac{\partial F}{\partial x} = 2[x - X(t)] \; ,$$

$$\frac{\partial F}{\partial z} = 2z \text{ (bei horizontaler Führung)} \tag{5.7.181}$$

bzw.:

$$\frac{\partial F}{\partial x} = 2\,x \; ,$$

$$\frac{\partial F}{\partial z} = 2\,[z - Z(t)] \text{ (bei vertikaler Führung).} \tag{5.7.182}$$

Die Differenzialgleichungen lauten dann bei horizontaler Führung:

$$m\ddot{x} = \lambda 2[x - X(t)] \; , \quad m\ddot{z} = -mg + 2\lambda z \, , \tag{5.7.183}$$

bzw. bei vertikaler Führung:

$$m\ddot{x} = 2\lambda x \; , \quad m\ddot{z} = -mg + 2\lambda\,[z - Z(t)]. \tag{5.7.184}$$

Multiplikation von Gleichung $(5.7.183)_1$ mit z und von $(5.7.183)_2$ mit $-[x-X(t)]$ sowie anschließende Addition beider Gleichungen führt bei horizontaler Führung auf:

$$z\ddot{x}-(\ddot{z}+g)[x-X(t)]=0\,. \qquad (5.7.185)$$

Die zweite Gleichung, die erforderlich ist, die Koordinaten x und z zu bestimmen, ist die Nebenbedingung $(5.7.173)_1$. Durch analoges Vorgehen findet man im Fall vertikaler Führung nach Elimination des LAGRANGEschen Parameters:

$$\ddot{x}\,[z-Z(t)]-x\,(\ddot{z}+g)=0\,, \qquad (5.7.186)$$

was in Kombination mit der Nebenbedingung $(5.7.173)_2$ dazu dient, die aktuellen Positionen x und z zu ermitteln.

Um diese nichtlinearen Gleichungen in eine analytisch lösbare Form zu bringen, spezialisieren wir sie auf den Fall „kleiner“ Pendelschwingungen, womit folgende Aussage gemeint ist:

$$-z(t)\approx l \quad\Rightarrow\quad \ddot{z}=0 \ \text{ bzw.}$$

$$-[z-Z(t)]\approx l \quad\Rightarrow\quad \ddot{z}=\ddot{Z}\,. \qquad (5.7.187)$$

Dann verbleibt im Falle des horizontal bewegten Pendels:

$$\ddot{x}+\omega^2 x=\omega^2 X(t)\,,\ \ \omega^2=\frac{g}{l}\,. \qquad (5.7.188)$$

Das ist die Differenzialgleichung einer angeregten eindimensionalen Schwingung. Die Führung wirkt also wie eine externe Kraftanregung. Im Falle des vertikal geführten Pendels entsteht hingegen:

$$\ddot{x}+\omega^2 x=0\,,\ \ \omega^2=\frac{\ddot{Z}+g}{l}\,. \qquad (5.7.189)$$

Dieses ist die Schwingungsgleichung eines linearen eindimensionalen Oszillators, falls man noch fordert, dass:

$$\ddot{Z}=a=\text{const}_t\,. \qquad (5.7.190)$$

Falls wir speziell das frei fallende Pendel betrachten, also wählen:

$$\ddot{Z}=-g\,, \qquad (5.7.191)$$

so folgt:

$$\ddot{x}=0\,,\ \ \omega^2=0 \quad\Rightarrow\quad T=\frac{2\pi}{\omega}=\infty\,. \qquad (5.7.192)$$

Energiemethoden

Dies bedeutet, das Pendel fällt einfach frei nach unten und schwingt überhaupt nicht, so wie man es auch anschaulich erwartet.

5.7.18 Die HAMILTONschen Bewegungsgleichungen

Wir beschränken uns im Folgenden auf konservative Systeme und starten bei den LAGRANGEschen Bewegungsgleichungen 2. Art, die in den generalisierten Koordinaten q_k und in deren Zeitableitungen $\dot{q}_k$ geschrieben bekanntlich lauten:

$$\frac{\mathrm{d}}{\mathrm{d}t}\left(\frac{\partial L}{\partial \dot{q}_k}\right)-\frac{\partial L}{\partial q_k}=0\,,\quad k=1\,,2\,,\cdots,f\,. \qquad (5.7.193)$$

Wie wir wissen, führt das auf f Stück Differenzialgleichungen für die f Stück unbekannten generalisierten Koordinaten q_k. Um zu vermeiden, ein Differenzialgleichungssystem zweiter Ordnung lösen zu müssen, bedient man sich gerne eines Tricks. Man führt f Stück neue Unbekannte dergestalt ein, dass aus dem System zweiter Ordnung ein System erster Ordnung wird, allerdings von doppelter Größe. In diesem Sinne verwenden wir nun anstatt der Zeitableitungen $\dot{q}_k$ die f Stück neuen Unbekannten, genannt **generalisierte Impulse** p_k, wie folgt:

$$p_k=\frac{\partial L}{\partial \dot{q}_k}\,,\quad k=1\,,2\,,\cdots,f\,. \qquad (5.7.194)$$

Damit geht man in die LAGRANGEschen Bewegungsgleichungen 2. Art und folgert, dass gilt:

$$\dot{p}_k=\frac{\partial L}{\partial q_k}\,,\quad k=1\,,2\,,\cdots,f\,. \qquad (5.7.195)$$

Die $2\times f$ Stück Gleichungen (5.7.194/195) erster Ordnung zeigen bereits eine gewisse Symmetrie, die sich durch eine **LEGENDRE-Transformation**, d. h. differenzielle Variablentransformation von $(q_k\,,\dot{q}_k\,,t)$ auf $(q_k\,,p_k\,,t)$, noch weiter steigern lässt. Es gilt nämlich (rheonome Nebenbedingungen angenommen):

$$L=L(q_k\,,\dot{q}_k\,,t)\quad\Rightarrow$$

$$\mathrm{d}L=\sum_{k=1}^{f}\left(\frac{\partial L}{\partial q_k}\mathrm{d}q_k+\frac{\partial L}{\partial \dot{q}_k}\mathrm{d}\dot{q}_k\right)+\frac{\partial L}{\partial t}\mathrm{d}t\,. \qquad (5.7.196)$$

Mit den Gleichungen (5.7.194/195) wird hieraus:

Energiemethoden

$$\mathrm{d}L = \sum_{k=1}^{f} (\dot{p}_k \mathrm{d}q_k + p_k \mathrm{d}\dot{q}_k) + \frac{\partial L}{\partial t}\mathrm{d}t \tag{5.7.197}$$

$$= \mathrm{d}\sum_{k=1}^{f} (p_k \dot{q}_k) + \sum_{k=1}^{f} (-\dot{q}_k \mathrm{d}p_k + \dot{p}_k \mathrm{d}q_k) + \frac{\partial L}{\partial t}\mathrm{d}t$$

oder auch:

$$\mathrm{d}\left(\sum_{k=1}^{f} (p_k \dot{q}_k) - L\right) = \sum_{k=1}^{f} (\dot{q}_k \mathrm{d}p_k - \dot{p}_k \mathrm{d}q_k) - \frac{\partial L}{\partial t}\mathrm{d}t \,. \tag{5.7.198}$$

Die Kombination von Termen auf der linken Seite nennt man auch **HAMILTONsche Funktion**. Sie ist jedoch nicht zu verwechseln mit der HAMILTONschen „Wirkung" nach Gleichung (5.7.68), und wir verwenden daher ein leicht anderes Symbol:

$$\mathrm{H} = \sum_{k=1}^{f} (p_k \dot{q}_k) - L = \mathrm{H}(q_k\,, p_k\,, t). \tag{5.7.199}$$

Man beachte, dass diese Funktion nurmehr von den generalisierten Koordinaten q_k, den generalisierten Impulsen p_k und möglicherweise auch noch explizit von der Zeit t abhängen kann. Man sieht das auch an der rechten Seite der Gleichung (5.7.198), wo allein diese Größen als Differenziale vorkommen, denn in diesem Sinne wurde ja die LEGENDRE-Transformation vorgenommen. Für das totale Differenzial der HAMILTONschen Funktion gilt somit:

$$\mathrm{H} = \mathrm{H}(q_k\,, p_k\,, t) \quad \Rightarrow$$
$$\mathrm{dH} = \sum_{k=1}^{f} \left(\frac{\partial \mathrm{H}}{\partial q_k}\mathrm{d}q_k + \frac{\partial \mathrm{H}}{\partial p_k}\mathrm{d}p_k \right) + \frac{\partial \mathrm{H}}{\partial t}\mathrm{d}t\,, \tag{5.7.200}$$

und im Vergleich mit (5.7.198) finden wir sofort die sogenannten HAMILTONschen Bewegungsgleichungen:

$$\dot{q}_k = \frac{\partial \mathrm{H}}{\partial p_k}\,, \; -\dot{p}_k = \frac{\partial \mathrm{H}}{\partial q_k}\,, \; k = 1, 2, \cdots, f\,. \tag{5.7.201}$$

Diese Beziehungen sind im Gegensatz zu den Gleichungen (5.7.194/195) offenbar perfekt symmetrisch. Auch bei ihnen handelt es sich um ein Differenzialgleichungssystem erster Ordnung, das im Vergleich zu einem System zweiter Ordnung gewisse Vorteile bei seiner Lösung bietet. Wichtig ist, dass die HAMILTONsche Funktion in den generalisierten Koordinaten und in den generalisierten Impulsen zu schreiben ist, und zwar gemäß ihrer Definitionsgleichung (5.7.199):

$$\mathrm{H} = \sum_{k=1}^{f} p_k \dot{q}_k(p_k) - L(q_k\,, p_k\,, t)\,. \tag{5.7.202}$$

Selbstverständlich gilt, wie man auch im Vergleich zwischen den Gleichungen (5.7.197) und (5.7.200) sieht:

$$\frac{\partial \mathrm{H}}{\partial t} = -\frac{\partial L}{\partial t}\,. \tag{5.7.203}$$

Mit dem HAMILTONschen Formalismus lassen sich relativ schnell einige Erhaltungssätze beweisen.

Satz 1

Nehmen wir zum Beispiel an, dass die HAMILTON-Funktion nicht explizit von der generalisierten Koordinate q_k abhängt. Eine solche nicht explizit auftretende Koordinate nennt man auch eine **zyklische** bzw. eine **ignorable** Koordinate. Dann folgt aus Gleichung (5.7.201)$_2$:

$$\frac{\partial \mathrm{H}}{\partial q_k} = -\dot{p}_k = 0\,, \tag{5.7.204}$$

und man kann sofort nach der Zeit integrieren:

$$p_k = a_k = \text{const.}_t\,. \tag{5.7.205}$$

Der dazugehörige Impuls p_k ändert sich also in der Zeit nicht und ist demzufolge eine **Erhaltungsgröße**.

Satz 2

Sollte die HAMILTON-Funktion sogar von keiner der generalisierten Koordinaten explizit abhängen, sondern **lediglich** von den generalisierten Impulsen, so gilt einerseits Gleichung (5.7.204) für $k = 1\,, \cdots, f$ und die Integration der Gleichung (5.7.201)$_1$ gelingt andererseits wie folgt:

$$\dot{q}_k = \frac{\partial \mathrm{H}(p_1\,, \cdots, p_f)}{\partial p_k} = b_k(p_1\,, \cdots, p_f) \;\Rightarrow \\ q_k = b_k(p_1\,, \cdots, p_f)\,t + c_k\,. \tag{5.7.206}$$

Dabei sind die Größen c_k reine, insbesondere von der Zeit unabhängige Zahlenkonstanten.

Satz 3

Eine HAMILTON-Funktion, die nicht explizit von der Zeit abhängig ist, ist ebenfalls eine **Erhaltungsgröße**, denn nach den Gleichungen (5.7.200/201) gilt allgemein:

Energiemethoden

$$\mathrm{H} = \mathrm{H}(q_1, \cdots, q_f, p_1, \cdots, p_f, t) \quad \Rightarrow \tag{5.7.207}$$

$$\frac{\mathrm{dH}}{\mathrm{d}t} = \sum_{k=1}^{f} \frac{\partial \mathrm{H}}{\partial q_k} \dot{q}_k + \sum_{k=1}^{f} \frac{\partial \mathrm{H}}{\partial p_k} \dot{p}_k + \frac{\partial \mathrm{H}}{\partial t}$$

$$= \sum_{k=1}^{f} (-\dot{p}_k \dot{q}_k + \dot{q}_k \dot{p}_k) + \frac{\partial \mathrm{H}}{\partial t} = \frac{\partial \mathrm{H}}{\partial t}.$$

Für die nicht explizit zeitabhängige HAMILTON-Funktion folgt somit:

$$\frac{\mathrm{dH}}{\mathrm{d}t} = \frac{\partial \mathrm{H}}{\partial t} = 0 \quad \Rightarrow \quad \mathrm{H} = \mathrm{const.}_t = E. \tag{5.7.208}$$

Man nennt die Gleichung (5.7.208) auch das **Energieintegral,** da es für konservative Systeme E gerade die Gesamtenergie angibt. Letzteres sieht man wie folgt ein. Allgemein ist die kinetische Energie E^{kin} eines Starrkörpersystems in generalisierten Koordinaten gegeben durch:

$$E^{\mathrm{kin}} = \sum_{j,k} \alpha_{jk}(q_l)\, \dot{q}_j \dot{q}_k, \tag{5.7.209}$$

wobei die bezüglich der Indizes (j, k) symmetrische Größe α_{jk} Massen und Massenträgheitsmomente umfasst. Durch Differenziation nach den generalisierten Geschwindigkeiten entsteht:

$$\frac{\partial E^{\mathrm{kin}}}{\partial \dot{q}_m} = \sum_k \alpha_{mk}(q_l)\, \dot{q}_k + \sum_j \alpha_{jm}(q_l)\, \dot{q}_j \quad \Rightarrow$$

$$\sum_m \dot{q}_m \frac{\partial E^{\mathrm{kin}}}{\partial \dot{q}_m} = 2E^{\mathrm{kin}}. \tag{5.7.210}$$

Weiterhin gilt für die LAGRANGE-Funktion per Definition:

$$L(q_k, \dot{q}_k, t) = E^{\mathrm{kin}}(q_k, \dot{q}_k, t) - U(q_k, t). \tag{5.7.211}$$

Dabei wurde durch Ausschreiben der Argumente nochmals explizit darauf hingewiesen, dass nur die kinetische Energie von den Zeitableitungen der generalisierten Koordinaten abhängt, wie schon in Abschnitt 5.7.5 betont wurde. Somit gilt mit der Definitionsgleichung für die generalisierten Impulse (5.7.194):

$$\frac{\partial L}{\partial \dot{q}_m} = \frac{\partial E^{\mathrm{kin}}}{\partial \dot{q}_m} = p_m, \tag{5.7.212}$$

und nach Einsetzen in Gleichung (5.7.210) entsteht:

$$\sum_m \dot{q}_m p_m = 2E^{\mathrm{kin}}. \tag{5.7.213}$$

Damit lässt sich für die HAMILTON-Funktion gemäß ihrer Definitionsgleichung (5.7.202) schreiben:

$$\mathrm{H} = \sum_m \dot{q}_m p_m - L = 2E^{\text{kin}} - \left(E^{\text{kin}} - U\right) = E^{\text{kin}} + U \,, \qquad (5.7.214)$$

und Letzteres ist offenbar nichts anderes als die gesamte Energie des (konservativen) Starrkörpersystems. Einige Beispiele sollen das Arbeiten mit dem HAMILTONschen Formalismus erläutern.

5.7.19 Beispiel I zu den HAMILTONschen Gleichungen: Wurf im Schwerefeld der Erde

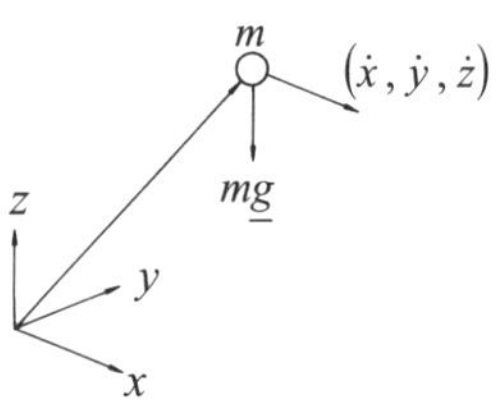

Abb. 5.7.10: Wurf im Schwerefeld der Erde.

Wir verwenden das in Abbildung 5.7.10 gezeigte Koordinatensystem, um die Bahnkurve eines Massenpunktes im Schwerefeld der Erde mithilfe der HAMILTONschen Bewegungsgleichungen zu ermitteln.

Der Massenpunkt unterliegt keinerlei Nebenbedingungen, und wir identifizieren die drei generalisierten Koordinaten mit den kartesischen Ortskoordinaten wie folgt:

$$q_1 = x \,,\quad q_2 = y \,,\quad q_3 = z \,. \qquad (5.7.215)$$

Für die kinetische und die potenzielle Energie des Massenpunktes darf man schreiben:

$$E^{\text{kin}} = \frac{m}{2}\left(\dot{x}^2 + \dot{y}^2 + \dot{z}^2\right) = \frac{m}{2}\left(\dot{q}_1^2 + \dot{q}_2^2 + \dot{q}_2^2\right) ,$$

$$U = mgz = mgq_3 \,. \qquad (5.7.216)$$

Hieraus ergibt sich die LAGRANGE-Funktion zu:

$$L = E^{\text{kin}} - U = \frac{m}{2}\left(\dot{q}_1^2 + \dot{q}_2^2 + \dot{q}_2^2\right) - mgq_3 \,. \qquad (5.7.217)$$

Mit der Definitionsgleichung (5.7.194) ermittelt man die generalisierten Impulse:

$$\frac{\partial L}{\partial \dot{q}_k} = p_k = m\dot{q}_k \,,\quad k = 1, 2, 3 \,. \qquad (5.7.218)$$

Mithin findet man für die HAMILTON-Funktion über Gleichung (5.7.202) oder (5.7.214):

$$\mathrm{H} = \frac{1}{2m}\left(p_1^2 + p_2^2 + p_3^2\right) + mgq_3 = E \,. \qquad (5.7.219)$$

Nach den Ausführungen in Abschnitt 5.7.16 stellen wir fest, dass q_1 und q_2 zyklische Variablen sind, und schreiben im Sinne von Gleichung (5.7.205):

$$p_1 = m\frac{\mathrm{d}q_1}{\mathrm{d}t} = a_1\ ,\quad p_2 = m\frac{\mathrm{d}q_2}{\mathrm{d}t} = a_2\,. \tag{5.7.220}$$

Diese Größen sind anschaulich gesprochen nichts anderes als die Anfangsimpulse des Massenpunktes in der x- und in der y-Richtung, und sie sind nach den Gleichungen (5.7.215) aufgrund der (vorgegebenen) Anfangsgeschwindigkeiten berechenbar und bekannt.

In Gleichung (5.7.219) eingesetzt, lässt sich nun nach dem dritten generalisierten Impuls umstellen:

$$p_3 = m\frac{\mathrm{d}q_3}{\mathrm{d}t} = \sqrt{2m(E - mgq_3) - a_1^2 - a_2^2}\,. \tag{5.7.221}$$

Durch Trennung der Variablen und anschließende Integration zwischen der Anfangszeit t_0 und der aktuellen Zeit t folgt:

$$t - t_0 = -\frac{1}{mg}\sqrt{2m(E - mgq_3) - a_1^2 - a_2^2}\,. \tag{5.7.222}$$

Dieses lässt sich nach q_3 umstellen und führt auf die bekannte Wurfparabelform:

$$q_3 - \frac{2mE - a_1^2 - a_2^2}{2m^2 g} = -\frac{g}{2}(t - t_0)^2\,, \tag{5.7.223}$$

was besonders deutlich wird, wenn wir die Anfangslage $z_0 = \dfrac{2mE - a_1^2 - a_2^2}{2m^2 g}$ definieren und Gleichung (5.7.215) gemäß zu den ursprünglichen kartesischen Koordinaten zurückkehren:

$$z(t) = z_0 - \frac{g}{2}(t - t_0)^2\,. \tag{5.7.224}$$

In gleicher Weise werden nun die Gleichungen (5.7.220) nach der Zeit integriert und auf die Ausgangsvariablen zurückgeführt:

$$x(t) = x_0 + \frac{a_1}{m}(t - t_0)\ ,\quad y(t) = y_0 + \frac{a_2}{m}(t - t_0)\,. \tag{5.7.225}$$

5.7.20 Beispiel II zu den HAMILTONschen Gleichungen: Der 1-D-Massenschwinger

Wir untersuchen im Folgenden einen aus HOOKEscher Feder c und Masse m bestehenden 1-D-Massenschwinger. Als generalisierte Koordinate verwenden wir die Auslenkung aus der Ruhelage $q = x$. Seine kinetische und potenzielle Energie sind gegeben durch:

$$E^{\text{kin}} = \frac{m}{2}\dot{x}^2 = \frac{m}{2}\dot{q}^2 \,, \quad U = \frac{c}{2}x^2 = \frac{c}{2}q^2 \,. \tag{5.7.226}$$

Hieraus ergibt sich die LAGRANGE-Funktion zu:

$$L = E^{\text{kin}} - U = \frac{m}{2}\dot{q}^2 - \frac{c}{2}q^2 \,. \tag{5.7.227}$$

Mit der Definitionsgleichung (5.7.194) ermittelt man den generalisierten Impuls:

$$\frac{\partial L}{\partial \dot{q}} = p = m\dot{q} \,, \tag{5.7.228}$$

und für die HAMILTON-Funktion lässt sich schreiben:

$$\mathrm{H} = \frac{1}{2m}p^2 + \frac{c}{2}q^2 \,. \tag{5.7.229}$$

Die HAMILTONschen Bewegungsgleichungen lauten:

$$\frac{\partial \mathrm{H}}{\partial p} = \frac{1}{m}p = \dot{q} \,, \quad \frac{\partial \mathrm{H}}{\partial q} = cq = -\dot{p} \,. \tag{5.7.230}$$

Differenzieren der ersten Beziehung nach der Zeit und gegenseitiges Einsetzen führt auf die bekannte Bewegungsgleichung des eindimensionalen Schwingers:

$$m\ddot{q} = -cq \,. \tag{5.7.231}$$

Stichwort- und Namensregister

E

L

U

V

W

Hinweise zur beigefügten CD-ROM

Die CD-ROM zum Buch „Technische Mechanik für Ingenieure“ dient in erster Linie der Vertiefung des im Buch dargebotenen Stoffes und knüpft aufbauend und erweiternd daran an. Sämtliche Inhalte der Statik, Festigkeitslehre, Dynamik, Kontinuumsmechanik sowie der Energiemethoden sind multimedial aufbereitet und leicht verständlich strukturiert. Das Produkt ist aus der Mechaniklehre an der Universität Paderborn und an der Technischen Universität Berlin heraus entstanden. Gestaltung und Aufbereitung erfolgten von Studierenden für Studierende.

Die Inhalte stellen ein Abbild der in den vergangenen Jahren durchgeführten Lehrveranstaltungen dar und bestehen aus einer Fülle von Aufgaben zur Verständniskontrolle, kleinen Programmen zum Ausprobieren, Videosequenzen einiger wichtiger Vorlesungsinhalte, konkreten Problemstellungen und weiteren für das Verständnis der Mechanik wichtigen Dokumenten. Das Buch enthält einerseits die für das Verständnis des Stoffes unerlässlichen theoretischen Grundlagen, die CD-ROM soll andererseits mit ihren vertiefenden Beispielen und Zusatzmaterialien zum Stöbern und Nacharbeiten animieren.

Die Materialien sind so gehalten, dass sie auch ausgedruckt werden können und damit Raum für eigene Notizen, Berechnungen und sonstige Anmerkungen bieten.

Systemvoraussetzungen

Folgende Mindestanforderungen sollte Ihr PC für die Nutzung der CD-ROM erfüllen:

- Betriebssysteme: Microsoft Windows ab 2000, Linux, Mac OS
- 128 MB RAM
- Soundkarte
- Mozilla Firefox oder anderer Web-Browser

Start der CD-ROM

Die CD verfügt über einen Autostart, sodass nach dem Einlegen das Startfenster von selbst aktiviert wird. Sie können einen Browser Ihrer Wahl verwenden, wir empfehlen jedoch den Mozilla Firefox, weil Grafik und Text hier am besten dargestellt werden.

Sofern die Autostart-Funktion Ihres PCs deaktiviert ist, so starten Sie bitte Ihren Windows-Explorer oder Nautilus, wechseln auf Ihr CD-Laufwerk und doppelklicken dort die Datei *index.html*.

Darüber hinaus müssen „geblockte Inhalte“ vom Browser erlaubt werden, da sonst beispielsweise die linke Navigationsleiste nicht angezeigt werden kann.

Installation des Adobe Readers®

Zur Anzeige der inkorporierten Materialien wie Aufgaben, Vorlesungspräsentationen und Bearbeitungshinweisen benötigen Sie einen Adobe Reader®. Sofern auf Ihrem System kein Adobe Reader® vorhanden sein sollte, so installieren Sie bitte den mitgelieferten Adobe Acrobat Reader 10.0®. Gehen Sie dazu im Windows-Explorer auf das CD-Verzeichnis *Tools*. Doppelklicken Sie die Datei *AdbeRdr1010_de_DE.exe* und folgen Sie den weiteren Installationsanweisungen.

Sie können selbstverständlich auch eine andere Variante des Readers® verwenden. Weitere Informationen finden Sie dazu auf den Seiten von Adobe[1].

Für Linux-Plattformen (Ubuntu, Fedora, Suse, Red Hat) ist nur eine aktuelle Version der Desktop-Umgebung wie Gnome, Kde, Xfce nötig.

Installation des Flash Players

Auf der CD-ROM sind Videos enthalten, die im *.swf* Format abgespeichert sind. Damit diese geöffnet werden können, müssen Sie den Flash Player installieren. Dieser ist ebenfalls auf der CD-ROM enthalten. Suchen Sie im Verzeichnis *Tools* die Datei *flvplayer_setup.exe*, doppelklicken Sie die Datei und folgenden Sie den weiteren Installationsanweisungen.

Für Linux-Plattformen (Ubuntu, Fedora, Suse, Red Hat) ist nur eine aktuelle Version der Desktop-Umgebung wie Gnome, Kde, Xfce nötig.

Benutzen der Explorationen

Des Weiteren befinden sich auf der CD-ROM Lernprogramme, die sog. Explorationen. Für den Fall, dass sich diese Explorationen nicht direkt von der CD starten lassen, gehen Sie im Windows-Explorer auf das Verzeichnis *Tools* und doppelklicken Sie bitte die Datei *jxpiinstall.exe*. Damit wird die *Java® Virtual Machine* auf Ihrem Rechner installiert. Anschließend können Sie die Explorationen durch Doppelklicken auf die entsprechende *.jar-Datei* verwenden.

Für Linux-Plattformen (Suse, Red Hat) laden Sie die selbstextrahierende Datei oder das RPM-Paket herunter und folgen Sie den Schritten auf der Seite von Java[2]. Für Ubuntu oder Fedora wählen Sie OpenJDK und ihre Browser Plugin (openjdk-6-jre, icedtea6-plugin), beschrieben unter der Seite Open JDK[3].

---

[1] http://www.adobe.com/

[2] http://www.java.com/de/download/help/linux_install.xml

[3] http://openjdk.java.net/install/